TECHNOLOGIE DER TEXTILFASERN

HERAUSGEGEBEN VON

Dr. R. O. HERZOG

PROFESSOR, DIREKTOR DES KAISER-WILHELM-INSTITUTS FÜR FASERSTOFFCHEMIE
BERLIN-DAHLEM

V. BAND, 3. TEIL

DIE JUTE

1. ABTEILUNG

PFLANZE UND FASERGEWINNUNG · HANDEL
UND WIRTSCHAFT · SPINNEREI

VON

E. NONNENMACHER

BERLIN
VERLAG VON JULIUS SPRINGER
1930

DIE JUTE

ERSTE ABTEILUNG

PFLANZE UND FASERGEWINNUNG
HANDEL UND WIRTSCHAFT
SPINNEREI

VON

DR.-ING. E. NONNENMACHER
FABRIKDIREKTOR IN HERSFELD H.-N.

MIT 542 TEXTABBILDUNGEN

BERLIN
VERLAG VON JULIUS SPRINGER
1930

ISBN-13: 978-3-642-89043-7   e-IDBN-13: 978-3-642-90899-6
DOI: 10.1007/978-3-642-90899-6

Zur Einführung.

Die „Technologie der Textilfasern" ist so angelegt, daß die ersten drei Bände die naturwissenschaftlichen und die gemeinsamen technologischen Grundlagen, die weiteren die einzelnen Fasern zum Gegenstande haben.

Der erste Band wird die naturwissenschaftlichen Grundlagen, vor allem Physik und Chemie der Textilfasern, behandeln.

Der zweite Band enthält die mechanische Technologie, das Spinnen, Weben, Wirken, Stricken, Klöppeln, Flechten, die Herstellung von Bändern, Posamenten, Samt, Teppichen, die Stickmaschinen. Hierbei sind beim „Spinnen" und „Weben" nur die wesentlichen Grundlagen übersichtlich dargestellt, während die Ausbildung der Maschinen und Verfahren für den Spezialisten in den späteren Bänden, bei den einzelnen Fasern, eingehend erörtert wird. Dagegen bringen die weiteren oben angeführten Kapitel ausführliche Beschreibungen, so daß nur bei wichtigen Sonderfällen in den späteren Bänden kurze Wiederholungen zu finden sein werden.

Der dritte Band gibt eine moderne Darstellung der Farbstoffe und ihrer Eigenschaften, während die Färberei und überhaupt die chemische Veredelung keine allgemeine zusammenfassende Darstellung erfahren, sondern bei jeder Faser speziell besprochen sind.

Mit dem vierten Bande beginnt die Darstellung der Einzelfasern. Dieser Baumwollband — und analog sind die den anderen Faserstoffen gewidmeten aufgebaut — enthält: Botanik, mechanische und chemische Veredelung, Wirtschaft und Handel.

Der fünfte Band behandelt Flachs, Hanf und Seilerfasern, Jute;

der sechste Seide;

der siebente Kunstseide;

der achte Wolle.

Ergänzungsbände sollen vorläufig ausgeschaltete Sondergebiete und vertiefte Darstellungen allgemeinerer Natur enthalten, sowie methodische und analytische Monographien aufnehmen.

Durch die gewählte Anordnung sollte insbesondere auch ermöglicht werden, daß, unter tunlichster Vermeidung von Wiederholungen in größerem Umfange, der Einzelband oder Teilband, wenn auch ein organisches Glied des Ganzen, doch auch ein abgeschlossenes Einzelwerk darstellt. Dieser Gesichtspunkt erscheint wesentlich; denn bei der Vielseitigkeit der Materie waren nicht nur die Interessen der Textiltechniker und -industriellen, sondern auch die des Maschinenbauers, Chemikers und Physikochemikers, des Botanikers und Zoologen, sowie des Wirtschaftlers zu berücksichtigen und sind in der eingehenden, in vielen Fällen wenigstens in diesem Ausmaße oder in deutscher Sprache erstmaligen Darstellung auch in weitem Umfange berücksichtigt worden.

Das eigenartige Zusammenströmen der Wissenschaften, ihre Vereinigung durch die Empirie in das gemeinsame Bett der Textilindustrie ist wohl als charakteristisch erkannt, aber bisher nicht zu einem großen systematischen, allgemeingültigen Lehrgebäude aufgebaut worden. In diese Richtung vorwärts zu führen, systematisch durch bewußte wissenschaftliche Analyse die Empirie zu verdrängen, ist das letzte Ziel des umfangreichen Werkes, das nur durch die mühselige Arbeit und bereitwillige Einordnung der Mitarbeiter und durch die verständnis- und opfervolle Unterstützung des Verlages ermöglicht wurde.

Es sei gestattet, an dieser Stelle den wärmsten Dank an alle Firmen und anderen privaten und öffentlichen Stellen auszusprechen, die die Herstellung des Werkes durch Überlassung, oft durch Anfertigung neuer Zeichnungen und Bilder, durch besondere Mitteilungen und in sonstiger Weise unterstützt haben!

Der Herausgeber.

Vorwort.

Das bereits im Jahre 1888 erschienene bekannte Werk von Pfuhl ist bis heute ohne jede Veränderung die einzige umfassende Abhandlung über die Jute und ihre Verarbeitung geblieben, obwohl die Juteindustrie in den letzten vier Jahrzehnten in fast allen industriellen Ländern eine ungeahnte Entwicklung genommen hat. Der Mangel eines neuen Buches, das in ähnlicher eingehender Weise das ganze Gebiet der Juteerzeugung und -verarbeitung zum Gegenstand hat, machte sich, abgesehen davon, daß das Werk Pfuhls seit Jahren im Buchhandel vergriffen war, besonders in den letzten Jahren fühlbar, die im Gegensatz zu früheren Zeiten eine größere Regsamkeit in der Modernisierung der Jutebetriebe erkennen ließen. Die als Folge dieser Bestrebungen im In- und Ausland zahlreich auftretenden Neukonstruktionen von der Juteverarbeitung dienenden Maschinen in Verbindung mit teilweiser Abänderung der bisherigen Arbeitsverfahren zum Zwecke der Rationalisierung der Betriebe hatten naturgemäß in den Fachkreisen Meinungsverschiedenheiten über die Zweckmäßigkeit dieser oder jener Neuerung wachgerufen, deren Diskussion eine eingehende Kenntnis des ganzen in Frage kommenden Gebietes voraussetzte.

Dem Bearbeiter des vorliegenden Werkes war dadurch seine Aufgabe gewiesen, deren Lösung sich im allgemeinen Rahmen der „Technologie der Textilfasern“ zu halten hatte. Um ein in sich abgeschlossenes, selbständiges Buch herauszubringen, wurde über die Sonderaufgabe hinaus auch die allgemeine technologische Seite berührt. Auch erschien ein tieferes Eingehen auf die Jutepflanze und die Fasergewinnung sowie die Berücksichtigung von Handel und Wirtschaft durchaus notwendig, bevor an die eigentlichen Verarbeitungsverfahren und die Beschreibung der für diese in Frage kommenden speziellen Maschinen herangegangen werden konnte. Um den Bedürfnissen der Praxis weitestgehend entgegenzukommen, sind die Haupttypen der Verarbeitungsmaschinen in ihren zahlreichen Variationen eingehend zur Darstellung gelangt, wobei sich der Verfasser wohl bewußt ist, daß bei einer ganzen Reihe von technischen Neuerungen der allerjüngsten Zeit der für eine streng objektive Beurteilung nötige Abstand noch nicht vorhanden ist. Die Durchrechnungsbeispiele der einzelnen Maschinen sind absichtlich in so großer Zahl wiedergegeben, um auch dem weniger geübten unteren Aufsichtspersonal der Betriebe ein möglichst vielseitiges Material in elementarer Form zur Verfügung zu stellen.

Die Fülle des Stoffes führte zu einer Trennung des Werkes in zwei Abteilungen, von denen die vorliegende erste Abteilung mit der Spinnerei abschließt, während die später noch folgende zweite Abteilung in der Hauptsache der Weberei mit ihren Nebenbetrieben vorbehalten sein wird.

Hersfeld, Frühjahr 1930.

Der Verfasser.

Inhaltsverzeichnis.

Einleitung.

Unter den spinnfähigen Bastfasern nimmt die Jute hinsichtlich der Menge ihrer Erzeugung und Verarbeitung weitaus den ersten Platz ein. Bereits vor dem Kriege, im Jahre 1912/13, übertraf die Juteernte mit 10,2 Millionen Ballen = 1,85 Millionen t (1 Ballen = 400 lbs = 181,4 kg) die Welterzeugung an Flachsfaser um das Dreifache und ließ sogar die Welterzeugung an Wolle mit 1,47 Mill. t weit zurück. Mit der Rekordernte des Erntejahres 1926/27 von annähernd 12,2 Mill. Ballen = 2,2 Millionen t behauptete die Jute nicht nur ihren ersten Platz unter den Bastfasern, sondern hatte eine Steigerung ihrer Erzeugung gegenüber der Vorkriegszeit zu verzeichnen, wie sie selbst die Baumwolle, die von 6,8 Millionen t im Jahre 1913/14 auf 7,1 Millionen t im Jahre 1926/27 stieg, nicht aufweisen konnte. Damit ist die Jute der Menge nach an zweiter Stelle unter sämtlichen spinnfähigen Faserrohstoffen geblieben[1].

Auch hinsichtlich des Erzeugungsgebietes nimmt die Jute eine Sonderstellung unter den übrigen pflanzlichen Textilrohstoffen ein. Im Gegensatz zu Baumwolle, Hanf, Flachs, die unter den verschiedenartigsten Bedingungen und in den verschiedensten Ländern gedeihen, kommt praktisch (bis zu 99%) als einziges Erzeugungsland für Jute Britisch-Indien, und auch hier nur ein verhältnismäßig kleines Gebiet, das in den Provinzen Bengal und Assam in der Nordostecke Indiens gelegene Überschwemmungsgebiet des Ganges und Brahmaputra, in dem sonst vorwiegend Reis angebaut wird, in Betracht. Die Ursache dieser eigenartigen Monopolstellung liegt einesteils in den besonderen Ansprüchen, welche die Jute als Pflanze an Klima und Bodenbeschaffenheit des Anbaulandes stellt, andernteils aber auch in den wirtschaftlichen Voraussetzungen, insbesondere dem Vorhandensein billiger und geschulter Arbeitskräfte, welche für die rationelle Gewinnung der Faser und deren Übergabe an den Verkehr und Handel unbedingt erforderlich sind. Auf diese besonderen Verhältnisse wird noch in dem Abschnitt über den Anbau der Jutepflanze und die Gewinnung der Jutefaser zurückzukommen sein.

In bezug auf die Verwendbarkeit der Juteerzeugnisse kann ebenfalls von einer Sonderstellung gesprochen werden. Im Gegensatz zu allen bedeutenderen Textilrohstoffen, die zur Erzeugung hochwertiger Güter der mannigfachsten Art, insbesondere für die Bekleidungsindustrie dienen und so unmittelbar dem Verbraucher zugute kommen, ist die Verwendbarkeit der Jute in der Hauptsache als Verpackungsmaterial eine mittelbare und qualitativ minderwertige und einseitige. Voraussetzung zur Erfüllung dieses Zweckes ist neben der technischen Geeignetheit die Billigkeit des Rohstoffes und seiner mechanischen Weiterverarbeitung. Das Zusammentreffen beider Bedingungen hat die frühere Verwendung von Hanf, Flachs und Baumwolle als Packmaterial vollständig verdrängt und in der zweiten Hälfte des vorigen Jahrhunderts eine

---

[1] Wertmäßig bleibt jedoch die Jute als billiger Faserstoff erheblich zurück. Allerdings ist infolge der enormen Preissteigerung in den letzten 15 Jahren der Wert der jährlich erzeugten Rohjute von rund 20 Millionen £ i. J. 1913/14 auf etwa 60 Millionen £ im Durchschnitt der letzten Jahre gestiegen.

Industrie entstehen lassen, die sich, von England ausgehend, allmählich als Großindustrie über fast alle Industrieländer der Welt verbreitete, um zuletzt in Indien, dem Erzeugungsland der Jute, das bis in die fünfziger Jahre des vorigen Jahrhunderts die Verarbeitung der Jute nur als Hausindustrie kannte, eine Ausdehnung anzunehmen, die heute fast $^2/_3$ der Gesamtwelterzeugung umfaßt, und deren Entwicklung noch nicht abgeschlossen scheint.

Die monopolartige Stellung Indiens in der Rohjuteerzeugung ist aus Abb. 1 ersichtlich, die gleichzeitig die Verteilung des Rohjuteverbrauchs in der Welt veranschaulicht[1].

Die zunehmende Verwendung von Jutegeweben als Packleinen oder in der Form von Säcken ging Hand in Hand mit der Entwicklung des Weltverkehrs

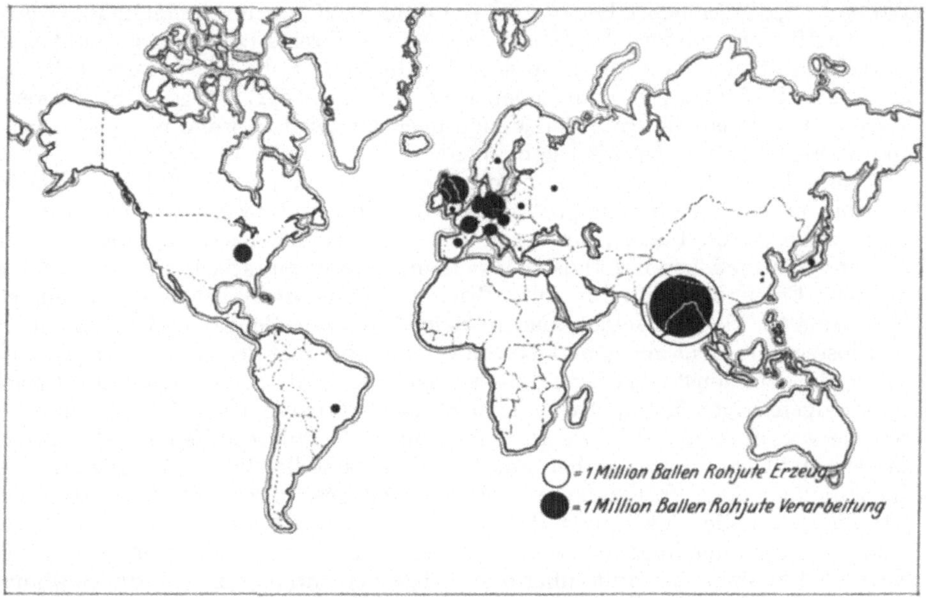

Abb. 1. Rohjuteerzeugung und Rohjuteverarbeitung in der Welt.

und des Welthandels, und so sehen wir heute die Juteerzeugnisse, die nach einem treffenden englischen Wort „the world's carrier" genannt werden, als geradezu unentbehrlichen Umhüllungsstoff im Massengüterverkehr der Welt.

[1] Über die Entwicklung des Juteverbrauchs in den einzelnen Ländern der Welt und insbesondere den Anteil Indiens finden sich nähere Angaben auf S. 68 und 75. Es sei hier nur angeführt, daß heute in Indien über 86 Jutefabriken mit mehr als 51000 Webstühlen bestehen, die bei voller Arbeitszeit und vollem Betrieb gegen 6 Millionen Ballen Jute jährlich verarbeiten können. Diese rapide Entwicklung der indischen Juteindustrie, die immer mehr des erzeugten Rohstoffes an sich reißt, bedeutet eine Gefahr für die Versorgung der Juteindustrien der übrigen Welt. Die vielfach hervorgerufene Knappheit an Rohjute hatte in den letzten Jahren (z. B. 1925/26) derartige Steigerungen der Rohjutepreise zur Folge, daß die Jute im Begriff stand, ihren Ruf als billiges Packmaterial zu verlieren, und die Verbraucherschaft in einen regelrechten Käuferstreik eintrat, da sie die hohen Preise nicht anlegen konnte. Es zeigte sich hierbei deutlich, daß die Beliebtheit und Verbreitung der Jute als Packmaterial nur auf deren Billigkeit beruht, und daß bei Überschreitung einer gewissen Preislinie der Konsum zurückgehen muß.

Dieser Gefahr kann jedoch nur durch eine vernünftige Preisbildung für Rohjute, bzw. durch die Steigerung der Rohjuteerzeugung, entsprechend dem zunehmenden Mehrbedarf, und zwar einesteils durch Vergrößerung der Anbaufläche, andererseits aber durch bessere Anbaumethoden und intensivere Bewirtschaftung begegnet werden (vgl. S. 50).

Riesige Mengen von Jutegeweben verschlingt alljährlich der Überseeversand von Baumwolle, Wolle, Kaffee, Tee, Getreide, Reis, Zucker, Salzen und Gewürzen. Das Aufkommen neuer Großindustrien, wie der Mühlenindustrie, der Industrie für künstliche Düngemittel (Thomasmehl, Kali, Stickstoff), der Zement- und Gipsindustrie schuf weitere Großabnehmer der Jute-Industrie[1]. Außer zu Packzwecken findet Jute in steigendem Maße Verwendung zur Herstellung von besseren Geweben für die Linoleumindustrie, für Wandbekleidungen und Teppiche, für Vorhänge und Läuferstoffe. Besonders die Linoleumindustrie ist in letzter Zeit in stetig wachsendem Maße Großabnehmer für Jutegewebe geworden und beschäftigt eine erhebliche, jährlich zunehmende Zahl von Webstühlen, auf denen Jutegewebe bis zu 4 Yards ($3^2/_3$ m) Breite und 2000 Yards Länge hergestellt werden können.

Sehr vielseitig ist auch die Verwendung von Jutegeweben für technische Zwecke, z. B. als Filtertücher für die Zuckerindustrie, als Isolierungsmaterial in Form von schmalen Gewebestreifen für Heizleitungen u. a. Auch zu Futtereinlagen bei Herrenbekleidung, zu Schuheinlagen, für Polsterzwecke, bei der Dachpappenherstellung wird Jutegewebe weitgehend verarbeitet. Die Kabelindustrie verwendet grobe ordinäre Jutegarne als Isolier- und Schutzlage gegen äußere Widerstände, die Zündschnurindustrie Jutegarne von ganz besonderer Qualität, als Zündergarne bekannt, zur Herstellung von Zündschnuren, die Bindfaden- und Seilerei-Industrie Jutegarne von besonderer Festigkeit und heller Farbe zur Herstellung von billigeren Bindfaden, Kordeln und Schnüren. Außerdem wird in zahlreichen Fällen Jute mit anderen Textilrohstoffen vermischt verarbeitet, um eine Verbilligung der Erzeugnisse herbeizuführen. Es fehlt auch nicht an zahlreichen Versuchen, durch chemische Behandlung eine Verfeinerung des Rohstoffes zu erzielen, um ihn der Verarbeitung zu hochwertigeren Qualitäten zugänglich zu machen. Eine nennenswerte industrielle Verwertung dieser Bestrebungen scheiterte jedoch bisher immer an der Kostenfrage, immerhin scheinen diese Bemühungen nicht aussichtslos zu sein.

---

[1] Allerdings hat die zunehmende Verteuerung der Rohjute bzw. der Jutefabrikate dazu geführt, daß eine Reihe von Verbrauchsgütern, wie Getreide, Reis, Kali, hauptsächlich beim Transport auf dem Wasserweg, häufig in loser Schüttung versandt werden, was besonders durch die technische Vervollkommnung der pneumatischen Fördermittel begünstigt wird. Die in der Kriegszeit infolge des Mangels an Rohjute aufgekommene Verwendung von geklebten Papiersäcken für die Zement- und Gipsindustrie hat sich im Inlandsverkehr infolge ihrer Billigkeit und der Bequemlichkeit der Abrechnung größtenteils bis heute erhalten und bedeutet den Verlust eines wichtigen Absatzgebietes. Dieser Ausfall ist zwar bis jetzt durch den steigenden Bedarf der besonders in den letzten Jahren sich riesenhaft entwickelnden Industrie für künstliche Düngemittel ausgeglichen worden.

Allgemeines.

I. Die Verarbeitungsverfahren für Jute.

Unter Spinnen versteht man technologisch das Zusammendrehen von mehr oder weniger kurzen Rohfasern zu einem Gesamtgebilde, dem Gespinst oder Faden.

Das Zusammendrehen von zwei oder mehreren einfachen (gedrehten) Fäden dagegen nennt man das Zwirnen, das sich also wesentlich von dem Vorgang des Spinnens unterscheidet.

Die Art und Weise, wie die Erzeugung des Fadens oder Garnes aus dem Spinnstoff vor sich geht, hängt nun wesentlich von der Beschaffenheit und den Eigenschaften des Rohstoffes ab, und man kann sagen, daß es fast ebenso viele Spinnverfahren wie Rohstoffe gibt. Immerhin gibt es Gruppen von textilen Rohstoffen, die ähnliche Eigenschaften aufweisen, und deren Verarbeitungsprozeß demgemäß auch ähnlich verläuft. Insbesondere ist zu unterscheiden zwischen Rohstoffen, die als solche die Faser fertig, aber noch mit Unreinigkeiten vermengt, enthalten, wie Baumwolle, Wolle, Seide u. a., und weiterhin zwischen Stoffen, die erst eine ausgedehnte Aufbereitungsarbeit chemischer und mechanischer Art benötigen, um als handelsfähige Spinnstoffe auf den Markt zu kommen, wie z. B. die Bast- oder Stengelfasern, Flachs und Hanf, zu welcher Gattung auch die Jute zählt. Die letztgenannten Bastfaserrohstoffe zeigen bereits im Anbau der faserliefernden Pflanzen und der Art der Fasergewinnung eine beträchtliche Ähnlichkeit, die ihre Verwandtschaft bekundet, noch mehr aber in den Grundlinien des Spinnprozesses. Dieser umfaßt die Vorbereitungsarbeiten des Fasermaterials und das eigentliche Spinnen.

Zu den Vorbereitungsarbeiten gehört das Zusammenstellen und Mischen gewisser Faserqualitäten zur Erzeugung einer bestimmten Sorte Garn, das Auflockern und die eventuell erforderliche mechanische Vorbehandlung des Fasermaterials, um es dem folgenden Verfeinerungsprozeß unter gleichzeitiger Ausscheidung von Unreinigkeiten zugänglicher zu machen. Weiterhin gehören zu diesen Vorbereitungsarbeiten die für die Weiterverarbeitung zu einem bestimmten Garn erforderliche Verkürzung der zu langen Fasern unter gleichzeitiger Ausschaltung zu kurzer Fasern, die Bildung von Faservliesen und Faserbändern, die weitere Vergleichmäßigung und Verfeinerung der letzteren durch fortgesetztes Doppeln oder Vereinigen, d. h. durch mehrfaches Zusammenlegen von Bändern unter gleichzeitigem Auseinanderziehen von Fasern in der Längsrichtung zu einem einzelnen dünnen Band (Streckprozeß), und endlich die Bildung eines losen Vorgespinstes oder Vorgarnes durch leichtes Zusammendrehen der feinen Streckenbänder, die vor dem Zusammendrehen einen nochmaligen Verzug der Faser erleiden.

Der zweite Teil des Spinnprozesses umfaßt das eigentliche Spinnen oder das Feinspinnen. Bei diesem Prozeß erfährt das Vorgarn eine weitere

Streckung in der Längsrichtung bis zur gewünschten Feinheit. Sodann werden die so gestreckten Fasern durch nachfolgendes Zusammendrehen zum fertigen Garn gesponnen und dieses auf Spulen aufgewunden. Diese unmittelbar aufeinanderfolgenden drei Arbeitsgänge werden auf einer Maschine, der Feinspinnmaschine, ausgeführt.

Betrachtet man die Vorbereitungsarbeiten näher, so zeigt sich, daß sich die Analogie der Jute mit Hanf und Flachs nur in beschränktem Maße durchführen läßt. Wohl ist es möglich, und auch praktisch durchgeführt, die lange Jutefaser (1,5 bis 3 m) in ähnlicher Weise wie Flachs und Hanf zu hecheln und unter Verwendung von Anlegemaschinen, Strecken und Vorspinnmaschinen mit genügend großem Streckfeld (reach) zu Jutehechelgarn (jute-line-yarn) zu verarbeiten. Aber diese Methode wird nur noch wenig geübt, da bei den hohen Material- und Lohnkosten und bei der gegenüber Hanf und Flachs geringeren Faserfestigkeit der Jute ein lohnendes Ergebnis nicht erzielt wird. Auf eine Beschreibung dieses Verfahrens kann demnach verzichtet werden, zumal der Verarbeitungsprozeß demjenigen für Langhanf und Flachs ziemlich nahe kommt, mit Ausnahme der Faserzubereitung, die beim Jutehechelgarnspinnen auf die gleiche Weise erfolgt wie bei dem für Jute heute fast ausschließlich angewandten Verarbeitungsverfahren, dem Jutewerggarnspinnen.

Das Jutewerggarnspinnen lehnt sich an den für Flachs- und Hanfwerg geübten Verarbeitungsprozeß an, indem die langen Jutefasern zuvor auf Reiß- oder Vorkarden in kürzere Fasern, „Jutewerg" oder „Jute-tow", zerlegt werden. Obwohl das Jutewerggarnspinnen vor beinahe 100 Jahren aus dem Flachswerggarnspinnen hervorgegangen ist und auch ursprünglich sogar die gleichen Maschinen für beide Wergarten zur Anwendung gelangten, hat sich doch für die Jute entsprechend ihren besonderen Fasereigenschaften ein selbständiges Verarbeitungsverfahren entwickelt, das besonders in den Vorbereitungsarbeiten ganz wesentlich von dem üblichen Wergspinnen abweicht, und demgemäß wurden auch besondere Maschinentypen geschaffen, die allein nur die günstigste Ausbeute des Jutemateriales gewährleisten.

Ehe zur Beschreibung dieser Arbeitsprozesse übergegangen wird, erscheint es zweckmäßig, zu deren Verständnis zunächst im folgenden Kapitel die allgemeinen technologischen Grundsätze und Begriffe, wie Garnnumerierung, Drahtgebung, Festigkeit, Gleichmäßigkeit von Gespinsten, unter besonderer Anwendung auf Jutegespinste zu erörtern sowie auf die experimentelle Prüfung und Betriebskontrolle dieser Garneigenschaften kurz einzugehen.

Ein besonderer Abschnitt über Rohjute, der das Wichtigste über Herkunft, Anbau und Gewinnung des Faserstoffes, über den Rohjutehandel, die Entwicklung und Bedeutung der Jute-Industrie sowie über die physikalischen und chemischen Eigenschaften der Jutefaser bringt, leitet dann über zu den Abschnitten über Spinnerei, Weberei und Fabrikanlagen, womit die Einteilung des Stoffes gegeben ist.

II. Das Jutegespinst und seine Eigenschaften.

Die Anordnung der im vorigen Kapitel beschriebenen Arbeitsgänge, durch welche aus einer bestimmten Menge Rohmaterial ein Gespinst von bestimmter Feinheit erzielt wird, erfolgt nach einem ganz bestimmten Plan, dem Spinnplan. Um sich über diesen Plan und dessen Aufstellung ein richtiges Bild machen zu können, ist es in erster Linie notwendig, sich mit den Eigenschaften und den Anforderungen zu befassen, die mit Bezug auf das fertige Gespinst in Frage kommen.

1. Als erstes Erfordernis verlangt man von einem Gespinst möglichste
Gleichmäßigkeit in der Faserverteilung, deren Ausmaß durch die Feinheit
des Gespinstes ausgedrückt wird. Der Grad oder das Maß der Feinheit läßt
sich nun nicht, wie es sonst bei festen Körpern üblich ist, durch die Querschnittsabmessungen, in diesem Fall die Dicke des Fadens, bestimmen, da das Messen
der Dicke bei den verhältnismäßig kleinen Abmessungen und bei der Abhängigkeit
der Dicke von dem Grad der Drehung sehr ungenaue Werte ergeben würde.
Man drückt daher bekanntlich bei allen Gespinsten die Feinheit durch das Verhältnis zwischen einer bestimmten Garnlänge und deren Gewicht aus und bezeichnet dieses Verhältnismaß als Garnfeinheitsnummer oder kurz Garnnummer.

Je nachdem man nun das Verhältnis $\frac{L}{G} = \frac{\text{Länge}}{\text{Gewicht}}$ oder $\frac{G}{L} = \frac{\text{Gewicht}}{\text{Länge}}$
bildet, spricht man von Längennummer oder von Gewichtsnummer. Im
ersten Fall gibt die Nummer diejenige Anzahl Längeneinheiten an, die eine Gewichtseinheit wiegen oder auf eine Gewichtseinheit gehen. Im zweiten Fall wird
die Nummer ausgedrückt durch die Anzahl der Gewichtseinheiten, die eine
bestimmte Längeneinheit wiegt. Längennummer und Gewichtsnummer sind demnach bei gleichen Gewichts- und Längeneinheiten reziproke Werte. Nach obiger
Definition zeigen die Längennummern mit zunehmender Feinheit ein Zunehmen
der Nummernwerte und umgekehrt die Gewichtsnummern ein Abnehmen der
Nummernwerte. Obwohl nach diesen Ableitungen man eigentlich nur zwei verschiedene Garnnumerierungen erwarten könnte, sind bekanntlich in der Textilindustrie die verschiedensten Numerierungen gebräuchlich, indem fast für jede
Garnart andere Längen- und Gewichtseinheiten festgelegt wurden. Immerhin
haben die Bestrebungen nach Vereinheitlichung, die besonders während des
Krieges bei uns die Einführung des metrischen Maßsystemes bezweckten, gewisse Erfolge gehabt und die Numerierungssysteme, von denen noch vor wenigen
Jahrzehnten über zwei Dutzend bestanden, an Zahl verringert[1].

Obwohl in der deutschen Jute-Industrie nach Kriegsende fast allgemein
das metrische Numerierungssystem[2] eingeführt worden ist, hat sich daneben
noch das von England überkommene und dort heute noch ausschließlich gebräuchliche englische Numerierungssystem unter Zugrundelegung englischer
Maß- und Gewichtseinheiten erhalten, so daß sich die nachfolgenden Entwicklungen auf beide Systeme zu erstrecken haben.

Die englische Numerierung der Jutegarne macht sowohl von der
Längennummer (vorwiegend im Handel) wie auch von der Gewichtsnummer (in den Fabriken, die zugleich spinnen und weben) Gebrauch.

Die englische Längennummer, auch kurz „englische Nummer" genannt,
zeigt an, wie viele Gebinde (leas) von je 300 yards (= 274,32 m) Länge ein
Pfund engl. (lb) wiegen. Man bezeichnet sie auch als „Lea-Nummer", und sie
wird durch die Formel:

$$N_{\text{leas}} = \frac{L_{\text{leas}}}{G_{\text{lbs}}} = \frac{L_{\text{yards}}}{300\,G_{\text{lbs}}} \tag{1}$$

ausgedrückt, wenn die in leas bzw. yards abgemessenen Längen L_{leas} bzw. L_{yards}
eines bestimmten Garnes G englische Pfund wiegen. Demnach bedeutet z. B.
$N_{\text{leas}} = 6$, daß $6 \cdot 300 = 1800$ yards ein englisches Pfund wiegen.

---

[1] Leider hat sich die seit 1869 angestrebte einheitliche Garnnumerierung für alle
Gespinste nach dem metrischen System trotz verschiedener internationaler Kongresse
hauptsächlich infolge der passiven Haltung Englands nicht allgemein durchgesetzt.

[2] Die Preislisten der Interessengemeinschaft deutscher Juteindustrieller (J. G.) sind nur
auf der metrischen Nummer basiert. Auch der Deutsche Hanfverband ist zu dieser Nummer
übergegangen.

Wird zur Bestimmung der englischen Nummer eines bestimmten Garnes auf einer Haspel eine Länge von beispielsweise 3600 yards abgewickelt und wiegen diese 2 lbs, so ergibt sich die Garnnummer

$$N_{\text{leas}} = \frac{3600}{300 \cdot 2} = 6 \text{ leas/lb} \,.$$

Die englische Gewichtsnummer zeigt an, wie viele Gewichtseinheiten von je ein Pfund englisch eine Längeneinheit von 14400 yards (eine „spindle" = 48 leas = 13167 m) erfüllen.

Man bezeichnet diese Nummer auch als schottische oder Belfaster-Nummer (auch Pfundnummer), und sie wird durch die Formel

$$N_{\text{lbs}} = \frac{G_{\text{lbs}}}{L_{\text{spindles}}} = \frac{14400\,G_{\text{lbs}}}{L_{\text{yards}}} \tag{2}$$

ausgedrückt, wenn die in spindles bzw. yards abgemessenen Längen des zu prüfenden Garnes G englische Pfund wiegen. Demnach bedeutet z. B. $N_{\text{lbs}} = 8$, daß die Längeneinheit von einer spindle = 14400 yards 8 englische Pfund wiegt.

Wiegen also z. B 3600 yards 2 lbs, so ergibt sich die Garnnummer

$$N_{\text{lbs}} = \frac{14400 \cdot 2}{3600} = 8 \text{ lbs/spindle} \,.$$

Durch Multiplikation der Gl. (1) und (2) ergibt sich:

$$N_{\text{leas}} \cdot N_{\text{lbs}} = \frac{L_{\text{yards}}}{300\,G_{\text{lbs}}} \cdot \frac{14400\,G_{\text{lbs}}}{L_{\text{yards}}} = 48\,, \tag{3}$$

womit die Beziehung zwischen englischer Nummer und schottischer Nummer gegeben ist.

Für $N_{\text{leas}} = 1$ ergibt sich $N_{\text{lbs}} = 48\,,$

und für $N_{\text{lbs}} = 1$ ergibt sich $N_{\text{leas}} = 48\,.$

Die schottische Nummer errechnet sich aus der englischen Nummer durch Division der englischen Nummer in 48, und umgekehrt errechnet sich die englische Nummer aus der schottischen durch Division der schottischen Nummer in 48.

Unter Zugrundelegung des metrischen Maß- und Gewichtssystemes können nun ebenfalls zwei verschiedene Numerierungssysteme entwickelt werden:

die gramm-metrische Längennummer, oder kurz Meternummer, N_{m} genannt, die als Längeneinheit das Meter und als Gewichtseinheit das Gramm hat,

und die gramm-metrische Gewichtsnummer, die als Längeneinheit 100 m und als Gewichtseinheit das Gramm hat und kurz mit Grammnummer, N_{g}, bezeichnet wird[1].

Die Meternummer gibt an, wieviel Meter auf ein Gramm oder wieviel Kilometer auf ein Kilogramm gehen.

---

[1] Die internationale Grammnummer, die vorwiegend nur für Seide gebraucht wird (Seidentiter), hat als Längeneinheit 10000 m und gibt daher an, wieviel von diesen Einheiten auf 1 g gehen. (Der neue internationale Seidentiter gibt übrigens an, wieviel g die Längeneinheit von 9000 m wiegt.)

Da bei groben Garnen, wie Jute, die Grammnummer unter Zugrundelegung dieser Längeneinheit bei den gangbaren Garnnummern große, unbequem zu handhabende Werte ergeben würde, wird der Jutegrammnummer als Längeneinheit nur 100 m zugrunde gelegt. Die Jutegrammnummer beträgt daher $^1/_{100}$ der internationalen Grammnummer und müßte streng genommen mit $\dfrac{N_{\text{g}}}{100}$ bezeichnet werden.

Z. B. bedeutet $N_m = 3{,}6$, daß $3{,}6$ m auf 1 g oder $3{,}6$ km auf 1 kg gehen. Nach dieser Begriffsbestimmung wird die Meternummer durch die Formel

$$N_m = \frac{L_{km}}{G_{kg}} = \frac{L_m}{G_g} \tag{4}$$

ausgedrückt, wenn die Garnlänge in km bzw. m und das Gewicht in kg bzw. g bestimmt werden.

Wiegen also z. B. 1800 m 500 g, so ergibt sich:

$$N_m = \frac{1800}{500} = 3{,}6 \text{ m/g}\,.$$

Umgekehrt gibt die **gramm-metrische Gewichtsnummer** oder **Grammnummer** an, wieviel Gewichtseinheiten von einem Gramm die Längeneinheit von 100 m wiegt. Z. B. bedeutet $N_g = 28$, daß die Längeneinheit von 100 m 28 g wiegt.

Die Grammnummer wird nach dieser Begriffsbestimmung durch die Formel

$$N_g = \frac{G_g}{L_{100\,m}} = \frac{100 \cdot G_g}{L_m} \tag{5}$$

ausgedrückt, wenn die Garnlänge in Einheiten von je 100 m ($L_{100\,m}$) bzw. in m (L_m) und deren Gewicht in g bestimmt werden.

Wiegt z. B. ein Fadenstück von 1800 m Länge 504 g, dann ist:

$$N_g = \frac{100 \cdot 504}{1800} = 28 \text{ g/100 m}\,.$$

Aus den Gl. (4) und (5) erhält man durch gegenseitige Multiplikation:

$$N_m \cdot N_g = \frac{L_m}{G_g} \cdot \frac{100\,G_g}{L_m} = 100\,, \tag{6}$$

womit die Beziehung zwischen Meternummer und Grammnummer gegeben ist[1].

Die Beziehungen zwischen den einzelnen Nummern errechnen sich nun wie folgt:

Nach Gl. (1) ist: $L_{yards} = 300 \cdot G_{lbs} \cdot N_{leas}$, oder, da 1 lb $= 453{,}6$ g und 1 yard $= 0{,}9144$ m ist, ergibt sich:

$$\frac{L_m}{0{,}9144} = \frac{300 \cdot G_g \cdot N_{leas}}{453{,}6}$$

und somit

$$N_m = \frac{L_m}{G_g} = \frac{300 \cdot 0{,}9144}{453{,}6}\,N_{leas} = 0{,}605\,N_{leas}\,. \tag{7}$$

Aus Gl. (2) ergibt sich: $L_{yards} = \dfrac{14400 \cdot G_{lbs}}{N_{lbs}}$, oder wieder in das metrische Maßsystem umgewandelt:

$$\frac{L_m}{0{,}9144} = \frac{14400 \cdot G_g}{453{,}6\,N_{lbs}}\,,$$

und hieraus:

$$N_m = \frac{L_m}{G_g} = \frac{14400 \cdot 0{,}9144}{453{,}6\,N_{lbs}} = \frac{29{,}03}{N_{lbs}}\,. \tag{8}$$

Aus Gl. (5) ergibt sich:

$$N_m = \frac{L_m}{G_g} = \frac{100}{N_g}\,. \tag{9}$$

---

[1] Bei der Längeneinheit von 10000 m (vgl. S. 7, Anm. 1) geht Gl. (6) über in: $N_m \cdot N_g = 10000$.

Aus Gl. (7) folgt das Verhältnis der Längennummern:

$$\frac{N_m}{N_{leas}} = 0{,}605, \quad \text{bzw.} \quad \frac{N_{leas}}{N_m} = \frac{1}{0{,}605} = 1{,}654. \tag{10}$$

Aus Gl. (8) und (9) ergibt sich das Verhältnis der Gewichtsnummern:

$$\frac{N_g}{N_{lbs}} = \frac{100}{29} = 3{,}445, \quad \text{bzw.} \quad \frac{N_{lbs}}{N_g} = \frac{29{,}03}{100} = 0{,}2903. \tag{11}$$

Die Beziehungen je einer Längennummer zu einer Gewichtsnummer folgen endlich aus Gl. (7), (8) und (9) zu:

$$N_{leas} \cdot N_{lbs} = \frac{29{,}03}{0{,}605} = 48 \qquad [\text{s. Gl. (3)}],$$

$$N_m \cdot N_g = 100 \qquad [\text{s. Gl. (6)}],$$

$$N_{leas} \cdot N_g = \frac{100}{0{,}605} = 165{,}4 \tag{12}$$

$$N_m \cdot N_{lbs} = 29{,}03. \tag{13}$$

Die aus obigen Gleichungen sich für die Umrechnung in die verschiedenen Numerierungssysteme ergebenden Reduktionskonstanten sind in Tabelle 1 enthalten.

Tabelle 1. Reduktionskonstanten für die verschiedenen Numerierungssysteme.

Längennummern		Gewichtsnummern	
Meter-Nr. $N_m = \text{m/g}$	engl. Nr. $N_{leas} = \text{leas/lb}$	schott. Nr. $N_{lbs} = \text{lbs/spindle}$	Gramm-Nr. $N_g = \text{g/100 m}$
1	1,654	29,03	100
0,605	1	48	165,4
29	48	1	3,445
100	165,4	0,2903	1

Beim Gebrauch dieser Tabelle ist, wie auch aus den Gl. (3), (6), (10), (11), (12) und (13) hervorgeht, zu beachten, daß bei der Umwandlung der Längennummer des einen Systemes in die eines anderen Systemes oder einer Gewichtsnummer des einen Systems in die eines anderen Systems jeweils die gegebene Nummer mit der Reduktionskonstanten zu multiplizieren ist, während bei Umwandlung einer Längennummer in eine Gewichtsnummer oder umgekehrt jeweils die gegebene Nummer in die entsprechende Reduktionskonstante zu dividieren ist (in Tabelle 1 durch Pfeile schematisch angedeutet).

Ob für die Numerierung der Jutegarne die Längennumerierung oder die Gewichtsnumerierung vorzuziehen ist, ist heute noch eine umstrittene Frage, da die Anhänger jedes Systemes dessen Vorzüge preisen. In England wird die schottische Gewichtsnummer bevorzugt, die auch in manchen deutschen Jutespinnereien heute noch im Gebrauche ist, soweit sie noch nicht auf das metrische Maßsystem übergegangen sind. Besonders im internen Betriebe der Spinnerei und Weberei gestaltet sich die Anwendung der Gewichtsnummer vorteilhaft, weil sie die Beziehung zwischen Garnlänge und Gewicht direkt zum Ausdruck bringt, was eine vereinfachte Berechnung bei der Aufstellung des Spinnplanes, fernerhin eine Erleichterung der Kontrolle der Garnnummer in der Spinnerei, wie auch eine Vereinfachung der Gewebeberechnung in der Weberei ermöglicht. Auch für gröbere Garne, bei denen die Anwendung der Längennummer (besonders bei der Meternummer) weniger bequem zu handhabende Bruchzahlen gibt, ist die Gewichtsnumerierung vorzuziehen, die außerdem bei mittleren und gröberen Nummern kleinere Abstufungen gestattet. Aus diesem Grunde sind einzelne deutsche Jutespinnereien, die früher mit der schottischen Gewichtsnummer arbeiteten, zu der Grammnummer übergegangen, die die Vorzüge des Gewichtsnumerierungssystemes mit denen des metrischen Systemes verbindet und für die Weberei die einfachsten Berechnungen liefert. Für die Verkaufsgarne in der Jute-Industrie, wie auch in der Flachs- und Hanfindustrie, die fast ausschließlich feinere Garne erzeugt, hat sich die Meternummer eingebürgert und im allgemeinen auch gut bewährt.

Die hauptsächlich vorkommenden Spinnummern für Jutegarne sind in Tabelle 2 für die obigen vier Numerierungssysteme zusammengestellt, wobei selbstverständlich in der Praxis entsprechende Abrundungen eintreten. Bezüglich der handelsüblichen Nummern sei auf Tabelle 29 S. 112 verwiesen.

Tabelle 2. Umwandlungstabelle für die Garnnummern nach den für Jutegarne üblichen Systemen.

Längennummern		Gewichtsnummern		Längennummern		Gewichtsnummern	
Engl. Nrn.	Metrische Nrn.	Schott. Nrn.	Gramm-Nrn.	Engl. Nrn.	Metr. Nrn.	Schott. Nrn.	Gramm-Nrn.
leas/lb	m/g	lbs/spindle	g/100 m	leas/lb.	m/g	lbs/spindle	g/100 m
$^1/_{10}$	0,0605	480	1653,57	$3^1/_2$	2,117	13,7	47,25
$^1/_8$	0,0756	384	1322,86	$3^3/_4$	2,268	12,8	44,10
$^1/_6$	0,101	288	992,15	4	2,42	12	41,34
$^1/_4$	0,151	192	661,43	$4^1/_4$	2,57	11,3	38,91
$^1/_3$	0,202	144	496,07	$4^1/_2$	2,72	10,7	36,75
$^1/_2$	0,302	96	330,72	$4^3/_4$	2,87	10,1	34,81
$^2/_3$	0,403	72	248,04	5	3,02	9,6	33,07
$^3/_4$	0,454	64	220,48	$5^1/_4$	3,17	9,1	31,50
$^5/_6$	0,504	57,6	198,43	$5^1/_2$	3,33	8,7	30,07
1	0,605	48	165,36	$5^3/_4$	3,48	8,3	28,76
$1^1/_4$	0,756	38,4	132,29	6	3,63	8	27,56
$1^1/_3$	0,806	36	124,02	$6^1/_2$	3,93	7,4	25,44
$1^1/_2$	0,907	32	110,24	7	4,23	6,9	23,62
$1^2/_3$	1,008	28,8	99,21	8	4,84	6	20,67
$1^3/_4$	1,058	27,4	94,49	9	5,44	5,3	18,37
2	1,210	24	82,68	10	6,05	4,8	16,54
$2^1/_4$	1,361	21,3	73,49	12	7,26	4	13,78
$2^1/_2$	1,512	19,2	66,14	14	8,47	3,4	11,81
$2^3/_4$	1,663	17,5	60,13	16	9,68	3	10,33
3	1,814	16	55,12	18	10,89	2,7	9,19
$3^1/_4$	1,965	14,8	50,88	20	12,10	2,4	8,27

2. Neben dem durch die Nummer ausgedrückten Feinheitsgrad eines Gespinstes ist von besonderer Wichtigkeit die Drahtgebung, die ganz wesentlich das Aussehen des Garnes beeinflußt.

Wie schon eingangs dieses Kapitels bei der technologischen Erklärung des Spinnvorganges erwähnt wurde, erfolgt die Bildung des Fadens durch das Zusammendrehen der neben- und aneinander gereihten Rohfasern von mehr oder weniger verschiedener Länge, d. h. durch die Überführung ihrer ursprünglich mit der Längenachse zusammenfallenden Lage in eine schraubenförmig gewundene. Dreht sich die Spinnspindel von oben gesehen im Sinne des Uhrzeigers, wie es normalerweise üblich ist, so verlaufen die von den Fasern gebildeten schraubenförmigen Windungen rechtsgängig, d. h. an dem in Abb. 2a dargestellten zylindrischen Fadenkörper von links unten nach rechts oben. Man bezeichnet daher ein solches Garn als „rechtsgedrehtes" Garn und spricht von Rechtsdraht im Gegensatz zu „linksgedrehtem" Garn bzw. Linksdraht (vgl. Abb. 2b), der für Jutegarne seltener zur Anwendung gelangt[1].

Dieselbe Bezeichnung gilt auch für die Zwirndrehung, wobei zu beachten ist, daß rechtsgedrehtes Garn linksdrähtig und umgekehrt linksgedrehtes Garn rechtsdrähtig verzwirnt werden muß, damit sich beim Zusammenzwirnen der Fäden die Drehung der Einzelfäden nicht auflöst (vgl. S. 18).

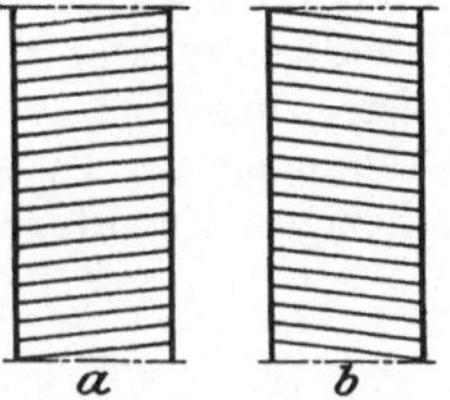

Abb. 2a. Rechts gedrehtes Garn. Abb. 2b. Links gedrehtes Garn.

Die infolge des Zusammendrehens der Fasern hervorgerufene Pressung erzeugt jenen Reibungswiderstand, den der Faden Zugbeanspruchungen entgegensetzt, soweit es die Substanzfestigkeit des Fasermaterials erlaubt. Eine Betrachtung der Schraubenlinie in Abb. 3 zeigt, daß die durch die Zugkraft P hervorgerufene Normalkraft P_1 und infolgedessen auch der Reibungswiderstand $P_1 \cdot \mu$ (wenn μ der Reibungskoeffizient der Fasern ist), um so größer werden, je kleiner der Steigungswinkel φ der Schraubenlinie ist. Hieraus ist ohne weiteres der Einfluß des Drehungsgrades auf die Festigkeit ersichtlich: die Festigkeit nimmt mit zunehmender Drehung (d. h. mit kleiner werdendem Neigungswinkel der Schraubenlinie) zu. Andererseits zeigt sich auch, daß bei einer Zugbeanspruchung des Fadens die äußeren Fasern des Fadens am stärksten in Mitleidenschaft gezogen werden, da sie bereits bei der Drahtgebung eine Vorspannung erlitten haben. Die Folge dieser ungleichmäßigen Spannungsverteilung über den Querschnitt ist, daß mit zunehmendem Drehungsgrad bei Längsbeanspruchungen die äußeren Fasern nicht mehr gleiten, sondern reißen, ehe die Substanzfestigkeit der inneren Fasern voll ausgenützt worden ist. Die Garnfestigkeit muß daher auch stets unter der Substanzfestigkeit bleiben. Bei der Überschreitung eines gewissen Drehungsgrades nimmt die Garnfestigkeit wieder ab, und man bezeichnet den Drehungsgrad, bei dem ein gewisses Garn unter sonst gleichen Verhältnissen einen Höchstwert an Festigkeit besitzt, als den kritischen Drehungsgrad[2].

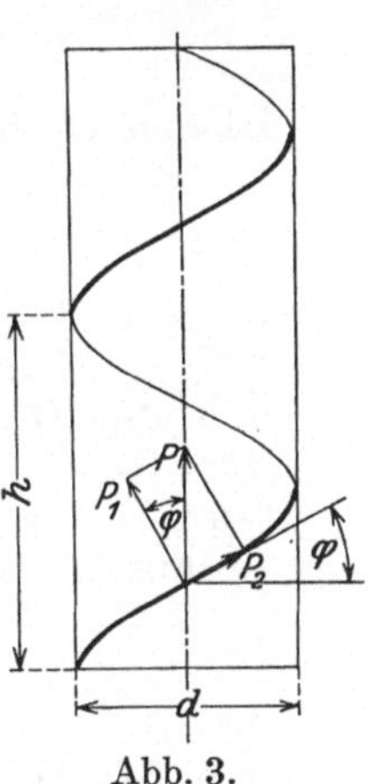

Abb. 3.

Der Drehungsgrad eines Garnes wird gemessen durch die Anzahl Drehungen oder Windungen, die der Faden auf die Längeneinheit, d. h. im metrischen System auf 1 cm, im englischen System auf 1 Zoll engl., enthält.

Bezeichnet t die Anzahl Drehungen auf die Längeneinheit, h die Ganghöhe und φ den Steigungswinkel der Schraubenlinie, d den Durchmesser des als Zylinder betrachteten Garnkörpers, so ist $h = \dfrac{1}{t}$, und gemäß den allgemeinen Be-

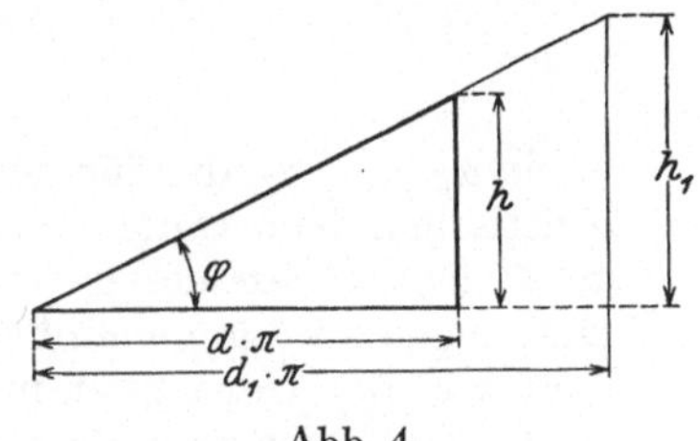

Abb. 4.

---

[1] Vereinzelt findet man auch in der Literatur und in der Praxis für die oben angegebenen Drehungsrichtungen die umgekehrte Bezeichnung, wie die Ausführungen von Professor Fiedler in Melliands Textilber. 1925, H. 1 u. H. 9 zeigen. Doch dürfte die von Fiedler vertretene Ansicht vereinzelt dastehen.

[2] Vgl. die in Tabelle 9 S. 29 zusammengestellten Versuchsergebnisse.

Das Gesetz, nach dem sich die Festigkeit bei den verschiedenen Drehungen ändert, wurde schon 1880 von Ernst Müller in seiner preisgekrönten Arbeit, Über die Festigkeit fadenförmiger Fasergebilde in ihrer Abhängigkeit vom Drahte derselben. Civ.-Ing. 1880, S. 137, abgeleitet.

ziehungen der Schraubenlinie nach Abb. 4:

$$\mathrm{tg}\,\varphi = \frac{h}{d\pi} = \frac{1}{i \cdot d \cdot \pi}\,.$$

Hieraus zeigt sich, daß für gleichbleibenden Steigungswinkel mit zunehmendem Garndurchmesser die auf die Längeneinheit bezogenen Drehungen abnehmen, t ist umgekehrt proportional dem Garndurchmesser bei gleichem Drehungsgrad. Zwischen zwei verschiedenen Drehungen t und t_1 und den zugehörigen Garndurchmessern d und d_1 besteht demnach die Beziehung:

$$\frac{t}{t_1} = \frac{d_1}{d}\,. \tag{1}$$

Ist γ das spezifische Gewicht des Fasermateriales, und wird bei einem Faden angenommen, daß er von genau kreisförmigem Querschnitt sei und die Fasern diesen Querschnitt voll ausfüllen, dann ist das Gewicht eines Fadens von der Länge L:

$$G = \frac{\pi}{4}\,d^2 \cdot \gamma \cdot L\,,$$

oder

$$N_G = \frac{G}{L} = \frac{\pi}{4}\,d^2 \cdot \gamma\,.$$

Hieraus ergibt sich:

$$d^2 = \frac{4}{\pi \cdot \gamma}\,N_G = \frac{4}{\pi \cdot \gamma} \cdot \frac{1}{N_L}\,,$$

oder

$$d = \text{Konstante} \cdot \sqrt{N_G} = \frac{\text{Konstante}}{\sqrt{N_L}}\,, \tag{2}$$

d. h. der Garndurchmesser ist proportional der Quadratwurzel aus der Gewichtsnummer und umgekehrt proportional der Quadratwurzel aus der Längennummer.

Aus Gl. (1) und (2) folgt demnach auch, daß

$$\frac{t}{t_1} = \text{Konstante} \cdot \frac{\sqrt{N_{G_1}}}{\sqrt{N_G}} = \text{Konstante} \cdot \frac{\sqrt{N_L}}{\sqrt{N_{L_1}}}\,, \tag{3}$$

d. h. die Drehungen pro Längeneinheit verhalten sich umgekehrt proportional den Quadratwurzeln aus den Gewichtsnummern und direkt proportional den Quadratwurzeln aus den Längennummern.

Dies wird allgemein durch die Beziehung ausgedrückt:

$$t = \alpha_L\,\sqrt{N_L} = \frac{\alpha_G}{\sqrt{N_G}}\,, \tag{4}$$

worin α_L bzw. α_G die für den Drehungsgrad einer bestimmten Garnsorte charakteristischen Konstanten sind, die als Drehungskonstanten oder Drehungskoeffizienten bezeichnet werden. Nach Gl. (4) stellt α_L bzw. α_G diejenige Zahl Drehungen pro Längeneinheit dar, die ein gewisses Garn von der Längennummer 1 bzw. von der Gewichtsnummer 1 aufweist.

Es muß hier noch bemerkt werden, daß die tatsächlichen Verhältnisse bei der Drahtgebung beim Spinnen wesentlich komplizierter sind, als für die Entwicklung obiger Beziehungen angenommen wurde. Zunächst ist die Bedingung, die zu Gl. (2) führte, nicht erfüllt, denn je nach dem Grad der Drehung ist der Garndurchmesser bei gleicher Garnnummer verschieden. Die Ausfüllung des Garnquerschnittes durch die einzelnen Fasern hängt wesentlich von der Beschaffenheit und der Stärke derselben ab. Gespinste aus sehr feinen Einzelfasern sehen bei gleicher Drehung und Feinheitsnummer dicker aus. Scharf gedrehte Garne haben bei gleicher Feinheitsnummer geringeren Durchmesser als lose gedrehte Garne. Naß gesponnenes Garn, z. B. bei Hanf und Flachs, ist stets dünner als trocken gesponnenes Garn von der gleichen Nummer usw.

Beim Zusammendrehen der Fasern während des Spinnprozesses tritt auch eine Verkürzung der Garnlänge ein, die eine Änderung der Feinheitsnummer zur Folge hat und deshalb bei der Berechnung des Spinnverzuges berücksichtigt werden muß. Der Grad dieser Verkürzung hängt wiederum wesentlich von der Faserart ab.

Endlich muß beachtet werden, daß bei Garnen immer mit einer gewissen Ungleichmäßigkeit in der Dicke gerechnet werden muß. Besonders bei Jutegarnen sind die Schwankungen in der Dicke schon auf kurze Längen sehr beträchtlich, und es zeigt sich alsdann, daß sich in die dünneren Stellen der Draht schärfer legt als in die dickeren, wodurch das Aussehen und die Festigkeit des Garnes wesentlich beeinflußt werden.

Welche Größe nunmehr dem Drehungskoeffizienten zu geben ist, hängt nach obigem zunächst von der Art des Rohmateriales, besonders von der Festigkeit und Länge der Fasern ab. Je kürzer und schwächer das zur Garnbildung dienende Fasermaterial ist, desto größer wird im allgemeinen der Drehungskoeffizient gewählt.

Bei einem und demselben Fasermaterial ist der Verwendungszweck des Garnes entscheidend. Soll das Garn besonders glatt und fest sein, wie es z. B. bei der Verwendung als Kettgarn im Webprozeß und zur Herstellung von scharf gedrehten Zwirnen für Bindfäden der Fall ist, so muß es eine schärfere Drehung erhalten, als wenn von ihm eine größere Weichheit und Deck- oder Füllfähigkeit, aber ohne erhebliche Festigkeit verlangt wird, wie es z. B. bei der Verwendung als Schuß- oder Einschlaggarn in der Weberei zutrifft. Die Drehung im ersten Fall bezeichnet man kurz als Kettendrehung im Gegensatz zur Schußdrehung. Zwischen beiden Drehungsgraden liegt die Halbkettendrehung oder Mediodrehung, die bei Jutegarnen oft an Stelle von Vollkettendrehung verwendet wird und für die gewöhnlichen Webereikettengarne auch genügt.

Naturgemäß gibt man einem Garn keine größere Drehung als unbedingt notwendig ist, denn die Drehung beeinflußt wesentlich das Produktionsergebnis der Feinspinnmaschinen, wie später noch gezeigt wird.

Die Drehung des Vorgarnes erfolgt nur so weit, als zur Erzielung der für die Aufwicklung auf die Vorgarnspulen erforderlichen Festigkeit notwendig ist, wobei zu beachten ist, daß sich der Drall des Vorgarnes beim Durchgang durch das Streckwerg der Feinspinnmaschinen leicht aufdrehen lassen muß, damit der Streckvorgang anstandslos vor sich gehen kann. Zu schwach gedrehtes Vorgarn jedoch erscheint rauh, verliert verhältnismäßig schnell seine Feuchtigkeit und gibt demgemäß rauhes Feingarn.

Aus den Beziehungen zwischen den einzelnen Numerierungssystemen auf S. 9 lassen sich nun die entsprechenden Drehungskoeffizienten berechnen. Aus Gl. (4), S. 12 ergibt sich:

$$t_{\text{zoll}} = \alpha_{\text{leas}} \sqrt{N_{\text{leas}}} = \frac{\alpha_{\text{lbs}}}{\sqrt{N_{\text{lbs}}}}, \tag{5}$$

worin mit t_{zoll} die Anzahl Drehungen auf 1 Zoll engl., und mit α_{leas} bzw. α_{lbs} die Drehungskoeffizienten der lea-Nummer bzw. der lbs-Nummer bezeichnet sind.

Mit
$$N_{\text{leas}} = \frac{48}{N_{\text{lbs}}}$$

ergibt sich aus Gl. (5):

$$\alpha_{\text{leas}} \frac{\sqrt{48}}{\sqrt{N_{\text{lbs}}}} = \frac{\alpha_{\text{lbs}}}{\sqrt{N_{\text{lbs}}}}$$

oder

$$\alpha_{\text{lbs}} = 6{,}93\,\alpha_{\text{leas}} = \text{abgerundet } 7\,\alpha_{\text{leas}} \, . \tag{6}$$

Soll der Drehungskoeffizient der Meternummer α_{m} aus α_{leas} ermittelt werden, so ist zu beachten, daß für die Meternummer die Anzahl Drehungen pro Zentimeter, t_{cm}, angegeben werden. Demnach ergibt sich:

$$t_{\text{cm}} = \frac{t_{\text{zoll}}}{2{,}54} = \frac{\alpha_{\text{leas}}\,\sqrt{N_{\text{leas}}}}{2{,}54} = \alpha_{\text{m}}\,\sqrt{N_{\text{m}}} \, .$$

Hieraus ergibt sich mit $N_{\text{leas}} = 1{,}654\,N_{\text{m}}$

$$\alpha_{\text{leas}} \frac{\sqrt{1{,}654}}{2{,}54} = \alpha_{\text{m}}$$

oder

$$\alpha_{\text{m}} = 0{,}5063\,\alpha_{\text{leas}} = \text{abgerundet } 0{,}5\,\alpha_{\text{leas}} \, . \tag{7}$$

In gleicher Weise ergeben sich die Beziehungen zwischen α_{m} und α_{g} aus

$$t_{\text{cm}} = \alpha_{\text{m}}\,\sqrt{N_{\text{m}}} = \frac{\alpha_{\text{g}}}{\sqrt{N_{\text{g}}}}, \quad \text{und mit } N_{\text{m}} = \frac{100}{N_{\text{g}}},$$

$$\alpha_{\text{m}} \frac{\sqrt{100}}{\sqrt{N_{\text{g}}}} = \frac{\alpha_{\text{g}}}{\sqrt{N_{\text{g}}}},$$

$$\alpha_{\text{g}} = 10\,\alpha_{\text{m}} = 5{,}063\,\alpha_{\text{leas}} \, . \tag{8}$$

Die hiernach errechneten Umwandlungsfaktoren sind in abgerundeten Zahlen in Tab. 3 zusammengestellt.

Tabelle 3. Umwandlungsfaktoren für die Drehungskoeffizienten der verschiedenen Numerierungssysteme.

Längennummern		Gewichtsnummern	
α_{m}	α_{leas}	α_{lbs}	α_{g}
1	2	14	10
0,5	1	7	5
0,07	0,144	1	0,7
0,1	0,2	1,4	1

Die für Jutefeingarne und Vorgarne üblichen Drehungen sind in Tab. 4 zusammengestellt, mit deren Hilfe sich für jede Garnnummer und Drehungsgrad die Anzahl Drehungen für 1 Zoll bei der englischen Numerierung bzw. für 1 cm bei der metrischen Numerierung berechnen lassen. Die danach für die in der Praxis vorkommenden Garnnummern und Drehungsgrade errechneten Drehungszahlen sind in den Tab. 5 und 6 für Jutefeingarne und in den Tab. 7 und 8 für Jutevorgarne zusammengestellt.

Tabelle 4. Drehungskoeffizienten für Jutegarne.

Garnart	Längennummern		Gewichtsnummern	
	Meternummer	engl. Nummer	Grammnummer	schott. Nummer
Schuß	$0{,}6$ bis $0{,}8\ \sqrt{N_{\text{m}}}$	$1{,}2$ bis $1{,}6\,\sqrt{N_{\text{leas}}}$	$\dfrac{6}{\sqrt{N_{\text{g}}}}$ bis $\dfrac{8}{\sqrt{N_{\text{g}}}}$	$\dfrac{8{,}4}{\sqrt{N_{\text{lbs}}}}$ bis $\dfrac{11{,}2}{\sqrt{N_{\text{lbs}}}}$
Halbkette	$0{,}85$ bis $1{,}0\ \sqrt{N_{\text{m}}}$	$1{,}7$ bis $2{,}0\,\sqrt{N_{\text{leas}}}$	$\dfrac{8{,}5}{\sqrt{N_{\text{g}}}}$ bis $\dfrac{10}{\sqrt{N_{\text{g}}}}$	$\dfrac{11{,}9}{\sqrt{N_{\text{lbs}}}}$ bis $\dfrac{14}{\sqrt{N_{\text{lbs}}}}$
Kette	$1{,}05$ bis $1{,}4\ \sqrt{N_{\text{m}}}$	$2{,}1$ bis $2{,}8\,\sqrt{N_{\text{leas}}}$	$\dfrac{10{,}5}{\sqrt{N_{\text{g}}}}$ bis $\dfrac{14}{\sqrt{N_{\text{g}}}}$	$\dfrac{14{,}7}{\sqrt{N_{\text{lbs}}}}$ bis $\dfrac{19{,}6}{\sqrt{N_{\text{lbs}}}}$
Vorgarn	$0{,}38$ bis $0{,}75\,\sqrt{N_{\text{m}}}$	$0{,}75$ bis $1{,}5\,\sqrt{N_{\text{leas}}}$	$\dfrac{3{,}8}{\sqrt{N_{\text{g}}}}$ bis $\dfrac{7{,}5}{\sqrt{N_{\text{g}}}}$	$\dfrac{5{,}2}{\sqrt{N_{\text{lbs}}}}$ bis $\dfrac{10{,}5}{\sqrt{N_{\text{lbs}}}}$
	Mittelwert $= 0{,}45$	0,9	4,5	6,3

Tabelle 5. Drehungen der Jutegarne für 1 Zoll engl.

$$t_{\text{zoll}} = \alpha_{\text{leas}} \ \sqrt{N_{\text{leas}}}.$$

N_{leas}	$\sqrt{N_{\text{leas}}}$	Schußgarne				Halbkettgarne					Kettgarne				
		α_{leas}=1,2	1,3	1,4	1,5	1,6	1,7	1,8	1,9	2,0	2,1	2,2	2,3	2,4	2,5
$^1/_{10}$	0,316	0,38	0,41	0,44	0,47	0,51	0,54	0,57	0,60	0,63	0,66	0,70	0,73	0,76	0,79
$^1/_8$	0,354	0,42	0,46	0,50	0,53	0,57	0,60	0,64	0,67	0,71	0,74	0,78	0,81	0,85	0,89
$^1/_6$	0,408	0,49	0,53	0,57	0,61	0,65	0,69	0,73	0,78	0,82	0,86	0,90	0,94	0,98	1,02
$^1/_4$	0,500	0,60	0,65	0,70	0,75	0,80	0,85	0,90	0,95	1,00	1,05	1,10	1,15	1,20	1,25
$^1/_3$	0,577	0,69	0,75	0,81	0,87	0,92	0,98	1,04	1,10	1,15	1,21	1,27	1,33	1,38	1,44
$^1/_2$	0,707	0,85	0,92	0,99	1,06	1,13	1,20	1,27	1,34	1,41	1,48	1,56	1,63	1,70	1,77
$^2/_3$	0,816	0,98	1,06	1,14	1,22	1,31	1,39	1,47	1,55	1,63	1,71	1,80	1,88	1,96	2,04
$^3/_4$	0,866	1,04	1,13	1,21	1,30	1,39	1,47	1,56	1,65	1,73	1,82	1,91	1,99	2,08	2,17
$^5/_6$	0,913	1,10	1,19	1,28	1,37	1,46	1,55	1,64	1,73	1,83	1,92	2,01	2,10	2,19	2,28
1	1,000	1,20	1,30	1,40	1,50	1,60	1,70	1,80	1,90	2,00	2,10	2,20	2,30	2,40	2,50
$1^1/_4$	1,118	1,34	1,45	1,57	1,68	1,79	1,90	2,01	2,12	2,24	2,35	2,46	2,57	2,68	2,80
$1^1/_3$	1,155	1,39	1,50	1,62	1,73	1,85	1,96	2,08	2,19	2,31	2,43	2,54	2,66	2,77	2,89
$1^1/_2$	1,225	1,47	1,59	1,72	1,84	1,96	2,08	2,21	2,33	2,45	2,57	2,70	2,82	2,94	3,06
$1^2/_3$	1,291	1,55	1,68	1,81	1,94	2,07	2,19	2,32	2,45	2,58	2,71	2,84	2,97	3,10	3,23
$1^3/_4$	1,323	1,59	1,72	1,85	1,98	2,12	2,25	2,38	2,51	2,65	2,78	2,91	3,04	3,18	3,31
2	1,414	1,70	1,84	1,98	2,12	2,26	2,40	2,55	2,69	2,83	2,97	3,11	3,25	3,39	3,54
$2^1/_4$	1,500	1,80	1,95	2,10	2,25	2,40	2,55	2,70	2,85	3,00	3,15	3,30	3,45	3,60	3,75
$2^1/_2$	1,581	1,90	2,06	2,21	2,37	2,53	2,69	2,85	3,00	3,16	3,32	3,48	3,64	3,79	3,95
$2^3/_4$	1,658	1,99	2,16	2,32	2,49	2,65	2,82	2,98	3,15	3,32	3,48	3,65	3,81	3,98	4,15
3	1,732	2,08	2,25	2,42	2,60	2,77	2,94	3,12	3,29	3,46	3,64	3,81	3,98	4,16	4,33
$3^1/_4$	1,803	2,16	2,34	2,52	2,70	2,88	3,07	3,24	3,43	3,61	3,79	3,97	4,15	4,33	4,51
$3^1/_2$	1,871	2,25	2,43	2,62	2,81	2,99	3,18	3,37	3,55	3,74	3,93	4,12	4,30	4,49	4,68
$3^3/_4$	1,936	2,32	2,52	2,71	2,90	3,10	3,29	3,48	3,67	3,87	4,07	4,26	4,45	4,65	4,84
4	2,000	2,40	2,60	2,80	3,00	3,20	3,40	3,60	3,80	4,00	4,20	4,40	4,60	4,80	5,00
$4^1/_4$	2,062	2,47	2,68	2,89	3,09	3,30	3,51	3,71	3,92	4,12	4,33	4,54	4,74	4,95	5,16
$4^1/_2$	2,121	2,55	2,76	2,97	3,18	3,39	3,61	3,82	4,03	4,24	4,45	4,67	4,88	5,09	5,30
$4^3/_4$	2,179	2,61	2,83	3,05	3,27	3,49	3,70	3,92	4,14	4,36	4,58	4,79	5,01	5,23	5,45
5	2,236	2,68	2,91	3,13	3,35	3,58	3,80	4,02	4,25	4,47	4,70	4,92	5,14	5,37	5,59
$5^1/_4$	2,291	2,75	2,98	3,21	3,44	3,67	3,89	4,12	4,35	4,58	4,81	5,04	5,27	5,50	5,73
$5^1/_2$	2,345	2,81	3,05	3,28	3,52	3,75	3,99	4,22	4,46	4,69	4,92	5,16	5,39	5,63	5,86
$5^3/_4$	2,398	2,88	3,12	3,36	3,60	3,84	4,08	4,32	4,56	4,80	5,04	5,28	5,52	5,76	6,00
6	2,449	2,94	3,18	3,43	3,67	3,92	4,16	4,41	4,65	4,90	5,14	5,39	5,63	5,88	6,12
$6^1/_2$	2,550	3,06	3,32	3,57	3,83	4,08	4,34	4,59	4,85	5,10	5,36	5,61	5,87	6,12	6,38
7	2,646	3,18	3,44	3,70	3,97	4,23	4,50	4,76	5,03	5,29	5,56	5,82	6,09	6,35	6,62
8	2,828	3,39	3,68	3,96	4,24	4,52	4,81	5,09	5,37	5,66	5,94	6,22	6,50	6,79	7,07
9	3,000	3,60	3,90	4,20	4,50	4,80	5,10	5,40	5,70	6,00	6,30	6,60	6,90	7,20	7,50
10	3,162	3,79	4,11	4,43	4,74	5,06	5,38	5,69	6,01	6,32	6,64	6,96	7,27	7,59	7,91
12	3,464	4,16	4,50	4,85	5,20	5,54	5,89	6,24	6,58	6,93	7,27	7,62	7,97	8,31	8,66
14	3,742	4,49	4,86	5,24	5,61	5,99	6,36	6,74	7,11	7,48	7,86	8,23	8,61	8,98	9,36
16	4,000	4,80	5,20	5,60	6,00	6,40	6,80	7,20	7,60	8,00	8,40	8,80	9,20	9,60	10,00
18	4,243	5,09	5,52	5,94	6,36	6,79	7,21	7,65	8,06	8,49	8,91	9,33	9,76	10,18	10,61
20	4,472	5,37	5,81	6,26	6,71	7,16	7,60	8,05	8,50	8,94	9,39	9,84	10,29	10,73	11,18

Für Vorgarn wird fast stets die Gewichtsnumerierung gewählt, da sowohl die englische wie auch die metrische Längennumerierung bei dem verhältnismäßig großen Gewicht des Vorgarnes unbequem niedrige Werte ergeben. Neben der schottischen Nummer wird in England für Vorgarn häufig die Unzennummer verwendet, N_{oz}, die angibt, wie viele englische Unzen (ounces, abgekürzt oz $= ^1/_{16}$ lb $= 28,35$ g) eine Vorgarnlänge von 100 yards wiegt. Nach deutschem Maßsystem wird die Grammnummer verwendet, also angegeben, wieviel Gramm 100 m wiegen.

Die Beziehung zwischen beiden Nummern ergibt sich aus:

$$N_{\text{oz}} = \frac{G_{\text{oz}}}{L_{100\,\text{yards}}} = \frac{G_{\text{g}} \cdot 0{,}9144}{28{,}35 \cdot L_{100\,\text{m}}} = \frac{G_{\text{g}}}{31\,L_{100\,\text{m}}} = \frac{N_{\text{g}}}{31}$$

oder $\qquad 31\,N_{\text{oz}} = N_{\text{g}}.$ $\hfill (9)$

Tabelle 6. Drehungen der Jutegarne für 1 cm.

$$t_{cm} = \alpha_m \sqrt{N_m},$$

$$\alpha_m = 0{,}5063\,\alpha_{leas}.$$

N_m	$\sqrt{N_m}$	Schußgarne				Halbkettgarne					Kettengarne				
		$\alpha_m=0{,}61$	0,66	0,71	0,76	0,81	0,86	0,91	0,96	1,01	1,06	1,11	1,16	1,22	1,27
0,06	0,245	0,15	0,16	0,17	0,19	0,20	0,21	0,22	0,24	0,25	0,26	0,27	0,28	0,30	0,31
0,075	0,274	0,17	0,18	0,19	0,21	0,22	0,24	0,25	0,26	0,28	0,29	0,30	0,32	0,33	0,35
0,10	0,316	0,19	0,21	0,22	0,24	0,26	0,27	0,29	0,30	0,32	0,33	0,35	0,37	0,39	0,40
0,15	0,387	0,24	0,26	0,27	0,29	0,31	0,33	0,35	0,37	0,39	0,41	0,43	0,45	0,47	0,49
0,20	0,447	0,27	0,30	0,32	0,34	0,36	0,38	0,41	0,43	0,45	0,47	0,50	0,52	0,55	0,57
0,30	0,548	0,33	0,36	0,39	0,42	0,44	0,47	0,50	0,53	0,55	0,58	0,61	0,64	0,67	0,70
0,45	0,671	0,41	0,44	0,48	0,51	0,54	0,58	0,61	0,64	0,68	0,71	0,74	0,78	0,82	0,85
0,50	0,707	0,43	0,47	0,50	0,54	0,57	0,61	0,64	0,68	0,71	0,75	0,78	0,82	0,86	0,90
0,60	0,775	0,47	0,51	0,55	0,59	0,63	0,67	0,71	0,74	0,78	0,82	0,86	0,90	0,95	0,98
0,75	0,866	0,53	0,57	0,61	0,66	0,70	0,74	0,79	0,83	0,87	0,92	0,96	1,00	1,06	1,10
0,80	0,894	0,55	0,59	0,63	0,68	0,72	0,77	0,81	0,86	0,90	0,95	0,99	1,04	1,09	1,14
0,90	0,949	0,58	0,63	0,67	0,72	0,77	0,82	0,86	0,91	0,96	1,01	1,05	1,10	1,16	1,21
1,00	1,000	0,61	0,66	0,71	0,76	0,81	0,86	0,91	0,96	1,01	1,06	1,11	1,16	1,22	1,27
1,20	1,095	0,67	0,72	0,78	0,83	0,89	0,94	1,00	1,05	1,11	1,16	1,22	1,27	1,34	1,39
1,35	1,162	0,71	0,77	0,83	0,88	0,94	1,00	1,06	1,12	1,17	1,23	1,29	1,35	1,42	1,48
1,50	1,225	0,75	0,81	0,87	0,93	0,99	1,05	1,11	1,18	1,24	1,30	1,36	1,42	1,49	1,56
1,65	1,285	0,78	0,85	0,91	0,98	1,04	1,11	1,17	1,23	1,30	1,36	1,43	1,50	1,57	1,63
1,80	1,342	0,82	0,89	0,95	1,02	1,09	1,15	1,22	1,29	1,36	1,42	1,49	1,56	1,64	1,70
1,95	1,396	0,85	0,92	0,99	1,06	1,13	1,20	1,27	1,34	1,41	1,48	1,55	1,62	1,70	1,77
2,10	1,449	0,88	0,96	1,03	1,10	1,17	1,25	1,32	1,39	1,46	1,54	1,61	1,68	1,77	1,84
2,25	1,500	0,92	0,99	1,07	1,14	1,21	1,29	1,37	1,44	1,52	1,59	1,67	1,74	1,83	1,91
2,40	1,549	0,94	1,02	1,10	1,18	1,25	1,33	1,41	1,49	1,56	1,64	1,72	1,80	1,89	1,97
2,55	1,597	0,97	1,05	1,13	1,21	1,29	1,37	1,45	1,53	1,61	1,69	1,77	1,85	1,95	2,03
2,70	1,643	1,00	1,08	1,17	1,25	1,33	1,41	1,50	1,58	1,66	1,74	1,82	1,91	2,00	2,09
2,85	1,688	1,03	1,11	1,20	1,28	1,37	1,45	1,54	1,62	1,70	1,79	1,87	1,96	2,06	2,14
3,00	1,732	1,06	1,14	1,23	1,32	1,40	1,49	1,58	1,66	1,75	1,84	1,92	2,01	2,11	2,20
3,15	1,775	1,08	1,17	1,26	1,35	1,44	1,53	1,62	1,70	1,79	1,88	1,97	2,06	2,17	2,25
3,30	1,816	1,11	1,20	1,29	1,38	1,47	1,56	1,65	1,74	1,83	1,92	2,02	2,11	2,22	2,31
3,45	1,857	1,13	1,23	1,32	1,41	1,50	1,60	1,69	1,78	1,88	1,97	2,06	2,15	2,27	2,36
3,60	1,897	1,16	1,25	1,35	1,44	1,54	1,63	1,73	1,82	1,92	2,01	2,11	2,20	2,31	2,41
3,90	1,975	1,20	1,30	1,40	1,50	1,60	1,70	1,80	1,90	2,00	2,09	2,19	2,29	2,41	2,51
4,20	2,049	1,25	1,35	1,45	1,56	1,66	1,76	1,86	1,97	2,07	2,17	2,27	2,38	2,50	2,60
4,80	2,191	1,34	1,45	1,56	1,67	1,77	1,88	1,99	2,10	2,21	2,32	2,43	2,54	2,67	2,78
5,40	2,324	1,42	1,53	1,65	1,77	1,88	2,00	2,11	2,23	2,35	2,46	2,58	2,70	2,84	2,95
6,00	2,449	1,49	1,62	1,74	1,86	1,98	2,11	2,23	2,35	2,47	2,60	2,72	2,84	2,99	3,11
7,20	2,683	1,64	1,77	1,90	2,04	2,17	2,31	2,44	2,58	2,71	2,84	2,98	3,11	3,27	3,41
8,40	2,898	1,77	1,91	2,06	2,20	2,35	2,49	2,64	2,78	2,93	3,07	3,22	3,36	3,54	3,68
9,60	3,098	1,89	2,04	2,20	2,35	2,51	2,66	2,82	2,97	3,13	3,28	3,44	3,59	3,78	3,93
10,80	3,286	2,00	2,17	2,33	2,50	2,66	2,83	2,99	3,15	3,32	3,48	3,65	3,81	4,01	4,17
12,00	3,464	2,11	2,29	2,46	2,63	2,81	2,98	3,15	3,33	3,50	3,67	3,85	4,02	4,23	4,40

Demnach entspricht z. B. einem 9-Unzen-Vorgarn die Grammnummer $N_g = 9 \cdot 31 = 279\ \text{g}/100\ \text{m}$.

In ähnlicher Weise und unter Beachtung der Gl. (2), S. 7 ergibt sich die Beziehung zwischen schottischer Nummer und Unzennummer zu:

$$N_{oz} = \frac{G_{oz}}{L_{100\,yards}} = \frac{16\,G_{lbs}}{144 \cdot L_{spindles}} = \frac{1\,G_{lbs}}{9\,L_{spindles}} = \frac{1}{9}\,N_{lbs}$$

oder

$$9\,N_{oz} = N_{lbs}[1]. \tag{10}$$

---

[1] Gl. (10) ergibt sich auch unmittelbar aus: $31\,N_{oz} = N_g = 3{,}445\,N_{lbs}$

$$N_{lbs} = \frac{31}{3{,}445}\,N_{oz} = 9\,N_{oz}.$$

Tabelle 7. Drehungen der Jutevorgarne für 1 Zoll engl.

$$t_{\text{zoll}} = \frac{\alpha_{\text{lbs}}}{\sqrt{N_{\text{lbs}}}} = \alpha_{\text{leas}} \sqrt{N_{\text{leas}}},$$

$$\alpha_{\text{leas}} = 0,144\,\alpha_{\text{lbs}}.$$

N_{oz}	N_{lbs}	N_{leas}	$\sqrt{N_{\text{lbs}}}$	$\sqrt{N_{\text{leas}}}$	$\alpha_{\text{lbs}} = 5,29$ $\alpha_{\text{leas}} = 0,76$	5,56 0,80	5,83 0,84	6,11 0,88	6,39 0,92	6,67 0,96
4	36	1,333	6,000	1,155	0,88	0,93	0,97	1,02	1,06	1,11
$4^{1}/_{2}$	40,5	1,185	6,364	1,089	0,83	0,87	0,92	0,96	1,00	1,05
5	45	1,067	6,708	1,033	0,79	0,83	0,87	0,91	0,95	0,99
$5^{1}/_{2}$	49,5	0,970	7,036	0,985	0,75	0,79	0,83	0,87	0,91	0,95
6	54	0,889	7,348	0,943	0,72	0,76	0,79	0,83	0,87	0,91
$6^{1}/_{2}$	58,5	0,821	7,649	0,906	0,69	0,73	0,76	0,80	0,83	0,87
7	63	0,762	7,937	0,873	0,67	0,70	0,74	0,77	0,80	0,84
$7^{1}/_{2}$	67,5	0,711	8,216	0,843	0,64	0,68	0,71	0,74	0,78	0,81
8	72	0,667	8,485	0,817	0,62	0,66	0,69	0,72	0,75	0,79
$8^{1}/_{2}$	76,5	0,628	8,746	0,793	0,60	0,64	0,67	0,70	0,73	0,76
9	81	0,593	9,000	0,770	0,59	0,62	0,65	0,68	0,71	0,74
10	90	0,533	9,487	0,730	0,56	0,59	0,61	0,64	0,67	0,70
11	99	0,485	9,950	0,696	0,53	0,56	0,59	0,61	0,64	0,67
12	108	0,444	10,392	0,667	0,51	0,54	0,56	0,59	0,61	0,64
13	117	0,410	10,817	0,640	0,49	0,51	0,54	0,57	0,59	0,62
14	126	0,381	11,225	0,617	0,47	0,50	0,52	0,54	0,57	0,59
16	144	0,333	12,000	0,577	0,44	0,46	0,49	0,51	0,53	0,56

Tabelle 8. Drehungen der Jutevorgarne für 1 cm.

$$t_{\text{cm}} = \frac{\alpha_{\text{g}}}{\sqrt{N_{\text{g}}}} = \alpha_{\text{m}} \sqrt{N_{\text{m}}},$$

$$\alpha_{\text{m}} = 0,1\,\alpha_{\text{g}}.$$

N_{g}	N_{m}	$\sqrt{N_{\text{g}}}$	$\sqrt{N_{\text{m}}}$	$\alpha_{\text{g}} = 3,8$ $\alpha_{\text{m}} = 0,38$	4,0 0,40	4,2 0,42	4,4 0,44	4,6 0,46	4,8 0,48
125	0,800	11,18	0,894	0,34	0,36	0,38	0,39	0,41	0,43
140	0,714	11,83	0,845	0,32	0,34	0,36	0,37	0,39	0,41
155	0,645	12,45	0,803	0,31	0,32	0,34	0,35	0,37	0,39
170	0,588	13,04	0,767	0,29	0,31	0,32	0,34	0,35	0,37
185	0,541	13,60	0,736	0,28	0,29	0,31	0,32	0,34	0,35
200	0,500	14,14	0,707	0,27	0,28	0,30	0,31	0,33	0,34
215	0,465	14,66	0,682	0,26	0,27	0,29	0,30	0,31	0,33
230	0,435	15,17	0,660	0,25	0,26	0,28	0,29	0,30	0,32
245	0,408	15,65	0,639	0,24	0,26	0,27	0,28	0,29	0,31
260	0,385	16,12	0,621	0,24	0,25	0,26	0,27	0,28	0,30
280	0,357	16,73	0,598	0,23	0,24	0,25	0,26	0,27	0,29
310	0,322	17,61	0,567	0,22	0,23	0,24	0,25	0,26	0,27
340	0,294	18,44	0,542	0,21	0,22	0,23	0,24	0,25	0,26
370	0,270	19,24	0,520	0,20	0,21	0,22	0,23	0,24	0,25
400	0,250	20,00	0,500	0,19	0,20	0,21	0,22	0,23	0,24
430	0,233	20,74	0,483	0,18	0,19	0,20	0,21	0,22	0,23
500	0,200	22,36	0,447	0,17	0,18	0,19	0,20	0,21	0,22

Demnach ist die Unzennummer mit 9 zu multiplizieren, um die entsprechende schottische Nummer zu erhalten (vgl. auch Tab. 7).

Entsprechend dem Vorgang auf S. 13, 14 läßt sich für die Unzennummer der Drehungskoeffizient α_{oz} aus den entsprechenden Drehungskoeffizienten der andern Numerierungssysteme berechnen. Z. B. ergibt sich aus $\dfrac{\alpha_{\text{lbs}}}{\sqrt{N_{\text{lbs}}}} = \dfrac{\alpha_{\text{oz}}}{\sqrt{N_{\text{oz}}}}$

mit $N_{1bs} = 9\,N_{oz}$:

$$\frac{\alpha_{1bs}}{\sqrt{9\,N_{oz}}} = \frac{\alpha_{oz}}{\sqrt{N_{oz}}}$$

oder

$$\alpha_{oz} = 1/3\,\alpha_{1bs}\,. \tag{11}$$

Einem Drehungskoeffizienten $\alpha_{1bs} = 6{,}3$ würde demnach, auf die Unzennummer bezogen, ein Drehungskoeffizient $\alpha_{oz} = 2{,}1$ ($\alpha_{leas} = 0{,}9$; $\alpha_m = 0{,}45$; $\alpha_g = 4{,}5$) entsprechen. Mit diesem Wert errechnet sich beispielsweise für die Vorgarnnummer $N_{oz} = 9$ die Anzahl Drehungen pro Zoll zu: $t_{zoll} = \dfrac{2{,}1}{\sqrt{9}} = 0{,}7$ Drehungen pro Zoll engl.

Ähnlich wie bei der Drahtgebung der Garne liegen auch die Verhältnisse bei der **Zwirndrehung**. Das Zusammendrehen von zwei oder mehreren einfachen Fäden, das mit „Zwirnen" bezeichnet wird, hat den Zweck, einen dickeren und dabei gleichmäßigeren und festeren Faden zu erzeugen, als durch direktes Zusammendrehen aus Einzelfasern möglich ist. Die beim Spinnen grober Garne bei schärferer Drehung verursachte stärkere Beanspruchung der äußeren Fasern tritt auch beim Zwirnvorgang ein, doch stehen im letzteren Fall zur Aufnahme der höheren Spannungen in den Außenschichten an Stelle einzelner Fasern fertig gesponnene Fäden zur Verfügung, die eine wesentlich schärfere Zusammendrehung aushalten können. Da außerdem beim Zusammendrehen mehrerer Fäden sich naturgemäß dickere und dünnere Stellen einzelner Fäden ausgleichen, so muß der Zwirnfaden im allgemeinen gleichmäßiger und vor allem fester ausfallen als ein ebenso dicker, aus Einzelfasern gesponnener Faden.

Je nach der Anzahl der zusammengezwirnten einfachen Fäden spricht man von zwei-, drei-, vier- oder mehrdrähtigem Zwirn, der in der Regel mit der Nummer des einfachen Garnes und der Anzahl der Drähte, aus denen der Zwirn besteht, bezeichnet wird. Es bedeutet z. B. 6/2 („sechser zweifach" oder „zwei Draht sechs"), daß zwei einfache Fäden der Nummer 6 zusammengezwirnt sind. Seltener wird der Zwirn nach seiner tatsächlichen Nummer bezeichnet, die sich bei der Längennumerierung als Quotient aus Längennummer des einfachen Garnes durch Anzahl der Garnfäden im Zwirn, bei der Gewichtsnummer als Produkt aus Gewichtsnummer des einfachen Garnes und Drahtzahl im Zwirn errechnet. Werden also n Einzelfäden von der Nummer N_L bzw. N_G zu einem Zwirnfaden zusammengedreht, so ist dessen Zwirnnummer $N_{zL} = \dfrac{N_L}{n}$, bzw. $N_{zG} = n\cdot N_G$.

Ist die Zwirnnummer bekannt, so ergibt sich die Nummer der Einzelfäden zu:

$$N_L = n\cdot N_{zL}\,, \quad \text{bzw.} \quad N_G = \frac{N_{zG}}{n}\,.$$

Bei der Herstellung stärkerer Zwirne aus einer größeren Anzahl Einzelfäden zeigt sich ähnlich wie beim Spinnen der dicken Garnnummern eine unzulässige Beanspruchung der außenliegenden Garnwindungen. Man verfährt daher meist in der Weise, daß zunächst eine geringe Anzahl von einfachen Fäden (meist 2 bis 4) zusammengezwirnt und dann die so erhaltenen Zwirnfäden wiederum durch zwei oder mehrfaches Zusammendrehen zu einem dicken Zwirn, der mit Schnur, Litze oder Kordel bezeichnet wird, vereinigt werden. Entsprechend dem Verfahren beim einmaligen Zwirnen, den Zwirndraht entgegengesetzt zum Spinndraht verlaufen zu lassen (vgl. S. 11), erfolgt das Zusammendrehen bei wiederholt gezwirnten Fäden wieder im entgegengesetzten Sinn der einmal gezwirnten Fäden, d. h. also im Sinne des Spinndrahtes des einfachen Garnes.

Die für die eindrähtigen Garne auf S. 12 entwickelten Gl. (1) bis (4) gelten in gleicher Weise für die ein- und mehrmaligen Zwirne, sofern in diesen Gleichungen die tatsächlichen Zwirnnummern eingesetzt werden. Gl. (4) lautet daher für Zwirne

$$t = \alpha_L \sqrt{\frac{N_L}{n}} = \frac{\alpha_G}{\sqrt{n \cdot N_G}}. \tag{4'}$$

In ähnlicher Weise wie bei den einfachen Garnen bezeichnet man lose gedrehten Zwirn mit **Schußzwirn**, mittelgedrehten Zwirn mit **Halbkettenzwirn** und scharfgedrehten Zwirn mit **Kettenzwirn**, wobei der Drehungskoeffizient je nach dem Verwendungszweck zwischen 0,8 und $1,4 \cdot \sqrt{\frac{N_m}{n}}$ nach dem metrischen System, bzw. zwischen 1,6 und $2,8 \cdot \sqrt{\frac{N_{\text{leas}}}{n}}$ nach der englischen Numerierung schwankt. Im übrigen sind die in den Tabellen 3 und 4 (S. 14) angegebenen Umwandlungsfaktoren der Drehungskoeffizienten für die verschiedenen Numerierungssysteme sinngemäß unter den obigen Bedingungen auf die Zwirndrehungen anwendbar. Bei Bindfadenzwirn, wo eine besonders hohe Festigkeit und Rundung des Fadens verlangt wird, wird gegenüber den obigen Werten noch erheblich schärfer gedreht, z. B. gibt man Jutefäden der Meternummer $N_m = 2,4/2$fach (bzw. der engl. Nummer $N_{\text{leas}} = 4/2$fach) bis zu 2,75 Drehungen pro cm (bzw. 7 Drehungen pro Zoll). Dies entspricht einem Drehungskoeffizienten von

$$\alpha_m = \frac{2,75}{\sqrt{\frac{2,4}{2}}} = 2,5, \quad \text{bzw.} \quad \alpha_{\text{leas}} = \frac{7}{\sqrt{\frac{4}{2}}} = \text{rd. } 5.$$

Bei mehrdrähtigen Zwirnen wird der Drehungsgrad entsprechend der Zahl der Einzelfäden herabgesetzt, z. B. erhält $N_m = 2,4/6$fach etwa 1,2 Drehungen pro cm (3 Drehungen pro Zoll). Dem entspricht ein Drehungskoeffizient von

$$\alpha_m = \frac{1,20}{\sqrt{\frac{2,4}{6}}} = 1,9, \quad \text{bzw.} \quad \alpha_{\text{leas}} = 3,8.$$

Naturgemäß macht sich beim Zwirnen die schon beim Spinnprozeß beobachtete **Verkürzung der Garnlänge** in erhöhtem Maße bemerkbar, und zwar um so mehr, je stärker der in Frage kommende Zwirn und je größer der Drehungsgrad ist. Je nach diesen Verhältnissen rechnet man mit einer Einzwirnung von 3 bis 7% der ursprünglichen Länge. Dementsprechend weichen auch Zwirnnummer und Drehungsgrad von den theoretischen Werten ab. Bei der Herstellung von polierten Bindfäden wird die Längenverkürzung durch den scharfen Zug an der Poliermaschine bis zu einem gewissen Teil wieder ausgeglichen. Aus dem gleichen Grund weist der fertige Bindfaden einen geringeren Drehungsgrad auf als der unpolierte Zwirn.

3. Für die Beurteilung der Qualität eines Gespinstes kommt neben der Kenntnis der Feinheitsnummer und der Drehung als dritter wesentlicher Faktor die Bestimmung der **Festigkeit** und der **Gleichmäßigkeit** in Betracht.

Die **Festigkeit** eines Garnes wird fast ausschließlich nach seinem Widerstand gegenüber **Zugbeanspruchung** beurteilt. **Marschik** hält die Prüfung auf Zugfestigkeit nicht für ausreichend und empfiehlt noch die Vornahme der

Torsionsprobe[1]. Bis jetzt hat sich jedoch diese Prüfung für die Betriebskontrolle nicht eingebürgert.

Ist P die Last in kg, bei der ein Garn vom Durchmesser d mm bei Zugbeanspruchung zerreißt, so ist die spezifische Zugfestigkeit, bezogen auf die Querschnittseinheit:

$$k = \frac{P}{\frac{\pi}{4} d^2} \text{ kg/mm}^2 . \tag{1}$$

Da sich die Bestimmung des Garndurchmessers infolge der verhältnismäßig kleinen Abmessungen und der unvermeidlichen Ungleichmäßigkeit des Garnes als sehr ungenau und unzuverlässig erweist, so legt man bei der Festlegung des Maßes für die Zugfestigkeit an Stelle der Querschnittsgröße die Garnnummer zugrunde, indem man den Begriff der Reißlänge[2] einführt als derjenigen Länge, welche das Garn haben müßte, um durch sein Eigengewicht zu zerreißen. Oder mit anderen Worten: Reißlänge ist diejenige Länge eines Körpers, die das Gewicht der Bruchlast erfüllt. Wird die Reißlänge R in km angegeben, so ergibt sich die Beziehung zwischen dieser und der Meternummer N_m zu:

$$R = N_\mathrm{m} \cdot P \text{ km,} \tag{2}$$

d. h. die Reißlänge eines Garnes in km ergibt sich durch Multiplikation der absoluten Zerreißbelastung in kg mit der Meternummer.

Nach den auf S. 12 entwickelten Beziehungen zwischen dem Garndurchmesser und der Garnnummer ist:

$$\frac{\pi}{4} d^2 = \frac{1}{\gamma N_\mathrm{m}} .$$

Hieraus ergibt sich mit Benützung der Gl. (1) und (2):

$$k = \gamma P N_\mathrm{m} = \gamma \cdot R , \tag{3}$$

d. h. die auf die Querschnittseinheit bezogene Zerreißfestigkeit ist gleich dem Produkt aus dem spezifischen Gewicht und der Reißlänge des Garnes. Nach dieser Formel läßt sich aus der Reißlänge einer Fasersubstanz oder eines Garnes die Zugfestigkeit in kg/mm² berechnen, wenn das spezifische Gewicht bekannt ist.

Neben der Bestimmung der Bruchlast beim Zerreißversuch wird meist auch die Bruchdehnung δ in Hundertteilen der Einspannlänge des Garnes als Maß für dessen Dehnbarkeit ermittelt. Werden vom Beginn des Zerreißversuches bis

---

[1] Die Torsionsfestigkeit oder Zerdrehungsfestigkeit eines Garnes wird ermittelt, indem man dieses über seine Anfangsdrehung (Spinndrehung) hinaus weiter dreht, bis die Fasern infolge der Verkürzungsbestrebungen des mit beiden Enden unnachgiebig eingespannten Garnes zerreißen. Marschik (Leipz. Monatsschr. Textilind. 1910, S. 275ff.; Mitt. Deutsch. Forsch. Inst. Textilst. 1924, H. 9 u. 10) hat für diese Drehung den Begriff der Bruchdrehung, für die Differenz zwischen Bruchdrehung und Anfangsdrehung den Begriff der Torsionsfestigkeit, und endlich für das Verhältnis aus Anfangsdrehung und Bruchdrehung den Begriff des Torsionsverhältnisses eingeführt. Nach den Untersuchungen Marschiks mit Baumwollgarnen stellt von 2 Vergleichsgarnen der gleichen Feinheitsnummer und der gleichen Reißlänge, aber von verschiedenem Torsionsverhältnis das weicher gedrehte, d. i. das Garn von kleinerem Torsionsverhältnis, die bessere Qualität dar, während andererseits bei gleichem Torsionsverhältnis, aber verschiedener Reißlänge das Garn mit größerer Reißlänge höher zu bewerten ist. Nach den Untersuchungen von Rudolph (Leipz. Monatsschr. Textilind. 1926, H. 2ff.) liefert die Marschiksche Methode auch für Jutegarne brauchbare Vergleichswerte.

[2] Nach E. Müller wurde der Begriff der Reißlänge zuerst von Reuleaux 1861 für Seile und von Rankine 1866 für Fasergebilde überhaupt eingeführt.

zum Augenblick des Bruches die den einzelnen Belastungsstufen entsprechenden Dehnungen gemessen und in einem rechtwinkligen Koordinatensystem als Abszissen, die zugehörigen Zugbelastungen als Ordinaten aufgetragen, so gibt die Verbindung dieser Punkte die in Abb. 5 dargestellte Kurve, nämlich die die Dehnbarkeit eines Garnes kennzeichnende Kraft-Dehnungslinie. Die Fläche, die diese Kurve mit der Abszissenachse einschließt, stellt die mechanische Arbeit, die zum Zerreißen des Fadens aufgewendet werden mußte, die Zerreißarbeit A, dar. Die auf die Gewichtseinheit g bezogene Zerreißarbeit wird als spezifische Zerreißarbeit A_0 bezeichnet.

Wird das Verhältnis der durch die Arbeitsfläche OBD ausgedrückten Zerreißarbeit zu dem durch das umschließende Rechteck $OCBD$ dargestellten Produkt aus Bruchbelastung und Bruchdehnung mit η bezeichnet, so stellt η ein Maß für die Zähigkeit des Stoffes dar:

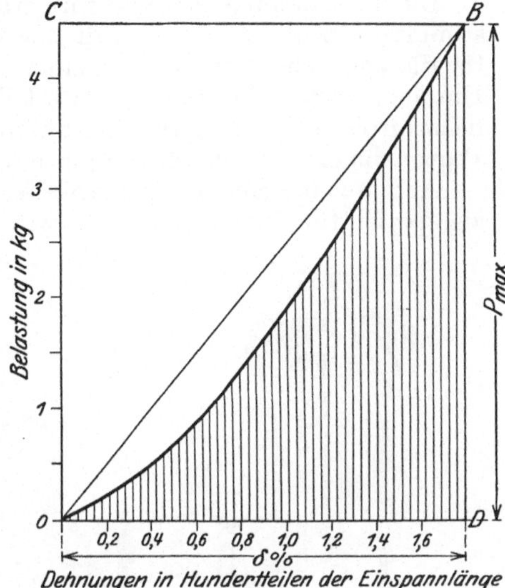

Abb. 5. Kraft-Dehnungsdiagramm.

$$\text{Zähigkeit} = \frac{\text{Zerreißarbeit}}{\text{Festigkeit} \times \text{Dehnung}} = \eta \,.$$

Je größer η, desto zäher ist der betreffende Faden.

Nach Abb. 5 ergibt sich, wenn L die Einspannlänge des Garnes in m, G dessen Gewicht in g, δ die in Hundertteilen der Einspannlänge gemessene Dehnung ist:

$$A = \eta \frac{\delta}{100} L \cdot P_{\max} \,,$$

und hieraus die spezifische Zerreißarbeit:

$$A_0 = \frac{A}{G} = \eta \frac{\delta}{100} \cdot \frac{L}{G} \cdot P_{\max} = \eta \frac{\delta}{100} \cdot N_{\mathrm{m}} \cdot P_{\max} \,,$$

oder

$$A_0 = \eta \frac{\delta}{100} \cdot R \, \text{mkg/g} \,. \tag{4}$$

Die Verhältniszahl η, die nach E. Müller als Völligkeitswertziffer bezeichnet wird, ist für die Mehrzahl der Gespinste kleiner als 0,5. Sie wurde von Sommer[1] für Jutegarne Nr. 3,6 m/g zu 0,42 bis 0,43 ermittelt. Die gleichen Garne lieferten eine durchschnittliche Reißlänge von 10 bis 11 km, eine Bruchdehnung von 1,6 bis 1,9% und eine spezifische Zerreißbarkeit von 0,07 bis 0,09 mkg/g. Diese Werte stimmen mit den von Pfuhl schon früher gefundenen ziemlich überein.

4. Die ständige Prüfung der unter Ziffer 1 bis 3 aufgeführten Wertfaktoren, Feinheitsnummer, Drehungsgrad und Festigkeit ist eine unumgängliche Forderung der Kontrolle des ganzen Spinnprozesses. Die hierzu verwendeten Meß- und Prüfgeräte entsprechen den in der Textilindustrie allgemein üblichen Ap-

---

[1] Sommer, H.: Über die Festigkeitseigenschaften der Jute. Leipz. Monatsschr. Textilind. 1924, H. 10; ferner: Untersuchungen über den Einfluß des Einkardenspinnverfahrens in der Jute-Industrie auf die hergestellten Erzeugnisse und auf die Wirtschaftlichkeit des Betriebssystems. Dr.-Dissertation, Halle 1924.

paraten, soweit sie nicht den besonderen Eigenschaften der Jutegarne angepaßt
sind. Sie sollen im folgenden eine kurze Würdigung finden[1].

Die Bestimmung der Garnnummer erfolgt durch einfaches Abwiegen bestimmter Garnlängen, die für die metrische Nummer auf einer metrischen Weife,
für die englische Nummer auf einer englischen Yard-Weife abgemessen werden.
Um gute Durchschnittswerte zu erhalten, ist es notwendig, die Garnlänge möglichst groß zu wählen. Die Umdrehungen der Weife werden entweder von dem
Probenehmer gezählt oder durch ein Zählwerk selbsttätig ermittelt.

Abb. 6 zeigt eine Präzisionsweife, wie sie von der Firma L. Schopper in Leipzig speziell für Jutegarne gebaut wird. Sie ist mit Differentialtrieb (Winkelzahn-

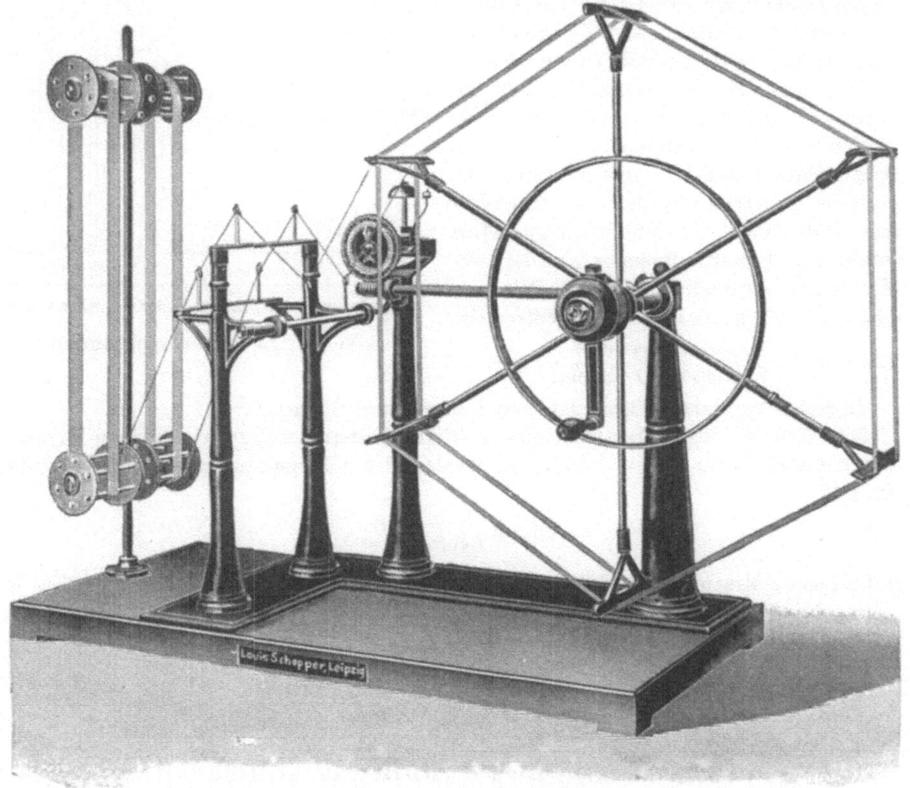

Abb. 6. Schopper-Präzisionsweife für Leinen- u. Jutegarne.

räder) so ausgestattet, daß bei einmaliger Kurbelumdrehung zwei Umdrehungen
der Weifkrone erfolgen. Der Umfang der Weife beträgt 1 m bzw. 1½ oder
2½ yards. Außerdem ist der Apparat mit einem genauen Zähl- und Schlagwerk,
einer selbsttätigen Fadenausbreitvorrichtung und zwei verstellbaren Strähn-
haspeln ausgerüstet.

Ähnliche Garnweifen baut auch die Firma M. Kohl, Chemnitz.

Für Vorgarn verwendet man statt der Weife häufig eine Meßtrommel von bestimmtem Umfang in m oder yard, über die das Vorgarn unter Verwendung einer
Druckwalze geleitet wird. Auch hier liefern die Firmen Schopper und Kohl in
der Praxis bewährte Konstruktionen.

[1] Bezüglich näherer Beschreibung der einzelnen Apparate und der Versuchsausführung vgl.
P. Heermann: Mechanisch- und physikalisch-technische Textiluntersuchungen. Berlin 1923.

Die abgemessene Garnlänge wird entweder auf einer beliebigen, genügend genauen Balkenwaage mit Gewichten oder auf einer speziellen Garnsortierwaage, auch Sektor- oder Quadrantenwaage genannt, abgewogen. Letztere kann in Verbindung mit der auf eine bestimmte Garnlänge eingestellten Sortierweife eine Gradeinteilung erhalten, die sofort die entsprechende Garnnummer entweder nach Längen- oder Gewichtsnumerierungssystem abzulesen ermöglicht. Um größere Garnlängen mit ein und derselben Sortierwaage abwiegen zu können, wird häufig das Gewicht des Zeigers durch Aufstecken eines Zusatzgewichtes erhöht, so daß bei der gleichen Garnlänge die gröbere Nummer geringere Ausschläge des Zeigers hervorruft, die auf einer zweiten Gradteilung abgelesen werden. Wenn auch die Quadrantenwaage als Garnsortierwaage in der Praxis wegen ihrer großen Handlichkeit und Einfachheit sehr beliebt ist, so ist doch für genauere Messungen die Präzisionsgewichtswaage mit gleicharmigem Waagbalken und zwei Waagschalen (chemisch-analytische Waage) vorzuziehen.

Das Messen des Drahtes, d. h. die Ermittlung der Anzahl Drehungen auf die Längeneinheit, kann in roher Weise erfolgen, indem man eine gemessene Länge Garn, das an einem Ende fest in eine Klemme gespannt ist, unter steter Anspannung von Hand vollständig aufdreht, bis die Fasern ausgestreckt parallel

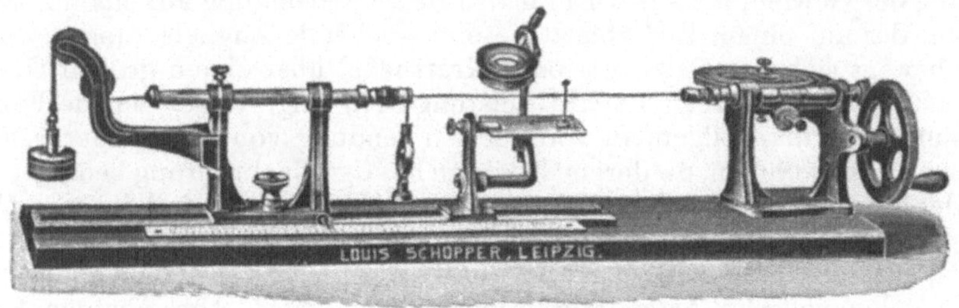

Abb. 7. Schopper-Drehungszähler.

nebeneinander liegen, wobei man die zum Aufdrehen erforderliche Zahl von Umdrehungen zählt. Da dieses Verfahren nicht nur ungenau, sondern auch mühsam und zeitraubend ist, so verwendet man heute fast ausschließlich eigens konstruierte Apparate, Drehungszähler oder Drallapparate, bei denen das Garn zwischen zwei Klemmen in bestimmter Entfernung, meist 30 cm, gespannt wird. Während die eine Klemme feststeht, wird die andere Klemme von Hand mittels entsprechender Räderübersetzung um ihre Längsachse so lange gedreht, bis der dazwischen gespannte Faden vollkommen aufgedreht ist. Die Zahl der Umdrehungen wird gezählt oder durch ein ausrückbares Zählwerk selbsttätig ermittelt, und hieraus läßt sich unter Zugrundelegung der Einspannlänge die Anzahl Drehungen pro cm oder pro engl. Zoll berechnen. Da sich der Faden beim Aufdrehen verlängert, so wird die nicht drehbare Klemme axial verschiebbar eingerichtet, wobei mittels Feder oder Schnur und Gewicht stets eine gleichbleibende Spannung erzielt wird. Die Eindrehung, die die Fasern beim Spinnprozeß erleiden, kann durch die axiale Verschiebung der einen Klemme gemessen werden. Von dieser Einrichtung wird besonders bei Zwirnen, für deren Prüfung dieser Apparat in gleicher Weise benützt wird, Gebrauch gemacht, um die Einzwirnung oder „Kontraktion" zu bestimmen. Für feine Garne wird der Apparat außerdem noch mit einem in der Längsrichtung verschiebbaren Böckchen mit Lupe, darunter liegender drehbarer, schwarz-weißer Schauplatte und Nadel ausgerüstet. Auch ist dafür gesorgt, daß durch Verschiebung des die nicht drehbare Klemme tragenden Böckchens die Einspannlänge nach Bedarf verändert werden kann. Weitere Einzelheiten sind aus Abb. 7 zu ersehen, die eine Ausführung von Schopper wiedergibt.

Die Bestimmung der Festigkeit kann ebenfalls roh durch Ziehen von Hand erfolgen, und der geübte Spinner wird auf diese Weise Garne verschiedener Zerreißfestigkeit bis zu einem gewissen Grad unterscheiden und beurteilen können, doch genügt ein derartiges Verfahren für die heutige wissenschaftliche Betriebskontrolle in keiner Weise mehr. Da außerdem die fortlaufende Bestimmung der Festigkeit zugleich eines der Mittel für die Beurteilung der Gleichmäßigkeit des Garnes und somit auch für die Beurteilung des ganzen Spinnprozesses an Hand gibt, so ist man heute fast ausschließlich zur Verwendung genau arbeitender Zerreißapparate übergegangen. Die Arbeitsweise dieser Zerreißfestigkeitsprüfer ist im Prinzip die gleiche wie bei den meisten Zerreißmaschinen: Der zu prüfende Faden wird auf eine bestimmte Länge zwischen zwei Klemmen gespannt, von denen die eine in Verbindung mit einer Feder oder einem Gewichtshebel steht, während die andere mittels einer von Hand oder mechanisch angetriebenen Schraubenspindel, oder durch die Bewegung eines hydraulischen Kolbens, oder durch einfache Schwerkraftwirkung von der festen Klemme weggezogen wird. Die Formänderung der durch die Zugwirkung gespannten Feder, bzw. die Bewegung des Gewichtshebels wird mittels Hebelübersetzung auf einen Zeiger übertragen, der auf einem Zifferblatt die entsprechende Zugbelastung anzeigt, oder aber bewegt sich der Gewichts- oder Krafthebel über einem großen Gradbogen, dessen Bezifferung direkt die Kraftleistung in kg angibt. Für genaue Festigkeitsmessungen ist man allgemein von der Verwendung von Spiralfedern zur Kraftmessung abgekommen, da deren Gebrauch häufige Nachprüfung bedingt, und verwendet fast nur noch Gewichtshebelapparate. Mustergültig sind die nach Martens konstruierten Krafthebelapparate von Schopper, Leipzig, die für Hand-, Schwerkraft-, Wasser-, Transmissions- und elektromotorischen Antrieb gebaut werden.

Von den vielerlei Arten von Ausführungen zeigt Abb. 8 einen Schopperschen Festigkeitsprüfer mit Wasserantrieb und Umsteuerventil nach Martens. Die freie Einspannlänge ist von 200 bis 1000 mm verstellbar. Der Apparat wird an eine Wasserleitung mit 2 bis 3 at Druck angeschlossen. Das Umsteuerventil gestattet, selbst wenn die Antriebsgeschwindigkeit auf das geringste Maß eingestellt ist, das Zurückgehen des Antriebskolbens nach der Einspannstellung mit großer Geschwindigkeit. Bei Fadenbruch erfolgt sofortiges Stillstehen des Gewichtshebels. Die Kraftleistung des Apparates wird zweckmäßig für Jutegarne von 0 bis 30 kg mit Teilung von 100 g zu 100 g gewählt, doch können auch Zugkräfte bis zu 100 kg erzielt werden. In letzterem Fall werden zwei Kraftmaßstäbe angewendet, damit feinere Garne mit größerer Genauigkeit geprüft werden können. Die Dehnung wird an einem Dehnungsmaßstab in mm und in % abgelesen. Außerdem ist dieser mit einer bei Fadenbruch selbsttätig wirkenden Auslösevorrichtung versehen. Apparate dieser Bauart sind im Staatlichen Materialprüfungsamt Berlin-Dahlem in Gebrauch. Bezüglich weiterer Kraftprüfer von Schopper und deren Einzelheiten und Vorzüge sei auf die ausführliche Druckschrift dieser Firma verwiesen.

Ähnliche Krafthebelapparate für die verschiedensten Antriebsarten baut die Firma M. Kohl, Chemnitz. Die Kraftanzeige erfolgt bei diesen durch Zeiger und Zifferblatt.

Die modernen Festigkeitsprüfer besitzen neben dem Dehnungshebel noch einen Schaulinienzeichner, der die selbsttätige Aufzeichnung der Kraftdehnungslinie ermöglicht, so daß damit sämtliche Größen, die zur Bestimmung der Festigkeitseigenschaften eines Garnes in Frage kommen, auf einwandfreie Weise ermittelt werden können.

Zur Durchführung vergleichender Festigkeitsversuche mit verschiedenen Garnsorten ist erstes Erfordernis, daß diese Versuche unter den gleichen Bedingungen ausgeführt werden. Von besonderer Wichtigkeit ist die Einhaltung einer und derselben Einspannlänge. Kurze Einspannlänge hat eine Erhöhung der Festigkeit zur Folge bis zum Grenzfall der Einspannlänge 0[1], bei der sämtliche Fasern im Querschnitt erfaßt werden, womit die Garnfestigkeit der Substanzfestigkeit der Fasern gleichkommt. Mit zunehmender Einspannlänge nimmt die Garnfestigkeit ab, da infolge der Ungleichmäßigkeit des Garnes die Zahl der schwachen Stellen verhältnismäßig zunimmt. In der Regel wird für Jutegarn eine Einspannlänge von mindestens 30, besser 50 cm gewählt.

Einen ebenfalls nicht unerheblichen Einfluß auf die Festigkeit übt die Zerreißgeschwindigkeit, oder richtiger gesagt, die Dehnungsgeschwindigkeit, d. i. der Zuwachs der Dehnung in der Zeiteinheit, aus. Es zeigt sich, daß bei verhältnismäßig sehr großer Zerreißgeschwindigkeit sich im Durchschnitt höhere Festigkeitswerte ergeben, als bei geringerer Geschwindigkeit, was wohl dadurch zu erklären ist, daß bei großer Geschwindigkeit die Fasern nicht genügend Zeit haben, ihre gegenseitige Lage und damit den Fadenquerschnitt unter dem Einfluß der plötzlichen Zugbelastung zu verändern. Für Vergleichsversuche ist daher eine gleiche und gleichbleibende Zerreißgeschwindigkeit anzustreben, und es sind aus diesem Grunde mechanisch angetriebene Zerreißapparate den handbetriebenen Apparaten vorzuziehen. Die Zerreißgeschwindigkeit ist so einzustellen, daß das Material mit seiner Dehnungsänderung den Belastungsänderungen nachkommen kann. Dies ist bei Stoffen mittlerer Dehnbarkeit, wie z. B. auch bei Jute bei einer Zerreißgeschwindigkeit von etwa 60 bis 100 mm/min der Fall[2]. Der eben beschriebene Festigkeitsprüfer läßt sich auf diese Geschwindigkeit einstellen.

Abb. 8. Schopper-Festigkeitsprüfer mit Wasserantrieb.

---

[1] Nach dieser Methode hat erstmals Hartig die „Substanzfestigkeit" aus Zerreißversuchen mit Garnen ermittelt, indem er die Zugfestigkeit derselben bei verschiedenen immer kleiner werdenden Einspannlängen bestimmte und aus der Festigkeitskurve als Grenzwert die Garnfestigkeit für die Einspannlänge 0 ermittelte. In ähnlicher Weise ermittelte Pfuhl die Substanzfestigkeit der Jutefaser, vgl. S. 107.

[2] Nach Dr.-Ing. Hermann Alt (vgl. Textile Forsch. 1919, H. 2) hat man zu unterscheiden zwischen der Belastungsgeschwindigkeit und der Dehnungsgeschwindigkeit. Unter ersterer versteht er den Zuwachs der Belastung in der Zeiteinheit. Sie wird gemessen in kg/sek. Da die Dehnungsgeschwindigkeit eine vom Versuchsmaterial abhängige Größe ist, gibt nur die Belastungsgeschwindigkeit einen objektiven Maßstab für die Beurteilung des Versuchsergebnisses. Für die zu verlangende konstante Belastungsgeschwindigkeit

Ein dritter die Festigkeitsergebnisse beeinflussender Faktor ist endlich der Einfluß der Luftfeuchtigkeit. Da Jute von großer Hygroskopizität ist (vgl. S. 103), hängt zunächst die Bestimmung der Garnnummer und damit auch die Berechnung der Reißlänge von der Luftfeuchtigkeit des Raumes ab. Außerdem ist auch nach Versuchen von Pfuhl und Sommer[1] ein geringer Einfluß der Luftfeuchtigkeit direkt auf die Festigkeit und Dehnung der Jutegarne vorhanden. Auf jeden Fall empfiehlt es sich, für genaue Vergleichsversuche eine bestimmte Luftfeuchtigkeit im Versuchsraum[2] einzuhalten, wobei zu beachten ist, daß das Versuchsmaterial zuvor mindestens 2 bis 3 Stunden lang in dem Raum liegen soll, um sich dessen Luftfeuchtigkeit anzupassen.

Wenn auch für Jutegarne aus den S. 105 noch näher dargelegten Gründen ein Konditionierverfahren zur Bestimmung des Trockengehaltes, bzw. des Handelsgewichtes ähnlich wie bei den Erzeugnissen der meisten andern Textilfasern nicht in Frage kommt, so ist es doch zur Kontrolle des Spinnprozesses wünschenswert, den Feuchtigkeitsgehalt des Spinnmateriales während der einzelnen Arbeitsgänge, sowie im fertigen Garn und Gewebe zeitweilig festzustellen. Auf einfache, aber nur ungenaue Weise läßt sich der Wassergehalt ermitteln, indem man die Proben auf der Dampfheizung oder einer andern Wärmequelle trocknet und den durch Verdampfen entstehenden Gewichtsverlust auf einer genauen Waage bestimmt. Für genauere Betriebsuntersuchungen bedient man sich eigens hierzu gebauter Trockenschränke, die entweder mit Gas, Dampf oder Elektrizität geheizt werden, und die im allgemeinen größere Mengen des Versuchsmateriales zu prüfen gestatten als die in den Prüfämtern üblichen Konditionierapparate oder Trockengehaltsprüfer von Schopper, Kohl usw.

Von den Trockenschränken, die in verschiedenen Ausführungen ebenfalls von den oben genannten Firmen gebaut werden, ist aus neuerer Zeit der durch seine besondere Einfachheit und Zuverlässigkeit sich auszeichnende elektrisch geheizte Trockenschrank mit selbsttätigem Temperaturregler der Firma W. C. Heraeus in Hanau zu nennen. Der in Abb. 9 dargestellte Apparat ist mit Doppelwänden aus Aluminiumblech, die durch zwischenliegende Asbestschieferplatten

---

muß die Kraft-Zeitlinie nach einer durch den Ursprung des Koordinatensystems unter einem bestimmten Winkel geneigten Geraden verlaufen. Vgl. auch Leipz. Monatsschr. Textilind. 1928, H. 3.

[1] Vgl. Pfuhl: Physikalische Eigenschaften der Jute, Berlin 1888, und Sommer a. a. O. Pfuhl fand bei Prüfungen bei 51% und 94% Luftfeuchtigkeit nur 4% Festigkeitszunahme. Nach Sommer ergab eine Zunahme der relativen Luftfeuchtigkeit über 65% eine nur geringe Erhöhung der Festigkeit, während eine Abnahme der rel. L. unter 65% ein verhältnismäßig größeres Abfallen der Festigkeit zur Folge hatte. Bezüglich weiterer interessanter Feststellungen Sommers über den Einfluß der Einspannlänge, Zerreißgeschwindigkeit und Luftfeuchtigkeit auf die Festigkeit von Jutegarnen sei auf die ausführliche Arbeit selbst verwiesen.

[2] Das Staatliche Materialprüfungsamt in Berlin-Dahlem hat als Normalluftfeuchtigkeit eine solche von 65% rel. angenommen, bei der sämtliche physikalischen Versuche mit Faserstoffen ausgeführt werden. Unter relativer Luftfeuchtigkeit versteht man den Prozentsatz des tatsächlichen Gehaltes an Wasserdampf in der Luft bei einer bestimmten Temperatur gegenüber dem Maximalgehalt an Wasserdampf, den die Luft bei der gleichen Temperatur aufnehmen kann. Beträgt z. B. der absolute Feuchtigkeitsgehalt der Luft bei einer bestimmten Temperatur a g/m³, und entspricht dieser Temperatur ein maximaler Feuchtigkeitsgehalt der mit Wasserdampf gesättigten Luft von b g/m³, so ergibt sich als relativer Feuchtigkeitsgehalt: $\frac{a}{b} \cdot 100\%$.

Die Messung der rel. L. erfolgt am einfachsten durch das Lambrechtsche Haarhygrometer. Um Fehler auszuschalten, empfiehlt es sich, dieses Instrument von Zeit zu Zeit nacheichen zu lassen. Bezüglich ausführlicher Beschreibung dieses und anderer Feuchtigkeitsmesser vgl. G. Herzog: Über die Bedeutung der Luftfeuchtigkeit in der Textilindustrie und ihre Messung. M. T. B. 1922, S. 453, 471.

isoliert sind, versehen. Die Größe $25 \times 35 \times 25$ cm ist mit zwei Einlagen, die Größen $35 \times 35 \times 25$ und $50 \times 50 \times 40$ cm sind mit 3 Einsätzen aus durchlochtem Aluminiumblech ausgerüstet. Die Temperaturregelung, die vollkommen selbsttätig und zuverlässig erfolgt, beruht auf der verschiedenen Ausdehnung eines Aluminiumrohres und eines in ihm befestigten Nickelstabes. Bei Erreichung der gewünschten Temperatur wird ein Platinkontakt unterbrochen und der Heizstromkreis mit Hilfe eines Quecksilberschalters (Quarzglas-Quecksilberrelais) geöffnet und wieder geschlossen, sobald die Temperatur nur um ein geringes zurückgeht. Das Kontaktthermometer braucht nur sehr schwachen Strom, aber keine besondere Stromquelle. Die Unterbrechung erfolgt am Platin und nicht am Quecksilber, das sehr bald verschmutzen und versagen würde. Die Einstellung der Temperatur, die zwischen 60 und 250^0 C verändert werden kann, aber zweckmäßig in einem Bereich zwischen 100 und 150^0 gewählt wird (für vollkommene Trocknung von Jutegarnen genügt 105 bis 110^0), geschieht mit Hilfe eines Zeigers, der sich an dem Kontaktthermometer befindet und sich auf einer mit Teilstrichen befindlichen Scheibe bewegt. Die Temperaturschwankungen des eingestellten Thermometers betragen etwa plus minus 1^0 C, und auch in den verschiedenen Höhen

Abb. 9. Elektrischer Trockenschrank mit selbsttätigem Temperaturregler von W. C. Heraeus, Hanau.

im Innern des Schrankes bleiben die Temperaturunterschiede infolge der guten Verteilung der Luftströmung zwischen plus minus 1 bis 2^0 C.

Nach dem gleichen Prinzip baut Heraeus auch Konditionierapparate mit im Glaskasten eingebauter Waage. Die mit Hilfe des Kontaktthermometers auf die erforderliche Temperatur eingestellte heiße Luft wird mittels eines besonderen Ventilators durch das Trockengut durchgesaugt, wobei zwischen Ventilator und Heizung Öffnungen zum Ausstoßen der mit Wasserdampf gesättigten Luft und seitlich der Heizung solche zum Eintritt von Frischluft vorgesehen sind. Abb. 10 zeigt einen solchen Apparat für 50 l Korbinhalt, der sich in der Praxis bestens bewährt hat. Bezüglich weiterer Apparate sei auf die Druckschriften von Heraeus verwiesen.

Bei der Angabe des Feuchtigkeitsgehaltes eines Garnes in Prozenten ist zu unterscheiden, ob sich der angegebene Prozentsatz auf das Versuchsmaterial im ursprünglichen Zustand oder im absolut trockenen Zustand, d. h. vor und nach der Konditionierung, bezieht. Heermann[1] bezeichnet die erste Angabe als Feuchtigkeitsgehalt und die zweite als Feuchtigkeitszuschlag (engl. „regain"). Um Verwechslungen vorzubeugen, wird man zweckmäßig bei beiden Feuchtigkeitsangaben bemerken, auf welchen Zustand des Versuchsmateriales sich der Berechnungswert bezieht[2].

---

[1] a. a. O. S. 99.

[2] Die Berechnung des Feuchtigkeitszuschlages und des Feuchtigkeitsgehaltes ergibt sich danach wie folgt:

Ist G_p das Gewicht eines Garnes im Versuchszustand und G_0 das Gewicht nach erfolgter Trocknung, so ermittelt sich der Wassergehalt in Prozenten des Garngewichtes des absolut trockenen Materiales, d. h. der Feuchtigkeitszuschlag zu:

$$p_0 = \frac{G_p - G_0}{G_0} 100 = \frac{100\,G_p}{G_0} - 100, \tag{1}$$

Die beträchtlichen Schwankungen, denen die Festigkeits- und andere Eigenschaften der Jutegarne unterworfen sind, machen es zur Erlangung zuverlässiger Durchschnittswerte zu einem unbedingten Erfordernis, daß sich die Untersuchungen auf eine größere Zahl von Einzelversuchen erstrecken. Für die Betriebskontrolle genügt es, wenn für das Garn einer Spinnseite bzw. eines Abzuges 20 bis 30 Zerreißversuche vorgenommen werden. Für wissenschaftliche Versuche dagegen, insbesondere wenn aus deren Ergebnis besondere Gesetzmäßigkeiten abgeleitet werden sollen, muß diese Zahl erheblich erhöht werden, und zwar auf 50 bis zu 100 Einzelversuchen einer Versuchsreihe.

Auf den Einfluß des Drehungsgrades auf die Garnfestigkeit ist bereits auf S. 11 hingewiesen worden. Für ein Jutegarn I. Qualität (Einkardenspinnverfah-

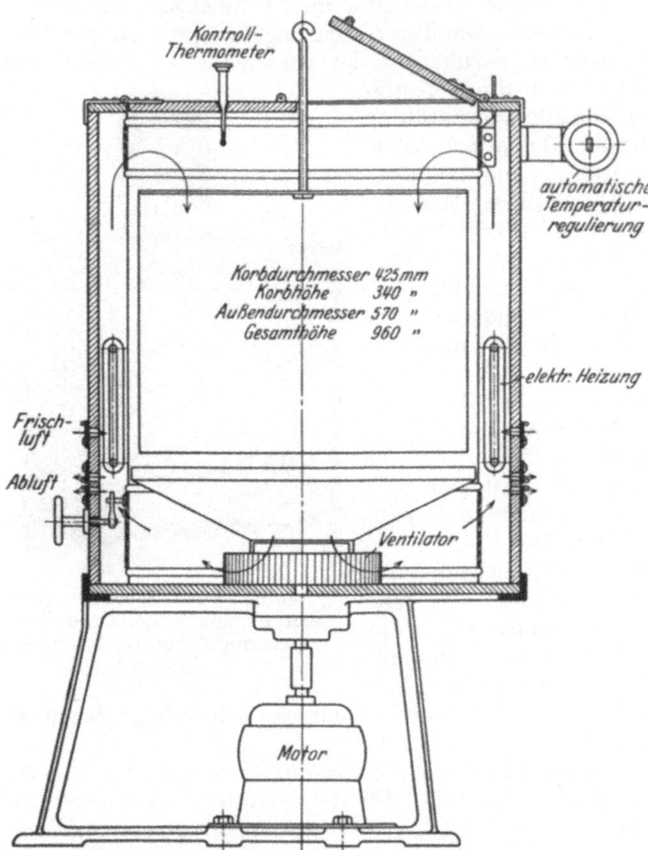

Abb. 10.   Konditionierapparat für 50 l Korbinhalt von
W. C. Heraeus, Hanau.

und in Prozenten des Garngewichts im Versuchszustand, d. h. der Feuchtigkeitsgehalt zu:

$$p = \frac{G_p - G_0}{G_p} 100 = 100 - \frac{100\, G_0}{G_p} . \tag{2}$$

Ist p_0 gegeben, so folgt aus Gl. (1) und (2): $p = \dfrac{100\, p_0}{100 + p_0}$ %, bzw. umgekehrt $p_0 = \dfrac{100\, p}{100 - p}$ %.

Nach dem üblichen Berechnungsverfahren der Konditionieranstalten wird das legale Handelsgewicht bestimmt zu:

$$G_h = G_0 + \frac{G_0 \cdot p_0}{100} = G_0 \frac{100 + p_0}{100} ,$$

und die legale Handelsnummer (Konditioniernummer) zu:

$$N_h = N_0 \frac{G_0}{G_h} = \frac{N_0}{\dfrac{100 + p_0}{100}} .$$

Es sei hier gleich bemerkt, daß der in der Literatur häufig zu findende und auch von einer Anzahl Konditionieranstalten als handelsüblich angenommene Feuchtigkeitszuschlag von $p = 13\tfrac{3}{4}$ % für Jutegarn zu gering bemessen ist. Vgl. S. 104.

ren) wurden von Sommer[1] die in Tab. 9 enthaltenen Festigkeitswerte in Abhängigkeit vom Drehungsgrade ermittelt:

Tabelle 9. Abhängigkeit der Festigkeit vom Drehungsgrad.

Anzahl der Drehungen auf 1 m	N_m	α_m	R_{km}*
30	2,21	0,21	1,0
50	2,97	0,29	2,2
80	2,83	0,475	5,0
100	2,94	0,59	8,6
120	3,06	0,69	11,6
140	2,68	0,86	12,6
160	2,87	0,95	12,9
170	3,00	1,02	11,6
180	2,80	1,08	11,1
200	3,06	1,15	10,3
220	2,95	1,28	8,2
250	2,16	1,70	3,0

* Bei diesen Versuchen betrug die freie Einspannlänge 300 mm.

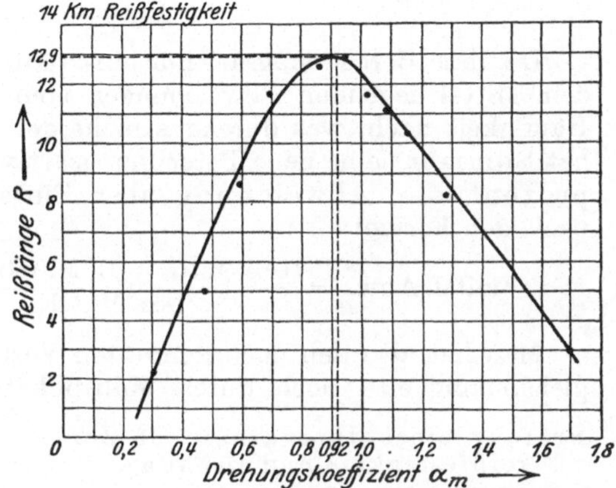

Abb. 11. Abhängigkeit der Festigkeit vom Drehungsgrad.

Die Abhängigkeit der Festigkeit vom Drehungsgrad zeigt in anschaulicher Weise die in Abb. 11 dargestellte Kurve, die nach obigen Versuchswerten mit den Drehungskoeffizienten α_m als Abszissen und den Reißlängen R in km als Ordinaten aufgezeichnet ist. Danach erreicht die Garnfestigkeit ihren Höchstwert bei dem zwischen den Versuchswerten 0,86 und 0,95 liegenden Drehungsgrad $\alpha_m = 0,92$, dem kritischen Drehungsgrad (s. S. 11). Wie der Verlauf der Kurve weiterhin erkennen läßt, nimmt die Festigkeit mit steigendem Drehungsgrad ziemlich schnell zu, während nach Überschreitung des kritischen Drehungsgrades die Festigkeitsabnahme erheblich langsamer vor sich geht. Rudolph[2] ermittelte bei den von ihm untersuchten Jutegarnen den kritischen Drehungsgrad zwischen 0,85 und 0,90. An diesen Versuchsergebnissen ist besonders bemerkenswert, daß zur Erzielung größter Festigkeit Halbkettendrehung (vgl. S. 13) genügt. Wenn daher nicht andere Gründe dagegen sprechen, wird man mit Rücksicht auf eine höherer Produktion nur in seltenen Fällen Vollkettdrehung wählen.

Wie schon oben angeführt, werden häufig die Ergebnisse der Festigkeitsprüfung, bzw. die Abweichung der Einzelwerte vom Gesamtmittel zur Bestimmung eines Maßes für die Gleichmäßigkeit bzw. Ungleichmäßigkeit eines Garnes benützt, indem man aus den Versuchszahlen diejenigen Werte herauszieht, die unter dem Gesamtmittel liegen, und aus ihnen einen neuen Durchschnittswert, das sog. Untermittel, zieht. Als „Ungleichmäßigkeit"[3] pflegt man

---

[1] Sommer, H.: Über die Festigkeitseigenschaften der Jute. Leipz. Monatsschr. Textilind. 1924, H. 10.

[2] Rudolph, H.: Untersuchungen über den Zusammenhang zwischen Festigkeit und Drehung bei Jutegarnen. M. T. B. 1925, H. 8ff.

[3] Marschik hält es für richtiger, den Gleichmäßigkeitsgrad eines Garnes durch die

$$\text{„Gleichmäßigkeit"} = \frac{\text{Untermittel}}{\text{Gesamtmittel}} \cdot 100$$

zum Ausdruck zu bringen. Nach der Formel für die Ungleichmäßigkeit ergibt sich:

$$\text{Gleichmäßigkeit} = 100 - \text{Ungleichmäßigkeit.}$$

dann die Differenz Gesamtmittel-Untermittel in Prozenten des Gesamtmittels
zu errechnen nach der Formel:

$$\frac{\text{Gesamtmittel} - \text{Untermittel}}{\text{Gesamtmittel}} \times 100 \,.$$

Da diese Berechnungsart nur einwandfrei ist, wenn sämtliche über und unter
dem Mittel liegenden Abweichungen vom Mittel, sowohl ihrer Größe wie ihrer
Häufigkeit nach, was durchaus nicht der Fall zu sein braucht, gleich sind, so
hat Sommer[1] eine neue Berechnungsart vorgeschlagen, indem er die **mittlere
prozentuale Abweichung** aller Einzelwerte vom Gesamtmittel errechnet
nach der Formel:

$$\text{mittl. Abw.} = \frac{(\text{Ges.-Mittel} - \text{U.-Mittel}) \times 100}{\text{Ges.-Mittel}} \times \frac{2 \times \text{Zahl der U.-Mittelwerte}}{\text{Gesamtzahl der Versuche}} \,.$$

Man hat also den nach dem alten Verfahren errechneten Wert für die „Ungleichmäßigkeit" noch durch Multiplikation mit dem Quotienten: Doppelte
Zahl der Untermittelwerte durch An-
zahl der Gesamtwerte zu berichtigen,
um ein Maß für die „wahre Ungleichmäßigkeit" zu erlangen.

Jutegarne mit einer Ungleichmäßigkeit bis zu 12% können als sehr gleichmäßig, von 12 bis 15% als gleichmäßig,
von 16 bis 20% als minder gleichmäßig
und über 20% als ungleichmäßig bezeichnet werden.

In nebenstehender Tabelle sei ein
Beispiel der **Prüfung eines Jutegarnes auf Zerreißfestigkeit und
Drehung** angeführt, wie sie sich aus
praktischen Betriebsversuchen ergibt.

$$\text{Gesamtmittel:} \frac{80{,}3}{20} = 4{,}015 \text{ kg;}$$

$$\text{Untermittel:} \frac{40{,}5}{11} = 3{,}681 \text{ kg.}$$

$$\text{Ungleichmäßigkeit} = \frac{4{,}015 - 3{,}681}{4{,}015} \cdot 100$$
$$= 8{,}32\% \,.$$

$$\text{Gleichmäßigkeit} = 100 - 8{,}32 = 91{,}68\% \,.$$

**Prüfung eines Jutegarnes auf Zer-
reißfestigkeit und Drehung.**

Datum des Versuches: 21. 10. 26.
Garn-Nr. und Qualität: 3,6 m/g, Kette.
Spinnmaschinenseite Nr. 32.
Einspannlänge: 30 cm.

Versuch-Nr.		Bruchlast in kg	Bruchlasten, die unter dem Gesamtmittel liegen
Spule I	1	4,5	
	2	4,0	4,0
	3	3,8	3,8
	4	4,4	
Spule II	5	5,0	
	6	3,3	3,3
	7	4,1	
	8	3,7	3,7
Spule III	9	4,1	
	10	3,4	3,4
	11	3,6	3,6
	12	3,5	3,5
Spule IV	13	3,6	3,6
	14	4,5	
	15	4,6	
	16	3,8	3,8
Spule V	17	4,3	
	18	3,8	3,8
	19	4,3	
	20	4,0	4,0
Summe		80,3	40,5

[1] Sommer gibt die Ableitung dieser Formel in seiner wiederholt angeführten Dr.-Dis-
sertation. Die nach dieser Formel ermittelten
mittleren Abweichungen decken sich mit der
nach Ristenpart (M. T. B. 1923, H. 1 bis 6)
errechneten „wahren Ungleichmäßigkeit", jedoch gestattet die Sommersche Formel eine
einfachere Rechnungsweise. Sommer gibt
außerdem noch eine graphische Darstellung der Verteilung der Abweichungen, die die Vor-
stellung über die Ungleichmäßigkeit eines Garnes in anschaulicher Weise ergänzt. Dies
bezweckt auch die nach einem einfach auszuführenden Verfahren konstruierte Häufig-
keitskurve. Je symmetrischer diese ausgebildet ist und je mehr sich ein ausgesprochenes
Dichte-Maximum dem arithmetischen Mittel nähert, als desto gleichmäßiger und besser
ist das Garn anzusprechen.

Über die große Zahl von „Ungleichmäßigkeitsberechnungen" vgl. die verschiedenen
Veröffentlichungen in M. T. B. 1926: Lange: H. 2, Schlömer: H. 5 u. 9, Schweiger: H. 6,
Lüdicke: H. 6, Töpert: H. 7, Sommer: H. 9, Rudolph: H. 10.

Wahre Ungleichmäßigkeit (nach Sommer) $\dfrac{8{,}32 \cdot 2 \cdot 11}{20} = 9{,}15\,\%$.

Gewichtsprobe: Gewicht von 200 m $= 58{,}0$ g; demnach

$$N_{\mathrm{m}} = \frac{200}{58} = 3{,}45 \qquad \text{oder} \qquad N_{\mathrm{leas}} = 5{,}68.$$

Mittlere Reißlänge: $R = 3{,}45 \cdot 4{,}015 = 13{,}82$ km.

Das Garn besitzt demnach eine sehr hohe Reißfestigkeit und ist außerdem als sehr gleichmäßig anzusprechen.

Bisweilen bestimmt man auch den prozentualen Unterschied zwischen der niedersten und der mittleren Bruchlast. Nach obigen Versuchsergebnissen erhält man als prozentuale Abweichung:

$$\frac{4{,}015 - 3{,}3}{4{,}015} \cdot 100 = \frac{0{,}715}{4{,}015} \cdot 100 = 17{,}8\,\%.$$

Auch dieser Wert ist für das untersuchte Garn als sehr günstig anzusprechen.

Drehungsversuch.

Einspannlänge: 30 cm.
Drehungsrad der Spinnmaschine: 38.
Drehungskoeffizient nach der Maschinenkonstante: $\alpha_{\mathrm{leas}} = 1{,}6$.

Versuch-Nr.	Anzahl Drehungen
1	49
2	47
3	48
4	46
5	48
Summe:	238

Mittlere Drehung auf 30 cm	$= 47{,}6$
,, ,, ,, 1 cm	$= 1{,}587$
,, ,, ,, 1 Zoll engl.	$= 4{,}03$

Demnach
$$\alpha_{\mathrm{m}} = \frac{1{,}587}{\sqrt{3{,}45}} = 0{,}85,$$

bzw.
$$\alpha_{\mathrm{leas}} = \frac{4{,}03}{\sqrt{5{,}68}} = 1{,}69.$$

Das eben angeführte Beispiel einer Festigkeitsprüfung zeigt, daß man sich zwecks Beurteilung eines Garnes entweder auf verhältnismäßig geringe Garnlängen beschränken muß, oder aber daß, um ein richtiges Bild über die Gleichmäßigkeit des Garnes zu erlangen, eine sehr große Anzahl von Einzelversuchen durchgeführt werden müssen, die ein erhebliches Maß von Zeit beanspruchen. Um diesen Nachteil zu beseitigen, sind verschiedentlich Apparate gebaut worden, die die Prüfung fortlaufend größerer Garnlängen auf Zug und Dehnung ermöglichen.

Während der für diese Zwecke von Holzach[1] gebaute kontinuierliche Elastizitäts- und Stärkenmesser, bei dem das Garn bei konstanter Dehnung, aber bei wechselnder Spannung geprüft wird, sich in der Praxis, besonders aber für die Prüfung von Jutegarnen, nicht eingebürgert hat, verdient der neuerdings von Fabrikdirektor Dipl.-Ing. Dietz, Kassel, entworfene kontinuierliche Festigkeitsprüfapparat (D.R.P.) besonderes Interesse.

Der Aufbau dieses Garnprüfers, bei dem das Garn im Gegensatz zu dem Holzachschen Apparat bei konstanter Spannung unter Aufzeichnung der veränderlichen Dehnung erfolgt, ist aus der schematischen Darstellung in den Abb. 12 und 13 zu erkennen. Die im Grundriß, Abb. 13, dargestellte, aus einem zylin-

---

[1] Vgl. Johannsen, O.: Handbuch der Baumwollspinnerei, Bd. 1, S. 120. 1902. Müller, E.: Handbuch der Spinnerei, S. 34. Der Apparat von Holzach wird von der Firma Max Kohl, Chemnitz, gebaut.

drischen Teil c und einem konischen Teil g bestehende Hauptwalze sitzt lose, durch
zwei Stellringe gesichert, auf der Spindel v und erhält ihren Antrieb durch eine

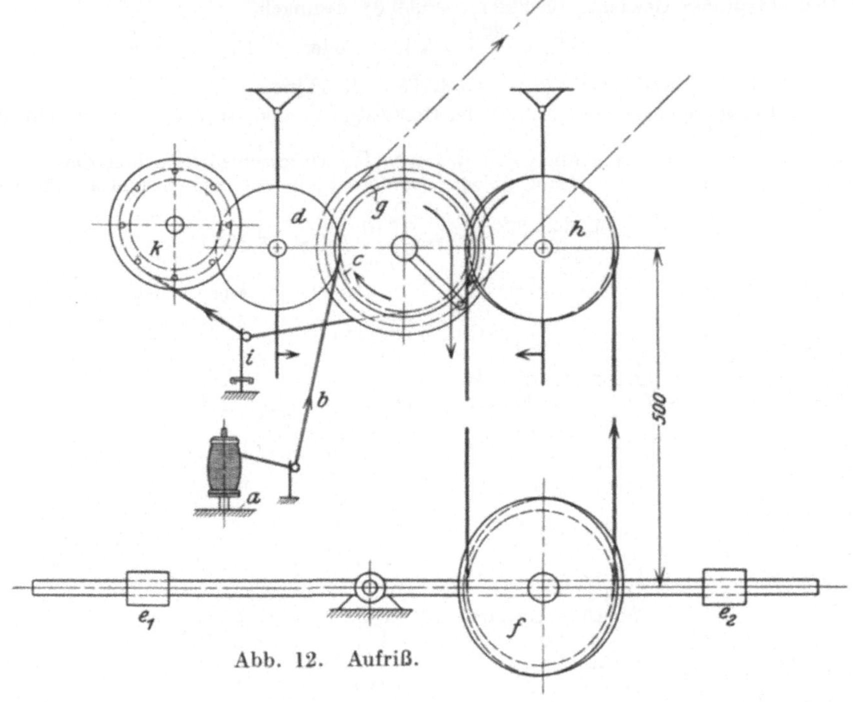

Abb. 12.   Aufriß.

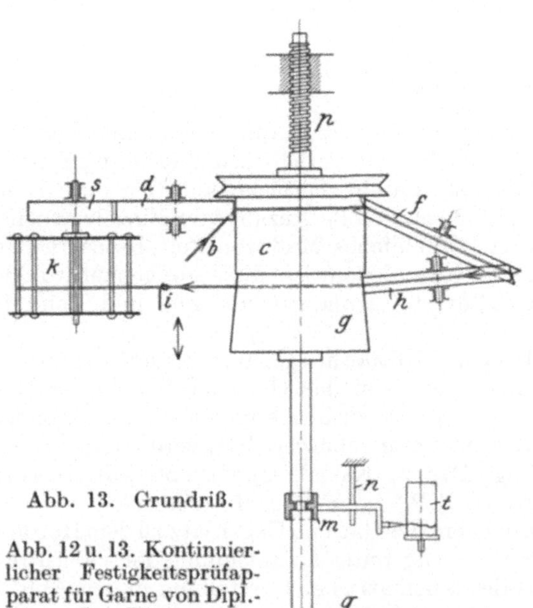

Abb. 13.   Grundriß.

Abb. 12 u. 13. Kontinuierlicher Festigkeitsprüfap-
parat für Garne von Dipl.-
Ing. Dietz.

mit ihr fest verbundene Schnur-
scheibe. Die Spindel p ist auf der
einen Seite mit einem flachgängi-
gen Gewinde versehen und kann
durch Drehen der auf der andern
Seite befestigten Handkurbel q in
axialer Richtung verschoben werden. Diese axiale Verschiebung
der Spindel, welche die durch
Stellringe festgehaltene Hauptwalze ebenfalls mitmachen muß,
wird durch einen Mitnehmer m,
der sich längs der Geradführung n
bewegt, mittels Schreibstift auf
die Schreibtrommel t übertragen
und daselbst aufgezeichnet. Gegen den zylindrischen Teil c der
Hauptwalze wird die Holzwalze d,
und gegen den konischen Teil g
der Hauptwalze die Holzwalze h
vermittels Hebel und Feder gepreßt. Wie aus Abb. 12, die den Ap-

parat im Aufriß darstellt, ersichtlich, wird der von der Spule a kommende Faden b
zunächst zwischen das Walzenpaar cd geführt; sodann läuft er über die obere

Hälfte der Walze c nach unten über die Belastungsrolle f, wieder nach oben über die Holzwalze h, zwischen dieser und dem konischen Teil g der Hauptwalze hindurch, und wird nach Passieren der hin- und hergehenden Öse i von der Trommel k aufgewickelt. Die Belastungsrolle f ist auf der einen Seite eines zweiarmigen Hebels gelagert, der sich in der Mitte um eine feste, in Spitzen gelagerte Achse bewegt und an jeder Seite mit Gewichten e_1 bzw. e_2 belastet ist, durch deren Verschiebung die dem Garn durch die Belastungsrolle f erteilte Spannung reguliert werden kann.

Die Bewegung der aufwickelnden Trommel k erfolgt durch die mit ihr fest verbundene Holzwalze s (s. Grundrißabbildung 13), die durch Reibung von der Holzwalze d mitgenommen wird. Infolge der dem Faden durch die Belastung erteilten Dehnung hat das Walzenpaar gh in der Zeiteinheit eine größere Menge Garn abzuführen, als der Rolle f durch das Walzenpaar dc zugeführt worden ist. Durch axiale Verschiebung der Hauptwalze cg entsprechend einer Drehung der Kurbel q im Uhrzeigersinn wird der von der Walze h ablaufende Faden auf der konischen Walze g auf einen größeren Durchmesser verschoben, während die Walzen d und h, und mit ihnen der Faden b, in ihrer Lage bleiben.

Die Steigung der Schraube p und die konische Form der Walze g sind so bemessen, daß bei jeder Umdrehung der Kurbel der Durchmesser der Walze g um 1% zunimmt, und daß von 0 bis 10% Dehnung gemessen werden kann.

Die Walze c steht in Verbindung mit einem Zählwerk, so daß die Länge des durch den Prüfer laufenden Garnes entsprechend den Umdrehungen von c laufend gemessen werden kann. Wird gleichzeitig das Gewicht des von der Trommel k aufgewundenen Garnes festgestellt, so läßt sich ohne weiteres auch die durchschnittliche Nummer des geprüften Garnes ermitteln.

Ein weiterer Vorteil besteht darin, daß das geprüfte Garn von der Trommel ohne Schwierigkeit zwecks weiterer Verarbeitung wieder abgenommen werden kann. Nach jedem Fadenbruch stellt sich der Garnprüfer selbsttätig ab.

Die geprüfte Garnlänge, geteilt durch die Anzahl Brüche, ergibt die bruchfreie Fadenlänge. Bei einer bestimmten Fadenbelastung gibt die bruchfreie Fadenlänge ein Maß für die Häufigkeit der schwachen Stellen und somit ein Mittel zur Beurteilung des Garnes. Die einzustellende Fadenbelastung wird erheblich unter der absoluten Bruchfestigkeit des zu prüfenden Garnes zu wählen sein, damit auf eine bestimmte Länge nicht zuviel Fadenbrüche, d. h. Stillstände, entstehen.

Dietz gibt an, die Belastung so einzustellen, daß die bruchfreie Länge durchschnittlich nicht unter 100 m fällt. Dies ist bei Jutekettgarnen mittlerer Festigkeit etwa bei 3,5 km Belastung, bei sehr guter Festigkeit bei 4 km Belastung der Fall.

Die Geschwindigkeit des Garnprüfers beträgt bis zu 40 m in der Minute, wodurch es ermöglicht wird, in der Stunde über 1000 m Garn zu untersuchen.

Das Verfahren von Dietz ist sicher für vergleichende Garnuntersuchungen, wie sie beispielsweise für die Kettgarne der Weberei laufend zu machen sind, vollständig genügend. Es hat den großen Vorteil, in verhältnismäßig sehr kurzer Zeit große Garnmengen auf das Vorhandensein von schwachen Stellen zu prüfen und ein Maß für die Geeignetheit des Garnes für den Webprozeß zu erlangen.

Für Garne dagegen, bei denen die Feststellung der absoluten Bruchfestigkeit von besonderer Bedeutung ist, wie z. B. für Garne, die später gezwirnt und zu Bindfaden verarbeitet werden sollen, bei denen häufig eine Mindestreißfestigkeit vorgeschrieben wird, wird nach wie vor auch noch der Einzelzerreißversuch mit den früher beschriebenen Zerreißapparaten am Platze sein.

Zweiter Abschnitt.

Die Rohjute.

I. Von der Pflanze zum Spinnstoff.

A. Botanische Beschreibung.

Unter Rohjute versteht man die handelsfertige Faser, die aus dem Baste einiger zu der Familie der Tiliazeen (Lindengewächse) gehörenden Corchorusarten gewonnen wird.

Von untergeordneter Bedeutung hinsichtlich der im Handel vorkommenden Mengen ist die vom Baste des zu der Familie der Malvazeen gehörenden Hibiscus cannabinus gewonnene Faser, die unter den Namen Bimlipatamjute, Madrasjute oder Bombayjute der Corchorusjute zugerechnet wird.

Von den Corchorusarten, deren Zahl sich auf gegen 30 beläuft, und die fast ausschließlich nur in tropischen Ländern gedeihen, kommen für die Gewinnung der Jutefaser praktisch nur zwei Arten in Frage: Corchorus capsularis, kenntlich an der kugeligen Form seiner Samenkapsel, und Corchorus olitorius, dessen Samenkapseln die Form von länglichen Schoten, ähnlich kleiner Bohnenschoten, besitzen.

Obwohl die Corchoruspflanzen als Medizin- und Gemüsepflanzen schon seit alten Zeiten den verschiedensten Völkern bekannt waren, ist heute noch, wie bereits in der Einleitung erwähnt, Bengalen praktisch das einzige Land, in welchem die beiden genannten Corchorusarten systematisch und in großem Maßstabe zwecks Gewinnung der Jutefaser angebaut werden. Außer der Präsidentschaft Bengalen kommen in Indien für den Anbau noch einige angrenzende Distrikte, wie Purnea im Norden und Cuttack im Süden der Provinz, Bihar und Orissa, das indische Fürstentum Cooch-Behar im Norden von Bengalen, und einige kleinere Distrikte, wie Goalpara, Sylhet, Garo Hills in der Provinz Assam, in Betracht[1] (vgl. die Karte von Bengalen, Abb. 14).

---

[1] Die Anbaufläche für Jute in Bengalen und in den angrenzenden Distrikten im Jahre 1919/20 und ihr Verhältnis zur gesamten bebauten Fläche des Landes ist in nachfolgender Tabelle enthalten:

Tabelle 10. Verhältnis der Juteanbaufläche zur gesamten bebauten Fläche.

Anbaugebiet	Anbaufläche in acres 1 acre = 40,46 a	Verhältnis zur gesamten Juteanbaufläche %	Verhältnis zur gesamten bebauten Fläche des betr. Landes %
Bengalen	2458900	86,2	10,0
Cooch-Behar	39200	1,4	7,2
Bihar u. Orissa	203400	9,1	0,8
Assam	120000	3,3	2,5
Zusammen:	2821500	100,0	

Die größte Anbaufläche weist das Rekordjahr 1926/27 auf mit:

Bengalen . . . . 3116300 acres
Cooch-Behar. . . . . 40600 „
Bihar u. Orissa . . . . 280000 „
Assam . . . . 168100 „
Zusammen: 3605000 acres

(nach der endgültigen Schätzung sogar 3856000 acres, d. h. fast 30% höher als 1919/20). Auch in den an den Purneadistrikt grenzenden Ebenen des Königreiches Nepal wird in

Als Anbaufläche des Hibiscus cannabinus sind im Bombaygebiet die
Deccan- und Karnatak-Distrikte und im Madrasgebiet die Gegend von
Vizagapatam und Nellore zu nennen[1].

Welche Gründe zu dieser eigenartigen Monopolstellung Indiens und speziell
Bengalens geführt haben, wird des näheren noch bei der Besprechung des An-
baues der Pflanze und der Gewinnung der Faser erörtert werden.

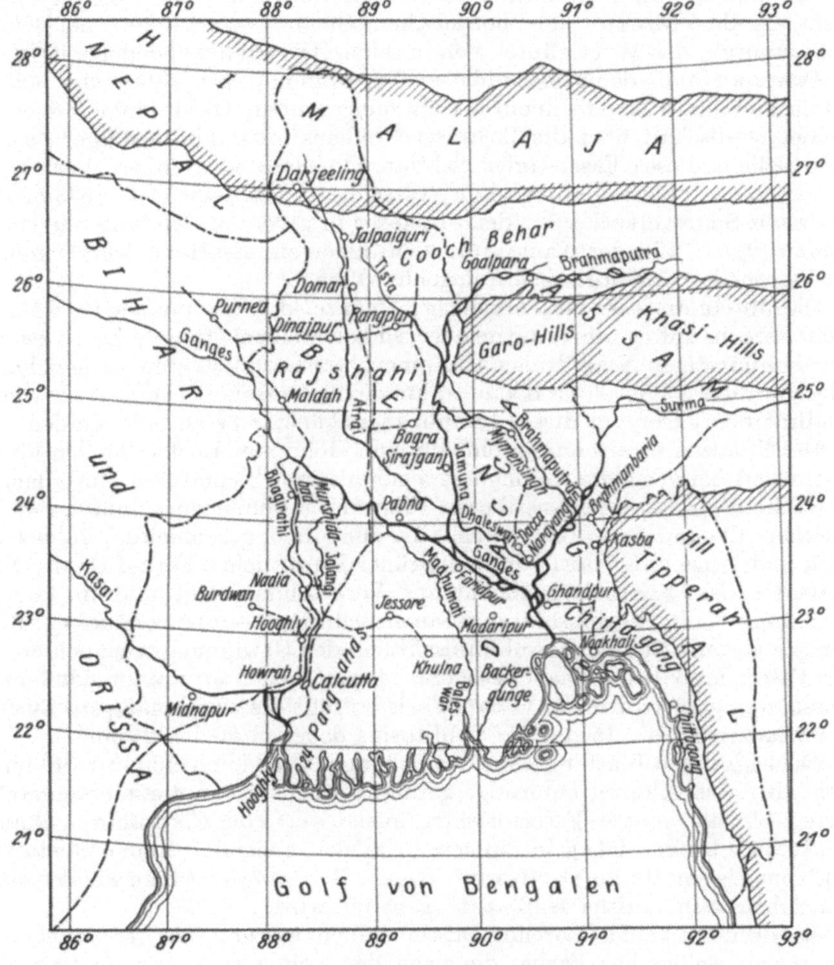

Abb. 14. Karte von Bengalen.

Über die Entstehung des Namens Jute als Handelsbezeichnung für die
Corchorusarten bestehen verschiedene Hypothesen, deren Richtigkeit ebensowenig nachgeprüft werden kann wie die Zeitangaben über den ersten Anbau
dieser Pflanze in Indien. Tatsache ist, daß weder die Pflanze noch die aus derselben gewonnene Faser in keinem der Anbaudistrikte Bengalens den Namen

---

geringem Umfang Jute angebaut, doch liegen keine Angaben über die Größe der Anbaufläche
vor. Der Ernteertrag wird auf 60000 bis 70000 Ballen geschätzt, die nach Br.-Indien eingeführt
und der dortigen Ernte zugerechnet werden.

[1] Die Anbaufläche im Bombaydistrikt umfaßt heute etwa 90000 acres, im Madras-
distrikt 70000 bis 80000 acres.

Jute führt, sondern daß entsprechend den zahlreichen Distrikten und den verschiedensten Spielarten, in denen die beiden Corchorusarten gezüchtet werden, gegen 200 verschiedene Namen[1] bei den Eingeborenen bestehen. Von diesen Bezeichnungen sind „pat" in West- und Mittelbengalen, „pat" oder „koshta" in Ostbengalen, „pata" in den nördlichen Distrikten von Bengalen und Assam am häufigsten zu finden. In Bihar findet sich die Bezeichnung „patna", in Orissa „nalita" oder „jhouta". Man vermutet, daß aus letztgenannter Bezeichnung der Direktor des botanischen Gartens in Seebpur bei Kalkutta, Dr. Roxburgh, das Wort „Jute" von in seinen Diensten stehenden Eingeborenen aus Orissa an Stelle der bisher üblichen Bezeichnung „pat" übernahm, und zwar erstmals im Jahre 1795 in einem Bericht, den er an die Direktion der ostindischen Handelsgesellschaft über die Bastfasern Indiens unter gleichzeitiger Zusendung eines Ballens dieses Faserstoffes richtete. Ob diese oder andere Vermutungen[2] zutreffend sind, bleibe dahingestellt, Tatsache ist, daß, seit etwa 1833 in Dundee die ersten Spinnversuche mit der Jutefaser in größerem Umfang aufgenommen wurden (vgl. S. 72), der Name Jute sich allgemein als Handelsbezeichnung für die Fasern der Corchorusarten eingebürgert hat[3].

Die Jutepflanze ist eine einjährige Pflanze, d. h. sie muß jedes Jahr frisch gesät werden. Infolge ihres ungeheuer schnellen Wachstums wäre es zwar möglich, bei günstigen Verhältnissen in einem Jahr zwei Ernten zu erzielen, doch würde auf diese Weise der Boden in kurzer Zeit erschöpft sein, auch würde die Qualität der Faser bei diesem Raubbau ungünstig beeinflußt werden.

Die Pflanzen erreichen gewöhnlich eine Höhe von 1,5 bis 3 m, in günstigen Fällen und bei geeigneter Düngung sogar bis zu $4^1/_2$ und 5 m. Im allgemeinen schwankt die Länge der aus diesen Pflanzen gewonnenen spinnfähigen Fasern zwischen 1,2 und 3 m. Der Stengel ist rund und geschmeidig, 15 bis 25 mm stark und je nach der Sorte von hellgrüner bis rötlicher Farbe. Da der Stengel, besonders bei C. capsularis, leicht zur Verästelung neigt und für die Fasergewinnung — im Gegensatz zur Samenzüchtung — die verästelten Pflanzen weniger vorteilhaft sind, sowohl hinsichtlich der Gewinnung wie auch der Länge der Faser, muß beim Säen besonders darauf geachtet werden, daß nicht zu weitständig gesät wird. Für C. capsularis beträgt die zweckmäßigste Entfernung der Pflanzen 10 bis 15 cm, für C. olitorius dagegen 20 bis 25 cm.

Die hellgrünen Blätter haben ziemlich lange Stiele und sind etwa 10 bis 12 cm lang, oval bis eilanzettenförmig, gezahnt, wobei die untersten Sägezähne in zarte, schmale, spitze Faserfortsätze auslaufen. Von C. capsularis schmecken die Blätter bitter, daher in einigen Gegenden auch der Name „teeta (bitter) pat", im Gegensatz zu C. olitorius, dessen Blätter wohlschmeckender sind und der daher auch „mitha (süß) pat" genannt wird.

Die Blüten beider Corchorusarten stehen einzeln oder gepaart und sind klein, von weißgelber Farbe, die nach der Spitze zu etwas dunkler ausfällt. Kelche und Blumenkrone sind fünfblätterig und regelmäßig ausgebildet.

Neben der bereits erwähnten Verschiedenheit in der Form der Samenkapseln,

---

[1] Näheres darüber, wie auch über die Entstehung des Wortes Jute usw., findet sich in Wolff, Richard: Die Jute, ihre Industrie und volkswirtschaftliche Bedeutung. Berlin 1913.

[2] Nach einer andern Lesart soll der Corchorus identisch sein mit dem von den Juden als Gemüse verwendeten olus judaicum oder Judenmalve (englisch Jew mallow). Es wird hier auf Hiob XXX, 4 angespielt, wo von diesen Kräutern die Rede ist.

[3] Außer dem oben genannten Hibiscus cannabinus findet man in der Handelsjute vereinzelt noch die Fasern von zwei anderen juteähnlichen, zu den Malvazeen gehörenden Pflanzen, die ebenfalls vorwiegend in Indien gedeihen: die Abelmoschusfaser mit dem indischen Namen „Rai bhenda" (Abelmoschus tetraphyllos) und die Urenafaser mit dem ind. Namen „Tup khadia" (Urena sinuata). Über weitere juteähnliche Pflanzen vgl. S. 48.

die fast das einzige Unterscheidungsmerkmal beider Arten bildet, sind auch die Samenkörner in Größe und Farbe verschieden. Der Samen von C. capsularis ist $^3/_{10}$ mm lang, $^2/_{10}$ mm breit, von tiefbrauner Farbe, während der von C. olitorius in Länge und Breite nur $^2/_{10}$ mm hat und von blauer Farbe ist.

Am verbreitetsten ist C. capsularis, dessen Hauptanbaugebiet sich in Nord- und Ostbengalen mit anschließenden Ländern befindet, während C. olitorius vorwiegend in den Hooghly-Distrikten in der Nähe Kalkuttas und in den 24 Parganas im Presidency-Bezirk erzeugt wird.

C. capsularis wird von den Pflanzern wegen seiner Widerstandsfähigkeit gegenüber klimatischen Einflüssen, wie Trockenheit, übermäßige Feuchtigkeit oder große Hitze, mehr geschätzt, während C. olitorius gegenüber Überschwemmungen sehr empfindlich ist und deshalb fast nur auf höherem Land gedeiht. Bezüglich Farbe, Reinheit und Festigkeit der Faser ist im allgemeinen C. capsularis dem C. olitorius überlegen, und deshalb erzielt auch die beste Faser der ersten Art einen höheren Preis als die beste der letzteren Art. Immerhin hat die Faser von C. olitorius, obwohl von dunkler und unansehnlicher Farbe, unter den Spinnern viele Anhänger wegen ihrer guten Spinnfähigkeit. Sie kommt als Klasse für sich in den Handel und ist als Daisee- und Tossajute wohlbekannt (vgl. S. 56, 63).

Von beiden Corchorusarten, besonders von caspularis, bestehen eine Reihe Spielarten und Kreuzungen, die sich durch die Farbe der Stengel, der Blattstiele und der Früchte, die von Hellgrün ins Rötliche bis zu Purpurrot wechselt, unterscheiden.

Hinsichtlich der Qualität der Faser kommt es jedoch weniger auf diese äußeren Unterscheidungsmerkmale der verschiedenen Spielarten an, sondern mehr auf die Gegend und die Bedingungen, unter denen eine bestimmte Sorte aufgewachsen ist. So zeigt sich z. B., daß Hochlandjute der Niederlandjute, die größtenteils mit den Wurzeln im Wasser steht und daher häufig stark verholzte Enden aufweist, an Feinheit der Faser im allgemeinen überlegen ist, was sich durch höhere Preise auswirkt. Die Pflanzer legen auch keinen besonderen Wert auf die Unterscheidung verschiedener Spielarten nach der Farbe der lebenden Pflanze, sondern trennen nur nach frühen und späten Sorten, wobei zu beachten ist, daß späte Sorten im allgemeinen einen reicheren Faserertrag ergeben. Da es unmöglich ist, die Ernte auf allen Feldern zu gleicher Zeit einzubringen, wird ein Pflanzer frühe und späte Sorten gleichmäßig anbauen, um so die Zeit der Ernte über einen längeren Zeitraum ausdehnen zu können. Immerhin wäre es im Interesse der Züchtung reiner und hochwertiger Samen wünschenswert, daß das Durcheinander verschiedener Spielarten und Sorten auf dem gleichen Feld und unter dem gleichen Namen, wie es vielfach besonders bei C. capsularis unter den Jutebauern heute noch anzutreffen ist, beseitigt würde. Das Züchten besonderer Samen und der Austausch so gezogener Samen innerhalb verschiedener Jutedistrikte hat ganz bedeutende Erfolge gehabt[1].

B. Anbau der Jutepflanze.

Für das Gedeihen der Jutepflanze ist sowohl die Beschaffenheit des Bodens wie auch das Klima von allergrößter Bedeutung. Vor allem muß der Boden

---

[1] N. C. Chaudhury berichtet in seinem ausführlichen Werke „Jute in Bengal", Kalkutta 1921, eingehend über die günstigen Ergebnisse, die er mit der Züchtung der „Kakya Bombay-Jute" im Serajganj-Distrikt erzielte. Diese Jute, die übrigens mit Bombay und Bombay-Jute nichts zu tun hat (der Name „Bombay" wird hier nur als Bezeichnung für die große Länge der Pflanze, wie dies in einigen Gegenden Bengalens üblich ist, angewendet), soll über 50% des normalen Ertrages ergeben.

fruchtbar, feucht und durchlässig sein. Alluviale Gebiete, wie die vom Ganges und Brahmaputra durchflossenen Ebenen mit ihren alljährlichen Überschwemmungen, die auf den Uferländern einen äußerst fruchtbaren Überzug hinterlassen, insbesondere aber die weit verästelten Deltas dieser Flüsse, die während der Regenzeit vollkommen unter Wasser stehen, geben im Verein mit dem feuchtheißen Klima, wie es fast nur der tropische Sommer Bengalens kennt, den idealsten Boden für ein schnelles, üppiges Wachstum der Jutepflanzen ab. Aber auch auf höher gelegenem trockenem Boden von durchlässiger, sandig-lehmiger Beschaffenheit („sunna"-Land) werden für gewisse Sorten, die in den niedrig gelegenen Überschwemmungsgebieten nicht gedeihen, besonders hinsichtlich der Güte der Faser sehr günstige Anbauergebnisse erzielt. Alter Alluvialboden („khiar"-Land), wie er z. B. in Nordbengalen westlich des Karotayaflusses in den Distrikten von Dinajpur, Rangpur, Bogra zu finden ist, eignet sich infolge seiner Härte bei Trockenheit nur bei geeigneter Düngung für den Juteanbau, während neuer Alluvialboden („char"-Land), der die Hauptmenge der jährlichen Juteerzeugung hervorbringt, wenig oder gar keine Düngung erfordert.

Neben der besonderen Geeignetheit des Bodens sind es vor allem die eigenartigen klimatischen Verhältnisse, denen Bengalen seine Sonderstellung im Juteanbau verdankt. Bei einer mittleren Jahrestemperatur von 26 bis 27° C steigt die Höchsttemperatur in den Juteanbaugebieten während der Hauptwachstumperiode April—Mai bis zu 40° C bei einer relativen Luftfeuchtigkeit von 70 bis 90%, während die niedrigste Temperatur selten unter 16 bis 18° fällt[1]. Gleichzeitig sorgen periodisch wiederkehrende gewitterartige Regenschauer von nicht zu großer Ausdehnung bei Vorherrschen nordwestlicher, bisweilen orkanartig anschwellender Winde vor, während und nach der Saatzeit, d. i. in den Monaten Februar—Mai, also zu einer Zeit, wo andere große Gebiete Indiens im Westen und Nordwesten vollkommen regenlos der größten Hitze ausgesetzt sind, für genügende Durchfeuchtung des Erdreiches, wodurch die Vorbereitung des Bodens, das Keimen der Saat und das Wachstum der jungen Pflanzen in weitestgehendem Maße gefördert werden. Bis zum Eintritt des die Hauptregenzeit etwa Mitte Juni einleitenden Südwestmonsuns sind die Jutepflanzen in ihrem Wachstum so weit vorangeschritten und gekräftigt, daß die unendlichen Regenmassen und die durch sie hervorgerufenen Überschwemmungen der Flüsse den Pflanzen nicht mehr schaden, sondern im Gegenteil deren Reife und Ernte in jeder Beziehung beschleunigen helfen. Insbesondere liefern die reichlichen Niederschläge die zur Durchführung des an die Ernte sich anschließenden Röst- und Waschprozesses notwendigen Wassermengen in der Nähe der Jutefelder. Wenn eine der oben genannten Bedingungen fehlschlägt, z. B. wenn der Frühjahrsregen verspätet kommt, ganz ausbleibt oder zu reichlich fällt, oder wenn die Monsunregenzeit eintritt, ehe die Pflanzen genügend gekräftigt sind, ist die ganze Ernte gefährdet, und in der Geschichte der Jutekultur ist so manches Erntejahr zu verzeichnen, dessen Ausfall durch widrige Witterungsverhältnisse die gehegten Erwartungen zunichte machte. Daher ist auch den regelmäßig aus den Anbaugebieten eingehenden Wetter- und Saatberichten große Bedeutung beizumessen; sie beeinflussen die Preisbewegung auf dem Rohjutemarkt ganz erheblich und werden oft zu Spekulationszwecken ausgenützt.

Die Anbauperiode zerfällt in drei Hauptabschnitte: 1. Bodenbearbeitung, 2. Aussaat und Wachstum, 3. Ernte.

---

[1] In Kalkutta beträgt die Temperatur im Januarmittel 18,4° C, im Maimittel 29,8° C.

1. Bodenbearbeitung.

Die Jutepflanze verlangt einen gut durchgearbeiteten und gedüngten Boden. Falls keine Winterfrucht auf den Feldern ist, beginnt die Bodenbearbeitung schon im Herbst nach dem Abernten und wird fortgesetzt und beendigt nach den ersten Regenfällen Ende Februar bis Anfang März. Vor allem kommt es darauf an, den Boden durch tiefgehendes Pflügen und nachheriges Brechen der Schollen mittels Eggen weitgehend aufzulockern und in eine mürbe, gleichmäßig feuchte, pulverförmige Masse zu verwandeln, da die Jutepflanze sehr tief wurzelt. Dementsprechend richtet sich auch die Bearbeitung nach der Beschaffenheit des Bodens. Da die Ackerbauwerkzeuge der bengalischen Bauern (ryot), Pflüge, Eggen, Harken (kodali), noch sehr primitiv sind, erfordern diese Arbeiten viel Mühe und Zeit, vgl. Abb. 15[1].

Abb. 15. Bearbeitung des Ackers für den Juteanbau.

Mit der Bearbeitung des Bodens wird auch das Düngen, soweit dies in dem Schwemmland überhaupt notwendig ist, vorgenommen. In höher gelegenen Gebieten und in altem Alluvialboden ist Düngen jedoch stets erforderlich, teils um dem Boden den nötigen Stickstoff zuzuführen, teils (besonders im letzteren Fall) um ihn durch Verwendung geeigneten Düngers (Gründünger) aufzulockern. Die besten Erfolge werden wohl durch Kuhdünger erzielt[2], doch verwenden die Eingeborenen diesen leider häufig als Feuerungsmaterial oder zur Düngung anderer Gewächse, während die Jutepflanze, wenn sie überhaupt gedüngt wird, sich mit mehr oder minder geeigneten Ersatzdüngemitteln, wie Holzasche, Blättern und anderen Rückständen der abgeernteten

---

[1] Die Abb. 15 bis 24 entstammen der Jubiläums-Denkschrift der Jute-Spinnerei und Weberei Bremen, 1913.

[2] Chaudhury a. a. O. berichtet über Versuche auf der Burdwan-Musterfarm, nach denen mit 5 t Kuhdünger pro acre (1 acre = 40,46 a) die günstigsten Ergebnisse erzielt wurden. Düngung mit Rhizinusölkuchen im Verhältnis 0,2 t per acre ergab einen um etwa 20% geringeren Ertrag. Als Norm gibt er an, daß dem acre durch die Düngemittel 14 bis 18 kg Stickstoff zugeführt werden sollen. Dem entsprechen 2,8 bis 3,6 t Kuhdünger.

Jutepflanzen usw., begnügen muß. Für künstliche Düngemittel, die ebenfalls gute Ergebnisse erzielen, haben die Bauern kein Geld übrig, wie überhaupt die Bedeutung einer guten Düngung bei den Eingeborenen noch nicht die nötige Würdigung findet. Man nimmt an, daß Bengalen bei richtiger Düngung und bei gleicher Anbaufläche eine um 40% gesteigerte Juteernte hervorbringen könnte.

In diesem Zusammenhang sei noch auf die besondere Bedeutung der Fruchtfolge auf das Gedeihen der Jutepflanze und das Ergebnis der Ernte hingewiesen. Wenn Jahr für Jahr auf einem und demselben Boden Jute angebaut wird, oder wenn gar, wie es häufig der Fall ist, nach Beendigung der Juteernte auf dem gleichen Lande noch Reis angesät wird, um so zwei Ernten im Jahr zu erhalten, verarmt und erschöpft sich der Boden schnell, sofern nicht durch reichliche

Abb. 16. Das Auslichten der zu dicht stehenden Pflanzen. 2 bis 3 Wochen nach der Aussaat. Höhe der Pflanzen ca. 10 cm.

Düngung oder durch Überschwemmungen dem Boden die erforderlichen Nährstoffe zugeführt werden. Es hat sich als zweckmäßig erwiesen, Jute abwechselnd mit Raps, Senf, Reis, Kartoffeln, Erbsen und ähnlichen Früchten nach einem bestimmten Schema und Turnus anzubauen.

2. Aussaat.

Je nachdem es sich um frühe oder späte Sorten handelt und je nach Gegend und Wetter erfolgt die Aussaat von Ende Februar bis Ende Mai. In den Überschwemmungsgebieten muß die Aussaat bis Mitte März beendigt sein, damit die Pflanzen bis zum Eintritt der Überschwemmungen in ihrem Wachstum so weit vorangeschritten sind, daß sie noch über die Fluten herausragen, andernfalls sie sonst absterben würden.

Am spätesten, Mitte April bis Mitte Mai, erfolgt die Aussaat des C. olitorius, der, wie früher bemerkt, nur auf höher gelegenem Land, das frei von Überschwemmungen ist, gedeiht. Die Ernte dieser Juteart, die als Daisee- und Tossa-jute im Handel bekannt ist, erfolgt dementsprechend auch zuletzt im August und September und noch später.

Das Aussäen geschieht breitwürfig mit der Hand, und zwar kommen nach Chaudbury 10 lbs Samen auf 1 acre, das sind etwa 11 kg auf den Hektar, während nach Woodhouse und Kilgour[1] 14 bis 16 lbs und darüber per acre, das sind $15^{1}/_{2}$ bis 18 kg per Hektar, ausgesät werden. Nach dem Säen wird der Boden mit einer Art Egge oder Harke bearbeitet, um die Samen mit Erde zu bedecken. Je nach der Feuchtigkeit beginnt die Saat nach 4 bis 8 Tagen zu keimen.

Sobald (nach 2 bis 3 Wochen) die Pflanzen etwa 4 Zoll hoch sind, beginnt das Jäten von Unkraut und das Auslichten der zu dicht stehenden Pflanzen (vgl. Abb. 16). Häufig muß vor dem Jäten der unter dem Einfluß von Regen und Sonne hartgewordene Boden mit der harkenähnlichen „Bida", die durch

Abb. 17. 8 Wochen alte Jutepflanzen. Höhe ca. $2^{1}/_{2}$ m.

Zugtiere mehrmals über die Felder gezogen wird, nochmals gelockert werden, damit die Feuchtigkeit besser in das Erdreich dringen und das Jäten und das darauffolgende Auslichten der Pflanzen leichter vor sich gehen kann. Jäten und Auslichten ist eine der mühevollsten Arbeiten, die so lange fortgesetzt werden müssen, bis die Pflanzen 30 bis 45 cm hoch sind und ihr schnelles Wachstum das Unkraut erstickt.

In der Regel soll der Zwischenraum zwischen den ausgelichteten Pflanzen 15 bis 20 cm betragen (vgl. S. 36), je nach der Sorte, während bei den speziell zur Samenerzeugung gezüchteten Pflanzen der Abstand auf 30 bis 50 cm erweitert wird. Die Pflanzen wachsen nun überraschend schnell heran und erreichen in etwa $3^{1}/_{2}$ bis 4 Monaten vom Zeitpunkt der Aussaat an ihre Blütezeit, und nach etwa weiteren 4 Wochen ihre völlige Samenreife. Die Abb. 17 bis 19 zeigen das außerordentlich schnelle Wachstum der Jute.

Außer den mancherlei klimatischen Einflüssen, die das Wachstum der Pflanzen ungünstig beeinflussen können, sind es vor allem einige Raupenarten, die durch ihre Gefräßigkeit den Pflanzen, besonders solange sie noch jung sind,

---

[1] Woodhouse u. Kilgour: Jute and Jute spinning. Bd. I. Manchester 1920.

ganz enormen Schaden bringen. Diese Raupen, die $2^{1}/_{2}$ bis 4 cm lang sind und die sich vorwiegend auf die jungen Blätter stürzen, bringen es in wenigen Tagen fertig, daß auf großen Gebieten nur noch die kahlen Stengel dastehen. Die von diesem Ungeziefer befallenen Pflanzen verästeln sich sehr stark. Die aus ihnen gewonnene Faser ist „specky", d. h. mit holzigen und rindigen Teilen durchsetzt (s. S. 107) und rauh. Während gewisse Arten Raupen meist in sehr trockenen Jahrgängen erscheinen, werden andere durch fortgesetzte Regenfälle begünstigt. Das beste Mittel, dieser Raupenplage Herr zu werden, ist das Bespritzen mit einer Lösung von Petroleum in geeigneter Verdünnung.

Abb. 18. 14 Wochen alte Jutepflanzen.
Höhe ca. 3 ½ m.

Abb. 19. 4 Monate alte Jutepflanzen.
Höhe ca. 4 m.

3. Ernte.

Je nach der Aussaat wird von Anfang Juli bis Ende Oktober geerntet. Von großem Einfluß auf das Ergebnis und den Ausfall der Ernte ist die Wahl des richtigen Zeitpunktes zum Schneiden. Dieser ist nach allgemeiner Ansicht gekommen, wenn die Blüten ausgefallen sind und die Früchte eben angesetzt haben. Die Faser ist dann rein und kräftig und noch nicht verholzt, sie läßt sich leicht loslösen, während der Ertrag einen guten Durchschnitt ergibt. Wird dagegen bei Beginn der Blütezeit geschnitten, gibt es zwar noch eine feinere und reinere Faser, die sich besonders leicht von der äußeren Rinde und anderen pflanzlichen Bestandteilen lösen läßt, dagegen sind Ertrag und Festigkeit geringer. Wird endlich erst nach Ausreifen des Samens geerntet, erhält man zwar das größte Faserergebnis, doch ist die Faser mehr oder weniger grob, unrein, unregelmäßig in Festigkeit und Farbe. In welcher dieser drei Reifestufen, die zeitlich etwa 4 Wochen auseinanderliegen, die Ernte vorgenommen werden soll, hängt einesteils von den Ansprüchen ab, die hinsichtlich der Menge und der Güte an die Ernte gestellt werden, andernteils von den äußeren Umständen, wie Wetter, günstigen Wasserverhältnissen, Vorhandensein genügender Arbeitskräfte usw.

Das Schneiden erfolgt von Hand mit einer Sichel möglichst nahe am Boden, vgl. Abb. 20. In den überschwemmten Gebieten müssen die Pflanzen oft tief unter Wasser abgeschnitten werden oder aber werden sie teilweise, meist bei geringeren Sorten, mit den Wurzeln ausgerauft. Nach dem Schneiden werden die Pflanzen aufgestapelt, vergl. Abb. 21, und 1 bis 2 Tage an der Sonne liegen-

Abb. 20. Das Schneiden der Jute mit der Sichel.

gelassen, um die Blätter zum Abwelken zu bringen. Hierbei müssen jedoch die Stengel mit Blättern bedeckt werden, um die Fasern gegen die direkte Ein-

Abb. 21. Transport der nach dem Schneiden gebündelten Jute zum Rösten.

wirkung der Sonne zu schützen. Nach dem Abstreifen der Blätter werden die Spitzen abgeschnitten, der zurückbleibende Teil der Pflanzen wird in lose Bündel von etwa 20 cm Durchmesser gebunden und ist nun für die weitere Behandlung fertig.

C. Gewinnung der Jutefaser.

Die zur Gewinnung der handelsfertigen Jutefaser erforderlichen Operationen sind:

1. das Rösten, 2. das Abschälen, Waschen und Trocknen der Faser.

1. Der Röstprozeß.

Wie andere Bastfasern Hanf und Flachs wird die Jutefaser aus den zwischen dem Stengel und der äußeren Rinde der Pflanze liegenden Faserbündeln, dem Bast, gewonnen. Zwecks Lösung dieser Bastbündel, die als zusammenhängender Gewebestrang über die ganze Länge des Stengels verlaufen, wird in ähnlicher Weise wie bei Flachs und Hanf ein Röstprozeß eingeleitet, der durch bakterielle Einwirkung die Zersetzung (Fermentation) der die Fasern unter sich und mit dem umgebenden Gewebe verbindenden unlöslichen, gummiartigen Materie, des Pflanzenleimes, herbeiführt, so daß die mechanische Trennung der Fasern nach Auswaschen des gelösten Pflanzenleimes möglich wird.

Die Art und Weise, wie der Röstprozeß durchgeführt wird, ist von allergrößtem Einfluß auf die Güte und Farbe der Faser. Das Rösten erfolgt entweder in stehendem Wasser, in Teichen, Tümpeln, Gruben oder in fließendem Wasser, das in den zahlreichen Flüssen und Strömen des Landes zur Verfügung steht. Vorzuziehen ist stehendes Wasser, da das Rösten schneller vor sich geht, auch werden die Fasern weniger angegriffen. In fließendem Wasser dagegen erfordert das Rösten erheblich mehr Zeit, auch besteht die Gefahr des Wegschwimmens der zu röstenden Pflanzen. Tiefes Wasser wiederum ist seichtem Wasser vorzuziehen. Von der Reinheit des Wassers hängt sehr wesentlich die Farbe und der Glanz der Faser ab. Trübes, schlammiges Wasser gibt eine dunklere, stumpfere Faser, weshalb möglichst auf klares Wasser zu achten ist.

Welche Röstmethode jeweils angewendet werden soll, hängt jedoch in erster Linie von der Lage der Jutefelder zu der zur Verfügung stehenden und für den Röstprozeß geeigneten Wasserstelle ab. Wenn man bedenkt, daß der Ertrag eines Jutefeldes von 1 ha Fläche ein Gewicht an grünen Pflanzen von ca. 30 bis 32 t aufweist, ist es verständlich, daß der Jutebauer jede nächstliegende Gelegenheit zum Rösten seiner Pflanzen wahrnimmt, da ein Transport auf größere Entfernungen mit zuviel Mühe verknüpft oder gar nicht durchzuführen wäre. Daher kommt es häufig vor, daß die Bauern einfach auf oder in nächster Nähe der abgeernteten Felder Wasser von den Überschwemmungen und Regengüssen sammeln, um die Pflanzen auf der Stelle zu rösten. Verhältnismäßig selten, und dann nur in höher gelegenen Gebieten, kommt die Tauröste vor.

Welcher Röstprozeß auch in Anwendung kommen mag, stets ist darauf zu achten, daß die Pflanzen vollständig im Wasser untergetaucht sind. In vielen Gegenden ist es üblich, die wagrecht nebeneinander ins Wasser gelegten Bündel mit Rasenstücken und Erdklumpen gegen Auftrieb zu beschweren, was jedoch wegen der Verunreinigung und Schädigung der Faser zu vermeiden ist[1].

Besser ist es, Holzklötze oder Steine zum Beschweren zu verwenden oder aber, wenn tiefes Wasser vorhanden ist, mehrere Lagen Bündel übereinander zu stapeln, 10 bis 12 Fuß im Quadrat, so daß die Stapel ineinander festhalten und durch ihr Eigengewicht untertauchen. In fließendem Wasser werden diese

---

[1] Die schlechte Farbe der Daiseejute soll von diesem Verfahren herrühren. Die Annahme, daß die dunkle Farbe der Faser in einigen Jutedistrikten auf den Eisengehalt des Röstwassers zurückzuführen sei, ist durch chemische Untersuchungen nicht bestätigt worden. Immerhin zeigt es sich, daß verunreinigtes Wasser, wie es der Ganges mit sich führt, eine dunklere Farbe der Jute zur Folge hat als z. B. das klare Wasser des Brahmaputra.

Stöße durch eingerammte Bambusstöcke gegen das Wegschwimmen geschützt und durch quergespannte Bambusstäbe unter Wasser gehalten, vgl. Abb. 22. Die oberste Lage der Bündel wird stets mit Blättern und Wasserpflanzen zugedeckt. Bei der verhältnismäßig hohen Wassertemperatur von 27 bis 30° C und darüber setzt sofort der Gärungsprozeß ein, der je nach Sorte und Reifezustand der Pflanzen, Wetter und Wasserverhältnissen sowie Jahreszeit 10 bis 20 Tage, in seltenen Fällen, besonders bei Späternte und fließenden Gewässern, bis zu 30 Tage beansprucht.

Der Röstprozeß muß sorgfältig überwacht werden, insbesondere ist in gewissen Zeitabschnitten zu prüfen, wie weit die Zersetzung des Pflanzenleimes vor sich gegangen ist. Dies läßt sich auf einfache Weise feststellen, indem man aus den Stapeln an verschiedenen Stellen einzelne Pflanzen herausnimmt und nachsieht, ob sich der Bast leicht vom Stengel trennen läßt. Bei großen Stapeln in fließendem Wasser zeigt sich, daß die außen liegenden Bündel langsamer

Abb. 22. Einlegen der Jutebündel in das Wasser zwecks Rösten.

rösten als die innen liegenden. Um ungleichmäßiges Rösten bzw. Überrösten der innen liegenden Bündel zu vermeiden, werden daher häufig nach einer gewissen Röstzeit die großen Stöße auseinander gebrochen, die inneren fertig gerösteten Bündel herausgenommen und die äußeren Bündel noch einige Tage nachgeröstet.

Übermäßiges Rösten gibt eine schwache, stumpfe Faser, während bei ungenügendem Rösten die Fasern mehr oder weniger zusammenkleben und sich von den Oberhautteilchen und anderen pflanzlichen Verunreinigungen nicht genügend säubern lassen. Fehler, die beim Rösten gemacht werden, sind in den nachfolgenden Operationen kaum noch zu beseitigen und bilden eine Quelle vielen Verdrusses für den Spinner. Oft rösten die Bauern absichtlich nicht genügend, um einen größeren Ertrag an Faser zu erlangen, denn genügendes Rösten und sauberes Waschen gibt eine reinere Faser und daher auch mehr Abfall und geringeren Ertrag.

2. Abschälen, Waschen und Trocknen der Faser.

Auf das Rösten folgt der nicht minder wichtige Prozeß des Abschälens und Waschens der Faser. Auch hier gibt es je nach den örtlichen Verhältnissen und der geübten Röstmethode verschiedene Verfahren. Nach dem am meisten geübten Verfahren stellen sich die Eingeborenen, meist nur Männer, direkt neben die Röststapel ins Wasser, das ihnen oft bis über die Hüften reicht, und ergreifen aus den Bündeln eine Handvoll Stengel, die sie am Wurzelende mit einer Art Holzbeil so lange schlagen, bis sich die Faser vom Stengel löst, vgl. Abb. 23. Durch einige Schläge werden sodann die Stengel etwa 30 bis 40 cm vom Wurzelende entfernt abgeknickt, die abgebrochenen Stengelenden weggeworfen und die überhängenden losen Faserbündel mit beiden Händen erfaßt und sodann die Pflanzen so lange auf der Wasseroberfläche hin- und hergeschlagen, bis sich die Fasern leicht vom Stengel abschälen lassen. Anschließend daran wird die abgeschälte Faser durch mehrmaliges kräftiges Hin- und Herziehen im Wasser gewaschen und von allen noch anhaftenden leimartigen pflanzlichen Bestandteilen, insbesondere der Rindenhaut, mit den Händen befreit. Von Vorteil ist es, wenn diese Operation in klarem, fließendem Wasser ausgeführt werden kann,

Abb. 23. Lostrennen der Faser vom Stengel nach dem Rösten.

das die im Laufe des Waschprozesses sich anhäufenden Unreinigkeiten sofort abführt. Beim Waschprozeß spielt das Vorhandensein von klarem Wasser noch eine viel wichtigere Rolle hinsichtlich des Ausfalls der Farbe der Faser als beim Röstprozeß; es wird daher, wenn klares Wasser nicht vorhanden ist und das Rösten schon in schmutzigem Wasser vorgenommen werden mußte, die abgeschälte Faser trotz der damit verbundenen Umstände sehr häufig zum endgültigen Waschen nach einem Ort gebracht, wo genügend reines Wasser zur Verfügung steht.

Eine noch einfachere Methode des Abschälens wird hauptsächlich in Ostbengalen (Dacca, Faridpur, Barisal) geübt, und zwar vorwiegend von Frauen als Heimarbeit. Während die rechte Hand den untern Teil des Stengels einer oder mehrerer (bis zu 3) Pflanzen hält, werden mit der linken Hand geschickt die Faserbündel losgelegt, die Finger der rechten Hand zwischen Faserbündel und Stengel durchgezogen und auf diese Weise die Fasern abgeschält. Obwohl dieses Verfahren sehr primitiv ist und selbst bei geübten Frauen nur mit einer Tagesleistung von 15 bis 20 seers (1 seer = rd. 1 kg) trockene Faser gerechnet werden kann, gegenüber etwa 20 seers in 6 Stunden bei dem ersten Verfahren, hat sich diese Schälmethode trotz mancher Verbesserungsvorschläge als die billigste erwiesen, da die Arbeit meist von Familienangehörigen der Jutebauern ausgeführt wird, die häufig ohne Lohn sich mit Überlassung der zurückgebliebenen Holzstengel als Feuerungsmaterial begnügen.

Nachdem die Fasern gründlich ausgewaschen und ausgequetscht worden sind, werden sie zum Trocknen auf dem Boden ausgebreitet oder noch besser 1 bis 2 Tage auf einem Gestell von Bambusstäben aufgehängt, vgl. Abb. 24. Hierbei ist es zweckmäßig, bei großer Hitze die Fasern vor der allzu starken Einwirkung

Abb. 24. Zum Trocknen aufgehängte Jute.

der Sonnenstrahlen durch ein Blätterdach zu schützen, damit deren Farbe nicht Not leidet. Überdies läßt man die Fasern nach dem Waschen nicht vollständig austrocknen, da nach bestimmten Abmachungen des Innenhandels bis zu 10% Feuchtigkeit gestattet werden, welche Toleranz die Bauern in reichem Maße ausnützen[1]. Eine weitere Zubereitung erhält der Faserstoff nicht mehr; er ist nunmehr in dem reinen Zustand, in dem er in den Handel übergeht und zur Verpackung und Versendung gelangt.

D. Anbauversuche von Jute und juteähnlichen Fasern in anderen Ländern und die Grenze der Juteerzeugung in Indien.

Bei der Monopolstellung Indiens als einziges juteerzeugendes Land ist es nicht zu verwundern, daß schon frühzeitig auch in anderen Tropenländern mit ähnlichen klimatischen Verhältnissen Anbauversuche mit Jute einsetzten, und zwar um so heftiger, je höher die Rohjutepreise in Indien getrieben wurden.

Bei allen diesen Versuchen zeigte sich jedoch mehr oder weniger, daß sie teilweise an den klimatischen und Bodenverhältnissen, größtenteils aber an der

---

[1] Die Feuchtigkeit wird in der Regel festgestellt, indem man die Faser etwa 24 Stunden lang unter einem offenen Dach der Luftwärme aussetzt. Verliert hierbei die Jute durch Austrocknen mehr als 10% ihres ursprünglichen Gewichtes, so ist nach den vereinbarten Abmachungen der Käufer zum Abzug der überschüssigen Gewichtsprozente berechtigt. Durch diese Bestimmungen soll dem betrügerischen Befeuchten der Jute gesteuert werden, das in manchen Gegenden immer noch üblich ist und oft zu Vergütungen bis zu 20% geführt hat. Leider sind im Exporthandel ähnliche Bestimmungen noch nicht festgelegt, obwohl sie dringend gefordert werden. (Vgl. S. 67 u. 106.)

Arbeiterfrage scheiterten. Wir haben oben gesehen, welche ganz erheblichen Anforderungen an die menschliche Arbeitskraft der Juteanbau, die Fasergewinnung und Vorbereitung für den Handel stellen, zumal Versuche mit der maschinellen Gewinnung der Faser bisher keinerlei Ergebnisse zeitigten. Bei der kleinbäuerlichen Wirtschaft in Bengalen, in der jeder Bauer nur so viel Land bebaut, wie er mit Hilfe seiner Familie oder nächsten Verwandten beackern kann, bei der Anspruchslosigkeit der Einheimischen im allgemeinen und letzten Endes bei der Erfahrung, die sich im Anbau und bei der Gewinnung der Faser generationsweise eingestellt hat, ist Bengalen das einzige Land geblieben, das mit so geringen Kosten jahraus, jahrein so gewaltige Juteernten auf den Markt zu bringen vermag.

Von den zahlreichen Anbauversuchen, die in den letzten Jahrzehnten aus den oben dargelegten Gründen mißglückten, sind u. a. die amerikanischen Versuche in Louisiana und Mississippi, die englischen in Ägypten, Britisch-Hinterindien und der Goldküste, die französischen in Algier, Guayana, Mauritius und in Indochina, die belgischen im Kongogebiet zu nennen. Die Anbauversuche in den früheren deutschen Kolonien, namentlich in Kamerun, sind infolge ungünstiger klimatischer Bedingungen, insbesondere wegen mangelnder Luftfeuchtigkeit, mißlungen[1]. Geringe Erfolge wurden nur in China erzielt, doch hat die nach ihrem Anbauort genannte Tientsinjute mit der indischen Jute nur den Namen gemein. In Wirklichkeit handelt es sich um eine Malvazeenart, „Abutilon avicennae", die trotz ihres hellen, glänzenden Aussehens infolge ihrer Sprödigkeit nicht als vollwertiger Ersatz der Bengaljute angesehen werden kann. Ihr Anbau konnte daher auch keinen nennenswerten Umfang erreichen. Wie sehr der Anbau chinesischer Jute von dem Preisstand der indischen Jute abhängig ist, zeigen z. B. die Ausfuhrzahlen im Jahre 1906 und 1907. Während im ersteren Jahr bei einem hohen Preisstand der Jute gegen 6000 t chinesischer Jute ausgeführt wurden, sank im Jahr 1907 mit dem Fallen der indischen Jutepreise die Ausfuhr auf etwas über 2000 t.

Die hoffnungsvoll begonnenen Anbauversuche in Birma, die besonders durch die Boden- und klimatischen Verhältnisse begünstigt wurden, konnten ebenfalls aus Mangel geeigneter und billiger Arbeitskräfte keine größere Ausdehnung erlangen. Auch in Südamerika, z. B. in Paraguay, Brasilien, wird die Arbeiterfrage als das größte Hindernis für die Ausdehnung des Juteanbaues angesehen.

Neben diesen Anbauversuchen mit der richtigen Corchorusjute gehen die Bemühungen, juteähnliche Faserpflanzen in den verschiedensten Tropenländern anzubauen. Hier ist es vor allem der unter den verschiedensten Namen und Spielarten auftauchende Hibiscus (vgl. S. 34), der häufig noch heute als Juteersatzfaser neu entdeckt wird. So haben in Brasilien der unter dem brasilianischen Namen „Papoula do S. Francisco" bekannte Hibiscus cannabinus (d. i. die Bimlipatamjute in der Bombay- und Madrasgegend), ebenso die unter den Namen „Guaxima Roxa", „Aramina", „Carrapicho", „Paka" oder „Paco-Paco" bekannte Malvazee „Urena lobata" (den Indern bekannt als „Janglijute") einige Bedeutung erlangt. Die brasilianischen Kaffeebauern gehen neuerdings immer mehr dazu über, ihre Kaffeesäcke aus diesen in Brasilien selbst kultivierten Pflanzenfasern, deren technische Geeignetheit unbestritten ist, und deren allgemeine Verwendungsmöglichkeit nur eine wirtschaftliche Frage ist, herstellen zu lassen[2].

---

[1] Eine eingehende Darstellung findet sich bei Wolff: Die Jute. Berlin 1913. Vgl. auch van Delden: Studien über die indische Jute-Industrie. Leipzig 1915, und Willms, Magdalene: Zur Frage der Rohstoffversorgung der deutschen Jute-Industrie. Jena 1920.

[2] D. L. I. 1925, H. 5 u. 8.

Die in Madagaskar angebaute „Paka"- oder Madagaskarjute, die ebenfalls eine brauchbare Faser von bedeutender Festigkeit darstellt, und deren Erzeugung infolgedessen an Umfang zunimmt, ist identisch mit „Urena sinuata".

Seit längerer Zeit in Holländisch-Indien betriebene Versuche mit dem Hibiscus cannabinus (unter dem Namen Javajute bekannt) hatten trotz der verhältnismäßig günstigen klimatischen Verhältnisse nur geringen Erfolg, da der Anbau von Reis, weil gewinnbringender und volkstümlicher, eine Verdrängung durch die Jute nicht zuließ.

Dagegen soll die Kultur des „Rosellahanfes"[1], des nächsten Verwandten der Javajute, Hibiscus sabdariffa, in dieser Hinsicht günstigere Aussichten haben, da diese Pflanze als zweite Kultur, d. h. nach dem Reis, gepflanzt wird. Die Faser gut aufbereiteten Rosellahanfes soll hinsichtlich Festigkeit, Glanz und Spinnbarkeit der bengalischen Jute nicht nachstehen[2]. Außer in Java sind Anbauversuche mit dieser Pflanze auch in Malakka, auf den Philippinen und in Paraguay zu verzeichnen.

Auch im Irak soll neuerdings Hibiscushanf (Jinnab)[3] als Juteersatz mit Erfolg angebaut werden. Die Irakfaser soll sich gut verspinnen lassen, namentlich zu gröberen Garnen.

In allerletzter Zeit ist viel die Rede von dem Anbau einer Juteersatzpflanze in Rußland, des sogannten „Kenaf", dessen Faser sich noch als verwendungsfähiger als Flachs und Hanf erwiesen haben soll. Im Jahre 1925 sollen bereits im nördlichen Kaukasus 37 000 Pud = 606 t Kenaffaser geerntet worden sein[4]. Für 1926 wird die Ernte auf 81 000 Pud = 1326 t geschätzt, das sind 11% der von der gesamten russischen Textilindustrie verarbeiteten Rohjute. Eine eigene Aktiengesellschaft „Kenaf" beabsichtigt für 1927 etwa 5000 ha in Kultur zu nehmen.

Nach Dr. Ernst Schilling[5] handelt es sich bei der Kenaffaser ebenfalls um einen besonderen Typ des Hibiscus cannabinus.

Inwieweit die Kenaffaser, deren technische Verarbeitungsmöglichkeit und Verwertbarkeit außer Zweifel steht, geeignet ist, die echte Jute aus ihrer Monopolstellung zu verdrängen und die auf sie gestützten Hoffnungen zu erfüllen, hängt ebenso wie bei allen übrigen Juteersatzfasern, bzw. dem Anbau von Jute in Ländern außerhalb Indiens von den oben angeführten wirtschaftlichen und klimatischen Produktionsbedingungen ab, wie sie bisher nur das Jutemonopolland Indien aufzuweisen hat.

Aber auch in Bengalen setzen die besonderen wirtschaftlichen Verhältnisse der weiteren Ausdehnung des Juteanbaues gewisse Schranken, obwohl nach genauen Unkostenaufstellungen von Chaudhury[6] die Jute die rentabelste Pflanze Indiens ist.

---

[1] Nach Dr. Tobler: D. L. I. 1926, H. 45. Vgl. auch den Aufsatz von Dr. Tobler: Was ist Jute? Faserforschung 1928, H. 3, in dem eine strenge Trennung der echten Jute von den Juteersatzfasern zur Vermeidung von Irrtümern oder Willkür gefordert wird.

[2] Auf die während des Druckes dieses Buches in der Monatsschr. f. Text.-Ind. 1930, H. 1 u. 2 erschienene Arbeit von Ir. A. ten Bruggencate und Dr. W. Frenzel über Spinn- u. Webversuche mit Rosellafaser aus Java sei besonders hingewiesen. Obwohl die Rosellafaser in bezug auf Festigkeit der Festigkeit von guten Jutequalitäten nicht nachsteht, ist infolge ihrer größeren Härte und Steifheit und der dadurch bedingten geringeren Spinnfähigkeit die Garn- und Gewebefestigkeit der Rosellaprodukte geringer als die der entsprechenden Garne und Gewebe aus Bengaljute. Dagegen übertrifft die Rosellafaser in der Farbe die Firstqualitäten der Bengaljute.

[3] Nach Mitteilungen der Times: D. L. I. 1925, H. 31.

[4] D. L. I. 1926, H. 40. [5] D. L. I. 1926, H. 49.

[6] Jute in Bengal, Kalkutta 1921. Allerdings sind auch die Bebauungskosten der Jute im letzten Jahrzehnt dauernd gestiegen. Während Chaudhury noch im Jahr 1908 die Kosten pro acre mit einem durchschnittlichen Ertrag von 15 Maunds Jutefaser (gleich

Das große Industriegebiet um Kalkutta zieht wegen seiner hohen Löhne immer mehr einheimische Arbeitskräfte vom Lande ab, so daß der Bauer teure Taglöhner einstellen oder aber den Anbau so weit einschränken muß, daß er die Arbeit mit eigenen Leuten bewältigen kann. Die Ernährung der schnell wachsenden Bevölkerung Bengalens drängt andererseits immer mehr zum Getreideanbau, so daß in den letzten zwei Jahrzehnten keine nennenswerte Erweiterung[1] der Anbaufläche für Jute zu verzeichnen ist, wie aus der nachfolgenden Tabelle 12, S. 53, hervorgeht. Dazu kommt, daß der rapid steigende Weltbedarf an Rohjute und die dadurch hervorgerufene Juteknappheit in den letzten Jahrzehnten ein dauerndes Steigen der Rohjutepreise verursacht, wodurch dem Bauern auch noch für minderwertige Jute gute Preise gesichert sind, was wiederum zur Folge hat, daß ihm jeder Ansporn genommen ist, durch intensivere Bewirtschaftung, sorgfältige Aufbereitung und Ablieferung der Faser eine Steigerung des Ertrages anzustreben, zumal er sich bei seiner sozialen Einstellung vollkommen damit begnügt, so viel zu verdienen, daß er seine Pacht bezahlen und seine geringen kulturellen Bedürfnisse befriedigen kann.

Hier muß jedoch die Aufklärung einsetzen und dem Bauern klargemacht werden, wieviel mehr er durch bessere Anbaumethoden, geeignete Düngung, Züchtung und Auswahl ertragreicher Samen usw. aus seinem Acker herausholen kann. Während man bisher als Normalertrag bei einer 100%igen Ernte in Bengalen 3,5 Ballen (1 Ballen = 400 lbs = 181,4 kg) per acre, in Assam 3,3 Ballen und in Bihar und Orissa 3 Ballen annahm, lassen sich diese Zahlen bei Beachtung der wiederholt angeführten verbesserten Anbaumethoden, wie die Versuche auf der Burdwanfarm zeigen, um bis zu 50% steigern.

Die von den europäischen Jute-Industriellen und den ihnen nahestehenden interessierten Kreisen schon seit Jahren anerkannte Notwendigkeit der Steigerung der Juteernte[2] hat denn auch die volle Beachtung der indischen Regierung gefunden, und das „Department of Agriculture" hat ausgedehnte Versuche angestellt, um den Flächenertrag und die Qualität der Jute zu erhöhen. Es steht zu hoffen, daß diese Bestrebungen weiterhin fortgesetzt werden und ihnen im Verein mit der Aufklärung unter den Jutebauern der Erfolg nicht versagt bleibt.

E. Juteernteschätzungen.

Alljährlich werden von der indischen Regierung zwei offizielle Ernteschätzungen herausgegeben. Die erste dieser Schätzungen, die „Preliminary Forecast" oder vorläufige Schätzung, kommt Mitte Juli heraus und erstreckt sich auf die Feststellung der Anbaufläche, Beschreibung der Wetterverhältnisse beim Säen und allgemeine Angaben über den Stand der Ernte.

Die zweite Schätzung, die „Final Forecast" oder endgültige Schätzung, wird Mitte September veröffentlicht und ergänzt die erste Schätzung hinsicht-

---

3 Ballen zu je 400 lbs) auf 58 Rupies berechnete, sind nach seinen Berechnungen diese Kosten im Jahr 1920 bereits auf 92 Rupies (bei Annahme eines Ertrages von 16 Maunds) gestiegen, so daß trotz der höheren Jutepreise ein geringerer Gewinn gegenüber 1908 für den Jutebauern bleibt. Bei Anwendung geeigneter Düngemittel jedoch fällt die Rentabilitätsberechnung günstiger aus. — 1 Rupie = 16 Annas zu 12 Pies = 1,53 Mark Goldparität. Heutiger Durchschnittskurs etwa 1,52 Mark.

[1] Mit Ausnahme des Erntejahrs 1926/27.

[2] Max Bahr, Landsberg, weist in seiner kurz vor dem Kriege erschienenen Broschüre „Die Jutenot", Landsberg-Warthe 1914, eindringlich auf die Notwendigkeit der Steigerung der Juteernte bei mäßigen Preisen hin, indem er gleichzeitig Wege aufzeigt, wie dieses Ziel zu erreichen ist. Diese Schrift ist in der heutigen Zeit, da die Jutepreise verschiedentlich eine ganz abnorme Höhe erreicht haben, wieder besonders aktuell. Bezüglich Einzelheiten sei auf die Schrift selbst verwiesen.

lich etwaiger Änderung der Anbaufläche. Sie gibt ferner Aufschluß über die Wetterverhältnisse während der Wachstumsperiode und vor allem über den geschätzten Ertrag, der die wichtigste Grundlage für die Preisbildung im Jutehandel bildet. Leider fehlt es in Bengalen sowohl an richtigen Feldmessungen wie auch an zuverlässigen Organen, die die Schätzungen einwandfrei vornehmen, so daß die von der Regierung nach den Schätzungen der einzelnen Distrikte zusammengestellte Endschätzung sehr häufig zu groben Irrtümern Veranlassung gab, die auf dem Jutemarkt die verhängnisvollsten Folgen zeitigten.

Die verschiedentlich angestrebten und teilweise durchgeführten Verbesserungen auf diesem Gebiet haben bei der außerordentlich weitläufigen Zersplitterung des Juteanbaues in kleine und kleinste Bauernbetriebe — in Bengalen kommen allein gegen 6000 Jute anbauende Dörfer mit zusammen 2 bis 3 Millionen Anbauern in Betracht — und bei der geistigen Indolenz der Jutebauern noch nicht die gewünschten Erfolge gehabt[1].

Ist die Anbaufläche abgeschätzt, so muß noch durch geeignete Regierungsbeamte für die verschiedenen Teile einer Provinz festgestellt werden, was als „Standard-Normalertrag" eines acre bei durchschnittlichen Verhältnissen zu gelten hat und wieviel Prozentteile dieses Ertrages die jeweilige Ernte in dem betreffenden Gebiete erbringt, was durch die „prozentuale Schätzung" (percentage estimate) ausgedrückt wird. Aus Anbaufläche, Normalertrag und prozentualer Schätzung errechnet sich für jeden Anbaudistrikt der tatsächliche Ertrag in Ballen und daraus der Gesamtertrag der Ernte. In Tabelle 11 ist diese Berechnung für das Erntejahr 1925 für die verschiedenen Distrikte Bengalens sowie Cooch Behar, Assam und Bihar und Orissa durchgeführt.

Weiterhin gibt Tabelle 12 eine vergleichende Übersicht über die jährlichen endgültigen Schätzungen der Anbaufläche und des Ertrages sowie über die tatsächlichen Ernteerträge. Aus dem Vergleich der beiden letzten Spalten erkennt man die große Differenz, die zwischen dem von der Regierung veranschlagten Erträgnis und dem tatsächlichen Endergebnis nach der Handelsstatistik besteht. Die Regierungsschätzung war fast stets zu niedrig und beeinflußte häufig die Preisbewegung in sehr ungünstiger Weise. Besonders die Regierungsschätzung für das Erntejahr 1925/26, die vom tatsächlichen Ernteertrag um über 15% überschritten wurde, hatte eine noch nie dagewesene Höhe der Rohjutepreise zur Folge, deren Auswirkung zu einer fast vollständigen Lähmung des Jutehandels und zu einer Krise in der Jute-Industrie der ganzen Welt führte, wie sie seit deren Bestehen noch nicht zu verzeichnen war[2].

---

[1] Das primitive System der Bestanderhebung der Anbaufläche durch Dorfpolizisten ist nach Chaudhury (a. a. O.) neuerdings durch das „Panchayatsystem" verbessert worden. Danach führen die Panchayats, d. s. 5 Dorfälteste, die am zweckmäßigsten aus dem Kreis der Jutebauern gewählt werden, laufend Listen über die Jutebauern eines Dorfes, die jeweilige Anbaufläche, sowie über alle wichtigen, den Juteanbau betreffenden Ereignisse. Diese Berichte, die naturgemäß gegenüber den Angaben der Dorfpolizisten zuverlässiger und sachkundiger sind, werden von den Distriktbeamten gesammelt und dem Agriculture Department in Kalkutta als Grundlage für die Regierungsschätzung zugesandt. Chaudhury schlägt an Stelle der Panchayats in jedem Dorf die Gründung von landwirtschaftlichen Vereinigungen vor, in denen jede Bauernfamilie vertreten sein soll und die in engster Fühlungnahme mit den Regierungsbeamten — im Gegensatz zu dem jetzt noch bestehenden Mißtrauen — zusammenarbeiten sollen. Außerdem erhofft Chaudhury von diesen Vereinigungen eine finanzielle Stützung und Stärkung der Jutebauern und dadurch auch einen Schutz derselben gegenüber betrügerischen Machenschaften gewisser Händler.

[2] Die Ende Oktober 1925 mit 65 £ für 1 engl. ton, Marke Firsts Verschiffungsware, erreichte Preishöhe hatte in der ganzen Welt, vorwiegend auch in den Vereinigten Staaten und in Südamerika eine derartige Abdrosselung des Konsums zur Folge, daß Betriebseinschränkungen bis auf 50%, ja sogar ganze Stillegungen von Fabriken vorgenommen werden mußten.

Erst die letzten Jahre mit ihren den Weltbedarf erheblich übersteigenden Ernteerträgen scheinen eine Besserung und Gesundung der Jute-Industrie anzubahnen.

Tabelle 11. Ertragsberechnung der Ernte aus Anbaufläche, Normalertrag und prozentualer Schätzung.

	Endgültige Schätzung 1925		
Anbaudistrikt	Anbaufläche in acres, 1 acre = 0,405 ha	Prozentuale Schätzung des Ertrags	Errechneter Ertrag i. Ball. zu 400 lbs = 181,4 kg
West-Bengalen (Normalertrag 100% = 3,2 Ballen p. acre)			
24-Parganas	58246	89	165885
Nadia	72335	80	185177
Murshidabad	24623	75	59095
Jessore	101335	90	291844
Khulna	25317	100	81014
Burdwan	3492	95	10615
Midnapore	9191	60	17646
Hooghly	22122	106,25	75215
Howrah	7015	80	17958
Zusammen:	323676	—	904449
Nord-Bengalen (Normalertrag 100% = 3,5 Ballen p. acre)			
Rajshahi	97125	83	282148
Dinajpore	62200	80	174160
Jalpaiguri	40000	80	112000
Darjeeling	2227	80	6235
Rangpur	270000	75	708750
Bogra	80000	78	218400
Pabna	136100	80	381080
Maldah	26414	82,5	76270
Zusammen:	714066	—	1959043
Ost-Bengalen (Normalertrag 100% = 3,7 Ballen p. acre)			
Dacca	295932	81,08	887784
Mymensing	558993	62,16	1285628
Faridpur	238500	89,2	787050
Backergunge	39304	88,35	128482
Chittagong	200	100	740
Tippera	303324	71,2	808900
Noakhali	49739	87	160000
Zusammen:	1485992	—	4058584
Cooch-Behar (Normalertrag 100% = 3,5 Ballen p. acre)	29202	60	61324
Gesamt-Bengalen und Cooch-Behar	2552936	—	6983400
Assam (Normalertrag 100% = 3,3 Ballen p. acre)	125000	58	252200
Bihar u. Orissa (Normalertrag 100% = 3 Ballen p. acre)	248318	74,6	555984
Gesamt-Bengalen, Cooch Behar, Assam, Bihar u. Orissa	2926254	—	7791584
Nepal	—	—	59744
Gesamternte	2926254	—	7851328

Tabelle 12. Vergleichende Übersicht der jährlichen
Ernteschätzungen und der tatsächlichen Ernteerträge.

| Erntejahr (vom 1. Juli bis 30. Juni) | Endgültige Schätzung | | | Tatsächlicher [1] Jahresertrag in 1000 Ballen |
	Anbaufläche in 1000 acres	Durchschnittsertrag p. acre in Ballen	Jahresertrag in 1000 Ballen	
1904/05	2941	2,52	7400	7400
1907/08	3943	2,49	9818	8700
1909/10	2757	2,61	7207	8900
1914/15	3359	3,11	10444	10699[2]
1915/16	2377	3,09	7345	8762
1916/17	2703	3,08	8340	8926
1917/18	2730	3,27	8940	8100
1918/19	2500	2,80	7019	7948
1919/20	2822	3,05	8600	9680
1920/21	2509	2,42	6060	8000
1921/22	1518	2,67	4053	5250
1922/23	1800	2,35	4237	5938
1923/24	2313	3,02	6996	8893
1924/25	2725	2,95	8045	8764
1925/26	2914[3]	2,70	7851	9035
1926/27	3630[3]	3,00	10880	12188
1927/28	3382[3]	3,03	10230	11221
1928/29	3166[3]	3,13	9916	10604
1929/30	3317	2,94	9767	

II. Der Jutehandel.

Man hat streng zu unterscheiden zwischen a) Inlandhandel und b) Auslandhandel. Der Inlandhandel vermittelt den Verkehr zwischen den Jutepflanzern
im Innern des Landes einerseits und den einheimischen Spinnereien oder den
Abladern in Kalkutta andererseits, während der Auslandhandel mit Hauptsitz
in Kalkutta den Überseebedarf an Rohjute der ganzen Welt deckt.

A. Inlandhandel[4].

An diesem sind eine ganze Reihe Mittelspersonen beteiligt, Kleinhändler
und Agenten (paikar oder faria, bepari, mahajan), welche die Vermittlung
zwischen den einzelnen Jutebauern und dem Großhändler (aratdar) im Kalkuttabasar übernehmen, der seinerseits wieder die Großabnehmer, das sind die Vertreter großer Ausfuhrfirmen, ferner die „Packer" (baler), die einheimischen
Spinnereien oder andere „Makler" (broker), welche die vorläufige Sortierung
und Einteilung nach Sorten besorgen, beliefert. Obwohl auf diese Weise der
Weg, den die Jute vom Bauern bis zur Spinnerei, bzw. bis zum Ausfuhrhafen
durchmachen muß, ziemlich verwickelt und langwierig ist, läßt sich dieser
Zwischenhandel bei den sehr kleinen Anbaumengen der einzelnen Jutebauern
nicht ganz vermeiden. Immerhin haben die Mißstände infolge der häufig beobachteten Unehrlichkeit der kleinen Händler, die durch künstliches Beschweren

---

[1] In diesen Angaben, die nach den Ergebnissen der Handelsstatistik zusammengestellt
sind, sind stets 500000 Ballen enthalten, die schätzungsweise den Heimbedarf im Innern
des Landes darstellen.

[2] Einschließlich 1½ Millionen unverkauften Vorrats geschätzt.

[3] Berichtigte Zahl für 1925/26: 3135000 acres, 1926/27: 3856000 acres, 1927/28:
3374000 acres, 1928/29: 3144000 acres.

[4] Vgl. Chaudhury: a. a. O.; van Delden: a. a. O.

der Jute mit Sand und Wasser gegenüber ihren Abnehmern betrügerische Vorteile zu erlangen suchten, ebenso wie die wucherische Bedrückung und Ausbeutung der Bauern durch die Zwischenhändler und Vermittler als Folge dieses Systemes dazu geführt, daß die Großabnehmer, insbesondere europäische Packer und Vertreter der indischen Spinnereien im Innern des Landes, Agenturen unter europäischer Leitung einrichteten, durch die der Zwischenhandel zum Teil ausgeschaltet und vor allem eine scharfe Überwachung der gekauften Jute ermöglicht wird. Diese Agenturen haben ihren Sitz an den Hauptmarktplätzen und besitzen gleich wie die Mahajans eigene Sortier- und Lagerschuppen, in denen die von den Bauern und Paikars in losen Bündeln von 10 bis 20 kg mittels Wagen oder Kahn abgelieferte Jute unter Aufsicht meist europäischer Packer sortiert, dieselbe, wenn erforderlich, noch durch mehrmaliges Durchziehen durch einen auf dem Boden stehenden groben Hechelkamm an den Enden aufgelockert und von anhaftenden rindigen Bestandteilen befreit und zuletzt auf Handspindelpressen oder hydraulisch betriebenen Pressen in Ballen von 3 bis 4 Maunds (112 bis 149 kg), sogenannten kutcha-Ballen, gepreßt wird. Im Gegensatz zu den Exportballen (pucca-Ballen, s. S. 59) sind diese Ballen verhältnismäßig leicht gepreßt; auch schwankt ihr Gewicht bis herunter zu 1 Maund. Wenn es an Zeit zum Sortieren und Pressen fehlt, begnügt man sich oft mit der Herstellung von einfachen Bündeln oder Rollen (drums) von nur 30 bis 40 kg Gewicht. Beide, kutcha-Ballen und „drums", werden durch Boote und Flußdampfer, per Eisenbahn oder auf Karren nach dem Jutebasar in Kalkutta oder direkt nach den zahlreichen am Hooghly in nächster Umgebung Kalkuttas liegenden Spinnereien gebracht. Diese Jute wird, soweit sie nicht durch die Agenturen im Innern direkt an die Verbraucher verkauft worden ist, als „loose-Jute" (ungepackte Jute) am Kalkuttamarkt gehandelt, wo die Aratdars große eigene Lagerschuppen besitzen, in denen die aus dem Innern zugeführte Jute lagert und von den Käufern besichtigt werden kann.

Der „Aratdar" betreibt den Verkauf der Jute als reines Kommissionsgeschäft und ist den Beparis und Mahajans für die Wiedererlangung des aus dem Verkauf erzielten Geldes verantwortlich. Er gibt letzteren häufig Vorschüsse und muß daher über reiche Geldmittel verfügen.

Der Preis der ungepackten Jute wird in Rupies per Basarmaund ($82^2/_7$ lbs) täglich in den Zeitungen und durch Telegramme in ganz Bengalen bekanntgegeben, und zwar bezieht sich dieser Preis auf die Standardqualität für ungepackte Jute, bezeichnet mit 50/50, d. h. 50% dieser Qualität bestehen aus „zweiter" und 50% aus „dritter" Sorte. Um diese Bezeichnung verständlich zu machen, muß etwas näher auf die im Inland handelsüblichen, ziemlich verwickelten Klassifizierungsmethoden eingegangen werden.

Klassifizierung der ungepackten Jute[1].
(Vgl. die Karte von Bengalen, Abb. 14, S. 35.)

Entsprechend den verschiedenen Bedingungen, unter denen Jute in den verschiedenen Gegenden Indiens angebaut wird, besteht hinsichtlich der Qualität der erzeugten Faser auch die allergrößte Verschiedenheit, die durch die verschiedensten Handelsbezeichnungen ausgedrückt wird. So hat sich z. B. eine Klassifizierungsmethode herausgebildet, die die Einteilung nach Hauptanbaudistrikten vornimmt, deren Namen sich schlechterdings im Handel als Qualitätsbezeichnungen einbürgerten, obwohl im einzelnen bedeutende Unterschiede in der Faserbeschaffenheit eines und desselben Erzeugungsgebietes bestehen. Die hiernach im Handel üblichen hauptsächlichsten Qualitätsgruppen,

---

[1] Nach Chaudhury: a. a. O.

Tabelle 13. Handelsübliche Klassifizierung der Jutefasern nach Anbaudistrikten.

Bezeichnung ler Qualitäts-gruppe	Hauptanbau-Gebiet	Hauptmärkte	Eigenschaften der Faser	Verwendung der Faser
1. Naraingunge-Jute[1]	Die der Überschwemmung unterworfenen Ufergegenden des alten Brahmaputra, der das reinste Röstwasser liefert.	Narayanganj u. Chandpur; sie umfassen Teile von Mymensingh, Dacca und Tipperah.	Sehr kräftige Faser von hellweißer Farbe, an den Enden ins Rötliche übergehend. Die häufig stark wurzeligen Enden müssen abgeschnitten werden.	30% der Erzeugung ist Hessian-Qualität. Verwendung für Ia Garne, Kette u. Schuß.
2. Serajgunge-Jute[1]	Die Ufergegenden des neuen Brahmaputra oder Jamuna, dessen Wasser weniger rein ist.	Sirajganj. Zu diesem Gebiet zählen die westl. Teile von Mymensingh, Pabna, Bogra, Cooch-Behar, Rangpur und Goalpara.	Festigkeit etwas geringer, dagegen ist die Faser sehr weich u. fein, von heller, weiß- bis rötlichgrauer oder bläulicher Farbe, sehr rein u. wenig wurzelig.	30% der Erzeugung ist Hessian-Qualität. Verwendung für Ia Schuß.
3. Uttarya- oder Northern-Jute	Die von den Nebenflüssen des Brahmaputra durchflossenen höhergelegenen Gegenden im Norden Bengalens. Röstwasser aus den Flüssen steht selten zur Verfügung.	Huldibari, Kissenganj, Domar, Kasba u. Forbesganj. Hierzu gehören noch die Distr. von Rajshahi, Bogra, Rangpur, Jalpaiguri, Dinajpur, Maldah und Purnea.	Faser fein und weich, zuweilen etwas schwach, aber im allgemeinen an Qualität den Gruppen 1 u. 2 wenig nachstehend, dagegen Farbe dunkler infolge ungünstigen Röstwassers.	Über 30% Hessian-Qualität. Verwendung für gute Kett- und Schußgarne.
4. Dowrah-Jute	Die Sumpfgebiete des unteren Ganges.	Madaripur, Angaria, Berhamganj im Faridpurdistrikt.	Faser zwar kräftig, aber grob, hart, holzig, mit harten, langen Wurzelenden, Farbe sehr gemischt, bis zu dunkelrot, braun oder schwärzlich.	Verwendung für Sacking-Schuß u. a. groben Garne (gewöhnliche Seilerwaren).
5. Daisee-Jute (gehört zu Corchorus olitorius)	Höher gelegene Gebiete in der näheren u. weiteren Umgeb. von Kalkutta, durchflossen vom Bhagerathi, Damoodar und Rupnarayan.	Badyabati in Hooghly und Belgatchia in den 24-Parganas.	Faser von mäßiger Festigkeit, aber sehr fein u. von großer Spinnfähigkeit, weich u. geschmeidig, ohne harte Wurzelenden. Faser meist sehr dunkel, rot, gelb oder dunkelgrau.	In Mischungen mit anderer Jute zu allen Garnen verwendet, bei denen es auf helle Farbe nicht ankommt.
6. Bimlipatam-Jute (Hibiscus cannabinus s. S. 34). Bengalische Bez. „Mestha pat"	Bombay- u. Madrasdistrikte, teilw. auch in den Zentralprov. und Teilen von Bihar u. Bengalen.	Deccan und Karnatak im Bombaygebiet und Vizagapatam und Nellore im Madrasgebiet.	Faser zwar kräftig, aber grob u. rauh, daher von geringerer Spinnfähigkeit. Farbe meist hell u. glänzend. Die Pflanzen b. Ernten nicht geschnitten, sondern ausgerauft, keine harten Wurzeln, doch viel Schmutz.	Obw. im eigentlichen Sinn keine echte Jute, wird sie mit andern Jutesorten zusammen gesponnen u. eignet sich für Garne mittlerer u. gröberer Nummern.

[1] Die englische Schreibweise der Bezeichnungen „Naraingunge", „Serajgunge" ist identisch mit den indischen Namen „Narayanganj", „Sirajganj".

deren Anbaugebiete und die Hauptmärkte, auf denen diese Jute gehandelt wird, sowie die besonderen Eigenschaften der erzeugten Faser sind in der vorhergehenden Tabelle 13, S. 55, enthalten.

Naturgemäß läßt sich die Klassifizierung nach Anbaudistrikten nicht streng durchführen, zumal ein und derselbe Landstrich, wie schon verschiedentlich angeführt, oft verschiedenartige Bodenbeschaffenheit, z. B. hochgelegene Gebiete und niedergelegenes Überschwemmungsland, aufweist und dementsprechend die Qualität der Faser verschieden ist. So hat sich neuerdings auch die Gewohnheit herausgebildet, daß z. B. auf den Narayanganj-Märkten zwei verschiedene Klassen gehandelt werden: die beste Sorte, aus der feinsten, hellsten Faser bestehend, hat ihren Ursprung in den höher gelegenen Gebieten des alten Brahmaputra und wird als „Jath" (echt)-Jute verkauft, während die zweite Sorte, als „District"-Jute bekannt, auf dem niedergelegenen, der Überschwemmung ausgesetzten „char"-Land desselben Brahmaputragebietes erzeugt wird. Zu der Jath-Jute ist auch die „Dacca"-Qualität zu rechnen, die in Teilgebieten der Distrikte von Dacca und Mymensingh (nach obiger Tabelle 13 zum Narayanganj-Gebiet gehörend) erzeugt und auf dem Daccamarkt gehandelt wird. Die Faser dieser Jute zeichnet sich durch ihre besondere Festigkeit und Helligkeit der Farbe aus; doch ist sie reiner und weniger mit harten Wurzelenden behaftet als die übliche Naraingunge-Jute. Neben Dacca wird als besondere Qualität dieses Gebietes auch die „Chittagong"-Jute im Handel geführt, die im gleichnamigen östlichen Bezirk dieses Gebietes erzeugt wird und ähnliche Fasereigenschaften aufweist wie die handelsübliche Naraingunge-Jute. Exportverschiffungshafen für diese Jute wie überhaupt für das ganze östliche Gebiet Bengalens und von Assam ist Chittagong, 11 Meilen vor der Mündung des Karnaphuli-Flusses gelegen.

Nach einer neueren Klassifizierungsmethode nach Hauptflußgebieten wird außer Jath- und District-Qualität dem Brahmaputragebiet noch die in Tabelle 13, S. 55, schon aufgeführte „Northern"-Jute zugerechnet, unter Ausschluß jedoch der „Purnea"-Jute, die Jute von geringerer Qualität in einer Klasse für sich umfaßt und zu dem Gangesgebiet gehört. Die „Dowrah"-Jute (s. o.) wird als „Madaripur"-Jute, soweit sie östlich des Flusses Madhumati erzeugt wird, gleichfalls dem Gangesgebiet zugeteilt, während die auf der westlichen Seite des Flusses hervorgebrachte Faser als „Jessore"-Jute eine Klasse für sich von etwas geringerer Qualität bildet. Die „Daisee"-Jute zählt ebenfalls zum Gangesgebiet, dagegen rechnet eine Faser ähnlicher Qualität, die ebenfalls von Corchorus olitorius gewonnen wird, jedoch von größerer Festigkeit und reiner ist und im Sirajganjgebiet vorkommt, unter dem Namen „Tossa"-Jute wiederum zum Brahmaputragebiet. Endlich wird noch eine dritte Qualitätsgruppe unterschieden, das Mahanadi-Gebiet in Orissa, das eine feste, gelbliche Faser erzeugt, die infolge ungenügenden Röstens und Schälens häufig noch mit rindigen Bestandteilen verunreinigt ist. Die Hauptsorte ist die „Cuttack"-Jute, die für Sacking-Kette geeignet ist. Danach ergibt sich die in nebenstehender Tabelle 14 enthaltene Klassifizierung.

Im Gegensatz zu diesen Klassifizierungsmethoden steht die

Tabelle 14. Neuere Klassifizierungsmethode
nach Hauptflußgebieten.

I. Gangesgebiet	II. Brahmaputragebiet	III. Mahanadigebiet
1. Madaripur	1. Jath	1. Cuttack
2. Jessore	2. District	
3. Purnea	3. Northern	
4. Daisee	4. Tossa	

Methode der Beurteilung der Jutefaser nach ihren physikalischen Eigenschaften und ihrer technischen Verwendbarkeit. Danach hat sich die Qualifizierung hauptsächlich nach der Festigkeit, Länge, Farbe, Glanz, Reinheit, Feinheit und Spinnfähigkeit der Faser, bzw. nach ihrer Verwendung in den einheimischen Spinnereien zu richten. Die nach diesen Grundsätzen unterschiedenen sechs Qualitätsklassen sind:

I. „Hessian-warp" oder Hessian-Kette: Jute von gesunder, kräftiger, langer Faser, 2½ bis 3½ m lang, von schönem Glanz und heller, silberweißer Farbe, vollkommen frei von rindigen oder verholzten Bestandteilen, in jeder Beziehung erstklassige Qualität. Sie wird zu Kettgarnen für Hessiangewebe (feine Juteleinen) und noch feinere Spezialgewebe versponnen.

II. „Hessian-weft" oder Hessian-Schuß: Beschaffenheit der Faser wie bei I, jedoch einen Grad geringer in bezug auf Länge und Glanz. Verwendung zu Schußgarnen für Hessiangewebe.

III. „Sacking-warp" oder Sacking-Kette: Faser gesund, lang und kräftig, jedoch etwas gröber als I und II, von keiner hervorragenden Farbe. Verwendung zu Kettgarnen für Sackinggewebe (grobes Juteleinen).

IV. „Sacking-weft" oder Sacking-Schuß: Faser von geringer Festigkeit und Länge (unter 2 m lang), schlecht gereinigt und verholzt, von stumpfer, dunkler Farbe, wird zu Schußgarnen für Sackinggewebe versponnen.

V. „Rejections"- oder Ausschußjute: Wegen Minderwertigkeit zurückgesetzte Jute der verschiedensten Qualitäten, meist aus verkümmerten Pflanzen stammend. Faser von geringer Länge, oft wirr durcheinander liegend, zeitweise stark verholzt, unrein, mit vielen anhaftenden Rindenteilen, gilt als geringste Qualität der Jute und wird nur zu groben Garnen für Sacking-Schuß und andere Zwecke verarbeitet.

VI. „Cuttings" oder Wurzeln: Die Abschnitte der verholzten harten Wurzelenden der verschiedensten Wurzelqualitäten. Dementsprechend gibt es auch unter dieser Gruppe die verschiedensten Sorten (s. unten), deren Qualität den Verwendungszweck bestimmt. Im allgemeinen werden die Wurzeln zusammen mit Spinnereiabfällen und kurzer Jute zu groben Schußgarnen für ordinäre Sackinggewebe versponnen, ähnlich wie bei V.

Aus vorstehendem erhellt die bestehende Unübersichtlichkeit und teilweise Willkürlichkeit in den handelsüblichen Klassifizierungsmethoden, die noch durch den Umstand erhöht wird, daß die Händler die für den Versand nach dem Kalkuttabasar, den Inlandspinnereien oder den Preßhäusern bestimmten kutcha-Ballen nach den oben angegebenen Qualitätsgraden pressen, wie sie durch die physikalischen und technischen Eigenschaften der Faser ohne Rücksicht auf deren Provenienz bestimmt werden.

So werden die in nachfolgender Tabelle 15 zusammengestellten Qualitäten gepackt und mit entsprechenden Zahlen „1", „2", „3", „4" bezeichnet, und zwar gleichgültig, ob z. B. die Fasern von Naraingunge, von Madaripur, von einem Northernmarkt oder einer anderen Gegend stammen, trotzdem nach obigem große Unterschiede zwischen diesen Provenienzen bestehen.

Außerdem werden noch gepackt:

Rejections, die nur Schuß für Sacking enthalten. Eine bessere Qualität derselben besteht aus 20% Sackingkette und 80% Schuß und Wurzeln.

Cuttings werden in den verschiedensten Qualitäten gepackt:

N. C. = Naraingunge-Jutewurzeln,
O. C. = gewöhnliche (ordinary) Jutewurzeln,
T. C. = Tossa-Jutewurzeln,
D. C. = Dacca-Jutewurzeln,
B. C. = Bagging-Jutewurzeln,
M. C. = gemischte (mixing) Jutewurzeln aller Sorten.

Wie schon oben angeführt, bildet eine Mischung von „2" und „3" zu je 50%, kurz bezeichnet mit 50/50, die Standard-Qualität und Preisbasis der ungepackten Jute.

Tabelle 15. Packung der „kutcha"-Ballen („loose-Jute").

Qualitäts-bezeichnung	Zusammensetzung nach ihrer Verwendung
„1"	80 bis 90% Hessian-Kette 20 „ 10% Schuß u. Wurzeln
„2" Mit Unterabtei-lungen:	40 bis 60% Hessian-Kette 60 „ 40% Schuß u. Wurzeln
„2" (grün)	60% Hessian-Kette 20% Sacking-Kette 20% Schuß u. Wurzeln
„2" (rot)	50% Hessian-Kette 40% Sacking-Kette 10% Schuß u. Wurzeln
„2" (gewöhnlich)	40% Hessian-Kette 40% Sacking-Kette 20% Schuß u. Wurzeln
„× 2"	20% Hessian-Kette 60% Sacking-Kette 20% Schuß u. Wurzeln
„3" Mit Unterabtei-lungen:	70% Sacking-Kette 30% Schuß u. Wurzeln
„gute 3"	10% Hessian-Kette 60% Sacking-Kette 30% Schuß u. Wurzeln
„× 3"	60% Sacking-Kette 40% Schuß u. Wurzeln
„4" Mit Unterabtei-lungen:	40% Sacking-Kette 60% Schuß u. Wurzeln
„gute 4"	50% Sacking-Kette 50% Schuß u. Wurzeln
„× 4"	30% Sacking-Kette 70% Schuß u. Wurzeln

Diese Mißstände in der Bewertung der Jutequalitäten, die, wie weiter unten noch gezeigt wird, bei der gepackten Jute (baled-Jute) zu noch größeren Unzuträglichkeiten und zu einer wahren Verwirrung unter den unzähligen Marken der Packer und Ablader, deren Zahl von Jahr zu Jahr zunimmt, geführt haben, veranlaßten Chaudhury (a. a. O.) schon vor 20 Jahren, den Händlern Vorschläge über ein verbessertes Bewertungssystem zu machen, das sich unter vollständiger Ausschaltung des Herkunftsgebietes nur auf die physikalischen und technischen Eigenschaften der Jutefaser stützt, indem jede dieser Eigenschaften nach Punkten gewertet wird, wodurch sämtliche Provenienzen in ein Klassierungssystem eingereiht werden können. Leider ist diesen Bestrebungen der praktische Erfolg versagt geblieben. Ihr Scheitern ist auf den Widerstand in indischen Händlerkreisen zurückzuführen, die diese Vorschläge für praktisch undurchführbar erklärten, wahrscheinlich weil sie aus egoistischen Gründen an einer Klärung keinerlei Interesse haben.

B. Auslandhandel.

Mit Ausnahme der über den Hafen von Chittagong (s. S. 56) verfrachteten Rohjute konzentriert sich das ganze Exportgeschäft auf Kalkutta, in dessen nächster Umgebung, namentlich in der nördlichen Vorstadt Cossipur, und dieser gegenüber auf der Westseite des Hooghly, die riesigen Lagerhäuser zur Aufnahme der aus dem Innern des Landes zuströmenden Jute liegen. Zwecks Ersparnis von Schiffsfracht ist es notwendig, die in den leicht gepreßten kutcha-Ballen oder gar in den losen Drums ankommende Jute in feste Ballen von möglichst geringem Raumbedarf umzupressen. Während die kutcha-Ballen bei einem Gewicht von 280 lbs einen Raumbedarf von 12½ Kubikfuß beanspruchen, benötigen die festgepreßten Export- oder „pucca"-Ballen bei 400 lbs = 181,4 kg

Gewicht nur rund 10,4 Kubikfuß, d. i., wenn man auf 1 ton engl. rd. 5 Ballen annimmt, 52 Kubikfuß = rd. 1,5 m³ Raumbedarf für 1 ton. Neuerdings werden die Frachtsätze auf der Basis 50 Kubikfuß für 1 ton aufgebaut.

Die Ballen werden nun in der Weise gebildet, daß mehrere Handvoll langer Jute in Form von Risten von etwa 3½ kg Gewicht lose zusammengefaßt, in der Mitte umgebogen und leicht zusammengedreht werden. Sodann werden diese Risten lagenweise in die Füllkammern der hydraulischen Pressen gelegt derart, daß die zusammengedrehten Zopfenden oder „Köpfe" der Risten an den beiden schmalen Seiten des rechteckigen Kammerquerschnitts, der die Form des Ballens bestimmt, zu sehen sind, während die losen Enden der Risten in die Mitte zu liegen kommen. Zur Verschnürung der Ballen dienen handgeflochtene Jutestricke, 8- bis 12litzig, von gewöhnlicher, aber fester Qualität, deren Gewicht pro Ballen etwa 6 lbs (2¾ kg) beträgt. Oben auf die letzte Lage Juteristen kommt der aus einem quadratischen Stück leichten Jutegewebes bestehende Markenlappen mit Markenbezeichnung und Jahreszahl der Ernte[1], der durch die umschnürenden Stricke festgehalten wird. Die genauen Abmessungen eines Ballens unter der Presse sind:

<pre>
Länge . . . . 4 Fuß 1   Zoll = 1,245 m,
Breite . . . . 1 „   6   „   = 0,457 m,
Höhe. . . . . 1 „   6½   „   = 0,47 m,
Raumgröße . . 9,44 Kubikfuß   = 0,268 m³.
</pre>

Tatsächlich ändern sich diese Maße nach Wegnahme des Pressendruckes infolge der Nachgiebigkeit der umschnürenden Stricke noch etwas, besonders das Höhenmaß nimmt noch etwa um 10% zu, so daß man, wie oben schon angegeben, mit einem Raumbedarf von 10,4 Kubikfuß = 0,294 m³ rechnen muß.

Um eine Gewähr zu bieten, daß die Ballengröße genau eingehalten wird, kontrollieren beauftragte Beamte des der Handelskammer von Bengalen angegliederten „Licensed Measurers Department" genau die Abmessungen und das Gewicht der Ballen vor Verlassen der Preßhäuser. Der Exportballen von 400 lbs (5 Maunds von je 80 lbs) bildet für die Rupienotierungen des Jutemarktes in Kalkutta und für statistische Zwecke, z. B. Ernteberechnungen, die Einheit, während für die englische Pfundnotierung des Londoner Jutemarktes die englische Tonne (1 ton = 1016 kg) die Gewichtseinheit bildet.

Da die gesamte für den Export bestimmte Juteernte, die in früheren Zeiten den Hauptteil der gesamten Ernte bildete und heute mit etwa 40% immerhin rund 4 Millionen Ballen darstellt, in Exportballen gepreßt werden muß und diese Arbeit sich auf die verhältnismäßig kurze Zeit von knapp 6 Monaten, während der die ganze Verladung und Verschiffung[2] vor sich geht, zusammendrängt, ist es erklärlich, daß sich in den Preßhäusern um Kalkutta eine Großindustrie entwickelt hat, die nach den neuesten Grundsätzen der Technik arbeitet.

Die vollkommenste dieser Pressen, die hydraulisch betriebene Watson-Fawcett „Cyclone", vgl. Abb. 25, bringt in einem dreistufigen Arbeitsgang eine stündliche Leistung von 60 Ballen heraus, eine kombinierte Doppelpresse bis zu 130 Ballen, wobei Drücke von 400 bis 500 at angewendet werden.

Um derartige Arbeitsleistungen zu erzielen, ist eine große Anzahl von Hilfskräften, die das Material heran- und wegschaffen, notwendig. Eine weit größere Anzahl von Arbeitskräften erfordern jedoch die Vorarbeiten, vor allem das

---

[1] Ein Erntejahr läuft vom 1. Juli bis 30. Juni des folgenden Jahres.

[2] Hauptverschiffungszeit von Oktober bis März. Der größte Teil der Ernte wird bereits zwischen September und Dezember verkauft.

Sortieren der Rohjute, vgl. Abb. 26, das nach dem Öffnen der kutcha-Ballen unter Aufsicht zuverlässiger eingeborener Meister in besonderen Sortierschuppen in unmittelbarer Nähe der Preßhäuser vor dem Pressen nochmals vorgenommen werden muß. Hierbei werden auch die harten Wurzelenden, die bei manchen

Abb. 25. Pressen der Juteballen.

Jutesorten bis zu 20% der Faserlänge ausmachen, abgeschnitten oder mit einem Beil abgehackt, vgl. Abb. 27. Jute, die mit zuviel Feuchtigkeit eingeliefert wird, muß nachgetrocknet werden, da sich sonst unter Einwirkung des hohen Druckes und der übergroßen Feuchtigkeit während des langen Transportes oder im Lagerraum die im Innern liegenden Lagen zersetzen, eine Erscheinung, die als sogenannte „Herzbeschädigung" („heart damaged"), d. i. eine gänzliche Zerstörung der Fasern zu einer pulverförmigen Masse, bekannt und gefürchtet ist (vgl. S. 105). Aus diesem Grunde ist auch das vielfach geübte künstliche Befeuchten der Jute, abgesehen von dem Betrug, der mit dieser üblen Gewohnheit verbunden ist, aufs schärfste zu verwerfen[1].

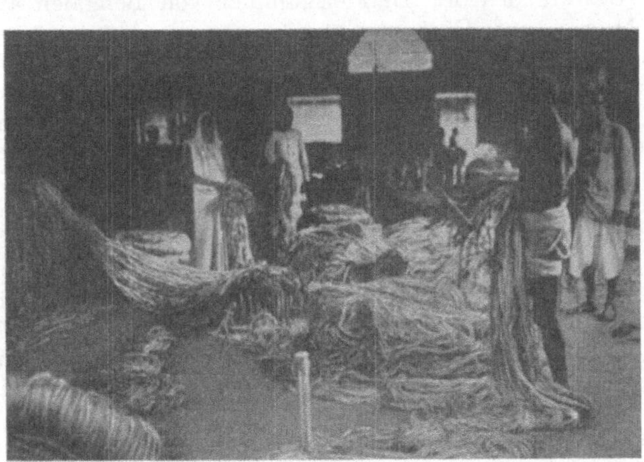

Abb. 26. Sortieren der Rohjute.

Alle diese Arbeiten, die natürlich nur von Hand und unter Aufsicht von besonders zuverlässigen Personen ausgeführt werden können, verteuern den Produktionsprozeß ganz bedeutend, trotzdem viele Arbeiten, z. B. das Pressen, im Akkord vergeben werden. Die Arbeitsleistung eines Sortierers ist ganz gering; sie beträgt bei gewöhnlicher Jute nur 1½ bis 2 Ballen pro Tag, bei Daisee-Jute 4 bis 5 Ballen. In den in der Umgebung von Kalkutta

---

[1] Der Feuchtigkeitsgehalt der für den Export bestimmten Jute sollte 13% des absoluten Trockengewichtes nicht überschreiten. Leider wird diese Grenze häufig erheblich überschritten und ist bei Ankunft neuer Ernte ein Feuchtigkeitsgehalt von 25 bis 30% des absoluten Trockengewichts nicht selten. Besonders bei hohen Rohjutepreisen wird über zu feuchte Packung Klage geführt, und die wiederholten Proteste der interessierten Rohjuteverbraucher und selbst gesetzliche Maßnahmen in Bengalen haben dieses Übel bis heute noch nicht beseitigen können. Vgl. auch S. 106.

liegenden 46 großen Preßhäusern und den zahlreichen im Inland liegenden, meist auch mechanisch betriebenen kleinen Pressen für die kutcha-Ballen sind heute gegen 30000 Arbeiter an rd. 140 Pressen und in den zugehörigen Sortierhäusern tätig.

Die Träger des Exportgeschäftes in Kalkutta sind drei wichtige Persönlichkeiten: der Makler (broker), der Packer (baler) und der Ablader oder Verschiffer (shipper).

Die wichtigste Person ist zweifellos der Packer, da ihm, nachdem er die Jute durch Vermittlung des Maklers gekauft und übernommen oder direkt durch seine Agentur aus dem Innern bezogen hat, das Sortieren und Packen derselben nach bestimmten, von ihm besonders bezeichneten Marken, für deren Qualität er Garantie leisten muß, obliegt. Er verkauft die von ihm gepackte Jute durch Vermittlung des „Brokers" an den „Verschiffer" oder Ablader, der den Export nach überseeischen Ländern vermittelt. Häufig sind Packer und Verschiffer in einer Firma vereinigt, die in Kalkutta packt und verladet, was ihre Agenten im Innern des Landes aufkaufen. Packer und Verschiffer besitzen entweder eigene Preßhäuser oder aber stehen sie mit Preßhausgesellschaften in Verbindung, die eine bestimmte Miete für jeden gepreßten Ballen erhalten. Die Packer sind, wenn sie nur Packer sind, meist Eingeborene, denen man aber eine gewisse Unzuverlässigkeit im Packen ihrer Marken, den sogenannten „natives", zuspricht, die daher auch im Preise etwas niedriger

Abb. 27. Abschneiden der Wurzelenden im Preßhaus.

bezahlt werden. Packer, die zugleich Verschiffer sind, und Verschiffer, die zugleich Makler sind, sind fast stets Europäer und Vertreter großer englischer Häuser. Die von diesen gepackten Marken sind als Privatmarken wegen ihrer Zuverlässigkeit und Treffsicherheit der garantierten Qualitätsgrade besonders beliebt und werden gegenüber Natives derselben Grade höher bezahlt.

Alle diese am Export interessierten Kreise sind in der „Calcutta Baled Jute Association" zwecks Wahrung ihrer Interessen und Aufstellung und Durchführung einheitlicher Verkaufsbedingungen für den Jutehandel vereinigt. Dieser Verband steht in enger Beziehung zu der Handelskammer von Bengalen mit Sitz in Kalkutta (Bengal Chamber of Commerce), deren Sekretär zugleich von Amts wegen Sekretär dieser Gesellschaft ist. Als Gegenstück besteht in London die „London Jute Association", die Interessenvertretung des englischen Jutehandels, deren Handelsbedingungen praktisch sämtliche nichtenglischen Rohjutekäufer der Welt trotz mancher gegenwirkender Bestrebungen unterworfen sind.

Neben der Calcutta B. J. A. besteht noch die „Calcutta Jute Balers Association", die, im Jahre 1909 gegründet, den indischen Jutepackern, Verschiffern und Händlern, die nicht an der Börse zugelassen sind, die Möglichkeit verschaffen soll, Verkäufe vorzunehmen oder als Makler aufzutreten und die allgemeinen Standesinteressen zu überwachen.

Das alljährlich am oder vor dem 1. Juli von der Calcutta B. J. A. herausgegebene und bei der London J. A. niedergelegte Markenbuch „Jute Marks and Assortments", ein umfangreiches Werk von gegen 350 Seiten, enthält sämtliche von den Packern in der betreffenden Saison gepackte Marken[1], deren Zahl sich von Jahr zu Jahr vermehrt und heute über 2000 beträgt. Jeder Packer hat seine bestimmten Zeichen für die verschiedenen Sorten und Grade, die aus einzelnen Buchstaben (häufig Anfangsbuchstaben der Firmennamen des Exporteurs oder Packers), geometrischen Figuren, wie Kreise, Dreiecke, Rechtecke, Quadrate, Doppeldreiecke, Herzen usw., die manchmal noch durch verschiedene Farben unterschieden werden, bestehen.

Man unterscheidet folgende

Qualitätsgruppen I—VIII (engl. „grades"),

die wiederum in eine ganze Anzahl Untergruppen und Grade zerfallen und durch Buchstaben A, B, C, D, E oder Zahlen 1, 2, 3, 4, 5 unterschieden werden:

I. Diamonds (Diamantgruppe). Diese Jute wird aus den feinsten, auserlesensten Fasern der Mymensingh- und Daccadistrikte gepackt. Sie ist in jeder Beziehung von höchster Qualität, von blendend heller Farbe und nur in geringen Mengen erhältlich.

II. Reds (rote Gruppe). Diese Gruppe ist auch unter der Bezeichnung C. D. M. rot oder rot M-Gruppe bekannt. Diese Jute steht an Güte der obigen Gruppe nur wenig nach. Sie wird meist aus ausgesuchten Fasern der „Northern"-Jute gepackt und kommt ebenfalls nur in beschränkten Mengen in Handel.

Obige beide Gruppen entsprechen in ihrer Qualität der auf S. 57 als höchste Jutequalität angegebenen Sorte „Hessian-warp" (Hessian-Kette).

III. Firsts (erste Gruppe). Diese Qualitätsgruppe bildet die Standardqualität für gepackte Jute erster Güte (native firsts) und gibt zugleich die Preisbasis ab für alle folgenden Gruppen. Sie wird hauptsächlich aus ausgesuchten „Northern"qualitäten gepackt. Diese (und die nachfolgenden Gruppen mit Ausnahme der Daisee) werden in Sortimenten von je zwei Graden gepackt: eine Obermarke, meist bezeichnet mit „2" (oder „B") und eine Untermarke „3" (oder „C"), beide Grade zu gleichen Teilen 50/50 gepackt. Von der „First 2" (dieser Grad ist nicht identisch mit der „2" der ungepackten Jute, S. 58, deren Qualität höher steht) ist zu verlangen, daß sie sich in erster Linie zu Kettgarnen normaler Qualität (nicht identisch mit der Qualitätsbezeichnung „Hessian-Warp", S. 57) verarbeiten läßt; sie muß vor allem genügende Länge (2½ bis 3½ m) und Festigkeit der Faser aufweisen; auch ist guter Schnitt, d. h. Freisein von Wurzeln, Reinheit der Faser, d. h. ohne Holz und rindige Bestandteile, zu verlangen. Die Farbe soll zwar möglichst hell und gleichmäßig sein, doch werden in dieser Beziehung nicht die hohen Anforderungen gestellt wie bei den vorhergehenden Gruppen I und II. Die Untermarke „3" soll hinsichtlich der allgemeinen Eigenschaften der Obermarke nicht viel nachstehen, doch ist in der Regel die Faserlänge kürzer. Ihre Hauptverwendung ist Sacking-Kette.

IV. Daccas (Daccagruppe). Nächst den Firsts bilden die Daccas, die ähnlich den Firsts sortiert sind, eine sehr wichtige Gruppe. Sie werden hauptsächlich aus den „District"-Qualitäten der Mymensingh- und Daccagebiete gepackt, sie unterscheiden sich von den Firsts durch die größere Dicke und Festigkeit der Faser und vor allem durch die schöne, helle, gleichmäßige Farbe, die häufig

---

[1] Die Marken der Privatpacker sind im allgemeinen im Markenbuch nicht enthalten, sondern werden von diesen selbst veröffentlicht, doch gilt für alle Marken ebenfalls die Zurückfakturierungsklausel des Lieferungskontraktes der London J. A. Die Sortimente der als bedeutendsten Privatpacker bekannten Londoner Firma Ralli Brothers umfassen hauptsächlich gute Serajgunge-, Naraingunge-, (Dacca-), Daisee- und Tossa-Juten sowie Rejections und Cuttings.

einen leichten Ton ins Rötliche hat. Im allgemeinen wird diese Jute auch im Preise höher bezahlt als die Firsts.

V. Lightnings (Blitzgruppe). Diese Gruppe, die als nächstniedere Gruppe nach den Firsts zählt, wird aus der mittleren gewöhnlichen „Northern"-Qualität gepackt. die Faserlänge steht den Firstqualitäten im allgemeinen wenig nach, dagegen ist der Schnitt weniger sorgfältig, ein Teil harter Enden und ein gewisser Grad von Unreinigkeit muß mit in Kauf genommen werden. Die Farbe ist ziemlich uneinheitlich und kommen auch dunklere Riste vor. Im allgemeinen findet diese Jute zu Schußgarnen Verwendung, wenngleich auch gut ausfallende Obermarken noch als Beimischung zu Kettgarnen geeignet sind. Die Untermarke weist bereits eine ziemlich kurze Faser auf und kommt im allgemeinen nur für Schußgarne in Frage.

VI. Mangos (Mangogruppe). Auch unter dem Namen der C. D. M. Gruppe bekannt, wird aus mittlerer gewöhnlicher „District"-Jute und aus „Madaripur"-Qualität gepackt. Sie steht an Qualität zwischen Blitz- und Herzmarken, im allgemeinen nur unwesentlich hinter Blitz. Ihre Verwendung ist die der Blitzgruppen.

VII. Hearts (Herzgruppe). Diese Jute gilt als geringster Grad regulär gepackter Jute. Es kommen hier hauptsächlich die aus höheren Marken wegen Minderwertigkeit aussortierten Juten sowie geringere Qualitäten, wie z. B. geringe „Madaripur", „Dowrah", „Purnea" usw. zur Verwendung. Die Faser ist meist unter 1½ m lang, an den Enden stark verholzt, von schlechter Farbe und zuweilen stark verunreinigt. Aus dieser Jute werden hauptsächlich grober Bagging-Schuß und C-Garne für verschiedensten Verwendungszweck gesponnen.

VIII. Daisee (Daiseegruppe). Diese Gruppe, deren charakteristische Merkmale bereits auf S. 55 hervorgehoben wurden, wird nur aus Corchorus olitorius gewonnen und ist an ihrer dunklen Farbe, die von Silbergrau bis Dunkelrot und Schokoladenbraun wechselt, leicht erkenntlich. Die Weichheit und hohe Spinnfähigkeit ihrer Faser bei fast vollständigem Fehlen harter Wurzelenden und bei einer sehr großen Faserlänge haben diese Jutesorte bei den meisten Spinnern sehr beliebt gemacht. Besonders auffallend ist die große Aufnahmefähigkeit von Feuchtigkeit, worauf in Verbindung mit der Feinheit der Faser die hohe Spinnfähigkeit beruht, doch kann die Neigung zur Feuchtigkeitsaufnahme bei feuchten Packungen auch verhängnisvoll wirken, indem leicht Herzbeschädigung hervorgerufen wird. Die Standardqualität besteht aus den Graden „1", „2" und „3" im Verhältnis: 10% „1", 80% „2" und 10% „3" oder im Verhältnis 20 : 60 : 20. Häufig werden diese Grade auch einzeln abgegeben.

In ähnlicher Weise wird auch die Tossa-Jute gehandelt, die, wie S. 56 schon hervorgehoben, mit der Daisee-Jute verwandt ist, jedoch häufig eine größere Festigkeit und Reinheit besitzt und daher teilweise auch höhere Preise erzielt. Beide Sorten finden in Mischungen mit anderer Jute für Garne verschiedenster Qualität und Feinheit Verwendung, sofern eine besonders helle Farbe nicht verlangt wird.

Zu den oben genannten Gruppen kommen noch die Rejections und Cuttings, die bereits S. 57 angeführt wurden und ebenfalls in feste Exportballen gepreßt werden. Man rechnet die Rejections im allgemeinen nicht mehr zu regulärer Jute, obwohl es verschiedene Privatpackungen gibt, die manchen Herzmarken oder Blitz-Untermarken nicht nachstehen.

Im allgemeinen ist zu der obigen Qualitätsgruppierung zu bemerken, daß sie nur als durchschnittliche Güteklassierung gewertet werden kann, und daß sowohl innerhalb der einzelnen Gruppen bei der großen Zahl der Packer erhebliche Qualitätsunterschiede bestehen, wie auch zahlreiche Übergangsgruppen zwischen den Hauptgruppen zu verzeichnen sind. Beispielsweise stehen über

Markengruppen der London-Jute-Association. Erntejahr 1929/1930.

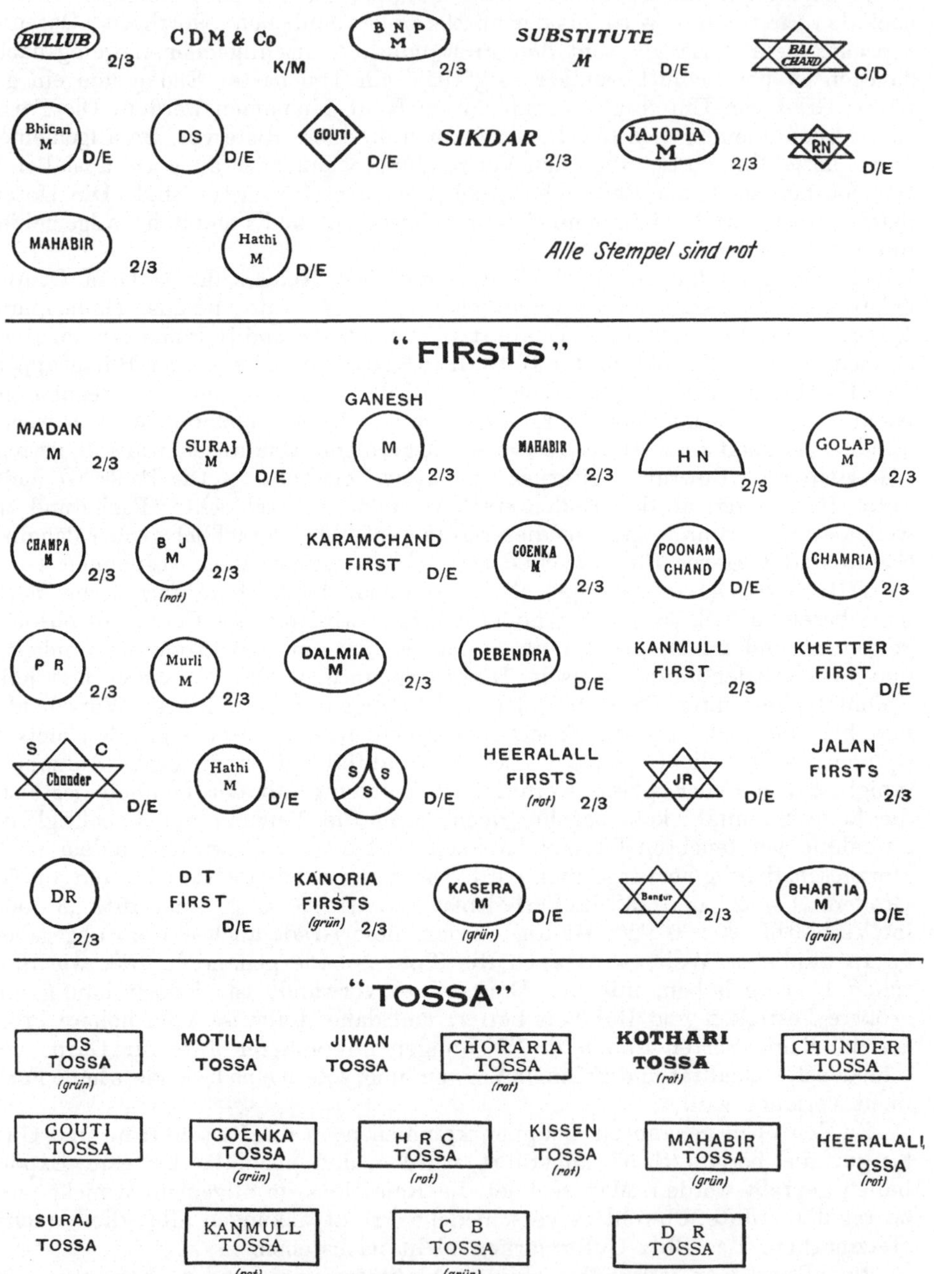

den gewöhnlichen Firsts (ordinary firsts) die „good firsts", „special firsts", „superior firsts"; man unterscheidet ferner „ordinary Dacca", „medium Dacca", „good Dacca", „superior Dacca" usw. So ist die überaus große, alljährlich noch zunehmende Zahl der Jutemarken zu erklären, die dem ganzen Handel eine gewisse Unsicherheit und Unübersichtlichkeit geben und die Veranlassung zu häufigen Streitigkeiten sind. Die von Chaudhury (vgl. S. 58) gemachten Verbesserungsvorschläge hinsichtlich der Klassifizierung der Jutefasern scheiterten,

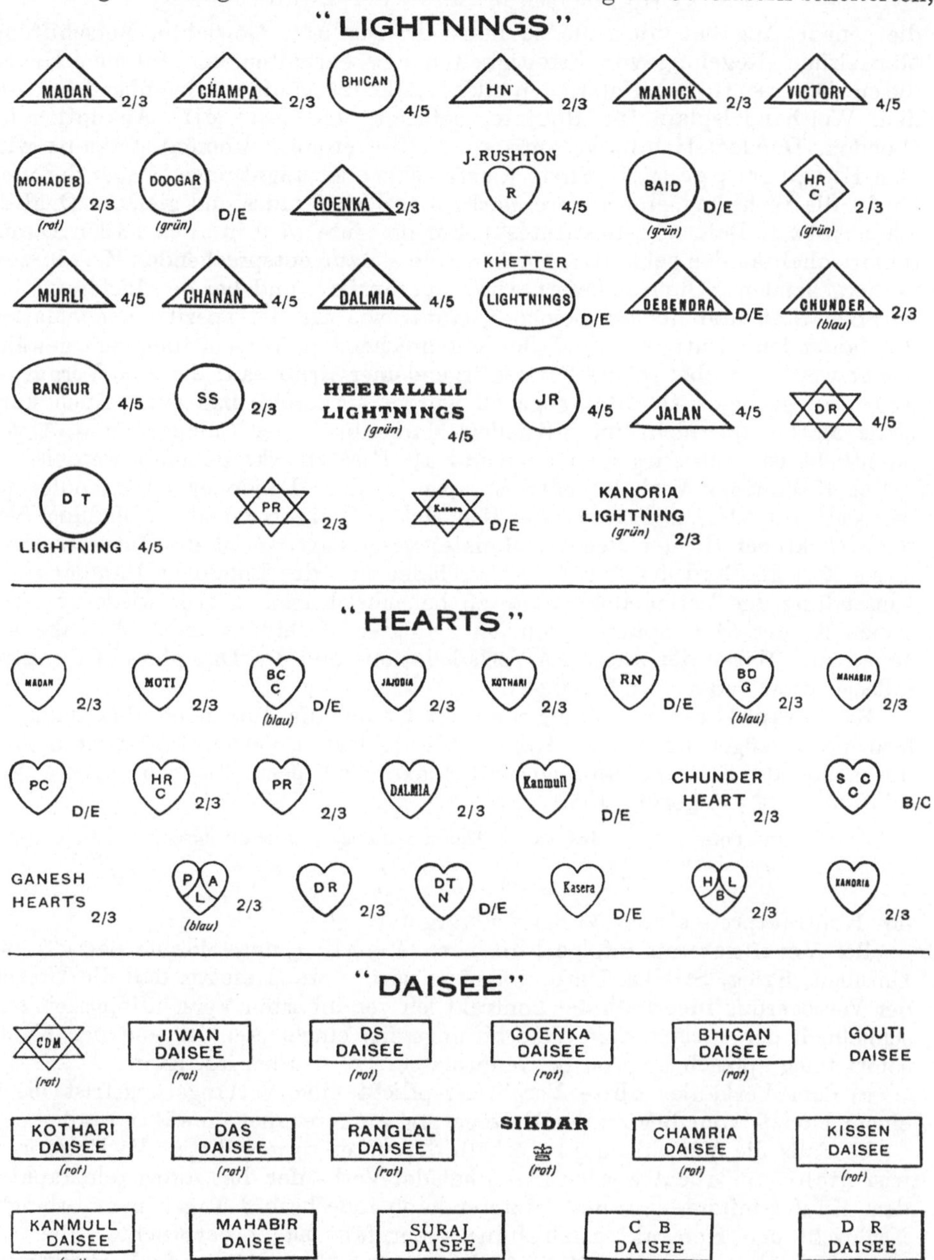

wie schon oben angeführt, an dem Widerstand der Händlerkreise und werden wohl auch noch für absehbare Zeit nur theoretischen Wert besitzen.

Vorstehend die von der L. J. A. für das Erntejahr 1929/30 herausgegebenen Markengruppen.

Von besonderer Wichtigkeit für den Rohjutekäufer sind die im „Contract for jute to arrive" niedergelegten

Lieferungsbestimmungen der London J. A.,

die genaue Angaben über die zu liefernde Qualität, Gewichte, Verschiffung, Mängelrüge, Regelung von Streitigkeiten usw. enthalten und für den Käufer die einzigen rechtlichen Unterlagen bilden. Alle Jutekäufe werden über London, dem Welthandelsplatz für Rohjute, getätigt, und zwar cif[1] Ankunftshafen (London, Dundee, Hamburg, Amsterdam, Rotterdam, Bremen). Gekauft wird eine Hauptgruppe, z. B. Firsts („actuals"), oder Lightnings, wobei der Verkäufer die Wahl hat, eine andere Marke desselben Grades und gleicher Qualität als Ersatz zu liefern („substitutes"). Für die Jute wird in allen Fällen Durchschnittsqualität der gekauften Marken, wie sie zur entsprechenden Zeit in zwei vorhergehenden Ernten geliefert wurde, garantiert, und bei der Lieferung von Ersatzmarken muß ferner gleiche Qualität wie die der spezifizierten Marken des laufenden Erntejahrs und der entsprechenden Verschiffungszeit gewährleistet werden, wobei solche Partien irgendeiner Ernte, auf die eine Vergütung wegen zu geringer Qualität gegeben wurde, auszuschließen sind. Auch kann keine Marke, die nicht im offiziellen Markenbuch der Calcutta B. J. A. veröffentlicht ist, unter irgendeinem Grad als Ersatzmarke geliefert werden.

Der Kalkuttaer Verlader oder Shipper ist dem Londoner Großhändler für pünktliche Abladung verantwortlich. Ist z. B. im Kontrakt Abladung September/Oktober (in der Regel 2 Monate) vereinbart, so ist die Jute innerhalb dieser Zeit an Bord des Schiffes zu verladen und der Londoner Händler unter Einsendung der Verladedokumente zu benachrichtigen. Dieser wiederum setzt seinen Käufer (den Spinner) von der erfolgten Verladung unter Aufgabe von Menge und Marke der Jute, des Verladedatums und des Dampfers in Kenntnis („declaration" oder „Andienung").

Bei verspäteter Verladung muß der Käufer die Jute noch abnehmen, sofern die Verzögerung den im Kontrakt festgelegten Verschiffungstermin nicht um mehr als 15 Tage überschreitet („extended period" = verlängerte Verschiffungszeit); dagegen erhält er

für eine	bis zu 3 Tagen verläng. Verschiffungszeit	½%,
„ „ über 3	„ „ 7 „ „ „	1 %,
„ „ „ 7	„ „ 15 „ „ „	2½%.

des Kontraktpreises vom Verkäufer vergütet.

Bei Verzögerung infolge höherer Gewalt („unavoidable delay"), wie Unruhen, Krieg, Streiks, Naturereignisse usw., vorausgesetzt, daß die Ursache der Verzögerung innerhalb der kontraktlich vereinbarten Verschiffungszeit (einschließlich der verlängerten Verschiffungszeit) eingetreten ist und der Käufer sofort telegraphisch hiervon in Kenntnis gesetzt worden ist, kann

a) dem Verkäufer ohne Vergütungspflicht eine Verlängerungsfrist bis zu einem Monat, vom Beginn der Verzögerung an gerechnet, gewährt werden.

b) Falls die Verschiffung innerhalb der unter a) gewährten Verlängerungsfrist nicht ermöglicht werden kann, hat der Verkäufer dies sofort telegraphisch dem Käufer mitzuteilen, und letzterer kann innerhalb 3 Tagen nach erlangter Nachricht den Kontrakt aufheben; andernfalls ist er verpflichtet, die Jute ohne Vergütung für verspätete Ablieferung zu dem möglichen Verschiffungstermin anzunehmen.

---

[1] „Cif" ist eine Abkürzung von cost, insurance, freight (Kosten, Versicherung, Fracht) und bedeutet, daß der Verkäufer alle Kosten bis an Bord des Schiffes, die Versicherung der Ware und die Frachtkosten bis zum Bestimmungshafen zu tragen hat.

Der Verkäufer ist zu den unter a) und b) angeführten Ausnahmen der Fristverlängerung nur berechtigt, wenn die von ihm angegebenen Gründe der Verzögerung, insbesondere deren Beginn und Ende, bzw. Fortdauer durch die „Calcutta Baled Jute Association" bescheinigt werden.

Bezüglich der zu liefernden Menge ist eine Toleranz von $\pm$ 5% des Kontraktquantums vereinbart. Für die Gewichtsberechnung wird am Bestimmungshafen das Durchschnittslandungsgewicht auf Grund des Gewichts von 10% der gelandeten Ballen festgestellt („harbour weights").

Streitigkeiten werden auf dem Weg der „Arbitration", d. h. durch Unterwerfung unter ein schiedsrichterliches Urteil, in London geschlichtet, und zwar muß die Arbitrationsanmeldung des Käufers, sofern sich die Bemängelung auf Qualität oder Beschaffenheit bezieht, spätestens nach 21 Tagen vom letzten Tag der Entlöschung des Dampfers im Bestimmungshafen ab in die Hände des Verkäufers oder seiner Londoner Vertreter gelangt sein. Da das Arbitrationsgericht nur in London zusammentritt, muß von der in einem andern Hafen gelöschten Jute ein Teil bis zu 10% der ganzen Partie zwecks Besichtigung durch die Arbitratoren nach London verladen werden. Meist werden die Besichtigungsballen aus den noch am Kai befindlichen Gewichtsprozentballen genommen, doch müssen dieselben ungeöffnet und äußerlich in einem guten Zustand sein. Das Arbitrationsgericht kann nach drei Gesichtspunkten entscheiden:

1. Bei Feststellung eines Qualitätsminderwertes per ton, der geringer ist als 1% des Marktwertes der betreffenden Jutemarke am Tage der Arbitration und sofern dieses 1% weniger als 5 s per ton ausmacht, wird keine Vergütung gewährt.

2. Bei Feststellung eines Minderwertes per ton gleich oder größer als 1% und mindestens 5 s per ton muß Verkäufer dem Käufer die Wertdifferenz ersetzen, wie sie durch Arbitration festgesetzt wird.

3. Beträgt der Minderwert 5% oder mehr des Marktwertes per ton, dann kann Käufer entweder

a) vom Verkäufer die durch Arbitration festgesetzte Wertdifferenz verlangen oder

b) dem Verkäufer die Jute innerhalb 6 Tagen nach ergangenem Arbitrationsurteil zurückfakturieren und vom Verkäufer dafür einen Preis per ton fordern, der 10 s über dem Marktwert der kontraktlichen Qualität am Tage des endgültigen Urteiles liegt.

Für Ersatzmarken gelten obige Entscheidungen sinngemäß, nur mit der Ausnahme, daß im Falle 3 die Minderwertsgrenze schon bei 3% liegt.

Bezüglich der Qualitätsbemängelung ist neuerdings folgende Bestimmung in den Kontrakt aufgenommen:

Beimischung von Daisee- und Tossa-Jute zu Serajgunge- und Naraingunge-Marken in „nennenswertem" („appreciable") Umfange gibt dem Käufer das Recht auf eine Vergütung oder auf Zurückfakturierung.

Falls die Jute nicht in guter handelsüblicher Beschaffenheit („fair merchantable condition") geliefert wird, ist eine Vergütung zu gewähren, die auf dem Marktwert für Lagerware zu basieren ist.

Unter diese Bestimmungen über die Beschaffenheit der Jute (condition) ist neuerdings auch der Fall übermäßiger Befeuchtung („excessive moisture") aufgenommen. Danach wird das Recht der Arbitration auch auf Bemängelungen wegen übermäßiger Befeuchtung ausgedehnt; außerdem kann das Komitee, sofern ihm bei irgendeiner Partie übermäßige Befeuchtung nachgewiesen wird, die betreffende Marke als „unanbietbar" („untenderable") erklären[1].

---

[1] Dabei ist aber nicht festgelegt, was unter „übermäßiger Befeuchtung" zu verstehen ist; vgl. auch S. 106.

Tabelle 16. Verteilung und Wert der Rohjuteausfuhr[1].

Land	1	2	3	4	5	6	7	8	9	10	11	12
	1913/14	1918/19	1919/20	1920/21	1921/22	1922/23	1923/24	1924/25	1925/26	1926/27	1927/28	1928/29 (9 Mon.)
	Ballen	Ballen	Ballen	Ballen	Ballen	Ballen	Ballen	Ballen	Ballen	Ballen	Ballen	Ballen
Großbritannien (einschl. Rejections)	1626067	1255075	1739752	761729	508676	874597	796022	892177	858218	1086791	1051000	958481
Deutschland . .	886928	—	20210	403581	806473	792232	945437	996889	712973	1172682	1313969	1118609
Ver. Staaten (einschließl. Reject.)	659366	342882	434834	616028	371963	501710	483287	399214	422772	499976	520174	425708
Frankreich . . .	407165	240593	452094	280246	312687	320807	337837	381898	492612	457089	590608	465112
Österreich . . .	256072[2]	—	1002[2]	8210[2]	—	—	1000	—	—	—	—	—
Italien	211512	149144	157226	128066	141820	195283	280594	258524	229480	232065	277196	220780
Spanien	118613	73113	107173	133599	123872	156542	147499	184450	149277	217050	228110	229309
Belgien.	—	—	—	—	—	—	248849	239139	175704	262794	261616	236038
Holland	—	—	—	—	—	—	57305	51474	58682	65308	111288	60330
Andere Länder, darunter China, Japan (einschl. Rejections) . .	137603	168907	401867	314059	353545	395377	121968	127913	129830	148714	167368	150784
Rejections nach d. europ. Kontinent	—	—	—	—	—	—	109301	98266	87096	73359	66548	44054
Zusammen:	4303326	2229714	3314158	2645518	2619036	3236548	3529099	3629935	3316644	4215828	4587877	3909205
Cuttings sämtl. Länder	—	—	—	—	—	—	280874	191887	207845	252311	285032	237229
Gesamtballen . .	4303326	2229714	3314158	2645518	2619036	3236548	3809973	3821822	3524489	4468139	4872909	4146434
oder engl. tons .	768330	398101	591721	472340	467612	577864	680246	682361	629274	797757	870026	740318

[1] Spalte 1 bis 6 nach Trapp, C.: Indien, Ein Auszug aus dem „Handbook of Commercial Information for India" von C. W. E. Cotton, Kalkutta, Hamburg 1925; Spalte 7 bis 12 nach dem Dundee Prices Current 1924 bis 1929.   [2] einschl. Ausfuhr nach Ungarn.

Gegen das Arbitrationsurteil ist Berufung innerhalb 10 Tagen bei der Londoner J. A. zulässig.

Bezüglich weiterer Einzelheiten, wie unregelmäßige Ablieferung, Zurückfakturierung, Nichterfüllung, Versicherung, Zahlungsbedingungen usw., sei auf den Kontrakt selbst verwiesen.

Rohjuteausfuhr.

Um ein Bild über die Entwicklung und die heutige Größe des Ausfuhrhandels mit Rohjute zu bekommen, seien aus dem zahlreich vorliegenden statistischen Material nachfolgende Zahlen genannt. Abgesehen von den Ende des 18. und Anfang der zwanziger Jahre des vorigen Jahrhunderts zu Versuchszwecken von Kalkutta nach Dundee verfrachteten geringen Mengen Rohjute fällt die erste statistisch festgestellte Ausfuhr mit kaum 100 Ballen in das Jahr 1828/29. Nach erfolgreicher Beendigung der ersten Spinnversuche in Dundee (vgl. S. 73) stieg jedoch die Ausfuhr rasch auf 2150 Ballen im Jahre 1830/31, rund 18000 Ballen im Jahre 1840/41, 163000 Ballen im Jahre 1850/51, um im Jahre 1870/71 die erste Million Ballen zu erreichen. Die nun einsetzende rapide Entwicklung der Jute-Industrie in der ganzen Welt brachte stetig steigende Ausfuhrzahlen, die Anfang dieses Jahrhunderts die vierte Million Ballen überschritten und sich seither bis zum Ausbruch des Krieges in der ungefähr gleichen Höhe hielten[1]. Daß sich die Ausfuhr in den ersten 14 Jahren dieses Jahrhunderts und auch nach dem Krieg bei Wiedereintritt geordneter Verhältnisse nicht weiter gehoben hat, trotz vermehrter Anbaufläche und größeren Ernteertrags, ist der in diesem Zeitraum besonders starken Entwicklung der Jute-Industrie in Indien zuzuschreiben, wie späterhin noch gezeigt wird. Nachfolgende Tabelle 16 zeigt die Rohjuteausfuhr in neuerer Zeit und gleichzeitig deren Verteilung auf die Haupteinfuhrländer.

Aus Tabelle 16 ist als besonders bemerkenswert die Nachwirkung der Kriegsjahre auf die Verschiebung der Ausfuhr nach anderen Ländern auf Kosten Englands hervorzuheben sowie die schnelle Erholung der deutschen Jute-Industrie, die bisweilen sogar den Rohjuteverbrauch Englands überflügelte[2].

C. Preisbewegung der Rohjute und der Jutefabrikate.

Wenn man die Entwicklung der Rohjutepreise über eine längere Zeitspanne verfolgt, so wird man zwar gegenüber der um ein Vierteljahrhundert zurückliegenden Zeit eine ganz bedeutende Zunahme der Preise feststellen, entsprechend dem ständig steigenden Weltbedarf, aber dieses Steigen der Rohjutepreise ist nicht stetig, sondern weist ganz bedeutende Sprünge und Rückfälle auf, die einesteils auf das dauernd wechselnde Verhältnis zwischen Angebot und Nachfrage entsprechend den wechselnden Ernteergebnissen und den wirtschaftlichen Verhältnissen zurückzuführen sind, andernteils aber als Folge einer Spekulation anzusprechen sind, die sich, da Jute auf Termin gehandelt wird (also ohne vorherige Besichtigung, häufig ehe sie überhaupt geerntet ist), am Kalkuttaoder „Bhitar-Basar" immer mehr breit macht und den Jutehandel als Börsenspiel betrachtet. Die leider häufig fehlgegangenen Ernteschätzungen der Regierung, auf die der Handel als einzige Grundlage zur Bestimmung der Marktentwicklung angewiesen ist, werden von diesen Händlerkreisen in Verbindung mit

---

[1] Ausführliche Angaben finden sich hierüber in den wiederholt angeführten Arbeiten von van Delden und Magdalene Willms.

[2] Bei den für Deutschland angegebenen Zahlen ist zu beachten, daß sie sich auf die beiden Häfen Hamburg und Bremen beziehen. Es ist somit der Bedarf der über diese beiden Häfen beziehenden Länder, in der Hauptsache der Tschechoslowakei, Polen, Österreich, Ungarn, der auf 300000 bis 350000 Ballen zu schätzen ist, mit eingeschlossen.

ausgestreuten falschen Gerüchten zur Beunruhigung des an sich empfindlichen Jutemarktes in Kalkutta benützt und haben trotz entgegenstehender gesetzlicher Maßnahmen sehr häufig zu den wildesten Spekulationen an dem berüchtigten „Fatka"-Markt[1] geführt. Die Folgen dieser Verhältnisse, die für Erzeuger wie Verbraucher gleich verheerend sind, ist nicht nur eine Deroutierung des Jutemarktes, sondern auch eine Qualitätsverschlechterung der Rohjute, und es wäre zu wünschen, daß hier auf irgend eine Weise Besserung geschaffen und dem legitimen Jutehandel wieder zu seinem Ansehen verholfen würde[2].

Nachfolgende Zahlen geben ein Bild über die Schwankungen der Rohjutepreise in Kalkutta. Während beispielsweise im Jahr 1851 ein Ballen von 400 lbs 14½ Rs. kostete, stellte sich dieser Preis 1906 bereits auf 57½ Rs. Darauf folgte ein Rückgang bis auf 32½ Rs. im Jahr 1909, danach ein Ansteigen bis 71 Rs. im Jahr 1913, im April 1914 stieg sogar der Preis für Firsts in Kalkutta auf 82 Rs.

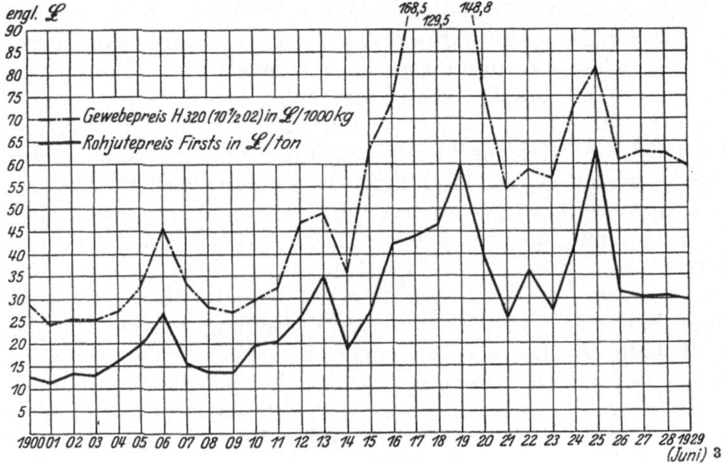

Abb. 28. Preisbewegung der Rohjute und der Jutegewebe in den Jahren 1900 bis 1929 (Stichtag 31. Dezember).[3]

pro Ballen (in London auf £ 36 per ton). Der Ausbruch des Krieges hatte jedoch einen scharfen Rückgang bis auf 50 Rs. (in London £ 25.10) und nach der Ernteschätzung im September 1914, die eine Rekordernte in Aussicht stellte, sogar bis auf 31 Rs. zur Folge. Nach Beendigung des Krieges, nachdem die seitens der indischen Regierung verhängte Ausfuhrbeschränkung für Jute aufgehoben

[1] Der Ausdruck „Fatka" stammt von dem hindostanischen Verbum „fatge", das, wörtlich übersetzt, „nie zustande gekommen" bedeutet. Es handelt sich demnach bei den Geschäften am Fatkamarkt um solche, die nur auf dem Papier stehen, bei denen aber niemals Ware dagegen geliefert wird. Es erfolgt also lediglich eine Differenzabrechnung, die aber gleichzeitig nicht einklagbar ist. (Nach privaten Mitteilungen der Firma G. Koppermann & Co., Hamburg.)

[2] Die im Jahr 1910 gegen die Differenzgeschäfte in Jute gerichtete „Jute Gambling Act" hatte keinen durchschlagenden Erfolg. Während sich die europäischen Spinner für eine Beseitigung dieser unlauteren Spekulationen einsetzen, haben die Kalkuttaer Packer und Spinner an einer derartigen Regelung naturgemäß kein Interesse. Welchen Umfang übrigens diese Differenzgeschäfte annehmen können, zeigt eine Notiz in der in Kalkutta erscheinenden Zeitung „Capital" Ende November 1925, wonach bei einem monatlichen Umsatz von 300000 pucca-Ballen zwischen Packern und Verladern die Spekulation am Fatkamarkt auf ungefähr 3000000 Ballen geschätzt wird. Die Maklergebühren, die hierbei eingeheimst wurden, sollen über 100000 Rupien betragen haben.

[3] Am 31. Dez. 1929 stellte sich die Rohjute auf £ 27.15 cif Hamburg, während das Gewebe in Dundee £ 53.15/1000 kg notierte.

wurde und der Weltbedarf sich allmählich wieder einstellte, vor allem aber infolge des bedeutenden Rückgangs der Anbaufläche in der Nachkriegszeit (eine Folge der schlechten Preise, die die indischen Spinnereien den Bauern während des Krieges zahlten) stiegen die Preise von 35 Rs. im Jahr 1917 auf 95 Rs. im August 1919.

Entsprechend der schwankenden Gestaltung der Kalkutta-Notierungen verläuft die Bewegung der Preise am Londoner Markt, die in einem gewissen Zusammenhang mit dem Kalkuttamarkt stehen, aber außer den Schwankungen des Marktes noch den Schwankungen des Rupiekurses und der Frachtraten[1] zwischen Kalkutta und den europäischen Häfen unterworfen sind.

Die graphische Darstellung in Abb. 28, in der für die Jahre 1900/1929 die Londoner Notierungen in £ per engl. ton für Firsts, prompte Abladung, jeweils nach dem Preisstand am 31. Dezember eingetragen sind, läßt die großen Schwankungen, denen die Rohjutepreise in den letzten 30 Jahren unterworfen waren, deutlich erkennen. Diese Preisschwankungen wirken sich noch schärfer aus, wenn man die höchsten und die tiefsten Preise während des ganzen in Betracht gezogenen Zeitraumes einander gegenüberstellt. So wurde beispielsweise im Erntejahr 1901/02 der niederste Preisstand mit £ 11.—, im Jahr 1919/20 nach Kriegsende der höchste Preisstand mit £ 75.— erreicht. Abgesehen von diesen über einen längeren Zeitraum verteilten Preisunterschieden, finden sich auch innerhalb einzelner Erntejahre Unterschiede zwischen höchstem und niederstem Preis von fast 100% des niedersten Preises, z. B.

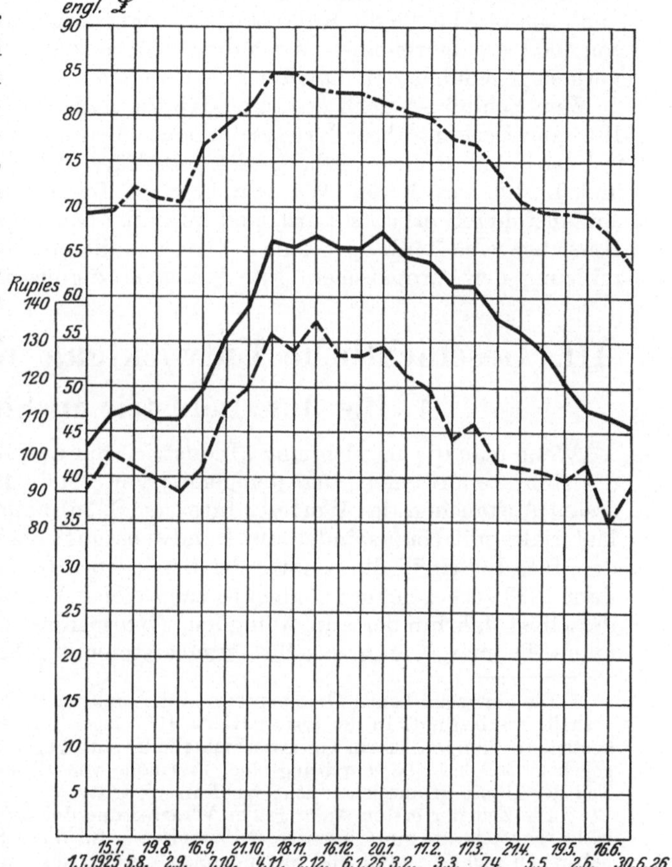

Abb. 29. Rohjute- und Gewebepreise im Erntejahr 1925/26.

— · — · — Gewebepreis in engl. £/1000 kg, Basis H. 320 (10½ oz) Dundee-Notierung.

———— Rohjutepreis in engl. £/ton, Firsts (actuals) cif Dundee.

— — — Rohjutepreis in Rupies/Ballen (400 lbs) oder engl. £/ton, fob Calcutta.

	1920/21	1924/25	1925/26
höchster Preis	£ 56.—	55.—	65.—
tiefster „	£ 30.—	28.—	38.—

---

[1] Die Kalkutta-Notierungen verstehen sich alle „fob", eine Abkürzung von „free on board", d. h. der Verkäufer hat die Ware auf seine Kosten bis an Bord des Schiffes zu liefern.

das sind Preisschwankungen, wie sie in diesem Ausmaß wohl kein Textilrohstoff aufzuweisen hat. Die Preisentwicklung des in dieser Hinsicht sich besonders auszeichnenden Erntejahres 1925/26 ist in Abb. 29 noch besonders dargestellt, ebenso sind in beiden Abbildungen gleichzeitig die Dundee-Notierungen für Jutegewebe auf der Basis H 320 (10½ oz), umgerechnet in £ per 1000 kg, angegeben, bzw. ihr Verlauf in Kurvenform dargestellt. Ein Vergleich dieser Schaulinien zeigt, daß die Preise der Juteerzeugnisse durchaus nicht immer mit den Schwankungen des Rohjutemarktes in Einklang zu bringen waren[1]. Endlich sind noch in Abb. 29 die Kalkutta-Notierungen für Rohjute in Rupien per Ballen von 400 lbs aufgezeichnet. Auch diese Kurve zeigt teilweise einen abweichenden Verlauf gegenüber den Londoner Notierungen.

Zum Schluß sei noch erwähnt, daß die indische Regierung seit dem 1. März 1916 zur Deckung ihrer Kriegsschulden neben anderen Zöllen auch einen Ausfuhrzoll auf Rohjute erhebt, der seit März 1917 4,8 Rs. per Ballen Rohjute und 1,4 Rs. per Ballen Wurzeln beträgt. Da auf Jutefabrikate gleicherweise ein Ausfuhrzoll erhoben wird, und zwar für Sackinggewebe 20 Rs. per ton und Hessiangewebe 32 Rs. per ton, so tritt aus diesem Grunde vorerst eine Benachteiligung der europäischen Jute-Industrie zugunsten der indischen nicht ein.

III. Geschichtliche Entwicklung der Jute-Industrie.

A. Die Jute-Industrie in Schottland.

Wenn man die Bezeichnung „Industrie" nur auf die maschinelle Verarbeitung der Rohjute anwendet, und demgemäß von der in Indien schon lange vor dem ersten Auftauchen des Wortes „Jute" (s. S. 35) heimischen Verarbeitung dieses Materiales mit Handspindel und Handwebstuhl[2] absieht, so ist als Geburtsort der Jute-Industrie die schottische Stadt Dundee und als Geburtsjahr das Jahr 1833 zu bezeichnen, indem es nach vielen Vorversuchen in den 20er Jahren desselben Jahrhunderts in Abingdon, Oxfordshire, Dundee dem Dundeer Kaufmann Thomas Neish daselbst zum erstenmal gelang, Jute auf Flachskarden

---

[1] Die abnormal hohen Gewebepreise in den Jahren 1917 bis 1919 sind durch die Kriegsverhältnisse bedingt. In der ersten Hälfte 1926 lagen die Gewebepreise weit unter Selbstkosten. Im übrigen ist ein gewisses Sicherheitsventil gegen zu hohe Rohjutepreise dadurch gegeben, daß bei Überschreitung einer Preishöhe von etwa 45 bis 50 £/t meist der billigere Teil der Hänfe in aussichtsreiche Konkurrenz tritt.

[2] Die Zeit der ersten Anfänge der Verarbeitung der Jutefaser in Indien läßt sich nicht mehr ermitteln, da eine einheitliche Bezeichnung für diese Faser zu jener Zeit bei den Eingeborenen nicht bestand und angenommen werden muß, daß in den damaligen Berichten viele Verwechslungen mit Sunhanf und richtigem Hanf bestanden haben. Auch diente die Verarbeitung dieser Faser zu Garnen und Geweben lange Zeit nur dem geringen heimischen Bedarf an Stricken, Bettzeug und Kleidungsstücken, bis mit dem Aufkommen des Getreidewelthandels im überseeischen Verkehr sich die Eingeborenen der lohnenderen Herstellung handgewebter Säcke, den sogenannten „Gunny-bags" („goni" = Sack) zuwandten, die bald als billiger Verpackungsstoff sehr begehrt wurden und wichtige Ausfuhrartikel nach Amerika und den Ländern der näheren Umgebung Indiens bildeten. Von der ersten statistisch erfaßten Ausfuhr von 34000 handgewebten Gunnybags im Jahr 1796 stieg deren Zahl bis auf annähernd 8,8 Millionen mit einem Wert von über 200000 £ im Jahr 1850/51 kurz vor der Einführung der mechanischen Jute-Industrie in Indien, die allmählich die Handarbeit, da diese der Nachfrage doch nicht mehr genügen konnte, fast vollständig verdrängte, so daß deren Erzeugnisse seit etwa 30 Jahren infolge ihrer Geringfügigkeit statistisch nicht mehr erfaßt wurden. Während die alte Handwebindustrie fast vollständig ausgestorben ist, beschränkt sich die Heimarbeit nur noch auf die Herstellung von Stricken und Bindfaden für den täglichen Bedarf, und man rechnet für jede bengalische Familie für diese Zwecke einen jährlichen Verbrauch von etwa ½ Maund Jute. Bei den statistischen Berechnungen wird der Heimverbrauch mit 500000 Ballen jährlich geschätzt.

zu verarbeiten. Demzufolge wird Neish auch als der Begründer der Jute-Industrie angesehen[1].

Im Jahr 1835 kam zum erstenmal reines Jutegarn auf den Markt, nachdem es bisher meist nur mit Flachs zusammen versponnen worden war. Einen weiteren Fortschritt brachte das Jahr 1838, als es einem andern Dundeer Kaufmann namens Rowan gelang, die holländische Regierung für die Verwendung von Jutesäcken als Ersatz für die bisher in ihren ostindischen Plantagen benützten Kaffeesäcke aus Flachsgeweben zu gewinnen. Obwohl es noch geraume Zeit dauerte, bis einerseits das in Verbraucherkreisen anfänglich bestehende Mißtrauen gegen die neue Faser, die man häufig nur als Fälschung und Verschlechterung der Ware ansah, überwunden wurde, andererseits das Spinnverfahren durch Bau eigens konstruierter, dem Material angepaßter Maschinen an Stelle der Flachsspinnmaschinen sich so verbesserte, daß auch außer den anfänglich nur hergestellten groben Schußgarnen feinere Kettgarne von größerer Festigkeit gesponnen werden konnten, gelang es doch in verhältnismäßig kurzer Zeit englischem Unternehmungsgeist, die neue Industrie so zu entwickeln, daß sie in gröberen Geweben für Verpackungszwecke die teuren Flachs- und Hanffabrikate vollständig verdrängte.

Gefördert wurde diese Entwicklung durch den Ausbruch des Krimkrieges 1853 bis 1856, der England von dem Bezug von Flachs, Hanf und Werg aus Rußland vollständig absperrte, so daß die Jute ein sehr begehrtes Ersatzmaterial wurde.

So entwickelte sich in Schottland und in der Hauptsache in Dundee und Umgebung eine Industrie, deren Ausdehnung gegen Ende des letzten Jahrhunderts ihren Höhepunkt erreichte, aber mit der Verbreitung und dem Wachstum dieser Industrie in anderen europäischen Ländern, wie z. B. in Deutschland und Frankreich, insbesondere mit der unerhörten Ausdehnung der indischen Jute-Industrie in den 90er Jahren zu einem gewissen Stillstand gelangte. Mit 107 Fabriken, fast 280000 Spindeln, 13700 Webstühlen und 41000 Arbeitern im Jahr 1905[2] behielt jedoch Dundee seine Führerschaft in der Jute-Industrie der Welt. Wenn auch inzwischen die Jute-Industrie Indiens diejenige ihres Stammlandes um ein Mehrfaches überflügelte, so besteht heute noch eine Überlegenheit Englands gegenüber Indien, beruhend auf seiner überragenden Stellung im Weltjutehandel, seinem gesamten technischen und organisatorischen Aufbau und nicht zuletzt auf seiner zahlreichen, hochqualifizierten Arbeiterschaft, die, aus dem Zentrum des alteingesessenen Hanf- und Flachsgewerbes, Dundee, hervorgegangen, eine der wichtigsten Vorbedingungen für das Aufblühen der neuen Industrie bildete.

Dank dieser günstigen Transport- und Produktionsverhältnisse Dundees ist der Export Englands an Juteerzeugnissen, Garnen, Geweben und Säcken, auch heute noch sehr bedeutend. Der Wert der jährlich exportierten Jutewaren beläuft sich auf über 5 Millionen £. Als wichtigste Bestimmungsländer kommen vor allem Nord- und Südamerika in Betracht. Die Zusammenballung der englischen Jute-Industrie in Dundee und die dadurch bedingte natürliche Fühlungnahme der einzelnen Fabriken untereinander ließ das Bedürfnis nach einer Kartellierung in dem Maße, wie es stets in Deutschland auftrat (vgl. weiter unten) nicht aufkommen. Als einzige Vereinigung besteht die „Jute-Association", die nur allgemeine wirtschaftliche Zwecke verfolgt. Als größerer Konzern ist

---

[1] Nach R. Wolff a. a. O. gebührt dieses Verdienst dem Dundeespinner Taws, der im gleichen Jahre als Erster reines Jutegarn gesponnen hat.

[2] Die heutigen Zahlen waren nicht zu erlangen. Sie liegen schätzungsweise etwa 25% höher.

die „Jute-Industries Ltd." zu nennen, die aus vier großen und einigen kleineren Werken mit einem Aktienkapital von 3½ Millionen £ besteht.

B. Die Jute-Industrie in Indien.

Der Ursprung der indischen Jute-Industrie ist in das Jahr 1854 zu legen, in welchem George Ackland, ein früherer Kaffeepflanzer von Ceylon, einige Sätze Spinnmaschinen von Dundee nach Kalkutta überführte.

Die erste Spinnerei wurde im Jahre 1855 in Rishra bei Serampur, die erste Weberei vier Jahre später in Baranogore von der Borneo Jute Company Ltd., der ersten Jutegesellschaft in Indien, eröffnet. Von da ab ist eine riesenhafte Entwicklung zu verzeichnen, von der die in nachstehender Tabelle 17 verzeichneten Zahlen einen Begriff geben sollen.

Tabelle 17[1]. Entwicklung der Jute-Industrie in Indien.

Jahr	Anzahl der Fabriken	Kapital in lakhs = 100000 Rup.	Anzahl (in 1000) der		
			beschäftigten Arbeiter	Webstühle	Spindeln
1879/80 bis 1883/84	21	270,7	38,8	5,5	88,0
1884/85 „ 1888/89	24	341,6	52,7	7,0	138,4
1889/90 „ 1893/94	26	402,6	64,3	8,3	172,6
1894/95 „ 1898/99	31	522,1	86,7	11,7	244,6
1899/1900 „ 1903/04	36	680,0	114,2	16,2	334,6
1904/05 „ 1908/09	46	960,0	165,0	24,8	510,5
1909/10 „ 1913/14	60	1200,0	208,4	33,5	691,8
1914/15	70	1394,3	238,3	38,4	795,5
1915/16	70	1322,5	254,1	39,9	812,4
1916/17	74	1395,5	262,5	39,6	824,3
1917/18	76	1428,5	266,0	40,6	834,0
1918/19	76	1477,2	275,5	40,0	839,9
1919/20	76	1563,5	280,4	41,0	856,3
1920/21	77	1923,5	288,4	41,6	869,9
1921/22	81	2647,0	288,4	43,0	908,4
1922/23	86	3192,8	321,2	48,5	1002,8
1. Jan. 1925				49,4	
1. „ 1926				49,8	
1. „ 1927				50,4	
1. „ 1928				50,5	

Danach beträgt die Vergrößerung der indischen Fabriken gegenüber der Vorkriegszeit über 30%.

Am 1. Januar 1929 war die Zahl der Webstühle auf insgesamt 51036 gestiegen[2], und zwar 19502 Sackingstühle und 31534 Hessianstühle, ungerechnet der 500 Stühle der zur Zeit im Bau befindlichen Adamjee Jute Mills. Mit diesen Webstühlen, zu denen über 1 Million Spindeln mit mehr als 330000 Arbeitern gehören, können täglich über 20000 Ballen Rohjute verarbeitet werden, das ist eine Produktion, die das 5fache derjenigen von Dundee beträgt. Der Hauptteil dieser Fabriken liegt am Hooghly in nächster Nähe Kalkuttas, und der besonderen Lage dieser Stadt, die alle günstigen Standortsbedingungen, wie billiger Roh-

---

[1] Die Zahlenangaben, die sich für die Jahre 1879/80 bis 1913/14 auf den 5jährigen Durchschnitt beziehen und von diesem Termin ab den Stand der Zahl der Fabriken im jährlichen Durchschnitt bis zum Jahre 1922/23 wiedergeben, sind dem „Handbook of Commercial Information for India", übersetzt und bearbeitet von C. Trapp, Hamburg, entnommen. Die Zahlen der Jahre 1925/28 mit dem Stichtag 1. Januar beruhen auf den jährlichen statistischen Veröffentlichungen des Dundee Prices Current.

[2] Inzwischen hat am 1. Jan. 1930 die Zahl der Webstühle fast das 53. Tausend erreicht.

stoff, billige Kohle[1], günstige Transportverhältnisse, billige Arbeitskosten[2] usw. in sich vereinigt, ist vorwiegend diese einzigartige industrielle Entwicklung zu verdanken. Die Folgen dieser Entwicklung zeigten sich darin, daß der Eigenbedarf der indischen Spinnereien auf Kosten der Ausfuhr von Jahr zu Jahr stieg, was wiederum sich in einem stetig steigenden Einfluß der Spinnereien selbst auf den Rohjutemarkt äußerte. Die in den Tab. 18 und 19 verzeichneten Zahlen zeigen deutlich auf der einen Seite die Zunahme des Inlandverbrauches an Rohjute und die wachsende Ausfuhr von Fertigfabrikaten, auf der anderen Seite den Rückgang der Rohjuteausfuhr.

Wenn auch die Rohjuteausfuhr in den allerletzten Jahren 1926 bis 1928 zahlenmäßig etwas zugenommen hat, so darf nicht übersehen werden, daß gleichzeitig der Eigenverbrauch Indiens als Folge der viel größeren Ernteergebnisse entsprechend zugenommen und vielfach 60% der Gesamt-Rohjuteerzeugung

Tabelle 18.
Indiens Eigenverbrauch und Ausfuhr von Rohjute (nach C. Trapp, Indien).

Erntejahr	Inlandverbrauch in 1000 Ballen (ohne Heimbedarf)	Ausfuhr in 1000 Ballen
1913/14	4499	4310
1914/15	4944	3046
1915/16	5770	3157
1916/17	5678	2840
1917/18	5447	1756
1918/19	5139	2210
1919/20	5227	3400
1920/21	5623	2336
1921/22	4358	2979
1922/23	4747	2949
1923/24	5133	3809

Tabelle 19. Abnahme der Rohjuteausfuhr aus Indien im Vergleich zur Fabrikation.

Artikel	1913/14		1922/23	
	Wert in £	%	Wert in £	%
Rohjute	20551000	52,7	15019000	35,7
Fertigfabrikate .	18849000	47,3	26996000	64,3
Zusammen	39400000	100	42015000	100

überschritten hat. So erreichte im Jahre 1928/29 der Wert der ausgeführten Fertigfabrikate die ungeheure Summe von 43 Millionen £, d. h. er hat sich gegenüber der Vorkriegszeit mehr als verdoppelt.

Die Entwicklung der indischen Jute-Industrie wurde außerdem durch die

---

[1] Im nordbengalischen Kohlengebiet, das etwa 150 engl. Meilen von Kalkutta entfernt ist und mit diesem durch günstige Transportgelegenheiten, Eisenbahnen und Wasserstraßen verbunden ist, wird die billigste Kohle der Welt gefördert.

[2] Die niederen Arbeitslöhne der indischen Jutearbeiter sind allerdings in den letzten 3 Jahrzehnten ständig gestiegen und haben, obwohl während des Krieges keine wesentliche Veränderung festzustellen war, nach dem Kriege eine für indische Verhältnisse außerordentliche Höhe erreicht. Ähnlich wie bei uns erreichen Spinner und Weber im Akkord die höchsten Löhne, nur ist in Indien der Unterschied zwischen Akkordarbeiter und Tagelohnarbeiter (Kuli) um ein Mehrfaches höher. Während 1913 männliche Akkordweber durchschnittlich 5,6 Rs. in der Woche verdienten, stieg dieser Satz auf 6 bis 9 Rs. bei voller Woche im Jahr 1925. Weibliche Akkordarbeiter stellten sich 1925 auf 5,1 Rs. die Woche, Jugendliche auf 1,12 (Durchschnittskurs der Rupie im Jahr 1925 = 1,54 Mark). Nach den neuesten Angaben in der Kalkutta-Zeitschrift „Capital" vom 31. 1. 29 beträgt der Verdienst eines Sacking-Kettspinners in der 51-Stunden-Woche bei einfacher Schicht 4–8–6 Rs. = 7,07 RM., in der 36-Stunden-Woche bei mehrfacher Schicht unter Anrechnung einer Sonderzulage für verkürzte Arbeitszeit 3–15–3 Rs. = 6,17 RM. Bei diesen Löhnen muß allerdings die bedeutend geringere Leistungsfähigkeit der indischen Arbeiter gegenüber den geschulten europäischen Arbeitern berücksichtigt werden. In den Kalkutta-Mills beträgt die Arbeiterzahl pro Spinn- und Webstuhleinheit das 2½fache derjenigen moderner europäischer Fabriken.

Einwirkung des Weltkrieges[1] günstig beeinflußt, indem einerseits durch den Kriegsbedarf der Alliierten genügend Absatz an Jutefabrikaten zu hohen Preisen vorhanden war, und andererseits die Rohjutepreise unter dem Schutz eines Ausfuhrverbots[2] so niedrig gehalten werden konnten, daß den Kalkuttaer Jutefabriken während der langen Kriegsjahre riesige Gewinne in den Schoß fielen, die die Fabriken zu den umfangreichsten Betriebserweiterungen und zur Anschaffung der modernsten Maschinen nach Kriegsende[3] befähigten.

Zu diesen günstigen Verhältnissen gesellt sich noch die außerordentlich vorteilhafte Lage Kalkuttas hinsichtlich des Absatzes der Jutefabrikate, von denen ein Teil zur Deckung des immer noch steigenden einheimischen Bedarfes an Verpackungsstoffen für die Ausfuhr der zahlreichen Rohstoffe und Nahrungsmittel des Landes, wie Baumwolle, Getreide, Hülsenfrüchte usw., verbraucht, der größte Teil jedoch ausgeführt wird.

Besonders für die wichtigsten Absatzgebiete im Osten Asiens, in Afrika und Australien nimmt Kalkutta verkehrstechnisch eine günstige Lage ein, aber auch Nord- und Südamerika sowie Großbritannien, das die Waren größtenteils nach Nord- und Südamerika wieder weiterleitet, sind Hauptabnehmer für Jutegewebe und Säcke.

Beachtet man ferner, daß heute die Kalkuttaer Jutefabriken, deren hauptsächlichste Produktion in der Vorkriegszeit meist nur aus grobem Packleinen (Sackings und Hessians) von untergeordneter Qualität[4] bestand, die mit der Qualitätsware der europäischen Fabriken in keinerlei Wettbewerb treten konnte, sich zum großen Teil infolge des gesteigerten Kriegsbedarfs der Ententeländer besonders an Sandsäcken auf die Herstellung feinerer Gewebe, insbesondere auch Tarpaulings[5] umgestellt haben, wodurch sie befähigt wurden, der europäischen Jute-Industrie in Ländern Konkurrenz zu machen, die bisher der Kal-

---

[1] Allgemein ist im Welthandel als Folge des Krieges eine Verschiebung nach der Seite festzustellen, daß die Ausfuhr der außereuropäischen Rohstoff erzeugenden Länder an Rohstoffen nach Europa abnimmt, dagegen an Fertigfabrikaten zunimmt. Diese Entwicklung, die nicht nur für Jute, sondern auch für Baumwolle und Wolle zutrifft, hat sich allerdings schon in den letzten 10 Jahren vor dem Kriege allmählich bemerkbar gemacht. So zeigt sich, daß der Transport aus den hauptsächlichsten Textilrohstoffe erzeugenden Gebieten in Nordamerika, China, Ostindien, Japan nach Zentraleuropa allmählich abnimmt, während andererseits die Textilindustrie in den genannten Ländern auf Kosten der Textilwirtschaft des alten Europas eine riesenhafte Entwicklung nimmt.

[2] Vom Februar 1917 an war die Ausfuhr nach allen Ländern einschließlich Großbritanniens ohne Genehmigung der obersten Zollbehörde des Ausfuhrhafens verboten; die Ausfuhrziffer ging dadurch auf 278000 Tonnen zurück, d. h. auf den Stand der 80er Jahre. Die Ausfuhrkontrolle wurde im März 1919 teilweise und am 18. Oktober 1919 gänzlich aufgehoben (vgl. Trapp, C.: Indien).

[3] Die englische Textilmaschinen-Industrie war nach dem Kriege auf Jahre hinaus bis an die Grenze ihrer Leistungsfähigkeit für Kalkutta beschäftigt. Auch heute noch hält dieser Modernisierungsprozeß an. Bezüglich der Gewinne, die heute noch von den Kalkutta-Jutefabriken erzielt werden, vgl. S. 77 Fußnote.

[4] Kalkuttaware hat stets als geringwertige Ware gegolten. Kalkutta Hessians wurden vor dem Kriege zwecks besserer Appretur nach Dundee geschickt, da die indischen Fabriken nicht in der Lage waren, ihren Hessians einen der europäischen Standardware entsprechenden „finish" zu geben.

[5] Nach einem bemerkenswerten Aufsatz in der Kalkuttaer Zeitschrift „Capital" vom 3. 12. 25 lieferten die indischen Jutefabriken während der Kriegszeit an die Entente nicht weniger als 1400 Millionen Säcke und 720 Millionen Yards Gewebe. Als besondere Leistung ist die Herstellung von 5 Millionen Yards Jutesegeltuch zu nennen, als durch den Ausbruch der russischen Revolution im Jahr 1918 die alliierten Staaten auf die russischen Flachslieferungen verzichten mußten (vgl. Trapp, C.: Indien, 1925). In der Nachkriegszeit ist vor allem die Ausfuhr des Endprodukts, nämlich der Säcke, schneller gewachsen als die Gewebeausfuhr. Der Wert der ausgeführten Säcke bleibt heute kaum noch ein Fünftel hinter dem Ausfuhrwert der Gewebe zurück.

kuttaware verschlossen waren, dann steigt das Gespenst einer Monopolisierung der gesamten Jute-Industrie durch Indien immer drohender auf[1]. Wenn auch nicht verkannt werden soll, daß diese Gefahr heute vielleicht noch etwas übertrieben ist infolge der quantitativ, wie insbesondere qualitativ geringeren Leistungsfähigkeit des indischen Jutearbeiters, so darf nicht übersehen werden, daß die indischen Jutefabriken durch den modernen Ausbau ihrer Betriebe nach dem Kriege instand gesetzt sind, sowohl qualitativ hochwertigere Erzeugnisse zu liefern, wie auch durch höhere Produktion und bessere Materialausnützung eine weitere Senkung der Erzeugungskosten zu erzielen. Auch sind die Fabriken, die heute, wie seit mehreren Jahren, noch eingeschränkt[2] arbeiten, bei voller Arbeitszeit in der Lage, noch erheblich größere Mengen von Juteerzeugnissen auf den Markt zu werfen.

Die indische Jute-Industrie ist eine Großindustrie, die immer mehr zur Konzernbildung drängt. Kommen schon durchschnittlich auf jede Fabrik über 500 Webstühle, so gibt es deren eine große Anzahl, fast der vierte Teil

---

[1] Dr. Magdalene Willms, a. a. O. S. 30, gibt diesen Befürchtungen wie folgt Ausdruck: „Die Gefahr, welche für die Rohjutebeschaffung der Welt aus dem monopolistischen Charakter der Juteproduktion und den Grenzen des Juteanbaus in Indien erwächst, vergrößert sich für das Ausland durch die enge Verbindung von Produktion und Konsumtion. Sie setzt Indien in die Lage, auf die Verbraucherinteressen aller übrigen Länder immer weniger Rücksicht zu nehmen und sichert ihm zugleich im Wettbewerb um den Rohstoff die erfolgreiche Durchsetzung seiner eigenen Interessen. Der Fortgang der Entwicklung läßt befürchten, daß mit zunehmender Steigerung des Rohjuteverbrauches der indischen Fabriken die Verknüpfung von Produktion und Konsumtion immer enger und damit die Aussicht für das Ausland, Rohjute in ausreichenden Mengen beziehen zu können, immer geringer wird. Die Gefahr der Rohjutenot, die ihren bedrohlichen Charakter für Indien verliert, verschärft sich aber damit für die Rohstoffversorgung des Auslandes."

[2] Infolge der durch die stetigen Vergrößerungen hervorgerufenen Überproduktion sahen sich die indischen Jutefabriken zu durchgreifenden Einschränkungsmaßnahmen veranlaßt. Seit April 1921 wird nur noch 54 Stunden die Woche gearbeitet, und zwar entweder 4 Tage in der Woche in Doppelschichten oder 5 Tage in Einzelschichten. Seit März 1924 besteht ein Abkommen der Jute Mills Association, wonach keine weiteren Vergrößerungen vorgenommen werden dürfen, mit Ausnahme derjenigen, die bei Abschluß des Abkommens bereits bestellt waren. (Vgl. „Capital" vom 3. 12. 1925.) Diese Beschlüsse vermochten jedoch nicht, Neugründungen von bedeutenden Jutefabriken, wie z. B. 1927 die Adamjee Jute Mills Ltd. (8 Millionen Rs. Kapital) und in allerjüngster Zeit die Premchand Jute Mills Ltd. (ebenfalls 8 Millionen Rs.), zu verhindern. Zur Bekämpfung dieser Außenseiter beschloß die Indian Jute Mills Association ab 1. Juli 1929 die Arbeitszeit auf 60 Stunden die Woche zu verlängern. Welche Stellung im übrigen die in der Ind. Jute Mills Assoc. zusammengeschlossenen Fabriken zur Arbeitszeitfrage einnehmen, zeigt ein Artikel aus dem „Capital" vom 31. 1. 29, in welchem die Befürchtung ausgesprochen wird, daß ohne Arbeitszeitverlängerung nicht nur die außerhalb der Association stehenden Fabriken, die bereits 81 Stunden die Woche arbeiten, sondern auch die außerhalb Indiens befindlichen Werke, insbesondere die Fabriken in Dundee und auf dem europäischen Kontinent, „Vorteile ziehen und Gewinne einheimsen würden, die von Rechts wegen den Kalkuttafabriken zuständen", eine eigentümliche Beweisführung angesichts der Tatsache der riesenhaften Gewinne der Kalkutta-Fabriken, die nach der neuesten Aufstellung im „Capital" vom 4. 4. 1929 ihre wiederholte Bestätigung finden. Danach verteilten im Durchschnitt der letzten 9 Jahre 1920/28:

Fort Gloster der Kettlwell Bullen & Co. . . . . . . 112% Dividende,
Kelvin der McLeod & Co.. . . . . 117%   „
Kinnison der F. W. Heilgers & Co.. . . . . 160%   „
Kamarhatty der Jardine Skinner & Co. . . . . . 97%   „
Lawrence der Bird & Co.. . . . . 91%   „
Reliance der Jardine, Skinner & Co.. . . . . . . 91%   „   usw.

Der Gesamtdurchschnitt sämtlicher Fabriken in den Jahren 1920/28 betrug 53%.

Die Folgen dieser inzwischen durchgeführten Verlängerung der Arbeitszeit sind nicht ausgeblieben, wie das Ergebnis des während der Drucklegung dieses Buches eben zu Ende gegangenen Jahres 1929 zeigt, das als das trostloseste bezeichnet werden muß, das Jutehandel und -Industrie nach dem Kriege erlebt haben.

der Fabriken, die mehr als 1000 Webstühle in einem Betrieb vereinigen, eine
Zahl, wie sie in keiner außerindischen Fabrik erreicht wird. Von den größten
Konzernen sind zu nennen:

Bird & Co., mit 9 Fabriken:			Andrew Yule & Co., mit 10 Fabriken:		
Auckland	810	Webstühle,	Albion	340	Webstühle,
Clive	868	„	Belvedere	650	„
Dalhousie	704	„	Budge-Budge	782	„
Lansdowne	870	„	Caledonian	517	„
Lawrence	704	„	Cheviot	400	„
Northbrook	544	„	Delta	610	„
Standard	640	„	Lothian	350	„
Union	504	„	National	611	„
Union South	650	„	New-Central	586	„
			Orient	450	„
Zusammen	6294	Webstühle;	Zusammen	5296	Webstühle;

Jardine, Skinner & Co., mit 4 Fabriken:		
Howrah	1663	Webstühle,
Kamarhatty	1710	„
Kanknarrah	1521	„
Reliance	1000	„
Zusammen	5894	Webstühle;

Kettlewell, Bullen & Co., mit 2 Fabriken:		
Fort Gloster	1800	Webstühle,
Fort William	900	„
Zusammen	2700	Webstühle.

Das in sämtlichen indischen Jutegesellschaften investierte Kapital betrug im
Jahr 1922/23 gegen 320 Millionen Rs. Dem Anschein nach besteht eine Übermacht
der indischen Aktionäre gegenüber den europäischen, doch liegt die Kontrolle
der indischen Jutefabriken größtenteils in den Händen englischer Firmen, die
als leitende Agenten (Managing Agents) arbeiten.

Welche Bedeutung die Jute-Industrie für den indischen Staat hat, ergibt
sich aus den Einnahmen, die Jahr für Jahr der indischen Regierung an Steuern
und Abgaben für die Ausfuhr von Rohjute und Jutefabrikate zufließen. Diese
betrugen im Durchschnitt der letzten drei Jahre von 1922/25 35 Millionen Rs.
gegenüber einer Gesamteinnahme an verzollbarer Ausfuhr von 55 Millionen Rs.,
d. h. die Jute-Industrie allein erbrachte 65% der gesamten Ausfuhrabgabe
Indiens. Der Wert der Ausfuhr von Jute und Jutefabrikate erreichte im Durchschnitt der Jahre 1922/25 fast 700 Millionen Rs.[1] und steht dem Ausfuhrwert
von Baumwolle und Baumwollfabrikaten, die im Ausfuhrhandel Indiens an der
Spitze stehen, nur wenig nach.

Der größte Teil der indischen Jutefabriken ist in der Indian Jute Mills
Association organisiert, die im Jahre 1884 unter dem Namen „Indian Jute
Manufacturers Association" gegründet wurde und im Jahre 1902 den heutigen
Namen annahm. Diese Gesellschaft, der heute 52 Mitglieder als Leiter oder Be-
sitzer von Jutefabriken angehören, hat zum Zweck die Förderung des Zusammen-
arbeitens und den Schutz der Interessen der Spinnereien, Aufstellung von Sta-
tistiken, Eröffnung neuer Märkte, Einflußnahme auf Zölle und Steuern, Aufstellung einheitlicher Kontrakte, Erledigung von Arbitragen usw. Als besonderes
Zeichen des Einflusses dieser Gesellschaft ist das Recht der Delegierung zweier
beratender Mitglieder in die gesetzgebende Körperschaft Bengalens zu werten.
Der Sekretär der Handelskammer von Bengalen und sein Stellvertreter bekleiden
auch von Amts wegen dieselben Posten bei der Gesellschaft.

---

[1] Im Jahre 1924/25 erreichte der Wert der Ausfuhr sogar 810 Millionen Rs. = über
1200 Millionen RM. Vgl. „Capital" vom 3. 12. 1925.

C. Die Jute-Industrie in Deutschland[1].

Der Begründer der Jute-Industrie in Deutschland ist Julius Spiegelberg, der im Jahre 1861 in Vechelde bei Braunschweig durch Umbau der von ihm einige Jahre zuvor errichteten Trockenwergspinnerei, deren Erzeugnisse infolge des Eindringens der billigeren und schöneren Jutegewebe aus England nicht mehr abzusetzen waren, die erste deutsche Jutespinnerei mit etwa 1000 Spindeln errichtete. Das Werk, dessen Einrichtungen durch einen schottischen Werkmeister ausgeführt wurden, während die mit den neuen Faserstoffen noch nicht vertrauten deutschen Arbeiter durch schottische Facharbeiter unterwiesen wurden, beschäftigte anfangs nur 100 Personen und erzielte in dem zuerst nur auf Spinnerei beschränkten Betrieb eine jährliche Garnproduktion von 6000 dz. Im Jahre 1869/70 kamen in dieser Anlage weitere 1400 Spindeln und zugleich die ersten 40 Webstühle zur Aufstellung. Die stetige Vergrößerung der Vechelder Fabrik führte bald zur Errichtung einer zweiten Fabrik in Braunschweig, der heutigen Braunschweigischen Akt.-Ges. für Jute- und Flachsindustrie, doch war diese Weiterentwicklung nur mit Hilfe ausländischen Kapitals möglich. Das Jahr 1868 brachte in Beuel bei Bonn die Errichtung einer weiteren Jutefabrik, die als erste Fabrik in Deutschland mit der Spinnerei eine Weberei verband. Angeregt durch die bisherigen Erfolge und auch infolge des Niederganges der Trockenwergspinnerei in Deutschland entstanden nun in rascher Folge weitere Werke, so ums Jahr 1870 die heutige „Hanseatische Jute-Spinnerei und Weberei in Delmenhorst" unter der anfänglichen Firmenbezeichnung „Komm.-Ges. Vogt, Wex & Co.", im Jahre 1872 die „Deutsche Jute-Spinnerei und Weberei in Meißen", 1873 die „Bremer Jute-Spinnerei und Weberei" in Hemelingen bei Bremen, 1874 die „Mechanische Jute-Spinnerei und Weberei" in Bonn, 1875 die „Geraer Jute-Spinnerei und Weberei in Triebes". Die neue Industrie hatte jedoch bald mit erheblichen Schwierigkeiten zu kämpfen, hervorgerufen teils durch eine Überproduktion, welcher der Konsum nicht folgen konnte, zumal dem neuen Fabrikat in Deutschland vielfach noch Mißtrauen entgegengebracht wurde, teils durch die vermehrte englische Konkurrenz, die bei dem damaligen niederen Zollsatz ungehindert Deutschland mit enormen Warenmengen überschwemmen konnte. Erst als es im Jahre 1879 den Bemühungen des Generaldirektors der Braunschweiger Jute-Spinnerei, Julius Spiegelberg als Vorsitzenden des zuvor gegründeten „Vereins Deutscher Jute-Industrieller" gelang, bei den Beratungen zum Zolltarif für die deutsche Jute-Industrie günstige Zollsätze, die erstmals im Jahre 1880 in Kraft traten, herauszuholen, konnte sich die Jute-Industrie in Deutschland ungehindert entwickeln. So entstanden in den Jahren 1882 bis 1885 die Werke Ahaus, Kassel, Harburg, Hamburg-Schiffbek, Stralau, und Ende der achtziger Jahre wurden der Reihe nach die Westdeutsche Jute-Spinnerei und Weberei in Beuel, die Erste Deutsche Fein-Jutegarn-Spinnerei in Brandenburg, die Jute-Spinnerei und Weberei Bremen und die Hanseatische Jute-Spinnerei und Weberei in Delmenhorst gegründet. Dieser raschen Entwicklung vermochte jedoch wiederum der Konsum in gleichem Maße nicht zu folgen, und so griffen besonders seitens der jüngeren Werke Preisschleudereien Platz, die den Fabriken trotz des günstigen Schutzzolles keinen Gewinn ließen. Zwar wurden im „Verein Deutscher Jute-Industrieller" verschiedentlich Preiskonventionen festgelegt, die

---

[1] Nach Pfuhl: Die Jute und ihre Verarbeitung. Wolff, R.: Die Jute, 1913. Denkschrift des „Verbandes Deutscher Jute-Industrieller" aus Anlaß seines 25jährigen Bestehens, 1926; Hand- und Adreßbuch der Jutebranche, bearbeitet von Dr. Karl Jira, 1929.

jedoch bei dem losen Zusammenschluß des Vereins von einzelnen Mitgliedern immer wieder sabotiert wurden, so daß von dauernden Erfolgen nicht die Rede war. Bessere Ergebnisse zeitigte die anfangs der 90er Jahre von der Mehrzahl der deutschen Jute-Spinnereien beschlossene Vereinbarung über gemeinsame Betriebseinschränkungen, bzw. über die Nichterweiterung der Betriebe, doch vermochte auch diese wohl einige Jahre lang segensreich wirkende Maßnahme nicht, die schädliche Wirkung der Außenseiter, ja selbst die Preisunterbietung einzelner Mitglieder zu verhindern. Dazu kamen mannigfache Neugründungsversuche, die dann auch im Jahre 1897 mit der Errichtung der Weidaer Jute-Spinnerei und Weberei in Weida und kurz darauf der Süddeutschen Jute-Industrie in Mannheim ihre Verwirklichung fanden, während eine Anzahl der bestehenden Fabriken eine namhafte Vermehrung ihrer Spindeln und Webstühle vornahm. So kam es bereits Anfang des Jahres 1896 zu einer freiwilligen Auflösung des Vertrages noch vor Ablauf seiner Gültigkeit, und zwar auf einstimmigen Beschluß aller Beteiligten.

Die schädlichen Folgen der Auflösung der Vereinigung und der dieser folgenden konventionslosen Zeit machten sich gar bald bemerkbar und führten in kurzer Zeit zu neuen Verhandlungen, die schließlich Mitte Mai 1901 mit der Gründung des heute noch bestehenden

"Verbandes Deutscher Jute-Industrieller"

ein greifbares Ergebnis zeitigten.

Der erste Vertrag des Verbandes, dessen Tätigkeitsfeld zunächst von dem jetzigen verschieden war, besagte:

"Der Gegenstand des Unternehmens besteht in der tunlichsten Regelung der Produktions- und Absatzbedingungen der Jutefabrikate der Gesellschafter.

Die Gesellschaft ist zur Erreichung ihrer Zwecke befugt, von ihren Mitgliedern unter Beobachtung gleichmäßiger Grundsätze für alle

die Nichterweiterung der Betriebe,

die Einhaltung einer Maximalarbeitszeit,

eine Betriebseinschränkung

zu beanspruchen.

Eine Einschränkung ist bis zu 15% für alte Spindeln und Webstühle, bis zu $22^{1}/_{2}$% für die neuen Spindeln und Webstühle zulässig. Unter alten Spindeln und Webstühlen sind diejenigen zu verstehen, die vor dem 27. Februar 1896 aufgestellt sind. Die Höchsteinschränkung muß Platz greifen, sobald die gesamten unverkauften, effektiven Lagervorräte der Gesellschafter an Garn und Geweben je 5% der Jahresproduktion der Gesellschafter übersteigen."

Außerdem wurde der Gesamtheit der Gesellschafter die Verpflichtung auferlegt, "sich bis zum Ablauf des Jahres 1905 der Bestellung und Aufstellung des direkten und indirekten Betriebes von Spinnmaschinen und Webstühlen über den bei der Gründung festgelegten Bestand hinaus zu enthalten". Gleichzeitig wurde die maximale Arbeitszeit auf 60 Stunden die volle Arbeitswoche festgesetzt.

Die ersten Gesellschafter des Verbandes im Jahre 1901, ihre Spindel- und Webstuhlzahlen, sowie die Zahl der Betriebseinheiten — 15 Spindeln bzw. 1 Webstuhl = eine Betriebseinheit —, nach denen die Stammeinlagen (70 RM. je Einheit) und die jährlichen Beiträge (15% der Stammeinlage) berechnet wurden, sind in Tab. 20 zusammengestellt.

Dem ersten Aufsichtsrat des Verbandes gehörten nachstehende Herren an, die zuvor bereits die für die ersten Verhandlungen zusammengetretene Kommission bildeten:

Lupprian, Braunschweig, Rickel, Harburg, Haasemann, Bremen, Tiemann, Stralau, Bergmann, Meißen, Herbst, Triebes und Meyer, Hamburg.

Tabelle 20. Gesellschafter des Verbandes Deutscher Jute-Industrieller im Gründungsjahr 1901.

Gesellschafter	Anzahl		
	der Spindeln	der Webstühle	der Betriebseinheiten (15 Spindeln bzw. 1 Webstuhl = 1 Betr.-Einheit)
1. Braunschweiger Aktien - Gesellschaft für Jute- u. Flachs-Industrie, Braunschweig u. Vechelde.	11314	555	1309
2. Deutsche Jutespinnerei u. Weberei, Meißen u. Neuendorf	9156	329	939
3. Jutespinnerei u. Weberei Hamburg-Harburg, Harburg	9012	604	1205
4. Jutespinnerei & Weberei Bremen, Bremen	13512	624	1525
5. Geraer Jute-Spinnerei u. Weberei, Triebes	10040	421	1090
6. Norddeutsche Jutespinnerei u. Weberei, Hamburg und Ostritz.	13648	652	1562
7. Elsässische Gesellschaft für Jute-Spinnerei u. Weberei, Bischweiler	5812	255	642
8. Berliner Jutespinnerei u. Weberei, Stralau und Bautzen.	4580	363	668
9. Erste Deutsche Fein-Jutegarn-Spinnerei, Brandenburg-Berlin.	2204	—	147
10. Bremer Jutespinnerei und Weberei, Hemelingen.	5738	400	783
11. Hanseatische Jute-Spinnerei u. Weberei, Delmenhorst.	4692	266	579
12. Westdeutsche Jutespinnerei u. Weberei, Beuel.	6818	360	815
13. August Greve, Lindau	1852	1	124
14. Jutespinnerei und Weberei Kassel, Kassel.	2406	150	310
15. Gustav Wäntig, Olbersdorf	—	191	191
16. Jutespinnerei und Weberei Tränkner & Würker Nachfl., Leipzig-Lindenau	3140	207	416
17. Gebrüder Sandberg, Freystadt.	—	73	73
18. Weidaer Jutespinnerei u. Weberei, Weida.	4760	261	578
19. Süddeutsche Jute-Industrie, Mannheim-Waldhof.	7326	362	850
20. Gebrüder Friese, Kirschau	—	120	120
21. J. Schilgen, Emsdetten	3016	259	460
22. Mechanische Jutespinnerei u. Weberei, Bonn	3452	156	386
23. Jutespinnerei Emsdetten, Emsdetten.	2064	—	138
24. Gebrüder Spohn, Ravensburg	1868	150	275
	126410	6759	15185

Die bald nach der Gründung des Verbandes einsetzenden Bestrebungen, den Gesellschaftsvertrag zu erweitern, führten nach langen Verhandlungen Ende 1904 zu einer neuen, strafferen Fassung des Vertrages, indem durch Errichtung einer „Andienungsstelle" beim Verbande, Festlegung einer erhöhten Einschränkung, sowie einer Preisbindung, der Verbandsvertrag die Form eines Produktions- und Preiskartells von bereits syndikatsähnlichem Charakter annahm. Wenn auch die Durchführung der neuen Bestimmungen zum Teil in der Praxis auf große Schwierigkeiten stieß, z. B. die Unmöglichkeit, in Zeiten des wirtschaftlichen Niederganges den plötzlich angedienten Überschuß der Gesellschafter durch die Zentralstelle abzusetzen, so hatte doch die durch den Beitritt weiterer Mitglieder bis auf 85% der gesamten deutschen Jute-Industrie gesteigerte Beteiligungsziffer nicht nur eine Stabilisierung der Produktions- und Verkaufsverhältnisse im Verband zur Folge, sondern das gute Beispiel dieser festen Organisationsform führte auch bald zum Zusammenschluß eines großen Teiles der deutschen Jutegroßhändler in der „Vereinigung der Deutschen Jute-Großhändler" (1905), mit welcher der Juteverband den sog. Händlervertrag abschloß, der zwar in erster Linie den Händlern zugute kam, aber auch zur Festigung der Stellung und des Ansehens des Verbandes wesentlich beitrug.

Wie segensreich trotz aller Schwierigkeiten und mehrfacher Gegensätze von allen Mitgliedern der Zusammenschluß im Juteverband beurteilt wurde, beweist das allerdings erst nach langen, äußerst schwierigen Verhandlungen, die infolge der bereits im Jahre 1903 von einem der größten Hauptabnehmer der Deutschen Jute-Industrie, der Fa. Max Bahr vorgenommenen Errichtung einer neuen Jute-Spinnerei und Weberei in Landsberg besonders erschwert wurden, Ende 1910 nach Ablauf des alten Vertrages erfolgte Zustandekommen eines neuen Gesellschaftsvertrages. Die wesentlichen Änderungen dieses neuen Gesellschaftsvertrages, der zunächst auf 5 Jahre abgeschlossen wurde, und dem nunmehr 32 Gesellschafter mit rd. 1224000 RM. Stammkapital angehörten, bezogen sich auf den Fortfall des Andienungsrechtes der Gesellschafter, Festsetzung der Höchsteinschränkung auf 20%, Möglichkeit einer weiteren Entlastung des Inlandsmarktes bis zu 10% der vollen Produktion durch Ausfuhr oder Stillegung gegen verbandsseitige Vergütung, Festlegung der Maximalarbeitszeit auf 58 Stunden u. a.

Der Ausbruch des Krieges hatte insbesondere durch das Abschneiden jeglicher Rohjutezufuhr durch England und durch die Beschlagnahme der noch vorhandenen unverkauften Jutevorräte seitens des Kriegsministeriums naturgemäß eine Aufhebung der Verbandsbestimmungen bezüglich Preisbindung, Einschränkung usw. zur Folge. Die Tätigkeit des Juteverbandes, der bis zur Klärung der politischen und wirtschaftlichen Verhältnisse den Ende 1915 zu Ende gehenden Gesellschaftsvertrag nur noch von Jahr zu Jahr in unveränderter Form weiterbestehen ließ, trat naturgemäß zurück gegen die neuen Kriegsorganisationen, die unter dem Zwang der Verhältnisse auf Veranlassung und unter Mitwirkung des preußischen Kriegsministeriums (Kriegsrohstoffabteilung) geschaffen wurden, und denen auf Verlangen der Militärbehörde auch außerhalb des Verbandes stehende Fabriken angegliedert wurden. Diese Organisationen, von denen in der Hauptsache

    die Jute-Abrechnungsstelle mit dem Zwecke der Übernahme und Verteilung der beschlagnahmten Rohjutebestände, Jutegarne und Gewebe,

    der Jute-Kriegsausschuß mit dem Zweck der Mitwirkung bei der Vergebung von Heeresaufträgen und der Ausarbeitung von Verteilungsplänen,

    der dem Jute-Kriegsausschuß als Untergruppe angegliederte Kriegsausschuß für Textilersatzstoffe

genannt seien, verschwanden allmählich nach Beendigung des Krieges und der Wiederkehr geordneter Verhältnisse, wobei zur Regelung der Übergangswirtschaft die Interessen der Jute-Industrie durch die Reichswirtschaftsstelle für Jute im Rahmen der von den Behörden eingerichteten Reichsstelle für Textilwirtschaft gewahrt wurden. Die Verlängerung des Juteverbandes, dem in der Not der Kriegsjahre noch einige bisher abseits stehende Firmen, u. a. Max Bahr, Landsberg, beitraten, wurde zwar bis Ende 1919, und danach nochmals bis Ende 1920 einstimmig beschlossen, aber die nach äußerst langwierigen Verhandlungen im Jahre 1919 unabhängig vom Verband gegründete „Verkaufsvereinigung der Jute-Industrie G. m. b. H.", der nach und nach alle Mitglieder des alten Verbandes beitraten, wies bereits den Weg, den der alte Juteverband unter der Einwirkung der neuen Verhältnisse zu gehen hatte. Zwar ist die als reine Vertriebsorganisation gedachte „Verkaufsvereinigung" infolge der Zeitverhältnisse nie in Tätigkeit getreten, aber als endlich Ende 1920 nach schwersten Verhandlungen die Umgestaltung des alten Gesellschaftsvertrages des Juteverbandes zustande kam, wurde in diesem (§ 2) unzweifelhaft zum Ausdruck gebracht, daß der Verband ein Berufsverband ist, „dessen Zweck nicht auf einen wirtschaftlichen Geschäftsbetrieb gerichtet ist". Ihm obliegen nur noch die Förderung gemeinsamer Interessen der deutschen Jute-Industrie, die Wahrung der Interessen der einzelnen Gesellschafter gegenüber Behörden und sonstigen Stellen, Wahrnehmung der gemeinsamen Arbeitgeberinteressen, sowie die Unterstützung der einzelnen Gesellschafter in allen das Arbeitsrecht berührenden Fragen. Weiterhin ist die Gesellschaft befugt, zur Erreichung dieser Zwecke von ihren Mitgliedern die Nichterweiterung der Betriebe, Auskünfte über Betriebseinrichtungen und geschäftliche Vorgänge jeder Art zu fordern, und vor allem einheitliche Lieferungsbedingungen festzulegen. Besonders der letztere Punkt war in den folgenden Jahren (1922, 1924, 1926) Gegenstand eingehender und teilweise schwieriger Verhandlungen, doch gelang es stets, trotz der teilweise katastrophal schlechten wirtschaftlichen Lage (über das Krisenjahr 1926 vgl. den Geschäftsbericht des Juteverbandes vom Jahr 1926) eine einigende Grundlage zu schaffen und das Bestehen des Verbandes weiterhin zu sichern. Allerdings konnte in der Frage der Preis- und Produktionsregelung, die angesichts der wirtschaftlichen Notlage verschiedentlich wieder aufgegriffen wurde und gleichfalls Gegenstand eingehender Verhandlungen bildete, innerhalb des Verbandes keinerlei Verständigung gefunden werden, obwohl sich der Widerstand nur auf wenige Gesellschafter beschränkte, die glaubten, sich einer Betriebseinschränkung nicht anschließen zu können. Auch vermochte der Verband sein Verbot der Vergrößerung der Betriebe auf die Dauer nicht aufrecht zu erhalten. Nachdem bereits 1921/22 eine durchschnittliche 12½%ige Spindelerhöhung zugebilligt worden war, mußte der Verband 1924 unter dem Druck der Verhältnisse das Verbot der Vergrößerung der Betriebe allgemein aufheben. Auch die im gleichen Jahr beginnenden Verhandlungen über den neuen deutschen Zolltarif hatten für den Verband längst nicht den erhofften Erfolg. Die als vorläufige Regelung nach schweren Kämpfen in den gesetzgebenden Körperschaften im August 1925 zustande gekommene „Kleine Zolltarifrevision" brachte für die deutsche Jute-Industrie Zollsätze, die weit unter denen lagen, die von der Zollkommission des Verbandes zur Sicherung der Jute-Industrie als notwendig erachtet wurden. Auch die im gleichen Jahr zum Abschluß gekommenen Handelsvertragsverhandlungen mit Belgien brachten der Jute-Industrie eine Ermäßigung der Garnzölle, die sich in der Folge als verhängnisvoll erwies.

Ein besonderes Verdienst hat sich der Verband durch die Einführung einheitlicher deutscher Qualitätsbezeichnungen für Garne und Gewebe auf Grund des gramm-metrischen Numerierungssystems (vgl. S. 7) erworben.

Die in obigem gegebene kurze Geschichte des „Verbandes Deutscher Jute-Industrieller", wie auch des zuvor bestehenden „Vereins Deutscher Jute-Industrieller" zeugt von den steten Schwierigkeiten, mit denen diese neue Industrie in dem halben Jahrhundert ihres Bestehens zu kämpfen hatte. Sie zeugt aber auch von der Tatkraft und der Geschicklichkeit der jeweiligen Leiter des Verbandes, die es bis zum heutigen Tag verstanden hatten, den Verband durch alle diese Fahrnisse hindurchzuführen. Und nicht zuletzt ist sie ein Beweis der wirtschaftlichen Einsicht und der Opferwilligkeit seiner Mitglieder, die sich trotz der häufig bestehenden tiefen Gegensätze immer wieder auf einer einigenden Grundlage zusammenfanden. Im nachstehenden sind die Vorsitzenden des Verbandes seit seiner Gründung, sowie in Tab. 21 die einzelnen Mitglieder mit ihren

gemeldeten Spindel- und Webstuhlzahlen und den daraus errechneten Betriebseinheiten, sowie die zugehörigen Arbeiterzahlen nach dem Stand vom 1. September 1928 aufgeführt.

Vorsitzende des Verbandes.

1901 bis 8. Mai 1913 Kommerzienrat Lupprian, Braunschweig, Vorsitzender,
ab 1911 Direktor Ferdinand Rickel, Harburg, stellv. Vorsitzender,
1913 bis 1918 Dir. Ferd. Rickel, Harburg, Vorsitzender, Dir. Jacobsen,
stellv. Vorsitzender,
1918 bis 1928 Dir. Hoffmann, Braunschweig, Vorsitzender († 23. 10. 1928),
seit 1929 Dir. Paul Bahr, Landsberg, Vorsitzender,
seit 1918 Dr. August Weber, Berlin, stellv. Vorsitzender.

Tabelle 21. Gesellschafter des Verbandes Deutscher Jute-Industrieller nach
dem Stand am 1. Sept. 1928.

| Firma | Anzahl | | | |
	der Spindeln	der Web-stühle	der Betriebs-einheiten (15 Spindeln bzw. 1 Webstuhl = 1 Betr.-Einheit)	der Arbeiter
1. Max Bahr A.-G., Landsberg-W.	14190	734	1680	2193
2. Barther Jute-Spinnerei u. Weberei, Barth i. Pommern	2300	126	279	324
3. W. Blütchen & Söhne, Vetschau	900	80	140	197
4. Braunschweigische A.-G. für Jute- und Flachs-Industrie, Braunschweig	9250	455	1072	1181
5. Deutsche Jute-Spinnerei u. Weberei in Meißen, Meißen u. Neuendorf	10116	377	1051	1504
6. Erste Deutsche Fein-Jute-Garn-Spinnerei A.-G., Brandenburg-Havel.	6290	1	420	485
7. Geraer Jute-Spinnerei und Weberei, Triebes	10040	421	1090	1102
8. August Greve Kom.-Ges., Lindau	1600	1	108	211
9. Engelbert Gröter, Emsdetten	3820	—	255	275
10. W. Gröning, Mesum	2100	158	298	311
11. Hanseatische Jute-Spinnerei und Weberei, Delmenhorst	10924	419	1147	1357
12. Jute-Spinnerei und Weberei Bremen, Bremen	15039	680	1683	1527
13. Jute-Spinnerei und Weberei Kassel, Kassel	5034	291	627	994
14. Paul Hecking, Emsdetten.	2850	103	293	317
15. Gebrüder Sandberg, Freystadt	1248	74	157	492
16. C. & J. Schaub, G. m. b. H., Emsdetten. .	1264	105	189	173
17. J. Schilgen, Emsdetten	7084	533	1005	1006
18. Schilgen & Werth, Emsdetten	2792	100	286	320
19. Schürmann & Holländer, Mesum	1320	115	203	210
20. Engelbert Schönfeld, Herford	1500	10	110	181
21. Gebrüder Spohn G. m. b. H., Neckarsulm i. Württ..	2480	151	316	469
22. Vereinigte Jute-Spinnereien und Webereien A.-G., Hamburg	52614	2957	6465	8532
23. Gustav Wäntig A.-G., Olbersdorf	3508	263	497	589
24. Weidaer Jute-Spinnerei und Weberei A.-G., Weida.	8024	337	872	1003
25. Westfälische Jute-Spinnerei und Weberei, Ahaus.	6592	477	916	930
	182879	8968	21159	25883

Zu der obigen Liste der Verbandsgesellschafter ist zu bemerken, daß bereits
im Jahre 1922 sich mehrere Firmen durch Fusion unter der Firma

„Vereinigte Jute-Spinnereien und Webereien A.-G., Hamburg"

vereinigten. Es waren dies die

Norddeutsche Jute-Spinnerei und Weberei, Hamburg,
Norddeutsche Jute-Spinnerei und Weberei, Ostritz,
Jute-Spinnerei und Weberei Hamburg-Harburg, Harburg,
Westdeutsche Jute-Spinnerei und Weberei, Beuel,
Süddeutsche Jute-Industrie, Mannheim-Waldhof,
Jute-Spinnerei und Weberei Berlin-Bautzen, Bautzen.

Zu diesen kamen:

1923 die Jute-Spinnerei und Weberei der Tränkner & Würker Nachfl. A.-G. in Leipzig-Lindenau,
1924 die August-Gottlieb A.-G., Hersfeld und
die Firma G. Heinrich, Ostritz.

Heute umfaßt die „Vereinigte" die in nachstehender Tab. 22 verzeichneten Werke mit den daneben aufgeführten Spindel- und Webstuhlzahlen nach dem Stand vom 31. Mai 1929[1].

Tabelle 22. Spindel- und Webstuhlzahl der Vereinigten Jute-Spinnereien und Webereien A.-G., Hamburg, nach dem Stand am 31. Mai 1929.

Werk	Fein-spindeln	Gillspindeln unter 10″ Hub	Gesamt-spindelzahl	Webstühle
1. Billstedt (früher Schiffbek bei Hamburg)	7556	290	7846	453
2. Harburg	9208	—	9208	569
3. Ostritz (einschl. Heinrichwerk)	6072	270	6342	399
4. Beuel	6562	—	6562	405
5. Mannheim	7722	134	7856	432
6. Bautzen	6612	350	6962	308
7. Leipzig.	4332	300	4632	217
8. Hersfeld	2716	160	2876	173
Reserve.	—	—	330	1
Zus. „Vereinigte"	51110	1504	52614	2957

Der mit der oben erwähnten Neugestaltung des Gesellschaftsvertrages des Juteverbandes Ende 1920 zunächst begrabene Kartellgedanke hatte jedoch in den Kreisen der Gesellschafter so tief Wurzel geschlagen, daß sich ein großer Teil bereits im Jahre 1920 wieder zusammenfand, um durch die Gründung der „Jute-Syndikat G. m. b. H.", mit dem Sitz in Magdeburg, neben dem alten Jute-Verband eine straffere Organisationsform zu finden, die ihrer Ansicht nach allein imstande war, die durch die Folgen des Weltkrieges heraufbeschworenen wirtschaftlichen Nöte der Jute-Industrie zu meistern. Während der erste Gesellschaftsvertrag des Syndikates noch nicht die ganze Produktion erfaßte, kam mit dem im Dezember 1923 neu abgefaßten Gesellschaftsvertrag der Syndikatscharakter der neuen Organisation scharf zum Ausdruck. Als Zweck des Syndikats wurden vor allem folgende Punkte hervorgehoben:

„Absatz der von den Gesellschaftern erzeugten Jute- und Juteersatzfabrikate einschließlich der bei ihrer Erzeugung entstandenen Abfälle, Regelung der Produktion und des Absatzes der Werke einschließlich der Preisbestimmungen, An- und Verkauf von Rohstoffen, Halb- und Fertigfabrikaten." Die Gesellschafter

---

[1] Eine weitere Fusion zweier großer deutscher Jutefabriken ist erst kürzlich Mai 1929 erfolgt, indem sich die Weidaer Jute-Spinnerei u. Weberei in Weida und die Geraer Jute-Spinnerei u. Weberei in Triebes vereinigten. Die Weidaer Jute-Spinnerei zählt nun mit ihrem Zweigwerk Triebes 18064 Spindeln und 758 Webstühle.

durften im eigenen Namen weder Kaufverträge abschließen, noch ihre Erzeugnisse anbieten. Der Verkauf erfolgte durch Vertreter des Syndikates, denen besondere Bezirke zugewiesen wurden. Die Verteilung der Aufträge wurde nach Beteiligungsziffern geregelt, die nach den vorhandenen Spindeln und Webstühlen festgelegt wurden. Nur der Verkauf nach dem Ausland war sowohl hinsichtlich der Menge als auch der Preisgestaltung der Regelung nicht unterworfen.

Leider gelang es dem ganz auf dem richtigen Weg befindlichen Syndikat in der weiteren Entwicklung nicht, die noch gegen 30% starke Außenseitergruppe auf seine Seite zu ziehen. So konnte es nicht ausbleiben, daß das Syndikat der Belastungsprobe des Krisenjahres 1926, das, wie schon mehrfach erwähnt, die ganze deutsche Jute-Industrie infolge der enormen Steigerung der Rohjutepreise und der dadurch hervorgerufenen vollkommenen Absatzdrosselung an den Rand des Abgrundes brachte, nicht standhielt und ein Opfer dieser jede Organisation zersetzenden Wirtschaftskrise wurde. Die nach der Auflösung des Syndikats am 24. März 1926 in der deutschen Jute-Industrie einsetzende Preisanarchie, die ihresgleichen im Wirtschaftsleben suchte, war im Begriff, zu einer allgemeinen Katastrophe zu führen, wenn es nicht in letzter Stunde, allerdings, nachdem der Jute-Industrie bereits kaum wieder gut zu machende Wunden geschlagen worden waren, einigen weitsichtigen Führern, insbesondere der Tatkraft des Generaldirektors Haasemann, Bremen, gelungen wäre, nach langen Verhandlungen wieder zur Kartellierung durch die am 4. Juni 1926 in Hannover erfolgte Gründung der „Interessengemeinschaft Deutscher Jute-Industrieller G. m. b. H.", mit dem Sitz in Berlin, zurückzukehren.

Zur Illustrierung dieser Entwicklung und der von dieser neuen Gesellschaft verfolgten Zwecke sei in nachfolgendem der erste Geschäftsbericht der „J.G." vom Januar 1927 im Wortlaut mitgeteilt:

„Das Jahr 1926 war für die Jute-Industrie ein Jahr entscheidender Kämpfe und Entwicklungen. Das Jutesyndikat hatte am 24. März 1926 seine Tätigkeit infolge innerer Schwierigkeiten eingestellt. Die Absatzverhältnisse im deutschen Markte standen damals im Zeichen einer allgemeinen Stagnation. Aufträge waren nur sehr spärlich zu haben. Infolgedessen entstand ein Konkurrenzkampf, der die Spanne zwischen Rohjute und Gewebepreisen im Mai 1926 bis auf £ 23.— herabdrückte. Dabei zeigte sich, welche Bedeutung das Syndikat für die Stützung des Marktes noch immer gehabt hatte, obgleich es nur etwa 70% der Industrie umfaßte. Während die letzten Verkäufe des Syndikats an große Abnehmer noch auf etwa £ 72.— bis 75.— basierten, waren wenige Tage nach Einstellung der Verkaufstätigkeit des Syndikats bei gleichen Rohjutepreisen Verkäufe zu etwa 10% niedrigeren Preisen zu beobachten. Die Folge dieses Konkurrenzkampfes war, daß die Industrie schwere Verluste erlitt, die nach wenigen Wochen zu neuen Verhandlungen über die Möglichkeit gemeinschaftlicher Maßnahmen zur Stützung des Marktes führten, die in erster Linie der Initiative des Herrn Generaldirektor Haasemann zu verdanken waren.

Nachdem in einer vorbereitenden Versammlung in Hannover am 7. Mai 1926 die Grundlagen einer neuen Organisation besprochen worden waren, wurde unsere Gesellschaft am 4. Juni 1926 in Hannover gegründet.

Leider gelang es nicht, die Jute-Industrie restlos in der Interessengemeinschaft zusammenzufassen. Die Jutespinnereien und Webereien Kassel und Ahaus blieben der Gemeinschaft in Verfolgung ihrer alten Outsiderpolitik fern und verstanden sich nur zu einer losen Vereinbarung über die Nichterweiterung ihrer Betriebe. Die Folge war, daß auch die Münsterländische Jute-Industrie und die übrigen reinen Webereien mit wenigen Ausnahmen dem Vertrage fernblieben.

Immerhin umfaßte der Zusammenschluß doch etwa 85% der Industrie und hatte damit eine Ausdehnung, die ihm einen maßgebenden Einfluß im deutschen Markte sicherte.

Am 16. September 1926 schlossen sich noch drei Spinnereien:
Engelbert Gröter, Emsdetten,
Jutespinnerei Emsdetten Paul Hecking, Emsdetten,
Schilgen & Werth, Emsdetten

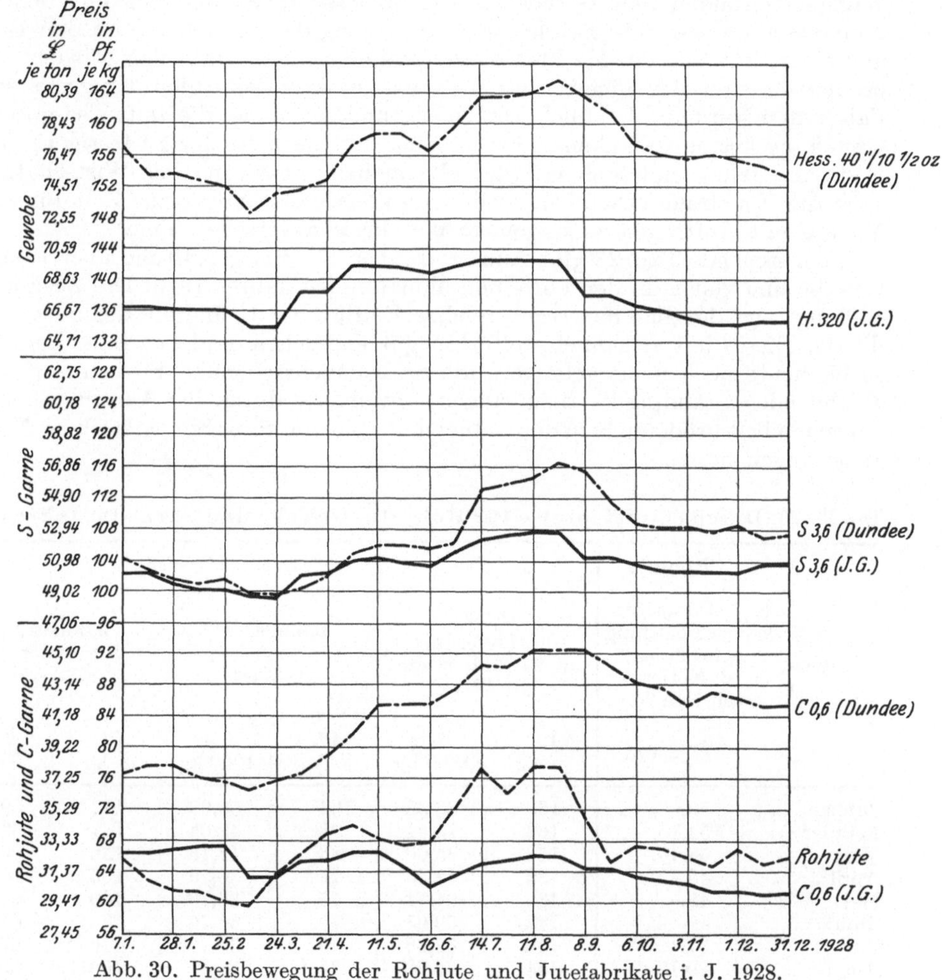

Abb. 30. Preisbewegung der Rohjute und Jutefabrikate i. J. 1928.

der Interessengemeinschaft an. Damit sind die Spinnereien zu etwa 90% in ihr vereinigt.

Der Interessengemeinschaftsvertrag war in seiner ursprünglichen Gestalt im wesentlichen auf die Regelung der Produktion und des Absatzes durch Vereinbarungen über die Nichterweiterung der Betriebe und die Einschränkung der Produktion gerichtet, während der Absatz bis auf den der Interessengemeinschaft vorbehaltenen Verkauf an einige Großabnehmer den Gesellschaftern überlassen blieb und lediglich durch die Festsetzung von Richtpreisen versucht wurde, auf die Preisgestaltung Einfluß zu gewinnen. Nur die Linoleumleinen herstellenden Gesellschafter trafen bereits Ende Juni 1926 eine Vereinbarung über den gemeinschaftlichen Verkauf ihrer Erzeugnisse. Es stellte sich bald heraus, daß die unverbindlichen Richtpreise nicht zu einer Stützung des Marktes führen konnten. Man entschloß sich deshalb zu einem Ausbau der Interessengemeinschaft zu einer Verkaufsorganisation großen Stiles und übertrug ihr nach und nach den Verkauf der gesamten Erzeugnisse der Gesellschafter mit alleiniger Ausnahme des sogenannten Kleingeschäftes, dessen Weiterbetreibung aus Zweckmäßigkeitsgründen den Gesellschaftern freigestellt wurde. Der mit dem Zusammenschluß erstrebte Erfolg einer Anpassung der Produktion an den Bedarf und einer Stützung des Marktes wurde voll erreicht. Die aus der Zeit der Überproduktion und der ungehemmten Konkurrenz stammenden Überschüsse an Fabrikaten wurden allmählich absorbiert, und es gelang, die zeitweise unter die Gestehungskosten gesunkenen Preise nach und nach wieder zu festigen. Gegen Ende des Jahres hob sich mit der allgemeinen Besserung der Wirtschaftslage auch die Nachfrage erheblich, so daß unsere Gesellschafter zur Zeit für einige Monate mit Aufträgen zu angemessenen Preisen versehen sind."

Nachstehende Tab. 23 gibt Aufschluß über die Preisgestaltung über Rohjute, Gewebe und Garne in den einzelnen Monaten des Jahres 1926. Die Zusammenstellung zeigt deutlich den segensreichen Einfluß der Gründung des neuen Syndikats. Dieses hat sich auch weiterhin gut entwickelt und bewährt. Leider ist es bis heute noch nicht gelungen, die noch außenstehenden Firmen von ihrem ablehnenden Standpunkt abzubringen, obwohl sie durch ihr Abseitsstehen der Allgemeinheit größeren Schaden zufügen, als sie von ihrer Sonderstellung Nutzen zu erlangen hofften.

Tabelle 23. Durchschnittspreise für Rohjute, Gewebe und Garne im Jahre 1926.

	Rohjute	Gewebe		Garne			
Monat	Firsts für Verschiffung im Monat d. Notierung cif H.A.R.B.	H 320 für Lieferung in 2—3 Monaten ab Werk		0,6 metr. C für Lieferung ab Werk		3,6 metr. S für Lieferung ab Werk	
	£ je ton	Pf. je kg	£ je 1000 kg	Pf. je kg	£ je 1000 kg	Pf. je kg	£ je 1000 kg
Januar . . .	59.—/—	168	82,35	104	50,98	142	69,61
Februar. . .	54.15/—	162	79,41	98	48,04	141	69,12
März	48.10/—	153	75,00	86	42,16	136	66,67
April	45.15/—	ca. 139	68,13	ca. 75	36,76	135	66,18
Mai	42.—/—	ca. 132	64,71	ca. 75	36,76	130	63,73
Juni[1]	40.—/—	142	69,61	ca. 75	36,76	125	61,27
Juli	37.12/6	140	68,63	75	36,76	116	56,86
August . . .	29.12/6	131	64,22	74,4	36,47	108	52,94
September .	31.5/—	133	65,20	76,2	37,35	108	52,94
Oktober. . .	29.7/6	130	63,73	74,1	36,32	104,4	51,18
November. .	29.10/—	130	63,73	74,0	36,27	103,0	50,49
Dezember . .	30.—/—	130	63,73	73,4	35,98	103,7	50,83

Aus der weiterfolgenden Tab. 24 ist die Preisgestaltung der Rohjute und Jutefabrikate im Jahre 1928 zu erkennen. Abb. 30 zeigt diese Preisbewegung in graphischer Darstellung, wobei zum Vergleich die entsprechende Preisbewegung in Dundee-Preisen eingezeichnet ist.

---

[1] 4. Juni Gründung der Interessengemeinschaft Deutscher Jute-Industrieller G. m. b. H.

Tabelle 24. Durchschnittspreise für Rohjute, Gewebe und Garne im Jahre 1928.

Monat	Rohjute	Gewebe		Garne			
	Firsts für Verschiffung im Monat d. Notierung cif H.A.R.B.	H 320 für Lieferung ab Werk		für Lieferung ab Werk			
				0,6 metr. C		3,6 metr. S	
	£ je ton	Pf. je kg	£ je 1000 kg	Pf. je kg	£ je 1000 kg	Pf. je kg	£ je 1000 kg
Januar . . .	30.12/6	136,1	66,71	65,8	32,25	101,8	49,90
Februar. . .	29.12/6	135,9	66,62	66,8	32,75	99,6	48,82
März	29.15/—	133,4	65,39	62,7	30,74	99,2	48,63
April	32.15/—	138,2	67,75	65,0	31,86	101,9	49,95
Mai	33.10/—	141,7	69,46	66,0	32,35	103,6	50,78
Juni	33.7/6	140,8	69,02	61,6	30,20	103,0	50,49
Juli	36.10/—	142,5	69,85	64,6	31,67	106,3	52,11
August . . .	37.10/—	142,4	69,80	65,9	32,30	107,4	52,67
September .	34.—/—	137,5	67,40	64,1	31,42	104,2	51,08
Oktober. . .	32.2/6	135,8	66,57	63,1	30,93	102,3	50,15
November. .	31.15/—	132,8	65,10	61,2	30,00	102,2	50,10
Dezember. .	31.17/6	134,2	65,78	60,5	29,66	103,3	50,64

Um ein Bild von der

heutigen Produktionslage der gesamten deutschen Jute-Industrie,

also einschließlich der nicht der Interessengemeinschaft oder dem Juteverband angeschlossenen Werke zu geben, sind nachstehende Tab. 25 und 26 auf Grund der amtlichen Statistik des statistischen Reichsamtes zusammengestellt[1].

Tabelle 25.
Betriebe, Betriebseinheiten und beschäftigte Personen.

Spinnereien:

Jahrgang	Zahl der Betriebe	Zahl der Spindeln	davon Jutespindeln	Zahl der beschäftigten Personen (Stichtag 1. Jan.)
1911	36	180204	178020	—
1925	45	190235	188419	16200
1926	46	188442	186386	15566
1927	40	187370[2]	185230[2]	13315
1928	48	198643	196613	15571[3]

Webereien:

		Zahl der Webstühle	
1912	—	etwa 8850[4]	—
1925	43	9198	10022
1927	—	9600[5]	—

---

[1] Nach Wirtsch.-Stat. 1927, 1928 u. 1929; D. L. J. 1928, Nr. 30, 1929, Nr. 31.
[2] 8300 Spindeln nicht erfaßt, da Betriebe stillagen.
[3] Darunter befinden sich nahezu drei Viertel Frauen.
[4] Amtliche Zahlen für die Vorkriegszeit fehlen.
[5] Geschätzte Zahlen, da seit 1925 amtliche Erhebungen für die Weberei nicht mehr vorgenommen wurden. Für 1928 sind neue Erhebungen im Gange.

Die Gesamtzahl der heute in deutschen Jutefabriken beschäftigten Personen kann mit 27000 bis 30000 angenommen werden.

Tabelle 26.
Verbrauch, Erzeugung und Absatz der Jutespinnereien und -zwirnereien.

	1925 kg	1926 kg	1927 kg	1928 kg
Verbrauch an Spinnstoffen:				
Jute	128687276	100151369	126175420	140442712
Juteabfälle und Altmaterial.	1542745	1639603	2099121	2611562
Andere Spinnstoffe (Hanf und Hanfwerg, Flachs und Flachswerg)	267470	557554	406861	451534
Zusammen:	130497491	102348526	128681402	143505808
Verbrauch an von anderwärts zum Zwecke des Zwirnens für eigene und fremde Rechnung bezogenen Garnen und Zwirnen . . .	—	—	116237	50730
Spinnergebnis an eindrähtigem Garn:				
Jutegarn bis Nr. 8	127955140	100687234	128498027	141678047
Jutegarn über Nr. 8	1387040	582086	948109	759999
Juteabfallgarn	1070916	1021338	1416767	1688528
Garn aus Flachs oder Flachswerg, auch gemischt mit Jute und aus Hanf oder Hanfwerg	141487	319963	332003	436570
Jahreserzeugung an Endprodukten für eigene und fremde Rechnung:				
Eindrähtige Garne:				
Jutegarne	123248238	96165434	121751535	134717464
Juteabfallgarne	1204599	1000967	1365973	1688528
Andere Garne		107907	132353	164372
Zusammen:	124452837	97274308	123249861	136570364
Zwirne:				
Jutezwirne	6488858	5223392	7769322	7720015
Andere Zwirne	7704	232427	250444	272197
Zusammen:	6496562	5455819	8019766	7992212
Garne und Zwirne insgesamt	130949399	102730127	131269627	144562576
Dazu: Verwertbare Spinnereiabfälle. .	2776261	2405362	2349075	3039612
Gesamtwert der Jahreserzeugung in 1000 RM.	165246	116497	127712	137934
Absatz von Jutegarn und -zwirn und anderen Garnen und Zwirnen in kg				
an das Inland	125546535	99985699	128119064	141030080
an das Ausland	1751245	2504066	2856820	3269427
Zusammen:	127297780	102489765	130975884	144299507

Der Durchschnittswert der verarbeiteten Spinnstoffe hatte sich hierbei von 0,84 RM. je kg im Jahre 1926 auf 0,59 RM. im Jahre 1927, bzw. auf 0,61 RM. im Jahre 1928 ermäßigt, während der Durchschnittswert je kg Garn und Zwirn von 1,13 RM. im Jahre 1926 nur auf 0,97 RM. im Jahre 1927, bzw. auf 0,95 RM. im Jahre 1928 sank. Der Rückgang der Garnpreise entspricht demnach nicht ganz dem der Rohstoffpreise, was in der Hauptsache auf die gesteigerten Lohnkosten zurückzuführen sein dürfte.

Die in der Tab. 26 verzeichnete Erzeugung der deutschen Jute-Spinnereien und -Zwirnereien an Gespinsten und Zwirnen in den Jahren 1925 bis 1927 ist in der graphischen Darstellung Abb. 31 dem Ergebnis des Jahres 1911 gegenübergestellt. Desgleichen zeigt die graphische Darstellung Abb. 32 den Jahresabsatz an Jutegarnen und Zwirnen in den Jahren 1926 und 1927[1]. Danach ist der Versand an eigene weiterverarbeitende Betriebe von 77,2% des Gesamtabsatzes im Jahre 1926 auf 67,2% im Jahre 1927 zurückgegangen, während der Absatz an fremde inländische Betriebe von

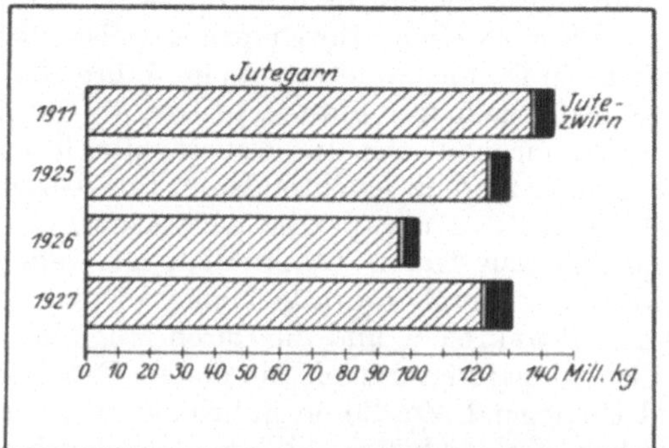

Abb. 31. Erzeugung der deutschen Jute-Spinnereien und Zwirnereien an Gespinsten und Zwirnen i. d. J. 1911, 1925 bis 27.

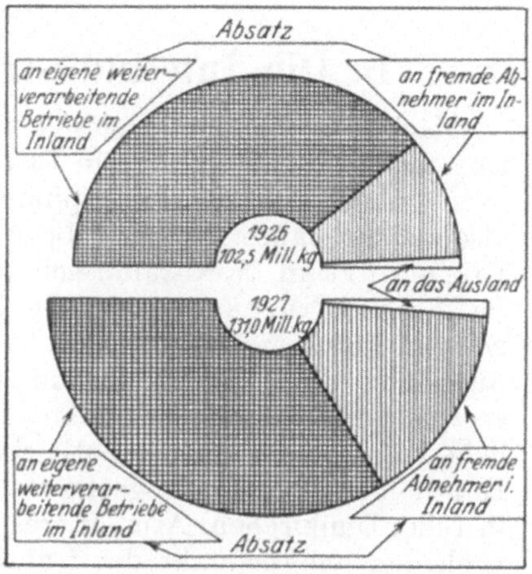

Abb. 32. Jahresabsatz an Jutegarnen und Zwirnen i. d. J. 1926/27.

20,4% im Jahre 1926 auf 30,6% im Jahre 1927 anstieg. Der Auslandsabsatz sank von 2,4% auf 2,2%, blieb sich also fast gleich.

Der Gesamtverbrauch des Inlandes an Juteerzeugnissen (einschl. Fertigwaren) läßt sich unter Zugrundelegung der oben angegebenen Inlandserzeugung an Jutegarnen, den Ein- und Ausfuhrzahlen an Jutegarn und Fertigwaren annähernd berechnen, wobei allerdings ein geringer Teil des Außenhandels als Bestandteil anderer Erzeugnisse nicht erfaßt ist.

Die so errechneten Zahlen sind in Tab. 27 zusammengestellt und zeigen, daß der Gesamtverbrauch des Inlandes noch beträchtlich hinter dem Vorkriegsstand zurückbleibt. Der Anteil der Einfuhr am Inlandsverbrauch von Jutegarnen betrug 1927 3,7% gegen 0,7% im Jahre 1926, 1% im Jahre 1925 und 2,1% im Jahre 1911.

Tabelle 27. Inlandsverbrauch an Juteerzeugnissen.

	1911 in 1000 t	1925 in 1000 t	1926 in 1000 t	1927 in 1000 t
Inlandserzeugung an Jutegarn	142,0	129,3	101,3	129,4
Einfuhr an Jutegarn und Fertigwaren	6,3	2,6	2,0	7,1
Zusammen:	148,3	131,9	103,3	136,5
Ausfuhr an Jutegarn und Fertigwaren	6,3	20,8	26,9	17,5
Inlandsverbrauch	142,0	111,1	76,4	119,0

[1] Nach Wirtsch.-Stat. 1928. Da bei Bekanntwerden der Ergebnisse des Jahres 1928 die vorliegende Arbeit bereits im Druck war, konnten die entsprechenden Zahlen in die graphische Darstellung nicht mehr aufgenommen werden. Im Jahre 1928 ist der Versand an eigene weiterverarbeitende Betriebe wieder auf 74% des Gesamtabsatzes gestiegen, während der Absatz an fremde, inländische Betriebe auf 26% zurückging. Der Auslandsabsatz betrug 2,3% des Gesamtabsatzes, bewegte sich also in den gleichen Grenzen wie in den Jahren 1926 und 1927.

Die Ausfuhr von Jutefertigwaren (vor allem von Jutesäcken) hat in der Nachkriegszeit erheblich zugenommen. Sie betrug:

$$\begin{array}{lr}
\text{Im Jahr 1913} & 3041 \text{ t,} \\
\text{,, ,, 1926} & 24486 \text{ t,} \\
\text{,, ,, 1927} & 15081 \text{ t.}
\end{array}$$

D. Die Jute-Industrie in den übrigen Ländern[1].

Nächst Deutschland hat sich die Jute-Industrie auf dem europäischen Kontinent am weitestgehenden in Frankreich entwickelt. Ihr Ursprung weist noch weiter zurück als die ersten Spinnversuche in Dundee, und bereits im Jahre 1857, also wenige Jahre nach der Begründung der Dundeer Jute-Industrie, wurde in Flixecourt in Nordfrankreich die erste mechanische Juteweberei durch die Fa. Saint-Frères errichtet, die heute noch zu den bedeutendsten Jute-Unternehmen Frankreichs — sie umfaßt fast die Hälfte der Kapazität der französischen Jute-Industrie — zählt. Begünstigt durch den Hafen Dünkirchen mit seinen geringen Frachtkosten London—Dünkirchen, durch die allgemeine wirtschaftliche Regsamkeit und Fruchtbarkeit Nordfrankreichs und die durch langjährige Handweberei besonders geeignete Arbeiterschaft erstanden die ersten Fabriken in Lille, Dünkirchen, Armentières und Umgegend. Zu diesen Fabriken, die heute noch den Schwerpunkt der französischen Jute-Industrie bilden, kamen später noch einige im Süden in der Gegend von Marseille, und in den Pyrenäen hinzu. Im Jahre 1909 zählte man bereits 110000 Spindeln und 5800 Webstühle. Doch dürften sich diese Zahlen, deren genaue Höhe nicht festgestellt werden konnte, heute noch wesentlich vergrößert haben, zumal nach dem Friedensschluß die ehemals deutschen Jutefabriken in Elsaß-Lothringen, vor allem Bischweiler, an Frankreich gefallen sind. Es bestehen etwa 35 Fabriken, die jährlich gegen eine halbe Million Ballen Rohjute verarbeiten. Begünstigt durch billige Arbeitslöhne und moderne Fabrikeinrichtungen, die an Stelle der durch den Krieg in Mitleidenschaft gezogenen Anlagen traten, haben sich die Juteerzeugnisse zu einem wichtigen Exportartikel Frankreichs entwickelt.

In Belgien liegen die Verhältnisse ähnlich wie in Frankreich. Erst anfangs der 70er Jahre gegründet und fast 2 Jahrzehnte stagnierend, entwickelte sich die neue Industrie erst Anfang dieses Jahrhunderts. Im Jahre 1902 zählte man 32800 Spindeln, im Jahre 1913 40000 Spindeln und 1200 Webstühle. Heute laufen in 22 Fabriken, die in der Hauptsache in Gent, Lokeren, Roulers und Tamise verteilt sind, gegen 64000 Spindeln und 2000 Webstühle. Man kann mit einem jährlichen Verbrauch an Rohjute von 220000 Ballen rechnen. Auch die belgische Jute-Industrie ist stark auf Export eingestellt.

In Holland ist die Jute-Industrie weit jüngeren Datums, da die ersten Fabriken erst im Jahre 1885 im Anschluß an die bereits bestehenden Flachsspinnereien errichtet wurden. Sie bestanden fast durchweg nur aus Webereien, die ihre Garne zum großen Teil aus dem Ausland, vorwiegend Belgien und England, bezogen. Heute kommen neben einer Anzahl kleinerer gemischter Betriebe nur 2 große Fabriken in Betracht, die eine in Rijssen, die andere in Goirle. Auch hier spielt der Export an Jutewaren eine bedeutende Rolle. Der jährliche Bedarf an Rohjute ist mit 70000 bis 80000 Ballen zu veranschlagen.

Auch Österreich-Ungarn blickt auf eine verhältnismäßig junge Jute-

---

[1] Über die Jute-Industrie der übrigen Länder waren nur unvollständige Angaben zu erlangen. Über die Entwicklung vor dem Kriege vgl. Wolff, R.: Die Jute, 1913; ferner finden sich Angaben im „Hand- und Adreßbuch der Jutebranche" 1929; Leiter, H.: Die Leinen-, Hanf- und Jute-Industrie Österreich-Ungarns. Wien 1916.

Industrie zurück. Obwohl die erste Fabrik schon im Jahre 1870 errichtet wurde (März 1869 Gründung der „Ersten Österreichischen Jute-Spinnerei und Weberei", Mitte 1870 Inbetriebsetzung der ersten Fabrik dieser Firma in Simmering-Wien, kurz darauf Errichtung des Werkes Floridsdorf bei Wien) dauerte es noch geraume Zeit, bis man von einer österreichischen Jute-Industrie sprechen konnte. Erst der Abschluß eines neuen günstigen Zolltarifes im Jahre 1882 hatte ähnlich wie in Deutschland eine rasche Entwicklung der neuen Industrie ermöglicht. Aber auch hier zeigte sich, daß der Blütezeit, die nach dem Inkrafttreten des Zolltarifes einsetzte, sehr bald eine Überproduktion folgte, welcher die Aufnahmefähigkeit des Inlandsmarktes nicht Schritt halten konnte. Um der herrschenden Überproduktion und gegenseitigen Preisunterbietung Einhalt zu gebieten, gelangte man fast zu gleicher Zeit wie in Deutschland in dem ursprünglich zur Vertretung von Standesinteressen gegründeten „Verein der österreichischen Jute-Industriellen" im Jahre 1899 zu einem festen Preisübereinkommen, um kurze Zeit darauf im Februar 1901 unter der Firma:

„Vereinigte Jute-Fabriken: Erste österreichische Jute-Spinnerei und Weberei, Aktiengesellschaft der Ersten ungarischen Jute-Spinnerei und Weberei und Consorten"

ein Verkaufskartell zu gründen, dessen segensreiche Wirkung dank seiner straffen Organisation (mit Ausnahme zweier Werke waren sämtliche österreichisch-ungarischen Fabriken dem Kartell angeschlossen) sich seit seiner Gründung bis zum Ausbruch des Weltkrieges in einer Verdoppelung des Inlandsumsatzes und Verfünffachung des Exportes zeigte. Man zählte vor dem Kriege in Österreich 44000 Spindeln, 2700 Webstühle, die sich auf etwa 35 größere Betriebe mit zusammen 8500 Arbeitern verteilten, in Ungarn 18000 Spindeln, 1000 Webstühle in 5 größeren Betrieben mit zusammen 3300 Arbeitern. Viele Jutespinnereien waren aus der Flachsspinnerei hervorgegangen, und daher fanden sich häufig Jutebetriebe mit Hanf- und Flachsspinnereien vereinigt.

Mit dem Zerfall der österreichisch-ungarischen Monarchie hat sich die Lage der Jute-Industrie Deutsch-Österreichs wesentlich ungünstiger gestaltet. Heute kommen nur noch in der Hauptsache die beiden Wiener Fabriken (Simmering und Floridsdorf) sowie eine der beiden Jutefabriken in Neufeld a. d. Leitha, die durch die Abtretung des Burgenlandes von Ungarn an Deutsch-Österreich bei Friedensschluß gekommen waren, in Frage, während die andere in eine Hanfspinnerei umgewandelt wurde[1]. Die Zahl der reinen Jutespindeln beträgt heute[2] 16916, die der Webstühle 809. Die Jute-Industrie ist stark auf den Export, etwa 75 bis 80%, angewiesen und hat hier vor allem unter der Konkurrenz der Tschechoslowakei und Italiens zu leiden.

Zu Ungarn gehören nur noch 2 größere Jutefabriken in Budapest, die zusammen mit einigen kleineren Betrieben etwa 12000 Spindeln und 700 Webstühle beschäftigen.

In der Tschechoslowakei bestehen heute 10 Jutefabriken mit rund 36000 Spindeln und 1900 Webstühlen. Auch diese sind in der Hauptsache auf den Export angewiesen, der unter der Führung des dort bestehenden Jutekartells, dem die Mehrzahl der Werke angeschlossen sind, besonders in den letzten Jahren einen großen Umfang angenommen hat. Diese Ausfuhrbestrebungen

---

[1] Vgl. die Denkschrift „60 Jahre Österreichische Jute-Industrie", herausgegeben von der „Hanf-Jute und Textilit-Industrie A.-G." in Wien, 1929. Letztere Gesellschaft, welche die gesamte Jute-Industrie Österreichs umfaßt, verfügt heute über rund 35000 Spindeln und 1400 Webstühle, wobei allerdings ein großer Teil auf den Hanfbetrieb fällt.

[2] Nach Spinner und Weber 1928, H. 31.

werden durch die Valutaverhältnisse des Landes, günstige Arbeiterverhältnisse und niedrige Löhne in hohem Maße gefördert.

Der Gesamtverbrauch an Rohjute von Österreich, Ungarn und der Tschechoslowakei beträgt etwa 180000 bis 200000 Ballen gegenüber 250000 vor dem Kriege. Zwei Drittel davon entfallen allein auf die Tschechoslowakei, während sich der Rest annähernd zu gleichen Teilen auf Deutsch-Österreich und Ungarn verteilt.

Die Hauptentwicklung der Jute-Industrie in Italien fällt in das Jahr 1906/07, nachdem sie sich seit ihren Anfängen in den 80er Jahren langsam, aber stetig fortentwickelte.

Im Jahre 1907 zählte man bereits 36000 Spindeln und 2000 Webstühle, im Jahre 1910 58000 Spindeln und 3100 Webstühle. Die durch diese schnelle Entwicklung hervorgerufene Überproduktion führte im Jahre 1911 zur Kartellierung des größten Teiles der Industrie.

Der heutige Umfang der italienischen Jute-Industrie ist mit etwa 70000 bis 80000 Spindeln und 4500 Webstühlen abzuschätzen, die sich auf 25 größere Fabriken, die meist im Norden (Genueser Konzern, Mailänder Konzern, venezianisches Gebiet, Triest, Piemont) liegen, verteilen. Nach Kriegsende kam von Österreich die Jutefabrik in Triest hinzu. Genauere Zahlenangaben liegen nicht vor. Der jährliche Verbrauch an Rohjute schwankt zwischen 200000 und 270000 (im Jahre 1927/28) Ballen.

Polens Jute-Industrie hat ihre Standorte im wesentlichen in Czenstochau, wo heute 4 Fabriken tätig sind, und in Bielitz gewählt, wo gegenwärtig 2 Betriebe produzieren. Während die Czenstochauer Fabriken vor dem Krieg etwa $^4/_5$ ihrer Erzeugnisse auf dem russischen Markt absetzen konnten und Bielitz als Bestandteil der ehemaligen österreichischen Monarchie den österreichischen Markt mit seinem Hinterland, die Balkanstaaten, zur Verfügung hatte, ist die polnische Jute-Industrie infolge der politischen Neukonstellation fast vollständig auf den Inlandsabsatz angewiesen. Dazu kamen noch finanzielle Schwierigkeiten, die den Werken den durch die Kriegsfolgen erforderlichen Neuaufbau nur in ungenügendem Maße gestatteten. Während im Jahre 1914 noch 15745 tätige Spindeln und 1140 tätige Webstühle gezählt wurden, gingen diese Zahlen nach dem Stand vom 1. Januar 1928 auf 12792 Spindeln und 1069 Webstühle zurück, nachdem allerdings in der Zwischenzeit die Spindelzahl vorübergehend annähernd die Vorkriegshöhe erlangt hatte. Heute sollen gegen 20000 Spindeln und 1400 Webstühle auf Jute laufen. Der Rohjuteverbrauch ist mit 100000 Ballen im Jahr zu bemessen.

Rußland verbrauchte bereits im Jahre 1885 gegen 6000 Ballen Rohjute. Bis zum Jahre 1909 stieg der Bedarf auf 185000 Ballen, die in 16 Fabriken verarbeitet wurden. Durch die veränderten politischen und wirtschaftlichen Verhältnisse nach dem Kriege wurde die russische Jute-Industrie sehr in Mitleidenschaft gezogen. Heute bestehen nur noch 5 Fabriken mit einem Jahresbedarf an Rohjute von etwa 60000 Ballen.

Die spanische Jute-Industrie konzentriert sich im Norden auf die Gegend von Bilbao und weiter südlich auf die Gegend von Barcelona und Valencia. Es bestehen 20 Fabriken mit 15000 Spindeln und 687 Webstühlen (1925), welche jährlich etwa 150000 Ballen Rohjute verarbeiten. Der Bedarf ist besonders in den letzten Jahren erheblich gestiegen und hat teilweise 200000 Ballen überschritten.

Von den übrigen Ländern des europäischen Kontinents sind noch zu nennen: Skandinavien mit 4 Fabriken, und zwar eine in Oslo (Norwegen), zur Zeit außer Betrieb und 3 in Schweden mit einem Jahresverbrauch von rund 30000 Ballen.

Griechenland mit 2 Fabriken in Korfu und in Piräus mit 8000 Ballen Jahresverbrauch.

Ferner kommen in Amerika in Frage: Nordamerika mit 15 Fabriken, meist im Norden, für die ein Jahresverbrauch von durchschnittlich 450000 Ballen zu rechnen ist, und Südamerika mit 4 oder 5 Fabriken, von denen eine in Argentinien, die anderen in Brasilien gelegen sind, mit etwa 130000 Ballen Rohjuteverbrauch.

IV. Der Bau, die chemischen und physikalischen Eigenschaften der Jutefaser.

Die handelsfertige Jutefaser, die, wie früher schon angeführt, eine durchschnittliche Länge von 1,5 bis 3 m aufweist, bei einer Breite von durchschnittlich 0,08 mm (30 bis 140 μ), ist nicht, wie z. B. die Baumwollfaser, eine einfache, d. h. aus einer einzelnen Faserzelle bestehende Faser, sondern man hat es hier wie bei den übrigen Bastfasern Hanf und Flachs mit einer Zusammensetzung einer größeren Anzahl kleinster Faserelemente oder Bastzellen zu tun, die, bündelweise aneinander gereiht, durch ein gewisses Bindemittel zusammengehalten werden. Diese Faserelemente, die sich durch Behandlung der Faser mit Chromsäure - Schwefelsäure aus ihrem gegenseitigen Verbande lösen lassen, haben die Form langgestreckter, spindelartiger, an den Enden spitz auslaufender Hohlkörper, deren Länge 0,8 bis 4,1 mm beträgt, im Gegensatz zu den Faserzellen des Hanfes und Flachses, die 15 bis 25 mm, bzw. 20 bis 40 mm lang sind. Die Breite der Jutefaserzellen ist von der der Hanf- und Flachszellen nur wenig verschieden und beträgt im Durchschnitt etwa 0,02 mm (15 bis 28 μ). Der Bau der Jutefaserzellen unterscheidet sich jedoch ganz wesentlich von dem der Hanf- und Flachszellen. Während letztere eine verhältnismäßig gleichmäßige Wandstärke und ziemlich runden Querschnitt besitzen, zeigen die Jutezellen im Längsschnitt auffallende

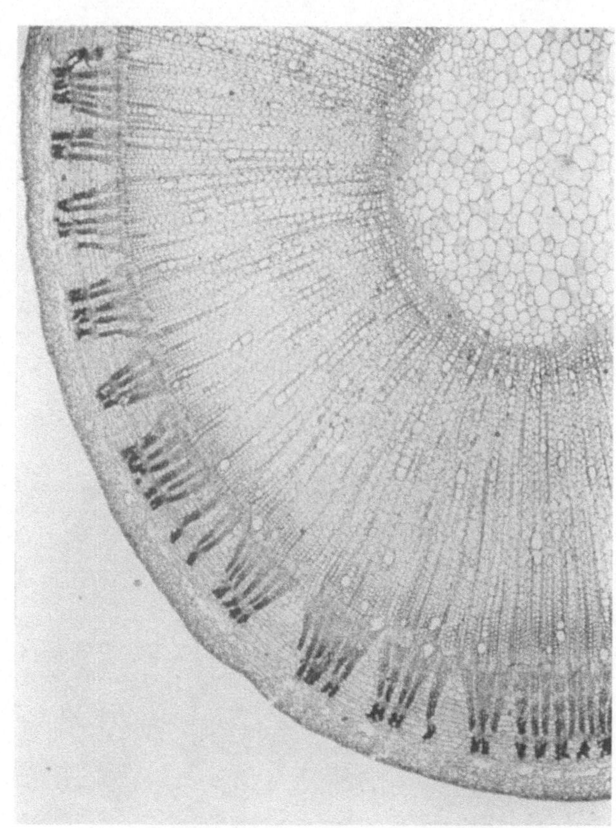

Abb. 33. Querschnitt durch einen Jutestengel, den Reichtum der Rinde an Bastbündeln zeigend. Vergrößerung 40 fach.

Verdickungen und Verdünnungen ihrer Wandungen und entsprechende Vereng-
ungen und Erweiterungen des Zellenhohlraumes (Lumen). Der Querschnitt ist polygonal, 5- bis 6seitig, mit meist scharf ausgeprägten, vereinzelt auch abgerundeten Ecken. Die Einzelzellen kommen stets in eng aneinander gereihten, nur durch schmale Mittellamellen getrennten Gruppen vor.

Die in den Abb. 33 bis 43 wiedergegebenen Mikrophotographien[1] von Querschnitten und Längsansichten von Jutefasern lassen deutlich deren Bau erkennen.

Aus dem in Abb. 33 dargestellten Stengelquerschnitt ist die Lagerung der zwischen dem Holzkörper des Jutestengels und dem äußeren Teil der Rinde in lockeres Gewebe eingebetteten Faserbündel zu ersehen, die bei der Röste leicht isoliert und durch den nachfolgenden Waschprozeß von den noch anhaftenden Gewebeteilen befreit werden.

Die Darstellung der Querschnittsformen der primären und sekundären Bastbündel des Jutestengels (Abb. 34 und 35) liefert wertvolle mikroskopische Unterscheidungsmerkmale gegenüber anderen Bastfasern, indem außer der polygonalen Querschnittsform der in den Bündeln enthaltenen Bastzellen der in einer Ebene durchgeführte Querschnitt verschieden starke Wandungen und kleinere und größere Hohlräume der einzelnen Bastzellen aufweist als Folge des unregelmäßigen Verlaufes der Zellenwandungen in der Längsrichtung der Faserbündel. Zwi-

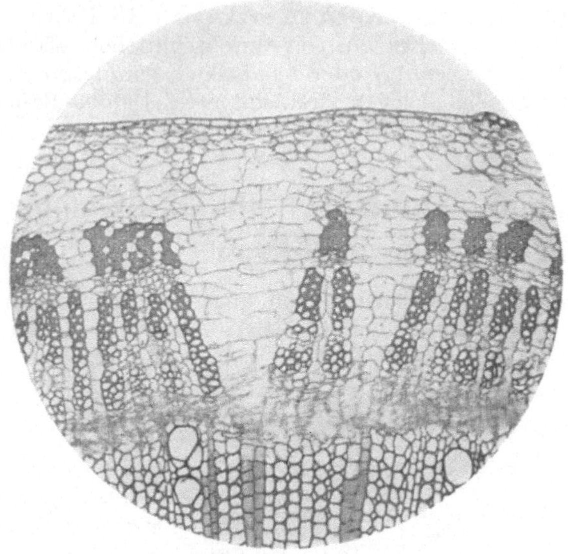

Abb. 34. Stück eines Stengelquerschnittes in 100facher Vergrößerung. Von außen nach innen setzt sich der Bast aus primären, sekundären und tertiären Bündeln zusammen.

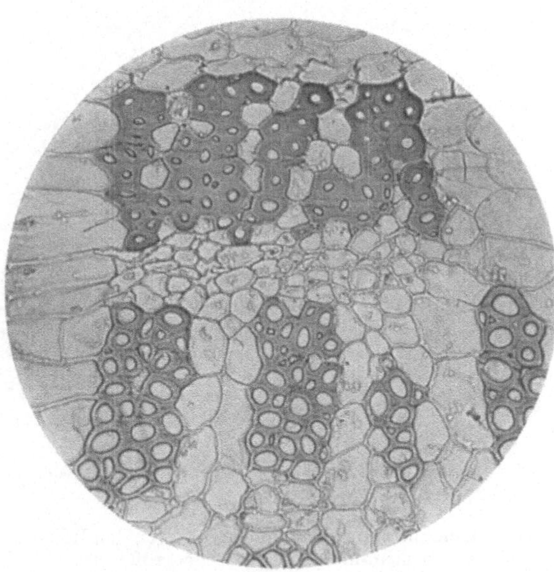

Abb. 35. Querschnitt von primären und sekundären Bastbündeln des Jutestengels in Chlorzinkjod. Zwischen den stark verholzten Bastfasern ist die stark lichtbrechende Mittellamelle sichtbar. 350fache Vergrößerung.

[1] Diese bisher zum Teil noch nicht veröffentlichten Mikrophotographien sind mir in liebenswürdiger Weise von Herrn Professor Dr. Alois Herzog, Dresden, zur Verfügung gestellt worden.

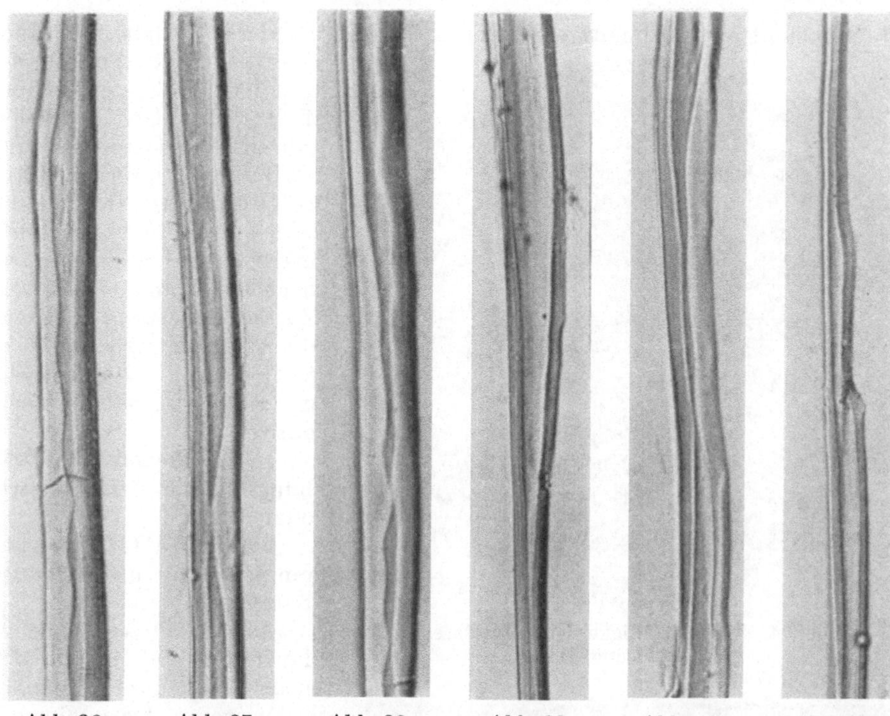

Abb. 36.   Abb. 37.   Abb. 38.   Abb. 39.   Abb. 40.   Abb. 41.

Abb. 36 bis 41. Längsschnitte durch einzelne Bastfasern der Jute, die außerordentliche Verschiedenheit in der Wandverdickung zeigend. Vergrößerung 400fach.

schen den stark verholzten Bastzellen ist das diese zusammenhaltende interzellulare Bindemittel als stark lichtbrechende Mittellamelle sichtbar (Abb. 35).

Auch die Längsschnitte der einzelnen Elementarfasern und Zellenenden, Abb. 36 bis 43, zeigen die für die Jutefaserzellen besonders charakteristische Verschiedenheit in der Wandverdickung und die Einschnürungen des Lumens[1].

Die verschiedene Teilungsfähigkeit der Jutefaser ist aus Abb. 44, die verhältnismäßig grobe Beschaffenheit von Jutegeweben und Gespinsten aus Abb. 45 zu ersehen.

Die chemische Zusammensetzung der die Einzelzellen verbindenden Zellularsubstanz bildet nun ein weiteres wichtiges Unterscheidungsmittel der verschiedenen Bastfasern.

Während bei Flachs und Hanf das interzellu-

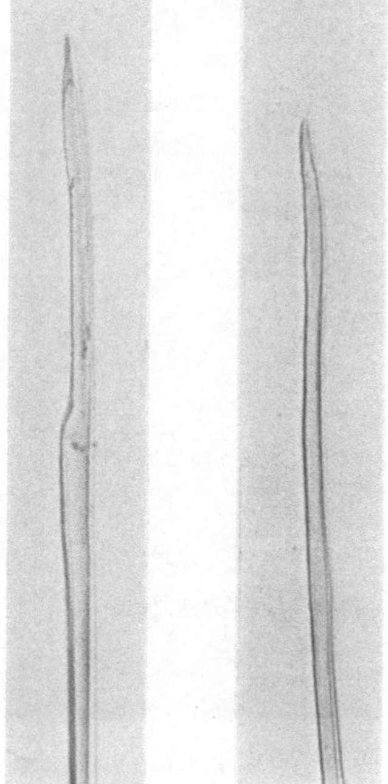

Abb. 42.   Abb. 43.

Abb. 42 u. 43. Zellenenden der Jutefasern. Vergrößerung 400fach.

---

[1] Es muß zwar hervorgehoben werden, daß diese ungleichförmige Verdickung der Zellwände auch die Bastzellen einiger der Jute verwandten Arten aufweisen, wie „Abelmoschus tetraphyllos", „Urena sinuata", „Hibiscus cannabinus". Über die Unterscheidung der echten Jute von diesen Fasern vgl. S. 100, Fußnote 3.

lare Bindemittel pektinhaltige Körper aufweist, auf deren Gehalt größtenteils der diese Bastfaserstoffe auszeichnende Glanz, Geschmeidigkeit und Griff zurückzuführen ist, und man daher diese als Hauptvertreter der Pektozellulosen ansieht, hat man es bei der Jutefaser mit einer inkrustierenden Substanz von noch unbekannter chemischer Zusammensetzung zu tun, die die charakteristischen Farbreaktionen ligninhaltiger, d. h. verholzter Fasern aufweist:

z. B. intensive Gelbfärbung durch Anilinsulfat, oder

tiefe Violettfärbung durch eine Phlorogluzinlösung in Salzsäure[1].

Infolge dieses stark verholzten Charakters der Jute, der das mechanische Aufspalten der Fasern nur bis zu einem gewissen Feinheitsgrade gestattet, und im Gegensatz zu Flachs und Hanf die Zuführung von Öl und fetthaltigen Zusätzen (s. S. 121ff.)

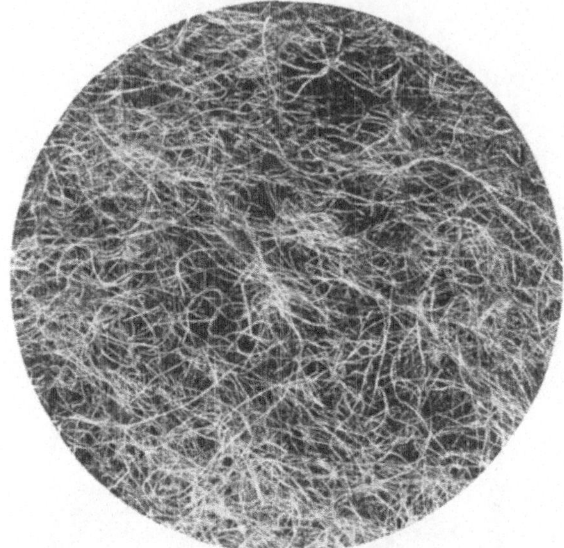

Abb. 44. Teilungsfähigkeit der Jutefasern.
Vergrößerung 6fach.

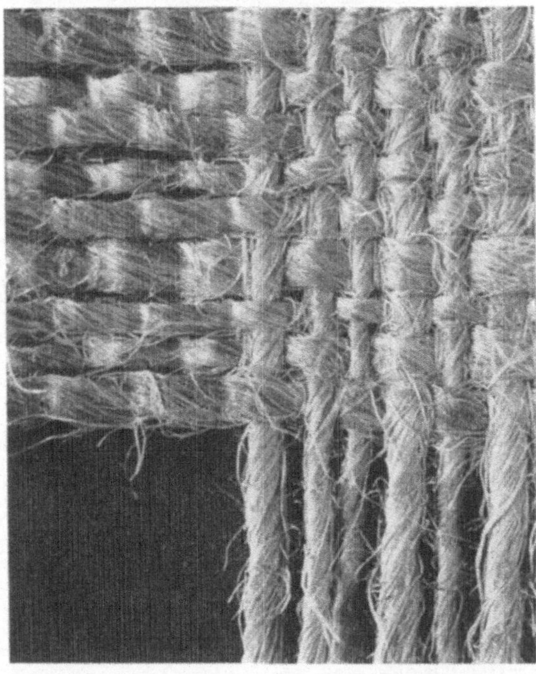

Abb. 45. Jutegewebe unter dem Mikroskop.
Vergrößerung 6fach.

[1] Gute Flachssorten zeigen in Phlorogluzin-Salzsäurelösung keine, Hanf nur blaßrosa Färbung. Kapok weist gegenüber Anilinsulfat (gelb) und Phlorogluzin-Salzsäurelösung (rotviolett) ähnliche Farbreaktionen auf wie Jute.

Von weiteren Ligninreaktionen sind nach Schwalbe: Chemie der Zellulose S. 369, 1911, die Mäuleprobe (Mäule: Fünfstücks Beiträge zur wissenschaftlichen Botanik 1900, H. 4, S. 106) zu nennen. Danach wird das Material mit Permanganat behandelt, gewaschen und mit verdünnter (12%) Salzsäure der entstandene Braunstein weggelöst und nach dem Waschen mit einigen Tropfen konzentriertem Ammoniak übergossen, wodurch intensive Rotfärbung eintritt.

Nach Cross und Bevan: Cellulose 1913, S. 124, entsteht durch Einwirkung eines Gemisches gleicher Volumina von n/10-Ferrizyankalium und Ferrichloridlösung auf die verholzte Faser Blaufärbung. Diese Reaktion ist nach Haller nicht nur für Jute und Lignozellulosen charakteristisch, sondern tritt auch bei einzelnen Baumwollsorten auf.

zwecks besserer Durchführung des Teilungs- und Spinnprozesses erforderlich macht, wird sie von Cross und Bevan, die als die ältesten und hervorragendsten Forscher der Jutefaser wie überhaupt der Zellulose gelten, als typischer Vertreter der Lignozellulosen betrachtet.

In welcher Beziehung der Ligninanteil, d. h. der Nichtzelluloseanteil zum Zelluloseanteil der Jutefaser steht, ist noch nicht völlig geklärt. Nach älteren Forschungsergebnissen haben Cross und Bevan den Ligninanteil der Jutefaser infolge des ausgesprochen gerbsäureähnlichen Verhaltens als tanninartige Substanz, „Bastin", bezeichnet, die mit der Zellulose zu einer chemischen Verbindung, „Corchorobastose" oder „Bastose" vereinigt sein sollte[1].

Für die Annahme des Vorhandenseins von Gerbsäure spricht die kräftige Verwandtschaft der Jutefaser zu basischen Farbstoffen, die ein direktes Anfärben ohne Vorbeize zuläßt. Ferner weist die Jutefaser außer den oben beschriebenen, für Lignozellulosen allgemein charakteristischen Farbreaktionen noch eine besondere Reaktion auf, die nur dieser, und außerdem mit Tannin gebeizter Baumwolle eigen ist, während die reine Baumwollzellulose sie nicht gibt:

Rotfärbung mit Natriumsulfit nach der Behandlung mit Chlorgas[2].

Nach neueren Forschungen sollen gerbstoffartige Körper direkt nicht nachgewiesen werden können, ohne daß dadurch eine befriedigende Erklärung für das eigenartige Verhalten der Jute gegen basische Farbstoffe gegeben wird. Auch nehmen Payen, Sachße, Schepmann[3], Schwalbe[4] u. a. bei der Jute-Lignozellulose lediglich eine Inkrustation der Zellulose mit Lignin an. Cross und Bevan glauben, daß Lignin und Zellulosen zu einem homogenen Komplex vereinigt sind, nicht etwa ein Gemenge darstellen, und führen zur Stützung dieser Ansicht nächst physiologischen Gründen das Verhalten gegen hydrolysierende Agenzien an. Sie geben für die Zusammensetzung der Jutefaser folgendes Schema[5]:

Zellulose α	Zellulose β	Komplex $C_{13}H_{16}O_6$	Keto-R-Hexenderivat
60 bis 65%	20 bis 25%	18 bis 22%	7 bis 9%

Zellulose $3\,C_6H_{10}O_5H_2O$	Nichtzellulose oder Lignon $C_{19}H_{22}O_9$

[1] Cross u. Bevan: J. Chem. Soc. Lond. 1880, H. 38, S. 666; 1882, H. 41, S. 99; 1889, H. 55, S. 199; zitiert bei Schwalbe a. a. O., S. 384.

[2] Nach Schwalbe a. a. O., S. 608, wird die Untersuchung, die als zuverlässigstes Erkennungsverfahren für Jute anzusehen ist, wie folgt vorgenommen: Man kocht die Faser mit Wasser ab, preßt sie etwas aus und bringt sie in eine Chloratmosphäre oder in eine stark angesäuerte Chlorkalklösung. Nach 5 bis 10 Minuten, wenn die Faser weiß geworden ist, nimmt man sie heraus, spült gründlich, womöglich in fließendem Wasser aus bis zum Verschwinden des Chlors und taucht dann in kalte Natriumlösung (neutrales Salz) ein. Eine purpurrote Färbung zeigt das Vorhandensein von Jutefaser an. Diese Reaktion ist deshalb von besonderer Bedeutung, weil Jutefasern, die mit Alkalien gekocht und gebleicht sind, die üblichen Farbreaktionen der Lignozellulosen nicht mehr aufweisen.

[3] Schepmann (Über die Zersetzung der Jute in Schiffs- und Lagerräumen, S. 20. Bonn 1926) stellt sich die Jute „wie die anderen Lignozellulosen als ein organisches Gemenge verschiedener Faserkomponenten vor, die wohl physiologisch nebeneinander und auseinander entstanden sind, ohne aber chemisch miteinander verbunden zu sein".

[4] Schwalbe a. a. O., S. 384, hält „eine Inkrustation eines Zellgewebes von Zellulose mit Kohlehydraten der Pentosenreihe und mit spezifischen aromatischen oder aromatischen Stoffen nahestehenden Körpern" für ebenso wahrscheinlich.

[5] Cross u. Bevan: Cellulose 1903, zitiert bei Schwalbe a. a. O., S. 383. Aus den zu obiger Formel gegebenen Erläuterungen sei folgendes angeführt: Die α-Zellulose wird abgeschieden beim Aufschließen der Faser mit Salpetersäure, Bisulfit, Permanganat, Alkali. Sie ist von ziemlich großer Widerstandsfähigkeit gegen Hydrolyse und gibt im Gegensatz zur Baumwollzellulose beim Destillieren mit Salzsäure 6% Furfurol. Die β-Zellulose bleibt im Gemisch mit α-Zellulose zurück, wenn die Nichtzellulose durch Chlorierung entfernt

Während nach älteren Forschern[1] die Jutefaser nur etwa 65% reine Zellulose enthalten soll, kann man nach neueren Forschungsergebnissen mit einem Durchschnittsgehalt von 75% rechnen.

Schepmann[2] ermittelte bei seinen Versuchen einen Zellulosegehalt von 74,3%, einen Ligningehalt von 18,8% und 1,15% Asche, alles bezogen auf die absolut trockene Faser. Cross und Bevan fanden 0,8 bis 2,0% Asche, die zu 35% aus Kieselsäure, 15% Kalziumoxyd und 11% Phosphorsäure bestand, während Sommer einen Aschegehalt von 1,3% und Pfuhl von 1,14%, sowie ein durchschnittliches spezifisches Gewicht von 1,43% feststellten. Charakteristisch für die Asche der Jute im Vergleich mit anderen indischen Fasern, die im Handel als Jute gelten, ist nach Wiesner[3] das völlige Fehlen von Kalkscheinkristallen (entstanden aus oxalsaurem Kalk).

Sommer[4] hat bei verschiedenen Rohjutesorten und an verschiedenen Stellen einer Faserriste den Verholzungsgrad auf Grund der Ligninreaktion durch Phlorogluzin untersucht und hierbei eine Abnahme des Verholzungsgrades von der Wurzel nach der Spitze zu gefunden. Aber auch unter den einzelnen Rohjutesorten waren erhebliche Verschiedenheiten des Verholzungsgrades festzustellen.

Die Elementaranalysen ergeben für Jute ungefähr 47% Kohlenstoff, 6% Wasserstoff und 47% Sauerstoff. Cross und Bevan haben diese Zusammensetzung durch die empirische Formel $C_{12}H_{18}O_9$ ausgedrückt.

Bei der trockenen Destillation der Jutefaser, die etwa bei 320° einsetzt, entstehen nach Ramsay und Chorley[5]:

Kohle	32,87%
Destillat	43,15%
Kohlendioxyd	12,33%
Andere Gase und Verlust	11,65%
	100,00%

Im Destillat sind enthalten:

Teer	6,85%	auf die Faser berechnet,
Essigsäure	1,40%	„ „ „ „
Methylalkohol	10,08%	(im Gegensatz zur Baumwolle, die keinen Methylalkohol liefert).

Während bezüglich der Einwirkung von Wasser auf die Jute früher die vielfach irrige Ansicht bestand, daß diese schon durch die Behandlung mit kochendem Wasser bei 120 bis 130° vollkommen zerstört würde, hat doch die Praxis

---

worden ist; sie ist charakterisiert durch einen Methoxylgehalt. Von der Nichtzellulose ist der Keto-R-Hexenbestandteil der Faseranteil, der einer Chlorierung fähig ist, während der noch übrigbleibende Komplex etwa 50% seines Gewichtes an Furfurol liefert.

[1] Z. B. Müller, Hugo: Pflanzenfaser S. 59.

[2] Schepmann: a. a. O. S. 27.

[3] Wiesner: Die Rohstoffe des Pflanzenreiches, S. 339. 1903. Durch diese bemerkenswerte Erscheinung läßt sich die Jute eindeutig von der ihr besonders nahestehenden Abelmoschusfaser und der Urenafaser (vgl. S. 97) unterscheiden. Während diese letztgenannten Fasern in ihren Bastparenchymzellen, das sind gefächerte Bastzellen, die sie neben den Bastzellen im Gegensatz zur Jute noch besitzen, kristallinische Einschlüsse enthalten, die sich auch in der Asche der Faser noch nachweisen lassen, sind in den Jutebastzellen keine Kristallgebilde vorzufinden. Dieses Unterscheidungsmerkmal ist um so bedeutungsvoller, als der Aufbau der Bastzellen sämtlicher 3 Faserarten ähnlich ist und auch die üblichen Ligninfarbreaktionen so gleichartig verlaufen, daß eine sichere Unterscheidung auf chemischem Wege nicht möglich ist.

[4] Sommer: Untersuchungen über d. Einfluß des Einkardenspinnverfahrens usw., S. 17. Halle 1924.

[5] Ramsay u. Chorley: J. Soc. Chem. Ind. 1892, H. 11, S. 872, zitiert bei Schwalbe: a. a. O., S. 372.

inzwischen gelehrt, daß die Jutefaser die Behandlung mit Wasser bei mäßiger Temperatur ohne Beeinträchtigung ihrer Festigkeit und ohne nennenswerten Faserverlust sehr wohl verträgt. Allerdings findet bei höheren Temperaturen über 160 bis 180° und unter Druck ein heftiger Angriff auf die Fasersubstanz statt, der schließlich zum Verfall durch Hydrolisierung führt.

Normale, wässerige Alkalilösungen (etwa 4%) beeinträchtigen die Faserfestigkeit kaum, und der Faserverlust beträgt nur wenige Prozent. Dagegen ist beim Kochen mit Ätznatronlösung bereits nach 5 Minuten ein Faserverlust von 8% und nach einstündigem Kochen von 15% zu verzeichnen. Alkalien unter Druck bei 150 bis 180° wirken schon in einer Konzentration von 1 bis 3% NaO·H stark zersetzend auf die Jutefaser, indem die Nichtzellulose angegriffen und dadurch der Zusammenhang der Faser gelockert oder ganz aufgehoben wird. Konzentrierte Alkalien führen schon bei Temperaturen über 120° völlige Aufspaltung des Moleküls herbei. Kalte, konzentrierte Alkalilösungen (15 bis 30%) bewirken nach kurzer Zeit eine Quellung der Faser bei gleichzeitiger Schrumpfung der Länge. Bei der Behandlung mit Alkalien, besonders mit Natronlauge, färbt sich die Jute bei Luftzutritt braun, wahrscheinlich infolge der Sauerstoffaufnahme. Auch büßt sie hierbei viel von ihrem Glanz ein.

Aus obigem geht hervor, daß alle diese alkalischen Abkochungen, die etwa zum Reinigen der Jutegarne und -gewebe von Spinnöl, Schlichte und anderen Unreinigkeiten vor dem Bleichen oder Färben vorgenommen werden, nur mit größter Vorsicht und bei geringster Wirkungsdauer auszuführen sind. Als bestes Abkochmittel gilt Olivenölnatronseife (Marseillerseife), die zwar einen hohen Gewichtsverlust (10%, gegenüber 2 bis 3% bei Soda) ergibt, dagegen den Glanz, Festigkeit und Griff der Faser erhält.

Im Gegensatz zu den Alkalien wird die Jutefaser von den meisten Säuren, z. B. Salzsäure, Schwefelsäure, Salpetersäure, mehr oder minder stark angegriffen, je nach der Stärke der Verdünnung und der angewandten Temperatur. Die Faser färbt sich hierbei braun und wird nach kurzer Zeit brüchig und spröde. Am stärksten wirkt konzentrierte Salpetersäure, welche die Faser total oxydiert. Ähnlich wirken Gemische von Salpetersäure mit Kaliumchlorat oder mit Salzsäure.

In kaltem Zustand und bei starker Verdünnung ist die Wirkung der Säuren geringer als in heißem Zustande, aber stets ist durch die Einwirkung der Säuren eine Schwächung der Faser zu verzeichnen, die auf der Bildung von Hydrozellulose beruht. Verhältnismäßig die geringste angreifende Wirkung hat die schweflige Säure, die, kurze Zeit angewandt, bleichend wirkt, aber eine wesentliche Schwächung der Faser nicht zur Folge hat, und daher von den Mineralsäuren für die Behandlung der Jutefaser noch die geeignetste ist. Auf jeden Fall ist bei der Anwendung von Mineralsäuren große Vorsicht am Platze.

Alkalische Oxydationsmittel wirken ähnlich wie die Säuren bei längerer Einwirkung. Immerhin kann man von ihnen beim Bleichen Gebrauch machen, wenn man sie nur kurze Zeit einwirken läßt. So wirkt z. B. Kaliumpermanganat bleichend, wobei sich Mangandioxyd absetzt, das mit schwefliger Säure entfernt wird. Der Gewichtsverlust beträgt hier nur etwa 2 bis 4%.

Auch die Hypochlorite wirken wie Permanganat, zunächst bleichend, doch greifen sie bei längerdauernder Einwirkung die Lignozellulose an. Dabei dürfen sie nur in alkalischen Lösungen angewandt werden, da bei saurer Lösung eine Chlorierung des Ligninanteils und daher eine Zersetzung der Lignozellulose eintritt. Chlorierung kann auch in neutralen Hypochloritlösungen einsetzen, weil bei der Oxydation saure Stoffe entstehen, die die Bildung freien Chlors, bzw. chlorierend wirkender unterchloriger Säure veranlassen. Dies soll insbesondere bei der Verwendung von Kalziumhypochlorid der Fall sein, weshalb Natriumhypochlorid vorzuziehen ist. Freies Chlor wirkt jedenfalls sehr schädigend auf die Jutefaser ein, weshalb eine Chlorgasbleiche für Jute nicht in Frage kommen kann.

Den Superoxyden (z. B. Wasserstoffsuperoxyd) kommt ebenfalls eine bleichende Wirkung zu, von der beim Bleichen von Juteerzeugnissen häufig in Verbindung mit Hypochloriten, Gebrauch gemacht wird. Hierbei kommt dem Superoxyd eine 2fache Wirkung zu: es wirkt an und für sich oxydierend, es zersetzt aber auch noch Hypochlorit unter Entwicklung von Sauerstoff.

Die in vorstehendem gegebenen Schilderungen der chemischen Eigenschaften der Jutefaser beanspruchen in keiner Weise erschöpfend zu sein, doch dürften sie genügen zum Verständnis der in der Praxis üblichen und nachstehend kurz beschriebenen Verfahren über:

Das Bleichen und Färben der Jute.

Dem Bleichen der Jutefaser und der Juteerzeugnisse kommt infolge ihres geringwertigeren Charakters und des festigkeitsverringernden Einflusses aller Bleichprozesse längst nicht die Bedeutung zu wie bei allen andern gebräuchlichen Faserstoffen. Nur in den wenigen Fällen, wo eine Veredlung der Faser, meist in gesponnenem oder verwebtem Zustand beabsichtigt ist, wird zuvor ein Bleichprozeß angewendet. Beim Färben dagegen, sofern es sich nicht um ganz besonders helle und lebhafte Nuancen handelt, ist eine vorherige Bleiche nicht erforderlich und genügt ein einfacher Waschprozeß. Von den Bleichverfahren wird die Chlorbleiche am meisten angewendet, doch ist diese infolge der faserzersetzenden Wirkung des Chlors nur mit größter Vorsicht zu gebrauchen.

Ein von A. Busch[1] empfohlenes Bleichverfahren ist folgendes:

1. Einweichen in warmem Wasser über Nacht,

2. etwa halbstündiges Abkochen mit 0,5%iger Sodalösung (5 g auf 1 Liter Wasser).

Beide Operationen bezwecken die Entfernung der leim- und fettartigen Substanzen.

3. Zehnstündiges Einlegen in Chlorkalklösung von 1/2° Bé, entsprechend etwa 0,25% wirksamem Chlor, und gutes Auswringen.

4. Einstündiges Einlegen in Salzsäure von 1/2° Bé (etwa 0,6%) und gutes Waschen[2].

5. Einstündiges Einlegen in 0,25%iger Kaliumpermanganat-Lösung ($2^1/_2$ g auf das Liter Wasser) und Spülen.

6. Halbstündiges Einlegen in eine Lösung von Natrium-Bisulfit (80 cm³ von 38° Bé im Liter Wasser, d. i. etwa 1,8% Gehalt an SO_2).

7. Waschen, Bläuen, Seifen.

Statt der Chlorkalklösung, Ziffer 3, kann vorteilhaft auch eine Chlorsodalösung von ¼ bis ½° Bé, oder an Stelle der Chlorbleiche eine Permanganatbleiche angewendet werden, indem die Jute einige Zeit lang in eine kalte Lösung von 3 g Permanganat auf das Liter Wasser eingelegt, sodann ausgewrungen und mit einer Lösung von 100 cm³ Bisulfit 38° Bé auf das Liter Wasser kalt nachbehandelt wird.

Durch diese Nachbehandlung bzw. Nachbleichen der Jute mit Bisulfit soll außerdem die Faser gegen das Verrotten und das Mürbewerden beim Dämpfen geschützt werden.

---

[1] Mitt. d. K. K. Techn. Gewerbemuseums, H. 10, S. 156/157. Wien 1910.

[2] Diese Operation darf unter keinen Umständen zu lange ausgedehnt werden, da, wie schon ausgeführt, die Jutefaser gegen Säuren sehr empfindlich ist.

Weitere Bleichverfahren finden sich angegeben in M. T. B. 1925, H. 10, sowie Schwalbe a. a. O. S. 492, 493.

Die färberischen Eigenschaften der Jute stehen zwischen denen der Baumwolle und der Wolle. Zum Färben, das nur in gesponnenem oder verwebtem Zustand erfolgt, eignen sich vor allem basische, sodann einige saure und direktziehende Farbstoffe, bei Verwendung von Jute zu Dekorationsstoffen auch Schwefel- und Küpenfarbstoffe. Sowohl bei den basischen, wie auch bei den sauren Farbstoffen ist ein vorhergehendes Beizen zwecks Fixierung der Farbstoffe nicht notwendig. Aus diesem eigenartigen Verhalten der Jute wird, wie früher schon angeführt, auf das Vorhandensein von Gerbsäureverbindungen in der Jutefaser geschlossen. Die Farbenfabriken geben eingehende Färbevorschriften für die einzelnen Farbstoffgruppen, ebenso Aufstellungen der geeigneten Farben, aus denen hier nur das Wesentliche angeführt sei[1].

Die basischen Farbstoffe werden mit wenig Essigsäure angerührt und in kochendem Wasser sorgfältig gelöst. Diese Lösung wird in das kalte Färbebad, dem zuvor 5 bis 10% Alaun zugesetzt wurde, gebracht, die zu färbende Ware eingelegt, etwa $^1/_4$ Stunde kalt gefärbt, sodann allmählich in etwa $^1/_2$ Stunde auf 70 bis 80° C erhitzt und bei dieser Temperatur noch weitere 20 Minuten gearbeitet. Durch Erhitzen des Bades bis zum Kochen wird die Echtheit der Farben erhöht, die Lebhaftigkeit dagegen vermindert. Gebräuchliche Farbstoffe sind: Auramingelb, Fuchsin, Viktoriablau, Malachitgrün, Juteschwarz u. v. a.

Die Säurefarbstoffe werden wie die basischen gefärbt. Besonders eignen sich:

Chinolingelb 0, Orange G, Ponceaurot, Säureviolett, bei dem ein Zusatz von 2 bis 3% Oxalsäure zum Färbebad günstig auf den Farbton wirkt, Opalblau, Säuregrün u. v. a.

Die Dianilfarbstoffe, die sich sämtlich für Jute eignen, werden kochend unter Zusatz von 10 bis 20% Glaubersalz kalz. und evtl. von 1 bis 2% kalz. Soda gefärbt.

Die Thiogenfarbstoffe haben für Jute eine ähnliche Färbevorschrift wie für Baumwolle, indem etwa 1 Stunde mit Schwefelnatrium, Soda und Glaubersalz kochend gefärbt wird.

Bei hohen Echtheitsansprüchen kommen die teuren Küpenfarbstoffe in Betracht, von denen sich für Jute sämtliche Helindon- und Indanthrenfarben, sowie die Indigomarken eignen. Die Färbevorschriften gleichen ebenfalls denen für Baumwolle und sei dieserhalb auf die ausführlichen Färbevorschriften der Farbenfabriken verwiesen.

Von den physikalischen Eigenschaften der Jutefaser, die besonders auffällig in Erscheinung treten und die technische Verarbeitung wesentlich beeinflussen, ist deren Hygroskopizität, d. h. die Neigung, Wasser entsprechend dem relativen Feuchtigkeitsgehalt der Luft aufzunehmen bzw. abzugeben, vor allem hervorzuheben.

Nach den eingehenden und grundlegenden Versuchen Pfuhls[2] erfolgt dieser Austausch bzw. die Anpassung des Feuchtigkeitsgehaltes der Rohjute und deren Fabrikate an den relativen Feuchtigkeitsgehalt der Luft im Anfang am schnellsten, bis sich allmählich der Sättigungszustand einstellt. Auch hängt die Schnelligkeit der Feuchtigkeitsaufnahme oder -abgabe davon ab, ob das Fasergut lose

---

[1] Vgl. „Ratgeber für das Färben von Baumwolle und anderen Fasern pflanzl. Ursprungs", herausgegeben von den Farbwerken vorm. Meister Lucius u. Brüning, Höchst a. M. 1925.
[2] Pfuhl: Physikalische Eigenschaften der Jute. Berlin 1888.

aufbereitet oder fest gepackt ist, oder bereits zu Garnen oder dichten Geweben verarbeitet ist. Im allgemeinen erfolgt die Feuchtigkeitsabgabe schneller als die Aufnahme.

Nach der von Pfuhl auf Grund seiner Versuchsergebnisse aufgestellten Wassergehaltskurve ergibt sich von 0 bis zu 71% relativer Luftfeuchtigkeit eine proportionale Zunahme der hygroskopischen Feuchtigkeit der Faser von 0 bis 14% ihres Trockengewichtes. Danach erfolgt ein rasches Ansteigen der hygroskopischen Feuchtigkeit bis zu 32% bei 98% relativer Luftfeuchtigkeit. Durch Interpolation ermittelt er so für 100% relative Luftfeuchtigkeit 34,25% Faserfeuchtigkeit. Schepmann (a. a. O.) gelangt fast zu gleichen Ergebnissen, diese sind in Abb. 46 graphisch dargestellt und zeigen den Zusammenhang zwischen relativer Luftfeuchtigkeit und hygroskopischer Feuchtigkeit der Faser.

Charakteristisch ist die schnelle Anpassung an den jeweiligen Luftfeuchtigkeitsgehalt, die schon in 1 bis 2 Stunden bei loser Jute bis auf wenige Prozent bis zur maximalen Sättigung erfolgt. Bis zu einem Wassergehalt von etwa 20%, entsprechend einer relativen Luftfeuchtigkeit von 85%, fühlt sich die Jutefaser noch verhältnismäßig trocken an.

Pfuhl hält entsprechend einem mittleren relativen Luftfeuchtigkeitsgehalt von 72% für Europa einen mittleren Wassergehalt der Jute und Jutefabrikate von 14% des Trockengewichtes als angemessen. Bei einer Anzahl Konditionierungsanstalten wird zwecks Ermittlung des Handelsgewichtes und der Nummer von Jutegarnen ein Feuchtigkeitszuschlag von

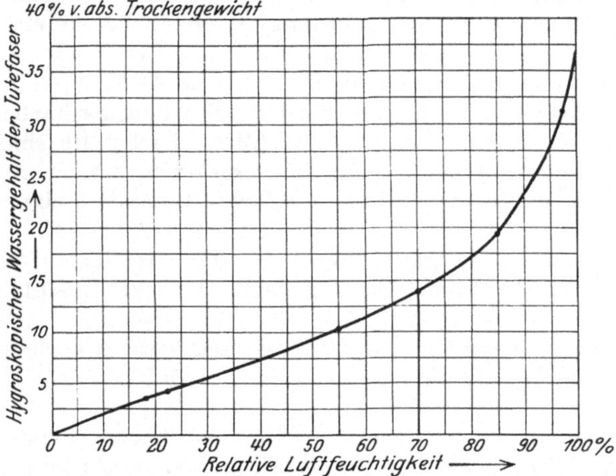

Abb. 46. Abhängigkeit des hygroskopischen Wassergehaltes der Jutefaser von der relativen Luftfeuchtigkeit.

$13^3/_4\%$ zum absoluten Trockengewicht als handelsüblich angenommen. Gegen diese Festlegung ist einzuwenden, daß infolge der großen Neigung der Jute und Jutefabrikate, in sehr kurzer Zeit Feuchtigkeit aufzunehmen und wieder abzugeben, eine Konditionierung äußerst erschwert ist und einseitige, dem Zufall mehr oder weniger überlassene Resultate zeitigen muß.

In neuerer Zeit am Forschungsinstitut für Textilindustrie Dresden von Direktor Dr. P. Krais[1] angestellte Versuche an groben Jutegarnen ergaben nicht nur ganz erhebliche Schwankungen des Feuchtigkeitsgehaltes der Garne, je nach der Witterung bzw. dem Grad der Luftfeuchtigkeit, sondern auch bei einem größeren Stapel Garne zu gleicher Zeit Unterschiede des Feuchtigkeitsgehaltes der außen und innen liegenden Spulen. Weiterhin wurden die von Pfuhl für eine bestimmte Luftfeuchtigkeit gefundenen Feuchtigkeitswerte als zu niedrig befunden. So betrug z. B. der niederste Feuchtigkeitsgehalt, auf absolutes Trockengewicht bezogen, 16,72%, bei einer relativen Luftfeuchtigkeit im Tagesmittel von 62%, während der höchste Feuchtigkeitsgehalt mit 25,48% bei einer durchschnitt-

---

[1] Über den Feuchtigkeitsgehalt und die Frage der Konditionierung von Jutegarnen. Textile Forsch. 1922, H. 2, S. 51.

lichen relativen Luftfeuchtigkeit von 86% ermittelt wurde. (Nach Pfuhl würden diesen Luftfeuchtigkeitsgehalten Faserfeuchtigkeitswerte von etwa 12% bzw. 21% entsprechen.) Die Ursache dieser höheren Feuchtigkeitswerte bei Krais ist wohl in dem Umstand zu suchen, daß das fertig gesponnene Jutegarn die hygroskopische Feuchtigkeit verhältnismäßig mehr als die in den Faserbändern der Karden und Strecken aufgelockerte Faser zurückhält, wobei weiter noch zu beachten ist, daß beim Batschprozeß der Jutefaser eine erhebliche Menge Wasser und Öl zugeführt werden muß, von denen letzteres fast restlos im Garn zurückbleibt, während ersteres zwar während des Verarbeitungsprozesses durch Verdunsten zum großen Teil wieder ausscheidet, aber immerhin ein gewisser Teil infolge der Zusammendrehung der Fasern bei der Garnbildung zurückbleibt. Auch ist anzunehmen, daß das der Faser beim Batschen zugeführte Fett einen Teil des Wassers zurückhält, und daß sich demnach gebatschte Jute hinsichtlich ihres Feuchtigkeitsgehaltes anders verhält als ungebatschte Jute. Bedenkt man noch, daß gewisse Garnqualitäten, z. B. sogenannte C-Garne aus geringwertigerem, kurzen Fasermaterial, überhaupt nur bei höherem Feuchtigkeitsgehalt ausgesponnen werden können, fernerhin daß durch das Lagern und den Transport solcher Garne bei wechselnder Witterung und Temperatur bei einer und derselben Lieferung die größten Unterschiede im Feuchtigkeitsgehalt auftreten können, so wird man wohl verstehen, daß seitens der Jutespinner gegenüber ihren Abnehmern ein Konditionierverfahren, wie es bei anderen Textilfasern üblich ist, für Jute als durchaus ungeeignet abgelehnt wird.

Diese besondere Neigung der Jutefaser zur Wasseraufnahme kann ihr unter Umständen in bezug auf ihre Festigkeit und Qualitätseigenschaften verhängnisvoll werden. Die unter dem Namen Herz-, Schweiß- und Seebeschädigung (heart-, sweat- und seadamage) dem Jutefachmann bekannten und gefürchteten Zersetzungserscheinungen und Qualitätsminderungen der Jutefaser treten als Folge übergroßer Feuchtigkeit bei längerem Lagern der fest gepreßten Exportballen, hauptsächlich während des Seetransportes bei einer gewissen Temperatur ein und sind nach den Untersuchungen Schepmanns (a. a. O.) auf die Einwirkung von Bakterien (anaeroben Zellulosegärern, Bac. methanigenes und Bac. fossicularum) zurückzuführen. Diese Zellulosegärer können, obwohl sie stets im Material von vornherein enthalten sind, ihre schädliche Wirkung nur bei Vorhandensein eines beträchtlichen Feuchtigkeitsgehaltes bei einer bestimmten Temperatur und bei ganzem oder teilweisem Luftabschluß, d. h. also unter Verhältnissen, wie sie im Innern von in feuchtem Zustande gepackten Ballen vorkommen, voll entfalten. Sie bewirken eine mehr oder weniger umfangreiche Zerstörung oder eine chemische Veränderung der Jutezellulose, die bei den Versuchen Schepmanns beim stärksten Grad von Herzbeschädigung eine Vernichtung von 25% der gesamten reinen Zellulose erreichte, während der Ligninkomplex von den Zellulosegärern nicht angegriffen wurde. Mit jeder Schädigung der Zellulosesubstanz ist entsprechend eine Abnahme der Faserfestigkeit verbunden, die häufig als erstes Anzeichen der in ihren Anfangsstadien äußerlich nicht immer erkennbaren Zersetzungserscheinung auftritt. Meist ist jedoch die Zersetzung so weit vorgeschritten, daß der das normale, gesunde Material auszeichnende Glanz vollkommen verschwunden ist und einem stumpfen, mißfarbenen Aussehen Platz gemacht hat. In schweren Fällen von Herzbeschädigung ist die Faser vollständig zerstört, das zersetzte Material findet sich als staubförmige Masse im Innern der Ballen.

Im Gegensatz zur Herzbeschädigung ist die Schweiß- und Seebeschädigung auf äußerliche Durchfeuchtung von im allgemeinen trocken gepackten Ballen, im ersten Fall durch Bildung von Schwitz- und Tropfwasser in feuchten Lager-

räumen der Schiffe, im letzteren Fall auf Eindringen von Seewasser zurückzuführen. Auch hier sind die Beschädigungen, die bis zu einem gewissen Grade
den Charakter und Umfang der Herzbeschädigung annehmen können, auf die
Wirkung von Zellulosegärern zurückzuführen, deren Entwicklung und Tätigkeit
nicht an einen absoluten Luftabschluß gebunden ist.

Das einzige praktische Schutzmittel gegen diese verheerend wirkenden Zersetzungserscheinungen ist — und zu diesem Ergebnis gelangt auch Schepmann
auf Grund seiner Untersuchungen — die Vermeidung von Feuchtigkeit beim
Packen und Transport der Rohjute, sowie die tunlichste Reinhaltung der Fasern
von Schmutz und Staub, die die Entwicklung schädlicher Keime wesentlich
begünstigen. Leider wird gegen diese Vorsichtsmaßregel, wie früher schon
erwähnt, von den Jutebauern und besonders von den zahlreichen am Jutehandel beteiligten Zwischenpersonen häufig absichtlich aus betrügerischen
Gründen gesündigt, und so werden bis zum heutigen Tage noch von den interessierten Jutekreisen Mittel und Wege erwogen, um diesem Übelstand ab-
zuhelfen.

Das von den einheimischen indischen Jutespinnern geübte einfache Verfahren,
gekaufte lose Jute eine gewisse Zeit an der Luft zu trocknen und bei Überschreitung eines auf diese Weise ermittelten Feuchtigkeitsgehaltes von 8 bis
10% des ursprünglichen Gewichtes die Jute zurückzuweisen, ist nur in Indien
bei den dort herrschenden besonderen klimatischen und örtlichen Verhältnissen
möglich. Es müßte bei uns ein einfaches, für die Praxis genügendes Trocken-
verfahren gefunden werden, das eine größere Menge Rohmaterial, als es bei den
wissenschaftlichen Konditionierversuchen in Frage kommen kann, bei einer
bestimmten Luftfeuchtigkeit, Temperatur und Zeitdauer zu prüfen gestattet,
wobei für bestimmte Jutesorten, wie Serajgunge, Dacca, Tossa, Daisee und Bimli,
ein bestimmter Prozentsatz von Feuchtigkeitsverlust festzulegen wäre.
Bei der weitgehenden hygroskopischen Empfindlichkeit der Jute müßten die
zu gewährenden Toleranzen in dem Feuchtigkeitsgehalt entsprechend bemessen
werden. Es steht zu erwarten, daß bei strenger Durchführung derartiger Versuche und bei Zurückweisung zu feucht gepackter Jute, wozu die neueren Kon-
traktbestimmungen der London Jute Association die Hand bieten, der Unfug
des betrügerischen Befeuchtens aufhört und damit zum großen Teil auch das
Vorkommen von Herzbeschädigung.

Auf die weiteren, die technische Verwendbarkeit und Spinnfähigkeit beeinflussenden physikalischen Eigenschaften der Jutefaser ist schon bei
Besprechung der Klassifizierungsmethoden (vgl. S. 57) hingewiesen worden:
Farbe, Glanz, Festigkeit, Länge, Reinheit, Gleichmäßigkeit, Feinheit, Weichheit, Teilbarkeit und Spinnfähigkeit.

Schöne helle weiße Farbe, die häufig ins Gelbe, Rötliche oder Silbergraue
spielt, bei hohem seidenartigen Glanz und weichem Griff zeichnen die besten
und teuersten Jutesorten aus; diese dürfen weder harte, verholzte Wurzelenden
noch trockene, harte Kopfenden oder Spitzen besitzen, da diese Teile selbst
bei den besten Jutesorten sowohl an Farbe wie auch an Geschmeidigkeit und
Teilbarkeit dem mittleren Teil der Faser nachstehen. Daß der Verholzungsgrad vom Wurzelende bis zum Kopfende abnimmt, ist oben schon erwähnt
worden.

Bei besseren Jutesorten ist mindestens eine Faserlänge von $2^1/_4$ bis 3 m zu
verlangen, doch ist eine große Faserlänge nicht immer ein Zeichen hoher
Qualität.

Die Reinheit und Gleichmäßigkeit der Faser zeigt sich im vollkommenen
Fehlen von holzigen oder rindigen Bestandteilen, die häufig als Folge unvoll-

kommenen Röstens oder ungenügender Reife an der Faser kleben und beim Kardier- und Spinnprozeß sehr unangenehm empfunden werden[1].

Für den Spinnprozeß ausschlaggebend ist vor allem die Weichheit, Schmiegsamkeit und Teilbarkeit der Faser, und hier sind es nicht immer die hellen Jutesorten, die diese Eigenschaft aufweisen, wie z. B. die Daiseejute (s. S. 63) erweist, deren dunkle unansehnliche Farbe ihre hohen Spinnqualitäten nicht vermuten läßt.

Nächst der Spinnfähigkeit ist die wichtigste Eigenschaft die Festigkeit der Faser, von der man sich durch einen groben Versuch mittels Zerreißen einzelner Faserbündel zwischen den Fingern überzeugen kann. Mangelnde Festigkeit wird meist an dem Fehlen jeglichen Glanzes erkannt, wie es z. B. bei überrösteter, feucht gepackter oder gealterter Jute der Fall ist.

Die wissenschaftliche Ermittlung der Substanzfestigkeit der Jutefaser stößt auf gewisse Schwierigkeiten, da ja, wie oben schon erwähnt, die Faser aus einem Bündel von sehr kleinen Faserelementen oder Einzelzellen besteht, die eine Festigkeitsprüfung mit den üblichen Prüfungsapparaten infolge der Kleinheit der Größen nicht zulassen. Man ist daher auf die Bestimmung der Festigkeit einzelner Faserbündel angewiesen, die in km Reißlänge anzugeben ist, da die Dicke dieser Faserbündel sehr schwankt. Pfuhl hat nun die Versuche in der Weise durchgeführt, daß er mehrere Faserbündel gleichzeitig bei Einspannlängen von 50 bis 0,5 mm auf einem Zerreißapparat prüfte und aus der Festigkeitskurve für die verschiedenen Einspannlängen als Grenzfall die Festigkeit für die Einspannlänge $= 0$ ermittelte und diese als Substanzfestigkeit bezeichnete. So erhielt er für

Einspannlänge 50 mm	Reißlänge R	$= 13,97$ km,
„ 20 „	„ „	$= 18,55$ „
„ 0 „	„ „	$= 34,5$ „ (Substanzfestigkeit).

Pfuhl begründete die bedeutende Festigkeitsabnahme damit, daß bei den Einspannlängen größer als 0 nicht mehr die Festigkeit der Elementarzelle, sondern die weit geringere Haftfestigkeit der die Elementarzellen zusammenhaltenden interzellularen Substanz in Frage komme. Dagegen ergaben Versuche von Körner[2] und neuere Versuche von Sommer[3] mit einzelnen technischen Faserbündeln (nicht Elementarzellen) und Einspannlängen von 20 mm bzw. 50 mm, Reißlängen von 32 bis 34 km, d. h. Werte, die die von Pfuhl bei der gleichen Einspannlänge gefundenen wesentlich überschreiten und nahe an die von ihm für die Einspannlänge 0 errechnete Substanzfestigkeit heranreichen. Vergleichsversuche mit mehreren gleichzeitig eingespannten, sowie mit einzeln eingespannten, möglichst vollständig aufgeteilten Faserbündeln brachten Sommer die Erklärung dieses verschiedenen Verhaltens, das lediglich in der verschiedenen Art der Versuchsausführung begründet liegt. Es erweist sich nämlich als unmöglich, beim

---

[1] Der englische Fachausdruck für die mit diesen Fehlern behaftete Faser lautet „specky". Befinden sich in den Juteristen einzelne Faserbündel, die vom Fuß bis zum Kopfende vollkommen verholzt und hart sind, teilweise auch noch mit rindigen Bestandteilen durchsetzt, so spricht man von „runners". Fasern, die mit kleinen Holzteilchen des Stengels durchsetzt sind, werden als „sticky" bezeichnet. „Knotty" ist eine Faser, bei der kleine Knoten zusammengeklebter Fasern vorkommen, die der Trennung beim Kardierungsprozeß widerstehen. Diese Knoten sind eine Folge der Beschädigung durch Ungeziefer während des Wachstums der Pflanze. Unter „croppy" versteht man eine Jute mit besonders harten und rauhen Spitzen, während „rooty" besonders wurzelige Jute bezeichnet usw.

[2] Körner, Fr.: Erkennungsmerkmale und Eigenschaften von 8 überseeischen, für Seile und Taue bestimmten Fasern. Mitt. d. M. P. A. 1913, S. 405.

[3] Sommer, H.: Über die Festigkeitseigenschaften der Jute. Leipz. Monatsschr. Textilind. 1924, H. 10.

gleichzeitigen Einspannen mehrerer Faserbündel allen die gleiche Spannung zu geben, so daß der Bruch der einzelnen Fasern nicht gleichzeitig, sondern nacheinander erfolgt. Sommer stellte bei diesen Versuchen weiter fest, daß die Festigkeit der Rohjute am Wurzelende etwas höher als am Kopfende ist, desgleichen hatte gebatschte Jute eine etwas höhere Festigkeit als ungebatschte Jute aufzuweisen. Sommer schreibt diese Erscheinung dem Einfluß der Batschflüssigkeit zu, welche das interzellulare Bindemittel erweicht, und somit die Faser geschmeidiger und dehnbarer, und wohl auch elastischer, macht.

Versuche, die den Einfluß des Lichtes auf die Festigkeit dartun sollten, ergaben nach mehrstündiger Belichtung mit einer Quecksilberdampf-Quarzlampe eine bedeutende Festigkeitsabnahme, die bei 12stündiger Beleuchtung 50% betrug und der zerstörenden Wirkung der ultravioletten Strahlen (die bekanntlich auch im Sonnenlicht enthalten sind) zuzuschreiben ist. Gleichzeitig wurde eine mit der Belichtungszeit fortschreitende Vergilbung beobachtet, die bei den Faserbündeln der Wurzelenden besonders stark ausgeprägt war.

Aus nachfolgender, der Sommerschen Arbeit entnommenen Tab. 28 über die Substanzfestigkeit und Garnfestigkeit, sowie deren prozentuales Verhältnis der wichtigsten Textilfasern ist zu erkennen, daß zwar die Substanzfestigkeit der Jute gegenüber Wolle und Baumwolle erheblich höher, aber ihre Ausnützung im fertigen Garn infolge der geringen Faserdehnung und der großen Schwankungen unterworfenen Dicke der Faserbündel verhältnismäßig gering ist. Im übrigen sei hinsichtlich der Festigkeit, Dehnung, Ungleichmäßigkeit usw. der Jutegarne auf die Ausführungen auf S. 20ff. verwiesen.

Tabelle 28. Zusammenhang zwischen Substanzfestigkeit und Garnfestigkeit.

Material	Substanzfestigkeit		Garnfestigkeit		Ausgenützte Substanzfestigkeit (Höchstwerte)
	Reißlänge R km	Dehnung δ %	Reißlänge R km	Dehnung δ %	%
Wolle.	8,5	35 bis 40	4,2 bis 5,0	40	50 bis 55
Mohair	11,5	—	6	7	52
Baumwolle	25	6 bis 7	12 bis 15	5 bis 6	45 bis 60
Ramie	33	2,7	15	2,6	45
Flachs	52	1,6	20	1,5	38,5
Hanf	55	1,6	20	2,0	36
Nessel	24,5	2,5	8,5	2,4	35
Jute	32 bis 34	0,8	11,5	1,5 bis 2	35

Dritter Abschnitt.

Die Spinnerei.

Einleitung.

Vor der eingehenden Beschreibung der einzelnen Arbeitsvorgänge und der dazu verwendeten Maschinen seien folgende allgemeine Bemerkungen über die Anlage und die Aufstellung der Maschinen einer Jutespinnerei vorweggenommen.

Die Verarbeitung der Rohjute zu Garnen und Geweben ist ihrem ganzen Wesen nach auf Massenproduktion zugeschnitten, und demgemäß ist das

Hauptaugenmerk bei Anlage einer Fabrik darauf zu richten, daß sowohl die Aufstellung der einzelnen Maschinen wie auch die Lage der verschiedenen Abteilungen zueinander die reibungslose Durchführung eines kontinuierlich fließenden Arbeitsprozesses vom Rohjuteballen bis zum fertigen Garn oder Gewebe gestatten. Bei Festlegung des Fabrikplanes und der Ausmaße der einzelnen Räume ist daher besonders darauf zu achten, daß einerseits für die Aufstellung der Maschinen genügend Platz und Bewegungsfreiheit vorhanden ist, andererseits aber auch jeder unnötige Transport nach Möglichkeit vermieden wird.

Um bei diesen Massenbewegungen Stockungen und Anhäufungen von Material zu verhindern, müssen ferner die Geschwindigkeiten bzw. Leistungen der einzelnen Maschinengruppen — „Systeme" genannt — in den sich folgenden Arbeitsprozessen aufeinander abgestimmt sein. Die Beachtung dieses Umstandes beeinflußt nicht nur den Aufstellungsplan, sondern auch die Produktion der einzelnen Maschinen. Andererseits richten sich Geschwindigkeit, Leistungs- und Belastungsfähigkeit der Maschinen nach der Beschaffenheit des Materials und der geforderten Qualität der Erzeugnisse, und da sich letztere häufig ändert, so müssen auch erstere entsprechend änderbar sein. Letzten Endes spielt auch die Qualifikation, Intelligenz, Geschicklichkeit und Zuverlässigkeit der zur Verfügung stehenden Arbeiterschaft eine zu beachtende Rolle bei der Bemessung der Geschwindigkeiten und Größe der einzelnen Maschinen, und es wird auf diesen Punkt bei der Besprechung der betreffenden Maschinen noch des näheren einzugehen sein.

Die Rücksichtnahme auf die Arbeiter zwingt weiterhin den Konstrukteur zur Anbringung geeigneter Schutzvorrichtungen und automatischer Abstellvorrichtungen zwecks Verhütung von Unfällen. Der Beseitigung der Staubentwicklung, die sich trotz der Einsprengung der Jute mit Wasser und fetthaltigen Substanzen bei der Verarbeitung bis zu einem gewissen Grad nicht vermeiden läßt, und die nicht nur vom hygienischen Standpunkt aus eine Belästigung der Arbeiter in der betreffenden Abteilung mit sich bringt, sondern auch zu einer schnellen Verschmutzung und daher auch zu einem schnelleren Verschleiß der Maschinen führt, wird schon bei der Konstruktion der Maschinen durch Anbringung geeigneter Abdeckungen und Verschalungen Rechnung getragen. Zweckentsprechende Absaugvorrichtungen helfen dazu, die Staubentwicklung auf ein Mindestmaß zu beschränken. In diesem Zusammenhang sei auch darauf hingewiesen, daß ein wesentliches Mittel zur Bekämpfung der Staubentwicklung die Einhaltung größter Reinlichkeit im Betrieb bildet, und auch aus diesem Grunde dürfen die Raumverhältnisse nicht zu begrenzt sein.

Hinsichtlich des Verarbeitungsverfahrens für Jute ist bereits im ersten Abschnitt darauf hingewiesen worden, daß sich dieses aus der Flachswergspinnerei entwickelte und allmählich als selbständiges Verfahren entsprechend den Besonderheiten der Jutefaser herausbildete. Die Verarbeitungsmethoden für Jute sind rein auf praktischer Erfahrung aufgebaut und haben sich auch in ihren Grundzügen seit ihren Anfängen in Dundee wenig verändert. Wissenschaftlich ist dieses Gebiet nur wenig erschlossen; erst in allerletzter Zeit beginnt sich das Interesse hierfür zu regen, wie die verschiedenen, hier mehrfach angeführten Arbeiten zeigen. Daß in dieser Richtung weitergearbeitet wird, ist bei der Fülle der Fragen, die dringend der Klärung harren, und bei den Meinungsverschiedenheiten, die über manchen Vorgang des Verarbeitungsprozesses selbst bei alten Spinnern noch herrschen, zu hoffen und zu wünschen.

In konstruktiver Hinsicht dagegen haben die letzten Jahre bei fast sämtlichen Maschinen eine ganze Reihe Neuerungen gebracht, welche unter Beachtung modernster Konstruktionsgrundsätze und Anwendung hochwertiger Konstruktionsmaterialien, sowie gediegenster Werkstattausführung teils höhere Arbeitsleistungen und größeren Wirkungsgrad bei möglichster Verringerung des Bedienungspersonales, teils intensivere Durcharbeitung des Fasermateriales bei möglichst vollkommener Ausnützung desselben zur Folge hatten. Daß diese Neuerungen und Verbesserungen hauptsächlich die Maschinen für die Zu- und Vorbereitung des Faserstoffes betreffen, ist bei der Wichtigkeit und dem Einfluß dieser Fabrikationsgänge auf den ganzen Spinnprozeß wohl zu verstehen.

Aber auch bei den Spinnmaschinen selbst haben die Bestrebungen, höhere Leistungen bei gleichzeitiger Verringerung der Kraft- und Lohnkosten zu erzielen, gerade in letzter Zeit bedeutende Erfolge gezeitigt, und eine ganze Anzahl teilweise noch im Versuchsstadium befindlicher Verbesserungen berechtigen zu der Hoffnung, daß von dieser Seite noch recht ersprießliche Fortschritte zu erwarten sind. Auf alle diese Neuerungen einzugehen wird bei Besprechung der betreffenden Maschinen Gelegenheit genommen werden, während die Verbesserungen, die den allgemeinen Antrieb und die Kraftverteilung der Arbeitsmaschinen betreffen, bei der Besprechung der Fabrikanlagen Berücksichtigung finden werden.

Wenden wir uns dem eigentlichen Fabrikationsgange zu, so sind nachfolgende Abteilungen in der Spinnerei zu unterscheiden:

I. Die Batscherei mit dem Zwecke der Zubereitung des Faserstoffes vom Rohjuteballen bis zum Beginn des Kardierungsprozesses.

II. Die Vorbereitung mit dem Zwecke der Vorbereitung des Faserstoffes für den eigentlichen Spinnprozeß durch die folgenden Arbeitsgänge:

A. Das Kardieren oder Krempeln mit dem Zweck der Verkürzung, Aufspaltung und Verfeinerung der Fasern, sowie der Ausscheidung von Unreinigkeiten und der Bildung zusammenhängender Faserbänder.

B. Das Strecken mit dem Zweck der Vergleichmäßigung und Verfeinerung der Faserbänder bei weiterer Ausscheidung von Unreinigkeiten durch Verziehen und mehrfaches Zusammenlegen oder Vereinigen (Duplieren) der Faserbänder.

C. Das Vorspinnen mit dem Zweck der Bildung von Vorgespinst oder Vorgarn durch loses Zusammendrehen der noch weiterhin verfeinerten Faserbänder unter gleichzeitigem Aufwickeln auf große Spulen für den Transport nach der Feinspinnerei.

III. Das Feinspinnen mit dem Zweck der Erzeugung von Fertiggarn aus Vorgarn. Dem Fertigspinnen, mit welchem Ausdruck das Feinspinnen richtiger belegt wird, zuzurechnen ist das Gillspinnen, das die Erzeugung von groben Fertiggarnen direkt aus Streckenbändern bezweckt. Da dieser Arbeitsprozeß auf ähnlichen Maschinen wie die Vorspinnmaschinen oder auf Vorspinnmaschinen selbst vollzogen wird, werden die Gillspinnmaschinen bisweilen auch den Vorspinnmaschinen zugerechnet.

IV. Das Spulen, Kopsen und Haspeln mit dem Zweck des Aufwindens des Fertiggarnes auf Kreuzspulen oder Kopsspulen für die Weiterverarbeitung in der Weberei, oder auf Stränge für die Bleicherei und Färberei bzw. für die Verkaufsgarne.

V. Das Zwirnen bezweckt das Vervielfältigen, d. h. Zwei- und Mehrfach-Zwirnen einfacher Garne, um für bestimmte Zwecke, wie Nähgarne, Bindfaden, Webgarne für Teppichfabriken usw. eine höhere Festigkeit gegenüber dem Einfachfaden zu erzielen.

I. Die Batscherei.

Allgemeines.

Der Name „Batscherei" stammt vermutlich von dem englischen Wort „batch", das ursprünglich im Bäckergewerbe einen Schub Brote, d. h. „das, was auf einmal gebacken wird", oder auch eine Partie bedeutete. Auf die Verarbeitungsmethoden der Rohjute übertragen, bedeutet es im engeren Sinn eine gewisse Anzahl Ballen verschiedener Jutemarken, die zu einer Mischung zusammengestellt werden, um eine gewisse Sorte Garn daraus herzustellen. „Batch" oder die „Batsche" bedeutet also zunächst eine bestimmte Rohjutemischung, im weiteren Sinn jedoch wird die Bezeichnung „Batschen" für alle Operationen angewendet, die für die Zubereitung des Materiales bis zum Beginn des Kardierungsprozesses erforderlich sind. Welcher Art nun diese Zusammenstellung verschiedener Rohjutesorten ist, hängt einerseits von der gewünschten Qualität des Garnes, andererseits von der Verschiedenartigkeit in der Qualität der im Rohjutelager zur Verfügung stehenden Jutemarken ab.

Die Qualitätsgrade der zu erzeugenden Jutegarne weisen naturgemäß verschiedene Abstufungen auf, die sich in der Hauptsache nach ihrem Verwendungszweck richten. Man unterscheidet im allgemeinen 4 Hauptgarnsorten:

1. Feine Kettgarne; 2. Mittlere Kettgarne und bessere Schußgarne; 3. Geringere Schußgarne; 4. Grobe Schußgarne für Baggings.

Diese Einteilung deckt sich ungefähr mit den in den deutschen Jutespinnereien und dem deutschen Jutehandel eingebürgerten Qualitätsbezeichnungen:

$$SS; \quad S; \quad CS \quad und \quad C.$$

Für besonders hochwertige Garne zu Spezialzwecken, insbesondere auch für die feinsten Nummern, die in Jutegarnen hergestellt werden, ist der Qualität SS noch die Qualität Ia, „Prima", übergeordnet. Manche Spinnereien haben bei den einzelnen Qualitätsstufen noch Unterteilungen eingeführt, z. B. S_I, S_{II}, CS_I, CS_{II}, C_I, C_{II}, oder es wird bei der S-Qualität ein Unterschied gemacht zwischen S-Kette und S-Schuß.

Naturgemäß ist die zu wählende Qualität auch von der Garnnummer abhängig. Hohe Qualitäten, wie Ia und SS, werden nur in Ausnahmefällen als grobe Garne gesponnen, dagegen werden feinere Nummern über 4,2 m/g nur in SS- oder Ia-Qualität, über 6 m/g in der Regel nur in Ia-Qualität gesponnen. Umgekehrt werden in der Regel C-Garne nur für grobe Nummern bis höchstens 1,2 m/g, CS-Garne bis 1,8 m/g gesponnen. Kettgarne werden für normale Gewebe in der Regel in S-Qualität, für feinere und Spezialgewebe (z. B. Linoleum) in SS-Qualität gesponnen.

Tabelle 29 enthält die nach DIN TEX 200 festgelegten handelsüblichen Jutegarnnummern, sowie deren Qualitäten, Drehungen und Aufmachungen.

Entsprechend diesen verschiedenen Garnqualitäten ist es nun üblich geworden, die Qualität der vom Ankunftshafen nach dem Rohjutelagerhaus der Jutespinnerei angelieferten Rohjute nach ihrer voraussichtlichen Verwendungsmöglichkeit zu klassifizieren. Man beurteilt demnach eine bestimmte Rohjutemarke entweder nach ihrem prozentualen Gehalt an SS-, S-, CS- oder C-Jute, der somit den Wertigkeitsgrad der betreffenden Marke ausdrückt, oder man teilt die einzelnen Rohjutemarken je nach deren Ausfall in einzelne Spinnqualitäten ein: Ia, Ib, II, III, IV (Wurzeln und Abfälle), die in geeigneter Weise gemischt werden müssen, um die gewünschte Garnnummer und Garnqualität zu erzeugen.

Eine von manchen Werken mit Erfolg geübte, besonders weitgehende Abstufung ergibt sich dadurch, daß man die einzelnen Qualitätsgrade durch besondere Wertfaktoren unterscheidet, die sich aus der Erfahrung ergeben. Hat man z. B. der SS-Qualität den Wertfaktor 25 beigegeben, und stufen sich der Reihe nach S mit 18, CS mit 12 und C mit 9 ab, so errechnet sich für eine bestimmte Rohjutemarke, bei welcher auf Grund der Besichtigung z. B. der Gehalt

an SS-Jute zu 5%,
„ S- „ „ 70%,
„ CS- „ „ 20% und
„ C- „ „ 5%

ermittelt wurde, die Wertzahl zu:

$$0,05 \cdot 25 = 1,25$$
$$0,70 \cdot 18 = 12,60$$
$$0,20 \cdot 12 = 2,40$$
$$\underline{0,05 \cdot\ 9 = 0,45}$$

zusammen 16,70.

Dieses Verfahren ist zwar etwas umständlich, aber ermöglicht die Zusammenstellung von Rohjutemischungen

Tabelle 29. Handelsübliche Jutegarnnummern[1].

Metr. Nr.	Engl. Nr.[2]	Metr. Nr.	Engl. Nr.[2]	Metr. Nr.	Engl. Nr.[2]
0,06	$1/10$	1,5	$2^1/_2$	4,8	8
0,075	$1/8$	1,8	3	6,0	10
0,1	$1/6$	2,1	$3^1/_2$	7,2	12
0,15	$1/4$	2,4	4	8,4	14
0,2	$1/3$	2,7	$4^1/_2$	9,6	16
0,3	$1/2$	3,0	5	10,8	18
0,45	$3/4$	3,3	$5^1/_2$	12,0	20
0,5	$5/6$	3.6	6		
0,6	1	3,9	$6^1/_2$		
0,75	$1^1/_4$	4,2	7		
0,8	$1^1/_3$				
0,9	$1^1/_2$				
1,0	$1^2/_3$				
1,2	2				

Metrische Nr. = Garnlänge in km auf 1 kg Gewicht.
Englische Nr. = Anzahl der Gebinde (leas) zu 274,3 m (300 Yards) auf ein englisches Pfund (1 lb = 453,592 g).
Metrische Nr. = engl. Nr. × 0,605.
Englische Nr. = metr. Nr. × 1,6536.

[1] Obige Tabelle, sowie Tabelle 35, Spalte 4, Tabelle 36, Tabelle 63 und Tabelle 87 enthalten Abdrücke der Normblätter des Deutschen Normenausschusses. Wiedergabe erfolgt mit Genehmigung des Deutschen Normenausschusses. Verbindlich ist die jeweils neueste Ausgabe des Normblattes im Dinformat A4, das durch den Beuth-Verlag G. m. b. H., Berlin S 14, zu beziehen ist.

[2] Die metrischen Nummern entsprechen den angegebenen englischen Nummern nicht genau, sondern ergeben um 0,78% schwerere Garne als die zugehörigen englischen Nummern bezeichnen.

Bei Zwirnen wird die Zahl der zusammengezwirnten Fäden hinter der Nummer des Einzelfadens angegeben, z. B.

3,6 2fach = Zwirn aus 2 Fäden 3,6er Garn.

Jutegarne werden in folgenden Qualitäten, Drehungen und Aufmachungen geliefert:

I. Qualitäten:

C-Garne in den Nummern 0,06 bis 1,2 metr.
CS- „ „ „ „ 0,06 „ 1,8 „
S- „ „ „ „ 0,06 „ 4,2 „
SS- und Ia-Garne in allen handelsüblichen Nummern.

II. Drehungen:

1. Schuß, 2. Halbkette, 3. Vollkette.
Schuß wird am schwächsten, Vollkette am stärksten gedreht.

III. Aufmachungen:

1. In Bündeln im handelsüblichen Gewicht von etwa 22 kg.
2. In Kreuzspulen von 120 bis 240 mm Länge und bis 300 mm Durchmesser.
3. In Cops von 190 bis 250 mm Länge und 29 bis 50 mm Durchmesser.
4. In Scheibenspulen (Käsespulen) für Kabelgarne von 85 mm Länge bei 160 oder 240 mm Durchmesser.

IV. Bestellung:

Bei Bestellung von einfachen Garnen sind anzugeben:
Gewichtsmenge, metr. Garnnummer, Qualität, Drehung und Aufmachung, z. B.:
10000 kg 3,6 S-Schuß in Bündeln.
Bei Bestellung von Zwirnen sind anzugeben:
Gewichtsmenge, metr. Garnnummer, Qualität und Drehung des einfachen Garnes, Zahl der Zwirnung und Drehung des Zwirns, Aufmachung, z. B.:
10000 kg 3,6 SS-Kette 2fach Halbkette in Bündeln.

September 1929. Verband Deutscher Jute-Industrieller,
Fachnormenausschuß für Textilindustrie und Textilmaschinen.

von jeder gewünschten Wertzahl. Soll die **Farbe** der Mischung besonders berücksichtigt werden, so kann man auch für die verschiedenen Farbtöne besondere Wertzahlen einführen, z. B. für hell = 10, rötlich = 5, grau = 2, dunkelgrau = 1. Werden diese Werte in gleicher Weise wie oben zusammengesetzt, so erhält man die Wertzahl für den Farbton der betreffenden Rohjutesorte.

Da erhebliche Abweichungen von der durch den Verschiffungskontrakt gewährleisteten Durchschnittsqualität zwecks Anmeldung des Arbitrationsverfahrens sofort gemeldet werden müssen, ist jede neu ankommende Partie eingehend zu besichtigen und gegebenenfalls Arbitration anzumelden, falls diese nicht bereits auf Grund der Hafenbesichtigung eingeleitet worden ist. Insbesondere sind Faserbeschädigungen, wie z. B. Herzbeschädigung, sofort beim Öffnen der betreffenden Ballen zu melden.

Die Besichtigungsergebnisse, die sich selbstverständlich auf eine größere Anzahl, d. h. mindestens 6 Ballen eines Sortiments und auf die Hauptfasereigenschaften (vgl. S. 106) beziehen müssen, werden in ein besonderes Rohjute-Besichtigungsbuch („reports-book") eingetragen, dessen sorgfältige Führung unbedingt notwendig ist, um den Überblick über die erforderliche Rohmaterialzusammensetzung zu ermöglichen. Das Schema eines solchen Besichtigungsberichtes ist in Tabelle 30 wiedergegeben.

Tabelle 30. Rohjutebericht.

Kontrakt Nr.: .... Preis: ....

Marke u. Nr.: .... Eingangsdatum: ....

Anzahl d. Ballen: .... Besichtigungsdatum: ....

Erntejahr: .... Arbitrationsanmeldung: ....

Herkunft {aus Dampfer: .... Arbitrationsausfall

{ab Lager: .... bzw. Nachlaß: ....

Befund:

Feuchtigkeit (bez. auf das absolute Trockengewicht): ....

....

Eigenschaft der Faser: ....

Farbe: ....

Festigkeit: ....

Spitzen: ....

Enden: ....

Beurteilung nach dem Gehalt an	SS-Jute	S-Jute	CS-Jute	C-Jute
in Prozent				
Hieraus evtl. errechnet:				
Wertzahl in bezug auf Güte .				
„ „ „ „ Farbe .				

Bemerkungen: ....

....

....

Die Beurteilung der Rohjute nach obigen Grundsätzen erfordert natürlich ein hohes Maß von Erfahrung, sowie Vertrautsein mit dem ganzen Spinnprozeß und mit dem Verhalten des Materiales während desselben. Sie kann daher nur Personen übertragen werden, die diese Eigenschaften besitzen, d. h. am besten dem verantwortlichen Leiter der Spinnerei. Außerdem erleichtert es die Prüfung wesentlich, wenn diese immer von der gleichen Person und unter den gleichen Verhältnissen vorgenommen wird. Die Besichtigung erfolgt entweder im Rohjutelager selbst oder zweckmäßigerweise in der Batscherei, wo die Weiterverarbeitung der besichtigten Ballen erfolgt.

Sind die verschiedenen Rohjutemarken nach obigen Grundsätzen beurteilt und klassifiziert, und wird außerdem durch Führung eines besonderen Rohjutelagerbuches dafür gesorgt, daß durch tägliche Zu- und Abschreibungen zu jeder Zeit der genaue Bestand sämtlicher Rohjutesorten festzustellen ist, so ist die Zusammensetzung der Rohjutemischung für eine bestimmte Garnsorte wesentlich vereinfacht. Immerhin sind auch hier gewisse Regeln zu beachten, z. B. daß sich gewisse Eigenschaften der verschiedenen Sorten ausgleichen und ergänzen, wie Farbe, Festigkeit, Spinnfähigkeit usw., so daß eine möglichste Gleichmäßigkeit der laufend zu spinnenden Garnsorten gewährleistet ist. Vor allem ist zu vermeiden, daß durch Hinzufügen ungeeigneter Sorten eine sonst gute Rohjutemischung verdorben wird. Auch hier kann nur weitgehende Erfahrung und sorgfältige Überlegung vor Enttäuschungen und Widerwärtigkeiten schützen. Es ist zweckmäßig, eine solche Mischung nicht aus zu wenig Sorten zusammenzusetzen, aber auch zuviel Sorten ist vom Übel. Eine Mischung von 10 bis 15 Ballen dürfte im allgemeinen die Regel sein.

Tabelle 31. Rohjutemischungen für verschiedene Garnsorten.

Rohjutemarke	3,6 m/g Kette	Rohjutemarke	3,0 m/g Schuß
	Ballenzahl		Ballenzahl
Ganesh Ⓜ 2 / 3	1 / 1	Mahabir 3	1
H N (rot) 3	2	H N (rot) 3	1
J. Rushton ♡R 4 / 5	2 / 1	△ Dalmia 4 / 5	1 / 2
△ Dalmia 4	2	△ Champa 2 / 3	1 / 2
Goenka Daisee 2 (rot)	1	Goenka Daisee 3 (rot)	2
	10		10

Die in Tabelle 31 für verschiedene Garnsorten angegebenen Rohjutemischungen sollen nur als Beispiel dienen, wie etwa solche Mischungen zusammengesetzt sein können. Eine feste Regel anzugeben ist unmöglich, da der Ausfall der einzelnen Jutemarken nicht nur von Ernte zu Ernte, sondern auch zu verschiedenen Verschiffungszeiten ein und derselben Ernte sehr verschieden sein kann. Auch hängt die Faseraufschließung und die Faserausnützung in jeder Spinnerei sehr wesentlich von dem dort geübten Verarbeitungsverfahren und der Art der verwendeten Maschinen ab.

Die Ausgabe des Rohmateriales aus dem Lager erfolgt nur auf schriftliche Anweisung des Spinnmeisters, der wiederum nach den allgemeinen Anweisungen des technischen Leiters handelt. Eine eigenmächtige Änderung der Mischung durch Unterorgane darf keineswegs geduldet werden.

A. Das Öffnen der Juteballen.

Als erster Arbeitsgang nach dem Zusammenstellen der Rohjutemischung kommt das Öffnen der nach der Batscherei beförderten Juteballen in Betracht. Die umschnürenden Jutestricke werden mit dem Messer oder Beil aufgeschnitten und zwecks besonderer Weiterbehandlung zur Seite gelegt. Sodann werden die infolge des starken Druckes der Ballenpressen fest ineinandergefügten Juteristen schichtweise auseinander genommen und durch starkes Schlagen gegen den Boden, in manchen Fällen sogar durch Schlagen mit Hämmern, so gelockert, daß sie sich in ihrer ganzen Länge entfalten und aufdrehen, sowie in kleinere, für die Weiterverarbeitung geeignete Risten oder „Handvollen" (Docken) teilen lassen.

Diese Arbeit des Ristenaufschlagens wird, weil zu zeitraubend, heute nur noch ganz vereinzelt von Hand ausgeführt. Man ist fast allgemein zum maschinellen Betriebe übergegangen und verwendet hierzu mit dem Namen „Ballenöffner" oder „Opener", besser jedoch mit „Ballenbrecher" bezeichnete Maschinen. Diese bestehen aus einer Anzahl besonders geformter, schwerer Quetschwalzen, zwischen denen die oft steinharten Juteschichten durchgeführt werden, wobei diese infolge der besonderen Form der Walzen und des starken Preßdruckes so in ihrem Gefüge gelockert werden, daß sich die nachfolgende Arbeit des Aufdrehens und Teilens der Risten leicht bewerkstelligen läßt.

Im allgemeinen trifft man zwei Konstruktionen von Ballenöffnern an:

1. den Butchart-Öffner mit 3 schweren, mit starken Nocken oder Wülsten besetzten Walzen,

2. den Urquhart-Öffner mit 3 Paar Walzen mit ineinandergreifenden, tiefen, V-förmigen Längsriffeln.

1. Der Butchart-Öffner.

Die allgemeine Anordnung dieser hauptsächlich in England von Charles Parker, Sons & Co., Dundee, in Deutschland von Seydel & Co., Bielefeld, und Bauch, Landshut, gebauten Maschine ist aus den Abb. 47 bis 49 und der schematischen Räderskizze Abb. 50 zu erkennen.

Sie besteht aus 2 unteren Quetschwalzen Q_1 und Q_2 und 1 oberen, größeren Quetschwalze Q_3. Während die unteren Walzen festliegen, ist die Oberwalze mit ihren Lagern in kulissenartigen, vertikalen Führungen beweglich gelagert, so daß sie sich entsprechend der Dicke der durchgehenden Juteristen frei auf und ab bewegen kann.

Der Antrieb erfolgt bei Riemenantrieb von der Haupttransmissionswelle aus unter Verwendung der üblichen Fest- und Losscheiben F und L auf die quer durch die Maschine hindurchgehende Antriebswelle A, die auf der dem Antrieb entgegengesetzten Seite das Antriebsritzel Z_1 trägt, das auf das auf einem festen Bolzen lose sitzende und mit Zahnritzel Z_3 in fester Verbindung stehende Zahnrad Z_2 treibt. Ritzel Z_3 überträgt seine Bewegung direkt auf das auf dem verlängerten Zapfen der ersten unteren Quetschwalze Q_1 sitzende große Zahnrad Z_4 und erteilt dieser Walze eine der Drehrichtung der Hauptantriebswelle A gleichgerichtete Bewegung. Das auf dem anderen Zapfen der Quetschwalze Q_1 sitzende Zahnrad Z_5 überträgt die Bewegung dieser Walze unter Verwendung eines Zwischenrades Z_6 auf das auf dem Antriebszapfen der hinteren unteren Quetschwalze Q_2 sitzende Zahnrad Z_7, womit Q_2, da Z_5 und Z_7 von gleicher Zähnezahl sind, die gleiche Umdrehungszahl und Drehrichtung wie Q_1 erhält. Die schwere obere Quetschwalze Q_3 wird durch Reibung von den Walzen Q_1 und Q_2 mitgenommen, indem sich bei Leerlauf die beiden zylindrischen Endstücke der oberen Walze auf die entsprechenden Endstücke der unteren Walzen Q_1 und Q_2 setzen.

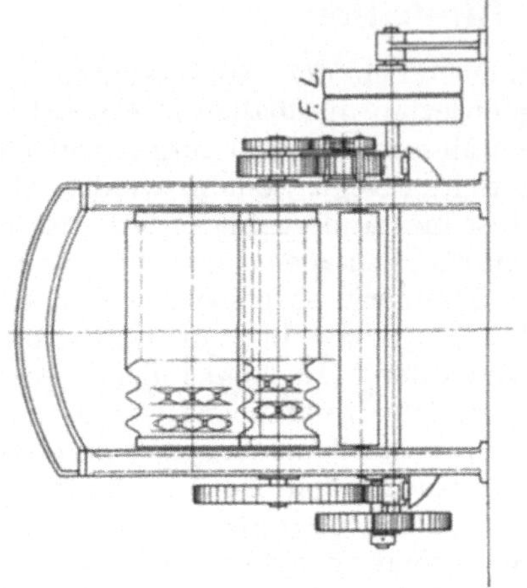

Abb. 49. Vorderansicht.

Aus den Abb. 47 bis 49 sind die eigenartigen sternförmigen Auszackungen sämtlicher 3 Quetschwalzen zu erkennen. Zweckmäßigerweise werden die Walzen nicht aus einem Stück hergestellt, sondern sie bestehen aus einzelnen Scheiben, die auf durchgehenden, schweren Achsen fest aufgezogen sind. Dies hat den Vorteil, daß, abgesehen von der verhältnismäßig größeren Einfachheit des Gußstückes, beim etwaigen Brechen einzelner Nocken nicht die ganze Walze erneuert werden muß, sondern unter Umständen nur einzelne Scheiben zu ersetzen sind. Ferner sind die Ausmaße und die Auszackungen sämtlicher 3 Walzen so bemessen, daß bei dem tiefsten Stand der oberen Walze immer

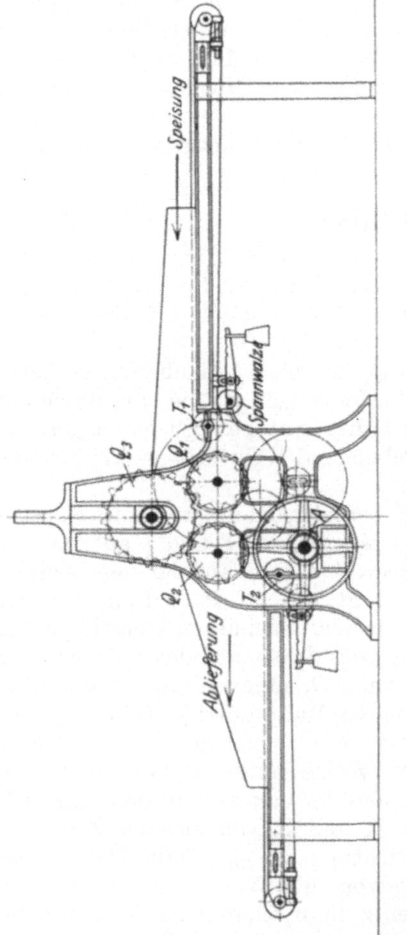

Abb. 47. Aufriß.

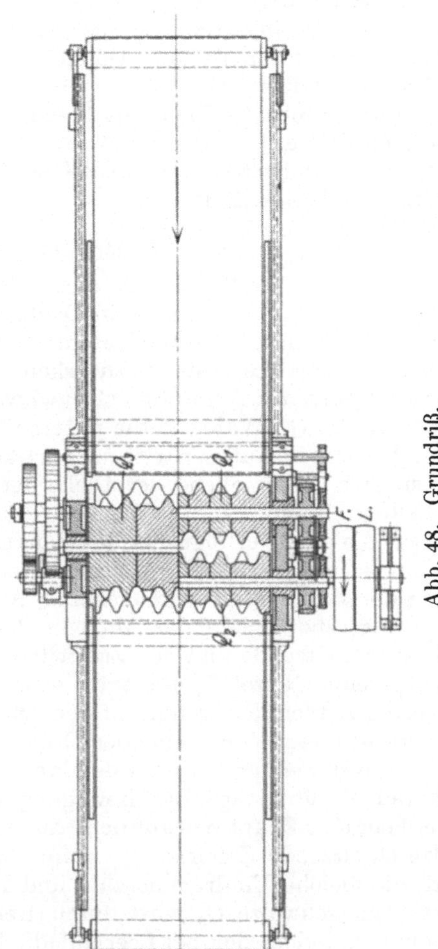

Abb. 48. Grundriß.

Abb. 47—49. Ballenöffner, System Butchart, von Seydel & Co., Bielefeld.

noch ein Zwischenraum zwischen den Auszackungen und den entsprechenden Auskerbungen von etwa 18 mm besteht, so daß einerseits eine gegenseitige Berührung der Walzen vermieden wird, andererseits die Faser durch zu enge Stellung nicht beschädigt wird.

Bei der in den Abb. 47 bis 49 dargestellten Maschine von Seydel & Co., Bielefeld, besitzen die unteren Walzen 10 Auszackungen bei einem äußeren Durchmesser von 300 mm, die obere Walze 18 Auszackungen bei 500 mm äußerem Durchmesser. Nach den eingeschriebenen Zähnezahlen und einer Umdrehungs-

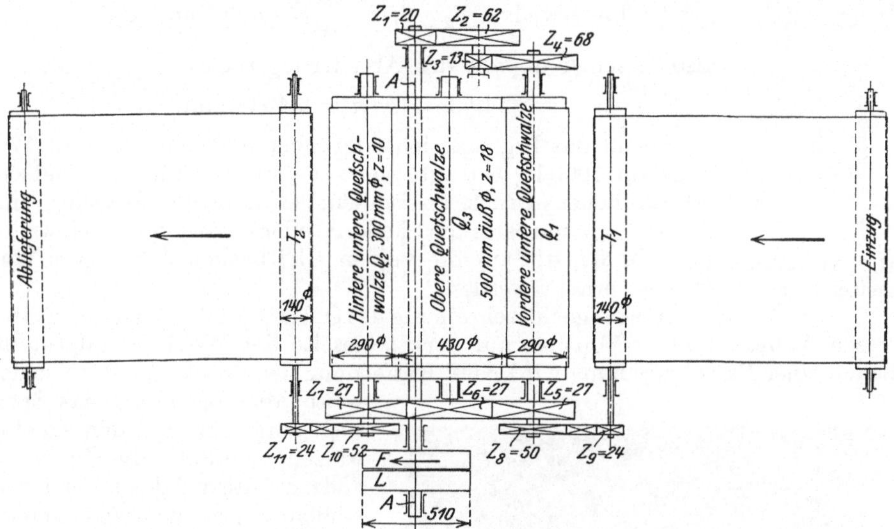

Abb. 50. Getriebeschema des Seydelschen Öffners.

zahl der Antriebswelle A von $n = 110$ errechnet sich die Geschwindigkeit der unteren Preßwalzen Q_1 und Q_2 zu:

$$110 \cdot \frac{20}{62} \cdot \frac{13}{68} = 6{,}78 \text{ Uml./min},$$

was einer Umfangsgeschwindigkeit der Walzen von:

$$0{,}300 \cdot \pi \cdot 6{,}78 = 6{,}38 \text{ m/min}$$

entspricht.

Zur Heranführung bzw. Ablieferung des Materiales dienen zwei über je zwei Tuchwalzen laufende Transporttücher, die zweckmäßigerweise durch eine dritte, in einem ausschwenkbaren Gewichtshebel gelagerte Walze (s. Abb. 47) in Spannung gehalten werden. Der Antrieb des Speisetuches erfolgt durch die Tuchwalze T_1, während Tuchwalze T_2 den Antrieb des Ablieferungstuches vermittelt. T_1 wird durch Zahnräder Z_8/Z_9 von der vorderen unteren Quetschwalze Q_1, T_2 durch Zahnräderantrieb Z_{10}/Z_{11} von der hinteren unteren Quetschwalze Q_2 unter Verwendung von Zwischenrädern betrieben, so daß die Bewegungsrichtung des Speise- wie auch des Ablieferungstuches mit der der unteren Quetschwalzen übereinstimmt. Hierbei sind die Zahnräderübersetzungen Z_8/Z_9 bzw. Z_{10}/Z_{11} so bemessen, daß die Zuführungsgeschwindigkeit des Speisetuches T_1 etwas geringer als die Umfangsgeschwindigkeit der Quetschwalze Q_1, und andererseits die Geschwindigkeit des Ablieferungstuches T_2 etwas größer als die Umfangsgeschwindigkeit der zweiten Quetschwalze Q_2 ist. Durch diese Anordnung wird ein steter

Zug des Materials durch die Maschine erzielt. Unter Zugrundelegung der in der Abb. 50 eingeschriebenen Zähnezahlen und des Durchmessers der beiden Tuchwalzen T_1' und T_2 von 140 mm errechnet sich deren Geschwindigkeit wie folgt:

$$\text{Tuchwalze } T_1: \quad 6{,}78 \cdot \frac{50}{24} = 14{,}12 \text{ Uml./min},$$

also Geschwindigkeit des Speisetuches:

$$14{,}12 \cdot 0{,}14 \cdot \pi = 6{,}20 \text{ m/min}.$$

$$\text{Tuchwalze } T_2: \quad 6{,}78 \cdot \frac{52}{24} = 14{,}69 \text{ Uml./min},$$

also Geschwindigkeit des Ablieferungstuches:

$$14{,}69 \cdot 0{,}14 \cdot \pi = 6{,}45 \text{ m/min}.$$

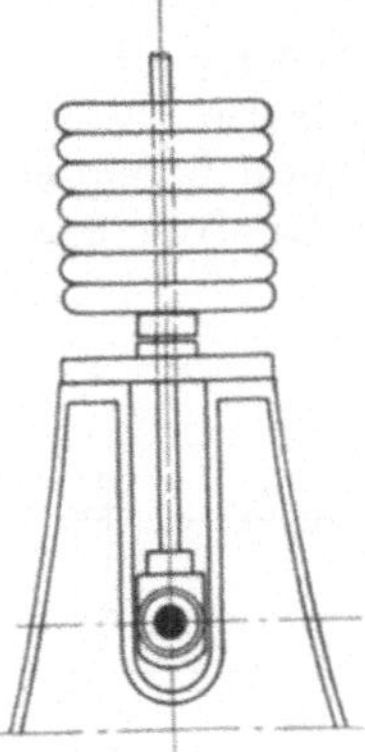

Abb. 51. Walzenbelastung.

Reicht das Eigengewicht der oberen Walze, das mit Welle ungefähr 1000 kg beträgt, nicht aus, um den für das Quetschen erforderlichen Druck auszuüben, so kann die Pressung durch Anbringen von starken Federn oder zusätzlichen Gewichten (s. Abb. 51), die auf die beiden Gleitbacken der oberen Walze wirken, erhöht werden.

Aus obiger Beschreibung des Öffners ergibt sich ohne weiteres dessen Arbeitsweise: Von den auf der Speiseseite der Maschine aufgestellten Ballen einer Batschmischung wird nach Entfernung der Stricke die Jute schichtweise abgezogen, auf das Speisetuch aufgelegt und den Quetschwalzen zugeführt, die sie auf der andern Seite auf das tieferliegende Ablieferungstuch fallen lassen (vgl. auch Abb. 52). Je nach den örtlichen Verhältnissen wird die Länge des Ablieferungstuches bemessen, das die gequetschten Juteristen direkt an den Ort ihres weiteren Verwendungszweckes transportiert. Um das seitliche Abfallen der Juteristen zu verhindern, ist es zweckmäßig, an beiden Seiten des Speisetuches und des Ablieferungstuches starke hölzerne Bordleisten anzubringen. Bei dem ziemlich gewaltsamen Arbeitsprozeß des Öffnens ist es einleuchtend, daß die ganze Maschine von kräftigster Bauart sein muß, insbesondere sind die Hauptantriebsräder kräftig und breit zu halten.

Um ein Überlasten bzw. einen Bruch der Triebwerkteile oder anderer wichtiger Konstruktionsteile zu vermeiden, was insbesondere beim Auflegen von zu dicken Juteschichten, oder infolge Wickelns des Materials um die Walzen und Zahnräder eintreten kann, bringt man zweckmäßigerweise in dem großen Zahnrad Z_4 einen oder zwei Sicherheits-Abscherstifte, S_1

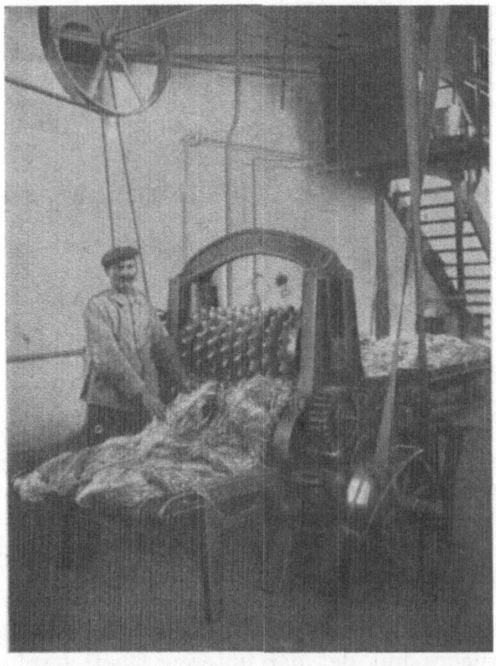

Abb. 52. Schaubild des Seydelschen Ballenöffners.

und S_2, gemäß Anordnung Abb. 53 an, durch die die Verbindung des lose auf dem Walzenzapfen sitzenden Zahnrades Z_4 mit der fest auf diesem aufgekeilten Scheibe *Sch* hergestellt wird. Bei Überschreitung eines gewissen Drehmomentes werden diese Stifte abgeschert und dadurch die Verbindung des Triebrades Z_4 mit der unteren Walze ge-
löst und somit die Maschine außer Betrieb gesetzt,
ehe ein Bruch der Triebwerkteile eintritt. Diese Vorrichtung hat sich sehr bewährt, und sie wird in ähnlicher Weise bei den meisten Vorbereitungsmaschinen
angewendet.

Die theoretische Leistung des Butchart-Öffners
ergibt sich unter Zugrundelegung der oben berechneten Geschwindigkeit des Speisetuches von 6,2 m/min
und unter Beachtung, daß die neben- und aneinandergereihten Jutelagen eines Ballens etwa eine Länge
von 20 m ausmachen, zu:

$$\frac{1 \cdot 6{,}2}{20} \cdot 60 = 18{,}6 \text{ Ballen/h.}$$

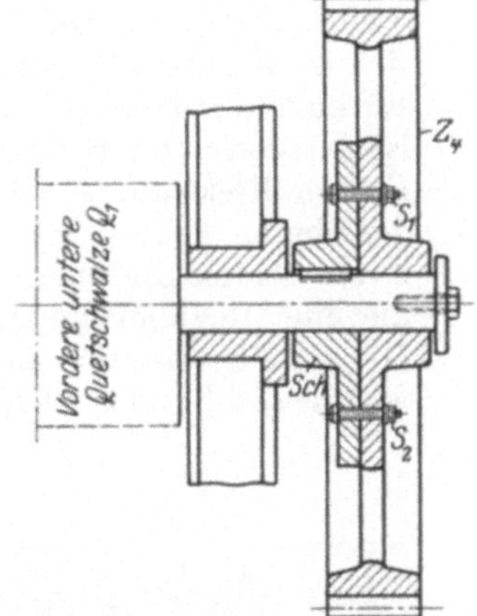

Abb. 53. Sicherheitsabscher-
stifte im Getriebe des Ballenöffners.

Im praktischen Betriebe wird man infolge der unvermeidlichen Stillstände mit einer etwas geringeren
Zahl, etwa 150 bis 160 Ballen je Tag von 10 Stunden
bei dauerndem Betriebe rechnen, doch läßt sich diese
Leistung durch Vergrößern der Antriebsscheibengeschwindigkeit noch wesentlich
erhöhen. Der Kraftbedarf des Butchart-Öffners beträgt etwa 3 PS. Bei normaler
Größe des Speise- und Ablieferungstuches und bei einer Arbeitsbreite von 800 mm
beansprucht die Maschine eine Grundfläche von etwa 4,5 m Länge und 1,9 m
Breite.

2. Der Urquhart-Öffner.

Eine andere Art des Öffners zeigt die hauptsächlich von den Firmen Urquhart, Lindsay & Co. Ltd., Dundee, und Combe Barbour, Belfast, schon seit

Abb. 54. Ballenöffner von Urquhart, Lindsay & Co., Dundee.

längerer Zeit ausgeführte und in Abb. 54 dargestellte Konstruktion mit 3 unteren,
angetriebenen Quetschwalzen und 3 oberen, in diese zahnförmig eingreifende,
durch Eigengewicht und Federbelastung wirkende Quetschwalzen von je 350 mm

Durchmesser. Im Gegensatz zu der vorbeschriebenen Maschine besitzen diese
Walzen tiefe, V-förmig eingeschnittene und parallel der Walzenachse verlaufende
Riffeln, meist 7 Stück am Umfang, die über die ganze Länge der Walzen durchgehen. Die oberen Quetschwalzen sind in ähnlicher Weise wie bei der ersten Maschine in vertikal geführten Gleitbacken gelagert, und da ihr Eigengewicht an
sich nicht ausreicht, um den gewünschten Preßdruck zu erzeugen, sind zur Verstärkung der Druckwirkung an jeder Walze und auf jeder Seite 2 Paar kräftige
Kegelfedern von rechteckigem Querschnitt angeordnet. Während die unteren
Federn direkt auf die Gleitbacken der oberen Walzenzapfen wirken, stützen sich
die oberen Federn an ihrem unteren Ende gegen Zwischengleitstücke und an
ihrem oberen Ende gegen nachstellbare, im Gestell verankerte Schraubenbolzen,
die eine Regulierung der Federspannung bzw. der Walzenpressung gestatten.
Die Arbeitsweise und Leistungsfähigkeit dieser Maschine ist ungefähr die gleiche
wie die des Butchart-Öffners, doch kommen bei dieser Form der Walzen häufiger

Abb. 55. Ballenöffner von James F. Low & Co., Monifieth.

Brüche vor, besonders wenn starke Juteristen in ungleicher Verteilung über die
Breite der Walzen durchgehen und dadurch eine erhebliche Schrägstellung der
oberen Walzen gegenüber den unteren Walzen eintritt. Aus diesem Grunde wird
häufig dem Butchart-Öffner der Vorzug gegeben.

Während bei der oben beschriebenen älteren Konstruktion des Urquhart-
Lindsay-Öffners alle drei unteren Walzen gleiche Geschwindigkeit erhalten,
brachte neuerdings die Firma Scott Brothers, Tayport, eine eigenartige
Konstruktion von Finlayson heraus[1]. Die Maschine ist ähnlich gebaut wie der
Urquhartsche Öffner, besitzt jedoch nur 2 Walzenpaare, von denen die unteren
Walzen 11 Zoll Durchmesser, die oberen Walzen dagegen 17 Zoll Durchmesser haben.
Die wesentliche Neuerung bei dieser Konstruktion besteht darin, daß die untere,
der Speiseseite zugekehrte Walze schneller angetrieben wird als die untere Walze
auf der Ablieferungsseite. Das vom Speisetuch mit gleichmäßiger Geschwindigkeit angelieferte Material erleidet somit nach Durchgang durch das erste Walzenpaar eine gewisse Stauchung, wodurch es gezwungen wird, das zweite Walzen-

---

[1] Vgl. Woodhouse and Kilgour: Jute and Jute Spinning. Manchester 1920, Band I.

paar mehr wellenförmig unter Anpassung an dessen sternförmige Querschnittsform zu passieren, wodurch eine intensivere Auflockerung des Materials erzielt
wird. Inwieweit diese Maschine, deren Prinzip sehr beachtenswert ist, sich in
der Praxis bewährt, muß noch abgewartet werden.

Eine ähnliche neue Bauart zeigt der in Abb. 55 dargestellte Ballenöffner
der Firma James F. Low & Co., Monifieth. Die beiden Walzenpaare von gleicher
Form wie beim Urquhart-Öffner sind V-förmig gegeneinander gestellt.

B. Die Zubereitung der Faser.

1. Allgemeines über das Batschverfahren.

Die auf das Öffnen der Ballen folgenden, entweder in zwei getrennt hintereinander oder in einem einzigen, kombinierten Arbeitsprozeß durchgeführten,
als eigentliches „Batschen" bezeichneten Arbeitsgänge bezwecken, die trotz
ihrer äußerlichen Glätte sehr wenig biegsame und verhältnismäßig spröde Jutefaser durch Einsprengen mit heißem Wasser und gewissen fetthaltigen Substanzen, sowie durch mechanische Bearbeitung mittels Quetschwalzen einesteils
für den nachfolgenden Spinnprozeß weich, geschmeidig und schlüpfrig zu machen,
andererseits durch Einwirkung der Schmälzsubstanzen auf den Pflanzenleim
eine lösende Wirkung zu erzielen, die beim nachfolgenden Kardierungsprozeß
die Aufteilung der noch zusammenhängenden Faserbündel erleichtert.

Die Zuführung dieser Batschflüssigkeit kann entweder als Einzeloperation
von Hand erfolgen, die dann als „Handbatschen" bezeichnet wird, oder aber
in Verbindung mit dem auf das Handbatschen folgenden mechanischen Quetsch-
oder Weichmachprozeß (Softening), der unter der Bezeichnung „Maschinenbatschen" bekannt ist. Die bei beiden Verfahren zur Anwendung gelangende
Quetsch- oder Weichmachmaschine ist unter dem Namen „Batschmaschine"
oder englisch „Softener" bekannt.

Beim Handbatschen erfolgt in der Regel das Aufbringen der Batschflüssigkeit auf die Faser, ehe diese zum Softener kommt; bei der Maschinenbatsche
dagegen wird die Flüssigkeit während des Durchganges der Faser durch den
Softener, und zwar meist im ersten Drittel der Maschine zugeführt.

Welches der beiden Arbeitsverfahren, auf deren Vor- und Nachteile späterhin noch einzugehen sein wird, auch angewendet werden mag, beide erfordern
eine möglichst gleichmäßige Durchdringung der Jutefaser mit der Batschflüssigkeit und die mechanische Unterstützung ihrer Wirkung durch die Arbeit des
Softeners.

2. Die Batschmittel.

Der eingehenden Beschreibung der beiden Batschverfahren sei eine kurze
Betrachtung der hauptsächlich zur Anwendung gelangenden Batschmittel voran-
gestellt.

Als Batschmittel kann jedes fetthaltige Öl, sofern es frei von Verunreinigungen
und Beimengungen, insbesondere von Mineralsäure ist, möglichste Geruchlosigkeit aufweist, und außerdem der Preis in einem angemessenen Verhältnis
zum Rohjutepreis steht, Verwendung finden.

Es kommen vor allem fette Öle tierischer und pflanzlicher Herkunft
in Frage, die neben einem hohen Fettgehalt noch die Eigenschaft besitzen, mit
Wasser unter Zusatz von Seife und etwas Soda eine Emulsion zu bilden, welche
die gleichmäßige Verteilung des Fettes auf die Faser und das intensive Eindringen
in die Faser begünstigt.

Von den tierischen Ölen kommen vor allem die Trane in Betracht, und zwar oben anstehend Robbentran mit dem höchsten Fettgehalt, sodann Walfischtran, der jenem nur wenig nachsteht und etwas billiger ist, und gewöhnlicher Fischtran, der im allgemeinen aus Fischrückständen (Heringen, Dorschen usw.) gewonnen wird und darum am billigsten ist, aber auch von den Tranen den unangenehmsten Geruch besitzt. Je geruchfreier und heller der Tran ist, desto brauchbarer ist er für den Batschzweck. Man unterscheidet im allgemeinen 4 Sorten Tran: hellblank, hellbraunblank, braunblank und braun.

Seltener kommen Wollfette zur Anwendung und dann nur in sehr geringem Prozentsatz, da sie die Nadeln und Walzen leicht verkleben.

In den Fällen, wo der Trangeruch bei den Juteerzeugnissen lästig empfunden wird, z. B. bei der Verwendung zu Mehl-, Getreide- und Zuckersäcken, werden an Stelle des Tranes häufig auch Pflanzenöle, wie z. B. Baumwollsaatöl (Cottonöl), verwendet, das an Fettgehalt dem Trane gleichkommt und sich ebenfalls mit Wasser unter Zusatz von Schmierseife leicht emulgieren läßt. Zuweilen kommen auch noch andere Pflanzenöle, z. B. Leinöl, Palmöl, Rizinusöl, als Batschzusätze zur Verwendung.

Außer den genannten tierischen und pflanzlichen fetten Ölen werden hauptsächlich zur Verbilligung der Batschflüssigkeit in gewissem Prozentsatz noch Mineralöle zugesetzt, und zwar handelt es sich hier um billige, leichte Spindelöle amerikanischer und russischer Herkunft mit einer Viskosität von etwa 1,8 bis 3,5 Englergraden bei 50 ° C und einem spezifischen Gewicht von 0,85 bis 0,9 bei + 15 ° C, die unter dem Namen „Batschöl" bekannt sind. Obwohl diese Mineralöle sich nicht emulgieren lassen, können sie doch beim Einsprengen der Jutefaser nicht entbehrt werden, weil sie auf die Nadeln und Walzen der Karden und Strecken eine reinigende Wirkung ausüben, während die oben genannten Fettöle leicht zum Verkleben neigen. Da diese Mineralöle häufig starken Petroleumgeruch aufweisen, ist bei der Auswahl auf möglichste Geruchlosigkeit zu achten. Im übrigen kommt eine Verwendung von Mineralöl allein ohne Zusatz von Fettöl für feinere Garne kaum in Frage, da durch das Mineralöl allein die Faser nicht genügend schlüpfrig wird.

Von allen Batschölen und Batschzusätzen ist zu verlangen, daß sie frei von Mineralsäuren, Harz und anderen Verunreinigungen sind. Der Gehalt der fetten Öle an Verseifbarem, der ein Maßstab für den Fettgehalt und daher auch für deren Ergiebigkeit bildet, wird durch die „Verseifungszahl" angegeben, desgleichen können bisweilen vorkommende Verfälschungen durch Mineralöl mittels der Bestimmung des Gehaltes an Unverseifbarem festgestellt werden. Bezüglich Vornahme dieser Untersuchungen sei auf die einschlägige Fachliteratur verwiesen[1].

Hinsichtlich der Reihenfolge, in der Wasser und Öl auf die Faser aufgebracht werden sollen, oder der Art, wie die verschiedenen Batschmittel zusammenzumischen sind, gehen die Ansichten sehr auseinander. Nach der einen Methode erhält die Faser zuerst einen Aufguß von Wasser und danach die Zugabe von Tran oder Kottonöl mit nachfolgendem Mineralöl. Hierdurch wird bezweckt, daß das zuerst aufgegebene Wasser sofort in die Faserhohlräume eindringt, während das nachträglich zugeführte Öl mehr auf der Oberfläche der Faser haften bleibt und so ihr die zum Spinnprozeß erforderliche Schlüpfrigkeit ver-

---

[1] In Holde, D.: Untersuchung der Kohlenwasserstofföle und Fette, Berlin 1918, finden sich u. a. die für eine Gütebeurteilung der zum Batschen von Jute gebräuchlichen Materialien, wie Tran, Batschöl und Seife, in Frage kommenden chemischen Untersuchungsmethoden. Diese sind auch von H. Rudolph in M. T. B. 1923, H. 3 zusammengestellt.
Nachstehende Tabelle enthält die wichtigsten physikalischen und chemischen „Kenn-

leiht. Das bisweilen geübte Verfahren, zuerst Öl und dann Wasser auf die Faser zu bringen, ist zu verwerfen, da durch das zuerst aufgebrachte Öl die Faser mit einer Fettschicht umgeben wird, die das später auffallende Wasser vor dem tieferen Eindringen in die Faserhohlräume zurückhält. Deshalb wird sich eine auf diese Weise vorbereitete Faser auch nasser, aber weniger schlüpfrig anfühlen, und ihre Verarbeitung wird sich ungünstiger gestalten als im ersten Falle. Am meisten geübt ist, wie oben schon angeführt, das Aufbringen einer Emulsion von Wasser und Fettöl, mit nachfolgendem Besprengen mit Mineralöl. Das Mineralöl kann dieser Emulsion auch zugemischt werden, sofern durch stetes Umrühren dafür gesorgt wird, daß dauernd eine innige Mischung vorhanden ist und keine Abscheidung des Mineralöles erfolgt.

Häufig werden im Handel wasserlösliche Batschmittel (z. B. in England viel verwendet „Clensel") als fertige Emulsionen angepriesen, die bereits bei normaler Temperatur sich leicht in Wasser lösen. Es handelt sich bei diesen sog. wasserlöslichen, in Wirklichkeit nur mit Wasser emulgierbaren Ölen meist um Auflösungen von 20 bis 25% Ammoniak- oder Alkaliseife in Mineralöl und Wasser, die mit Wasser bleibende Emulsionen eingehen, und die als sog. „Bohröle" in der Werkzeug- und Metallbearbeitungsindustrie weitgehende Verwendung finden. Ob durch diese Batschmittel eine Verbilligung eintritt, wie vielfach von den Herstellern behauptet wird, muß im Hinblick auf den geringen Fettgehalt im Vergleich zu dem des Tranes oder anderer Fettöle bezweifelt werden.

Wesentlich günstiger beurteilt wird das in jüngster Zeit auf den Markt gebrachte wasserlösliche Batschöl „Jutol", das nach Angabe der herstellenden Firma[1] etwa 80% raffiniertes Mineralöl, 10% kolloidal gelöste, verseifbare An-zahlen" dieser Stoffe, wie spez. Gewicht, Zähigkeit, Erstarrungspunkt, Verseifungszahl und Jodzahl (nach Holde: S. 586).

Tabelle 32. Die wichtigsten Kennzahlen der zum Batschen vorwiegend verwendeten fetten Öle.

	Spez. Gew. bei 15º C	Zähigkeit in Englergraden bei 20º	Erstarrungspunkt º C	Verseifungszahl	Jodzahl
Robbentran	0,926	—	− 2 bis − 3	189−196	127−152
Walfischtran. . . .	0,917−0,927	—	+ 10	188−193	110−128
Baumwollsaatöl . .	0,922−0,930	9−10	0	191−198	102−111
Leinöl	0,931−0,936	6,8−7,4	− 16 bis − 21	188−192	171−186* bis 181−204
Rizinusöl	0,961−0,974	130−140	− 10 bis − 18	176−183	82− 88

* je nach Herkunft.

Die Verseifungszahl weist den Gehalt an Verseifbarem aus und gibt diejenige Menge Kalihydrat (KOH) in Milligramm an, die zur Verseifung von 1 g Fett erforderlich ist. Über die Art der Bestimmung vgl. Holde: S. 555.

Beimengungen von Mineralöl zu Fettölen werden nach dem Verfahren von Spitz und Hönig entsprechend dem Gehalt an Unverseifbarem festgestellt. (Die Verseifungszahl für Mineralöl ist = 0; s. Holde: S. 286.)

Da der Begriff „Verseifbarkeit" nach den Ausführungen in der Chem.-Zg. 1924, S. 86, nicht eindeutig festliegt, erscheint es zweckmäßig, bei Prüfung eines Fettöles lediglich den Gehalt an „Unverseifbarem" festzustellen, der dann alles Nichtfett, d. h. alles, was nicht Fettsäure oder Glyzerin ist, also auch etwaigen Wassergehalt oder Verfälschungen durch Mineralöle u. a., umfaßt.

Die Jodzahl nach Hübl (s. Holde: S. 566) gibt die Aufnahmefähigkeit eines Öles für Jod, d. h. den Gehalt an ungesättigten Säuren (Ölsäure) in g Jod auf 100 g Fett an. Sie ist eine der wichtigsten Kriterien zur Prüfung der Reinheit der Fette.

[1] Hersteller: Chemische Fabrik Osnabrück, Möllering & Co., Osnabrück; alleiniger Vertrieb: Ölgroßhandlung Lorenz Mohr, Hersfeld.

teile und 10% besonders präparierte Naphthaprodukte enthält, die in der Lage sind, in Verbindung mit den verseifbaren Anteilen das Mineralöl und evtl. noch den zugefügten Tran beim Verdünnen mit Wasser in feinste Verteilung zu bringen. Diese feine Verteilung der Fettkörper und die große Benetzfähigkeit der durch dieses Mittel hergestellten Emulsion haben ein intensives Eindringen der Batschflüssigkeit in die Fasern zur Folge. Auch trägt das neue Batschmittel vermöge seiner hygroskopischen Eigenschaften dazu bei, daß sich die Feuchtigkeit in der gebatschten Jute länger hält. Obwohl der Emulsion noch ein verminderter Prozentsatz von Tran zugefügt wird, verschwindet der lästige Trangeruch infolge der aromatischen Eigenschaften des Jutoles fast vollständig. Da auch bei längerem Stehenlassen der Emulsion keinerlei Abscheiden einzelner Substanzen eintritt, ist die Verwendungsfähigkeit dieses neuen Batschmittels im Betriebe äußerst einfach und bequem. Es werden weder Rührwerke benötigt, noch sind höhere Temperaturen bei Herstellung der Emulsion erforderlich.

Welche Mischungsmethode auch angewendet werden mag, so empfiehlt sich auf jeden Fall die Anwendung der Batschflüssigkeit in warmem Zustand, da einerseits die Emulsion von Wasser und Fettöl beim Erwärmen mit einer Dampfschlange bis zum Kochen schneller und intensiver eintritt, und andererseits bei höherer Temperatur die Wirkung von Öl wie auch von Wasser auf die Faser eine tiefergreifende ist. Auch wird infolge der größeren Dünnflüssigkeit des Öles bei höherer Temperatur eine gleichmäßigere Verteilung auf die Faser ermöglicht. Dabei ist allerdings zu beachten, daß die Batschflüssigkeit nicht in kochendem Zustand mit der Faser in Berührung kommt, da diese sonst leiden würde. Eine Temperatur von 50 bis 60° C ist vollkommen genügend, dagegen ist das Erkalten der Batschflüssigkeit zu vermeiden, da sich sonst das der Emulsion zugesetzte Mineralöl leicht abscheidet.

Die Menge des aufzubringenden Wassers und Öles hängt einesteils von den jeweiligen Witterungsverhältnissen, d. h. Temperatur und Feuchtigkeit der Luft, andererseits von der Beschaffenheit und dem Feuchtigkeitsgehalt des Jutemateriales sowie der Qualität des zu erzeugenden Garnes ab. An trockenen Sommertagen bei geringem Luftfeuchtigkeitsgehalt muß mehr Wasser zugesetzt werden als an regnerischen oder nebligen Tagen bei hohem Feuchtigkeitsgehalt der Luft. Reine, wurzelfreie Jute, die an sich schmiegsam, weich und leicht teilbar ist, wie z. B. Daiseejute, erfordert ebenfalls weniger Wasser und weniger Öl als grobe, bastige, verholzte Faser. Dagegen kann man bei der Herstellung gröberer und geringerer Garne billigere Batschmittel, also Mineralöl in vermehrtem Umfang zusetzen, während bei feineren, hellen Garnen mehr Tran, und zwar von der besten, hellsten Sorte genommen wird. So ergeben sich je nach den Verhältnissen verschiedene Zusammensetzungen, z. B.:

<pre>
2 Teile Tran (Kottonöl) und 1 Teil Mineralöl,
1 Teil   „   „ 1 „   „
1 „   „   „ 2 Teile „   usw.
</pre>

Zu beachten ist auch, daß Garne, die später zum Bleichen kommen, nicht mit Mineralöl gebatscht werden sollen, da dieses im Gegensatz zu den tierischen und pflanzlichen Fettölen sich durch Alkalien nicht entfernen läßt. Für Spezialgarne dagegen, wie sie die Zündschnur- oder Kabelfabrikation verwendet, besteht die Vorschrift, daß sie nicht mit Tran, sondern nur in beschränktem Umfang mit Mineralöl gebatscht werden dürfen.

Allgemein kann man mit einer Zugabe von Wasser und Öl von insgesamt 20 bis 25% des Gewichtes der ungebatschten Jute und noch darüber (z. B. bei groben Cuttings bis zu 35%) rechnen, wobei zu beachten ist, daß der größte Teil der zugesetzten Flüssigkeit aus Wasser besteht, das während des Fabrikationsprozesses beinahe restlos wieder verdunstet. Der aufzubringende Ölzusatz ist so zu bemessen, daß ungefähr 2 bis 5% Fettgehalt einschließlich des zur Herstellung der Emulsion erforderlichen Zusatzes von Schmierseife (5 bis 10% der Tranmenge) auf die Faser kommt. Auch hier sind, abgesehen von der Verschiedenheit des Rohmateriales die Ansichten so verschieden, daß eine bestimmte Regel nicht gegeben werden kann. Immerhin ist zu beachten, daß der Fettgehalt fast restlos in der Faser zurückbleibt, und in den meisten Fällen die Kosten des Batschmittels durch die Gewichtserhöhung des Garnes ausgeglichen wird. Eine obere Grenze für den Fettzusatz ist dadurch gegeben, daß bei zu reichlicher Anwendung leicht ein Verkleben und Wickeln der Walzen, und damit ungleichmäßiger Verzug und Betriebsstörungen eintreten. Dies ist auch bei allzu reichlicher Befeuchtung mit Wasser der Fall, so daß auch hier durch das Wickeln der Walzen eine Grenze nach oben gezogen ist. Da aber der nachfolgende Spinnprozeß um so leichter vor sich geht, je feuchter das Material in der Vorbereitung gehalten wird, und da es außerdem Erfahrungssache ist, daß reichlicher gebatschtes Fasermaterial beim Kardierungs- und Vorbereitungsprozeß geringere Faserverluste aufweist und auch eine verringerte Staubbelästigung verursacht, so wird man mit der Feuchtigkeit so nahe wie möglich an die obere Grenze gehen. Im folgenden sei noch ein Beispiel der Zusammensetzung einer Batschflüssigkeit für normale Kett- und Schußgarne gegeben.

In 1000 kg Batschflüssigkeit sind enthalten:

Tran	72 kg	das ist ein Fettgehalt
Mineralöl	108 ,,	von 18,6% der Batsch-
Schmierseife.	6 ,,	flüssigkeit
Soda	1,5 ,,	
Wasser	814 ,,	

Bei Zugabe von 20% dieser Batschflüssigkeit auf die Faser entspricht dies einem Fettzusatz von 3,7%.

Die Einwirkung der Batschflüssigkeit auf die Faser wird wesentlich erhöht, indem man das eingebatschte Material in mehreren Lagen übereinanderschichtet und so eine gewisse Zeit liegen läßt, wobei es durch Zudecken mit angefeuchteten Tüchern oder Brettern gegen das Austrocknen geschützt wird. Im Sommer bei höherer Temperatur wird man sich meist mit einer Liegezeit von 24 Stunden begnügen, während zur kälteren Jahreszeit und besonders bei härterer Beschaffenheit der Jutefaser mindestens 48 Stunden beansprucht werden, um die „Reife" der Faser zu erzielen. Keineswegs darf man aber das Material so lange liegen lassen, bis eine stärkere innere Zersetzung Platz greift, die sich durch bedeutende Erwärmung der innen liegenden Schichten kundgibt. Eine etwa handwarme Erwärmung der inneren Jutelagen dürfte auch hier die Grenze bilden, wenn andernfalls eine erhebliche Zersetzung und Schwächung der Faser nicht eintreten soll. Jutewurzeln (Cuttings) dagegen benötigen eine längere Lagerzeit, bei sehr harten Enden oft bis zu 8 Tagen und außerdem eine stärkere Einsprengung mit Wasser und Öl.

Wie die Erfahrung zeigt, hat das Batschen und das nachfolgende Einlagern der gebatschten Jute eine gewisse lösende Wirkung auf die einzelnen Faserbündel dergestalt zur Folge, daß ihre Teilbarkeit im nachfolgenden Kardierungsprozeß erheblich vergrößert wird. Welche Wirkung hierbei den einzelnen Zusätzen Wasser, Tran und Mineralöl in Verbindung mit der mechanischen Behandlung der Fasern durch den Softener zukommt, haben die im Jahre 1923 von P. Krais[1] im Deutschen Forschungsinstitut Dresden angestellten Versuche

---

[1] Eine Veröffentlichung dieser im Auftrag des Verbandes Deutscher Jute-Industrieller vorgenommenen Versuche liegt bis jetzt nicht vor.

über die lösende Wirkung der zum Batschen verwendeten Öle ergeben.
Danach wurden einzelne Faserbündel von Jute in Längen von etwa 3 cm abgeschnitten und zunächst mit heißem Wasser behandelt. Dabei zeigte sich
keinerlei Auflösung in Einzelfasern. Gleicherweise konnte eine Behandlung mit
a) Tran, b) Mineralöl, c) Gemisch aus gleichen Teilen Tran und Mineralöl, nach
12 stündigem Liegenlassen keinerlei Auflösung des behandelten Materiales hervorrufen, dagegen zeigte sich, daß die angefeuchteten und mit Öl bedeckten Faserbündel sofort nach mehrmaligem sanftem Aufdrücken eines Deckgläschens sich

Abb. 56.

in Einzelfasern teilen ließen, womit bewiesen ist, daß die Einwirkung der Batschzusätze nur in Verbindung mit einer mechanischen Beeinflussung der Fasern
zustande kommt. Abb. 56 gibt eine solche Versuchsreihe wieder, und zwar stellt
die linke Reihe in M_a die mit Mineralöl, in T_a die mit Tran, und in G_a die mit
dem Gemisch von Tran und Mineralöl behandelten Faserbündel dar, während
in der rechten Reihe dieselben Bündel M_b, T_b und G_b nach 20 maligem leichtem
Aufdrücken des Deckgläschens zu sehen sind. Aus den Bildern zeigt sich nicht
nur, daß eine Auflösung in Einzelfasern stattgefunden hat, sondern auch, daß
die Aufteilung bei der Anwendung des Tran-Mineralöl-Gemisches am vollkommensten und besser ist als bei Tran allein und Mineralöl allein, welches Ergebnis
auch durch die Praxis bestätigt wird. Bei diesen Versuchen zeigte sich allerdings

auch, daß eine Behandlung mit heißem Wasser allein genügen würde, um die
Auflösung der Faserbündel in Einzelfasern zu bewirken. Doch würde sich eine
auf diese Weise vorbereitete Faser infolge ihrer rauhen Beschaffenheit dem
nachfolgenden Kardierungs- und Spinnprozeß widersetzen, und eine Verarbeitung
zu brauchbarem Garn wäre unmöglich. Weiterhin ergaben die Versuche von
Krais, daß durch das Aufdrücken des Deckgläschens auf die mit Wasser
genetzten und mit Öl bedeckten Faserbündel Wasser in feinen Wasserkügelchen
zur Ausscheidung aus der Faser gelangte und dieses durch das Batschöl ersetzt
wurde, womit die Faser erst die für den Spinnprozeß erforderliche schlüpfrige
Beschaffenheit erhält. Krais kommt auf Grund seiner Versuchsergebnisse zu
dem Schluß, daß beim Batschen eine Auflösung der Faserbündel und zu -
gleich eine Ausscheidung des ursprünglich in die Faser gebrachten Wassers
stattfindet, wobei der Zusatz von Mineralöl zum Tran neben dieser lösenden
und ausscheidenden Wirkung auch noch eine reinigende Wirkung auf die Nadeln
der Kardenbeläge hat.

Um die Frage zu prüfen, ob durch das Batschen ein Gärungsprozeß im
Sinne einer Fortsetzung des Röstprozesses und einer Zersetzung des interzellularen Bindemittels eingeleitet würde, ließ Verfasser am Deutschen Forschungsinstitut für Textilindustrie in Dresden bakteriologische Versuche mit
mehr oder weniger lang eingebatschter Jute vornehmen. Hierbei ergab sich,
daß der Batschvorgang nur eine allgemein bakteriell verlaufende Gärung darstellt, die prinzipiell von den beim Röstvorgang auftretenden Erscheinungen
verschieden ist[1].

Auf die festigkeitserhöhende Wirkung des Batschens gegenüber ungebatschter
Jute ist schon S. 108 hingewiesen worden.

3. Das Handbatschen.

Der mit Handbatschen bezeichnete Einweichprozeß, der früher fast ausschließlich, heute nur noch vereinzelt ausgeübt wird, beginnt zuerst mit dem
Aufteilen der in der Regel durch einen Öffner zuvor gelockerten Juteristen in
4 bis 5 kleinere Risten, Docken oder „Handvollen" von je $^3/_4$ bis 1 kg Gewicht.
Hierbei wird jede Riste in der Mitte auf halbe Länge zusammengelegt und gleichzeitig das umgebogene Mittelstück leicht zopfartig zusammengedreht. Die Docken
werden sodann in einzelne, meist aus Holz bestehende, innen zweckmäßig mit
Blech ausgeschlagene, nach vorn zu offene Batschfächer schichtenweise, Docke
an Docke, eingelegt, wobei die zusammengedrehten Zopfenden oder „Köpfe"
nach der offenen Seite der Batschfächer zu liegen kommen. Entsprechend der
Länge der zusammengelegten Docken ist die Tiefe des Batschfaches auf etwa
1,20 bis 1,50 m zu bemessen. Für die Breite und Höhe besteht eine Beschränkung
nicht, doch wird man zwecks bequemerer Handhabung die Höhe nicht über
1,70 bis 2 m und die Breite 3 bis 3,50 m wählen. In ein Fach von diesen Abmessungen können etwa 6 bis 7 Ballen eingelegt werden, und zwar erfolgt das
Einlegen in der Regel durch zwei Arbeiter, die sich vor dem Batschfach aufstellen und die durch Wagen oder Transportgurt vom Öffner herangeführten
Juteristen zur weiteren Bearbeitung in Empfang nehmen. Ist kein Öffner vorhanden und werden die Ballen von Hand geöffnet und aufgeschlagen, so werden
die zu einer Rohjutemischung gehörenden Ballen in nächster Nähe der Batschfächer aufgestellt, und Öffnen und Aufteilen in kleinere Docken wird in einem

---

[1] Krais, P. u. Anna Hopffe: Die bakteriellen Vorgänge beim Batschen der Jute.
Mitt. Deutsch. Forsch. Inst. Textilind. Dresden, veröffentl. in Leipz. Monatsschr. Textilind.
1927, H. 4.

Arbeitsgang durchgeführt. Jede eingelegte Schicht wird mit der vorgesehenen Menge Wasser und Öl entweder getrennt nacheinander oder als Emulsion gemischt mittels einer Gießkanne oder Spritze besprengt und dieses Verfahren bei jeder Lage wiederholt. Um das Eindringen der Batschflüssigkeit zu beschleunigen, wird zuweilen das Material im halbgefüllten und ganzgefüllten Fach durch Arbeiter zusammengetreten. Die oberste Schicht wird zweckmäßig bei warmem Wetter mit nassen Tüchern abgedeckt, um das Verdunsten der eingebatschten Flüssigkeit zu verhindern. Die Verteilung der Batschflüssigkeit über das Fasermaterial wird um so gleichmäßiger erfolgen, je gleichmäßiger die Docken in bezug auf ihre Dicke aufgeteilt werden und je sorgfältiger das Einlegen und Einsprengen erfolgt. Auch bei dem später beschriebenen Maschinenbatschverfahren ist eine gleichmäßige Dicke der Docken erste Vorbedingung für das Gelingen des Batschprozesses. Das Aufschlagen der Risten stellt daher an die ausübenden Arbeiter, die „Ristenmacher" oder „Batscher", erhebliche Anforderungen an Erfahrung, Gewissenhaftigkeit und Materialkenntnis, zumal mit dem Ristenaufschlagen zugleich ein Aussortieren der Risten von abfallender Qualität, z. B. von geringerer Festigkeit, wurzeliger Beschaffenheit, dunkler Farbe usw., zu erfolgen hat.

Die eingebatschte Jute bleibt nun so lange im Batschfach liegen, bis die Faser „reif" zur Weiterverarbeitung auf dem Softener ist. Bisweilen wird auch das umgekehrte Verfahren angewendet, indem die Juteristen trocken den Softener durchlaufen und erst danach in die Batschfächer eingelegt und mit der Batschflüssigkeit besprengt werden. Doch ist beim ersten Verfahren ein intensiveres Eindringen der Batschflüssigkeit in die Fasern gewährleistet und daher dieses auch vorzuziehen.

Die eingehende Beschreibung des Softeners erfolgt weiter unten bei der Besprechung des Maschinenbatschverfahrens.

An Stelle der festen Batschfächer werden häufig große Batschwagen verwendet, bei denen das Umladen der eingelegten Risten für die Weiterverarbeitung auf dem Softener gespart wird. Auch diese Batschwagen werden bisweilen innen mit Blech ausgeschlagen. An den Batschfächern oder Batschwagen ist eine Tafel angebracht, auf der das Datum und die Zeit des Einlegens, Zusammensetzung der Rohjutemischung, bzw. die hieraus zu spinnende Garnqualität vermerkt sind.

Als Nachteile des Handbatschverfahrens sind in erster Linie der große Platzbedarf sowie der vermehrte Aufwand an Handarbeit zu nennen. Der von den Anhängern dieses Systemes hervorgehobene Vorteil der gleichmäßigeren Besprengung und Durchfeuchtung der Juteristen durch die Batschflüssigkeit ist nur gewährleistet, wenn zuverlässige und erfahrene Arbeiter mit dieser Arbeit betraut werden[1]. Die Erfahrung hat gezeigt, daß durch die selbsttätige Auf-

---

[1] In einer großen deutschen Jutespinnerei, die heute noch an dem Handbatschverfahren festhält, hat sich das Besprengen mittels Düsen, deren Flüssigkeitszufuhr sich genau regeln läßt und sich automatisch nach Erreichung einer bestimmten Befeuchtungsmenge abschaltet, sehr bewährt. Bemerkenswert beim Batschverfahren dieser Fabrik ist, daß die Batschfächer von $3,2 \times 1,6$ m Grundfläche nebeneinander in etwa 2,3 m Höhe angeordnet sind, wobei vor diesen zur Bedienung ein entsprechend hohes Podest angebracht ist, auf welches durch Transportgurt die Juteristen befördert werden. Nach Füllung eines Batschfaches, das etwa 8 Ballen Jute faßt, wird dieses nach unten auf den Fabrikflur versenkt und ein zweites leeres Batschfach auf das versenkte Fach geschoben und gleichfalls gefüllt. Auf diese Weise werden sämtliche der Reihe nach nach unten versenkte Batschfächer dem Druck der darüberliegenden Batschfächer samt Inhalt während der Reifeperiode ausgesetzt, was ein intensives Eindringen der Batschflüssigkeit in die sorgfältig nebeneinandergelegten Risten zur Folge hat. Für die Weiterverarbeitung lassen sich die unteren Batschfächer nach Anhebung der oberen einzeln herausziehen und direkt an den Softener transportieren.

bringung der Batschflüssigkeit an der Batschmaschine mit den heutigen Vorrichtungen und bei einigermaßen zuverlässiger Bedienung der Maschine eine gleichmäßigere Durchfeuchtung der Faser erzielt wird als bei der durchschnittlichen Handhabung des Handbatschverfahrens.

4. Das Maschinenbatschen.

Wie oben schon erwähnt, erfolgt das mechanische Weichmachen der Juteristen sowohl beim Handbatschen wie auch beim Maschinenbatschen auf ein und derselben Maschine, der Quetschmaschine oder Reibe, nur mit dem Unterschied, daß beim ersten Verfahren Einsprengen und Quetschen hintereinander, beim Maschinenbatschen dagegen gleichzeitig in einem einzigen Arbeitsgang vor sich gehen. Das Einsprengen mit der Batschflüssigkeit auf dem Softener geschieht automatisch durch den sogenannten Batschapparat. Daher hat diese Maschine auch den Namen Batschmaschine erhalten, der nun allgemein auch für Maschinen ohne Batschapparat angewendet wird.

Während früher das Weichmachen und Quetschen der Juteristen teilweise auf Zirkular- oder Pilgerschrittreiben ähnlich wie heute noch bei Hanf erfolgte, ist man jetzt allgemein zur Verwendung der horizontalen Jutereibe übergegangen.

Diese besteht aus zwei horizontalen, dicht übereinander liegenden Systemen von zahlreichen, eng nebeneinander gelagerten, mit eigenartigen tiefen Riffeln versehenen Walzen, denen auf der einen Seite die Juteristen auf einem Speisetuch oder Lattentransport zugeführt werden, um nach Passieren des ganzen Walzensystems am entgegengesetzten Ende auf einem entsprechenden Ablieferungstuch wieder abgeführt zu werden. Während die unteren, in festen Lagern liegenden Walzen mechanischen Antrieb erhalten, sind die oberen Walzen in vertikalen Führungen beweglich gelagert. Sie werden durch kräftige, gegen die Gestellwände in geeigneter Weise abgestützte Stahlfedern auf die unteren Walzen, bzw. auf die zwischen beiden Walzensystemen durchlaufenden Juteristen gepreßt, wobei die oberen Walzen von den unteren durch Eingriff der Riffeln mitgenommen werden.

Die Anzahl der Walzenpaare hat sich gegen die älteren Bauarten wesentlich vermehrt, und während letztere früher nur 31 bis 47 Walzenpaare aufwiesen, ist man neuerdings auf 63, 71, ja sogar bis zu 79 Paar Walzen übergegangen, entsprechend den heutigen Bestrebungen, das Fasermaterial soweit wie möglich auszuarbeiten, bzw. in der Rohmaterialmischung auf das äußerste Maß ohne Beeinträchtigung der Garnqualität und der Produktion herunterzugehen. So haben sich Maschinen von schwerster Bauart und ganz erheblicher Länge herausgebildet, deren Gestelle nicht mehr aus einem Stück, sondern aus einer größeren Anzahl Segmente oder Abschnitte gebildet werden. In der Regel sind diese Abschnitte so bemessen, daß auf jeden 8 Paar Walzen kommen, wobei auf den Anfang und das Ende jeden Abschnittes je ½ Walze, vgl. Abb. 57, entfällt. Die Gesamtwalzenzahl ergibt sich demnach, wenn x Abschnitte vorhanden sind, zu $8\,x - 1$, d. h. stets als ungerade Zahl. Beispielsweise hat eine Maschine von 8 Abschnitten 63 Walzenpaare, von 9 Abschnitten 71 Walzenpaare usw.

In Abb. 57 bis 59 ist ein Softener mit 63 Walzenpaaren der Firma Urquhart, Lindsay & Co., im Aufriß, Grundriß und Querschnitt, sowie in Abb. 60 eine ähnliche Maschine der gleichen Firma, jedoch von kürzerer Bauart, im Lichtbild dargestellt[1]. Wie die Abbildungen zeigen, sind sowohl die oberen wie die unteren

---

[1] Von deutschen Textilmaschinenfabriken, welche Softener in ähnlicher Bauart herstellen, sind vor allem die Firmen Seydel & Co., Bielefeld, und Bauch, Landshut, zu nennen.

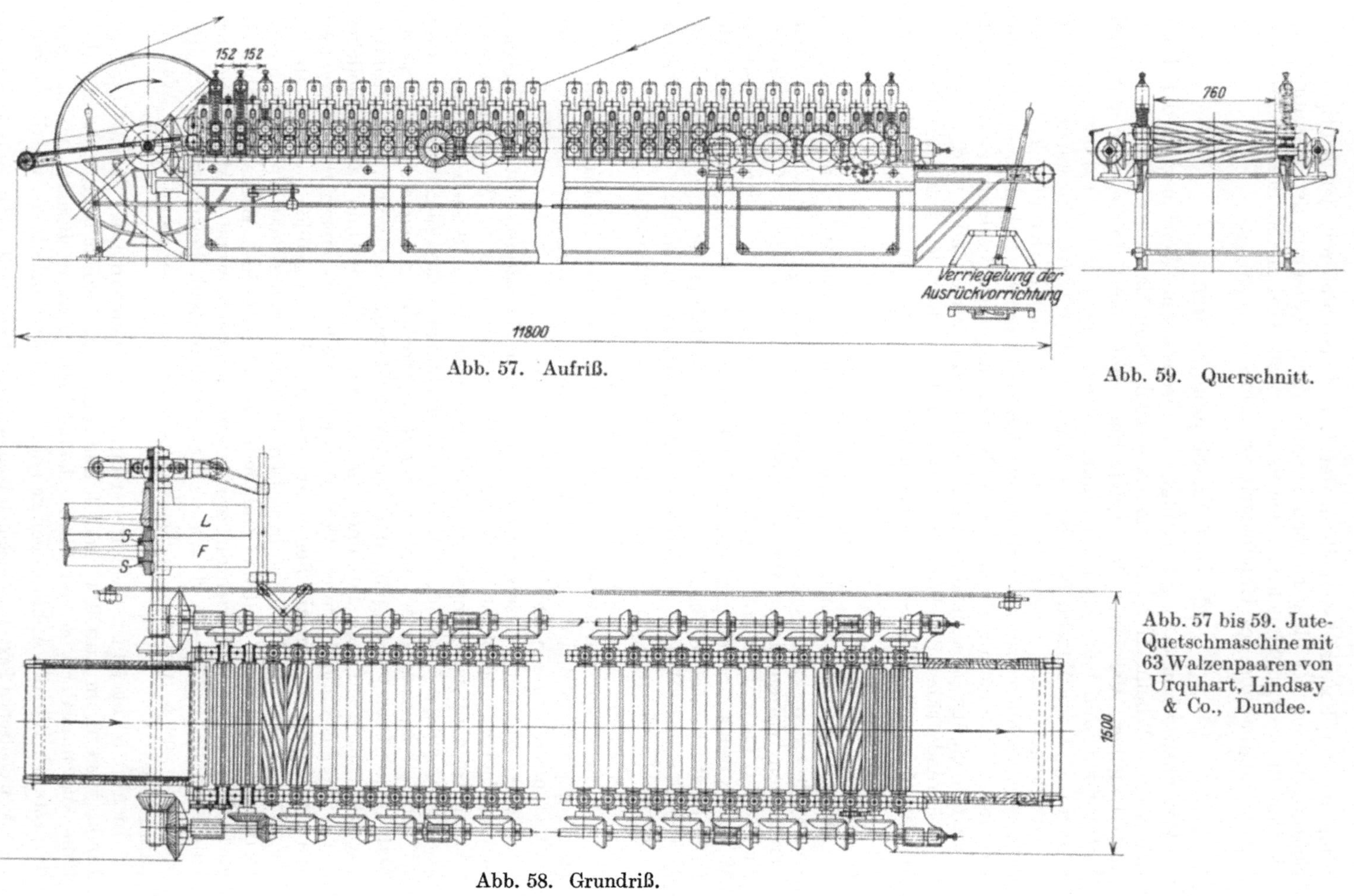

Abb. 57. Aufriß.

Abb. 59. Querschnitt.

Abb. 57 bis 59. Jute-Quetschmaschine mit 63 Walzenpaaren von Urquhart, Lindsay & Co., Dundee.

Abb. 58. Grundriß.

Quetschwalzen von 5½ Zoll = 140 mm Durchmesser und 30 bis 32 Zoll = 760 bis 800 mm Länge mit schraubenförmig verlaufenden, tief eingeschnittenen Riffeln versehen, die wechselweise bei jeder Walze oben und unten, und bei den folgenden Paaren rechts- bzw. linksgängig verlaufen. Durch diese Anordnung soll erreicht werden, daß die Juteristen bei ihrem Durchgang durch die Maschine sich in der Längsrichtung der Walzen, d. h. seitlich in der Querrichtung der Maschine ausbreiten, um so möglichst viele Fasern der quetschenden Wirkung der Walzen auszusetzen. Infolge der steten Folge von rechts- und linksgewundenen Riffeln erhalten die Risten neben ihrer Längsbewegung eine hin- und hergleitende Seitenbewegung, ohne daß es zu einem seitlichen Anlaufen an die Gestellwand kommt.

Abb. 61 zeigt das Querschnittsprofil der Quetschwalzen in vergrößertem Maßstab. Diese besitzen in der Regel 8 Zähne am Umfang von etwa 35 mm Tiefe. Die arbeitenden Kanten sind leicht abgerundet, damit eine Beschädigung der Fasern vermieden wird. Die beiderseitigen Riffeln eines Walzenpaares greifen tief ineinander ein. In der tiefsten Stellung, die, wenn keine Fasern durchgehen,

Abb. 60. Schaubild des Urquhart-Softeners.

durch Ansätze an den Gleitbacken der oberen Walzen und an den Lagerdeckeln der unteren Walzen begrenzt ist, beträgt der Spielraum nur etwa 10 mm (vgl. Abb. 61). Durch diese tiefe, aber grobe Riffelung, die sich in ihrer Anordnung und Arbeitswirkung ganz wesentlich von der z. B. für Hanfsoftener oder gar für Flachs- und Hanfbrechmaschinen verwendeten Walzenriffelung unterscheidet, werden die Juteristen gezwungen, sich möglichst tief in die Riffeln und an das Querschnittsprofil der Walzen zu legen, wodurch die weichmachende Wirkung bei möglichster Schonung der Fasern erzielt wird.

Die Einzeldarstellung in Abb. 61 zeigt weiterhin die Lagerung der oberen Quetschwalzen in den vertikal beweglichen Gleitbacken oder Lagersteinen, die durch zylindrische Spiralfedern gegen die unteren Walzen gepreßt werden. Diese Spiralfedern legen sich mit ihrem unteren Ende gegen entsprechende zylindrische Aussparungen der Lagersteine, während sie sich mit dem oberen Ende gegen gußeiserne Druckplatten andrücken, die wiederum sich gegen nachstellbare Spannschrauben legen. Die Druckfedern sind in ihrer oberen Hälfte von gußeisernen Führungshülsen oder Federböckchen umschlossen, die auf den Gestellwänden aufgeschraubt sind und den Spannschrauben als Widerlager dienen. Der ganze Zusammenbau dieser Teile ist so angeordnet, daß sich die oberen Walzen bei dem bisweilen eintretenden Wickeln des Materials ohne großen Zeitaufwand ausheben lassen. Die Druckfedern, deren Spannung nach der gewünschten Druckwirkung eingestellt ist, müssen beim Durchgang der Juteristen frei spielen können.

Während bei dieser Anordnung der Gleitlager die seitlichen, vertikalen Führungen mit den Maschinenuntergestellen aus einem Stück gegossen sind und sonach beim Bruch irgendeiner dieser Angüsse entweder der ganze Gestellabschnitt erneuert oder unbequeme Flickarbeit vorgenommen werden muß, sucht eine neuerdings herausgekommene verbesserte Konstruktion der Firma Urquhart, Lindsay & Co., vgl. die Abb. 62 bis 64, diesen Übelstand zu beseitigen, indem die seitlichen Führungen in der Form von starken Bolzen von kreisförmigem Querschnitt ausgeführt werden, die auf die Untergestelle einzeln aufgeschraubt sind. Entsprechend dieser Form der Gleitlagerführungen sind auch die Gleitsteine mit zylindrisch geformten Arbeitsflächen ausgestattet und so zwischen die Führungen eingepaßt, daß neben einer vertikalen Auf- und Abwärtsbewegung der Walzenzapfen auch eine gewisse seitliche Beweglichkeit ermöglicht wird. Auch können sich die oberen Walzen bei ungleichförmigem Durchgang der Juteristen bis zu einem gewissen Grade schräg gegen die unteren Walzen einstellen, ohne daß ein Klemmen der Gleitbacken eintritt. Die genaue Herstellung der Vertikalstützen und der Gleitflächen der Lagersteine nach einem und demselben Radius gestattet ein Auswechseln dieser ohne vorheriges Einpassen. Die Vertikalstützen weisen an der Verbindungsstelle mit dem Untergestell einen ziemlich geschwächten Querschnitt auf, wodurch bei Überlastung der Maschine, die bei zu starkem Auflegen oder beim Wickeln des Materials eventuell eintreten kann, eher ein Bruch der Vertikalstützen als ein Bruch des Gestelles oder der Walzen eintritt. Praktische Erfahrungen mit diesen Neuerungen sind noch abzuwarten.

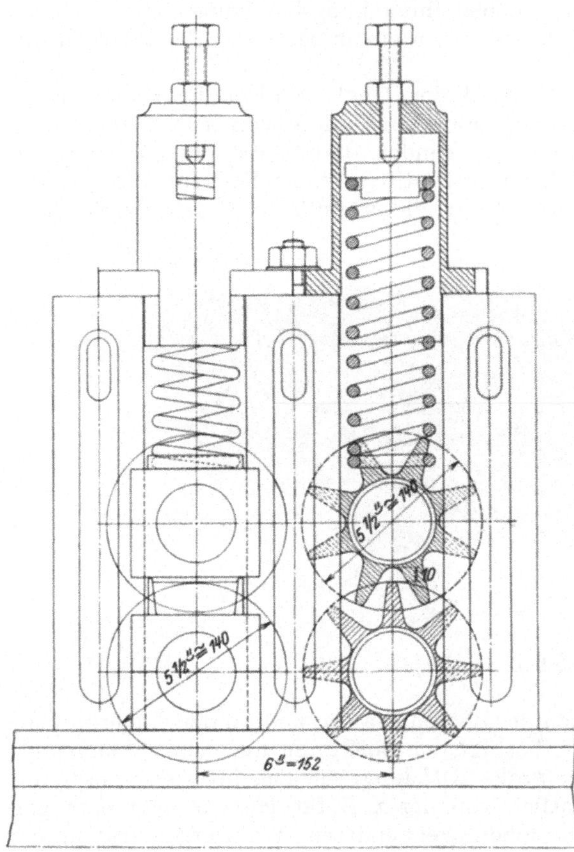

Abb. 61. Anordnung der Quetschwalzen.

Wie die Anordnung der Walzenlagerung auch gewählt wird, stets ist der Zwischenraum zwischen den aufeinanderfolgenden Walzenpaaren so eng wie möglich zu bemessen, damit die Juteristen nicht durchfallen können, was besonders beim Quetschen von kurzen Juteristen oder Wurzelabschnitten zu beachten ist. Auch ist man selbstverständlich bestrebt, die Baulänge der Maschine so kurz wie möglich zu halten. Bei dem in Abb. 61 dargestellten Softener beträgt der Abstand zwischen den äußersten Walzenkanten ½ Zoll. Diesem entspricht bei einem Walzendurchmesser von 5½ Zoll eine Walzenteilung von 6 Zoll. Ein Abschnitt von 8 Walzenpaaren beansprucht demnach eine Länge von 48 Zoll und somit ein Softener von 8 Abschnitten = 63 Walzenpaaren eine Länge von 8·48 Zoll = 32 Fuß (engl.) = 9,76 m ohne Zuführ- und Ablieferungstisch.

Bisweilen ist es auch üblich, den einzelnen Quetschwalzen einer Maschine eine verschieden große Anzahl von Riffeln zu geben, und zwar auf Speiseseite

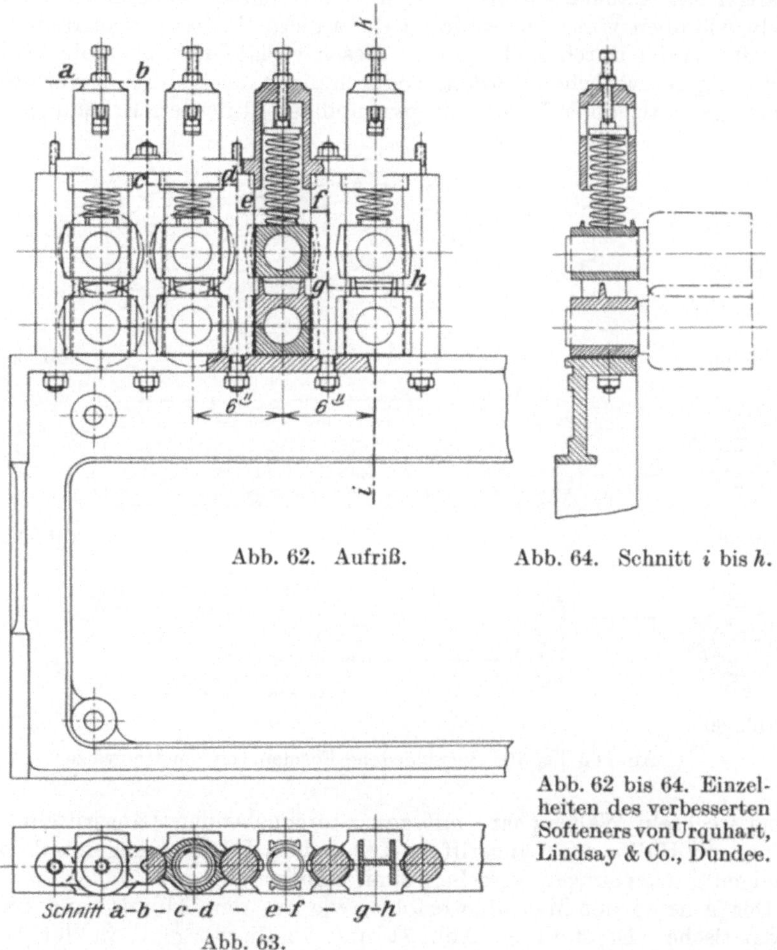

Abb. 62. Aufriß.   Abb. 64. Schnitt i bis h.

Abb. 62 bis 64. Einzelheiten des verbesserten Softeners von Urquhart, Lindsay & Co., Dundee.

Abb. 63.

eine grobe Teilung, etwa 5 bis 7 Zähne auf den Umfang, mit fortschreitender Verfeinerung bis zum Ablieferungsende mit etwa 9 bis 11 Zähnen. Obwohl diese Anordnung nicht zu leugnende Vorteile aufweist, z. B. daß die durchgehenden Juteristen nicht immer an den gleichen Stellen gequetscht werden, ist man bei neueren Maschinen zu der gleichmäßigen Teilung der Riffeln übergegangen, um das Halten einer größeren Anzahl von Reservewalzen verschiedener Ausführung zu vermeiden, oder aber wird bisweilen der Ausweg gewählt, daß abschnittsweise grobgeriffelte Walzen mit feiner geriffelten abwechseln.

Die ersten und die letzten Walzenpaare jedoch versieht man häufig statt mit schraubenförmigen (Abb. 65 und 66), mit geradlinigen, parallel zur Walzenachse verlaufenden Riffeln von größerer Teilung und geringerer Tiefe. Man bezweckt dadurch ein besseres Erfassen des Materials bei der Einführung, bzw. eine störungsfreie Ablieferung ohne das häufig zu beobachtende Wickeln an der letzten Walze. In den Abb. 67 und 68 ist eine solche Walze dargestellt, die ebenfalls bei 5½ Zoll Außendurchmesser 13 Riffeln im Umfang von je etwa 20 mm Tiefe besitzt.

Die Abb. 69 und 70 zeigen noch eine andere Riffelform, die ebenfalls ihre Anhänger hat. Danach ist die Walze über ihre halbe Länge mit achsenparallelen Riffeln wie oben versehen, während die andere Hälfte Längsriffeln besitzt, die ihrerseits wieder durch senkrecht zu diesen verlaufende, stumpfe Einkerbungen zahnförmig unterbrochen werden, wodurch die in der Abbildung veranschaulichte eigenartige Walzenoberfläche mit pyramidalen stumpfen Erhöhungen entsteht.

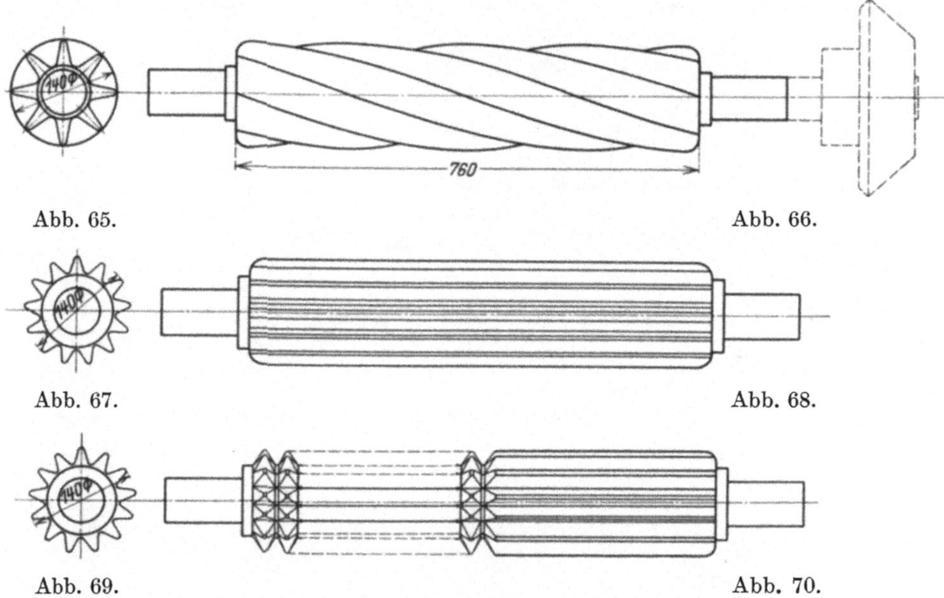

Abb. 65.   Abb. 66.

Abb. 67.   Abb. 68.

Abb. 69.   Abb. 70.

Abb. 65 bis 70. Verschiedene Formen von Quetschwalzen.

Dabei wechseln Walzenpaare mit ganz durchgehenden Längsriffeln und solche, die nur zur Hälfte mit Längsriffeln, zur andern Hälfte dagegen mit diesen zahnförmigen Einkerbungen versehen sind, miteinander ab.

Der Antrieb der Maschine erfolgt, wie aus den Abb. 57 und 58 sowie der schematischen Darstellung, Abb. 71 und 72, hervorgeht, in der Regel durch Riemenantrieb von der Haupttransmissionswelle aus auf Fest- und Losscheibe F und L, die auf der auf der Speiseseite quer durch die Maschine hindurchgehenden und durch kräftige Lagerböcke gestützten horizontalen Antriebswelle A sitzen. Die Bewegung der Welle A wird durch 2 kleinere, ebenfalls auf dieser sitzenden Kegelräder Z_1 und Z_2 auf 2 größere Kegelräder Z_3 und Z_4 übertragen, die an den Enden zweier, zu beiden Seiten der Maschine entlang laufenden, horizontal gelagerten Wellen B_1 und B_2 sitzen, deren Bewegung wieder durch zahlreiche Kegelräderpaare Z_5/Z_6, bzw. Z_7/Z_8 auf die unteren Quetschwalzen übertragen wird. Hierbei sitzen die Kegelräder Z_6 und Z_8 auf den abwechselnd links oder rechts verlängerten Zapfen der unteren Walzen, so daß jede der Wellen B_1 und B_2 die Hälfte der Walzen antreibt. Dieser wechselweise Antrieb der

Quetschwalzen ist durch die enge Walzenteilung bedingt. Die Lager der Längswellen B_1 und B_2 werden zweckmäßig geteilt ausgeführt, und zwar so, daß die Teilfläche entweder senkrecht oder noch besser schräg nach außen gerichtet ist, um ein leichteres Abheben der Wellen zu ermöglichen. Entsprechend dem durch die Kegelräder hervorgerufenen starken Horizontalschub sind die Längswellen an den Enden durch Druckschrauben, Stellringe oder Druckkugellager zu sichern.

Bisweilen findet man die Anordnung, daß die Antriebsscheiben F und L aus örtlichen Gründen auf einer besonderen Antriebswelle, die parallel zu der Längsseite der Maschine verläuft, sitzen.

Die Firma Urquhart, Lindsay & Co. lagert neuerdings der Querwelle A eine zweite, parallele Querwelle vor, die mit höherer Geschwindigkeit läuft und mit der Welle A durch Stirnradübersetzung verbunden ist. Statt der Fest- und Losscheibe ist auf der schnellaufenden Antriebswelle eine ausrückbare Reibungskupplung angebracht.

Die Einführung des Materials erfolgt auf der Speiseseite durch einen schräg nach dem ersten Walzenpaar ansteigenden Tisch von etwa 1 m Länge, über den ein endloses Zuführungstuch oder Lattengurt über 2 hölzerne Tuchwalzen T_1 und T_2 läuft, das die Juteristen direkt in den Bereich des ersten Walzenpaares bringt, Tuchwalze T_1 erhält ihre Bewegung durch das auf dem verlängerten Zapfen der ersten unteren Quetschwalze sitzende Zahnrad Z_9, das Zwischenrad Z_{10} und das auf dem Tuchwalzenzapfen sitzende Zahnrad Z_{11}, so daß T_1 in der gleichen Richtung wie die unteren Quetschwalzen läuft. Die Spannung des Zuführungstuches läßt sich durch Verschiebung der mittels Schraube verstellbar angeordneten Tuchwalze T_2 regulieren. Manche Maschinenbauer geben dem Speisetisch samt dem Zuführungstuch eine vertikale Verstellbarkeit, so daß dessen Höhe genau der Größe des bedienenden Arbeiters angepaßt werden kann. Über der Tuchwalze T_1, vor dem ersten Quetschwalzenpaar, ist eine zweite Holzwalze von etwas größerem Durchmesser als Schutzwalze angebracht, deren Zapfen in vertikalen Schlitzen in den beiden Seitengestellen frei beweglich gelagert sind. Beim Durchgang der Risten hebt sich die Walze, die sonst durch ihr Eigengewicht lose auf dem Einführungstuch liegt und von diesem mitgenommen wird, leicht an, verhindert aber, daß der Ristenaufleger mit seinen Händen zu nahe an das erste Quetschwalzenpaar kommt und von diesem in die Maschine gerissen wird. Auf beiden Seiten des Zuführungstuches sind kräftige, hohe, hölzerne Bordleisten angebracht, um das seitliche Ablaufen und eventuelle Wickeln der Fasern um die Walzenzapfen zu verhindern.

Am Ende der Maschine ist in ähnlicher Weise ein Ablieferungstisch mit darüberlaufendem Tuch oder Lattengurt und mit entsprechenden Tuchwalzen T_3 und T_4 vorgesehen. Diese liegen gegenüber den unteren Quetschwalzen so tief, daß das Ablieferungstuch unter letzteren etwa bis zur drittletzten Walze durchläuft, so daß das abgelieferte Material auf das Tuch herunterfällt. Tuchwalze T_3 wird durch Zahnradübersetzung $Z_{12}/Z_{13}/Z_{14}$ von einer der letzten unteren Quetschwalzen angetrieben, während Tuchwalze T_4 zur Regulierung der Tuchspannung wiederum nachstellbar angeordnet ist.

Die Länge der Zu- und Ablieferungstische richtet sich ganz nach den örtlichen Verhältnissen und erreicht bisweilen eine Ausdehnung von 3 m. Sie soll jedoch nicht unter 1 m betragen.

Bei der Anordnung des Softeners mit Fest- und Losscheibe erfolgt die Einund Ausrückung der Maschine durch die übliche Riemengabel, die durch geeignete Hebelübersetzungen mit sowohl von Speise- wie auch von Ablieferungs-

seite bedienbaren Ausrückvorrichtungen verbunden ist. Auf der Ablieferungsseite ist eine Arretiervorrichtung mit Schnappfeder (vgl. Abb. 57) so angebracht,
daß das Einrücken der Maschine nur durch gleichzeitige Betätigung der
Einrückhebel auf Speise- und Ablieferungsseite, dagegen das Abstellen von
jeder Seite aus sofort erfolgen kann. Diese Sicherheitsvorrichtung, die bei einer

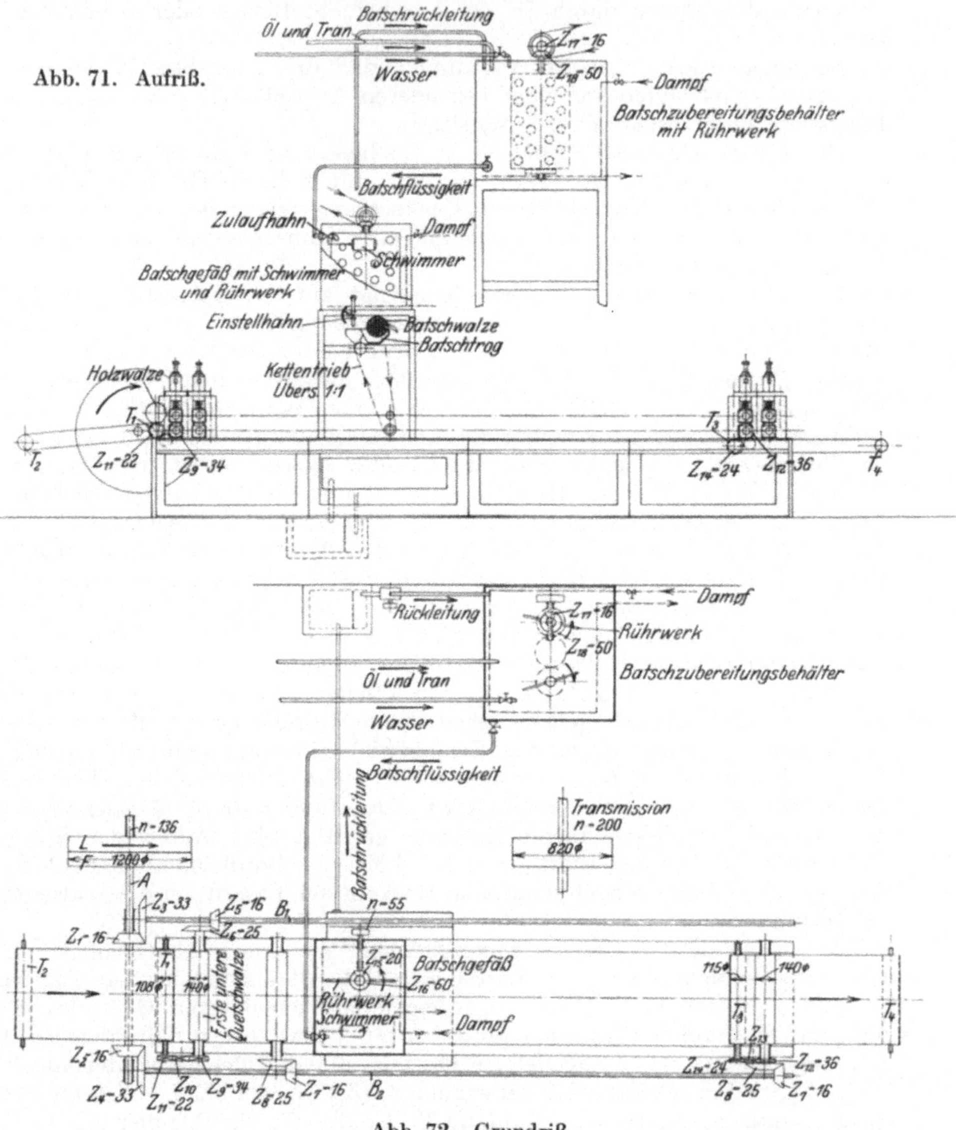

Abb. 71 bis 76. Schematische Darstellung einer

ganzen Reihe von Vorbereitungsmaschinen noch zu finden ist, soll verhüten,
daß auf der einen Seite der bedienende Arbeiter die Maschine einrückt, während
der auf der andern Seite befindliche Arbeiter noch im Räderwerk oder an sonst
gefährlichen Triebwerkteilen hantiert. Bei elektrischem Einzelantrieb ist der

Motorschalter mit der durchgehenden Ausrückstange in geeigneter Weise in Verbindung zu bringen, so daß ebenfalls das Ausschalten an beiden Enden der Maschine erfolgen kann.

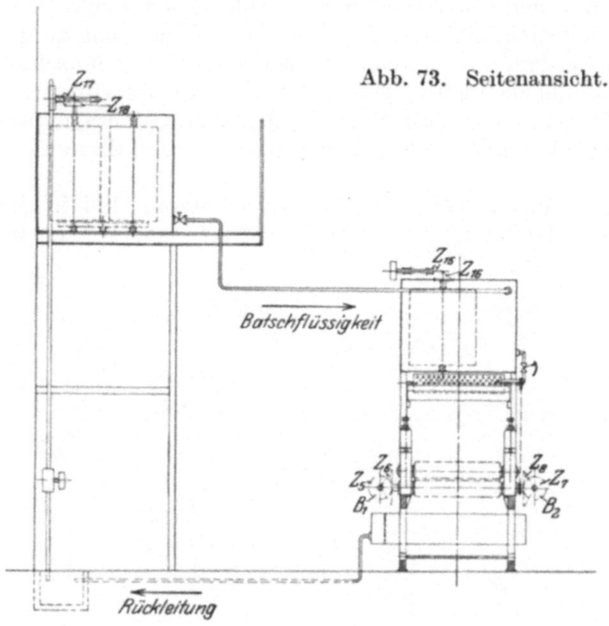

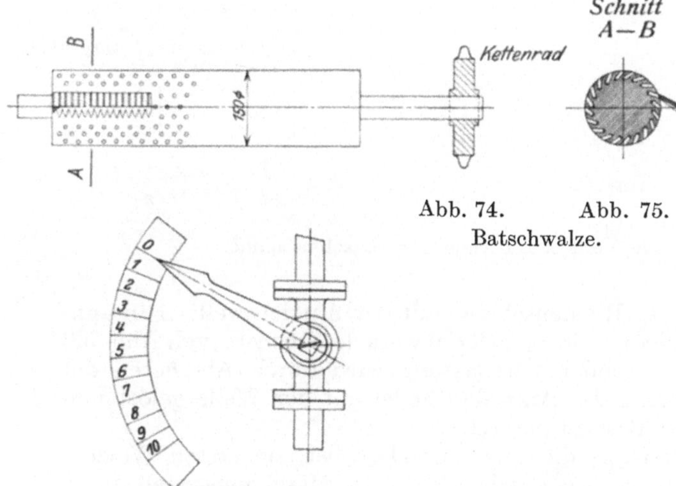

Batschmaschine mit Batschapparat und Batschbehälter.

Um das Erfaßtwerden des Arbeiters beim Auflegen zu verhindern, werden neben einem langen Speisetuch und der oben angeführten Schutzwalze bisweilen noch besondere Sicherheitsabstellvorrichtungen angebracht. So ist z. B. nach einem englischen Patent von Williamson[1] direkt vor der Tuchwalze T_2 eine der zylindrischen Form der Tuchwalze angepaßte Schutzleiste so angebracht, daß, wenn der Arbeiter von einer Juteriste erfaßt und gegen die ersten Quetschwalzen gezogen wird, er zuerst an diese Schutzvorrichtung stößt, wodurch diese durch entsprechende Hebelübertragung eine Schnappvorrichtung auslöst, die wiederum eine kräftige Feder freigibt, durch deren Wirkung der Riemen von der festen auf die lose Scheibe verschoben und die Maschine zum sofortigen Stillstand gebracht wird.

Sämtliche Kegelräder sind durch solide Stahlblechschutzverdecke abgedeckt, die so angeordnet sind, daß der Zugang zu den einzelnen Rädern leicht ermöglicht ist. Die Räderschutzverdecke der unteren Walzenantriebe sind aus diesem Grunde mit aufklappbaren Deckeln versehen, die sich gegen entsprechende Nasen an den Seitengestellen legen und zweckmäßig schräg nach außen abfallend angeordnet sind, um die Ablagerung von Staub

---

[1] Vgl. Woodhouse u. Kilgour: a. a. O. S. 75.

und Schmutz nach Möglichkeit zu verhindern. Um Unglücksfälle zu verhüten, die häufig dadurch entstehen, daß diese Schutzdeckel während des Ganges der Maschine abgehoben werden und der Arbeiter aus Unachtsamkeit von den Kegelrädern erfaßt wird, findet man bisweilen die in Abb. 77 skizzierte Verriegelung[1]. Bei dieser Vorrichtung können die Schutzdeckel nur bei ausgerückter Maschine abgehoben werden, während beim Ingangsetzen der Maschine durch Betätigung des Einrückhebels mittels geeigneter Hebelübersetzung eine ganze Anzahl Knaggen in Bewegung gesetzt werden, die sich gegen entsprechende Ansätze an den Scharnieren der Schutzdeckel legen, so daß diese nicht geöffnet werden können.

Um die Maschine vor Überlastung oder Brüchen zu schützen, sind in der Hauptantriebsscheibe F ein oder zwei Abschersicherheitsstifte S ein-

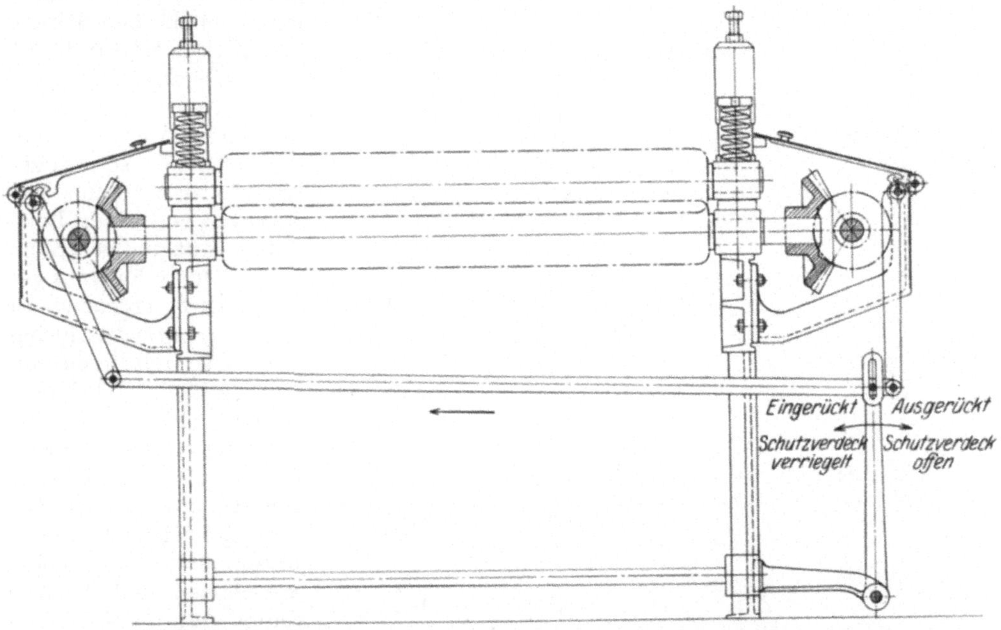

Abb. 77. Selbsttätige Verdecksicherung zur Batschmaschine.

gebaut, die die Verbindung der Riemenscheibe mit der Antriebswelle A in ähnlicher Weise vermitteln, wie dies bereits beim Triebwerk des Openers (vgl. Abb. 53) beschrieben wurde. Bei eintretender Überlastung wird durch Abscheren der Sicherheitsstifte die Verbindung der Antriebsscheibe mit der Welle gelöst und dadurch die Maschine außer Betrieb gesetzt.

Um die Staubentwicklung, die sich besonders bei den ersten Walzenpaaren bemerkbar macht, zu beseitigen, wird das ganze Maschinengestell durch dicht schließende Blechverdecke umschlossen und der Staub unter der Maschine durch Anschluß an eine Entstaubungssaugleitung oder besonderen Exhaustor abgeführt.

Die Berechnung der Bewegungsverhältnisse des Softeners ergibt nach den in Abb. 72 eingetragenen Antriebsdaten und Zähnezahlen:

---

[1] Die in Abb. 77 dargestellte Verdecksicherung wird in ähnlicher Weise auch von den Firmen Seydel, Bielefeld, und Bauch, Landshut, ausgeführt.

$$\text{Umdrehungszahl der Hauptwelle A:} \quad \frac{820 \cdot 200}{1200} = 136{,}67 \text{ Uml./min,}$$

$$\text{der beiden Längswellen } B_1 \text{ und } B_2 \text{: } 136{,}67 \cdot \frac{16}{33} = 66 \text{ Uml./min,}$$

$$\text{der Quetschwalzen: } 66 \cdot \frac{16}{25} = 42 \text{ Uml./min.}$$

Dieser Umlaufzahl entspricht eine Umfangsgeschwindigkeit der Quetschwalzen von $0{,}140\,\pi \cdot 42 = 18{,}5$ m/min.

Tatsächlich ist jedoch mit einer größeren Umfangsgeschwindigkeit oder Lieferung der Quetschwalzen zu rechnen, da die Juteristen eine größere Dicke besitzen und sie sich außerdem tief in die Riffeln einlegen. Statt des theoretischen Walzenumfanges von $140 \cdot \pi = 440$ mm kann man bei 8 Riffeln von je etwa 35 mm Tiefe bei einer Umdrehung der Walze eine Abwicklung von **536** mm im Mittel annehmen. Dem entspricht eine Lieferung von $0{,}536 \cdot 42 = 22{,}5$ m/min.

Die tägliche Lieferung beträgt demnach bei 10stündigem, ununterbrochenem Betrieb: $22{,}5 \cdot 10 \cdot 60 = 13\,500$ m.

Nimmt man an, daß gleichzeitig durch 2 Arbeiter 2 Risten von je 0,75 kg und einer Durchschnittslänge von 2 m aufgelegt werden, so ergibt sich die tägliche Lieferung dem Gewicht nach zu:

$$L = \frac{2 \cdot 0{,}75 \cdot 13\,500}{2} = 10\,125 \text{ kg} = \text{rund } \mathbf{56 \ Ballen.}$$

Bei nur 1 Mann Bedienung ermäßigt sich dieser Betrag etwa auf 42 bis 45 Ballen pro Tag. In der Praxis erzielt man häufig durch Erhöhung der Umlaufzahl der Walzen noch beträchtlich größere Leistungen, bis zu 70 Ballen bei 2 Mann Bedienung, bzw. 55 Ballen bei 1 Mann Bedienung.

Entsprechend der Umfangsgeschwindigkeit der Quetschwalzen ergibt sich unter Berücksichtigung der Zähnezahlen der Übersetzungsräder und der Durchmesser der Tuchwalzen T_1 und T_3 nach Abb. 72:

$$\text{Geschwindigkeit des Zuführungstuches: } 42 \cdot \frac{34}{22} \cdot 108 \cdot \pi = 22 \text{ m/min,}$$

$$\text{Geschwindigkeit des Ablieferungstuches: } 42 \cdot \frac{36}{24} \cdot 115 \cdot \pi = 22{,}6 \text{ m/min.}$$

Die Firma James F. Low, Monifieth, hat in jüngster Zeit einen neuartigen Softener herausgebracht, den sie „Jute Crimping and Softening Machine" („Kräusel- und Erweichungsmaschine") nennt. Das wesentliche Merkmal dieser Maschine ist eine eigentümliche Pendelbewegung, welche die oberen Walzen neben ihrer normalen Drehbewegung gegenüber den unteren Walzen ausführen. Die Anordnung und Wirkungsweise dieser Vorrichtung geht aus den Abb. 78 bis 80 hervor. Während die unteren Walzen N von etwa 6 Zoll Durchmesser in üblicher Weise gelagert sind, sind die Gleitführungen der oberen Walzen P, deren Durchmesser nur 4 Zoll beträgt, nicht fest mit dem Gestell verbunden, sondern sie sind als bewegliche Arme Q ausgebildet, welche mit ihrem unteren Teil die Zapfen der Walzen N umfassen, deren Achsen demnach die Schwingungsachsen für die oberen Walzen bilden, vgl. Abb. 80. Die Pendelarme Q sind unterhalb der unteren Walzenzapfen noch durch Lappen verlängert, deren gabelförmige Enden Gleitbüchsen R aufnehmen, in denen Drehzapfen S gelagert sind. Letztere sitzen in gemeinschaftlichen Tragarmen T, die parallel auf beiden Seiten der Maschine angebracht sind. Auf diese Weise sind je 8 Pendelarme Q samt ihren zugehörigen Walzen untereinander verbunden. Jedes Armpaar T ist durch eine Welle M

miteinander verbunden, an welche rechts und links Schubstangen L angreifen, die mit auf gemeinschaftlicher Welle H sitzenden Exzentern K verbunden sind. Die ganze Maschine besteht aus 6 Abschnitten von je 8 Walzenpaaren = zusammen 48 Walzenpaare. Dementsprechend sind 6 Paar Tragarme T vorhanden,

Abb. 78.   Abb. 79.

Abb. 78 und 79. Verbesserter Jutesoftener von James F. Low & Co., Monifieth.

dagegen genügen 3 Exzenterwellen H, da an jedem äußeren Wellenende immer 2 Exzenter sitzen, von denen jeweils die außen sitzenden Exzenter auf die Tragarme T gegen die Speiseseite der Maschine zu treiben, während die beiden inneren Exzenter durch die Schubstangen L die Tragarme T nach der Ablieferungsseite der Maschine zu verbinden. Die Exzenterwellen H laufen in der Regel mit 45 Uml./min um, wobei sie von einer Längswelle J mittels Kegelrädern angetrieben werden (Abb. 79). Die Längswelle J wiederum erhält ihre Bewegung, wie Abb. 78 zeigt, von der Hauptantriebswelle aus über ein Stirnradgetriebe, das mit Wechselrädern ausgerüstet ist, um die Umlaufzahl der Welle J und damit die Schwingungsgeschwindigkeit der oberen Walzen verändern zu können. Infolge der auf diese Weise hervorgerufenen hin- und herpendelnden Bewegung der oberen

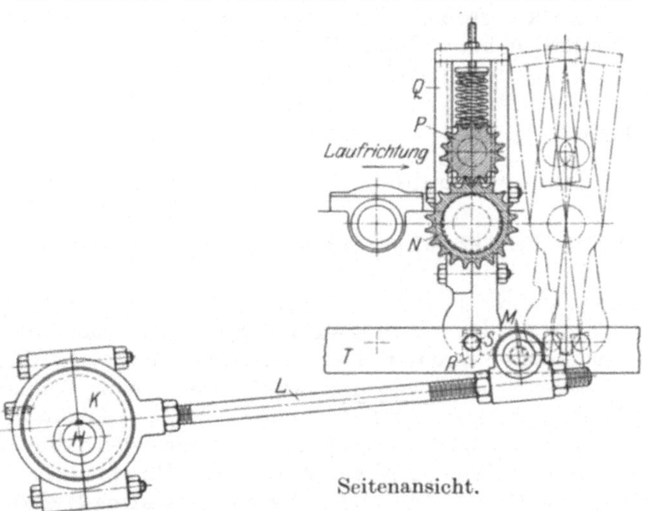

Abb. 80. Verbesserter Jutesoftener von James F. Low & Co., Monifieth.

Walzen, die eine gewisse Ähnlichkeit mit der Walzenbewegung bei den Pilgerschrittreiben für Hanf hat, und die naturgemäß nur eine parallele, also keine spiralförmige Riffelung der oberen und unteren Walzen gestattet (wobei selbstverständlich jedes Walzenpaar gleiche Riffelteilung hat), soll eine stärkere Knet- und Quetschwirkung auf die Fasern ausgeübt werden, wodurch die kürzere Bauart der Maschine ermöglicht wird. Inwieweit diese Vorteile tatsächlich erzielt werden und die wesentliche Komplizierung der Maschine rechtfertigen, muß die Praxis noch erweisen.

Als Kraftbedarf eines Softeners rechnet man im allgemeinen 1,5 bis 2 PS für jeden Abschnitt von 8 Walzenpaaren, so daß ein Softener mit 63 Paar Walzen etwa 12 bis 16 PS beansprucht. Die Grundfläche einer solchen Maschine beträgt bei normaler Länge des Zu- und Abführungstisches und einschließlich des Antriebes: Länge 11,8 m, Breite 2,6 m.

Entsprechend den verschiedenen Ansichten über die Art des Einsprengens der Jutefasern mit Wasser und den Batschzusätzen Tran, Öl usw., d. h. ob getrennt oder zusammen als Emulsion (vgl. S. 122), sind auch die beim Maschinenbatschen verwendeten Einrichtungen,

die Batschapparate,

sehr vielseitig.

Zunächst ist die Frage, an welcher Stelle der Maschine die Batschflüssigkeit am zweckmäßigsten aufgebracht werden soll, noch sehr umstritten. In der Regel erfolgt das Einsprengen, nachdem die Juteristen eine gewisse Anzahl Walzenpaare, etwa ¼ bis ⅓, passiert haben. Nach einem andern Verfahren wird zuerst heißes Wasser, etwa beim 10. Walzenpaar, zugeführt, dagegen erfolgt das Aufbringen des Öls oder der Öl-Tran-Mischung erst in der Mitte oder kurz vor dem Ablieferungsende der Maschine aus der Erwägung heraus, daß durch das vorhergehende längere Quetschen die Faser aufnahmefähiger für das Batschöl würde.

Von den zahlreichen Einsprengmethoden sei die in den Abb. 71 bis 76, S. 136 schematisch dargestellte Batscheinrichtung angeführt, die in dieser oder in mehr oder weniger abgeänderter Form bei der Anwendung emulgierter Batschlösungen häufig anzutreffen ist. Der Batschapparat besteht aus einem flachen, gußeisernen, die ganze Breite der Maschine einnehmenden Trog, der auf einem Eisengestell etwa über dem 15. Walzenpaar angebracht ist. In diesem Trog bewegt sich eine gußeiserne Walze von vollem Querschnitt und etwa 150 mm Durchmesser, in deren Körper eine größere Anzahl Löcher schräg zum Umfang so eingebohrt sind, daß sie, wenn die Walze in Umdrehung versetzt wird, die im Trog befindliche Batschflüssigkeit ähnlich dem Schöpfer eines Schöpfrades hochheben und bei jeder Umdrehung nach der andern Seite entleeren, vgl. die Abb. 74 und 75. Zur Ableitung der Batschflüssigkeit nach den Quetschwalzen, bzw. auf die durchgehenden Juteristen dient eine eigens geformte Abstreichplatte aus Rotguß, deren obere schneidenartig ausgebildete Kante sich gegen die ablaufende Seite der Batschwalze legt, während die untere Begrenzung der Platte in sägblattartig geformte Abtropfzacken ausläuft. Von der oberen Kante bis etwa zur halben Höhe der Platte verlaufen parallele Riefen, die einen gleichmäßigen Abfluß der Batschflüssigkeit über die Platte vermitteln sollen. Dem Batschtrog läuft die Emulsion aus einem dicht darüber sitzenden, viereckigen Batschgefäß aus etwa 3 mm starkem Eisenblech durch eine kurze Rohrleitung zu. Das Batschgefäß über der Maschine wird durch einen zweiten, größeren, etwa einen Tagesbedarf fassenden Behälter gespeist, der je nach den Raumverhältnissen in gewisser Entfernung von der Maschine auf einem Eisenpodest so hoch aufgestellt ist, daß die Batschflüssigkeit durch eigenes Gefälle dem Batschgefäß über der Maschine zufließt. Zu dem großen Behälter, in dem die Emulsion zubereitet wird, führen außer einer Wasserleitung noch 2 Rohrleitungen zur Beförderung von Tran und Mineralöl direkt aus den Vorratstanks, während eine Dampfleitung die auf dem Grund des Behälters liegende Dampfschlange mit dem zum Kochen der Emulsion erforderlichen Dampf versorgt. Auch in dem über der Maschine befindlichen Batschgefäß ist eine Dampfschlange für stete Erwärmung der Emulsion vor dem Aufbringen auf die Faser vorgesehen. Um eine innige Mischung der Emulsion zu erhalten, bzw. das Abscheiden des nicht emulgierbaren Mineralöles zu verhindern, sind beide Batschgefäße mit umlaufenden Rührwerken versehen. In der Darstellung Abb. 71 ist die Batschwalze von einer der unteren Quetschwalzen mittels Ketten, und zwar mit der gleichen Umdrehungsgeschwindigkeit wie die Quetschwalzen, angetrieben. Da hierbei die Batschwalze stets gleichbleibende Geschwindigkeit erhält, erfolgt die Regulierung der auf die Faser aufzubringenden Flüssigkeitsmenge durch Veränderung der Flüssigkeitshöhe im Batschtrog mittels eines Einstellhahnes, der zu diesem Zweck mit einem Zeiger versehen ist, dessen Stellung an einer am besten durch praktische Versuche entsprechend dem gewünschten Feuchtigkeitsgrad geeichten Skala abgelesen werden kann, vgl. Abb. 76. Um bei dieser Regulierungsart die Druckhöhe der aus dem oberen Batschgefäß dem Batschtrog zufließenden Flüssigkeit konstant zu erhalten, ist in ersterem ein Schwimmer angebracht, der in Verbindung mit dem Zulaufhahn steht und den Zufluß selbsttätig nach der Standhöhe regelt, vgl. Abb. 71.

Die von der Batschwalze geschöpfte Flüssigkeit tropft von der Abstreichplatte entweder direkt auf die Quetschwalzen, die sie auf die durchgehenden Juteristen abgeben, oder aber läßt man auf den beiden der Abstreichplatte zunächst liegenden, oberen Quetschwalzen eine mit mehreren Lagen Filz überzogene Holzwalze laufen, welche die auftropfende Flüssigkeit aufsaugt und an die darunter liegenden Walzen weitergibt.

Die zwischen den Walzen auf den Boden tropfende Flüssigkeit wird unter der Maschine in einem großen Blechkasten aufgefangen und nach gründlicher Reinigung von Schmutz und abfallenden Fasern durch mehrere Siebe und Abscheidebecken vermittels einer Pumpe dem Zubereitungsbehälter zur Wiederverwendung zugeleitet.

Nach einem andern, häufig geübten Verfahren erfolgt die Regulierung der Einsprengmenge durch Änderung der Umlaufzahl der Batschwalze, die in diesem Fall durch Stirnräderübersetzung von einer unteren Walze angetrieben wird. Entsprechend der gewünschten Flüssigkeitszufuhr werden Wechselräder von verschiedenen Zähnezahlen eingesetzt, wodurch eine sehr weitgehende und feinfühlige Regulierung ermöglicht wird (vgl. auch die Abb. 81 und 83).

Beim getrennten Einsprengen von Wasser und Öl verwendet man zweckmäßig zwei in gewissem Abstand befindliche Batschtröge mit je einer Schöpfwalze und Abstreichplatte. In diesem Fall sind beide Batschtröge mit Dampfschlangen zur Erwärmung der Batschflüssigkeit versehen, und gleichzeitig sorgt in jedem Trog ein Schwimmerventil für gleichmäßige Einhaltung der Höhe der Batschflüssigkeit. Entsprechend dem verschiedenen Bedarf an Wasser und Batschöl sind die Umlaufzahlen der Wasser- bzw. der Ölwalze verschieden, und dementsprechend sind auch die Zahnradübersetzungen verschieden zu bemessen. Bei den geringen Mengen Öl, die hierbei in Frage kommen, kann die Oberfläche der Ölwalze glatt bleiben, während die Wasserwalze mit Schöpflöchern, wie oben beschrieben, zu versehen ist.

Nach einem andern Verfahren, vgl. auch den Batschapparat von Urquhart, Lindsay, Abb. 83, wird die Batschwalze nur für die Zuführung des Öles in Anwendung gebracht, während das Einsprengen mit Wasser aus einer einfachen Röhre erfolgt, die horizontal quer über der Batschmaschine liegt und an ihrem Scheitel mit einem über die ganze Länge verlaufenden Schlitz versehen ist. An dieser Röhre sind, wie in den Abb. 81 und 83 dargestellt, zu beiden Seiten des Überlaufschlitzes Ablaufbleche mit unteren Abtropfzacken angebracht, ähnlich wie bei den oben beschriebenen Batscheinrichtungen. Der Wasserzufluß

nach der Röhre
wird durch 2
Hähne regu-
liert, und zwar
erfolgt durch
den einen Hahn
die genaue Ein-
stellung der Zufluß-
mengen mittels Zei-
ger und Skala, vgl.
auch Abb. 82, wäh-
rend der andere Hahn
durch ein Hebelge-
stänge mit der Ab-
stellvorrichtung der
Maschine so verbun-
den ist, daß er beim
Betrieb voll geöffnet,
dagegen beim Still-
stand der Maschine
geschlossen ist, womit
die Wasserzufuhr un-
terbleibt. In ähnli-
cher Weise kann auch
die Ölwalze durch ein
solches Schlitzrohr
ersetzt werden, doch
muß in diesem Fall
das Öl, ehe es dem
Verteilungsrohr zu-
geführt wird, in ei-
nem besonderen Be-
hälter erwärmt und
möglichst auf glei-
cher Temperatur ge-
halten werden.

Das Bestreben, die
Ölzufuhr je nach der
Dicke der durch-
gehenden Faser-
schicht zu regeln,
führte zu verschie-
denen Konstruktio-
nen, von denen eine
in Abb. 81 und 82
dargestellt ist. Da-
nach wird durch ei-
nen Fühlhebel, der
sich gegen einen
Nocken auf dem
Zapfen einer vor
dem Einsprengap-

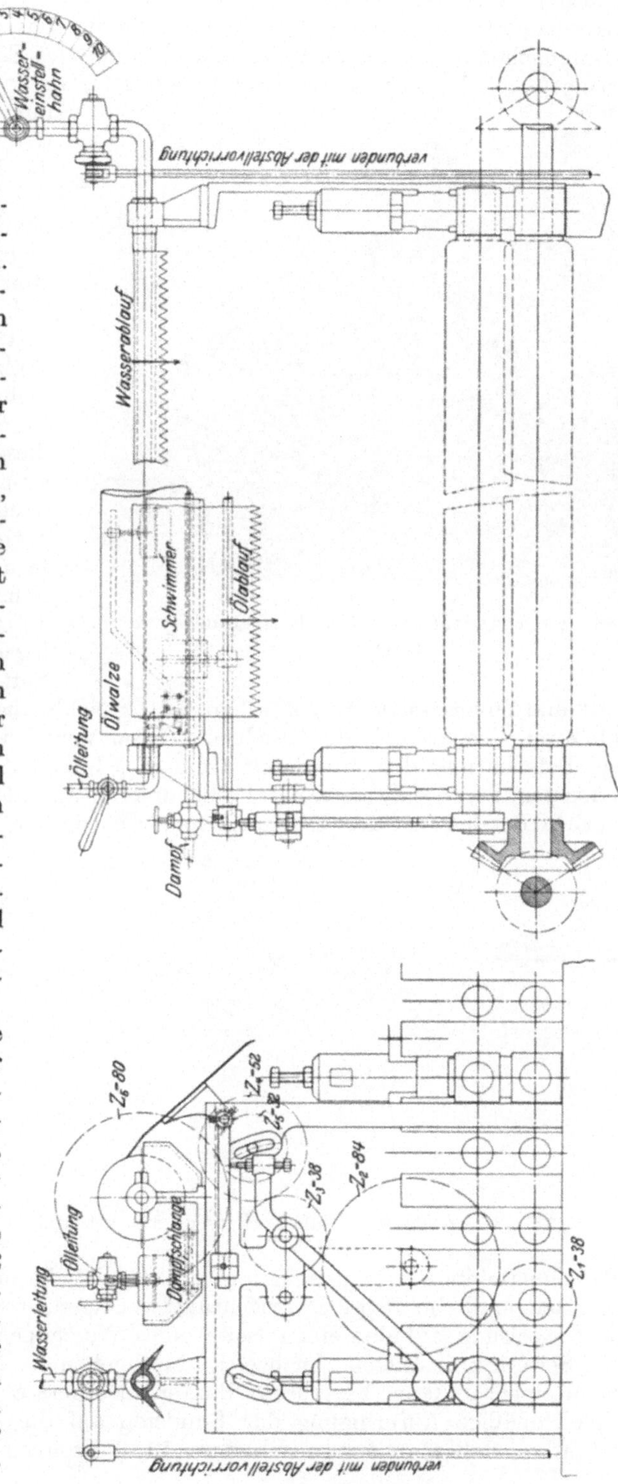

Abb. 81 u. 82. Einsprengvorrichtung für Öl und Wasser mit selbsttätiger Regulierung.

parat liegenden oberen Quetschwalze legt, mittels geeigneter Hebelübersetzung die Abstreichplatte mehr oder weniger nahe an die Batschwalze gelegt, so daß z. B. beim Durchgehen einer dünnen Riste eine Senkung des Fühlhebels und dadurch ein geringes Abheben der Abstreichplatte eintritt, was wiederum bewirkt, daß nur ein Teil der geschöpften Batschflüssigkeit über die Platte abtropft, während der übrige Teil nach dem Trog zurückläuft. Beim Durchgehen von dicken Risten dagegen hebt sich der Fühlhebel, die Abstreichplatte wird näher an die Walze gedrückt und somit mehr Flüssigkeit nach der Faser abgeleitet. Wenn auch diese Einrichtung sinnreich ausgedacht ist, so zeigt sich doch in der Praxis, daß sie entbehrt werden kann, sofern nur die Docken in möglichst gleichmäßiger Dicke aufgeteilt sind und das Auflegen auf das Speisetuch des Softeners mit der nötigen

Abb. 83. Batschapparat von Urquhart, Lindsay & Co., Dundee.

Sorgfalt und Zuverlässigkeit, vor allem mit gleichbleibender Geschwindigkeit erfolgt. Zweifellos verbürgt die Beachtung dieser Vorschrift viel eher eine gleichmäßige Befeuchtung der Juteristen beim Maschinenbatschen als komplizierte Mechanismen, deren einwandfreies Funktionieren auf die Dauer bei dem ziemlich derben Betrieb und den Erschütterungen sowie der Verschmutzung, denen

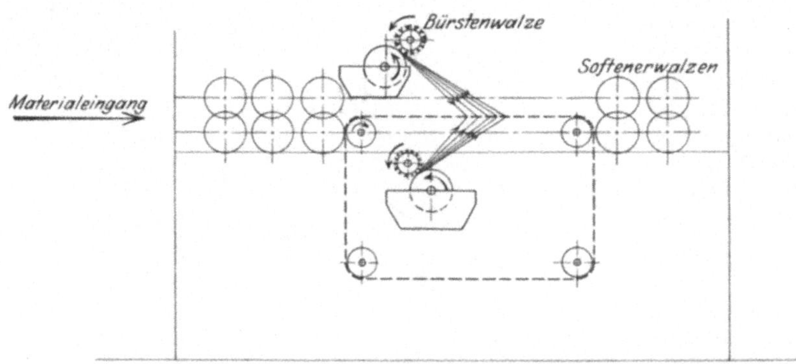

Abb. 84. Zweiseitige Softenerbatsche mit rotierenden Bürstenwalzen.

die Batschmaschine im allgemeinen ausgesetzt ist, kaum gewährleistet werden kann. Auch muß die Reguliervorrichtung versagen, wenn z. B. bei ungleichmäßiger Speisung auf der einen Seite eines Walzenpaares dicke und auf der andern Seite dünne Risten gleichzeitig durchgehen.

Nach einem anderen Verfahren (Baxter, Brothers & Co. Ltd., Dundee) soll eine gleichmäßige Aufbringung der Emulsion auf die Juteristen dadurch erzielt werden, daß man etwa nach dem 10. Walzenpaar eine Anzahl Walzen-

paare fortläßt und man die durchlaufenden Juteristen in der entstehenden
Lücke auf einer weitmaschigen oder siebartig durchlochten Transportvorrichtung
bis zu den nächsten Walzen weiterbefördert. Über und unter diesem Transportband, vgl. die schematische Darstellung in Abb. 84, befindet sich je ein Behälter,
aus dem die Emulsion zunächst durch eine eintauchende Walze aufgehoben
und durch schnellrotierende Bürstenwalzen abgenommen und in Form eines
feinen Sprühregens auf die auf dem Transportband laufende Jute gespritzt wird.
Das Material wird also nicht nur von oben, sondern auch von unten intensiv
und gleichmäßig mit der Batschflüssigkeit durchtränkt.

Statt der Bespritzung durch rotierende Bürstenwalzen können auch Streudüsen nach der in den Abb. 85 und 86 skizzierten Anordnung Verwendung finden.
Als Transporttuch dient hier ein gewöhnliches endloses Drahtgeflecht (Maschinen-
geflecht) von 1,8 cm Maschenweite und etwa 80 cm Breite, das nach Entfernung von
4 Walzenpaaren zwischen 2 seitliche, durch Zahnräder angetriebene Gliederketten
gespannt ist und durch 2 horizontal gelagerte Holzwalzen gestützt wird, wobei

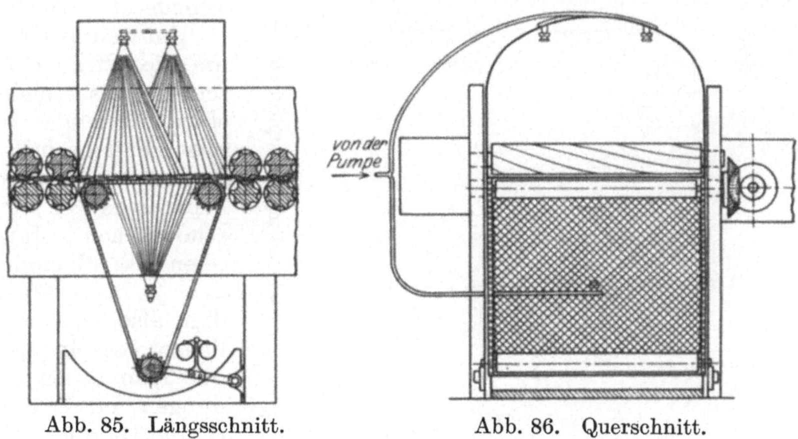

Abb. 85. Längsschnitt. Abb. 86. Querschnitt.

Abb. 85 u. 86. Zweiseitige Softenerbatsche mit Streudüsen.

besonders darauf zu achten ist, daß das Geflecht so nahe wie möglich an die
nächstliegende untere Softenerwalze herankommt, damit das Fasermaterial
nicht durchfallen kann. Eine dritte, tiefliegende Holzwalze, ebenfalls mit seitlichen Kettentriebrädern, dient als Führungs- und Spannwalze; sie ist zu diesem
Zweck in 2 gewichtsbelasteten Spannhebeln gelagert. Mittels einer Pumpe,
am besten einer Zahnradpumpe, wird nun die Batschflüssigkeit mit 2 bis 3 at
Druck durch eine Rohrleitung in eine Anzahl Düsen gedrückt, von denen, wie
aus Abb. 85 ersichtlich, 2 oberhalb und 1 unterhalb des Drahtgeflechtes
in geeigneter Entfernung so angeordnet sind, daß die Streukegel möglichst
gleichmäßig die durchlaufenden Juteristen von oben und unten benetzen. Die
Flüssigkeitsmenge ist reichlich zu bemessen, da erfahrungsgemäß nur ein Teil
an den Juteristen haften bleibt, während der Rest an den Wänden der Ver-
schalungsbleche und am Drahtgeflecht herabläuft und unten in einem
Trog wieder gesammelt wird. Die aus Rotguß hergestellten Düsen müssen so beschaffen sein, daß Verstopfungen nach Möglichkeit verwieden werden oder, wenn
sie doch vorkommen, leicht beseitigt werden können. Vor allem ist beim Bau
der Düsen darauf zu achten, daß der Streukegel durch die zentrale Düsenbohrung
als voller Kegel ohne Hohlraum gebildet wird. Es empfiehlt sich, in die Leitung
zwischen Batschbehälter und Pumpe ein im Querschnitt reichlich bemessenes

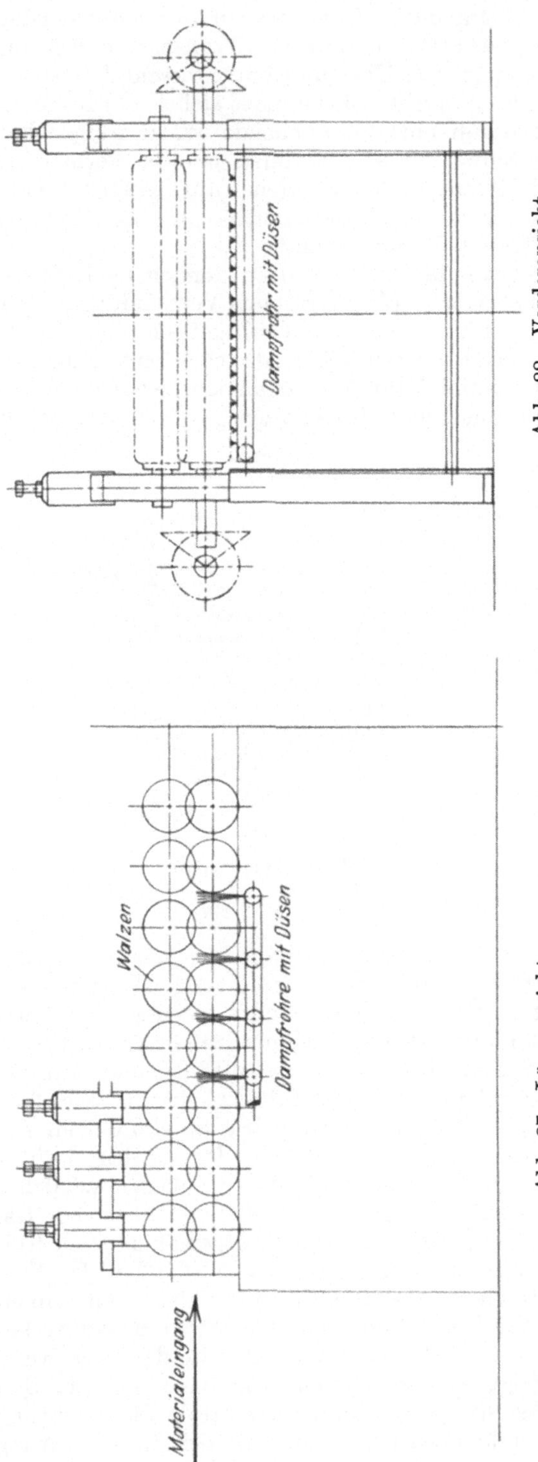

Abb. 87 u. 88. Softenerbatsche mit Dampfdüsen.

Filter mit ganz feinem Drahtsieb einzuschalten, das in regelmäßigen Abständen während des Stillstandes zu reinigen ist. Als Rohrleitungsanschluß für die einzelnen Düsen genügt ¼-Zoll-Gasrohr, jedoch müssen die Zuleitungen entsprechend größer gewählt werden, auch dürfen die Düsen nicht hintereinander an ein und dieselbe Leitung angeschlossen werden, da sonst leicht Druckunterschiede entstehen[1].

Ein weiteres Verfahren, um die Wirkung des Batschens insbesondere bei stark wurzeliger Jute und abgeschnittenen Wurzelenden zu verstärken, wird neuerdings in einzelnen schottischen Jutespinnereien ausgeübt, indem unter dem 3. bis 7. Walzenpaar, d. h. also vor dem eigentlichen Batschapparat, aus 6 bis 7, mit düsenartigen Öffnungen versehenen Dampfrohren Dampf unter Druck gegen und durch die durchlaufenden Juteristen geblasen wird, vgl. die schematische Darstellung Abb. 87 und 88. Zur Verhinderung des Entweichens des Dampfes nach den Seiten sind die Seitengestelle mit Verschalungsblechen abgedeckt, während Absaughauben über den Quetschwalzen für den Abzug des Dampfes sorgen.

Der Arbeitsvorgang spielt sich nun beim Maschinenbatschen in der Regel in folgender Weise ab:

[1] Obige Angaben beruhen auf privaten Mitteilungen von Herrn Direktor Steiner, Harburg. Längere Betriebserfahrungen mit dieser Einrichtung liegen nicht vor.

Die vom Öffner kommenden großen Juteristen werden von den Batschern in gleicher Weise wie beim Handbatschverfahren in kleinere „Handvollen" aufgeteilt und auf lange Plattformkarren mit 2 Endwänden an den Schmalseiten gelegt, wobei gleichzeitig während des Aufteilens geringwertigere Risten aussortiert werden. Man rechnet damit, daß 4 Batscher in 10 Stunden 50 bis 60 Ballen Jute aufschlagen und sortieren können. Die Wagen werden, nachdem sie vollbeladen sind, auf die Speiseseite der Batschmaschine gefahren, worauf 2 Arbeiter die einzelnen Risten abnehmen und sie gleichzeitig in 2 Reihen nebeneinander so auf das Speisetuch der Maschine legen, daß das Kopfende zuerst von den Walzen erfaßt wird. Die dickeren Fußenden der Docken müssen hierbei auf dem Speisetuch möglichst ausgebreitet werden, um der

Batschflüssigkeit gleichmäßigen Zutritt zu verschaffen. Bisweilen wird auch nur 1 Arbeiter zum Auflegen verwendet, der dann die Risten abwechselnd links und rechts auf das Speisetuch legt, und zwar so, daß, wenn z. B. die Riste links zur Hälfte eingelaufen ist, die andere Riste rechts mit ihrem Kopfende folgt. Dementsprechend ergeben sich die auf S. 139 angegebenen Produktionszahlen bei 2 bzw. 1 Aufleger von 60 bis 70 bzw. 55 Ballen in 10 Stunden.

Neben einer gleichmäßigen Dicke der Risten ist das sorgfältige Auflegen von größtem

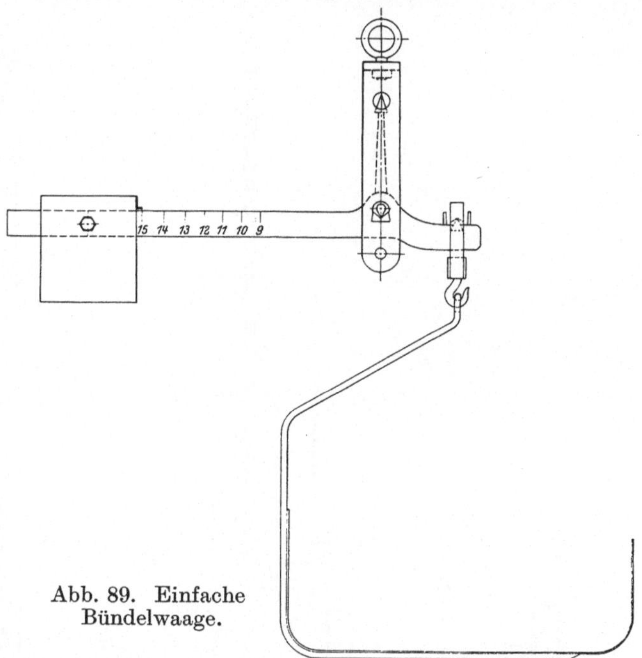

Abb. 89. Einfache Bündelwaage.

Einfluß auf die gleichmäßige Verteilung der Batschflüssigkeit. Am Ablieferungsende der Batschmaschine werden die Risten von 2 bzw. 1 Arbeiter in Empfang genommen, die sie in der Mitte fassen und leicht zopfartig zusammendrehen (daher auch die englische Bezeichnung „twister" = Zopfmacher für die Abnehmer). Diese so gequetschten und gebatschten Juteristen werden nun auf einem Tisch dicht hinter der Batschmaschine in einzelne Bündel gepackt und auf ein bestimmtes Gewicht, das sogenannte „Dollop"- oder Auflagegewicht, auf einer geeigneten Abwiegevorrichtung abgewogen und mittels Transportwagens oder Transportbändern an einen geeigneten Ort in der Nähe der Karden gebracht, an dem sie für die Zeit des „Reifens" aufgestapelt werden. Nach einer andern Methode erfolgt das Packen in einzelne Bündel nicht sofort, sondern man legt die von der Batschmaschine abgelieferten Risten nebeneinander schichtweise auf große Kastenwagen oder in Kasten, die zum Abfahren mit Hubwagen[1] eingerichtet sind, ähnlich dem Einlegen der Risten bei dem früher beschriebenen Handbatschverfahren, wobei die Risten von der offenen Längsseite

---

[1] Solche Hubwagen, sog. „Schildkröten", liefert in guter Ausführung u. a. die Firma Ernst Wagner, Apparatebau, Reutlingen i. Wttbg.

des Kastens so eingelegt werden, daß die Zopfenden nach außen liegen. Die Kasten, die bei einer Grundfläche von $2 \times 1,30$ m und 1,80 m hohen Wänden ein Fassungsvermögen von etwa 4 Ballen besitzen, dienen zugleich als Lagerraum für die reifende Jute und werden zu diesem Zweck an irgendeinem verfügbaren Platz, möglichst unweit der Karden, aufgestellt. Das Abwiegen in Bündel von dem vorgeschriebenen Auflagegewicht erfolgt hier erst nach vollzogenem Reifeprozeß unmittelbar vor der Speisung auf die Karde.

Zum Abwiegen der Bündel bedient man sich einer einfachen, in Schneiden gelagerten Hebelwaage, wie sie in Abb. 89 dargestellt ist, die an einem Haken an einer Säule oder Gestell frei aufgehängt ist und an dem einen Hebelarm eine Schale aus Eisenblech zur Aufnahme der Bündel, an dem andern Arm

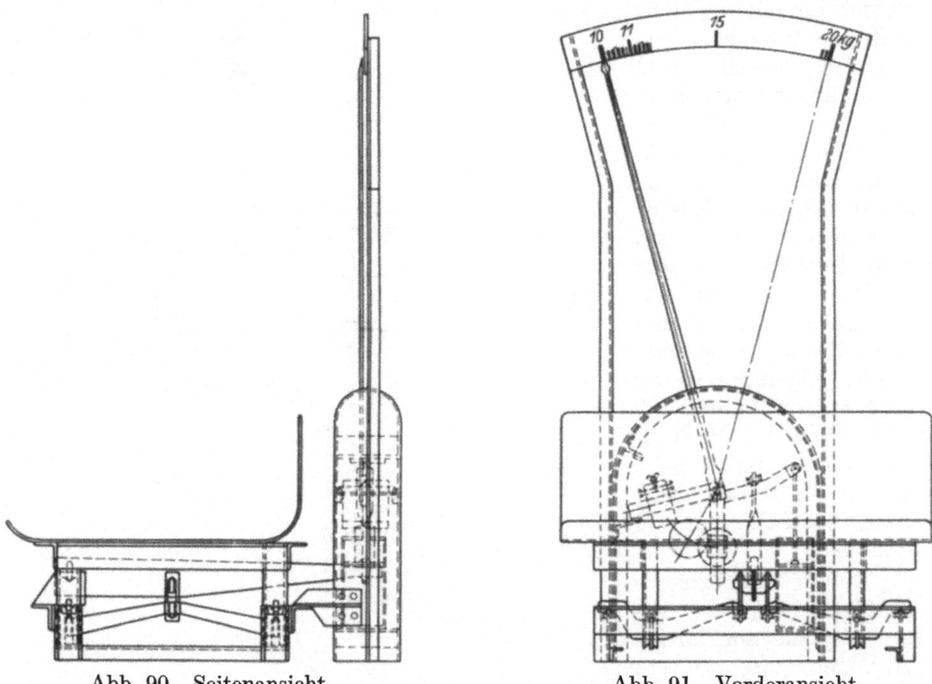

<table>
<tr><td>Abb. 90. Seitenansicht.</td><td>Abb. 91. Vorderansicht.</td></tr>
</table>

Abb. 90 u. 91. Bündelwaage mit Zeiger von Schenk, Darmstadt.

ein Laufgewicht trägt, das entsprechend dem gewünschten Dollopgewicht in die durch Striche markierte Stellung gebracht wird. Neuerdings verwendet man zwecks schnelleren Abwiegens Schnellwaagen mit Zifferblatt, sogenannte Postwaagen, mit Federbelastung oder die genaueren, aber sehr teuren amerikanischen Toledowaagen mit Hebelübersetzung und Zeigerangabe. Eine sehr brauchbare und verhältnismäßig billige Konstruktion ist die in den Abb. 90 und 91 dargestellte, ebenfalls als Neigungswaage ausgebildete Bündelwaage der Firma Schenk, Darmstadt. Mittels eines besonderen Gewichtes läßt sich die Waage so austarieren, daß für das Abwiegen der Bündel nur noch ein verhältnismäßig kleiner Meßbereich in Frage kommt, so daß die Skala sehr weit unterteilt und demgemäß sehr genau abgelesen werden kann. Eine Öldämpfung sorgt für schnelle Beruhigung der Zeigerstellung.

Viele Spinnereien vermeiden das Packen in Dollopbündel und stellen hinter dem Softener im Abstand von etwa 1 m eine in den Fabrikboden eingelassene große Plattformwaage von 1200 bis 1500 kg Tragkraft auf, auf welche der Kastenwagen bzw. der Kasten mit dem Hubwagen gefahren wird. Als Waage verwendet man wieder eine Federwaage oder die genauere, oben erwähnte Neigungswaage (Toledo), die etwa 2¼ m über dem Fußboden ein großes Zifferblatt trägt, dessen einzelne Teilstriche dem verlangten Auflagegewicht von 15 bis 20 kg entsprechen, wofür am Waagebalken eine entsprechende Einstellvorrichtung vorgesehen ist. Die Einteilung ist so zu wählen, daß die Teilstrichabstände von Auflagegewicht zu Auflagegewicht groß genug sind, um eine Ablesung an der Unterteilung mindestens bis auf 200 g genau vornehmen zu können. Wie die einzelnen Risten von der Batschmaschine kommen, werden sie nun nebeneinander in den auf die Waage gefahrenen Wagen oder Kasten gelegt, bis der Zeiger auf dem Zifferblatt entsprechend dem eingestellten Dollopgewicht von einem Teilstrich zum andern gewandert ist, worauf die nächste Schicht Docken folgt. Zur Trennung der einzelnen Schichten legt man entweder eine Docke oder einen Stahldraht von etwa 1 m Länge quer dazwischen. Da bei einer Länge von etwa 2 m des Kastens nur eine halbe Schicht auf ein Dollopgewicht geht, wird zweckmäßigerweise der Kasten durch eine Querwand oder Bügel in der Mitte in 2 Fächer geteilt, vgl. Abb. 92. Die Nutzlast des Wagens beträgt ungefähr 750 kg, entsprechend 4 Ballen Rohjute. Hierbei richtet man es so ein, daß der Zeiger des Zifferblattes für eine ganze Kastenfüllung eine volle Umdrehung macht. Danach entspricht z. B. einem Dollopgewicht von 20 kg ein Teilstrich des

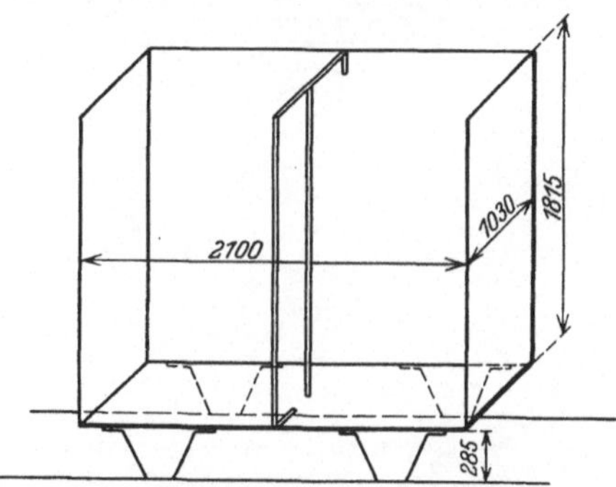

Abb. 92. Batschkasten für Hubwagen.

in 36 Teile geteilten Zifferblattes. Bei anderen Dollopgewichten ist die Blattteilung entsprechend vorzunehmen. Neben der auf diese Weise erzielten Ersparnis des Bündelpackens hat diese Methode den Vorteil, daß eine Verwirrung der zusammengedrehten Docken, wie sie beim Bündelpacken bis zu einem gewissen Grade entsteht, nicht eintritt, so daß die Aufleger an der Karde leichtere Arbeit haben. Voraussetzung ist jedoch, daß die Waage mit genügender Genauigkeit arbeitet und die einzelnen Docken nicht zu schwer gemacht werden.

Die Arbeitsweise des Softeners bei zuvor handgebatschter und ausgereifter Jute ist die gleiche wie beim Maschinenbatschverfahren, nur mit dem Unterschied, daß die gequetschten Juteristen nach Verlassen des Softeners sofort auf die Karden kommen, nachdem selbstverständlich zuvor das Dollopgewicht auf die eine oder andere Weise bestimmt worden ist.

5. Die Behandlung der Wurzelenden.

Wie bereits erwähnt, geht Hand in Hand mit dem Aufschlagen der Juteristen das Aussortieren oder Zurücklegen in der Qualität zurückgebliebener Risten. Häufig kommt es nun vor, daß in einer bestimmten Rohjutemarke Risten infolge starker Wurzelenden aussortiert werden müssen, obwohl die Faserbeschaffenheit im übrigen einwandfrei ist. Solche Jute kann jedoch in den meisten Fällen weiterverarbeitet werden, wenn man die harten Wurzelenden abschneidet oder auf andere Weise beseitigt. Am einfachsten, und heute auch am häufigsten geübt, ist das Abhacken mit dem Beil oder das Abschneiden auf einer Sense oder einem sensenartigen Messer, das in wagrechter Stellung mit der Schneide nach oben auf einem stabilen Holzbock befestigt ist. Der Arbeiter faßt hierbei die Juteristen mit beiden Händen und zieht sie an der abzuschneidenden Stelle einige Male kräftig über die scharfe Schneide des Messers hin und her. Zur Ver-

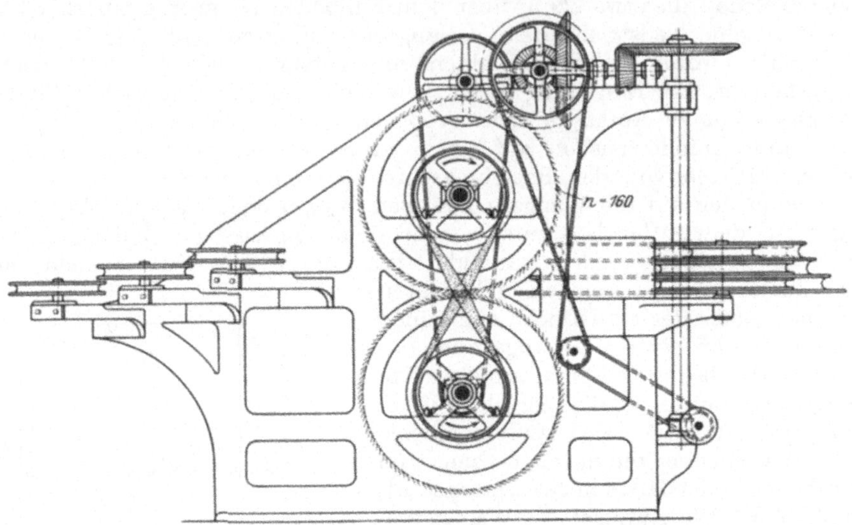

Abb. 93. Aufriß.

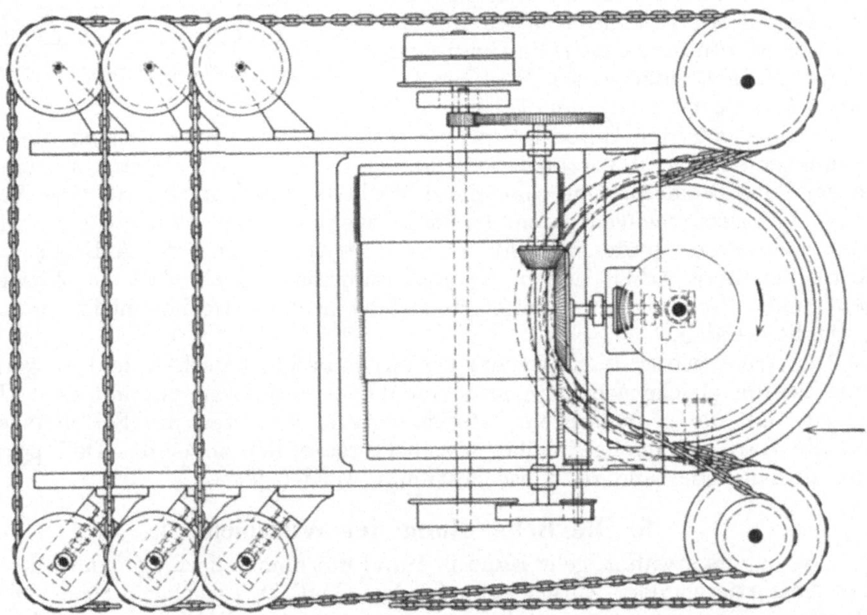

Abb. 94. Grundriß.

Abb. 93 u. 94. Butchart-Schnippmaschine.

hütung von Unfällen sind diese Messer außer Gebrauch durch geeignete Holz- oder Lederfutterale zu schützen. Statt des Sensenmessers werden neuerdings besondere Schneidemaschinen gebaut, die ein schnelleres und gefahrloseres

Schneiden ermöglichen. Unter anderen hat sich eine von Ingenieur König, Leipzig, konstruierte Maschine[1] besonders bewährt.

Das Bestreben, die beim Abschneiden sich ergebenden stumpfen Faserenden zu vermeiden, die beim Spinnen besonders feinerer Garnnummern als nachteilig empfunden werden, führte zur Konstruktion sogenannter

Schnippmaschinen,

die besonders früher vielfach verwendet wurden. Bei den älteren Bauarten, z. B. dem Butchart-Schnipper, dessen Anordnung und Arbeitsweise aus der schematischen Darstellung der Abb. 93 und 94 und der Lichtbildwiedergabe Abb. 95 zu ersehen ist, werden die Juteristen mit den harten Enden an einer oder zwei gegeneinander rotierenden, mit Nadeln besetzten Trommeln halbkreisförmig vorbeigeführt, wobei beim Durchlaufen der mittels eigenartigen Kettentransportes herangeführten und festgehaltenen Juteristen infolge der intensiven

Abb. 95. Butchart-Schnippmaschine von Fairbairns, Leeds.

Bearbeitung durch die Trommelnadeln ein Abreißen der harten Enden an der Berührungsstelle erfolgt. Andere, neuere Konstruktionen, wie z. B. die von J. F. Low & Co., Ltd., Monifieth, ausgeführte Konstruktion von Spence und die von Direktor Klußmann, Schiffbek, konstruierte und von C. Oswald Liebscher, Chemnitz, gebaute Schnippmaschine bezwecken durch eine Art Aushecheln der harten Wurzelenden die Entfernung der harten und holzigen Krusten und vor allem eine Spaltung der breiten Faserenden in feinere Fasern, so daß die Wurzelenden eine dem übrigen Teil der Jute ähnliche Struktur erhalten. Auf diese Weise soll viel weniger grober, unbrauchbarer Abfall als bei den älteren Schnippmaschinen und demgemäß eine bessere Materialausnützung erzielt werden. Bei der in Abb. 96 dargestellten Klußmannschen Maschine werden die harten Enden der langen Juteristen mittels einer über einen festen Tisch

---

[1] D. R. P. 488819, Nov. 1927, (veröff. Dez. 1929). Die zu schneidenden Juteristen werden auf 2 Förderbändern einer Kreissäge zugeführt. Während das eine Förderband zum Fortschaffen der geschnittenen Risten breiter gehalten ist, erfolgt das Wegbringen der Wurzelenden auf einem schmäleren Förderband, das durch eine stufenartige Ablenkung aus der Horizontalen ein Vermischen der abgeschnittenen Wurzeln mit der Langfaser verhindert.

laufenden Kettentransportführung längs der Mantelflächen zweier übereinander
liegenden und gegeneinander rotierenden, mit je einer Nadelgarnitur von verschieden abgestuftem Feinheitsgrad besetzten Trommeln so vorbeigeführt, daß
die gegeneinander bewegten Nadelflächen der Trommeln auf die Ristenenden
ähnlich wie die Hechelmäntel einer Hechelmaschine einwirken. Im Gegensatz
zu den oben genannten älteren Schnippmaschinen ist hier also das Material
auf der ganzen Trommelbreite der Bearbeitung ausgesetzt. Auch ist hier die
Qualität des Faserabganges eine bessere gegenüber derjenigen bei den älteren
Maschinen, bei denen die abgerissenen harten Enden für eine Weiterverwendung
meist nicht mehr in Betracht kommen. Die Firma Liebscher gibt als Leistung
der Maschine etwa 3200 kg Tagesproduktion an, bei einem Kraftbedarf von
etwa 4 PS und einem Raumbedarf von 3,5 × 2,3 m.

Wenn trotz dieser Vorteile heute nur noch in wenigen Fabriken Schnippmaschinen im Gebrauch sind, so liegt dies teilweise an der Verteuerung der

Abb. 96. Schnippmaschine, System Klußmann, von C. Oswald Liebscher, Chemnitz.

Produktionskosten durch einen weiteren Arbeitsprozeß, teilweise daran, daß man
heute durch weitgehendes Batschen und Quetschen auf dem Softener und nachheriges langsames und intensives Kardieren mäßig harte Enden sehr wohl in
dem für den weiteren Spinnprozeß erforderlichen Grad aufteilen und spalten
kann, während sehr starke harte Enden am zweckmäßigsten vor dem Batschen
abgeschnitten und einem besonderen Batsch- und Quetschverfahren in gleicher
Weise wie die in Ballen gepackten Wurzelenden oder Cuttings unterworfen werden. Bei diesem Verfahren erzielt man eine bessere Faserausnützung als beim
Schnippen, bei dem der entstehende kurze, schlecht verwertbare Abfall zu groß ist.

Die Zubereitung der in Ballen gepreßten Cuttings erfolgt in ähnlicher
Weise wie die der langen Jute. Nach Öffnen der Ballen werden die einzelnen
Schichten gelöst und durch den Ballenöffner oder von Hand entwirrt, worauf
das Batschen und Quetschen auf der Batschmaschine erfolgt. Um das Lockern
der Cuttings, die in den Ballen infolge ihrer geringen Länge wesentlich stärker

gepreßt sind als die reguläre Jute, zu erleichtern, hat neuerdings die Firma F. Low & Co., Monifieth, einen besonderen „Root-Opener" oder „Wurzelöffner" gebaut, auf dem die harten Wurzelenden gleichzeitig aufgespalten werden, so daß die Batschflüssigkeit beim nachfolgenden Batschprozeß leichter in die Fasern eindringen kann. Meist erfolgt die Aufstellung des Wurzelöffners so, daß seine Ablieferung direkt auf das Speisetuch der Batschmaschine arbeitet.

Wie früher schon erwähnt, erfordern die Wurzeln erheblich mehr Batschflüssigkeit, insbesondere auch Wasser, als die lange Jute. Auch wird die Wirkung des Batschens wesentlich verstärkt durch Durchblasen von Dampf an der Batschmaschine oder durch vorheriges Einführen von kochendem Wasser in das Innere der zuvor etwas gelockerten Ballen. Während bei der regulären Jute für das Reifen der eingebatschten Faser in der Regel eine Liegezeit von 24 bis 48 Stunden genügt, beanspruchen die Wurzeln oft bis zu 4 und noch mehr Tage, wobei natürlich der Reifeprozeß nicht bis zum Auftreten von Fäulniserscheinungen ausgedehnt werden darf.

Auf die Behandlung und Verarbeitung der beim Öffnen der Ballen abfallenden Jutestricke wird später bei der Verarbeitung von Abfällen noch zurückzukommen sein.

II. Die Vorbereitung.
Allgemeines.

Diese Abteilung umfaßt, wie in der Einleitung zum Abschnitt über Spinnerei schon hervorgehoben, die Arbeitsgänge, die das Rohmaterial, nachdem es in der oben beschriebenen Weise zubereitet und eingebatscht worden ist, durchlaufen muß, um aus langen, mehr oder weniger zusammenhängenden Faserbündeln von mehr oder weniger grober Beschaffenheit und mit allerlei Unreinigkeiten vom Röstprozeß her behaftet, in feinere, kürzere Fasern von größtmöglicher Gleichmäßigkeit sowohl hinsichtlich ihrer Dicke wie auch ihrer Länge unter Ausscheidung aller Unreinigkeiten aufgeteilt und in die Form eines zusammenhängenden Bandes gebracht zu werden, das zuletzt in einen dicken, lose zusammengedrehten Faden, das Vorgespinst oder Vorgarn, übergeführt wird, dessen weitere Verarbeitung zu fertigem Garn endlich in der Feinspinnerei erfolgt.

Die Hauptarbeit des Aufspaltens, Verkürzens und Verfeinerns der Faserbündel, sowie die Bildung zusammenhängender Faserbänder fällt der als Karde oder Krempel bekannten und zugleich wichtigsten Maschine der Vorbereitung zu.

Die Verfeinerung und Vergleichmäßigung der von den Karden abgelieferten Faserbänder, sowie die beim Kardierungsprozeß bereits eingeleitete und teilweise durchgeführte Parallellegung der einzelnen Fasern sowie die Ausscheidung von Unreinigkeiten wird beim nachfolgenden, auf den Streckmaschinen oder Strecken durchgeführten Streck- und Duplierungsprozeß erzielt, wobei durch mehrfaches Vereinigen, Doppeln oder „Duplieren" der Faserbänder bei gleichzeitigem „Verziehen" und Durchführen durch Nadelfelder dünnere, verfeinerte Bänder erzeugt werden.

Die Bildung des Vorgespinstes oder Vorgarnes endlich erfolgt auf den Vorspinnmaschinen, indem die von den Strecken kommenden Faserbänder wiederum durch ein Nadelfeld geführt und in noch feinere Bänder ausgezogen werden, die auf der Vorspindelbank einen leichten Draht erhalten und als sog. Vorgarn auf große Spulen aufgewickelt werden.

Die Durchführung dieser kurz mit dem Namen „Vorbereitung" bezeichneten 3 Arbeitsgänge: Kardieren, Strecken und Vorspinnen ist nächst der Batscherei von allergrößtem Einfluß auf das Gelingen des nachfolgenden Spinnprozesses, bzw. auf die Güte des erzeugten Fertiggarnes und die Leistungsfähigkeit der hierzu verwendeten Spinnmaschinen. Fehler, die in der Vorbereitung gemacht werden, können durch die besten Einrichtungen in der Feinspinnerei nicht mehr gut gemacht werden, und man kann füglich behaupten, daß das Garn in der Vorbereitung hergestellt wird.

A. Das Kardieren oder Krempeln.

Seit Lewis Paul, ein Mechaniker aus Birmingham, sich im Jahre 1748 als erster eine mechanische Zylinderkarde patentieren ließ, die allerdings erst im Jahre 1775 durch die Erfindungen Richard Arkwrights zu einer brauchbaren Vorbereitungsmaschine verbessert wurde, hat sich diese für die mechanische Verarbeitung der Faserstoffe so überaus wichtige Maschine, die ursprünglich nur für Baumwolle und Wolle Verwendung fand, fast für alle Arten Textilfasern eingebürgert. Naturgemäß konnte es nicht ausbleiben, daß mit der Anpassung an die Eigenheiten einer bestimmten Textilfaser und an besondere Verarbeitungsverfahren die Konstruktion des betreffenden Kardensystemes die mannigfaltigsten Änderungen erfuhr, und so haben vergleichsweise die modernen Krempeln für Wolle und Baumwolle gegenüber denen für Flachs und Jute nur noch den Namen gemeinsam, obwohl die Grundzüge ihrer Arbeitsweise den gleichen Ursprung verraten.

So entwickelte sich sehr bald (1820 Dundeespinner Brown) ein besonderer Typ einer Flachswergkarde und aus dieser mit der Einführung der Verarbeitung der Jutefaser die heute noch für diese in Gebrauch befindliche Jutekarde. Während nun im allgemeinen für alle Faserstoffe als Hauptzweck des Kardierens das Reinigen, Ausscheiden zu kurzer Fasern, Auflockern und Entwirren, Gerad- und Parallellegen, gleichmäßiges Verteilen der Fasern, sowie die Bildung eines zusammenhängenden Faservlieses oder Bandes festzustellen ist, kommt bei der Verarbeitung der gröberen Bastfasern, Flachs, Hanf und Jute noch die Spaltung und Verfeinerung der zusammenhängenden Faserbündel, sowie die Verkürzung der für den Spinnprozeß zu langen Fasern hinzu. Da Flachs und Hanf in der Regel nur in der Form von Werg (tow) auf die Karde kommen, wird bei diesen Faserstoffen die Krempelarbeit auf nur einer Karde ausgeführt (es sei denn, daß geringwertigere Langfaser zu Werg verarbeitet werden soll, oder sehr grobe und unreine Wergsorten zur Verwendung gelangen, in welchem Fall vor der Karde noch eine Brech- oder Reißkarde zur Anwendung gelangt), wobei der Schwerpunkt dieses Arbeitsprozesses auf der Entwirrung, Auflockerung, Verfeinerung und verhältnismäßig parallelen Lagerung der Fasern, unter Ausscheidung der Schäben und anderer Unreinigkeiten liegt. Bei Jute dagegen erfordern die meterlangen Faserristen, abgesehen von der nur noch selten vorkommenden Verarbeitung als Langfaser zu Jutehechelgarn, eine ganz beträchtliche Verkürzung, um auf Wergspinnsystemen verarbeitet werden zu können. Anstatt nun dieses Kürzermachen von Hand, z. B. mit Sensenmesser oder durch Schneidmaschinen auszuführen, was neben hohen Lohnkosten noch den Nachteil stumpf abgeschnittener Enden und infolgedessen verminderte Spinnfähigkeit zur Folge hätte, macht man von der Eigenheit der Jutefasern, sich weitestgehend spalten und aufteilen zu lassen und hierbei in immer kürzere Faserlängen zu zerfallen, Gebrauch und bringt die langen Juteristen auf eigens konstruierte Karden, deren Zweck außer den oben schon angeführten Aufgaben die Aufspaltung und gleichzeitige Verkürzung der Fasern ist. Diese Karden nennt man Vorkarden (englisch breaker-card von break = brechen oder zerreißen) im

Gegensatz zu den Feinkarden (englisch finisher-card von finish = fertig-machen, beendigen), die den von den Vorkarden begonnenen Arbeitsprozeß voll-enden, d. h. eine noch weitergehende Teilung und Verkürzung der Fasern herbei-führen und vor allem die durch den ersten Kardierprozeß noch nicht vollkommen erreichte Vergleichmäßigung, Reinigung und Parallellegung der Fasern erzielen sollen. Neben dieser bis vor kurzem für Jute allgemein üblichen Verwendung von zwei Karden haben in neuerer Zeit die Bestrebungen, die Jute auf ent-sprechend abgeänderten Karden unter besonderen Bedingungen nur einmal zu kardieren, zu dem sog. Einkardenverfahren geführt, auf das zum Schluß entsprechend seiner immer beachtlicher werdenden Verbreitung noch zurück-zukommen sein wird.

Ganz im Gegensatz zu letzteren Bestrebungen steht die neuerdings haupt-sächlich in England und Kalkutta zu beobachtende Gepflogenheit, statt zwei Karden drei und noch mehr Karden hintereinander zu verwenden, um das Fasermaterial möglichst ausgedehnt zu kardieren, wobei dieses durch Anwendung kurzer „Verzüge" (vgl. S. 170) weitestgehend geschont werden soll. Bereits aus diesen Andeutungen geht hervor, welche Verschiedenheit in der Auffassung über die Vorgänge beim Jutekardieren bestehen muß, und es soll bei der nun folgen-den Besprechung der verschiedenen Kardensysteme versucht werden, durch theoretische Untersuchungen in diese Vorgänge einige Klarheit zu bringen.

1. Die Vorkarde.

Der Betrachtung sei die in Abb. 97 in schematischer Weise dargestellte Jute-vorkarde unterworfen. Als Hauptarbeitsorgan dient ein in der Mitte der Maschine befindlicher, am Umfang dicht mit Nadeln besetzter großer Zylinder T, „Trommel"

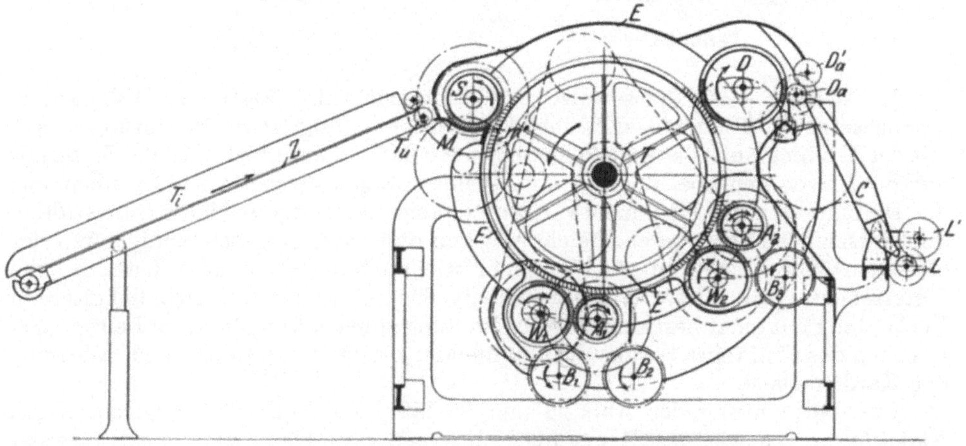

Abb. 97. Jutevorkarde mit 2 Walzenpaaren.

oder „Tambour" genannt, von meist 4 Fuß = 48 Zoll = 1220 mm Durchmesser und 6 Fuß = 72 Zoll = 1830 mm Arbeitsbreite, an dessen Umfang in ganz geringem Abstand eine Anzahl kleinerer, ebenfalls mit Nadeln besetzter Walzen von gleicher Breite wie die Trommel angeordnet sind. Diese Walzen führen in der Reihenfolge von links nach rechts (vgl. Abb. 97) folgende Bezeichnungen:

Speisewalze S (englisch feedroller) mit Mulde M (englisch shell, daher auch die Bezeichnung „shell-breaker-card" = Muldenvorkarde),

erste Wendewalze oder Wender W_1 (stripper roller),

erste Arbeitswalze oder Arbeiter A_1 (worker roller),
zweiter Wender W_2,
zweiter Arbeiter A_2,
Abnehmewalze oder Abnehmer D (doffer roller).

Dicht hinter dem Abnehmer sitzt das Abzugswalzenpaar, bestehend aus:
Abzugswalze oder Verzugszylinder D_a (drawing roller)
mit zugehöriger Preß- oder Druckwalze D_a', weiter unten das Ablieferungswalzenpaar, bestehend aus:
Lieferwalze oder Ablieferungszylinder L (delivering roller) mit zugehöriger Preßwalze L'. Die beiden letzteren Walzenpaare bestehen im Gegensatz zu obigen Walzen aus glatten Eisenkörpern. Während das Abzugswalzenpaar gleich den übrigen Walzen die gleiche Breite wie die Trommel aufweisen, ist das Lieferwalzenpaar nur etwa 8 bis 10 Zoll breit. Zwischen Abzugswalzen- und Lieferungswalzenpaar ist das auf beiden Seiten umgebördelte Leitblech C (tin conductor) angebracht, das sich von oben nach unten trapezförmig verjüngt und vor dem Lieferwalzenpaar in ein trichterförmiges Mundstück von etwa 100 bis 130 mm Breite ausläuft. Während dieses Leitblech in Verbindung mit dem Lieferwalzenpaar zur Ablieferung des kardierten Faservlieses in Form eines zusammenhängenden Bandes dient, sorgt auf der entgegengesetzten Seite das vor der Speisewalze angeordnete Zuführungstuch Z, das über dem Auflegetisch T_i und die beiden Tuchwalzen T_u läuft, für die Zuführung der Rohjuteristen.

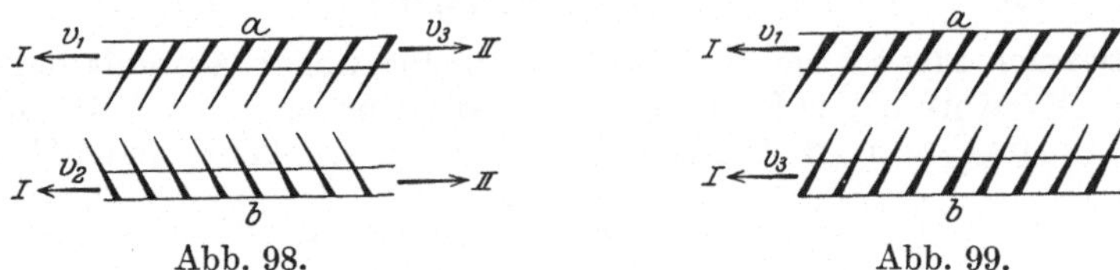

Abb. 98.
Abb. 99.

Mit Ausnahme der Speisewalze ist die Drehrichtung sämtlicher Walzen entgegengesetzt der Trommel, d. h. ihre Umfangsbewegung ist im Berührungspunkt mit der Trommel mit dieser gleichgerichtet, so daß ein ununterbrochener Materialdurchgang von der Speisung bis zur Ablieferung gewährleistet ist. Da nicht nur die Durchmesser der einzelnen Walzen, sondern auch deren Umdrehungszahlen sehr verschieden sind, ergeben sich zwischen den Umfangsgeschwindigkeiten der einzelnen Walzen sowohl zur Trommel wie auch untereinander beträchtliche Unterschiede. Auf dieser Verschiedenheit der relativen Geschwindigkeiten in Verbindung mit einer bestimmten Nadelstellung zum Umfang, bzw. zur Bewegungsrichtung des Umfanges beruht die kämmende, spaltende und reinigende Wirkung der Kardenbeläge.

Eine Betrachtung der Abb. 98 und 99 läßt den Einfluß der gegenseitigen Nadelstellung, sowie der Bewegungsrichtungen und Geschwindigkeiten zweier Beläge deutlich erkennen, wobei auf eine allgemeine Krempeltheorie nicht eingegangen sei, sondern nur die Verhältnisse bei Jutekarden Berücksichtigung finden sollen.

Die Nadeln zweier gegeneinander arbeitenden Beläge a und b können
1. gleichgerichtet sein, wenn, wie in Abb. 98, die Verlängerungen beider Nadelmittellinien sich schneiden, oder
2. entgegengesetzt gerichtet sein, wenn, wie in Abb. 99, die Verlängerungen beider Nadelmittellinien parallel liegen oder zusammenfallen.
Fall 1 trifft bei den Stellungen Speisewalze zur Trommel (jedoch nur bei Muldenspeisung), Wender zur Trommel, Wender zum Arbeiter zu, während als

Beispiel für Fall 2 die Stellungen Arbeiter zur Trommel und Abnehmer zur Trommel zu nennen sind.

Bewegen sich in Abb. 98 beide Beläge a und b in der gleichen Richtung nach I, d. h. nach welcher die Spitzen der Nadeln zeigen, so spricht man von nach vorwärts gerichteter Bewegung oder von nach vorwärts gerichteten Nadeln, während man es im entgegengesetzten Fall, wenn sich die Beläge a und b (Abb. 98) in Richtung II, oder Belag b (Abb. 99) in Richtung I bewegen, mit einer nach rückwärts gerichteten Bewegung, bzw. rückwärts gerichteten Nadeln zu tun hat. Vorwärts gerichtete Nadeln weisen Trommel und Wender, rückwärts gerichtete Nadeln Speisewalze, Arbeiter und Abnehmer auf.

Endlich seien noch die bei einer Jutekarde vorkommenden Bewegungsrichtungen und Geschwindigkeiten zweier zusammen arbeitenden Beläge a und b einer allgemeinen Betrachtung unterzogen.

Fall 1: Bewegt sich a (Abb. 98) mit sehr großer Geschwindigkeit v_1 in Richtung I, b dagegen mit geringer Geschwindigkeit v_2 nach der gleichen Richtung, so ist es geradeso, wie wenn Belag b ruhen und a sich mit der Geschwindigkeit

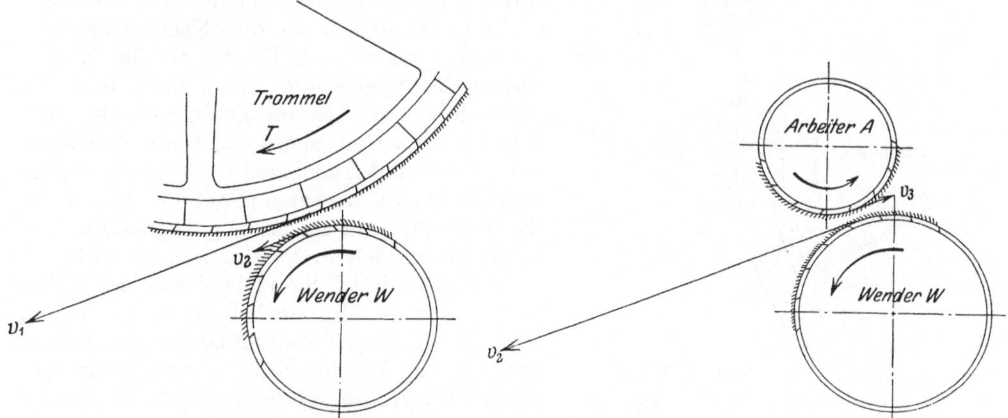

Abb. 100. Stellung Trommel-Wender. Abb. 101. Stellung Arbeiter-Wender.

$v_1 - v_2$ nach I bewegen würde. Fasern, die sich im Belag b befinden, werden durch die Nadeln des Belages a abgenommen, ohne daß eine Kardierung stattfindet, d. h. Belag a hat auf Belag b nur eine abnehmende und kämmende Wirkung. Dies ist der Fall bei dem Zusammenarbeiten von Trommel (Belag a) zu Wender (Belag b) (vgl. auch Abb. 100), wobei die Umfangsgeschwindigkeit der Trommel ungefähr das Fünf- bis Sechsfache des Wenders ist.

Fall 2: Bewegt sich dagegen Belag a (Abb. 98) langsam mit Geschwindigkeit v_3 nach II, also rückwärts, Belag b mit großer Geschwindigkeit v_2 nach I, so ist es gerade so, wie wenn Belag a ruhen und Belag b mit noch größerer Geschwindigkeit $v_3 + v_2$ nach I sich bewegen würde. Fasern, die sich im Belag a befinden, werden durch die Nadeln des Belages b abgenommen und ausgekämmt. Eine kardierende Wirkung findet wieder nicht statt. Dieser Fall tritt ein bei dem Zusammenarbeiten von Arbeitern (Belag a) und Wendern (Belag b) (vgl. auch Abb. 101), deren Umfangsgeschwindigkeit sehr verschieden ist. Beispielsweise ist bei ausgeführten Jutekarden die Umfangsgeschwindigkeit der Wender 10- bis 15mal größer als die der Arbeiter, was zur Folge hat, daß das in den Nadeln des sich langsam bewegenden Arbeiters hängende Fasermaterial durch die schnell umlaufende Wendewalze ausgekämmt und infolge der großen Umfangsgeschwindigkeit von anhaftenden Unreinigkeiten befreit wird. Der Wender führt das dem Arbeiter abgenommene Material zurück und wieder der Trommel zu, die es vermöge ihrer größeren Umfangsgeschwindigkeit dem Wender wieder abnimmt, wie oben unter Fall 1 schon dargelegt wurde.

Fall 2a: In ähnlicher Weise gestalten sich die Bewegungsverhältnisse und Nadelstellungen zwischen Trommel und Speisewalze (Abb. 102), wobei die Trommel sich mit sehr großer Umfangsgeschwindigkeit gegen die nur langsam und in entgegengesetzter Richtung umlaufende Speisewalze bewegt. Demzufolge erfassen die vorwärts gerichteten Nadeln der Trommel das von den rückwärts gerichteten Nadeln der Speisewalze festgehaltene und langsam der Trommel zugeführte Fasermaterial, und es würde in ähnlicher Weise wie in Fall 2 eine kämmende Wirkung eintreten, wenn wir es hier nur mit kurzen, im Speisewalzenbelag hängenden Fasern zu tun hätten. Tatsächlich aber werden der Speisewalze durch das Zuführungstuch die langen, noch ungekürzten Juteristen

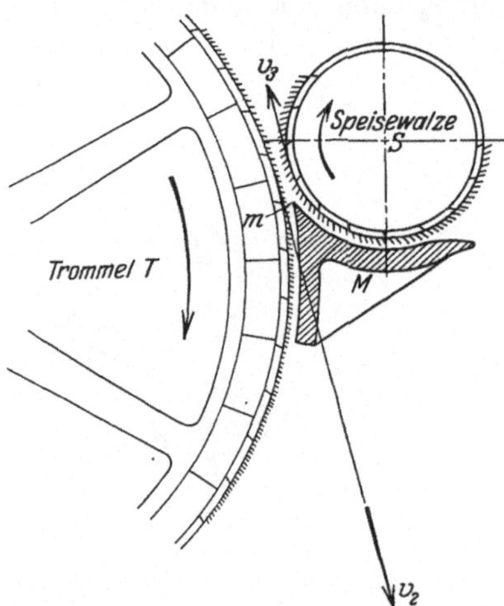

Abb. 102. Stellung Trommel-Speisewalze.

zugeführt, die sich infolge des engen Zwischenraumes zwischen den Nadelspitzen der Speisewalze und der oberen Fläche der „Mulde", einer konzentrisch zu der Speisewalze geformten gußeisernen Platte, in die Nadelreihen der Speisewalze einpressen, und die demzufolge den engen Zwischenraum zwischen Mulde und Speisewalze nur langsam, entsprechend der geringen Umfangsgeschwindigkeit der Speisewalze passieren, bis sie die der Trommel am nächsten gelegene Muldenkante m erreichen, an die sich die entsprechend der zylindrischen Oberfläche der Trommel geformte Muldenrückwand, in engem Abstand von den Trommelnadeln, anschließt. Die an der Muldenkante m und längs der Muldenrückwand mit den ungeheuer schnell umlaufenden Trommelnadeln in Berührung gelangenden Faserbündel erfahren eine verschiedenartige Bearbeitung. Zum ersten erfolgt eine weitgehende Spaltung und Aufteilung der noch zusammenhängenden Faserbündel unter Abscheidung grober Unreinigkeiten und unteilbarer, rindiger und verholzter Teile. Mit dieser Spaltung in feinere Fasern ist entsprechend der Natur und dem physikalischen Aufbau der Jutefaser (vgl. S. 95) ein Zerfallen in kürzere Faserlängen verbunden, und so ergibt sich als zweite Wirkung der Tätigkeit der Trommelnadeln eine Verkürzung der langen und gleichzeitig ein Auskämmen der abgespaltenen kurzen Fasern nach Art des Hechelns. Besonders zu beachten ist, daß sich bei dieser Art Kürzung der langen Fasern zugespitzte Faserenden ergeben, die für die Vereinigung der einzelnen Fasern zu einem zusammenhängenden Faden beim nachfolgenden Spinnprozeß wesentlich günstiger sind als die durch Schneiden der langen Jute entstehenden stumpfen Faserenden, worauf wiederholt schon hingewiesen wurde.

Es ist einleuchtend, daß die Intensivität dieser kombinierten kardierenden und kämmenden Wirkung der Trommel mit dem Verhältnis der beiden Umfangsgeschwindigkeiten steigt, und tatsächlich erreicht dieses Verhältnis, das als „Speisewalzenverhältnis" bezeichnet wird, in der Praxis Werte von 150 bis 200 und darüber, d. h. die Umfangsgeschwindigkeit der Trommel ist 150- bis 200mal größer als die der Speisewalze. Bereits an diesem Punkt wird daher ein erhebliches Maß Kardierarbeit geleistet. Ehe auf weitere Einzelheiten eingegangen wird, seien in folgendem die allgemeinen Betrachtungen noch fortgesetzt.

Fall 3: In Abb. 99 bewege sich Belag a mit großer Geschwindigkeit v_1 in Richtung I und Belag b mit geringer Geschwindigkeit v_3 ebenfalls nach I, also rückwärts, dann ist es wieder gerade so, wie wenn Belag b ruhen und Belag a sich mit der Geschwindigkeit $v_1 - v_3$ nach I sich bewegen würde. Fasern, die sich im Belag a befinden, werden mit großer Wucht entsprechend dem Geschwindigkeitsunterschied $v_1 - v_3$ gegen die Spitzen der Nadeln des Belags b geschleudert, von diesen aufgespalten und teilweise festgehalten, teilweise unter Streckung und Geradrichten durch die Nadelspitzen des Belags a vom Belag b weggezogen. Diese teilende, parallellegende und streckende Wirkung, kurz die kardierende Wirkung, tritt zwischen Trommel (Belag a) und Arbeiter (Belag b) ein (vgl. auch Abb. 103), und zwar hängt die Intensivität der Kardierung wiederum in erster Linie von der Differenz der Umfangsgeschwindigkeiten der Trommel und

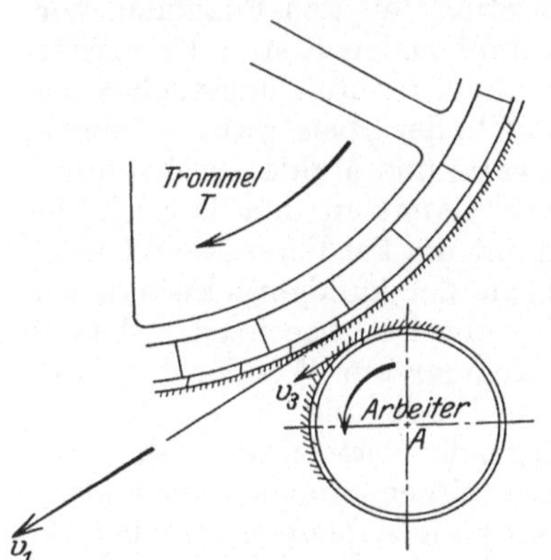

Abb. 103. Stellung Trommel-Arbeiter.

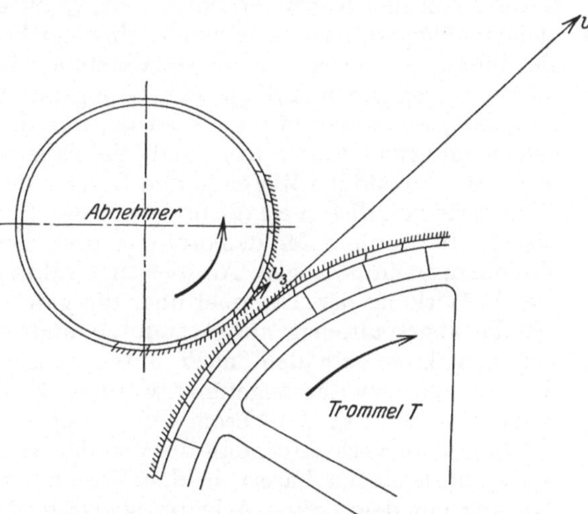

Abb. 104. Stellung Trommel-Abnehmer.

des Arbeiters ab. Man bezeichnet das Verhältnis beider Umfangsgeschwindigkeiten als „Arbeiterverhältnis“. Daneben spielt natürlich auch der Neigungswinkel der Nadeln eine Rolle, worauf später noch zurückzukommen ist. Hier sei nur vorweggenommen, daß der Neigungswinkel der nach rückwärts gerichteten Arbeiternadeln so gering bemessen sein muß, daß ein sicheres Festhalten der Fasern in dem umlaufenden Arbeiter gewährleistet ist, bis der Wender vermöge seiner größeren Umfangsgeschwindigkeit seine Auskämmarbeit, wie unter Fall 2 schon beschrieben, vornimmt. Bei Jutevorkarden schwankt das Arbeiterverhältnis etwa zwischen 50 und 80, d.h. die Umfangsgeschwindigkeit der Trommel ist ungefähr 50- bis 80mal größer als die der Arbeiter. Bei Feinkarden ist dieser Unterschied noch wesentlich größer.

Fall 3a: In ähnlicher Weise gestalten sich die Bewegungsverhältnisse zwischen Abnehmer und Trommel. Die schnellaufende Trommel gibt größtenteils ihre Faserfüllung an den langsam zurückweichenden Abnehmer ab (Abb. 104), wobei ähnlich wie beim Arbeiter, nur in vermindertem Maße eine kardierende Wirkung stattfindet, während ein ganz geringer Teil der Fasern sich der Aufnahme durch den Abnehmer entzieht und von der Trommel ein zweites Mal herumgeführt wird, um den gleichen Arbeitsprozeß noch einmal durchzumachen. Das

Verhältnis der Umfangsgeschwindigkeit der Trommel zu der des Abnehmers ist wesentlich geringer als das Arbeiterverhältnis und schwankt zwischen 20 und 40. Auch beim Abnehmer ist der Neigungswinkel der rückwärts gestellten Nadeln verhältnismäßig gering, so daß wiederum ein sicheres Festhalten der von der Trommel an den Abnehmer abgegebenen Fasern in dem umlaufenden Abnehmer gewährleistet ist, bis auf der andern Seite das mit etwa 1½- bis 2facher Umfangsgeschwindigkeit umlaufende Abzugswalzenpaar D_a/D_a' den aus dem Abnehmerbelag hängenden Faserbart abzieht und über das Leitblech C dem Lieferungswalzenpaar L/L' zuführt.

Nach diesen allgemeinen Betrachtungen spielt sich der Vorgang beim Kardieren der langen Juteristen auf einer Muldenvorkarde in folgender Weise ab:

Die Juteristen, die nach beendigtem Batschprozeß und genügender Reife in abgewogenen Dollopbündeln oder abgeteilten Schichten zur Karde gelangen, werden von den Kardierern oder Auflegern, einem oder 2 Arbeitern, möglichst gleichmäßig parallel nebeneinander, in einer bestimmten Auflagestärke, auf deren Bestimmung noch später zurückzukommen ist, auf das sich langsam über den schräg ansteigenden Auflagetisch bewegende Speisetuch mit den Fußenden voran gelegt, wobei darauf zu achten ist, daß die nachfolgenden Risten die vorhergehenden etwas überlappen und die ganze Breite des Zuführungstuches bedeckt ist. Sobald die Risten in den Bereich der Nadeln der Speisewalze gelangen, werden sie von diesen erfaßt und zwischen Speisewalze und Mulde durchgeführt, bis sie die vordere Muldenkante m erreichen und damit in den Bereich der Trommelnadeln gelangen. An diesem Punkte beginnt die kardierende und kämmende Wirkung der Trommel über die ganze Fläche der Muldenrückwand, wobei die abgespaltenen, ausgekämmten und auch teilweise abgerissenen Fasern von den Trommelnadeln nach unten zwischen dem ersten Wender hindurch dem ersten Arbeiter zugeführt werden. Zwischen Mulde und erstem Wender sorgt eine eng an den Trommelumfang sich legende Verschalung oder Eindeckung E (cover) dafür, daß die von der Trommel mitgenommenen, verhältnismäßig noch langen Fasern in den Trommelnadeln hängen bleiben, um bei Berührung mit dem ersten Arbeiter sicher in dessen Belag geschlagen zu werden. Es ist einleuchtend, daß die Entfernung zwischen Punkt m der Mulde und erstem Wender größer sein muß als die Länge der von der Trommel abgespaltenen und mitgenommenen Fasern, weil andernfalls diese Fasern von dem Wender erfaßt und zerrissen werden würden. Die Länge dieser Fasern wiederum hängt einesteils von der Festigkeit des Fasermaterials ab, indem festere Fasern auf eine größere Länge der kardierenden und zerspaltenden Wirkung der Trommel standhalten als schwächere, und andererseits wird sie bestimmt durch die oben schon angeführten Faktoren, welche die Kardierwirkung der Trommel beeinflussen, d. h. also durch das Speisewalzenverhältnis, die Nadelstellung, die mehr oder weniger enge Stellung der Mulde zur Speisewalze und zur Trommel usw. Feste Fasern verlangen nach obigem eine größere Entfernung zwischen Speisewalze und Wender als schwächere. Desgleichen muß der Abstand oder „Einstellung" der Mulde von Speisewalze und Trommel für schwache und bei der Kardierung zu schonenden Fasern weiter bemessen werden als bei festen Fasern oder solchen, bei denen eine weitgehende Aufteilung und Spaltung gewünscht wird. Da die Entfernung zwischen Speisewalze und erstem Wender ein für allemal für eine bestimmte Kardenkonstruktion festliegt und auch ihre Verstellbarkeit auf konstruktive Schwierigkeiten stoßen würde, beschränkt man sich zwecks Regulierung der Faserlänge auf eine Änderung des Speisewalzenverhältnisses und der Muldenstellung.

Nach Erreichung des ersten Arbeiters durch die von der Trommel mit-
geführten Fasern erfolgt dort in der oben beschriebenen Weise die Abgabe eines
Teils des Trommelfaserbelages an den Arbeiter, wobei eine intensive kardierende
Wirkung als Fortsetzung und Ergänzung der bereits an der Mulde begonnenen,
aber noch unvollkommen durchgeführten Kardierarbeit Platz greift. Neben dem
schon hervorgehobenen Arbeiterverhältnis wird diese Kardierwirkung wiederum
beeinflußt durch die „Einstellung" beider Walzen, d. h. durch den Abstand von
Nadelspitze zu Nadelspitze, ferner durch den Nadelwinkel und durch die Dichte,
Form, Länge und Stärke der Nadeln, auf welche Punkte später noch näher eingegangen wird.

Die von dem ersten Arbeiter aufgenommenen und zurückgehaltenen Fasern
werden nun in der Richtung nach dem ersten Wender zurückgeführt, dessen
vorwärts geneigte scharfe Nadeln die Fasern erfassen, sie aus den Nadeln des
Arbeiters in Form eines sehr dünnen Faservlieses ausziehen und der Trommel
zurückgeben, wobei die darin noch enthaltenen Unreinigkeiten abgeschleudert
werden. Damit ist die Arbeit des ersten Walzenpaares beendigt, und auch der
Kardiervorgang hätte sein Ende erreicht, wenn nicht auf der Trommel noch ein
Teil Fasern zurückgeblieben wäre, die noch nicht genügend aufgeteilt und verkürzt sind und daher noch eine weitere Behandlung erfordern. Zwar ergibt sich
aus obigem, daß sich die Kardierarbeit durch Verlangsamung des Arbeiters
gegenüber der Trommelgeschwindigkeit noch steigern läßt, da mit langsamer
rotierendem Arbeiter immer mehr neue Fasermengen aus dem Trommelbelag
in Berührung mit den Arbeiternadeln gelangen. Doch zeigt sich, daß mit der
Forcierung dieses Arbeitsprozesses auch der Anteil der zu kurzen, nicht mehr
verspinnbaren Fasern infolge zu weit gehender Zertrümmerung wächst. Aus
diesem Grunde überläßt man die Kardierarbeit nicht einem einzelnen Walzenpaar, sondern ordnet bei Vorkarden ein zweites, bei Feinkarden drei, vier und
noch mehr Walzenpaare an, um so durch weitgehende Unterteilung des Arbeitsprozesses größtmögliche Schonung der Fasern zu erzielen. Hierbei spielt sich
naturgemäß der Vorgang grundsätzlich in gleicher Weise ab wie beim ersten
Walzenpaar, nur mit dem Unterschied, daß mit jedem folgenden Walzenpaar
eine gewisse fortschreitende Verfeinerung der Nadeln, der Walzeneinstellung und
entsprechend der weiter geschrittenen Verkürzung der Fasern auch eine Verringerung der Entfernung des nachfolgenden Walzenpaares von dem vorhergehenden eintritt.

Nach Verlassen des letzten Walzenpaares, d. h. also bei der Vorkarde nach
dem zweiten Walzenpaar, erfolgt das Abnehmen der nunmehr genügend auf-
geschlossenen Fasern durch den Abnehmer in der oben beschriebenen Weise.
Das Abzugswalzenpaar endlich zieht vermöge seiner größeren Umfangsgeschwindigkeit den in den rückwärts gerichteten Abnehmernadeln hängenden Faser-
belag ab und führt ihn, wie bereits geschildert, in Form eines breiten, dünnen
Faservlieses über das nach unten sich verjüngende Leitblech C, durch das sich
anschließende Mundstück und das Lieferungswalzenpaar L, L', zu einem zusammenhängenden, schmalen Band von etwa 100 bis 130 mm Breite verdichtet,
in die meist ovalen Bänderkannen aus Vulkanfiber oder Blech.

Die Länge der größeren Fasern beträgt nach Verlassen der Vorkarde etwa
460 bis 560 mm, doch zeigt sich, wie die Versuche von Sommer[1] ergeben haben,

---

[1] Sommer: Untersuchungen über das Einkardenspinnverfahren. Infolge der Häufigkeit der kurzen Fasern liegt die „mittlere Faserlänge" erheblich tiefer als die obigen
Werte. Die meist vorkommende Faserlänge beträgt nach den Ermittlungen Sommers
in den Vorkardenbändern weniger als 100 mm und wird in den weiteren Verarbeitungsstufen
noch geringer, z. B. nach der Feinkarde beträgt sie noch 40 bis 50 mm, während sie sich
am Ende des Spinnprozesses bis auf 30 mm verkürzt hat.

eine außerordentliche Streuung in den Faserlängen, sowohl nach oben wie auch nach unten.

Wie aus Abb. 97 ersichtlich, gehört zu jedem der unteren Wender noch je eine glatte Blechwalze. Diese Walzen bewegen sich dicht am Umfang der Wender und bezwecken, die in den Wenderbelägen hängenden Fasern bei deren schnellen Umläufen gegen Abschleudern zu schützen und so unnötigen Abfall zu vermeiden. Man bezeichnet diese Walzen daher auch als Sparwalzen.

Die zwischen Speisewalze und erstem Wender dicht an den Trommel- und Wenderumfang anschließende, auch mit „Deckel" bezeichnete Verschalung E setzt sich vom ersten Arbeiter nach dem zweiten Wender, vom zweiten Arbeiter nach dem Abnehmer und vom Abnehmer über den oberen Trommelumfang nach der Speisewalze fort, wobei wiederum der Wenderumfang zwecks Vermeidung von Faserverlusten vom Deckel eng umschlossen wird, während an den übrigen Stellen die Deckel nur die Bedeckung und den Schutz der Nadelbeläge zum Zwecke haben und daher weiter abstehen können. Die bei beiden Walzenpaaren in der Abdeckung nach unten frei gelassene Lücke ermöglicht die Abscheidung des ausgeschiedenen Abfalles und Schmutzes. Häufig findet man, wie z. B. auch bei der in Abb. 97 dargestellten Vorkarde, unter dem ersten Walzenpaar statt einer, zwei Sparwalzen angeordnet, um Faserverlusten noch weitergehend vorzubeugen.

Sowohl das Abzugswalzenpaar wie auch die untere Lieferwalze L sind mit Putzleisten versehen, um die glatten Walzen von anhaftenden Fasern zu reinigen.

Die in Abb. 97 dargestellte Karde stellt die allgemeine Form einer „Halbzirkular"- oder halbkreisförmigen Karde (half-circular card) dar, d. h. einer Karde, deren Arbeitsfläche etwa die halbe Trommeloberfläche umfaßt, im Gegensatz zur „Vollzirkular"- oder vollkreisförmigen Karde (full-circular card), deren Arbeitsfläche annähernd die ganze Trommeloberfläche umfaßt, und die nur für Feinkarden in Frage kommt (vgl. S. 196). Bei der Halbzirkularkarde unterscheidet man wiederum Karden mit unterer Arbeitshälfte (down-striker = Abwärtsstreicher) und solche mit oberer Arbeitshälfte (up-striker = Aufwärtsstreicher), denen beiden gemeinsam ist, daß die Speisung auf der einen, die Ablieferung auf der entgegengesetzten Kardenseite erfolgt. Dagegen wird bei dem „Abwärtsstreicher" die Faser über die obere Seite des Abnehmers der Abzugswalze zugeführt (vgl. Abb. 97), während bei dem „Aufwärtsstreicher" der Abzug des Faservlieses nach der Abzugswalze von der unteren Seite des Abnehmers erfolgt (vgl. Abb. 130 S. 195).

Die Durchmesser und Umdrehungszahlen der Walzen sind bei den verschiedenen Kardenkonstruktionen verschieden und schwanken zwischen gewissen Grenzen. Immerhin ist die allgemeine Regel, daß der Durchmesser der Arbeiterwalzen etwas kleiner ist als der der Wenderwalzen, während der Abnehmer meist den größten Durchmesser aufweist. Die Vorkarden mit nur 2 Walzenpaaren haben in der Regel größere Walzendurchmesser als die Feinkarden mit mehreren Walzenpaaren am Umfang. Dies trifft insbesondere für die Speisewalze bei der Muldenvorkarde zu. Bei der seltener zur Ausführung gelangenden Doppel-Abnehmerkarde, d. h. mit 2 Abnehmern, weisen sämtliche Walzen, Arbeiter, Wender und Abnehmer gleiche Durchmesser, meist 14 Zoll, auf. Um bei dieser Kardenkonstruktion die Walzen in geeigneter Weise am Umfang verteilen zu können, ist die Speisewalze sehr hoch gelegt, fast senkrecht über der Trommelmitte. Dementsprechend ergibt sich auch ein sehr hoch liegender Auflagetisch, so daß die Aufleger auf einem erhöhten Podest stehen müssen. Der eigenartige Aufbau dieser Karde hat ihr den Namen „Jumbokarde" eingetragen, doch wird diese Karde heute kaum noch gebaut.

Die für Muldenvorkarden gebräuchlichsten Durchmesser und Umdrehungszahlen der Walzen sind in nachfolgender Tab. 33 zusammengestellt:

Die oben angegebenen Walzendurchmesser beziehen sich auf die nackten Walzen, d. h. ohne Belag.

Die Beläge werden heute fast ausschließlich aus schmalen Holzbrettchen von bestem trockenen Buchenholz (möglichst 3 Jahre abgelagert) gebildet, in welche Nadeln aus hartem Stahldraht von bestimmter Stärke und Neigungswinkel in bestimmter Reihenfolge und Teilung eingeschlagen sind. Die Verwendung von Lederbelägen mit sehr schräg stehenden und gekrümmten Nadeln, wie sie früher vorwiegend für Arbeiter- und Abnehmerwalzen bevorzugt wurden, kommt heute für Jutekarden nicht mehr in Betracht. Die Nadelbrettchen werden mittels versenkter Schrauben auf die nackten Walzenmäntel aufgeschraubt, die früher aus Holz bestanden, bei den heutigen modernen Maschinen jedoch aus nahtlos gezogenen Stahlrohren gebildet werden, die eine erhöhte Sicherheit gegen Zerspringen gewährleisten. Bei Verwendung eiserner Walzenkörper und passender Befestigungsschrauben haften natürlich die Beläge sicherer als bei hölzernen Walzenmänteln und Holzschrauben.

Tabelle 33.

Walzenart	Durchmesser in Zoll, ohne Belag gemessen	Umdrehungen pro Min.
Trommel . .	48	180—200
Speisewalze .	8—10	3—7
Arbeiter . .	7—10	10—25
Wender . . .	11—14	100—150
Abnehmer. .	14—18	15—25
Abzugswalze	4	120—200
Lieferwalze .	4—4¼	120—200
Blechwalze .	10—16	15—30

Auch bei den Trommeln hat man die bisher übliche, aus starken Holzbohlen gebildete und auf gußeiserne Scheiben oder Armkreuze aufgesetzte Mantelkonstruktion neuerdings verlassen und ist ausschließlich auf gußeiserne Mäntel von etwa 10 bis 15 mm Wandstärke übergegangen.

Die Belagbrettchen werden in der Regel in 3 Reihen (seltener in 2 Reihen) nebeneinander über die Walzenbreite angeordnet, so daß bei der üblichen Walzenbreite von 6 engl. Fuß = rund 1830 mm und nach Abzug der an beiden Enden vorstehenden Walzenböden sich eine Brettlänge von etwa 600 mm ergibt. Die Breite der Bretter bestimmt sich durch deren Anzahl auf den jeweiligen Walzenumfang. Beispielsweise ergibt sich bei einem Trommeldurchmesser von 48 Zoll und 50 Brettern auf den Umfang eine Brettbreite von etwa 76 mm inneres Bogenmaß. Bei den Arbeitswalzen wird entsprechend den kleineren Walzendurchmessern die Brettbreite geringer, d. h. die Brettzahl verhältnismäßig größer genommen. So erhalten z. B. Arbeiter und Speisewalze 10 bis 13, Wender 15 bis 17, Abnehmer 17 bis 23 Bretter am Umfang, was eine Brettbreite von 65 bis 70 mm ergibt. Eine geringe Brettbreite ist bei kleinerem Walzendurchmesser auch deshalb erforderlich, um das Einschlagen der Nadeln bei sehr kleinem Nadelwinkel zu ermöglichen. Die Brettstärke ist bei der Trommel und bei den Arbeitern, deren Beläge am meisten beansprucht sind, naturgemäß am größten. Sie beträgt hier meist 19 mm, während die übrigen Walzen nur eine Brettstärke von 12 bis 16 mm aufweisen.

In den Abb. 105 bis 109 sind die Nadelbrettchen eines Vorkardenbelages für die Trommel und die verschiedenen Walzen dargestellt und ihre Abmessungen und Einzelheiten in der nachfolgenden Tab. 34 zusammengestellt. Eine allgemeingültige Norm für die richtige Benadelung einer Vorkarde läßt sich keinesfalls geben, da die Ansichten darüber in Fachkreisen heute noch sehr verschieden sind und wissenschaftliche Versuche über die beste Benadelung nicht vorliegen. Immerhin ist die Wahl der richtigen Benadelung in Verbindung mit der Einstellung und den relativen Geschwindigkeiten der Walzen zueinander von so

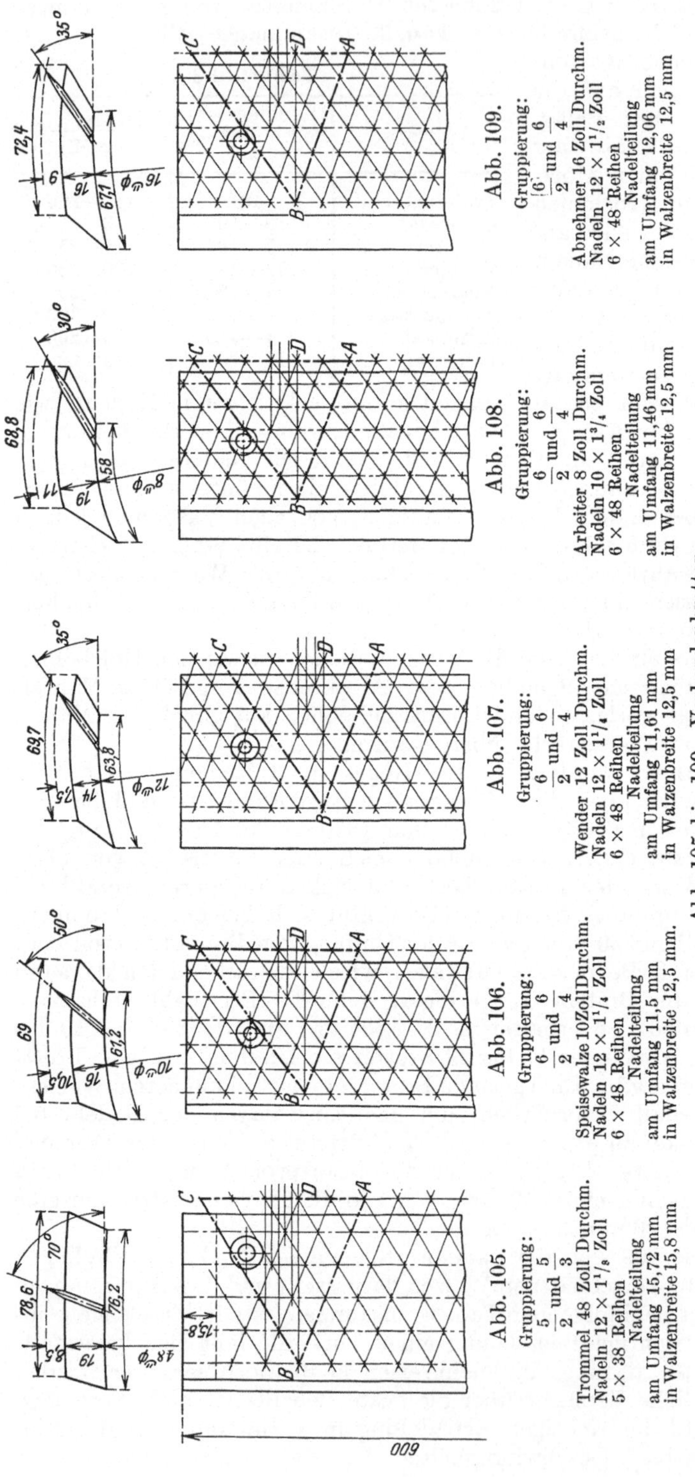

großem Einfluß auf das Gelingen des Kardierprozesses, daß es dringend zu wünschen ist, daß in Zukunft auf diesem Gebiet eingehende Forschungsarbeit geleistet wird.

Bei der Betrachtung der Abb. 105 bis 109 fällt insbesondere die Verschiedenheit des Nadelwinkels, d. h. des Winkels, den die Mittellinie der Nadel mit dem Walzenumfang bildet, bei den verschiedenen Belägen auf. Während die Trommel den stumpfsten Winkel, etwa 70°, aufweist, sind die Nadeln der übrigen Beläge viel schärfer gegen den Umfang geneigt. Bei der Speisewalze beträgt dieser Winkel in dem dargestellten Beispiel etwa 50°, bei den Wendern und dem Abnehmer 35°, und er ist am kleinsten bei den Arbeitern mit 30°. Bei andern Vorkardenbelägen, besonders älterer Konstruktion, findet man teilweise größere Nadelwinkel, z. B. Trommel mit 71°, Speisewalze 52°, Arbeiter 41°, Wender 43°, Abnehmer 40°. Im übrigen ergibt sich die Bemessung dieser Winkel aus den Arbeitsverrichtungen, welche die Walzen auszuführen haben und die auf S. 157 ff. eingehend dargelegt wurden. Die Wahl des richtigen Nadelwinkels ist ebenfalls das Ergebnis langjähriger Betriebserfahrungen und hängt sehr wesentlich von der Art und Beschaffenheit des zu verarbeitenden Rohmateriales und der Qualität des herzustellenden Garnes ab. Aber auch eine rein theoretische Untersuchung gibt, wie im folgenden dargelegt werden soll, Aufschluß über die wesentlichsten, die Größe des Nadelwinkels beeinflussenden Faktoren.

Betrachtet man in Abb. 110[1] die beiden entgegengesetzt gerichteten Nadeln *1* und *2* zweier zusammenarbeitender Beläge *A* und *B*, und denkt man

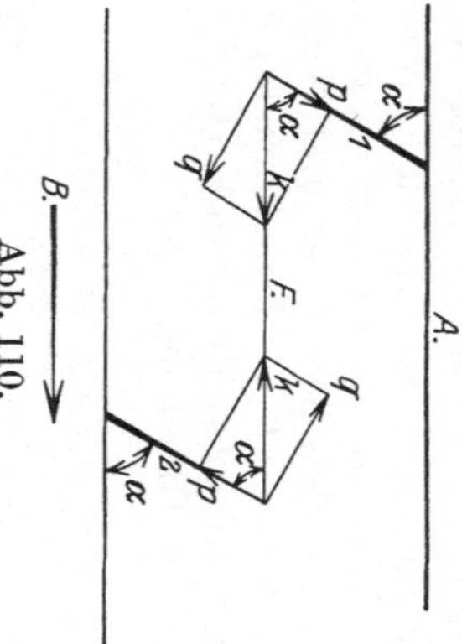

Abb. 110.

sich *A* ruhend und *B* in der Pfeilrichtung mit gewisser Geschwindigkeit sich bewegend, so wird eine von den Nadelspitzen erfaßte Faser *F* durch die Kraft *K* in der Bewegungsrichtung gestreckt.

Zerlegt man *K* in ihre Komponenten parallel und senkrecht zur Nadelachse, so ergibt sich nach der Abb. 110:

$$q = K \sin \alpha, \quad p = K \cos \alpha.$$

Durch den Einfluß dieser beiden Kraftkomponenten kommt die Kardierwirkung zustande. *q* sucht die Faser aus einem an der Spitze der Nadel *1* hängengebliebenen Faserknäuel senkrecht zur Nadelachse herauszuziehen. Sie ist daher die Kraftkomponente, von der die entwirrende und auflösende, d. h. die eigentliche kardierende Wirkung ausgeht; *p* dagegen sucht die Faser längs der Nadel unter Überwindung der entgegenwirkenden Reibung nach innen zum Einrutschen in den Belag zu bringen. Sie ist also die füllende Komponente. Die Größe dieser beiden Teilkräfte hängt von der Größe der Kraft *K* und dem Winkel α ab. *K* wiederum ist abhängig von dem Widerstand, welcher der Entwirrung ent-

---

[1] Vgl. Hausner: Die Theorie des Krempelns. Dinglers polyt. J. 1897. Johannsen, O.: Handbuch der Baumwollspinnerei, Bd. 1. Leipzig 1902.

Tabelle 34. Benadelung einer Vorkarde mit zwei Walzenpaaren.

Bezeichnung der Walzen	Walzen-Durchmesser ohne Belag Zoll	Anzahl d. Bretter		Maße der Bretter			Nadeln											
		am Umfang	insgesamt	Länge mm	Breite mm	Stärke mm	Nadel-winkel α^0	Nadel-höhe h mm	Nadel-Nummer × Länge Zoll	Teilung d. Nadeln am Umfang Zoll	in Walzenbreite Zoll	Anzahl auf 1 Quadr.-Zoll	Nadeln auf 1 dm am Umfang	in Walzenbreite	Nadeln auf 1 dm²	Nadel-reihen auf 1 Brett	Nadeln in einer Reihe	Gesamt-anzahl der Nadeln auf den Walzen
Trommel	48	50	150	600	78,6	19	70	8,5	$12 \times 1^{1}/_{8}$	$^{5}/_{8}$	$^{5}/_{8}$	2,56	6,36	6,33	40,25	5	38	28 500
Speisewalze ..	10	13	39	600	69	16	50	10,5	$12 \times 1^{1}/_{4}$	$^{7}/_{16}$	$^{1}/_{2}$	4,57	8,7	8	69,6	6	48	11 232
Wender I u. II	12	15	45	600	69,7	14	35	7,5	$12 \times 1^{1}/_{4}$	$^{7}/_{16}$	$^{1}/_{2}$	4,57	8,6	8	68,8	6	48	12 960
Arbeiter I u. II	8	11	33	600	68,8	19	30	11	$10 \times 1^{3}/_{4}$	$^{7}/_{16}$	$^{1}/_{2}$	4,57	8,7	8	69,6	6	48	9 504
Abnehmer ...	16	19	57	600	72,4	16	35	9,0	$12 \times 1^{1}/_{2}$	$^{15}/_{32}$	$^{1}/_{2}$	4,5	8,3	8	66,4	6	48	16 416

gegengesetzt wird, und der naturgemäß um so größer ist, je weniger die Fasern aufgelöst sind.

Mit $\alpha = 90^0$ erreicht q seinen Höchstwert, denn es ist $q_{max} = K \cdot \sin 90^0 = K$, p dagegen seinen niedrigsten Wert, denn es ist $p_{min} = K \cdot \cos 90^0 = 0$.

Obwohl demnach die Kardierwirkung ihren Höchstwert erreicht, ist der Fall $\alpha = 90^0$ für die Praxis unbrauchbar, da eine Füllung des Belages infolge $p_{min} = 0$ nicht stattfindet, und somit eine wesentliche Aufgabe des Kardierens, nämlich weitgehende Zerteilung des Stoffes und Ausscheidung von kurzen Fasern und Unreinigkeiten, nicht erfüllt wird. Immerhin wird mit der Bemessung des Winkels α beim Trommelbelag so nahe an die obere Grenze gegangen, daß eine ausreichende Größe der Kraftkomponente p und eine genügende Aufnahmefähigkeit des Belags gewährleistet ist. Hierbei ist auch zu beachten, daß bei einem großen Winkel α das Einstechen der Nadeln in die Faserbündel weniger begünstigt wird als bei einem kleineren α, d. h. einer schrägeren Nadelstellung.

Die Bemessung des Winkels α hängt weiterhin von dem Widerstand ab, den die Oberfläche der Nadeln dem Eingleiten der Fasern entgegensetzt. Bezeichnet man den Reibungskoeffizienten zwischen Faser und Nadel mit f, so ergibt sich der Reibungswiderstand zu $R = q \cdot f$ ($q =$ Normaldruck auf die Nadel), und da bei einem Eingleiten der Fasern dieser Reibungswiderstand überwunden werden muß, gilt für diesen Grenzfall die Gleichung:

$$R = f \cdot q = p$$

oder

$$f \cdot K \sin \alpha = K \cos \alpha,$$

somit

$$f = \frac{K \cos \alpha}{K \sin \alpha} = \cotg \alpha,$$

d. h. für einen bestimmten Reibungskoeffizienten, also für ein bestimmtes Fasermaterial und eine bestimmte Nadelsorte muß α eine bestimmte Größe besitzen. Da mit abnehmendem Winkel α seine Kotangente zunimmt, erfordert nach obiger Gleichgewichtsbedingung eine rauhe Nadeloberfläche, die den Fasern beim Einrutschen einen größeren Widerstand entgegensetzt, einen kleinen Winkel α.

In Wirklichkeit spielen sich diese Vorgänge viel verwickelter ab, und ausreichende Klarheit kann nur, wie bereits erwähnt, durch eingehende praktische Versuche erlangt werden.

Die Nadeldicke wird fast allgemein nach der Birmingham - Drahtlehre (Birmingham Wire Gauge, B.W.G.) bestimmt, deren Nummern in engl. Zoll und mm nachfolgende Tab. 35 enthält. Etwas abweichend sind die Maße der British Imperial Wire Gauge, die bisweilen auch zur Anwendung kommen. Sie sind ebenfalls in Tab. 35 in engl. Zoll und mm enthalten. Endlich sind noch in dieser Zusammenstellung die neuerdings für die deutschen Spinnereinadeln festgelegten DI-Normen verzeichnet, die gegen die englischen Nadelnummern nur unwesentliche Abweichungen zeigen und in Deutschland immer mehr Eingang finden.

Gleich der Nadeldicke wird auch die Nadellänge meist in englischen Maßen angegeben. So bezeichnet man beispielsweise mit $12 \times 1^1/_8$ Zoll eine Nadel von der Nummer 12 B.W.G. = 2,77 mm Stärke und $1^1/_8$ Zoll = 28,6 mm Länge. Nach den Vorschlägen des Deutschen Fachnormenausschusses für Textilindustrie und Textilmaschinen wird die Länge der Nadeln in mm angegeben, wobei die bisher noch gebräuchliche große Anzahl Nadellängen durch geeignete Abstufungen erheblich verringert wurde (vgl. DIN TEX 4104, Tab. 36).

Die Nadellänge richtet sich nach der Brettstärke, wobei in der Hauptsache

Tabelle 35. Drahtlehren.

Nummer der Drahtlehre	Birmingham Wire Gauge (B.W.G.)		British Imperial Wire Gauge (I.W.G.)		Deutsche Normen[1] DIN 4101	
	Drahtstärke in		Drahtstärke in		Drahtstärke	
	engl. Zoll	mm	engl. Zoll	mm	in mm	Zulässige Abweichungen
5	0,220	5,59	0,212	5,381	5,37	
6	0,203	5,156	0,192	4,881	4,87	— 0,025
7	0,180	4,57	0,176	4,472	4,47	
8	0,165	4,19	0,160	4,06	4,07	
9	0,148	3,763	0,144	3,662	3,77	— 0,025
10	0,134	3,404	0,128	3,251	3,37	
11	0,120	3,048	0,116	2,946	2,98	
12	0,109	2,769	0,104	2,642	2,63	— 0,018
13	0,095	2,413	0,092	2,337	2,33	
14	0,083	2,108	0,080	2,032	1,98	
15	0,072	1,829	0,072	1,829	1,78	— 0,018
16	0,065	1,651	0,064	1,626	1,63	
17	0,058	1,473	0,056	1,422	1,43	
18	0,049	1,245	0,048	1,219	1,23	— 0,018
19	0,042	1,067	0,040	1,016	1,08	
20	0,035	0,889	0,036	0,914	0,98	
21	0,032	0,813	0,032	0,813	0,88	— 0,015
22	0,028	0,711	0,028	0,711	0,78	

Die für Jutekarden hauptsächlich verwendeten Größen.

nur der zugespitzte vordere Teil der Nadel aus dem Brett hervorragt. Dieser vorstehende Teil wird in radialer Richtung gemessen und mit Nadelhöhe h bezeichnet. Der zugespitzte Teil erstreckt sich bei Kardennadeln auf $^1/_4$ der Gesamtnadellänge, so daß also, wenn l die Nadellänge bedeutet, die Spitze $\frac{l}{4}$ ausmacht.

Die Nadelstärke hängt von der Beanspruchung ab, der die Nadeln ausgesetzt sind. Starke Nadeln können naturgemäß mehr aushalten als schwache, sie verlangen aber auch stärkere Bretter und größeren Abstand, wirken also gröber als feine Nadeln. Demgemäß haben Trommel und Arbeiter die stärksten Nadeln, während Wender und Abnehmer schwächere Nadeln aufweisen.

Die Nadeldichte wird in der Regel durch die Nadelteilung (pitch) angegeben, d. i. die Entfernung in engl. Zoll von Nadelmitte zu Nadelmitte, am äußeren Brettumfang gemessen, sowohl in Richtung des Walzenumfangs als auch senkrecht dazu in Richtung der Walzenbreite. Aus dieser Nadelteilung errechnet sich die Anzahl der Nadeln pro Quadratzoll als Maß der Nadeldichte. Z. B. ergibt sich bei einer Nadelteilung $^5/_8 \times ^7/_{16}$ Zoll die Anzahl der Na-

Tabelle 36.

Nadel-Nr.	Nadeldurchmesser d	Länge l							
10	3,37			28	32				
11	2,98		26	28	32	36	38	40	44
12	2,63		26	28	32	36	38	40	44
13	2,33	22	26	28	32	36	38	40	
14	1,98	22	26	28	32	36	38		
15	1,78	22	26	28	32				
16	1,63	22	26						
17	1,43	22							

Ausführung: Gehärtet, gescheuert und poliert.
Werkstoff: Stahldraht.
Zulässige Abweichungen für Nadeldurchmesser und Stahldrahtdurchmesser siehe DIN TEX 4101[1].

[1] Siehe Fußnote 1 Seite 112.

deln auf 1 Zoll in Richtung des Umfanges zu $^8/_5$, in der Breitenrichtung zu $^{16}/_7$, demgemäß die Anzahl Nadeln auf 1 Quadratzoll zu $^8/_5 \times {}^{16}/_7 = 3,66$ usw. Vielfach hat sich auch die Angabe der Anzahl Nadelreihen pro Brett in Richtung des Walzenumfangs (d. h. der Brettbreite) und in Richtung der Walzenbreite (d. h. der Brettlänge) eingebürgert, so daß z. B. die Bezeichnung „6 × 48er"-Brett besagt, daß in der Breitenrichtung des Brettes 6 Reihen Nadeln und in der Längsrichtung des Brettes 48 Reihen eingeschlagen sind. Bei dieser Art der Bezeichnung müssen jedoch die Brettabmessungen mit angegeben werden, da sonst ein Vergleich der Nadeldichte mit anderen Belägen nicht möglich ist. Zweckmäßiger, und unserem deutschen Maßsystem angepaßt, ist die Angabe der Anzahl Nadeln auf je 1 dm (10 cm) nach beiden Richtungen, aus welcher sich die Nadeldichte auf den dm² einfach errechnen läßt. Z. B. würde die Bezeichnung für das obige 6 × 48er-

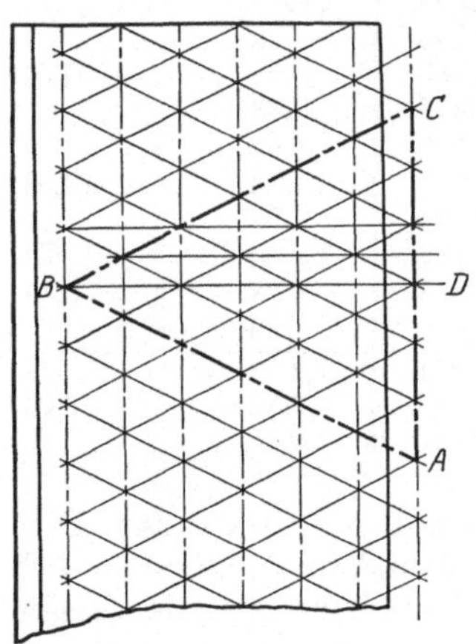

Abb. 111. Gleichseitige Nadelgruppierung $\frac{6}{3}$ und $\frac{6}{3}$, d. h. zweireihig.

Brett bei einer Brettbreite von 69 mm und einer Brettlänge von 600 mm lauten: 8,7 × 8, d. h. in der Umfangsrichtung gehen 8,7 Nadeln auf 1 dm (Nadelteilung 11,5 mm), in der Breitenrichtung 8 Nadeln auf 1 dm (Nadelteilung 12,5 mm). Die Gesamtzahl der Nadeln auf 1 dm² ergibt sich demnach zu 8,7 × 8 = 69,6. Die entsprechende englische Bezeichnung für dieses Brett würde (abgerundet) lauten $^7/_{16} \times {}^1/_2$ Zoll, was einer Nadeldichte von 4,57 auf ein Quadratzoll entspricht. Für die Umrechnung von engl. Quadratzoll in dm² sind die englischen Werte mit dem Faktor 15,5 zu multiplizieren.

In Tab. 34 sind zum Vergleich die Nadeldichten nach beiden Methoden errechnet. Aus dieser Tabelle ersieht man weiterhin, daß die Nadeldichte bei der Trommel erheblich geringer ist als bei den übrigen Walzen, die in der Regel mit zunehmendem Feinheitsgrad des Fasergutes auch eine feinere und dichtere Benadelung erhalten. Eine allgemeine Regel läßt sich auch hier nicht aufstellen, und beim Vergleich verschiedener Kardensysteme ergeben sich auch die größten Unterschiede in der Benadelung. Beispielsweise schwankt die Nadeldichte bei Trommelbelägen von Vorkarden von ¾ × ¾ Zoll = 1,77 Nadeln pro Quadratzoll bzw. 27 pro dm² bis zu $^3/_8 \times {}^7/_{16}$ Zoll = 6 Nadeln pro Quadratzoll, bzw. 93 Nadeln pro dm². Neuerdings neigt man eher zu engerer und feinerer Benadelung in dem Bestreben, das Material intensiver zu bearbeiten.

Neben der Nadeldichte ist die Gruppierungsweise der einzelnen Nadeln im Brett von besonderer Bedeutung. Beispielsweise zeigt eine Betrachtung der in den Abb. 105 und 111 dargestellten Nadelgruppierungen, daß durch die ungleich versetzte Anordnung der aufeinander folgenden Nadelreihen der Abb. 105, die durch das ungleichschenklige, strichpunktiert gezeichnete Dreieck *ABC* gekennzeichnet ist, eine intensivere Wirkung der Nadeln auf die Faserbündel unter sonst gleichen Verhältnissen gewährleistet ist als bei der gleichseitigen Anordnung in Form des gleichschenkligen Dreiecks *ABC* (Abb. 111), wobei die gleiche Nadelzahl in beiden Fällen im Brett vorhanden ist.

Wie schon bei der theoretischen Besprechung des Kardiervorganges hervorgehoben, hängt der Erfolg der Kardierarbeit ganz wesentlich von der Einstellung der verschiedenen zusammenarbeitenden Walzen ab, d. h. von der Entfernung der Nadelspitzen zweier gegeneinander arbeitenden Beläge. Diese Entfernung wird durch besondere Lehren aus Messingblech gemessen, deren Dicke

ebenfalls nach der B.W.G.-Drahtlehre numeriert wird (vgl. Abb. 112). Die
Walzen sind in ihren Lagerungen so verstellbar, daß ihre gegenseitige Entfernung
bis auf $^1/_{10}$ mm entsprechend den vorgeschriebenen Lehren eingestellt werden
kann. Im allgemeinen gilt bei der Einstellung der Walzen wie bei den Nadeln
der Grundsatz, daß mit fortschreitender Verfeinerung des Fasermateriales auch
die Einstellung verfeinert wird. Im übrigen gehen aber auch hier in der Praxis
die Meinungen der Fachleute so auseinander, daß bindende Richtlinien sich
nicht aufstellen lassen. Auch hängt die Einstellung viel zu sehr von der Art
des verwendeten Rohmateriales, der Qualität des zu erzeugenden Garnes und
der Bauart der Karden ab. Bisweilen richtet man sich bei der Einstellung nach
der Feinheitsnummer der Nadeln der das Fasergut aufnehmenden, bzw. ab-
nehmenden Walzen, indem man z. B. den Arbeiter zur Trommel nach der Nadelnummer des Arbeiters, den Wender zum Arbeiter nach der des Wenders, und
den Wender zur Trommel nach der Nummer
des Trommelbelags einstellt. Doch wird diese
Regel in vielen Fällen durchbrochen, und es
wird immer zweckmäßig sein, wenn man sich
bei jeder Änderung der Einstellung die Wirkung dieser Maßnahme sowohl hinsichtlich
einer intensiven Aufschließung des Materials,
wie auch insbesondere in bezug auf das Faserergebnis bzw. die Erzeugung unbrauchbaren
Abfalles vor Augen hält. Aber auch durch zu
weite Einstellung kann viel Abfall entstehen.
Z. B. wird bei zu weiter Einstellung zwischen

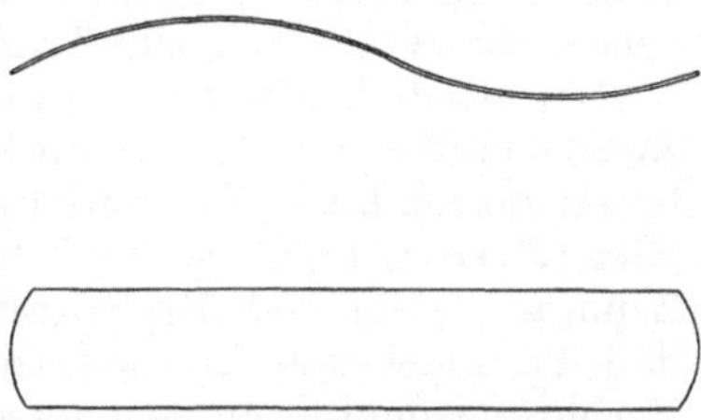

Abb. 112. Einstellungslehre für
Karden.

Trommel und Arbeiterwalzen das im Trommelbelag mitgeführte Fasermaterial nur
zum Teil von den Arbeiterwalzen abgenommen, während der übrige Teil zwischen
Trommel und Arbeiter durchgeht, wobei besonders die kürzeren Fasern zwischen
den Walzenpaaren ausgeworfen werden. Die Einstellung der Abnehmerwalze zur
Trommel wird in der Regel so eng wie möglich bemessen, um das Faservlies
weitestgehend vom Trommelbelag zu entfernen, damit nicht bereits auskardierte
Fasern nochmals von der Trommel herumgeführt und dem Kardierprozeß zum
wiederholten Male unterworfen werden.

Die im allgemeinen bei Vorkarden üblichen Einstellungen sind in nachstehender Tab. 37 zusammengestellt.

Tabelle 37. Einstellung der Walzen von Jutevorkarden nach Lehren.

Speisewalze zur Mulde	Nr. 9 bis Nr. 15	2. Wender zur Trommel Nr. 11 bis Nr. 15
Speisewalze zur Trommel	$^1/_4$ Zoll ,, ,, 16	2. Arbeiter zur Trommel ,, 10 ,, ,, 14
Mulde zur Trommel	$^7/_{16}$ Zoll ,, ,, 9	2. Wender zum 2. Arbeiter ,, 11 ,, ,, 15
1. Wender zur Trommel	Nr. 10 ,, ,, 14	Abnehmer zur Trommel ,, 12 ,, ,, 16
1. Arbeiter zur Trommel	,, 8 ,, ,, 12	Abzugswalze zum Abnehmer ,, 8 ,, ,, 12
1. Wender zum 1. Arbeiter	,, 10 ,, ,, 14	Abzugsdruckwalze z. Abnehmer 1 bis 2½ Zoll

Der Antrieb der Karden erfolgt entweder durch Einzelmotor oder von
der Haupttransmission aus mittels Fest- und Losscheibe direkt auf die Trommelachse, von der aus die übrigen Walzen angetrieben werden.

Die Abb. 113 und 114 stellen das Antriebsschema einer Jutevorkarde der
Firma C. Oswald Liebscher, Chemnitz, im Aufriß und Grundriß dar. Aus
diesen Zeichnungen ist ersichtlich, daß mit Ausnahme der Wender, deren Bewegung durch Riemenübertragung von der Trommelachse aus auf der Antriebsseite oder „Riemenseite" der Karde vermittelt wird, die übrigen Walzen durch
Zahnrädertriebe ebenfalls von der Trommelachse aus, jedoch auf der der Riemen-

seite entgegengesetzt liegenden Seite, der „Räderseite" der Karde angetrieben werden. Die Anordnung dieser Übersetzungsräder und Zwischentriebe ist zwar bei den Karden verschiedener Maschinenfabriken im einzelnen verschieden, doch sind die Unterschiede nur so gering, daß sich die Beschreibung auf eine Type beschränken kann.

Von der Trommelachse aus wird die Bewegung der Trommel durch das auf ihr sitzende Zahnrad T_W, Schnelligkeitsrad oder Trommelwechsel genannt, nach 2 Hauptrichtungen übertragen, und zwar in der einen Richtung (in Abb. 113 nach links) auf die Speisewalze S und in der entgegengesetzten Richtung (in Abb. 113 nach rechts) auf die Abzugswalze D_a. Das Schnelligkeitsrad T_W ist auswechselbar, und dessen Zähnezahl wird meist in den Abstufungen 40, 50 und 60 ausgeführt. Mit zunehmender Zähnezahl vergrößern sich die Geschwindigkeiten sämtlicher von der Trommel durch Zahnräder angetriebenen Walzen; die Kardenleistung steigt, während naturgemäß die Relativgeschwindigkeiten dieser Walzen zur Trommel abnehmen.

Der Rädertrieb zur Speisewalze verläuft vom Trommelwechsel über Zwischenrad Z_1 auf Z_2, das mit Zahnrad V_W fest verbunden ist und lose auf einem festen Bolzen läuft. Zahnrad V_W wiederum greift in Rad Z_3 ein, auf dessen Nabe Ritzel Z_4 sitzt. Letzteres endlich greift in das auf der Speisewalzenachse befestigte Zahnrad Z_5 ein und übermittelt so den Antrieb der Speisewalze in der Weise, daß Trommel und Speisewalze die gleiche Drehrichtung, d. h. also in ihrem Berührungspunkt entgegengesetzte Umfangsbewegungen erhalten. Von der Speisewalze aus erfolgt durch das gleichfalls auf ihrer Achse festsitzende Zahnrad Z_6 der Antrieb der Tuchwalze T_u durch Eingriff in das auf deren Achse sitzende Zahnrad Z_7 und damit die zur Speisewalze gerichtete Bewegung des Zuführungstuches, dessen Geschwindigkeit in einem ganz bestimmten Verhältnis zur Umfangsgeschwindigkeit der Speisewalze stehen muß, und zwar derart, daß die Umfangsgeschwindigkeit der Speisewalze, über Nadelspitzen gemessen, um einen gewissen Betrag (etwa 12%, vgl. S. 177) größer ist als die Zuführungsgeschwindigkeit des Speisetuches. Der durch diese Geschwindigkeitsdifferenz dem Material erteilte Zug (engl. „lead") verhindert eine Anstauung des in gewisser Auflagestärke auf dem Zuführungstuch der Speisewalze zugeführten Materiales vor Eintritt in die Mulde.

In ähnlicher Weise wie der Trommelwechsel T_W ist auch das Zahnrad V_W als Wechselrad ausgebildet, dessen Zähnezahl bei der dargestellten Karde von 24 bis 40 in Abstufungen von 2 zu 2 wechselt, und zwar nimmt die Geschwindigkeit der Speisewalze mit zunehmender Zähnezahl V_W bei gleichbleibendem Trommelwechsel zu, ihre Relativgeschwindigkeit zur Trommel jedoch ab. Da man die Differenz der Umfangsgeschwindigkeit zweier Walzen als „Verzug"[1] bezeichnet, so nennt man auch das den Verzug zwischen Trommel und Speisewalze (und damit auch den Verzug zwischen Speisewalze und Abzugswalze, s. weiter unten) regulierende Wechselrad V_W den „Verzugswechsel". Nach obigem steht also der Verzug im umgekehrten Verhältnis zur Zähnezahl des Verzugswechselrades.

Um noch eine weitergehende Variierung des Verzuges, d. h. besonders hohe Verzüge zu ermöglichen, was für gewisse Zwecke wünschenswert ist (vgl. Ein-

---

[1] Die Bezeichnung „Verzug" für das Verhältnis der Ablieferungsgeschwindigkeit zur Einzugsgeschwindigkeit, wie überhaupt allgemein für das Verhältnis der Umfangsgeschwindigkeiten zweier zusammen arbeitenden Walzen bei Karden ist hier fälschlich angewendet und dem grundverschiedenen Vorgang bei den Strecken und Spinnmaschinen nachbenannt. Von einem „Verziehen" der Fasern, wie es zwischen den Streckzylindern bei den vorgenannten Maschinen der Fall ist, ist beim Kardierungsprozeß nichts zu bemerken, wie die eingehende Schilderung der ganzen Art dieses Arbeitsprozesses S. 157ff. erkennen ließ.

kardensystem S. 220ff.), ist bei der dargestellten Liebscher-Vorkarde noch eine zweite Zahnräderübersetzung Z_1'/Z_2' zwischen Trommelwechsel und Verzugswechsel eingeschaltet, und zwar treibt Z_1', das fest auf der Nabe von Z_1 sitzt, auf Z_2', das wiederum mit dem Verzugswechsel V_W in fester Verbindung steht.

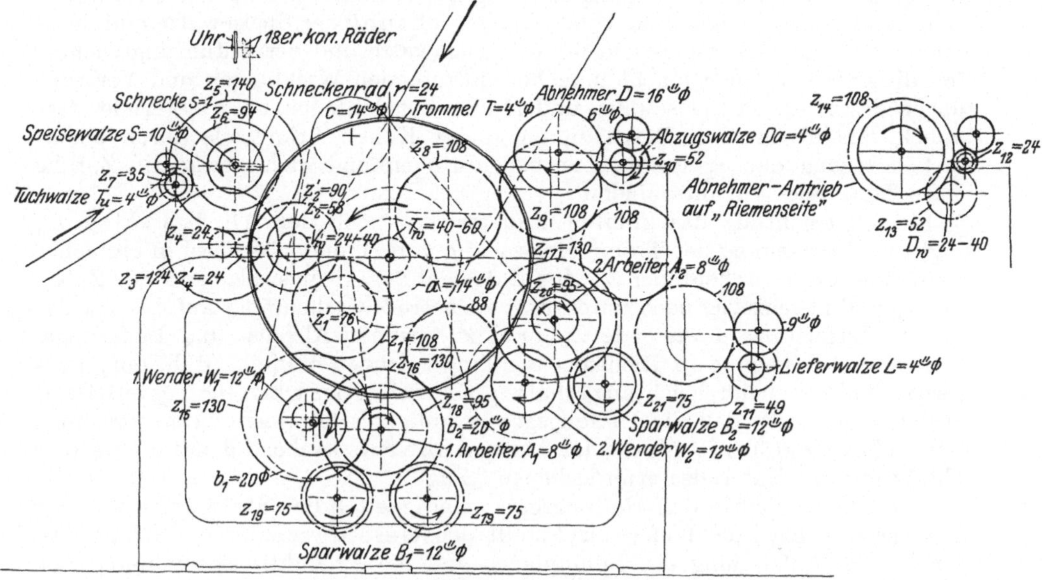

Abb. 113. Aufriß.

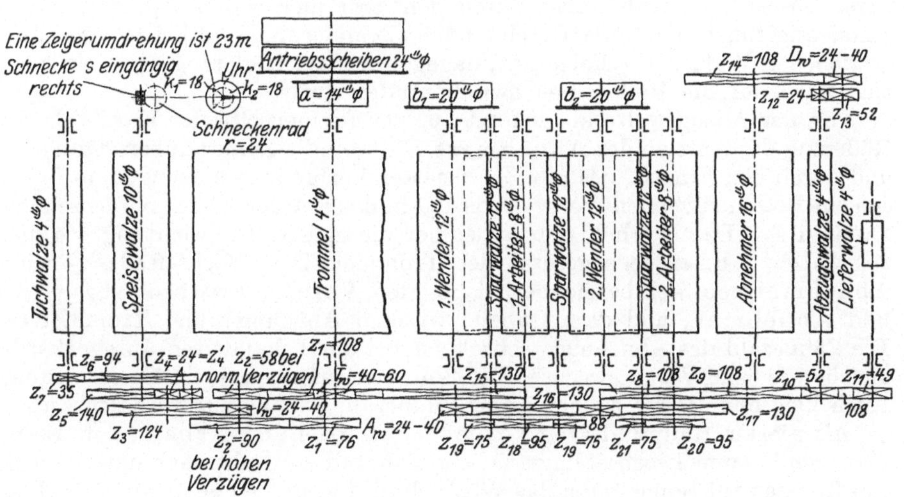

Abb. 114. Grundriß.

Abb. 113 u. 114. Getriebeschema einer Jute-Vorkarde mit 2 Walzenpaaren von C. O. Liebscher, Chemnitz.

Selbstverständlich ist bei der Einschaltung dieses Zwischentriebes Rad Z_2 außer Eingriff von Z_1 zu bringen.

Bei dem oben beschriebenen Rädertrieb zur Speisewalze findet man häufig eine bemerkenswerte Anordnung, die darin besteht, daß das mit dem Speisewalzenrad Z_5 im Eingriff stehende Ritzel Z_4 gleichzeitig in das gleichgroße Ritzel Z_4' eingreift, das zusammen mit Z_4 in einem drehbar gelagerten Querstück so angeordnet ist, daß durch einen entsprechend angebrachten Hebel Ritzel Z_4' in Eingriff mit Z_5 gebracht werden kann, während gleichzeitig Z_4 außer Eingriff gelangt. Da bei dieser Schwenkung der Eingriff der Zahnräder V_W und Z_3 erhalten bleibt, ändert sich lediglich die Umdrehungsrichtung der Speisewalze und demgemäß auch die Bewegungsrichtung der Tuchwalze und des Zuführungstuches. Von dieser Einrichtung macht man bei eintretenden Wicklungen und Verstopfungen des zwischen Speisewalze und Mulde eingelaufenen Fasermateriales Gebrauch, um dieses ohne Beschädigung dieser Konstruktionsteile durch Rückwärtsbewegung der Speisewalze zurückzubringen und gleichzeitig die Zufuhr neuen Materiales zu unterbinden.

Eine Betrachtung des zweiten Rädertriebes nach der Abzugswalze D_a zeigt die Übertragung der Trommelbewegung vom Trommelwechsel in einfacher Weise über die Zwischenräder Z_8, Z_9 auf das auf der Abzugswalze sitzende Zahnrad Z_{10} und gleichzeitig nach unten über mehrere Zwischenräder auf das auf der unteren Lieferwalze L sitzende Zahnrad Z_{11}, womit Abzugs- und Lieferungswalzen ihre Bewegung in Richtung der eingezeichneten Pfeile, d. h. entgegengesetzt der Trommeldrehrichtung erhalten. Hierbei ist das Übersetzungsverhältnis wieder so gewählt, daß die Umfangsgeschwindigkeit der Lieferwalze um einen kleinen Betrag größer ist als die der Abzugswalze entsprechend dem für eine gute Abführung des Materiales erforderlichen „Zug“.

Der Unterschied in den Umfangsgeschwindigkeiten der Speisewalze und der Abzugswalze, bzw. der Lieferwalze, stellt den Gesamtverzug der Karde dar, der für die Aufstellung des Spinnplanes und die Produktionsberechnung von besonderer Bedeutung ist. Seine Änderung erfolgt nur durch Änderung des Verzugswechsels V_W, nicht aber durch den Trommelwechsel T_W, der, wie oben schon angeführt, nur eine Geschwindigkeitsänderung sämtlicher von ihm angetriebenen Walzen zur Folge hat, dagegen in dem Räderzug Speisewalze—Abzugswalze nur die Rolle eines Zwischenrades spielt.

Von der Abzugswalze aus erfolgt auf der Riemenseite der Karde als dritter Räderzug der Antrieb des Abnehmers D durch die Zahnradübersetzung Z_{12}/Z_{13} und durch den Eingriff des mit Z_{13} in fester Verbindung stehenden, auf gemeinsamem Bolzen sitzenden Wechselrads D_W in das auf der Abnehmerachse sitzende Zahnrad Z_{14}. Damit erhält der Abnehmer die gleiche Drehrichtung wie die Abzugswalze, d. h. entgegengesetzt der Trommel. Das Wechselrad D_W wird als Abnehmerwechsel bezeichnet, da es den Verzug zwischen Abzugswalze und Abnehmer, und damit auch zwischen Abnehmer und Trommel regelt. Die Zähnezahl des Abnehmerwechsels ist bei der behandelten Jutevorkarde die gleiche wie beim Verzugswechsel, 24 bis 40, in Stufen von je 2 Zähnen ansteigend. Auch hier nimmt mit zunehmender Zähnezahl das Verzugsverhältnis ab.

Als vierter Haupträderzug kommt der Antrieb der Arbeiter in Betracht. Das vom Trommelwechsel angetriebene Zahnrad Z_1 treibt nach unten auf Zahnrad Z_{15}, das auf seiner Nabe das Wechselrad A_W, den Arbeiterwechsel, sitzen hat, das in das auf der Arbeiterachse A_1 sitzende Zahnrad Z_{16} eingreift und so die Bewegung des ersten Arbeiters in der durch Pfeil angegebenen Drehrichtung, d. h. entgegengesetzt der Trommel vermittelt. Von Rad Z_{16} wird vermittels eines Zwischenrades das Zahnrad Z_{17}, und damit der zweite Arbeiter, in der gleichen Drehrichtung, und da in der Regel Z_{16} und Z_{17} gleiche Zähnezahlen haben, auch mit gleicher Umdrehungszahl, angetrieben. Die Zähnezahl des Arbeiterwechsels ist bei der dargestellten Karde ebenfalls von 24 bis 40 in Abstufungen von 2 zu 2 änderbar. Auch hier zeigt sich, daß eine Zunahme der Zähnezahl des Arbeiterwechsels eine Erhöhung der Umlaufgeschwindigkeit des Arbeiters und damit eine Verringerung der Relativgeschwindigkeit des Arbeiters zur Trommel zur Folge hat. Somit haben sämtliche 4 Wechselräder einer Karde das Gemeinsame, daß mit zunehmendem Durchmesser bzw. Zähnezahl sich die Verzüge verringern.

Neben diesen Hauptträdertrieben ist als Nebentrieb der Antrieb der Sparwalzen von den Arbeiterwalzen aus durch Z_{18}/Z_{19} für Sparwalze B_1, bzw. durch Z_{20}/Z_{21} für Sparwalze B_2 zu nennen.

Die Druckwalzen zur Abzugswalze und Lieferungswalze werden in der Regel nur durch Reibung infolge ihres Eigengewichtes mitgenommen. Bisweilen werden jedoch diese Walzen auch von den zugehörigen unteren Walzen durch entsprechende Zahnräder angetrieben, wobei naturgemäß die Zähnezahlen der zusammenarbeitenden Walzenpaare im gleichen Verhältnis wie die Walzendurchmesser stehen müssen.

Zu erwähnen ist noch ein kleines Triebwerk, das zwar keinerlei Walzenbewegung vermittelt, dagegen für die Durchführung des Kardierprozesses, bzw. zur Erreichung und Kontrolle einer bestimmten gleichmäßigen Kardenbelastung von besonderer Bedeutung ist. Diese Einrichtung, der sog. „Uhrantrieb“, besteht aus einer auf der Speisewalzenachse, meist auf der Riemenseite der Karde, sitzenden ein- oder mehrgängigen Schnecke s, die auf ein Schneckenrad r treibt, dessen Bewegung wiederum durch ein Kegelräderpaar k_1/k_2 auf den Zeiger einer mit einem Zifferblatt versehenen Scheibe, der „Uhr“, übertragen wird, so daß sich bei einer gewissen Anzahl Umdrehungen der Speisewalze der Zeiger einmal rund um das Zifferblatt dreht. Der Zweck dieser Einrichtung ist, eine bestimmte Länge des auf das Zuführungstuch aufgelegten und in die Karde gespeisten Fasermateriales durch die Uhr anzuzeigen. Demnach hat die Uhr keinerlei Beziehung zur Zeit, sondern man versteht unter „Uhrlänge“ diejenige Anzahl englischer Yards oder Meter, die das Speisetuch bzw. die auf ihm liegenden Juteristen bei einem Uhrumlauf entsprechend einer gewissen Anzahl Speisewalzenumdrehungen zurücklegen. Legt man im Verlauf einer Uhrumdrehung ein bestimmtes Gewicht Juteristen auf, so erhält man dadurch ein Maß für das Gewicht der Auflage auf die Längeneinheit. Diese Feststellung ist notwendig, wenn man von der Karde gleichmäßige Bandgewichte, ebenfalls pro Längeneinheit gemessen, erhalten will, was wiederum zur Erzeugung einer bestimmten Garnnummer unbedingt erforderlich ist, und worauf später bei Aufstellung des Spinnplanes noch näher eingegangen wird. Es sei hier nur vorweggenommen, daß man diese Art Auflage von bestimmten Bündelgewichten auf eine Uhrumdrehung als „Dollopsystem“ bezeichnet, herrührend von der Bezeichnung „Dollop“ für die Jutebündel, die nach Passieren des Softeners abgewogen werden (vgl. oben). Dieses Verfahren ist heute fast ausschließlich im Gebrauch.

Der Antrieb der Wender erfolgt, wie oben schon angeführt, durch Riementrieb. Von der hinter der Hauptantriebsscheibe auf der Trommelachse sitzenden Scheibe a (vgl. Abb. 113 und 114) wird die Bewegung der Trommel durch einen endlosen Riemen auf die auf den Wenderachsen sitzenden gleichgroßen Scheiben b_1, b_2, unter Einschaltung einer kleinen Leit- und Spannrolle c übertragen. Mit diesen Riemenscheiben, deren Durchmesser bei der dargestellten Liebscher-Vorkarde $a = 14$ Zoll bzw. b_1, $b_2 = 20$ Zoll beträgt, ist die Umdrehungszahl der Wender ein für allemal festgelegt, ohne daß sie durch Änderung der Geschwindigkeitsverhältnisse der übrigen Walzen beeinflußt wird, es sei denn, daß die Umdrehungszahl der Trommel durch Änderung der Antriebsscheiben geändert wird. Die Relativgeschwindigkeit der Wender zur Trommel bleibt demnach konstant. Dagegen ändert sich das Verhältnis der Umfangsgeschwindigkeiten der Wender zu den Arbeitern sowohl mit einer Änderung des Trommelwechsels wie auch des Arbeiterwechsels. In beiden Fällen haben größere Wechselräder eine Verringerung dieses Verhältnisses und umgekehrt zur Folge. Dagegen ist es wohl möglich, daß bei Vergrößerung des einen und gleichzeitiger entsprechender Verkleinerung des andern Wechselrades in dem Geschwindigkeitsverhältnis des Wenders zum Arbeiter keine Änderung eintritt.

Neuerdings hat das Bestreben, auch die Wendergeschwindigkeiten je nach Faserbeschaffenheit ohne Änderung des Hauptantriebes regulieren zu können, zu verschiedenen Konstruktionen geführt, bei denen die Wenderantriebsscheibe a nicht auf der Trommelachse, sondern auf einem außerhalb liegenden Achsstummel sitzt. Zwischen beiden ist ein Zahnradvorgelege so eingeschaltet, daß die Änderung der Wendergeschwindigkeit entweder durch Auswechseln der Wenderantriebsscheibe, oder bei anderen Konstruktionen durch Einsetzen von Wechselrädern erfolgt. Diese Einrichtung, die vorwiegend für Feinkarden eingeführt ist, ist in den Abb. 141, 142 S. 211, 212 in verschiedenen Ausführungen zur Darstellung gebracht.

Im nachstehenden ist die Berechnung der Geschwindigkeitsverhältnisse und der Verzüge einer Vorkarde unter Zugrundelegung der Antriebsverhältnisse der in den Abb. 113 und 114 dargestellten Vorkarde, deren Walzenabmessungen und Walzenumfänge Tab. 38 enthält, durchgeführt.

Tabelle 38. Walzenabmessungen der 2-Paar-Walzen-Liebscher-Vorkarde.

Bezeichnung der Walzen	Walzendurchmesser				Walzen-umfang über Nadel-spitzen
	ohne Belag		über Holz	über Nadel-spitzen	
	Zoll	mm	mm	mm	mm
Trommel. . .	48	1219	1257	1274	4000
Speisewalze .	10	254	286	307	964
Wender I u. II	12	304,8	332,8	348	1093
Arbeiter I u. II	8	203,2	241,2	263	826
Abnehmer . .	16	406,4	438,4	456	1432
Abzugswalze .	4	101,6	—	—	319
Lieferwalze .	4	101,6	—	—	319
Tuchwalze . .	4	101,6	—	—	319
Sparwalze . .	12	304,8	—	—	957

Mit der an der Trommelachse gemessenen

Umlaufzahl der Trommel: $n_T = 175$ i. d. Min.

und dem über Nadelspitzen gemessenen Trommeldurchmesser von 1274 mm ergibt sich die

Umfangsgeschwindigkeit der Trommel zu:

$$u_T = 175 \cdot 1{,}274 \cdot \pi = 175 \cdot 4{,}000 = 700 \, \text{m/min} \; (= 11{,}67 \, \text{m/sek}).$$

In ähnlicher Weise errechnen sich:

Umdrehungszahl der Tuchwalze bei normalen Verzügen

$$n_{T_u} = \frac{175 \cdot T_W \cdot V_W \cdot Z_4 \cdot Z_6}{Z_2 \cdot Z_3 \cdot Z_5 \cdot Z_7} = \frac{175 \cdot T_W \cdot V_W \cdot 24 \cdot 94}{58 \cdot 124 \cdot 140 \cdot 35} = 0{,}011\,203 \, T_W \cdot V_W,$$

[entsprechend für hohe Verzüge:

$$n'_{T_u} = \frac{175 \cdot T_W \cdot Z'_1 \cdot V_W \cdot Z_4 \cdot Z_6}{Z_1 \cdot Z'_2 \cdot Z_3 \cdot Z_5 \cdot Z_7} = \frac{175 \cdot T_W \cdot 76 \cdot V_W \cdot 24 \cdot 94}{108 \cdot 90 \cdot 124 \cdot 140 \cdot 35} = 0,005081\ T_W \cdot V_W] ;$$

hieraus Umfangsgeschwindigkeit der Tuchwalze bei normalen Verzügen:

$$u_{T_u} = 0,011203\ T_W \cdot V_W \cdot 0,319 = 0,00357\ T_W \cdot V_W$$

[entsprechend für hohe Verzüge:

$$u'_{T_u} = 0,005081\ T_W \cdot V_W \cdot 0,319 = 0,001621\ T_W \cdot V_W] ,$$

Umdrehungszahl der Speisewalze bei normalen Verzügen:

$$n_S = \frac{175 \cdot T_W \cdot W_W \cdot 24}{58 \cdot 124 \cdot 140} = 0,004171\ T_W \cdot V_W$$

[entsprechend für hohe Verzüge:

$$n'_S = \frac{175 \cdot T_W \cdot 76 \cdot V_W \cdot 24}{108 \cdot 90 \cdot 124 \cdot 140} = 0,001891\ T_W \cdot V_W] ,$$

Umfangsgeschwindigkeit der Speisewalze bei normalen Verzügen:

$$u_S = 0,004171\ T_W \cdot V_W \cdot 0,964 = 0,00402\ T_W \cdot V_W$$

[für hohe Verzüge:

$$u'_S = 0,001891\ T_W \cdot V_W \cdot 0,964 = 0,001823\ T_W \cdot V_W] ,$$

Umdrehungszahl des 1. und 2. Arbeiters:

$$n_A = \frac{175 \cdot T_W \cdot A_W}{Z_{15} \cdot Z_{16}} = \frac{175 \cdot T_W \cdot A_W}{130 \cdot 130} = 0,010355\ T_W \cdot A_W ,$$

Umfangsgeschwindigkeit des 1. und 2. Arbeiters:

$$u_A = 0,010355\ T_W \cdot A_W \cdot 0,826 = 0,00855\ T_W \cdot A_W ,$$

Umdrehungszahl des 1. und 2. Wenders:

$$n_W = \frac{175 \cdot 14''}{20''} = 122,5 ,$$

Umfangsgeschwindigkeit des 1. und 2. Wenders:

$$u_W = 122,5 \cdot 1,093 = 133,9 ,$$

Umdrehungszahl des Abnehmers:

$$n_D = \frac{175 \cdot T_W \cdot Z_{12} \cdot D_W}{Z_{10} \cdot Z_{13} \cdot Z_{14}} = \frac{175 \cdot T_W \cdot 24 \cdot D_W}{52 \cdot 52 \cdot 108} = 0,014382 \cdot T_W \cdot D_W ,$$

Umfangsgeschwindigkeit des Abnehmers:

$$u_D = 0,014382\ T_W \cdot D_W \cdot 1,432 = 0,02060\ T_W \cdot D_W ,$$

Umdrehungszahl der Abzugswalze:

$$n_{D_a} = \frac{175 \cdot T_W}{Z_{10}} = \frac{175 \cdot T_W}{52} = 3,365 \cdot T_W ,$$

Umfangsgeschwindigkeit der Abzugswalze:

$$u_{D_a} = 3,365\ T_W \cdot 0,319 = 1,0734\ T_W ,$$

Umdrehungszahl der Lieferwalze:

$$n_L = \frac{175 \cdot T_W}{Z_{11}} = \frac{175 \cdot T_W}{49} = 3,571 \cdot T_W ,$$

Umfangsgeschwindigkeit der Lieferwalze:

$$u_L = 3,571 \cdot T_W \cdot 0,319 = 1,1391 \cdot T_W .$$

Setzt man in obige Gleichungen die kleinsten und größten Zähnezahlen der entsprechenden Wechselräder ein, so erhält man die kleinsten und größten Umdrehungszahlen der verschiedenen Walzen. Die auf diese Weise in nachstehender Tab. 39 errechneten Zahlen lassen deutlich die großen Unterschiede bei den einzelnen Walzen erkennen.

Tabelle 39. Umdrehungen und Umfangsgeschwindigkeiten der Walzen der Liebscher-2-Paar-Walzen-Vorkarde.

Bezeichnung der Walzen u. Durchmesser über Nadelspitzen in mm	Konstanten für die Umdrehungszahl	Konstanten für die Umfangsgeschwindigkeit	Wechselräder	Uml./min	Umfangsgeschwindigkeit m/min
Trommel 1274 $\varnothing$				175	700
Tuchwalze 101,6 $\varnothing$	f. normale Verzüge $0,011203 \cdot T_W \cdot V_W$	f. normale Verzüge $0,00357 \cdot T_W \cdot V_W$	$T_W = 40$ $V_W = 24$	10,75 [4,88]	3,43 [1,56]
	[für hohe Verzüge] $[0,005081 \cdot T_W \cdot V_W]$	[für hohe Verzüge] $[0,001621 \cdot T_W \cdot V_W]$	$T_W = 60$ $V_W = 40$	26,9 [12,2]	8,58 [3,89]
Speisewalze 307 $\varnothing$	f. normale Verzüge $0,004171 \cdot T_W \cdot V_W$	f. normale Verzüge $0,00402 \cdot T_W \cdot V_W$	$T_W = 40$ $V_W = 24$	4 [1,82]	3,86 [1,75]
	[für hohe Verzüge] $[0,001891 \cdot T_W \cdot V_W]$	[für hohe Verzüge] $[0,001823 \cdot T_W \cdot V_W]$	$T_W = 60$ $V_W = 40$	10 [4,54]	9,65 [4,38]
1. und 2. Arbeiter 263 $\varnothing$	$0,010355 \cdot T_W \cdot A_W$	$0,00855 \cdot T_W \cdot A_W$	$T_W = 40$ $A_W = 24$	9,94	8,2
			$T_W = 60$ $A_W = 40$	24,85	20,5
1. u. 2. Wender 348 $\varnothing$				122,5	133,9
Abnehmer 456 $\varnothing$	$0,014382 \cdot T_W \cdot D_W$	$0,02060 \cdot T_W \cdot D_W$	$T_W = 40$ $D_W = 24$	13,8	19,8
			$T_W = 60$ $D_W = 40$	34,52	49,4
Abzugswalze 101,6 $\varnothing$	$3,365 \cdot T_W$	$1,0734 \cdot T_W$	$T_W = 40$	134,6	42,9
			$T_W = 60$	202	64,4
Lieferwalze 101,6 $\varnothing$	$3,571 \cdot T_W$	$1,1391 \cdot T_W$	$T_W = 40$	143	45,6
			$T_W = 60$	214	68,3

Aus obigen Umfangsgeschwindigkeiten ergeben sich folgende Verhältniswerte oder Verzüge:

$$\frac{\text{Abnehmer}}{\text{Speisewalze}} = V_1 = \frac{0,02060\,T_W \cdot D_W}{0,00402\,T_W \cdot V_W} = \frac{5,124\,D_W}{V_W}$$

$$\left[\text{für hohe Verzüge}\quad V_1' = \frac{0,02060\,T_W \cdot D_W}{0,001823\,T_W \cdot D_W} = \frac{11,30\,D_W}{V_W}\right],$$

$$\frac{\text{Abzugswalze*}}{\text{Abnehmer}} = V_2 = \frac{1,0734\,T_W}{0,02060\,T_W \cdot D_W} = \frac{52,106}{D_W},$$

$$\frac{\text{Lieferwalze}}{\text{Abzugswalze}} = V_3 = \frac{1,1391\,T_W}{1,0734\,T_W} = 1,06.$$

* Dieser Verzug spielt nur eine Rolle bei dem Zusammenarbeiten von Abnehmer und Abzugswalze, er ist aber ohne Belang für die Ermittlung des Gesamtverzugs zwischen Speisewalze und Abzugs- bzw. Lieferwalze.

Hieraus ergibt sich der Gesamtverzug:

$$\frac{\text{Lieferwalze}}{\text{Speisewalze}} = V = V_1 \cdot V_2 \cdot V_3 = \frac{5{,}124\, D_W \cdot 52{,}106 \cdot 1{,}06}{V_W \cdot D_W} = \frac{283}{V_W}$$

$$\left[\text{für hohe Verzüge } V' = V_1' \cdot V_2 \cdot V_3 = \frac{11{,}30\, D_W \cdot 52{,}106 \cdot 1{,}06}{V_W \cdot D_W} = \frac{624}{V_W}\right].$$

In gleicher Weise errechnen sich die übrigen Verhältniswerte der Umfangsgeschwindigkeiten oder „Zwischenverzüge":

$$\frac{\text{Speisewalze}}{\text{Tuchwalze}} = V_4 = \frac{0{,}004\,02\, T_W \cdot V_W}{0{,}003\,57\, T_W \cdot V_W} = 1{,}126\,,$$

$$\frac{\text{Trommel}}{\text{Speisewalze}} = V_5 = \frac{700}{0{,}004\,02\, T_W \cdot V_W} = \frac{174\,129}{T_W \cdot V_W}$$

$$\left[\text{bei hohen Verzügen } V_5' = \frac{700}{0{,}001\,823\, T_W \cdot V_W} = \frac{383\,982}{T_W \cdot V_W}\right].$$

$$\frac{\text{Trommel}}{\text{Arbeiter}} = V_6 = \frac{700}{0{,}008\,55\, T_W \cdot A_W} = \frac{81\,871}{T_W \cdot A_W}\,.$$

$$\frac{\text{Trommel}}{\text{Abnehmer}} = V_7 = \frac{700}{0{,}020\,60\, T_W \cdot D_W} = \frac{33\,980}{T_W \cdot D_W}\,.$$

$$\frac{\text{Trommel}}{\text{Wender}} = V_8 = \frac{700}{133{,}9} = 5{,}23\,,$$

$$\frac{\text{Wender}}{\text{Arbeiter}} = V_9 = \frac{153{,}9}{0{,}008\,55\, T_W \cdot A_W} = \frac{15\,660}{T_W \cdot A_W}\,.$$

Nach Einsetzen der kleinsten und größten Zähnezahlen der entsprechenden Wechselräder erhält man endlich die in Tab. 40 enthaltenen Grenzwerte der Verhältniszahlen, deren Größe einen Einblick in die kardierende Wirkung der einzelnen Walzenpaare gestattet. Besonders bemerkenswert ist das Speisewalzenverhältnis, das seinen Größtwert mit 181,4 (bei Einschaltung des hohen Verzuges sogar 400) erreicht. Auf 10 cm durch die Speisewalze zugeführte Fasern kommen demnach 1814 cm Trommelumfang. Entsprechend läßt sich das Arbeitsverhältnis der Trommel zu den übrigen Walzen ausdrücken:

Auf 10 cm Arbeiterumfang kommen 853 bis 341 cm Trommelumfang,
  „ 10 „ Abnehmerumfang „   354 „ 142 „   „
  „ 10 „ Wenderumfang   „   52,3 „   „   (konstant).

Der Gesamtverzug einer Karde läßt sich auch in einfacherer Weise direkt, ohne Berechnung der Einzelverzüge, ermitteln. Nimmt man an, die Umdrehungszahl der Speisewalze betrage 1, so ist ihre Umfangsgeschwindigkeit bei 307 mm Durchmesser über Nadelspitzen:

$$0{,}307 \cdot \pi \text{ m/min.}$$

Die Umdrehungszahl der Lieferwalze ergibt sich dann nach Abb. 113 zu:

$$\frac{1 \cdot Z_5 \cdot Z_3 \cdot Z_2}{Z_4 \cdot V_W \cdot Z_{11}} = \frac{140 \cdot 124 \cdot 58}{24 \cdot V_W \cdot 49}$$

und mit 101,6 mm Durchm. der Lieferwalze errechnet sich deren Umfangsgeschwindigkeit zu:

$$\frac{140 \cdot 124 \cdot 58 \cdot 0{,}1016 \cdot \pi}{24 \cdot V_W \cdot 49} \text{ m/min.}$$

Somit erhält man den Gesamtverzug der Karde als Verhältnis beider Umfangsgeschwindigkeiten:

$$V = \frac{140 \cdot 124 \cdot 58 \cdot 0{,}1016}{24 \cdot V_W \cdot 49 \cdot 0{,}307}\,.$$

Tabelle 40.

Arbeitsverhältnisse der Walzen der Liebscher-2-Paar-Walzen-Vorkarde.

Bezeichnung der Arbeitsverhältnisse oder Verzüge	Konstanten der Verzüge	Wechsel-räder	Verzüge	Wechsel-räder	Verzüge
$\dfrac{\text{Abnehmer}}{\text{Speisewalze}}$	für normale Verzüge $V_1 = \dfrac{5{,}124 \cdot D_W}{V_W}$	$V_W = 24$ $D_W = 24$	5,124* [11,30]	$V_W = 24$ $D_W = 40$	8,54** [18,83]
	[für hohe Vorzüge] $\left[V_1' = \dfrac{11{,}30 \cdot D_W}{V_W} \right]$	$V_W = 40$ $D_W = 40$	5,124† [11,30]	$V_W = 40$ $D_W = 24$	3,07†† [6,78]
$\dfrac{\text{Abzugswalze}}{\text{Abnehmer}}$	$V_2 = \dfrac{52{,}106}{D_W}$	$D_W = 24$ $D_W = 40$	2,17* 1,30†	$D_W = 40$ $D_W = 24$	1,30** 2,17††
$\dfrac{\text{Lieferwalze}}{\text{Abzugswalze}}$	$V_3 = 1{,}06$		1,06*†		1,06**††
$\dfrac{\text{Lieferwalze}}{\text{Speisewalze}}$ oder „Gesamtverzug"	für normale Verzüge $V = V_1 \cdot V_2 \cdot V_3$ $= \dfrac{283}{V_W}$	$V_W = 24$	11,8* [26,0]		11,8** [26,0]
	[für hohe Verzüge] $\left[V' = V_1' \cdot V_2 \cdot V_3 = \dfrac{624}{V_W} \right]$	$V_W = 40$	7,08† [15,6]		7,08†† [15,6]
$\dfrac{\text{Speisewalze}}{\text{Tuchwalze}}$	$V_4 = 1{,}126$		1,126	*) Die mit gleichen Zeichen versehenen Verhältnis-werte gehören zusammen.	
$\dfrac{\text{Trommel}}{\text{Speisewalze}}$ oder „Speisewalzenverhältnis"	für normale Verzüge $V_5 = \dfrac{174\,129}{T_W \cdot V_W}$	$T_W = 40$ $V_W = 24$	181,4 [400]		
	[für hohe Verzüge] $\left[V_5' = \dfrac{383\,982}{T_W \cdot V_W} \right]$	$T_W = 60$ $V_W = 40$	72,6 [160]		
$\dfrac{\text{Trommel}}{\text{Arbeiter}}$ oder „Arbeiterverhältnis"	$V_6 = \dfrac{81\,871}{T_W \cdot A_W}$	$T_W = 40$ $A_W = 24$	85,3		
		$T_W = 60$ $A_W = 40$	34,1		
$\dfrac{\text{Trommel}}{\text{Abnehmer}}$ oder „Abnehmerverhältnis"	$V_7 = \dfrac{33\,980}{T_W \cdot D_W}$	$T_W = 40$ $D_W = 24$	35,4		
		$T_W = 60$ $D_W = 40$	14,2		
$\dfrac{\text{Trommel}}{\text{Wender}}$ oder „Wenderverhältnis"	$V_8 = 5{,}23$		5,23		
$\dfrac{\text{Wender}}{\text{Arbeiter}}$	$V_9 = \dfrac{15\,660}{T_W \cdot A_W}$	$T_W = 40$ $A_W = 24$	16,3		
		$T_W = 60$ $A_W = 40$	6,5		

In dieser Gleichung faßt man die durch die Zähnezahl der Übersetzungsräder und die Durchmesser der Lieferwalze und der Speisewalze festgelegten Zahlenwerte zu einer Konstanten, der „Verzugskonstanten" K_V zusammen, so daß $V = \dfrac{K_V}{V_W}$ ist. Man hat also jeweils nur die Zähnezahl des Verzugswechselrades in die Verzugskonstante zu dividieren, um den Verzug zu errechnen. Und umgekehrt gibt die Division eines gewünschten Verzuges in die Verzugskonstante das einzusetzende Verzugswechselrad. Nach obigem Zahlenbeispiel ergibt sich:

$$K_V = 283{,}4 \quad \text{und} \quad V = \frac{283{,}4}{V_W},$$

d. h. übereinstimmend mit dem auf S. 177 schon gefundenen Wert für den Gesamtverzug. In ähnlicher Weise errechnet sich die Verzugskonstante für hohe Verzüge:

$$V' = \frac{140 \cdot 124 \cdot 90 \cdot 108 \cdot 0{,}1016}{24 \cdot V_W \cdot 76 \cdot 49 \cdot 0{,}307} = \frac{624{,}8}{V_W} \quad \text{und somit} \quad K'_V = 624{,}8 \,.$$

Als allgemeine Regel zur Berechnung des Verzugs irgend einer Vorbereitungsmaschine, gleichgültig ob Vorkarde, Feinkarde, Strecke oder Vorspinnmaschine, als Verhältnis der Umfangsgeschwindigkeiten der Ablieferungswalze zur Einzugswalze läßt sich leicht folgende mechanische Rechnungsart merken:

Man gehe von der Speise- oder Einzugswalze aus und dividiere das Produkt aus den Zähnezahlen oder Durchmessern aller treibenden Teile durch das Produkt aus den Zähnezahlen oder Durchmessern aller getriebenen Teile unter Auslassung aller Zwischenräder, wobei in dieser Formel die Ablieferungswalze als treibender, die Einzugswalze dagegen als getriebener Teil mit ihren Durchmessern oder Umfängen einzusetzen sind. Oder mit andern Worten: Das aus dem Zahnrädertrieb sich ergebende Übersetzungsverhältnis von Speisewalze zu Ablieferwalze ist mit dem Verhältnis der Durchmesser oder Umfänge von Ablieferwalze zu Speisewalze zu multiplizieren.

Bei obigen Berechnungen sind die Durchmesser bzw. Umfänge der mit Nadeln besetzten Walzen über Nadelspitzen gemessen. Da das in den Nadeln hängende Fasermaterial besonders bei aufnehmenden Walzen wie Arbeiter und Abnehmer als mehr oder weniger langer Faserbart über die Nadelspitzen vorragt, weichen die tatsächlichen Umfangsgeschwindigkeiten von den errechneten ab, was besonders bei kleinen Walzen sehr in die Erscheinung tritt. Damit ändern sich auch bis zu einem gewissen Grad die Verzüge. Z. B. ist der tatsächliche Verzug zwischen dem Abnehmer, dessen Belag mit langen Fasern gefüllt ist, und der glatten Abzugswalze wesentlich geringer als der errechnete. Welcher Verzug hier der geeignetste ist, ergibt lediglich die Praxis. Nachdem hier der richtige Verzug ausprobiert ist, findet selten eine Auswechslung des Abnehmerwechsels statt. Auch Arbeiterwechsel und Trommelschnelligkeitsrad werden für eine bestimmte Materialsorte und Arbeitsleistung der Karde nur wenig geändert, so daß als Hauptwechselrad lediglich der Verzugswechsel bleibt, welcher die Bandstärke bestimmt. Man bezeichnet daher auch den Verzugswechsel als „Nummernwechsel".

Die Kardenleistung errechnet sich unmittelbar aus der Ablieferung der Lieferwalze. Nach S. 175 ist die Umfangsgeschwindigkeit der Lieferwalze:

$$u_L = 1{,}1391 \cdot T_W \ \text{m/min.}$$

Unter Annahme eines mittleren Schnelligkeitsrades $T_W = 50$ ergibt sich somit die theoretische Bandlieferung zu:

$$L = 1{,}1391 \cdot 50 = \text{rd. } 57 \ \text{m/min} = 3420 \ \text{m/h.}$$

Nimmt man das Gewicht des abgelieferten Vorkardenbandes zu 82 g/m an, so erhält man:

$$L_{kg} = 3420 \cdot 0{,}082 = 280 \text{ kg/h}.$$

Um für diese Kardenbelastung das Auflage- oder Dollopgewicht zu bestimmen, hat man noch die „Uhrlänge" festzustellen.

Nach Abb. 113 entsprechen einer Uhrumdrehung

$$\frac{1 \cdot 18 \cdot 24}{18 \cdot 1} = 24 \text{ Speisewalzenumdrehungen,}$$

somit ergibt sich, da der Umfang der Speisewalze über Nadeln[1] $307 \cdot \pi = 964$ mm beträgt, die „Uhrlänge", d. h. die Einzugslänge auf eine Uhrumdrehung zu: $24 \cdot 0{,}964 =$ rd. 23 m (25 yards).

Mit 82 g/m Bandablieferung erhält man bei einem V-fachen Verzug das Auflagegewicht für eine Uhrumdrehung:

$$G = 0{,}082 \cdot 23 \cdot V \text{ kg}.$$

Mit $\qquad V_W = 24, \quad V_{max} = 11{,}8 \quad$ wird $\quad G = 22{,}3$ kg ,

und mit $\qquad V_W = 40, \quad V_{min} = 7{,}08 \quad$ wird $\quad G = 13{,}4$ kg .

Diese Gewichte erhöhen sich noch um 2 bis 3% als Zuschlag für beim Kardierprozeß entstehenden Abfall, der sich naturgemäß nach dem zu verarbeitenden Material und der Walzeneinstellung richtet. Fernerhin ist mit einem gewissen Feuchtigkeitsverlust der eingebatschten Juteristen zu rechnen. Der Gesamtverlust ist für den ganzen Vorbereitungsprozeß von der Vorkarde bis einschl. Vorspinnmaschine mit 10 bis 15% zu bemessen und verteilt sich annähernd gleichmäßig auf die einzelnen Arbeitsgänge.

In der Regel nimmt man bei einer Uhrlänge von 25 Yards das Auflagegewicht zu 20 kg, entweder in einem Dollop, oder zweckmäßiger, um eine gleichmäßigere Auflage zu ermöglichen, in 2 Dollops zu je 10 kg.

Um ein Kardenband von 82 g/m zu erzielen, hat man einen Verzug von $\frac{20000}{23 \cdot 82} = 10{,}6$, und dementsprechend ein Verzugswechselrad von $\frac{283{,}4}{10{,}6} = 26{,}7$ zu wählen. Das nächst höhere Wechselrad hat 28 Zähne. Damit ergibt sich ein Verzug von $\frac{283{,}4}{28} = 10{,}1$ und ein theoretisches Bandgewicht von $\frac{20000}{23 \cdot 10{,}1} = 86$ g/m, d. h. so reichlich, daß unter Berücksichtigung der Verluste das gewünschte Bandgewicht von 82 g erreicht wird.

Die allgemeine Formel zur Errechnung der Kardenproduktion aus Auflagegewicht G, Umfangsgeschwindigkeit der Lieferwalze $u_L = 1{,}1391 \cdot T_W$, Uhrlänge $U = 23$ m und Verzug V lautet ohne Berücksichtigung der Verluste:

$$L_{kg} = \frac{G}{23 \cdot V} \cdot 1{,}1391 \, T_W \cdot 60 = \frac{G}{23 \, V} \cdot 68{,}35 \, T_W = 2{,}972 \, \frac{G \cdot T_W}{V} \text{ kg/h}.$$

In obiger Gleichung stellt der Faktor $\frac{G}{23 \, V}$ das Gewicht des abgelieferten Bandes in kg/m dar. Man sieht ferner aus obiger Gleichung, daß die Produktion einer Karde von 3 Veränderlichen: Auflagegewicht, Verzug und Trommel-

---

[1] Bisweilen wird der Uhrlänge auch die Umfangsgeschwindigkeit der Tuchwalze, bzw. die Geschwindigkeit des Zuführungstuches zugrunde gelegt. Bei Berechnung der Umfangsgeschwindigkeit der Tuchwalze muß deren Durchmesser die doppelte Stärke des Zuführungstuches zugezählt werden. Entsprechend der Differenz in den Umfangsgeschwindigkeiten der Speisewalze und der Tuchwalze ergibt die Berechnung der Uhrlänge nach beiden Methoden kleine Unterschiede. Man zieht meist die Berechnung nach der Speisewalze vor.

wechsel, abhängig ist. In erster Linie wird die Kardenleistung durch Vergrößerung des Trommelwechsels gesteigert. Damit verschlechtern sich jedoch, wie schon früher angeführt und auch die Gleichungen S. 177 zeigen, die Arbeitsverhältnisse der übrigen Walzen (mit Ausnahme der Wender), sofern dies nicht durch gleichzeitiges Verkleinern der übrigen Wechselräder wieder ausgeglichen wird. Mit einer Verkleinerung des Verzugswechselrades jedoch ist eine Vergrößerung des Verzugs verbunden, die wiederum, falls die Kardenproduktion nicht sinken soll, eine Vergrößerung des Auflagegewichtes und damit eine Mehrbelastung der Karde zur Folge hat. Man muß sich daher stets vor Augen halten, daß eine Steigerung der Kardenleistung entweder auf Kosten der Durcharbeitung des Materials oder auf Kosten der Belastung der arbeitenden Teile geht, für die naturgemäß Grenzen nach oben gezogen sind.

Um einen Überblick über die möglichen Kardenproduktionen zu geben, sind in folgender Tab. 41 bei verschiedenen Auflagegewichten, Verzügen und Trommel-

Tabelle 41. Produktionstabelle der Liebscher-2-Paar-Walzen-Vorkarde.

Bandlieferung $= 68{,}35\ T_W$ m/h.

Produktion $=$ Bandgewicht $\times$ Bandlieferung kg/h.

Bandgewicht $= \dfrac{\text{Auflagegewicht}}{\text{Uhrlänge} \times \text{Verzug}}$; Uhrlänge 23 m.

$n_T = 175$	$T_W = 40$; Bandlieferung $= 2734$ m/h					
Auflage in kg	$V_W = 24$ $V = 11{,}8$ Bandgewicht g/m	Produktion kg/h	$V_W = 32$ $V = 8{,}8$ Bandgewicht g/m	Produktion kg/h	$V_W = 40$ $V = 7{,}08$ Bandgewicht g/m	Produktion kg/h
18	66,3	181	88,9	243	110,5	302
20	73,7	201	98,8	270	122,8	336
22	81,1	222	108,7	297	135,1	369
	$T_W = 50$; Bandlieferung $= 3417$ m/h					
18	66,3	227	88,9	304	110,5	378
20	73,7	252	98,8	338	122,8	420
22	81,1	277	108,7	371	135,1	462
	$T_W = 60$; Bandlieferung $= 4101$ m/h					
18	66,3	272	88,9	365	110,5	453
20	73,7	302	98,8	405	122,8	504
22	81,1	332	108,7	446	135,1	554

wechselrädern die entsprechenden Produktionszahlen errechnet. Diese theoretischen Leistungen sind noch mit dem Ausnützungsgrad der Karde, der zwischen 0,90 und 0,95 liegt, zu multiplizieren, um die tatsächlichen Leistungen zu erhalten.

Endlich kann man noch die Zeit in Minuten bestimmen, die eine Uhrumdrehung erfordert.

Aus der minutlichen Umdrehungszahl der Speisewalze $n_S = 0{,}004\,171\ T_W \cdot V_W$ erhält man als Zeit für 1 Speisewalzenumdrehung: $\dfrac{1}{0{,}004\,171\ T_W \cdot V_W}$ min, und dementsprechend für 24 Speisewalzenumdrehungen: $t = \dfrac{24}{0{,}004\,171\ T_W \cdot V_W}$ min.

Hiernach ergibt sich beispielsweise für $T_W = 50$, $V_W = 24$ als Zeit einer Uhrumdrehung $t = 4{,}8$ min, bzw. für $T_W = 50$, $V_W = 40$, $t = 2{,}9$ min. Da während einer Uhrumdrehung 23 m einlaufen, ergibt sich als Einlaufzeit für 1 m: $\dfrac{4{,}8 \cdot 60}{23} = 12{,}5$ sek/m.

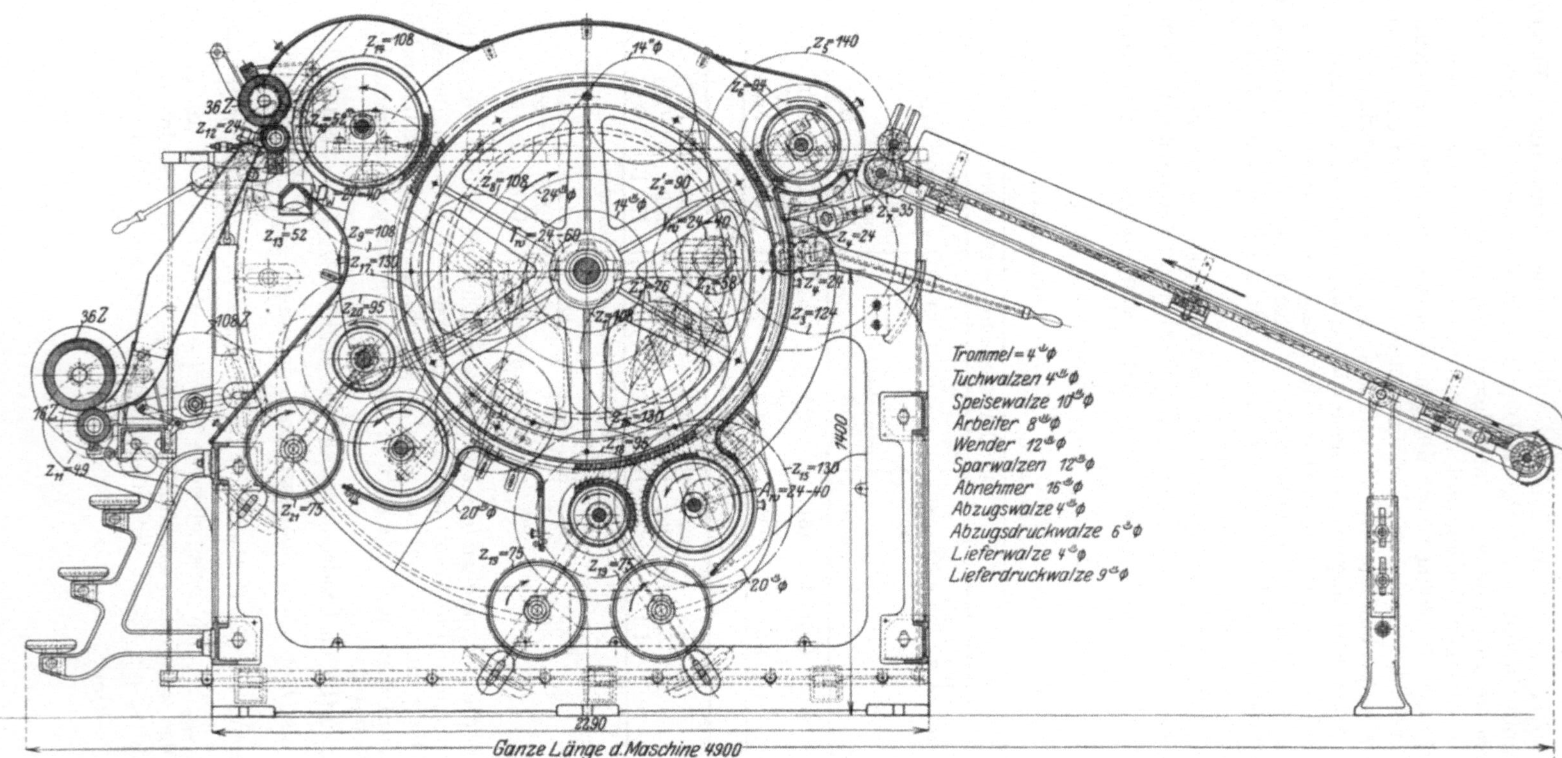

Längsschnitt.

Abb. 115. Jute-Vorkarde 4' × 6' mit 2 Walzenpaaren von C. O. Liebscher, Chemnitz.

Aus der Zeit t und dem Auflagegewicht G kg erhält man wieder die Kardenleistung $L_{kg} = \dfrac{G}{t} \cdot 60$ kg/h.

Allen diesen Berechnungen ist eine durchschnittliche Trommelumlaufzahl $n_T = 175/\text{min}$ zugrunde gelegt. Eine weitere Steigerung der Kardenleistung läßt sich noch durch Erhöhung der Trommelumlaufzahl erzielen, deren obere Grenze bei Vorkarden mit 200 erreicht ist.

Mit $n_T = 200/\text{min}$ geht die obige Formel für die Kardenproduktion über in:

$$L_{kg} = 3{,}396 \frac{G \cdot T_w}{V_w} \text{ kg/h.}$$

Dementsprechend erhöhen sich die in den Tabellen 39, 40 u. 41 enthaltenen

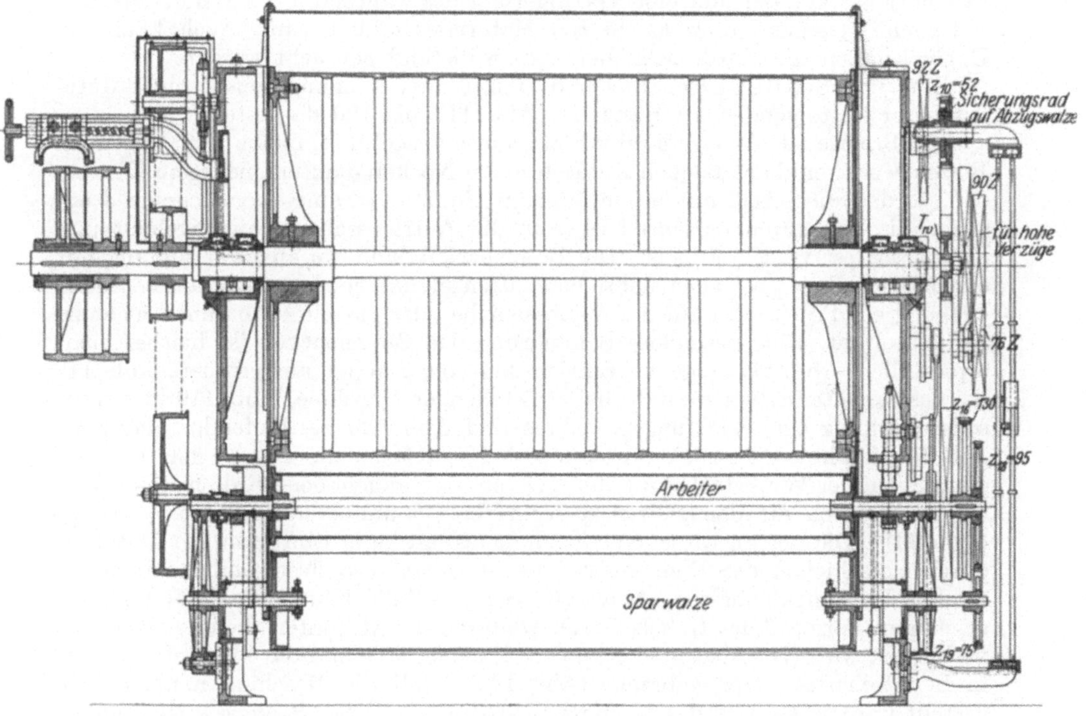

Querschnitt.

Abb. 116. Jute-Vorkarde $4' \times 6'$ mit 2 Walzenpaaren von C. O. Liebscher, Chemnitz.

Werte für die Umlaufzahlen und Umfangsgeschwindigkeiten der Walzen, sowie für die Kardenproduktion um $^1/_7$ oder rd. 14%.

Die konstruktiven Einzelheiten der Liebscher-Vorkarde gehen aus den Abb. 115 u. 116, sowie 121 bis 127, welche die ganze Maschine im Längs- und Querschnitt, sowie die einzelnen Walzen in Längsschnitten darstellen, hervor.

Zwei kräftige gußeiserne Seitenwände mit ringförmigen Mittelteilen, die durch hohe Quertraversen miteinander verbunden sind, bilden das Gerippe der Maschine und dienen der Trommel und den an ihrem Umfang angeordneten Walzen als Widerlager.

Die in den Mittelteilen untergebrachten Trommellager sind als Ringschmierlager mit Bronzemetallagerschalen ausgebildet, die nach außen völlig staubdicht abgeschlossen sind. Mit dieser Ausführung, die gegenüber der früher und auch heute noch teilweise üblichen Fettschmierung einen wesentlich leichteren Gang gewährleistet und daher einen Fortschritt bedeutet, ist sowohl eine Erhöhung der Betriebssicherheit wie auch eine Ersparnis an Schmiermaterial verbunden.

Statt der Ringschmierlager verwenden neuerdings auch einzelne Firmen Kugellager oder Rollenlager (Fairbairn, Leeds; Seydel, Bielefeld), um den Kraftverbrauch noch weiter herabzusetzen. Nach Angabe dieser Firmen soll die erzielte Kraftersparnis 25 % betragen und die Anlaufzeit der Karde auf 40 Sekunden herabgedrückt werden. Gleichzeitig soll bei dieser Konstruktion durch Anbringung einer Bremsvorrichtung, die unmittelbar auf die Trommelachse wirkt und mit der Riemenverschiebung automatisch in Tätigkeit tritt, die Auslaufzeit bis auf 30 und noch weniger Sekunden verkürzt werden, wodurch eine Produktionserhöhung und eine Verringerung des während der An- und Auslaufzeit nicht genügend durchkardierten Materiales erzielt wird. Auch kann bei Unglücksfällen die Karde schneller zum Stillstand gebracht werden.

Eine von Seydel & Co., Bielefeld, ausgeführte Trommelbremse einer Jutekarde sei im folgenden an Hand der Abb. 117 bis 120 dargestellt.

Die Bremse ist als sog. Zweibackenbremse ausgeführt, indem zwei um einen Bolzen *1* schwenkbare Backen *2* durch einen Nocken *3* auseinandergepreßt werden, so daß diese sich mit ihrem äußeren Umfang an eine Bremsscheibe *4* anlegen, die der Raumersparnis halber in die Antriebsscheibe hineingebaut und mit dieser fest verschraubt ist. Die Bremsbacken sind am äußeren Umfang mit einem Spezialbelag versehen, der so beschaffen ist, daß bei der großen auftretenden Reibung ein Festfressen auf der Bremsscheibe oder gar ein Verbrennen nicht zu befürchten ist. Eine besondere Schmierung der Bremsbacken ist hierbei nicht erforderlich. Abb. 117 zeigt die Einrichtung vom Antrieb aus gesehen, Abb. 118 bei ausgerücktem Riemen, d. h. bei stillstehender Maschine, Abb. 119 in Bereitschaftsstellung des Belastungsgewichtes und Abb. 120 bei laufender Maschine. Soll die Maschine eingerückt werden, so muß zunächst die Bremse gelüftet werden, indem der Winkelhebel *5* (Abb. 118) so weit angehoben wird, bis eine Verriegelung durch die den Bolzen *6* des Hebels *5* umfassende Klinke *7* erfolgt (Abb. 119). Die Lösung dieser Verriegelung erfolgt beim Einrücken der Maschine durch Verschieben des Riemens von der Los- auf die Festscheibe, indem die an dem Riemengabelhalter *8* befestigte Schiene *9* die Klinke *7* abhebt und sich gegen den Bolzen *6* des Hebels *5* legt, wodurch das Herunterfallen des Hebels *5* verhindert wird. Die Maschine ist nun voll eingerückt und die Bremseinrichtung in Bereitschaftsstellung gebracht (Abb. 120). Soll die Maschine nunmehr abgestellt werden, so wird der Riemengabelhalter *8* mit der Schiene *9* nach außen verschoben, wobei der Hebel *5* unter dem Einfluß des am Drahtseil hängenden Gewichtes *10* und gestützt gegen die Schiene *9* dieser Bewegung folgt. Durch Abwärtsbewegung des Hebels *5* wird das Gewicht *10* freigegeben und dadurch der Hebel *11*, der mit dem anderen Ende des Drahtseiles verbunden ist, belastet. Der Seilzug wirkt drehend am Hebel *11*, wodurch der Nocken *3* die Bremsbacken auseinanderzudrücken sucht, die sich allmählich gegen die Bremsscheibe legen und so das Abbremsen der Maschine bewerkstelligen. Um zu vermeiden, daß die Maschine eingerückt wird, ehe die Bremse gelüftet ist, ist noch ein Hebel *12* angebracht (Abb. 118), der sich gegen einen Bolzen *13* am Hebel *5* legt und so den Riemengabelhalter *8* gegen Einrücken sichert. Soll der Riemengabelhalter *8* in die Einrückstellung verschoben werden, dann muß zunächst Hebel *5* durch Anheben des Hebels *12* freigegeben und sodann Hebel *5* soweit angehoben werden, bis er durch die Klinke *7* gesichert ist. Damit der Nocken *3* wieder in seine Anfangsstellung zurückkehrt, ist am Hebel *11* eine kräftige Zugfeder *14* angebracht. Um ein Schleifen der Bremsbacken während des Betriebes an der Bremsscheibe

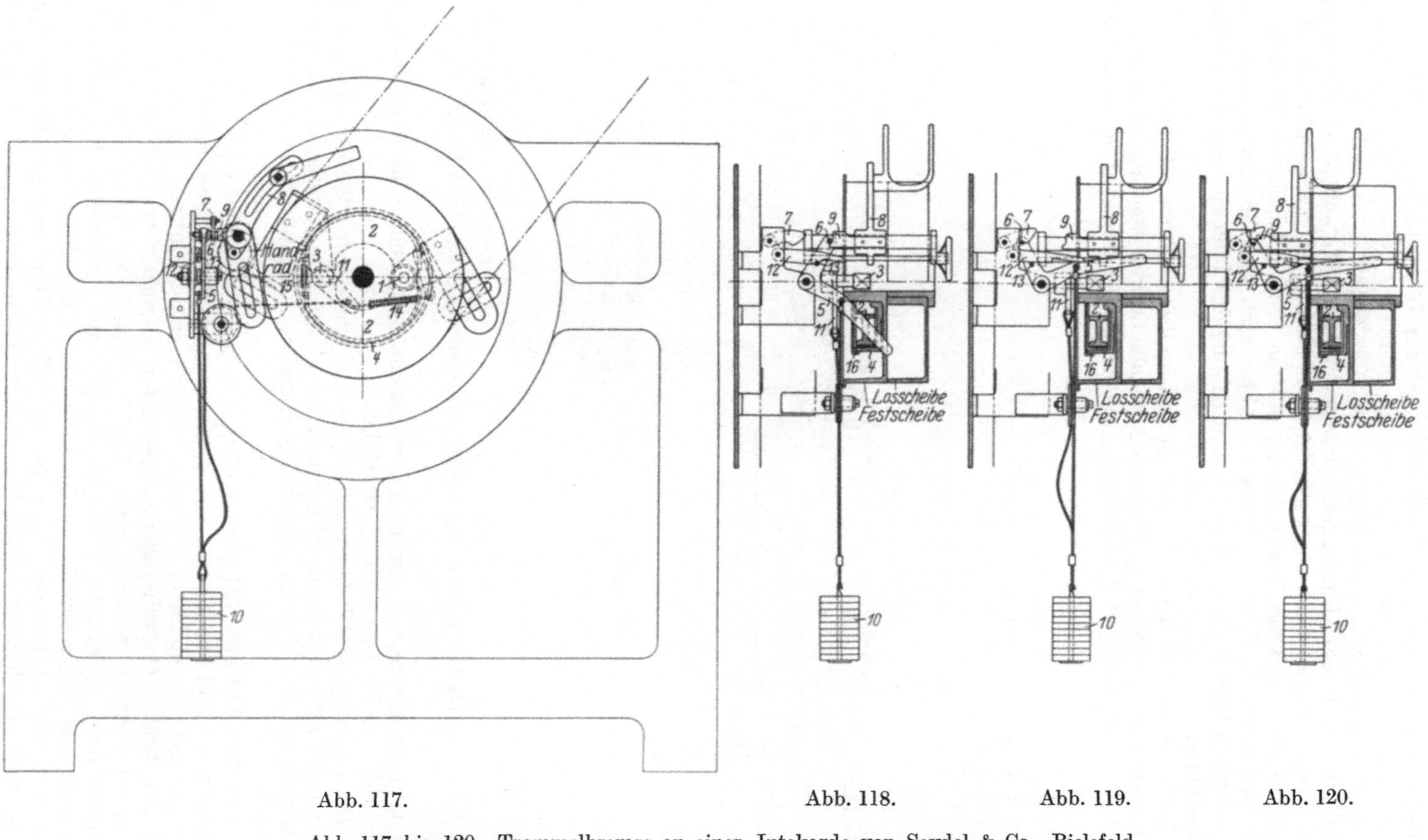

Abb. 117.   Abb. 118.   Abb. 119.   Abb. 120.

Abb. 117 bis 120. Trommelbremse an einer Jutekarde von Seydel & Co., Bielefeld.

zu verhindern, werden diese durch eine Zugfeder *15* wieder gegen den Nocken *3* gezogen. Durch Anbringung einer Schutzscheibe *16* vor der Bremsscheibe ist die Bremse gegen Staub geschützt.

Ob die durch diese Einrichtung erzielten Vorteile die höheren Anschaffungskosten rechtfertigen, muß noch die Praxis erweisen. Auf jeden Fall muß dafür gesorgt werden, daß die Bremswirkung auf die Trommel nicht zu plötzlich eintritt, weil sonst die durch zu schnelles Abbremsen des Schwungmomentes hervorgerufenen Kräfte übermäßige Beanspruchung der Trommel und ihres Belages herbeiführen.

Die Trommel wird durch einen glatten, gußeisernen Mantel gebildet, dessen etwa 10 mm starke Wand in gewissen Abständen durch ringförmige Innenrippen verstärkt wird, während die beiden flanschenartig auslaufenden Enden mit sechs-

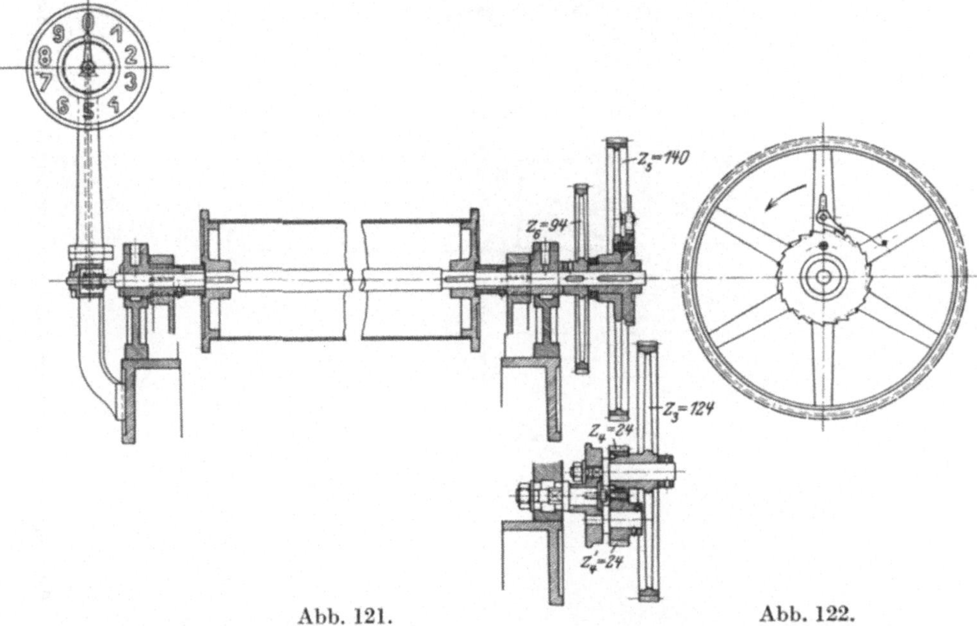

Abb. 121.   Abb. 122.

Abb. 121 u. 122. Speisewalze mit Sperrad zur Liebscher-Karde.

armigen, gußeisernen Tragringen verschraubt sind, welche die Verbindung mit der kräftigen Trommelwelle vermitteln.

Die Lagerung sämtlicher um die Trommel gruppierten Walzen ist verschiebbar angeordnet, so daß sowohl deren Abstand von der Trommel wie auch unter sich entsprechend der für notwendig erachteten Einstellung reguliert werden kann.

Die Abb. 115 und 121 zeigen die Lagerung der Speisewalze, der oberen Tuchwalze und der Mulde. Die Zapfen der Speisewalze werden von als Fettschmierlager ausgebildeten Gleitlagern getragen, die mittels Schrauben in den auf den beiden Gestellwänden aufgesetzten Lagerböcken nach der Trommelmitte zu verstellt werden können. Um die Zapfen der Speisewalze, bzw. deren Lagerbüchsen schwingen 2 besonders geformte gußeiserne Tragstücke, die einerseits als Lager für die obere Tuchwalze dienen, andererseits die Mulde zwischen sich aufnehmen. Die genaue Einstellung der Mulde zur Speisewalze wird durch je 2 in Schlitzen verschiebbare Befestigungsbolzen bewerkstelligt. Die Einstellung der Mulde zur Trommel erfolgt durch Verschwenken der beiden Tragstücke um ihren Drehpunkt und durch Verschraubung des am andern Ende jedes Tragstückes befindlichen Auges mit entsprechenden, mit den Gestellwänden in fester Verbindung stehenden Augen, deren Schlitze genügende Verstellbarkeit ermöglichen. Geeignet angebrachte Stellschrauben gestatten außerdem eine besondere Feineinstellung nach Lehren.

Die Lagerung der beiden Arbeiterwalzen geht aus den Abb. 115 und 116 hervor. An dem die Lagerbüchse tragenden Lagerkopf ist ein Gewindebolzen befestigt, der durch ein Loch in der ringförmigen Gestellwand geht und mit seinem abgesetzten Gewindeteil in einem ebenfalls mit Gewinde versehenen und an der Innenseite der Gestellwand befestigten Auge in radialer Richtung nach dem Trommelmittelpunkt geführt wird. Das als Vierkant ausgebildete Ende dieses Gewindebolzens gestattet mittels Schraubenschlüssels eine Verschiebung des Bolzens nach der einen oder andern Richtung und damit eine genaue Einstellung des Arbeiters zur Trommel. Durch Festziehung einer an der äußeren Gestellwand sitzenden Schraubenmutter wird die Lage des Arbeiters nach auf beiden Seiten erfolgter Einstellung fixiert.

Die Lagerung der Wender, Abb. 125 und 126, ist in ähnlicher Weise verstellbar durchgeführt. Der den Lagerkopf tragende Gewindebolzen ist in diesem Fall mit seinem Gewindeteil in einen auf dem Rundbogen der Gestellwand verschiebbar aufgesetzten Support geschraubt, während der abgesetzte glatte Teil des Bolzens durch einen Längsschlitz des Gestellbogens durchgeht und seine Führung in einem an der Innenseite der Gestellwand befestigten glatten Führungsauge und außerdem durch zwei, je auf einer Seite dieses Auges angeordnete, in ringförmigen Nuten verschiebbaren, halbkreisförmigen Stützen erhält. Diese Anordnung gestattet die Verstellbarkeit des Wenders sowohl in Richtung des Trommelumfangs, d. h. zum Arbeiter wie auch in radialer Richtung zur Trommel.

Während bei den älteren Kardenkonstruktionen und zum Teil auch heute noch die Lagerbüchsen der Arbeiter und Wender

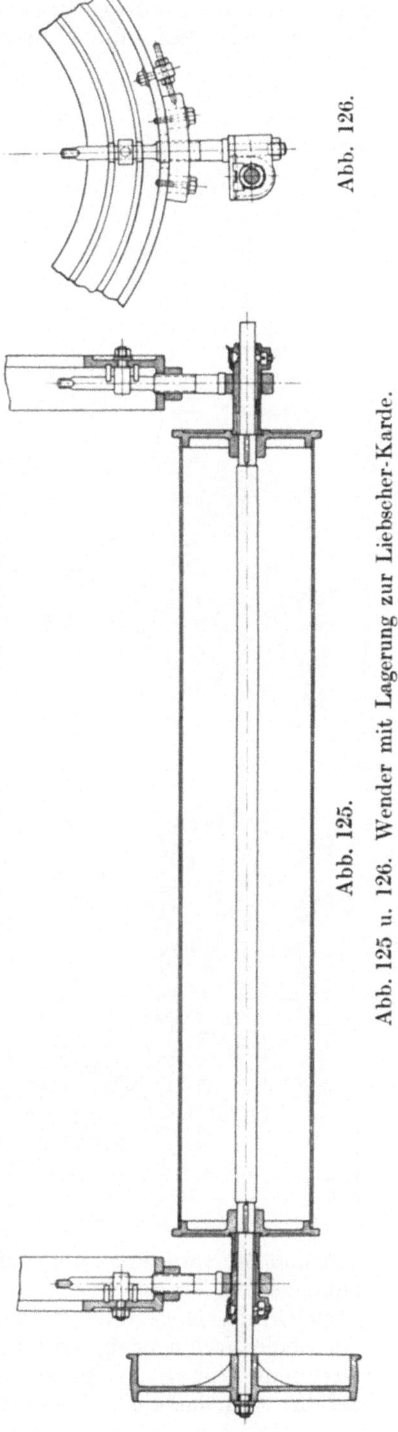

Abb. 126.

Abb. 125.

Abb. 125 u. 126. Wender mit Lagerung zur Liebscher-Karde.

aus Rotguß bestehen und mit einfachen Ölschmierlöchern versehen sind, ist die Firma Liebscher dazu übergegangen, für diese Lager lange, gußeiserne Büchsen mit Ringschmierung zu verwenden. Der Ölverbrauch und die Abnützung dieser Lagerbüchsen, die in den Lagerköpfen leicht kugelig beweglich sind, ist erheblich geringer als bei den älteren Ausführungen, bei denen häufig das Öl nicht an die eigentlichen Schmierstellen gelangt, selbst wenn die Zuführung, wie es neuerdings häufig geschieht, durch Kupferrohrleitungen zentral von einer Schmierstelle aus geschieht. Der Vorteil der Ringschmierlager kommt besonders bei den Wendern zur Geltung, deren Lager infolge der verhältnismäßig großen Umlaufzahl und dem durch den Antrieb hervorgerufenen scharfen Riemenzug besonderer Beanspruchung unterworfen sind. Andere Maschinenbauer, z. B. Mackie, Fairbairn, Seydel, rüsten ihre Wender mit Kugellagern aus, während für die langsamer umlaufenden Arbeiterwalzen Gleitlager mit Kugelbewegung genügen.

Die Abb. 123 und 124 zeigen die Lagerung des Abnehmers und des Abzugswalzenpaares. Die in ähnlicher Weise als Ringschmierlager ausgebildeten langen, gußeisernen Lagerbüchsen sind in Gleitlagerböcken untergebracht, deren nutenartig in dem horizontalen Oberteil der Gestellwände eingelassenen Füße mit langen Schraubenschlitzen versehen sind, die eine Verschiebung in horizontaler Richtung mittels besonderer Stellschrau-

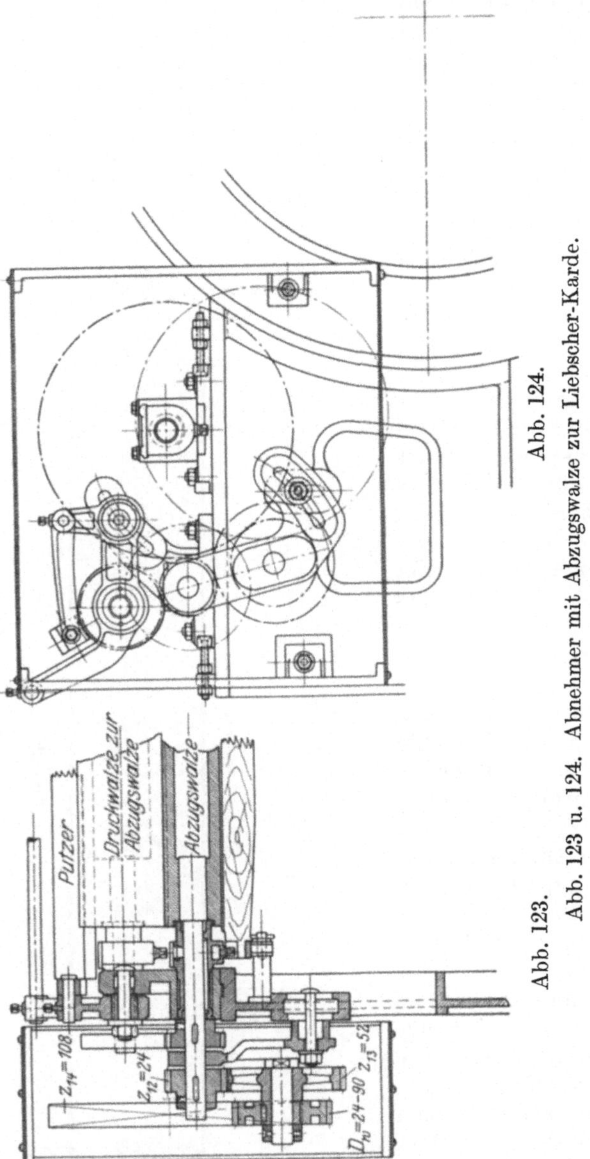

Abb. 124.

Abb. 124. Abnehmer mit Abzugswalze zur Liebscher-Karde.

Abb. 123.

Abb. 123 u. 124.

ben und Muttern zulassen. Auf diese Weise kann sowohl der Abstand des Abnehmers zur Trommel wie auch der der Abzugswalze zum Abnehmer genau nach Lehren eingestellt werden. Der Lagerbock der Abzugswalze trägt nach oben eine Verlängerung mit einem kulissenartigen Schlitz, in welchem der als Drehpunkt für den Lagerarm der Druckwalze dienende Befestigungsbolzen so geführt wird, daß auch eine Änderung der Lage der Abzugsdruckwalze möglich ist.

Die Anordnung und Lagerung des Lieferwalzenpaares ist aus Abb. 127 ersichtlich, diejenige der Sparwalzen aus den Abb. 115 und 116. Letztere sind in langen, gußeisernen Radialarmen oder „Scheren“ untergebracht, deren eines Ende um die Arbeiterachse als Drehpunkt schwingt, während das andere Ende mit der Gestellwand durch in Schlitzen verschiebbare Schraubenbolzen verbunden ist.

Sämtliche mit Nadelbelägen versehenen Walzen sind aus nahtlos gezogenen Stahlrohren[1] hergestellt, die nicht nur eine wesentliche Betriebssicherheit gegen Zerspringen darbieten, sondern auch infolge ihres geringen Gewichtes einen leichten Gang gewährleisten und die Handhabung erleichtern. Die gußeisernen Walzenböden sind an der Außenseite um die Walzenzapfen herum mit Eindrehungen versehen (vgl. die Abb. 116, 121, 123, 125), in welche auf die Lagerbüchsen der Walzen aufgesetzte Schutzhülsen hineinragen. Durch

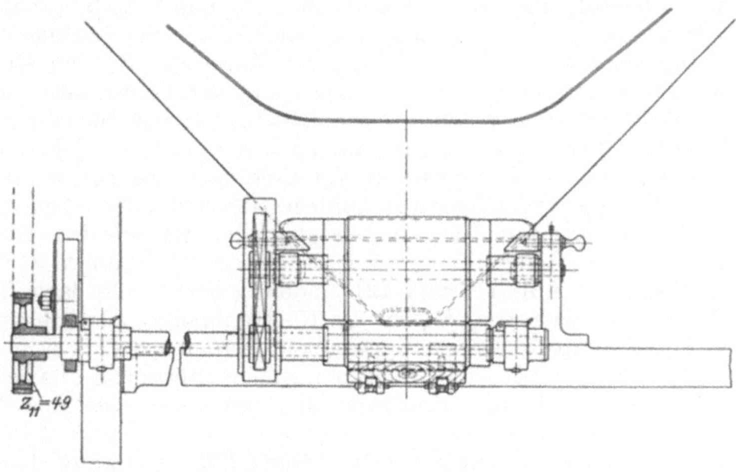

Abb. 127. Ablieferung der Liebscher-Karde.

diese bemerkenswerte Einrichtung wird das lästige Wickeln von Fasermaterial an den Walzenzapfen vermieden.

Die Abzugs- und Lieferungswalzen bestehen aus starkwandigen gußeisernen Walzenkörpern, deren Oberfläche entweder glatt poliert oder leicht flach geriffelt ist. Meist ist die Abzugswalze glatt und die zugehörige Druckwalze geriffelt, während umgekehrt die untere Lieferwalze geriffelt und die zugehörige Druckwalze glatt ausgeführt sind.

Sämtliche Stirnräder sind mit gefrästen Zähnen zwecks Erzielung eines möglichst leichten und geräuschlosen Ganges ausgestattet. Mit Ausnahme der ganz großen Räder haben auch alle Räder neuerdings volle, sauber glatt gedrehte Böden. Dadurch wird gegenüber den älteren, mit Armkreuzen versehenen Rädern, die häufig Veranlassung zu Brüchen gaben, eine größere Betriebssicherheit gewährleistet, auch kann sich auf den glatten Böden weniger Staub absetzen. Manche englische Firmen, wie z. B. Lawsons in Leeds, verwenden noch Räder mit gegossenen unbearbeiteten Zähnen, die allerdings nach einem besonderen Präzisionsverfahren hergestellt sind, so daß sie an Genauigkeit den gefrästen

---

[1] Von den hölzernen Walzen ist man heute fast ganz abgekommen. Die Firma Seydel, Bielefeld, deren Karden im übrigen sowohl in Konstruktion als auch in Ausführung den Liebscher-Karden ähnlich sind, stellt die Abnehmerwalze aus Gußeisen her.

Rädern nicht nachstehen. Die Beibehaltung der harten Gußhaut trägt wesentlich zur Verlängerung der Lebensdauer dieser Räder bei.

Ähnlich wie bei den früher schon besprochenen Vorbereitungsmaschinen (vgl. S. 119 und 138) sind die Haupttriebwerke der Karden durch Sicherheits- oder Abscherstifte (pitch pin) gegen Überlastung oder Bruch gesichert. So sitzt z. B. das große Antriebsrad Z_5 der Speisewalze (vgl. die Abb. 121, 122) nicht direkt auf der Walzenachse, sondern lose auf der Nabe einer fest mit dem Walzenzapfen verkeilten Scheibe, mit der sie nur durch den Sicherheitsstift verbunden ist. Bei eintretender Überlastung, die z. B. durch Wickeln der Speisewalze oder durch zu starkes Speisen hervorgerufen werden kann, wird nach Überschreitung eines bestimmten Drehmoments der Sicherheitsstift abgeschert und dadurch der Antrieb der Speisewalze und damit auch die Bewegung des Zuführungstuches sofort unterbrochen. Wie aus diesen Abbildungen weiter ersichtlich, ist die auf dem Speisewalzenzapfen sitzende Scheibe als Sperrad ausgebildet, in das von einer Radspeiche des Rades Z_5 eine Schaltklinke so eingreift, daß bei entgegengesetzter Drehrichtung des Zahnrades Z_5 eine Mitnahme des Sperrades und damit eine Rückwärtsbewegung der Speisewalze und des Zuführungstuches eintritt, nachdem durch Abscherung des Sicherheitsstiftes die Verbindung zwischen beiden Rädern aufgehoben worden ist. Diese Vorrichtung ist notwendig, um bei eingetretenen Verstopfungen die Speisewalze zur Entfernung des Wickels zurückdrehen zu können. Hierzu dient die bereits auf S. 172 erwähnte Einrichtung zur Rücklaufbewegung der Speisewalze. Die konstruktive Ausbildung des Rücklaufhebels mit den beiden Zahnrädern Z_4 und Z_4' geht im übrigen aus den Abb. 115 und 121 eindeutig hervor. Je nach Handhabung dieses Hebels kann naturgemäß statt des Rücklaufganges auch eine vollständige Ausschaltung des Speisemechanismus erzielt werden, so daß es dem Kardenaufleger jederzeit möglich ist, bei vorkommenden Störungen von seinem Platze aus die Speisung der Karde zu unterbrechen, ohne daß eine Ausschaltung des Hauptantriebs erforderlich ist.

In ähnlicher Weise ist, wie die Abb. 115 und 116 zeigen, eine doppelte Sicherung des Antriebs der Abzugswalze vorgesehen. Das wiederum lose auf dem Walzenzapfen sitzende Antriebsrad Z_{10} steht durch den üblichen Sicherheitsstift in Verbindung mit einer Scheibe, die jedoch in diesem Fall ebenfalls lose auf der Walzenachse sitzt, und die auf der einen Seite mit Ansätzen versehen ist, die nach Art einer Klauenkupplung in entsprechende Aussparungen eines zweiten Kupplungsteiles eingreifen. Letzterer steht mit der Walzenachse durch Nut und Feder in fester Verbindung und läßt sich mittels Handhebels nach Art der ausrückbaren Kupplungen in axialer Richtung verschieben, so daß je nach Bedarf die Verbindung mit Zahnrad Z_{10} hergestellt und unterbrochen werden kann, solange der Sicherungsstift noch nicht abgeschert ist. Der auf der Ablaufseite der Karde stehende Arbeiter hat also die Möglichkeit, bei der geringsten eintretenden Wickelbildung am Abzugszylinder die Ablieferung und damit auch die Bewegung des Abnehmers sofort stillzusetzen, noch ehe der Abscherstift in Tätigkeit tritt. Auf diese Weise kann weitgehendes Wickeln und der damit verbundene Materialverlust vermieden werden.

Um ein bequemes Auswechseln der Wechselräder zu ermöglichen, sind überall in den Gestellwänden kulissenartige Schlitze vorgesehen, in denen die Befestigungsbolzen für die Räderstelleisen und die als „Scheren“ bezeichneten Radialarme geführt werden. Möglichste Einheitlichkeit in der Zahnteilung, Zahnbreite und Bohrung besonders bei den Wechselrädern erleichtert das Auswechseln und Austauschen der verschiedenen Antriebsräder.

Die Zahnteilung wird bei diesen Rädern auch heute noch vielfach in Deutschland nach englischem System angegeben, wonach mit „diametral-pitch" (p_d) die Anzahl Zähne, bezogen auf 1 Zoll Teilkreisdurchmesser, bezeichnet wird. Ist z die Zähnezahl und D_{zoll} der Teilkreisdurchmesser des Rades in engl. Zoll, so besteht demnach die Beziehung:

$$p_d = \frac{z}{D_{\text{zoll}}} = \frac{z \cdot 25{,}4}{D_{\text{mm}}},$$

und umgekehrt erhält man: $z = p_d \cdot D_{\text{zoll}}$, d. h. die Zähnezahl eines Rades ergibt sich als Produkt aus diametral-pitch und Durchmesser in Zoll.

Im Gegensatz zur Festlegung der Teilung nach diametral-pitch steht die ebenfalls in England übliche Angabe der Teilung nach „circular-pitch" (p_c), welche die Entfernung von Zahnmitte zu Zahnmitte, gemessen am Umfang des Teilkreises in engl. Zoll, angibt. p_c ist also identisch mit der Teilung t in der allgemeinen Gleichung: $z \cdot t = D \cdot \pi$, so daß die Beziehung in engl. Maßen lautet:

$$p_c = \frac{D_{\text{zoll}} \cdot \pi}{z} \quad \text{oder} \quad z = \frac{D_{\text{zoll}} \cdot \pi}{p_c}.$$

Somit ergibt sich: $p_d \cdot p_c = \pi$, oder $p_d = \dfrac{\pi}{p_c}$ und $p_c = \dfrac{\pi}{p_d}$.

Mit der in Deutschland üblichen Bezeichnung „Modul" (m) als Maß für die Teilung in Vielfachen von π ergibt sich aus

$$m = \frac{t}{\pi} = \frac{D_{\text{mm}}}{z} = \frac{D_{\text{zoll}} \cdot 25{,}4}{z}$$

die Beziehung zwischen Modul und diametral-pitch bzw. circular-pitch zu:

$$m = \frac{1}{p_d} \cdot 25{,}4$$

oder

$$p_d = \frac{1}{m} \cdot 25{,}4, \quad p_c = \frac{m \cdot \pi}{25{,}4}.$$

Danach entspricht z. B. einer Teilung von 6 diam.-pitch („6er-Teilung") ein Modul von $m =$ rd. 4,2.

Die Zuführung der Rohjuteristen erfolgt, wie aus Abb. 115, 129 zu ersehen ist, durch das meist aus schwerem Jutegewebe (Filz- oder Segeltuch) bestehende, über die beiden hölzernen Tuchwalzen geführte endlose Speisetuch, das durch einen schräg ansteigenden Holztisch von reichlich 2 m Länge unterstützt und seitlich durch 2 an diesem Auflagetisch befestigte, hohe Bordleisten geführt wird. Der Auflagetisch selbst wird von zwei gußeisernen Seitenschienen getragen, deren oberes Ende sich gegen die Achse der oberen Tuchwalze stützt, während ihr unterer Teil auf jeder Seite von einer nachstellbaren gußeisernen Stütze getragen wird. Die Spannung des Zuführungstuches wird durch Verschieben der Lagersupporte der unteren Tuchwalze längs der beiden Seitenschienen reguliert. Über der oberen Tuchwalze ist eine zweite Holzwalze als Schutzwalze in Gleitschlitzen beweglich angeordnet.

Bisweilen findet man auch bei Vorkarden die bei Reißkarden stets bestehende Anordnung eines Einführwalzenpaares zwischen Tuchwalze und Speisewalze, die aus Abb. 128 zu ersehen ist. Der Antrieb dieses aus tief geriffelten Stahlwalzen von 4 Zoll Durchmesser bestehenden Walzenpaares erfolgt von der Speisewalze aus auf die untere Einführwalze, und von dieser wiederum wird unter Einschaltung eines Zwischentriebes die Tuchwalze mit der gleichen Drehrichtung wie die Einführwalze angetrieben. Bei der oben beschriebenen Anordnung eines Umkehrtriebes für die Speisewalze bewirkt dessen Einschaltung naturgemäß auch eine rückläufige Bewegung des Einführwalzenpaares.

Die konstruktive Ausführung des Uhrantriebes ist aus Abb. 121 zu er-

sehen. Selbstverständlich läßt sich die Übertragung der Umdrehungen der Speisewalze nach der Uhr auch noch auf andere Weise bewerkstelligen, etwa durch
Zwischenschalten von Stirnrädern, Kettenantrieb u. dgl., und es richtet sich
dies ganz nach den örtlichen Verhältnissen. Bisweilen werden auch Wechselräder vorgesehen, um kleinere Änderungen in der Uhrlänge und damit im Gewicht des abgelieferten Bandes vornehmen zu können.

Die Anordnung des aus kräftigem, verzinnten Eisenblech bestehenden Leit-
bleches unterhalb der Abzugswalze, sowie die Anbringung der Putzer für die
Abzugs- und Lieferwalzen zeigen die Abb. 115 und 129. Während der Putzer der
Abzugsdruckwalze durch sein Eigengewicht wirkt, werden die von unten wirkenden Putzer der Abzugs- und Lieferungswalze durch gewichtsbelastete Hebel angepreßt. Um den Putzer an der Abzugswalze besser reinigen zu können, ist der
sich an das Leitblech anschließende Bandtrichter leicht umklappbar eingerichtet.
Manche Fabriken verwenden auch statt der festen Putzer sich drehende Putz-
walzen.

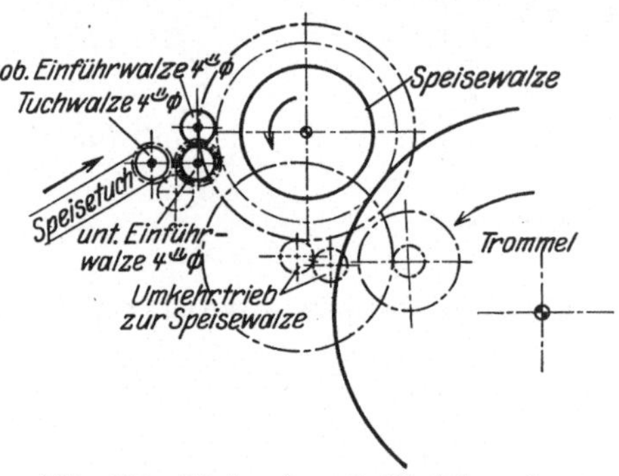

Abb. 128. Vorkarde mit Einführwalzenpaar.

Geeignet angebrachte Stufen, sowie
eine Schutzstange oberhalb des Abzugswalzenpaares erleichtern dem bedienenden
Arbeiter ohne Gefährdung die Beseitigung
von Störungen an der Ablieferung.

Die die ganze Karde abschließenden
Verdecke, die gegenüber der früher üblichen Holzausführung aus poliertem Stahlblech bestehen, sind an verschiedenen
Stellen, um an die Walzen gelangen zu
können, mit aufklappbaren Deckeln versehen, die so abgeriegelt sind, daß sie nur
durch eine verantwortliche Person geöffnet
werden können. Bisweilen findet man bei
neueren Karden-Konstruktionen diese Verschlüsse so angeordnet, daß sie nur
bei Stillstand der Karde geöffnet werden können, und umgekehrt, daß die Karden nicht eingerückt werden können, wenn diese Verschlüsse noch offen sind.
Durch derartige Vorrichtungen werden Unglücksfälle vermieden, die sich leider
häufig ereignen, wenn unbedachte oder unbefugte Personen in die Walzen greifen,
ehe das Getriebe noch nicht vollständig zum Stillstand gelangt ist.

An den Seiten der Trommel und der Walzen sind ringförmig ausgebildete
Abdeckungsschilde aus dünnwandigem Gußeisen angebracht, die sich bis
auf 1 bis 2 mm den Walzenstirnwänden und den Gestellen anpassen und so
eine fast vollkommen luftdichte Abschließung der Karde herbeiführen. Je näher
die Seitenabdeckungen an die Trommel und Walzenwände herankommen, desto
reiner hält man die Enden aller Walzenbeläge. Diese Abdeckungen gestatten
auch einen bequemen Anschluß an Entstaubungsanlagen, die sowohl im
Interesse der Reinhaltung der Fabrikluft, wie auch der Reinhaltung der Maschinen
in modernen Jutespinnereien immer mehr Eingang finden.

Auch die Zahnrädertriebwerke sind allseitig durch Schutzgitter abgeschlossen, wie auch die Abb. 115, 116, 123 und 124 zeigen. Das große Schutzgitter auf Räderseite ist mehrteilig ausgebildet und mit Schiebetüren versehen,
um ohne Behinderung an die Räder gelangen zu können. Auch hier sorgen besondere Verschlüsse vor dem Zugriff Unbefugter. Statt der Gitterverdecke werden
neuerdings in England, besonders für Amerika, Schutzverdecke aus kräftigem,
gelochtem Stahlblech hergestellt, Auch vollkommen geschlossene Stahlblechverdecke werden immer häufiger.

Die Anordnung des Hauptantriebs mit Fest- und Losscheiben von 24 Zoll Durchmesser und für eine Riemenbreite von 120 mm, die Ausführung der Ein- und Ausrückvorrichtung mit einer durch eine steilgängige Leitspindel verschiebbaren Riemengabel, sowie der Wenderantrieb mit der auf der Trommelwelle sitzenden Antriebsscheibe und einer verschiebbar gelagerten Riemenleitrolle sind aus den Abb. 115 und 116, sowie dem Schaubild, Abb. 129 zu ersehen. Auch hier ist bemerkenswert, daß sämtliche zur Ansicht liegenden Riemenscheiben aus Gründen der Betriebssicherheit und Sauberkeit mit vollen, glatt gedrehten Böden ausgeführt sind.

Der Kraftbedarf der Vorkarde wird mit durchschnittlich 5 PS bemessen. Nach den Versuchen von Dr.-Ing. Frenzel[1] betrug der Kraftbedarf einer Lawson-

Abb. 129. Schaubild einer Vorkarde. James Mackie & Sons, Ltd., Belfast.

Vorkarde bei 165 Trommelumläufen und voller Belastung 4,81 PS, während diese Karde bei Leerlauf 1,60 PS verbrauchte. Der Wirkungsgrad in kraftwirtschaftlicher Hinsicht betrug daher 67%, d. h. 67% der gesamten Betriebskraft sind für die eigentliche Bearbeitung des Materials nutzbar gemacht worden.

Der Platzbedarf ist einschließlich Auflagetisch rd. 5 × 3 m. Das Nettogewicht beträgt 6000 bis 6500 kg.

2. Die Feinkarde.

Wie in der Einleitung zu diesem Abschnitt S. 155 schon bemerkt, ist der Feinkarde die Aufgabe zugewiesen, den von der Vorkarde eingeleiteten Kardierprozeß fortzusetzen und zu vollenden. Insbesondere hat die Bearbeitung der

---

[1] Frenzel: Untersuchungen über den Kraftbedarf der Maschinen in den Jutespinnereien und Webereien. Leipz. Monatsschr. Textilind. 1920, H. 9.

von der Vorkarde kommenden Faserbänder zum Zweck, eine weitere Verfeinerung und Vergleichmäßigung der Fasern hinsichtlich ihrer Dicke und Länge unter Ausscheidung der zu kurzen Fasern und noch vorhandener Unreinigkeiten herbeizuführen sowie ein neues, dünneres Faserband zu bilden, in welchem die Parallellegung der Fasern gegenüber dem Vorkardenband noch weiter fortgeschritten ist. Eine wesentliche Verkürzung der Faserlängen ist demnach bei diesem Arbeitsgang nicht beabsichtigt, aber sie tritt naturgemäß bei der weiteren Aufspaltung der Fasern bis zu einem gewissen Grade ein, und auch bei jedem weiter folgenden Kardierprozeß wird dies der Fall sein. Die Vergleichmäßigung der Fasern wird durch das „Duplieren" oder Doppeln, d. h. durch das Vereinigen einer größeren Anzahl von Vorkardenbändern, die dem Speisetuch der Feinkarde vorgelegt werden, erzielt, wobei entsprechend dem gewählten Kardenverzug meist ein dünneres Band abgeliefert wird.

Der Arbeitsgang bei einer solchen Feinkarde ist im wesentlichen der gleiche wie bei der Vorkarde, nur hat das Bestreben, möglichste Feinheit und gründliche Reinigung der Fasern zu erzielen, dazu geführt, die Zahl der Walzenpaare zu vermehren und deren Beläge in bezug auf Abmessungen und Zahl der Nadeln zu verfeinern, sowie auch die Verzüge, d. h. die Verhältniszahlen der Umfangsgeschwindigkeiten der zusammen arbeitenden Walzengruppen zu erhöhen. Welche Anzahl Walzenpaare die richtige ist, richtet sich ganz nach dem Material, dem Feinheitsgrad und der Qualität des Garnes. Während für grobe, ordinäre Garne, C- und CS-Qualität, bis zu etwa Nr. 2 m/g die 3-Paar-Walzen-Halbzirkularkarde genügt, ist für mittlere und bessere Garne die Verwendung der 4-Paar-Walzen-Vollzirkularkarde 4 × 6 Fuß die Regel. Neuerdings kommt für intensivere Aufschließung der Fasern und feine, beste Garne die 5- und 6-Paar-Walzen-Vollzirkularkarde mit großer Trommel 5 × 6 Fuß wie bei den Hanf- und Flachswergkarden in Gebrauch.

Die 3-Paar-Walzen-Halbzirkularfeinkarde ist gleich der bereits beschriebenen 2-Paar-Walzen-Vorkarde als „Abwärtsstreicher" (down striker), d. h. mit unterer Arbeitshälfte ausgebildet, nur mit dem Unterschied, daß am Trommelumfang 3 Walzenpaare, bestehend aus je einem Arbeiter und einem Wender, angeordnet sind.

Die Zuführung des Fasermaterials erfolgt wiederum durch ein über einen schräg ansteigenden Tisch laufendes, endloses Einführungstuch, jedoch von geringerer Länge wie bei der Vorkarde, dem die von der Vorkarde kommenden Bänderkannen, meist 8 bis 12 und noch mehr entsprechend der gewünschten Duplierung, vorgestellt werden. Durch besondere halbkreisförmige, vor der unteren Tuchwalze angeordnete Führungsbleche getrennt, gelangen die Bänder dicht nebeneinander mit dem Zuführungstuch zur Speisewalze, die wiederum als Muldenwalze ausgebildet ist und gleich der Mulde nach jeder Richtung verstellt werden kann. Die Abnahme des kardierten Faservlieses erfolgt wiederum durch einen Abnehmer oder Doffer, ebenso sind in gleicher Weise wie bei der Vorkarde Abzugswalzenpaar, Leitblech und Lieferungswalzenpaar angeordnet. Dagegen besteht eine erhebliche Verschiedenheit in der Umfangsgeschwindigkeit der einzelnen Walzen wie auch in deren Relativgeschwindigkeiten zueinander. Die Benadelung der Trommel und sämtlicher Walzen ist feiner und dichter. Die Entfernung der einzelnen Walzen von der Trommel, sowie gegeneinander, die nach Einstellungslehren durch verstellbare Lager in der üblichen Weise verändert werden kann, ist entsprechend geringer. Die konstruktive Ausführung bietet gegenüber der Vorkarde kaum etwas Neues, so daß sich eine nähere Darstellung erübrigt.

Ähnlich gestaltet sich der Aufbau der 4-Paar-Walzen-Halbzirkularfeinkarde mit abwärts arbeitender Trommel von 4 Fuß Durchmesser. Bei dieser Bauart, die häufig an Stelle der 3-Paar-Walzenkarde tritt, kommen Speisewalze und Zuführungstisch sehr hoch zu liegen.

Abb. 130 zeigt in schematischer Weise die Ausführung einer 3-Paar-Walzen-Halbzirkularfeinkarde mit oberer Arbeitshälfte (up-striker = „Aufwärts-streicher"), die weniger häufig und nur für grobe C-Garne aus Abfällen und Wurzeln zur Anwendung gelangt. Durch die Anordnung der arbeitenden Walzen auf der oberen Hälfte der Trommel wird der Verlust an kurzen Fasern, die naturgemäß bei Abfällen in erheblichem Maße vorhanden sind, wesentlich verringert. Andererseits ist die Entfernung von Unreinigkeiten nur unvollkommen, was bei der zu erzeugenden geringwertigen

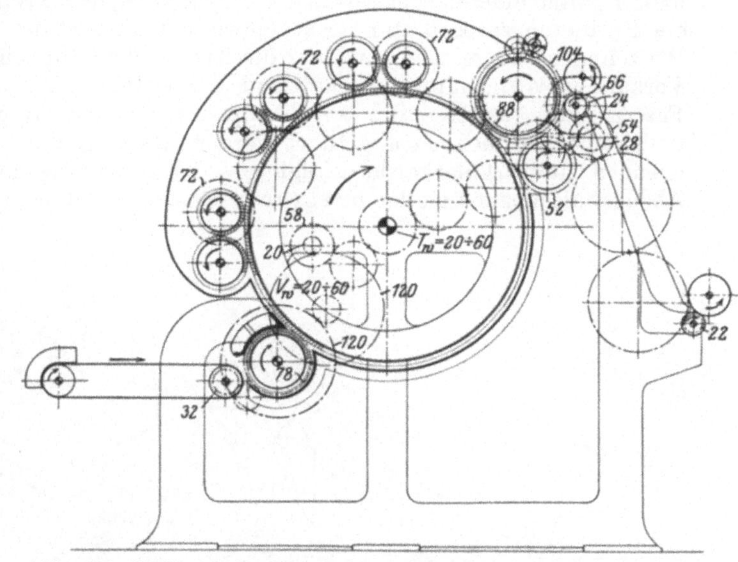

Abb. 130. Halbzirkular-Feinkarde mit 3 Walzenpaaren und oberer Arbeitshälfte (upstriker).

Garnsorte nicht weiter nachteilig ins Gewicht fällt. Bemerkenswert ist bei dieser Bauart die verhältnismäßig große Speisewalze von 9 Zoll Durchmesser nackt bzw. 10½ Zoll über Nadelspitzen gemessen, die nach oben arbeitet, sowie die Abnahmewalze, die nach unten arbeitet. Um ein Abschleudern der im Abnehmer hängenden Fasern zu verhindern, ist unter diesem eine Blechwalze angeordnet. Die übrige Gruppierung der Walzen und die Antriebsverhältnisse sind aus der Abb. 130 ersichtlich, während die Belageinzelheiten in der nachfolgenden Tabelle 42 enthalten sind.

Tabelle 42.

Belag einer 3-Paar-Walzen-„Up-Striker"-Feinkarde für grobe Garne.

Bezeichnung der Walzen	Walzen-durchmesser ohne Belag	Nadel-Nr. × Länge in Zoll	Nadelteilung in Zoll	Nadeln auf 1 □ Zoll
Trommel	48 Zoll	13×1	$^1/_2 \times ^1/_2$	4
Speisewalze	9 „	$12 \times 1^1/_4$	$^7/_{16} \times ^7/_{16}$	5,22
1. und 2. Arbeiter	7 „	$12 \times 1^1/_2$	$^7/_{16} \times ^7/_{16}$	5,22
1. und 2. Wender	9 „	$13 \times 1^1/_4$	$^{15}/_{32} \times ^{15}/_{32}$	4,55
3. Arbeiter	7 „	$13 \times 1^1/_2$	$^3/_8 \times ^3/_8$	7,1
3. Wender.	9 „	$14 \times 1^1/_8$	$^7/_{16} \times ^7/_{16}$	5,22
Abnehmer.	14 „	15×1	$^3/_8 \times ^3/_8$	7,1

Der gebräuchlichste Typ der Jutefeinkarde ist die in Abb. 131 schematisch dargestellte 4-Paar-Walzen-Vollzirkularkarde, bei der fast der ganze Trommelumfang als Arbeitsfläche ausgenützt ist. Diese Bauart ist besonders dadurch gekennzeichnet, daß Speisung und Ablieferung auf ein und derselben

Seite der Karde erfolgen. Die von den vorgesetzten Vorkardenkannen kommenden
Bänder gelangen wiederum in der Anzahl von 12 bis 15 zwischen entsprechenden
Bandführungen auf ein verhältnismäßig kurzes, horizontales Zuführungstuch,
das sie der ebenfalls als Muldenwalze, jedoch von erheblich geringerem Durchmesser ausgebildeten Speisewalze zuführt. Von der Trommel erfaßt, beginnt
der Kardierungsprozeß und der stufenweise Transport des Materiales von einem
Walzenpaar zum andern rund um die Trommel in ähnlicher Weise wie bei der
Vorkarde, bis die nunmehr genügend kardierten, gehechelten und gereinigten
Fasern nach Passieren der 4 Walzenpaare von der Trommel an den langsam
umlaufenden Abnehmer abgeführt werden. Im Gegensatz zu der abwärts strei-
chenden Halbzirkularkarde erfolgt nun der Abzug des Faservlieses durch das
Abzugswalzenpaar von der unteren Seite des Abnehmers, während die weitere

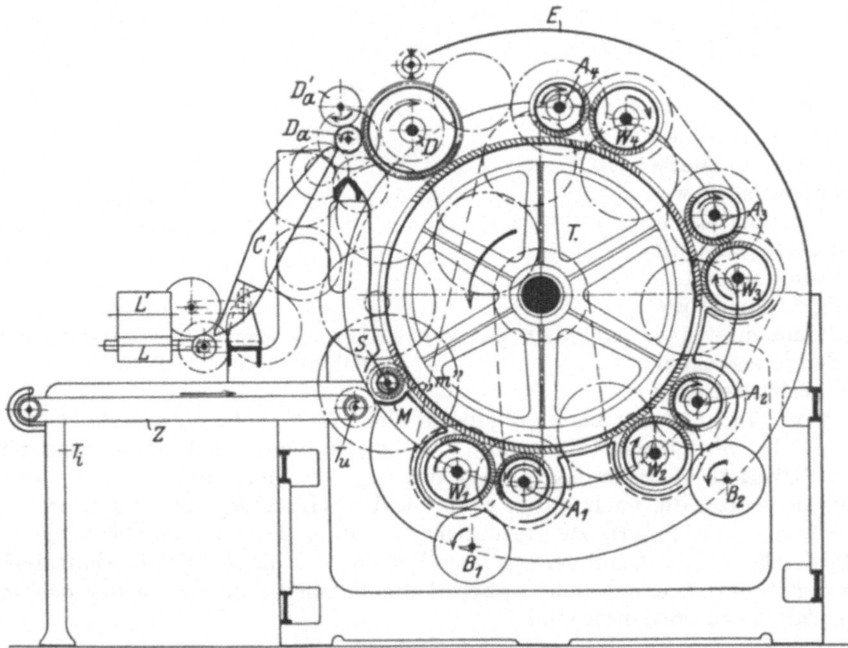

Abb. 131. 4-Paar-Walzen-Vollzirkular-Feinkarde.

Führung des Faservlieses über das Leitblech und durch den Bandtrichter, sowie
die Bildung eines zusammenhängenden Faserbandes nach Passieren des ersten
Lieferungswalzenpaares in gleicher Weise wie bei den bisher beschriebenen
Karden vor sich geht. Da jedoch in diesem Fall Ablieferung und Speiseseite
zusammenfallen, ist noch eine rechtwinklige Umleitung des Bandes nach der
einen Seite um einen schrägen Führungsbolzen über eine glatte horizontale
Platte, die Band- oder Konduktorplatte, nach einem zweiten Lieferungswalzenpaar erforderlich, bis es endlich von der seitlich aufgestellten Bänderkanne
aufgenommen wird, vgl. auch Abb. 139 u. 158.

Auch hier muß, um ein glattes, schlingenfreies Laufen des Bandes über die
Bandplatte zu gewährleisten, dem Band ähnlich wie dem über das Leitblech
ablaufenden Faservlies ein „Zug“ (lead) erteilt werden, was durch etwa 6%
höhere Umfangsgeschwindigkeit des zweiten Lieferwalzenpaares erzielt wird.

Bisweilen findet man auch eine Teilung des vom Abzugswalzenpaar in voller

Trommelbreite abgeführten Faservlieses in zwei Hälften derart, daß die Abnehmerwalze, deren Belag in diesem Fall in der Mitte durch einen über den ganzen Umfang verlaufenden schmalen Blechstreifen unterbrochen ist, ein infolge der im Belag entstandenen Lücke in zwei Teile getrenntes Vlies abliefert. Zur Ableitung beider Vlieshälften ist das Leitblech in zwei, je für sich trichterförmig nach unten zu verlaufende Hälften geteilt, von denen jede ihr eigenes Lieferwalzenpaar besitzt. Die aus beiden Lieferwalzenpaaren ablaufenden Bänder werden wiederum rechtwinklig zur Ablieferungsrichtung um die schräg sitzenden Führungshörner herum über die Bandplatte zum zweiten Lieferwalzenpaar geleitet, das sie zu einem Band vereinigt der dahinter stehenden Kanne abliefert. Durch diese Trennung des Vlieses in zwei Teile soll die bei einem Leitblech zu beobachtende stärkere Zugwirkung auf die äußersten, schräg zur Ablaufrichtung verlaufenden Fasern wesentlich verringert und so ein gleichmäßigerer und reibungsloserer Ablauf des Faservlieses und der Bänder erzielt werden. Dabei ist allerdings zu beachten, daß die durch die Trennung erzeugten schwächeren Bänder bei Ungleichmäßigkeiten leicht zum Abreißen neigen. Aus diesem Grunde wird häufig das ungeteilte Leitblech vorgezogen.

Wie aus Abb. 131 ersichtlich, sind die beiden ersten Walzenpaare wiederum mit je einer dicht am Umfang des Wenders sich bewegenden Sparwalze versehen, um das Abschleudern und Herabfallen von Fasern zu verhindern. Den gleichen Zweck verfolgen die zwischen Abnehmer und Speisewalze, Speisewalze und 1. Wender, 1. Arbeiter und 2. Wender, 2. Arbeiter und 3. Wender angebrachten, dicht an die Walzen und an die Trommel anschließenden Deckel, wobei für die Ausscheidung von Unreinigkeiten und Abfall nach unten entsprechende Lücken gelassen sind. In ähnlicher Weise ist die obere Trommelhälfte mit den zugehörigen Walzen durch eine entsprechend ausgebildete Abdeckung gegen Zugriff und zur Vermeidung von Staubentwicklung geschützt. Die Abnehmerwalze wird auf ihrer oberen Hälfte durch eine eng an den Belag anliegende Bürstenwalze von noch anhaftenden Fasern und Unreinigkeiten gesäubert. Der Antrieb der Bürstenwalze erfolgt vom Abnehmer aus in der Weise, daß ihre Borsten sich entgegengesetzt der Umfangsrichtung des Abnehmers bewegen. Die Abzugswalze mit zugehöriger Druckwalze sowie die beiden Lieferwalzen werden durch feststehende, bisweilen auch rotierende Putzer reingehalten.

In den Abb. 132 bis 136 sind die Belagbrettchen für die Trommel und für sämtliche Walzen einer 4-Paar-Walzenfeinkarde der Firma Liebscher, Chemnitz, dargestellt. Die Abbildungen sowie die in Tabelle 43 enthaltene Spezifikation der Beläge lassen deutlich den großen Unterschied gegenüber einem Vorkardenbelag erkennen, sowohl hinsichtlich der Feinheit als auch der Dichte der Benadelung. Im allgemeinen ist auch der Durchmesser der einzelnen Walzen kleiner und daher die Anzahl der Bretter pro Walze geringer, wie z. B. bei der Speisewalze, die bei 3 Zoll Durchmesser über Eisen nur 4 Bretter am Umfang aufweist. Entsprechend den feineren Nadelnummern ist auch die Brettstärke etwas geringer gehalten, von 11 bis 16 mm, während bezüglich des Nadelwinkels gegenüber den Vorkardenbelägen kaum ein Unterschied besteht. Dagegen beträgt die Anzahl Nadeln pro Quadratzoll oder Quadratdezimeter sowohl bei der Trommel wie auch bei den einzelnen Walzen das 2- bis 4fache der Nadeldichte der Vorkarde, wobei zu beachten ist, daß der dargestellte Belag noch keinesfalls zu den feinsten zählt. Zu beachten ist auch hier wieder die unsymmetrische Nadelgruppierung, bei der die Dreiecke ABC in den Abb. 132 bis 136 ungleichschenklig sind. Entsprechend der feineren Benadelung ist auch die Stellung der Walzen zur Trommel und gegeneinander kleiner, wie folgende Tabelle 44 zeigt.

Tabelle 43. Belag der 4-Paar-Walzen-Liebscher-Feinkarde.

Bezeichnung der Walzen	Walzen-durch-messer ohne Belag Zoll	Anzahl d. Bretter		Maße der Bretter			Nadeln											
		am Umfang	ins-gesamt	Länge mm	Breite mm	Stärke mm	Nadel-winkel α^0	Nadel-höhe h mm	Nadel Nummer ×Länge Zoll	Teilung d. Nadeln am Umfang Zoll	in Walzen-breite Zoll	Anzahl auf 1 Quadr.-Zoll	Nadeln auf 1 dm am Umfang	in Walzen-breite	Nadeln auf 1 dm²	Nadel-reihen auf 1 Brett	Nadeln in einer Reihe	Gesamt-anzahl der Nadeln auf den Walzen
Trommel.....	48	50	150	600	78,3	14	70	7	$15\times{}^7/_8$	$^5/_{16}$	$^5/_{16}$	10,25	12,77	12,65	161,5	10	76	114000
Speisewalze ..	3	4	12	600	84,9	16	45	8,5	$14\times1^1/_8$	$^3/_8$	$^3/_8$	7,11	10,6	10,5	111,3	9	63	6804
Wender I u. II	10	13	39	600	67,1	12	35	5	14×1	$^7/_{16}$	$^7/_{16}$	5,22	9	9	81	6	54	12636
„ III u.IV	10	13	39	600	67,1	12	35	5	15×1	$^7/_{16}$	$^7/_{16}$	5,22	9	9	81	6	54	12636
Arbeiter I u.II	8	11	33	600	64,8	12	30	8,5	$14\times1^1/_4$	$^5/_{16}$	$^3/_8$	8,53	12,35	10,5	129,7	8	63	16632
„ III u.IV	8	11	33	600	64,8	12	30	8,5	$15\times1^1/_4$	$^5/_{16}$	$^3/_8$	8,53	12,35	10,5	129,7	8	63	16632
Abnehmer....	14	17	51	600	69,7	11	40	7	16×1	$^7/_{32}$	$^5/_{16}$	14,62	17,2	12,65	217,6	12	76	46512

Tabelle 44. Einstellung der Walzen einer 4-Paar-Walzen-Feinkarde.

Speisewalze zur Mulde	$^1/_4$ Zoll
Speisewalze zur Trommel	Nr. 15
Mulde zur Trommel........	$^7/_{16}$ Zoll
1. Wender zur Trommel........	Nr. 12
1. Arbeiter zur Trommel.......	„ 11
1. Wender zum 1. Arbeiter......	„ 13
2. Wender zur Trommel........	„ 13
2. Arbeiter zur Trommel.......	„ 12
2. Wender zum 2. Arbeiter......	„ 14
3. Wender zur Trommel........	„ 14
3. Arbeiter zur Trommel.......	„ 13
3. Wender zum 3. Arbeiter......	„ 14
4. Wender zur Trommel........	„ 15
4. Arbeiter zur Trommel.......	„ 14
4. Wender zum 4. Arbeiter......	„ 14
Abnehmer zur Trommel........	„ 15
Abzugswalze zum Abnehmer.....	„ 12
Abzugsdruckwalze zum Abnehmer .	1 Zoll

Bei obiger Einstellung ist besonders zu beachten, daß die Einstellung der Mulde zur Speisewalze und zur Trommel kaum feiner, eher noch gröber ist als bei der Vorkarde, da eine weitere Verkürzung der Fasern nicht beabsichtigt ist.

Der Antrieb der Feinkarde erfolgt in gleicher Weise wie bei der Vorkarde mittels der üblichen, auf der Trommelachse sitzenden Fest- und Losscheiben. Die Trommelumdrehungszahl wechselt im allgemeinen bei einem Trommeldurchmesser von 48 Zoll von 160 bis 180 in der Minute, bis zur Höchstgrenze von 200. Bei 5 Fuß = 60 Zoll Trommeldurchmesser wird die Umdrehungszahl entsprechend niedriger, etwa 150 bis 160, bemessen.

Die Abb. 137 und 138 stellen das Antriebsschema einer 4-Paar-Walzen-Feinkarde von Liebscher, Chemnitz, im Aufriß und Grundriß dar. Der Antrieb der Mehrzahl der Walzen erfolgt wiederum durch Zahnräder von der Trommelachse aus auf der der Riemenseite entgegengesetzt liegenden „Räderseite" der Karde.

Vom Trommelwechsel T_W mit 40 bis 80 Zähnen geht ein Rädertrieb über die Zwischenräder $Z_1 = 124$, Z_2 und $Z_3 =$ je 72 auf Zahnrad $Z_4 = 72$, auf dessen Nabe das erste Verzugswechselrad $V_{W_1} = 24$ und 40 aufgesetzt ist. Letzteres treibt auf $Z_5 = 108$, auf dessen Nabe das 2. Verzugswechselrad $V_{W_2} = 24 - 40$ sitzt, das in das auf der Speisewalzenachse sitzende Zahnrad $Z_6 = 130$ eingreift und so den Antrieb der Speisewalze S in der Weise vermittelt,

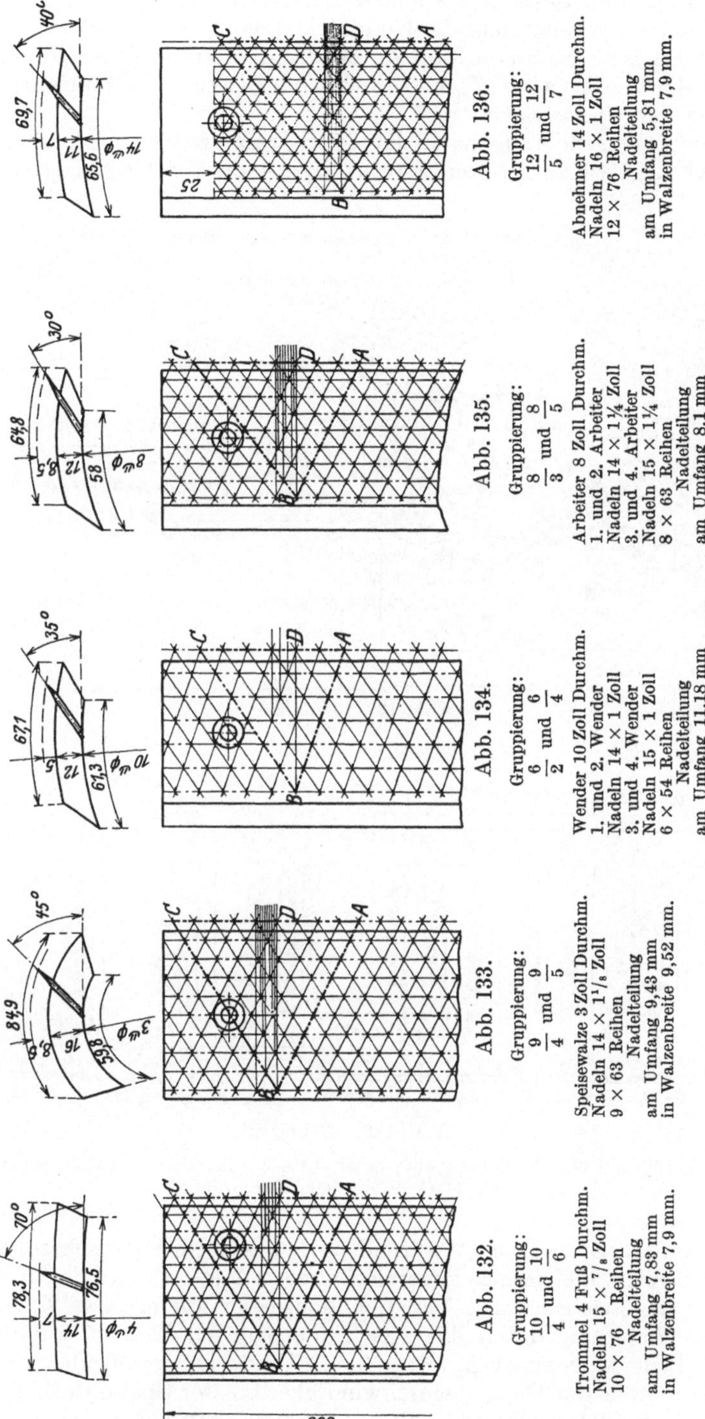

Abb. 132 bis 136. Belagbrettchen einer Feinkarde mit 4 Walzenpaaren von C. O. Liebscher, Chemnitz.

daß Trommel und Speisewalze die gleiche Drehrichtung, d. h. also an ihrem Berührungspunkt entgegengerichtete Umfangsbewegungen erhalten.

Von der Speisewalze aus erfolgt durch die Zahnräder $Z_7 = 38$ und $Z_8 = 37$ der Antrieb der Tuchwalze T_u und mithin die Bewegung des Zuführungstuches in Richtung der Speisewalze.

Von dem Hauptträderzug nach der Speisewalze zweigt nach oben der Antrieb der Abzugswalze D_a von Zahnrad Z_3 auf das auf der Abzugswalzenachse

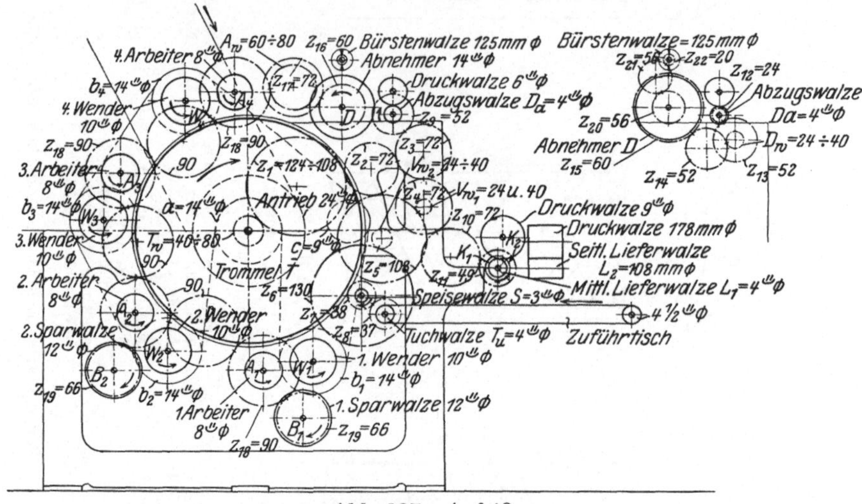

Abb. 137. Aufriß.

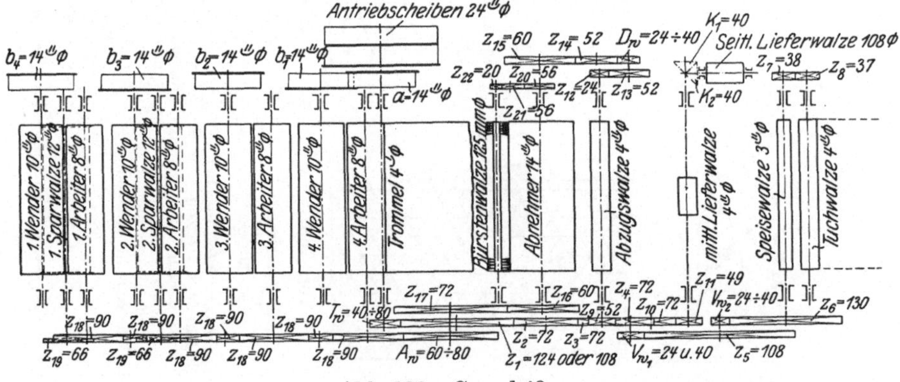

Abb. 138. Grundriß.

Abb. 137 u. 138. Getriebeschema einer Jute-Feinkarde mit 4 Walzenpaaren von C. O. Liebscher, Chemnitz.

sitzende Zahnrad $Z_9 = 52$ ab, während nach unten über Zwischenrad $Z_{10} = 72$ das auf der ersten Lieferwalze sitzende Zahnrad $Z_{11} = 49$ und damit das Lieferwalzenpaar angetrieben wird. Von der Achse der Lieferwalze L_1 aus endlich wird deren Bewegung durch das Kegelräderpaar $K_1/K_2 = 40$ auf das seitlich sitzende 2. Lieferwalzenpaar L_2 mit gleicher Umdrehungszahl übertragen.

Das Verhältnis der Umfangsgeschwindigkeiten der Speisewalze zur Abzugswalze bzw. zur Lieferwalze, d. h. der Gesamtverzug der Karde wird durch Wechseln der Verzugsräder V_{W_1} und V_{W_2} geändert, und zwar derart, daß mit kleiner werdenden Wechselrädern der Verzug sich vergrößert. Hierbei ist V_{W_2} mit Zähnezahlen 24, 28, 32, 36 und 40 als Hauptverzugswechsel anzusehen, während V_{W_1} für normale Verzüge mit 40 Zähnen und nur für besonders hohe Verzüge mit 24 Zähnen eingesetzt wird.

Der Trommelwechsel T_W mit 40, 60 und 80 Zähnen hat auch hier, wie die Getriebedarstellung erkennen läßt, keinerlei Einfluß auf den Hauptverzug der Karde, sondern beeinflußt lediglich die Geschwindigkeitsverhältnisse der durch Zahnräder angetriebenen Walzen (also nicht der Wender) zur Trommel. Mit zunehmender Zähnezahl des Trommelwechsels sinken die Relativgeschwindigkeiten dieser Walzen zur Trommel, während unter sonst gleichen Verhältnissen die Kardenleistung steigt.

Als dritter Rädertrieb ist der Antrieb des Abnehmers D auf der Riemenseite der Karde zu verfolgen. Von dem auf der Achse der Abzugswalze sitzenden Ritzel $Z_{12} = 24$ wird Zahnrad $Z_{13} = 52$ und der auf dessen Nabe sitzende Abnehmerwechsel $D_W = 24 - 40$ angetrieben, der seinerseits seine Bewegung über Zahnrad $Z_{14} = 52$ dem auf der Abnehmerachse D sitzenden Zahnrad $Z_{15} = 60$ mitteilt und so dem Abnehmer eine der Trommel entgegengesetzt gerichtete Drehrichtung, d. h. also im Treffpunkt von Trommel und Abnehmer gleichgerichtete Umfangsbewegungen vermittelt. Andererseits erhält durch diesen Zwischentrieb der Abnehmer eine der Abzugswalze entgegengesetzte Drehrichtung, was zur Folge hat, daß der Abzug des Faservlieses durch das Abzugswalzenpaar von der untern Seite des Abnehmers erfolgt, welche Erscheinung oben schon als charakteristisches Merkmal der Vollzirkularkarde gegenüber den halbzirkularen, nach abwärts arbeitenden Karden gekennzeichnet wurde. Durch den Abnehmerwechsel D_W wird der Verzug zwischen Abzugswalze und Abnehmer und damit auch zwischen Abnehmer und Trommel geregelt derart, daß wiederum mit kleiner werdendem Wechselrad der Verzug sich vergrößert.

Der 4. Rädertrieb verläuft wieder auf der Räderseite der Karde und dient dem Antrieb der Arbeiterwalzen. Das auf der Abnehmerachse sitzende Zahnrad $Z_{16} = 60$ treibt auf Rad $Z_{17} = 72$, auf dessen Nabe der Arbeiterwechsel $A_W = 60$—72—80 sitzt. Dieser wiederum greift in das auf der Achse des 4. Arbeiters sitzende Zahnrad $Z_{18} = 90$ ein und erteilt so dem 4. Arbeiter eine der Trommel entgegengesetzte Drehrichtung, womit sich im Treffpunkt zwischen Trommel und Arbeiter gleichgerichtete Umfangsbewegungen ergeben. Vom 4. Arbeiter aus erfolgt nun der Reihe nach der Antrieb der übrigen 3 Arbeiter mit gleicher Drehrichtung durch je ein Zwischenrad, und da sämtliche, auf den Arbeiterachsen sitzende Räder gleiche Zähnezahlen $Z_{18} = 90$ aufweisen, erhalten auch alle Arbeiterwalzen gleiche Umlaufzahlen. Mit Änderung des Arbeiterwechsels ändert sich der Verzug zwischen Arbeiter und Trommel, und zwar ebenfalls wie bei den übrigen Wechselrädern umgekehrt proportional der Zähnezahl des Wechselrades.

Die unter dem 1. und 2. Walzenpaar angeordneten Sparwalzen B_1 und B_2 erhalten ihren Antrieb von den zugehörigen Arbeitern durch Zahnräder $Z_{18} = 90$ und $Z_{19} = 66$ mit einer den Arbeitern entgegengesetzten Drehrichtung, d. h. also mit im Treffpunkt beider Walzen gleichgerichteten Umfangsbewegungen.

Die den Abnehmer reinigende Bürstenwalze erhält ihren Antrieb vom Abnehmer aus durch ein auf der Riemenseite angeordnetes kleines Zahnradgetriebe $Z_{20} = 56$, $Z_{21} = 56$, $Z_{22} = 20$, und zwar mit gleicher Drehrichtung wie der Abnehmer, bzw. mit entgegengesetzt gerichteter Umfangsbewegung am Treffpunkt beider Walzen.

Der Antrieb der Wender erfolgt wie bei der Vorkarde durch eine auf der Trommelachse hinter den Hauptantriebsscheiben sitzende Riemenscheibe $a = 14$ Zoll

Durchmesser, deren Bewegung auf die auf den Wenderachsen sitzenden Riemenscheiben $b_1, b_2, b_3, b_4 =$ je 14 Zoll Durchmesser durch einen endlosen Riemen unter Zwischenschaltung einer kleinen Leit- und Spannrolle $c = 9$ Zoll Durchmesser übertragen wird. Durch diese Anordnung ist eine Geschwindigkeitsänderung der Wender relativ zur Trommel nur durch das umständliche Auswechseln der Antriebscheibe a möglich, es sei denn, daß ein Wenderwechselgetriebe eingebaut wird, wie es die später beschriebenen neueren Konstruktionen aufweisen.

Im nachstehenden ist nun in gleicher Weise wie bei der Vorkarde die Berechnung der Geschwindigkeitsverhältnisse und der Verzüge einer Feinkarde unter Zugrundelegung der Antriebsverhältnisse der in den Abb. 137 und 138 dargestellten Liebscher-Feinkarde, deren Walzenabmessungen und Walzenumfänge, über Nadelspitzen gemessen, Tabelle 45 enthält, durchgeführt.

Tabelle 45. Walzenabmessungen der 4-Paar-Walzen-Liebscher-Feinkarde.

Bezeichnung der Walzen	Walzendurchmesser				Walzenumfang über Nadelspitzen
	ohne Belag		über Holz	über Nadelspitzen	
	Zoll	mm	mm	mm	mm
Trommel . . .	48	1219	1247	1261	3960
Speisewalze . .	3	76,2	108,2	125	393
Wender I u. II	10	254	278	288	904
Wender III u. IV	10	254	278	288	904
Arbeiter I u. II	8	203,2	227,2	244	766
Arbeiter III u. IV	8	203,2	227,2	244	766
Abnehmer . . .	14	355,6	377,6	392	1230
Abzugswalze . .	4	101,6	—	—	319
Lieferwalze I .	4	101,6	—	—	319
Lieferwalze II .	—	108	—	—	339
Tuchwalze . .	4	101,6	—	—	319
Sparwalze . . .	12	304,8	—	—	957

Umdrehungszahl der Trommel:

$$n_T = 175/\text{min}.$$

Umfangsgeschwindigkeit der Trommel:

$$u_T = 175 \cdot 3{,}96 = 693 \,\text{m/min} = 11{,}55 \,\text{m/sek}.$$

Umdrehungszahl der Tuchwalze:

$$n_{T_u} = \frac{175 \cdot T_W \cdot V_{W_1} \cdot V_{W_2} \cdot 38}{72 \cdot 108 \cdot 130 \cdot 37} = 0{,}000178 \cdot T_W \cdot V_{W_1} \cdot V_W$$

oder für normale Verzüge mit $V_{W_1} = 40$

$$n_{T_u} = 0{,}00712 \cdot T_W \cdot V_{W_2}$$

und für hohe Verzüge mit $V_{W_1} = 24$

$$n'_{T_u} = 0{,}00427 \, T_W \cdot V_{W_2}.$$

Umfangsgeschwindigkeit der Tuchwalze:

$$u_{T_u} = 0{,}000178 \cdot T_W \cdot T_{W_1} \cdot V_{W_2} \cdot 0{,}319 = 0{,}0000568 \cdot T_W \cdot V_{W_1} \cdot V_{W_2}$$

oder für normale Verzüge mit $V_{W_1} = 40$

$$u_{T_u} = 0{,}002272 \cdot T_W \cdot V_{W_2}$$

und für hohe Verzüge mit $V_{W_1} = 24$

$$u'_{T_u} = 0{,}001\,363 \cdot T_W \cdot V_W \,.$$

Umdrehungszahl der Speisewalze:

$$n_S = \frac{175 \cdot T_W \cdot V_{W_1} \cdot V_{W_2}}{72 \cdot 108 \cdot 130} = 0{,}000173 \cdot T_W \cdot V_{W_1} \cdot V_{W_2},$$

somit für normale Verzüge mit $V_{W_1} = 40$; $\quad n_S = 0{,}00692 \cdot T_W \cdot V_{W_2}$

und für hohe Verzüge mit $\quad V_{W_1} = 24$; $\quad n'_S = 0{,}00415 \cdot T_W \cdot V_{W_2}$.

Umfangsgeschwindigkeit der Speisewalze:

$$u_S = 0{,}000173 \cdot T_W \cdot V_{W_1} \cdot V_{W_2} \cdot 0{,}393 = 0{,}000068 \cdot T_W \cdot V_{W_1} \cdot V_{W_2},$$

somit für normale Verzüge mit $\quad V_{W_1} = 40$; $\quad u_S = 0{,}00272 \cdot T_W \cdot V_{W_2}$

und für hohe Verzüge mit $\quad V_{W_1} = 24$; $\quad u'_S = 0{,}00163 \cdot T_W \cdot V_{W_2}$.

Umdrehungszahl des 1. bis 4. Arbeiters:

$$n_A = \frac{175 \cdot T_W \cdot 24 \cdot D_W \cdot 60 \cdot A_W}{52 \cdot 52 \cdot 90 \cdot 72 \cdot 90} = 0{,}00016 \cdot T_W \cdot D_W \cdot A_W \,.$$

Umfangsgeschwindigkeit des 1. bis 4. Arbeiters:

$$u_A = 0{,}00016 \cdot T_W \cdot D_W \cdot A_W \cdot 0{,}766 = 0{,}0001226 \cdot T_W \cdot D_W \cdot A_W \,.$$

Umdrehungszahl des 1. bis 4. Wenders:

$$n_W = \frac{175 \cdot 14\ \text{Zoll}}{14\ \text{Zoll}} = 175 \,.$$

Umfangsgeschwindigkeit des 1. bis 4. Wenders:

$$u_W = 175 \cdot 0{,}904 = 158{,}2\ \text{m/min} \,.$$

Umdrehungszahl des Abnehmers:

$$n_D = \frac{175 \cdot T_W \cdot 24 \cdot D_W}{52 \cdot 52 \cdot 90} = 0{,}017258 \cdot T_W \cdot D_W \,,$$

Umfangsgeschwindigkeit des Abnehmers:

$$u_D = 0{,}017258 \cdot T_W \cdot D_W \cdot 1{,}230 = 0{,}021227 \cdot T_W \cdot D_W \,.$$

Umdrehungszahl der Abzugswalze:

$$n_{D_a} = \frac{175 \cdot T_W}{52} = 3{,}365 \cdot T_W \,.$$

Umfangsgeschwindigkeit der Abzugswalze:

$$u_{D_a} = 3{,}365 \cdot T_W \cdot 0{,}319 = 1{,}0734 \cdot T_W \,.$$

Umdrehungszahl der 1. Lieferwalze:

$$n_{L_1} = \frac{175 \cdot T_W}{49} = 3{,}571 \cdot T_W \,.$$

Umfangsgeschwindigkeit der 1. Lieferwalze:

$$u_{L_1} = 3{,}571 \cdot T_W \cdot 0{,}319 = 1{,}1391 \cdot T_W \,.$$

Umdrehungszahl der 2. Lieferwalze:

$$n_{L_2} = \frac{175 \cdot T_W \cdot 40}{49 \cdot 40} = 3{,}571 \cdot T_W = n_{L_1} \,.$$

Umfangsgeschwindigkeit der 2. Lieferwalze:

$$u_{L_2} = 3{,}571 \cdot T_W \cdot 0{,}339 = 1{,}2106 \cdot T_W \,.$$

Mit Einsetzen der kleinsten und größten Zähnezahlen der Wechselräder ergeben sich die unteren und oberen Grenzwerte der Umdrehungen je Minute, bzw. der Umfangsgeschwindigkeiten in m/min, die in Tabelle 46 enthalten sind.

Aus den obigen Umfangsgeschwindigkeiten errechnen sich nun wiederum die Verzüge wie folgt:

$$\frac{\text{Abnehmer}}{\text{Speisewalze}} = V_1 = \frac{0,021\,227 \cdot T_W \cdot D_W}{0,000\,068 \cdot T_W \cdot V_{W_1} \cdot V_{W_2}} = \frac{312,16 \cdot D_W}{V_{W_1} \cdot V_{W_2}},$$

somit für normale Verzüge mit $V_{W_1} = 40$, $V_1 = \dfrac{312,16 \cdot D_W}{40 \cdot V_{W_2}} = \dfrac{7,8 \cdot D_W}{V_{W_2}}$

und für hohe Verzüge mit $V_{W_1} = 24$, $V_1' = \dfrac{312,16 \cdot D_W}{24 \cdot V_{W_2}} = \dfrac{13,0 \cdot D_W}{V_{W_2}}$.

$$\frac{\text{Abzugswalze}}{\text{Abnehmer}} = V_2 = \frac{1,0734 \cdot T_W}{0,021\,227 \cdot T_W \cdot D_W} = \frac{50,57}{D_W}.$$

$$\frac{1.\ \text{Lieferwalze}}{\text{Abzugswalze}} = V_3 = \frac{1,1391 \cdot T_W}{1,0734 \cdot T_W} = 1,0612.$$

$$\frac{2.\ \text{Lieferwalze}}{1.\ \text{Lieferwalze}} = V_4 = \frac{1,2106 \cdot T_W}{1,1391 \cdot T_W} = 1,0627.$$

Hieraus ergibt sich der Gesamtverzug:

$$\frac{2.\ \text{Lieferwalze}}{\text{Speisewalze}} = V = V_1 \cdot V_2 \cdot V_3 \cdot V_4 = \frac{312,16 \cdot D_W \cdot 50,57 \cdot 1,0612 \cdot 1,0627}{V_{W_1} \cdot V_{W_2} \cdot D_W} = \frac{17\,800}{V_{W_1} \cdot V_{W_2}}$$

oder für normale Verzüge mit $V_{W_1} = 40$, $V = \dfrac{17\,800}{40 \cdot V_{W_2}} = \dfrac{445}{V_{W_2}}$

und für hohe Verzüge mit $V_{W_1} = 24$, $V = \dfrac{17\,800}{24 \cdot V_{W_2}} = \dfrac{742}{V_{W_2}}$.

In gleicher Weise errechnen sich die Zwischenverzüge:

$$\frac{\text{Speisewalze}}{\text{Tuchwalze}} = V_5 = \frac{0,000\,068 \cdot T_W \cdot V_{W_1} \cdot V_{W_2}}{0,000\,056\,8 \cdot T_W \cdot V_{W_1} \cdot V_{W_2}} = 1,197.$$

$$\frac{\text{Trommel}}{\text{Speisewalze}} = V_6 = \frac{693}{0,000\,068 \cdot T_W \cdot V_{W_1} \cdot V_{W_2}} = \frac{10\,191\,176}{T_W \cdot V_{W_1} \cdot V_{W_2}}$$

oder für normale Verzüge mit $V_{W_1} = 40$, $V_6 = \dfrac{254\,780}{T_W \cdot V_{W_2}}$

und für hohe Verzüge mit $V_{W_1} = 24$, $V_6 = \dfrac{424\,630}{T_W \cdot V_{W_2}}$.

$$\frac{\text{Trommel}}{1.\ \text{bis}\ 4.\ \text{Arbeiter}} = V_7 = \frac{693}{0,000\,1226 \cdot T_W \cdot D_W \cdot A_W} = \frac{5\,652\,529}{T_W \cdot D_W \cdot A_W}.$$

$$\frac{\text{Trommel}}{\text{Abnehmer}} = V_8 = \frac{693}{0,021\,227 \cdot T_W \cdot D_W} = \frac{32\,647}{T_W \cdot D_W}.$$

$$\frac{\text{Trommel}}{1.\ \text{bis}\ 4.\ \text{Wender}} = V_9 = \frac{693}{158,2} = 4,38.$$

$$\frac{1.\ \text{bis}\ 4.\ \text{Wender}}{1.\ \text{bis}\ 4.\ \text{Arbeiter}} = V_{10} = \frac{158,2}{0,000\,1226 \cdot T_W \cdot D_W \cdot A_W} = \frac{1\,290\,375}{T_W \cdot D_W \cdot A_W}.$$

Tabelle 46. Umdrehungen und Umfangsgeschwindigkeiten der Walzen der Liebscher-4-Paar-Walzen-Feinkarde.

Bezeichnung der Walzen und Durchmesser über Nadelspitzen in mm	Konstanten für die Umdrehungszahl	Konstanten für die Umfangsgeschwindigkeit	Wechselräder	Uml./min	Umfangsgeschwindigkeit m/min
Trommel 1261 Durchm.				175	693
Tuchwalze 101,6 Durchm.	$0{,}000178 \cdot T_W \cdot V_{W_1} \cdot V_{W_2}$ für normale Verzüge $V_{W_1} = 40$ $0{,}00712 \cdot T_W \cdot V_{W_2}$ [für hohe Verzüge $V_{W_1} = 24$] [$0{,}00427 \cdot T_W \cdot V_{W_2}$]	$0{,}0000568 \cdot T_W \cdot V_{W_1} \cdot V_{W_2}$ für normale Verzüge $V_{W_1} = 40$ $0{,}002272 \cdot T_W \cdot V_{W_2}$ [für hohe Verzüge $V_{W_1} = 24$] [$0{,}001363 \cdot T_W \cdot V_{W_2}$]	$T_W = 40$ $V_{W_2} = 24$	6,8 [4,1]	2,18 [1,31]
			$T_W = 80$ $V_{W_2} = 40$	22,8 [13,7]	7,27 [4,36]
Speisewalze 125,2 Durchm.	$0{,}000173 \cdot T_W \cdot V_{W_1} \cdot V_{W_2}$ für normale Verzüge $V_{W_1} = 40$ $0{,}00692 \cdot T_W \cdot V_{W_2}$ [für hohe Verzüge $V_{W_1} = 24$] [$0{,}00415 \cdot T_W \cdot V_{W_2}$]	$0{,}000068 \cdot T_W \cdot V_{W_1} \cdot V_{W_2}$ für normale Verzüge $V_{W_1} = 40$ $0{,}00272 \cdot T_W \cdot V_{W_2}$ [für hohe Verzüge $V_{W_1} = 24$] [$0{,}00163 \cdot T_W \cdot V_{W_2}$]	$T_W = 40$ $V_{W_2} = 24$	6,6 [4,0]	2,61 [1,57]
			$T_W = 80$ $V_{W_2} = 40$	22,1 [13,3]	8,7 [5,22]
1.÷4. Arbeiter 244 Durchm.	$0{,}00016 \cdot T_W \cdot D_W \cdot A_W$	$0{,}0001226 \cdot T_W \cdot D_W \cdot A_W$	$T_W = 40$ $D_W = 24$ $A_W = 60$	9,2	7,06
			$T_W = 80$ $D_W = 40$ $A_W = 80$	41	31,4
1.÷4. Wender 288 Durchm.				175	158,2
Abnehmer 392 Durchm.	$0{,}017258 \cdot T_W \cdot D_W$	$0{,}021227 \cdot T_W \cdot D_W$	$T_W = 40$ $D_W = 24$	16,6	20,4
			$T_W = 80$ $D_W = 40$	55,2	67,9
Abzugswalze 101,6 Durchm.	$3{,}365 \cdot T_W$	$1{,}0734 \cdot T_W$	$T_W = 40$	134,6	42,9
			$T_W = 80$	269,2	85,9
1. Lieferwalze 101,6 Durchm.	$3{,}571 \cdot T_W$	$1{,}1391 \cdot T_W$	$T_W = 40$	142,8	45,6
			$T_W = 80$	285,7	91,1
2. Lieferwalze 108 Durchm.	$3{,}571 \cdot T_W$	$1{,}2106 \cdot T_W$	$T_W = 40$	142,8	48,4
			$T_W = 80$	285,7	96,8

Nach Einsetzen der kleinsten und größten Wechselräder erhält man endlich die in Tabelle 47 verzeichneten oberen und unteren Grenzwerte der Verzüge. Ein Vergleich mit den entsprechenden Werten der Vorkarde (Tabelle 40, S. 178) läßt erkennen, daß eine noch weitergehende Änderung der Verzüge sowohl nach unten wie auch insbesondere nach oben möglich ist. So läßt sich der Gesamtverzug der berechneten Feinkarde zwischen 11 und 19, bzw. bei Einsetzen des Wechselrades für hohe Verzüge $V_{W_1} = 24$ zwischen 19 und 31 ändern.

Auf 10 cm Speisewalzenumfang kommen demnach . . . . 2654 bis 796 cm Trommelumfang,
    (bzw. bei hohen Verzügen . . . . 4423 „ 1327 „   „   ),
„ 10 „ Arbeiterumfang kommen . . . . 981 „ 220 „   „
„ 10 „ Abnehmerumfang „ . . . . . 340 „ 102 „   „
„ 10 „ Wenderumfang „ 43,8   „   „ (konstant).

Die Verzugskonstante der Karde läßt sich wiederum in einfacher Weise nach der auf S. 179 angegebenen Regel direkt aus den Zähnezahlen der Rädertriebe ermitteln:

$$\text{Gesamtverzug} \quad V = \frac{130 \cdot 108 \cdot 72 \cdot 40 \cdot 108}{V_{W_2} \cdot V_{W_1} \cdot 49 \cdot 40 \cdot 125,2} = \frac{17\,800}{V_{W_1} \cdot V_{W_2}} = \frac{K_V}{V_{W_1} \cdot V_{W_2}},$$

oder $K_V = 17\,800$.

Hieraus ergeben sich wiederum die schon S. 204 errechneten Werte der Verzugskonstanten

für normale Verzüge mit $V_{W_1} = 40$, $V = \dfrac{17\,800}{40 \cdot V_{W_2}} = \dfrac{K_{V_1}}{V_{W_2}}$ oder $\boldsymbol{K_{V_1} = 445}$,

und für hohe Verzüge mit $V_{W_1} = 24$ in ähnlicher Weise $\boldsymbol{K_{V_2} = 742}$.

Die theoretische Kardenleistung errechnet sich unmittelbar aus der Umfangsgeschwindigkeit der 2. Lieferwalze zu:

$$L = 1,2106 \cdot T_W \ \text{m/min}.$$

Mit Annahme eines mittleren Trommelwechsels $T_W = 60$ erhält man demnach als Bandlieferung: $L = 72,64$ m/min $= 4356$ m/h.

Bei einem Ansatz von 12 Vorkardenbändern zu je 82 g/m und einem 18fachen Verzug entsprechend einer Einzugsgeschwindigkeit von 4,3 m/min ergibt sich das

$$\text{Gewicht des abgelieferten Bandes zu:} \quad \frac{82 \cdot 12}{18} = \text{rd. } 55\,\text{g/m}$$

und dementsprechend eine Kardenleistung von $4356 \cdot 0{,}055 = 240$ kg/h.

Diese Leistung ist bereits als oberste Grenze der Belastung einer Feinkarde anzusprechen, meist arbeitet man mit leichteren Bändern, z. B. mit einem Vorkardenband von 60 g/m und entsprechend mit einem Feinkardenband von 40 g/m, wobei die stündliche Kardenleistung unter den gleichen Verhältnissen auf rd. 174 kg sinkt.

Um eine reibungslose Durchführung des Spinnplanes und die restlose Ausnützung der zu einem „System" vereinigten Maschinengruppen zu gewährleisten, müssen die Leistungen der einzelnen Maschinen so aufeinander abgestimmt sein, daß Stockungen im Arbeitsfluß vermieden werden. Man pflegt nun entweder die Ablieferungen zweier Vorkarden auf drei Feinkarden zu verteilen oder mit einer Vorkarde zwei Feinkarden zu versorgen. Im ersten Fall müßte unter Zugrundelegung des obigen Beispiels bei einer verlangten Feinkardenleistung von 240 kg/h die Vorkarde eine Leistung von $\dfrac{3 \cdot 240}{2} = 360$ kg/h erbringen, also fast 30 % mehr als S. 180 errechnet. Nach der Produktionstabelle 41 (S. 181) kann diese höhere Leistung durch Einsetzen des größten Trommelwechsels

Tabelle 47. Arbeitsverhältnisse der Walzen der Liebscher-4-Paar-Walzen-Feinkarde.

Bezeichnung der Arbeitsverhältnisse oder Verzüge	Konstante der Verzüge	Wechselräder	Verzüge	Wechselräder	Verzüge
$\dfrac{\text{Abnehmer}}{\text{Speisewalze}}$	$V_1 = \dfrac{312,16 \cdot D_W}{V_{W_1} \cdot V_{W_2}}$ f. norm. Verzüge $V_{W_1}=40$ $V_1 = \dfrac{7,8 \cdot D_W}{V_{W_2}}$ [für hohe Verzüge $V_{W_1}=24$] $\left[V_1' = \dfrac{13,0 \cdot D_W}{V_{W_2}}\right]$	$V_{W_2} = 24$	7,8*	$V_{W_2} = 24$	13,0**
		$D_W = 24$	[13,0]	$D_W = 40$	[21,68]
		$V_{W_2} = 40$	7,8†	$V_{W_2} = 40$	4,68††
		$D_W = 40$	[13,0]	$D_W = 24$	[7,8]
$\dfrac{\text{Abzugswalze}}{\text{Abnehmer}}$	$V_2 = \dfrac{50,57}{D_W}$	$D_W = 24$	2,107*	$D_W = 40$	1,264**
		$D_W = 40$	1,264†	$D_W = 24$	2,107††
$\dfrac{\text{1. Lieferwalze}}{\text{Abzugswalze}}$	$V_3 = 1,0612$		1,0612*†		1,0612**††
$\dfrac{\text{2. Lieferwalze}}{\text{1. Lieferwalze}}$	$V_4 = 1,0627$		1,0627*†		1,0627**††
$\dfrac{\text{2. Lieferwalze}}{\text{Speisewalze}}$ oder „Gesamtverzug"	$V = \dfrac{17800}{V_{W_1} \cdot V_{W_2}}$ für normale Verzüge $V_{W_1} = 40$ $V = \dfrac{445}{V_{W_2}}$ [für hohe Verzüge $V_{W_1} = 24$] $\left[V' = \dfrac{742}{V_{W_2}}\right]$	$V_{W_2} = 24$	18,55* [30,9]		18,55** [30,9]
		$V_{W_2} = 40$	11,12† [18,55]		11,12†† [18,55]
$\dfrac{\text{Speisewalze}}{\text{Tuchwalze}}$	$V_5 = 1,197$		1,197		
$\dfrac{\text{Trommel}}{\text{Speisewalze}}$ oder „Speisewalzenverhältnis"	$V_6 = \dfrac{10191176}{T_W \cdot V_{W_1} \cdot V_{W_2}}$ für normale Verzüge $V_{W_1} = 40$ $V_6 = \dfrac{254780}{T_W \cdot V_{W_2}}$ [für hohe Verzüge $V_{W_1} = 24$] $\left[V_6' = \dfrac{424632}{T_W \cdot V_{W_2}}\right]$	$V_{W_2} = 24$ $T_W = 40$	265,4 [442,3]		
		$V_{W_2} = 40$ $T_W = 80$	79,6 [132,7]		
$\dfrac{\text{Trommel}}{\text{Arbeiter}}$ oder „Arbeiterverhältnis"	$V_7 = \dfrac{5652529}{T_W \cdot D_W \cdot A_W}$	$T_W = 40$ $D_W = 24$ $A_W = 60$	98,1		
		$T_W = 80$ $D_W = 40$ $A_W = 80$	22,0		
$\dfrac{\text{Trommel}}{\text{Abnehmer}}$ oder „Abnehmerverhältnis"	$V_8 = \dfrac{32647}{T_W \cdot D_W}$	$T_W = 40$ $D_W = 24$	34		
		$T_W = 80$ $D_W = 40$	10,2		
$\dfrac{\text{Trommel}}{\text{1.} \div \text{4. Wender}}$ oder „Wenderverhältnis"	$V_9 = 4,38$		4,38		
$\dfrac{\text{1.} \div \text{4. Wender}}{\text{1.} \div \text{4. Arbeiter}}$	$V_{10} = \dfrac{1290375}{T_W \cdot D_W \cdot A_W}$	$T_W = 40$ $D_W = 24$ $A_W = 60$	22,4		
		$T_W = 80$ $D_W = 40$ $A_W = 80$	5,04		

* Die mit gleichen Zeichen versehenen Verhältniswerte gehören zusammen.

und etwas stärkere Auflage noch erzielt werden. Im zweiten Fall müßte die Vorkardenleistung auf $2 \times 240 = 480$ kg/h gesteigert werden, was nur bei größtem Trommelwechsel durch schwere Auflage bei geringerem Verzug, also größerem Bandgewicht zu erreichen ist. Ein schweres Vorkardenband jedoch würde an der Feinkarde einen größeren Verzug oder eine geringere Duplierung oder beides bedingen, wenn das Feinkardenband nicht schwerer ausfallen soll.

Einen Einblick in diese Verhältnisse gewähren die im nachfolgenden entwickelten allgemeinen Beziehungen. Bezeichnet man mit L_1 und L_2 die Ablieferungen der Vorkarde, bzw. der Feinkarde in m/min, mit b_1 und b_2 die zugehörigen Bandgewichte in g/m, mit δ die Zahl der Dopplungen an der Feinkarde und mit V den Gesamtverzug der Feinkarde, so ergibt sich bei einem Verhältnis

Vorkarde : Feinkarde $= 2 : 3$

$$L_2 = \frac{2\,L_1 \cdot V}{3 \cdot \delta}$$

oder, da $V = \dfrac{b_1 \cdot \delta}{b_2}$ ist,

$$L_2 = \frac{2}{3} L_1 \cdot \frac{b_1}{b_2},$$

bzw. bei einem Verhältnis

Vorkarde : Feinkarde $= 1 : 2$:

$$L_2 = \frac{1}{2} \cdot L_1 \frac{b_1}{b_2}.$$

In der Praxis findet man häufig das Verhältnis der beiden Bandgewichte

$$\frac{b_1}{b_2} = \frac{3}{2}\ ,\ \text{z. B.}\ \frac{60}{40}\ \text{oder}\ \frac{81}{54}\ .$$

Damit gehen obige Gleichungen über in:

$$L_2 = \frac{2}{3} L_1 \cdot \frac{3}{2} = L_1,\ \text{ bzw. }\ L_2 = \frac{1}{2} \cdot L_1 \cdot \frac{3}{2} = \frac{3}{4} L_1 *.$$

Mit $\dfrac{b_1}{b_2} = \dfrac{3}{2}$ wird $V = \dfrac{3}{2}\,\delta$, also z. B. mit $\delta = 12$ ergibt sich der Vorkardenverzug $V = \dfrac{3}{2} \cdot 12 = 18$.

Damit ist die Ablieferungsgeschwindigkeit der Feinkarde bestimmt, wenn die der Vorkarde gegeben ist, und umgekehrt ergibt sich aus einer verlangten Feinkarden-Ablieferung die erforderliche Vorkardenleistung.

Als allgemeine Produktionsformel für die Feinkarde erhält man endlich:

$$L_{\mathrm{kg}} = b_2 \cdot L_2 \cdot 60 = \frac{b_1 \cdot \delta}{V} \cdot 1{,}2106 \cdot T_W \cdot 60 = 72{,}64 \cdot \frac{b_1 \cdot \delta}{V} \cdot T_W\ \text{kg/h},$$

wobei das Bandgewicht in kg/m einzusetzen ist.

Diese Formel läßt gleich der auf S. 180 für die Vorkarde entwickelten analogen Beziehung die Abhängigkeit der Kardenleistung von Auflagegewicht, Verzug und Trommelschnelligkeitsrad erkennen. Die Kardenleistung erreicht ihren Höchstwert bei starker Auflage, geringem Verzug und großem Schnelligkeitsrad. Starke Auflage wird erzielt durch schwere Vorkardenbänder und zahl-

---

* Mit $b_1 = b_2$, wie es neuerdings auch gewählt wird (Mackie), erhält man

$$L_2 = \frac{2}{3} L_1,\ \text{ bzw. } L_2 = \frac{1}{2} L_1\ \text{und analog}\ V = \delta.$$

reiche Doppelungen. Damit erhöht sich aber auch die Belastung der Trommel- und Walzenbeläge, die ein gewisses Maß nicht überschreiten darf, sofern noch eine genügende Durcharbeitung und Reinigung des Materials gewährleistet werden soll. Kleine Verzüge bei starker Auflage ergeben ein schweres Feinkardenband, dessen Gewicht ebenfalls eine obere Grenze gezogen ist durch die Nummer des zu erzeugenden Garnes und mit Rücksicht auf die nachfolgenden Arbeitsgänge auf Strecken und Vorspinnmaschinen. Zahlreiche Doppelungen sind erwünscht, um Ungleichmäßigkeiten im Vorkardenband nach Möglichkeit auszugleichen. Die Bemessung des Trommelwechsels findet ihre obere Grenze aus der Erwägung heraus, daß mit zunehmender Zähnezahl dieses Rades eine Verringerung der Arbeitsverhältnisse aller übrigen Walzen zur Trommel verbunden ist, was wiederum auf Kosten der Durcharbeitung des Materiales geht.

Welche Wege zur Hebung der Kardenleistung, bzw. zur Abstimmung beider Kardenleistungen zu beschreiten sind, läßt sich nur im Rahmen des ganzen Spinnplanes und unter Berücksichtigung sowohl der Beschaffenheit des Materiales wie auch der Qualität und Feinheit des daraus hergestellten Garnes beurteilen. Dazu bieten die obigen Formeln eine geeignete Unterlage.

Wie bei den Berechnungen der Vorkarde ist auch bei den obigen Formeln für die Feinkarde eine Trommelumlaufzahl von 175 /min zugrunde gelegt. Mit Erhöhung dieser Umlaufzahl bis auf maximal 200/min erhöhen sich die in Tabelle 46 verzeichneten Werte um rd. 14%. Entsprechend errechnet sich die Ablieferung der Karde zu $L = 1{,}3835 \cdot T_W$ m/min, bzw. $L_{kg} = 83{,}01 \cdot \dfrac{b_{1\delta}}{V} \cdot T_W$ kg/h.

Auch bei der Feinkarde rechnet man im Dauerbetrieb mit einem Ausnützungsgrad von 90 bis 95%, so daß die theoretischen Werte für die Kardenproduktion noch mit dem Faktor 0,90 bis 0,95 zu multiplizieren sind, um die tatsächliche Produktion zu erhalten.

Hinsichtlich der konstruktiven Einzelheiten weist die Feinkarde gegenüber der Vorkarde im allgemeinen keine Besonderheiten auf. Auch hier werden die Walzen heute fast ausschließlich aus nahtlos gezogenen Stahlrohren hergestellt und die Walzenzapfen durch auf die Lagerbüchsen aufgesetzte Schutzhülsen gegen Umwickeln der Fasern geschützt. Desgleichen ist die Verstellbarkeit der Walzenlager und deren Durchbildung als Ringschmierlager in gleicher Weise wie bei der Vorkarde durchgeführt, ebenso bietet die Ausführung und Lagerung der Trommel nichts Neues. Die Anordnung des horizontalen Zuführungstisches mit Speisetuch und Spannvorrichtung sowie die für 12 Bänder vorgesehenen Führungsbleche an der vorderen Tuchwalze sind aus Abb. 139 ersichtlich, welche die Räderseite einer großen 5-Paar-Walzen-Feinkarde 5 × 6 Fuß der Firma James Mackie & Sons Ltd., Belfast, darstellt. Weiterhin zeigt Abb. 140 die Antriebseite einer Fairbairn-Karde, ebenfalls 5 × 6 Fuß, jedoch mit 6 Paar Walzen. Bei letzterer ist der Zuführungstisch auf Räder gesetzt, so daß er schnell entfernt werden kann, wenn Störungen an der Speisewalze oder Mulde zu beseitigen sind, oder wenn statt der Bänderspeisung eine andere Speisungsart (vgl. S. 216) gewählt werden soll.

Aus beiden Abbildungen ist die von der Vorkarde abweichende Ablieferung mit Bandführungsplatte, Umleitstift und zweitem Lieferwalzenpaar deutlich zu erkennen. Die Druckwalze zur Abzugswalze wird entweder als glatte oder geriffelte Gußeisenwalze ausgeführt. Bisweilen wird sie auch mit einem Ledermantel versehen, der an beiden Enden wulstartig über die beiden Walzenkappen gezogen wird.

Auch die Feinkarde ist, wie die Abbildungen zeigen, nach allen Seiten hin durch stabile Abdeckungen meist aus Stahlblech, seltener aus Holz luft-

und staubdicht abgeschlossen, in welche an geeigneten Stellen aufklappbare
und mit Sicherheitsschloß versehene Türen angebracht sind, um zu den einzelnen

Abb. 139. 5-Paar-Walzen-Feinkarde 5 × 6 Fuß von James Mackie & Sons, Ltd., Belfast.

Walzen gelangen zu können. Desgleichen sind auch alle Räderwerke durch
Schutzgitter und Stahlblechverdecke geschützt. Sicherheitsstifte im Räderwerk
der Speisewalze und der Ab-
zugswalze, letztere noch mit
Ausrückkupplung versehen,
schützen in üblicher Weise gegen Überlastung bzw. Bruch.
Durch Wahl gleicher Teilungen möglichst für sämtliche
Zahnräder, die wiederum sauber gefräst ausgeführt sind,
wird eine weitgehende Aus-
wechselbarkeit gewährlei-
stet. Der Kraftbedarf einer
4 - Paar - Walzen - Feinkarde
4 × 6 Fuß beträgt etwa 4
bis 5 PS.

Nach Dr. Frenzel[1] betrug
der Kraftbedarf einer 4-
Paar - Walzen - Lawson - Feinkarde bei 10 Bändern nur
3,08 PS, bei 12 Bändern
3,59 PS, während der Leer-

Abb. 140. 6-Paar-Walzen-Feinkarde 5 × 6 Fuß von
Fairbairn, Leeds.

lauf 1,36 PS beanspruchte. Die Umlaufzahl der Trommel betrug in beiden

---

[1] A. a. O. Untersuchungen über den Kraftbedarf der Maschinen in den Jutespinnereien
und -webereien.

Fällen 195/min. Der kraftwirtschaftliche Wirkungsgrad dieser Karde ergab sich das eine Mal zu 56%, das andere Mal zu 62%. Die Raummaße sind einschließlich Auflagetisch und Antriebsscheiben rd. $3,3 \times 3,1$ m. Das Nettogewicht kann mit 6500 kg angenommen werden. Bei der 5×6-Fuß-Karde sind Raummaße und Gewicht entsprechend größer, dagegen ist der Kraftbedarf, da die Umlaufzahl geringer ist, kaum größer.

Bei den oben dargestellten Feinkarden ist der Wenderantrieb noch nach der älteren Art mit auf der Trommelachse sitzender Antriebsscheibe, d. h. nicht wechselbar ausgeführt. Neuerdings bauen sowohl die deutschen wie auch die englischen Maschinenfabriken auf Wunsch

Vorrichtungen zum Wechseln der Wendergeschwindigkeiten.

Nach einem Verfahren der Firma Mackie in Belfast, das auch von den deutschen Fabriken Liebscher, Seydel in ähnlicher Weise ausgeführt wird, erhält, wie Abb. 141 zeigt, die Wenderantriebsscheibe $a = 14$ Zoll Durchmesser, die in diesem Fall nicht auf der Trommelachse, sondern außerhalb lose auf einem in einem Gestellschlitz verschiebbaren Achsstumpf sitzt, ihren Antrieb durch ein Zahnrädergetriebe $Z_1/Z_2/Z_3$, wobei $Z_1 = 72$ fest auf der Trommelachse sitzt, $Z_2 = 96$ als Zwischenrad dient und Z_3 mit 50 bis 102 Zähnen als Wechselrad ausgebildet und mit der Nabe der Wenderantriebsscheibe durch Nut und Feder fest verbunden ist. Die Bewegung der Wenderantriebsscheibe a wird dann in

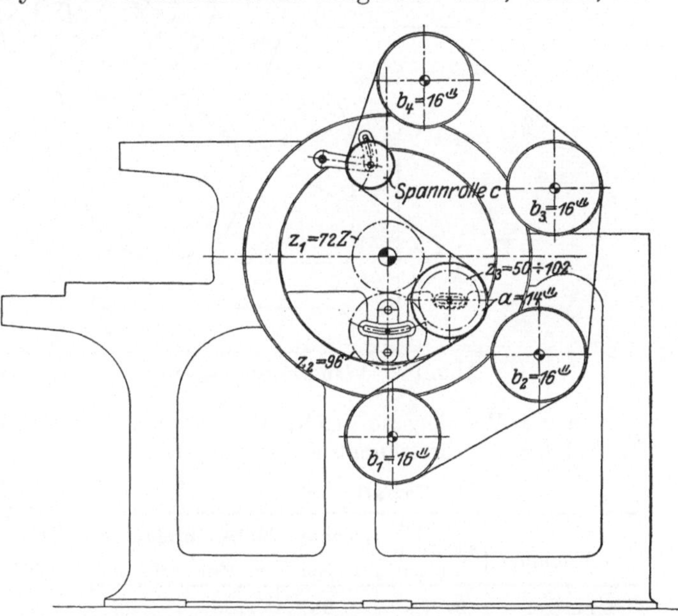

Abb. 141. Wenderwechselgetriebe an einer Mackie-Karde.

üblicher Weise mittels endlosen Riemens auf die auf den Wendern *1* bis *4* sitzenden Riemenscheiben b_1 bis b_4 mit je 16 Zoll Durchmesser unter Zwischenschaltung der ausschwenkbaren Spann- und Leitrolle $c = 9$ Zoll Durchmesser übertragen. Die Wendergeschwindigkeit läßt sich demnach zwischen $\dfrac{n_T \cdot 72 \cdot 14}{50 \cdot 16}$ und $\dfrac{n_T \cdot 72 \cdot 14}{102 \cdot 16}$, oder mit $n_T = 200$/min zwischen 252 und 124/min ändern.

Nach der in Abb. 142 dargestellten Ausführung von Fairbairn erfolgt die Änderung der Wendergeschwindigkeit nicht durch Wechselräder, sondern durch Auswechseln der Wenderantriebsscheibe. Diese sitzt wiederum lose auf einem außerhalb der Trommelachse liegenden Achsstummel und wird durch Zahnradvorgelege von der Trommelachse angetrieben. Sämtliche Zahnräder haben gleiche Zähnezahlen, so daß die Wenderantriebsscheibe die gleiche Umlaufzahl wie die Trommel erhält. Der die Wenderantriebsscheibe tragende Arm kann so verschwenkt werden, daß bei Aufsetzen verschiedener Scheibengrößen, die mit 10, 12 und 14 Zoll Durchmesser vorgesehen sind, die Änderung der Riemenlänge bzw. Spannung ausgeglichen wird und gleichzeitig die Zahnräder im Eingriff bleiben. Außerdem ist noch die übliche Spann- und Leitrolle zur Führung des Riemens vorgesehen.

Wie Abb. 142 zeigt, sind die Wender bei dieser Ausführung mit verschieden großen Riemenscheiben ausgestattet derart, daß der 1. Wender die kleinste

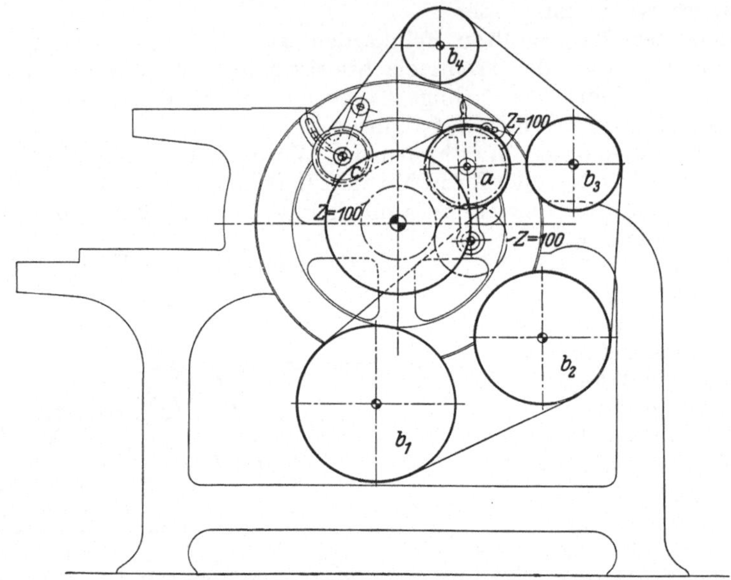

Abb. 142. Wenderwechselgetriebe an einer Fairbairn-Karde.

und der 4. Wender die größte Umlaufzahl erhält. Es ergeben sich hierbei die in Tabelle 48 verzeichneten Umlaufzahlen.

Tabelle 48.

Walzen-bezeichnung	Riemen-scheiben-durchm.	Wechselscheibendurchmesser		
		10 Zoll	12 Zoll	14 Zoll
Trommel . .	24 Zoll	185	185	185
1. Wender. .	26 ,,	71	85	99
2. Wender. .	22½ ,,	82	98	115
3. Wender. .	15¾ ,,	117	141	164
4. Wender. .	12½ ,,	148	177	207

Bei neueren Ausführungen von Feinkarden, insbesondere bei Vollkreisfeinkarden, seltener bei Halbkreisfeinkarden, ist man vielfach von der Muldenspeisung abgekommen und hat die bei Flachs- und Hanfkarden durchweg übliche

Nadelwalzenspeisung

übernommen. Man ist dabei von der Erwägung ausgegangen, daß an der Vorkarde die Faserbündel bereits eine so weitgehende Verkürzung erfahren haben, daß die Feinkarde das hauptsächlich der Faserverkürzung dienende Organ einer Mulde entbehren kann, zumal bei der engen Einstellung der Mulde zur Speisewalze und Trommel die Fasern bei ihrem Durchgang eine erhebliche Beanspruchung erfahren.

Wie aus der schematischen Darstellung Abb. 143 ersichtlich, werden auch bei der Nadelwalzenspeisung die Fasern über das Zuführungstuch einer langsam umlaufenden Speisewalze S, jedoch von größerem Durchmesser, etwa 5 bis 8 Zoll, zugeführt, deren Nadeln wie bei der Muldenspeisung nach rückwärts geneigt sind. Jedoch sind in diesem Fall die Umlaufrichtungen der Speisewalze und Trommel an ihrem Treffpunkt gleichgerichtet, ihre Nadelstellung dagegen entgegengesetztgerichtet, vgl. Fall 3, S. 159. Über der Speisewalze ist eine glatte eiserne

Walze S' von etwas kleinerem Durchmesser, etwa 4 Zoll, angebracht, die das Fasermaterial in die Nadeln der Speisewalze zu drücken hat, bis diese es der rasch
umlaufenden Trommel zuführt. Während also bei der Muldenspeisung die Speisewalze den Zweck hat, die Fasern nach der Muldenvorderkante zu bringen und
sie dort während der Kämm- und Hechelarbeit der Trommel festzuhalten,
werden bei der Nadelwalzenspeisung die in den Speisewalzenbelag eingedrückten
Fasern von den Trommelnadeln erfaßt, an den Nadelspitzen der Speisewalze
umgebogen, gerade gerichtet und ausgekämmt, wobei eine weitere Spaltung
der Fasern und damit in Verbindung, ob beabsichtigt oder nicht, auch eine
weitere Verkürzung derselben bis zu einem gewissen Grade eintritt. Da bei
diesem Arbeitsvorgang naturgemäß nur ein Teil der von der Speisewalze zugeführten Fasern von der Trommel abgenommen wird, während der übrige
Teil im Speisewalzenbelag hängenbleibt und wieder mit herumgeführt wird,
macht sich unterhalb der Speisewalze die Anbringung einer zweiten, mit Nadeln

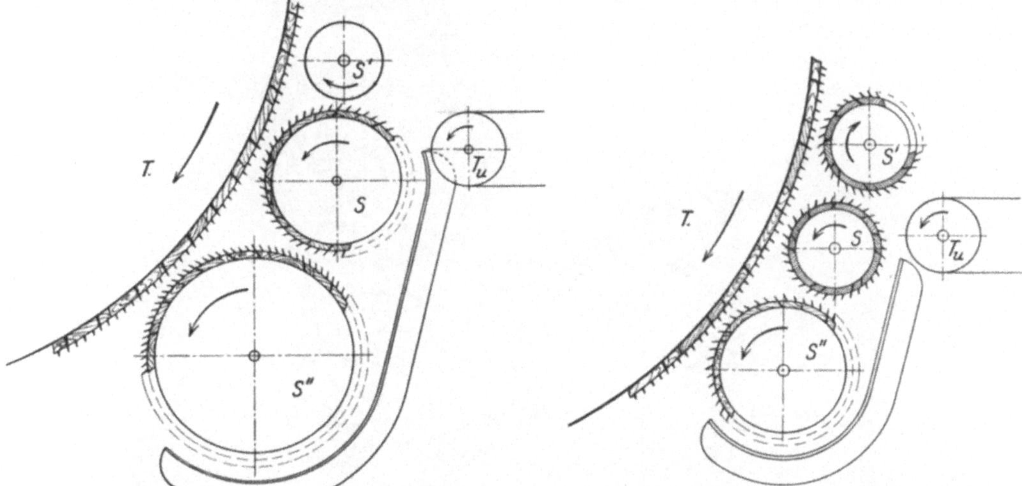

Abb. 143. Nadelwalzenspeisung mit glatter
Oberwalze und Speisewalzenwender.

Abb. 144. Vollständige Nadelwalzenspeisung mit benadelter Oberwalze u. Speisewalzenwender („porcupine feed“).

besetzten Walze S'' von weit größerem Durchmesser, bis zu etwa 11 Zoll, erforderlich. Man bezeichnet diese Walze auch als Speisewalzen-Wender, da sie
infolge ihrer Umlaufrichtung und Nadelstellung zur Trommel und Speisewalze
sowie ihrer großen Umfangsgeschwindigkeit die Fasern aus der Speisewalze
nach Art eines Wenders auskämmt und sie der Trommel zuführt. Bei diesem
Arbeitsvorgang wird durch den schnell umlaufenden Wender bereits ein großer
Teil der in den Fasern noch vorhandenen Unreinigkeiten abgeschleudert.

Anstatt der glatten oberen Speisewalze S' findet man bisweilen auch eine
ebenfalls mit rückwärts geneigten Nadeln besetzte Walze, vgl. Abb. 144, die
im Verein mit der Speisewalze wiederum die vom Zuführungstuch kommenden
Fasern erfaßt und der Trommel zuführt. Diese als „vollständige Nadelwalzenspeisung“ (engl. „porcupine feed“) bezeichnete Anordnung eignet sich
vorzugsweise für kurze Fasern bei entsprechend geringerer Belastung der Karde.
In dieser Ausführung findet sich die Nadelwalzenspeisung stets bei Hanf- und
Flachskarden, wobei beide Speisewalzen ziemlich kleine Durchmesser aufweisen.
Die Mackie-Feinkarde, Abb. 157 bis 159, S. 232, 233, ist mit Nadelwalzen-
speisung nach dem erstgenannten System ausgerüstet.

Abb. 159 zeigt den Räderantrieb dieser Nadelwalzenspeisung.

Welcher Speiseart an Feinkarden der Vorzug zu geben ist, ist umstritten. Der von den Befürwortern der Nadelwalzenspeisung der Muldenspeisung gemachte Vorwurf der gröberen Behandlung und Beanspruchung der Fasern kann wohl bei richtiger Einstellung der Mulde beseitigt werden. Bezüglich der Verkürzung der Fasern sei nochmals darauf hingewiesen, daß infolge der physikalischen Zusammensetzung der Jutefaserbündel mit jeder Spaltung auch eine Verkürzung verbunden ist, so daß auch die Nadelwalzenspeisung eine gewisse Verkürzung der Fasern, je nach der Walzeneinstellung und dem Speisewalzenverhältnis, zur Folge hat. Dagegen ermöglicht die Muldenspeisung eine stärkere Auflage und demnach auch eine größere Kardenleistung, während bei der Nadelwalzenspeisung durch

Abb. 145. Rekuperator für Karden von Fairbairn.

Anordnung des Speisewalzenwenders eine größere Reinigung der Fasern, aber auch eine größere Abfallmenge herbeigeführt wird. Auch hier wird die Qualität und Beschaffenheit des Rohmateriales und der zu erzeugenden Garne das entscheidende Wort sprechen.

Das Bestreben, den Faserabfall auf ein Mindestmaß zu beschränken bzw. bereits von der Karde schon ausgeschiedene, noch brauchbare Fasern zurückzugewinnen, hat neuerdings zur Konstruktion eines Hilfsapparates, genannt „Rekuperator", geführt. Diese nach einem von der Firma Fairbairn, Leeds, erworbenen Patent gebaute Vorrichtung[1], vgl. Abb. 145, wird nach Entfernung der Sparwalzen und Verdecke unter dem unteren Walzenpaar der Karde so angebracht, daß alle abgeschiedenen Fasern, Schmutz und Holzteile von den schräg stehenden Blechwänden des Rekuperators aufgefangen werden und zu dem

---

[1] Neuerdings wird dieser Apparat auch von der S. M. F. Seydel, Bielefeld, in etwas vereinfachter Form gebaut.

unten abschließenden Schüttelrost gelangen. Während infolge der hin- und hergehenden Bewegung des Schüttelrostes der kurze, unbrauchbare Abfall durch
die Spalten des Rostes fällt, werden die sich auf dem Rost ansammelnden längeren
Fasern von einer dicht über dem Rost befindlichen nadelbesetzten Walze aufgenommen und an eine zweite, darüber befindliche ähnliche Walze abgegeben,
die sie der nächstliegenden normalen Wenderwalze abliefert. Die auf diese Weise
zurückgewonnene brauchbare Fasermenge wird von den Erbauern dieses Apparates auf 25 bis 55% der normalen Abfallmenge angegeben. Wenn hierbei auch
berücksichtigt werden muß, daß bei richtiger Einstellung der Karde die Abfallmenge so verringert werden kann, daß der Verlust an brauchbarer Faser auch

Abb. 146. Wickelmaschine von Fairbairn.

ohne Rekuperator sich auf ein Mindestmaß beschränkt, so muß doch zugegeben
werden, daß die Anwendung eines solchen Apparates eine größere Wendergeschwindigkeit und damit auch eine gründlichere Faserreinigung ermöglicht.
Aus diesem Grunde hat dieser Apparat, obwohl er den Bau der Karde verwickelter
und unübersichtlicher macht und auch verteuert, neuerdings viele Anhänger
(auch bei Hanf- und Flachskarden) gefunden[1].

Die Bedienung der Feinkarde erfolgt nun in einfacher Weise, indem

---

[1] Die Firma C. Osw. Liebscher, Chemnitz, hat in neuerer Zeit ebenfalls einen „Rekuperator" genannten Faserspar-Apparat herausgebracht, der wesentlich einfacher ist, da
er keine beweglichen Teile aufweist. Bis jetzt hat dieser Apparat jedoch nur bei Hanfkarden
Anwendung gefunden. Versuche an Jutekarden sollen allerdings ebenfalls befriedigend
ausgefallen sein.

ein Arbeiter die von der Vorkarde kommenden Kannen vor dem Zuführungstisch der Feinkarden aufstellt und die Bänder zwischen den Bandführungsblechen auf das Speisetuch parallel nebeneinander führt. Die Zahl der Bänder wählt man so zahlreich, wie es die Breite des Speisetuches erlaubt, da ja mit zunehmender Duplierung gleichmäßigere Feinkardenbänder erzielt werden. Unerläßliche Voraussetzung ist hierbei, daß seitens des einführenden Arbeiters stets auf volle Zahl der Bänder und genaues Einlaufen geachtet wird, andernfalls der Erfolg der Duplierung sehr zweifelhaft ist.

Da mit zunehmender Kannenzahl die Übersicht leichter verloren geht und um die Zahl der Bänder noch weiter vermehren zu können, wird bisweilen statt der Kannenspeisung die sogenannte

Wickelspeisung

angewendet, die darin besteht, daß man der Feinkarde statt Kannen 2 oder 3 „Wickel" oder „Ballen" (engl. „ball" oder „lap") entweder unter Beibehaltung des horizontalen Zuführungstuches mit Bandführungen oder meistens unter

Abb. 147. Automatischer Speiseapparat von C. O. Liebscher, Chemnitz, in Verbindung mit einer 6-Paar-Walzen-Doppel-Doffer-Feinkarde, 5 × 6 Fuß mit Streckkopf.

Anwendung eines kürzeren, vom Boden schräg nach der Speisewalze zu ansteigenden Zuführungstisches vorsetzt, wobei die Wickel in eiserne Gestelle eingelegt werden und sich auf drehbaren hölzernen Walzen abrollen. Unter Wickel versteht man eine Rolle, die durch Aufwickeln von 4 bis 8 eng nebeneinander liegenden Vorkardenbändern von meist 80 bis 100 Yards Länge auf einen hölzernen Dorn oder Wickelbund gebildet wird. Je nach der Zahl der auf jedem Wickel befindlichen Bänder und der Zahl der vorgesetzten Wickel erhält man entsprechend vielfache Duplierungen. Z. B. ergibt sich bei einem Ansatz

von 2 Wickeln zu 8 Bänder bei einer Wickelbreite von je 30 Zoll eine 16 fache Duplierung,
von 3 Wickeln zu 6 Bänder bei einer Wickelbreite von je 20 Zoll eine 18 fache Duplierung.

Wenn man nun noch das Gewicht der einzelnen Wickel bestimmt und etwaige Gewichtsunterschiede beim Zusammenstellen des aus 2 oder 3 Wickeln bestehenden Ansatzes ausgleicht, so erreicht man eine ziemliche Genauigkeit des Ansatzgewichtes. Durch Anwendung dieser Methode kann demnach das Abwiegen der Dollops und das Anbringen einer Uhr an der Vorkarde erspart werden, und manche Fabriken arbeiten auch nur nach abgewogenen Wickelansätzen an der Feinkarde. Andere Fabriken wiederum behalten neben dem

Wickelsystem auch das Dollopsystem mit der Vorkardenuhr bei und erzielen dadurch eine größere Gleichmäßigkeit im Bandgewicht.

Zur Herstellung der Wickel dienen besondere Wickelmaschinen, vgl. die in Abb. 146 dargestellte Maschine von Fairbairn, denen die entsprechende Anzahl Vorkardenkannen vorgesetzt werden. Das meist aus Buchenholz von etwa $3^1/_2$ Zoll Durchmesser und von 20 Zoll oder 30 Zoll Länge (je nach Wickelbreite) bestehende Wickelholz ist an beiden Enden mit kurzen schmiedeeisernen Zapfen sowie mit gußeisernen Kappen versehen (in der Abbildung 'links von der Maschine), in deren Einkerbungen nach Art einer Klauenkupplung entsprechende Nasen zweier, in den Gestellwänden der Maschine gelagerten Flanschen eingreifen, die dadurch das dazwischen gespannte Wickelholz bei Ingangsetzung der horizontal verschiebbaren Wickelwelle, auf der diese Flanschen sitzen, mitnehmen. Auf dem Wickelholz und zwischen beiden Flanschenscheiben liegt eine größere Druck- und Meßwalze oder Trommel von 2 Yards Umfang, die durch Reibung von dem Wickelholz bzw. von den aufgewickelten Bändern mitgenommen wird und deren Achse durch Schneckenradübersetzung mit einem Zähl- und Läutwerk so in Verbindung steht, daß nach Auflaufen einer bestimmten Bandlänge, also z. B. bei 100 Yards nach 50 Umdrehungen der Meßtrommel, ein Glockenzeichen ertönt, worauf die Maschine durch eine besondere Vorrichtung selbsttätig abgestellt wird. Um die Geschwindigkeit der auf das Wickelholz auflaufenden Bänder konstant zu erhalten, muß die Umlaufzahl der Wickelwelle mit zunehmendem Wickeldurchmesser abnehmen. Zu diesem Zweck ist ein Friktionsscheibentrieb mit radial zur großen Scheibe verschiebbarer kleiner Reibrolle vorgesehen. Mit zunehmendem Wickeldurchmesser bewegt sich die kleine Rolle allmählich vom äußeren Scheibenrand nach der Mitte zu, und die dadurch hervorgerufene Verringerung ihrer Umlaufzahl überträgt sich entsprechend auf den Antrieb des Wickelholzes. Nach vollgelaufenem Wickel wird durch Abheben der kleinen Reibscheibe die Wickelwelle stillgesetzt, diese durch einen Hebelgriff in axialer Richtung zurückgeschoben und dadurch der Wickel freigemacht. Nach

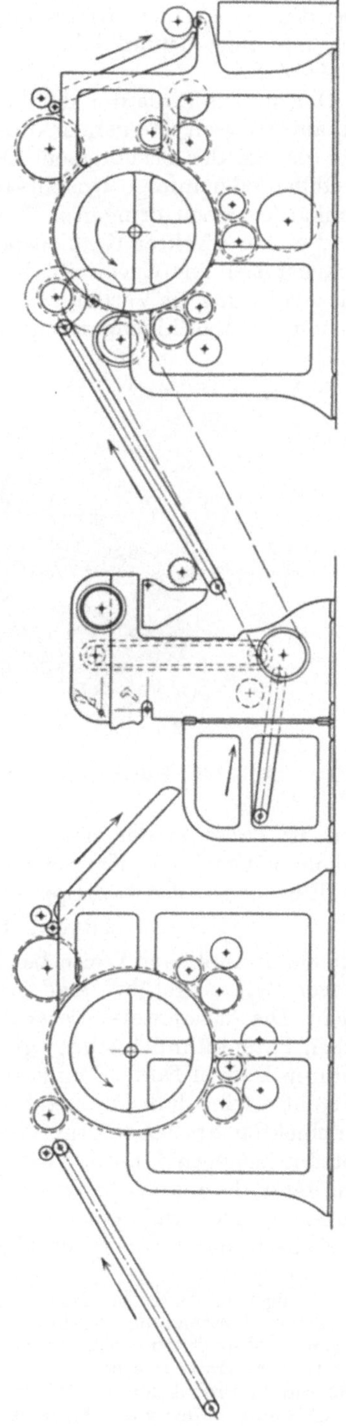

Abb. 148. Kombination: Vorkarde-Speiseapparat-Halbzirkular-Feinkarde.

Entfernung des vollen Wickels wird ein neues Wickelholz eingelegt, die Druckwalze in ihre tiefste Stellung gebracht und nach Einrücken des Antriebs die Operation von neuem begonnen. Die ganze Maschine benötigt zu ihrer Aufstellung nur eine Grundfläche von 2×1 m und erfordert zu ihrem Antrieb etwa $\frac{1}{3}$ bis $\frac{1}{2}$ PS.

Obwohl das Einlaufen der Bänder und die Regulierung der Bandgeschwindigkeit automatisch erfolgen, erfordert die Bedienung der Maschine viel Aufmerksamkeit, da bei der erheblichen Einlaufgeschwindigkeit häufig Bänderbrüche sich einstellen oder infolge Unachtsamkeit Bänder fehlen. Fehlerhafte Wickel an der Feinkarde jedoch bringen mehr Unordnung und Ungenauigkeit in die Speisung als dies bei direkter Kannenspeisung der Fall ist, und der beabsichtigte Vorteil verkehrt sich ins Gegenteil. Weit mehr als dieser Umstand spricht gegen die Wickelspeisung die Verlängerung des ganzen Arbeitsprozesses durch Einschaltung einer neuen Maschinengattung, welche Bedienung, Kraft und Raum beansprucht.

Abb. 149. Kombination: Vorkarde-Speiseapparat-Ganzzirkular-Feinkarde.

Man ist daher in der neueren Zeit immer mehr von der Wickelspeisung abgekommen und zur Kannenspeisung übergegangen.

Eine dritte Art des Speisens von Feinkarden durch

automatische Speiseapparate,

wie sie in ähnlicher Weise bei Flachs- und Hanfkarden mit großem Erfolg seit langer Zeit eingeführt sind, wird neuerdings auch für Jute einzuführen versucht. Die Arbeitsweise dieser Apparate, die mehr oder weniger dem Liebscherschen Patent ähnlich sind, vgl. den in Abb. 147 in Verbindung mit einer 6-Paar-Walzen-Doppel-Doffer-Feinkarde 5×6 Fuß mit Streckkopf[1] dargestellten Apparat, besteht darin, daß das zugeführte Fasermaterial aus einem großen, von Hand beschickten Speisebehälter von einem senkrecht umlaufenden, mit Nadeln besetzten Lattentuch unter Verwendung zweier Abstreichhacker aufgenommen und auf der andern, ablaufenden Seite des Lattentuches durch einen Abnahmekamm abgenommen wird, worauf es in einen Behälter gelangt, in welchem das Material periodisch und automatisch abgewogen wird, um sodann auf das Speisetuch der

---

[1] Allgemein finden Feinkarden mit Streckkopf nur bei der Verarbeitung von Flachs- und Hanfwerg Verwendung, doch sind neuerdings verschiedene Jutespinnereien dazu übergegangen, Jute-Cuttings und Juteabfälle auf derartigen Karden zu verarbeiten. Diese Karden liefern zwar ein sehr schönes, reines Band vom Streckkopf ab, doch können sie nicht annähernd die Produktion der üblichen Jutekarden erreichen, auch sind naturgemäß die Faserverluste infolge der viel schärferen Aufschließung und Reinigung erheblich größer.

Karde gelegt zu werden. Der Abwiegebehälter wirkt durch Hebelübersetzungen, Klinken und Sperräder so auf die Bewegung des vertikalen Lattentuches, daß dieses bei Überschreitung des eingestellten Gewichtes stillgesetzt und dadurch die Zuführung des Materiales unterbunden wird. Sobald die Waage nach Ablieferung des Speisegutes wieder nach der anderen Seite ausschlägt, wird das Lattentuch selbsttätig wieder in Bewegung gesetzt und die Speisung fortgeführt. Durch besondere Regulierschrauben am Hebelmechanismus sowie durch Verstellung des oberen Abstreifhackers kann die Zuführung des Materiales und das Auflagegewicht genau eingestellt werden.

Abb. 148 zeigt in schematischer Weise die Verwendung eines Speiseapparates von Fairbairn zur Speisung einer Halbzirkular-Downstriker-Feinkarde, wobei der Apparat so zwischen Vorkarde und Feinkarde eingeschaltet ist, daß das von der Vorkarde kommende Vlies in voller Breite über das Leitblech direkt auf das Zuführungstuch des Speiseapparates läuft. In ähnlicher Weise kann die automatische Auflegemaschine zwischen Vorkarde und Vollkreis-Feinkarde gestellt werden, wie die in Abb. 149 dargestellte Ausführung von Liebscher erkennen läßt.

Eine andere Kombination zeigt Abb. 150, nach welcher der Speiseautomat vor der Vorkarde aufgestellt ist und auf deren Speisetuch arbeitet, wobei Voraussetzung ist, daß die langen Juteristen oder Abschnitte zuvor auf einer Reißkarde in kurzes Werg zerrissen werden. Von der Vorkarde wird das abgelieferte Faservlies wiederum über ein breites Leitblech direkt auf das Speisetuch einer Halbzirkular-Feinkarde geführt und von dieser als Band in die Kanne abgeliefert.

Alle diese Kombinationen von Vor- und Feinkarden bedingen gleiche Produktion beider Maschinen. Da weiterhin bei dieser Arbeitsweise auf die mehrfache Dopplung, wie sie bei Kannen- oder Wickelspeisung der Fall ist, verzichtet werden muß, und da als Feinkarden meist nur Halbzirkularkarden Verwendung finden, beschränkt sich die Verwendung obiger Kombinationen nur auf grobe Garne und minderwertiges Material, wie Wurzeln, Stricke, Abfälle.

Obwohl sich diese Speiseautomaten, wie oben schon bemerkt, für Flachs- und Hanfwergkarden bei deren verhältnismäßig gerin-

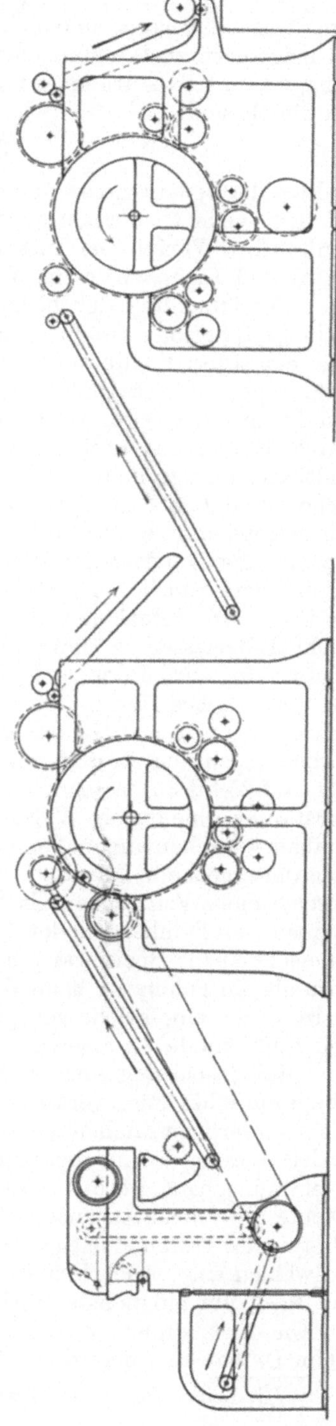

Abb. 150. Kombination: Speiseapparat-Vorkarde-Halbzirkular-Feinkarde.

gen Auflage und bei dem auf diesen zur Verarbeitung gelangenden trockenen und kurzen Fasermaterial bewährt haben, stehen ihrer allgemeinen Einführung als Speisemaschinen für Jute noch erhebliche Schwierigkeiten entgegen. Das verhältnismäßig lange und beim Batschprozeß stark angefeuchtete Fasermaterial neigt gern zu Wicklungen und Verstopfungen; auch ist es bis heute nicht gelungen, mit so starken Auflagen zu arbeiten, wie sie bei modernen Jutekarden üblich sind.

3. Die Einkarde.

Eine der bedeutendsten und auch zur Zeit noch umstrittensten[1] Neuerungen auf dem Gebiete der Jutevorbereitung ist die Einführung des sogenannten Einkarden-Verfahrens. Dieses beruht nach dem den Fabrikdirektoren Deppermann und Landwehr im Jahr 1922 unter Nr. 376863 erteilten D.R.P. auf einer Vereinfachung der bisherigen Kardierungsmethode, die im wesentlichen darin besteht, die Jutefaser nicht mehr vorzukardieren, sondern sie nur auf einer einzigen Karde in einem Arbeitsgang unter Anwendung großer Verzüge zu krempeln. Die Erfinder sind davon ausgegangen, daß bei der Verarbeitung von Flachs- und Hanfwerg bereits seit vielen Jahren allgemein nur eine einmalige Kardierung üblich sei und daß demgemäß für die feiner und leichter spaltbare Jutefaser erst recht eine einmalige Kardierung genügen müsse. Tatsache ist, daß der Hauptzweck des Vorkardierens der Jutefaser, nämlich die Verkürzung der langen Juteristen in kürzere, für die nachfolgenden Arbeitsprozesse genügend lange Fasern, nach den obigen Darlegungen bereits nach einmaligem Kardieren als Folge des Zerspaltungs- und Zerfaserungsprozesses erreicht wird, sofern nur die Verzüge, vor allem das Speisewalzenverhältnis, reichlich bemessen werden und die Walzeneinstellung, insbesondere die Stellung Speisewalze zur Mulde und Mulde zur Trommel genügend eng gewählt wird. Als wesentliches Merkmal des Einkardenverfahrens ist demnach hervorzuheben, daß es sich auf Karden des bisherigen Zweikardensystems — Vor- oder Feinkarden — einrichten läßt, wobei nur die bisher üblichen 10- bis 15fachen Verzüge auf 25 bis 35, ja sogar noch darüber bis auf 40, zu erhöhen sind und unter Umständen eine engere Walzeneinstellung gewählt werden muß. Hierbei ist der Umbau von ehemaligen Feinkarden vorzuziehen, da deren größere Walzenzahl eine weitergehende Kardierwirkung zu erzielen gestattet. Auch besitzen die Spinnereien mehr Feinkarden als Vorkarden, so daß schon aus diesem Grunde dem Umbau der Feinkarden der Vorzug zu geben ist. Da letztere jedoch meistens eine sehr kleine Speisewalze haben, und die Einkarde wesentlich höher belastet wird als die Feinkarde beim Zweikardensystem, so empfiehlt es sich, die Speisewalze durch eine solche von größerem Durchmesser, etwa 8 bis 10 Zoll, mit zugehöriger Mulde zu ersetzen. Bei Nadelwalzenspeisung muß selbstverständlich eine Muldenspeisung eingebaut werden, da nur in Verbindung mit diesem Organ die gewünschte Faserverkürzung zu erlangen ist. In den meisten Fällen können die erforderlichen hohen Verzüge durch Einsetzen entsprechender Wechselräder erzielt werden. Wenn diese nicht ausreichen, müssen entsprechende Zwischentriebe eingebaut werden. Bei der Benadelung wird hinsichtlich Feinheit und Dichte ein Mittelweg zwischen Vorkarde und Feinkarde beschritten, wobei die Bretter des Trommelbelages in der Stärke der Vorkardenbretter, also ¾ Zoll stark, zu wählen sind. Auch hier ist besonderer Wert auf versetzte Nadelgruppierung zu legen, um möglichste Wirksamkeit der Nadeln zu gewährleisten.

Die für Bänder- oder Wickelspeisung eingerichteten Feinkarden müssen beim Umbau in Einkarden mit einem langen Auflagetisch für die langen Jute-

---

[1] Vgl. Leipz. Monatsschr. Textilind. 1928, H. 9, 11; 1929, H. 1.

risten und mit einer Yard- oder Meterzähluhr für die Speisewalze wie bei der
Vorkarde versehen werden, um die Auflagestärke nach Dollopgewicht und Einführungsgeschwindigkeit regulieren zu können.

In der Patentschrift werden folgende Vorteile des Einkardenverfahrens
gegenüber dem bisherigen Zwei- oder Mehrkardenverfahren genannt.

1. Erzielung kräftigerer und gesünderer Fasern, ohne Beimengung von zu stark
geschwächter, wolliger und flockiger Faser; gleichmäßiges Garn von größerer
Festigkeit und höherem natürlichen Glanz.

2. Produktionssteigerung in der Spinnerei.

3. Ersparnis an langen Fasern.

4. Lohnersparnis.

5. Ersparnis an Betriebskraft.

6. Herabsetzung der Instandhaltungskosten.

7. Freiwerden von Fabrikationsraum, Veräußerungsmöglichkeit überflüssiger
Karden bzw. Ersparnis bei Erweiterung und Neuanschaffung. Leichtere und
übersichtlichere Beaufsichtigung.

In seiner Doktordissertation hat Sommer[1] die Einwirkung des neuen Einkardenverfahrens auf die Qualität der erzeugten Garne und Gewebe eingehend
wissenschaftlich untersucht und auch gleichzeitig die Vorgänge und Wirkungen
des bisherigen Zweikardenverfahrens kritisch betrachtet. Er kommt hierbei zu
nachfolgenden zusammenfassenden Ergebnissen:

„Die durch das Einkardenverfahren erzielte Vereinfachung des Spinnverfahrens ist mit keinem Nachteil für die Qualität der Erzeugnisse verbunden:

a) In der Aufteilung der Faserbündel und im Reinigungsgrad sind beim Einkardenspinnverfahren gegenüber dem Zweikardenspinnverfahren keine Unterschiede vorhanden.

b) Die Abnahme der Faserfestigkeit durch den Kardierungsprozeß ist bei
beiden Spinnverfahren die gleiche (10%); im Verlauf der folgenden Spinnoperationen tritt keine weitere Faserschwächung mehr auf.

c) Durch das Kardieren nach dem Einkardenspinnverfahren wird eine genügende Verkürzung und Parallellegung der Fasern erreicht; die Veränderung
des Stapeldiagramms durch den Spinnprozeß ist bei beiden Verfahren die gleiche
und besteht hauptsächlich in der stufenweisen Verkürzung der in geringem
Anteil vorhandenen längsten Fasern und in einer Verringerung der Streuung;
größte Faserlänge, mittlere Faserlänge im Querschnitt und wirkliche mittlere[2]
Faserlänge der Gespinste sind beim Einkardenverfahren etwas größer, die Streuung etwas kleiner; eine Verminderung der bei den Jutegespinsten sehr großen
Streuung und bessere Anpassung der „reach"-Längen der Arbeitsmaschinen an
den Stapel des Materials dürfte gleichmäßigeres Garn zur Folge haben.

d) Entsprechend der geringeren Streuung der Faserlänge ist die Gleichmäßigkeit (in der Nummer) der Einkardengarne eine durchschnittlich bessere
als die der zweimal kardierten Garne; der Fortfall der 12fachen Duplierung an
der Feinkarde macht sich in etwas größeren Nummerschwankungen beim Vergleich größerer Längen bemerkbar, doch wird dies durch den Vorteil einer geringeren Noppenbildung ausgeglichen.

e) Die Festigkeit der Einkardengarne und der daraus hergestellten Gewebe
ist infolge der größeren mittleren Faserlänge und besseren Gleichmäßigkeit

---

[1] Sommer, H.: Untersuchungen über den Einfluß des Einkardenspinnverfahrens in
der Juteindustrie auf die hergestellten Erzeugnisse und auf die Wirtschaftlichkeit des Betriebssystems. Halle a. d. S. 1924.

[2] Bezüglich der Ausdrücke „größte Faserlänge", „mittlere Faserlänge im Querschnitt"
und „wirkliche mittlere Faserlänge der Gespinste" sei auf die Arbeit selbst verwiesen.

gegenüber den Erzeugnissen des Zweikardenspinnverfahrens eine etwa 4% höhere."

Die bereits oben verzeichneten Ersparnisse an Instandhaltungskosten, Betriebskraft, Lohn und Abfall, sowie die Erhöhung der Produktion werden von Sommer bestätigt, und er kommt auf Grund seiner gründlichen, wissenschaftlichen Arbeit, die auch allgemein für die Untersuchung des Kardierungs- und Vorbereitungsprozesses für Jute sehr bedeutungsvoll ist, zu einer Empfehlung dieses neuen Kardierungsverfahrens.

Von den Gegnern des Einkardenverfahrens werden als Haupteinwände die Erzeugung ungleichmäßiger Bänder und demzufolge Schwankungen in der Garnnummer als Folge des Wegfalls der Duplierung an der Feinkarde, eine übermäßige Beanspruchung und Schwächung der Fasern durch zu hohe Verzüge sowie ungenügende Ausarbeitung und Reinigung des Materials infolge Verringerung der Bearbeitungsorgane ins Feld geführt. Als weitere Folge des Wegfalles der Duplierung an der Feinkarde wird die Erzeugung von scheckigem Garn durch ungenügende Vermischung heller und dunkler Jutesorten angesehen.

Demgegenüber ist allerdings hervorzuheben, daß durch den Wegfall der Duplierung bei der Einkarde die Rohjuteristen mit viel größerer Sorgfalt und Gleichmäßigkeit aufgelegt werden müssen als bei der Vorkarde, was aber auch durchaus möglich ist, da das Speisetuch infolge des hohen Verzuges kaum die Hälfte der Einzugsgeschwindigkeit der normalen Vorkarde besitzt. Je langsamer das Tuch läuft, desto ruhiger und genauer können die Risten parallel nebeneinander auf das Speisetuch gelegt werden, und desto gleichmäßiger wird auch das Gewicht des abgelieferten Kardenbandes ausfallen. Für das Auflegen an der Einkarde genügt eine Auflegerin, die zweckmäßigerweise auf eine halbe Uhrlänge ein Bündel auflegt, was genauer ist, als wenn beim Zweikardenverfahren an der Vorkarde 2 Auflegerinnen je 1 Bündel auf die ganze Uhrlänge auflegen[1]. Dieses als Grundbedingung des Einkardenverfahrens erkannte gleichmäßige Auflegen muß durch sorgfältige Überwachung den Arbeitern anerzogen werden. Übrigens kann auch beim Zweikardensystem eine ungleichmäßige Auflage an der Vorkarde, die bei der viel größeren Speisetuchgeschwindigkeit leicht vorkommen kann, durch die mehrfache Duplierung an der Feinkarde nicht restlos ausgeglichen werden, ganz abgesehen davon, daß durch Weglassen von Bändern an der Feinkarde eine weitere Quelle von Ungenauigkeiten sich ergeben kann.

Der weitere Vorwurf der zu großen Beanspruchung und Schädigung der Fasern durch die hohen Verzüge der Einkarde wird durch die Feststellungen Sommers und die Erfahrungen der Praxis widerlegt, nach denen das Einkardengarn eine höhere Festigkeit als das Zweikardengarn aufweist. Die bisher von den Spinnern vertretene Ansicht, daß vor allem hartes, wurzeliges Material und minderwertige Abfälle nur „schonend", d. h. unter Anwendung von kurzen Verzügen und Hintereinanderschaltung von 3 und mehr Karden (in England und Indien geht man sogar für allerschlechtestes Material bis zu 5 Karden), verarbeitet werden könne, hat sich durch die Erfahrung des Einkardenverfahrens als irrig erwiesen. Gerade die Anwendung sehr hoher Verzüge, bis zu 40 und noch darüber, hat die Aufschließung härtesten Wurzelmaterials auf der Einkarde ermöglicht. Das alte Erfahrungsgesetz, nach welchem durch die Verringerung der Verzüge höhere Gleichmäßigkeit und Festigkeit der Garne erzielt werden, trifft zwar für den Streck- und den nachfolgenden Vor- und Feinspinnprozeß zu, ist aber nicht auf den Kardenverzug anzuwenden,

---

[1] Zweckmäßig wird man bei der Einkarde die Uhrlänge verkürzen, d. h. die Uhr schneller umlaufen lassen, so daß wiederum auf eine Uhrumdrehung ein Bündel kommt.

der, wie schon oben ausgeführt, etwas ganz anderes darstellt und fälschlicherweise als „Verzug" bezeichnet wird. Im übrigen ist es einleuchtend, daß eine
einmalige Kardierung, selbst wenn sie intensiv ausgeführt wird, die Fasern
geringer beansprucht als eine zwei- oder mehrmalige Wiederholung dieses Arbeits-
ganges, bei dem die Fasern aufs neue verwirrt werden, so daß die Arbeit des Ge-
radstreckens und Parallellegens wiederholt werden muß. Eine Folge dieser
Überbearbeitung ist ein größerer Prozentsatz kurzer und wolliger Fasern,
welche die Noppenbildung im Garne begünstigen. Die von Sommer ermittelte
größere mittlere Faserlänge, der das Einkardengarn seine höhere Festigkeit
verdankt, kann als Beweis für die schonendere Behandlung des Fasermaterials
beim Einkardenverfahren angesprochen werden.

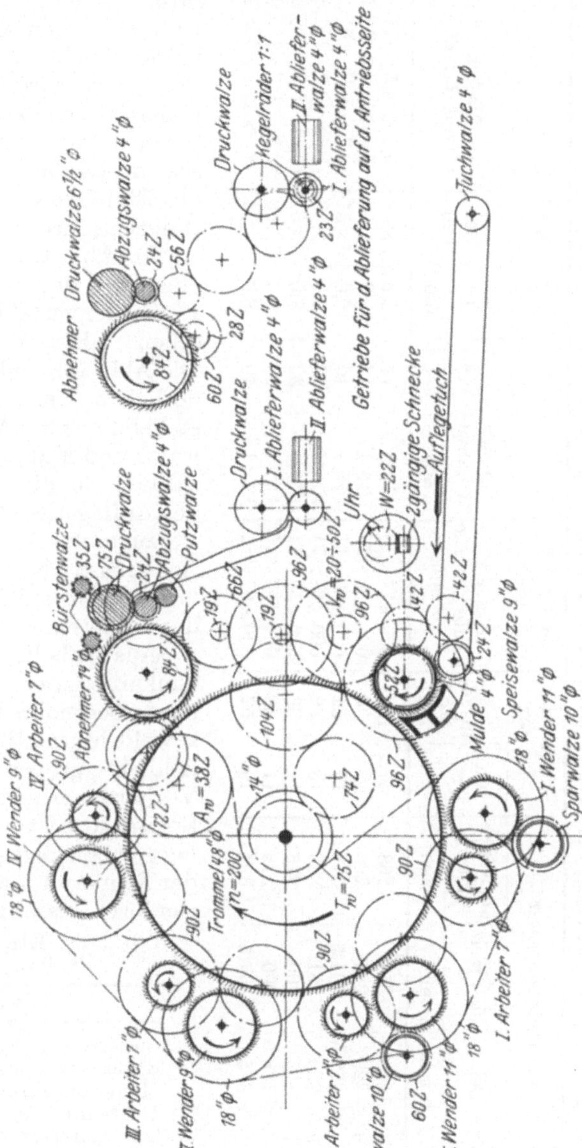

Was endlich den Einwand der ungenügenden Reinigung der Fasern von Abfall
und Schmutz betrifft, die durch die Verringerung der Zahl der arbeitenden
Walzenpaare bei der Einkarde verursacht werden soll, so ist demgegenüber auf
die weit größeren Geschwindigkeitsunterschiede der einzelnen Walzen in
letzterem Falle hinzuweisen. Die Hauptreinigungsarbeit sowie die
Hauptkrempelarbeit erfolgen auf dem Weg der Fasern zwischen der Muldenrückwand
und der Trommel. Infolge des überaus großen Unterschiedes zwischen der
Umfangsgeschwindigkeit der Speisewalze und Trommel — das Speisewalzenverhältnis beträgt bei der Einkarde etwa 350 bis 450, d. h. mehr als das der Vor- und Feinkarde zusammen — werden die Fasern weitgehend aufgespalten und ausgekämmt,
so daß an dieser Stelle bereits die Abscheidung des größeren Teiles des Abfalles
erfolgt. Es ist hierbei zu beachten, daß zu weit getriebene Reinigung stets auf

Abb. 151. Zur Einkarde umgebaute Fairbairn-4-Paar-Walzen-Feinkarde.

Tabelle 49. Benadelung einer zur Einkarde umgebauten 4-Paar-Walzen-Feinkarde.

Bezeichnung der Walzen	Walzendurchmesser ohne Belag Zoll	ohne Belag mm	über Holz mm	üb. Nadelspitzen mm	Anzahl der Bretter am Umfang	insgesamt	Maße der Bretter Länge × Breite × Stärke in mm	Nadeln Nummer × Länge Zoll	α^0	h mm	Reihen	Nadeln auf 1 dm²	Gesamtnadeln auf einer Walze
Trommel . . .	48	1219	1257	1268	51	153	600×77×19	13×1¹/₈	70	5,5	7×51	9,1× 8,5= 77,3	54620
Speisewalze . .	9	229	259	285	12	36	600×68×15	13×1¹/₄	42	13,0	5×63	7,4×10,5= 77,7	11340
Wender I u. II	11	279,5	301,5	313,5	17	51	600×56×11	14×1	40	6,0	6×51	10,7× 8,5= 91	15600
„ III u. IV	9	229	251	263	13	39	600×61×11	15×1	40	6,0	7×58	11,5× 9,7=111,6	15830
Arbeiter I u. II	7	178	200	216	11	33	600×57×11	13×1¹/₄	33	8,0	6×51	10,5× 8,5= 89,3	10100
„ III u. IV	7	178	200	216	11	33	600×57×11	14×1¹/₄	33	8,0	7×58	12,3× 9,7=119,3	13400
Abnehmer . . .	14	355,5	377,5	394	19	57	600×62×11	16×1	40	8,0	8×74	12,9×12,3=158,7	33740

Kosten brauchbarer Fasern geht. Daß beim Zweikardensystem zu viel lange Fasern in den Abfall gehen, beweist die Notwendigkeit der Einführung des oben beschriebenen Rekuperators. Die Einschaltung dieses Faserrückgewinners in den Arbeitsprozeß ist bei der Einkarde überflüssig. Die beim Einkardenverfahren erzielte Faserausnützung kann um 1 bis 2% höher als beim Zweikardenverfahren bemessen werden. Die durch diese bessere Faserausbeute erzielte Geldersparnis rechtfertigt schon allein die Einführung dieses vereinfachten Kardierungsverfahrens.

In Abb. 151 ist das Antriebsschema einer von der Firma Seydel, Bielefeld, zum Einkardenverfahren umgebauten Fairbairnschen 4-Paar-Walzen-Feinkarde dargestellt. Die Abb. 152 und 153 zeigen die hierzu erforderlichen Umänderungen im einzelnen, bestehend aus der Anordnung der großen Speisewalze und Mulde, der Anbringung einer Meterzähluhr für die Speisewalze, der Verlängerung des Auflagetisches sowie der Vergrößerung der Verzüge durch Einschaltung entsprechender Zwischentriebe, vgl. auch Abb. 151. Sonst hat sich in konstruktiver Hinsicht gegenüber der früheren Feinkarde nichts geändert.

Aus Tabelle 49 ist die Benadelung der Einkarde zu ersehen, die gegenüber der Feinkarde besonders für Trommel und Speisewalze sowohl hinsichtlich Nadelstärke wie auch Nadeldichte gröber. aber immerhin gegenüber der Vorkarde erheblich feiner gehalten ist. Die Speisewalze ist mit 9 Zoll Durchmesser (ohne Belag gemessen) gegenüber 3 Zoll Durchmesser bei der Feinkarde ausgeführt. An den übrigen Walzendurchmessern hat sich nichts geändert.

Tabelle 50. Einstellung der Walzen einer 4-Paar-Walzen-Einkarde.

Bezeichnung	Lehre
Speisewalze zur Mulde	16
Speisewalze zur Trommel	16
Mulde zur Trommel.	7
1. Arbeiter zur Trommel.	12
2. Arbeiter zur Trommel.	13
3. Arbeiter zur Trommel.	14
4. Arbeiter zur Trommel.	15
1. Wender zur Trommel	13
2. Wender zur Trommel	14
3. Wender zur Trommel	15
4. Wender zur Trommel	16
Abnehmer zur Trommel	16
Abzugswalze zum Abnehmer	⁷/₈ Zoll
1. bis 4. Arbeiter zum 1. bis 4. Wender	15

Die aus Tabelle 50 ersichtliche Walzeneinstellung läßt insbesondere den engeren Abstand zwischen Speisewalze und Mulde, Speisewalze und Trommel sowie Mulde und Trommel erkennen, während sich die Einstellung der übrigen Walzen nur wenig von der Feinkarde unterscheidet.

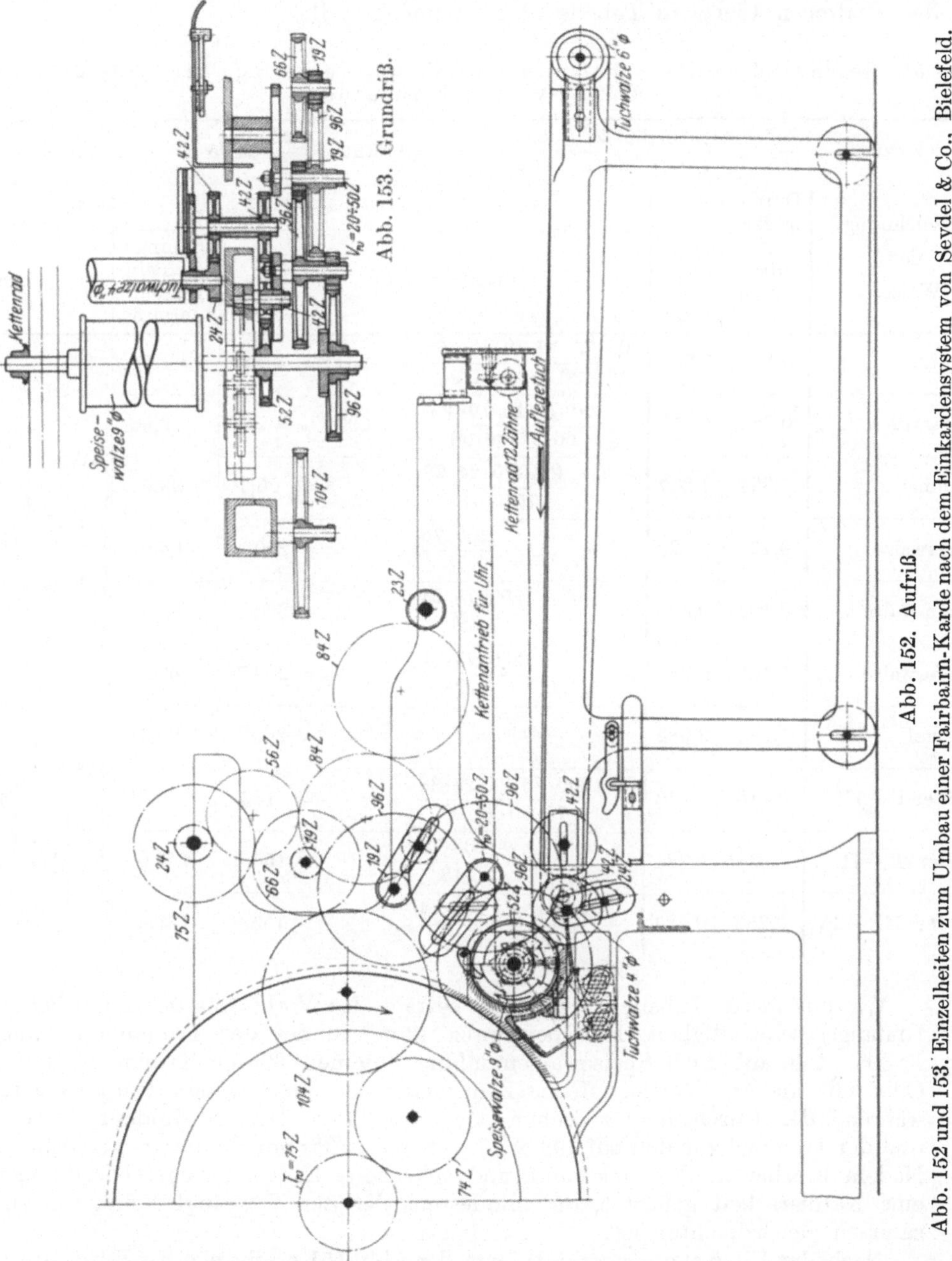

Abb. 152. Aufriß.

Abb. 153. Grundriß.

Abb. 152 und 153. Einzelheiten zum Umbau einer Fairbairn-Karde nach dem Einkardensystem von Seydel & Co., Bielefeld.

Die Berechnung der Geschwindigkeitsverhältnisse der Walzen und der Verzüge gestaltet sich in gleicher Weise wie bei den oben beschriebenen Karden. Auf Grund des Räderschemas Abb. 151 errechnet sich die Verzugskonstante zu $K_V = 829$. Die Berechnungen der Umdrehungszahlen und Umfangsgeschwindigkeiten der Walzen sowie der Verzüge sind für eine Trommelumlaufzahl $n_T = 200$, den größten Trommelwechsel $T_W = 75$ und einen Verzugswechsel $V_W = 24$, entsprechend einem Gesamtverzug von $V = 34{,}5$ durchgeführt und die erhaltenen Werte in Tabelle 51 zusammengestellt.

Tabelle 51. Geschwindigkeitsverhältnisse und Verzüge einer zur Einkarde umgebauten 4-Paar-Walzen-Feinkarde.

$$\text{Verzug } V = \frac{105 \cdot 96 \cdot 96 \cdot 96 \cdot 66 \cdot 24}{285 \cdot V_W \cdot 19 \cdot 19 \cdot 75 \cdot 23} = \frac{829}{V_W} \qquad\qquad \text{Uhrlänge} = \frac{22}{2} \cdot 0{,}895 = 9{,}85 \text{ m/Uhrumdrehung}$$

$n_T = 200/\text{min};\quad T_W = 75;\quad V_W = 24;\quad V = 34{,}5$

Bezeichnung der Walzen	Durchmesser d über Nadeln m	$d \cdot \pi$ m	Umläufe/min	Umfangsgeschwindigkeit m/min	Verzüge			
Tuchwalze	0,102	0,320	$\dfrac{200 \cdot 75 \cdot 19 \cdot 19 \cdot V_W \cdot 52}{66 \cdot 96 \cdot 96 \cdot 96 \cdot 24} = 0{,}201\,V_W = 4{,}82$	1,54	1,29			
Speisewalze . . .	0,285	0,895	$\dfrac{200 \cdot 75 \cdot 19 \cdot 19 \cdot V_W}{66 \cdot 96 \cdot 96 \cdot 96} = 0{,}093\,V_W = 2{,}23$	2,00		16,5		
Abnehmer	0,394	1,237	$\dfrac{200 \cdot 75 \cdot 24 \cdot 28}{75 \cdot 60 \cdot 84} = 26{,}7$	33,0	1,94		34,5	
Abzugswalze . . .	0,102	0,320	$\dfrac{200 \cdot 75}{75} = 200$	64,0	1,04			398
1. Lieferwalze . .	0,102	0,320	$\dfrac{200 \cdot 75 \cdot 24}{75 \cdot 23} = 208{,}7$	66,8	1,03			
2. Lieferwalze . .	0,105	0,330	$\dfrac{200 \cdot 75 \cdot 24}{75 \cdot 23} = 208{,}7$	68,9				
Trommel	1,268	3,982	$= 200$	796,4	88,4			
Arbeiter I ÷ IV .	0,216	0,678	$\dfrac{200 \cdot 75 \cdot 24 \cdot 28 \cdot 38}{75 \cdot 60 \cdot 72 \cdot 90} = 13{,}3$	9,01	17		5,2	6,2
Wender I ÷ II .	0,3135	0,984	$\dfrac{200 \cdot 14}{18} = 155{,}5$	153,0		14,2		
Wender III ÷ IV	0,263	0,826	$\dfrac{200 \cdot 14}{18} = 155{,}5$	128,4				

Wie aus dieser Tabelle hervorgeht, beträgt das Verhältnis der minutlichen Umfangsgeschwindigkeit der Speisewalze (2 m) zu der der Trommel (796 m) 1 : 398, d. h. auf 1 cm Speisewalzenumfang kommen 398 cm Trommelumfang. Oder mit andern Worten: Jeder Zentimeter der einlaufenden Rohjute wird während des Durchgangs zwischen der etwa 17 cm langen Muldenrückwand und der Trommel von den auf $398 \times 17 = 6766$ cm Trommelumfang entfallenden Nadeln bearbeitet, d. h. gekämmt und gehechelt. Es wird somit bereits hier eine Kardierarbeit geleistet, die mindestens der der Vor- und Feinkarde zusammen gleichzuachten ist.

Nach den Übersetzungsverhältnissen der Abb. 151 ergibt sich als Uhrlänge, d. h. als Einzugslänge der Speisewalze auf eine Uhrumdrehung: $\dfrac{22}{2} \cdot 0{,}895 = 9{,}85$ m.

Aus der minutlichen Umlaufzahl der Speisewalze $= 0{,}093 \cdot V_W$ (vgl. Tab. 51) erhält man mit der Uhrübersetzung $\frac{2}{22}$ die Zeit einer Uhrumdrehung:

$$t = \frac{1}{0{,}093 \cdot V_W \cdot \frac{2}{22}} \text{ min},$$

oder mit $V_W = \begin{cases} 20 \\ 24 \\ 28 \end{cases}$ $t = \begin{cases} 5{,}92 \\ 4{,}94 \\ 4{,}25 \end{cases}$ min/Uhrumdrehung.

In ähnlicher Weise erhält man aus der Umfangsgeschwindigkeit der Tuch-walze $= 0{,}201 \cdot 0{,}320 \cdot V_W$ m/min die Zeit für den Einlauf von 1 m Speisetuch:

$$t = \frac{60}{0{,}201 \cdot 0{,}32 \cdot V_W} \text{ sek}$$

oder mit $\qquad V_W = \begin{cases} 20 \\ 24 \\ 28 \end{cases}$ $t = \begin{cases} 46{,}5 \\ 39 \\ 33{,}4 \end{cases}$ sek/m.

Auch aus diesen Zahlen ist die außerordentlich verlangsamte Bewegung des Zuführungstuches und der Speisewalze bei der Einkarde ersichtlich.

In Tabelle 52 ist die Berechnung der Kardenproduktion für verschiedene Trommelwechsel, Auflagegewichte und Verzüge in gleicher Weise wie bei der Vorkarde durchgeführt. Bei der Bemessung des abgelieferten Bandgewichtes ist zu beachten, daß bei der Einkarde die Bänder direkt nach der ersten Strecke gelangen und somit in ihrer Dicke dem Feinkardenband entsprechen müssen. Nach den in der Tabelle 52 enthaltenen Produktionszahlen lassen sich mit der Einkarde Leistungen erzielen, die denen einer Vorkarde nicht nachstehen und wesentlich höher als die der Feinkarde sind. Dementsprechend ist auch der Kraftbedarf ein höherer; er beträgt 5½ bis 6 PS.

Tabelle 52.

Produktionstabelle einer zur Einkarde umgebauten
4-Paar-Walzen-Feinkarde.

$$\text{Bandlieferung} = \frac{200 \cdot T_W \cdot 24}{75 \cdot 23} \cdot 0{,}33 \cdot 60 = 55{,}1\, T_W \text{ m/h}.$$

Produktion = Bandgewicht $\times$ Bandlieferung kg/h.

$$\text{Bandgewicht} = \frac{\text{Auflagegewicht}}{\text{Uhrlänge} \times \text{Verzug}}; \quad \text{Uhrlänge} = 9{,}85 \text{ m}.$$

$n_T = 200$	$T_W = 65$; Bandlieferung = 3581 m/h					
Auflage in kg	$V_W = 20$ $V = 41{,}5$ Band-gewicht g/m	Produk-tion kg/h	$V_W = 24$ $V = 34{,}5$ Band-gewicht g/m	Produk-tion kg/h	$V_W = 28$ $V = 29{,}6$ Band-gewicht g/m	Produk-tion kg/h
16	39,1	140	47,1	169	54,9	197
18	44,0	158	53,0	190	61,7	221
20	49,0	175	58,9	211	68,6	246
22	53,8	193	64,7	232	75,5	270
	$T_W = 75$; Bandlieferung = 4132 m/h					
16	39,1	162	47,1	194	54,9	227
18	44,0	182	53,0	219	61,7	255
20	49,0	202	58,9	243	68,6	284
22	53,8	222	64,7	268	75,5	312

15*

Bei der Beurteilung des Einkardensystems und der Beantwortung der Frage, ob sich dieses vereinfachte Kardierverfahren allgemein und dauernd in der Jute-Industrie einbürgern wird, ist neben den oben angeführten Gründen für und wider im Auge zu behalten, daß es sich bei allen heute in Betrieb befindlichen Einkarden um umgebaute, ältere Karden des bisherigen Zweikardensystems handelt. Wenn die Arbeitsweise und Produktionsergebnisse von Einkarden denen moderner Zweikarden gegenübergestellt werden, so muß billigerweise verlangt werden, daß diesem Vergleich auch Neukonstruktionen von Einkarden, die heute noch nicht vorliegen, zugrunde gelegt werden. Es ist zweifellos zu erwarten, daß sich bei solchen Neukonstruktionen unter Berücksichtigung aller Erfahrungen des modernen Maschinenbaues die Vorzüge des Einkardensystems noch weitergehend auswirken. Einen wenn auch indirekten Vorteil, den auch die Gegner des Einkardenverfahrens anerkennen müssen, hat die Einführung des Deppermann-Landwehr-Patentes aufzuweisen, nämlich den, alle beteiligten Kreise, Spinner und Maschinenbauer, auf die Bedeutung des Kardierprozesses und die Notwendigkeit, auf diesem vernachlässigten Gebiet neue Wege zu gehen, augenscheinlich hingewiesen zu haben. Es ist zu hoffen, daß die bisher erzielten Erfolge erst einen Anfang bedeuten, dem weitere nach dieser oder jener Richtung folgen werden.

4. Neuere Kardenkonstruktionen.

Als Folge der unter Ziff. 3 angeführten Bestrebungen sind zweifellos die in jüngster Zeit herausgebrachten Neukonstruktionen von Jutekarden zu ver-

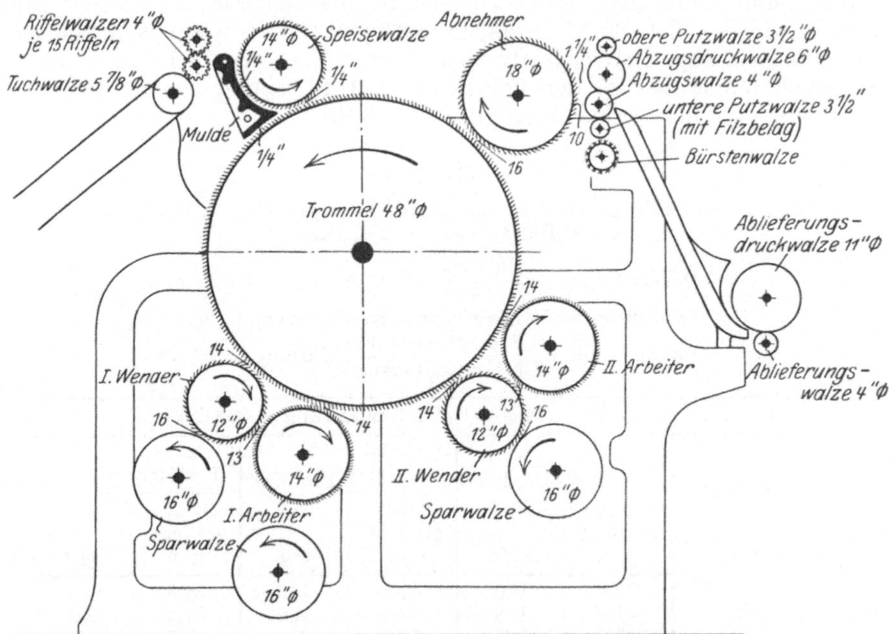

Abb. 154. Mulden-Vorkarde 4 × 6 Fuß von James Mackie & Sons, Belfast.

zeichnen. Die Firma James Mackie & Sons, Belfast, behält zwar als Gegnerin des Einkardenverfahrens die bisher übliche Mulden-Vorkarde mit 2 Walzenpaaren und 4 Fuß Trommeldurchmesser bei, doch versieht sie die Feinkarde, obwohl diese als Vollzirkularkarde mit 5 Fuß Trommeldurchmesser ausgeführt ist, mit nur drei Walzenpaaren. Beiden Karden gemeinsam sind die großen Walzendurchmesser und die Anwendung geringer Verzüge.

Die Mackie-Vorkarde ist in den Abb. 154 bis 156 dargestellt, und zwar ist aus Abb. 154 die allgemeine Anordnung der Walzen ersichtlich, während Abb. 155 die Räderseite und Abb. 156 die Antriebsseite der Karde erkennen lassen. Gegenüber der S. 163 ff. beschriebenen Vorkarde fallen vor allem die großen Durchmesser der Speisewalze und der Arbeiterwalzen — je 14 Zoll — auf. Entgegen der bisherigen Gewohnheit sind die Arbeiter größer als die Wender. Auch der Abnehmer, 18 Zoll Durchmesser, und die Sparwalzen, 16 Zoll Durchmesser, sind erheblich größer. Zwischen Tuchwalze und Speisewalze ist ein geriffeltes Einführwalzenpaar, ähnlich

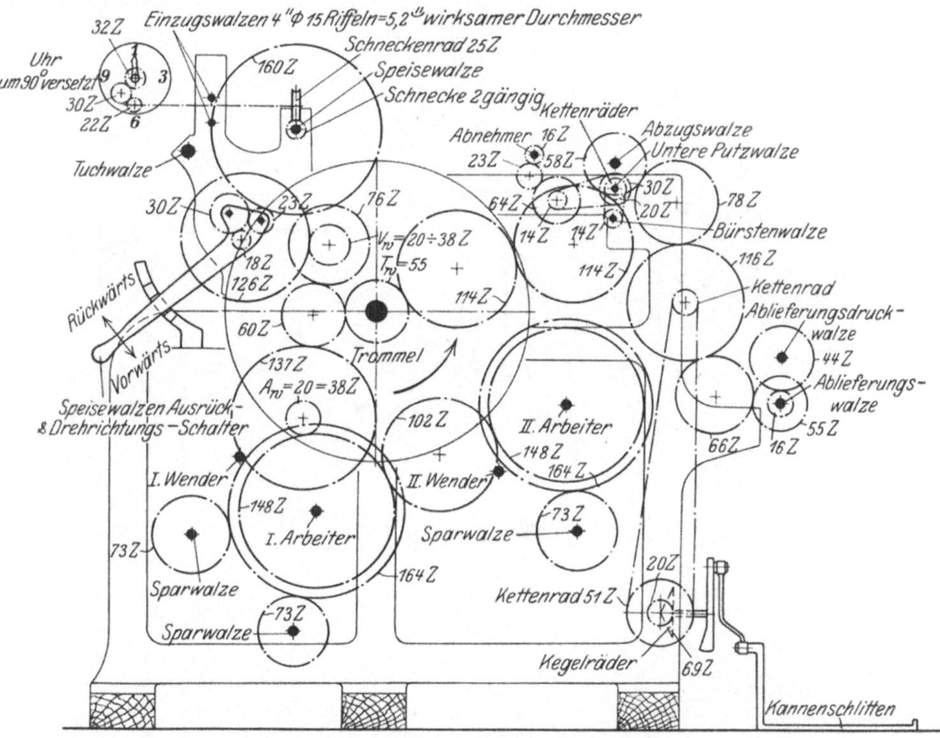

Abb. 155. Mackie-Vorkarde, Räderseite.

wie S. 192 beschrieben, vorgesehen. Für die Speisewalze ist ebenfalls ein Umkehrgetriebe angeordnet, das durch einen Handhebel bei eintretenden Verstopfungen betätigt wird und ein Zurückdrehen der Speisewalze mit den Einführungswalzen und dem Zuführungstuch ermöglicht. In Tabelle 53 ist die Benadelung der Karde angegeben, während die Einstellungen der einzelnen Walzen zur Trommel und untereinander nach der Birmingham Wire Gauge in der Abb. 154 eingetragen sind. Wesentliche Unterschiede gegenüber den bisher üblichen Vorkarden sind hierbei nicht festzustellen. Gegenüber der Einkarde ist die Benadelung naturgemäß gröber. Auf Grund der in den Abb. 154 bis 156 eingetragenen Zähnezahlen der Rädertriebe und der Walzendurchmesser sind in Tabelle 54 für eine Trommelumlaufzahl von $n_T = 208/\mathrm{min}$ bei einem Trommelwechsel $T_W = 55$, einem Verzugswechsel $V_W = 36$ und einem Arbeiterwechsel $A_W = 30$ die Umlaufzahlen und Umfangsgeschwindigkeiten der Walzen sowie die Verzüge errechnet. Unter Zugrundelegung dieser Geschwindig-

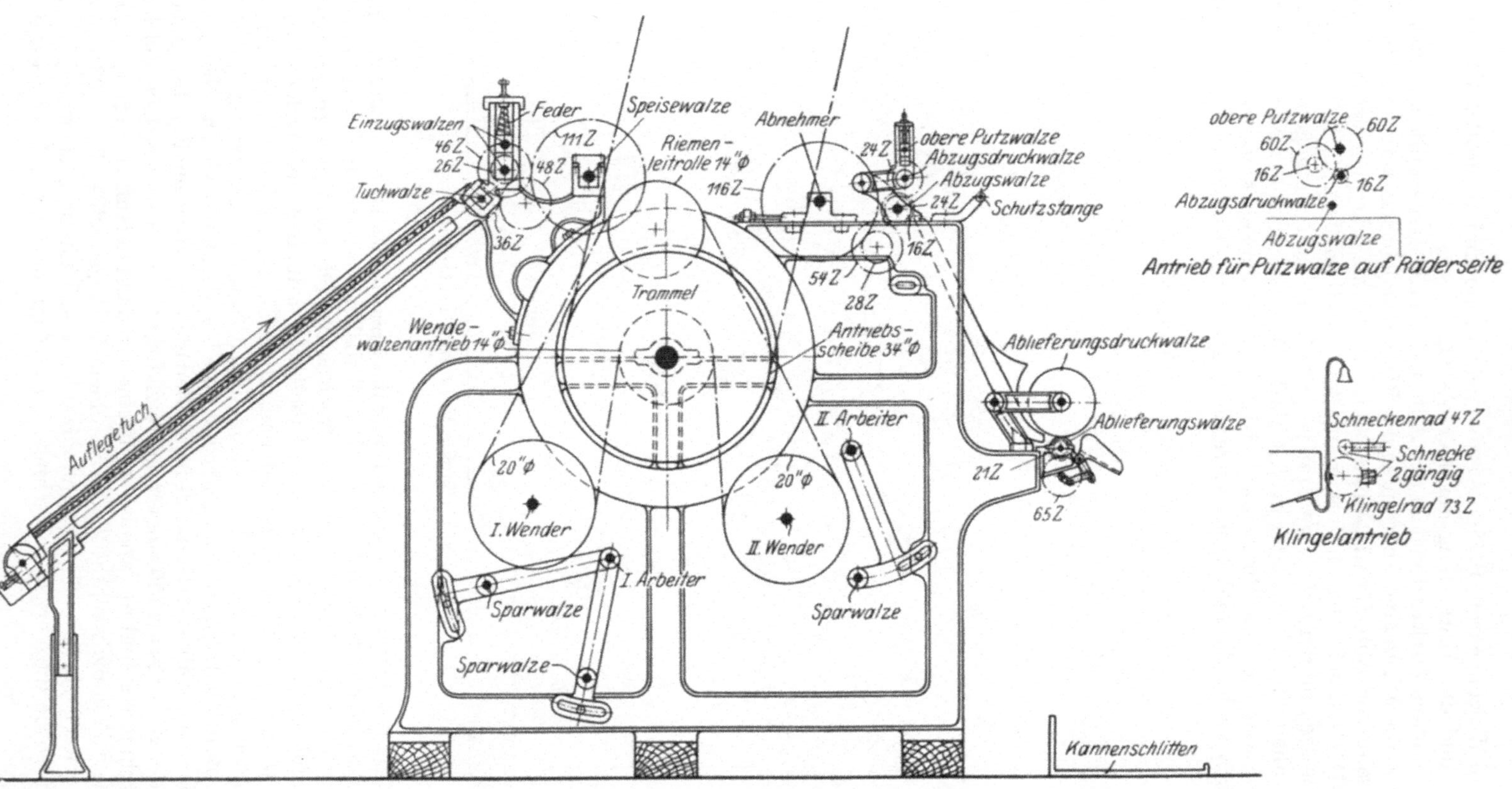

Abb. 156. Mackie-Vorkarde, Antriebsseite.

keitsverhältnisse errechnet sich bei einem Auflagegewicht von 19,5 kg auf eine Uhrlänge eine theoretische stündliche Kardenproduktion von

$$\frac{19,5 \cdot 4,84 \cdot 60}{18,21} = 311 \text{ kg/h}$$

und unter Annahme eines Ausnützungsgrades von
90% eine tatsächliche Kardenproduktion von
280 kg/h, während ein Band von

$$\frac{19500}{18,21 \cdot 13,69} = 78,2 \text{ g/m}$$

abgeliefert wird.

Die Feinkarde ist in den Abb. 157 bis 159
dargestellt, und zwar zeigt die Abb. 157 die Antriebsseite mit der allgemeinen Anordnung der
Walzen, während Abb. 158 ein Schaubild der Karde,
von vorne gesehen, und Abb. 159 das Getriebeschema wiedergeben. Auch hier sind die Walzendurchmesser erheblich größer als sonst bei den Feinkarden und wiederum die Arbeiter größer als die Wender. An Stelle der Mulde ist die bereits beschriebene
Nadelwalzenspeisung mit blanker Oberwalze vorgesehen. Da außerdem nur mit geringen Verzügen gearbeitet wird, höchstens 9 bis 10, wird durch diese
Feinkarde eine wesentliche Aufteilung und Verkürzung der Fasern nicht mehr herbeigeführt. Auch die
Verteilung der 3 Walzenpaare über den großen Trommelumfang begünstigt die Erhaltung größerer Faserlängen. Bemerkenswert sind der große Speisewalzen-
wender mit der darunter liegenden Sparwalze sowie
die beiden Sparwalzen unter dem ersten Walzenpaar.
Die von der Vorkarde kommenden, verhältnismäßig
schweren Bänder werden in 9facher Zahl eingeliefert,
so daß beidem gewählten geringen Verzug annähernd
gleich schwere Bänder zur Ablieferung gelangen. Zur
Abnahme der starken Trommelbelastung sind zwei
Doffer angeordnet, wie die Abb. 157 und 158 erkennen lassen. Durch Anordnung von Druckluft-
düsen seitlich des oberen und unteren Ablieferungszylinders soll das Wickeln der Fasern vermieden werden. Nach Vorstehendem arbeitet also
Mackie bei seiner Feinkarde mit großen Bandge-
wichten, dagegen mit geringen Liefergeschwindig-
keiten, wie eine Durchrechnung der Karde, vgl.
Tabelle 56, ergibt. Der Hauptzweck ist die Duplierung und die größtmögliche Reinigung der Fasern,
während die eigentliche Kardierarbeit der Vorkarde zufällt. Daß es bei dieser Anordnung und
Arbeitsweise nicht ohne erhebliche Faserverluste,
insbesondere im Vergleich zum Einkardenverfahren, abgeht, ist erklärlich und wird auch durch
die Praxis bestätigt. Die in den Tabellen 55 und 56

Tabelle 53. Benadelung der 2-Paar-Walzen-Mackie-Vorkarde, 4 × 6 Fuß.

Bezeichnung der Walzen	Walzendurchmesser				Anzahl der Bretter		Maße der Bretter	Nadeln						
	ohne Belag		über Holz	über Nadel-spitzen	am Um-fang	Ins-ge-samt	Länge ×Stärke	Nummer ×Länge	α^0	h	Rei-hen	Nadeln auf 1 Quadr.-Zoll	Nadeln auf einem Brett	Gesamt-nadeln auf einer Walze
	Zoll	mm	mm	mm			Zoll	Zoll		mm				
Trommel . . .	48	1219,2	1252,6	1267,2	50	150	$24 \times {}^{21}/_{32}$	12×1	70	7,3	5×40	2,69	200	30000
Speisewalze . .	14	355,6	387,4	401,6	17	51	$24 \times {}^{5}/_{8}$	$12 \times 1^{1}/_{8}$	50	7,1	5×44	3,25	220	11220
1. u. 2. Wender .	12	304,8	336,6	346,8	15	45	$24 \times {}^{5}/_{8}$	$13 \times 1^{3}/_{16}$	40	5,1	5×55	4,13	275	12375
1. u. 2. Arbeiter .	14	355,6	387,4	401,6	17	51	$24 \times {}^{5}/_{8}$	$12 \times 1^{1}/_{2}$	32	7,1	6×51	4,53	306	15606
Abnehmer . . .	18	457,2	485,8	498,2	23	69	$24 \times {}^{9}/_{16}$	$14 \times 1^{3}/_{8}$	36	6,2	7×64	7,15	448	30912

zusammengestellten Benadelungseinzelheiten und Einstellungen der Walzen lassen erkennen, daß im allgemeinen die Benadelung und auch die Walzeneinstellung feiner ist als dies bei Jutefeinkarden bisher üblich war.

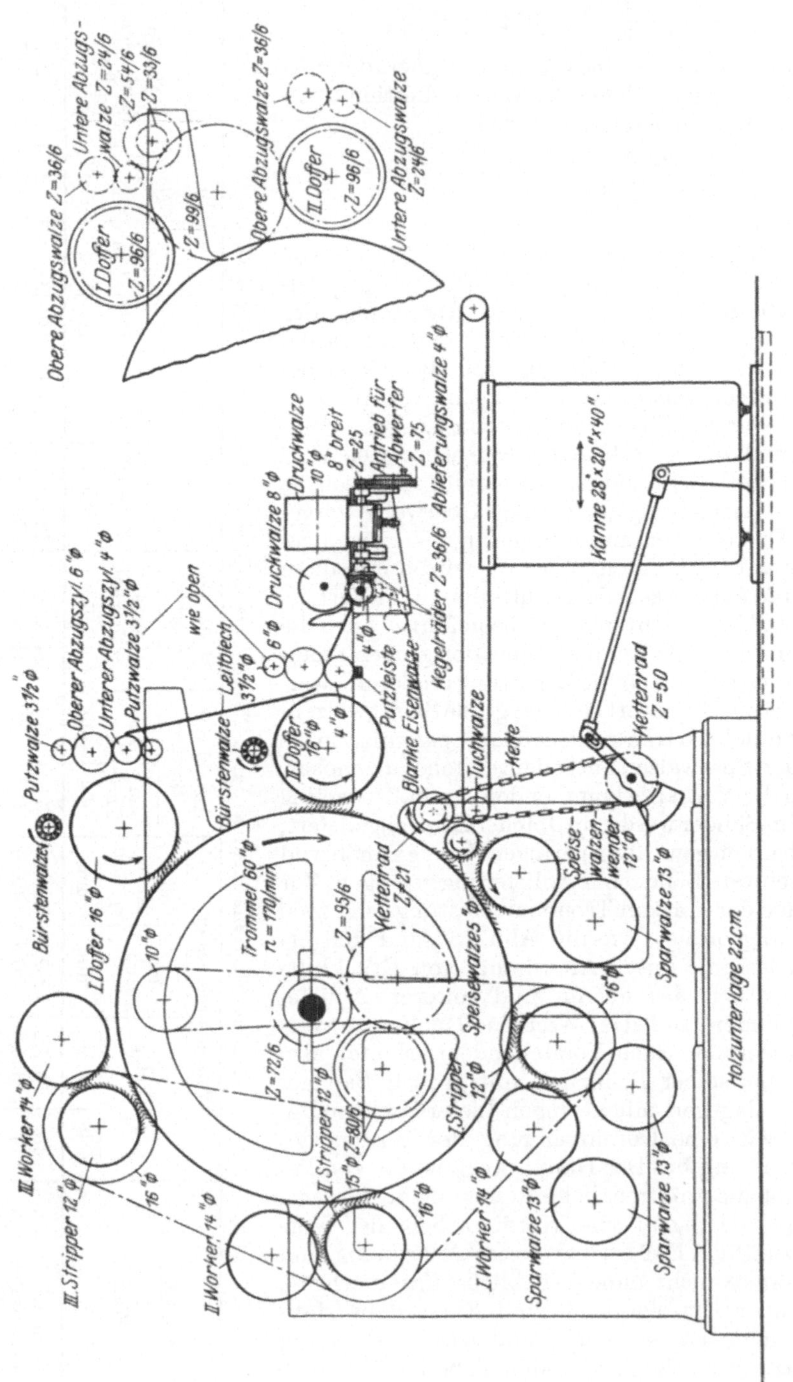

Abb. 157. Antriebsseite.

Abb. 158. Vorderseite.

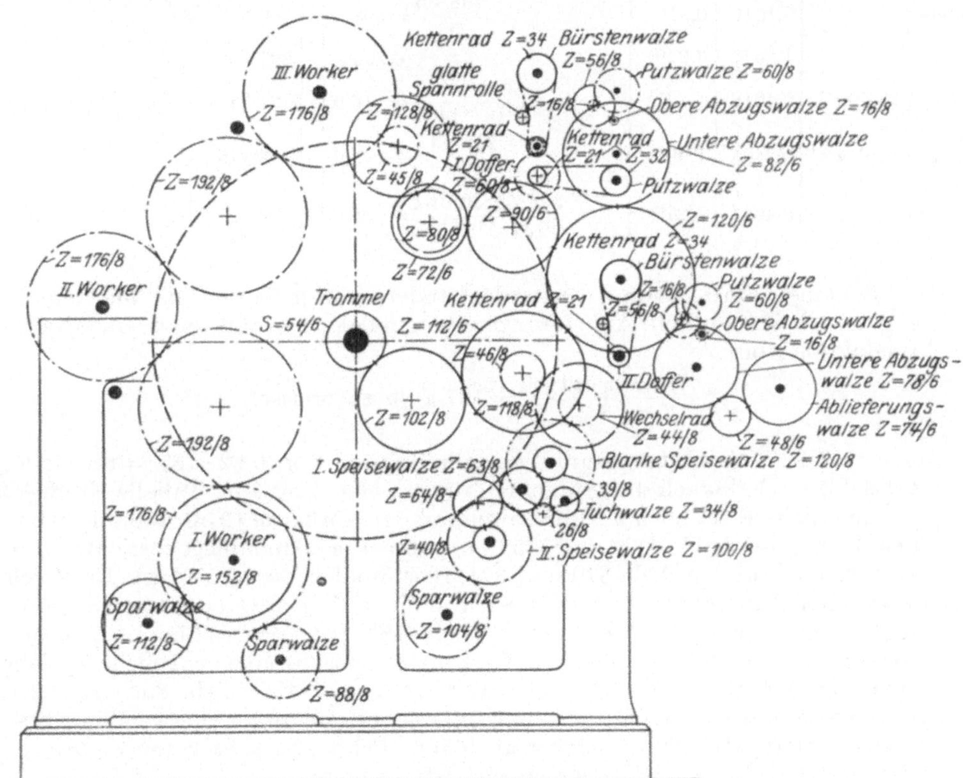

Abb. 159. Räderseite.

Abb. 157 bis 159. Doppel-Doffer-Feinkarde 5 × 6 Fuß mit 3 Walzenpaaren von James Mackie & Sons, Belfast.

Tabelle 54. Geschwindigkeitsverhältnisse und Verzüge der Mackie-Vorkarde, 4 × 6 Fuß.

$$\text{Verzugskonstante}^{1} = \frac{319\cdot46\cdot160\cdot126\cdot76}{415\cdot111\cdot18\cdot V_W\cdot55} = \frac{493}{V_W} \qquad \text{Uhrlänge}^{2} = \frac{32\cdot25\cdot111\cdot0,415}{22\cdot2\cdot46} = 18,21 \text{ m / Uhrumdrehung } (= \text{rd. 20 Yards})$$

$$n_T = 208/\text{min}; \quad T_W = 55; \quad V_W = 36; \quad V = \frac{493}{36} = 13,69; \quad A_W = 30.$$

Bezeichnung der Walzen	Durchmesser d über Nadeln m	Umfang $d\cdot\pi$ m	Umläufe/min	Umfangsgeschwindigkeit m/min	Verzüge
Tuchwalze . . .	0,1524[3]	0,4785	$\dfrac{208\cdot55\cdot36\cdot18\cdot111\cdot26}{76\cdot126\cdot160\cdot46\cdot36} = 8{,}432$	4,0347	⎫ 1,20
Einzugswalze . .	0,1016	0,415[4]	$\dfrac{208\cdot55\cdot36\cdot18\cdot111}{76\cdot126\cdot160\cdot46} = 11{,}675$	4,8451	⎭
Speisewalze . .	0,4016	1,261	$\dfrac{208\cdot55\cdot36\cdot18}{76\cdot126\cdot160} = 4{,}838$	6,1007	⎫ 1,26
Abnehmer . . .	0,4982	1,564	$\dfrac{208\cdot55\cdot24\cdot28}{58\cdot54\cdot116} = 21{,}160$	33,0942	5,42
Abzugswalze . .	0,1016	0,319	$\dfrac{208\cdot55}{58} = 197{,}241$	62,9199	1,90
Ablieferwalze . .	0,1016	0,319	$\dfrac{208\cdot55}{55} = 208$	66,352	1,05
Trommel	1,2672	3,979	$= 208$	827,632	⎫ 38,78
1. u. 2. Arbeiter .	0,4016	1,261	$\dfrac{208\cdot55\cdot30}{137\cdot148} = 16{,}926$	21,3437	7,44
1. u. 2. Wender .	0,3468	1,091	$\dfrac{208\cdot14''}{20''} = 145{,}6$	158,849	
Sparwalzen . . .	0,4064	1,276	$\dfrac{208\cdot55\cdot30\cdot164}{137\cdot148\cdot73} = 38{,}026$	48,5212	

Verzüge (zusammengefaßt): 1,20 und 13,69 (= 1,26; 5,42; 1,90; 1,05) ergeben 16,44; 38,78 und 7,44 ergeben 5,21; insgesamt 135,66.

Bei einem Ansatz von 9 Vorkardenbändern von je 78 g/m, bei 9fachem Verzug und bei 40 m/min Ablieferungsgeschwindigkeit erhält man eine Kardenproduktion von

$$\frac{9\cdot0{,}078\cdot40\cdot60}{9} = 187 \text{ kg/h theoretisch}$$

bzw. bei 92% Ausnützungsgrad eine Produktion von $0{,}92\cdot187 = \text{rd. }172$ kg/h tatsächlich. (Vgl. auch den Spinnplan für das Mackiesystem, Tabelle 83, S. 422.)

Zum Schluß sei noch auf die sowohl an der Vorkarde (Abb. 156) als auch an der Feinkarde (Abb. 157 und 158) angebrachte Bandablegevorrichtung hingewiesen, die in den Abb. 370 und 371, S. 426 näher dargestellt ist. Desgleichen sind bei beiden Karden große Kannen von rechteckigem Querschnitt vorgesehen, die, auf einem Schlitten ruhend, mittels eines Kurbelgetriebes hin und her bewegt werden und infolge ihres größeren Fassungsvermögens eine erhebliche Verlängerung der Ablaufzeit ermöglichen, vgl. ebenfalls S. 426, Tab. 85. Im übrigen sind beide Karden sorgfältig durchkonstruiert und unter Verwendung besten Materials ausgeführt; sie machen auch äußerlich einen sehr guten Eindruck, so daß sie zweifellos einen großen Fortschritt bedeuten.

---

[1] Verzug zwischen Einzugs- und Ablieferwalze.   [2] Bezogen auf die Einzugswalzen.
[3] Über Tuch gemessen.   [4] Unter Berücksichtigung der Riffelung.

5. Instandhaltung der Karden.

Die obigen Ausführungen über den Bau und die Betriebsweise der Karden haben zweifellos erkennen lassen, welche Bedeutung dem Kardieren im Vorbereitungsprozeß zukommt. Über gewisse Fragen der Verarbeitungsmethoden bestehen zwar teilweise Meinungsverschiedenheiten, doch dürften sich die Ansichten aller Beteiligten darüber einig sein, daß gute Arbeit nur geleistet werden kann, wenn die Karden dauernd in bester Ordnung gehalten werden. Pünktlichkeit, Reinlichkeit und Ordnung muß die Devise für die Kardenabteilung, wie überhaupt für die ganze Vorbereitung und sämtliche Abteilungen der Jutespinnerei sein. In Verbindung damit muß eine stete, sachverständige Kontrolle aller der Abnützung unterworfenen Maschinenteile einhergehen. Das Hauptaugenmerk ist hierbei auf die Kardenbeläge zu richten, von denen insbesondere die Beläge der Trommel und Arbeiter die schnellste Abnützung aufweisen. Sobald ein größerer Teil der Nadeln stumpf geworden, abgebrochen oder, was besonders bei weichem Nadelmaterial vorkommt, an den Spitzen häkchenförmig umgebogen ist, müssen die betreffenden Belagbrettchen erneuert werden. Nach welchem Zeitraum dieser Ersatz vorgenommen werden muß, hängt einesteils von Material und Form der Nadeln, anderenteils von dem zu verarbeitenden Fasermaterial und der Kardenbeanspruchung ab. Naturgemäß erleiden die Beläge der Vorkarden die größte Beanspruchung; ihr stehen wenig nach die Einkardenbeläge, während die Beläge der Feinkarden die längste Lebensdauer aufweisen. Für durchschnittliche Verhältnisse kann man annehmen, daß der Trommelbelag an einer Vorkarde nach 6 Monaten, an einer Einkarde nach 6 bis 9 Monaten und an einer Feinkarde nach 2 und mehreren Jahren erneuert werden muß. Ähnliche Abnützungszeiten weist der Belag des 1. Arbeiters auf, während bereits der

Tabelle 55. Benadelung der 3-Walzenpaar-Mackie-Feinkarde, 5 × 6 Fuß.

Bezeichnung	Durch-messer d. Walzen ohne Belag Zoll	Anzahl der Bretter		Maße der Bretter Länge × Stärke Zoll	Nadeln				
		am Umfang	Ins-gesamt		Nummer × Länge Zoll	Reihen	Nadeln auf 1 Quadrat-Zoll	Nadeln auf einem Brett	Gesamt-nadeln auf einer Walze
Trommel	60	63	189	24 × ½	17 × $^{11}/_{16}$	10 × 72	9,87	720	136080
Obere Speisewalze .	6				ohne Nadelbelag				
Untere Speisewalze	5	9	27	24 × $^5/_8$	13 × $^{15}/_{16}$	7 × 66	10,51	462	12474
Speisewalzenwender	12	15	45	24 × $^{13}/_{32}$	15 × $^7/_8$	7 × 60	6,52	420	18900
1. Wender	12	15	45	24 × $^{13}/_{32}$	15 × $^7/_8$	8 × 72	8,95	576	25920
2. Wender	12	15	45	24 × $^{13}/_{32}$	16 × $^7/_8$	9 × 84	11,74	756	34020
3. Wender	12	15	45	24 × $^{13}/_{32}$	17 × $^7/_8$	10 × 96	14,91	960	43200
1. Arbeiter	14	17	51	24 × $^{13}/_{32}$	15 × $1^1/_{16}$	8 × 72	8,77	576	29376
2. Arbeiter	14	17	51	24 × $^{13}/_{32}$	16 × $1^1/_{16}$	9 × 84	11,51	756	38556
3. Arbeiter	14	17	51	24 × $^{13}/_{32}$	17 × $1^1/_{16}$	10 × 96	14,62	960	48960
1. Abnehmer . . .	16	19	57	24 × $^{13}/_{32}$	17 × 1	10 × 96	14,40	960	54720
2. Abnehmer . . .	16	19	57	24 × $^{13}/_{32}$	17 × 1	11 × 102	16,83	1122	63954

Tabelle 56. Einstellung der Walzen, Geschwindigkeitsverhältnisse und Verzüge der Mackie-Feinkarde, 5 × 6 Fuß.

Bezeichnung der Walzen	Einstellung d. Walzen		Uml./min	Umfangsgeschwindigkeit m/min	Verzüge				
	zueinander	zur Trommel							
Tuchwalze			13,44	4,288	}1,31	}0,90			
Obere Speisewalze .		⅛ Zoll	11,716	5,607					
Untere Speisewalze.	} Nr. 16	Nr. 10	7,253	3,849	}3,12				
Speisewalzenwender		Nr. 16	11,423	12,023					
1. Arbeiter.	} Nr. 16	Nr. 12	20,375	24,734	}6,10				
1. Wender		Nr. 16	143,438	150,973					
2. Arbeiter.	} Nr. 17	Nr. 14	20,375	24,734	}6,10	}6,11			
2. Wender		Nr. 17	143,438	150,973					
3. Arbeiter.	} Nr. 18	Nr. 16	20,375	24,734	}6,10		}10,28		}216
3. Wender		Nr. 18	143,438	150,973					
1. Abnehmer . . .	} ¼ Zoll	Nr. 16	17,104	23,513	}1,52				
1. Abzugswalze. . .			111,951	35,715					
2. Abnehmer. . . .	} ¼ Zoll	Nr. 16	17,104	23,513	}1,60		}5,51	}33,61	
2. Abzugswalze. . .			117,7	37,549					
Ablieferwalze . . .			124,054	39,576	}1,05	}35,35			
Trommel			170	831,233					

2. Arbeiter und vor allem die übrigen Arbeiter eine längere Lebensdauer zu
verzeichnen haben. Am geringsten nützen sich die Wenderbeläge ab. In
vielen Fabriken ist es üblich, das Auswechseln der Beläge turnusmäßig in genauen Zeitintervallen vorzunehmen. Diese Methode hat den Vorteil, daß die
Erneuerung der Beläge gewissermaßen automatisch vor sich geht, und daß
Versäumnisse in dieser Richtung kaum zu verzeichnen sind. Gegen diese Methode
ist so lange nichts einzuwenden, als die Betriebsverhältnisse die gleichen bleiben,
d. h. das gleiche Fasermaterial verarbeitet wird und die gleiche Qualität Beläge verwendet werden. Richtiger ist es, die Erneuerung erst nach vorheriger
Prüfung der Kardenbeläge, wie auch insbesondere der Beschaffenheit des abgelieferten Bandes vorzunehmen, was auf jeden Fall stets in bestimmten Zeiträumen zu erfolgen hat. Vielfach ist es auch üblich, nicht zu gleicher Zeit den
ganzen Belag auszuwechseln, sondern die Erneuerung reihenmäßig vorzunehmen,
also z. B. beim Trommelbelag einer Vorkarde eine ganze Reihe im Umfang
nach 2 Monaten, die nächste Reihe nach weiteren 2 Monaten und die letzte
Reihe wieder nach 2 Monaten, um dann nach 2 Monaten wieder vorn anzufangen.
Auf diese Weise hat man stets verhältnismäßig neue Beläge. Doch darf nicht
außer acht gelassen werden, daß bei einer Mischung von alten, schon in gewissem
Umfang abgenützten, und neuen Belägen nicht die genaue Einstellung der Walzen
möglich ist wie bei einer Erneuerung des ganzen Belages.

Beim Auswechseln der Beläge können die alten Belagbrettchen mehrmals
verwendet werden, indem nur die alten Nadeln herauszuschlagen und neue
einzusetzen sind. Beim 1. Nachnadeln kann die bisherige Nadelnummer noch
verwendet werden, dagegen ist beim 2. Nadeln bereits eine um eine halbe Nummer
stärkere Nadel einzusetzen, während beim 3. oder gar 4. Nachnadeln eine um
eine ganze Nummer stärkere Nadel verwendet werden muß. Nach viermaligem
Nachnadeln sind die Trommelbretter meist verbraucht und müssen durch neue
ersetzt werden, so daß man für Vorkarden und Einkarden mindestens nach
2 Jahren einen neuen Belag rechnen muß. Naturgemäß ist hierbei die Beschaffenheit und Güte des verwendeten Holzes von wesentlichem Einfluß. Je zäher
und trockener das Holz ist, desto weniger weiten sich die Löcher beim Aus-
nadeln auf, und desto länger kann mit der Grundnadel gearbeitet werden. Auch

kommt ein Reißen der Brettchen weit weniger häufig vor. Die Handarbeit des Ein- und Ausschlagens der Nadeln in die Kardenbrettchen wird neuerdings vielfach durch mechanische Arbeit ersetzt. Die Abb. 160 und 161 zeigen eine Benadelungsmaschine von Fairbairn, die sich in der Praxis sehr bewährt hat. Die Maschine ist sowohl für Hand- als auch für Kraftbetrieb eingerichtet. Für die Antriebsscheiben sind zwei Geschwindigkeiten vorgesehen, eine langsame zum Ausschlagen der Nadeln, Abb. 161, sowie eine schnelle zum Einnadeln, Abb. 160. Neben der Ersparnis an Arbeitskräften bietet die Maschine den Vorteil der genaueren Arbeit. Insbesondere werden bei richtiger Einstellung des Anschlages die Nadeln gleichmäßig eingedrückt, ohne das Holz zu beschädigen, während beim Einschlagen der Nadeln mit dem Hammer die Rückseite des Holzbelages sehr leidet.

Beim Aufbringen der Belagbrettchen muß darauf geachtet werden, daß diese gut passend und ohne breite Fugen am Umfang anliegen und vor allem unbedingt fest angeschraubt sind. Los gewordene Bretter können nicht nur den ganzen Kardenbelag durch Abspringen zerstören,

Abb. 160. Benadelungsmaschine von Fairbairn. Einschlagen der Nadeln.

sondern sogar die Walzen zum Brechen bringen. Hierbei muß beachtet werden, daß nachgenadelte Brettchen sich in ihrer Breite infolge der Erweiterung der Löcher und der eingeschlagenen stärkeren Nadelnummer etwas weiten, so daß sie beim Aufschrauben fest zusammengespannt werden müssen, damit sie wieder in die alten Schraubenlöcher passen.

Wesentlich zur Erhaltung der Belagbrettchen, vor allem aber auch zur Erzielung eines sauberen Bandes trägt eine häufige Reinigung der Beläge von anhaftenden Faserteilchen und Unreinigkeiten bei, die infolge ihres hohen Feuchtigkeitsgehaltes im Laufe der Zeit zerstörend auf die Holzbeläge wirken. Am häufigsten hat die Reinigung der Speisewalze zu erfolgen, die mindestens täglich vorgenommen werden muß. Auch die Arbeiter- und Abnehmerwalzen müssen mindestens zweimal in der Woche geputzt werden. Zu diesem Zweck bedient man sich eines an der Spitze zugeschärften Eisenhakens, mit dem die festgeklebten Faserreste abgekratzt werden, um sodann mit einer Bürste oder Besen abgefegt zu werden. Um Unglücksfälle zu vermeiden, muß bei diesem Walzenputzen, soweit dieses während der Betriebszeit vorgenommen wird, dafür gesorgt werden, daß kein Unbefugter die Karde einrücken kann. Nach jeder Belagerneuerung oder Ausbesserung muß selbstverständlich eine Neueinstellung der Walzenabstände genau nach der Lehre vorgenommen werden, und es sollte nur besonders geübtes Personal dazu Verwendung finden. Ehe die Karde in Betrieb gesetzt wird durch Überleitung des Riemens auf die Festscheibe oder Einschalten des Antriebsmotors, versichert man sich zuvor durch langsames Inbetriebsetzen von Hand, daß an keiner Stelle vorstehende Nadeln einzelner Walzen gegeneinanderstoßen. Bei Nichtbeachtung dieser Vorsichtsmaßregel kann es nicht nur vorkommen, daß die neuen Beläge gleich beschädigt werden, sondern das Anschlagen von Nadeln oder anderen harten Fremdkörpern hat häufig schon die Ursache von entstehenden Bränden infolge Funkenschlages abgegeben. Im übrigen pflegen sich solche Brandunfälle meist nur bei stark verschmutzten und lange nicht gereinigten Karden zu ereignen.

Neben den Belägen sind insbesondere die Lager der einzelnen Walzen, vor allem bei den schnellaufenden Wendern, besonderer Abnützung unterworfen. Stark eingelaufene Lagerstellen haben, abgesehen von dem großen Schmierölverlust und dem unregelmäßigen Lauf der Walzen, den Nachteil, daß eine genaue Einstellung der Walzen nicht möglich ist. Dieser Mißstand ist bei den modernen Karden mit ihren Ringschmier- oder Kugellagern, deren Lebensdauer erheblich größer, während ihr Kraftverbrauch geringer ist, größtenteils vermieden. Daß weiterhin die heute meist mit gefrästen Zähnen ausgeführten Triebräder in bestem Zustand gehalten werden, daß keine ausgelaufenen Naben oder abgenützten Stehbolzen und dergleichen geduldet werden dürfen, ist eine Selbstverständlichkeit.

Der Instandhaltung der Schutzvorrichtungen, Sicherheitsverschlüsse usw. ist besondere Aufmerksamkeit zu widmen. Um dem immer wieder vorkommenden Öffnen der Schutzverdecke und Abdeckungen während des Betriebes zu steuern, werden, wie oben schon angeführt, vielfach Vorkehrungen getroffen, bei denen ein Öffnen dieser Verdecke nur möglich ist, wenn der Antriebsriemen von der Fest- auf die Losscheibe geschoben, bzw. der Antriebsmotor ausgeschaltet worden ist[1]. Überall da, wo solche Einrichtungen noch nicht bestehen, müssen die Verdecke so verschlossen werden, daß sie nur durch den Meister oder Aufseher geöffnet werden können.

Abb. 161. Benadelungsmaschine von Fairbairn. Ausschlagen der Nadeln.

----

[1] Über eine Reihe bewährter Kardenverriegelungen berichtet Dipl.-Ing. Windel im D.-L.-I. 1930, H. 12—14.

B. Das Strecken und Doppeln.

Allgemeines.

Der auf das Kardieren folgende Arbeitsgang des Streckens und Doppelns verfolgt in erster Linie den Zweck, den von der Feinkarde kommenden Bändern eine größere Gleichmäßigkeit sowohl hinsichtlich ihrer Dicke wie auch der Parallelität ihrer Fasern zu geben, wobei gleichzeitig eine Verfeinerung der Bänder für den nachfolgenden Vorspinnprozeß angestrebt wird. Nebenbei erfolgt ein weiteres Ausscheiden von Unreinigkeiten und ganz kurzen Fasern, die dem Kardenband noch anhaften.

Die Vergleichmäßigung bezüglich der Parallelität der Fasern, die nach den Darlegungen über den Kardierprozeß in den Kardenbändern bis zu einem gewissen Grad schon vorhanden ist und auch schon vorhanden sein muß, wenn eine weitere Vervollkommnung durch den Streckprozeß überhaupt möglich sein soll, wird durch Auseinanderziehen, Verziehen oder Strecken der Faserbänder zwischen zwei, in bestimmtem Abstand zueinander stehenden und mit verschiedener Geschwindigkeit umlaufenden Walzenpaaren erreicht, wobei das erste, sich langsamer drehende Walzenpaar als feststehende Einspannstelle betrachtet werden kann, während das andere, sich mit erheblich größerer Umfangsgeschwindigkeit bewegende Walzenpaar infolge der hierdurch erzielten Zugwirkung das eingespannte Faserband zu einem dünneren und längeren Band auszieht. Da das auf diese Weise verdünnte Band für eine weitere Verarbeitung kaum genügenden Zusammenhalt besitzt, vereinigt man mehrere zu einem einzigen Band von meist geringerer oder zum mindesten gleicher Stärke als das ursprüngliche. Dieser mit „Duplieren" oder Doppeln, richtiger mit „Vereinigen" bezeichnete Arbeitsvorgang, der stets in Verbindung mit dem Strecken vorgenommen wird, hat noch als zweite, sehr wichtige Aufgabe, die Ausgleichung von Dicken- und Gewichtsunterschieden in den Bändern herbeizuführen. Da erfahrungsgemäß die von den Karden kommenden Bänder bis zu einem gewissen Grad Gewichtsschwankungen unterworfen sind und auch trotz sorgfältigsten Auflegens dünnere und dickere Stellen aufweisen, die sich zwar beim folgenden Streckprozeß auf größere Längen ausziehen, aber sich dadurch doch nicht ausmerzen lassen, hat man es durch Anwendung mehrfacher Vereinigungen in der Hand, diese Ungleichheiten bis zu einem technisch genügend vollkommenen Grad zu beseitigen. Der Grad der Vergleichmäßigung nimmt theoretisch mit der Zahl der Verzüge und der Vereinigungen zu, praktisch sind jedoch diesem Grenzen gezogen, wie später noch gezeigt wird.

Das als wesentlichstes Merkmal des Streckprozesses sich vollziehende Ausstrecken des Faserbandes zwischen zwei Walzenpaaren, den Einzugswalzen und den Streckwalzen, setzt eine ganz bestimmte Entfernung dieser Walzenpaare voneinander voraus, die naturgemäß durch die Faserlänge bestimmt wird. Sie darf keineswegs geringer als die Länge der Fasern im Band sein, da dies zu einem Zerreißen derselben zwischen den beiden Walzenpaaren führen würde. Andrerseits soll die Walzenentfernung die Faserlänge auch nicht erheblich überschreiten, da sonst in dem zwischen beiden Walzenpaaren ausgezogenen Faserband eine ganze Anzahl Fasern vorkommen, die zwischen Einzugswalzen und Streckwalzen frei „schwimmen", so daß ihr Zusammenhalt verlorengeht und statt der beabsichtigten Parallelisierung das Gegenteil, eine Verwirrung und Verkreuzung der Fasern, und vor allem eine ungleichmäßige Dicke des Bandes eintritt. Nun ist bereits bei der Beschreibung des Kardiervorgangs auf die große Verschiedenheit in der Faserlänge besonders bei Jute hingewiesen worden, so daß obige Bedingungen nur theoretisch erfüllt werden können. Man richtet sich demnach bei der Bemessung der als Streckfeldweite (englisch „reach") bezeichneten Entfernung von Mitte der Einzugswalze bis zu Mitte der Streckwalze nach den längsten Fasern und sorgt für die kürzeren Fasern im Bereich des Streckfeldes für eine geeignete Unterstützung, die meist durch nebeneinandergereihte, eng mit senkrechten spitzen Nadeln (gill pins) besetzten Stäben gebildet wird, die sich mit dem Band, jedoch mit konstanter Geschwindigkeit, bewegen.

Die das Strecken und Doppeln in einem Arbeitsgang ausführenden Maschinen bezeichnet man als Streckmaschinen oder Strecken („drawing frames"). In der Jutespinnerei ist es allgemein üblich, 2 Strecken, seltener 3 Strecken hintereinander anzuwenden, wobei die von der einen Strecke kommenden Bänder der nachfolgenden unter Anwendung von wiederum mehrfachen Dopplungen und Verzügen vorgesetzt werden mit dem Endziel, ein schwächeres, gleichmäßigeres und verfeinertes Band zu erhalten. Diese Strecken, die als erste, zweite und eventuell dritte Strecke, oder Vor- und Feinstrecke, bzw. Vor-, Mittel- und Feinstrecke bezeichnet werden, sind sich in ihrem Aufbau ziemlich ähnlich; sie unterscheiden sich in der Hauptsache lediglich durch die Verfeinerung ihrer Organe, entsprechend der fortschreitenden Verfeinerung der Faserbänder. Auch ist es üblich, die Streckfeldweite, die bei der ersten Strecke 15 bis 17 Zoll beträgt, bei den nachfolgenden feineren Strecken etwas zu verringern, z. B. sie bei der zweiten Strecke etwa mit 13 bis 14 Zoll und eventuell bei der dritten mit 12 bis 13 Zoll zu bemessen, da durch die Einwirkung des nadelbesetzten Streckfeldes bis zu einem gewissen Grad noch eine Spaltung und infolgedessen auch eine Verkürzung der Fasern eintritt[1].

Eine weitere sehr wesentliche Unterscheidung im Aufbau der Strecken ist durch die Art der Anordnung und Bewegung der Nadelstäbe im Streckfeld gegeben, doch soll, ehe auf diese Einzelheiten eingegangen wird, im folgenden zuvor
der allgemeine Aufbau einer Jutestrecke
zur Darstellung kommen.

Mit Bezug auf die schematische Querschnittszeichnung, Abb. 162, unterscheidet man folgende Hauptteile einer Strecke, gleichgültig ob es sich um eine Vor- oder Feinstrecke handelt:

Die beiden Einzugswalzen oder -zylinder („retaining roller" von retain = zurück- oder festhalten) E_1, E_2, von denen E_1 als die hintere, E_2 als die vordere gilt und die, wie ihr Name besagt, das Einziehen oder Speisen der aus den Bänderkannen ablaufenden Faserbänder in das Streckwerk bezwecken;

die auf beiden Zylindern lose liegende, nicht angetriebene dritte Einzugswalze E_3, auch als Einzugsdruckwalze oder Einzugsdruckzylinder („slip roller") bezeichnet, welche das straffe Einziehen der Bänder vermittelt;

die beiden Streckwalzen A_1, A_1', von denen die untere, A_1, meist als Verzugs- oder Auszugszylinder, die obere, A_1', als Verzugsdruckwalze bezeichnet wird.

---

[1] Hierzu sei bemerkt, daß diese faserteilende und hechelnde Wirkung des Streckfeldes (das aus diesem Grunde aber zu Unrecht auch als „Hechelfeld" bezeichnet wird) nur sehr gering ist und keineswegs zu den Aufgaben der Strecken, wie vielfach angenommen wird (z. B. auch von Pfuhl a. a. O. S. 197), gehört. Wie gering nur die Hechelwirkung des Streckfeldes sein kann, zeigt z. B. ein Vergleich der beim Streckprozeß in Tätigkeit tretenden Anzahl Nadeln und deren Relativgeschwindigkeit zu den Faserbändern mit der beim Kardierprozeß zur Wirkung kommenden, weit größeren Menge von Nadeln und den hierbei auftretenden Relativgeschwindigkeiten der einzelnen Arbeitswalzen. Fasern oder Faserbündel, die trotz der intensiven Einwirkung der Kardennadeln noch nicht gespalten sind, werden kaum eine weitere erhebliche Teilung beim Passieren der Strecke erleiden, es sei denn, daß, wie man es bei den Kardenbändern manchmal beobachten kann, bereits angespaltene Faserbündel enthalten sind, die beim Einstechen der Gillnadeln vollends zerfallen.

Zwischen Einzugs- und Streckwalzen, durch deren verschiedene Umfangs-geschwindigkeiten der Verzug zustande kommt, liegt das Streck- oder Nadel-stabfeld N, dessen eng aneinander gereihte, nadelbesetzte Stahlstäbe sich auf einer oberen Gleitbahn in Richtung des Faserbandes von den Einzugs- bis zu den Streckwalzen bewegen, um nach Erreichung der letzteren durch einen besonderen Führungsmechanismus nach einer unteren Gleitbahn zu gelangen, auf der sie in entgegengesetzter Richtung nach dem Ausgang ihrer Bewegung, zu den Einzugswalzen, zurückkehren, um durch einen ähnlichen Bewegungs-mechanismus wieder nach der oberen Gleitbahn befördert zu werden, wobei ihre spitzen Nadeln das darüber gleitende Faserband in möglichst senkrechter

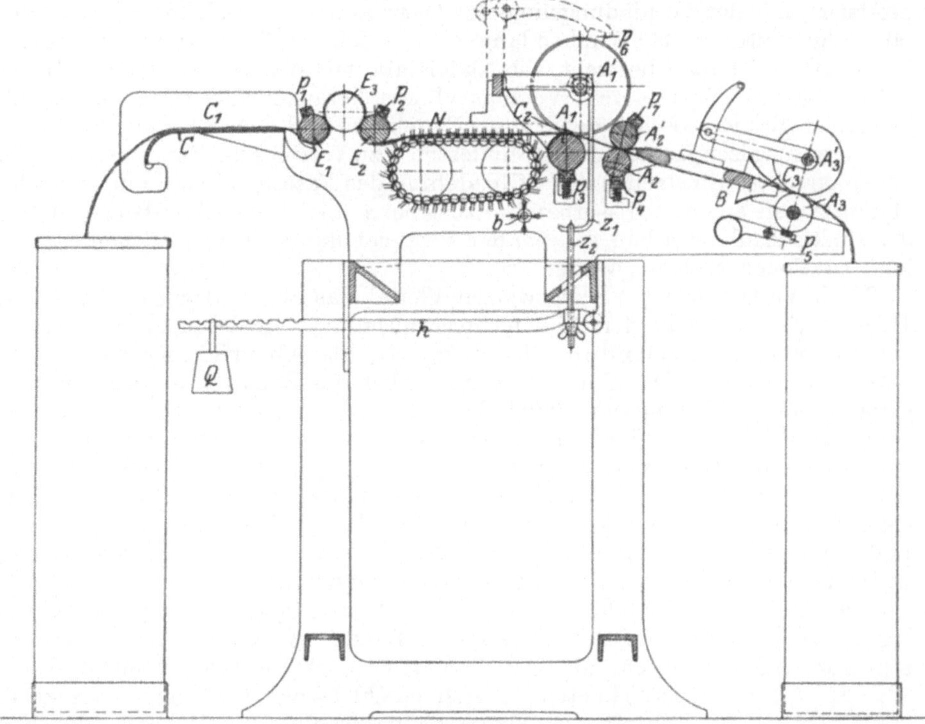

Abb. 162. Querschnitt einer Jutestrecke.

Richtung durchdringen. Diese Stahlstäbe tragen infolge ihrer fallenden Be-wegung am Ende ihrer Gleitbahn die englische Bezeichnung „faller", die auch teilweise ins Deutsche übergegangen ist und mit „Fallstab" übersetzt werden kann[1]. Statt der auch vielfach üblichen Bezeichnuug „Hechelstab" wird besser der Ausdruck Nadelstab oder Gillstab angewendet. Die Nadeln sind in der Regel nicht direkt auf den Stahlstäben befestigt, sondern meist zweireihig in rechteckige Messingleisten, Nadelleisten oder Gills genannt, vgl. Abb. 168, S. 248, eingeschlagen, die mit Nieten auf den Stahlstäben befestigt sind. Diese An-ordnung ermöglicht ein bequemeres Auswechseln der abgenützten Nadeln, ohne daß die ganzen Stäbe ersetzt werden müssen. Auch sind auf jedem Fallstab mehrere Bahnen Nadelleisten nebeneinander angeordnet, so daß diese wesent-

---

[1] Unter „Faller" versteht man meistens die Nadelstäbe bei Schraubenstrecken, die deshalb oft auch als „Fallerstrecken" bezeichnet werden, vgl. S. 271.

lich kürzer als die Fallstäbe sind. Da sich die Nadelstäbe, wie schon erwähnt, mit gleichbleibender Geschwindigkeit, welche die Umfangsgeschwindigkeit der Einzugswalzen nur wenig überschreitet, bewegen, wird das Band von den Einzugswalzen bis zu den Streckwalzen infolge der höheren Umfangsgeschwindigkeit der letzteren mit zunehmender Geschwindigkeit durch das Nadelfeld gezogen, wobei die Nadeln wie beim Ziehen durch einen Kamm oder eine Hechel den Fasern die notwendige Führung geben, um die angestrebte Parallellegung der Fasern herbeizuführen. Hauptbedingung ist, daß das Band an sämtlichen Stellen des Streckfeldes so tief wie möglich in den Nadeln liegt. Theoretisch ist diese Bedingung erfüllt, wenn die Bandlinie im Streckfeld, die sich als Berührungsgerade an die Querschnittskreise des Einzugszylinders und des Verzugszylinders projiziert, mit der Verbindungslinie der Oberkanten der Nadelleisten zusammenfällt. Um weiterhin das Band so lang wie möglich der Einwirkung der Nadeln zu unterwerfen, ist man bestrebt, die Nadelstäbe mit den aufgenieteten Gills möglichst nahe an Einzugs- und Verzugszylinder heranzubringen, um insbesondere den freien Raum zwischen der letzten Nadelreihe und dem Klemmpunkt („nip") des Verzugswalzenpaares auf ein Mindestmaß zu verringern. Ebenso ist möglichst ein senkrechtes Einstechen der Gillnadeln in das Faserband bzw. ein ebensolches Herausziehen aus dem Faserband anzustreben. Inwieweit diese Bedingungen in der Praxis erfüllt werden, soll bei der Besprechung der verschiedenen Streckenkonstruktionen erörtert werden.

Nach Verlassen der Verzugswalzen gleitet das Band über die Band- oder Duplierplatte B zu den Ablieferungswalzen A_3, A_3', deren untere, A_3, auch als Ablieferungszylinder, die obere, A_3', als Ablieferungsdruckwalze bezeichnet werden. Der Zug des Bandes über die Bandplatte wird durch eine etwas größere Umfangsgeschwindigkeit der Ablieferungswalze gegenüber der Verzugswalze erzeugt. Bei den Jutestrecken ist meist dicht vor dem Verzugswalzenpaar noch ein zweites Walzenpaar, A_2, A_2', angeordnet, das ein glattes Abziehen des Bandes von den Verzugswalzen herbeiführen soll. Man bezeichnet diese Walzen daher auch als Glätt- oder Bandabzugswalzen (slicking roller), und zwar A_2 als Abzugszylinder oder Hilfszylinder und A_2' als Abzugszylinderdruckwalze oder Hilfszylinderdruckwalze.

Die Führung der Bänder durch die Nadelfelder, bzw. die Art der Zusammenlegung oder Dopplung der gestreckten Bänder zu einem einzigen Band ist aus Abb. 163 ersichtlich, die in schematischer Weise den Grundriß des mit „Kopf" („head") bezeichneten, in sich geschlossenen Teils einer Strecke darstellt. Durch die Teilung der Strecken in einzelne Abteilungen oder Köpfe ist es möglich, die Länge und daher auch die Querschnittsabmessungen der Nadelstäbe zu beschränken, indem jeder Kopf sein eigenes, vom nebenliegenden Kopf unabhängig bewegtes Nadelfeld erhält. Dadurch werden die Nadelstäbe und deren Antriebsmechanismus leichter, und vor allem ist ein zuverlässiges Arbeiten dadurch gewährleistet, daß Störungen im Betrieb der Nadelfelder, wie sie z. B. beim Wickeln der Bänder verursacht werden, kopfweise beseitigt werden können, ohne daß die ganze Strecke außer Betrieb gesetzt werden muß. In den die einzelnen Köpfe trennenden, auf dem Maschinenbett aufgeschraubten Seitenwänden oder Fallerböcken erhalten überdies die über die Länge der ganzen Maschine durchgehenden Einzugs-, Verzugs- und Abzugszylinder, ebenso wie die durchgehenden Antriebswellen sichere Lagerungen.

Für jeden Kopf ist eine gewisse Anzahl Bänder vorgesehen, z. B. laufen bei der dargestellten Strecke 4 Bänder parallel nebeneinander ein. Jedes Band hat seine eigene Nadelleistenreihe oder Nadelbahn, sowie seine eigenen Druckwalzen für den Einzugs- und den Verzugszylinder.

Die nach Verlassen der Verzugs- und Abzugszylinder über die gußeiserne, glattpolierte Bandplatte gleitenden dünnen Bänder erhalten in den unter 45⁰ geneigten, mit abgerundeten Kanten versehenen Schlitzen S, deren Zahl sich nach der Zahl der Bänder bzw. der Nadelbahnen je Kopf richtet, bei entsprechender Führung teils über, teils unter der Bandplatte, eine Umlenkung senkrecht zu ihrer ursprünglichen Bewegungsrichtung, um mit den nebenliegenden Bändern in der aus der Abb. 163 ersichtlichen Weise zusammengeführt zu werden und nach nochmaliger Umlenkung um 90⁰ zuletzt, zu einem einzigen Band vereinigt, dem Ablieferungswalzenpaar und von diesem der vorgesetzten Bänderkanne zuzustreben. Es ist einleuchtend, daß bei diesem Lauf über die Bandplatte die Bänder einen gewissen Zug aushalten müssen, der um

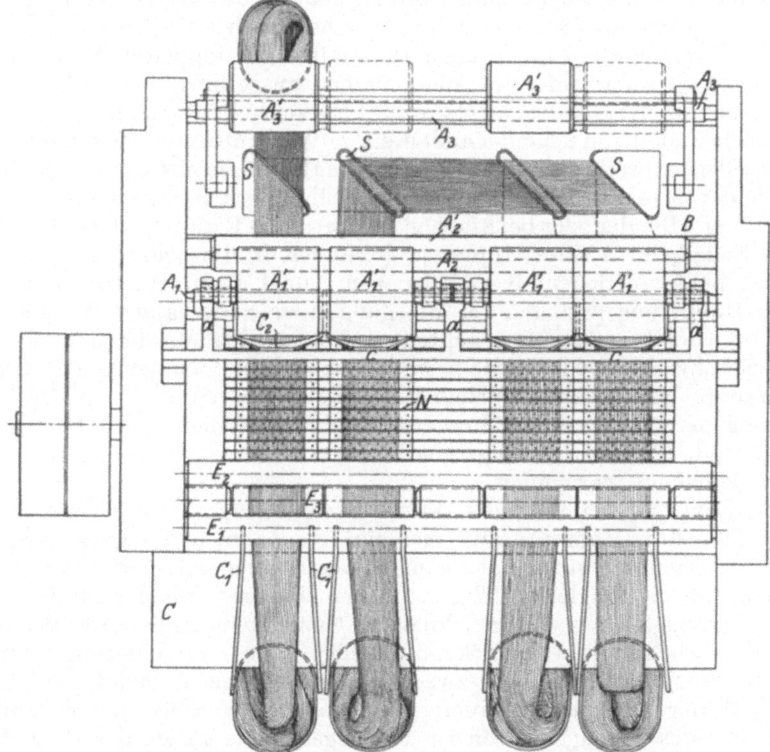

Abb. 163. Kopf einer Jutestrecke. Grundriß.

so größer ist, je größer der auf der Bandplatte zurückzulegende Weg ist, d. h. also auch, je größer die Anzahl der Bänder ist, die auf der Bandplatte zu einem einzigen Band vereinigt werden. Andererseits fallen die einzelnen Bänder bei größer werdendem Verzug schwächer aus und besitzen daher gegenüber dem Bandplattenzug verminderte Widerstandsfähigkeit. Diese Verhältnisse sind neben der Beschaffenheit des Fasermateriales und anderen noch zu besprechenden Erwägungen mitbestimmend sowohl für die Zahl der Dopplungen wie auch für die Größe der anzuwendenden Verzüge.

Die Verzugsdruckwalzen sind entweder paarweise, in geringem Abstand nebeneinander auf einer Achse sitzend, angeordnet oder sie bilden für je 2 Nadelbahnen einen gemeinsamen gußeisernen Körper, der mit 2 Hochkantlederkörpern überzogen ist, die in der Mitte des Walzenkörpers durch einen schmalen Eisenring voneinander getrennt sind (vgl. die näheren Ausführungen S. 297). Diese Anordnung findet sich meist nur bei Vorstrecken, während die Druckwalzen der Feinstrecken für jede Nadelbahn getrennt und wesentlich leichter ausgeführt sind. Sie sind in der Regel mit doppeltem Flachlederbelag versehen, seltener mit Hochkantleder. Bei groben C-Garnstrecken findet man bisweilen die Druckwalzen auch als nackte Eisenkörper mit tiefgehenden runden Riffeln („round top and bottom flute") ausgebildet, die in entsprechend gezahnte Riffeln des Verzugszylinders eingreifen (iron fluted pressing rollers „hard to hard").

Die Zahl der Ablieferungen eines Kopfes richtet sich nach der Zahl der Nadelbahnen und der gewünschten Duplierungen. Wie aus Abb. 163 ersichtlich, ist der dargestellte Streckkopf mit 2 Ablieferungen, und zwar für die 1. und 3. Nadelbahn, vorgesehen. Man kann also entweder bei 4facher Duplierung auf der Duplierplatte ein Band abziehen oder bei 2facher Duplierung zwei Bänder. Bisweilen werden die Ablieferungsdruckwalzen in doppelter Breite oder paarweise nebeneinander auf einer Achse sitzend ausgeführt, so daß jede Nadelbahn ihre eigene Ablieferungsdruckwalze erhält (gestrichelt gezeichnet). Läßt man hierbei für jede Nadelbahn 2 Bänder einlaufen, entweder übereinander oder bei genügender Nadelleistenbreite dicht nebeneinander, so ergeben sich folgende Möglichkeiten: Man zieht von jedem Kopf bei 2facher Duplierung 4 Bänder ab oder bei 4facher Duplierung 2 Bänder oder bei 8facher Duplierung 1 Band. Legt man in die beiden ersten Nadelbahnen eines Kopfes je 2 Bänder, in die beiden andern je 1 Band ein und zieht von jedem Kopf wiederum nur 1 Band ab, so erhält man eine 6fache Duplierung usw. Bei der Belegung einer Nadelbahn mit mehr als einem Band ist besonders darauf zu achten, daß die Gillnadeln die Bänder, besonders wenn sie schwer von der Karde her gearbeitet sind, noch genügend durchstechen bzw. daß die Bänder nicht seitlich der Nadelleisten herauslaufen. Da bei starker Belegung der Nadelbahnen diese nachteiligen Erscheinungen häufig zu beobachten sind, wird man wenigstens für bessere Garne eine doppelte Belegung der Nadelbahnen vermeiden.

Die Entscheidung über die Anzahl der Dopplungen und damit über die Größe der Verzüge läßt sich nur im Rahmen des ganzen Spinnplanes treffen. Zunächst besteht naturgemäß das Bestreben, so viel wie möglich zu doppeln, um die Ungleichmäßigkeiten der einzelnen Bänder, dünne und dicke Bänder, auszugleichen und gleichmäßige Garnnummern herzustellen. Da außerdem die wiederholten Streckendurchzüge eine Verfeinerung der Bänder bis zur Vorspinnmaschine bezwecken, müssen naturgemäß mit zunehmender Zahl der Dopplungen auch weitergehende Verzüge angewandt werden. Die Größe des Verzugs jedoch ist vorwiegend eine Frage der Güte des Fasermaterials. Kurze, ungleich lange und wirr liegende Fasern, wie sie beispielsweise geringe C-Mischungen aufweisen, verlangen geringere Verzüge als besseres, langfaseriges S- und SS-Material. Auch muß das minderwertigere Material in schwereren Bändern gearbeitet werden, um ihm beim Streckprozeß genügenden Halt zu geben. Das vom Streckzylinder abgelieferte Band darf, wie schon angeführt, nicht so dünn werden, daß es beim Lauf über die Bandplatte abreißt. Die Anwendung schwerer Bänder und verhältnismäßig geringer Verzüge, wie sie sich nach obigem für C-Material ergibt, hat wiederum eine geringere Zahl von Dopplungen zur Folge. Allgemein verwendet man beim ersten Streckendurchgang kleine Verzüge, da bei jedem Fasermaterial die Parallelisierung der in den Kardenbändern noch bis zu einem gewissen Grade wirr durcheinanderliegenden Fasern eine stärkere Beanspruchung zur Folge hat. Je kleiner anfangs die Verzüge genommen werden, desto mehr wird die Faser geschont. Entsprechend werden mit fortschreitendem Verfeinerungsprozeß die Verzüge vermehrt und gleichzeitig die Zahl der Dopplungen vermindert. Bei der Erzeugung besonders hochwertiger und feiner Garne, bei denen große Ansprüche an Gleichmäßigkeit gestellt werden, wendet man meist drei Streckendurchzüge an, wobei man in die Lage versetzt ist, sehr weitgehend zu doppeln, ohne jedoch an den einzelnen Strecken große Verzüge anzuwenden. Besonders bei den beiden ersten Strecken hält man die Verzüge verhältnismäßig nieder, während bei der dritten Strecke, wo bereits eine weitgehende Parallelisierung eingetreten ist, ohne Bedenken ein starker Verzug zur Anwendung kommen kann. So kann man bei Zwei-Durchzugs-Systemen an der 1. Strecke mit 4- bis 8fachen Dopplungen und 4- bis 6fachen Verzügen, an der 2. Strecke mit 2- bis 3fachen Dopplungen und 5- bis 6fachen Verzügen auskommen. Bei Drei-Durchzugs-Systemen würde sich etwa ergeben:

I. Strecke: 4fache Dopplung, 4 bis 4½facher Verzug,
II. Strecke: (Mittelstrecke): 4fache Dopplung, 5 bis 5½facher Verzug,
III. Strecke: 4fache Dopplung, 7 bis 7½facher Verzug.

Die Gesamtdopplungen und die Gesamtverzüge nach den verschiedenen Durchzügen errechnen sich in einfacher Weise als Produkt der einzelnen Dopplungen und der einzelnen Verzüge, und dementsprechend errechnet sich auch das am Ende der n Durchzüge sich ergebende Bandgewicht b_n als Produkt aus dem anfänglichen Bandgewicht b_0 und dem Quotienten aus Gesamtdopplung und Gesamtverzug $\frac{\delta}{V}$, d. h. es ist:

$$b_n = b_0 \cdot \frac{\delta}{V},$$

wobei $\delta = \delta_1 \cdot \delta_2 \ldots \delta_n$ und $V = V_1 \cdot V_2 \ldots V_n$ ist.

Die Zahl der Köpfe einer Strecke und die Zahl der Bänder und Ablieferungen jedes Kopfes richtet sich im übrigen nach der verlangten Produktion, die naturgemäß von der Produktion des ganzen Systems, also Karde, Vorstrecke, Feinstrecke, Vorspinnmaschine, die übereinstimmen muß, abhängt.

Ist beispielsweise L_K die Bandablieferung der letzten Karde und L die gesamte Bandablieferung der 1. Strecke in m/min, δ die Zahl der Dopplungen und V die Zahl der Verzüge an dieser Strecke, so besteht die Beziehung $L = L_K \cdot \frac{V}{\delta}$.

Bezeichnet man mit L_1 die Liefergeschwindigkeit des Ablieferungszylinders, mit a die Zahl der Ablieferungen eines Kopfes und k die Zahl der Köpfe einer Strecke, so ergibt sich die Gesamtablieferung $L = L_1 \cdot a \cdot k$, und dementsprechend

$$L_1 = \frac{L_K \cdot V}{a \cdot k \cdot \delta}.$$

Da L_1, wie später noch gezeigt wird, an eine obere Grenze gebunden ist, ebenso die Zahl der Dopplungen und Verzüge nach obigem eine bestimmte Grenze hat und auch deren Verhältnis sich mit Rücksicht auf das Bandgewicht nur zwischen gewissen Grenzen sich ändern kann, steht zur Aufnahme der Kardenbandlieferung L_K nur noch eine Vergrößerung der Faktoren a und k, d. h. eine Vergrößerung der Zahl der Ablieferungen je Kopf und der Zahl der Köpfe je Strecke zur Verfügung. Erstere ist begrenzt durch die Länge der Nadelstäbe, die mit Rücksicht auf ihre Stabilität und Widerstandsfähigkeit ein gewisses Maß nicht überschreiten darf, letztere durch die Länge der Maschine mit Rücksicht auf deren Bedienbarkeit und Platzbedarf.

Die Jute-Vorstrecken werden meist mit 2 Köpfen zu je 4 Bändern und 1 oder 2 Ablieferungen, neuerdings auch mit 3 oder gar 4 Köpfen ausgeführt, während die Feinstrecken, d. h. die 2. und 3. Strecken, 3, 4 oder 5 Köpfe zu je 4, 6 oder 8 Bändern und 2, 3 oder 4 Ablieferungen aufweisen.

Um eine geregelte Führung der Bänder von der Einlieferung bis zur Ablieferung zu gewährleisten, sind an geeigneten Stellen besondere Bandführungen („conductor") angebracht. So zeigen die Abb. 162 und 163 in C_1 die auf das Leitblech C aufgesetzten Einführungsbleche oder Einlaufkonduktoren, die bis unter den 1. Einzugszylinder reichen und entsprechend der Bandbreite mittels der in Schlitzen geführten Befestigungsschrauben verstellt werden können. Bevor die Bänder in die Streckwalzen eintreten, passieren sie die eng dem Umfang und der Breite der Verzugswalzen angepaßten Bandleiter oder Verzugskonduktoren C_2, deren Mundweite gleich oder etwas kleiner als die der Einlaufkonduktoren, aber jedenfalls etwa 1 Zoll schmäler als die Gillbreite gehalten ist (vgl. auch Abb. 236, 237, S. 299). Vor den Ablieferungswalzen geben die Bandtrichter C_3 dem von der Bandplatte kommenden gestreckten und duplierten Band Führung und Breite, ehe es durch die Ablieferungswalzen der Kanne zuläuft. Statt dieser auch als Ablieferungskonduktoren bezeichneten Trichter sind häufig auch Bandführungsleisten angeordnet, deren Abstand entsprechend der zur Ablieferung kommenden, erheblich verschmälerten Bandbreite eingestellt werden kann. Die Bemessung der Mundweite und die richtige Einstellung sämtlicher Konduktoren ist für eine geordnete Bandführung und Durchführung des Streckprozesses von ganz besonderer Bedeutung. Vor allem dürfen die Einlauf- und Verzugskonduktoren nicht zu breit gewählt werden, damit die Bänder nicht auf den Seiten der Nadelbahnen herauslaufen; es muß stets zu beiden Seiten noch etwas freie Nadelfläche vorhanden sein.

Während die unteren Walzen, Einzugs-, Verzugs-, Hilfs- und Ablieferungszylinder durch Zahnräder angetrieben werden, erfolgt die Mitnahme der zugehörigen Druckwalzen in der Regel durch Reibung infolge ihres Eigengewichts. Die Verzugsdruckwalzen A_1' werden außerdem, wie Abb. 162 zeigt, mit zusätzlichem, durch Belastungsgewichte Q und Hebel h erzeugten, durch Zugstangen z_1, z_2 und besondere Hebellager oder Drucksattel auf die Walzenzapfen übertragenen Druck auf den Verzugszylinder gepreßt. Hierbei sind die Walzenzapfen so gelagert, daß sie sich entsprechend der veränderlichen Dicke der durchlaufenden Bänder selbsttätig einstellen können. Die an sich schon schweren Druckwalzen üben auf diese Weise auf den Verzugszylinder einen ganz erheblichen Druck aus, dessen Größe genügend sein muß, um den ausgezogenen Bändern einen festen Halt zu geben. Im übrigen richtet sich die Pressung ganz nach dem Fasermaterial und der praktischen Erfahrung. Ein zu starker Preßdruck schadet der Faser und erschwert unnötigerweise den Betrieb der Maschine. Die Hebelverbindung muß jederzeit eine sofortige Entlastung der Druckwalzen ermöglichen. Verschiedene Konstruktionen, die auf einfache Art ein Lösen der Drucksattel von der Walzenachse und ein leichtes Anheben der schweren Walzen gestatten, sind S. 301ff. beschrieben.

Bei den als starkwandige oder volle Gußeisenkörper ausgebildeten Ablieferungsdruckwalzen genügt das Eigengewicht zur Erzeugung des erforderlichen Preßdrucks. Sie werden entweder vom Ablieferungszylinder durch Reibung mitgenommen oder kopfweise durch Zahnräder angetrieben. Ihre Achsen sind in Gleitbüchsen gelagert, die sich in prismatischen Führungen entsprechend den Dickenänderungen der Bänder in ähnlicher Weise wie die Verzugsdruckwalzen selbsttätig auf- und abbewegen.

Einzugs- und Verzugszylinder sind aus bestem harten Stahl, der größte Widerstandsfähigkeit gegen Abnützung, die bei der Jutefaser erheblich größer ist als bei den meisten anderen Textilfasern, besitzen muß. Sie sind nur an den Lagerstellen etwas eingedreht, gehen aber im übrigen glatt über die ganze Maschinenlänge durch.

Der Ablieferungszylinder besteht entweder ebenfalls aus einem durchgehenden Stahlzylinder oder aber aus einer Stahlwelle, auf der die Lieferwalzen als zylindrische Gußkörper warm aufgezogen sind.

Mit Ausnahme der Einzugszylinder, die glatt poliert sind, sind sämtliche Zylinder mit V-förmigen Riffeln, sogenannten Kratzriffeln, versehen, deren Teilung am Umfang zweckmäßigerweise unregelmäßig gewählt wird, damit sich die Riffelung nicht im Laufe der Zeit in die zugehörigen Druckwalzen einpreßt. Die Ablieferungsdruckwalzen sind bei Vorstrecken in der Regel ebenfalls geriffelt, bei Feinstrecken meist glatt. Die Einzugsdruckzylinder sind als glatte, starkwandige oder volle zylindrische Gußkörper von der Breite einer, seltener zweier Gillbahnen ausgebildet. Sie liegen lose auf dem Einzugszylinder und können beim Einziehen des sie umschließenden Bandes einzeln abgehoben werden, ohne daß die nebenliegenden Bänder oder Druckwalzen in Mitleidenschaft gezogen werden. Der Abstand der beiden Einzugszylinder voneinander muß so bemessen sein, daß ein genügend großer Umschlingungswinkel gewährleistet ist; andererseits sind bei zu geringem Abstand Störungen durch eintretende Wicklungen zu befürchten.

Die Einzugszylinder sind mit feststehenden, mit Filz besetzten Putzleisten p_1, p_2 oder langsam umlaufenden Putzwälzchen versehen, desgleichen sind sämtliche unteren Zylinder mit Putzern p_3, p_4, p_5 ausgestattet, die teils durch Gewichtshebel-, teils durch Federdruck angepreßt werden, um Fasern, die sich um die Walzen wickeln, zurückzuhalten. Die Verzugsdruckwalzen sind bei Jutestrecken meist ohne Putzer; wo solche vorhanden sind, werden sie (vgl. p_6 in Abb. 162) an drehbar gelagerten Hebeln so befestigt, daß sie bei eintretenden Störungen leicht abzuheben sind. Die Bandabzugsdruckwalze A_2' hat entweder einen feststehenden oder rotierenden Putzer p_7. Von besonderer Wichtigkeit ist es, die an den Putzern sich ansammelnden kürzeren Fasern und Unreinigkeiten in gewissen Zeiträumen abzunehmen, damit Verunreinigungen der Bänder vermieden werden.

Von größter Bedeutung für das Gelingen des Streckvorganges ist die Anordnung und Bewegung des Nadelstabfeldes. Je nach der Art seiner Ausführung unterscheiden sich die verschiedenen im Gebrauch befindlichen Streckmaschinentypen, deren wichtigste, für die Jutebearbeitung heute in Betracht kommenden sind:

1. Die Schubstab- oder Pushbarstrecke („pushbar drawing").
2. Die Kettenstrecke („chain- oder linkgill drawing").
3. Die Schrauben- oder Spiralstrecke („spiral drawing").

Alle 3 Arten kommen sowohl für Vorstrecken wie für Feinstrecken zur Anwendung; doch sind die beiden ersten Arten mehr für Vorstrecken im Gebrauch, während die letzte meist für Feinstrecken in Betracht kommt.

Von älteren Streckenkonstruktionen, die heute nur noch vereinzelt und dann in der Hauptsache nur noch für grobe C- und Abfallgarne Verwendung finden, sind zu nennen:

4. Die Nadelwalzenstrecke („rotary drawing").
5. Die Scheibenwalzenstrecke („circular drawing").

1. Die Schubstab- oder Pushbarstrecke.

Die Anordnung und Wirkungsweise des Bewegungsmechanismus der Nadelstäbe einer Schubstabstrecke sei an dem Streckkopf einer zweiköpfigen Fairbairn-Vorstrecke zu je 4 Bändern und 15 Zoll Streckweite erläutert, deren einzelne Teile in den Abb. 164 bis 166 in verschiedenen Ansichten und Querschnitten dargestellt sind. Die über 1 m langen kräftigen Nadelstäbe N aus schweißbarem Stahl besitzen trapezförmigen Querschnitt von etwa $^5/_8$ Zoll Höhe. Auf der oberen, breiteren Stabfläche, Abb. 167 und 168, sind 4 Nadelleisten M aus gezogenem

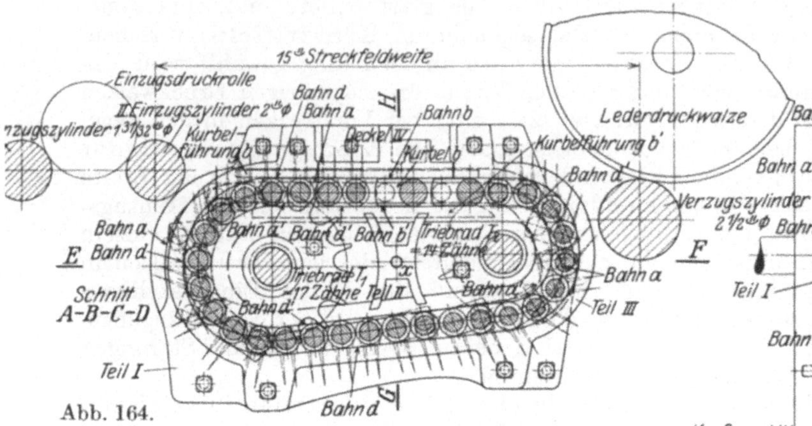

Abb. 164.

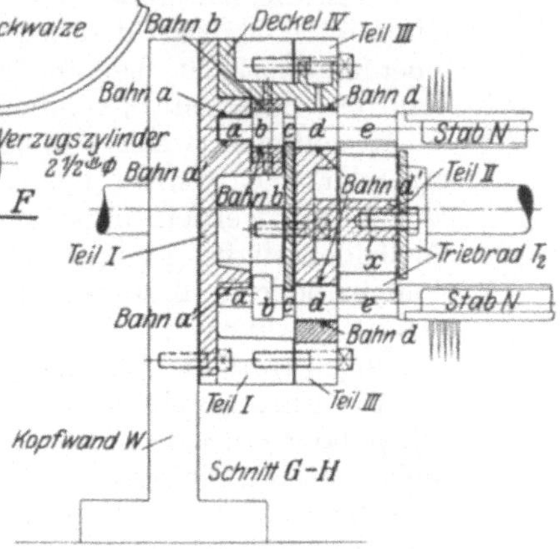

Abb. 165.

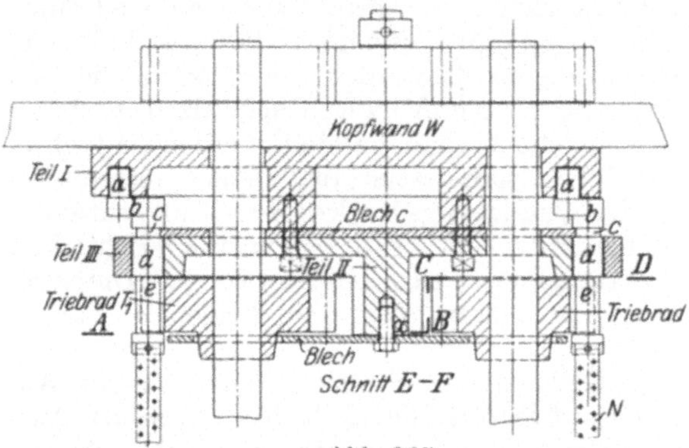

Abb. 166.

Abb. 164 bis 166.
Nadelstabkorb einer Fairbairn-
Pushbarstrecke.

Abb. 169. Kurbel.

Abb. 168. Querschnitt.

Abb. 167. Grundriß.
Abb. 167 bis 169. Nadelstäbe der Pushbarstrecke.

Flachmessing von $^5/_8 \times ^7/_{32}$ Zoll Querschnitt mittels versenkter Nieten befestigt, und zwar stoßen je 2 Leisten dicht aneinander, während in der Mitte eine nadelfreie Bahn von etwa 140 mm Breite gelassen ist. An dieser Stelle sowie an beiden Enden geht der trapezförmige Stabquerschnitt in einen Kreisquerschnitt d von $^7/_8$ Zoll Durchmesser über. Wie weiter aus Abb. 167 ersichtlich ist, sind die zylindrischen Stabenden d kurz vor dem Ende auf etwa 35 mm Länge auf einen Durchmesser $e = ^5/_8$ Zoll abgesetzt. Außerdem hat jeder Stab abwechselnd einmal links, einmal rechts, über den dickeren Endteil d hinaus noch einen zylindrischen Ansatz c von ebenfalls $^5/_8$ Zoll Durchmesser und 1 Zoll Länge, auf dem eine kleine Kurbel aus Temperguß mit kurzen zylindrischen Zapfen a und Schenkel b von rechteckigem Querschnitt, s. Abb. 169, fest aufgesetzt ist. Die Nadelstäbe liegen nun mit ihren dickeren, zylindrischen Endteilen d links und rechts in jedem Streckkopf eng aneinander in entsprechenden äußeren und inneren Führungsbahnen d—d, d'—d', die, wie Abb. 164 zeigt, in ihrem oberen Teil horizontal, im unteren Teil ebenfalls gerade, aber etwas schräg ansteigend verlaufen, während an beiden Enden halbkreisförmige Teile die oberen und unteren Bahnen zu einer geschlossenen Ringbahn verbinden. In die zwischen den dünneren Zapfen e entstandenen Lücken greifen, während die Stäbe die halbkreisförmigen Bahnen durchlaufen, auf beiden Seiten des Streckkopfes die Zähne je zweier Triebräder T_1 und T_2 nach Art einer Triebstockverzahnung ein und erzwingen durch ihre drehende Bewegung eine Fortbewegung der Nadelstäbe längs ihrer Gleitbahnen, wobei jeder Stab den vorhergehenden weiterschiebt, auch wenn er nicht mehr im Eingriff mit dem entsprechenden Triebrad steht. Infolge dieser schiebenden oder treibenden Bewegung der Stäbe hat diese Strecke den Namen „Pushbarstrecke", d. h. Schubstab- oder Triebstabstrecke, erhalten. Während die eben beschriebenen Gleitbahnen d—d zwar eine kontinuierliche Bewegung der Nadelstäbe durch das Streckfeld und auf der unteren Bahn wieder zurück zum Ausgangspunkt der Bewegung vermitteln, ist es von größter Wichtigkeit, die Stäbe in eine solche Lage zu bringen, daß sie beim Aufsteigen am Einzugszylinder mit den Nadelspitzen senkrecht in das darüber laufende Faserband einstechen und in gleicher Weise vor Erreichen des Verzugszylinders sich in senkrechter Richtung nach unten aus dem Faserband ziehen. Zu diesem Zweck sind hinter den Führungsbahnen d—d die exzentrisch zu diesen versetzten Bahnen a—a außen und a'—a' innen angeordnet, in denen die Kurbelzapfen a gleiten. In Abb. 164 sind die Kurbeln mit ihren Schenkeln b und den Zapfen a in dünnerer Strichart angedeutet, und zwar erscheinen sie auf jeder Seite des Kopfes nur für jeden 2. Stab, da sie, um die Stäbe so nahe wie möglich zusammenzubringen, wechselseitig versetzt werden müssen. Wie weiter aus der gleichen Abbildung ersichtlich, ist für die auf der unteren Führungsbahn gleitenden Stäbe, deren Nadeln hier mit den Spitzen nach unten gerichtet sind, nur eine innere Führungsbahn a'—a', gegen welche sich die Kurbelzapfen a legen können, vorhanden, während erst auf halber Höhe beim Aufwärtssteigen (links in der Abbildung) die äußere Bahn a—a beginnt. Unter dem Zusammenwirken der Führungen für d und a richten sich nun die Nadelstäbe allmählich auf, so daß bei der ersten Berührung der Nadeln mit dem Band ein annähernd senkrechtes Einstechen in die Faserbündel erfolgt, was durch die vom Einzugszylinder etwas schräg ansteigende Bandlinie begünstigt wird. In dem Augenblick, da die Führungen d—d und d'—d' in die Horizontale übergehen, gehen auch die Bahnen a—a und a'—a' in die gleiche Ebene über. Die Kurbeln liegen nun wagrecht, und die Nadeln behalten ihre senkrechte Stellung während der Horizontalbewegung der Stäbe bei. Hierbei legen sich die Schenkel b der Kurbeln zwischen entsprechend vorgesehene horizontale, obere und untere Führungsbahnen b—b und b'—b', bis die Stäbe in den Bereich des II. Triebrades T_2 gelangen und unter dem Zusammenwirken der abwärts steigenden Führungsbahnen d—d, d'—d' (rechts in der Abbildung) und a—a, a'—a' für die Zapfen d und a in ähnlicher Weise nach der unteren Gleitbahn geführt werden, wo sich der Kreislauf wiederholt. Wie weiter aus Abb. 164 zu ersehen ist, erfolgt hierbei das Herausziehen der Nadeln aus dem Band in fast senkrechter Richtung; auch ermöglicht der kleinere Durchmesser des II. Triebrades in Verbindung mit der Form der Gleitbahnen ein möglichst nahes Heranbringen der Nadelstäbe an den Verzugszylinder. Die äußere Bahn a—a bricht, wie ebenfalls aus Abb. 164 rechts zu sehen ist, nach Beendigung der Abwärtsbewegung der Stäbe ab, da bei deren Rückbewegung auf der unteren

Gleitbahn, wie oben schon angeführt, die innere Bahn a'—a' zur Führung der Kurbelzapfen genügt.

Die Triebräder T_1 und T_2 sitzen fest auf durchgehenden Wellen, die in den Kopfseitenwänden W der Maschine gelagert sind und durch Zahnräder gemeinschaftlich in gleichem Drehungssinn angetrieben werden. Das größere Rad am Einzugszylinder, T_1, hat 17 Zähne, während das kleinere Rad am Verzugszylinder nur 14 Zähne aufweist, wobei dessen Mittelpunkt entsprechend der horizontalen Lage des Streckfeldes höher gelegt ist. Die Zahnteilung bzw. die Entfernung der Stabmitten beträgt $^7/_8$ Zoll, die Anzahl der Stäbe 32.

Zur näheren Erläuterung der einzelnen Führungsbahnen und ihres Zusammenbaues sind die Abb. 164 bis 166 noch durch die perspektivischen Darstellungen Abb. 170 bis 172 ergänzt. Die mit I, II und III bezeichneten Teile sind mit entsprechend angebrachten Schrauben und Paßstiften zusammengesetzt, und zwar sitzt Teil I direkt auf der Kopfseitenwand, dann wird Teil II als innere Führung an den mit II bezeichneten beiden Augen des Teils I und Teil III als äußere Führung an den mit III bezeichneten 4 Augen des Teils I aufgesetzt. Aus Teil III ist in der Mitte der oberen Führung ein Deckel IV ausgeschnitten, der durch Schraube und Paßstift mit Teil I verbunden ist und das Einlegen bzw. Herausnehmen der Nadelstäbe ermöglicht. Am Deckel IV, der in seiner untern Fläche als Teil der Führungsbahn d—d ausgebildet ist, ist die obere Führungsschiene b—b angeschraubt, die gleich der unteren Schiene b'—b' aus gehärtetem Stahl besteht. Im Deckel ist außerdem eine Öffnung für eine Dochtschmierung der Zapfen d vorgesehen. An der hinteren Fläche des Teiles II ist ein schmales Blech c, s. Abb. 165 und 171, angeschraubt, das in die Lücken c

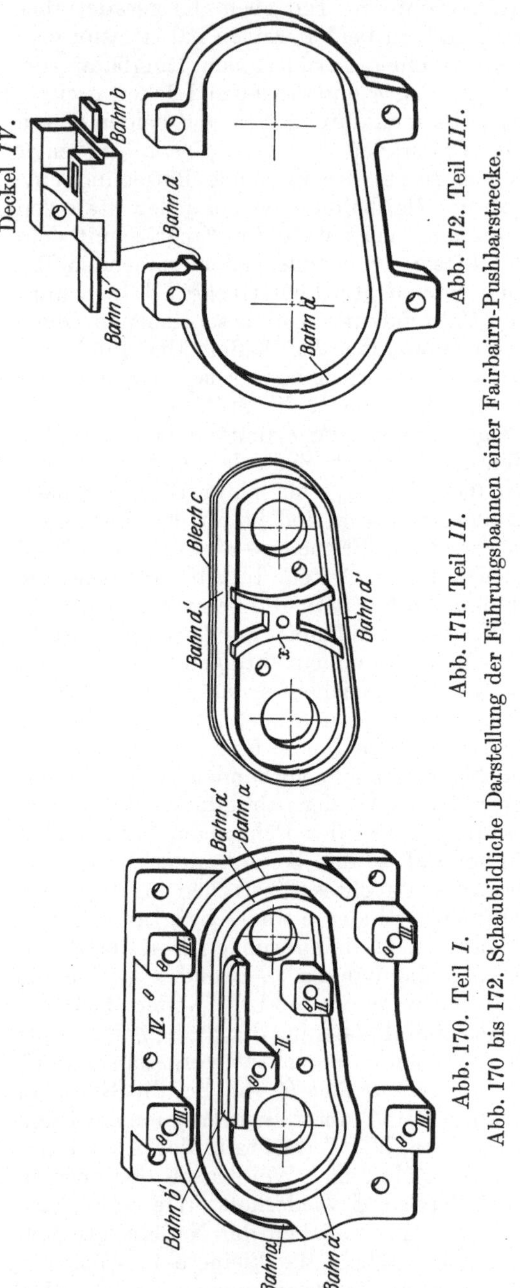

zwischen den Zapfen d und den Kurbeln b greift und so die Nadelstäbe gegen Längsbewegungen sichert. Wie aus Abb. 164 und 171 zu erkennen ist, besitzt der mittlere Teil des Körpers II einen in das Innere des Streckkorbs vorstehenden

Ansatz x, der mit seinen Seitenflächen die beiden Triebräder gehäuseartig umschließt. Ein an dieses Mittelstück angeschraubtes, den äußeren Umrißlinien der Stabführungsbahnen entsprechend geformtes Blech vervollständigt den Abschluß des Nadelstabkorbes nach innen und schützt so das ganze Getriebe gegen Verunreinigung.

Wie die in Abb. 168 im Querschnitt dargestellten Nadelstäbe erkennen lassen, sind die Nadeln der zweireihigen Gills verschieden lang; die vorderen Nadeln sind um $^1/_{16}$ Zoll kürzer als die hinteren. Auch dies hat den Zweck, die Nadelstäbe so nahe wie möglich an den Verzugszylinder heranzubringen. Infolge des trapezförmigen, nach unten sich verjüngenden Querschnitts entstehen zwischen den Nadelleisten der in ihren dickeren Teilen d sich berührenden Stäbe rostartige Zwischenräume, durch welche Staub und Abfälle durchfallen können. Diese Spalten sind sehr notwendig, da sonst binnen kurzem infolge Verstopfung ein Klemmen der Stäbe in ihren Führungen eintreten würde. Zur Reinigung der Gillnadeln ist außerdem unterhalb der unteren Führungsbahn eine rotierende Bürstenwalze angebracht, deren schraubenförmig gewundene Borsten tief in die nach unten stehenden Nadeln eingreifen. Diese Bürstenwalze ist bei der vorliegenden Strecke nicht eingezeichnet, dagegen in den Abb. 162 und 182 (S. 262) zu sehen.

So verwickelt der Aufbau einer Pushbarstrecke auf den ersten Blick erscheinen mag, so einfach ist deren Arbeitsweise. Und da jeder Teil bequem zugänglich ist und auch die einzelnen Teile leicht auseinanderzunehmen sind, so ist die Unterhaltung infolge der geringen Abnützung weder zeitraubend noch kostspielig. Man kann verhältnismäßig sehr hohe Stabgeschwindigkeiten ohne Störungen erreichen und dementsprechend auch große Produktion. Diesem Umstand verdankt die Pushbarstrecke ihre heute noch bestehende große Beliebtheit. Sie kommt hauptsächlich für Vorstrecken zur Anwendung bei einer Streckfeldweite von 14 bis 17 Zoll und einer Stabzahl je Kopf von 30 bis 34.

Die Abb. 173 und 175 zeigen die Anordnung des Nadelstabkorbs einer Pushbarvorstrecke von 15 Zoll Streckweite der Firma C. Oswald Liebscher, Chemnitz. Hier fällt vor allem die große Zahl von 60 Nadelstäben mit verhältnismäßig geringen Querschnittsabmessungen auf, deren halbkreisförmige Nadelleisten nur mit einer Reihe Nadeln besetzt sind. Die Nadelstäbe, Abb. 175, sind wiederum an den Enden wechselweise, einmal links, einmal rechts, mit kleinen Kurbeln b mit Zäpfchen a versehen, die in diesem Fall aus einem Stück mit den Stäben aus Stahl gearbeitet sind. Die zylindrischen Endteile d von $^1/_2$ Zoll Durchmesser sind mit Eindrehungen e von $^3/_8$ Zoll Durchmesser versehen, in welche die Zähne der beiden in diesem Fall gleich großen Triebräder T_1 und T_2 von je 23 Zähnen und 13,66 mm Teilung eingreifen. Die Nadelstäbe besitzen zusammen mit den aufgenieteten Messinggills kreisförmigen Querschnitt, der auf der einen Seite über die Länge der Gills flach abgehobelt ist, so daß zwischen den aneinandergereihten Stäben ein schmaler Spalt entsteht, der die Abscheidung von Unreinigkeiten ermöglicht. Die Führungsbahnen d—d, d'—d' für die zylindrischen Teile d und die exzentrisch gegen diese versetzten Bahnen a—a, a'—a' für die kleinen Kurbelzapfen a sind in diesem Falle so ausgebildet, daß die von den Nadelstäben bei einem Umgang beschriebene Bahn annähernd die Form eines Rechtecks mit leicht abgerundeten Ecken hat, wobei die beiden Triebräder T_1 und T_2, wie Abb. 173 zeigt, nur mit etwa $^1/_4$ ihres Umfangs im Eingriff mit den Zapfen e stehen. Bei dem nach Verlassen der Triebräder annähernd senkrechten Emporsteigen der Stäbe gelangen diese so nahe wie möglich an den zweiten Einzugszylinder und stechen mit ihren Nadeln, noch ehe sie die wagrechte Führungsbahn erreichen, senkrecht in das Faserband ein. In gleicher Weise erfolgt das Absteigen am Ende der wagrechten Bewegung dicht vor dem Verzugszylinder, so daß auch das Herausziehen der Nadeln aus dem Faserband vollkommen senkrecht nach unten erfolgt. Hierbei wird das Aufrichten bzw. Umlegen der Nadelstäbe durch die kleinen Endkurbeln und die vereinigte Wirkung der Gleitführungen in gleicher Weise wie bei der oben beschriebenen Pushbarstrecke bewerkstelligt. Die die Führungsbahnen d—d, d'—d' und a—a, a'—a' bildenden äußeren und inneren Kurvenstücke sind zweiteilig ausgeführt, je mit einer oberen und unteren Hälfte, vgl. Abb. 174, so daß sie leicht auseinanderzunehmen sind. Außerdem ist im mittleren horizontalen Teil des oberen äußeren Kurvenstücks ein abnehmbarer Deckel mit Führungsbahn ähnlich wie bei der Fairbairnstrecke eingeschnitten (in Abb. 173 nicht eingezeichnet), der ein bequemes Auswechseln der Nadelstäbe ermöglicht. Auch diese Strecke, die sich durch besondere Einfachheit auszeichnet und deren Nadelstabbewegung in ihrer Wirkungsweise auf das Faserband fast den später noch beschriebenen Schraubenstrecken gleichkommt, ge-

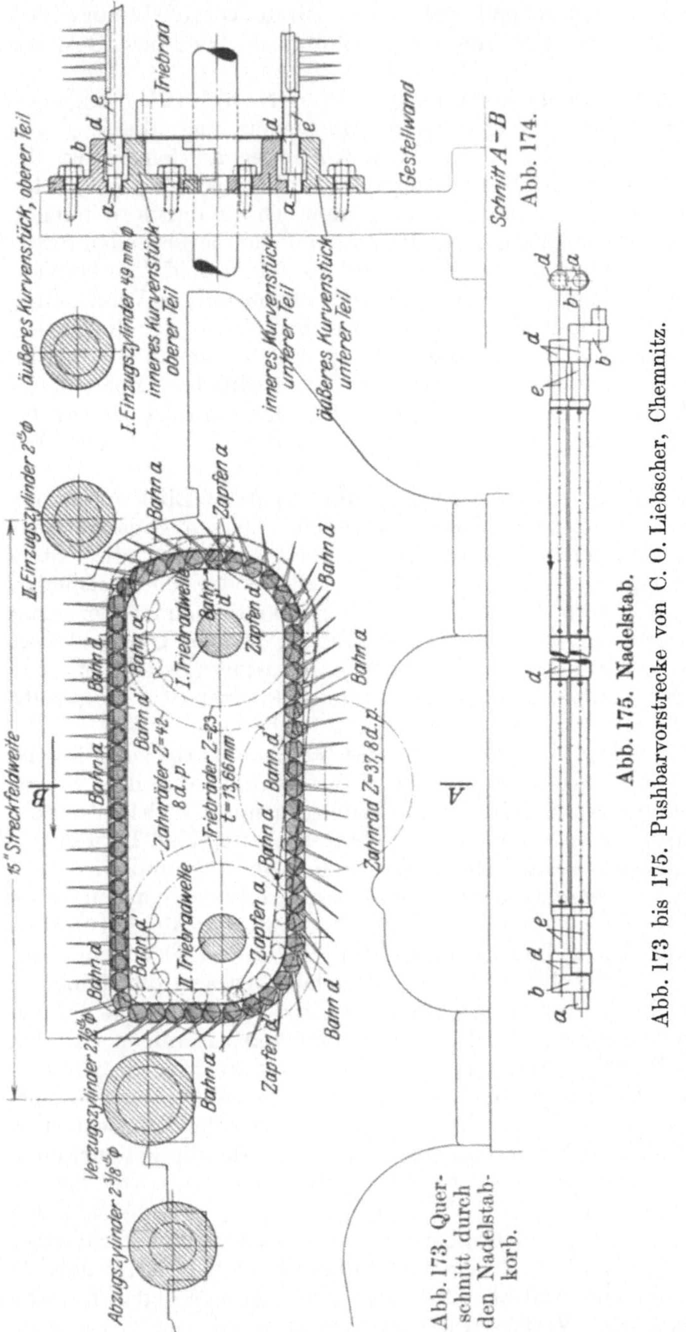

stattet große Stabgeschwindigkeiten und dementsprechende Leistungen.

Die im Vergleich zu anderen Streckenkonstruktionen geringen Stabquerschnitte vermögen jedoch den starken Beanspruchungen, die beim Streckprozeß der Jutefasern in weit höherem Maße auftreten als z. B. bei der trocken verarbeiteten Hanf- und Flachsfaser, auf die Dauer nur zu widerstehen, wenn auf peinlichste Sauberkeit bzw. häufige Beseitigung sich ansammelnder Verunreinigungen geachtet wird.

Einen Einblick in die Getriebe- und Geschwindigkeitsverhältnisse vermitteln die schematischen Darstellungen des Getriebes der Abb. 176 bis 178.

Bei Transmissionsantrieb erfolgt der Antrieb der Strecke durch Riementrieb auf die üblichen Fest- und Losscheiben F und L, deren Umlaufzahl bei einem Scheibendurchmesser von 16 Zoll = 406 mm n_A = 200/min beträgt. Beide Scheiben sitzen lose auf einem kräftigen Bolzen, der in einem senkrechten Schlitz in der Endwand der Maschine verstellbar angeordnet ist. Die Festscheibe trägt auf ihrer verlängerten Nabe mit Nut und Feder befestigt das auswechselbare Geschwindigkeitsrad, auch Antriebswechsel genannt, A_W mit 30, 36 und 42 Zähnen, das auf ein Zahnrad Z_1 = 63 Zähne treibt. Dieses Rad, das als Doppelrad mit auf seiner Nabe aufgekeiltem Ritzel Z_2 = 18 Zähne ausgebildet ist, sitzt ebenfalls lose auf einem in der Gestellwand verschiebbar angeordneten Bolzen, so daß Änderungen im Durchmesser des Antriebswechsels ausgeglichen werden können. Ritzel Z_2 treibt auf das auf einer kurzen Welle sitzende Rad Z_3 = 84 Zähne, an deren Ende Ritzel Z_4 = 37 Zähne sitzt, das nach rechts und links auf die auf den Triebradwellen I und II sitzenden Zahnräder Z_5 von je 42 Zähnen treibt und ihnen, da die Drehrichtung des Hauptantriebs in der Ansicht Abb. 177 entgegengesetzt dem Uhrzeigersinn gerichtet ist, gleichgerichtete, im Sinne des Uhrzeigers umlaufende Bewegungen vermittelt. Somit ist auch die Bewegungsrichtung der beiden auf den Triebradwellen sitzenden Triebräder T_1 und T_2 im Sinne des Uhrzeigers und die den Nadelstäben hierdurch vermittelte Bewegung, wie beabsichtigt, vom Einzugszylinder nach dem Verzugszylinder, d. h. in Abb. 177 von links nach rechts, gerichtet. Da keinerlei Wechselräder mit Ausnahme des Antriebswechsels in dem Rädertrieb sitzen, ist demnach die Geschwindigkeit der Nadelstäbe konstant und nur mit einer Änderung des Hauptantriebs oder des Antriebswechsels änderbar. Die Zahnräder A_W, Z_1, Z_2 und Z_3 sind mit einer Teilung von 6 d. p. ausgeführt, während die Räder Z_4, Z_5 eine feinere Teilung von 8 d. p. aufweisen.

Auf der zweiten Triebradwelle sitzt auf der der Antriebsseite entgegengesetzten Seite, vgl. auch Abb. 178, Zahnrad Z_6 = 42 Zähne, das über Zwischenrad Z_7 = 42 Zähne auf das auf gemeinschaftlichem Bolzen sitzende Doppelrad Z_8 = 24, Z_9 = 42 Zähne treibt. Z_9 wiederum greift in Zahnrad Z_{10} = 42 auf der Achse des zweiten Einzugszylinders ein und vermittelt ihm eine Bewegung, von Antriebsseite aus gesehen, entgegengesetzt dem Uhrzeigersinn, vgl. Abb. 178. Die Bewegung ist also, wie verlangt, auf Einzug des Bandes nach der Richtung des Verzugszylinders hingerichtet.

Von der zweiten Einzugswalze geht noch ein kleiner Rädertrieb von dem auf der gleichen Seite sitzenden Zahnrad Z_{11} = 24 Zähne über Z_{12} = 24 Zähne auf das auf dem ersten Einzugszylinder sitzende Zahnrad Z_{13} = 24 Zähne, womit dieser gleiche Umdrehungsrichtung und Umdrehungszahl wie der zweite Einzugszylinder erhält. Entsprechend der konstanten Geschwindigkeit des Nadelstabtriebwerkes haben demnach auch die Einzugszylinder konstante, nur mit dem Hauptantrieb änderbare Geschwindigkeiten. Sämtliche Räder dieses Triebes haben 8 d. p.-Teilung.

Als zweiter wichtiger Rädertrieb ist der Antrieb des Verzugszylinders zu nennen. Dieser geht wiederum vom Hauptantrieb aus, indem das vom Antriebswechsel A_W angetriebene Zahnrad Z_1, Abb. 177, über ein Zwischenrad Z_{14} = 63 Zähne auf das auf der verlängerten Achse des Verzugszylinders sitzende

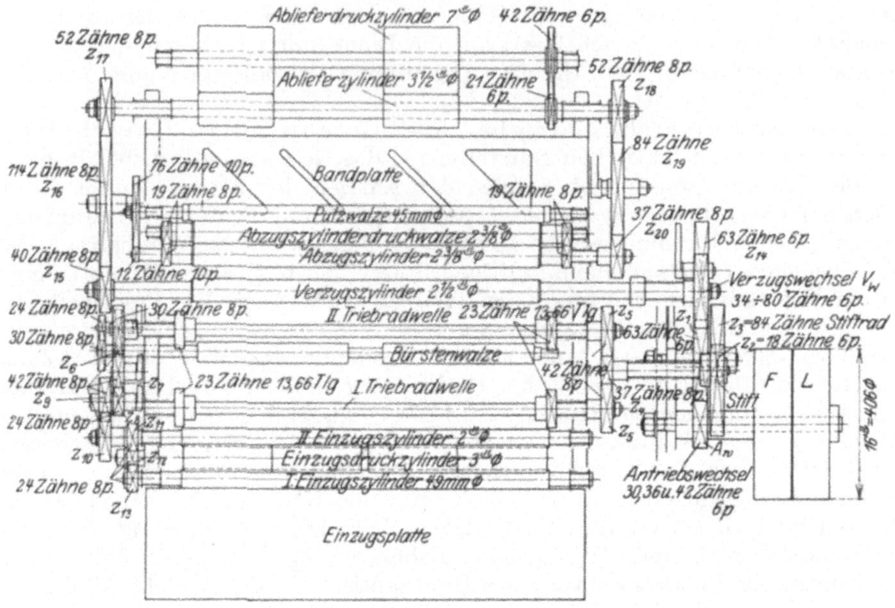

Abb. 176. Grundriß.

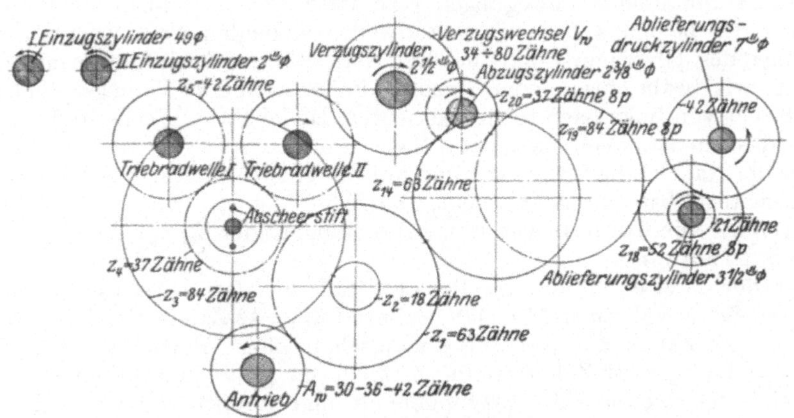

Abb. 177. Rädertrieb auf Antriebsseite.

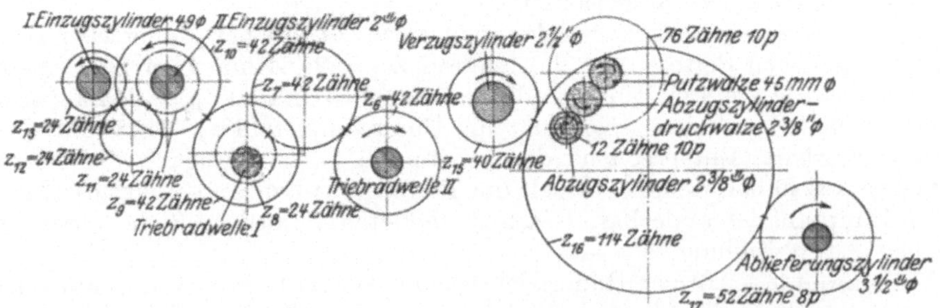

Abb. 178. Rädertrieb auf der dem Antrieb entgegengesetzten Seite.

Abb. 176 bis 178. Schematische Darstellung des Getriebes einer Pushbarstrecke.

auswechselbare Verzugswechselrad V_W mit 34 bis 80 Zähnen, beide mit 6 d. p.-Teilung, treibt und diesem eine Umdrehungsrichtung im Sinne des Uhrzeigers, d. h. also dem Band eine Bewegung vom Einzugszylinder nach dem Verzugszylinder erteilt. Aus dieser Getriebeanordnung zeigt sich, daß sich die Umdrehungszahl und Umfangsgeschwindigkeit des Verzugszylinders und demnach auch der Verzug als Verhältnis der Umfangsgeschwindigkeiten des Verzugszylinders und des Einzugszylinders umgekehrt proportional dem Durchmesser oder der Zähnezahl des Verzugswechselrades ändern, während Einzugs- und Nadelstabgeschwindigkeit stets gleich bleiben.

Der dritte Haupträdertrieb bezweckt den Antrieb des Ablieferungszylinders. Ein auf der der Antriebseite entgegengesetzten Seite des Verzugszylinders sitzendes Zahnrad $Z_{15} = 40$ Zähne, Abb. 178, treibt über Zwischenrad $Z_{16} = 114$ Zähne auf das auf dem Ablieferungszylinder sitzende Zahnrad $Z_{17} = 52$ Zähne, womit der Ablieferungszylinder eine dem Verzugszylinder gleichgerichtete Drehung erhält. Diese Räder haben wiederum 8 d. p.-Teilung.

Der Abzugszylinder oder Hilfszylinder hinter dem Verzugszylinder erhält seinen Antrieb vom Ablieferungszylinder durch die Zahnräder $Z_{18} = 52$ Zähne auf der Ablieferungszylinderwelle, Antriebsseite, Abb. 177, Zwischenrad $Z_{19} = 84$ Zähne und Zahnrad $Z_{20} = 37$ Zähne auf dem Abzugszylinder, sämtliche mit 8 d. p.

Zum Schluß bleiben noch einige kleinere Hilfstriebe, wie z. B. der Antrieb der Ablieferungsdruckwalzen vom Ablieferungszylinder aus durch 2 Zahnräder von 21 und 42 Zähnen, Abb. 177, ferner der Antrieb der Abzugszylinderdruckwalze vom Abzugszylinder aus durch zwei gleiche Zahnräder von je 19 Zähnen und endlich der Antrieb der Putzwalze zur Abzugszylinderdruckwalze vom Abzugszylinder aus durch 2 Zahnräder von 12 und 76 Zähnen. Die unterhalb und am Ende der unteren Nadelstabbahn liegende Bürstenwalze zur Reinigung der Nadelstäbe wird durch ein kleines Rädervorgelege von der II. Triebradwelle aus angetrieben.

Die Berechnung der Umdrehungszahlen und Umfangsgeschwindigkeiten ergibt sich unter Berücksichtigung der entsprechenden Zähnezahlen und Durchmesser der in Betracht kommenden Walzen wie folgt:

Umlaufzahl der Antriebscheibe $n_A = 200$/min,

Umlaufzahl der I. und II. Triebradwelle: $n_T = \dfrac{200 \cdot A_W \cdot 18 \cdot 37}{63 \cdot 84 \cdot 42} = 0{,}5993\ A_W$/min,

und da die Triebräder 23 Zähne von je 13,66 mm Teilung besitzen, ergibt sich als Umfangsgeschwindigkeit der Triebräder und demnach auch als Geschwindigkeit der Nadelstäbe:

$$u_T = 0{,}5993 \cdot A_W \cdot 23 \cdot \frac{13{,}66}{1000} = 0{,}1883\ A_W\ \text{m/min} .$$

Mit Einsetzen des kleinsten und größten Antriebswechselrades $A_W = 30$ bzw. 42 erhält man eine Nadelstabgeschwindigkeit von 5,649 bzw. 7,909 m/min.

Aus der Umlaufzahl der Triebräder ergibt sich die Anzahl der Nadelstäbe, die jede Minute in das Band von unten einstechen, zu:

$$0{,}5993 \cdot A_W \cdot 23 = 13{,}784 \cdot A_W,$$

d. h. mit $A_W = 30$ ergeben sich 414,5 Stabschläge/min,

und „ $A_W = 42$ „ „ 579 „

Weiterhin errechnet sich die Umlaufzahl des II. Einzugszylinders aus der Umlaufzahl der zweiten Triebradwelle zu:

$$n_E = \frac{0{,}5993 \cdot A_W \cdot 42 \cdot 42}{24 \cdot 42} = 1{,}049 \cdot A_W/\text{min} ,$$

und hieraus die Umfangsgeschwindigkeit des II. Einzugszylinders von 2 Zoll Durchmesser:

$$u_E = 1{,}049 \cdot A_W \cdot 2 \cdot 0{,}0254 \cdot 3{,}14 = 0{,}1673 \cdot A_W \ \text{m/min}.$$

Mit $A_W = 30$ wird demnach $u_E = 5{,}019 \ \text{m/min}$ und

„ $A_W = 42$ „ „ $u_E = 7{,}027 \ \text{m/min}$.

Die Umfangsgeschwindigkeit des Einzugszylinders ist somit etwas geringer als die oben ermittelte Nadelstabgeschwindigkeit, und zwar ergibt sich das Verhältnis beider zu:

$$V_0 = \frac{u_T}{u_E} = \frac{0{,}1883 \cdot A_W}{0{,}1673 \cdot A_W} = 1{,}126 \,.$$

Dieser geringe „Verzug" oder besser „Voreilung" oder „Zug" (lead) zwischen den Nadelstäben und dem Einzugszylinder, der sich im übrigen auch direkt aus den Räderübersetzungen errechnet, ist notwendig, um die Fasern beim Einstechen der Nadeln in eine gewisse Spannung zu versetzen und dadurch ein Stauchen derselben an den Nadeln zu vermeiden.

Weiterhin ergibt sich aus den Räderübersetzungen in einfacher Weise die Umlaufzahl des Verzugszylinders zu:

$$n_V = \frac{200 \cdot A_W}{V_W} \ \text{m/min}$$

und entsprechend seine Umfangsgeschwindigkeit bei 2½ Zoll Durchmesser zu:

$$u_V = \frac{200 \cdot A_W \cdot 2{,}5 \cdot 0{,}0254 \cdot 3{,}14}{V_W} = \frac{39{,}878 \, A_W}{V_W} \ \text{m/min} .$$

Die Umfangsgeschwindigkeit des Verzugszylinders ist demnach abhängig von Antriebswechsel und Verzugswechsel, und zwar erreicht sie ihren Höchstwert für den größten Antriebwechsel $A_W = 42$ und den kleinsten Verzugwechsel $V_W = 34$ mit

$$\frac{39{,}878 \cdot 42}{34} = 49{,}26 \ \text{m/min} .$$

Aus der oben ermittelten Umfangsgeschwindigkeit des Verzugszylinders und des Einzugszylinders erhält man den Streckfeld-Verzug als Verhältnis beider zu:

$$V_1 = \frac{39{,}878 \dfrac{A_W}{V_W}}{0{,}1673 \cdot A_W} = \frac{238}{V_W} = \frac{K_{V_1}}{V_W} \,.$$

Zum gleichen Ergebnis gelangt man nach der S. 179 angegebenen Regel direkt:

$$V_1 = \frac{42 \cdot 24 \cdot 42 \cdot 84 \cdot 63 \cdot 2{,}5}{42 \cdot 42 \cdot 37 \cdot 18 \cdot V_W \cdot 2} = \frac{238}{V_W} \,.$$

Die Verzugskonstante ist demnach $K_{V_1} = 238$, und der Verzug verhält sich umgekehrt proportional wie die Zähnezahl des Verzugswechselrads. Mit größer werdendem Verzugswechselrad wird der Verzug kleiner und umgekehrt. Dementsprechend ergibt sich auch nach obigem die größte Umfangsgeschwindigkeit des Verzugszylinders beim größten Verzug.

In nachfolgender Tabelle 57, die auf einer am Maschinengestell befestigten Blechtafel vermerkt ist, sind die den verschiedenen Wechselrädern entsprechenden Verzüge zusammengestellt. Diese Tabelle hat jedoch nur Gültigkeit, solange der Verzugszylinder seinen ursprünglichen Durchmesser behält. Wird es bei älteren Maschinen infolge Abnützung notwendig, den Verzugszylinder abzudrehen, so wird dessen Umfangsgeschwindigkeit geringer und dementsprechend die Verzugskonstante und der Verzug kleiner. Man hat daher für einen bestimmten Verzug ein etwas kleineres Verzugsrad einzusetzen als sich nach der Verzugstafel ergibt.

Unter Weiterverfolgung des vom Verzugszylinder nach dem Ablieferzylinder verlaufenden Rädertriebes, Abb. 178, erhält man endlich die Umlaufzahl des Ablieferzylinders zu:

$$n_L = \frac{200 \cdot A_W \cdot 40}{V_W \cdot 52} = 153{,}85 \frac{A_W}{V_W} \text{ min}$$

Tabelle 57.
Verzugstabelle zur
Schubstab-Vorstrecke.

Wechselrad V_W	Verzüge $V_1 = \dfrac{238}{V_W}$
34	7,00
37	6,43
40	5,95
44	5,41
48	4,96
53	4,50
60	3,97
68	3,50
80	2,98

und hieraus bei einem Durchmesser des Ablieferzylinders von 3½ Zoll, dessen Umfangsgeschwindigkeit:

$$u_L = \frac{153{,}85\,A_W \cdot 3{,}5 \cdot 0{,}0254 \cdot 3{,}14}{V_W} = 42{,}946 \frac{A_W}{V_W} \text{ m/min}\,.$$

Mit dem größten Wert von $A_W = 42$ und dem kleinsten Wert von $V_W = 34$ ergibt sich der Höchstwert der Ablieferungsgeschwindigkeit der Strecke zu 53,05 m/min, d. h. die größte Bandlieferung erhält man beim größten Verzug, der sich nach obiger Verzugstabelle zu 7 ergibt. Da jedoch bei größerem Verzug ein leichteres Band abgeliefert wird, bleibt die Produktion der Strecke dem Gewicht nach gleich, entsprechend der konstanten Einzugsgeschwindigkeit. Eine Steigerung der Produktion ist daher, abgesehen von einer etwaigen Geschwindigkeitserhöhung des ganzen Getriebes, die naturgemäß ihre Grenzen hat, nur durch Ansetzen schwererer Bänder möglich, was wiederum den Nachteil hat, daß diese nicht so gleichmäßig im Streckfeld durchgearbeitet werden wie leichtere Bänder. Im übrigen wird man bei einer Vorstrecke selten mit den Verzügen an die oberste Grenze gehen, und dementsprechend wird auch bei dieser Art Strecken die abgelieferte Bandlänge unter dem oben angegebenen Höchstwert bleiben.

Das Verhältnis der Umfangsgeschwindigkeit des Ablieferzylinders und des Verzugszylinders ergibt den Verzug zwischen beiden, der zur Führung des Bandes über die Bandplatte notwendig ist, nach obigem zu:

$$V_2 = \frac{42{,}946\,\dfrac{A_W}{V_W}}{39{,}878\,\dfrac{A_W}{V_W}} = 1{,}077\,,$$

(welchen Wert man auch direkt aus dem Übersetzungsverhältnis und den Durchmessern beider Zylinder erhält, nämlich $V_2 = \dfrac{40 \cdot 3{,}5}{52 \cdot 2{,}5} = 1{,}077$).

Aus den Räderübersetzungen ergibt sich ferner, daß auch zwischen Verzugszylinder und Abzugszylinder einerseits und zwischen Abzugszylinder und Ablieferzylinder andererseits je ein Verzug besteht. Diese Verzüge ergeben sich zu:

$$V_2' = \frac{40 \cdot 52 \cdot 2^3/_8}{52 \cdot 37 \cdot 2^1/_2} = 1{,}027\,, \quad \text{bzw.} \quad V_2'' = \frac{37 \cdot 3^1/_2}{52 \cdot 2^3/_8} = 1{,}048\,.$$

Endlich ergibt sich noch zwischen den Umfangsgeschwindigkeiten des I. und II. Einzugszylinders infolge des kleineren Durchmessers des ersteren eine kleine Differenz, die auf eine Spannung des Faserbandes beim Einzug hinwirkt. Da nach der Räderübersetzung die Umlaufzahlen beider Einzugszylinder gleich sind, ergibt sich bei einem Durchmesser des I. Einzugszylinders von 49 mm dessen Umfangsgeschwindigkeit zu:

$$u_E' = 1{,}049\,A_W \cdot 0{,}049 \cdot 3{,}14 = 0{,}1614\,A_W \text{ m/min}\,,$$

und demnach ergibt sich das Verhältnis der Umfangsgeschwindigkeiten beider zu:

$$V_3 = \frac{0,1673\,A_W}{0,1614\,A_W} = 1,037\,,$$

was auch direkt aus dem Verhältnis der Durchmesser beider Zylinder sich errechnet.

Der Gesamtverzug der Strecke ergibt sich als Produkt der Einzelverzüge $V_1 \cdot V_2 \cdot V_3$ oder direkt aus dem Verhältnis der Umfangsgeschwindigkeit des Ablieferungszylinders zur Umfangsgeschwindigkeit des I. Einzugszylinders zu:

$$V = \frac{42,946\,\dfrac{A_W}{V_w}}{0,1614\,A_W} = \frac{266}{V_W}\,.$$

Während der oben ermittelte Streckfeldverzug V_1 als Maß des eigentlichen Verzuges der Faser im Band zu betrachten ist, hat man den Berechnungen des Spinnplanes, also der Bestimmung des Bandgewichtes, der Ablieferung und Produktion den Gesamtverzug zugrunde zu legen.

Aus der schematischen Antriebszeichnung Abb. 176 und Abb. 177 ist zu erkennen, daß Rad $Z_3 = 84$ Zähne als Sicherheits- oder Stiftrad ausgebildet ist, indem es nur lose auf seiner Welle sitzt und mit dieser in üblicher Weise durch den Eingriff zweier Stifte in eine fest auf der Welle sitzende Scheibe verbunden wird, so daß beim Eintreten von Getriebehemmungen, z. B. durch Faserwicklungen, der Antrieb nach beiden Triebradwellen T durch Abscheren der Stifte selbsttätig unterbrochen wird. Nach der in Abb. 176 für einen Kopf schematisch dargestellten Getriebeanordnung erfolgt der Antrieb der Triebradwellen nur von einer Seite aus, so daß diese bei einer mehrköpfigen Strecke durch den mittleren Gestellbock nach dem 2. und evtl. 3. Streckkopf durchgehen müssen. Dies hat zur Folge, daß beim Stillsetzen des Nadelstabantriebes des einen Streckkopfes notgedrungen auch der des zweiten und dritten Streckkopfes ausgeschaltet wird. Dieser Übelstand läßt sich, wie bei andern Streckenkonstruktionen noch gezeigt wird, durch entsprechende Anordnung des Getriebes vermeiden.

Eine von den vorbeschriebenen Schubstabstrecken etwas abweichende Art ist die von der Firma Douglas Fraser & Sons, Arbroath, gebaute Ring-Pushbar-Strecke, die oft auch fälschlicherweise als Kettenstrecke bezeichnet wird. Hier liegen, wie die Abb. 179 und 180 des Nadelstabkorbs einer Vorstrecke von 16½ Zoll Streckfeldweite erkennen lassen, die langen zylindrischen Zapfen e der 34 Nadelstäbe, Abb. 181, links und rechts in jedem Streckkopf in der Triebstockinnenverzahnung eines ringförmigen Gußkörpers K von 40 Zähnen, Abb. 180, der gleichzeitig eine äußere Stirnradverzahnung mit 167 Zähnen trägt und durch ein kleines Ritzel von 22 Zähnen angetrieben wird. Der Zahnkörper K dreht sich zentrisch in einem an die Streckkopfwand W angegossenen kapselförmigen Gehäuse, das an der Eingriffstelle des Antriebsritzels mit einem entsprechenden Ausschnitt versehen ist, an welchem der die Welle des Ritzels tragende Lagerbock angeflanscht ist. Die Nadelstäbe von trapezförmigem Querschnitt wie bei der oben beschriebenen Fairbairnstrecke tragen wiederum abwechslungsweise links und rechts kleine Kurbeln b mit Zapfen a, Abb. 181, die mit den Stäben aus einem Stück gearbeitet sind. Zwischen den eingedrehten Zapfen e und den trapezförmigen Stabteilen sowie in der Mitte der Stäbe sind zylindrische Teile d von größerem Durchmesser eingeschaltet. Während sich die eng aneinandergereihten Stäbe mit diesen zylindrischen Teilen d berühren, greifen die inneren Zähne des Triebringes in die zwischen den Zapfen e entstandenen Lücken ein und vermitteln die umlaufende Bewegung der Nadelstäbe, die in ihrer unteren

Bahn halbkreisförmig, in der oberen, im Streckfeld liegenden Bahn horizontal verläuft. Hierbei legen sich die Zapfen *e* gegen eine innere Führungsbahn *e—e*, die ebenfalls in ihrem unteren Teil halbkreisförmig, im oberen Teil horizontal verläuft, während die Zapfen *a* in entsprechenden äußeren bzw. inneren Bah-

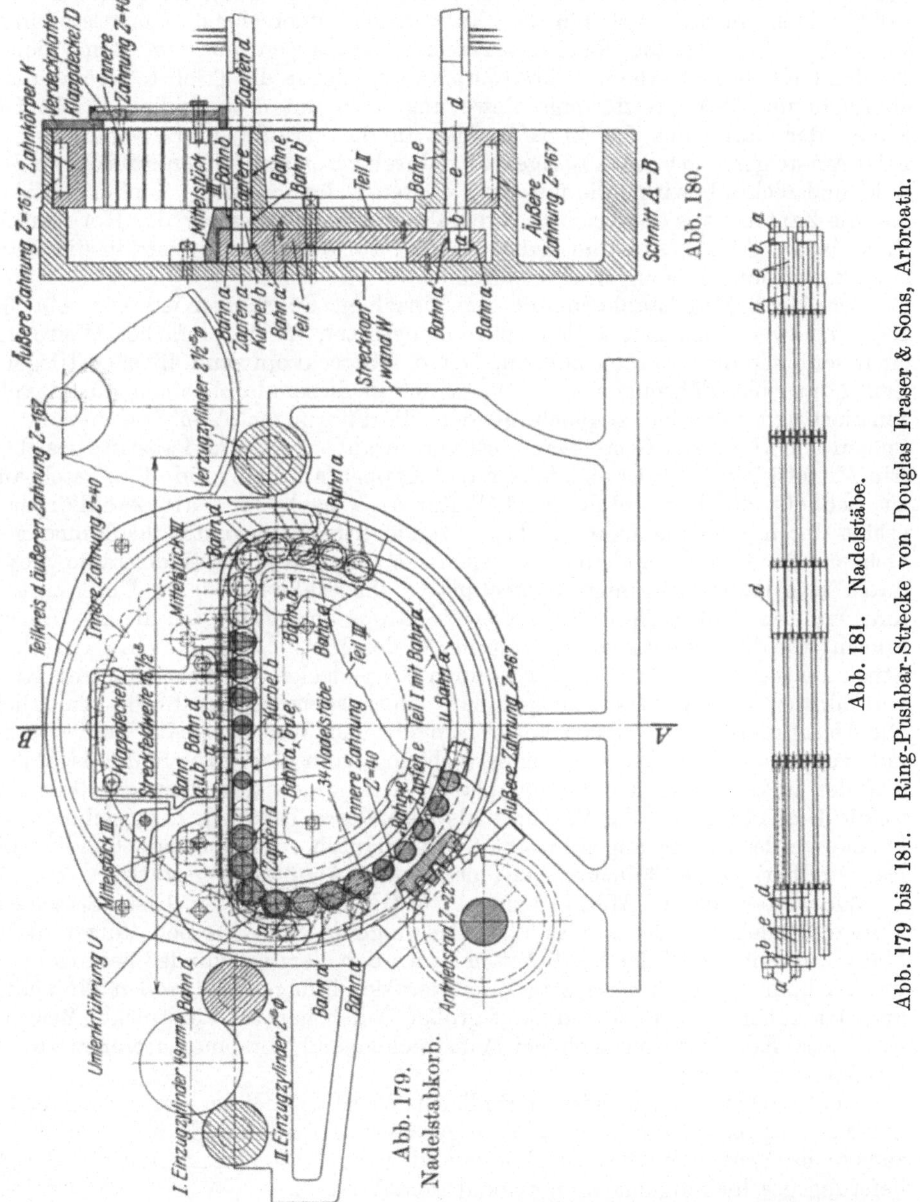

Abb. 179.
Nadelstabkorb.

Schnitt A—B. Abb. 180.

Abb. 181. Nadelstäbe.

Abb. 179 bis 181. Ring-Pushbar-Strecke von Douglas Fraser & Sons, Arbroath.

nen *a—a*, *a'—a'* gleiten, die, wie Abb. 179 zeigt, in ihrem kreisförmigen Teil exzentrisch zu der Bahn *e—e* verschoben sind. Unter der Einwirkung beider Bahnen richten sich beim Emporsteigen der Stäbe die Kurbeln allmählich bis zur horizontalen Lage auf, und dementsprechend stellen sich die Nadeln beim Einstechen in das Band senkrecht ein und behalten diese Lage auch beim

17*

Durchlaufen des horizontalen Streckfeldes. Während dieser Horizontalbewegung gleiten auch die Kurbelschenkel b in oberen und unteren horizontalen Führungen b—b, b'—b', so daß eine stets gleiche Kurbelstellung und infolgedessen auch Nadelstellung gewährleistet ist. Am Ende der Horizontalbewegung kurz vor dem Verzugszylinder findet eine ähnliche Umlenkung nach unten statt, wobei wiederum das Abgleiten der Stäbe durch entsprechende Kurbelstellungen so erfolgt, daß sich die Nadeln senkrecht nach unten aus dem Band ziehen, bis sich endlich die Stäbe mit ihren Zapfen e wieder in die Triebstockverzahnung einfädeln und ihre kreisförmige Bewegung nach unten wiederholen. Das Umlenken der Stäbe aus der kreisförmigen in die geradlinige Bewegung sowohl beim Aufsteigen wie beim Absteigen wird durch besondere Umlenkführungen d—d links und rechts bewirkt, die mit ihrer oberen Bahn so auf die Zapfen d wirken, daß die Zapfen e aus der Triebstockverzahnung beim Erreichen der Horizontalen (links in der Abb. 179) herausgedrückt bzw. auf der rechten Seite in die Triebstockverzahnung hineingedrückt werden.

Der ganze Nadelstabkorb mit den einzelnen Führungen ist, wie Abb. 180 zeigt, aus verschiedenen Teilen zusammengesetzt, die in einfacher Weise auseinandergenommen werden können. Der der Streckkopfwand W nächstliegende Teil I mit den Führungen a—a, a'—a' ist in dieser durch einen Mittelzapfen zentriert und außerdem zugleich mit dem die Führungen b'—b' und e—e enthaltenden Teil II mit der Gestellwand fest verschraubt und durch Paßstifte gesichert. Ein Mittelstück III, das ebenfalls mit 2 Lappen an die Wand W angeschraubt ist, schließt die horizontale Kurbelbahn b—b nach oben ab. Zahnkörper K erhält durch zwei die Zahnung begrenzende Stirnringe zentrische Führung im Gehäuse der Gestellwand und ist gegen die Innenseite des Nadelstabkorbes zu durch eine halbkreisförmige Verdeckplatte abgeschlossen, deren Unterkante in ihrer rechten Hälfte, Abb. 179, als breite Rippe ausgeführt ist, die als Umlenkführung für die Zapfen d dient, während in der Mitte der Platte ein rechteckiges Stück ausgeschnitten ist, das durch einen Klappdeckel mit Scharnier und Riegel verschlossen ist und das Einlegen bzw. Herausnehmen der Stäbe ermöglicht. Die Unterkante des Klappdeckels ist in gleicher Weise wie die Verdeckplatte mit verbreiterter Rippe als obere Führungsbahn der Zapfen d ausgebildet. Auf der linken Seite der Verdeckplatte, d. h. gegen den Einzugszylinder zu, ist die Umlenkführung der Zapfen d als besonderes Teilstück U ausgebildet, das an die Verdeckplatte angeschraubt ist und durch entsprechende Schlitze eine Nachstellbarkeit der Führung bei eintretender Abnützung gestattet.

Wie weiter aus der Abb. 179 zu erkennen ist, ist auch bei dieser Strecke die vordere Nadelreihe der zweireihigen Messinggills etwa $^1/_{16}$ Zoll kürzer als die hintere, damit die Stäbe möglichst nahe an den Verzugszylinder herangebracht werden können. Auch diese Strecke erfreut sich infolge ihrer großen Einfachheit und der hohen Stabgeschwindigkeit großer Beliebtheit als Vorstrecke. Bisweilen wird diese Konstruktion auch bei Feinstrecken und Vorspinnmaschinen zur Anwendung gebracht.

Das Rädertriebwerk ist in ähnlicher Weise wie bei der Fairbairn-Pushbar-Strecke aufgebaut: konstante Einlaufgeschwindigkeit und Stabbewegung, Verzugswechsel auf dem Verzugszylinder und demgemäß Veränderlichkeit der Ablieferungsgeschwindigkeit proportional dem Verzug.

2. Die Kettenstrecke.

Das Hauptmerkmal der Kettenstrecken, die heute nur noch in der Lawsonschen Bauart mit offenen Kettengliedern („open link drawing") ausgeführt werden, ist die Verwendung endloser, über zwei Triebräder laufender Gelenkketten als

Tragorgane für die Nadelstäbe. Während bei den oben beschriebenen Pushbar-strecken die Fortbewegung der eng aneinandergereihten Stäbe durch ein gegen-seitiges Weiterschieben auf ihrer Bahn erfolgt und demgemäß stets die volle Anzahl Stäbe vorhanden sein muß, ermöglicht bei den Kettenstrecken die von-einander unabhängige Lagerung der Stäbe in den halbkreisförmigen Öffnungen der Kettengliederköpfe ein Entfernen einzelner Stäbe, ohne daß dadurch die Bewegung der ganzen Kette unterbrochen wird.

Aus den Abb. 182 und 183, die den Aufbau einer Kettenstrecke nach einer Ausführung der Firma Seydel, Bielefeld, erkennen lassen, ist die Anordnung dieser Ketten ersichtlich, von denen für jeden Kopf je eine links und rechts von den beiden Kopfwänden vorgesehen ist. Die Ketten setzen sich aus ein-zelnen Gliedern g_1 und g_2, Abb. 184, aus Rotguß oder aus gezogenem Mes-sing zusammen, die sich in der Kette wechselseitig folgen, und zwar legt sich jeweils die Mittellasche eines Gliedes g_1 zwischen die gabelförmig geteilten äußeren Laschen der beiden benachbarten Glieder g_2, wobei sämtliche Glieder durch lose durchgesteckte zylindrische Stahlbolzen s von 9 mm Schaftdurchmesser und 11 mm Kopfdurchmesser gelenkartig miteinander verbunden werden. In die Lücken zwischen den einzelnen, seitlich der Glieder rechts und links um etwa 15 mm überstehenden Verbindungsbolzen, deren Abstand entsprechend der Kettenteilung $^7/_8$ Zoll beträgt, greifen triebstockartig die Zähne zweier guß-eiserner Kettentriebräder T_1 mit 18 Zähnen und T_2 mit 9 Zähnen ein, deren doppelseitig ausgebildete Radkörper auf in den Kopfwänden gelagerte, von einem Kopf zum andern laufende Wellen festgekeilt und durch beiderseitige Stellringe gesichert sind.

Der Antrieb der Kettentriebräder, von denen das kleinere wiederum am Ver-zugszylinder liegt, und deren Mittelpunkte so liegen, daß die Kette in ihrer oberen Bahn im Streckfeld horizontal verläuft, erfolgt von der II. Triebradwelle aus, die durch Zahnradübertragung in Umdrehung versetzt wird. Jedes Kettenglied trägt einen breit ausladenden, oben offenen Lagerkopf, in den sich der Zapfen e des Nadelstabs N frei drehbar legt, dessen Form im übrigen der der Pushbar-stäbe ähnelt, vgl. die Abb. 183 und 184. Bei der vorliegenden Strecke besteht die Kette aus 30 Gliedern, denen also 30 Nadelstäbe entsprechen. Auf beiden Seiten der Nadelstäbe sichern lose auf die Zapfen c aufgesetzte Ringe d, die sich bund-artig zwischen den nadelbesetzten Stabteil und die Kettengliedköpfe legen, gegen axiale Verschiebung.

Die von den Nadelstäben bestrichene Bahn entspricht dem von der Gelenk-kette verfolgten Weg, der auf der oberen Bahn im Hechelfeld horizontal ver-läuft, vor Erreichung des Verzugszylinders in einem Halbkreis nach unten abfällt, sodann geradlinig schräg nach unten weiterläuft und zuletzt wieder halbkreisförmig zu der oberen Bahn am Einzugszylinder emporsteigt. Hierbei erfolgt die Führung der Zapfen e in der äußeren, in sich geschlossen verlaufenden Bahn e—e, die insbesondere in ihrem unteren Teil ein Herausfallen der Stäbe aus den Lagerköpfen verhindert. Eine dieser Bahn parallel verlaufende, aber nur auf deren untere Hälfte sich erstreckende Bahn d—d gibt die Führung ab für die Ringe d, denen die Bahn e—e auch als seitliche Begrenzung dient. Von besonderer Bedeu-tung wiederum ist bei der umlaufenden Bewegung der Nadelstäbe deren Stellung bzw. die Lage der Gillnadeln beim Eintritt und Verlassen des Streckfeldes. Zu diesem Zweck tragen die Endzapfen e, vgl. die Abb. 183 und 184, abwechselnd links und rechts mittels kleiner Keile befestigte Winkelhebel w mit je 2 Zapfen a und b derart, daß die Hälfte der Stäbe auf Antriebsseite mit Linkshebeln, die andere Hälfte auf der entgegengesetzten Seite mit Rechtshebeln ausgestattet sind, so daß also infolge der engen Stabteilung auf jeder Seite immer nur jeder zweite Stab

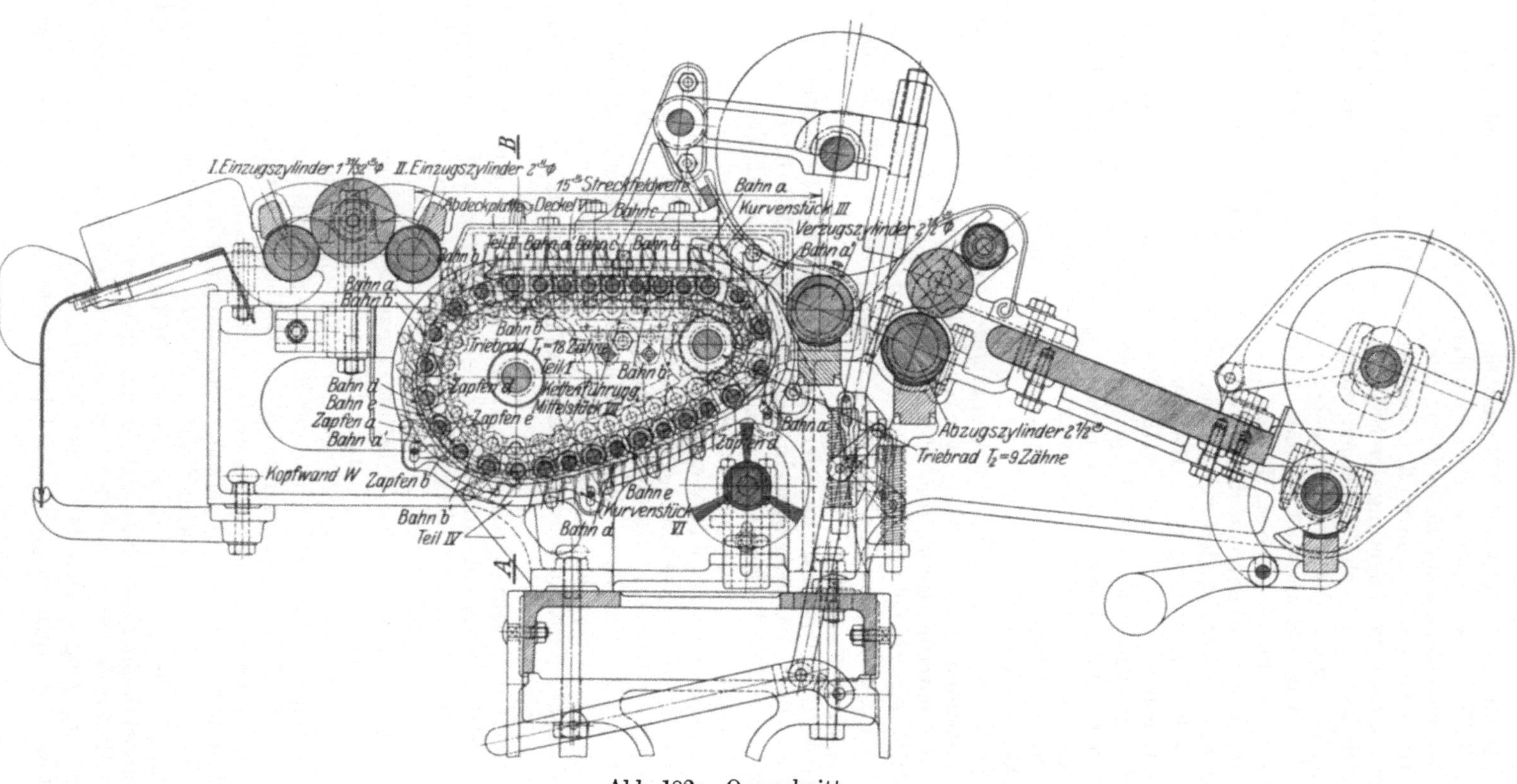

Abb. 182. Querschnitt.

Abb. 182 bis 184. Kettenstrecke von Seydel & Co., Bielefeld.

wie bei der Pushbarstrecke einen Hebel besitzt. Das Aufrichten der Stäbe bei dem allmählichen Übergang von der unteren Führung nach der oberen erfolgt in der Hauptsache durch die Kurve b'—b' links in Abb. 182, für die Zapfen b, die etwa an der tiefsten Stellung der unteren Nadelstabbahn einsetzt und ein allmähliches Aufrichten der nach unten frei hängenden Nadelspitzen in die Wege leitet. Diese Bewegung wird unterstützt durch das bald darauf einsetzende Wirken der dahinter und exzentrisch versetzt liegenden Kurve a—a, auf welche die Zapfen a auflaufen, so daß unter der vereinigten Wirkung beider Bahnen sich die Nadeln bis zur Senkrechten und beim Einstechen in das Band sogar noch über die Senkrechte hinaus, wie Abb. 182 zeigt, aufrichten. Während der Horizontalbewegung der Stäbe nehmen die Nadeln genau senkrechte Stellung ein, indem die oberen Zapfen a der Winkelhebel w auf dem horizontalen Teil der Bahn a—a und die unteren Zapfen b in den durch den horizontalen Teil der Bahnen b—b, b'—b' gebildeten Führungen gleiten. Außerdem sind die Winkelhebel w mit prismatischen Nuten c versehen, die bei der Horizontalbewegung der Stäbe in einer entsprechend geformten, vorstehenden Führungsleiste mit

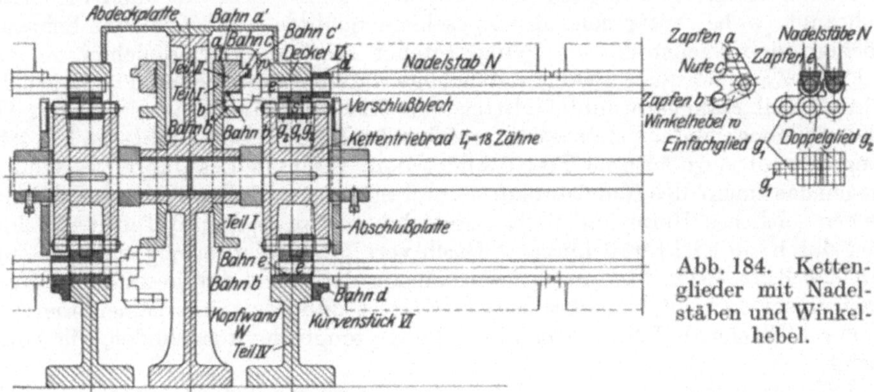

Abb. 183. Schnitt A—B.

Abb. 184. Kettenglieder mit Nadelstäben und Winkelhebel.

den oberen und unteren Führungen c—c, c'—c', Abb. 182 und 183, geführt werden, so daß die Stellung der Winkelhebel und damit auch der Nadelstäbe während dieser Bewegung genau fixiert ist. Beim Absteigen der Stäbe am Ende des Streckfeldes kurz vor dem Verzugszylinder wiederholt sich der gleiche Vorgang. Während die Kette mit den Stabzapfen e über das Triebrad T_2 sich nach der unteren Führung bewegt, gleiten die Zapfen a in dem kurvenförmigen Teil der Bahnen a—a und a'—a', rechts in der Abb. 182, und gleichzeitig die Zapfen b in den entsprechenden Kurven b—b und b'—b', die jedoch nach kurzem Verlauf abbrechen. Das Herausziehen der Nadeln aus dem Faserband erfolgt vollkommen senkrecht, wobei die Nadelstäbe so nahe wie möglich an dem Verzugszylinder vorbeistreichen. Bei der Rückwärtsbewegung der Stäbe auf der unteren Gleitbahn werden, wie schon erwähnt, nur die Zapfen e und die Ringe d auf den äußeren Bahnen e—e und d—d geführt, während die Winkelhebel w mit ihren Zapfen a und b erst beim Wiederaufsteigen der Kette und der Stäbe wieder mit ihren zugehörigen Kurvenführungen in Berührung kommen.

Der Zusammenbau der einzelnen Führungsstücke ist insbesondere aus Abb. 183 ersichtlich. An die die Lagerbüchsen für die Triebradwellen tragenden gußeisernen Wände W, die sich rechts und links des Streckkopfes auf das Maschinenbett aufsetzen, schließt sich, auf jeder Seite durch Schrauben an entsprechenden

Augen befestigt, Teil *I* mit den inneren Führungen a'—a' und b'—b' an. An diesen Teil ist in seiner oberen Hälfte seitlich ein Teilstück *II* aufgeschraubt, das oben mit Teil *I* abschließt, während seine untere Abschlußfläche die Führungsbahn b—b bildet. Eine in der Mitte schmal vorspringende, fast über die ganze Länge des Teilstücks *II* sich erstreckende Leiste bildet die horizontalen Führungen c—c, c'—c' der Winkelhebel *w*. Auf der Seite des Verzugszylinders also in Abb. 182 rechts, ist das Kurvenstück *III* mit den äußeren Führungen a—a für die Zapfen *a* an Teil *I* angeschraubt und vervollständigt so die Umlenkführung für die Nadelstäbe. Teilstück *IV*, das die untere Führungsbahn für die Stabzapfen *e* bei der Rückwärtsbewegung der Kette trägt, ist als selbständiges, auf dem Maschinenbett aufgeschraubtes Gehäuse ausgebildet, das zugleich eine Abdeckung des ganzen Kettentriebes bezweckt. Die Führungsbahn e—e selbst ist als dünnwandiger, in das gußeiserne Gehäuse eingesetzter Rotgußbelag ausgeführt. Aus dem oberen horizontalen Teil des Gehäuses *IV* ist der übliche Deckel *V* ausgeschnitten, der den Zugang zu den Nadelstäben und der Kette ermöglicht. An die untere Hälfte des Gehäuses *IV* ist seitlich das Kurvenstück *VI* aus Rotguß mit der unteren Gleitbahn d—d für die Bundringe *d* angeschraubt, wobei entsprechend vorgesehene Schlitze an Stelle von Schraubenlöchern eine Nachstellung bei eingetretener Abnützung ermöglichen.

Der Zwischenraum zwischen den beiden Triebrädern T_1 und T_2 wird durch ein an Teil *I* angeschraubtes Mittelstück *VII* ausgefüllt, das die beiden Triebräder gegeneinander gehäuseartig abschließt. Eine an dieses Mittelstück seitlich angeschraubte gußeiserne Platte bildet den Abschluß des ganzen Kettentriebs gegen das Innere des Nadelstabkorbes und sichert zugleich die Kettengliedbolzen *s* gegen seitliches Herausfallen. Ein Ausschnitt in dem oberen Teil dieser Platte, der durch ein leicht abnehmbares Blech verschlossen ist, ermöglicht den Zugang zu der Kette bzw. ein Auseinandernehmen derselben durch seitliches Herausziehen der Bolzen. Das Mittelstück *VII* ist außerdem mit seiner oberen und unteren Fläche als Führungsbahn für die Kettenglieder ausgebildet, wie Abb. 182 zeigt.

Wie weiterhin aus den Abb. 182 und 183 zu ersehen ist, sitzt oben auf der Kopfwand *W* eine gußeiserne Abdeckplatte, die seitlich über die Führungsbahnen der Winkelhebel bis dicht über das Gehäuse *IV* reicht und so mit den übrigen Abdeckungen einen vollkommenen Abschluß des ganzen Nadeltriebwerkes bildet.

Links unterhalb des Verzugszylinders ist unter den Stäben eine Bürstenwalze angeordnet, deren Borsten die in ihrer unteren Bahn nach abwärts stehenden Gillnadeln von mitgerissenen Fasern und Unreinigkeiten säubern. Diese Bürsten, die bei allen Pushbar- und Kettenstrecken zu finden sind, haben sich besonders für Vorstrecken bewährt, bei denen am meisten Unreinigkeiten ausgeschieden werden; sie sind aber auch bei Feinstrecken und bei Vorspinnmaschinen von großem Nutzen. Naturgemäß können solche Bürstenwalzen nur bei den Streckenarten zur Anwendung kommen, bei denen die Nadeln auf ihrer unteren Führungsbahn nach abwärts stehen, was beispielsweise bei den noch zu besprechenden Schraubenstrecken nicht der Fall ist. Die sich meist nach kurzer Zeit mit Unreinigkeiten vollstopfenden Bürsten müssen naturgemäß, wenn sie ihren Zweck erfüllen sollen, öfters reingemacht werden. Das gleiche gilt im übrigen auch für sämtliche Walzenputzer.

Die übrigen konstruktiven Einzelheiten der Kettenstrecke, wie z. B. die Putzleisten an den Einzugszylindern, die Einführungs- und die Verzugskonduktoren, die durch Spiralfedern angepreßten Putzleisten an dem Verzugs- und Abzugszylinder, der rotierende Putzer an der Abzugszylinderdruckwalze, die Anordnung der Drucksattel mit Gewichtshebelbelastung für die Verzugszylinderdruckwalzen, die Bandplatte mit vollständiger Ablieferung, die Putzleisten zum Ablieferungszylinder, wie auch sämtliche Abdeckungen sind unmittelbar aus Abb. 182 ersichtlich.

Die Antriebsverhältnisse der Strecke gehen aus der schematischen Darstellung Abb. 185 bis 187 hervor. Wie bei der oben beschriebenen Pushbarstrecke erfolgt der Antrieb durch Riemen auf die auf gemeinschaftlichem, feststehenden Bolzen lose sitzenden Fest- und Losscheiben F und L von 16 Zoll Durchmesser und $n_A = 300$ Uml./min. Der Antriebswechsel A_W mit 24 bis 42 Zähnen sitzt wiederum fest auf der langen Nabe der Festscheibe und treibt über

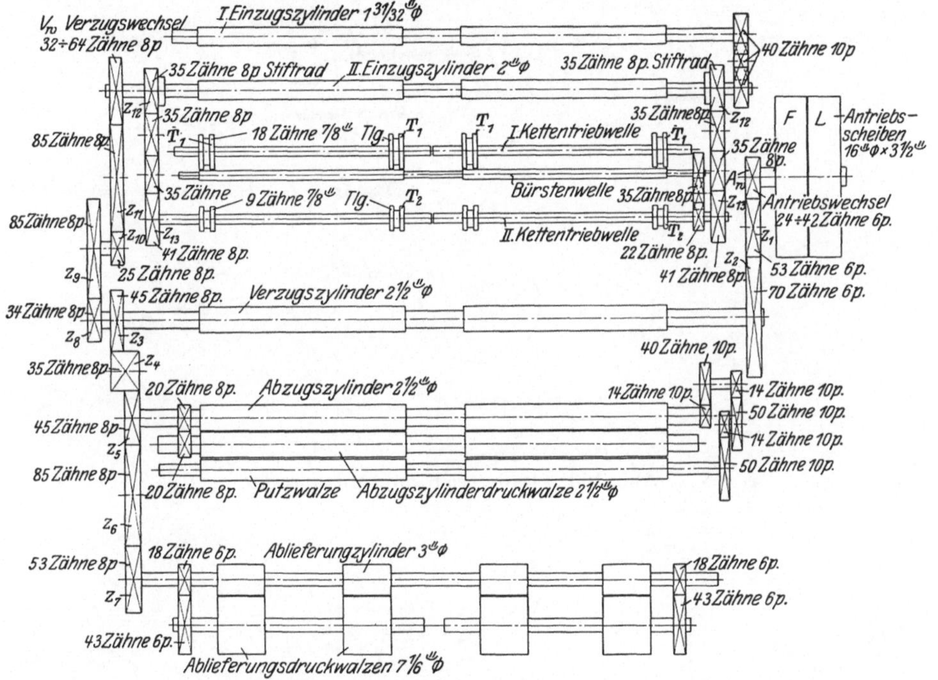

Abb. 185. Grundriß.

Abb. 185 bis 187. Schematische Darstellung des Getriebes einer Kettenstrecke.

Zwischenrad $Z_1 = 53$ Zähne auf das auf dem Verzugszylinder sitzende Zahnrad $Z_2 = 70$ Zähne, womit sich die

$$\text{Umlaufzahl des Zylinders zu } n_r = \frac{300 \cdot A_W}{70} = 4{,}286\, A_W \text{ Uml./min,}$$

und dessen Umfangsgeschwindigkeit bei einem Durchmesser von 2½ Zoll zu

$$u_r = 4{,}286 \cdot A_W \cdot 2{,}5 \cdot 0{,}0254 \cdot 3{,}14 = 0{,}855 \cdot A_W \text{ m/min}$$

ergeben.

Im Gegensatz zur Pushbarstrecke ist demnach die Ablieferungsgeschwindigkeit des Verzugszylinders nur vom Antriebswechsel abhängig, im übrigen aber konstant und unabhängig vom Verzug.

Vom Verzugszylinder aus geht ein Rädertrieb $Z_3 = 45$ Zähne auf der der Antriebsseite entgegengesetzten Seite über Zwischenrad $Z_4 = 35$ Zähne nach dem auf dem Abzugs- oder Hilfszylinder sitzenden Zahnrad $Z_5 = 45$ Zähne, womit dieser die gleiche Drehrichtung und Umlaufzahl — und da dessen Durchmesser der gleiche wie der des Verzugszylinders ist — auch die gleiche Umfangsgeschwindigkeit wie letzterer erhält.

Zahnrad Z_5 treibt über Zwischenrad $Z_6 = 85$ Zähne auf das auf dem unteren Ablieferungszylinder sitzende Zahnrad $Z_7 = 53$ Zähne und erteilt diesem

$$n_L = 4{,}286 \cdot A_W \cdot \frac{45}{53} = 3{,}64 \cdot A_W \text{ Uml./min},$$

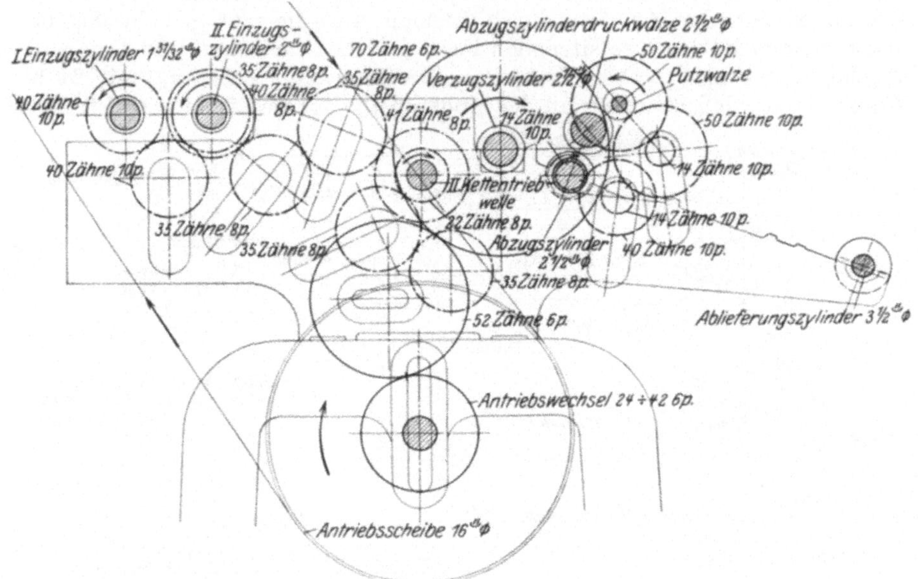

Abb. 186. Rädertrieb auf Antriebsseite.

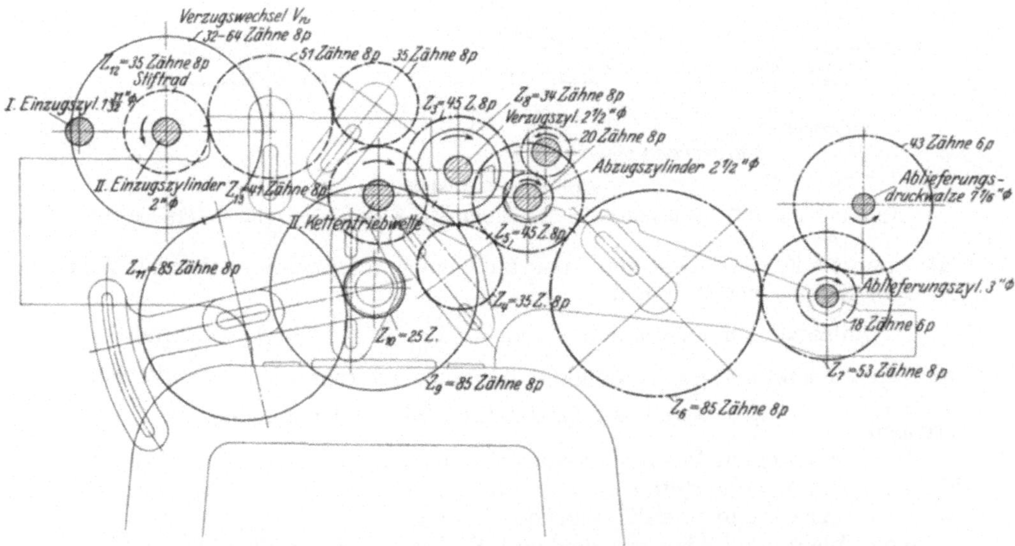

Abb. 187. Rädertrieb auf der dem Antrieb entgegengesetzten Seite.

und bei einem Durchmesser von 3 Zoll eine Umfangsgeschwindigkeit, die zugleich die Liefergeschwindigkeit der Strecke ist, von

$$u_L = 3{,}64 \cdot A_W \cdot 3 \cdot 0{,}0254 \cdot 3{,}14 = 0{,}871 \cdot A_W \text{ m/min},$$

d. h. wiederum: Die **Ablieferung** der Strecke ist bei gleichbleibendem Antriebswechsel **konstant** und unabhängig vom Verzug.

Als Verzug zwischen Ablieferungs- und Verzugszylinder, der sogenannte **Bandplattenverzug,** ergibt sich aus obigem:

$$V_2 = \frac{0{,}871 \cdot A_W}{0{,}855 \cdot A_W} = 1{,}019 \text{ oder rd. } 2\%,$$

was wiederum direkt aus der Räderübersetzung und den Zylinderdurchmessern nach $\frac{45 \cdot 3}{53 \cdot 2{,}5} = 1{,}019$ sich errechnet.

Vom Verzugszylinder aus geht auf der der Antriebsseite entgegengesetzten Seite noch ein zweiter Rädertrieb, bestehend aus dem neben Zahnrad Z_3 auf der Zylinderachse sitzenden Zahnrad $Z_8 = 34$ Zähne, das auf das auf gemeinschaftlichem Bolzen sitzende, kombinierte Rad $Z_9 = 85$ Zähne, $Z_{10} = 25$ Zähne treibt, während letzteres über Zwischenrad $Z_{11} = 85$ Zähne auf das auf dem zweiten Einzugszylinder sitzende Verzugswechselrad $V_W = 32$ bis 64 Zähne treibt und letzterem eine dem Verzugszylinder entgegengesetzte Drehrichtung vermittelt.

Die Umlaufzahl des zweiten Einzugszylinders ergibt sich somit zu:

$$n_{E_{\mathrm{II}}} = 4{,}286 \cdot A_W \cdot \frac{34 \cdot 25}{85 \cdot V_W} = 42{,}86 \cdot \frac{A_W}{V_W} \text{ Uml./min.}$$

und die Umfangsgeschwindigkeit bei $2''$ Durchmesser zu:

$$u_{E_{\mathrm{II}}} = 42{,}86 \cdot 2 \cdot 0{,}0254 \cdot 3{,}14 \cdot \frac{A_W}{V_W} = 6{,}837 \cdot \frac{A_W}{V_W} \text{ m/min,}$$

d. h. **Umlaufzahl und Umfangsgeschwindigkeit des Einzugszylinders sind umgekehrt proportional der Zähnezahl des Verzugswechselrades.** Je kleiner das Verzugswechselrad, desto größer wird die Einzugsgeschwindigkeit, und da das Verhältnis der Umfangsgeschwindigkeit des Verzugszylinders und des Einzugszylinders durch den Streckfeldverzug ausgedrückt wird, ergibt sich auch, daß dieser Verzug um so kleiner wird, je **größer die Einzugsgeschwindigkeit, d. h. je kleiner das Verzugswechselrad ist.**

Der **Streckfeldverzug** errechnet sich aus obigem zu

$$V_1 = \frac{0{,}855 \cdot A_W}{6{,}837 \cdot \dfrac{A_W}{V_W}} = 0{,}125\, V_W = \frac{V_W}{8}$$

oder direkt aus der Räderübersetzung

$$V_1 = \frac{V_W \cdot 85 \cdot 2^{1}/_{2}}{25 \cdot 34 \cdot 2} = 0{,}125\, V_W.$$

In dieser Gleichung entspricht der Faktor 0,125 der **Verzugskonstanten** K_{V_1}; oder mit andern Worten: Man erhält den Verzug, indem man die Verzugskonstante mit der Zähnezahl des Verzugswechselrades multipliziert. Diese Verhältnisse sind demnach gerade entgegengesetzt den für die Pushbarstrecke S. 256 ermittelten.

Die den verschiedenen Wechselrädern entsprechenden Verzüge sind in vorstehender Verzugstafel, Tabelle 58, errechnet.

Wird bei dieser Strecke der Verzugszylinder später infolge Abnützung abgedreht, dann hat man für einen bestimmten Verzug bei Verwendung der alten

Tabelle 58.

Verzugstafel zur Kettenstrecke.

Wechselrad V_W	Verzug $V = \dfrac{V_W}{8}$
32	4
36	4,5
40	5
44	5,5
48	6
52	6,5
56	7
60	7,5
64	8

Verzugstafel ein etwas größeres Wechselrad einzusetzen als diesem Verzug entspricht.

Wie weiter aus dem Räderschema Abb. 185 und 186 ersichtlich, erhält der I. Einzugszylinder seinen Antrieb vom II. Einzugszylinder aus durch ein kleines Zahnrädertriebwerk mit je 40 Zähnen auf der Antriebsseite der Strecke, und zwar mit gleicher Drehrichtung und Umlaufzahl. Da der Durchmesser des I. Einzugszylinders um $^1/_{32}$ Zoll kleiner ist als der des II. Einzugszylinders, so ergibt sich eine etwas geringere Umfangsgeschwindigkeit:

$$u_{E_I} = 42,86 \cdot 1^{31}/_{32} \text{ Zoll} \cdot 0,0254 \cdot 3,14 \cdot \frac{A_W}{V_W} = 6,73 \cdot \frac{A_W}{V_W} \text{ m/min},$$

und demgemäß wiederum zwischen beiden Einzugszylindern ein geringer, auf Spannung des eingezogenen Bandes hinwirkender „Zug" von:

$$V_3 = \frac{6,837}{6,73} = 1,016,$$

was sich auch unmittelbar aus dem Verhältnis der Durchmesser beider Zylinder ergibt.

Der Gesamtverzug der Strecke ermittelt sich aus $V = V_1 \cdot V_2 \cdot V_3$, oder auch direkt als Verhältnis der Umfangsgeschwindigkeit des Ablieferungszylinders zu der des I. Einzugszylinders:

$$V = \frac{0,871 \cdot A_W}{6,73 \cdot \dfrac{A_W}{V_W}} = 0,129 \cdot V_W,$$

d. h. die Verzugskonstante $K_V = 0,129$ ist mit der Zähnezahl des Verzugswechselrades zu multiplizieren, um den Gesamtverzug zu erhalten.

Der Antrieb der Kettentriebräder und damit auch der Ketten und Nadelstäbe erfolgt vom II. Einzugszylinder aus, Abb. 187, indem ein auf dessen Achse sitzendes Zahnrad $Z_{12} = 35$ Zähne über 2 Zwischenräder auf das auf der II. Kettentriebradwelle nächst dem Verzugszylinder sitzende Zahnrad $Z_{13} = 41$ Zähne treibt und dieser Welle mit dem darauf sitzenden Kettenrad T_2 eine der Drehrichtung des Einzugszylinders entgegengesetzte Drehrichtung von der Umlaufzahl:

$$n_T = 42,86 \cdot \frac{A_W \cdot 35}{V_W \cdot 41} = 36,588 \cdot \frac{A_W}{V_W} \text{ Uml./min}$$

erteilt.

Durch die Ketten wird die Umdrehung der Welle *II* auf Welle *I* mit entsprechender Umlaufzahl übertragen. Mit $T_2 = 9$ Zähne und einer Kettenteilung von $t = {}^7/_8$ Zoll ergibt sich die Zahl der Nadelstäbe, die jede Minute in das Band einstechen, zu:

$$36,588 \cdot \frac{A_W}{V_W} \cdot 9 = 329,3 \cdot \frac{A_W}{V_W} \text{ Stabschläge/min},$$

und die Umfangsgeschwindigkeit der Kettenräder im Teilkreis und somit auch die Horizontalgeschwindigkeit der Nadelstäbe im Streckfeld zu:

$$u_T = N = 329,3 \cdot \frac{A_W}{V_W} \cdot {}^7/_8 \cdot 0,0254 = 7,319 \frac{A_W}{V_W} \text{ m/min}.$$

Somit ist bei dieser Strecke die Stabgeschwindigkeit umgekehrt proportional dem Verzugswechsel und damit auch dem Verzug. Je kleiner der Verzug, desto größer die Stabgeschwindigkeit.

Zwischen Einzugs- und Stabgeschwindigkeit ergibt sich aus obigem das Verhältnis:

$$V_0 = \frac{7,319}{6,837} = 1,07.$$

Der gleiche Wert ergibt sich wiederum unmittelbar aus der Räderübersetzung, nämlich $V_0 = \dfrac{35 \cdot 9 \cdot {}^7/_8}{41 \cdot 2 \cdot 3{,}14} = 1{,}07$.

Der Stabzug gegenüber der Einzugsgeschwindigkeit beträgt also in diesem Fall 7%.

Wie aus der schematischen Grundrißdarstellung Abb. 185 zu erkennen ist, sind die Kettentriebwellen nicht durch beide Streckenköpfe durchgehend, vielmehr hat jeder Kopf seine eigenen Kettentriebwellen und dementsprechend auch seine getrennten Zahnrädertriebe. Hierbei sind die auf jeder Seite des II. Einzugszylinders sitzenden Zahnräder Z_{12} in bekannter Weise als Sicherungs- oder Stifträder ausgebildet, so daß bei eintretenden Störungen des Kettentriebwerks nur der betreffende Kopf abgestellt wird. Bei dreiköpfigen Maschinen sind in der Regel 1×2 Köpfe und 1×1 Kopf gesichert.

Die Antriebe der Abzugszylinderdruckwalze mit der zugehörigen Putzwalze, der Druckwalzen zum Ablieferungszylinder sowie der Bürstenwalze sind aus den Abb. 186 und 187 zu entnehmen und bieten nichts Neues.

In Tabelle 59 sind die oben errechneten Konstanten für die Umlaufzahlen und Umfangsgeschwindigkeiten der wichtigsten in Frage kommenden Walzen enthalten und die Grenzwerte für die kleinsten und größten Wechselräder errechnet.

Tabelle 59. Konstanten der Umlaufzahlen und Umfangsgeschwindigkeiten einer Kettenstrecke.

Bezeichnung und Durchmesser der Walzen	Konstanten für die		Wechselräder	Umläufe in der Minute	Umfangsgeschwindigkeit m/min
	Umlaufzahl	Umfangsgeschwindigkeit			
I. Einzugszylinder $1^{31}/_{32}$ Zoll Durchm.	$42{,}86 \dfrac{A_W}{V_W}$	$6{,}73 \dfrac{A_W}{V_W}$	$A_W = 24$ $V_W = 64$	16,07	2,52
			$A_W = 42$ $V_W = 32$	56,25	8,83
II. Einzugszylinder 2 Zoll Durchm.	$42{,}86 \dfrac{A_W}{V_W}$	$6{,}837 \dfrac{A_W}{V_W}$	$A_W = 24$ $V_W = 64$	16,07	2,56
			$A_W = 42$ $V_W = 32$	56,25	8,97
Verzugszylinder $2^1/_2$ Zoll Durchm.	$4{,}286\, A_W$	$0{,}855\, A_W$	$A_W = 24$	102,86	20,52
			$A_W = 42$	180,01	35,91
Ablieferungszylinder 3 Zoll Durchm.	$3{,}64\, A_W$	$0{,}871\, A_W$	$A_W = 24$	87,36	20,90
			$A_W = 42$	152,88	36,58
Vorderes Kettenrad $T_2 = 9$ Zähne $t = {}^7/_8$ Zoll	$36{,}588 \dfrac{A_W}{V_W}$	$7{,}319 \dfrac{A_W}{V_W}$	$A_W = 24$	Umlaufzahl 13,72	Stabgeschwindigkeit 2,75
			$V_W = 64$	Stabschläge 123,5	
			$A_W = 42$	Umlaufzahl 48,02	Stabgeschwindigkeit 9,6
			$V_W = 32$	Stabschläge 432,2	

Da nach obigem die Ablieferungsgeschwindigkeit der Kettenstrecke immer gleich bleibt, während mit kleiner werdendem Verzug die Einzugsgeschwindigkeit größer wird, so ergibt sich bei einer derartigen Getriebeanordnung in bezug auf Bandlieferung eine stets gleichbleibende Produktion, in bezug auf abgeliefertes Gewicht jedoch eine mit Verringerung des Verzugs zunehmende Produktion. Man muß hierbei allerdings im Auge behalten, daß die bei kurzen Verzügen sich ergebende hohe Einzugsgeschwindigkeit nicht jedes Material vertragen kann. Z. B. werden kurzfaserige Bänder, bei denen nach früheren Darlegungen meist kurze Verzüge am Platze sind, bei Überschreitung einer gewissen Einzugsgeschwindigkeit öfters reißen, was bei Bestimmung der unteren Grenze für die Verzüge bei dieser Art Strecken zu beachten ist.

Aus der Liefergeschwindigkeit des Ablieferungszylinders ergibt sich die stündliche Bandlieferung der obigen Strecke zu:

$$L = 0,871 \cdot A_W \cdot 60 \cdot a \cdot k,$$

oder mit $k = 2$ Köpfe und $a = 1$ Ablieferung je Kopf, und unter Einsetzung des größten Schnelligkeitsrades $A_W = 42$:

$$L = 0,871 \cdot 42 \cdot 60 \cdot 1 \cdot 2 = 4390 \text{ m/h},$$

d. h. bei einem Gewicht des abgelieferten Bandes von 45 g/m das von der Strecke stündlich verarbeitete Gewicht:

$$L_{kg} = 4390 \cdot 0,045 = 197,55 \text{ kg/h}.$$

Bei 4facher Duplierung und 5fachem Verzug müßte in diesem Fall der Strecke ein Band von $\dfrac{5 \cdot 45}{4} = 56$ g/m (ohne Berücksichtigung der Verluste) vorgesetzt werden.

Die oben errechnete Streckenproduktion ist für diese Art Strecken als obere Grenze anzusehen. Sie läßt sich nur noch erhöhen, indem ähnlich wie bei den Karden mit noch schwereren Bändern gearbeitet wird, was entweder durch Vergrößerung des Gewichtes und der Zahl der der Strecke vorgesetzten Bänder, d. h. des Ansatzgewichtes oder aber durch Verringerung der Verzüge zu erreichen ist. In beiden Fällen wird das abgelieferte Bandgewicht schwerer, und da sich die Ablieferungsgeschwindigkeit gleichbleibt, auch die Produktion dem Gewicht nach größer. Die abgelieferten Bandgewichte sind jedoch, wie schon mehrfach erwähnt, an eine obere Grenze gebunden, die bei Vorstrecken wie bei Feinstrecken durch die Belastbarkeit der Gills gegeben ist. Statt diese zu überlasten, ist es jedenfalls ratsamer, zur Erzielung höherer Produktion die Zahl der Köpfe zu vermehren, also z. B. die Vorstrecken statt mit 2, mit 3 oder gar 4 Köpfen auszuführen, wie es neuerdings vielfach geschieht. Eine Vermehrung der Zahl der Bänder bzw. der Nadelleistenbahnen und damit verbunden der Zahl der Ablieferungen pro Kopf verbietet sich bei den Vorstrecken, da sonst die Nadelstäbe zu lang und zu schwer ausfallen würden und den durch die hohen Geschwindigkeiten und Belastungen hervorgerufenen Beanspruchungen nicht mehr gewachsen wären. Die gleichen Überlegungen führen bei den Feinstrecken zu mehrköpfigen (3 bis 5) Ausführungen. Hierbei können die Köpfe bei den leichteren Bändern und Auflagen mit einer größeren Anzahl von Bändern und Ablieferungen, meist mit 6 Bändern und 2 oder 3 Ablieferungen je Kopf, ausgeführt werden.

Den obigen Berechnungen der theoretischen Produktion ist noch hinzuzufügen, daß der Ermittlung der wahren Produktion naturgemäß noch der Ausnützungsgrad der Strecken, der normalerweise zu 85 bis 90% angenommen werden kann, zugrunde zu legen ist, so daß obige Gleichungen mit dem Faktor

0,85 bis 0,9 zu multiplizieren sind. Dies gilt auch für alle übrigen Bauarten von Strecken.

Die Kettenstrecke hat bei neuzeitlichen Ausführungen infolge ihrer präzisen Arbeitsweise, welche hohe Stabgeschwindigkeiten und damit, wie oben gezeigt, verhältnismäßig geringe Verzüge zuläßt, gerade in letzter Zeit wieder große Beliebtheit erlangt und sogar für Feinstrecken Anwendung gefunden, wo bisher nur Schraubenstrecken vorgezogen wurden.

3. Die Schrauben- oder Spiralstrecke.

Diese Streckenart kann in bezug auf die Bewegung der Nadelstäbe als die vollkommenste bezeichnet werden. Wie aus der Querschnittszeichnung, Abb. 188,

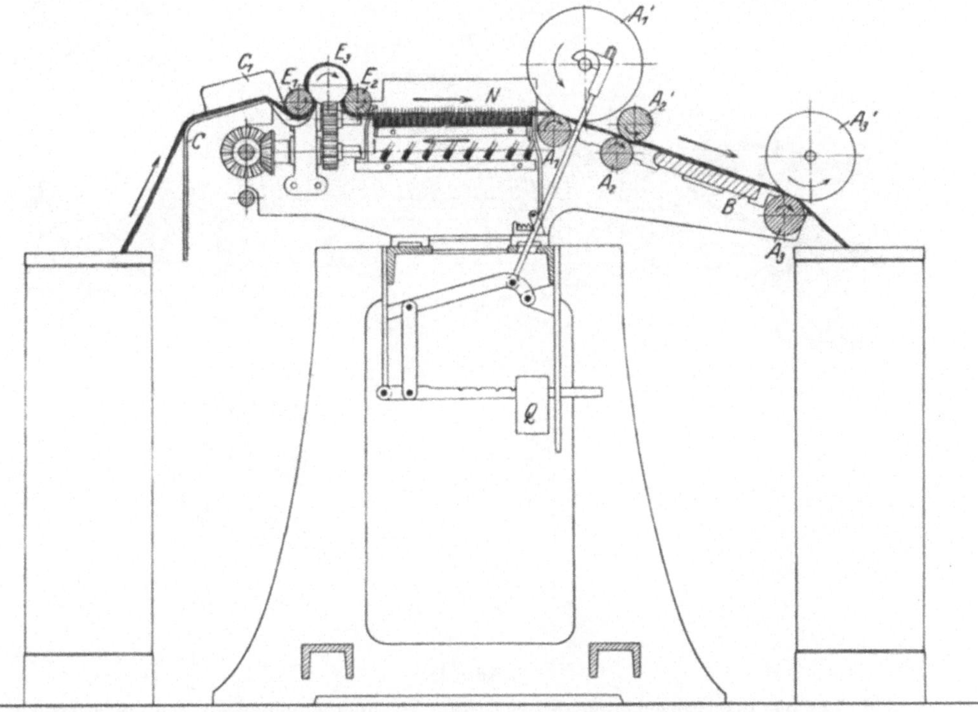

Abb. 188. Querschnitt durch eine Schraubenstrecke.

ersichtlich, beschreiben die Nadelstäbe mit ihren Gillnadeln bei einem vollen Umlauf im Streckfeld genau die Form eines Rechtecks, nämlich: Wagerecht verlaufende Bewegung auf der oberen Bahn, genau senkrechtes Abfallen kurz vor dem Streckzylinder nach der unteren Bahn, auf dieser wagrecht verlaufende Rückbewegung und am Ende dicht vor dem Einzugszylinder wiederum senkrechtes Aufsteigen zur oberen Bahn. Aus der Art dieser Bewegung geht hervor, daß die Nadeln der Stäbe auch auf der unteren Bahn mit ihren Spitzen nach oben zeigen, was bei den bisher besprochenen Strecken nicht der Fall war, aber in gewisser Beziehung von Nachteil ist, wie später noch gezeigt werden soll. Andererseits erfolgt das Einstechen der Nadeln in das Faserband bzw. das Herausziehen aus diesem in einer so vollkommenen Weise, wie es bei keiner andern Strecke der Fall ist. Die Fortbewegung der Nadelstäbe wird durch wagrecht liegende, flachgängige Spindeln aus gehärtetem Stahl vermittelt, die als S c h r a u b e n ,

Spiralen oder Schnecken bezeichnet werden. Wie die Abb. 189, 190 und 191 erkennen lassen, welche die Einzelheiten des Streckkopfes einer Schraubenstrecke der S. M. F. Seydel & Co., Bielefeld, im Querschnitt, in einer Längsansicht und im Grundriß darstellen, sitzt auf jeder Seite eines Kopfes ein Schraubenpaar, bestehend aus je einer oberen Schraube S_o mit verhältnismäßig geringer Steigung für die obere Gleitbahn und einer unteren Schraube S_u mit erheblich größerer Steigung für die untere Gleitbahn. Hierbei hat, von der Einzugsseite der Strecke, d. h. in Richtung des Materiallaufes gesehen, das linke Schraubenpaar linksgängiges Gewinde, das rechte Schraubenpaar rechtsgängiges Gewinde. Die in üblicher Weise mit 4 oder 6 Reihen (je nach der Anzahl Bänder je Kopf) Nadel-

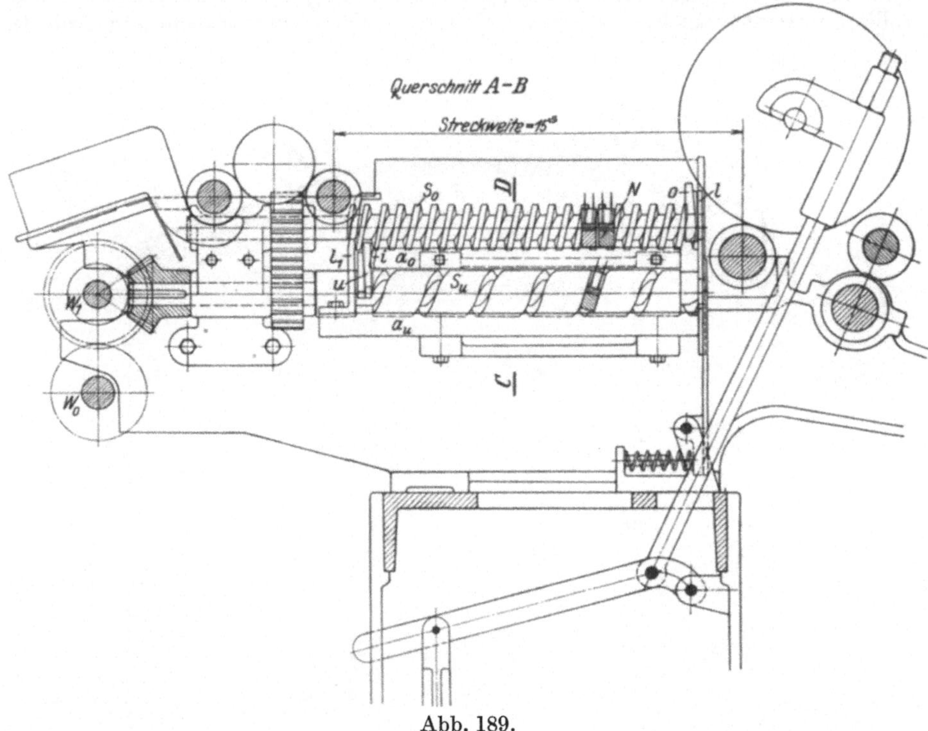

Abb. 189.

Abb. 189 bis 191. Einzelheiten des Streckkopfes einer eingängigen Schraubenstrecke.

leisten besetzten Nadelstäbe N, deren Querschnitt bei diesen Strecken ein hochgestelltes Rechteck meist von ½ Zoll Breite und ⁵/₈ Zoll Höhe bildet, vgl. die Abb. 192 bis 195, laufen an beiden Enden in flache Köpfe K von größerer Höhe aus, deren äußerste Enden abgeschrägte Ansätze s von etwa 6 bis 7 mm Stärke und einer der Schraubensteigung entsprechenden Neigung bilden. Diese Ansätze greifen in die Gewindegänge der Schrauben links und rechts ein, wobei die Stäbe mit ihrer unteren Fläche auf den an den gußeisernen Seitenteilen des Streckkopfes links und rechts angeschraubten oberen und unteren Gleitbahnen a_o und a_u aus gehärtetem Stahl aufliegen. Durch gleichzeitige Drehung der beiden oberen Schrauben in entgegengesetzten Richtungen erfolgt eine Bewegung der Stäbe in Richtung der Schraubenachse wie bei einer Schraubenmutter, sofern die Schrauben durch Bunde oder in anderer Weise gegen Axialbewegung gesichert werden. Einer vollen Schraubenumdrehung entspricht eine Fortbewegung der

Stäbe um einen Betrag gleich der Schraubensteigung, die bei eingängigem
Gewinde der Nadelstabteilung entspricht. Damit die Bewegung der Stäbe vom
Einzugszylinder nach dem Verzugszylinder zu erfolgt, muß die Drehung der
linken Schraube im Sinne des Uhrzeigers und die der rechten Schraube entgegengesetzt erfolgen. Entsprechend müssen sich die unteren Schrauben, da
sie die gleiche Gangrichtung wie die zugehörigen oberen Schrauben haben, in
entgegengesetzten Richtungen drehen, damit durch ihre Bewegung eine Rückbewegung der Nadelstäbe vom Verzugszylinder nach dem Einzugszylinder

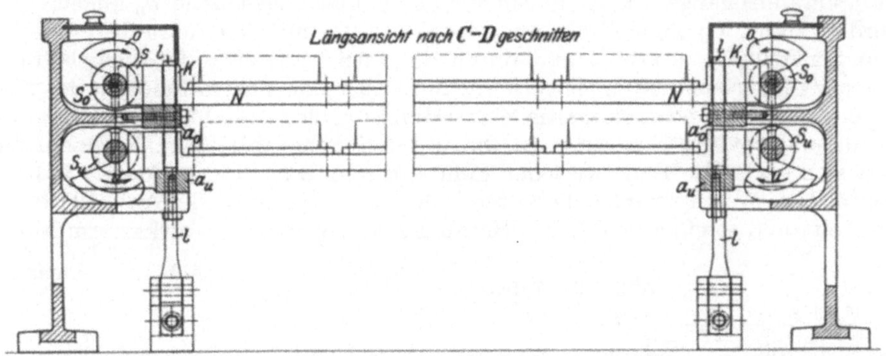

Abb. 190.

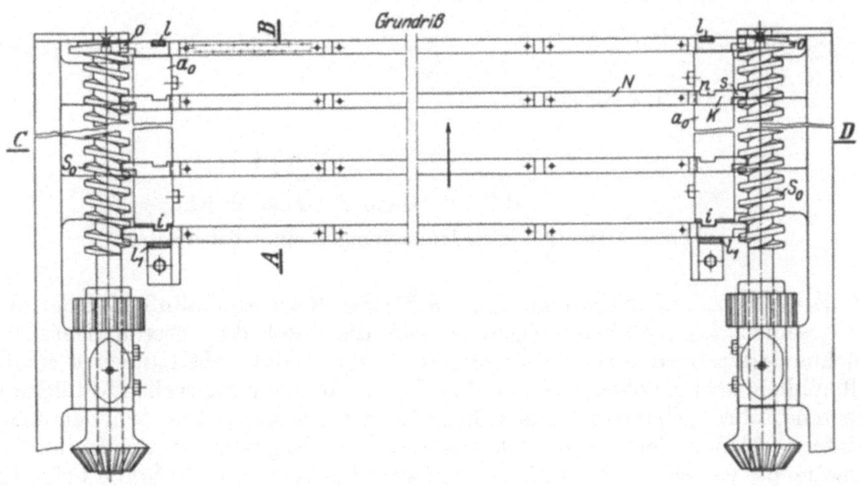

Abb. 191.

erzielt wird. Wie die in Abb. 190 eingezeichneten Pfeile erkennen lassen, drehen
sich demnach beide Schraubenpaare gegeneinander nach der Innenseite des
Streckkopfes zu. Wie aus Abb. 189 zu erkennen ist, verringert sich bei den
unteren Schrauben durch die Anwendung einer größeren Steigung, die meist
das Dreifache der oberen Schrauben beträgt, die Zahl der rücklaufenden Nadelstäbe im umgekehrten Verhältnis, wobei sich naturgemäß die Rücklauf-
geschwindigkeit bei sonst gleichen Schraubenumdrehungen entsprechend erhöht. Infolge der beträchtlichen Steigung der unteren Schrauben nehmen die
Stäbe auf ihrer unteren Bahn eine etwas geneigte Lage ein, was jedoch von
geringerer Bedeutung ist, da sie auf ihrer Rückwärtsbewegung nicht mit den

Faserbändern in Berührung stehen und somit die Führungsbahnen nur durch
das Eigengewicht der Stäbe beansprucht werden.

Die Überleitung der Stäbe von den oberen zu den unteren bzw. von den
unteren zu den oberen Gleitbahnen erfolgt durch Senkdaumen o und Hebedaumen u, auch Hämmer genannt, die exzenterartig am vorderen, d. h. am Verzugszylinder liegenden Ende der oberen Schrauben bzw. am hinteren, am Einzugszylinder liegenden Ende der unteren Schrauben sitzen. Sobald ein Nadelstab
oder „Faller", wie er bei diesen Strecken allgemein auch genannt wird, durch
die Schraubengänge am Ende seiner oberen Führungsbahnen a_0 angelangt ist,
wird er an beiden Enden links und rechts von den mit den Schrauben umlaufenden Senkdaumen o erfaßt und durch die Lücke zwischen Führungsbahn und
Streckzylinder nach unten geworfen. Um hierbei eine sichere Führung des Stabes
zu ermöglichen und gleichzeitig eine Dämpfung des Aufschlags auf der unteren
Bahn und sanftes Eingreifen in die unteren Schraubengänge herbeizuführen,
legt sich gegen die Endseite jeder Führungsbahn links und rechts ein federndes
Lineal l, das in entsprechende Nuten n der Stabköpfe, vgl. die Abb. 191 bis 195,
eingreift und so ein allmähliches Herabgleiten des Stabes bewirkt. Am hinteren

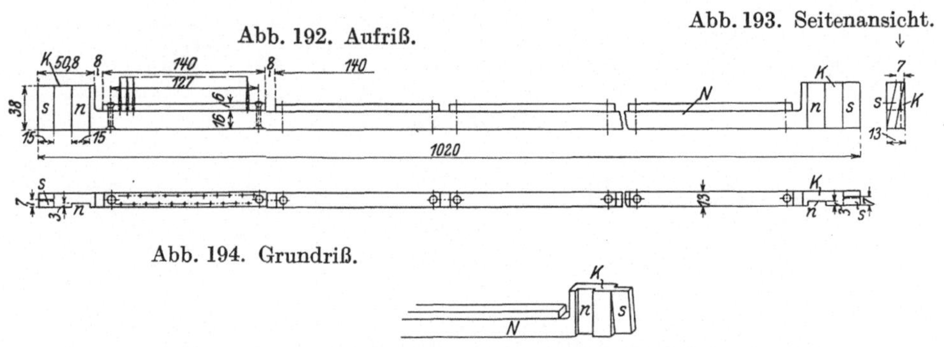

Abb. 192. Aufriß.

Abb. 193. Seitenansicht.

Abb. 194. Grundriß.

Abb. 195. Perspektivische Ansicht.

Abb. 192 bis 195. Einzeldarstellungen eines Fallerstabes.

Ende der unteren Gleitbahnen a_u ist auf jeder Seite eine ähnliche federnde Führungsschiene l_1 angebracht, gegen die sich die durch die unteren Schrauben zu-
rückbewegten Stäbe drücken, während sie durch die Hebedaumen u erfaßt und
allmählich hochgehoben werden, bis sie durch eine entsprechende Lücke in den
oberen Führungsbahnen in den Eingriff der oberen Schrauben gelangen. Die
hinteren Enden der oberen Gleitbahnen sind abgeschrägt und mit schmalen
Ansätzen i versehen, die in die oben erwähnten Nuten n der Stäbe beim Emporsteigen eingreifen und so diesen die notwendige Führung geben. Der Umfangs-
winkel der unteren Hebedaumen u ist, wie Abb. 190 zeigt, erheblich größer als
der der oberen, da erstere die emporgehobenen Stäbe auf ihrem Rücken so lange
halten müssen, bis die oberen Schrauben Zeit haben, sie zu fassen und weiter
zu führen. Um ein Anstoßen der Stäbe an der oberen Bahn zu vermeiden, müssen
sie durch die Hebedaumen so hoch gehoben werden, daß ihre Unterkante einige
Millimeter über der oberen Führungsbahn steht, auf welcher sie nach Erfassen
durch die Schraubengänge sachte abgesetzt werden. Das obere Ende des Füh-
rungslineals l_1 läuft in einen abgekröpften Bügel aus, der verhindert, daß die
Stäbe infolge der Beschleunigung zu hoch steigen.

Nach vorstehendem wird demnach bei jeder Schraubenumdrehung ein Faller
von der oberen Gleitbahn zur unteren und gleichzeitig ein solcher von der unteren

zur oberen Gleitbahn befördert, so daß einer gewissen Umlaufzahl der Schrauben in der Minute die gleiche Anzahl Fallerschläge entspricht.

Die Arbeit der Fallerdaumen ist also eine ganz erhebliche, und um ihre Abnützung auf ein Mindestmaß zu beschränken, müssen sie aus bestem gehärteten Werkzeugstahl hergestellt werden. Aus dem gleichen gehärteten Material sind auch Schrauben und Führungsbahnen zu fertigen.

Von nicht geringerer Bedeutung ist die richtige Formgebung und Einstellung der Schrauben und Daumen, sowie die genaue Bemessung der Länge und Lage der Gleitbahnen. Die Seitenflächen der Fallerdaumen müssen genau den Schraubenflächen angepaßt sein, da sie bei ihrem Umlauf in das Schraubenprofil eingreifen. Zwecks besserer Einführung der Hebedaumen und des emporsteigenden Fallers ist bei den oberen Schrauben der letzte Gewindegang etwas erweitert.

Für eine genaue Einjustierung der Daumen ist deren Befestigung auf den Schrauben, die möglichst einfach und sicher sein muß, von besonderer Wichtigkeit. Nach der in den Abb. 189 bis 191 dargestellten Seydelschen Ausführung sind die Daumen mit langen, zapfenartigen Ansätzen von rechteckigem Querschnitt versehen, die passend quer durch die Schraubenspindel durchgesteckt werden. Diese Ansätze werden bei den oberen Daumen durch versenkte Stiftschrauben am Ende der Schraubenspindel festgehalten, während bei den unteren Daumen die Zapfenenden einfach umgenietet sind.

Um möglichst viele Nadelstäbe im Streckfeld unterzubringen, werden die Schraubenteilung und die Stabdicke möglichst gering bemessen, doch ist letztere mit Rücksicht auf die Widerstandsfähigkeit der Stäbe nach unten begrenzt; sie wird kaum unter ½ Zoll ausgeführt. Eine Verringerung der Schraubensteigung hat bei der Einhaltung einer bestimmten Stabgeschwindigkeit eine höhere Umlaufzahl der Schrauben, also vermehrte Fallerschläge in der Zeiteinheit und somit auch eine größere Abnützung zur Folge. Bei der vorliegenden Seydel-Strecke sind die oberen Schrauben mit $^5/_8$ Zoll Steigung bei einem äußeren Durchmesser von 1¾ Zoll und einem Kerndurchmesser von $^7/_8$ Zoll ausgeführt. Die Steigung der unteren Schrauben beträgt $1^{15}/_{16}$ Zoll. Bei 15 Zoll Streckweite beträgt die Zahl der Faller 24, wovon 18 auf die oberen Schrauben und 6 auf die unteren Schrauben entfallen.

Die Lagerung der Schrauben erfolgt an ihrem hinteren, auf den Kerndurchmesser des Gewindes abgesetzten Ende in senkrecht geteilten, gußeisernen Lagern, die an die auf dem Maschinenbett sitzenden Fallerböcke rechts und links angeschraubt sind. Um dem dicht über diesen Lagerstellen über die ganze Maschine längs durchgehenden, hinteren Einzugszylinder bzw. dessen Lagerzapfen Platz zu schaffen, ist der obere Teil dieser Lager, wie aus Abb. 189 ersichtlich, entsprechend ausgespart. An ihrem vorderen Ende laufen die Schrauben in kurze Zapfen ebenfalls vom Durchmesser des Schraubenkernes aus, die in einer dünnen Platte, die zugleich als Abschluß gegen den Verzugszylinder dient, eine nochmalige kurze Lagerung finden. Am hinteren Ende der unteren Schrauben sitzen auf den über die Lagerstellen hinaus verlängerten Zapfen kleine Kegelräder, in welche entsprechende, an beiden Enden einer quer dazu verlaufenden Welle sitzende Kegelräder eingreifen und so die Bewegung der unteren Schrauben vermitteln. Näheres über den Antrieb dieser Wellen ist bei der Besprechung der gesamten Getriebeanordnung der Strecke S. 282ff. angegeben.

Die Bewegung der unteren Schrauben wird durch auf der inneren Lagerseite der Schraubenzapfen sitzende Stirnräder auf entsprechende, auf den oberen Schraubenzapfen sitzende Stirnräder von gleicher Zähnezahl übertragen, so daß beide Schrauben gleiche Umlaufzahlen, aber entgegengesetzte Dreh-

richtungen erhalten. Die bei dieser Anordnung direkt an den Zapfenlagern der
Schrauben anliegenden Zahnradkörper dienen zugleich als Bunde zur Aufnahme
des Axialschubes der Schrauben. Die senkrechte Teilung der Lager ermöglicht
weiterhin ein bequemes Herausnehmen der Schrauben, ohne daß die Fallerdaumen entfernt werden müssen und ohne Behinderung der rückwärts liegenden
Getriebeteile.

Bisweilen findet man, vorwiegend an englischen Strecken, außer den Füh-
rungslinealen l noch besondere **Fangvorrichtungen** angebracht, um die aus

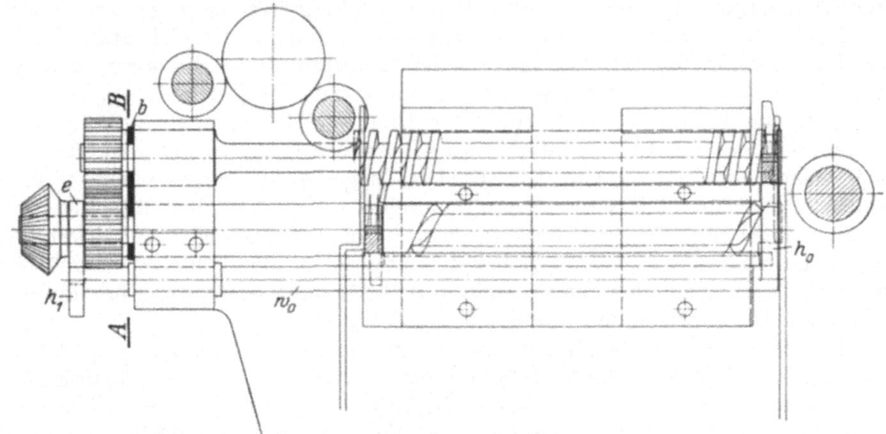

Abb. 196. Seitenansicht.

Abb. 196 und 197. Anordnung der eingängigen Schrauben einer Fairbairn-Strecke mit
Fallerempfangsvorrichtung.

den oberen Schrauben austretenden Faller beim Absteigen in Empfang zu
nehmen und sie sanft auf den unteren Bahnen abzusetzen, wodurch die Abnützung

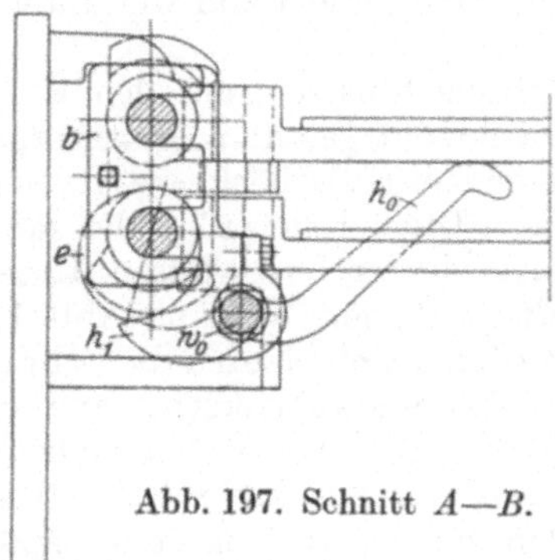

Abb. 197. Schnitt $A—B$.

dieser und der Faller vermindert werden soll.
Wie die Abb. 196 und 197, welche die Schrau-
benanordnung einer englischen **Fairbairn**-
strecke darstellen, erkennen lassen, greifen
lange Empfangshebel h_0 („wipper“), die auf in
Böckchen drehbar gelagerten Wellen w_0 sitzen,
je einer links und rechts der unteren Schrauben, unter die Faller in dem Augenblick, da
diese die oberen Bahnen verlassen. Kleinere Hebel h_1 am Ende dieser Wellen (in Abb. 197 strichpunktiert gezeichnet) stehen in Berührung mit
Exzentern e (ebenfalls strichpunktiert gezeichnet), die auf den Achsen der unteren Schrauben sitzen und deren Drehbewegung mitma-
chen. In dem Maße, wie die Faller infolge Einwirkung der Senkdaumen
nach abwärts steigen, senken sich infolge der Drehbewegung der Exzenter e
und in Verbindung mit den Hebeln h_1 die Empfangshebel h_0, bis die Faller
sanft auf den unteren Bahnen abgesetzt werden. Bei weiterer Drehbewegung der
Exzenter e steigen die Hebel h_0 allmählich wieder hoch, bis sie nach einer vollen
Umdrehung der Exzenter bzw. der Schrauben ihren höchsten Stand unter dem
nächsten, die oberen Bahnen verlassenden Faller wieder erreichen. Beim Wieder-
hochsteigen der Hebel h_0 muß darauf geachtet werden, daß der eben auf den unteren

Bahnen abgesetzte Faller in seiner Rückwärtsbewegung durch die unteren
Schrauben bereits soweit gelangt ist, daß die Hebel h_0 an ihm vorbeigleiten können.
Aus diesem Grunde müssen letztere etwas tiefer sinken, als es eigentlich not-
wendig ist; dagegen müssen sie nachher desto schneller wieder emporsteigen.
Dementsprechend ist die Form der Exzenter e unsymmetrisch auszubilden.

Während sich diese Fangvorrichtung bei langsam laufenden Schraubenstrecken im allgemeinen bewährt hat, zeigte sich bei den modernen schnellaufenden Jutestrecken der Mißstand, daß die Hebel h_0 infolge ihrer schnellen Aufwärtsbewegung zu sehr unter die von ihnen abzunehmenden Faller schlagen, wodurch
die günstige Wirkung dieser Abnahmevorrichtung größtenteils wieder aufgehoben wurde.

Um diesen Übelstand zu beseitigen, hat die Firma Seydel & Co., Bielefeld,
die in Abb. 198 dargestellte Einrichtung geschaffen, die aus einem einseitig
angeschraubten federharten Stück Flachstahl besteht, das am andern Ende
einen kleinen mit Hochkant-
leder ausgefütterten Aufschlag-
klotz trägt. Diese Vorrichtung ist neben den unteren
Fallerbahnen links und rechts
angeschraubt, und zwar muß
das Lederpolster etwas höher
liegen als die unteren Fallerbahnen, so daß der Faller
federnd auf das Lederpolster
fällt, ehe er von den unteren Schrauben fortgeleitet wird.
Die bei den früher übli-
chen Vorrichtungen eintretende Abnützung und Beschädigung der Faller sowie die
leicht auftretenden Störungen
kommen bei der neuen ein-
fachen Vorrichtung, selbst bei
sehr schweren Fallern, in Fortfall.

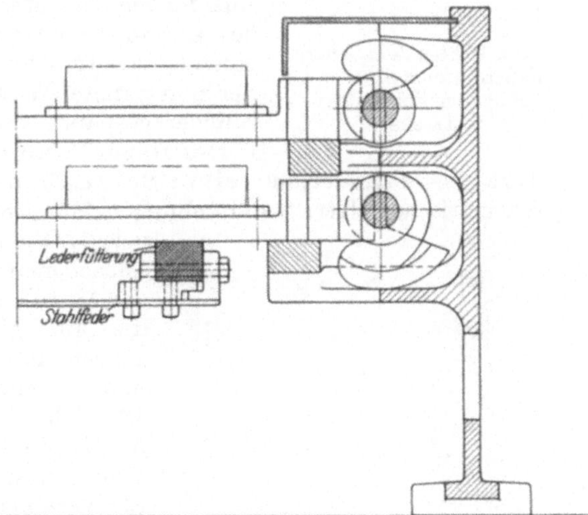

Abb. 198. Fallerempfangsvorrichtung von Seydel
& Co., Bielefeld.

Unter nochmaliger Bezugnahme auf die Abb. 196 und 197 ist auf die etwas
anders geartete Lagerung der englischen Schrauben hinzuweisen. Die Schrauben
sind hier mit ihrem äußeren Gewindeteil fast über die ganze Länge in passend
ausgebohrten Angüssen links und rechts der Fallerböcke gelagert. Eine weitere
Lagerung findet wiederum am hinteren Ende der Schrauben statt, das jedoch
in diesem Fall nicht auf Kerndurchmesser abgesetzt, sondern in der Stärke
des äußeren Schraubendurchmessers durchgeführt ist. Die Lageraugen sind
ungeteilt und ebenfalls an den Fallerbock angegossen. Die beiden kleinen Stirnräder, die jeweils den Antrieb der unteren Schrauben nach den oberen übertragen, sitzen in diesem Fall am äußersten Ende der Schrauben, also auf der
Außenseite der Lagerstellen. Zur Aufnahme des Axialschubes dient eine dünne
schmiedeeiserne Platte, b, die, wie Abb. 197 zeigt, seitlich über den wieder auf
kleineren Durchmesser abgesetzten Schraubenzapfen zwischen Lagerkopf und
Zahnräder eingeschoben und am Lagerkörper festgeschraubt wird. Diese Konstruktion, die übrigens eine Höherlegung des hinteren Einzugszylinders bedingt,
gewährleistet zwar eine sehr gute Schraubenlagerung, hat jedoch den Nachteil,
daß beim Herausnehmen der Schrauben die Fallerdaumen, wie auch alle rück-

liegenden Konstruktionsteile, insbesondere Einzugszylinder und Schraubenbetriebs-
räder, entfernt werden müssen. Aus diesem Grunde wird diese Ausführung
neuerdings mehr und mehr verlassen.

Abb. 199.   Abb. 201.

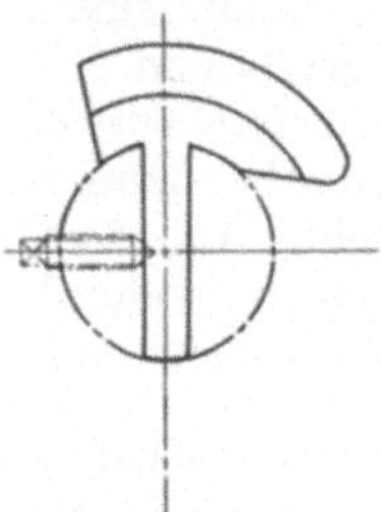

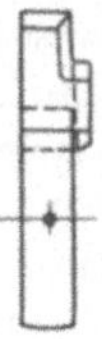

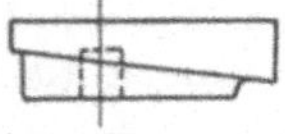

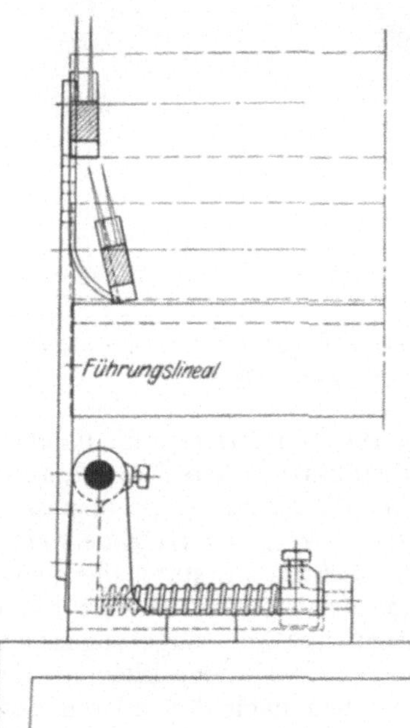

Abb. 200.

Abb. 199 bis 201. Obere
Fallerdaumen einer ein-
gängigen Schrauben-
strecke.

Abb. 202.

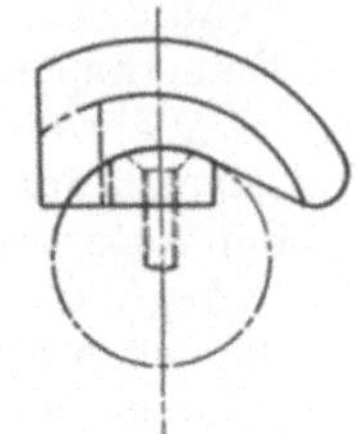

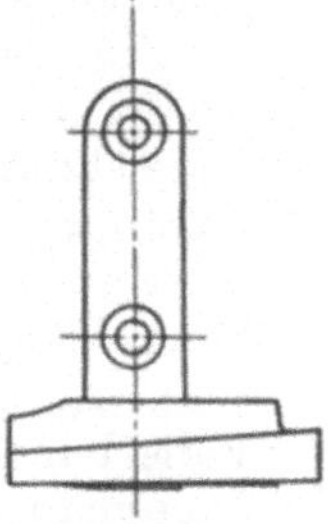

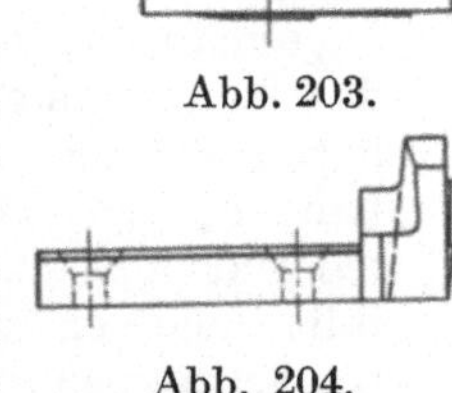

Abb. 203.

Abb. 204.

Abb. 202 bis 204.
Untere Fallerdau-
men einer eingängi-
gen Schrauben-
strecke.

Die Form und Befestigung der
zu dieser englischen Strecke gehörenden Fallerdaumen veranschaulichen die
Abb. 199 bis 201 und 202 bis 204. Sie
sind, wie die Abbildungen zeigen, die
keiner weiteren Erklärung bedürfen,
etwas abweichend von der Seydelschen
Strecke, insbesondere die unteren Daumen.

Für die federnden Führungslineale l, l_1
hat sich die in Abb. 205 dargestellte
Ausführung bewährt. Das untere Ende
des Lineals ist an einem kleinen, um
einen Bolzen drehbaren Hebel befestigt,
der in geeigneter Weise durch eine Spiralfeder gespannt wird.

Der Berechnung der Geschwindigkeitsverhältnisse einer Schraubenstrecke seien die
schematischen Getriebedarstellungen Abb. 206 bis 208 zugrunde
gelegt. Wie bei den bereits be-
schriebenen Strecken, erfolgt
der Antrieb durch Riemen auf
die auf gemeinschaftlichem
Bolzen lose sitzenden Fest-
und Losscheiben F und L von
16 Zoll Durchmesser und
3½ Zoll Breite, die mit $n=200$
Uml./min sich drehen. Der auf
der verlängerten Nabe der Festscheibe sitzende
Antriebswechsel $A_W = 28$ bis 46 Zähne treibt
über Zwischenrad $Z_1 = 49$ auf das auf dem Verzugszylinder sitzende Zahnrad $Z_2 = 70$ Zähne,
und es ergibt sich hieraus die Umlaufzahl des
Verzugszylinders:

$$n_V = \frac{200 \cdot A_W}{70} = 2{,}857 \, A_W \text{ Uml./min},$$

und mit 2½ Zoll Durchmesser des Verzugszylinders dessen Umfangsgeschwindigkeit

$$u_V = 2{,}857 \, A_W \cdot 2{,}5 \cdot 0{,}0254 \cdot 3{,}14$$
$$= 0{,}5697 \, A_W \text{ m/min}.$$

Wie bei der früher berechneten Kettenstrecke
ist demnach die Ablieferungsgeschwindigkeit des Verzugszylinders nur vom Antriebswechsel abhängig, im übrigen aber konstant
und unabhängig vom Verzug.

Abb. 205. Federndes Führungslineal
einer Schraubenstrecke.

Das Zahnrad Z_1, das als Zwischenrad zwischen dem Antriebswechsel und
dem Zahnrad Z_2 dient, ist mit einem Zahnrad $Z_3 = 30$ Zähne kombiniert und

beide sitzen lose auf einem gemeinschaftlichen Bolzen. Zahnrad Z_3 treibt über die beiden Zwischenräder $Z_4 = 63$ Zähne, $Z_5 = 58$ Zähne auf das auf der sogenannten Hinterwelle („back shaft") oder Wechselwelle sitzende Verzugswechselrad $V_W = 24$ bis 60 Zähne. Am entgegengesetzten Ende dieser durch die ganze Maschine durchlaufenden Welle, vgl. Abb. 206 und 208, sitzt das Zahnrad $Z_6 =$ 28 Zähne, das auf ein auf gemeinschaftlichem Bolzen lose laufendes, kombiniertes Zahnrad $Z_7 = 43$ Zähne/$Z_8 = 28$ Zähne treibt. Letzteres wiederum greift in ein

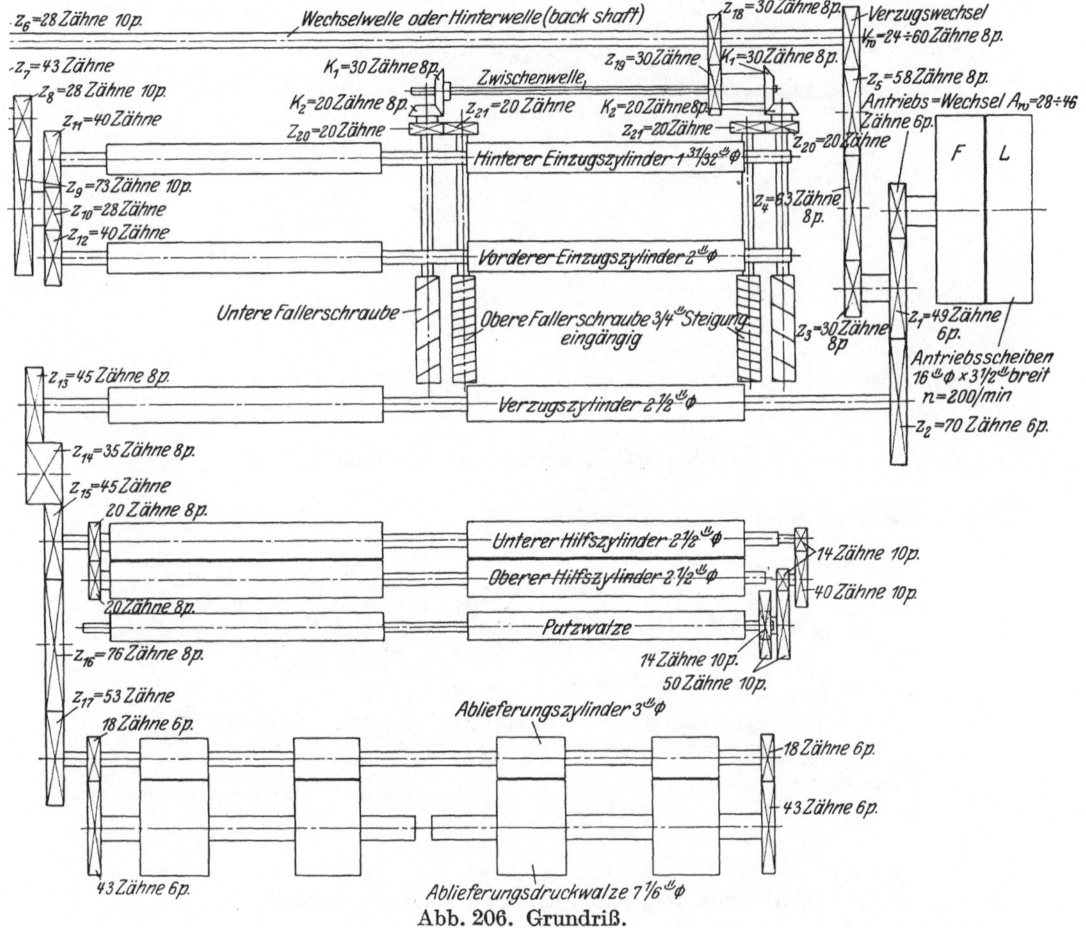

Abb. 206. Grundriß.

Abb. 206 bis 208. Schematische Getriebedarstellung einer eingängigen Schraubenstrecke.

Zahnrad $Z_9 = 73$ Zähne ein, das mit Zahnrad $Z_{10} = 28$ Zähne kombiniert ist und mit diesem auf gemeinschaftlichem Bolzen sich lose dreht. Z_{10} treibt rechts und links auf die auf den beiden Einzugszylindern sitzenden Zahnrädern Z_{11} und Z_{12} von je 40 Zähnen. Hieraus errechnet sich die Umlaufzahl der beiden Einzugszylinder zu:

$$n_E = \frac{200 \cdot A_W \cdot 30 \cdot 28 \cdot 28 \cdot 28}{49 \cdot V_W \cdot 43 \cdot 73 \cdot 40} = 21{,}408 \cdot \frac{A_W}{V_W},$$

und mit $1^{31}/_{32}$ Zoll Durchmesser des I. hinteren Einzugszylinders, bzw. 2 Zoll Durchmesser des II. vorderen Einzugszylinders ergeben sich deren Umfangsgeschwindigkeiten zu:

$$u_{E_\mathrm{I}} = 21{,}408 \cdot \frac{A_W}{V_W} \cdot 1^{31}/_{32} \cdot 0{,}0254 \cdot 3{,}14 = 3{,}361 \, \frac{A_W}{V_W} \, \mathrm{m/min},$$

$$u_{E_\mathrm{II}} = 21{,}408 \cdot \frac{A_W}{V_W} \cdot 2 \cdot 0{,}0254 \cdot 3{,}14 = 3{,}415 \, \frac{A_W}{V_W} \, \mathrm{m/min}.$$

Hieraus errechnet sich der Streckfeldverzug V_1 als Verhältnis der Um-

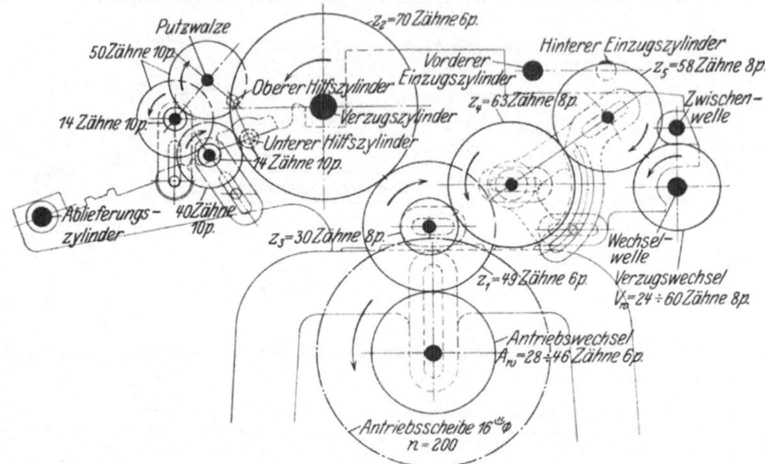

Abb. 207. Rädertrieb auf Antriebsseite.

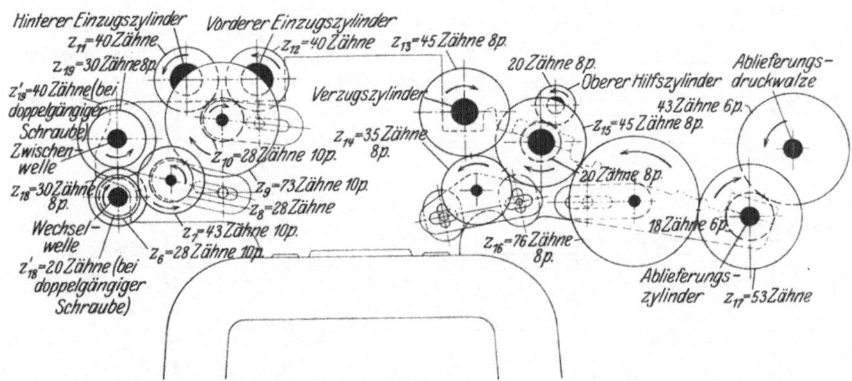

Abb. 208. Rädertrieb entgegengesetzt der Antriebsseite.

fangsgeschwindigkeiten des Verzugszylinders und des zweiten Einzugszylinders zu:

$$V_1 = \frac{0{,}5697 \, \dfrac{A_W}{A_W}}{3{,}415 \cdot \dfrac{A_W}{V_W}} = 0{,}1668 \cdot V_W = \frac{V_W}{6}.$$

Der gleiche Wert ergibt sich auch direkt aus der Räderübersetzung:

$$V_1 = \frac{40 \cdot 73 \cdot 43 \cdot V_W \cdot 49 \cdot 2{,}5}{28 \cdot 28 \cdot 28 \cdot 30 \cdot 70 \cdot 2} = 0{,}1668 \, V_W.$$

Die Verzugskonstante beträgt demnach $^1/_6$, und der Verzug errechnet sich als Produkt aus Verzugskonstante und Zähnezahl des Verzugs-wechselrades. Die den verschiedenen Wechselrädern entsprechenden Verzüge sind in nachstehender Verzugstafel Tabelle 60, die am Räderschutzkasten der Strecke angeschlagen ist, enthalten. Verringert sich infolge Abdrehens der Durchmesser des Verzugszylinders und damit auch die Verzugskonstante und der Verzug, so hat man wie bei der oben beschriebenen Kettenstrecke für einen bestimmten Verzug ein etwas größeres Wechselrad einzusetzen als der Verzugstafel entspricht.

Tabelle 60. Verzugstafel zur Schraubenstrecke.

Wechselrad V_W	Verzug $V = \dfrac{V_W}{6}$
24	4
27	4,5
30	5
33	5,5
36	6
39	6,5
42	7
45	7,5
48	8
54	9
60	10

Der zwischen den beiden Einzugszylindern bestehende, zur Spannung des eingeführten Bandes notwendige geringe Verzug ergibt sich, da beide Zylinder gleiche Umlaufzahlen haben, als Verhältnis der beiden Durchmesser, nämlich

$$V_3 = \frac{2}{1^{31}/_{32}} = 1{,}016.$$

Der Räderzug nach dem Ablieferungszylinder geht vom Verzugszylinder aus, auf der dem Antrieb entgegengesetzten Seite. Zahnrad $Z_{13} = 45$ Zähne treibt über Zwischenrad $Z_{14} = 35$ Zähne auf das auf dem unteren Hilfszylinder sitzende Zahnrad $Z_{15} = 45$ Zähne, womit dieser die gleiche Umlaufzahl und, da beide Zylinder gleiche Durchmesser haben, auch die gleiche Umfangsgeschwindigkeit wie der Verzugszylinder erhält. Zwischen Verzugszylinder und Hilfszylinder besteht demnach in diesem Fall kein Verzug. Von Zahnrad Z_{15} geht der Rädertrieb weiter über Zwischenrad $Z_{16} = 76$ Zähne auf das auf dem unteren Ablieferungszylinder sitzende Zahnrad $Z_{17} = 53$ Zähne, womit der Ablieferungszylinder eine Umlaufzahl von

$$n_L = \frac{200 \cdot A_W \cdot 45}{70 \cdot 53} = 2{,}426\, A_W \text{ Uml./min},$$

und bei 3 Zoll Durchmesser eine Umfangsgeschwindigkeit von

$$u_L = 2{,}426\, A_W \cdot 3 \cdot 0{,}0254 \cdot 3{,}14 = 0{,}5805\, A_W \text{ m/min}$$

erhält.

Der Bandplattenverzug, d. h. das Verhältnis der Umfangsgeschwindigkeiten des Verzugszylinders und des Ablieferungszylinders, errechnet sich zu:

$$V_2 = \frac{0{,}5805 \cdot A_W}{0{,}5697 \cdot A_W} = 1{,}018,$$

was auch in bekannter Weise direkt aus der Räderübersetzung errechnet werden kann.

Der Gesamtverzug der Strecke ergibt sich als Produkt der Einzelverzüge zu:

$$V = V_1 \cdot V_2 \cdot V_3 = 1{,}668\, V_W \cdot 1{,}018 \cdot 1{,}016 = 0{,}1725\, V_W,$$

oder direkt aus der Räderübersetzung

$$V = \frac{40 \cdot 73 \cdot 43 \cdot V_W \cdot 49 \cdot 45 \cdot 3}{28 \cdot 28 \cdot 28 \cdot 30 \cdot 70 \cdot 53 \cdot 1^{31}/_{32}} = 0{,}1725\, V_W.$$

Die Konstante für den Gesamtverzug ist demnach 0,1725, d. h. etwas größer als $\dfrac{V_W}{6}$.

Der Antrieb der Schrauben und damit auch der Fallerbewegung, vgl. Abb. 206, geht von der Wechselwelle aus, die daher auch Schraubenbetriebswelle genannt wird, indem für jeden Kopf der Maschine je ein auf dieser Welle sitzendes Zahnrad $Z_{18} = 30$ Zähne auf ein gleich großes Zahnrad $Z_{19} = 30$ Zähne treibt, das

auf der parallel über der Wechselwelle verlaufenden Zwischenwelle sitzt, die
für jeden Kopf getrennt gelagert ist und demnach ihren Antrieb auch für jeden
Kopf unabhängig vom Nebenkopf erhält. An beiden Enden dieser Zwischenwelle sitzen links und rechts die beiden Kegelräder $k_1 = 30$ Zähne, die ihre
Bewegung auf die am Ende der unteren linken und rechten Schrauben sitzenden
Kegelräder $k_2 = 20$ Zähne übertragen, wobei die Kegelräder k_1 symmetrisch
zueinander sitzen, so daß die Schrauben links und rechts eines Streckkopfes
entgegengesetzte Drehrichtungen erhalten. Die Bewegung der unteren Schrauben
endlich wird, wie bereits auf S. 275 angeführt, durch die auf den unteren
Schrauben sitzenden Stirnräder $Z_{20} = 20$ Zähne auf die auf den oberen Schrauben
sitzenden Zahnräder $Z_{21} = 20$ Zähne übertragen und so diesen die gleichen
Umlaufzahlen, aber entgegengesetzte Drehrichtungen erteilt. Die Umlaufzahl der
Schrauben errechnet sich zu:

$$n_S = \frac{200 \cdot A_W \cdot 30 \cdot 30 \cdot 30 \cdot 20}{49 \cdot V_W \cdot 30 \cdot 20 \cdot 20} = 183{,}67 \cdot \frac{A_W}{V_W}.$$

Da sich mit jeder Umdrehung der Schrauben die Nadelstäbe um einen
Betrag gleich der Schraubensteigung bewegen, so ergibt sich bei einer Steigung
der oberen Schrauben von $^3/_4$ Zoll die Horizontalgeschwindigkeit der oberen
Nadelstäbe im Streckfeld zu:

$$N_0 = 183{,}67 \cdot \frac{A_W}{V_W} \cdot {}^3/_4 \cdot 0{,}0254 = 3{,}4989 \cdot \frac{A_W}{V_W} \ \text{m/min}.$$

Damit ergibt sich in gleicher Weise wie bei der Kettenstrecke die **Stabgeschwindigkeit umgekehrt proportional dem Verzugswechsel** bzw. dem **Verzug**.
Je kleiner der Verzug, desto größer die Stabgeschwindigkeit. Entsprechend
ergibt sich die Bewegungsgeschwindigkeit der unteren Nadelstäbe N_u, wenn
beispielsweise die Steigung der unteren Schrauben das Dreifache der oberen
beträgt, zu $N_u = 3\,N_0$.

Da, wie oben erwähnt, bei eingängigen Schrauben mit jeder Schraubenumdrehung ein Faller hochgehoben wird, entspricht der oben errechneten
Schraubenumlaufzahl die gleiche Anzahl Fallerschläge. Um die **Fallerschlagzahl**, die für die Lebensdauer der Faller und der Schrauben von größter Bedeutung ist, auf schnellste Weise, also ohne die obigen umständlichen Berechnungen zu ermitteln, bestimmt man die Einzugsgeschwindigkeit (Umfangsgeschwindigkeit der Einzugswalzen), schlägt rd. 3% für die Voreilung der Faller
(siehe weiter unten) zu und erhält so die Fallergeschwindigkeit. Dann ergibt
sich Fallerschlagzahl $= \dfrac{\text{Fallergeschwindigkeit}}{\text{Stabteilung}}$, wobei bei eingängigen Schrauben die Stabteilung mit der Schraubensteigung identisch ist, während bei doppelgängigen Schrauben (vgl. S. 285) die Stabteilung die Hälfte der Schraubensteigung beträgt.

Zwischen Einzugs- und Fallergeschwindigkeit errechnet sich die **Stabvoreilung** oder Stab„zug“ gegenüber der Einzugsgeschwindigkeit des Bandes zu:

$$V_0 = \frac{3{,}4989}{3{,}415} = 1{,}025.$$

Einige Hilfsrädertriebe, wie z. B. der Antrieb der Putzwalze zur Hilfszylinderdruckwalze vom Hilfszylinder aus, sowie der Antrieb der Ablieferungsdruckwalzen vom Ablieferungszylinder aus, sind unmittelbar aus den schematischen Darstellungen der Abb. 206 bis 208 zu entnehmen. Wie ersichtlich,
werden die Ablieferungsdruckwalzen kopfweise angetrieben. Die Zähnezahlen
müssen naturgemäß im Verhältnis der zusammengehörenden Walzendurchmesser stehen.

Die oben erwähnte getrennte Anordnung der Zwischenwellen gestattet eine kopfweise Ausschaltung bzw. Inbetriebsetzung des Fallerantriebes. Hierbei ist Zahnrad Z_{19} als Sicherungsrad ausgebildet, indem dieses lose auf der Welle sitzende Zahnrad, wie Abb. 209 zeigt, in üblicher Weise durch Abscherstifte mit dem fest auf der Zwischenwelle sitzenden Kegelrad k_1 und damit auch mit der Welle fest verbunden wird. Der Sicherungsstift aus Stahl liegt hierbei in einer gehärteten Stahlbüchse, die in den Gußkörper des Zahnrades Z_{19} eingelassen ist und ein Ausschlagen des Stiftloches verhindern soll. Zweckmäßigerweise werden mehrere solcher Löcher gleichmäßig über den Umfang des Rades verteilt, so daß stets eines gebrauchsfähig ist. Bei jeder stärkeren Beanspruchung des Fallertriebwerkes,

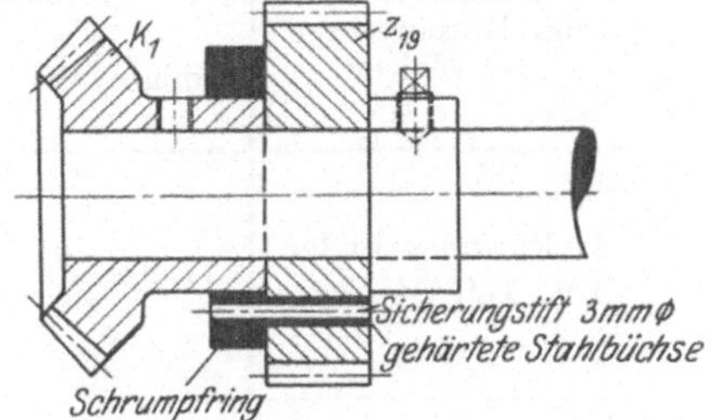

Abb. 209. Sicherungsrad zur Schraubenstrecke.

die durch Wickeln der Bänder oder Verstopfungen zwischen den Fallern u. a. leicht eintreten kann, wird durch Abscheren des Sicherungsstiftes die Verbindung zwischen Triebrad Z_{19} und der Zwischenwelle für den betreffenden Kopf gelöst und die Fallerbewegung außer Betrieb gesetzt. Die Zwischenwelle wird daher häufig auch als Sicherungswelle bezeichnet.

In Tabelle 61 sind die oben errechneten Konstanten der Umlaufzahlen und Umlaufgeschwindigkeiten enthalten, sowie deren Grenzwerte für die kleinsten und größten Wechselräder errechnet.

Aus obigen Darlegungen erhellt, daß bei den Schraubenstrecken gleichwie bei den Kettenstrecken die Ablieferungsgeschwindigkeit und demgemäß die Bandproduktion stets gleichbleibt, d. h. sich nur mit dem die Geschwindigkeit des ganzen Getriebes beeinflussenden Antriebswechsel ändert, während die Einzugsgeschwindigkeit mit kleiner werdendem Verzug größer und umgekehrt mit größer werdendem Verzug kleiner wird. In gleicher Weise wie bei der Kettenstrecke erhält man also die größte Produktion der Strecke in bezug auf abgeliefertes Gewicht bei den kleinsten Verzügen, doch wird diese, wie oben nachgewiesen, durch eine Erhöhung der Zahl der Fallerschläge und damit durch vermehrte Abnützung insbesondere der Daumen und Faller erkauft. Nach Tabelle 61 ergibt beispielsweise die für den größten Antriebswechsel $A_W = 46$ und den kleinsten Verzugswechsel $V_W = 24$, entsprechend einem vierfachen Verzug, errechnete höchste Fallergeschwindigkeit von 6,7 m/min 352 Fallerschläge/min, d. h. eine Zahl, die in der Praxis im Dauerbetrieb unmöglich zu halten ist. In der Regel überschreitet man etwa 220 Fallerschläge nicht. Will man also z. B. einen vierfachen Verzug ($V_W = 24$) beibehalten, so darf die Strecke nach der oben errechneten Konstanten nur mit einem Antriebswechsel

$$\text{von } A_W = \frac{220 \cdot 24}{183,67} = \text{rd. 28, d. h. mit der geringsten Geschwindigkeit laufen}$$

und statt mit einer höchsten Ablieferungsgeschwindigkeit von 26,7 m (vgl. Tabelle 61) muß man sich mit einer solchen von 16,2 m begnügen. Das ist ein Wert, der weit hinter den oben für die Pushbar- und die Kettenstrecke errechneten Werten bleibt. Eine höhere Produktion läßt sich daher bei der Schraubenstrecke nur erreichen entweder durch Vermehrung der Kopfzahl oder durch Verzicht auf niedrige Verzüge. Dies ist mit ein Grund, daß die Schraubenstrecken in der Juteindustrie weniger für Vorstrecken mit ihren niedrigen Verzügen als für Feinstrecken (II. und III. Strecke) mit ihren höheren Verzügen zur Anwendung kommen. Daneben spielt auch die Verschmutzung der Nadeln und Faller

Tabelle 61. Konstanten der Umlaufzahlen und Umfangsgeschwindigkeiten einer Eingangschrauben-Strecke.

Bezeichnung und Durchmesser der Walzen	Konstanten für die		Wechselräder	Umläufe in der Minute	Umfangsgeschwindigkeit m/min
	Umlaufzahl	Umfangsgeschwindigkeit			
I. Einzugszylinder $1^{31}/_{32}$ Zoll Durchm.	$21{,}408\,\dfrac{A_W}{V_W}$	$3{,}361\,\dfrac{A_W}{V_W}$	$A_W = 28$ $V_W = 60$	10	1,57
			$A_W = 46$ $V_W = 24$	41	6,44
II. Einzugszylinder 2 Zoll Durchm.	$21{,}408\,\dfrac{A_W}{V_W}$	$3{,}415\,\dfrac{A_W}{V_W}$	$A_W = 28$ $V_W = 60$	10	1,59
			$A_W = 46$ $V_W = 24$	41	6,55
Verzugszylinder $2^{1}/_{2}$ Zoll Durchm.	$2{,}857\,A_W$	$0{,}5697\,A_W$	$A_W = 28$	80	15,96
			$A_W = 46$	131,42	26,22
Ablieferungszylinder 3 Zoll Durchm.	$2{,}426\,A_W$	$0{,}5805\,A_W$	$A_W = 28$	67,9	16,25
			$A_W = 46$	111,6	26,70
Obere Schraube eingängig $^{3}/_{4}$ Zoll Steigung	$183{,}67\,\dfrac{A_W}{V}$	Fallergeschwindigkeit $3{,}4989\,\dfrac{A_W}{V_W}$	$A_W = 28$ $V_W = 60$	Schraubenumläufe 85,71 / Fallerschläge 85,71	Fallergeschwindigkeit 1,63
			$A_W = 46$ $V_W = 24$	Schraubenumläufe 352 / Fallerschläge 352	Fallergeschwindigkeit 6,71

eine Rolle, die bei einer Vorstrecke naturgemäß größer ist, da das Vorstreckenband verhältnismäßig mehr Unreinigkeiten enthält. Eine Reinigung der Nadeln durch Bürstenwalzen ist, wie schon angeführt, bei einer Schraubenstrecke nicht möglich, da die Nadeln auch auf den unteren Gleitbahnen mit der Spitze nach oben stehen, was weiterhin den Nachteil hat, daß sich der aus dem oberen Fallerfeld durchfallende Schmutz teilweise auf den unten zurückgleitenden Stäben absetzt. Eine häufige Reinigung der Faller und Gills ist daher unbedingte Notwendigkeit, wenn nicht durch Verstopfungen zwischen den Stäben erhebliche Störungen infolge Verbiegungen und Verklemmungen eintreten sollen. Aus diesem Grunde müssen auch bei Vorstrecken die Nadelstäbe dick genug gewählt werden, was wiederum erhöhtes Stabgewicht und damit auch Vermehrung des Verschleißes zur Folge hat.

Das Bestreben, die Leistungsfähigkeit der Schraubenstrecken zu erhöhen, unter voller Wahrung der Vorteile der Fallerbewegung, jedoch unter Vermeidung der obigen Mißstände, hat in neuerer Zeit zur Anwendung

doppelgängiger Schrauben

geführt. Die Schraubensteigung beträgt hier, wie die Abb. 210 erkennen läßt, das Doppelte der Nadelstabteilung, so daß sich bei einer Schraubenumdrehung die Faller nicht um eine Teilung T, sondern um 2 Teilungen weiter bewegen. Es werden also bei gleicher Umlaufzahl der Schrauben die Faller doppelt so schnell vorwärts bewegt. Während bei eingängigen Schrauben bei jedem Schraubenumlauf nur ein Faller die oberen Schrauben und die Gleitbahnen verläßt, kommen bei doppelgängigen Schrauben auf jeden Schraubenumlauf stets zwei Stäbe zum Abgleiten, und demgemäß müssen an den vorderen Enden der oberen Schrauben je zwei um 180° versetzte Senkdaumen befestigt sein. In gleicher Weise sind die unteren Schrauben mit Doppelganggewinde ausgeführt (vgl. Abb. 211), das ähnlich wie bei den einfachgängigen Schrauben zwecks Verringerung der Stabzahl etwa die 2- bis 2½fache Steigung der oberen Schrauben aufweist. Dementsprechend sitzen am hinteren Ende der unteren Schrauben je zwei um 180° versetzte Hebedaumen, die bei jedem Schraubenumlauf 2 Faller abwechselnd in einen der beiden Gewindegänge der oberen Schrauben hinaufdrücken.

Bei dieser Anordnung wird also die Geschwindigkeit des Hinunter- und Hinaufschlagens der Faller, die hauptsächlich die Ledensdauer der Daumen

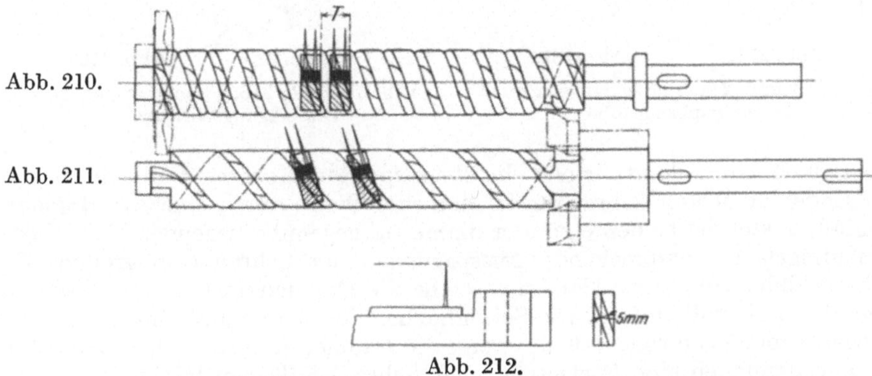

Abb. 210.

Abb. 211.

Abb. 212.

Abb. 210 bis 212. Doppelgängige Schrauben mit Fallerstäben.

und Fallerenden beeinflußt, nicht erhöht, obwohl die Gleitgeschwindigkeit der Faller gegenüber den Eingangschrauben bei gleicher Umlaufzahl verdoppelt wird. Oder aber kann bei normaler Fallergeschwindigkeit die Zahl der Fallerschläge in der Zeiteinheit, und damit theoretisch die Reibungsarbeit auf die Hälfte verringert werden. In der Praxis kann jedoch die höchstmögliche Fallergeschwindigkeit nicht voll ausgenützt werden, denn infolge der größeren Schraubensteigung müssen die Enden der Fallerstabköpfe sehr stark abgeschrägt werden, vgl. Abb. 212; ihre Beanspruchung wie auch die der Gewindegänge ist daher eine größere als bei weniger steilem Gewinde. Da die Stäbe auf ihrem Rücklauf auf den unteren Gleitbahnen infolge der noch steiler ansteigenden Gänge der unteren Schrauben sehr schräg liegen, müssen sie beim Absteigen von der oberen nach der unteren Bahn aus der Senkrechten in diese schräge Lage und am andern Ende beim Aufsteigen aus dieser wieder in die senkrechte Lage gebracht werden, was wiederum vermehrte Abnützung zur Folge hat.

Eine weitere Folge der größeren Schraubensteigung ist, daß die Hebedaumen, vgl. Abb. 213 und 214, erheblich breiter gehalten werden müssen, damit die hochgehobenen Stäbe nicht seitlich abgleiten. Die Daumen können infolgedessen nicht wie bei eingängigen Schrauben beim Hochschlagen durch das Gewinde der oberen Schrauben durchgeführt werden; letztere werden in diesem

Fall am Ende im Durchmesser so weit abgesetzt, daß die Hebedaumen vorbeigleiten können.

Die in den Abb. 213 und 214 bzw. 215 und 216 dargestellten Hebedaumen
und Senkdaumen sind einer Ausführung der Firma Seydel entnommen und zeigen
außer ihrer Formgebung auch deren Befestigung auf den zugehörigen doppelgängigen Schrauben der Abb. 210 und 211. Während die unteren Daumen mit einer
breiten Nabe versehen sind, die mittels Stellschraube auf dem hinteren Schraubenende festgezogen wird, und deren Vorderfläche zugleich den ankommenden

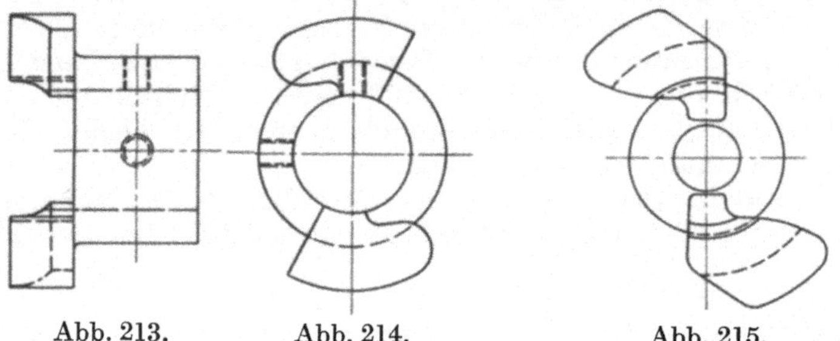 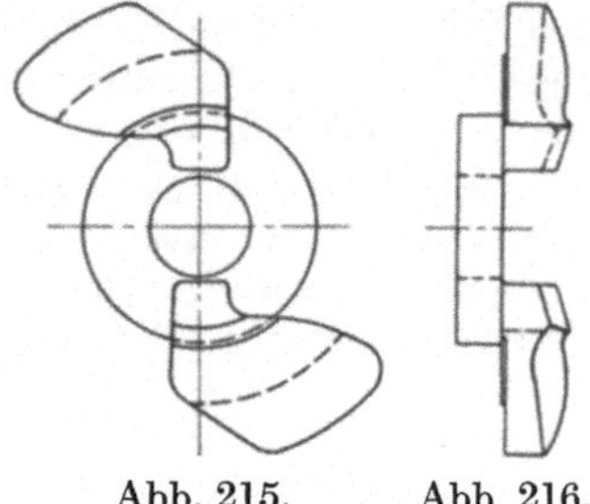

Abb. 213.   Abb. 214.   Abb. 215.   Abb. 216.

Abb. 213 und 214.   Hebedaumen zur   Abb. 215 und 216.   Senkdaumen zur
        Doppelgangschraube.   Doppelgangschraube.

Fallern als Führung dient, erfolgt die Befestigung der oberen Daumen am vorderen Ende der oberen Schrauben in einfacher Weise durch eine Art Bajonettverschluß, indem die beiden einander diametral gegenüberliegenden Nasen jedes
Daumenflügels in entsprechende Aussparungen der Schraube eingreifen. Den
Abschluß bildet eine kurze Nabe, in welche die Daumen auslaufen und die den
Schraubenschaft voll umfaßt. Die Seitenflächen der oberen und unteren Daumen
sind wiederum so geformt, daß sie, wenn die Daumen in ihrer richtigen Stellung
sind, gewissermaßen eine Fortsetzung der Schraubenflächen bilden.

Abb. 217. Fallerbock für Doppelgangschrauben von Fairbairn.

In Abb. 217 ist die lichtbildliche Darstellung eines ganzen Fallerbocks
mit doppelgängigen Schrauben nach einer Ausführung der Firma Fairbairn
wiedergegeben. Außer der Anordnung der Schrauben und der Daumen, deren
Befestigung und Ausbildung nach einem besonderen Patent dieser Firma erfolgt,
zeigt die Abbildung auch die Anordnung der Führungslineale l und l_1 mit den
Federböckchen.

An den **Antriebsverhältnissen** ändert sich bei doppelgängigen Schrauben gegenüber den eingängigen Schrauben nur sehr wenig. Wie die schematische Darstellung Abb. 218 zeigt, ist das Rad Z'_{18} auf der Wechselwelle mit 20 Zähnen (gegenüber $Z_{18} = 30$ Zähne bei der Eingang-Schrauben-Strecke) ausgeführt, während das Gegenrad auf der Zwischenwelle $Z'_{19} = 40$ Zähne aufweist, so daß die Zwischenwelle nur die halbe Umlaufzahl der Wechselwelle erhält. Die Umlaufzahl der Antriebsscheibe ist dagegen auf 300/min erhöht, so daß das ganze Getriebe mit Ausnahme des Schraubenantriebs schneller läuft. In den Übersetzungsverhältnissen, insbesondere zwischen Einzugszylinder und Verzugszylinder, Verzugszylinder und Ablieferungszylinder hat sich nichts geändert, so daß auch die Verzugskonstante und die Verzüge die gleichen geblieben sind.

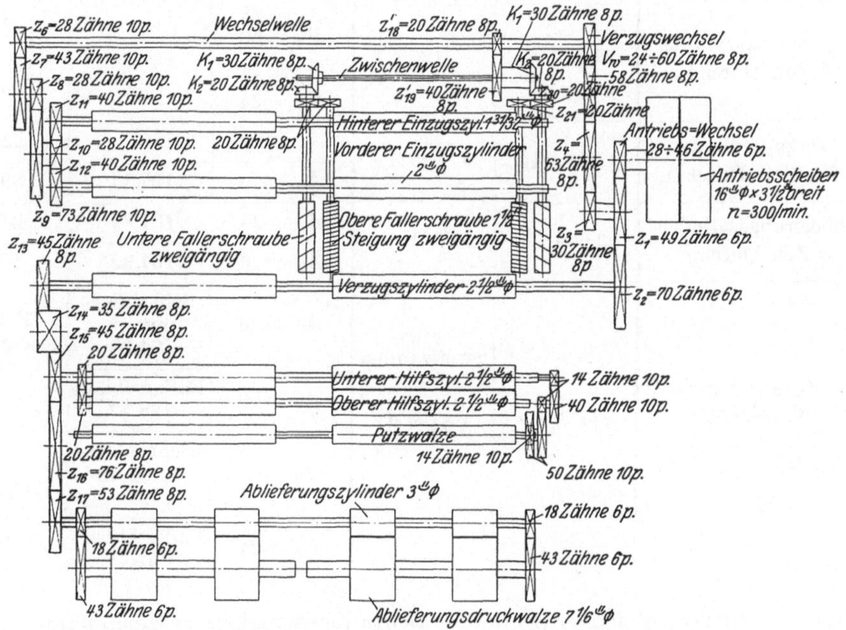

Abb. 218. Getriebeschema einer Doppelgangschrauben-Strecke.

Die Berechnung der Geschwindigkeitsverhältnisse ist in gleicher Weise wie bei der eingängigen Schraubenstrecke durchgeführt. Die entsprechenden Konstanten für Umlaufzahl und Umfangsgeschwindigkeit, sowie deren Grenzwerte für die kleinsten und größten Wechselräder sind in Tabelle 62 verzeichnet. Darnach läßt sich beim größten Antriebswechsel eine Liefergeschwindigkeit der Strecke von fast 40 m erreichen, doch ist damit beim kleinsten Verzugswechsel $V_W = 24$, entsprechend einem 4fachen Verzug (vgl. Verzugtafel Tabelle 60), eine Schraubenumlaufzahl von 264/min bzw. eine Fallerschlagzahl von $2 \times 264 = 528$/min verbunden. Diese Werte sind jedoch in der Praxis nicht erreichbar. Man wird mit Rücksicht auf einen störungsfreien Betrieb 320 Fallerschläge/min, entsprechend 160 Schraubenumläufen/min, nicht übersteigen. Beim kleinsten Verzug müßte daher das Geschwindigkeitsrad auf

$$A_W = \frac{160 \cdot 24}{137{,}75} = 28,$$ und demgemäß die Liefergeschwindigkeit auf 24 m/min

herabgesetzt werden. Immerhin steht die Liefergeschwindigkeit selbst bei kleinen Verzügen den bei Kettenstrecken unter normalen Verhältnissen üblichen nicht

Tabelle 62. Konstanten der Umlaufzahlen und Umfangsgeschwindigkeiten einer Doppelgangschrauben-Strecke.

| Bezeichnung und Durchmesser der Walzen | Konstanten für die | | Wechselräder | Umläufe in der Minute | Umfangsgeschwindigkeit m/min |
	Umlaufzahl	Umfangsgeschwindigkeit			
I. Einzugszylinder $1^{31}/_{32}$ Zoll Durchm.	$32{,}112\,\dfrac{A_W}{V_W}$	$5{,}042\,\dfrac{A_W}{V_W}$	$A_W=28$ $V_W=60$	15	2,35
			$A_W=46$ $V_W=24$	61,5	9,66
II. Einzugszylinder 2 Zoll Durchm.	$32{,}112\,\dfrac{A_W}{V_W}$	$5{,}122\,\dfrac{A_W}{V_W}$	$A_W=28$ $V_W=60$	15	2,39
			$A_W=46$ $V_W=24$	61,5	9,82
Verzugszylinder $2^{1}/_{2}$ Zoll Durchm.	$4{,}2857\,A_W$	$0{,}8545\,A_W$	$A_W=28$	120	23,93
			$A_W=46$	197,14	39,31
Ablieferungszylinder 3 Zoll Durchm.	$3{,}639\,A_W$	$0{,}8707\,A_W$	$A_W=28$	101,89	24,38
			$A_W=46$	167,39	40,05
Obere Schraube doppelgängig $1^{1}/_{2}$ Zoll Steigung $^{3}/_{4}$ Zoll Fallerteilung	$137{,}75\,\dfrac{A_W}{V_W}$	Fallergeschwindigkeit $5{,}2483\,\dfrac{A_W}{V_W}$	$A_W=28$	Schraubenumläufe 64,28	Fallergeschwindigkeit 2,45
			$V_W=60$	Fallerschläge 128,57	
			$A_W=46$	Schraubenumläufe 264	Fallergeschwindigkeit 10,05
			$V_W=24$	Fallerschläge 528	

nach. Da hierbei gleichzeitig die die Schraubenstrecken auszeichnende günstige Fallerführung bestehen bleibt, erklärt sich deren vermehrte Einführung in der Jutevorbereitung. Ein weiterer Vorteil der doppelgängigen Schrauben ergibt sich durch die feinere Teilung der Nadelstäbe, wodurch ein dichteres Nadelfeld und dadurch eine bessere Durcharbeitung und Unterstützung des Faserbandes erzielt wird. Die Erfahrungen mit den Doppelgangstrecken sind allerdings noch ziemlich jung, so daß heute ein abschließendes Urteil noch nicht gefällt werden kann. Insbesondere bleibt abzuwarten, wie sich die bei den großen Geschwindigkeiten am meisten beanspruchten Teile in längerem Dauerbetrieb verhalten.

Wie in diesem Zusammenhang noch bemerkt sei, ist die Anwendung doppelgängiger und mehrgängiger Schrauben in den Streckwerken der Textilindustrie an und für sich nichts Neues; sie bedeutet das Wiederaufleben einer alten Idee in einem neuen, aber verbesserten Gewande.

Zum Schluß sei eine Konstruktion erwähnt, die den Doppelgang-Schraubenstrecken noch zuzuzählen ist, da bei ihr die oberen Schrauben wie bei den bereits besprochenen Strecken doppelgängig ausgeführt sind, während dagegen die unteren Schrauben normales Einganggewinde aufweisen. Der Zweck dieser Ausführung, die von der Firma Low, Monifieth, nach Holdsworths Patent gebaut wird, ist, den Vorteil der doppelgängigen Schrauben in bezug auf Fallergeschwindigkeit beizubehalten, dagegen den Nachteil der starken Schräglage der auf den unteren Gleitbahnen zurücklaufenden Stäbe zu vermeiden und insbesondere ein vertikales Emporsteigen der Faller am hinteren Schraubenende und damit auch eine Verringerung der Abnützung der Faller und der Daumen herbeizuführen. Abb. 219 zeigt die lichtbildliche Wiedergabe des Fallerbockes

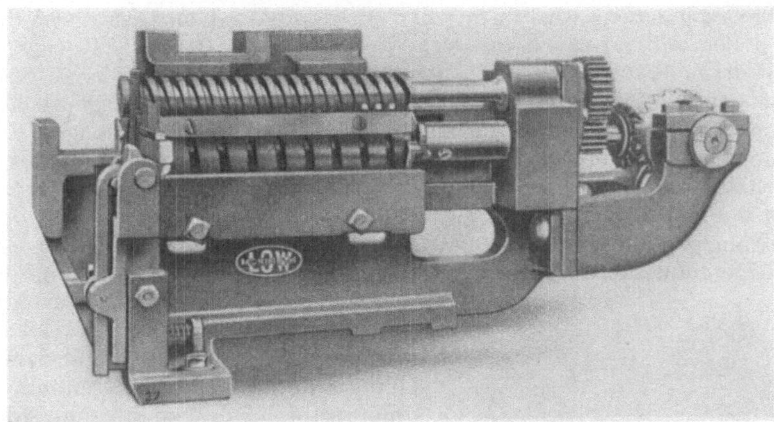

Abb. 219. Fallerbock mit oberer Doppelgangschraube und unterer Eingangschraube,
Patent Holdsworth, von Low, Monifieth.

einer solchen Strecke, aus der alle Einzelheiten ersichtlich sind. Insbesondere fällt auf, daß die Stirnräder zur Übertragung der Geschwindigkeit von der unteren Schraube nach der oberen bei dieser Konstruktion verschieden groß sind, und zwar beträgt die Zähnezahl des oberen Zahnrades genau das Doppelte der des unteren, weil die untere Schraube mit ihrem eingängigen Gewinde sich

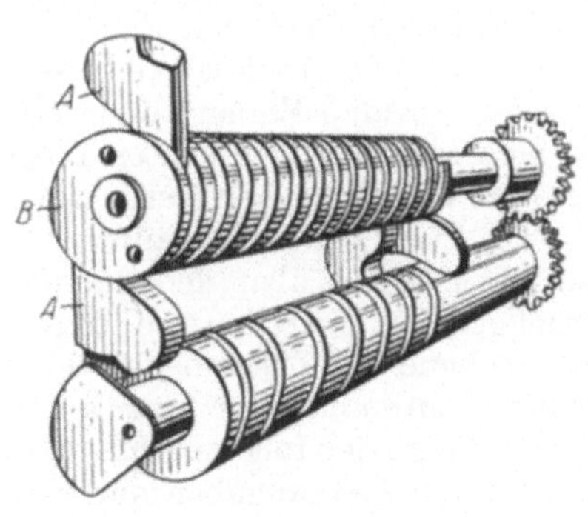

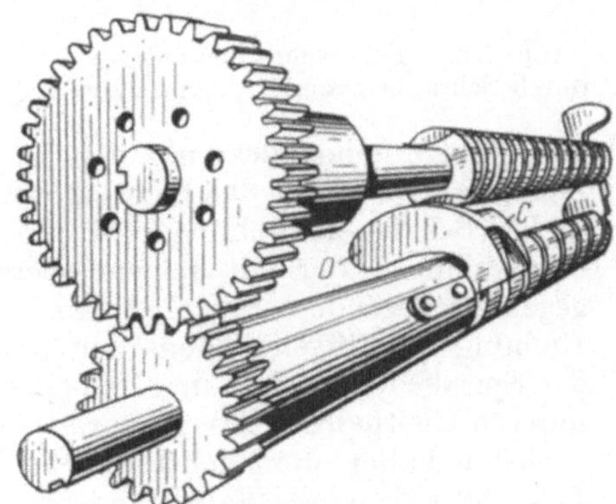

Abb. 220. Ansicht von vorne.   Abb. 221. Ansicht von hinten.
Abb. 220 und 221. Holdsworthsche Schraubenkombination.

doppelt so schnell drehen muß wie die obere Schraube mit Doppelganggewinde, damit die gleiche Anzahl Faller in der Zeiteinheit zurückbefördert wird. Wie die Abb. 220 und 221, welche perspektivische Ansichten der Holdsworthschen Patentkombination von doppel- und einfachgängigen Schrauben darstellen, erkennen lassen, sind die oberen doppelgängigen Schrauben an ihrem vorderen Ende wiederum mit zwei um 180° versetzten Senkdaumen ausgerüstet, deren Form sich wenig von der der Abb. 215 und 216 unterscheidet. Auch die Befestigung auf den Schrauben erfolgt in ähnlicher Weise, indem zwei an den Daumen A vorstehende Nasen in entsprechende Einfräsungen am Ende der oberen Schraube eingreifen und so die Daumen, an deren Endfläche noch eine scheibenförmige Mutter B aufgeschraubt ist, unverrückbar festhalten. Wesentlich verschieden ist dagegen die Form des Hebedaumens, der naturgemäß nur als einfacher Daumen infolge der eingängigen Ausführung der mit doppelter Umlaufzahl sich drehenden unteren Schrauben ausgebildet ist. Wie die Abb. 220 und 221 zeigen, besteht jedoch dieser mittels eines Ansatzes auf die Schraubenwelle aufgeschraubte Daumen aus 2 Armen oder Fingern, deren kürzerer C den eigentlichen Hebedaumen zum Emporschlagen der Faller bildet, während der längere D zur Begrenzung und Führung des Fallers dient, wenn dieser in seiner äußersten hinteren Stellung angelangt ist und eben von C hochgehoben wird. Da der Steigungswinkel des unteren einfachgängigen Schraubengewindes genau dem des oberen doppelgängigen entspricht, wird zwar auch beim Rücklauf der Faller deren senkrechte Lage auf den unteren Gleitbahnen gewährleistet und dadurch das senkrechte Aufsteigen erleichtert, jedoch tritt dieser Vorteil gegenüber dem Nachteil zurück, daß die unteren Schrauben und demzufolge auch die unteren Hebedaumen mit doppelter Umlaufzahl sich drehen müssen, so daß, wenn nicht eine ganz unzulässige Abnützung dieser Daumen eintreten soll, die höhere Fallergeschwindigkeit der oberen doppelgängigen Schrauben nicht voll ausgenutzt werden kann.

Die Abb. 219 zeigt weiterhin noch eine eigenartige, ebenfalls von der Firma Low nach einem Patent von Webster ausgeführte Aufnahmevorrichtung für die am vordern Ende der oberen Gleitbahnen durch die Senkdaumen nach unten beförderten Faller. Danach legt sich der die Gleitbahnen verlassende Faller mit seinen beiden Enden auf je einen der 4 Flügel eines kleinen, auf jeder Seite des Streckkopfs angebrachten Flügelrädchens, das durch das Schwergewicht des Fallers sich um einen festen Zapfen dreht. Bei dieser Drehung muß jedoch ein durch eine Feder gespannter vertikaler Hebel, der mit seinem oberen abgekröpften Ende über den diametral gegenüberliegenden Flügel hinweggreift, zurückgedrückt werden, so daß die Drehung des Flügelrädchens nur langsam, entsprechend der Zusammendrückung der Spiralfeder erfolgt, und demgemäß der Faller sachte und ohne Stoß auf die unteren Gleitbahnen gesetzt wird. Gleichzeitig empfängt der folgende Flügel den nächsten Faller, der nach unten befördert wird. Nach den Angaben der Firma Low soll sich dieser Fallerdämpfer bereits in vielen Betrieben bewährt haben.

Die Firma Low verwendet auch in einer besonderen Ausführung, vgl. Abb. 222, zum Antrieb der Fallerschrauben statt der üblichen Kegelräder Schraubenzahnräder. Diese sind jedoch gegen Abnützung sehr empfindlich, sobald durch Einlaufen der Lagerstellen ein genauer Zahneingriff nicht mehr gewährleistet ist.

Abb. 222. Fallerschraubenantrieb durch Schraubenzahnräder von Low.

4. Die Nadelwalzenstrecke (rotary drawing).

Diese Strecke, die, wie bereits erwähnt, ausschließlich nur für grobe C- und Abfallgarne, d. h. also für verhältnismäßig kurze und stark verunreinigte Fasern Verwendung findet und infolge dieser einseitigen Beschränkung heute nur noch vereinzelt gebaut wird, unterscheidet sich von den bisher beschriebenen Strecken durch die Einfachheit des zur Führung der Fasern im Streckfeld dienenden Organes. Wie die schematische Darstellung des Querschnitts einer solchen Strecke, Abb. 223, erkennen läßt, sind bei dieser die nadelbesetzten Faller durch eine Nadelwalze ersetzt, die aus kreisförmigen Messinggills gebildet wird, in welche die Nadeln unter einem gewissen Winkel schräg zum Umfang eingetrieben sind. Es ist einleuchtend, daß bei dieser Anordnung die Streckfeldweite nur kurz bemessen werden kann, was bei den auf diesen Strecken zur Verarbeitung kommenden kurzen Abfallfasern durchaus angebracht ist. Die Nadeln dürfen außerdem nicht sehr lang sein, damit sie leicht in das Band einstechen, ohne daß dieses beim Einstechen durch die Nadeln hochgehoben wird. In gleicher Weise muß das Austreten der Nadeln aus dem Band so erfolgen, daß dieses hierbei nicht niedergerissen wird. Bei Verwendung langer Nadeln würde überdies die freie Spannweite („nip“), d. h. der Abstand zwischen dem Klemmpunkt des Verzugszylinders und dem Punkt, wo die Nadeln das Band verlassen, größer ausfallen als bei kurzen Nadeln, was für die kurzen Fasern von

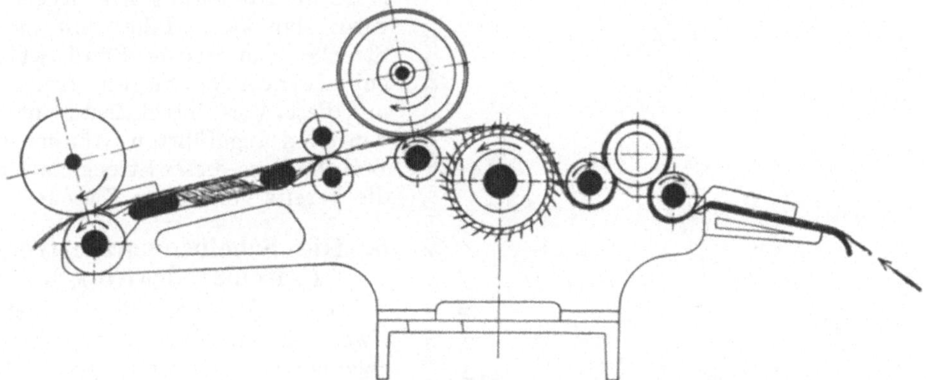

Abb. 223. Nadelwalzenstrecke.

Nachteil wäre. Andererseits verlangen kurze Nadeln dünnere Bänder, wenn ein einigermaßen genügendes Durchstechen der Nadeln gewährleistet werden soll. Wie aus Abb. 223 ersichtlich, sind die Einzugswalzen verhältnismäßig tief gestellt, damit ein möglichst großer Umfang der Nadelwalze umfaßt wird und dementsprechend mehr Nadeln auf das Band einwirken. Daß bei dieser Anordnung der Nadelwinkel an dem Punkt, wo die Nadeln in das Band eintreten, gewisse Schwierigkeiten bietet, ist einleuchtend, insbesondere, wenn man beachtet, daß die Nadeln zum Umfang der Nadelwalze so gestellt sein müssen, daß sie beim Austreten aus dem Band mit diesem etwa einen Winkel von 90° bilden. Wird dieser Winkel nicht eingehalten, so läuft man Gefahr, daß die Nadeln beim Austritt aus dem Band dieses nach unten reißen und um die Walze wickeln. Eine weitere Betrachtung dieser Einrichtung zeigt, daß die mit konstanter Umdrehungszahl sich bewegende Nadelwalze die größte Umfangsgeschwindigkeit an den Nadelspitzen zeigt, während naturgemäß sich diese Umfangsgeschwindigkeit gegen den Nadelfuß, d. h. gegen die Oberfläche der Nadelwalze zu verringert. Da sich das Band mit einer gewissen Dicke in die Nadelwalze legt, so ergibt sich ohne weiteres, daß die Reibung der durch das Verzugswalzenpaar mit einer bestimmten Geschwindigkeit durch das Nadelfeld gezogenen Fasern an den Nadelspitzen geringer ist als an den Nadelfüßen und der Oberfläche der Nadelwalze, was im Laufe der Zeit tiefe Einkerbungen auf der Nadelwalze zur Folge hat.

19*

Neben diesen Nachteilen haben jedoch diese Strecken außer der Einfachheit und Billigkeit den Vorzug, daß sie bei geringster Abnützung und einfachster Wartung mit großer Geschwindigkeit betrieben werden können. Ähnlich wie bei Ketten- und Schraubenstrecken ist der Antrieb so gelegt, daß Verzugszylinder und Ablieferungszylinder sich mit konstanten Umlaufzahlen drehen, während die Umlaufzahl des Einzugszylinders und damit auch die der Nadelwalze sich umgekehrt proportional dem jeweils angewendeten Verzug ändern. Bei kleinstem Verzug hat demnach die Nadelwalze ihre größte Geschwindigkeit, ohne daß damit ein Mehr an Abnützung hervorgerufen wird. Man kann daher mit dieser Strecke eine **große Produktion bei kleinen Verzügen** erreichen, und dieser Vorteil rechtfertigt neben den oben angeführten Gründen die Beibehaltung dieser Streckenart für die bereits genannten Zwecke.

5. Die Scheibenwalzenstrecke („circular drawing").

Diese Strecke, die ähnlichen Zwecken wie die Rotary dient, zeichnet sich ebenfalls durch Einfachheit und gedrängte Bauart aus; sie ist jedoch von der Rotary insofern verschieden, als hierbei Nadelstäbe zur Anwendung gelangen, die, dicht nebeneinandersitzend, an ihren Enden in kreisförmigen Scheiben so geführt werden, daß sie eine ähnliche kreisförmige Bahn beschreiben wie die Rotary. Obwohl sie daher äußerlich einer Nadelwalze gleichen, sind sie ihrem Wesen nach eher den Pushbarstrecken zuzuzählen, und man wird sie besser mit „Scheibenführungsstrecken" bezeichnen.

Die Abb. 224 und 225 zeigen eine Ausführung der Firma Fairbairn, die sich sehr bewährt hat, obwohl auch andere Bauarten im Gebrauch sind. Wie die Abb. 225 erkennen

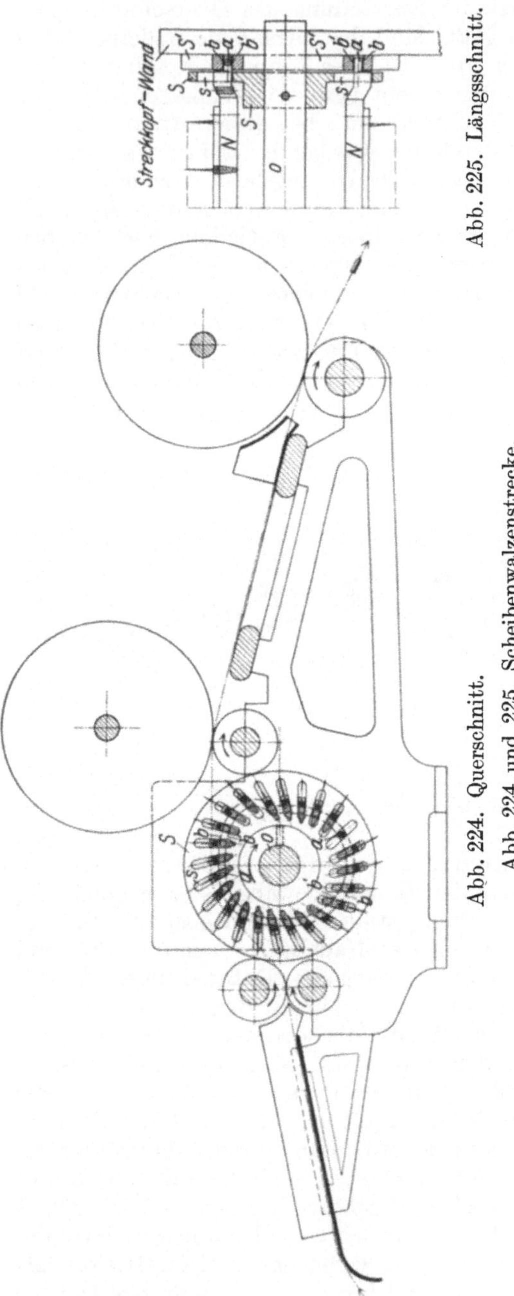

Abb. 225. Längsschnitt.

Abb. 224. Querschnitt.

Abb. 224 und 225. Scheibenwalzenstrecke.

läßt, gehen die etwas abgekröpften Enden der mit einreihigen Gills besetzten Nadelstäbe N, deren Querschnitt wie bei den Pushbarstrecken von trapezförmiger Form ist, in rechteckigen Querschnitt und zuletzt in einen kurzen zylindrischen Zapfen über. Diese rechteckigen Enden gleiten in radialen Schlitzen s zweier Rotgußscheiben S, die links und rechts auf einer durch den ganzen Streckkopf verlaufenden Welle o durch Schrauben befestigt sind und somit deren Drehung mitmachen. Die über diese Scheiben hinausragenden Zäpfchen a werden hierbei in feststehenden, ringförmigen Gleitbahnen b, b' (in Abb. 224 gestrichelt gezeichnet), die in an den Streckkopfwänden links und rechts angeschraubten Rotgußscheiben S' eingefräst sind, so geführt, daß die Nadelstäbe bei den Umdrehungen der Scheiben S auf der Einzugsseite in den Schlitzen s emporsteigen und in das Band allmählich einstechen, kurz vor dem Verzugswalzenpaar dagegen in den Schlitzen plötzlich abfallen und aus dem Band gezogen werden. Wie aus der Abb. 224 weiterhin zu erkennen ist, verlaufen die Schlitze s nicht genau radial zum Mittelpunkt der Scheiben, sondern sind gegen die Radialrichtung unter einem spitzen Winkel geneigt. Der Einzugszylinder ist gegenüber dem Mittelpunkt der Scheibenführung tiefer gesetzt, so daß die Bänder von unten schräg ansteigend in das Nadelfeld einlaufen, wodurch sich ein günstigerer Einstechwinkel der Nadeln ergibt. Infolge dieser Führung wird das Band tief in die Gillkämme gedrückt, aber auch eine etwas nachteilige Spannung und Beanspruchung desselben hervorgerufen. Gegenüber der Nadelwalze wird durch diese Anordnung die Zahl der auf die Führung der Bänder im Streckfeld einwirkenden Nadeln vergrößert sowie ein günstigeres Herausziehen der Nadeln aus dem Band erzielt. Dagegen ist die Abnützung der einzelnen Teile dieser Scheibenführung, insbesondere der Schlitze und Gleitbahnen, größer als bei der Nadelwalzenstrecke, so daß bei größeren Geschwindigkeiten mit einer geringeren Lebensdauer zu rechnen ist. Immerhin sind die zu erzielenden Geschwindigkeiten denen der Pushbarstrecken vergleichbar, mit denen sie, wie oben schon festgestellt wurde, Ähnlichkeit haben.

6. Benadelung und sonstige Einzelheiten der Strecken.

Die Benadelung der Nadelstäbe oder Fallstäbe erfolgt, wie früher schon erwähnt, bei Jutestrecken fast ausschließlich durch Aufnieten der Gilleisten oder Gillkämme, deren Form bereits bei der Beschreibung der verschiedenen Streckensysteme zur Darstellung gelangte.

Die in die messingenen Gillkörper von unten eingetriebenen Nadeln werden wie die Kardennadeln nach ihrer Stärke und Länge bezeichnet, wobei die Nadelstärke durch die Nummern der in Tab. 35, S. 167 verzeichneten englischen Drahtlehren meist nach der Birmingham Wire Gauge (BWG), bisweilen auch nach der Imperial Wire Gauge (IWG), angegeben werden, während die Nadellänge in engl. Zoll gemessen wird. Neuerdings wird in Deutschland die Nadellänge in mm angegeben und die Nadelstärke gleicherweise nach Nummern bezeichnet, die von den englischen Nummern nur unwesentlich abweichen (vgl. Tab. 35, DIN 4101).

In der Form unterscheiden sich die Gillnadeln von den Kardennadeln durch die schlanker zulaufende Spitze. Während bei den Kardennadeln die Spitze nur ¼ der Gesamtlänge ausmacht, beträgt diese bei den Gillnadeln ¾ der Nadellänge. Der Grund für diese Abweichung liegt in dem anders gearteten Zweck der Gillnadeln, die nicht, wie die Kardennadeln, die Fasern aufspalten sollen, sondern, wie schon früher angeführt, diesen nur zur Führung beim Durchgang durch das Streckfeld zu dienen haben. Ihre Beanspruchung ist daher eine geringere, wogegen durch die schlanke Form das Einstechen in das Faserband begünstigt und die Reibung verringert wird.

Die Länge der Gills, die Dicke und Länge der Nadeln, sowie die Dichte der Benadelung hängen naturgemäß von der Art des jeweils verwendeten Materials und dem Feinheitsgrad der Strecke ab.

Die benadelte Länge der Gills beträgt in der Regel bei Vorstrecken 6 bis 7 Zoll, wobei an beiden Enden für die Befestigungsnieten noch je ½ Zoll zukommt, so daß die Gillkörper etwa 7 bis 8 Zoll lang sind. Bei Feinstrecken sind die entsprechenden Maße 4 bis 4½ Zoll benadelte Länge, bzw. 5 bis 5½ Zoll Länge der Messingkörper.

Die Querschnittsabmessungen der Gillkörper bei Pushbarvorstrecken betragen etwa $^5/_8 \times ¼$ Zoll, bei Schraubenstrecken meist $^9/_{16} \times ¼$ Zoll.

Die Dicke der Nadeln wird nicht stärker gewählt, als ihre Beanspruchung durch die Faserbänder erforderlich macht. Zu dicke Nadeln würden eine gröbere Teilung zur Folge haben, während zu dünne Nadeln häufig abbrechen und Ursache vieler Ausbesserungen sind. Die Nadellänge muß so reichlich bemessen sein, daß die Bänder gut durchstochen werden. Vor allem ist zu vermeiden, daß die Fasern teilweise über die Nadeln hinweggleiten, wodurch ungleiche Bänder, bzw. dünn- und dickstelliges Garn erzeugt werden. Zu lange Nadeln wiederum sind größerer Beanspruchung ausgesetzt, bzw. verlangen größere Dicke. Auch lassen sich die Nadelstäbe besonders bei Pushbar- und Kettenstrecken bei Verwendung zu langer Nadeln nicht genügend nahe an die Einzugsbzw. Verzugswalzenpaare heranbringen. Bei Schraubenstrecken bedingen lange Nadeln einen zu großen Abstand der oberen und unteren Führungsbahnen.

Übliche Nadelmaße sind bei Vorstrecken: Nadelstärke Nr. 13 bis 14; Länge 1¼ bis $1^3/_8$ Zoll; bei Feinstrecken: Nadelstärke Nr. 15 bis 16; Länge $1^3/_{16}$ bis 1¼ Zoll.

Tab. 63 gibt die nach DIN TEX 4105 normierten Nadelabmessungen für Strecken und Vorspinnmaschinen wieder.

Tabelle 63. Gillnadeln für Jutespinnereimaschinen.

Maße in mm.

Bezeichnung einer Gillnadel Nr. 15 von Länge $l = 30$ mm für Jutespinnereimaschinen: Gillnadel 15×30 TEX 4105 [1].

Nadel-Nr.	Nadeldurchmesser d	Länge l						
13	2,33				32	34	36	38
14	1,98	26	28	30	32	34	36	
15	1,78	26	28	30	32			
16	1,63	26	28					

Ausführung: Gehärtet, gescheuert und poliert.
Werkstoff: Stahldraht.
Zulässige Abweichungen für Nadeldurchmesser und Stahldrahtdurchmesser siehe DIN TEX 4101.

Der Werkstoff für die Gillnadeln ist wie bei den Kardennadeln bester Stahldraht, wobei die Nadeln so zu härten sind, daß ihre Spitzen bei übermäßiger Beanspruchung eher abbrechen als umbiegen. Am schädlichsten sind die zu Häkchen umgebogenen Nadelspitzen, welche die Fasern verwirren und schlechte Bänder liefern.

Die Nadeldichte wird nach englischem Vorbild durch die Anzahl Nadeln auf 1 Zoll engl. ausgedrückt oder durch die Gesamtzahl Nadeln einer Gillreihe. Anzustreben ist, wie bei den Karden die Nadeldichte durch die Zahl der Nadeln auf je 10 cm Gilllänge zu bestimmen, wobei eine Abstufung in geradzahlige Tei-

---

[1] Siehe Fußnote 1 Seite 122.

lungen genügen dürfte, was bei der Einheit Nadeln je Zoll nicht der Fall ist. Die Gills bei Jutestrecken (und auch bei Vorspinnmaschinen) sind mit wenigen Ausnahmen zweireihig benadelt, wobei bei Pushbarstrecken und Kettenstrecken, wie S. 251 schon angeführt, in der Regel die vorderen Nadelreihen $^1/_{16}$ bis $^1/_8$ Zoll kürzer sind als die hinteren. Für Vorstrecken wählt man Nadelteilungen von 2 bis 3½ Nadeln je Zoll, entsprechend 8 bis 14 Nadeln je 10 cm, bei einem Reihenabstand von etwa $^3/_8$ Zoll. Bei Feinstrecken kommen 4 bis 5½ Nadeln je Zoll, bzw. 16 bis 22 Nadeln je 10 cm, bei einem Reihenabstand von ungefähr $^5/_{16}$ Zoll zur Verwendung.

Die Befestigung der Gills auf den Fallstäben erfolgt durch Linsensenknieten der Nr. 8 bis 10 von 1 bis 1¼ Zoll Länge. Der Lochabstand der Nieten beträgt in der Regel ½ Zoll weniger als die ganze Länge des Gillkörpers.

Tab. 64 enthält die Benadelungseinzelheiten einiger ausgeführten Vor- und Feinstrecken.

Tabelle 64. Benadelung der Vor- und Feinstrecken.

Bezeichnung der Strecke	Gillkörper Länge × Breite × Stärke	Benadelter Teil des Gillkörpers	Zahl der Reihen u. Nadeln je Reihe	Nadelteilung Anzahl Nadeln je Zoll	je 10 cm	Nadel-Nr. × Nadellänge
Pushbar-	$8'' \times {}^5/_8'' \times {}^1/_4''$	$7''$	2×18	$2^1/_2$	10	$14 \times 1^3/_8''$ u. $14 \times 1^1/_4''$
Schrauben- } Vorstrecken	$7'' \times {}^9/_{16}'' \times {}^1/_4''$	$6''$	2×12	2	8	$14 \times 1^3/_8''$
Rotary-	$7^1/_2'' \times 3'' \varnothing \times {}^1/_4''$	$6^5/_8''$	30×24	$3^1/_2$	14	$14 \times {}^3/_4''$
Circular-	$18^1/_2'' \times {}^1/_2'' \times {}^1/_4''$	$17^1/_4''$	1×60	$3^1/_2$	14	$15 \times 1^1/_8''$
Schrauben-Feinstrecken	$5'' \times {}^9/_{16}'' \times {}^1/_4''$	$4''$	2×20	5	20	$16 \times 1^3/_{16}''$

Von weiteren Einzelheiten, die allen Streckensystemen mehr oder weniger gemeinsam sind, sollen im nachfolgenden die wichtigsten Erwähnung finden.

Die Pressung der Druckwalzen des Verzugszylinders, die den parallel verzogenen Fasern den für die Weiterleitung über die Bandplatte erforderlichen Zusammenhalt verschaffen müssen, setzt sich zusammen aus der mittels Hebelübersetzung und Gewichten hervorgerufenen Pressung und der durch das Eigengewicht der

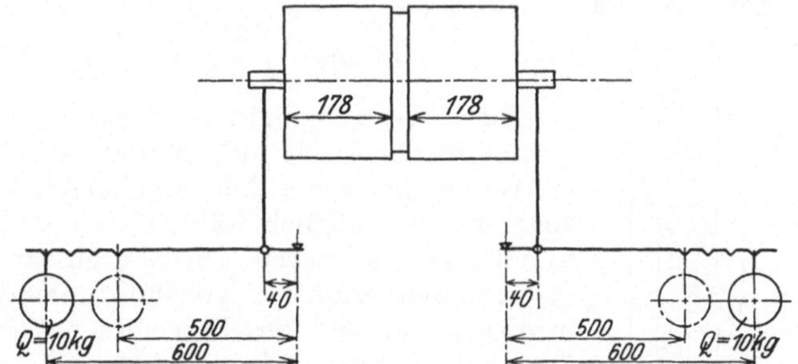

Abb. 226. Belastungsschema der Druckwalzen bei einfacher Hebelübersetzung.

Druckwalzen, ihrer Lagerung und der zugehörigen Hebel und Zugstangen erzeugten Belastung.

Unter Vernachlässigung der letztgenannten Eigengewichte errechnet sich die Belastung eines Druckwalzenpaares bei der bei Vorstrecken meist gebräuchlichen einfachen Hebelübersetzung, die nach der schematischen Darstellung der Abb. 226 je auf die äußeren Zapfen der Doppelwalze wirkt, zu:

$$P = \frac{Q \cdot 500}{40} \text{ bis } \frac{Q \cdot 600}{40} = 12{,}5\,Q \text{ bis } 15\,Q.$$

Mit $Q = 10$ kg ergibt sich somit die Belastung jeder einzelnen Druckwalze

$$P = 125 \text{ bis } 150 \text{ kg}$$

oder bei je 17,8 cm Druckwalzenbreite eine spezifische Pressung auf je 1 cm Walzenbreite von

$$P/\text{cm} = \frac{125}{17,8} \text{ bis } \frac{150}{17,8} = \text{rund } 7 \text{ bis } 8,4 \text{ kg.}$$

Bei einer Bandbreite von 6½ Zoll $= 16,5$ cm errechnet sich demgemäß die Pressung auf je 1 cm Bandbreite

$$P/\text{cm} = \frac{125}{16,5} \text{ bis } \frac{150}{16,5} = \text{rund } 7,6 \text{ bis } 9,1 \text{ kg.}$$

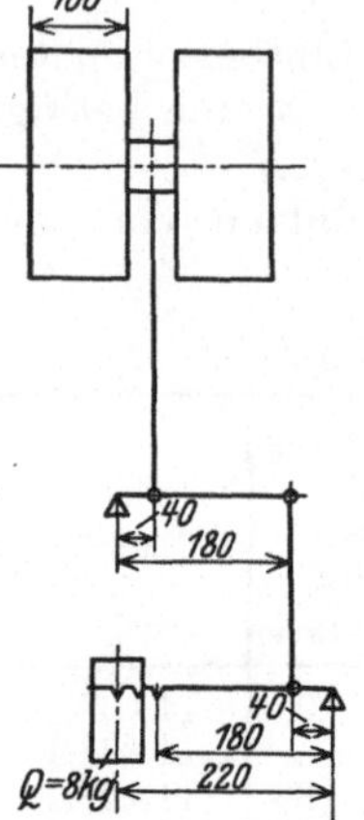

Hierzu kommt noch die durch die schweren Druckwalzen und Hebelgewichte hervorgerufene Pressung, die mit etwa 1½ bis 2 kg für je 1 cm Bandbreite anzunehmen ist.

In gleicher Weise errechnen sich die entsprechenden Belastungen, bzw. spezifischen Pressungen für die in Abb. 227 schematisch dargestellte doppelte Hebelübersetzung einer Feinstrecke, die in diesem Fall in der Mitte des Walzenpaares angreift, zu:

$$P = \frac{Q \cdot 180 \cdot 180}{40 \cdot 40} \text{ bis } \frac{Q \cdot 220 \cdot 180}{40 \cdot 40} = \text{rund } 20\,Q \text{ bis } 25\,Q.$$

Unter Einsetzung eines Belastungsgewichtes von $Q = 8$ kg ergibt sich somit die Gesamtbelastung beider Druckwalzen $P = 160$ bis 200 kg.

Bei einer Walzenbreite von je 10 cm erhält man die spezifische Pressung auf 1 cm Walzenbreite

Abb. 227. Belastungsschema der Druckwalzen bei doppelter Hebelübersetzung.

$$P/\text{cm} = \frac{160}{2 \cdot 10} \text{ bis } \frac{200}{2 \cdot 10} = 8 \text{ bis } 10 \text{ kg}$$

und entsprechend bei einer Bandbreite von 3 Zoll $= 7,6$ cm die spezifische Pressung für 1 cm Bandbreite:

$$P/\text{cm} = \frac{160}{2 \cdot 7,6} \text{ bis } \frac{200}{2 \cdot 7,6} = 10,5 \text{ bis } 13 \text{ kg.}$$

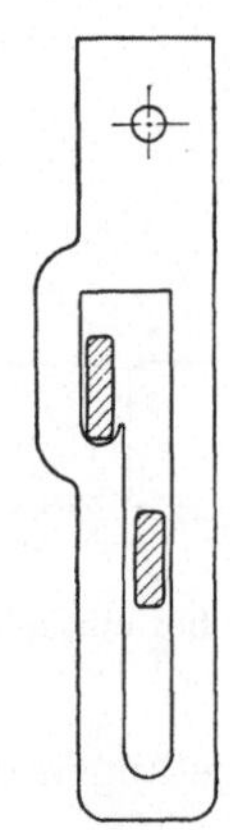

Diesen Werten sind noch etwa 1¾ bis 2 kg/cm infolge des Eigengewichtes der Druckwalzen und Hebel zuzurechnen.

Wie früher schon hervorgehoben, wird man den Preßdruck so sparsam wie möglich wählen, um den Gang der Maschine nicht unnötig zu erschweren. Die Gewichtsarme der Belastungshebel sind in vertikalen Schlitzen von Führungsschienen geführt und müssen in diesen während des Betriebes entsprechend der veränderlichen Dicke des Bandes frei spielen können. Bei längeren Betriebspausen werden die Gewichtsarme zur Entlastung und Schonung der Druckwalzen in an den Führungsschienen vorgesehenen Rasten eingehängt (vgl. Abb. 228). Um diese Entlastung für sämtliche Druckwalzen gleichzeitig eintreten zu lassen, wird bisweilen unter den Gewichtsarmen eine durchgehende Welle mit auf dieser sitzenden Hebedaumen angeordnet. Bei einer Umdrehung dieser Welle werden durch die Hebedaumen sämtliche Gewichtsarme gleichzeitig hochgehoben und dadurch die Druckwalzen entlastet.

Abb. 228. Führungsschiene für Belastungshebel.

Die Druckwalzen zum Verzugszylinder bestehen aus lederbezogenen Gußkörpern von etwa 9 bis 10 Zoll Außendurchmesser bei Vorstrecken und 8 bis 9 Zoll bei Feinstrecken. Ihre Breite richtet sich nach der Gillbreite, beträgt also bei Vorstrecken etwa 6 bis 7 Zoll, bei Feinstrecken etwa 4 bis 4½ Zoll. Der Lederbelag kann als Hochkantlederbelag („leather-on-edge") oder als Flachlederbelag („leather-on-flat") ausgeführt werden.

Abb. 229 zeigt eine schwere Doppeldruckwalze mit Hochkantlederbelag, bei der der Walzenkörper aus einem einzigen hohlgegossenen Stück besteht, das

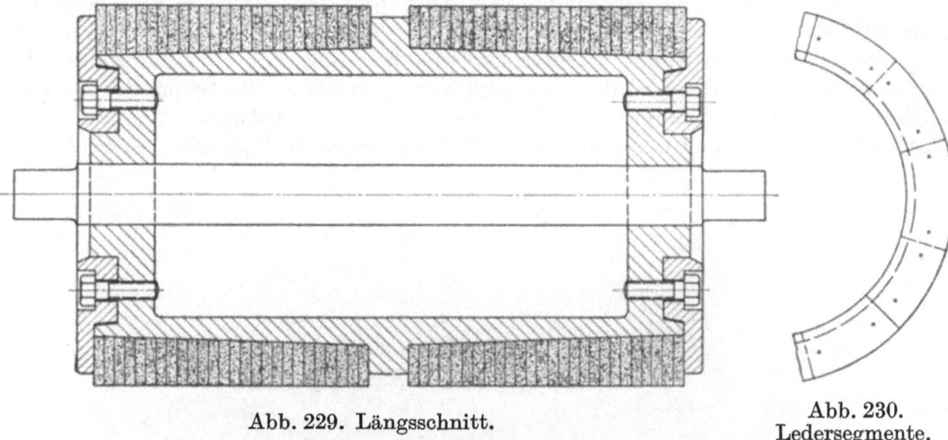

Abb. 229. Längsschnitt.

Abb. 230. Ledersegmente.

Abb. 229 und 230. Schwere Doppeldruckwalze mit Hochkantlederbelag.

in der Mitte des Mantels durch eine ringförmige Verstärkung in zwei Hälften getrennt und warm auf eine durchgehende Stahlachse aufgezogen ist. Auf jede dieser Hälften, deren Oberfläche leicht konisch zuläuft, ist ein aus schmalen, zusammengeleimten Ringen oder Segmenten (vgl. Abb. 230) aus bestem Kernleder bestehender Lederkörper geschoben und am Ende durch aufgeschraubte, schmiedeeiserne Scheiben festgehalten. Eine ähnliche, leichtere Ausführung gibt Abb. 231 wieder, bei der

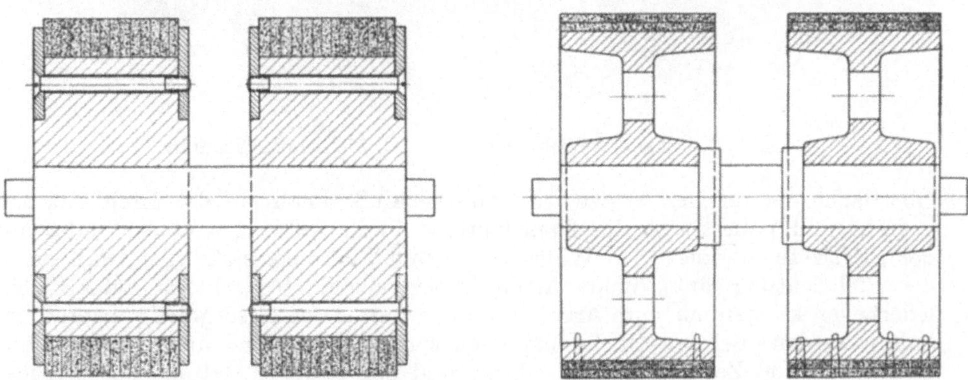

Abb. 231. Leichtes Druckwalzenpaar mit Hochkantlederbelag.

Abb. 232. Druckwalzenpaar mit Flachlederbelag.

jede Walze eines Paares ihren eigenen, auf gemeinschaftlicher Achse warm aufgezogenen Gußkörper besitzt; auch hier werden die Lederkörper auf beiden Seiten durch Endscheiben und durchgehende Schrauben festgehalten.

In Abb. 232 ist eine Doppelwalze mit Flachlederbelag dargestellt, der, wie ersichtlich, aus 2 Lagen besteht, die ebenfalls aus allerbestem, gut ausgestreckten Kernleder von absolut gleichmäßiger Stärke herausgeschnitten werden. Die

die Beläge bildenden Lederstreifen müssen bereits beim Aufbringen, das meist
durch Walzen auf der Drehbank oder einer besonderen Lederaufziehbank,
vgl. die in Abb. 233 dargestellte Konstruktion von Liebscher, Chemnitz, bei
starkem Druck und unter Verwendung besten Leimes erfolgt, vollkommen ausgestreckt sein, so daß später beim Betrieb keinerlei Strecken oder Lockern der
Beläge stattfinden kann. Zwecks besserer Aufnahme des Leimes ist die zu leimende
Lederfläche aufzurauhen. Beim Aufbringen der Lederstreifen werden in geeigneten Abständen dünne Holzpflöcke aus Hartholz zum Festhalten des Belages durch das Leder und den Walzenkörper getrieben. Die Länge des Walzen-
leders ist so zu bemessen, daß die Enden nach dem Aufwalzen gerade aneinander stoßen. Beide Enden werden außerdem durch Holzpflöcke gesichert. Die

Abb. 233. Lederaufziehbank von C. O. Liebscher, Chemnitz.

Oberfläche der fertigen Walze wird zum Schluß genau auf der Drehbank abgedreht und poliert und die Drehrichtung durch Anbringen eines Pfeiles auf
der Stirnseite markiert. Die Walze ist so in die Strecke einzulegen, daß sie in
der Pfeilrichtung läuft. Beide Arten Druckwalzen, ob Hochkant- oder Flachlederbelag, können nur gute Arbeit liefern, wenn sie stets sorgfältig instand gehalten werden. Bei den Hochkantwalzen wird die rauh und uneben gewordene
Oberfläche von Zeit zu Zeit abgedreht und geglättet, so daß sie bei richtiger
Wartung eine sehr lange Lebensdauer haben. Naturgemäß stellen sie sich im
Preise wesentlich höher als die Flachlederwalzen, bei denen die Erneuerung
des Belages in gewissen Zeitabschnitten mit geringeren Kosten vorgenommen
werden kann. Aus diesem Grunde werden neuerdings Flachlederwalzen, besonders
bei Feinstrecken, vorgezogen.

Abb. 234 zeigt ein Druckwalzenpaar, bei dem zur Verringerung der Lagerreibung Kugellager zur Anwendung gelangten. Auf der festgelagerten Walzenachse bewegt sich jeder Walzenkörper gesondert auf Kugellagern, wodurch
naturgemäß die Reibung wesentlich verringert wird. Dementsprechend kann

auch die Belastung geringer gehalten werden. Die Kugellager sind in einem besonderen, durch Schrauben mit dem Walzenkörper verbundenen Gehäuse staubdicht untergebracht. Da jede Walze eines Paares sich unabhängig von der anderen bewegt, bietet sich weiterhin der Vorteil, daß bei eintretenden Wick-

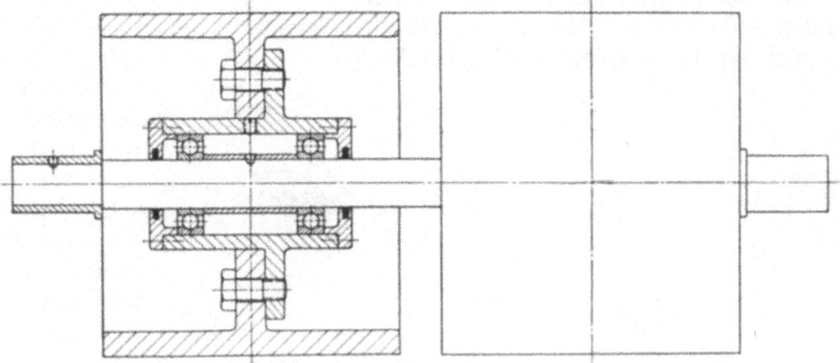

Abb. 234. Druckwalzenpaar mit Kugellagern.

lungen des Fasermaterials vor der Druckwalze nur jeweils die betroffene Walze stehenbleibt, während bei den oben beschriebenen Anordnungen stets beide Walzen gemeinsam gehemmt werden. Auch ist dadurch, daß jede Walze unabhängig von der anderen läuft, ein gleichmäßiger Verzug des Materials selbst bei ungleichen Durchmessern der Walzen gewährleistet.

Eine der Maschinenfabrik Chr. Gaier, Kirchheim-Teck (Wttbg.), geschützte Ausführung zeigt Abb. 235[1].

Die Abb. 236 und 237 zeigen die meist übliche Ausführung eines Verzugskonduktors. Wie ersichtlich,

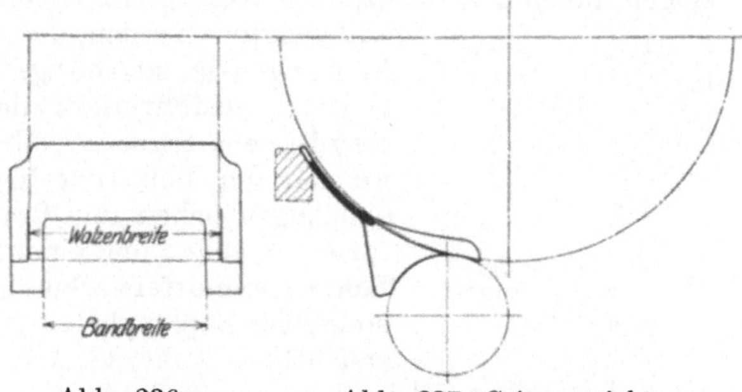

Abb. 235. Druckwalzen mit Kugellagern der Maschinenfabrik Chr. Gaier, Kirchheim-Teck.

schmiegt sich der aus Rotguß bestehende dünnwandige Bandleiter eng der Oberfläche des Verzugszylinders und der zugehörigen Druckwalze an, wobei sich der untere Teil des Konduktors auf den Verzugszylinder stützt, während die Rückseite sich lose gegen eine über die ganze Strecke längs verlaufende Stange oder gegen die die Tragarme der Druckwalzen stützende Traverse legt. Die beiden Seitenrippen des Konduktors umfassen die Druckwalze und sichern ihn gegen seitliche Verschiebung. Durch die lose Anordnung stellen die Konduktoren im Falle ungewöhnlicher Materialansammlung vor den Druckwalzen nicht mehr

Abb. 236.
Vorderansicht.

Abb. 237. Seitenansicht.

Abb. 236 u. 237. Verzugskonduktor.

---

[1] D.R.G.M. 957771. Die Firma Gaier, die alleinige Herstellerin dieser Druckzylinder ist, verwendet hierbei ausschließlich Kugel- und Rollenlager der S.K.F.Norma (jetzt Ver. Kugellagerfabriken A.G. Berlin).

einen starren Widerstand dar, sie können vielmehr ausweichen und auf diese Weise vor Bruch bewahrt werden. Die die Einlaufbreite des Bandes am Verzugszylinder bestimmende Konduktorweite ist etwa ½ bis 1 Zoll schmäler gehalten als die benadelte Breite der Gillbahnen; sie beträgt bei Vorstrecken etwa 5 bis 6 Zoll, bei Feinstrecken 3 bis 3½ Zoll.

In den Abb. 238 und 239 ist eine für die schweren und breiten Verzugsdruckwalzen bei Vorstrecken meist übliche Ausführung der Walzenlagerung und der

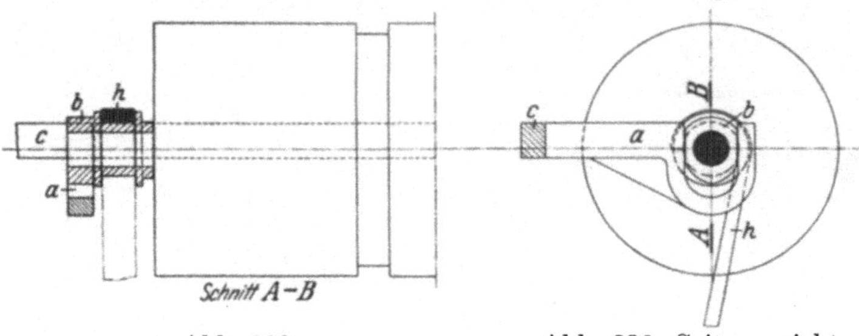

Abb. 239.   Abb. 238. Seitenansicht.

Abb. 238 u. 239. Zapfenlager mit Belastungsbügel zur Verzugsdruckwalze einer Vorstrecke.

Belastungsbügel dargestellt. Letztere wirken in der auch aus der schematischen Darstellung, Abb. 226 S. 295 ersichtlichen Weise direkt auf die beiden Endlager des Walzenpaares. Wie die Abb. 238 und 239 weiterhin erkennen lassen, gleiten die aus Rotguß bestehenden Lagerbüchsen *b* in entsprechenden Führungen der beiden Tragarme *a*, die an die über die ganze Strecke verlaufende Traverse *c* (vgl. auch Abb. 163 S. 243) für jedes Druckwalzenpaar angegossen oder auch angeschraubt sind. Dadurch ist die freie Beweglichkeit der Druckwalzen entsprechend der veränderlichen Banddicke gewährleistet. Bisweilen wird diese Beweglichkeit auch dadurch erzielt, daß die Lagerbüchsen fest in den Tragarmen ruhen, letztere aber frei um eine kräftige runde Tragstange an Stelle der Traverse schwingen können. Die Belastungsbügel greifen hierbei direkt über einen entsprechend halbrund geformten Ansatz oder in eine geeignete Einkerbung der Tragarme (vgl. Abb. 245 S. 302).

Bei leichteren Druckwalzen nach Abb. 231 und 232, die meist für Feinstrecken, aber auch für Vorstrecken zur Verwendung kommen, ist für jedes Walzenpaar nur ein Belastungsbügel angeordnet, der nach der schematischen Abb. 227 in der Mitte zwischen beiden Walzen auf die Walzenachse wirkt, während die beiden äußeren Walzenzapfen von schmalen Gleitlagern aus Rotguß gehalten werden, die in entsprechenden Führungen der zugehörigen Walzentragarme gleiten. Ausführungen dieser Art zeigt die Seydelsche Strecke Abb. 182, S. 262, bei welcher der Belastungsbügel aus 2 Teilen, dem eigentlichen mit Rotgußschale ausgefütterten Bügel und einer mit diesem durch Schraubenmutter verbundenen Zugstange besteht. Die Zapfengleitlager sind aus Abb. 240 ersichtlich, während Abb. 241 eine andere,

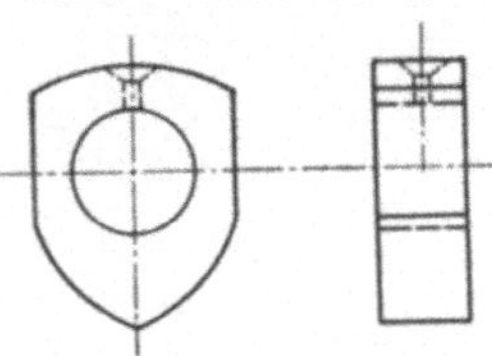

Abb. 240. Zapfengleitlager für Verzugsdruckwalzen.

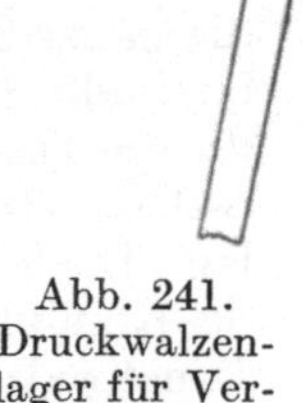

Abb. 241. Druckwalzenlager für Verzugsdruckwalzen.

meist bei Feinstrecken vorkommende Ausführung des Belastungsbügels zeigt.

Um zwecks Herausnehmens der Druckwalzen die Belastungsbügel zu entlasten, bzw. diese von der unteren Zugstange zu lösen, müssen bei den obigen Ausführungen stets zuvor die entsprechenden Schraubenmuttern gelöst oder abgenommen werden. Bei den in den Abb. 242 bis 244 dargestellten „Patentbügeln" der Firma Fairbairn, die übrigens in ähnlicher Weise auch von anderen

englischen Firmen, wie Low u. a., ausgeführt werden, erfolgt die Entlastung durch
einfache Betätigung eines Handgriffes. Der Bügel trägt oben einen Schlitz, in
welchen ein mit einem Griff versehener Sattel, der auf der Achse der Druckwalze
liegt, lose eingefügt ist. Mit Hilfe des Griffes läßt sich der Sattel im Bügelschlitz
um die Walzenachse so weit nach vorn drehen, bis sich der Sattel mit dem Bügel
von der Achse abhebt, so daß die Belastung aufhört, vgl. die Stellung nach
Abb. 244. Umgekehrt erfolgt die
Wiederbelastung des Bügels, indem man den Sattel wieder auf
den Zapfen setzt und den Griff
so weit nach rückwärts drückt,
bis der Bügelwulst über den An-
griffspunkt der Last hinaus bewegt ist, so daß eine sichere Verriegelung zwischen Sattel und
Bügel eintritt, wie die Stellung
nach Abb. 243 zeigt.

Das Abheben oder Heraus-
nehmen der schweren Vorstrecken-
druckwalzen, das sich bei eintretenden Störungen, z. B. beim
Wickeln der Faserbänder und
ähnlichem, erforderlich macht,
ist meist nur unter Anwendung
starker Hebestangen möglich.
Zur Vereinfachung dieser umständlichen Handhabung kommen neuerdings verschiedene Vorrichtungen zur Anwendung, deren
Hauptvorzüge darin bestehen,
daß die Walzen durch Betätigung
eines einfachen Hebels hochgehoben und in dieser Stellung belassen werden können, so daß

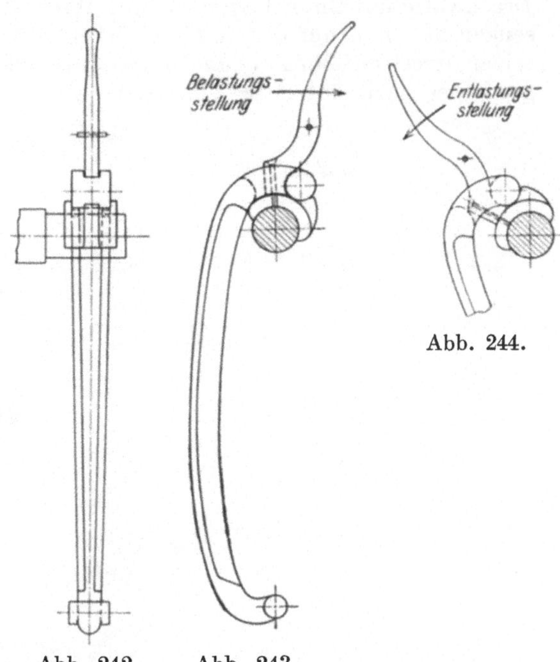

Abb. 244.

Abb. 242.   Abb. 243.
Vorderansicht.

Abb. 242 bis 244.   Patent-Druckwalzenbügel für
Strecken und Vorspinnmaschinen.

der Arbeiter beide Hände zur Entfernung der Wickel oder ähnlicher Störungen
frei hat. Vorrichtungen dieser Art werden von den englischen Firmen James
F. Low in Monifieth, Fairbairn in Leeds und Fraser in Arbroath gebaut.

Zur Veranschaulichung der Wirkungsweise einer solchen Abhebevorrichtung diene die Lowsche Ausführung, die in den Abb. 245 und 246 zeichnerisch
dargestellt und in Abb. 247 lichtbildlich wiedergegeben ist. Die um die fest mit
dem Maschinengestell verbundene Längstraverse O_1 freischwingenden beiden
Arme A_1 jedes Druckwalzenpaares tragen nach oben Arme A_2, die durch eine
Stange O_2 miteinander verbunden sind. Auf dieser Stange sitzt in der Mitte
der beiden Druckwalzen eines Paares ein langer Hebel A_3, dessen Endauge auf
der Stange mittels Kopfschrauben festgeklemmt ist, während das andere Ende
in einen Handgriff ausläuft. Weiterhin sitzt lose auf der Stange O_2 neben Hebel A_3
ein Winkelhebel A_4—A_5, dessen längerer Schenkel A_4 sich gegen eine Stange O_3
legt, die ihrerseits ihre Befestigung in den Endaugen der auf der Längstraverse O_1
festgeklemmten beiden Arme A_6 findet, während der kürzere und schwächere
Hebelarm A_5 durch eine lange Zugstange Z mit einem Handhebel A_7 verbunden
ist, dessen gabelförmiges Ende am Ende des Hebels A_3 drehbar gelagert ist. Wird
Handhebel A_7 nach unten gedrückt, bewirkt Zugstange Z eine Drehung des

Winkelhebels A_4, A_5 und damit auch ein Anheben des Armes A_4. Wird nun gleichzeitig der während der Betriebsstellung der Druckwalze fast horizontal verlaufende Arm A_3 um seinen Drehpunkt O_1 nach oben bewegt, so hebt sich entsprechend die Druckwalze mit ihren Lagern, und der lose Arm A_4 senkt sich in gleicher Weise nach unten und stützt sich mit seinem entsprechend ausgebildeten Endteil gegen die Stange O_3, so daß die hochgehobene Druckwalze mit ihren Lagerarmen in ihrer Stellung gehalten wird. Zum Niedersenken hat man nur durch Niederdrücken des Handhebels A_7 den Arm A_4 aus seiner Arretierstellung anzuheben, wodurch die Walze samt Hebeln infolge Eigengewichtes nach unten bewegt wird.

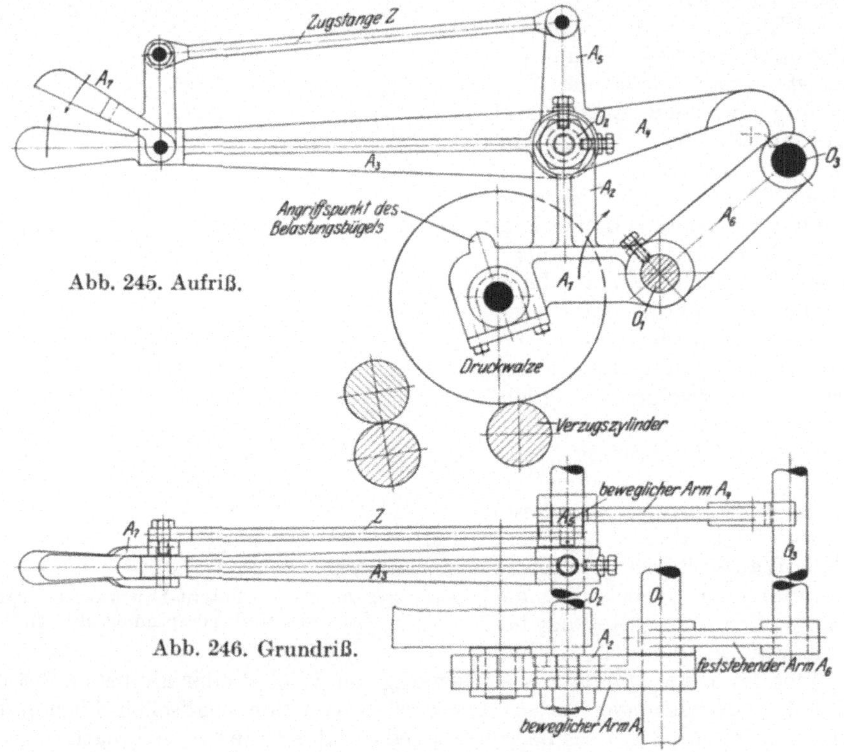

Abb. 245 u. 246. Abhebevorrichtung für schwere Streckendruckwalzen von J. F. Low & Co., Monifieth.

Abb. 247 zeigt das rechte Druckwalzenpaar einer zweiköpfigen Vorstrecke gerade in hochgehobener Stellung, während das Paar links auf dem Verzugszylinder ruht. Aus dieser Abbildung ist weiterhin eine ähnliche Bügelentlastungsvorrichtung, wie oben beschrieben, ersichtlich, wobei in diesem Fall der Belastungsbügel direkt auf die Walzentragarme wirkt.

In gleicher Weise wie die Preßdruckwalzen muß auch der Verzugszylinder, wenn einwandfreie Arbeit geleistet werden soll, in bester Ordnung gehalten werden. Seine Oberfläche muß vor allem an den Stellen, wo die Druckwalzen aufliegen und die Bänder durchlaufen, vollkommen zylindrisch, ohne jegliche Einkerbung oder Einlaufstellen sein. Diesem Bestreben steht die abnützende Wirkung der Faserbänder, die bei Jutefasern besonders groß ist, sowie die stetige Reibung der aufliegenden Bandleiter entgegen. Um den verschleißenden Einfluß dieser Teile nicht ständig auf ein und dieselbe Stelle wirken zu lassen, ist man dazu übergegangen, dem Verzugszylinder eine stetige, sehr langsam zu vollziehende, axiale Hin- und Herbewegung zu erteilen. Die diese Bewegung erzeugende Vorrichtung, die mit

„Changierbewegung"

(auch Traversierbewegung) bezeichnet wird, hat sich nicht nur bei Strecken, sondern auch, wie später noch gezeigt wird, an Vorspinn- und Feinspinnmaschinen eingebürgert.

Von den zahlreichen im Gebrauch befindlichen Konstruktionen zeigen die Abb. 248 und 249 eine Ausführung der Firma Liebscher, Chemnitz. Wie aus diesen Abbildungen ersichtlich, geht der Antrieb für die Changierbewegung vom II. Einzugszylinder aus, dessen an und für sich niedrige Umlaufzahl durch Zwischenschaltung dreier Schneckengetriebe auf einen Exzenter übertragen wird, der in einer Aussparung im Fuß eines horizontal beweglichen Lagerschlittens geführt ist, welch letzterer den über das Endlager auf einer Seite verlängerten

Abb. 247. Schaubild der Walzen-Abhebevorrichtung an einer Vorstrecke.

und mit Bund versehenen Zapfen des Verzugszylinders umfaßt. Bei jeder Umdrehung des Exzenters vollführt so der Verzugszylinder eine volle Hin- und Herbewegung in Richtung der Zylinderachse, wobei jeweils der Ausschlag gleich dem Hub des Exzenters von ½ Zoll ist. Um diesen Betrag mindestens müssen die verschiedenen Zylinderlager in axialer Richtung gegenüber den an den Lagerstellen abgesetzten Zylinderzapfen Spielraum haben. Da sich der Zylinder bei einer Exzenterumdrehung ½ Zoll nach links und sodann ½ Zoll nach rechts bewegt, kommt auf eine Exzenterumdrehung ein Gesamtzylinderweg von 1 Zoll, und mit Berücksichtigung des Übersetzungsverhältnisses des Schneckengetriebes entfällt auf eine Umdrehung des Einzugszylinders eine Axialbewegung des Verzugszylinders von:

$$\frac{25{,}4 \cdot 1 \cdot 1 \cdot 1}{42 \cdot 42 \cdot 42} = 0{,}000\,343 \text{ mm}.$$

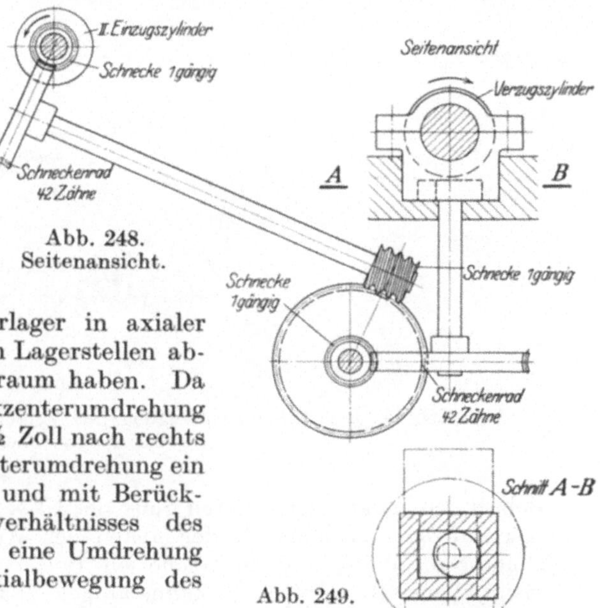

Abb. 248. Seitenansicht.

Abb. 249.

Abb. 248 u. 249. Changierbewegung des Verzugszylinders einer Liebscher-Strecke.

Bei einer angenommenen Umlaufzahl des Einzugszylinders von 30/min ergibt sich demnach die Geschwindigkeit der Changierbewegung zu: $30 \cdot 0{,}000\,343 = \text{rd. } 0{,}01$ mm/min.

Auf andere Weise hat die Firma Seydel u. Co., Bielefeld, diese Aufgabe bei ihren neueren Strecken gelöst. Wie die Abb. 250 bis 252 zeigen, ist bei dieser Ausführung der Verzugszylinder Ausgang der Bewegung, und zwar trägt das zwischen Verzugszylinder und Ablieferungszylinder sitzende Zwischenrad Z_1, dessen Zähnezahl das Doppelte des auf dem Verzugszylinder sitzenden Zahnrades beträgt, ein Umlaufgetriebe, bestehend aus einem fest auf dem das Zwischenrad Z_1 tragenden Bolzen O_1 sitzenden Zahnrad $Z_2 = 35$ Zähne und einem auf dem gleichen

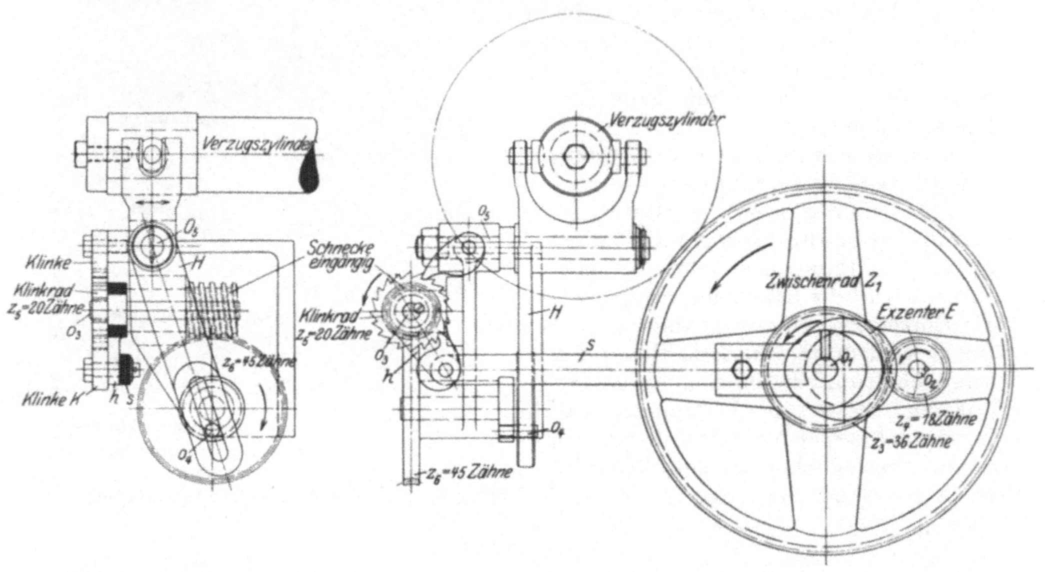

Abb. 252. Seitenansicht.   Abb. 250. Aufriß.

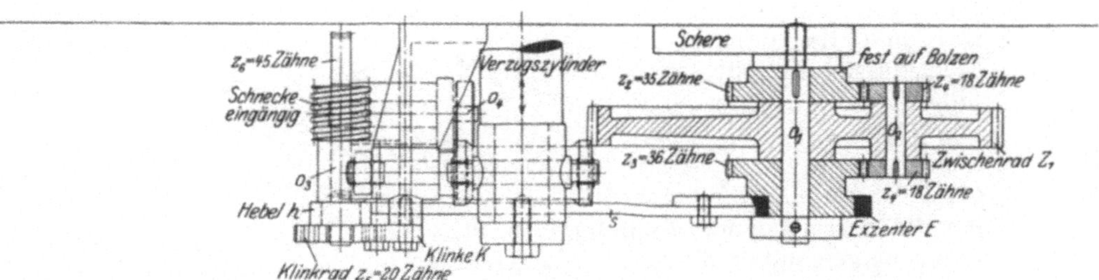

Abb. 251. Grundriß.

Abb. 250 bis 252. Changierbewegung des Verzugszylinders einer Feinstrecke von Seydel & Co., Bielefeld.

Bolzen, jedoch auf der anderen Seite der Nabe des Zwischenrades lose sitzenden Zahnrad $Z_3 = 36$ Zähne. In der Mitte eines Armes des Zwischenrades Z_1 ist eine kleine Nabe angegossen, in welcher ein Bolzen O_2 läuft, an dessen beiden Enden je ein kleines Ritzel $Z_4 = 18$ Zähne aufgekeilt ist. Diese Ritzel greifen in die zugehörigen Zahnräder Z_2 und Z_3 ein und müssen sich demgemäß beim Umlaufen des großen Rades Z_1 auf jenen abwälzen. Da Zahnrad Z_3 einen Zahn mehr hat als Zahnrad Z_2, so wird, da Zahnrad Z_2 feststeht, für jede Umdrehung des großen Zahnrades Z_1 das lose sitzende Rad Z_3 um einen Zahn weiter geschaltet, und zwar in der gleichen Richtung wie das große Rad Z_1. Es ergibt sich somit von Rad Z_1

zu Rad Z_3 eine Übersetzung von $\frac{1}{36}$. Die Nabe des Rades Z_3 ist exzentrisch ausgebildet, und der auf ihr sich drehende Exzenter E überträgt die langsamen Umdrehungen des Rades Z_3 mittels einer Schubstange s auf einen lose um eine, in einem Böckchen gelagerte, kurze Welle O_3 schwingenden Hebel h, dessen Ende mit einer Klinke k verbunden ist, die in ein auf der Welle O_3 festgekeiltes Schaltrad $Z_5 = 20$ Zähne eingreift. Mit jeder Umdrehung des Exzenters bzw. des Zahnrades Z_3 wird das Schaltrad um einen Zahn weiter geschaltet, so daß die Übersetzung zwischen Zahnrad und Schaltrad $\frac{1}{20}$ beträgt. Am anderen Ende der das Schaltrad tragenden Welle O_3 sitzt eine eingängige Schnecke, die in ein im gleichen Böckchen gelagertes Schneckenrad $Z_6 = 45$ Zähne eingreift und dieses demgemäß für je 1 Umdrehung der Schnecke um einen Zahn weiterschaltet. Am

Ende der Schneckenradwelle endlich sitzt
eine kleine Scheibe mit einem exzentrisch
versetzten Bolzen O_4, der in einem Schlitz
eines ungleicharmigen, um einen festen
Bolzen O_5 drehbaren Hebels H geführt
wird und letzterem für je eine Umdrehung
des Schneckenrades eine hin- und her-
schwingende Bewegung erteilt, die sich
durch das andere kürzere Ende des Hebels H, das die über den Endzapfen des
Verzugszylinders geschobene Muffe gabelförmig umfaßt, auf den Verzugszylinder
überträgt.

Da der Exzenterbolzen einen Ausschlag
von 30 mm hat und die Hebelübersetzung
2:1 beträgt, ergibt sich eine Changierbewegung von je 15 mm nach links und
rechts, d. h. zusammen 30 mm Zylinder-
weg für je 1 Umlauf des Exzenterbol-
zens O_4. Unter Berücksichtigung der Übersetzungsverhältnisse entfällt somit auf
eine Umdrehung des Verzugszylinders eine
axiale Hin- und Herbewegung von

Abb. 253. Changierbewegung des Verzugszylinders einer Strecke von Low.

$$\frac{1}{2} \cdot \frac{1}{36} \cdot \frac{1}{20} \cdot \frac{1}{45} \cdot 30 = 0{,}000\,463\ \text{mm}.$$

Somit errechnet sich für eine durchschnittliche Umlaufzahl des Verzugszylinders von 120/min die Changiergeschwindigkeit zu

$$120 \cdot 0{,}000\,463 = 0{,}0556\ \text{mm/min}.$$

Ganz ähnlich ist die Changierbewegung der Firma Low, Monifieth, gebaut, die in Abb. 253 im Lichtbild wiedergegeben ist. Der Antrieb geht hier vom II. Einzugszylinder aus, dessen Umdrehung über ein Kurbelgetriebe, Schaltrad, Schnecke mit Schneckenrad und Exzenter auf den Lagerschlitten des Verzugszylinders übertragen wird.

Die Firma Low hat auch eine Changierbewegung für die Ablieferungs-konduktoren gebaut, um auf diese Weise eine langsame hin- und hergehende Bewegung der abgelieferten Bänder herbeizuführen und demzufolge die Abnutzung der Ablieferungswalzen zu verringern. Die Bauart dieser Vorrichtung geht aus der lichtbildlichen Darstellung Abb. 254 hervor, doch scheint sie eine weitere Verbreitung noch nicht gefunden zu haben.

Sicherheitsvorrichtungen.

Zweiseitig bediente Maschinen, wie die Strecken (und auch die Vorspinnmaschinen), bergen die Gefahr, daß, wenn die Maschine von einer Seite aus ohne
vorherige Verständigung in Gang gesetzt wird, die auf der anderen Seite irgend-
wie mit den Triebwerkteilen beschäftigte Person verletzt werden kann. Dieser

Abb. 254. Changierbewegung für die Ablieferungskonduktoren von Low.

Gefahr setzt sich insbesondere die Bänderanlegerin auf der hinteren Seite der
Strecke aus, da sie beim Einziehen gerissener oder abgelaufener Bänder mit
den Händen um die Einzugswalzen herumgreifen muß und dabei in die Nähe
der von der unteren nach der oberen Gleitbahn aufsteigenden Nadelstäbe kommt.
Die an beiden Seiten einer Strecke vorgesehenen Ein- und Ausrückvorrichtungen,
die ein sofortiges Aus-
schalten der Maschine bei
irgendwelchen Störungen
durch Verschieben des
Riemens von der Fest-
auf die Losscheibe oder
bei elektrischem Antrieb
durch Betätigung des Mo-
torschalters ermöglichen,
müssen demgemäß, um
schwere Unglücksfälle zu
verhüten, mit geeigneten
Sicherungsvorrichtungen
ausgestattet sein, die ein
Wiedereinrücken der Ma-
schine nur durch gleich-
zeitige Mitbetätigung der

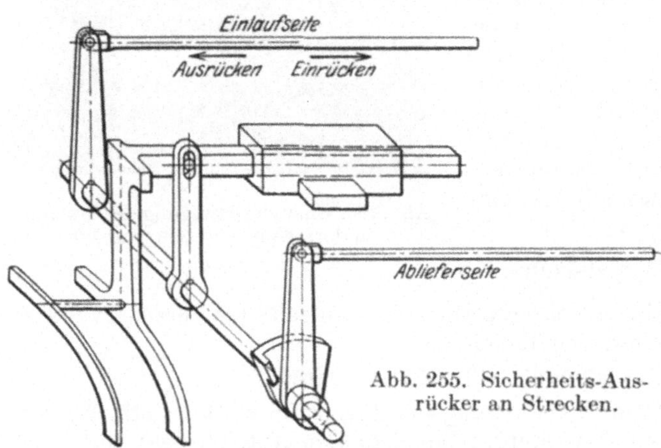

Abb. 255. Sicherheits-Aus-
rücker an Strecken.

die andere Seite der Maschine bedienenden Arbeiterin gestattet.
Von den mannigfachen Vorrichtungen dieser Art sollen nur einige, die sich
besonders bewährt haben, herausgegriffen werden.
Eine sehr einfache Ausrückvorrichtung zeigt die schaubildliche Darstellung
in Abb. 255. Die Riemengabel steht mit einer horizontalen Schiene in Verbindung, die in einer oben auf der Maschine sitzenden prismatischen Führung durch
Vermittlung eines mit dieser Schiene gelenkartig verbundenen, auf einer Querwelle aufgekeilten Hebelarmes hin- und herbewegt werden kann. Am hinteren

Ende dieser Querwelle, also auf der Bändereinlaufseite der Maschine ist ein zweiter Hebel aufgekeilt, der an seinem oberen Ende die horizontale, längs über die ganze Maschine verlaufende Ausrückstange trägt, durch deren Verschiebung nach links oder nach rechts die Maschine ausgerückt, bzw. eingerückt werden kann. Am vorderen Ende der Querwelle, d. h. auf der Ablieferungsseite der Maschine, sitzt in Verbindung mit einer horizontalen Ausrückstange ein gleicher Hebel, der jedoch nur lose auf der Welle sich dreht, während dicht hinter dem Hebel ein segmentartig geformter Mitnehmer aufgekeilt ist, der nach der Ausrückseite zu einen Anschlag trägt. Durch Verschiebung der Ausrückstange nach links nimmt der lose Hebel den Mitnehmer mit und bewirkt somit durch die eintretende Drehung der Querwelle die Verschiebung der Riemengabel nach links auf die Losscheibe. Dagegen ist es mit dieser Ausrückstange nicht möglich, die Maschine wiederum durch eine Verschiebung nach rechts einzu-

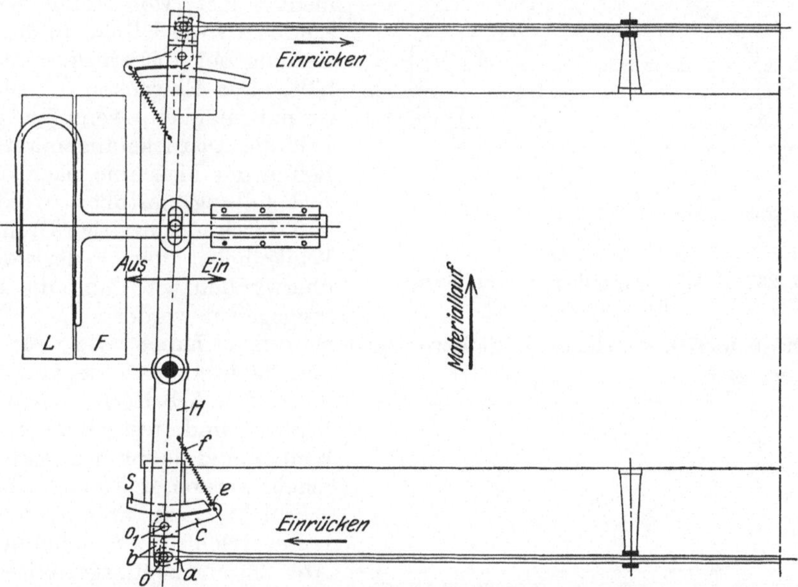

Abb. 256. Sicherheits-Ausrückvorrichtung an Strecken von Seydel & Co., Bielefeld.

rücken, da dieser Hebel eine Drehung der Welle nach rechts nicht herbeiführen kann. Das Einrücken kann nur von der hinteren Seite der Maschine aus durch entsprechende Benachrichtigung der dort tätigen Arbeiterin erfolgen, die also auf diese Weise gegen unvorhergesehenes Ingangsetzen der Maschine geschützt ist.

Abb. 256 zeigt eine ähnliche Vorrichtung nach einer Ausführung der Firma Seydel, Bielefeld, im Grundriß, bei welcher jedoch von keiner Seite der Maschine aus allein ohne Benachrichtigung und Betätigung der auf der anderen Seite stehenden Arbeiterin ein Einrücken möglich ist. Die wiederum oben auf der Maschine horizontal angeordnete Ausrückschiene mit der Riemengabel erhält ihre Bewegung durch einen mit dieser Schiene durch einen senkrechten Bolzen verbundenen, ebenfalls horizontal liegenden, doppelarmigen Hebel H, der sich um einen senkrechten, im Maschinengestell fest gelagerten Bolzen dreht und an seinen beiden Enden auf der Einlauf- und Auslaufseite der Maschine die üblichen horizontalen Ausrückstangen trägt. Wie Abb. 256 und die Einzeldarstellungen in den Abb. 257 und 258 erkennen lassen, sind jedoch diese Ausrückstangen mit den Hebelenden nicht starr verbunden, sondern im Endauge a der

Ausrückstange ist ein kleiner, senkrechter Bolzen o festgeklemmt, der oben und unten je in einem kurzen Schlitz des gabelförmig ausgebildeten Endes des Ausrückhebels H geführt ist, wobei sich das untere Ende des Bolzens o gegen den einen Schenkel b eines um den im Hebel H festgeschraubten Bolzen o_1 drehbaren Winkelhebels legt, dessen anderer Arm c mit einem klinkenförmigen Ansatz e versehen ist, der sich in der Ausrückstellung gegen ein auf dem Maschinengestell aufgeschraubtes Segment S legt, wobei eine besondere Zugfeder f die Klinke in der Sperrstellung bei ausgerückter Maschine hält. Das Einrücken der Maschine ist nur möglich, wenn zu gleicher Zeit die Ausrückstangen auf beiden Seiten der Maschine nach der Einrückstellung gestoßen werden, so daß durch gleichzeitige Drehung der Winkelhebel der Federwiderstand überwunden wird und die Klinken freigegeben werden.

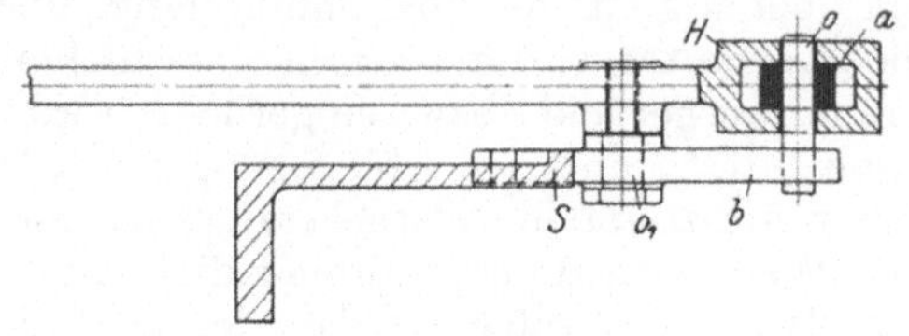

Abb. 257. Aufriß.

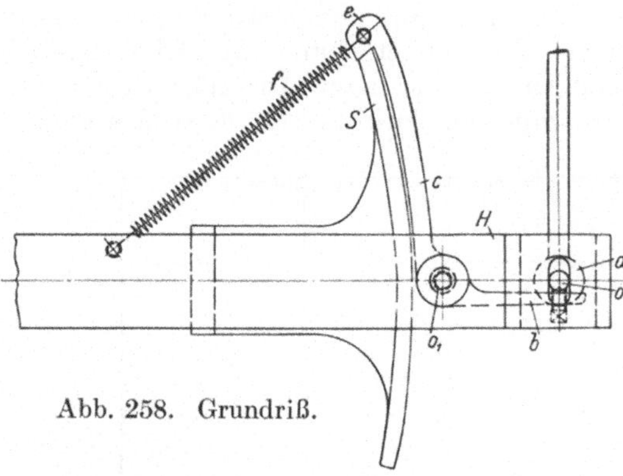

Abb. 258. Grundriß.

Abb. 257 u. 258. Einzelheiten zum Seydel-Ausrücker.

Die beiden beschriebenen Sicherheitsvorrichtungen haben, wie viele andere, den Nachteil, daß sie von den bedienenden Arbeitern, denen sie unbequem sind, festgebunden werden können und dadurch unwirksam gemacht werden, was leider sehr häufig geschieht. Diese Sabotage der Sicherheitsvorrichtungen ist bei der in den Abb. 259 und 260 dargestellten Sicherheitsvorrichtung der Firma Liebscher, Chemnitz, nicht möglich. Die in üblicher Weise auf den Längsseiten der Maschine verlaufenden horizontalen Ausrückstangen, die durch Hebel auf die Ausrückwelle mit dem mit diesen in Verbindung stehenden Riemengabelquerstück wirken, sind je mit einem Sicherheitsschloß versehen, das aus einem vollkommen abgeschlossenen, gußeisernen Kasten besteht, in welchem ein durch Druckknopf und Feder betätigter Winkelhebel die mit einem aufgeklemmten

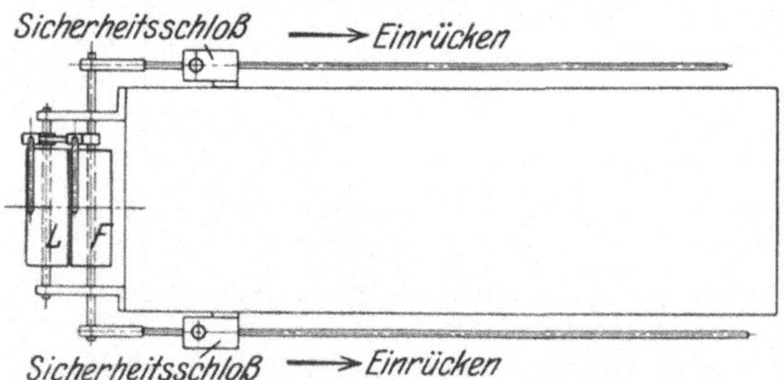

Abb. 259. Ausrückvorrichtung an Strecken von C. O. Liebscher, Chemnitz.

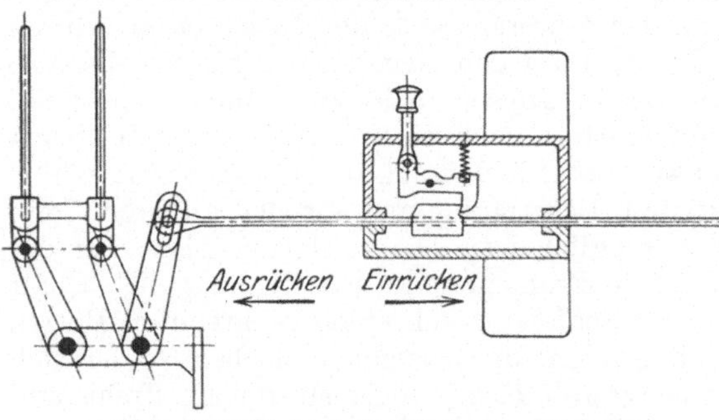

Abb. 260. Sicherheitschloß zum Liebscher-Ausrücker.

Ansatz versehene Ausrückstange gegen eine horizontale Verschiebung nach der

Einrückseite zu verriegelt. Nur durch gleichzeitige Betätigung des Druckknopfes des Sicherheitsschlosses vorn und hinten an der Maschine ist ein Einrücken von einer der beiden Seiten aus möglich, während das Ausrücken von jeder Seite aus durch einfache Verschiebung der Ausrückstange erfolgen kann.

Sämtliche Rädertriebwerke sind durch Schutzgitter abgeschlossen, die mit passenden Türen zur Bedienung der Wechselräder versehen sind. Vorzuziehen sind die bei neueren Maschinen immer mehr zur Anwendung gelangenden, vollkommen staubdicht abgeschlossenen Verdecke aus sauberpoliertem Stahlblech, die nicht nur einen Schutz für die bedienenden Arbeiter bilden, sondern auch das Ansammeln von Schmutz und Staub in den Triebwerkteilen verhindern. An den entsprechenden Stellen sind abnehmbare Deckel oder Klappen angebracht, die mit Schnappschlössern oder Sicherheitsverschlüssen versehen sind, deren Bedienung nur den besonders dazu Beauftragten möglich ist.

Wie bei den Karden sind sämtliche Zahnräder mit gefrästen Zähnen zwecks Erzielung eines möglichst leichten und geräuschlosen Ganges ausgestattet. Auch haben die meisten Räder statt der früher üblichen Armkreuze volle, glatt gedrehte Böden. Die Teilung beträgt fast durchweg 6 d. p., bei einigen Nebentrieben 8 d. p. Der Schmierung ist besondere Sorgfalt gewidmet; entfernteren, schwerer zugänglichen Schmierstellen wird das Öl durch Kupferrohrleitungen zugeleitet.

Die Antriebsscheibe wird so groß wie möglich gewählt, meist 16 Zoll Durchmesser bei 3½ Zoll Breite. Die außen liegende Losscheibe wird aus Gründen der Betriebssicherheit und Sauberkeit mit vollem, glatt gedrehtem Boden ausgeführt.

Der Platzbedarf einer Strecke richtet sich naturgemäß nach der Anzahl Köpfe, Zahl der Gills pro Kopf, Breite der Gills und der Streckfeldweite(Reach). Nach Woodhouse[1] kann der ungefähre Platzbedarf einer Strecke nach einer Faustregel berechnet werden.

Es sei:

$$R = \text{Reach in Zoll},$$
$$N = \text{Zahl der Köpfe},$$
$$G = \text{Zahl der Gillbahnen pro Kopf},$$
$$W = \text{Breite der Gillbahnen},$$

so ergibt sich

die Gesamtlänge zu: $2 \text{ Fuß } 2\frac{3}{4} \text{ Zoll} + N \cdot (1 \text{ Fuß } 6 \text{ Zoll} + G \cdot W)$,

die Gesamtbreite zu: $3 \text{ Fuß } 5\frac{3}{4} \text{ Zoll} + R$,

oder in mm umgerechnet:

$$\text{Länge } L = 680 + N \cdot (457 + G \cdot W),$$
$$\text{Breite } B = 1060 + R.$$

Die hiernach errechneten Abmessungen stimmen mit den an ausgeführten Maschinen gemessenen Größen mit einiger Annäherung überein. Die Gesamtlänge von 2köpfigen Pushbarvorstrecken mit je 4 Gillbahnen beträgt einschließlich Antrieb und Schutzgitter etwa 3100 bis 3300 mm; ihre Breite schwankt zwischen 1450 bis 1520 mm. Normale Schrauben-Feinstrecken mit 3 Köpfen zu je 6 Gillbahnen sind 4100 bis 4300 mm lang und 1400 bis 1450 mm breit.

Die Gesamtansicht einer 2köpfigen Pushbarvorstrecke zeigt Abb. 261 nach einer Ausführung von Fairbairn. Die Bandführungsbleche auf der Ein-

---

[1] Vgl. The Textile Manufacturer Year Book 1928, S. 369.

zugsseite sind für jede Gillbahn nochmals unterteilt, so daß jeweils auf eine Gillbahn 2 Bänder und demnach auf einen Kopf 8 Bänder kommen.

In Abb. 262 ist eine im Aufbau ähnliche Pushbarstrecke der Firma Seydel & Co., Bielefeld, wiedergegeben, von der Ablieferungsseite aus gesehen, bei welcher die oben beschriebene Sicherheits-Ausrückvorrichtung eingebaut ist.

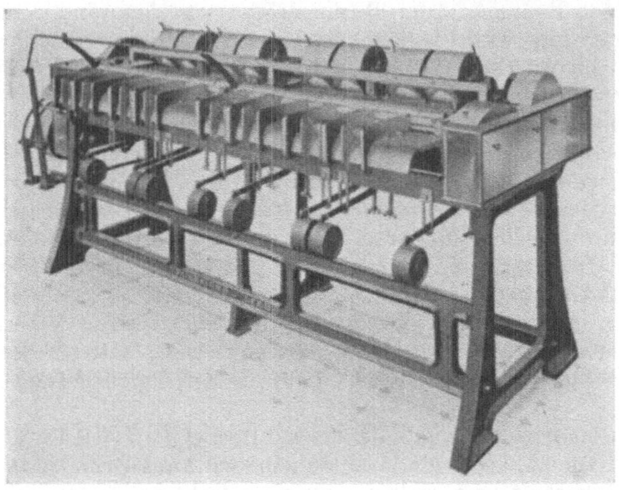

Abb. 261. Zweiköpfige Pushbar-Vorstrecke von Fairbairns, Leeds.

Abb. 263 zeigt eine 4köpfige Doppelgang-Schrauben-Feinstrecke von James Mackie & Sons, Belfast, mit je 6 Bändern und 3 Ablieferungen.

Der Kraftbedarf der Strecken ist gering. Nach den mehrfach erwähnten Messungen von Dr.-Ing. Frenzel[1] kann für eine längere Betriebsdauer ein Durchschnittskraftbedarf von 0,66 PS für den Kopf einer Vorstrecke und von 0,46 PS für den Kopf einer Feinstrecke angenommen werden. Da erfahrungsgemäß die Maschinen beim Anlaufen, besonders nach längeren Stillständen oder bei nasser und kalter Witterung, erheblich mehr Kraft als im Dauerbetrieb benötigen, nimmt man

Abb. 262. Zweiköpfige Pushbar-Vorstrecke von Seydel & Co., Bielefeld.

für Kraftbedarfsaufstellungen oder zwecks Bemessung der Stärke von Antriebsmotoren etwas höhere Werte an, z. B. für eine 2köpfige Vorstrecke 2 PS, für eine 3köpfige Feinstrecke 2½ bis 3 PS. Bemerkenswert ist die weitere Fest-

[1] Leipz. Monatsschr. Textilind. 1920, H. 9.

stellung von Frenzel, daß der Unterschied im Kraftbedarf der vollbelasteten und der leerlaufenden Strecke nur sehr gering ist; der Kraft-Wirkungsgrad beträgt nur 20 bis 21%.

Bezüglich der

Instandhaltung

ist wiederholt darauf hingewiesen worden, daß die der Verschmutzung am meisten ausgesetzten Nadelstäbe häufig zu reinigen sind, um welches Streckensystem es sich auch handelt. Die mit Öl und Fett durchsetzten Faserrückstände setzen sich besonders zwischen den Nadeln der Gills fest, so daß die täglich vorzunehmende, oberflächliche Reinigung der Faller auf die Dauer nicht genügt, sondern es hat mindestens alle 1 bis 2 Monate eine besondere, gründliche Reinigung stattzufinden, bei der die Stäbe am besten in Petroleum gelegt werden, um die alten Schmutzrückstände loszulösen. Bei diesen monatlichen Reinigungen müssen

Abb. 263. Vierköpfige Doppelgang-Schrauben-Feinstrecke von J. Mackie & Sons, Belfast.

auch die Gleitbahnen, Schrauben und Daumen gründlich gesäubert und auf richtiges Arbeiten nachgeprüft werden. Die gleiche Aufmerksamkeit ist den Einzugs- und Verzugszylindern zu widmen. Stark eingelaufene Stellen sind durch Abdrehen zu beseitigen, wobei auf die etwa eintretende Veränderung der Verzugskonstanten geachtet werden muß. Ein weiterer wichtiger Punkt sind die Druckwalzen zum Verzugszylinder, deren Beläge stets in bester Ordnung gehalten werden müssen, wie auch dafür zu sorgen ist, daß die Verzugskonduktoren freies Spiel haben, bzw. rechtzeitig ausgewechselt werden. Durch vernünftige Einstellung der Gewichtsbelastung der Druckwalzen und Entlastung derselben bei längeren Betriebsstillständen läßt sich ebenfalls viel zur Verlängerung der Lebensdauer der Druckwalzen beitragen.

Hinsichtlich der Gillnadeln gilt dasselbe wie bei den Karden. Obwohl erstere längst nicht den Beanspruchungen unterworfen sind wie die Kardennadeln, sind sie infolge ihrer schlankeren und dünneren Form auch weniger widerstandsfähig. Abgebrochene oder, was noch schlimmer ist, zu Häkchen umgebogene Nadeln müssen rechtzeitig ersetzt werden, da sie, anstatt das Band zu durchstechen, eine Verwirrung der Fasern herbeiführen. Fehlerhafte Führungsbahnen und Daumen bilden oft, besonders bei Fallerstrecken, die Ursache des Anschlagens der Nadeln beim Emporsteigen an dem 2. Einzugszylinder, der dadurch in kurzer Zeit riefig wird. Wie die Kardenbrettchen können auch die Gills mehrmals ausgenadelt werden. Diese Arbeit sollte bei der engen Nadelteilung und dem zu den Gills verwendeten zähen Messingmaterial nur besonders geübten Leuten übertragen werden.

Bezüglich der Zahnräder gilt das gleiche wie bei den Karden. Gefräste Zähne können nur von Nutzen sein, wenn die Räder zentrisch auf ihren Stehbolzen laufen, bzw. ausgelaufene Naben rechtzeitig ausgebüchst und die Bolzen erneuert werden.

Die Sicherheitsräder können ihre Aufgabe nur erfüllen, wenn sie mit den eingezogenen Stiften stets in Ordnung gehalten werden.

C. Das Vorspinnen.

Als letzter Arbeitsgang der Vorbereitung und zugleich als Übergang zum Feinspinnen bezweckt das Vorspinnen durch einen nochmaligen Streckprozeß die weitere Verfeinerung der von der letzten Strecke kommenden Faserbänder in so weitgehendem Maße, daß diese nunmehr auf der Feinspinnmaschine direkt zu der jeweils gewünschten Garnnummer ausgezogen werden können. Um diese Faserbändchen bequemer stapeln und nach den Feinspinnmaschinen überführen zu können, werden sie lose zu einem runden Faden, dem sog. Vorgarn („rove") oder Lunte, zusammengedreht und sodann auf große Spulen aufgewickelt. Die der Herstellung von Vorgarn dienende Maschine, die als Vorspinnmaschine (roving frame) oder Spindelbank (flyer) bezeichnet wird (die letztere Bezeichnung ist mehr in Baumwoll- und Kammgarnspinnereien üblich), hat demnach 3 aufeinanderfolgende Arbeitsgänge auszuführen:

1. Das Strecken oder Verziehen der Faserbänder.
2. Das Zusammendrehen der Bändchen zu losem Vorgarn.
3. Das Aufwinden des Vorgarnes.

Entsprechend diesen 3 Arbeitsgängen ist die Vorspinnmaschine mit besonderen Vorrichtungen ausgestattet, die die Durchführung der obigen Arbeitsgänge in einem fließenden Arbeitsgang ermöglichen, der an Hand der Abb. 264 bis 266 erläutert sei.

1. Das Strecken der Faserbänder

erfolgt auf einem Streckwerk, das, wie insbesondere der in Abb. 266 dargestellte Querschnitt durch eine Vorspinnmaschine erkennen läßt, in Aufbau und Wirkungsweise genau den oben besprochenen Strecken entspricht. Aus den hinter der Vorspinnmaschine aufgestellten Streckenkannen laufen die Bänder über Bandführungsrollen oder direkt über das Einlaufblech nach den Einlaufkonduktoren, zwischen diesen um die beiden Einzugszylinder E_1 und E_2 und die zugehörigen Druckzylinder E_3 durch das Streckfeld zu den Streck- oder Verzugswalzen A_1, A_1', welche die Bänder entsprechend ihrer höheren Umfangsgeschwindigkeit in stark verzogenem Zustand den Flügelspindeln abliefern. Wie bei den Strecken werden hierbei die Faserbänder bei ihrem Durchgang durch das Streckfeld, dessen Reichweite oder „reach" bei den Vorspinnmaschinen entsprechend der kürzeren Faserlänge 10 bis 12 Zoll beträgt, durch Nadelstäbe N getragen, deren Gills um einen Grad feiner benadelt sind als die der letzten Strecke, während als Führungsorgane meist die Schrauben- oder Fallerstäbe, seltener die Pushbar- und Kettentriebstäbe zur Anwendung kommen. Während beim Durchgang der Fasern durch das Gillfeld neben der Verfeinerung der Bänder auch eine weitere Parallelisierung und Reinigung der

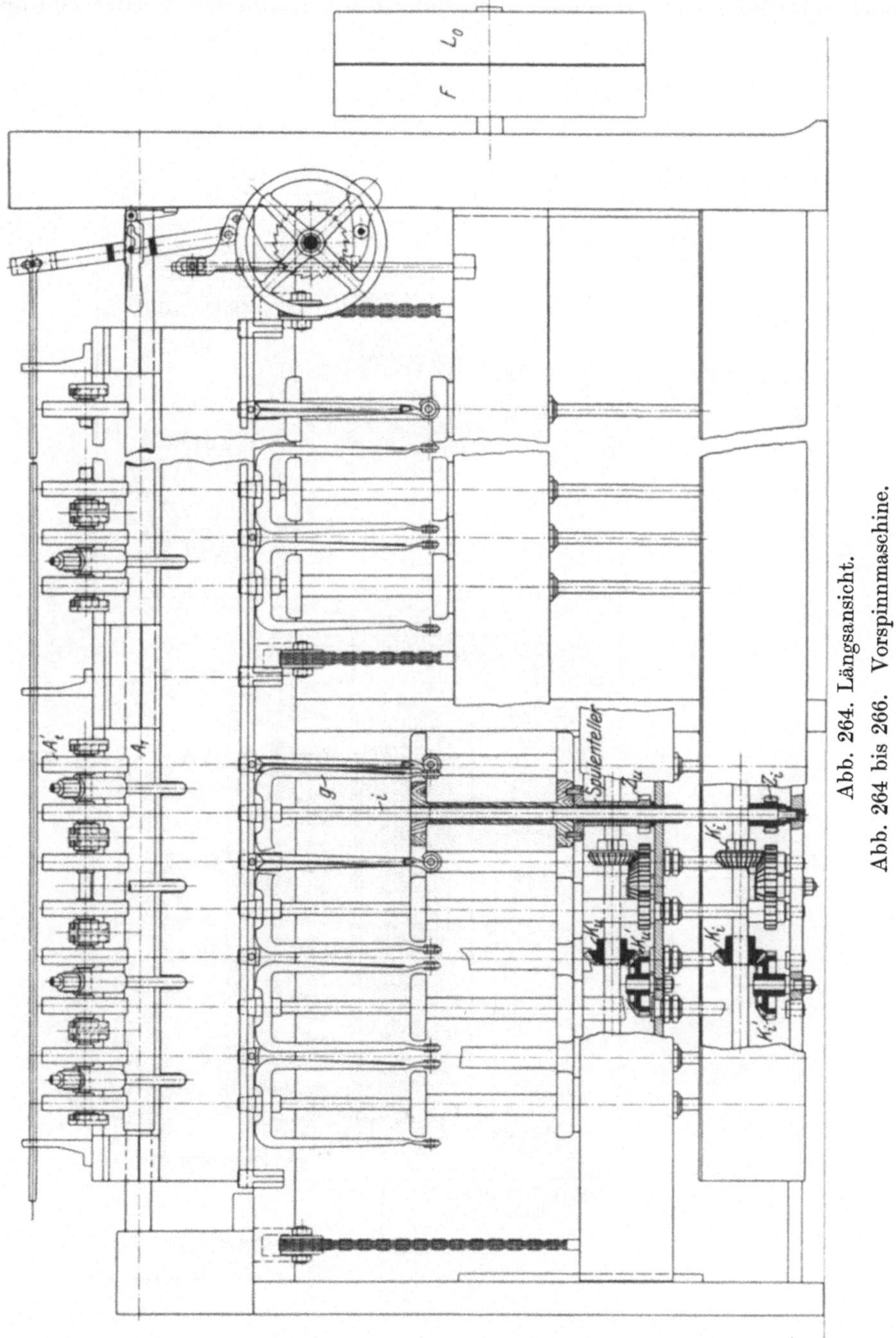

Abb. 264. Längsansicht.

Abb. 264 bis 266. Vorspinnmaschine.

Fasern wie bei den Strecken erzielt wird, erfolgt in diesem Fall keinerlei Dopplung, da für jedes eingelaufene Band wieder ein solches abgeliefert wird.

Die Rücksicht auf die Abmessungen der Nadelstäbe und die Erhöhung der
Betriebssicherheit erfordern bei den Vorspinnmaschinen wie bei den Strecken
eine Unterteilung der Maschine in einzelne Köpfe, von denen jeder sein unab-

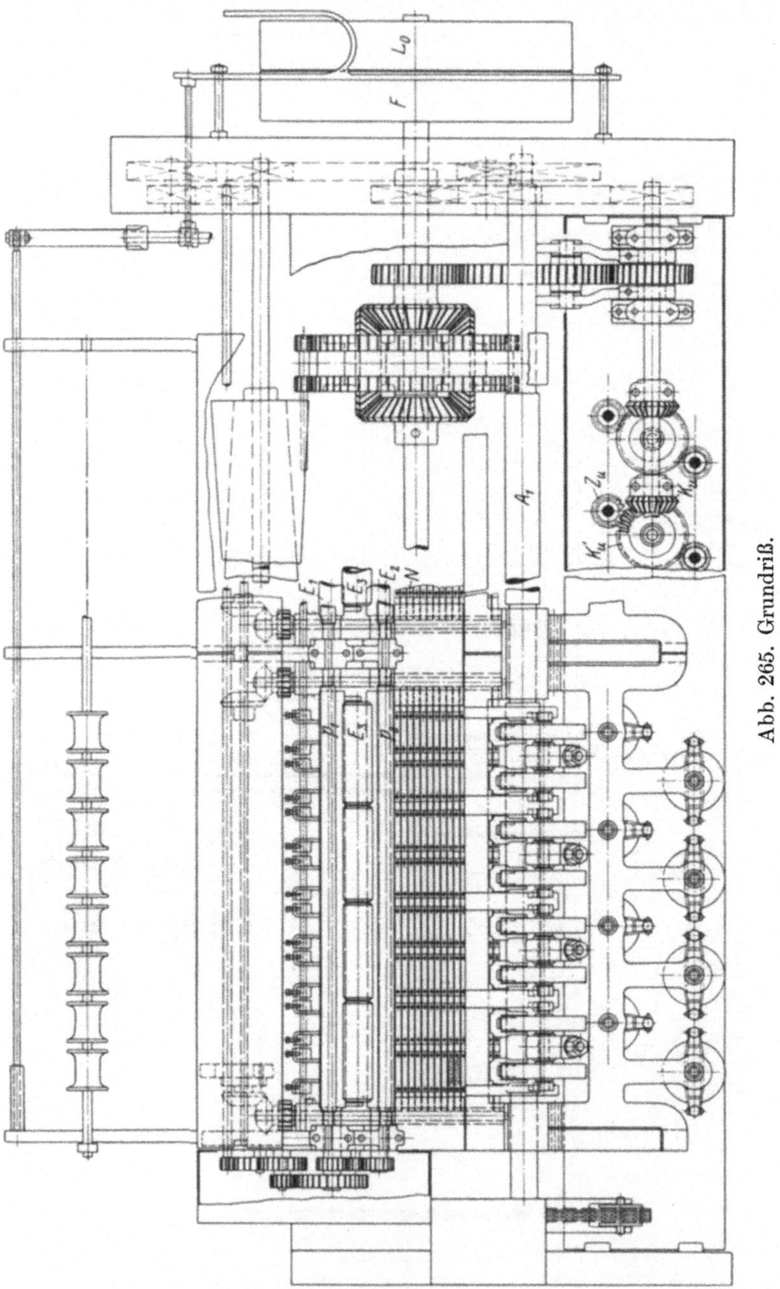

Abb. 265. Grundriß.

hängig bewegtes Nadelstabfeld besitzt. Die einzelnen Köpfe sind wiederum
durch gußeiserne Aufsätze oder Fallerwände getrennt, die auf das auf den Gestellwänden (2 Endwände und 6 bis 9 Mittelwände, je nach der Länge der Ma-

schine) ruhende, über die ganze Maschinenlänge sich erstreckende, kräftig ausgebildete gußeiserne Maschinenbett aufgesetzt sind, und die, wie bei den Strecken, die Fallerbahnen mit deren ganzem Bewegungsmechanismus tragen und zugleich als Unterstützung der Lagerstellen für die durchgehenden Wellen und Zylinder dienen. In der Regel werden 8 oder 10 Bänder in einem Kopf vereinigt, was ungefähr einer Nadelstablänge von 28 bis 30 Zoll entspricht.

Die Zahl der Köpfe einer Maschine richtet sich naturgemäß nach der verlangten Produktion, bzw. der Leistung der übrigen, zum „System" gehörenden Maschinen. Die moderne Richtung neigt aus Gründen der Arbeiterersparnis

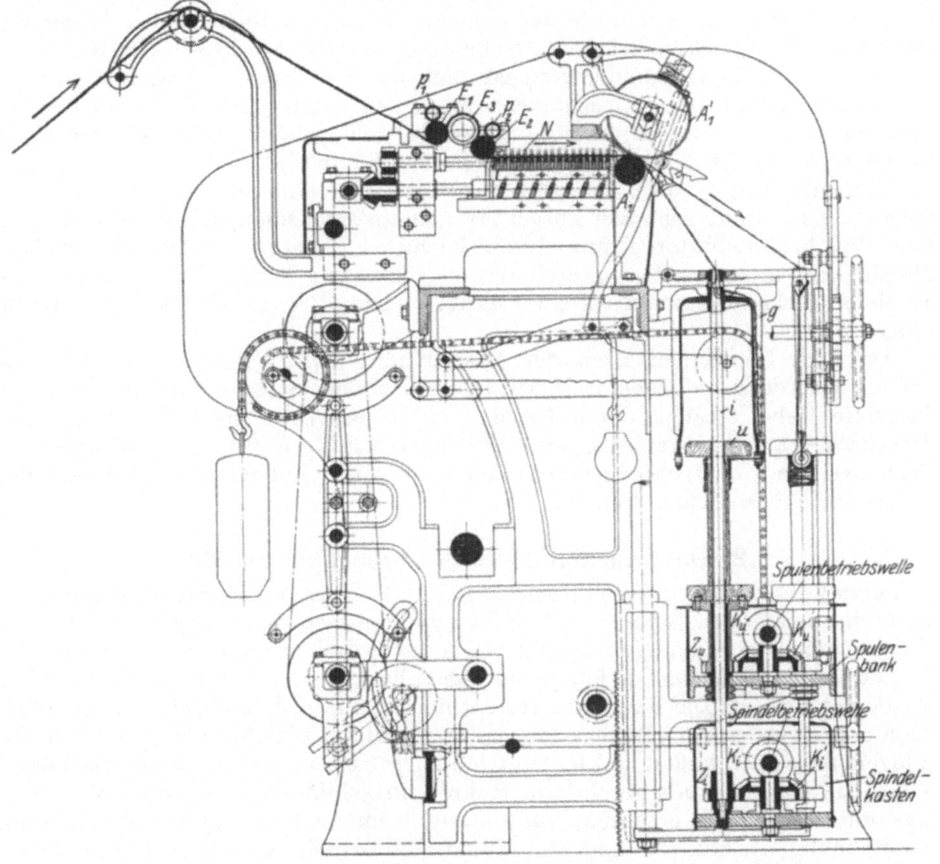

Abb. 266.   Querschnitt.

zur Vermehrung der Kopfzahl bis zu derjenigen Grenze, die durch die noch mögliche zuverlässige Überwachung und Bedienung durch eine Arbeitskraft, ohne wesentliche Verringerung des Ausnützungsgrades der Maschine, sowie auch durch konstruktive Rücksichten und Raumverhältnisse gezogen ist. Während die alten Maschinen meist nur 7 Köpfe zu 8 Bändern = 56 Bänder aufweisen, sind die neueren Maschinen mit 8 Köpfen zu 8 = 64 Bändern durch die allerneuesten Typen mit 10 Köpfen zu 8 = 80 Bändern schon überholt.

Die beiden Einzugszylinder E_1 und E_2 sind wie bei den Strecken als glattpolierte, durchgehende Stahlwellen von etwa 1¾ bis 2 Zoll Durchmesser ausgebildet, die nur in den Lagerstellen entsprechend eingedreht sind. Die zugehörigen lose aufliegenden Druckwalzen oder Druckzylinder E_3 bestehen aus gußeisernen Hohlzylindern von 2½ bis 3 Zoll Durchmesser und von der Breite zweier Gillbahnen. Auf den Einzugszylindern sind feststehende Putzleisten oder rotierende Putzwälzchen p_1, p_2 angeordnet.

Die Streckwalzen bestehen wiederum aus dem unteren Streckzylinder A_1, auch Lieferzylinder genannt, der als geriffelte, massive Stahlwelle von etwa 2 bis 2½ Zoll Durchmesser mit entsprechenden Eindrehungen an den Lagerstellen sich über die ganze Maschinenlänge erstreckt, sowie den Verzugsdruckwalzen A_1', die als lederbesetzte Gußkörper — mit Flachleder- oder Hochkantlederbelag —, von etwa 6½ bis 7 Zoll Durchmesser und etwa 1¼ bis 1½ Zoll Breite, ausgebildet sind und paarweise auf gemeinsamer Achse in ähnlicher Weise wie die Verzugsdruckwalzen bei Feinstrecken sitzen. Der Streckzylinder ist wie bei den Strecken axial verschiebbar angeordnet, um die Abnützung an den Auflagestellen der Druckwalzen zu verhindern bzw. zu verringern. Auch ist die Riffelung unregelmäßig aufgebracht, damit die Riffeln sich nicht in gleichmäßiger Folge in die Druckwalzen eindrücken („fluted out of pitch").

Einlieferungs- und Verzugskonduktoren sind entsprechend der geringeren Bandbreite schmäler ausgeführt; sie unterscheiden sich im übrigen von den Streckenkonduktoren nur durch leichtere Bauart. Die Mundbreite des Messingkonduktors am Verzugszylinder beträgt etwa ¾ bis 1 Zoll, während der Einlieferungskonduktor um etwa die Hälfte breiter, d. h. auf 1¼ bis 1¾ Zoll Breite eingestellt ist.

Die zum Zusammenhalten der Faserbänder beim Passieren der Verzugswalzen erforderliche Pressung wird wie bei den Strecken durch gewichtsbelastete Hebel erzeugt, deren Druck in üblicher Weise durch Zugstange und Drucksattel auf die Walzenzapfen übertragen wird, wie die Abb. 266 erkennen läßt. Weitere Konstruktionseinzelheiten, sowie die Antriebsverhältnisse sollen später noch besprochen werden.

2. Das Zusammendrehen der Faserbänder

zu losem Vorgarn erfolgt durch vertikal gelagerte Stahlspindeln i mit auf deren konisch zulaufenden Spitzen abnehmbar aufgesetzten zweiarmigen Flügeln g, die sich mit hoher, gleichbleibender Umlaufzahl drehen, und denen die von den Streckwalzen abgelieferten Bändchen ebenfalls mit konstanter Geschwindigkeit zugeleitet werden. Die Bändchen treten hierbei, wie Abb. 266 zeigt, in die obere Höhlung je eines Flügelkopfes ein, gelangen durch eine seitliche Bohrung des Flügelkopfes nach außen und treten nach einer halben Umschlingung des Flügelkopfes in einen der als geschlitzte Röhren ausgebildeten Arme, den sie bis an das untere Ende durchlaufen, um sodann beim Austritt aus der Armhöhlung rechtwinklig abzubiegen und durch eine kreisrunde Öse, das Flügelauge, nach den lose über die Spindeln gesteckten, als breitflanschige Scheibenspulen ausgebildeten Vorgarnspulen u zu gelangen. Die Flügel drehen sich hierbei samt den Spindeln, von oben gesehen, im Sinne des Uhrzeigers und erteilen so den Faserbändchen den zur Bildung von Vorgarn erforderlichen Draht, der entsprechend dem Drehsinn der Spindeln als Rechtsdraht bezeichnet wird (vgl. S. 11). Gleichzeitig wird das Vorgarn auf den Schaft der ebenfalls im Uhrzeigersinn, aber mit veränderlicher Drehzahl angetriebenen Spulen in eng aneinanderliegenden Windungen von oben nach unten und von unten nach oben aufgewickelt.

Bezeichnet man mit n_i die Umlaufzahl der Spindeln in der Minute, mit L die in der Minute gelieferte Bandlänge, die gleichbedeutend mit der Umfangsgeschwindigkeit des Streckzylinders ist, so ergibt sich die Zahl der Drehungen auf die Längeneinheit, die das Vorgarn auf diese Weise erhält, zu:

$$(1).\ t = \frac{n_i}{L}\,;\quad \text{woraus}\quad (2).\ L = \frac{n_i}{t}\,.$$

Da nach der allgemeinen Gleichung

$$t = \alpha_L\ \sqrt{N_L} = \frac{\alpha_G}{\sqrt{N_G}}$$

[je nachdem das Vorgarn nach Länge oder Gewicht numeriert wird, vgl. Gl.(4), S. 12] die Zahl der Drehungen von dem Drehungskoeffizienten und der Garnnummer abhängig ist, so ist nach obigem die Lieferung einer Vorspinnmaschine kein gleichbleibender Wert, sondern sie ändert sich entsprechend der Garnnummer und dem Drehungsgrad. Sie wird beispielsweise für eine bestimmte Garnnummer um so kleiner, je größer der Drehungsgrad α des betreffenden Garnes ist, bzw. umgekehrt um so größer, je kleiner dieser Drehungsgrad ist. Das die Ablieferungsgeschwindigkeit des Lieferzylinders bestimmende Wechselrad (vgl. S. 341) ist demnach bestimmend für den Draht und wird als Drahtwechsel bezeichnet, der somit unter sonst gleichen Verhältnissen die Lieferung der Maschine bestimmt. Im Interesse einer größtmöglichen Produktion wird man also den Drehungsgrad α so klein wie möglich halten, d. h. man wird dem Vorgarn nur die zum Zusammenhalten der Faserbändchen bis zum Feinspinnprozeß unbedingt erforderliche Drehung geben. Eine zu scharfe Drehung des Vorgarnes verbietet sich auch mit Rücksicht auf den Verzug im Streckwerk der Feinspinnmaschinen, da, wie später noch gezeigt wird, zu scharf gedrehtes Vorgarn beim Feinspinnen sich nicht verziehen läßt. Weiterhin ergibt sich aus der allgemeinen Drehungsgleichung, daß unter Zugrundelegung eines bestimmten Drehungsgrades bei zunehmendem Feinheitsgrad des Vorgarnes, d. h. bei zunehmender Längennummer, die Zahl der Drehungen t auf die Längeneinheit zunimmt, somit nimmt die Lieferung L ab, während bei gröberem Garn t abnimmt und L zunimmt.

Wie die Abb. 265 und 266 weiterhin erkennen lassen, sind die Spindeln in 2 Reihen hintereinander, gegenseitig versetzt, auf der Vorderseite der Maschine angeordnet, wobei ihre Zahl der Zahl der eingeführten Bänder, d. h. je Kopf 8 bzw. 10 Spindeln, entspricht. Sie werden in ihrer senkrechten Lage gehalten einerseits durch Fußlager aus Rotguß, die in einer dicht über dem Fußboden sitzenden gußeisernen Bodenplatte, der Fußlagerbank, stramm eingepaßt sind, andererseits durch lange Halslager aus Rotguß oder Gußeisen, die mittels Gewinde und Doppelmuttern in der über der Fußlagerbank angebrachten gußeisernen Spulenbank (auch „Wagen“ genannt) festgehalten sind und mit dieser aus später erörterten Gründen eine Auf- und Abwärtsbewegung längs des Spindelschaftes mitmachen. Eine weitere Führung ist meist auch dadurch gegeben, daß die Flügelköpfe mit ihrem oberen zylindrischen Teil in entsprechende, mit Rotguß ausgebüchste Löcher einer aufklappbaren, gußeisernen Führungs- oder Halteplatte („steadier“) greifen, die für jeden Kopf getrennt angeordnet ist und beim Abnehmen der Flügel von den Spindeln mittels Scharniere einzeln hochgeklappt und durch eine federnde Einklinkvorrichtung festgehalten wird.

Der Antrieb der Spindeln erfolgt durch kleine Kegelräder K_i, die auf einer horizontalen, zwischen den beiden Spindelreihen über die ganze Länge der Maschine durchlaufenden Antriebswelle, der Spindelbetriebswelle, festgeklemmt sind, und ihre Drehbewegung über auf festen Bolzen lose laufende kombinierte Zwischenräder K_i', die in ihrer oberen Hälfte als Kegelrad, in ihrer unteren Hälfte als Stirnrad ausgebildet sind, auf am unteren Ende der Spindeln sitzende kleine Stirnräder Z_i übertragen, wobei von jedem Zwischenrad gleichzeitig eine vordere und eine hintere Spindel angetrieben wird. Das ganze Rädergetriebe ist in einen Kasten aus glattpoliertem Stahlblech, den Spindelkasten, eingeschlossen, dessen Deckel und Vorderwand abnehmbar sind. Nähere Angaben folgen später bei der Besprechung von konstruktiven Einzelheiten.

3. Das Aufwinden des Vorgarnes.

Nicht minder wichtig wie die Drahterteilung ist das Aufwinden des Vorgarnes auf die Vorgarnspulen. Diese bestehen aus einem dünnwandigen Hohlzylinder, dessen Bohrung sich oben und unten genau dem Spindeldurchmesser anpaßt, dagegen sich im mittleren Teil etwas erweitert, so daß die Reibung auf der Spindel auf ein Mindestmaß beschränkt wird. Die oben und unten am Spulenschaft sitzenden breiten Endscheiben mit abgerundeten äußeren Kanten dienen als Begrenzung für das in eng aneinanderliegenden, spiralförmigen Windungen schichtweise aufzuwickelnde Vorgarn, das bei gefüllter Spule einen zylindrischen Körper bildet. Die lichte Höhe der Spule, d. h. die Entfernung zwischen den beiden Endscheiben beträgt bei älteren Maschinen 9 Zoll, bei neueren Maschinen stets 10 Zoll, wobei bei 9-Zoll-Spulen die Endscheiben einen Durchmesser von 4½ Zoll und bei 10-Zoll-Spulen in der Regel einen solchen von 5 Zoll, bei den neuesten Maschinen sogar von 6 Zoll aufweisen. Die Dicke der Endscheiben beträgt entsprechend 1 bis 1¹/₈ Zoll. Je größer die Spulenabmessungen gewählt werden, desto größer ist natürlich deren Fassungsvermögen und auf ein desto geringeres Maß beschränkt sich die Zahl der Maschinenstillstände zur Auswechslung der vollen Spulen. Der Durchmesser der Spulenscheiben bestimmt naturgemäß die Spannweite der Flügel, die etwa ¼ Zoll größer als der Spulenscheibendurchmesser ist, und somit auch die Spindelteilung und die Längenabmessungen der Maschine. So beträgt die Spindelteilung bei 9 × 4½-Zoll-Spulen 6¾ × 6¾ Zoll, bei 10 × 5-Zoll-Spulen

7½ × 7½ Zoll 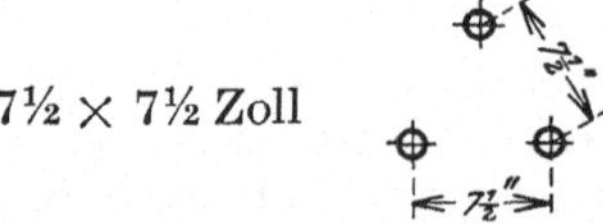   oder auch   7½ × 8 Zoll. 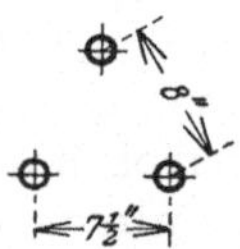

Man bezeichnet eine Vorspinnmaschine daher kurz nach Spulengröße und Spindelzahl und spricht beispielsweise von einer 9 × 4½-Zoll-Maschine mit 56 Spindeln, oder 10 × 5-Zoll-Maschine mit 64 Spindeln, bzw. der neuesten und größten Maschine von 10 × 6 Zoll mit 80 Spindeln. Der Durchmesser des Spulenschaftes richtet sich naturgemäß nach der Stärke und Größe der Spindel, er beträgt bei 9 × 4½-Zoll- und bei 10 × 5-Zoll-Spulen 1⁵/₈ Zoll.

Die Spulen sitzen mit ihren Füßen auf gußeisernen Scheiben, den Spulentellern oder Spulenmitnehmern (vgl. Abb. 266), deren Durchmesser etwa ½ Zoll kleiner ist als der der Spulenscheiben, und auf deren Oberfläche 2 Stifte vorstehen, die in entsprechende Löcher der Spulenscheiben greifen und so deren Mitnahme vermitteln. Die Spulenteller tragen nach unten eine lange Nabe, welche das zugehörige, in der Spulenbank festgelagerte Spindelhalslager lose umschließt und unten in ein kleines Ritzel Z_u ausläuft, das sich mit seiner unteren Fläche auf den Bund des Halslagers stützt. Der Antrieb der Spulenmitnehmer erfolgt wie der Spindelantrieb durch kleine Kegelräder K_u, die auf einer ähnlichen horizontalen, über die ganze Länge der Spulenbank durchlaufenden Welle, der Spulenbetriebswelle, aufgekeilt oder aufgeklemmt sind und ihre Drehbewegung wiederum über auf festen Bolzen lose laufende, kombinierte Zwischenräder K_u' — Kegelrad mit Stirnrad — auf je 2 Spulenmitnehmerräder Z_u übertragen. Auch das Triebwerk der Spulenbank einschließlich Spulenmitnehmer ist in einen glattpolierten Stahlblechkasten eingeschlossen, aus dessen nach oben abhebbaren Deckel nur die Spulenteller herausragen.

Damit das aus den Flügelaugen heraustretende Vorgarn sich in regelrechten Windungen und Lagen auf die Spulen aufwickelt, müssen nachstehende Bedingungen erfüllt werden:

a) Die Drehzahlen der Spindeln und Spulen müssen jeweils verschieden sein.

b) Da das Flügelauge bei der Umlaufbewegung der Spindeln und Flügel sich stets in ein und derselben Ebene bewegt, müssen die Spulen, damit beim Aufwickeln Faden an Faden zu liegen kommt, eine abwechselnd auf- und niedergehende Bewegung erhalten.

Die Bedingung a) kann erfüllt werden entweder dadurch, daß die Spindel schneller umläuft als die Spule — in diesem Falle spricht man von voreilender oder „aufwindender Spindel" —, oder dadurch, daß die Spule schneller um-

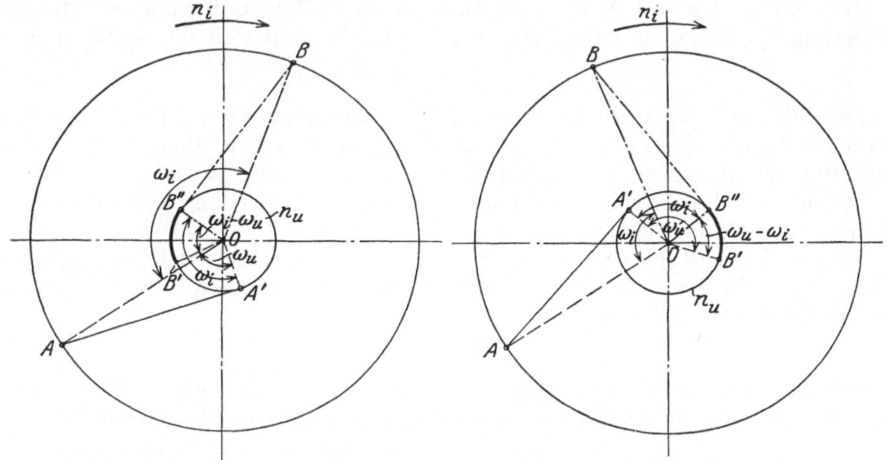

Abb. 267. Voreilende Spindel.   Abb. 268. Voreilende Spule.

Abb. 267 und 268. Schematische Darstellung der Aufwindung.

läuft als die Spindel, dann spricht man von voreilender oder „aufwindender Spule". Während nun bei Baumwoll- und Kammgarn-Vorspinnmaschinen die aufwindende Spule allgemein üblich ist, kommt in der ganzen Bastfaserspinnerei, also auch bei Jute-Vorspinnmaschinen nur die aufwindende Spindel in Frage.

Der Bedingung b) wird genügt, indem man die ganze Spulenbank mit Spulenmitnehmern, Halslagern und Antriebsrädern mittels Zahnstangen- oder Kettentrieb vertikal beweglich anordnet, wobei das Gewicht der Spulenbank einschließlich Spulen und sämtlichem Zubehör durch über Kettenrollen laufende Gegengewichte ausgeglichen wird. Der Wagenhub muß naturgemäß genau der jeweiligen Spulenhöhe angepaßt sein.

Um die Gesetzmäßigkeit kennen zu lernen, nach welcher sich das Aufwinden des Vorgarnes auf die Spulen vollzieht, sei auf die schematische Darstellung der Aufwindung in den Abb. 267 und 268 Bezug genommen.

In Abb. 267 läuft die mit konstanter Umlaufzahl n_i im Sinne des Uhrzeigers sich drehende Spindel samt dem Flügel der mit geringerer Drehzahl n_u umlaufenden Spule vor, und somit legt sich der aus dem Flügelauge A kommende Vorgarnfaden in Richtung der Tangente AA' an den Querschnittskreis des leeren oder mehr oder weniger bewickelten Spulenschaftes. Gelangt nun in der Zeiteinheit das Flügelauge A nach B und der Spulenberührungspunkt A' nach B', so entsprechen die von A bzw. A' durchlaufenen Winkel AOB bzw. $A'OB'$ den Winkelgeschwindigkeiten[1] ω_i und ω_u der Punkte A und A' und damit auch den Umlaufzahlen n_i und n_u. Der Vorgarnfaden legt sich, wenn A nach B gewandert ist, in der Richtung der Tangente BB'' an den Spulenkreis, wobei der vom Berührungsradius $A'O$ in der Zeiteinheit beschriebene Winkel $A'OB'' = \measuredangle AOB$ sein muß. Es wird somit in der Zeiteinheit ein Fadenstück $B'B''$ auf die Spule gewickelt, und da $\measuredangle B'OB'' = \measuredangle A'OB'' - \measuredangle A'OB' = \measuredangle AOB - \measuredangle A'OB'$ ist, entspricht auch die Geschwindigkeit, mit der dieses Fadenstück aufgewunden wird, der Differenz der Winkelgeschwindigkeiten $\omega_i - \omega_u$.

Somit ergibt sich die Anzahl Aufwindungen in der Minute, d. h. die Aufwindegeschwindigkeit n_w, als Differenz der minutlichen Umlaufzahlen der Spindel und der Spule:

$$n_w = n_i - n_u. \tag{3}$$

Man kann sich das Aufwinden auch so vorstellen, daß man sich die Drehbewegung der Spindel vollständig wegdenkt und man sich die Spule allein mit

$$n_w = n_i - n_u \ \text{Uml./min}$$

drehen läßt, so daß stets die in der Zeiteinheit abgelieferte Bandlänge L aufgewickelt wird. (In diesem angenommenen Falle würde dem Band keinerlei Drehung erteilt.) Man bezeichnet daher n_w auch als „aufwindende" oder „relative" Umdrehungen der Spule im Gegensatz zu den tatsächlichen oder absoluten Spulenumdrehungen.

Ist der Schaftdurchmesser der Spule d, so ergibt sich, da in der Zeiteinheit stets die gleiche Fadenlänge aufzuwinden ist, die naturgemäß der Lieferung L des Verzugszylinders entspricht:

$$L = n_w \cdot \pi \cdot d, \tag{4}$$

sofern man bei der Umfangsberechnung die schraubenförmigen Windungen als einfache Kreisringe betrachtet. Aus Gl. (3) und (4) ergibt sich somit:

$$n_w = \frac{L}{\pi \cdot d} = n_i - n_u. \tag{5}$$

Ist nun h die Ganghöhe einer Windung, so muß der Spulenwagen in 1 Minute, damit n_w Windungen entstehen und sich Windung an Windung legt, um $n_w \cdot h$ fortschreiten. Die Wagengeschwindigkeit beträgt demnach:

$$W = n_w \cdot h = \frac{L}{\pi \cdot d} \cdot h \ \text{m/min}, \tag{6}$$

sofern L in m/min und d und h in m angegeben sind.

Mit dem Beginn der 2. Windungsschicht erhöht sich der Aufwindungsdurchmesser um die doppelte Vorgarndicke; der Wert d ist somit in den Gl. (4) bis (6) nicht konstant, sondern er nimmt mit jeder neuen Vorgarnschicht auf der Spule, d. h. bei jedem Wagenwechsel oben und unten, um einen gleichbleibenden Betrag stetig zu. Damit ergibt sich nach Gl. (5) und (6) eine stufenweise Abnahme der minutlichen Windungszahlen n_w und der Wagengeschwindigkeit W von Schicht zu Schicht, bzw. von Hub zu Hub.

Bei voreilender Spindel hat die vertikal gerichtete Geschwindigkeit des

---

[1] Die Winkelgeschwindigkeit eines um eine feste Achse sich drehenden Punktes ist bekanntlich der in der Zeiteinheit, d. h. in 1 Sek. zurückgelegte Winkelweg dieses Punktes. Somit besteht zwischen Wiukelgeschwindigkeit ω und minutlicher Umlaufzahl n die Beziehung $\omega = \dfrac{2\pi n}{60}$.

Spulenwagens W beim Anfang den größten, beim Schluß den kleinsten
Wert. Aus Gl. (5) ergibt sich ferner für eine konstante Lieferung, daß mit zunehmendem Bewicklungsdurchmesser die aufwindenden Umdrehungen stufenweise abnehmen müssen. Da aber die aufwindenden oder relativen Spulenumdrehungen gleich der Differenz der Spindel- und Spulenumdrehungen sind
und die Spindelumdrehungszahl konstant ist, muß die absolute Spulengeschwindigkeit mit zunehmendem Bewicklungsdurchmesser stufenweise zunehmen.

Bei voreilender Spindel hat demnach die Spulenumlaufzahl im Anfang ihren kleinsten, am Schluß ihren größten Wert.

Wird Gl. (3) in der Form

$$n_u = n_i - n_w \tag{7}$$

geschrieben, so besagt dies, daß die absolute Spulenumlaufzahl stets um die
Größe der relativen Spulenumlaufzahl oder der minutlichen Windungszahl
kleiner sein muß als die Umlaufzahl der Spindeln.

Die durch die obigen Gl. (3) bis (7) bestimmten Windungsgesetze müssen
genau erfüllt werden, damit ein regelrechtes, fehlerfreies Aufwinden des Vorgarnes erfolgt. Ist beispielsweise die Aufwindungs-
geschwindigkeit n_w zu groß, also die Spulengeschwindigkeit gegenüber der Spindeldrehzahl zu
klein, dann kommt die Lieferung L nicht nach,
und das Vorgarn erleidet beim Aufwinden einen
zu starken Zug, der bei der schwachen Drehung
leicht zum Bruch führt, oder falschen Verzug,
„schnittiges" Garn und eine andere Garnnummer
zur Folge hat. Bei zu geringer Windungsgeschwindigkeit, d. h. also bei zu großer Spulendrehzahl,
wird das gelieferte Garn nicht restlos aufgewickelt, so daß dieses lose durchhängt und zu
Verwicklungen mit den Flügelköpfen usw. führt.

Die Veränderlichkeit des Durchmessers d des
sich mit Vorgarnwindungen füllenden Spulen-
körpers (vgl. Abb. 269), sowie auch die Gang-

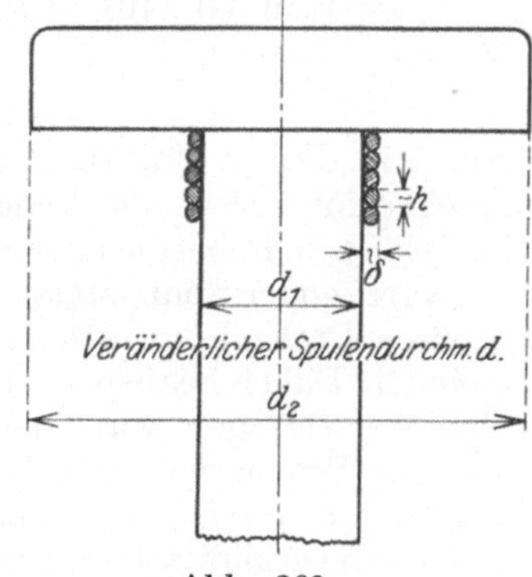

Abb. 269.

höhe h einer Windung hängen naturgemäß von dem jeweiligen Durchmesser δ des
Vorgarnes, d. h. dessen Nummer ab. Dickes Vorgarn hat große Ganghöhen, und
damit für einen bestimmten Schichtdurchmesser d eine größere Wagengeschwindigkeit W zur Folge. In gleicher Weise verringert sich bei dickerem Vorgarn die
Zahl der Windungsschichten von der leeren bis zur vollen Spule, und dementsprechend hat die Änderung der Aufwindegeschwindigkeit und der Wagengeschwindigkeit mit weniger, aber gröberen Abstufungen zu erfolgen.

Bei voreilender Spule, also nacheilender Spindel nach Abb. 268 liegen die
Verhältnisse gerade umgekehrt. Der Spulenberührungspunkt A' läuft in diesem
Fall vor und gelangt in der Zeiteinheit nach B', während das nacheilende Flügelauge A nach B kommt, wobei wiederum die Winkel $A'OB'$ und AOB den Winkelgeschwindigkeiten ω_u und ω_i der Punkte A' und A entsprechen. Der nachge-
schleppte Vorgarnfaden, der sich in diesem Fall in die Richtung der Tangente AA'
an den Spulenkreis legt, gelangt, wenn A nach B kommt, in die Lage BB'',
wobei der vom Berührungsradius $A'O$ beschriebene Winkel $A'OB''=$ Winkel AOB
sein muß. Der Bogen $B''B'$ stellt wiederum das in der Zeiteinheit auf die Spule
gewickelte Fadenstück dar, und die Geschwindigkeit des Aufwindens entspricht
der Differenz der Winkelgeschwindigkeiten $\omega_u-\omega_i$. Es ergibt sich somit in diesem
Fall die Anzahl Aufwindungen in der Minute oder die relative Spulenumlaufzahl zu:

$$n_w = n_u - n_i. \tag{8}$$

Die absolute Umlaufzahl der Spule ist hier stets größer als die der Spindel. Da nach Gl. (5) mit zunehmendem Bewicklungsdurchmesser die Windungsgeschwindigkeit abnimmt, so muß nach Gl. (8) auch die Differenz n_u—n_i stufenweise abnehmen, d. h.

bei „aufwindender Spule“ hat die Spule beim Anlaufen ihre größte Geschwindigkeit und am Schluß bei voller Spule ihre kleinste Geschwindigkeit.

Bei zu starker Aufwindespannung muß in diesem Fall die Spulengeschwindigkeit verringert, bei zu loser Spannung dagegen vermehrt werden.

Schreibt man Gl. (8) in der Form

$$n_w = - (n_i - n_u), \tag{9}$$

so läßt sich für beide Bewegungsfälle die allgemeine Gleichung aufstellen:

$$n_w = \frac{L}{\pi \cdot d} = \pm (n_i - n_u), \tag{10}$$

wobei das Pluszeichen für voreilende Spindel und das Minuszeichen für voreilende Spule anzuwenden ist.

Setzt man Gl. (10) in die Form:

$$n_u = n_i \mp \frac{L}{\pi \cdot d}, \tag{10a}$$

wobei in diesem Fall das negative Zeichen für voreilende Spindel, das positive Zeichen für voreilende Spule gilt, so ergibt sich hieraus, daß bei gleichbleibender Lieferung, d. h. bei gleicher Spindeldrehzahl und Drehung des Vorgarnes, der Spule bei voreilender Spule stets, d. h. sowohl bei leerer als auch bei voller Spule, eine größere Drehzahl zu geben ist, als unter gleichen Verhältnissen bei voreilender Spindel. Daher beansprucht die voreilende Spule mehr Kraft als die voreilende Spindel. Dagegen wird bei voreilender Spindel beim Anlaufen der Maschine auf das Fadenstück zwischen Flügel und Spule ein starker Zug ausgeübt, weil der Spindelantrieb durch ein verhältnismäßig kurzes Räderwerk bewirkt wird, so daß die Anlaufzeit der Spindeln kürzer ist als die der Spulen, deren Antrieb, wie später noch gezeigt wird, durch Vermittlung einer größeren Anzahl Triebwerke (Differentialgetriebe) erfolgt. Dieser Nachteil kommt bei dem verhältnismäßig groben Jutevorgarn weniger zur Geltung, während bei Baumwollflyern eine unzulässige Fadenspannung sehr unangenehm empfunden wird. Daher wird bei letzteren auch die voreilende Spule vorgezogen, bei der eine frühere Inbetriebsetzung der Flügel das Gegenteil, nämlich eine Lockerung des Fadenstücks herbeiführt, das allmählich nach der Anlaufperiode auf die Spule gewickelt wird, so daß eine unzulässige Anspannung nicht eintritt.

Der Mechanismus, der alle die zur Erfüllung der Gl. (3) bis (10) erforderlichen Bewegungen automatisch bewirkt, muß naturgemäß mit mathematischer Genauigkeit arbeiten, damit Fadenbrüche vermieden werden und mit gleichmäßiger Spannung gewickelte Spulen zur Ablieferung kommen. Durch die besondere Art und Weise, wie dieser unter dem Namen „Differentialbewegung“ bekannte, eine Reihe spezieller Teiltriebwerke umfassende Aufwindemechanismus von den verschiedenen Maschinenbauern ausgeführt wird, unterscheiden sich die einzelnen Vorspinnmaschinentypen.

So bezeichnet man die Maschinen beispielsweise nach der Art des Maschinenelementes, das die konstante Drehbewegung der Hauptwelle, welche die konstante Umlaufzahl der Spindeln n_i vermittelt, in eine veränderliche, stetig abnehmende Drehbewegung einer 2. Welle, welche den Ausgangspunkt für den Differentialtrieb zur Erzeugung der veränderlichen Spulendrehbewegung bildet, zu verwandeln hat. Man unterscheidet demgemäß:

a) Konusmaschinen (Lawson, Mackie, Liebscher, Seydel),

wenn zu dieser Übertragung gemäß Abb. 270 ein Paar Konusriementrommeln Verwendung finden, bei denen der auf der getriebenen Welle sitzende Konus umgekehrt zum treibenden Konus liegt, so daß durch Verschiebung des Über-

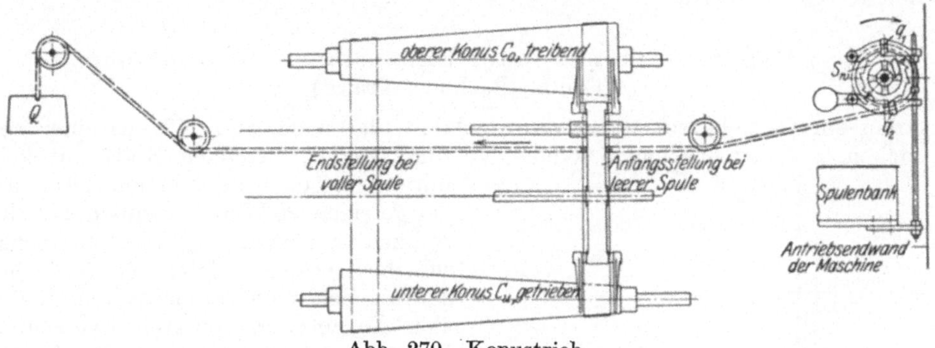

Abb. 270. Konustrieb.

tragungsriemens in axialer Richtung die wirksamen Durchmesser des treibenden und getriebenen Konus sich gleichzeitig ändern, wobei zur Bedingung gemacht ist, daß Riemenlänge und Riemenspannung stets die gleiche Größe besitzen (Einzelheiten vgl. S. 355).

b) Tellermaschinen (Fairbairn, Low),

wenn die Übertragung durch ein Reibungsscheibengetriebe nach Abb. 271 erfolgt, derart, daß zwischen zwei parallel zueinander liegenden, mit konstanter Um-

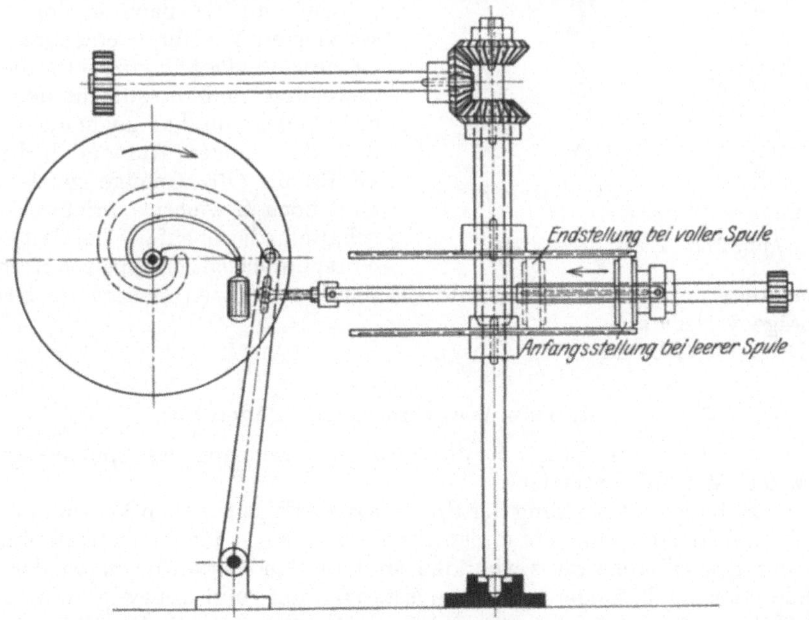

Abb. 271. Tellergetriebe.

laufzahl sich drehenden Tellerscheiben eine kleine Reibungsrolle so angeordnet ist, daß durch die Verschiebung der Reibungsrolle auf ihrer, die Reibungsscheibenwelle senkrecht schneidenden Welle eine Verminderung oder Vermehrung ihrer Umlaufzahl eintritt, je nachdem die Rolle nach dem Mittelpunkt der Tellerscheiben oder entgegengesetzt geschoben wird, d. h. je nachdem sich der wirksame Durchmesser der treibenden Tellerscheibe verkleinert oder vergrößert (Einzelheiten vgl. S. 377ff.).

c) Expansionskonus- oder Expansionskorbmaschinen
(Combe Barbour, Fraser),

wenn ein Getriebe zur Anwendung gelangt, das nach Abb. 272 aus einer einfachen, auf der treibenden Welle (Verzugszylinder) sitzenden Rolle mit keilnutenförmiger Rille und aus zwei, auf der getriebenen Welle sitzenden, mit den Spitzen zueinander gekehrten Kegelscheiben besteht, deren Mantelflächen so mit Schlitzen durchsetzt sind, daß sich die eine, auf der Achse verschiebbar angeordnete Kegelscheibe in die andere, fest auf der Achse aufgekeilte Scheibe hineinschieben bzw. wieder herausziehen läßt, so daß der für den Antrieb vorgesehene, aus mehreren Lagen Leder zusammengenietete Keilriemen auf einen größeren bzw. kleineren Durchmesser des auch als „Expander" bezeichneten eigenartigen Übertragungskörpers aufläuft (Einzelheiten vgl. S. 399ff.).

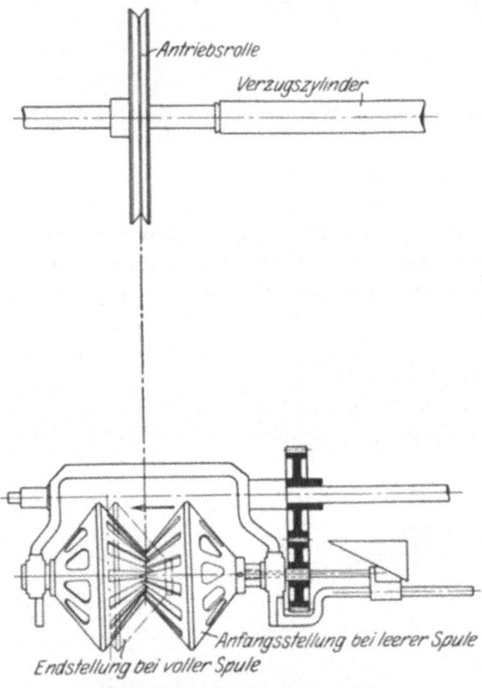

Abb. 272. Expandergetriebe.

Um nun die nach einem der oben skizzierten Verfahren erzeugte variable Geschwindigkeit einerseits für die Wagenbewegung, andererseits für den Antrieb der Spulen nutzbar zu machen, derart, daß den obigen Aufwindebedingungen Gl. (3) bis (10) Genüge geleistet wird, sind noch 2 wichtige Triebwerke einzuschalten, die ebenfalls bei den einzelnen Vorspinnmaschinentypen auf verschiedene Weise ausgeführt werden und die der betreffenden Bauart ein besonderes Gepräge verleihen.

Diese Getriebe sind:

d) Das Wagenhebungsgetriebe

mit Vorrichtung zur Änderung der Bewegungsrichtung des Spulenwagens oder kurz das Wagenkehrgetriebe.

Die Hebung und Senkung der Spulenbank erfolgt bei allen Vorspinnmaschinen durch eine Anzahl senkrechter Zahnstangen — meist für jeden Kopf eine —, die mit der Spulenbank fest verbunden sind und in Geradführungen der Gestellwände oder auf besonderen Führungsstangen auf- und abbewegt werden, wobei der Hub genau der lichten Spulenhöhe entsprechen muß. Die Zahnstangen erhalten ihre Bewegung durch kleine Triebräder, die Hubräder, die auf der über die ganze Maschinenlänge durchlaufenden Hubwelle kopfweise verteilt sind. Die Wagenumkehr erfolgt bei den englischen Maschinen vorwiegend durch das sog. **Mangelgetriebe** (vgl. die Abb. 273 und 274), bei dem ein kleines Ritzel m gemäß Abb. 274 abwechslungsweise von innen und von außen in die Triebstockzahnung eines eigenartigen, als **Mangelrad** (von mangle = rollen) bezeichneten Triebwerkes eingreift und so dessen Links- oder Rechtsdrehung, also auch die der Hubwelle, an deren Ende das Mangelrad sitzt, bewirkt. Die Überleitung des

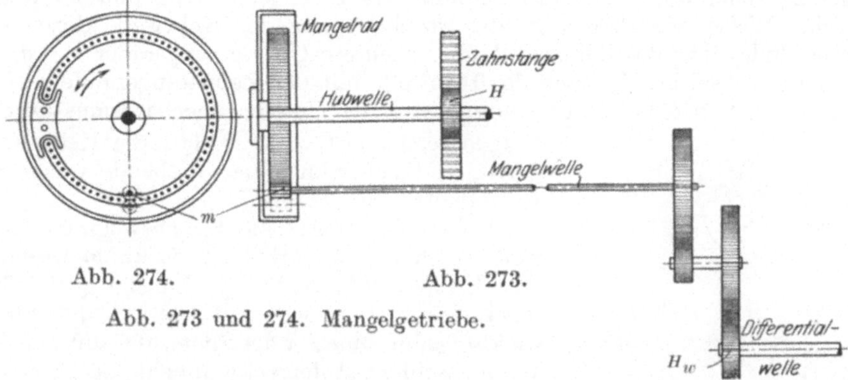

Abb. 274. Abb. 273.

Abb. 273 und 274. Mangelgetriebe.

Mangelradritzels von der äußeren nach der inneren Verzahnung, bzw. umgekehrt, erfolgt durch geeignete, in der Mangelradscheibe angebrachte Führungen und Umlaufschienen, in denen die beiden Zapfen des Mangelritzels gleiten. Bezüglich weiterer Einzelheiten sei auf die spätere, ausführliche Besprechung auf S. 375 verwiesen.

Während der durch den Mangeltrieb hervorgerufene Bewegungswechsel der Spulenbank unabhängig von der Spulenbankbewegung und außerdem nicht ganz plötzlich erfolgt, sondern infolge der Abwälzbewegung des Mangelradritzels eine gewisse, wenn auch kurze Zeit beansprucht, was eine besondere, genaue Einstellung des Mangelrades erfordert, um die Bewegungsumkehr genau nach Vollendung eines ganzen Hubes eintreten zu lassen, wird bei dem früher schon bei Baumwollflyern üblichen, neuerdings auch von verschiedenen Maschinenbauern

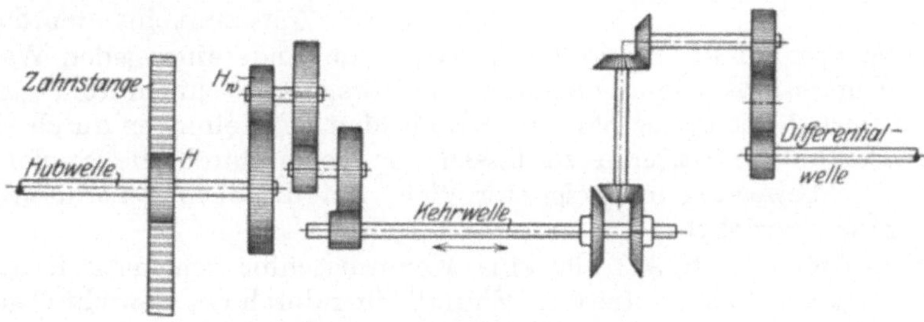

Abb. 275. Winkelkehrgetriebe.

für Jute-Vorspinnmaschinen verwendeten **Winkelkehrgetriebe** (vgl. die schematische Darstellung Abb. 275) abwechslungsweise eines von zwei auf gleicher Welle gegeneinandersitzenden, gleichgroßen Kegelrädern mit einem kleinen Kegelrad in Eingriff gebracht, wobei ein besonderer, durch die auf- und abgehende Spulenbank betätigter **Wende-** oder **Schaltapparat** die Verschiebung der beiden Kegelräder mit ihrer Welle, und damit die Umkehrung ihrer Drehrichtung bewirkt. Von dieser, auch als **Kehrwelle** bezeichneten Welle der beiden Kegelräder wird dann durch mehrfache Stirnradübersetzung die eigentliche Hubwelle mit den Zahnstangentriebrädern in Umdrehung versetzt (Einzelheiten vgl. S. 363).

Statt des Winkelkehrgetriebes findet man auch bisweilen ein Stirnradwendegetriebe $b—a—b'$ (vgl. die schematische Darstellung Abb. 276), bei welchem die Wechselbewegung der Kehrwelle durch wechselweises Einschalten einer Zwischenwelle mit Zwischenrad c' am Ende jeden Wagenhubs erfolgt. In gleicher Weise wie oben wird die Drehbewegung der Kehrwelle durch ein an ihrem Ende sitzendes Zahnrad d über mehrere Übersetzungsräder e, f, g, h und das Hubwechselrad H_w nach der Hubwelle mit den Zahnstangenrädern H übertragen. Auch bei dieser Anordnung wird der Umschaltmechanismus durch den Wagen selbst gesteuert, so daß die Kehrbewegung genau und sicher an jedem Hubende vor sich geht. Einzelheiten vgl. S. 389 ff.

Auf welche Weise die Kehrbewegung der Hubwelle auch erfolgt, stets ist dafür zu sorgen, daß ihre Umlaufzahl gemäß Windungsgl. (6) S. 320 geregelt wird, d. h. sie muß mit zunehmendem Bewicklungsdurchmesser der Spule, also mit jeder neuen Vorgarnschicht stufenweise abnehmen. Diese stufenweise Veränderlichkeit der Hubwelle geht nun von der variablen Welle aus, deren Umlaufzahl nach einem der unter a) bis c) angegebenen Verfahren geändert wird, nämlich bei a) durch Fortschaltung des Konusriemens, bei b) durch Verschiebung der Reibrolle und bei c) durch Verschiebung des einen Kegels des Expansionskorbes.

Nach welchen Gesetzen diese Verschiebungen auch erfolgen mögen, stets müssen sie zu dem Zeitpunkt eintreten, da eine neue

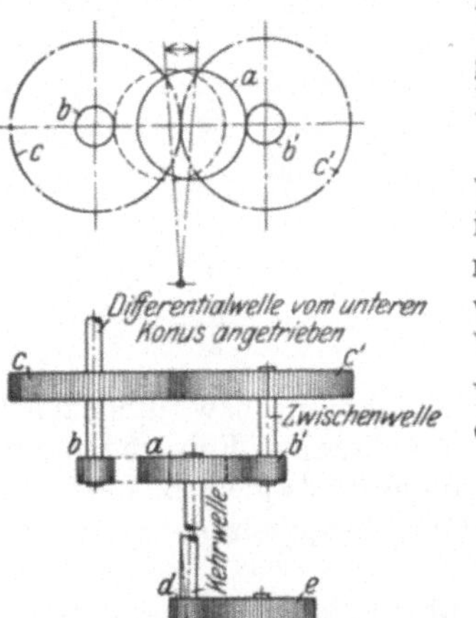

Abb. 276. Stirnradwendegetriebe.

Vorgarnschicht auf die Spule kommt, d. h. am Ende eines jeden Wagenhubes oben und unten. Es ist nun allgemein bei Vorspinnmaschinen üblich, den jedesmaligen Eintritt der Spulenbank in diese beiden Endstellungen durch ein Schalt- oder „Index"rad registrieren zu lassen, das seine durch die Spulenbank gesteuerte Drehbewegung in geeigneter Weise auf die oben genannten Verschiebungsorgane überträgt.

Das in Abb. 270, S. 323 für eine Konusmaschine schematisch dargestellte Schaltrad S_W sucht sich unter dem Einfluß einer durch ein Gewicht Q gespannten und über Leitrollen geführten Kette, die einerseits mit der Konusriemengabel in Verbindung steht, anderseits um eine auf der Schaltradachse sitzende, mit Bordscheiben versehene Aufwindungsrolle geschlungen ist, in der Richtung des Pfeiles zu drehen, so daß eine horizontale Verschiebung des Konusriemens von seiner Anfangsstellung auf der Antriebsseite der Maschine nach dem Innern der Maschine zu, d. h. vom dicken Ende des oberen Konus nach dessen dünnem Ende zu angestrebt wird. Diese Verschiebung jedoch wird dadurch gehindert, daß jeweils eine der beiden, ober- und unterhalb des Schaltrades um feste Bolzen drehbar gelagerten Sperrklinken q_1 und q_2 sich gegen einen entsprechenden Zahn des Schaltrades legt, während die andere, außer Eingriff befindliche Klinke sich zwischen 2 Zähnen befindet und durch ihr Eigengewicht (die obere Klinke), bzw. durch ein Gegengewicht (die untere Klinke) gegen das Schaltrad gedrückt wird. Zwei an der senkrechten, mit der Spulenbank sich auf- und abbewegenden Schaltstange in bestimmten Abständen angebrachte Stellringe oder Ansätze legen sich nun abwechslungsweise am Ende eines Hubes gegen entsprechende Ansätze oder Vorsprünge der oberen bzw. der unteren Klinke und heben diese abwechselnd oben und unten aus ihrer Sperrstellung, so daß jedesmal eine Drehung des Schaltrades in Richtung des Pfeiles um einen halben Zahn, d. h. wenn das Schaltrad S_W Zähne hat, um $\dfrac{1}{2\,S_W}$ einer ganzen Umdrehung, stattfindet. Infolge dieser Drehbewegung des Schaltrades wickelt sich unter dem Einfluß der Gewichtsbelastung von der um den gleichen Drehwinkel sich drehenden Aufwindungsrolle ein Stück Kette von der Länge $\dfrac{D\cdot\pi}{2\,S_W}$ ab, wenn D der Durchmesser der Aufwindungsrolle ist; um den gleichen Betrag verschiebt sich naturgemäß auch der Konusriemen. Da mit jedem Hubwechsel auf die Spule eine neue Vorgarnschicht aufläuft, so bestimmt sich die Anzahl Schaltungen a aus der Zahl der Wicklungsschichten zwischen dem Durchmesser d_1 des nackten Spulenschaftes (vgl. Abb. 269 S. 321) und dem Durchmesser d_2 der vollgesponnenen Spule, d. h. es ist, wenn δ die Dicke einer Schicht bzw. der kleinere Durchmesser des ursprünglich kreisförmigen, beim Aufwickeln oval gedrückten Garnquerschnittes ist,

$$a = \frac{d_2 - d_1}{2\,\delta}.$$

Da nach Gl. (2) S. 12 der Garndurchmesser unter Annahme kreisförmigen Querschnittes proportional der Quadratwurzel aus der Gewichtsnummer des Garnes ist, so können auch die Abmessungen δ und h des plattgedrückten Garnquerschnittes proportional der Quadratwurzel aus der Garnnummer angenommen werden, d. h. es ist:

$$\delta = c_1\,\sqrt{N_g}\,,$$

$$h = c_2\,\sqrt{N_g}\,,$$

worin c_1 und c_2 aus Versuchen zu ermittelnde Konstanten sind. Damit ergibt sich:

$$a = \frac{d_2 - d_1}{2\,c_1\cdot\sqrt{N_g}}.$$

Wenn das Schaltrad S_W mit der Aufwindungsrolle für eine ganze Füllung der Spule eine Umdrehung macht (diese Annahme ist nur für Tellermaschinen notwendig, aber ihr wird in der Regel auch bei Konusmaschinen entsprochen), dann ist $\dfrac{a}{2\,S_W} = 1$ und hieraus

$$S_W = \frac{a}{2} = \frac{d_2 - d_1}{4\,\delta} = \frac{d_2 - d_1}{4\,c_1\cdot\sqrt{N_g}},$$

d. h. da d_2 und d_1 für eine bestimmte Spulengröße konstant sind:

Die Anzahl der Schaltungen und die Zähnezahl des Schaltrades sind umgekehrt proportional der Quadratwurzel aus der Gewichtsnummer des Garnes. Ein gröberes Garn z. B. erfordert demnach ein Schaltrad mit weniger Zähnen.

Für verschiedene Garnnummern N_g und N_g' ist:

$$\frac{S_W}{S_W'} = \frac{\sqrt{N_g'}}{\sqrt{N_g}}$$

oder

$$S'_W = \frac{S_W \cdot \sqrt{N_g}}{\sqrt{N'_g}}\,.$$

Mit anderen Worten:

Beim Wechseln der Garnnummer erhält man die Zähnezahl des neuen Schaltrades als Produkt aus der Zähnezahl des alten Schaltrades und der Quadratwurzel aus der alten Garnnummer, geteilt durch die Quadratwurzel aus der neuen Garnnummer, sofern die Garnnumerierung in Gewichtsnummern erfolgt. Bei Längennumerierung ist gerade das umgekehrte Verhältnis der Fall.

Jede Maschine ist demgemäß mit einem Satz Schalträder von gleichem Durchmesser, aber verschiedener Zähnezahl auszustatten, die der jeweils zu spinnenden Garnnummer anzupassen sind. Für die Praxis genügt die probeweise Ermittlung der Schaltradgröße; eine genaue rechnerische Ermittlung würde auch wegen der ungenauen Bestimmung der Querschnittsabmessungen des Garnes auf Schwierigkeiten stoßen. Hat man jedoch für eine bestimmte Garnnummer die Schaltradgröße durch Probieren ermittelt, z. B. für Garnnummer $N_g = 280$ g/100 m, $S_W = 15$, so berechnet sich für die Garnnummer $N_g = 220$ g/100 m das erforderliche Schaltrad zu:

$$S'_W = \frac{15 \cdot \sqrt{280}}{\sqrt{220}} = \text{rund } 17 \text{ Zähne}.$$

Der Wechsel der Garnnummer bedingt aber nicht nur eine Veränderung der Schaltgröße und damit einen Wechsel des Schaltrades, sondern hat auch eine Änderung der Wagengeschwindigkeit entsprechend der veränderten Garnquerschnittshöhe h zur Folge. Gemäß Windungsgl. (6) muß sich beispielsweise für ein dickeres Vorgarn, also größeres h, für ein und denselben Bewicklungsdurchmesser d eine größere Wagengeschwindigkeit ergeben, als dies unter gleichen Verhältnissen für feineres Vorgarn der Fall ist. Mit anderen Worten: Die Wagengeschwindigkeit ist direkt proportional der Garnquerschnittshöhe h und somit auch direkt proportional der Quadratwurzel aus der Gewichtsnummer des Garnes.

Um diesen Verhältnissen Rechnung zu tragen, ist in das Wagenhebungsgetriebe noch ein Wechselrad eingeschaltet, das die Umlaufzahl der Hubwelle und damit die Wagengeschwindigkeit für verschiedene Garnnummern zu ändern gestattet. Nach der Anordnung der Abb. 273 bis 276 nimmt die Umlaufzahl der Hubwelle mit der Größe des Hubwechselrades zu, somit hat man für gröbere Garne (zunehmende Garnnummer) ein größeres Hubwechselrad einzusetzen. Auch hier genügt es, durch Probieren für eine bestimmte Garnnummer das richtige Wechselrad zu finden, indem nur darauf geachtet wird, daß beim Aufwinden genau Windung an Windung zu liegen kommt. Für eine andere Garnnummer läßt sich dann das entsprechende Wechselrad aus dem Verhältnis der Quadratwurzeln aus beiden Garnnummern nach:

$$H'_W = \frac{H_W \cdot \sqrt{N'_g}}{\sqrt{N_g}}$$

berechnen. Mit anderen Worten:

Der neue Hubwechsel wird gefunden, indem man das Produkt aus dem alten Hubwechsel und der Quadratwurzel aus der neuen Garnnummer durch die Quadratwurzel aus der alten Garnnummer teilt. Bei Längennumerierungen ist wiederum das umgekehrte Verhältnis der Fall.

Hat man also für das oben angeführte Vorgarn $N_g = 280$ g/100 m einen Hubwechsel $H_W = 40$ Zähne durch Versuche als richtig ermittelt, dann erhält man für $N_g' = 220$ g/100 m einen Hubwechsel

$$H_W' = \frac{40 \cdot \sqrt{220}}{\sqrt{280}} = 35{,}5.$$

Man wird hier den nach unten abgerundeten Wert $H_W' = 35$ wählen, weil das schwächere Vorgarn mehr Drehung aufweist und sich daher verhältnismäßig enger aufwickeln läßt als das gröbere Garn mit weniger Drehung.

e) Das Differentialgetriebe

bezweckt die Zusammensetzung der konstanten Drehzahl der Hauptantriebswelle mit der veränderlichen Drehzahl der vom unteren Konus, bzw. von der Reibrolle, bzw. vom Expander betriebenen Differentialwelle zu einer resultierenden Bewegung, die über das sog. Rädergehänge zu der mit dem Wagen perio-

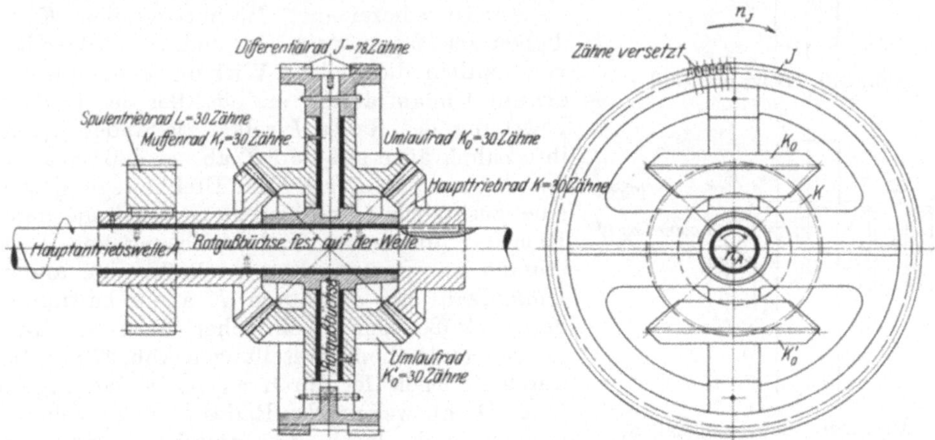

Abb. 277. Querschnitt.   Abb. 278. Vorderansicht.

Abb. 277 und 278. Kegelräderdifferential nach Houldsworth.

disch auf- und abgehenden Spulenbetriebswelle geleitet wird, während die gleiche Differentialwelle ihre veränderliche Drehzahl auf die Wagenhubwelle überträgt und so dem Wagen eine periodisch mit jedem Hub veränderliche Geschwindigkeit erteilt. Zur automatischen Erfüllung dieser Gesetzmäßigkeit können die verschiedensten, auch bei anderen Maschinentriebwerken gebräuchlichen Umlaufrädertriebe, die unter dem Namen „Differentialgetriebe" bekannt sind, zur Verwendung kommen.

Eines der ältesten, auch heute noch am häufigsten anzutreffende Umlaufrädergetriebe ist das Houldsworthsche Kegelräderdifferential, dessen Wirkungsweise an Hand der Abb. 277 und 278 erläutert sei.

Auf der in Richtung des Pfeiles mit konstanter Drehzahl n_A umlaufenden Hauptantriebswelle A läuft lose das große Stirnrad J, zwischen dessen Kranz und Nabe die beiden diametral gegenüberliegenden, gleichgroßen Kegelräder K_0 und K_0' so angeordnet sind, daß sie sich mit ihren Rotgußlaufbüchsen auf zwischen Kranz und Nabe eingesetzten, gehärteten Stahlbolzen drehen können. In diese Kegelräder greift auf der einen Seite das auf die Hauptwelle aufgekeilte oder durch Schrauben festgeklemmte Kegelrad K ein und überträgt seine Bewegung auf die

Kegelräder K_0 und K_0', während auf der anderen Seite das lose auf der Welle laufende Kegelrad K_1 eingreift, auf dessen verlängerter, als Hohlwelle ausgebildeter Nabe das Stirnrad L befestigt ist, das die dem auch als Büchsen- oder Muffenrad bezeichneten Kegelrad K_1 erteilte Drehbewegung nach der Spulenbetriebswelle weiterleitet und deshalb auch als Spulentriebrad bezeichnet wird. Sämtliche Kegelräder haben gleiche Zähnezahlen, so daß, wenn zunächst Stirnrad J als stillstehend betrachtet wird, Muffenrad K_1 durch Hauptrad K die gleiche Umlaufzahl wie die Hauptwelle, jedoch in entgegengesetzter Richtung, erhält. Nun ist in Wirklichkeit J nicht stillstehend, sondern wird durch Eingreifen eines auf der Differentialwelle sitzenden Ritzels mit n_J Uml./min in gleicher Richtung wie die Hauptwelle A und das Hauptkegelrad K in Umdrehung versetzt. Die beiden Kegelräder K_0 und K_0' machen naturgemäß diese Bewegung mit und werden daher auch als Umlauf- oder Planetenräder bezeichnet. Im übrigen dient K_0' lediglich als Massenausgleich, und es wird selbstverständlich die gleiche Wirkung auch mit nur einem Umlaufrad K_0 erzielt. Bei der Umlaufbewegung des Rades J rollen die Räder K_0, K_0' ihre Zahnkränze auf Rad K ab, so daß sie außer der ihnen durch K erteilten Drehbewegung noch eine zusätzliche Drehbewegung erhalten, deren Richtung durch die Umlaufrichtung von J bestimmt ist. Somit erhält auch K_1 eine andere Umlaufzahl als die durch K allein bestimmte, deren Größe sich in einfacher Weise an Hand der schematischen Darstellungen Abb. 279 bis 281 durch Zerlegen der durch n_A und n_J hervorgerufenen Drehbewegung des Rades K_1 in Einzelbewegungen und durch algebraische Summierung der Einzelgeschwindigkeiten wie folgt ermitteln läßt.

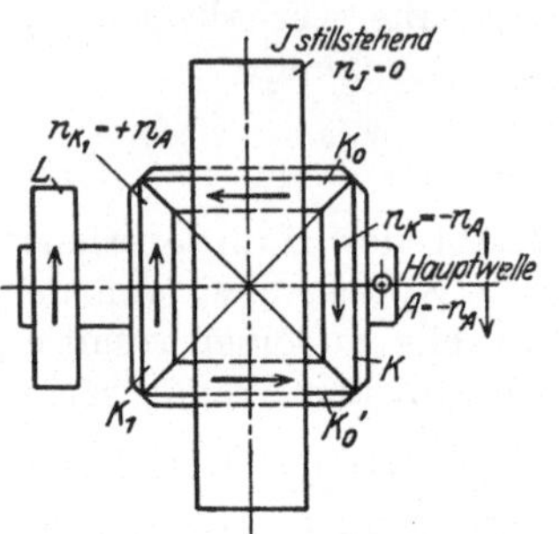

Abb. 279. Bewegungsfall 1.

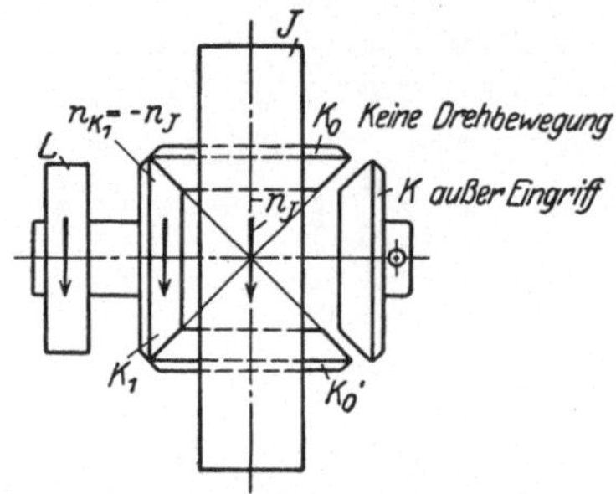

Abb. 280. Bewegungsfall 2.

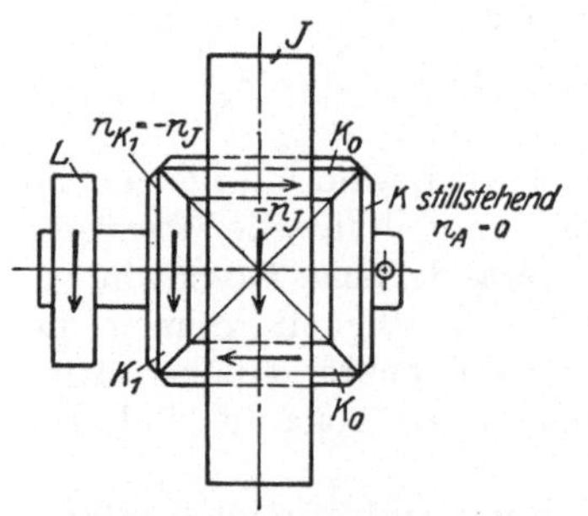

Abb. 281. Bewegungsfall 3.

Abb. 279 bis 281. Schematische Darstellung der Umlaufbewegungen des Houldsworthschen Differentiales.

Bewegungsfall 1 (Abb. 279).

Wie oben festgestellt, macht Muffenrad K_1 bei angenommenem, stillstehendem Stirnrad J unter alleiniger Einwirkung des Hauptantriebsrades K und bei der gewählten Übersetzung 1:1 n_A Uml./min entgegengesetzt der Drehrichtung von K und der Hauptwelle A. Bezeichnet man die Drehrichtung der Hauptwelle als negativ, d. h. die Umlaufzahl von $K = -n_A$, dann erhält man als

Umlaufzahl von K_1 nur durch Übersetzung
$$+ n_A \text{ Uml./min.}$$

Bewegungsfall 2 (Abb. 280).

Setzt man Stirnrad J in gleicher Richtung wie die Hauptwelle in Bewegung, also mit $- n_J$ Uml./min, und denkt sich gleichzeitig K außer Eingriff mit K_0, K_0' oder nur lose auf der Hauptwelle, dann macht das ganze Rädersystem mit den beiden Umlaufrädern K_0, K_0', sowie das Büchsenrad K_1 diese Drehbewegung mit, d. h. es ist:

Umlaufzahl von K_1 durch Mitnahme ... $-n_J$ Uml./min.

Bewegungsfall 3 (Abb. 281).

Setzt man nun wieder K, wie es tatsächlich der Fall ist, in Eingriff mit den Umlaufrädern, nimmt aber hierbei an, daß die Hauptachse A mit K stillstehe, während nur das Differentialrad J umläuft, dann rollen sich die Planetenräder für jeden Umlauf des Differentialrades je einmal auf K ab, d. h. sie erhalten, da sie gleichgroß wie K sind, durch die Umlaufbewegung von J allein n_J Umdrehungen, die sie wiederum an K_1 infolge des Übersetzungsverhältnisses $1:1$ in gleicher Größe abgeben. Die bei dieser Bewegung dem Rad K_1 erteilte Drehrichtung ist, wie Abb. 281 zeigt, der des Rades J gleichgerichtet. Es ergibt sich sonach:

Umlaufzahl von K_1 durch Abrollung ... $-n_J$ Uml./min.

Als Resultierende der gleichzeitig wirkenden drei Einzelbewegungen des Übersetzens, Mitnehmens und Abrollens ergibt sich somit für die Umlaufzahl von K_1 die algebraische Summe, d. h.

$$n_{K_1} = + n_A - n_J - n_J$$

oder

$$n_{K_1} = n_A - 2 n_J. \tag{11}$$

Die tatsächliche Umlaufzahl des Muffenrades K_1 und damit auch des Spulenrades L ergibt sich somit als Differenz der Umlaufzahl der Hauptwelle A und der doppelten Umlaufzahl des Stirnrades J, das daher auch als „Differentialrad" bezeichnet wird. Die Umlaufrichtung für K_1 ist hierbei stets entgegengesetzt der der Hauptwelle. Da der Spindelantrieb direkt durch die Hauptwelle A vermittelt wird, ergibt sich somit, daß die durch Spulenrad L übertragene Geschwindigkeit stets hinter der Spindelgeschwindigkeit zurückbleibt, wie es bei voreilender Spindel der Fall sein muß.

Man kann Gl. (11) auch so ausdrücken, daß das Muffenrad K_1 zusammen mit dem Spulenrad L für je eine Umdrehung des Differentialrades J um zwei Umdrehungen gegenüber seiner durch K direkt erteilten Umlaufzahl zurückbleibt oder verzögert wird.

Schreibt man Gl. (11) in der Form

$$n_J = \frac{1}{2} (n_A - n_{K_1}), \tag{12}$$

worin $n_A - n_{K_1} = n_L'$ die verzögerte oder relative Umlaufzahl des Spulenrades L darstellt, so besagt dies, daß die Hälfte der verzögerten Umdrehungen des Spulenrades gleich der Umlaufzahl des Differentialrades ist.

Gibt man dem Differentialrad J eine der Hauptwelle entgegengesetzte Drehrichtung, also $+ n_J$ Uml./min, dann geht Gl. (11) über in

$$n_{K_1} = n_A + 2 n_J \tag{13}$$

und Gl. (12) geht über in

$$n_J = \frac{1}{2} (n_{K_1} - n_A). \tag{14}$$

Die Spulengeschwindigkeit ergibt sich danach stets größer als die Spindelgeschwindigkeit, wie es die voreilende Spule verlangt.

Aus den Gl. (11) bis (14) ersieht man demnach, daß durch Einschalten des Differentialgetriebes ein Mittel an die Hand gegeben ist, das Aufwindegesetz nach Gl. (10) automatisch zu erfüllen, sofern dem Differentialrad J eine Geschwindigkeit erteilt wird, die sich stufenweise proportional der mit jeder neuen Windungsschicht auf dem Spulenschaft sich ändernden Aufwindegeschwindigkeit ändert. Mit anderen Worten: Die Umlaufzahl des Differentialrades J und damit die relative Umlaufzahl des Spulenrades L muß sich im gleichen Verhältnis wie die aufwindende Umlaufzahl der Spule ändern, oder, da letztere mit zunehmendem Spulendurchmesser d abnimmt, so muß auch die Umlaufzahl des Differentialrades mit zunehmendem Spulendurchmesser abnehmen. Sie ist am größten bei kleinstem Spulendurchmesser, d. h. für den nackten Spulenschaft, und am kleinsten für den größten Spulendurchmesser bei vollgesponnener Spule. Diese Geschwindigkeitsänderung wird dem Differentialrad durch ein Ritzel von der Differentialwelle aus vermittelt, deren Bewegung wiederum durch Rädertrieb von der nach einem der oben unter a) bis c) angegebenen Verfahren betriebenen variablen Welle vermittelt wird[1]. Die obigen Gleichungen zeigen weiterhin, daß für aufwindende Spindel und für aufwindende Spule ein und dasselbe Differentialgetriebe Verwendung finden kann, sofern nur die Umlaufrichtung des Differentialrades geändert wird, was durch Einschalten eines Zwischenrades einfach zu erreichen ist. Für die für Jute-Vorspinnmaschinen einzig in Frage kommende aufwindende Spindel gelten die Gl. (11) und (12).

Bei dem Houldsworthschen Differential ist als ein gewisser Nachteil die der Hauptwelle entgegengesetzt gerichtete Drehrichtung des Muffenrades K_1 sowie die geringe Umlaufzahl des Differentialrades anzusprechen. Da beide Räder lose auf der Hauptwelle laufen, so ist damit bei der ziemlich hohen Umlaufzahl der Hauptwelle eine vermehrte Abnützung der Laufflächen verbunden. Aus diesem Grunde laufen diese beiden Räder bei der durch Abb. 277 dargestellten Ausführung, die einer neueren Maschine der Firma Low, Monifieth (vgl. S. 367ff.) entnommen ist, auf einer Rotgußbüchse, die durch kleine Stifte fest mit der Welle verbunden ist. An dieser Ausführung ist weiterhin bemerkenswert, daß der Zahnkranz des Differentialrades als Doppelkranz ausgebildet ist, und zwar sind die Zähne beider Reihen gegenseitig um eine halbe Teilung versetzt. Durch diese Anordnung, die selbstverständlich das Antriebsritzel auf der Differentialwelle ebenfalls besitzen muß, soll der tote Gang im Rädertrieb auf ein Mindestmaß herabgesetzt und ein möglichst ruhiger und stoßfreier Gang des Getriebes erzielt werden.

Den oben geschilderten Nachteil der entgegengesetzten Drehrichtungen sucht das Differentialwerk von Brooks & Doxey zu vermeiden, bei dem nur Stirnräder zur Verwendung kommen und das daher auch als Stirnraddifferential bezeichnet wird. Die Abb. 282 und 283 zeigen eine Ausführung der Firma Seydel & Co., Bielefeld, welche dieses ursprünglich nur für Baumwollflyer verwendete

---

[1] Aus den obigen Darlegungen geht übrigens hervor, daß der Spulenantrieb auch ohne Differentialgetriebe denkbar ist. Man könnte beispielsweise die Drehbewegung der Spulenbetriebswelle direkt — also ohne Mitwirkung der Hauptwelle — durch einen der unter a) bis c) genannten Reibungstriebe veränderlich gestalten, so daß ihre Umlaufzahl mit zunehmendem Spulendurchmesser so zunimmt, daß das Aufwindegesetz Gl. (3) stets erfüllt ist. Tatsächlich sind die ältesten Baumwollflyer auch ohne Differential gebaut worden. Mit der Zunahme der Spulenzahl konnte der direkte Reibungstrieb nicht mehr verwendet werden, da die zu übertragenden Kräfte zu groß wurden. Durch den Einbau eines Differentialgetriebes, das Houldsworth erstmals in den zwanziger Jahren des vorigen Jahrhunderts zur Anwendung brachte, hat der Konusriemen oder das Reibscheibengetriebe nur einen geringen Bruchteil der zum Antrieb der Spulenbankwelle erforderlichen Arbeit zu übertragen, während der Hauptteil durch den direkten Spulenantrieb geleitet wird, oder mit andern Worten: Dem Konustrieb oder dem Reibscheibengetriebe bleibt nur die Arbeit, die für die Spannung und Aufwindung des Vorgarnes erforderliche Geschwindigkeitsdifferenz zu erzeugen. Das Differential wird gewissermaßen durch die Fadenspannung gezogen. Nur auf diese Weise konnten die unter a) bis c) genannten Friktionstriebe bei den heutigen großen Vorspinnmaschinen für die Aufwindung noch Verwendung finden.

Differentialwerk seit langem mit Erfolg in ihre Jute-Vorspinnmaschinen einbaut. Auf der Hauptwelle A sitzt wiederum durch Keil befestigt Hauptrad K (des Vergleiches wegen sollen die gleichen Bezeichnungen wie beim Kegelraddifferential verwendet werden), das sich mit der Hauptwelle in der durch Pfeil gekennzeichneten Richtung mit n_A Uml./min dreht. Statt des großen Differentialrades sitzt hier lose auf der Hauptwelle das zweiteilige Gehäuse G, das durch die Stahlbolzen o, o' zusammengehalten wird, auf deren gehärteten Laufflächen die mit Rotguß ausgebüchsten, je durch gemeinschaftliche Naben verbundenen Stirnräderpaare K_0—K_{01}, K_0'—K_{01}' laufen. Die eine Hälfte des Gehäuses G läuft in eine lange, die Hauptwelle lose umschließende Muffe oder Hohlwelle aus, auf der das Stirnrad J, das eigentliche Differentialrad, aufgekeilt ist, das von der Differentialwelle (in der Abbildung nicht zu sehen) mit n_J Uml./min ebenfalls in Richtung der Hauptachse angetrieben wird und diese Bewegung auf das ganze Gehäuse samt den Umlaufrädern überträgt. Während nun Haupt-

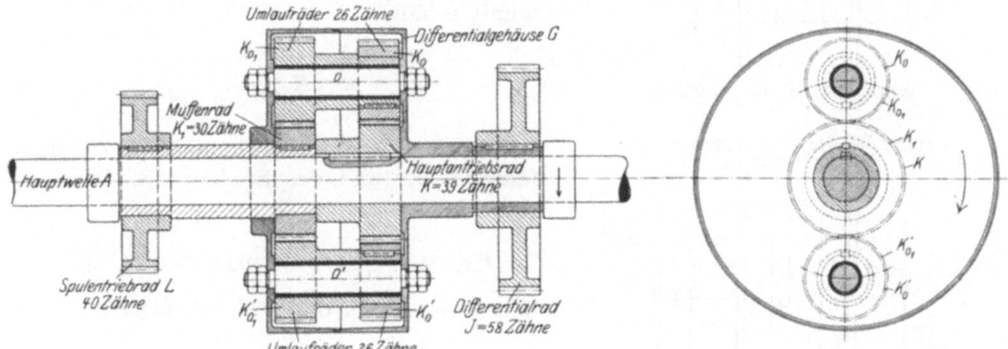

<table>
<tr><td>Abb. 282. Querschnitt.</td><td>Abb. 283. Vorderansicht.</td></tr>
</table>

Abb. 282 und 283. Stirnräderdifferential zur Seydelschen Vorspinnmaschine.

rad K im Eingriff mit K_0, K_0' steht, greifen die Räder K_{01}, K_{01}' in das auf einer langen, lose auf der Hauptwelle laufenden Büchse aufgekeilte Stirnrad oder Muffenrad K_1 ein, das durch diese Büchse mit dem am anderen Ende sitzenden Spulentriebrad L verbunden ist, von dem aus die Bewegung nach den Spulen weitergeleitet wird. Die resultierende Bewegung dieses Rades ergibt sich wiederum durch Zerlegung in Einzelbewegungen (vgl. die schematische Darstellung der Abb. 284 bis 286), wobei Räderpaar K_0'—K_{01}' außer Betracht bleibt, da dieses wiederum nur zum Massenausgleich vorgesehen ist.

Bewegungsfall 1 (Abb. 284).

Differentialrad J festgehalten, Hauptwelle A mit Hauptrad K in Pfeilrichtung mit $+ n_A$ Uml./min gedreht, ergibt durch Übersetzung über die Räder K_0, K_{01} für

$$K_1 \cdots + n_A \cdot \frac{K}{K_0} \cdot \frac{K_{01}}{K_1} \text{ Uml./min}$$

in gleicher Richtung wie A und K.

Bewegungsfall 2 (Abb. 285).

Hauptrad K außer Eingriff mit K_0 oder lose auf der Welle, Differentialrad J dreht sich mit Gehäuse G und den Räderpaaren K_0—K_{01}, K_0'—K_{01}', ohne daß letztere eine Eigendrehung besitzen, mit n_J Uml./min in Richtung der Hauptachse. Somit erhält K_1 durch **Mitnahme**

$$+ n_J \text{ Uml./min in Richtung wie } A \text{ und } K.$$

Bewegungsfall 3 (Abb. 286).

Hauptrad K in Eingriff mit K_0, aber mit Hauptwelle A stillstehend, Differentialrad J mit Gehäuse G (wie unter 2) sich drehend, dann erhalten K_0—K_{01} durch Abrollen von K_0 auf K

$n_J \dfrac{K}{K_0}$ Uml./min in der durch Pfeil angegebenen Richtung, die auf K_1 im Verhältnis $\dfrac{K_{01}}{K_1}$, und zwar **entgegengesetzt** der Drehrichtung von A und K übertragen werden. Somit erhält

K_1 durch **Abrollen** ...

$$- n_J \cdot \frac{K}{K_0} \cdot \frac{K_{01}}{K_1} \text{ Uml./min.}$$

Als resultierende Umlaufzahl des Muffenrades K_1 und des Spulenrades L ergibt sich demnach:

$$n_{K_1} = n_A \frac{K}{K_0} \cdot \frac{K_{01}}{K_1} + n_J - n_J \frac{K}{K_0} \cdot \frac{K_{01}}{K_1}$$

oder, wenn man die Räderübersetzung

$$\frac{K}{K_0} \cdot \frac{K_{01}}{K_1} = \varphi$$

setzt,

$$n_{K_1} = n_A \cdot \varphi + n_J (1 - \varphi). \qquad (15')$$

Setzt man $-n_J$ vor die Klammer, dann wird:

$$n_{K_1} = n_A \cdot \varphi - n_J \cdot (\varphi - 1). \qquad (15)$$

Unter Einsetzen der in Abb. 282 angegebenen Zähnezahlen erhält man

$$\varphi = \frac{39}{26} \cdot \frac{26}{30} = 1{,}3,$$

somit

$$n_{K_1} = 1{,}3\, n_A - 0{,}3\, n_J = n_L \qquad (16)$$

oder, wenn man mit n_L' die **relative** Umlaufzahl des Spulenrades bezeichnet:

$$0{,}3\, n_J = 1{,}3\, n_A - n_L = n_L'. \qquad (16\,\text{a})$$

Die Geschwindigkeit des Spulenrades ist also stets geringer als die die Umlaufzahl der Spindeln bestimmende Umlaufzahl der Hauptwelle; sie wird mit der entsprechend der Zunahme des Bewicklungsdurchmessers der Spule eintretenden Abnahme der Umlaufzahl des Differentialrades immer größer, wie es das Windungsgesetz für **voreilende Spindel**, Gl. (3) bis (7), verlangt.

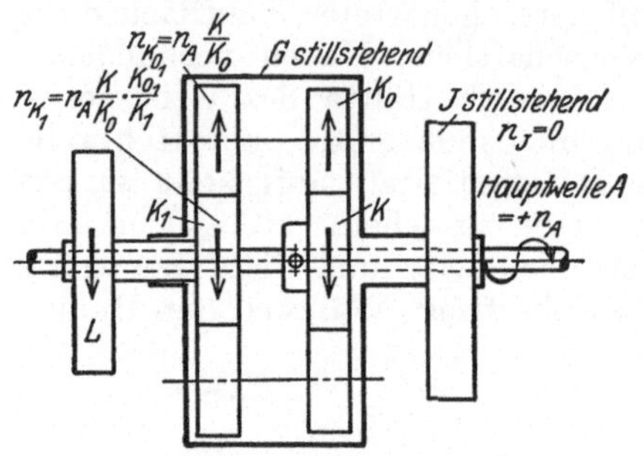

Abb. 284. Bewegungsfall 1.

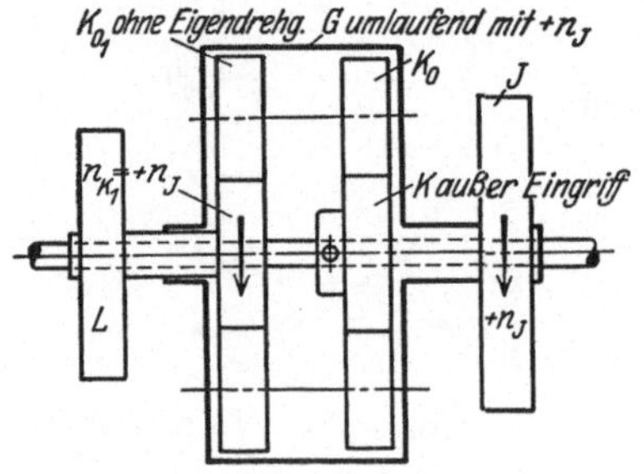

Abb. 285. Bewegungsfall 2.

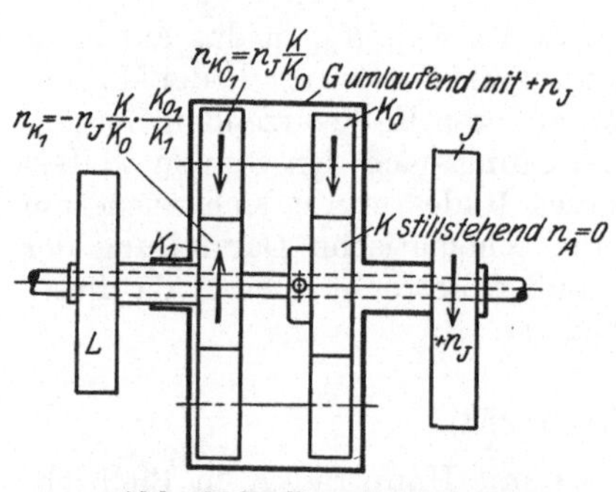

Abb. 286. Bewegungsfall 3.

Abb. 284 bis 286. Schematische Darstellung der Umlaufbewegungen des Stirnräderdifferentiales von Seydel & Co., Bielefeld.

Aus Gl. (16a) errechnet sich die Umlaufzahl des Differentialrades zu

$$n_J = \frac{n_L'}{0{,}3} = \frac{1{,}3\,n_A - n_L}{0{,}3} = \frac{13}{3}\,n_A - \frac{10}{3}\,n_L. \tag{17}$$

Benutzt man Gl. (15′) und wählt man das Übersetzungsverhältnis φ kleiner als 1, so läßt sich das Getriebe, ohne daß die Drehrichtung des Differentialrades geändert werden muß, auch für **voreilende Spule** verwenden. Man hat also bei diesem Stirnräderdifferential den Vorteil, daß sowohl bei voreilender Spindel als auch bei voreilender Spule die Drehrichtung sämtlicher Räder, d. h. Hauptrad K, Differentialrad J mit Gehäuse G und Büchsenrad K_1 mit Spulenrad L, die gleiche ist wie die der Hauptwelle, wodurch die Reibungsarbeit auf ein Mindestmaß herabgesetzt wird. Auch ist das Übersetzungsverhältnis so gewählt, daß das Differentialrad höhere Umlaufzahlen erhält.

Als weiteres Beispiel für ein Differentialgetriebe, bei dem alle umlaufenden Räder gleiche Drehrichtung haben, und das sich ebenfalls durch günstige Über-

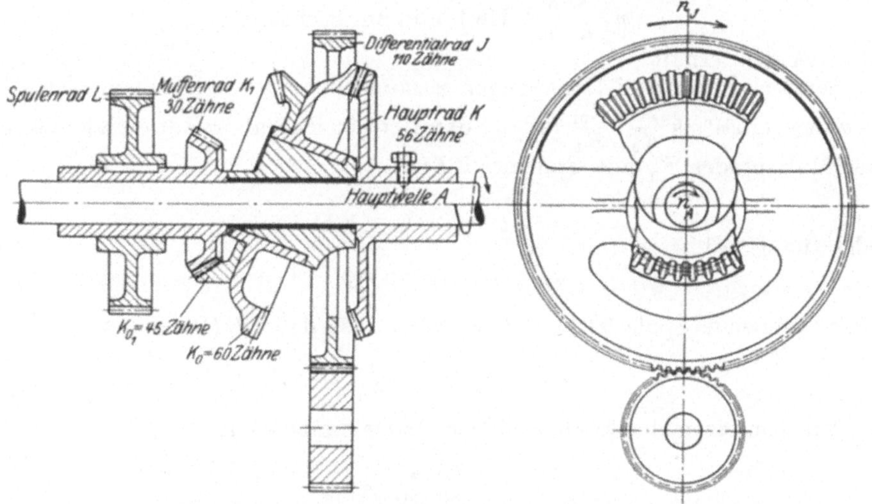

Abb. 287. Querschnitt.   Abb. 288. Vorderansicht.

Abb. 287 und 288. Differentialgetriebe von Combe Barbour, Belfast.

setzungsverhältnisse wie auch gedrängte Bauart auszeichnet, sei das Differentialgetriebe der Firma Combe Barbour angeführt, das mit einiger Abänderung aus dem Differentialwerk von Dobson & Barlow hervorgegangen ist und in letzterer Ausführung auch schon von Seydel & Co., Bielefeld, zur Anwendung gelangte.

Wie die Abb. 287 und 288 zeigen, ist die Nabe des wiederum lose auf der Hauptwelle umlaufenden großen Differentialrades J mit einer schrägstehenden Lauffläche versehen, auf der sich das kombinierte Kegelrad K_0, K_{01} lose dreht. Während der größere Zahnkranz K_0 dieses Doppelrades in das auf der Hauptwelle A festsitzende Kegelrad K greift, kämmt der andere Teil K_{01} in das lose auf der Welle sitzende Kegelrad K_1, auf dessen verlängerter Nabe das Spulenrad L festgekeilt ist, das die Bewegung in üblicher Weise nach den Spulen weiterleitet. Hauptwelle A mit Rad K, Differentialrad J und, wie sich aus der Zusammensetzung der Bewegung ergibt, auch Muffenrad K_1 mit Spulenrad L haben die gleiche Umdrehungsrichtung, wie der Pfeil anzeigt. Es ergeben sich folgende Einzelbewegungen:

1. Rad J festgehalten, Hauptwelle A mit $K \ldots n_A$ mal in der Minute in Richtung des Pfeiles $\downarrow$ gedreht, dann macht K_1 mit L durch Übersetzung

$$n_A \frac{K}{K_0} \cdot \frac{K_{01}}{K_1} \text{ Uml./min in Richtung } \downarrow .$$

2. Rad K entfernt, J mit K_0, K_{01} in Richtung der Hauptachse $\downarrow n_J$ mal in der Minute gedreht, dann erhält K_1 durch Mitnahme

$$n_J \text{ Uml./min in Richtung } \downarrow .$$

3. Rad K im Eingriff, aber festgehalten, J mit K_0, K_{01} in Richtung der Hauptachse $\downarrow n_J$ mal in der Minute gedreht, ergibt durch Abrollen des Rades K_0 auf $K \ldots n_J \cdot \dfrac{K}{K_0}$ Umläufe dieses Rades, die durch K_{01} auf K_1 in entgegengesetzter Richtung übertragen werden, so daß K_1 durch Abrollen

$$n_J \frac{K}{K_0} \frac{K_{01}}{K_1} \text{ Uml./min in Richtung } \uparrow ,$$

also negativ, erhält.

Setzt man alle drei Bewegungen zusammen, und bezeichnet man das Übersetzungsverhältnis $\dfrac{K}{K_0} \cdot \dfrac{K_{01}}{K_1}$ mit φ, dann ergibt sich als resultierende Bewegung des Muffenrades K_1 mit Spulenrad L:

$$n_{K_1} = n_L = n_A \cdot \varphi + n_J - n_J \cdot \varphi$$

oder für $\varphi > 1$

$$n_L = n_A \cdot \varphi - n_J (\varphi - 1) . \tag{18}$$

[Für voreilende Spule ist $\varphi < 1$ zu wählen, so daß Gl. (18) lautet:

$$n_L = n_A \cdot \varphi + n_J (1 - \varphi)] . \tag{18'}$$

Mit Einsetzen der Zähnezahl der Räder ergibt sich:

$$\varphi = \frac{56 \cdot 45}{60 \cdot 30} = 1{,}4 ,$$

somit $\qquad\qquad\qquad n_L = 1{,}4\, n_A - 0{,}4\, n_J , \tag{19}$

hieraus $\qquad\qquad 1{,}4\, n_A - n_L = 0{,}4\, n_J = n'_L , \tag{19a}$

wenn man mit n'_L die relative Umlaufzahl des Spulenrades bezeichnet, d. h. mit Worten: Für jede Umdrehung des Differentialrades wird die relative Umlaufzahl des Spulenrades (d. i. die Differenz der Umlaufzahl des Spulenrades bei direktem Antrieb, also bei stillstehendem Differential, und der absoluten Umlaufzahl des Spulenrades) um 0,4 einer Umdrehung vermindert. Macht also beispielsweise das Differentialrad 250 Uml./min, so bleibt das Spulenrad um $0{,}4 \cdot 250 = 100$ Umläufe zurück.

Aus Gl. (19a) ergibt sich:

$$n_J = \frac{n'_L}{0{,}4} = \frac{1{,}4\, n_A - n_L}{0{,}4} = 3{,}5\, n_A - 2{,}5\, n_L . \tag{20}$$

Die eigenartige Anordnung des Doppelkegelrades K_0, K_{01} auf der schrägen Nabe des Differentialrades ergibt bei dessen Umlaufbewegung neben der Drehbewegung eine hin- und herpendelnde Bewegung dieser Räder, weshalb auch dieses Rad von den Engländern als „drunken wheel" bezeichnet wird.

Die Abb. 289 zeigt diese Räder in zwei verschiedenen, um 180^0 gedrehten Stellungen (die eine Stellung ist strichpunktiert). Eine anschauliche Darstellung dieses Getriebes zeigt auch die lichtbildliche Wiedergabe Abb. 352, S. 404.

Zum Schluß sei noch ein in den Abb. 290 und 291 dargestelltes Differentialtriebwerk angeführt, bei dem statt der Kegelräder Stirnräder mit Innenverzahnung, die exzentrisch ineinander greifen, zur Anwendung gelangen. Auch hier findet man gleiche Umlaufrichtung sämtlicher Räder bei gedrängtester Bauart, wobei, wie bei dem Seydelschen Stirnräderdifferential, sämtliche Getrieberäder in einem staubdicht abgeschlossenen, zweiteiligen Gehäuse G im Ölbad laufen. Die Wirkungsweise und die konstruktive Ausführung dieses Triebwerkes, das von Mackie in seinen neuesten Vorspinnmaschinen eingebaut ist, neuerdings auch von Lawson verwendet

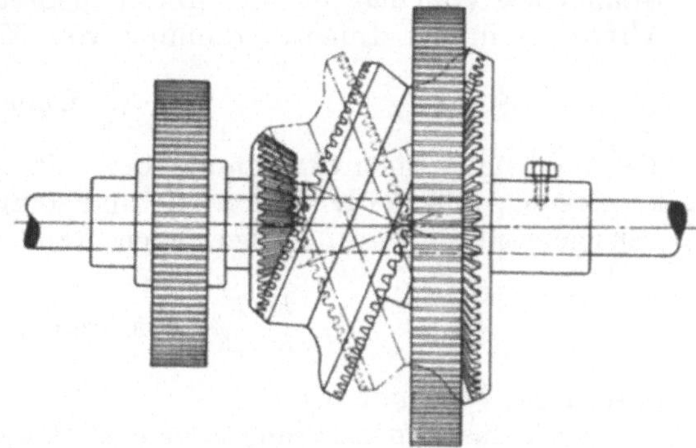

Abb. 289. Seitenansicht des Combe-Barbour-Differentialgetriebes.

wird, gehen nach den vorhergegangenen Beschreibungen ohne weiteres aus den Abbildungen hervor, wobei für die Triebräder die gleichen Bezeichnungen wie bei den obigen Differentialwerken gewählt wurden. Wendet man zur Ermittlung der aus den Umlaufbewegungen der Hauptwelle A und des Differentialrades J resultierenden Bewegung des Spulenrades L wiederum das Verfahren der Zerlegung in Einzelbewegungen an, so erhält man:

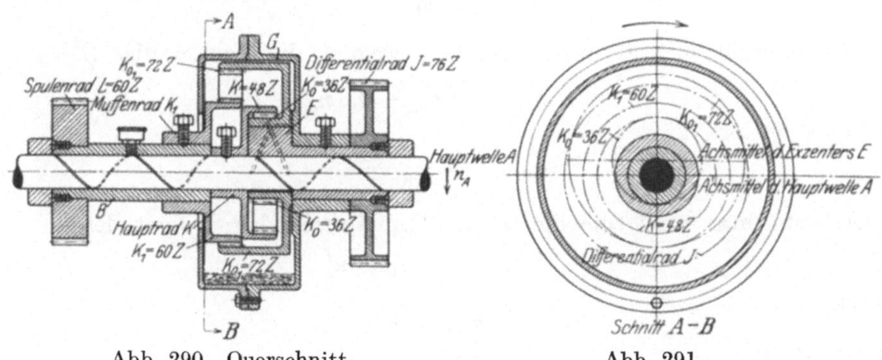

Abb. 290. Querschnitt.   Abb. 291.

Abb. 290 und 291. Differentialgetriebe mit innenverzahnten Stirnrädern der Mackie-Vorspinnmaschine.

1. Rad J festgehalten, Hauptwelle A mit dem auf ihr festsitzenden innenverzahnten Rad K n_A mal in der Minute in Richtung des Pfeiles ↓ gedreht, ergibt für das lose auf der Hauptwelle umlaufende Muffenrad K_1, das durch eine gemeinschaftliche Büchse B mit dem Spulenrad L verbunden ist, durch Übersetzung über die auf der exzentrischen Büchse E lose umlaufenden, kombinierten Räder K_0 (mit Außenverzahnung), K_{01} (mit Innenverzahnung)

$$n_A \cdot \frac{K \cdot K_{01}}{K_0 \cdot K_1} \text{ Uml./min in Richtung des Pfeiles ↓.}$$

2. Rad K entfernt, J mit K_0, K_{01} in Richtung der Hauptachse $\downarrow$ n_J mal in der Minute gedreht, ergibt für K_1 durch Mitnahme

$$n_J \text{ Uml./min in Richtung} \downarrow$$

3. Rad K im Eingriff, aber festgehalten, J mit K_0, K_{01} in Richtung der Hauptachse $\downarrow$ n_J mal in der Minute gedreht, ergibt für das Rad K_0 durch Abrollen in der Innenverzahnung von K:

$$n_J \cdot \frac{K}{K_0} \text{ Umläufe,}$$

die durch die Innenverzahnung des mit K_0 in Verbindung stehenden Radkörpers K_{01} auf das Muffenrad K_1 und somit auch auf das Spulenrad L in entgegengesetzter Richtung übertragen werden, so daß K_1 und L durch Abrollen

$$n_J \cdot \frac{K \cdot K_{01}}{K_0 \cdot K_1} \text{ Uml./min in Richtung} \uparrow$$

(also negativ) erhalten.

Durch Zusammensetzung aller drei Bewegungen erhält man, wenn man das Übersetzungsverhältnis $\dfrac{K \cdot K_{01}}{K_0 \cdot K_1}$ mit φ bezeichnet, als resultierende Bewegung des Muffenrades K_1 mit Spulenrad L:

$$n_{K_1} = n_L = n_A \cdot \varphi + n_J - n_J \cdot \varphi$$

oder für $\varphi > 1$

$$n_L = n_A \cdot \varphi - n_J \cdot (\varphi - 1)\,.$$

Durch Einsetzen der Zähnezahlen der Räder erhält man:

$$\varphi = \frac{48 \cdot 72}{36 \cdot 60} = 1{,}6\,.$$

Somit ergibt sich als resultierende Bewegung des Spulenrades L:

$$n_L = 1{,}6\,n_A - 0{,}6\,n_J$$

oder

$$n_J = \frac{1{,}6\,n_A - n_L}{0{,}6}$$

oder, wenn man wiederum die relative Umlaufzahl des Spulenrades

$$1{,}6\,n_A - n_L = n_L'$$

setzt,

$$n_J = \frac{n_L'}{0{,}6}\,,$$

d. h. mit Worten:

Für jede Umdrehung des Differentialrades wird die relative Umlaufzahl des Spulenrades um 0,6 einer Umdrehung vermindert. Macht also beispielweise das Differentialrad 250 Uml./min, so bleibt das Spulenrad um $0{,}6 \cdot 250 = 150$ Umläufe zurück.

Daß im übrigen bei diesem Differentialgetriebe auf sorgfältigste Schmierung aller umlaufenden Teile besonderer Wert gelegt worden ist, zeigen die in der Abb. 290 angedeuteten Schmiernuten.

Ganz ähnlich arbeitet das in Abb. 292 dargestellte Differentialgetriebe, welches von Fairbairn neuerdings bei seinen Vorspinnmaschinen Verwendung findet. Auch hier laufen sämtliche Räder im Ölbad in einem vollkommen dicht abgeschlossenen Gehäuse, wobei zwecks Verringerung der Reibung der exzentrisch im Differentialgehäuse G gelagerte Radkörper K_{01}, auf dessen verlängerter

Nabe Stirnrad K_0 aufgekeilt ist, auf 2 Kugellagern läuft. Die Konstruktion und Wirkungsweise ist im übrigen nach dem Vorhergegangenen aus der Abbildung ohne weiteres verständlich. Bei den gewählten Zähnezahlen der Räder ergibt

sich das gleiche Übersetzungsverhältnis wie bei dem oben beschriebenen Differential, nämlich

$$\varphi = \frac{K \cdot K_{01}}{K_0 \cdot K_1} = \frac{60 \cdot 40}{50 \cdot 30} = 1,6 \,.$$

Welches Differentialwerk nun auch Verwendung finden mag, stets wird man finden, daß das Differentialrad J, das seine veränderliche Umlaufzahl von der vom Konus-, Teller- oder Expandergetriebe betriebenen Differentialwelle erhält, sowie das Spulenbetriebsrad, das die kombinierten Umlaufzahlen weiterleitet, lose auf der Hauptachse umlaufen.

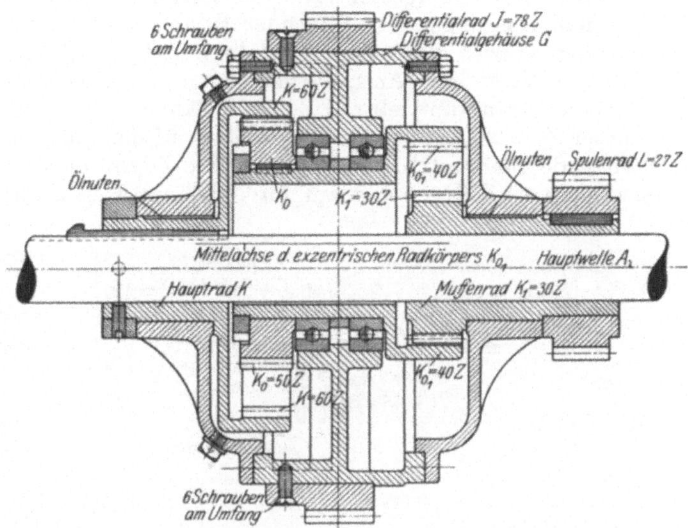

Abb. 292. Differentialgetriebe mit innenverzahnten Stirnrädern und Kugellagern der Fairbairn-Vorspinnmaschine.

Fest auf der Hauptwelle sitzt nur das Hauptantriebsrad K. Bei allen Differentialwerken ist auf beste Schmierung aller umlaufenden Teile zu achten, und daher verdienen auch diejenigen Konstruktionen den Vorzug, bei denen das ganze Getriebe eingekapselt ist und in Fettschmierung läuft.

4. Haupttypen von Vorspinnmaschinen.

Um nun das Zusammenwirken der einzelnen Triebwerksteile einer Vorspinnmaschine kennen zu lernen, seien im folgenden einige bekannte Ausführungen von Vorspinnmaschinen dargestellt und ihre Getriebeverhältnisse untersucht.

a) Die 10×5-Zoll-Vorspinnmaschine von Liebscher, Chemnitz.

Das Triebwerk dieser Maschine, die mit Konusantrieb, Kegelräderdifferential- und Kegelräderkehrgetriebe ausgestattet ist, geht aus dem Getriebegrundriß Abb. 293 und den Räderaufrissen Abb. 294 bis Abb. 297 hervor. Die Anschaulichkeit der Darstellung macht es notwendig, daß in der Grundrißzeichnung die Rädertriebe in schematischer Weise auseinandergezogen werden, doch geht aus den Räderaufrissen die tatsächliche Stellung der Räder hervor, wobei die in voller Strichart gezeichneten Rädertriebe vor den durch strichpunktierte Linien gekennzeichneten Rädertrieben liegen.

Bei Transmissionsbetrieb erfolgt der Antrieb der Maschine mittels Riemen auf das übliche Fest- und Losscheibenpaar F und Lo, das dicht außerhalb der Maschinenendwand auf der Hauptwelle A sitzt, und zwar bei einer Rechtsmaschine von der Spulenseite aus gesehen rechts, bei einer Linksmaschine links. Die Antriebsscheibe hat einen Durchmesser von 450 mm bei einer Breite von 100 mm und übermittelt der Hauptwelle eine Umlaufzahl von $n_A = 250$ bis 400/min. Die vorliegende Maschine läuft mit der höchsten Umlaufzahl $n_A = 400$/min.

Die in der Endgestellwand und einem Außenlagerbock gelagerte Hauptwelle ist nun Ausgangspunkt folgender Haupträdertriebe:

Der Antrieb nach den Spindeln i und den Flügeln g (vgl. auch Abb. 294) Das zwischen den Antriebsscheiben und der Gestellwand auf der Hauptwelle sitzende Hauptantriebsrad $Z_1 = 60$ Zähne treibt nach unten über die Zwischenräder $Z_2 = 90$ Zähne, $Z_3 = 72$ Zähne auf das am Ende der Spindelbetriebswelle sitzende Zahnrad $Z_4 = 50$ Zähne. Die hierdurch dieser Welle übermittelte Bewegung wird durch die auf ihr sitzenden Kegelräder $K_i = 23$ Zähne über die

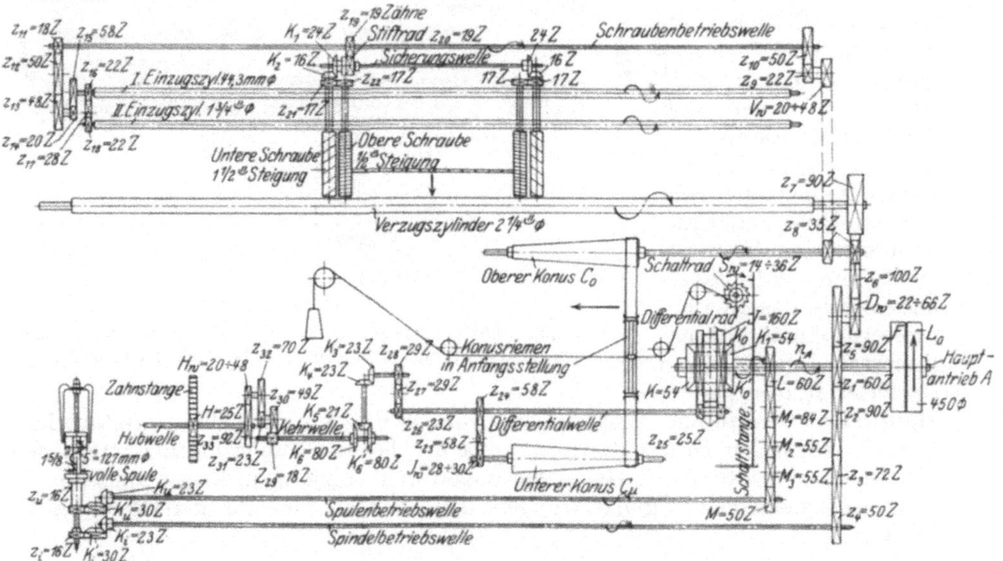

Abb. 293. Rädergrundriß.

Abb. 293 bis 297. Schematische Darstellung des Getriebes einer Vorspinnmaschine 10 × 5 Zoll von C. O. Liebscher, Chemnitz.

kombinierten Zwischenräder $K'_i = 30$ Zähne auf die am unteren Ende jeder Spindel sitzenden Spindelantriebsräder $Z_i = 16$ Zähne übertragen, womit sich die Umlaufzahl der Spindeln ergibt zu:

$$n_i = \frac{n_A \cdot 60 \cdot 23}{50 \cdot 16} = 1{,}725\, n_A , \qquad (21)$$

d. h. mit $n_A = 400$ Uml./min, $n_i = 690$ Uml./min.

Der Antrieb nach dem Verzugszylinder A_1 (vgl. auch Abb. 294). Das Hauptantriebsrad $Z_1 = 60$ Zähne steht gleichzeitig auch im Eingriff mit dem sich lose auf einem festen Bolzen drehenden Rad $Z_5 = 90$ Zähne, auf dessen verlängerter Nabe das Drehungswechselrad $D_W = 22$ bis 66 Zähne mittels Nut und Feder aufgesetzt und zum Wechseln eingerichtet ist. D_W treibt über Zwischenrad $Z_6 = 100$ Zähne auf das auf der Verzugszylinderachse sitzende Rad $Z_7 = 90$ Zähne und erteilt dem Verzugszylinder eine Umlaufzahl von

$$n_V = n_A \cdot \frac{60 \cdot D_W}{90 \cdot 90} = \frac{n_A \cdot D_W}{135} \ \text{Uml./min} . \qquad (22)$$

Somit errechnet sich die Umfangsgeschwindigkeit des Verzugszylinders, die gleichbedeutend mit der Liefergeschwindigkeit L der Maschine ist, bei einem Durchmesser von 2¼ Zoll zu:

$$L = \frac{2\frac{1}{4} \cdot \pi \cdot n_A \cdot D_W}{135} = \frac{n_A \cdot D_W \cdot 11}{210} \text{ Zoll/min} = 0{,}001\,329\, n_A \cdot D_W \text{ m/min}. \quad (23)$$

Mit $n_A = 400$ und einem Drehungswechselrad $D_W = 47$, dem, wie aus Ta-

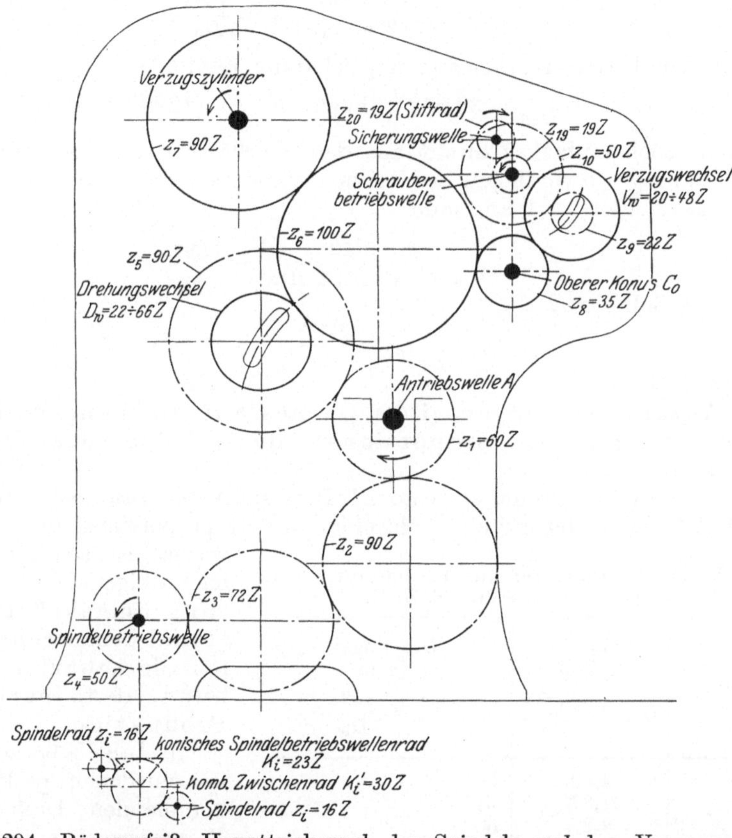

Abb. 294. Räderaufriß: Haupttrieb nach den Spindeln und dem Verzugszylinder.

belle 65, S. 342 zu ersehen ist, 0,7 Drehungen/Zoll entsprechen, ergibt sich die Umlaufzahl des Verzugszylinders

$$n_V = \frac{400 \cdot 47}{135} = 139 \text{ Uml./min} \quad (22')$$

und die Ablieferung der Maschine

$$L = \frac{400 \cdot 47 \cdot 11}{210} = 985 \text{ Zoll/min} = 25 \text{ m/min}. \quad (23')$$

Die Lieferung einer Maschine hängt demnach, abgesehen von der Umlaufzahl der Hauptwelle, von dem Drehungswechselrad ab, und zwar ändert sie sich direkt proportional der Größe dieses Wechselrades.

Aus der nach Gl. (21) errechneten Spindelumlaufzahl n_i und der nach Gl. (23) ermittelten Liefergeschwindigkeit L des Verzugszylinders errechnet sich in einfacher Weise die Anzahl Drehungen auf die Längeneinheit: $t = \dfrac{n_t}{L}$ oder, wenn die Lieferung L in Zoll angegeben wird:

$$t_{\mathrm{Zoll}} = \frac{1{,}725 \cdot n_A \cdot 210}{n_A \cdot D_W \cdot 11} = \frac{32{,}932}{D_W}, \tag{24}$$

bzw. wenn die Lieferung L in m angegeben ist:

$$t_{\mathrm{m}} = \frac{1{,}725 \cdot n_A}{0{,}001\,329 \cdot n_A \cdot D_W} = \frac{1298}{D_W}. \tag{25}$$

Die als Drehungskonstante K_D bekannte Zahl

$$K_{D_{\mathrm{Zoll}}} = 32{,}932, \quad \text{bzw.} \quad K_{D_{\mathrm{m}}} = 1298$$

erhält man auch einfacher direkt aus dem Verhältnis der Spindelumlaufzahl zu der Umfangsgeschwindigkeit des Verzugszylinders, wobei man die Umlaufzahl des Verzugszylinders $= 1$ annimmt:

$$t_{\mathrm{Zoll}} = \frac{90 \cdot 90 \cdot 23}{D_W \cdot 50 \cdot 16 \cdot 2\frac{1}{4}\,\mathrm{Zoll} \cdot \pi} = \frac{32{,}932}{D_W},$$

bezogen auf Zoll, bzw.

$$t_{\mathrm{m}} = \frac{1298}{D_W},$$

bezogen auf Meter.

Die Anzahl Drehungen eines Garnes auf die Längeneinheit ist demnach umgekehrt proportional der Größe des Drehungswechselrades.

Je schärfer die Drehung, desto kleiner muß der Drahtwechsel sein. Da nach Gl. (23) die Lieferung einer Maschine direkt proportional dem Drehungswechsel ist, so ergibt sich auch nach obigem, daß die Lieferung umgekehrt proportional dem Drehungsgrad ist. Je schärfer die Drehung, desto geringer die Produktion.

In Tabelle 65 sind für die verschiedenen praktisch vorkommenden Drehungen des Vorgarnes die entsprechenden Wechselräder zusammengestellt bzw. umgekehrt aus den Drehungsrädern die Anzahl Drehungen auf 1 Zoll und 1 m errechnet. An den Vorspinnmaschinen ist diese Drehungsrädertabelle auf einem Blechschild angebracht.

Hierbei ist zu beachten, daß diese Tabelle (ähnlich wie die Verzugstabelle bei den Strecken) nur Gültigkeit hat, solange der Verzugszylinder seinen ursprünglichen Durchmesser beibehält. Das infolge Abnutzung, bei gutem Material allerdings erst nach einer gewissen Anzahl Jahre erforderliche Abdrehen des Verzugszylinders verändert auch die Drehungskonstante. Mit kleiner werdendem Verzugszylinderdurchmesser wird die Lieferung kleiner und demnach die

Tabelle 65. Drehungsräder zur Liebscherschen Vorspinnmaschine 10×5 Zoll.

Drehungswechselrad D_W	Drehungen je Zoll $t_{\mathrm{Zoll}} = \dfrac{32{,}932}{D_W}$	Drehungen je m $t_{\mathrm{m}} = \dfrac{1298}{D_W}$	
22	1,50	59	
24	1,37	54	
26	1,27	50	
28	1,18	46	
30	1,10	43	
33	1,00	39	
36	0,91	36	
41	0,80	32	
44	0,75	30	Die am häufig
47	0,70	28	sten vorkommen
51	0,65	26	den Drehungen
55	0,60	24	
66	0,50	20	

Drehungskonstante entsprechend größer. Nach der Drehungstabelle entspricht dem oben als Beispiel eingesetzten Drehungsrad $D_W = 47$ ein Drehungsgrad

$$t_{\text{Zoll}} = \frac{32{,}932}{47} = 0{,}7 \text{ Drehungen/Zoll, bzw.} = \frac{1298}{47} = 27{,}6 \text{ Drehungen/m}.$$

Würde nun der Verzugszylinder um $^1/_8$ Zoll auf $2^1/_8$ Zoll Durchmesser abgedreht, so ergäbe sich nach Gl. (24) eine Drehungskonstante

$$K_{D_{\text{Zoll}}} = \frac{32{,}932 \cdot 2\frac{1}{4}}{2^1/_8} = 34{,}87\,.$$

Demnach ergäbe ein 47er Drehungsgrad 0,74 Drehungen/Zoll; oder umgekehrt erforderten 0,7 Drehungen/Zoll ein Drehungsrad von rund 50 Zähnen. Man hat also nach einer Abdrehung des Verzugszylinders stets ein um einige Zähne größeres Drehungsrad zu nehmen als die alte Drehungstabelle angibt. Man kann natürlich auch trotz Abdrehens des Verzugszylinders die alte Drehungskonstante und Drehungstabelle beibehalten, wenn man die Verringerung des Umfanges des Verzugszylinders durch eine Vergrößerung seiner Umlaufzahl ausgleicht dadurch, daß im Getriebe das auf seiner Achse sitzende Antriebsrad Z_7 entsprechend verkleinert wird.

Der Antrieb nach dem oberen Konus und den Einzugszylindern, d. h. das Verzugstriebwerk (vgl. auch Abb. 294). Das im Zug des Verzugszylindertriebwerkes bereits genannte Zwischenrad $Z_6 = 100$ Zähne treibt gleichzeitig auf das auf der oberen Konuswelle sitzende Zahnrad $Z_8 = 35$ Zähne und erteilt dieser:

$$n_{Co} = n_A \cdot \frac{60 \cdot D_W}{90 \cdot 35} = \frac{n_A \cdot D_W \cdot 2}{105} \text{ Uml./min}. \tag{26}$$

Die Umlaufzahl der oberen Konuswelle ist demnach abhängig von der Vorgarndrehung bzw. der Lieferung der Maschine. Mit

$$n_A = 400, \quad D_W = 47 \quad \text{errechnet sich} \quad n_{Co} = \frac{2 \cdot 400 \cdot 47}{105} = 358 \text{ Uml./min}.$$

Von der oberen Konuswelle geht der Antrieb weiter von Z_8 nach dem Verzugswechselrad $V_W = 20$ bis 48 Zähne, das mit Nut und Feder auswechselbar auf der verlängerten Nabe des auf einem im Gestell verankerten Bolzen sich lose drehenden Zahnrades $Z_9 = 22$ Zähne befestigt ist, das seinerseits wiederum in das auf der Schraubenbetriebswelle (back shaft) sitzende Zahnrad $Z_{10} = 50$ Zähne eingreift. Von der Schraubenbetriebswelle aus, die über die ganze Maschinenlänge durchläuft, geht der Antrieb von dem auf ihrem der Antriebseite entgegengesetzten Ende sitzenden Ritzel $Z_{11} = 18$ Zähne (vgl. auch Abb. 295) weiter über Zwischenrad $Z_{12} = 50$ Zähne auf $Z_{13} = 48$ Zähne, das mit $Z_{14} = 20$ Zähne kombiniert ist und mit diesem auf einem festen Bolzen lose läuft. Z_{14} endlich greift in das auf dem I. (hinteren) Einzugszylinder sitzende Zahnrad $Z_{15} = 58$ Zähne ein, womit dieser seine Umlaufbewegung entsprechend der Drehrichtung und dem Übersetzungsverhältnis des genannten Räderzuges erhält. Durch den kleinen Räderzug $Z_{16} = 22$ Zähne, Zwischenrad $Z_{17} = 28$ Zähne und $Z_{18} = 22$ Zähne auf dem II. Einzugszylinder erhält dieser gleiche Umlaufzahl und Drehrichtung wie der I. Einzugszylinder. Diese errechnet sich zu:

$$n_E = \frac{n_A \cdot 60 \cdot D_W \cdot 22 \cdot 18 \cdot 20}{90 \cdot V_W \cdot 50 \cdot 48 \cdot 58} = 0{,}0379 \frac{n_A \cdot D_W}{V_W}\,. \tag{27}$$

Mit $1^3/_4$ Zoll $= 44{,}5$ mm Durchm. des II. Einzugszylinders ergibt sich dessen Umfangsgeschwindigkeit

$$u_E = 0{,}0379 \cdot \frac{0{,}0445 \cdot 3{,}14 \cdot n_A \cdot D_W}{V_W} = \frac{0{,}005296 \cdot n_A \cdot D_W}{V_W}\,. \tag{28}$$

Setzt man $n_A = 400$, $D_W = 47$, $V_W = 40$, so ergibt Gl. (27)

$$n_E = 17{,}8 \text{ Uml./min und Gl. (28)} \quad u_E = 2{,}48 \text{ m/min.}$$

Da der Durchmesser des I. Einzugszylinders nur um $^2/_{10}$ mm geringer als der des II. Einzugszylinders ist, ergibt sich nur eine unmerkliche Verschiedenheit in der Umfangsgeschwindigkeit beider Zylinder.

Der Verzug zwischen Verzugszylinder und Einzugszylinder errechnet sich aus den Gl. (23) und (28) als Verhältnis der beiden Umfangsgeschwindigkeiten zu:

$$V = \frac{0{,}001\,329 \cdot n_A \cdot D_W \cdot V_W}{0{,}005\,296 \cdot n_A \cdot D_W}$$
$$= 0{,}251\, V_W. \qquad (29)$$

Auf schnellerem Wege ermittelt sich diese Beziehung direkt aus dem Rädergetriebe nach der bekannten Regel:

$$\frac{58 \cdot 48 \cdot 50 \cdot V_W \cdot 2\frac{1}{4}\text{Zoll}}{20 \cdot 18 \cdot 22 \cdot 90 \cdot 1\frac{3}{4}\text{Zoll}} = 0{,}25\, V_W$$
$$= \frac{V_W}{4}.$$

Die Verzugskonstante ist demnach $K_V = \dfrac{1}{4}$ und der Verzug ist direkt proportional der Zähnezahl des Verzugswechselrades. Die hiernach errechneten Verzüge sind in nebenstehender Tabelle 66 zusammengestellt, die naturgemäß wiederum nur so lange Gültigkeit hat, als der Verzugszylinder nicht abgedreht ist. Bei einer Verkleinerung seines Durchmessers wird die Verzugskonstante und demnach der Verzug kleiner, somit muß nach der alten Verzugtabelle ein größeres Rad eingesetzt werden.

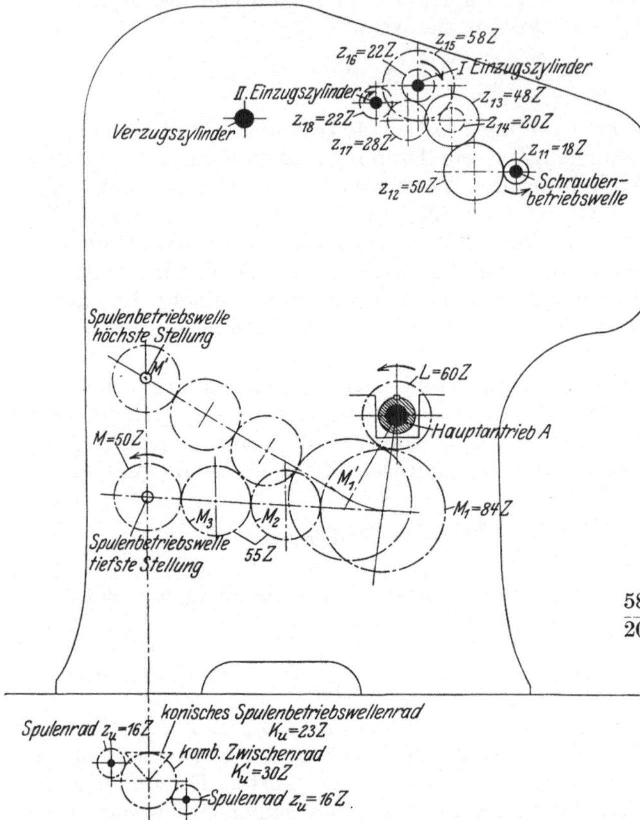

Abb. 295. Räderaufriß: Antrieb nach der Spulenbetriebswelle und den Einzugszylindern.

Tabelle 66.
Verzugsräder zur Liebscherschen Vorspinnmaschine 10 × 5 Zoll.

Verzugswechselrad V_W	Verzug $V = \dfrac{V_W}{4}$	
20	5	
24	6	
28	7	
32	8	Die am häufigsten
36	9	vorkommenden
40	10	Verzüge
44	11	
48	12	

Von der Schraubenbetriebswelle aus erfolgt durch die Zahnräder $Z_{19} = 19$ Zähne kopfweise der Antrieb der Sicherungswellen, die, wie bei den Fallerstrecken, für jeden Kopf getrennt angeordnet und in den Kopfwänden gelagert sind. Auf den Sicherungswellen sitzen die Stift- oder Sicherungsräder $Z_{20} = 19$ Zähne, die in üblicher Weise durch Abscherstifte gegen Überlastungen des Fallertriebwerkes gesichert sind. Durch Kegelräder $K_1 = 24$ Zähne und $K_2 = 16$ Zähne (vgl. Grundriß Abb. 293) wird die Drehbewegung der Sicherungswelle auf die **unteren Schrauben** und von diesen durch kleine Stirnräder $Z_{21} = 17$ Zähne, $Z_{22} = 17$ Zähne auf die **oberen Schrauben** übertragen, die bei der vorliegenden Maschine **eingängig** ausgeführt sind. Durch diese Art des indirekten Antriebes ist es wie bei den Schraubenstrecken möglich, die Fallerbewegung für einzelne Köpfe auszuschalten, beispielsweise wenn im Falle des Verklemmens eines Fallers in einem Kopf der Sicherheitsstift abgeschert wird.

Die Umlaufzahl der oberen Schrauben, die bei eingängiger Ausführung der Schrauben gleichzeitig die Anzahl der Fallerschläge i. d. Min. angibt, berechnet sich zu:

$$n_S = \frac{n_A \cdot 60 \cdot D_W \cdot 22 \cdot 19 \cdot 24 \cdot 17}{90 \cdot V_W \cdot 50 \cdot 19 \cdot 16 \cdot 17} = 0{,}44 \, \frac{n_A \cdot D_W}{V_W} = 176 \, \frac{D_W}{V_W}, \tag{30}$$

sofern $n_A = 400$ eingesetzt wird.

Bei einer Steigung der oberen Schrauben von ½ Zoll ergibt sich die horizontale Geschwindigkeit der oberen Nadelstäbe im Streckfeld zu:

$$N_0 = 0{,}44 \, n_A \cdot \frac{D_W}{V_W} \cdot \tfrac{1}{2} \cdot 0{,}0254 = 0{,}005588 \, n_A \cdot \frac{D_W}{V_W} = 2{,}2352 \, \frac{D_W}{V_W} \ \text{m/min}, \tag{31}$$

sofern $n_A = 400$ eingesetzt wird.

Obige Gleichung besagt, daß, wie bei den Strecken, die **Stabgeschwindigkeit umgekehrt proportional dem Verzug und außerdem direkt proportional dem Drehungswechsel** ist, und da der Drehungsgrad umgekehrt proportional dem Drehungswechsel ist, so ist auch die **Stabgeschwindigkeit umgekehrt proportional dem Drehungsgrad.** Mit anderen Worten: **Je kleiner der Verzug und je geringer die Drehung, desto größer die Stabgeschwindigkeit.**

Setzt man in Gl. (30) und (31)

$D_W = 47$ entsprechend $t = 0{,}7$ Drehungen/Zoll für Vorgarn $N_g = 280$ g/100 m, und

$$V_W = 36 \ \text{entsprechend einem 9fachen Verzug}$$

ein, so ergibt sich die Umlaufzahl der oberen Schrauben und demgemäß die Stabschlagzahl zu:

$$n_S = 176 \cdot \frac{47}{36} = 230/\text{min}$$

und die Stabgeschwindigkeit

$$N_0 = 2{,}23252 \cdot \frac{47}{36} = 2{,}91 \ \text{m/min}.$$

Die Fallerschlagzahl von 230 i. d. Min. liegt jedoch bereits an der oberen Grenze, die man bei Vorspinnmaschinen so wenig wie bei Strecken überschreiten soll. Für kleinere Verzüge oder für losere Drehung müßte die Umlaufzahl der Hauptwelle herabgesetzt werden.

Bei den unteren Schrauben beträgt die Steigung ebenfalls wie bei den Strecken etwa das Dreifache der oberen Schrauben. Dementsprechend erhöht sich auch die Geschwindigkeit der auf den unteren Bahnen zurücklaufenden Stäbe auf das Dreifache der für die oberen Schrauben berechneten Geschwindigkeit.

Der **Verzug** zwischen dem **Einzug** und den **Nadelstäben** ergibt sich aus dem Verhältnis der Stabgeschwindigkeit Gl. (31) und der Umfangsgeschwindigkeit des Einzugszylinders Gl. (28) zu:

$$V_0 = \frac{0{,}005\,588 \cdot n_A \cdot \dfrac{D_W}{V_W}}{0{,}005\,296 \cdot n_A \cdot \dfrac{D_W}{V_W}} = 1{,}055, \text{ d. h. } 5\tfrac{1}{2}\%. \tag{32}$$

Der Antrieb nach den Spulen geht wiederum von der Hauptwelle A aus, indem das auf ihr festsitzende Hauptkegelrad $K = 54$ Zähne über die Umlaufräder K_0, K_0' des S. 329ff. besprochenen Kegelräderdifferentialwerkes auf das lose auf der Hauptachse sitzende Muffenrad $K_1 = 54$ Zähne mit dem damit verbundenen Spulenrad $L = 60$ Zähne treibt und so letzterem für den angenommenen Fall, daß das Differentialrad $J = 160$ Zähne stillsteht, eine Umlaufzahl gleich der der Hauptwelle, also gleich n_A, jedoch in entgegengesetzter Drehrichtung, erteilt. Von L aus wird die Bewegung (vgl. auch Abb. 295) über die Zwischenräder $M_1 = 84$ Zähne, $M_2 = 55$ Zähne und $M_3 = 55$ Zähne des mit der Spulenbank sich auf- und abbewegenden Rädergehänges auf das auf der Spulenbetriebswelle sitzende Zahnrad $M = 50$ Zähne übertragen. Die auf der Spulenbetriebswelle zwischen je 2 Spindeln sitzenden kleinen Kegelräder $K_u = 23$ Zähne endlich übertragen deren Bewegung über die kombinierten Zwischenräder $K_u' = 30$ Zähne auf die Spulenmitnehmerräder $Z_u = 16$ Zähne und erteilen so den Spulen die in der Abb. 293 durch Pfeil angegebene Drehrichtung im Sinne des Uhrzeigers (von oben gesehen). Durch diesen Antrieb, den man auch als direkten Spulentrieb bezeichnet und bei dem das Differentialrad als stillstehend betrachtet wird, würde sich eine Spulenumlaufzahl von:

$$(n_u) = \frac{n_A \cdot 60 \cdot 23}{50 \cdot 16} = 1{,}725\, n_A$$

ergeben, d. h. gleichgroß wie die Spindelumlaufzahl.

Diese auch als maximale Umlaufzahl bezeichnete Drehzahl der Spulen wird jedoch nie erreicht, da nach den Aufwindegesetzen die wahre Spulenumlaufzahl stets um den Betrag der aufwindenden Umdrehungen n_w hinter der Spindelumlaufzahl zurückbleiben muß und diese „Aufwindungsumlaufzahl" wird, wie oben schon gezeigt wurde, als indirekter Spulenantrieb durch das Differentialgetriebe erzeugt.

Um die aufwindenden oder relativen Spulenumdrehungen zu berechnen, kann man, da nach obigem die Räderübertragung von der Hauptwelle nach den Spindeln einerseits und nach den Spulen andererseits das gleiche Übersetzungsverhältnis ergibt, den direkten Spulenantrieb vollkommen außer acht lassen, und man hat lediglich die Spulenumdrehungen zu berechnen, die sich aus der Übertragung der veränderlichen Umdrehungszahl der unteren Konuswelle über das Differentialgetriebe (d. h. also unter der Annahme des Stillstehens des Hauptantriebsrades K) über das Spulenrad L und das Rädergehänge $L - M$ ergeben.

Die nach Gl. (26), S. 343, ermittelte Umlaufzahl der oberen Konuswelle n_{C_o} wird durch den Konusriemen nach dem unteren Konus im Verhältnis der jeweiligen Übertragungsdurchmesser $\dfrac{C_o}{C_u} = \psi$ weitergeleitet und dem unteren Konus eine Umlaufzahl $n_{C_u} = n_{C_o} \cdot \psi$ erteilt, die gemäß den durch das Schaltrad S_W vermittelten Fortschiebungen des Konusriemens stufenweise für jeden Hubwechsel der Spulenbank entsprechend der Zunahme des Bewicklungsdurchmessers der Spule abnimmt. Von der unteren Konuswelle aus, vgl. auch Räderaufriß Abb. 296, wird durch das auf ihr sitzende Differentialwechselrad $J_W = 28$ bis 30 Zähne über das Zwischenrad $Z_{23} = 58$ Zähne, das auf der Differentialwelle sitzende Zahnrad $Z_{24} = 58$ Zähne und damit die Differentialwelle angetrieben, von welcher aus durch das Differentialantriebsritzel $Z_{25} = 25$ Zähne das eigentliche Differentialrad $J = 160$ Zähne in Richtung der Hauptwelle A in Umdrehung versetzt wird. Da nach den Ausführungen S. 331 für je eine Umdrehung des Differentialrades J das Muffenrad K_1 mit dem Spulenrad L sich um 2 Umdrehungen verzögert, so darf bei der Berechnung der Übersetzung für das Differentialrad $J = 160$ Zähne nur die halbe Zähnezahl eingesetzt werden. Somit errechnen sich die relativen Spulenumdrehungen bei indirektem Antrieb zu:

$$n_w = \frac{2 \cdot n_A \cdot D_W \cdot \psi \cdot J_W \cdot 25 \cdot 60 \cdot 23}{105 \cdot 58 \cdot \dfrac{160}{2} \cdot 50 \cdot 16}$$

oder, wenn man $J_W = 30$ Zähne einsetzt,

$$n_w = \frac{69 \cdot n_A \cdot D_W \cdot \psi}{28 \cdot 29 \cdot 16}. \qquad (33)$$

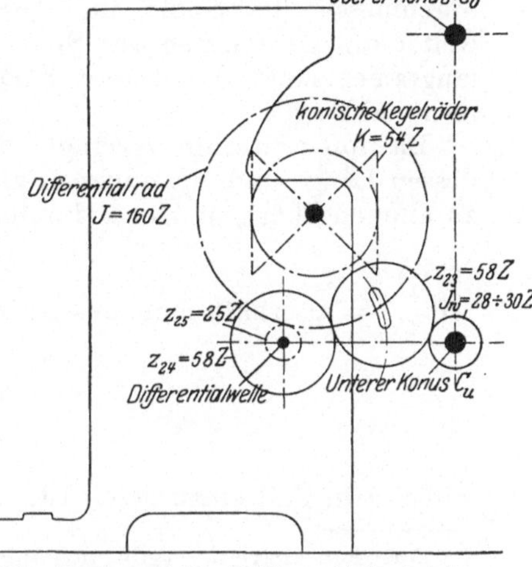

Abb. 296. Räderaufriß: Differentialantrieb.

Setzt man in Gl. (5) $n_w = \dfrac{L}{\pi \cdot d}$ aus Gl. (23) den Wert von $L = \dfrac{11\, n_A \cdot D_W}{210}$ ein, so ergibt sich:

$$n_w = \frac{11 \cdot n_A \cdot D_W}{210 \cdot \pi \cdot d} = \frac{n_A \cdot D_W}{60 \cdot d} \quad \left(\pi \text{ mit } \frac{22}{7} \text{ eingesetzt}\right), \qquad (34)$$

wobei d in Zoll einzusetzen ist.

Die Gl. (33) und (34) einander gleichgesetzt ergibt schließlich:

$$\psi = \frac{28 \cdot 29 \cdot 16}{69 \cdot 60 \cdot d} = \frac{3{,}14}{d} *, \qquad (35)$$

---

* Zu der gleichen Beziehung führt eine andere Rechnungsart, bei der die absoluten Spulenumdrehungen n_u das eine Mal aus den Spindelumdrehungen minus den Aufwindumdrehungen nach Gl. (5) und (7), das andere Mal aus dem gesamten Getriebe heraus gerechnet werden. Durch Gleichsetzung der Ergebnisse der beiden Rechnungen ergibt sich dann das Übersetzungsverhältnis ψ beider Konen:

Spindelumdrehungen nach Gl. (21) $n_i = 1{,}725\, n_A$,

Aufwindumdrehungen nach Gl. (34) $n_w = \dfrac{L}{\pi \cdot d} = \dfrac{n_A \cdot D_W}{60 \cdot d}$,

somit Spulenumdrehungen $n_u = n_i - n_w = 1{,}725\, n_A - \dfrac{n_A \cdot D_W}{60 \cdot d}$. \hfill (I)

Umdrehung des Differentialrades aus dem Getriebe:

$$n_J = n_{C_o} \cdot \psi \cdot \frac{J_W \cdot 25}{58 \cdot 160}$$

oder, da nach Gl. (26) $n_{C_o} = \dfrac{2 \cdot n_A \cdot D_W}{105}$ ist, und mit $J_W = 30$ ergibt sich schließlich

$$n_J = \frac{5 \cdot n_A \cdot D_W \cdot \psi}{56 \cdot 58}.$$

Setzt man diesen Wert in Gl. (11) ein, so ergibt sich die Umlaufzahl des Büchsenrades K und des Spulenrades L:

$$n_L = n_A - 2\, n_J = n_A - \frac{10 \cdot n_A \cdot D_W \cdot \psi}{56 \cdot 58}.$$

(Fortsetzung der Fußnote auf S. 348.)

d. h.: Das Übersetzungsverhältnis der Konen ist unabhängig sowohl
von der Garnnummer und dem Drehungsgrad wie auch von der
Umlaufzahl der Hauptwelle. Es hängt nur ab von dem Bewicklungsdurchmesser der Spule, und zwar ist es diesem umgekehrt proportional. Je
weiter die Bewicklung der Spule fortschreitet, desto mehr nimmt ψ ab, desto
langsamer läuft die untere Konuswelle, wie es der Differentialmechanismus
auch verlangt

Da nun weiterhin verlangt wird, daß für alle Stellungen des Konusriemens
dessen Länge und Spannungen gleichbleiben, so muß jeweils die Summe zweier
zusammengehörigen Konendurchmesser konstant sein, d. h. es ist:

$$C_o + C_u = a^*. \tag{36}$$

Mit $\dfrac{C_o}{C_u} = \psi$ erhält man aus Gl. (36)

$$C_o = \frac{a \cdot \psi}{1 + \psi} \quad \text{oder mit} \quad \psi = \frac{3{,}14}{d}$$

$$C_o = \frac{3{,}14 \cdot a}{3{,}14 + d}, \tag{37}$$

wobei d in Zoll einzusetzen ist.

Aus dem Getriebe ergibt sich nun:

$$n_u = n_L \cdot \frac{60 \cdot 23}{50 \cdot 16} = 1{,}725 \cdot n_L,$$

oder durch Einsetzen des obigen Wertes von n_L:

$$n_u = 1{,}725 \cdot n_A - \frac{1{,}725 \cdot 10 \cdot n_A \cdot D_W \cdot \psi}{56 \cdot 58}. \tag{II}$$

Durch Gleichsetzung der Gl. (I) und (II) erhält man:

$$1{,}725 \cdot n_A - \frac{n_A \cdot D_W}{60 \cdot d} = 1{,}725 \cdot n_A - \frac{1{,}725 \cdot 10 \cdot n_A \cdot D_W \cdot \psi}{56 \cdot 58}.$$

Hieraus ergibt sich endlich:

$$\psi = \frac{56 \cdot 58}{17{,}25 \cdot 60 \cdot d} = \frac{3{,}14}{d}.$$

Aus dieser Berechnungsart ersieht man, daß die Übersetzungsverhältnisse von der Hauptwelle nach den Spindeln und vom Kegelrad nach den Spulen gleichgroß sein müssen, damit
in obiger Gleichung die Glieder $1{,}725 \cdot n_A$ auf beiden Seiten in Wegfall kommen, somit auch
das Glied D_W in der Gleichung für ψ verschwindet und sich das Übersetzungsverhältnis
der Konen unabhängig vom Drehungswechsel ergibt.

In noch einfacherer Weise läßt sich ψ ermitteln, indem man nach Art der Verzugsberech-
nung das Verhältnis der relativen Umfangsgeschwindigkeit der Spule (berechnet aus den
Aufwindumdrehungen) und der Liefergeschwindigkeit des Verzugszylinders bildet und dieses,
da keinerlei Verzug zwischen beiden stattfinden darf, weil die Spule stets die Lieferung des
Verzugszylinders aufwinden muß, gleich 1 setzt. Nach der S. 179 angegebenen Regel ergibt
sich:

$$\frac{90 \cdot C_o \cdot 30 \cdot 25 \cdot 60 \cdot 23 \cdot d \cdot \pi}{35 \cdot C_u \cdot 58 \cdot \dfrac{160}{2} \cdot 50 \cdot 16 \cdot 2\frac{1}{4} \cdot \pi} = 1,$$

und hieraus wiederum das Konenverhältnis: $\dfrac{C_o}{C_u} = \psi = \dfrac{3{,}14}{d}$.

---

* Diese Annahme ist streng genommen nur für gekreuzte Riemen zutreffend. Für offene
Riemen, wie sie bei den Konen der Vorspinnmaschinen einzig vorkommen, liegen die Verhältnisse wesentlich verwickelter. Nach C. Bach: Maschinenelemente, 11. Aufl., S. 461
führt die Bestimmung der Konendurchmesser bei offenen Riemen zu einer transzendenten
Gleichung, deren Lösung die obige Berechnung nur unnötigerweise komplizieren würde,
ohne das praktische Ergebnis wesentlich zu ändern. Man kann sich daher mit der obigen
vereinfachenden Annahme begnügen, wie auch die Vernachlässigung der Riemendicke und
des Riemenschlupfes auf das Endergebnis von keinem nennenswerten Einfluß sind.

Setzt man in Gl. (37) d in $^1/_8$ Zoll ein, so geht diese über in

$$C_o = \frac{25{,}12 \cdot a}{25{,}12 + d}. \tag{37'}$$

Hat man so C_o bestimmt, so ergibt sich ohne weiteres

$$C_u = a - C_o. \tag{38}$$

Auf diese Weise ist es möglich, für jeden beliebigen Wicklungsdurchmesser d das Übersetzungsverhältnis der Konen sowie die beiden Konendurchmesser selbst zu bestimmen, sofern man für die Summe beider Konendurchmesser a eine bestimmte Annahme macht. Man hat hierbei vor allem zu beachten, daß die Konendurchmesser möglichst groß ausfallen, da naturgemäß mit großen Durchmessern sich die Riemengeschwindigkeit erhöht und demgemäß die Riemenbelastung abnimmt. Insbesondere dürfen die Durchmesser an den verjüngten Enden der Konen nicht zu klein ausfallen, damit noch ein gutes Durchziehen der Riemen ohne große Gleitverluste gewährleistet ist.

Mit $d_1 = 1^5/_8$ Zoll Durchmesser des nackten Spulenschaftes errechnet sich nach Gl. (35) das Übersetzungsverhältnis der Konen bei Beginn der Bewicklung zu:

$$\psi_1 = \frac{3{,}14 \times 8}{13} = 1{,}93$$

und für $d_2 = 5$ Zoll am Ende der Bewicklung wird:

$$\psi_2 = \frac{3{,}14}{5} = 0{,}628.$$

Bei der vorliegenden Liebscherschen Maschine ist $a = 302$ mm gewählt. Somit errechnen sich nach Gl. (37') und (38) mit $d_1 = {}^{13}/_8$ Zoll die Konendurchmesser bei Beginn der Bewicklung zu:

$$C_{o_1} = \frac{25{,}12 \cdot 302}{25{,}12 + 13} = \frac{7586}{38{,}12} = 199 \text{ mm}$$

und $\quad C_{u_1} = 302 - 199 = 103$ mm

und entsprechend am Ende der Bewicklung bei voller Spule für $d_2 = {}^{40}/_8$ Zoll

$$C_{o_2} = \frac{7586}{25{,}12 + 40} = 116 \text{ mm}$$

und $\quad C_{u_2} = 302 - 116 = 186$ mm.

In gleicher Weise lassen sich für die zwischenliegenden Bewicklungsdurchmesser d die entsprechenden Konendurchmesser berechnen. Wie die Gl. (35) bis (38) zeigen, sind die beiden Konen nicht mehr nach geraden Kegelflächen geformt; ihre Erzeugenden sind vielmehr nach Hyperbeln[1] gekrümmt,

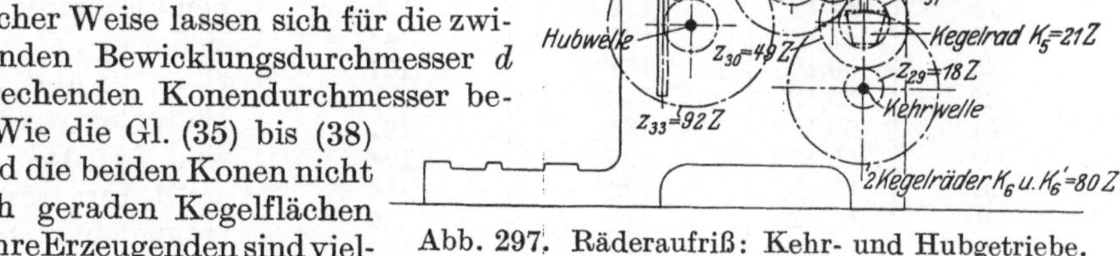

Abb. 297. Räderaufriß: Kehr- und Hubgetriebe.

die sich auf Grund der nach den obigen Gleichungen errechneten Konendurchmesser in einfacher Weise konstruieren lassen.

---

[1] Man hat es also hier statt mit Kegelflächen eigentlich mit Hyperboloiden zu tun. Die für diese Fläche auch häufig gebrauchte Bezeichnung „Konoid" ist irreführend. In der Mathematik versteht man unter Konoid eine Fläche, die durch Bewegung einer Geraden erzeugt wird, die eine Kurve (Leitlinie) und eine Gerade (Achse) schneidet und einer Ebene (Richtebene) parallel bleibt.

Da das Schaltrad bei jedem neuen Wagenhub, bzw. jeder neuen Bewicklungsschicht eine Verschiebung des Konusriemens um einen gleichbleibenden, der Zunahme des Bewicklungsdurchmessers proportionalen Betrag bewirkt, teilt man die Gesamtverschiebung des Riemens vom Anfang bis zum Ende der Bewicklung sowie den Unterschied zwischen dem vollbewickelten und leeren Spulendurchmesser $d_2 - d_1$ je in eine beliebige Anzahl gleicher Teile. Trägt man diese Teile in einem bestimmten Abstand auf einer Abszissenachse auf und senkrecht dazu als Ordinaten jeweils die für die einzelnen Bewicklungsdurchmesser berechneten Konusdurchmesser, so erhält man durch Verbindung der so erhaltenen Punkte die Form der Meridianlinie der beiden Konen. Hierbei hat man die Gesamtlänge der Konen so reichlich zu bemessen, daß die Tangenten an die so konstruierten Meridianlinien nicht zu steil gegen die Konusachse geneigt sind. Dadurch soll eine möglichste Schonung des Konusriemens, dessen Breite in der Regel 80 bis 90 mm beträgt, erzielt werden. Andererseits verbieten die Raumverhältnisse eine zu lange Ausdehnung der Konen. Man wählt daher in der Praxis die Steigung zwischen 1 : 15 bis 1 : 20, doch ist am Anfang der Konen bisweilen auf eine kurze Strecke eine Steigung bis 1 : 10 nicht zu vermeiden. Bei der vorliegenden Maschine beträgt die Gesamtverschiebung des Riemens bei 5-Zoll-Spulen $L = 720$ mm, und es sind 9 Teilabstände zu je 80 mm angenommen. (Man könnte auch die Anzahl der Teile beliebig vermehren, z. B. gleich der Anzahl Windungsschichten eines bestimmten Garnes bemessen, doch genügt die gewählte Teilung für die Konstruktion der Konen.)

Dementsprechend hat man die Differenz $d_2 - d_1 = \dfrac{40-13}{8} = {}^{27}/_8$ Zoll in 9 Teile zu je $^3/_8$ Zoll zu teilen und die den 10 verschiedenen Spulendurchmessern (der nackte Spulendurchmesser ist mit eingeschlossen) entsprechenden Konusdurchmesser zu berechnen, die in nebenstehender Tabelle enthalten sind.

Tabelle 67. Berechnung der Konendurchmesser zur Liebscherschen Vorspinnmaschine 10 × 5 Zoll.

1	2	3	4
Spulendurchmesser d in $^1/_8$ Zoll	$d + 25{,}12$	Oberer Konusdurchmesser, C_o nach Gl. (37) mit $a = 302$ mm $C_o = \dfrac{7586}{\text{Spalte 2}}$	Unterer Konusdurchmesser $C_u = 302 - \text{Sp. 3}$
13	38,12	199	103
16	41,12	184	118
19	44,12	172	130
22	47,12	161	141
25	50,12	151	151
28	53,12	143	159
31	56,12	135	167
34	59,12	128	174
37	62,12	122	180
40	65,12	116	186
43	68,12	111	191

Um für die Riemenverschiebung genügenden Spielraum zu haben, fügt man rechts noch einen Teilabstand von 80 mm zu, dem ein Spulendurchmesser von $5^3/_8$ Zoll entspricht. Die letzterem entsprechenden Konendurchmesser errechnen sich zu $C_o = 111$ mm, $C_u = 191$ mm. Die auf diese Weise konstruierten Konen sind in Abb. 298 dargestellt. Ihre Gesamtlänge beträgt 840 mm. Der obere Konus ist konkav, der untere Konus konvex geformt. Die Gesamtsteigung beträgt

$$\frac{199 - 111}{2 \cdot 800} = \frac{1}{18}.$$

Die größte Steigung am Anfang des oberen Konus ergibt sich zu:

$$\frac{199 - 184}{2 \cdot 80} = \frac{1}{10{,}7}.$$

Dieser theoretischen Berechnung der Konusform haften noch einige Mängel an, die in der Praxis durch einige Änderungen bis zu einem gewissen Grade ausgeglichen werden können. Zunächst zeigt sich, daß das durch die Riemen übermittelte Übersetzungsverhältnis der Konen mit dem theoretischen nicht übereinstimmt, weil infolge der Breite des Riemens für die Übertragung verschiedene Konendurchmesser in Frage kommen.

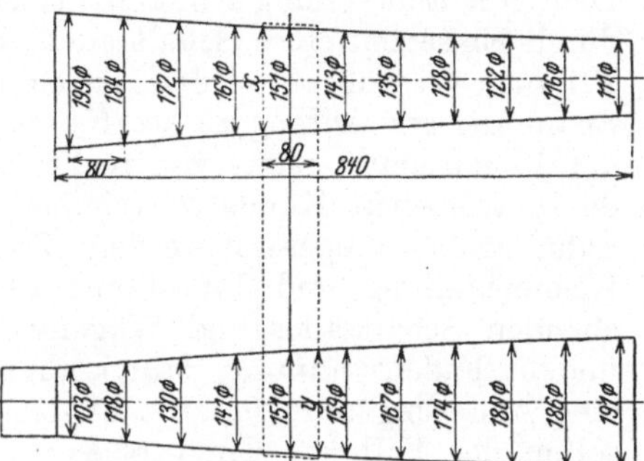

Abb. 298. Konstruktion der Konen zur Liebscherschen Vorspinnmaschine.

Die Erfahrung zeigt, daß die Zugstellen des Riemens nicht in dessen Mittellinie, sondern auf jedem Konus nach der Seite desjenigen Riemenrandes zu liegen, der auf dem größeren Durchmesser läuft, d. h. in Abb. 298 oben nach links, unten nach rechts. Läuft also z. B. im vorliegenden Falle die Riemenmitte auf dem Durchmesser 151 oben und 151 unten, so beträgt theoretisch das Übersetzungsverhältnis

$$\psi = \frac{151}{151} = 1 \, .$$

Bei einer Riemenbreite von 80 mm ergibt sich für den Konusdurchmesser, auf dem der linke Riemenrand oben läuft, sofern zwischen den beiden Abschnitten 151 und 161 eine lineare Zunahme der Durchmesser angenommen wird:

$$x = \frac{161 + 151}{2} = 156 \, \text{mm}$$

und entsprechend für den unteren Konus der Durchmesser für den rechten Riemenrand:

$$y = \frac{151 + 159}{2} = 155 \, \text{mm} \, .$$

Hieraus errechnet sich das Übersetzungsverhältnis $\psi = \dfrac{156}{155} = 1{,}006$, d. h. um 0,6% größer als das oben errechnete. Dieser unbedeutende Unterschied spielt gegenüber den unvermeidlichen Gleitverlusten keine Rolle. An den Konenenden dagegen wirkt sich dieser Unterschied infolge der größeren Konussteigung etwas mehr aus, z. B. ergibt sich für das rechte Konenende eine Zunahme des Übersetzungsverhältnisses um etwa 1,3%, am linken Konenende dagegen eine Abnahme um 1,3%. Mit Rücksicht auf die Gleitverluste ist die Zunahme des Übersetzungsverhältnisses willkommen, dagegen ist für die Abnahme des Übersetzungsverhältnisses in der Anfangsstellung des Riemens links ein Ausgleich zu schaffen, indem man den Durchmesser des oberen Konus am dicken Ende um 2 bis 3% größer als nach der Rechnung annimmt. Man kann auch die Differenz dadurch ausgleichen, daß man den unteren Konus um etwa eine Riemenbreite nach rechts verschiebt und das am linken Ende fehlende Stück durch ein zylindrisches Stück (vgl. Abb. 298) ersetzt.

Die genaue Einstellung des Konusriemens läßt sich nur durch Probieren ermitteln. Sie muß so erfolgen, daß während des ganzen Aufwindevorganges die Fadenspannung weder zu lose, noch zu straff ist. Zeigt sich etwa am Anfang der Bewicklung stets eine zu lose Spannung, während sie am Ende der Bewicklung richtig ist, was z. B. bei schwächerem Spulenschaft der Fall ist, so muß man die Aufwindumdrehungen vergrößern, d. h. die Spulenumdrehungen verkleinern, also den Konusriemen mehr nach rechts in Abb. 293, über die Anfangsstellung hinaus, auf einen kleineren Durchmesser des unteren Konus schieben. Damit die Endstellung des Riemens wie zuvor ist, muß der Schaltweg entsprechend durch Einsetzen eines Schaltrades von geringerer Zähnezahl (d. h. von größerer Teilung) vergrößert werden. In sinngemäßer Weise ist zu verfahren, wenn die Spannung am Anfang zu straff, am Ende aber richtig ist. In diesem Fall muß der Kegelriemen etwas von rechts nach links auf einen größeren Durchmesser des getriebenen Konus verschoben und gleichzeitig das Schaltrad um einen Zahn größer eingesetzt werden. Zeigen sich trotz genauer Einregulierung der Riemenstellung und Einsetzung des der betreffenden Garnnummer entsprechenden Schaltrades und Wagenwechsels noch Störungen in der Aufwindung und der Fadenspannung, dann kann man noch mittels des Differentialwechsels J_W eine Änderung der Umlaufzahl des Differentialrades herbeiführen, was jedoch selten der Fall ist. Ein größerer Differentialwechsel hat erhöhte Umlaufzahl der Differentialwelle und des Differentialrades, also mehr Aufwindumdrehungen, d. h. weniger Spulenumdrehungen und demgemäß erhöhte Spannung zur Folge und umgekehrt.

Auf jeden Fall ist dafür zu sorgen, daß sämtliche Spulen gleichen Schaftdurchmesser haben, da andernfalls eine genaue Einregulierung der Aufwindung unmöglich ist.

Neben den Gleitverlusten des Riemens ist auch noch die Verkürzung des vom Streckwerk gelieferten Bandes, dessen Länge durch die Umfangsgeschwindigkeit des Ablieferungszylinders gegeben ist, infolge des Zusammendrehens mit etwa 1% zu berücksichtigen.

Wie oben schon angeführt, richtet sich die Größe der Verschiebung des Konusriemens bei jedem Hubwechsel nach der jeweils zu spinnenden Garnnummer, und das für diese erforderliche Schaltrad kann nach den Gleichungen S. 327 errechnet werden, falls die Konstante c_1 in diesen Gleichungen bekannt ist. Da diese Konstante jedoch nur durch Versuche ermittelt werden kann, ist es einfacher, das erforderliche Schaltrad durch Probieren zu ermitteln, indem man nachsieht, daß bei der Aufwindung die einzelnen Schichten so dicht aneinander zu liegen kommen, daß feste Spulen entstehen. Bei der vorliegenden Maschine wurde für ein Vorgarn Nr. 280 g/100 m ein Schaltradwechsel S_W = 15 Zähne ermittelt. Da der ganze Schaltweg S = 720 mm beträgt, so ergibt sich die Einzelschaltung zu:

$$\frac{720}{2 \cdot 15} = 24 \, \text{mm}.$$

Da für eine Gesamtschaltung von 720 mm das Schaltrad und die Aufwindungsrolle eine volle Umdrehung machen, errechnet sich der Durchmesser der Aufwindungsrolle zu:

$$D = \frac{720}{\pi} = \text{rund } 230 \, \text{mm}.$$

Nach S. 327 ist

$$S_W = \frac{d_2 - d_1}{4\,\delta},$$

somit läßt sich die Dicke einer Vorgarnschicht berechnen zu:

$$\delta = \frac{3^3/_8 \cdot 25,4}{4 \cdot 15} = 1,43 \, \text{mm},$$

und man erhält:

$$c_1 = \frac{\delta}{\sqrt{N_g}} = \frac{1,43}{\sqrt{280}} = 0,085.$$

Um einen Einblick in die Geschwindigkeitsverhältnisse des Differentialgetriebes für verschiedene Spulendurchmesser bzw. Riemenstellungen zu erlangen, sind in nebenstehender Tabelle 68 sämtliche in Betracht kommenden Umlaufzahlen für verschiedene Spulendurchmesser errechnet. Zugrunde gelegt ist eine Umlaufzahl der Hauptwelle $n_A = 400$, ein Drehungswechsel $D_W = 47$ für $N_g = 280$ g/100 m, also 0,7 Drehungen/Zoll.

In Spalte 1 sind die Spulendurchmesser zur Vereinfachung der Berechnung in Achtelzoll angegeben. Spalte 2 enthält die danach errechneten Spulenumfänge, Spalte 3 die Aufwindumdrehungen oder die Windungsgeschwindigkeit der Spule berechnet aus Gl. (5)

$$n_w = \frac{L}{\pi \cdot d}, \text{ wobei } L = \frac{11 \cdot n_A \cdot D_W}{210}$$

$= 985$ Zoll/min ist. In Spalte 4 sind die absoluten Umdrehungen der Spule verzeichnet nach Gl. (7) $n_u = n_i - n_w$, wobei n_i aus dem Getriebe mit

$$n_i = \frac{69}{40} n_A = 690/\text{min} \text{ einzu-}$$

setzen ist. Aus n_u errechnet sich rückwärts aus dem Getriebe die absolute Umlaufzahl des Spulenrades L:

$$n_L = n_u \frac{16 \cdot 50}{23 \cdot 60} = n_u \cdot \frac{40}{69}.$$

Die so erhaltenen Werte sind in Spalte 5 verzeichnet. Aus $n_A - n_L$ erhält man dann in Spalte 6 die relativen Umdrehungen n_L' des Spulenrades L, deren Hälfte nach Gl. (12) $\frac{n_A - n_L}{2} = n_J$ die Umlaufzahl des Differentialrades J in Spalte 7 ergibt. Die Berechnung der Spalten 4 und 5 kann man auch umgehen, indem

Tabelle 68. Geschwindigkeitsverhältnisse des Differentialtriebwerkes der Liebscherschen Vorspinnmaschine 10 × 5 Zoll

mit $n_A = 400$ Uml./min; $n_i = 690$ Uml./min; $\begin{cases} \text{Vorgarn-Nr.} = 280 \text{ g/100 m,} \\ D_W = 47;\ L = 985 \text{ Zoll/min};\ n_{Co} = 358 \text{ Uml./min.} \end{cases}$

1	2	3	4	5	6	7	8	9	10
Spulendurchmesser d in $^1/_8$ Zoll	Spulenumfang $d\pi$ in Zoll	Aufwindumdrehungen der Spule n. Gl.(5) $n_w = \dfrac{985}{\text{Spalte 2}}$	Absolute Umdrehungen der Spule n. Gl. (7) $n_u = 690 - \text{Sp.3}$	Absolute Umdrehungen des Spulenrades L aus dem Getriebe errechnet $n_L = \text{Sp.4} \times \dfrac{40}{69}$	Relative Umdrehungen des Spulenrades L $n_L' = n_A - n_L = 400 - \text{Sp. 5}$	Umdrehungen des Differentialrades n. Gl. (12) $n_J = \dfrac{n_L'}{2} = \dfrac{\text{Sp. 6}}{2}$	Umdrehung. d. unteren Konus aus dem Getriebe $n_{Cu} = 12{,}37 \times \text{Sp.7}$	Verhältnis der Konendurchmesser $\psi = \dfrac{C_o}{C_u} = \dfrac{n_{Cu}}{n_{Co}} = \dfrac{\text{Sp. 8}}{358}$	Durchmesser des ob. Konus $C_o = \dfrac{a \cdot \psi}{1+\psi} = \dfrac{302 \times \text{Sp. 9}}{1 + \text{Sp. 9}}$ in mm
13	5,11	192,8	497,2	288,2	111,8	55,9	691,5	1,932	199
16	6,28	156,9	533,1	309,0	91,0	45,5	562,8	1,572	184
19	7,46	132,0	558,0	323,5	76,5	38,3	473,8	1,323	172
22	8,64	114,0	576,0	334,0	66,0	33,0	408,2	1,140	161
25	9,82	100,3	589,7	341,9	58,1	29,1	360,0	1,006	151
28	11,00	89,6	600,4	348,1	51,9	26,0	321,6	0,898	143
31	12,17	80,9	609,1	353,1	46,9	23,5	290,7	0,812	135
34	13,35	73,8	616,2	357,2	42,8	21,4	264,7	0,739	128
37	14,53	67,8	622,2	360,7	39,3	19,7	243,7	0,681	122
40	15,71	62,7	627,3	363,7	36,3	18,2	225,1	0,628	116

man direkt aus Spalte 3 die relativen Umdrehungen des Spulenrades L berechnet nach $n_L' = n_w \cdot \dfrac{40}{69}$, was sich aus der Gleichsetzung der Räderübersetzungen zwischen Hauptwelle und Spindel und zwischen Spulenrad und Spule ergibt. Aus dem Getriebe errechnet sich dann in Spalte 8 die Umlaufzahl des unteren Konus zu:

$$n_{C_u} = \frac{160 \cdot 58 \cdot n_J}{25 \cdot 30} = 12{,}37\, n_J$$

und aus $\dfrac{n_{C_u}}{n_{C_o}} = \dfrac{C_o}{C_u} = \psi$ erhält man durch Einsetzen von $n_{C_o} = \dfrac{2 \cdot n_A \cdot D_W}{105} = 358$ in Spalte 9 den Wert des Konenverhältnisses ψ, und mit $C_o = \dfrac{a \cdot \psi}{1+\psi}$, $a = 302$ mm ergeben sich in Spalte 10 die Durchmesser des oberen Konus.

Wie ein Vergleich der Spalte 10 dieser Tabelle mit Spalte 3 der Tabelle 67 erkennen läßt, stimmen die Werte in beiden Tabellen genau überein, desgleichen die Konenverhältnisse mit den auf S. 349 errechneten Zahlen. Weiterhin zeigt Tabelle 68 die verhältnismäßig geringe Umlaufzahl des Differentialrades und die hohe Umlaufzahl des Spulenrades. Da beide lose auf der Hauptwelle laufen und das Spulenrad L mit dem Büchsenrad K sich außerdem in entgegengesetzter Richtung dreht, so ist dadurch die dem Kegelräderdifferential als Nachteil anzurechnende hohe Abnützung der Laufflächen verständlich. Die Umfangsgeschwindigkeit des Konusriemens hat ihren größten Wert bei Beginn der Spulenfüllung, d. h. bei leerer Spule. Sie errechnet sich mit $C_o = 0{,}199$ m und $n_{C_o} = 358$ Uml./min zu

$$v_1 = \frac{0{,}199 \cdot 3{,}14 \cdot 358}{60} = 3{,}72 \text{ m/sek}.$$

Sie erreicht dagegen ihren geringsten Wert bei voller Spule, also bei der größten zu bewegenden Masse, mit

$$v_2 = \frac{0{,}116 \cdot 3{,}14 \cdot 358}{60} = 2{,}17 \text{ m/sek}.$$

Dadurch ist eine Ungleichmäßigkeit der Beanspruchung des Konusriemens gegeben, wie sie beispielsweise bei voreilender Spule nicht der Fall ist, da hier die Verhältnisse gerade umgekehrt liegen. Obwohl bei den Maschinen mit voreilender Spule der Kraftbedarf im allgemeinen etwas höher ist, gestaltet sich die Beanspruchung des Riemens bei Beginn und Ende der Bewicklung gleichmäßiger.

Die obigen niedrigen Riemengeschwindigkeiten haben überdies eine erhöhte Beanspruchung des Riemens zur Folge. Ist N die Leistung in PS, die der Konusriemen zu übertragen hat, P die den Riemen belastende Umfangskraft in kg und v die Riemengeschwindigkeit in m/sek, so ergibt sich aus der Beziehung

$$N = \frac{P \cdot v}{75} \text{ mkg/sek},$$

$$P = \frac{75 \cdot N}{v} \text{ kg}.$$

Je kleiner die Riemengeschwindigkeit v ist, desto größer ergibt sich P und damit die spezifische Beanspruchung des Riemens bzw. der Riemenverschleiß, da die Breite und die Dicke des Riemens begrenzt sind. Diesen Nachteil des Konustriebes sucht man durch größere Konusdurchmesser und vor allem durch größere Umlaufzahlen des unteren Konus und damit auch des Differentialrades zu beheben.

Aus der **Wirkungsweise** des **Konustriebes** ergibt sich, daß jedesmal beim Spulenwechsel der bei vollgesponnener Spule am hinteren Ende der Konen angelangte Riemen in seine Anfangsstellung zurückgeführt werden muß. Dieses Zurückführen oder, wie man auch sagt, „**Aufziehen**" des Riemens, erfolgt durch Rückwärtsdrehen des Schaltrades bzw. der Aufwindungsrolle mittels eines Handrades, das auf der Vorderseite der Maschine entweder direkt auf der Schaltradwelle sitzt, vgl. Abb. 264 und 266, S. 313 bzw. 315, oder durch ein kleines Zahnradvorgelege mit dieser in Verbindung steht, wie die in Abb. 303 und 304 S. 356 dargestellte Ausführung an einer **Seydel**schen Vorspinnmaschine zeigt. Die Klinken schleifen hierbei über die Zähne des Schaltrades hinweg und verhindern dessen selbsttätige Vorwärtsbewegung. Die Kette wickelt sich auf die Aufwindungsrolle auf, die wie das Schaltrad eine volle Umdrehung rückwärts macht, und dementsprechend hebt sich auch das die Kette spannende Gewicht.

Bei der Verschiebung der Riemengabel wird diese mittels Führungsmuffen an 2 horizontalen, von der ersten zur zweiten Maschinenmittelwand laufenden

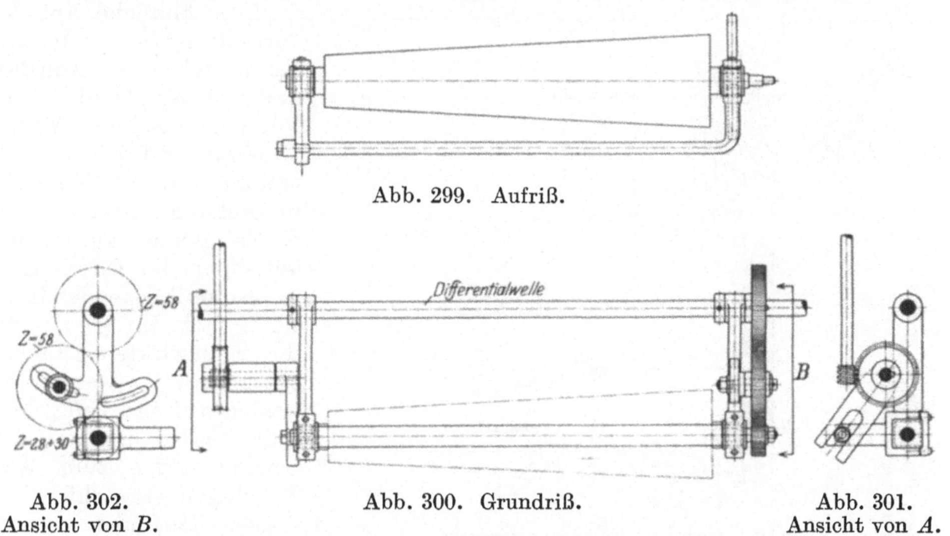

Abb. 299. Aufriß.

Abb. 302. Ansicht von *B*.	Abb. 300. Grundriß.	Abb. 301. Ansicht von *A*.

Abb. 299 bis 302. Lagerung und Anhebevorrichtung des unteren Konus zur Liebscherschen Vorspinnmaschine.

Rundstangen entlanggeführt. Um das Zurückwinden des stramm gespannten Riemens zu erleichtern, ist der untere Konus mit seinen beiden Wellenenden in einem beweglichen Rahmen gelagert, vgl. die Abb. 299 bis 302, dessen beide Seitenarme an ihren Enden die Differentialwelle umfassen und sich um diese so ausschwingen lassen, daß der Konenabstand verringert bzw. vergrößert werden kann, ohne daß die Zahnradverbindung zwischen der Differentialwelle und dem unteren Konus unterbrochen wird. Das Ausschwingen der Lagerarme erfolgt durch ein auf der Spulenseite der Maschine sitzendes Handrad, vgl. auch Abb. 266, S. 315, dessen Drehung durch Schnecke und Schneckenrad auf eine kurze, in einem feststehenden Bock gelagerte Welle übertragen wird, an deren Ende ein Hebel sitzt, dessen gabelförmiger Teil einen kurzen Bolzen umfaßt, der an dem einen Ende des beweglichen Rahmens seitlich vorragt, vgl. Abb. 301. Durch Drehung des Handrades drückt der Hebel den Konusrahmen samt dem Konus hoch, wobei der kurze Bolzen in dem Schlitz des Hebels gleitet. An dem anderen Ende des Rahmens, Abb. 302, ist eine Schere

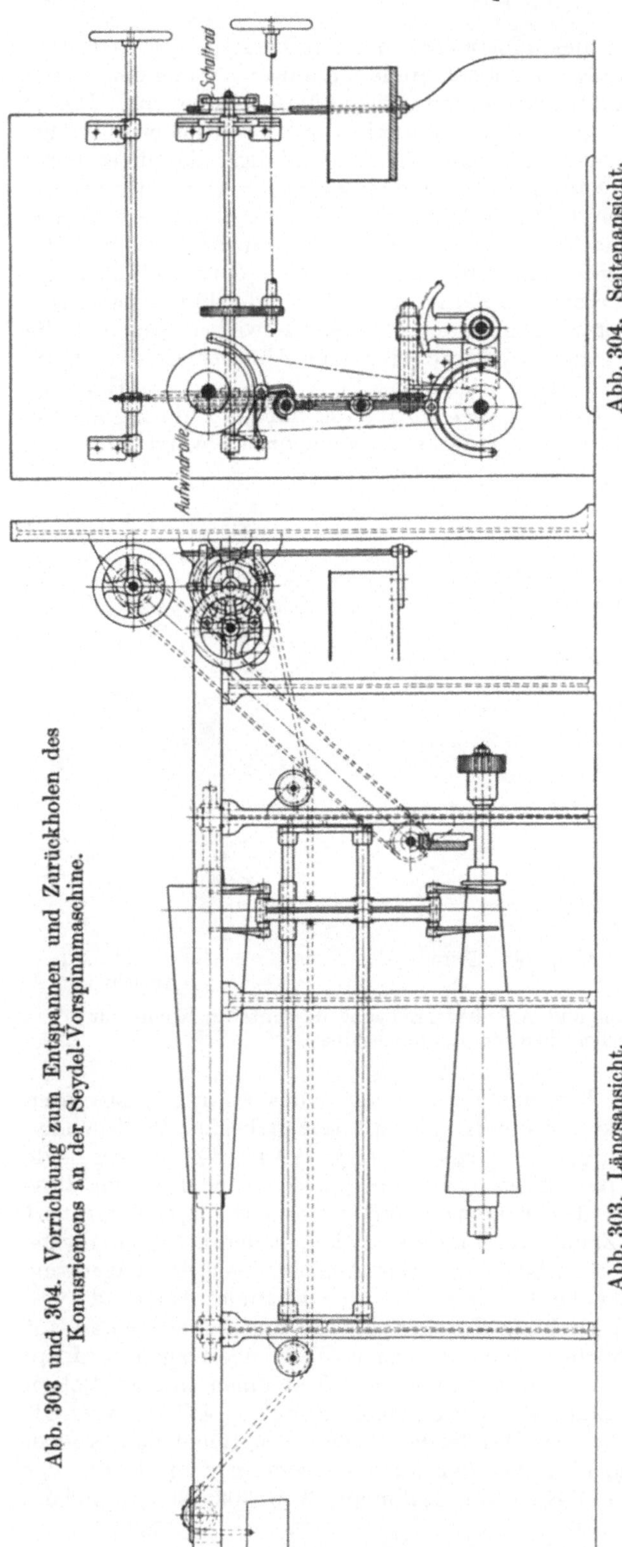

Abb. 303 und 304. Vorrichtung zum Entspannen und Zurückholen des Konusriemens an der Seydel-Vorspinnmaschine.

Abb. 303. Längsansicht.

Abb. 304. Seitenansicht.

mit Radialschlitz angegossen zur Aufnahme des Zwischenrades des Rädertriebes vom unteren Konus nach der Differentialwelle. Der Radialschlitz dient zur Verstellung des Zwischenrades, falls das Übertragungsrad der unteren Konuswelle gewechselt werden sollte. Aus der Anordnung ist ersichtlich, daß bei einer Ausschwingung des unteren Konus der ganze Rädertrieb die Bewegung mitmacht.

Eine ähnliche Anhebevorrichtung für den unteren Konus zeigen die Abb. 303 und 304 der Seydelschen Vorspinnmaschine. Mittels Handrad und Kettenübertragung wird eine Schnecke in Drehung versetzt, die in ein Zahnsegment greift, das auf einer die Differentialwelle umschließenden Hohlwelle sitzt. Infolge der dadurch bewirkten Drehung der Hohlwelle werden die beiden auf ihr befestigten und die Konuszapfen tragenden Arme zum Ausschwingen gebracht.

Bisweilen findet man noch ältere Anordnungen, bei denen zur Entlastung des Konusriemens nur das eine Konusende mit seinem Lager hochgehoben wird, doch sind die obigen Anordnungen entschieden vorzuziehen.

Während das Differentialtriebwerk meist unmittelbar hinter der Antriebswand der Maschine sitzt und neben dieser noch durch eine Zwischenwand, den Differentialbock, gestützt wird, muß das Konusgetriebe infolge seiner größeren Längenausdehnung hinter das Differentialgetriebe zwischen die erste und zweite Mittelwand gelegt werden. Hierbei ist der obere Konus entweder in den Gestellwänden direkt oder in besonderen, an das Maschinenbett seitlich angeschraubten Böcken gelagert.

Besondere Beachtung verdient noch der im Spulenantriebswerk oben schon erwähnte Rädertrieb zur Übertragung der Drehbewegung des Spulenrades L auf das auf der Spulenbankwelle sitzende Antriebsrad M, das sogenannte Rädergehänge, Gelenkbewegung oder Knie. Wie bereits aus der schematischen

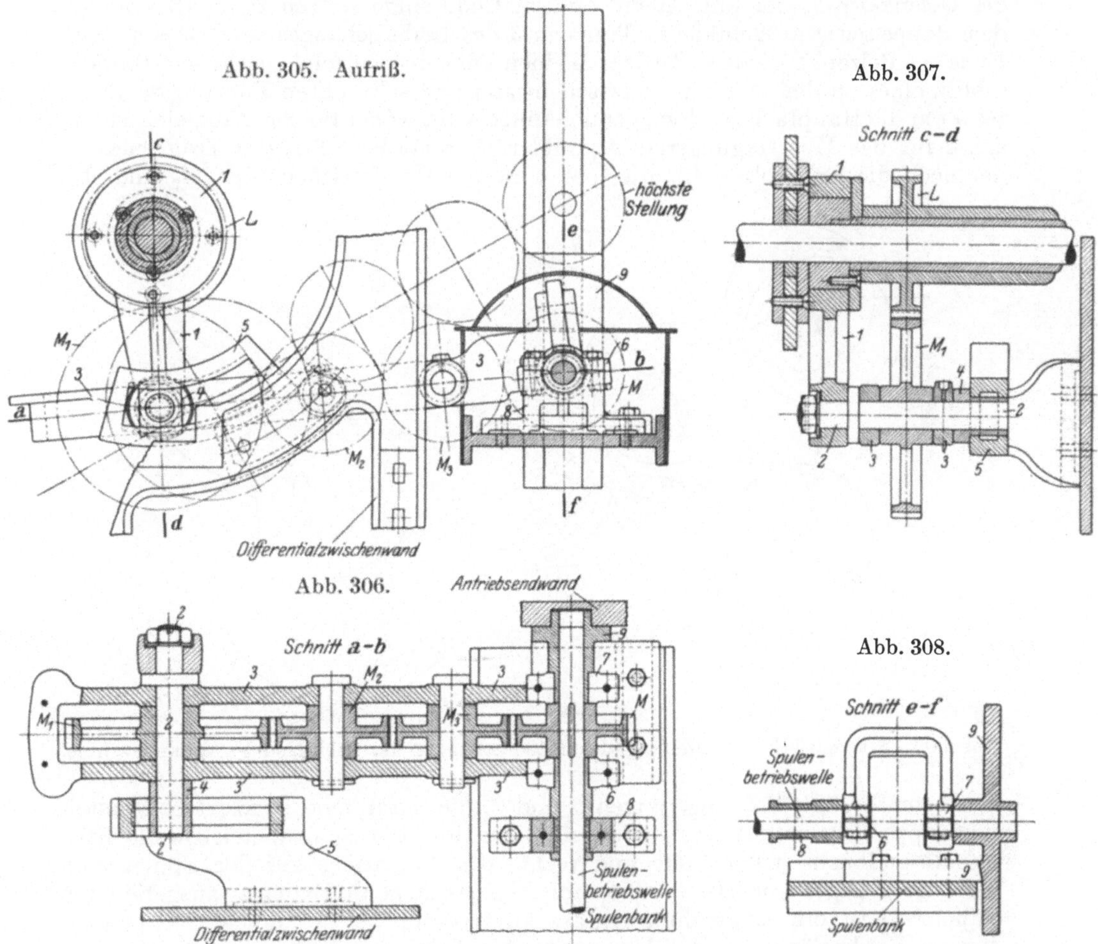

Abb. 305 bis 308. Rädergehänge zur Liebscher-Vorspinnmaschine.

Getriebezeichnung, Abb. 295, welche die Spulenbetriebswelle mit dem Antriebsrad M in ihrer tiefsten und höchsten Stellung andeutet, ersichtlich ist, müssen sämtliche Übertragungsräder samt dem Tragrahmen, in dem sie gelagert sind, die Auf- und Abbewegung der Spulenbank mitmachen, mit Ausnahme des Spulenrades L, dessen Stellung durch die Hauptantriebswelle festgelegt ist. Infolge der unveränderlichen Lage dieser Welle einerseits und der in einer Vertikalen erfolgenden Auf- und Abbewegung der Spulenbank andererseits ergibt sich, daß die Achsenentfernung zwischen Hauptantriebswelle und Spulenbetriebswelle sich während einer Hubperiode ändert. Demgemäß kann die Räderübertragung nicht durch eine starre Verbindung, sondern nur durch eine Gelenkverbindung erfolgen, die sich der veränderlichen Achsenentfernung anpaßt. In der Art, wie diese Gelenkverbindung ausgeführt wird, unterscheiden sich wiederum die Konstruktionen der verschiedenen Maschinenbauer. Die Abb. 305 bis 308 zeigen die konstruktive Ausführung bei der Liebscherschen Vorspinnmaschine.

Neben dem Spulenrad L sitzt dicht an der Innenseite der Antriebsendwand lose drehbar auf der Hauptwelle, bzw. auf einer diese umschließenden Büchse der Gelenkarm *1*, der mit seinem andern Ende einen Bolzen *2* umfaßt, der in dem doppelseitig ausgebildeten Tragarm *3* des Rädergehänges sitzt. Das andere Ende des Bolzens *2* greift außerdem in einen Führungswürfel *4*, der in dem Radialschlitz eines an der Differentialzwischenwand angeschraubten Führungssegmentes *5* um die Hauptachse schwingend geführt wird, wobei Bolzen *2* zugleich Drehachse für das Übertragungsrad M_1 bildet. Der vordere Teil des Tragarmes *3*, der noch die Tragbolzen für die lose umlaufenden Zwischenräder M_2 und M_3

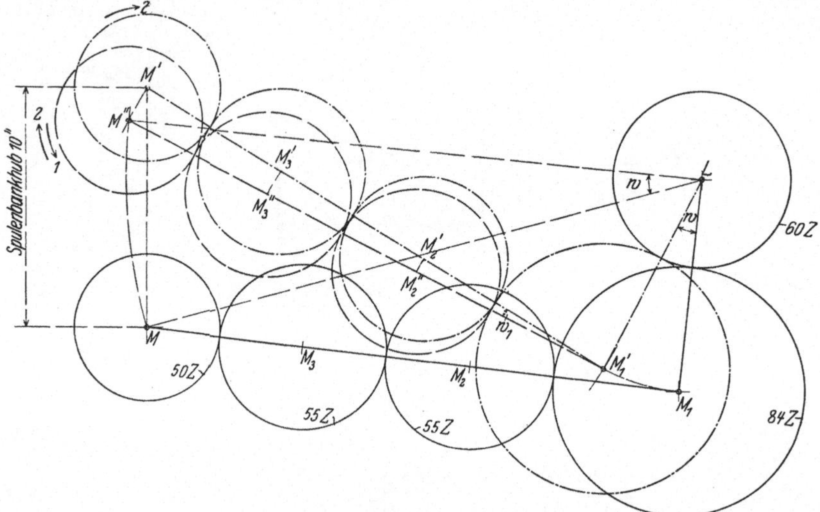

Abb. 309. Schematische Darstellung des Rädergehänges der Liebscher-Vorspinnmaschine.

aufnimmt, endigt in 2 Lageraugen *6* und *7*, die durch eine bügelartige Versteifungsrippe miteinander verbunden sind und lose die Spulenbetriebswelle bzw. die Rotgußbüchsen der links und rechts des Tragarmes auf der Spulenbank befestigten Lagersupporte *8* und *9* umfassen. An dem als Endlager ausgebildeten Support *9* ist ein senkrechter Ansatz angegossen, welcher mit seiner prismatischen Vorderfläche an der Innenseite der Antriebsendwand mit der Spulenbank auf und ab gleitet und letzterer so als Führung dient. Die beiden Arme des Lenkers *3* sind am hinteren Ende ebenfalls bügelartig verbunden, so daß das ganze Rädergehänge einen recht stabilen Eindruck macht. Verfolgt man die Wirkungsweise des Räderknies, so zeigt sich, daß dieses nicht nur die vom Spulenrad ausgehende Drehbewegung auf die Spulenbetriebswelle überträgt, sondern daß außerdem infolge der Auf- und Abbewegung der Spulenbank und der damit in Verbindung stehenden Veränderung der gegenseitigen Stellung der beiden Arme des Knies Abwälzbewegungen der einzelnen Zahnräder epizyklischen Charakters entstehen, welche der Spulenbetriebswelle und damit den Spulen selbst zusätzliche oder verzögernde Drehbewegungen vermitteln, die die gleichmäßige Aufwindung des Vorgarnes ungünstig beeinflussen können.

Um sich ein Bild über die Größe dieser epizyklischen Drehbewegungen zu machen, sei die schematische Darstellung des Rädergehänges in Abb. 309 herangezogen. Bezeichnet man die Mittelpunkte der Übertragungsräder mit den für diese Räder gewählten Buchstaben und bewegt sich die Spulenbank um einen vollen Hub $= 10$ Zoll von der tiefsten nach der höchsten Stellung, so gelangt M nach M' senkrecht über M und der Arm $M_1 M$ nimmt die Lage $M_1' M'$ ein, wobei der Gelenkarm $L M_1$ um einen Winkel $w = \sphericalangle M_1 L M_1'$ ausschwingt. Dieser läßt sich leicht bestimmen, da $M_1' M' = M_1 M$ ist und außerdem M_1' auf dem Kreisbogen um L mit dem Halbmesser $L M_1$ liegen muß. Wie aus der Zeichnung ersichtlich, hat sich bei dieser Bewegung der Gelenkwinkel $L M_1 M$ verkleinert, indem das Gelenk bei M_1' nachgegeben hat. Zur Bestimmung des Winkels, um den sich das Gelenk zusammengedrückt hat, dreht man $M_1' M'$ in die Lage $M_1' M''$ zurück, indem man $\sphericalangle L M_1' M'' = \sphericalangle L M_1 M$ macht. Dazu hat man nur um L mit dem Halbmesser $L M$ und um M_1' mit Halbmesser $M_1' M'$ Kreisbogen zu beschreiben, deren Schnittpunkt M'', d. h. die Lage des Punktes M ergibt, wenn sich das Gelenk $L M_1 M$ um den Winkel w um L gedreht hat und hierbei der Gelenkwinkel als unnachgiebig angenommen wurde. Winkel $w_1 =$ Winkel $M' M_1' M''$ stellt dann den Winkel dar, um den sich in Wirklichkeit die Gelenkarme zusammendrücken müssen, damit M'' nach M', d. h. senkrecht über M zu liegen kommt, wie es die Spulenbankbewegung verlangt. Der Beweis ergibt sich aus der Kongruenz der Dreiecke $L M_1 M$ und $L M_1' M''$, daher ist auch $\sphericalangle M L M'' = w$. Die Größe der durch diese Drehbewegung hervorgerufenen epizyklischen Bewegung ergibt sich durch Zerlegen in Einzelbewegungen und algebraische Addierung derselben wie folgt:

a) Denkt man sich Rad L festgehalten, das Gelenk starr in die Lage $L M_1' M''$ um w gedreht, dann rollt Rad M_1 um w auf Rad L ab und überträgt diese Bewegung entsprechend der Räderübersetzung auf Rad M'', welches somit durch Abrollen eine Drehbewegung um einen Winkel $= \dfrac{w \cdot 60}{50}$ in Richtung des Pfeiles $1 \downarrow$ ausführt.

Denkt man sich Rad L außer Eingriff mit dem Rädergehänge, dann erhält M'' außerdem infolge der Drehung des ganzen Systemes um den Winkel w durch Mitnahme eine Drehung um w in Richtung des Pfeiles $2 \uparrow$.

Somit ergibt Bewegungsfall a einen Drehwinkel durch Abrollen und Mitnahme von $\alpha = \dfrac{w \cdot 60}{50} - w = 0{,}2\, w$ in Richtung $1 \downarrow$.

b) Der Gelenkwinkel $L M_1' M''$ ist nicht starr, sondern verkleinert sich um den Winkel w_1, indem $M_1' M''$ nach $M_1' M'$ kommt. Denkt man sich Rad M_1' festgehalten, dann rollt Rad M_2'' auf Rad M_1' um den Winkel w_1 ab und gelangt nach M_2'. Ebenso gelangt Rad M'' nach M' und M' erhält somit eine Drehbewegung durch Abrollen um den Winkel $\dfrac{w_1 \cdot 84}{50}$ in Richtung $2 \uparrow$.

Denkt man sich M_1' außer Eingriff, dann erhält M' außerdem eine Drehbewegung durch Mitnahme um den Winkel w_1 in Richtung $2 \uparrow$. Somit ergibt Bewegungsfall b einen Drehwinkel des Rades M' durch Abrollen und Mitnahme von

$$\beta = \frac{w_1 \cdot 84}{50} + w_1 = 2{,}68\, w_1 \text{ in Richtung } 2 \uparrow.$$

Die Zusammensetzung der Bewegungsfälle a und b ergibt als Gesamtdrehwinkel des Rades M':

$$\gamma = \beta - \alpha \text{ nach } 2 \uparrow, \text{ (sofern } \beta > \alpha \text{ ist)} = 2{,}68\, w_1 - 0{,}2\, w.$$

Je kleiner w_1 gegenüber w ist, desto geringer wird γ. Soll keinerlei epizyklische Bewegung stattfinden, muß $\gamma = 0$ sein, d. h.:

$$0{,}2\, w = 2{,}68\, w_1 \quad \text{oder} \quad w_1 = \text{rund} \tfrac{1}{13}\, w.$$

Nach der Zeichnung ist jedoch w_1 in vorliegendem Falle etwa $\frac{1}{5}\,w$, so daß sich $\gamma = $ rd. $\frac{1}{3}\,w$ ergibt.

Mit $w = $ rd. 21^0 erhält man demnach $\gamma = 7^0$. Das Antriebsrad auf der Spulenwelle dreht sich somit infolge der epizyklischen Bewegung um $\frac{7}{360}$ einer Umdrehung oder bei 50 Zähnen um $\frac{7\cdot 50}{360} = $ rd. 1 Zahn und die Spulentellerräder selbst um $\frac{7\cdot 23}{360} = $ rd. ½ Zahn während einer ganzen Hubperiode, d. h. um einen für die Aufwindung ganz unwesentlichen Betrag. Erfolgt die Drehung des Spulenrades L in Abb. 309 entgegengesetzt der Richtung des Uhrzeigers, so dreht sich auch M entgegen dem Uhrzeigersinn und die epizyklische Drehbewegung ist beim Aufwärtsgang der Spulenbank von der durch das Differentialgetriebe der Spulenbetriebswelle vermittelten gesetzmäßigen Drehbewegung in Abzug zu bringen und umgekehrt bei der Abwärtsbewegung der Spulenbank der Umlaufzahl zuzuzählen. Die Spulen verlieren demnach beim Aufwärtsgang an Umlaufzahl, dadurch nehmen die Aufwindumdrehungen zu und die Spannung wird zu groß. Beim Abwärtsgang sind die Verhältnisse gerade umgekehrt, die Vorgarnspannung wird zu gering. Eine nähere Untersuchung dieser epizyklischen Drehbewegung ergibt übrigens, daß diese sich nicht gleichmäßig über den ganzen Hub verteilt; sie ist vielmehr in den ersten Zeitabschnitten der Aufwärtsbewegung am größten, um gegen das Ende immer kleiner zu werden, und umgekehrt zeigt sie sich beim Abwärtsgang am Anfang am kleinsten und am Ende am größten[1].

---

[1] Vielfach findet man die irrtümliche Ansicht verbreitet, als ob diese epizyklische Spulenbewegung von Einfluß auf die Drahtgebung des Vorgarnes wäre. Nach den Darlegungen S. 317 wird die Drehung des Vorgarnes jedoch einzig und allein bestimmt durch das Verhältnis der Spindelumlaufzahl zu der Lieferung des Streckzylinders bezogen auf den gleichen Zeitintervall. Differenzen in dem Verhältnis der Spulenumlaufzahl zur Spindelumlaufzahl beeinflussen die Aufwindumdrehungen und daher die Spannung des aufwindenden Vorgarnes. Unter Umständen kann durch zu starke Spannung falscher Verzug und damit sogenanntes „schnittiges“ Vorgarn entstehen.

Auf einem ähnlichen Trugschluß beruht die ebenfalls häufig, sogar in neuerer Literatur zu findende Behauptung, daß infolge der zweireihigen Anordnung der Spindeln bei Vorspinnmaschinen die vordere oder äußere Spindelreihe weniger gedrehtes Vorgarn liefere als die innere Spindelreihe „infolge der größeren freilaufenden Fadenlänge zwischen Streckzylinder und Flügelkopf der äußeren Spindelreihe“.

Allerdings ist infolge des verschieden großen Auflaufwinkels der Vorgarnfäden in der vorderen und hinteren Spindelreihe die Entfernung zwischen Flügelkopf und Streckzylinder verschieden groß (vgl. Abb. 310), doch kann diese Verschiedenheit der freilaufenden Fadenlänge nur für die erste, von der Spinnerin beim Ingangsetzen der Maschine dem Vorgarn von Hand erteilten Drahtgebung von (übrigens unbedeutendem) Einfluß sein; danach wird die Drehung allein, wie oben schon angeführt, durch die Lieferung des Zylinders und die Umlaufzahl der Spindeln bestimmt. Dagegen hat der verschieden große Auflaufwinkel des Vorgarnes einen verschieden großen Reibungswiderstand an dem Flügelkopf zur Folge. Dieser ist, wie leicht ersichtlich, an den Flügelköpfen der äußeren Reihe größer als an den der inneren Reihe. Durch diese größere Hemmung wird das Fadenstück zwischen Lieferungszylinder und Flügelkopf stets lockerer, d. h. geringer gespannt, durchlaufen, als es bei glattem Passieren

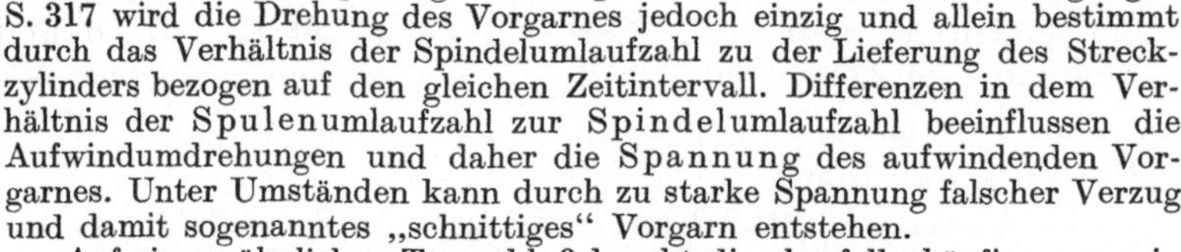

Abb. 310.

des Flügelkopfes der Fall wäre. Infolgedessen werden auch die Spulen der vorderen Reihe mit geringerer Spannung, d. h. loser gewickelt als die der hinteren Reihe. Naturgemäß

Durch geschickte Anordnung des Rädergehänges, beispielsweise durch geringe Höherlegung des Punktes M gegenüber M_1, läßt sich der oben ermittelte geringe Fehler fast ganz beseitigen, indem sich Winkel w_1 so klein ergibt, daß Winkel γ annähernd $= 0$ wird. Doch erfordert dies viel Herumprobieren, und man zieht daher häufig Rädergehänge vor, bei denen durch besondere Anordnung des Gelenkes und der Raddurchmesser die epizyklische Bewegung vollständig ausgeschaltet ist, vgl. S. 382.

Der Antrieb nach der Wagenhubwelle, vgl. die Getriebezeichnungen Abb. 293 und 297, S. 340 bzw. 349 (sowie die Konstruktionszeichnung Abb. 311 und 312, S. 363), geht von der Differentialwelle aus, indem das an ihrem Ende sitzende Zahnrad $Z_{26} = 23$ Zähne über das Zwischenrad $Z_{27} = 29$ Zähne auf das am Ende einer kurzen Welle sitzende Zahnrad $Z_{28} = 29$ Zähne treibt. Die hierdurch dieser Welle erteilte Drehbewegung wird durch das an ihrem anderen Ende sitzende Kegelrad $K_3 = 23$ Zähne auf ein gleichgroßes Kegelrad $K_4 = 23$ Zähne übertragen, das am oberen Ende einer kurzen senkrechten Welle sitzt, an deren unterem Ende ein kleines Kegelrad $K_5 = 21$ Zähne befestigt ist, das abwechslungsweise mit den auf der horizontalen Kehrwelle sitzenden Kegelrädern, den Umkehrrädern K_6 und $K_6' = 80$ Zähne in Eingriff gebracht wird, je nachdem die Kehrwelle unter dem Einfluß eines durch den Wagen gesteuerten Klinkenmechanismus nach links oder rechts verschoben wird. Die Drehbewegung der Kehrwelle wiederum, die demnach einmal links, das andere Mal rechts gerichtet ist, wird durch das an ihrem anderen Ende sitzende Ritzel $Z_{29} = 18$ Zähne auf das auf festem Bolzen lose sich drehende Doppelrad $Z_{30} = 49$ Zähne, $Z_{31} = 23$ Zähne übertragen. Z_{31} wiederum treibt auf Zahnrad $Z_{32} = 70$ Zähne, auf dessen Nabe durch Nut und Feder auswechselbar das Hubwechselrad $H_W = 20$ bis 48 Zähne sitzt, das endlich in das auf der über die ganze Maschine durchgehenden Hubwelle sitzende Zahnrad $Z_{33} = 92$ Zähne greift und so die Drehung der in die Spulenbankzahnstangen eingreifenden Hubräder $H = 25$ Zähne und damit auch die Auf- und Abbewegung der Spulenbank vermittelt.

Aus der Umlaufzahl des oberen Konus nach Gl. (26) ergibt sich mit dem Konenverhältnis $\dfrac{C_o}{C_u} = \psi$ und einem Differentialwechsel $J_W = 30$ die minutliche Umlaufzahl der Hubwelle zu:

$$n_H = \frac{2\,n_A \cdot D_W}{105} \cdot \frac{\psi \cdot 30 \cdot 23 \cdot 23 \cdot 21 \cdot 18 \cdot 23 \cdot H_W}{58 \cdot 28 \cdot 23 \cdot 80 \cdot 49 \cdot 70 \cdot 92} = 0{,}000\,002\,691\,n_A \cdot D_W \cdot \psi \cdot H_W \,. \quad (39)$$

Mit $n_A = 400$ wird $n_H = 0{,}0010764 \cdot D_W \cdot H_W \cdot \psi$, oder mit $\psi = \dfrac{3{,}14}{d}$

$$n_H = \frac{0{,}00338 \cdot D_W \cdot H_W}{d} \,. \quad (39')$$

Für eine bestimmte Garnnummer, z. B. $N_g = 280$ g/100 m, $D_W = 47$ und $H_W = 40$ (durch Probieren ermittelt) errechnet sich nach Gl. (39')

$$n_H = \frac{6{,}3544}{d} \text{ Uml./min} \,.$$

Dies ergibt für $d_1 = 1^5/_8$ Zoll am Anfang der Aufwindung, d. h. bei leerer Spule:

$$n_{H_1} = \frac{6{,}3544}{1{,}625} = 3{,}9 \text{ Uml./min}$$

und am Ende der Aufwindung bei voller Spule für $d_2 = 5$ Zoll

$$n_{H_2} = \frac{6{,}3544}{5} = 1{,}27 \text{ Uml./min} \,.$$

---

findet bei der Überwindung des größeren Reibungswiderstandes auch eine gewisse Dehnung bzw. Verziehung des Vorgarnes der vorderen Spindelreihe statt, doch ist dieses infolge seiner Geringfügigkeit unter sonst normalen Verhältnissen ohne praktische Bedeutung. (Vgl. auch Leipz. Monatsschr. Textilind. 1928, H. 2; E. Bayer: Ungleiche Luntendrehung an Flyern.)

Aus n_H errechnet man die Wagengeschwindigkeit

$$W = n_H \cdot D \cdot \pi,$$

wenn D der Teilkreisdurchmesser der Zahnstangen- oder Hubräder H ist.

Mit einer Zähnezahl der Hubräder $H = 25$ und einer Teilung $= 8$ d. p. errechnet sich nach S. 191 der Teilkreisdurchmesser $D = \dfrac{25}{8} = 3^1/_8$ Zoll und

$$W = n_H \cdot 3^1/_8 \cdot \pi \text{ Zoll/min},$$

demnach für $n_{H_1} = 3,9$ am Anfang:

$$W_1 = \frac{3,9 \cdot 25 \cdot 3,14}{8} = 38,27 \text{ Zoll/min} = 0,972 \text{ m/min},$$

und für $n_{H_2} = 1,27$ am Ende:

$$W_2 = \frac{1,27 \cdot 25 \cdot 3,14}{8} = 12,46 \text{ Zoll/min} = 0,316 \text{ m/min}.$$

Für einen Hub von 10 Zoll benötigt demnach die Spulenbank

$$\text{am Anfang } \frac{10 \cdot 60}{38,27} = 15,7 \text{ sek},$$

$$\text{am Ende } \frac{10 \cdot 60}{12,46} = 4,8 \text{ sek}.$$

Aus Gl. (6), S. 320 läßt sich die Höhe einer Windung errechnen $h = \dfrac{W}{n_w}$.

Nach Spalte 3 der Tabelle 68, S. 353, ergeben sich für den Anfang

$$n_{w_1} = 192,8, \quad \text{somit} \quad h = \frac{38,27}{192,8} = 0,198 \text{ Zoll} = 5,03 \text{ mm}$$

und da die gesamte Hubhöhe einer Spule 10 Zoll beträgt, errechnet sich theoretisch die Anzahl Windungen einer Spule für einen Hub zu:

$$\frac{10}{0,198} = 50,5 \text{ [1]}.$$

Obige Rechnung läßt sich naturgemäß auch für jede andere Windungszahl n_w durchführen und muß zu demselben Ergebnis für h führen, z. B. ergibt sich für $n_{w_2} = 62,7$ am Ende der Bewicklung gemäß Spalte 3, Tabelle 68:

$$h = \frac{W_2}{n_{w_2}} = \frac{12,46}{62,7} = 0,198 \text{ Zoll}.$$

Die Gleichung $h = c_2 \cdot \sqrt{N_g}$ (vgl. S. 327) läßt sich zur Bestimmung von c_2 verwenden, es ergibt sich für das obige Garn mit $N_g = 280$ g/100 m und $h = 5,03$ mm

$$c_2 = \frac{5,03}{\sqrt{280}} = 0,3.$$

Auch dieser Zahl ist lediglich theoretischer Wert beizumessen, da ebenso wie die Bestimmung der Schalträder auch die Bestimmung der Hubwechselräder viel einfacher und sicherer durch Probieren je nach dem Ausfall der Spulenwicklung erfolgt.

---

[1] Da der Umfang des Teilkreisdurchmessers des Hubrades H, $3^1/_8$ Zoll $\cdot \pi$, annähernd der Wagenhubhöhe von 10 Zoll gleich ist, entspricht jeder Umdrehung des Hubrades annähernd eine Wagenhebung bzw. Wagensenkung. Somit ergibt sich in einfacher Weise:

$$\text{Zahl der Vorgarnwindungen/Hub} = \frac{\text{Aufwindumdrehungen/min}}{\text{Hübe/min}} = \frac{192,8}{3,9} = 49,5$$

d. h. annähernd übereinstimmend mit dem obigen Ergebnis.

Die konstruktive Ausführung der Spulenbankkehrung zeigen die Abb. 311 und 312. Die an beiden Enden in den mittleren Maschinengestellwänden (bei einer 8 köpfigen Maschine zwischen der 3. und 4. Mittelwand) gelagerte Kehrwelle hat in ihrem mittleren Teil 2 Bunde, die sich links und rechts gegen die Augen *1* und *2* des Kehrschlittens *3* legen, welcher auf der auf einer Fußplatte am Maschinengestell festgeschraubten Wange *4* zusammen mit der Kehrwelle in deren Achsrichtung verschiebbar angeordnet ist und mit seinen an den Augen *1* und *2* angegossenen Lappen *5* und *6* in der in der Wange *4* gelagerten Spindel *7* noch eine besondere Führung erhält. Diese axiale Verschiebung der Kehrwelle mit dem Gleitsupport kann durch die Sperrfallen oder Winkelhebel *8* und *9*, die an zwei an die Führungswange *4* links und rechts angegossenen Lappen *10* und *11* drehbar befestigt sind, gehemmt oder freigegeben werden, je nachdem diese Fallen sich mit ihren Nasen gegen den Ansatz *12* im mittleren Teil des Kehrschlittens *3* legen oder von diesem abheben. Die Steuerung der Sperrfallen

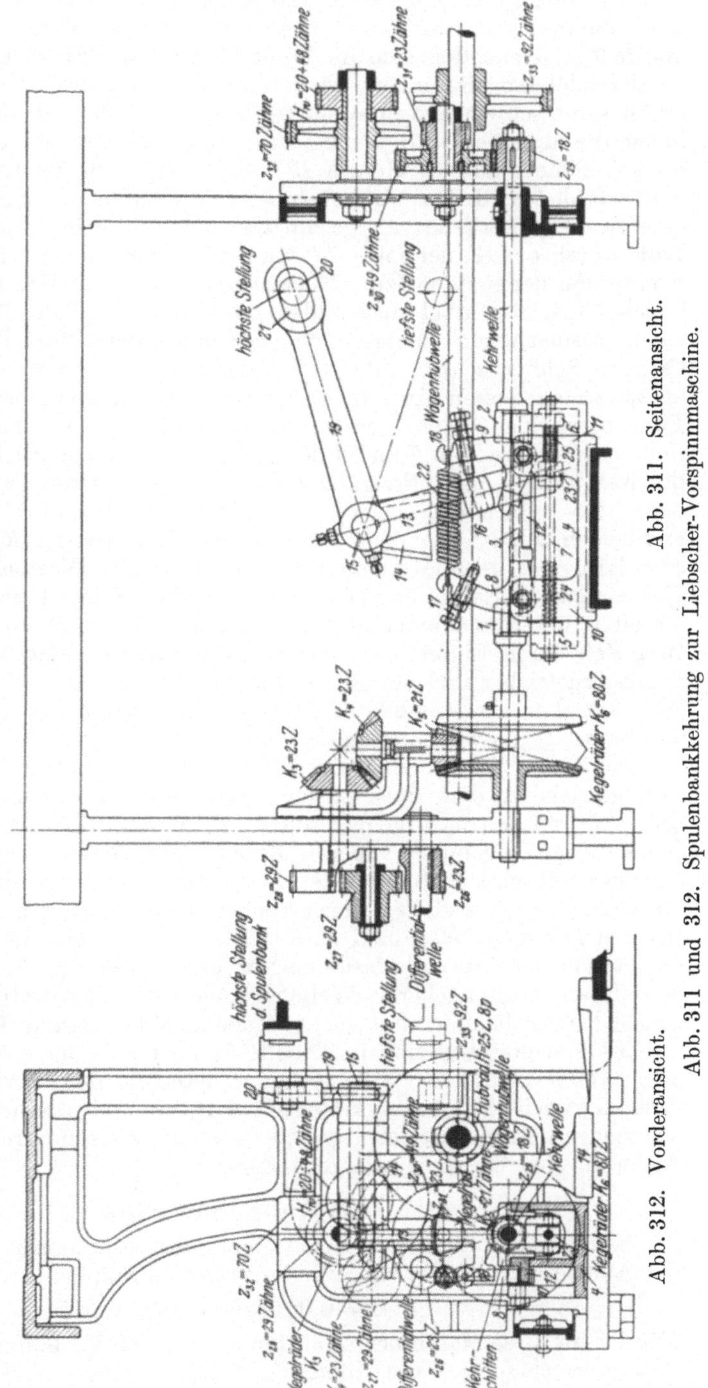

Abb. 311. Seitenansicht.

Abb. 312. Vorderansicht.

Abb. 311 und 312. Spulenbankkehrung zur Liebscher-Vorspinnmaschine.

erfolgt durch den Fallenhebel *13*, der sich mit der im Bock *14* gelagerten Achse *15* dreht und sich hierbei mit seiner vorspringenden Nase *16* abwechselnd gegen die in den Fallen *8* und *9* nachstellbar angeordneten Anschlagschrauben *17* und *18* legt, je nachdem sich die Welle *15* unter der Einwirkung des ebenfalls auf ihr sitzenden langen Lenkers *19* nach links oder rechts dreht. Lenker *19* wiederum erhält seine schwingende Bewegung durch die auf- und abgehende Spulenbank, indem die um einen an dieser befestigten Bolzen lose sich drehende Gleitrolle *20* in dem Schlitz *21* des Hebels *19*, der daher auch als Rollenhebel bezeichnet wird, geführt wird. Das abwechslungsweise Einfallen der Sperrfallen wird durch eine starke Spiralfeder *22* vermittelt, die sich beim Zurückdrehen der einen Falle durch den Fallenhebel *13* spannt, so daß die andere Klinke sofort nach Freiwerden der ersteren zum Einschnappen kommt. Das freie Ende des Fallenhebels *13* ist als Gabel ausgebildet, die über die Spindel *7* greift und auf dieser einen prismatischen Gleitstein *23*, der mit kurzen Zäpfchen in einem entsprechenden Schlitz in der Gabel des Fallenhebels geführt ist, hin- und herschiebt entsprechend dessen Ausschlag. Hierbei werden abwechselnd die lose auf der Führungsspindel *7* sitzenden Spiralfedern *24* und *25* links und rechts gespannt und gegen die Lappen *5* und *6* des Kehrschlittens *3* gedrückt, so daß dieser samt der Kehrwelle je nach Freigabe des einen oder anderen Fallenhebels nach rechts oder links ausschlägt, soweit es der Spielraum zwischen den beiden Wangenendflächen zuläßt, bzw. der Eingriff der Umkehrräder K_6 in das Kegelrad K_5 erfordert. Die genaue Einstellung dieser axialen Verschiebung erfolgt durch Nachstellen der Schrauben *17* und *18*. Auf diese Weise läßt sich ein sehr genaues Arbeiten der Spulenbankkehrung erzielen, wie überhaupt die ganze Vorrichtung sich durch Einfachheit und Exaktheit auszeichnet. Die übrige Anordnung des Kehrgetriebes und der Räderübertragung nach der Wagenhubwelle geht aus Abb. 312 ohne weiteres hervor. Durch vollkommene Einblechung wird das ganze Triebwerk gegen Verschmutzung geschützt.

Damit sind die für eine Vorspinnmaschine in Betracht kommenden Haupträdergetriebe an dem Beispiel der Liebscherschen Maschine erschöpfend behandelt. Sie weichen naturgemäß durch die Verschiedenheit ihrer Anordnung und Konstruktion gegenüber anderen Maschinentypen im einzelnen voneinander ab, wie dies teilweise später bei der Besprechung anderer Maschinen noch gezeigt wird, im Prinzip sind sie jedoch voneinander wenig verschieden. Vor allem ist bei den heutigen Maschinen darauf Wert gelegt, daß die Haupttriebwerke auf der Antriebsseite der Maschine vor und hinter der Antriebsendwand liegen, so daß lange durchgehende Wellenstränge vermieden werden, während andererseits Übersichtlichkeit und leichte Zugänglichkeit gewahrt bleiben.

Zusammenfassend sind in Tabelle 69 nochmals die vier Arten von Wechselrädern einer Vorspinnmaschine, nämlich der Verzugswechsel V_W, der Drehungswechsel D_W, der Hubwechsel H_W und der Schaltungswechsel S_W zusammengestellt und gleichzeitig ist angegeben, wie sich ihre Zähnezahlen bei einer Änderung der Vorgarngewichte ändern.

Die Produktion

der betrachteten Liebscherschen Vorspinnmaschine ergibt sich nach Gl. (23) aus der Ablieferung des Verzugszylinders für eine Spindel zu:

$$L = 0{,}001329 \cdot n_A \cdot D_W \; \text{m/min} .$$

Mit der für diese Maschine gewählten maximalen Umlaufzahl der Hauptwelle $n_A = 400$ errechnet sich die stündliche Garnlieferung der Maschine für eine Spindel zu:

$$L = 0{,}001329 \cdot 400 \cdot 60 \cdot D_W = 31{,}896 \cdot D_W \; \text{m/Sp.h} . \tag{40}$$

Bezeichnet N_g die Vorgarnnummer in g/100 m, so berechnet sich demnach die **stündliche Spindelproduktion** in kg zu:

$$L_{kg} = \frac{31{,}896 \cdot D_W \cdot N_g}{100\,000} \text{ kg/Sp.h} . \tag{40'}$$

Danach ergibt sich beispielsweise für ein Vorgarn $N_g = 280$ g/100 m ($N_{leas} = 0{,}60$ leas/lb) bei einem Drehungswechsel $D_W = 47$ (welchem nach der Drehungstabelle 0,7 Drehungen/Zoll oder $\alpha_{leas} = \dfrac{0{,}7}{\sqrt{0{,}60}} = 0{,}9$

bzw. 0,28 Drehungen/cm oder $\alpha_g = 0{,}28 \cdot \sqrt{280} = 4{,}6$ entsprechen) die stündliche Spindelproduktion:

$$L_{kg} = \frac{31{,}896 \cdot 47 \cdot 280}{100\,000} = 4{,}2 \text{ kg/Sp.h} .$$

Führt man statt des Drehungswechsels D_W in Gl. (40') die Drehungskonstante $K_{D_{cm}}$ ein, dann ergibt sich nach Gl. (25), S. 342:

$$D_W = \frac{12{,}98}{t_{cm}} , \quad \text{oder mit } t_{cm} = \frac{\alpha_g}{\sqrt{N_g}} \text{ wird } D_W = \frac{12{,}98 \cdot \sqrt{N_g}}{\alpha_g} \text{ und}$$

Tabelle 69.
Wechselräder einer Vorspinnmaschine bei verschiedenen Garnnummern.

Vorgarn	Verzug V	Verzugswechsel V_W	Anzahl Drehungen t	Drehungswechsel D_W	Hebungsgeschwindigkeit H	Hebungswechsel H_W	Anzahl der Schaltungen	Zähnezahl des Schalt.-Wechsels S_W
Schwerer N_g größer	kleiner	kleiner	kleiner	größer	größer	größer	kleiner	kleiner
Leichter N_g kleiner	größer	größer	größer	kleiner	kleiner	kleiner	größer	größer

$$L_{kg} = \frac{31{,}896 \cdot 12{,}98 \cdot N_g \cdot \sqrt{N_g}}{100\,000 \cdot \alpha_g} = \frac{414 \cdot N_g \cdot \sqrt{N_g}}{100\,000 \cdot \alpha_g} \text{ kg/Sp.h} . \tag{41}$$

Diese Gleichung zeigt anschaulich die Abhängigkeit der Spindelproduktion von der Drehungskonstante und der Garnnummer. Die Drehungskonstante ändert sich im allgemeinen nicht mit der Garnnummer, sondern hängt lediglich vom Material ab. Kurzfaseriges Material muß schärfer gedreht werden als langfaseriges, damit der Vorgarnfaden die zum Aufwinden auf die Spule erforderliche Festigkeit erhält. Wie früher schon angegeben, ist dabei die obere Grenze der Drehung durch die Bedingung gezogen, daß ein leichtes Verziehen und Aufdrehen des Vorgarnes an der Feinspinnmaschine noch gewährleistet ist. Für die gebräuchlichsten Vorgarnnummern und Qualitäten schwankt α_g zwischen 4,1 und 4,6. Mit $\alpha_g = 4{,}6$ geht Gl. (41) über in:

$$L_{kg} = \frac{9 \cdot N_g \cdot \sqrt{N_g}}{10\,000} \text{ kg/Sp.h} ,$$

und für $\alpha_g = 4{,}1$ wird

$$L_{kg} = \frac{10 \cdot N_g \cdot \sqrt{N_g}}{10\,000} \text{ kg/Sp.h} .$$

Damit hat man eine einfache Beziehung zur schnellen Errechnung der Spindelproduktion aus der Garnnummer.

Beispielsweise ergibt sich für ein Vorgarn $N_g = 220$ g/100 m bei $\alpha_g = 4{,}6$ eine stündliche Spindelproduktion von

$$L_{kg} = \frac{9 \cdot 220 \cdot \sqrt{220}}{10\,000} = 2{,}94 \text{ kg/Sp.h} .$$

Gegenüber dem obigen Beispiel beläuft sich der Produktionsausfall auf rd. 30%, obwohl das letztere Vorgarn nur etwa 20% leichter ist. Mit diesen Zahlen ergibt sich unter Zugrundelegung einer 64 spindligen Maschine für 280-g-Vorgarn eine Stundenproduktion von rd. 268 kg oder eine Tagesproduktion in 9 Stunden von 2412 kg. Die entsprechenden Zahlen für 220-g-Vorgarn sind: 188 kg/h bzw. 1692 kg/Tag.

Für einen geringeren Drehungsgrad, z. B. $\alpha_g = 4{,}1$, wie es für gutes Material ohne weiteres angenommen werden kann, erhöht sich die Produktion entsprechend.

Diese theoretisch errechneten Produktionszahlen verringern sich in der Praxis infolge der unvermeidlichen Stillstände der Maschine, hervorgerufen durch den jedesmaligen Spulenwechsel bei Vollendung eines Abzuges und das durch Fadenbrüche und Wiederanknüpfen verursachte Anhalten der Maschine. Unter normalen Verhältnissen und bei besonderen „Abschneide"-Kolonnen für die rasche Erledigung des Spulenwechsels sind diese Stillstände mit 15 bis 30% zu veranschlagen (vgl. S. 416), wobei die infolge der Drehung des Vorgarnes eingetretene Verkürzung des von den Verzugswalzen abgelieferten Bandes mit etwa 1% eingeschlossen ist. Multipliziert man obige Produktionszahlen mit 0,8, so erhält man für die 64 spindlige Vorspinnmaschine bei 280-g-Vorgarn und $\alpha_g = 4{,}6$ für den 9 stündigen Arbeitstag eine Tagesproduktion von rd. 1930 kg und bei 220-g-Vorgarn von 1354 kg.

Bei den obigen Produktionsberechnungen ist die Umlaufzahl der Hauptwelle zu 400/min entsprechend einer Umlaufzahl der Spindeln von 690/min angenommen worden. Obwohl die Spindelumlaufzahl noch eine gewisse Steigerung verträgt und sich dadurch eine entsprechende Produktionserhöhung erzielen läßt, sind dieser jedoch nach den Ausführungen auf S. 345 durch die Rücksichtnahme auf die Fallerschlagzahl Grenzen gesetzt. Da letztere nach Gl. (30) um so größer wird, je kleiner der Verzug und je geringer die Drehung ist, d. h. also für schwere Vorgarne aus geringerem Material, so verbietet sich bei der Erzeugung derartiger Garne auf Vorspinnmaschinen mit eingängigen Schrauben eine Produktionserhöhung durch Erhöhung der Spindelumlaufzahl. Im Gegenteil muß letztere erheblich herabgesetzt werden, wenn anders nicht die Schlagzahl der Faller eine unerträgliche Höhe annehmen soll, die zu vermehrten Stillständen und Verringerung des Ausnützungsgrades der Maschinen führt. Aus diesem Grunde hat man auch bei Vorspinnmaschinen, auf denen in der Hauptsache schwere Schußgarne und C-Garne gearbeitet werden sollen, statt des Schrauben-Streckwerkes teilweise noch die verschiedenen Pushbar-Systeme nach Art der bei den Strecken geschilderten Konstruktionen beibehalten. Diese weisen dieselben Vorzüge und Nachteile wie bei den Strecken auf, und da sie auch in der Bauart außer einer verfeinerten Ausführung und Teilung der Nadelstäbe von jenen nicht abweichen, erübrigt sich ein näheres Eingehen. Für grobe und unreine Garne bieten sie zweifellos Vorteile und gestatten die Anwendung der größtmöglichen Spindelumlaufzahlen und dementsprechend die Erzielung großer Produktionen.

Indessen sind neuerdings auch bei Vorspinnmaschinen die Pushbar-Streckwerke aus den gleichen Erwägungen heraus durch Streckwerke mit doppelgängigen Schrauben ersetzt worden. Damit werden trotz Herabsetzung der

Schraubenumlaufzahl hohe Stabgeschwindigkeiten, also kleinere Verzüge bei größerer Ablieferung, Spindelumlaufzahl und Produktion ermöglicht. Die oberste Grenze der Produktion wird also hier nicht mehr durch die Fallerschlagzahl wie bei den eingängigen Schrauben bestimmt, sondern die technisch erreichbare Spindelumlaufzahl kann voll ausgenützt werden. Andererseits erzielt man bei solchen Maschinen ohne Erhöhung der Spindelumlaufzahl durch bedeutende Herabsetzung der Schraubenumlaufzahl eine erhebliche Verminderung des Verschleißes des ganzen Nadelstabtriebwerkes bei intensiverer Durcharbeitung des Faserbandes. Für eine nach diesen Grundsätzen ausgeführte Vorspinnmaschine mit 80 Spindeln 10 × 6 Zoll nach der neuesten Bauart der Fa. Mackie & Sons, Belfast, die in Abb. 313 im Lichtbild dargestellt ist, ergab sich bei einer Umlaufzahl der Hauptwelle von 290/min eine Spindelumlaufzahl von 695/min und für ein Vorgarn von 250 g/100 m bei 0,66 Drehungen/Zoll eine Ablieferungsgeschwin-

Abb. 313. Vorspinnmaschine mit 80 Spindeln 10 × 6 Zoll von James Mackie & Sons, Belfast.

digkeit von 26,6 m/min. Bei einer Fallerteilung von $^7/_{16}$ Zoll, d. h. einer Steigung der doppelgängigen Schrauben von $^7/_8$ Zoll, ergab sich die Umlaufzahl der Schrauben bei einem 8,5fachen Verzug zu 140/min, bzw. die Fallerschlagzahl zu 280/min. Die Produktion der Maschine errechnet sich so theoretisch auf 317 kg/h, bzw. 2853 kg/Tag (zu 9 Stunden), so daß bei 80% Ausnützungsgrad mit einer effektiven Produktion von 254 kg/h, bzw. von 2282 kg/Tag zu rechnen ist.

Die konstruktive Ausführung des Streckwerks der Vorspinnmaschinen entspricht sowohl bei der Verwendung von eingängigen Schrauben wie auch von Doppelgangschrauben im wesentlichen den verschiedenen, oben eingehend beschriebenen Bauarten der Strecken, so daß eine Wiederholung sich erübrigt.

b) Die 10 × 5-Zoll-Vorspinnmaschine von Low, Monifieth.

Das Getriebe dieser Maschine, die als Beispiel einer Vorspinnmaschine diene, bei der ein Reibungsscheibengetriebe für den Aufwindemechanismus und ein

Mangeltrieb für den Bewegungswechsel der Spulenbank Verwendung finden, ist aus der schematischen Grundrißzeichnung Abb. 314 und dem Räderaufriß Abb. 315 ersichtlich.

Der Antrieb der Spindeln erfolgt wie üblich durch das auf der Hauptwelle A sitzende Hauptantriebsrad $Z_1 = 44$ Zähne über die Zwischenräder $Z_2 = 84$ Zähne, $Z_3 = 84$ Zähne auf das am Ende der Spindelbetriebswelle sitzende Zahnrad $Z_4 = 22$ Zähne und von letzterem aus durch die konischen Spindelwellenräder $K_i = 21$ Zähne über die kombinierten Zwischenräder $K_i' = 26$ Zähne

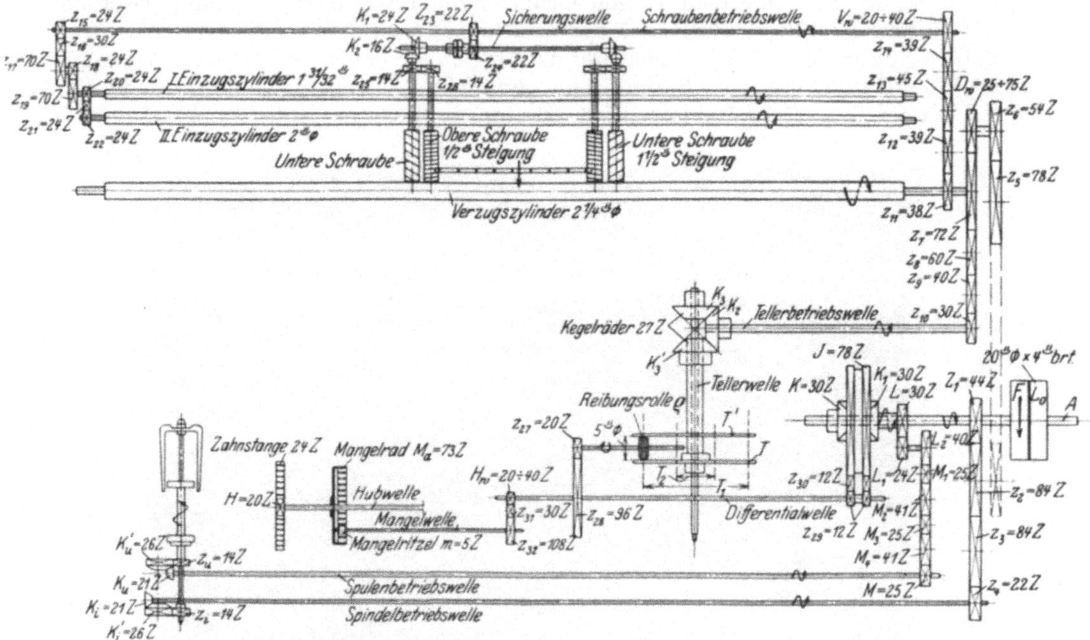

Abb. 314. Grundriß.

Abb. 314 und 315. Getriebeschema zur Vorspinnmaschine 10 × 5 Zoll von Low & Co., Monifieth.

auf die am unteren Ende der Spindeln sitzenden Spindelrädchen $Z_i = 14$ Zähne, wodurch den Spindeln eine Umlaufzahl von

$$n_i = \frac{n_A \cdot 44 \cdot 21}{22 \cdot 14} = 3\, n_A\,, \tag{42}$$

oder mit $n_A = 230/\text{min}$, $n_i = 690/\text{min}$ erteilt wird.

In ähnlicher Weise wie bei der obigen Maschine verläuft der Antrieb nach dem Verzugszylinder, indem das Hauptantriebsrad Z_1 über das Zwischenrad Z_2 des Spindeltriebwerkes auch nach oben über Zwischenrad $Z_5 = 78$ Zähne auf das kombinierte Rad $Z_6 = 54$ Zähne mit dem auf dessen Nabe sitzenden Drehungswechsel $D_W = 25$ bis 75 Zähne treibt. Letzterer greift in das auf dem Verzugszylinder sitzende Antriebsrad $Z_7 = 72$ Zähne ein und erteilt diesem eine Umlaufzahl von:

$$n_V = n_A \frac{44 \cdot D_W}{54 \cdot 72} = \frac{11 \cdot n_A \cdot D_W}{972}\ \text{Uml./min} \tag{43}$$

und bei einem Verzugszylinderdurchmesser von 2¼ Zoll eine Liefergeschwindigkeit von

$$L = \frac{11 \cdot 230 \cdot D_W \cdot 9 \cdot 3,14}{972 \cdot 4} = 18,389 \cdot D_W \text{ Zoll/min}, \qquad (44)$$

wobei $n_A = 230$ eingesetzt ist.

Für ein Vorgarn von 280 g/100 m mit $D_W = 54$ entsprechend 0,7 Drehungen/Zoll (vgl. Drehungstabelle 70) erhält man eine Umlaufzahl des Verzugszylinders von 140,6/min und eine Ablieferung von

$$L = 993 \text{ Zoll/min} = 25,2 \text{ m/min}.$$

Aus Spindelumdrehungen und Ablieferung erhält man wiederum die Drehungen auf die Längeneinheit:

$$t_{\text{Zoll}} = \frac{690}{18,389 \cdot D_W}$$
$$= \frac{37,5}{D_W}. \qquad (45)$$

Somit ist die Drehungskonstante bei dieser Maschine $K_D = 37,5$, und es errechnen sich danach die in folgender Tabelle verzeichneten Drehungen:

Tabelle 70. Drehungsräder zur Lowschen Vorspinnmaschine 10 × 5 Zoll.

Drehungswechsel D_W	Drehungen je Zoll $t = \dfrac{37,5}{D_W}$
25	1,5
31	1,2
38	1,0
42	0,9
47	0,8
50	0,75
54	0,7
58	0,65
62	0,6
75	0,5

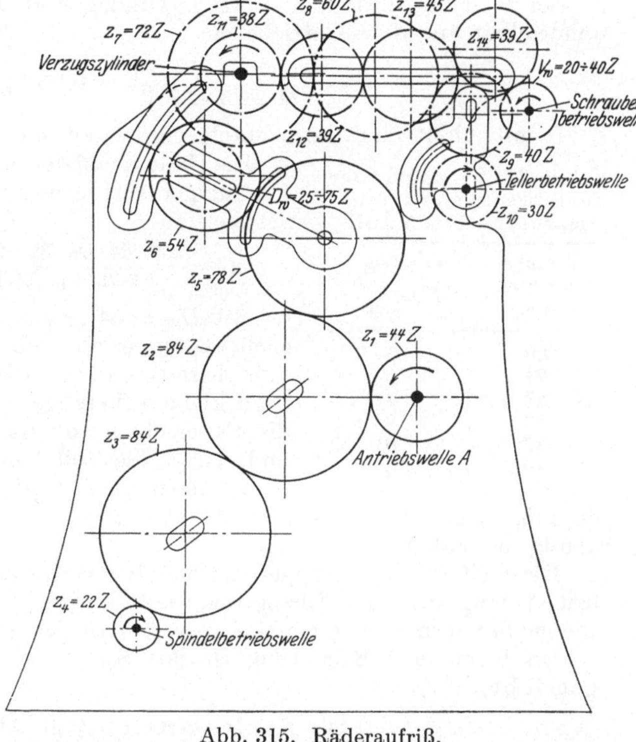

Abb. 315. Räderaufriß.

Vom Antriebsrad Z_7 des Verzugszylinders aus geht der Antrieb weiter über die Zwischenräder $Z_8 = 60$ Zähne, $Z_9 = 40$ Zähne auf das am Ende der horizontalen Tellerbetriebswelle sitzende Zahnrad $Z_{10} = 30$ Zähne und erteilt dieser eine Umlaufzahl von:

$$n_T = \frac{n_A \cdot 44 \cdot D_W}{54 \cdot 30} = \frac{230 \cdot 44 \cdot D_W}{54 \cdot 30} = 6,247 \, D_W \text{ Uml./min}. \qquad (46)$$

Die Umlaufzahl dieser Welle, von der der Antrieb zum Aufwindemechanismus ausgeht (sie entspricht der oberen Konuswelle bei den Konusmaschinen) ist demnach abhängig vom Drehungswechsel, d. h. von der Vorgarndrehung und damit auch von der Lieferung der Maschine. Für das obige Vorgarn von 280 g/100 m und $D_W = 54$ erhält man beispielsweise $n_T = 337$ Uml./min.

Ehe das Aufwindetriebwerk weiter verfolgt wird, sollen zunächst die vom Verzugszylinder nach rückwärts zu den Einzugszylindern und dem Fallergetriebe verlaufenden Rädertriebe betrachtet werden. Während die bisherigen

Rädertriebe außerhalb der Endgestellwand auf Antriebseite der Maschine liegen, verläuft der Räderzug nach der Schraubenbetriebswelle dicht innerhalb der Gestellwand, indem das ebenfalls auf dem Verzugszylinder sitzende Triebrad Z_{11} = 38 Zähne über die Zwischenräder Z_{12} = 39 Zähne, Z_{13} = 45 Zähne, Z_{14} = 39 Zähne auf das am Ende der Schraubenbetriebswelle sitzende Verzugswechselrad V_W = 20 bis 40 Zähne treibt. Der Antrieb der Einzugszylinder vom anderen, der Antriebseite entgegengesetzten Ende der Schraubenbetriebswelle über die Zahnräder Z_{15} bis Z_{22} bietet nichts Neues gegenüber der oben beschriebenen Maschine; das gleiche gilt für den Antrieb der Schrauben von der Schraubenbetriebswelle über die Sicherungswellen unter Verwendung der Zahnräder Z_{23} bis Z_{26}.

Der Verzug zwischen Verzugszylinder und Einzugszylinder ergibt sich unmittelbar aus dem Getriebe zu

$$V = \frac{70 \cdot 70 \cdot V_W \cdot 2\frac{1}{4}\ \text{Zoll}}{24 \cdot 24 \cdot 38 \cdot 2\ \text{Zoll}} = 0{,}25\ V_W = \frac{V_W}{4}. \tag{47}$$

Damit erhält man die nachfolgende Verzugstafel, Tabelle 71:

Tabelle 71. Verzugsräder zur Lowschen Vorspinnmaschine 10 × 5 Zoll.

Verzugswechsel V_W	Verzug $V = \dfrac{V_W}{4}$
20	5
24	6
28	7
32	8
36	9
40	10

Die Umlaufzahl der Schrauben und damit bei deren eingängiger Ausführung die Stabschlagzahl errechnet sich zu:

$$n_S = \frac{230 \cdot 44 \cdot D_W \cdot 38 \cdot 22 \cdot 24 \cdot 14}{54 \cdot 72 \cdot V_W \cdot 22 \cdot 16 \cdot 14} = \frac{14{,}836 \cdot D_W}{V_W}. \tag{48}$$

Mit D_W = 54, V_W = 32, entsprechend einem 8fachen Verzug, ergibt sich beispielsweise n_S = 250/min, d. h. bereits eine bedenklich hohe Schlagzahl. Für noch kleinere Verzüge muß daher mit Rücksicht auf die Fallerschlagzahl die Umlaufzahl der Hauptwelle und damit die Spindelumlaufzahl herabgesetzt werden, sofern man nicht vorzieht, die Maschine mit doppelgängigen Schrauben auszustatten, wie es bei den neuesten Maschinen häufig der Fall ist.

Die weiteren Rechnungen über Fallergeschwindigkeit, Einzugsgeschwindigkeit, Verzug zwischen Einzug und Nadelstäben gestalten sich in gleicher Weise wie bei der vorhergehenden Maschine, so daß sich ein weiteres Eingehen erübrigt.

Von besonderer Bedeutung ist der Spulenantrieb und das Aufwindegetriebe.

Der Spulenantrieb (vgl. Abb. 314)

geht wiederum unter Verwendung des normalen Houldsworthschen Kegelräderdifferentiales von dem Spulenrad L = 30 Zähne aus, das auf Triebrad L_1 = 24 Zähne am Ende einer Zwischenwelle treibt, an deren anderem Ende Antriebsrad L_2 = 40 Zähne sitzt, von dem aus die Weiterleitung der Bewegung über das Rädergehänge, bestehend aus Bolzenrad M_1 = 25 Zähne und den 3 Zwischenrädern M_2 = 41 Zähne, M_3 = 25 Zähne, M_4 = 41 Zähne auf das auf der Spulenbetriebswelle sitzende Triebrad M = 25 Zähne und von da über die konischen Spulenwellenräder K_u = 21 Zähne, die kombinierten Räder K_u' = 26 Zähne nach den Spulentellerrädern Z_u = 14 Zähne erfolgt. Damit ergibt sich eine Spulenumlaufzahl bei direktem Antrieb von

$$(n_u) = \frac{n_A \cdot 30 \cdot 40 \cdot 21}{24 \cdot 25 \cdot 14} = 3\,n_A = 690,$$

d. h. wiederum von gleicher Größe wie die Spindelumlaufzahl. Die Veränderung der Umlaufzahl der Differentialwelle und somit auch des Differentialrades erfolgt nun bei der vorliegenden Maschine durch die axiale Verschiebung der zwischen den Reibungsscheiben oder Tellern T und T' angeordneten Reibungsrolle ϱ. Letztere erhält ihre Drehbewegung infolge unmittelbarer Mitnahme durch Reibung einerseits an der am unteren Ende der vertikalen Tellerwelle befestigten Tellerscheibe T, andererseits an der oberen Tellerscheibe T', die am unteren Ende einer langen, die vertikale Tellerwelle lose umschließenden Büchse sitzt und sich mit ihrem Eigengewicht gegen die Reibrolle ϱ legt, so daß diese mit beiden Tellerflächen Reibungsschluß hat. Durch den Eingriff des am Ende der horizontalen Tellerbetriebswelle sitzenden Kegelrades $K_2 = 27$ Zähne in das am oberen Ende der vertikalen Tellerwelle festgekeilte Kegelrad $K_3 = 27$ Zähne und das am oberen Ende der Büchse des Tellers T' aufgekeilte Kegelrad K_3' $= 27$ Zähne erhalten beide Teller gleiche Umlaufzahlen n_T, jedoch in entgegengesetzten Drehrichtungen, so daß die Reibungsrolle von beiden Tellern die gleiche Drehrichtung und eine Umlaufzahl $n_\varrho = n_T \cdot \dfrac{T}{\varrho}$ erhält, wenn T der jeweilige Berührungsdurchmesser der Reibrolle mit den Tellern und ϱ der Durchmesser der Reibungsrolle ist. Es ist nun einleuchtend, daß die Umlaufzahl n_ϱ ihren größten Wert für den größten Berührungsdurchmesser T_1, d. h. in der äußersten Stellung der Reibungsrolle erreicht, während sich die kleinste Umlaufzahl der Reibungsrolle für ihre innerste Stellung nahe des Mittelpunktes der Tellerscheiben ergibt. Diese veränderliche Drehbewegung der Reibungsrolle wird nun durch das am anderen Ende ihrer Welle sitzende Ritzel $Z_{27} = 20$ Zähne auf das große, auf der Differentialwelle sitzende Zahnrad $Z_{28} = 96$ Zähne übertragen und diese so in schnellere oder langsamere Umdrehung versetzt, je nachdem sich die Reibrolle in ihrer äußeren oder inneren Stellung befindet. Von dem an dem einen Ende der Differentialwelle sitzenden Differentialritzel $Z_{29} = 12$ Zähne wird diese veränderliche Drehbewegung über ein gleichgroßes Zwischenrad Z_{30} auf das große Differentialrad $J = 78$ Zähne übertragen. Die zur Erzielung der größten Aufwindumdrehungszahl n_w der Spule am Anfang der Bewicklung erforderliche größte Umlaufzahl des Differentialrades wird demnach bei der äußersten Reibrollenstellung erreicht, während mit zunehmendem Bewicklungsdurchmesser die Aufwindumdrehungszahl immer mehr abnehmen, und sich demgemäß die Reibungsrolle immer weiter nach der Tellermitte zu verschieben muß. Die Verhältnisse liegen also ähnlich wie beim Konustrieb, nur mit dem Unterschied, daß, während sich beim Konustrieb die Durchmesser der treibenden und getriebenen Organe gleichzeitig ändern und die Veränderung der Geschwindigkeit durch stets **gleichgroße** Verschiebungen des übertragenden Riemens erfolgt, beim Tellertrieb das treibende Organ allein seinen Durchmesser ändert. Aus diesem Grunde müssen im letzteren Fall die Verschiebungen der Reibungsrolle **ungleichmäßig** erfolgen, und zwar entsprechend den veränderlichen Aufwindumdrehungen $n_w = \dfrac{L}{\pi \cdot d}$.

Die Beziehung zwischen dem treibenden Tellerdurchmesser T und dem Bewicklungsdurchmesser d der Spule ermittelt sich in ähnlicher Weise wie das Konenübersetzungsverhältnis bei den Konusmaschinen, indem man das eine Mal die aufwindenden Spulenumdrehungen n_w aus dem Getriebe (wie oben unter der Annahme des Stillstehens des auf der Hauptwelle festsitzenden Kegelrades K) des Differentialtriebwerkes errechnet, und das andere Mal n_w aus der Beziehung $n_w = \dfrac{L}{\pi \cdot d}$ unter Einsetzung des Wertes von L bestimmt und sodann beide Ergebnisse gleichsetzt. Aus dem Getriebe erhält man:

$$n_w = \frac{n_T \cdot T \cdot 20 \cdot 12 \cdot 3}{\varrho \cdot 96 \cdot \dfrac{78}{2}}.$$

Durch Einsetzen von $n_T = \dfrac{n_A \cdot 44 \cdot D_W}{54 \cdot 30}$ und $\varrho = 5$ Zoll wird:

$$n_w = \frac{n_A \cdot 44 \cdot D_W \cdot T \cdot 20 \cdot 12 \cdot 3}{54 \cdot 30 \cdot 5 \cdot 96 \cdot 39}.$$

Aus der Beziehung $n_w = \dfrac{L}{\pi \cdot d}$ erhält man:

$$n_w = \frac{n_A \cdot 44 \cdot D_W \cdot 9 \cdot \pi}{54 \cdot 72 \cdot 4 \cdot \pi \cdot d}.$$

Beide Beziehungen gleichgesetzt, ergibt schließlich:

$$T = \frac{195}{8\,d} = \frac{24{,}375}{d}. \tag{49}$$

Somit ist der **Tellerdurchmesser** und damit auch die Umlaufzahl der Differentialwelle und des Differentialrades **umgekehrt proportional dem Bewicklungsdurchmesser der Spule**. Drehungswechsel und Umlaufzahl der Hauptwelle sind ohne Einfluß. Setzt man d in $^1/_8$ Zoll in obige Formel ein, so geht diese über in:

$$T = \frac{195}{d}. \tag{49'}$$

Damit läßt sich für jeden Durchmesser d der Tellerdurchmesser T, bzw. die Stellung der Reibungsrolle berechnen. Z. B. erhält man für $d_1 = 1^5/_8 \text{Zoll} = {}^{13}/_8 \text{Zoll}$ Durchmesser des nackten Spulenschaftes bei Beginn der Bewicklung $T_1 = \dfrac{195}{13} = 15$ Zoll, und für $d_2 = 5 \text{Zoll} = {}^{40}/_8$ Zoll Durchmesser der vollen Spule am Ende der Bewicklung $T_2 = \dfrac{195}{40} = 4{,}9$ Zoll.

Zum .gleichen Ergebnis gelangt man, wenn man ähnlich wie für die Konusmaschine für eine bestimmte Vorgarnnummer und Drehung für eine größere Anzahl Bewicklungsdurchmesser die relativen und absoluten Umlaufzahlen der Spule und des Spulenrades, sowie die Umlaufzahl des Differentialrades und der Reibungsrolle berechnet. Zugrunde gelegt ist wieder 280-g-Vorgarn mit einem 54er Drehungswechsel und 230 Umläufen der Hauptwelle, bzw. 690 der Spindel. Damit erhält man nach oben: $L = 993$ Zoll/min und $n_T = 337$/min. Die übrigen Berechnungen gehen unmittelbar aus der Tabelle 72 hervor, in welcher sämtliche Zahlenwerte zusammengestellt sind. Aus der in Spalte 4 ermittelten absoluten Umlaufzahl der Spule errechnet sich rückwärts aus dem Getriebe die Umlaufzahl des Spulenrades zu $n_L = \dfrac{1}{3}\,n_u$ (Spalte 5). Weiterhin erhält man aus dem Getriebe rückwärts die Umlaufzahl der Reibungsrolle

$$n_\varrho = \frac{n_J \cdot 78 \cdot 96}{12 \cdot 20} = 31{,}2\,n_J \quad (\text{Sp. 8})$$

und endlich erhält man in Spalte 9 die treibenden Durchmesser der Tellerscheiben

$$T = \frac{\varrho \cdot n_\varrho}{n_T} = \frac{5 \times \text{Sp. 8}}{337}.$$

Ein Vergleich dieser Tabelle mit den entsprechenden Zahlenwerten in Tabelle 68 zeigt, daß, obgleich beide Maschinen mit gleichen Spindelumdrehungen und gleicher Ablieferung dieselbe Vorgarnnummer arbeiten, also auch hinsichtlich der relativen und absoluten Spulenumdrehungen übereinstimmen, doch große Unterschiede in den Geschwindigkeitsverhältnissen des Differentialtriebwerkes bestehen. Bei der Lowschen Maschine sind zwar die absoluten Umdrehungen des Spulenrades wesentlich geringer als bei der Liebscherschen Maschine, dagegen ist bei der ersteren die Umlaufzahl der Hauptwelle ebenfalls viel geringer, so daß in diesem Fall die Abnützung der lose auf der Hauptwelle laufenden Büchse des Muffenrades K_1 geringer ausfällt. Das gleiche gilt für das Differentialrad, das ebenfalls bei der Lowschen Maschine eine geringere Umlaufzahl hat, aber in bezug auf Abnützung gegenüber der Liebscherschen Maschine günstiger dasteht. Die Anwendung eines Reibungsscheibengetriebes gestattet, wie Spalte 8 zeigt, sehr hohe Übersetzungen; demgemäß sind die durch das Getriebe zu übertragenden Umfangskräfte verhältnismäßig gering, so daß bei einwandfreier Beschaffenheit der Reibungsflächen ein sicheres Durchziehen der Rolle gewährleistet ist. Allerdings muß bei dieser Anordnung stets beachtet werden, daß infolge der Breite der Rolle an ihrer Außen- und Innenkante zwei verschieden große Berührungsdurchmesser und damit verschiedene Umfangsgeschwindigkeiten des Tellers auftreten. Dies hat unzweifelhaft ein Gleiten der Rolle an diesen Punkten zur Folge, das schließlich zu einem Verschleiß der Rolle führt. Bei der obigen theoretischen Berechnung ist als treibender Tellerdurchmesser der mittlere Berührungsdurchmesser der Rolle eingesetzt. In der Praxis muß die Stellung der Rolle, ähnlich wie beim Konusriemen, genau nach der Bewicklung einreguliert wer-

Tabelle 72. Geschwindigkeitsverhältnisse des Differentialtriebwerkes der Lowschen Vorspinnmaschine 10 × 5 Zoll.

$$n_A = 230 \text{ Uml./min}; \quad n_i = 3\,n_A = 690 \text{ Uml./min} \begin{cases} \text{Vorgarn Nr.} = 280 \text{ g/100 m}; \quad L = 993 \text{ Zoll/min}; \quad n_T = 337 \text{ Uml./min.} \\ D_W = 54; \\ t = 0{,}7 \text{ Dreh/Zoll} \end{cases}$$

1	2	3	4	5	6	7	8	9
Spulendurchmesser d in $^1/_8$ Zoll	Spulenumfang $d \cdot \pi$ in Zoll	Aufwindumdrehungen der Spule nach Gl. (5) $n_w = \dfrac{993}{\text{Spalte } 2}$	Absolute Umdrehungen der Spule nach Gl. (7) $n_u = 690 - \text{Sp. } 3$	Absol. Umdrehungen des Spulenrades L aus dem Getriebe errechnet $n_L = \dfrac{\text{Spalte } 4}{3}$	Relative Umdrehungen des Spulenrades L $n_L' = 230 - \text{Sp. } 5$	Umdrehungen des Differentialrades nach Gl. (12) $n_J = \dfrac{n_L'}{2} = \dfrac{\text{Sp. } 6}{2}$	Umdrehungen der Reibrolle aus dem Getriebe $n_\varrho = 31{,}2 \times \text{Sp. } 7$	Treibender Durchmesser der Tellerscheibe $T = \dfrac{5 \times \text{Sp. } 8}{337}$ in Zoll
13	5,11	194,3	495,7	165,2	64,8	32,4	1010,9	15,0
16	6,28	158,1	531,9	177,3	52,7	26,4	823,7	12,2
19	7,46	133,1	556,9	185,6	44,4	22,2	692,6	10,3
22	8,64	115,0	575,0	191,7	38,3	19,2	599,0	8,9
25	9,82	101,1	588,9	196,3	33,7	16,9	527,3	7,8
28	11,00	90,3	599,7	199,9	30,1	15,1	471,1	7,0
31	12,17	81,6	608,4	202,8	27,2	13,6	424,3	6,3
34	13,35	74,4	615,6	205,2	24,8	12,4	386,9	5,7
37	14,53	68,3	621,7	207,2	22,8	11,4	355,7	5,3
40	15,71	63,2	626,8	208,9	21,1	10,6	330,7	4,9

den, wofür, wie die spätere konstruktive Beschreibung des Tellergetriebes zeigt, entsprechende Vorsorge getroffen ist.

Der Antrieb der Hebung (vgl. Abb. 314)

geht wiederum von der Differentialwelle aus, indem das an ihrem anderen Ende sitzende Hubwechselrad $H_W = 20$ bis 40 Zähne über Zwischenrad $Z_{31} = 30$ Zähne auf das an dem einen Ende der langen Mangelradtriebwelle sitzende Zahnrad $Z_{32} = 108$ Zähne treibt, während der am anderen Ende dieser Welle sitzende Mangelradtrieb $m = 5$ Zähne abwechselnd in die innere und äußere Verzahnung des am Ende der Hubwelle, d. h. also an dem der Antriebseite der Maschine entgegengesetzten Ende sitzenden Mangelrades $M_a = 72$ „benutzte" Zähne (siehe unten) greift und so dieses samt der Hubwelle und den darauf sitzenden Hub- oder Zahnstangenrädern $H = 20$ Zähne abwechselnd in Links- oder Rechtsdrehung versetzt und demgemäß durch den Eingriff dieser Räder in die Spulenbankzahnstangen deren Auf- und Abwärtsbewegung herbeiführt.

Die Umlaufzahl der Hubwelle errechnet sich somit zu:

$$n_H = \frac{n_\varrho \cdot 20 \cdot H_W \cdot 5}{96 \cdot 108 \cdot 72}$$

und unter Einsetzung des Wertes von n_ϱ und entsprechenden Vereinfachungen:

$$n_H = 0,0001674 \, D_W \cdot H_W \cdot T. \tag{50}$$

Für 280 g-Vorgarn ergab ein 26 er Hubwechsel eine brauchbare Aufwicklung; somit wird bei $D_W = 54$

$$n_H = 0,0001674 \cdot 54 \cdot 26 \cdot T = 0,235 \, T.$$

Mit $T_1 = 15$ Zoll entsprechend $d_1 = 1^5/_8$ Zoll am Anfang der Bewicklung wird

$$n_{H_1} = 0,235 \cdot 15 = 3,52 \text{ Uml./min}$$

und mit $T_2 = 4,9$ Zoll entsprechend $d_2 = 5$ Zoll am Ende der Bewicklung ergibt sich:

$$n_{H_2} = 0,235 \cdot 4,9 = 1,15 \text{ Uml./min.}$$

Da jeder Umdrehung der Hubwelle bzw. des Mangelrades eine Wagenhebung bzw. -senkung entspricht, so gibt n_H auch die Zahl der Wagenhübe in der Minute an. Aus der Beziehung: $\dfrac{\text{Aufwindumdrehungen}}{\text{Hübe}} = $ Vorgarnwindungen/Hub erhält man, wenn man die Zahl der Aufwindumdrehungen für den Beginn der Bewicklung aus der Tabelle 72 entnimmt,

$$\frac{194,3}{3,52} = 55 \text{ Vorgarnwindungen für einen Hub.}$$

Setzt man zur Probe die Aufwindumdrehungen am Ende der Bewicklung und die entsprechende Anzahl Hübe ein, so ergibt sich

$$\frac{63,2}{1,15} = 55, \text{ d. h. der gleiche Wert.}$$

Die Höhe einer Windung berechnet sich aus $\dfrac{10 \text{ Zoll}}{55} = 0,182 \text{ Zoll} = 4,26 \text{ mm}.$

Die Vorgarnwindungen liegen also bei diesem Beispiel etwas enger als bei der obigen Maschine.

Die Hubräder $H = 20$ Zähne sind mit 6 d. p.-Teilung ausgeführt, so daß die Zahnstangen bei einer vollen Mangelradumdrehung um $\dfrac{20 \cdot 3,14}{6} = 10,5 \text{ Zoll}$

bewegt werden. In Wirklichkeit macht jedoch das Mangelrad und damit auch die Hubwelle mit den Zahnstangenrädern keine volle Umdrehung, da, wie die Einzeldarstellung des Mangelrades Abb. 316 zeigt, ein gewisser Teil des Mangelradumfanges zwecks Einfügen der Umlenkschienen für den Mangeltrieb von Zähnen frei bleiben muß. Die Verzahnung des Mangelrades besteht bei der vorliegenden Ausführung aus 73 Stiften, von denen aber nur 72 für die Übersetzungsberechnung einzusetzen sind, da die beiden Endstifte an den Wendepunkten für die Übertragung nur zur Hälfte gerechnet werden können. Bei dem gewählten Teilkreisdurchmesser von 16 Zoll und 5 d. p.-Teilung würden auf den ganzen Umfang $5 \cdot 16 = 80$ Stifte kommen. Man erhält somit den tatsächlichen Spulenbankhub bei einer Mangelraddrehung zu

$$\frac{10,5 \cdot 72}{80} = 9,45 \text{ Zoll},$$

d. h. ½ Zoll geringer als die lichte Spulenhöhe. Dies stimmt mit den praktischen Erfahrungen überein, nach denen die Hubhöhe der Spulenbank mindestens um die Höhe einer Vorgarnwindung geringer sein muß als die lichte Spulenhöhe, damit ein Überlaufen der Garnwindungen über die Spulenendscheiben vermieden wird.

Konstruktive Einzelheiten zur Lowschen Vorspinnmaschine.

Die konstruktive Ausführung des Mangelrades M_a, das dicht innerhalb der der Antriebsseite entgegengesetzten Maschinenendwand (bei anderen englischen Maschinen bisweilen auch außerhalb) sitzt, zeigen die Abb. 316 bis 319. Die Verzahnung besteht aus 73 Stahlstiften von $^5/_{16}$ Zoll Durchmesser, deren eine Enden in den durch eine schmale ringförmige Leiste verstärkten Boden einer dünnwandigen Gußscheibe in gleichen Entfernungen auf dem Teilkreis eingenietet sind, während die anderen Enden mit einem ebenfalls ringförmig gebogenen Flacheisen vernietet sind. In diese so gebildete Triebstockverzahnung greift das 5zähnige Mangelradritzel oder „Stern“ m einmal von außen, das andere Mal von innen ein, wobei die äußeren bzw. die inneren Flächen der beiden Ringleisten den beiden Ritzelzapfen als Führung dienen. An der Umlenkstelle ist die Verzahnung unterbrochen und durch ein an die Mangelscheibe geschraubtes Wendestück ersetzt, das so geformt ist, daß das Ritzel an dieser Stelle von der äußeren nach der inneren Verzahnung und umgekehrt zwangsläufig geführt wird. Die Mangelscheibe ist nicht direkt mit der Hubwelle verbunden, sondern mittels zweier in Ringschlitzen verschiebbaren Schrauben mit einer auf der Welle aufgekeilten Scheibe verschraubt, so daß die Stellung der Mangelscheibe und damit die Wagenumkehrpunkte einreguliert werden können. Das Ritzel selbst besitzt nur eine kurze Welle von 1 Zoll Durchmesser und ist mit dieser aus einem Stück gearbeitet, wobei der Halszapfen des Ritzels auf 14,5 mm, das Endzäpfchen auf etwa 11 mm abgesetzt ist. Die kurze Ritzelwelle ist mittels Flanschenkupplung, Abb. 317, 318, mit einer langen Welle, der Mangelwelle, verbunden, die sich längs der ganzen Maschine erstreckt und am entgegengesetzten Ende, das sich wie bei allen neueren Maschinen in der Nähe des Haupttriebrades befindet, ihren Antrieb erhält, vgl. Abb. 314.

Statt der Flanschenverbindung wird bisweilen auch eine Muffenkupplung zur Verbindung der beiden Wellenstümpfe gewählt. Während nun das Antriebsende der Mangelwelle festgelagert ist, wird das dem Ritzel nächstliegende Wellenende von einem Gleitstein getragen, der in einem kleinen, auf dem Mangelradbock, vgl. Abb. 319, aufgeschraubten Rahmen entsprechend den inneren und äußeren Eingriffstellungen des Ritzels nach rechts oder links gleiten kann. Zwei

Stellschrauben mit Gegenmuttern zu beiden Seiten dieses Rahmens gestatten eine genaue Einstellung bzw. Begrenzung des Gleitsteinhubes, welcher, da das Mangelritzel 5 d. p., also 1 Zoll Teilkreisdurchmesser hat, 2 Zoll beträgt. Um diesen verhältnismäßig kleinen Ausschlag kann die Mangelritzelwelle bei ihrer großen Länge und geringen Stärke elastisch ausweichen. Naturgemäß müssen sämt-

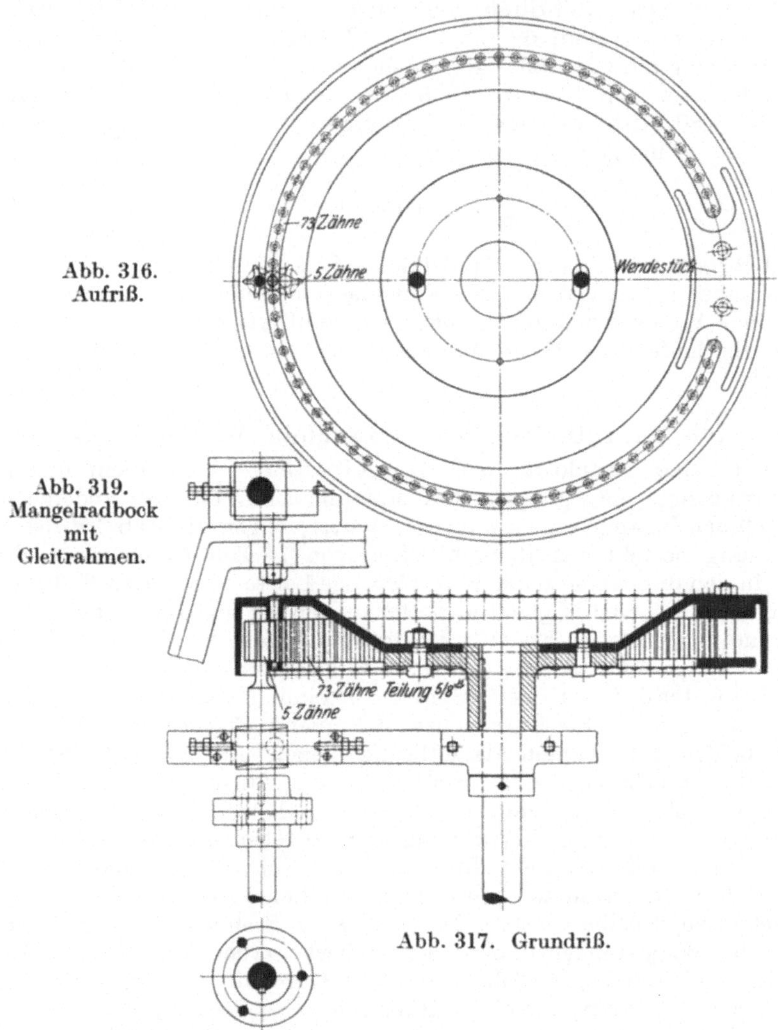

Abb. 316. Aufriß.

Abb. 319. Mangelradbock mit Gleitrahmen.

Abb. 317. Grundriß.

Abb. 318. Flanschenkupplung.

Abb. 316 bis 319. Mangelrad zur Vorspinnmaschine von Low & Co., Monifieth.

liche Unterstützungslager dieser Welle so ausgebildet sein, daß sie entsprechend der Verschiebung der Welle gleitend nachgeben können. Bisweilen ist auch das Antriebsende der Mangelritzelwelle leicht beweglich gelagert, obwohl die Ausbiegung dieses Wellenendes als Drehpunkt der ganzen Ausschlagbewegung nur sehr gering ist. Naturgemäß sind bei dem Mangeltriebwerk wie bei allen Triebstockverzahnungen die Eingriffsverhältnisse ungünstig, so daß sich meist trotz genauer Herstellung der Zahnform und gutem Einpassen des Sternrads in die

Triebstöcke und Führungsbahnen eine frühzeitige Abnützung der Zahnstifte und besonders der Zahnflanken des Sternes zeigt. Immerhin findet man dieses Triebwerk wegen seiner einfachen Gestaltung der Kehrbewegung, besonders bei den englischen Maschinen, noch häufig vor, zumal die Bewegung der Spulenbank infolge der nahezu vollkommenen Gewichtsausgleichung nur wenig Arbeit erfordert und daher die auftretenden Beanspruchungen verhältnismäßig gering sind. Auch handelt es sich hier, wie die Umlaufzahlen S. 374 zeigen, um ein nur langsam laufendes Getriebe, bei dem die Beschleunigungskräfte an den Bewegungsumkehrpunkten von untergeordneter Bedeutung sind. Vor allem muß dafür gesorgt werden, daß das Triebwerk frei von Ansammlungen von Schmutz und Faserresten bleibt, da sonst leicht Zahnbrüche oder unregelmäßiges Arbeiten die Folge sind. Bisweilen sucht man auch die Abnützung der Zahnstifte durch Verwendung von kleinen Röllchen oder Wälzchen, die lose über die Stifte gesteckt werden, zu vermindern. Auch sind die Röllchen bei Abnützung oder Bruch leichter zu ersetzen als die beiderseits fest eingenieteten Stifte. Am häufigsten müssen die Mangelsterne ersetzt werden, deren Auswechslung sich einfach gestaltet, da nur die Flanschenverbindung mit der langen Ritzelwelle gelöst werden muß. Auch ist der Gleitlagerrahmen geteilt ausgeführt, so daß sich der obere Teil abnehmen läßt. Die Zahnstangentriebe der Hubwelle sitzen ähnlich wie das Mangelrad nicht direkt auf der Welle, sondern sind, vgl. die Abb. 320 und 321, mittels Schrauben mit auf der Welle

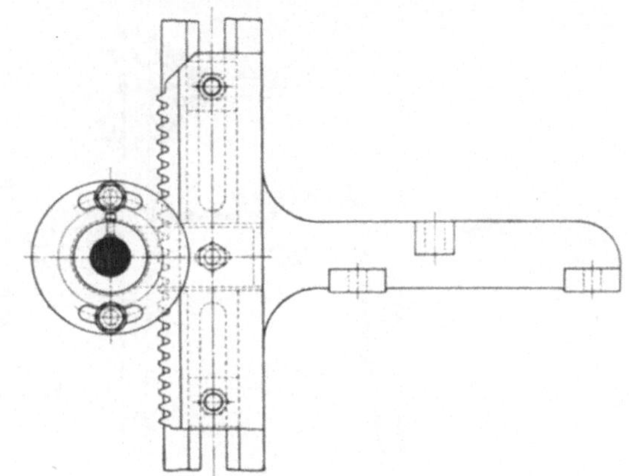

Abb. 320. Aufriß.

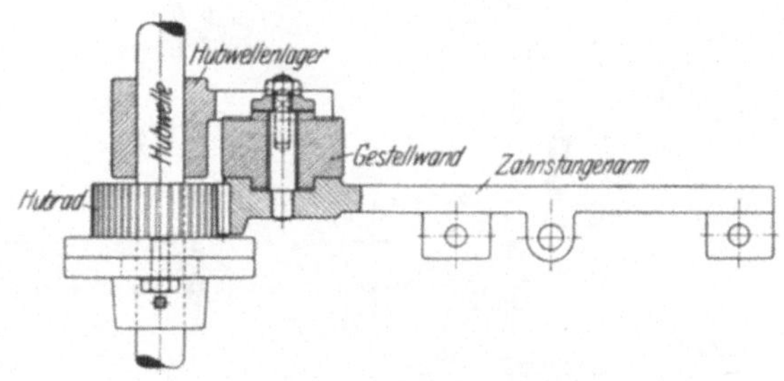

Abb. 321. Grundriß.

Abb. 320 und 321. Hubrad mit Zahnstange zur Vorspinnmaschine.

festgeklemmten Scheiben verbunden, wobei wiederum ringförmige Schraubenschlitze eine genaue Einstellung der einzelnen Hubräder ermöglichen. Trotz dieser und der oben genannten Verstellungsmöglichkeiten ist bei dem Mangeltriebwerk eine so genaue Einstellung der Hubbewegung nicht möglich, wie dies bei dem oben geschilderten Winkelkehrgetriebe der Fall ist; letzteres ist daher zweifellos vorzuziehen.

Die Abb. 320 und 321 veranschaulichen weiterhin noch die Führung der Zahnstangen in den Gestellwänden, die Befestigung der Hubwellenlager an den Gestellwänden sowie eine Zahnstange selbst mit dem Befestigungsarm für die Spulenbank.

Die konstruktive Ausführung des Reibungsscheibengetriebes mit den der Verschiebung der Reibungsrolle dienenden Organen zeigen die Abb. 322 bis 325, während Abb. 326 eine Lichtbildaufnahme dieses Getriebes sowie des

Differentialtriebwerkes von der Rückseite der Maschine aus wiedergibt. Während das Tellergetriebe zwischen der Antriebsendwand und der 1. Mittelwand der Maschine sitzt, ist das Differentialgetriebe in der 1. Mittelwand und einem danebenstehenden Zwischenbock, dem Differentialbock, gelagert. Die senkrechte Tellerwelle wird unten von einem auf der hinteren Bodentraverse der Maschine festgeschraubten Fußlager mit Rotgußbüchse und Staubdeckel getragen, während der obere Teil zwischen den beiden Kegelrädern von einem seitlich am Maschinenbett festgeschraubten Halslager gefaßt wird. Die lange, den oberen Teil der senkrechten Tellerwelle umschließende Büchse mit der oberen Tellerscheibe ist

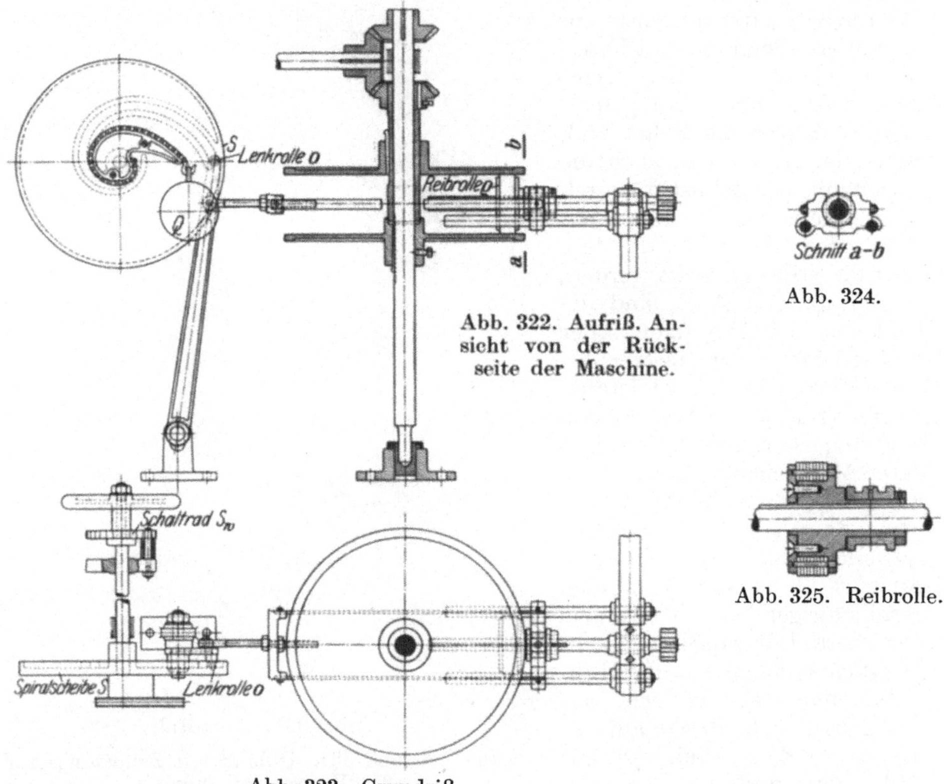

Abb. 322. Aufriß. Ansicht von der Rückseite der Maschine.

Abb. 324.

Abb. 325. Reibrolle.

Abb. 323. Grundriß.

Abb. 322 bis 325. Tellergetriebe mit Reibrolle und Lenkspiralscheibe („scroll").

so weit nach unten verlängert, daß sie noch in die für diesen Zweck oben ausgedrehte Nabe der unteren Tellerscheibe hineinreicht. Die Stellung der beiden Tellerscheiben kann dem jeweiligen Durchmesser der Reibungsrolle angepaßt werden. Die Befestigung der Reibungsrolle auf ihrer Welle erfolgt durch Nut und Federkeil, deren Länge so bemesen ist, daß sich die Rolle während einer Spulenfüllung von ihrer äußersten Tellerstellung bis zu ihrer innersten Stellung axial verschieben kann. Während das äußere Ende dieser Welle durch ein festes, in der 1. Mittelwand sitzendes Bundlager gestützt wird, findet das andere Ende dieser Welle seine Unterstützung durch die Rolle selbst, indem der nach einer Seite hin nabenförmig verlängerte gußeiserne Rollenkörper, vgl. Abb. 325, sich in einer Rotgußbüchse dreht, die in der rechteckigen Aussparung eines gußeisernen Tragsupportes ruht und in diesem durch einen am Ende des Rollenkörpers aufgesetzten Stellring gehalten wird. Der Tragsupport, vgl. Abb. 324, wird mittels zweier seitlichen Lappen von 2 horizontalen, an der l. Mittelwand befestigten Tragstangen gehalten, die ihm zugleich bei seiner Verschiebung als Führung dienen. An den beiden Seitenflächen des Tragsupportes stehen 2 kurze Gewindestifte vor, an denen die Enden zweier Flacheisenschienen befestigt und durch Splinte gesichert sind, während die anderen Enden dieser Schienen durch ein Querstück miteinander in Verbindung stehen, vgl. Abb. 322, 323. Durch diese so gebildete Gabel wird nun der Tragsupport samt der Reibungsrolle vermittels einer in der Mitte des Querstückes durch 2 Muttern verstellbar angeordneten Ösenschraube mit einem in einem Schlitz eines langen, senkrechten Hebels verschiebbaren Bolzen verbunden. Den Drehpunkt des langen Hebels bildet ein Bolzen, der ebenfalls in einem kurzen senkrechten Schlitz eines auf der Bodentraverse der Maschine sitzenden Böckchens verstellbar befestigt ist. Am obersten Ende des Hebels ist ein 2. Bolzen befestigt, der an seinem freien Ende eine Lenkrolle o trägt, die in einer auf der Vorderfläche einer großen gußeisernen Scheibe S angegossenen

spiralförmigen Nut gleitet. Diese **Spiral-** oder **Schneckenscheibe,** auch Aufwindungsscheibe genannt („scroll plate") sitzt am rückwärtigen Ende einer horizontalen Welle, die dicht innerhalb der Antriebsendwand der Maschine nach der Vorderseite der Maschine durchläuft und durch 2 an dieser Wand angeschraubte Böckchen gestützt wird. Auf dem vorderen Teil dieser Welle sitzt das von der Spulenbank in bekannter Weise durch

Abb. 326. Tellergetriebe mit Kegelräderdifferential der Vorspinnmaschine von Low & Co., Monifieth.

die Klinken gesteuerte Schaltrad S_W und davor das zum Zurückdrehen des Schaltrades dienende Handrad. Die beim jedesmaligen Wechsel der Bewegungsrichtung der Spulenbank in ihrer höchsten bzw. tiefsten Stellung hervorgerufene Drehung der Spiralscheibe veranlaßt die in deren Führungsnute gleitende Lenkrolle o, von ihrer äußersten Stellung allmählich nach dem Mittelpunkt der Scheibe zu rücken, entsprechend dem Verlauf der Spirale. Die Einwärtsbewegung der Lenkrolle o hat einen entsprechenden Ausschlag des Lenkrollenhebels und damit auch durch dessen Verbindung mit der Reibungsrolle ϱ deren Verschiebung von ihrer äußersten Stellung nach der Mitte der Tellerscheibe zur Folge. Es ist einleuchtend, daß diese Verschiebungen, je weiter sie nach innen kommen, immer kleiner werden, wie es nach den obigen Darlegungen das Aufwindegesetz verlangt. Die zur Überwindung der Reibung, bzw. die für die Drehung der Spiralscheibe erforderliche Kraft wird ähnlich wie bei den Konusmaschinen durch ein Gewicht Q geliefert, das am Ende einer Kette hängt, die in diesem Falle jedoch nicht über eine zylindrische Aufwindungsrolle geführt ist, sondern sich um eine an der Rückseite der Spiralscheibe mit Kopfschrauben befestigte Aufwindscheibe schlingt, deren Umrißlinie ebenfalls nach einer Spirale verläuft.

Infolge dieser Scheibenform verringert sich der wirksame Hebelarm des Gewichts in dem Maße, wie die Lenkrolle von außen nach innen gelangt und demgemäß der zu überwindende Reibungswiderstand geringer wird. Die Reibrolle ϱ (Abb. 325) besteht, ähnlich wie die Druckwalzenkörper, bei Strecken aus Hochkantlederringen, die über den gußeisernen Rollenkörper geschoben und durch in den letzteren eingeschraubte Stifte und eine mit Schlitzschrauben befestigte Endscheibe zusammengehalten und gegen Verdrehen gesichert werden.

Die Konstruktion der Lenkspirale ergibt sich aus der Erfüllung der

Beziehung Gl. (49), S. 372: $T = \dfrac{\text{Konstante}}{d}$. Man zeichnet zunächst in Abb. 327

die nach Tabelle 72, S. 373 für 10 verschiedene Spulendurchmesser $d_1 = 1^5/_8$ Zoll bis $d_2 = 5$ Zoll errechneten 10 verschiedenen treibenden Durchmesser der Tellerscheibe $T_1 = 15$ Zoll bis $T_2 = 4{,}9$ Zoll als senkrechte Linien zwischen den beiden Tellerscheiben ein. Die schwarz markierten Punkte $\varrho_1(1)$ bis $\varrho_2(10)$ stellen demnach die Mittelpunkte der Reibrolle ϱ von ihrer äußersten bis zur innersten Stellung dar. Der Anfangsstellung ϱ_1 der Reibungsrolle entspricht die Stellung $A\,O_1'\,O_1$ des langen Lenkhebels, wobei durch O_1 der Mittelpunkt der Lenkrolle o in ihrer äußersten Stellung in der Spiralführungsnute der als Kreis dargestellten Spiralscheibe S und durch $\varrho_1 O_1'$ das gabelförmige Verbindungsstück zwischen Lenkhebel und Reibrolle dargestellt sind. Gelangt ϱ_1 am Ende der Spulenfüllung nach ϱ_2, so erhält man die Endstellung des Lenkhebels $A\,O_2'\,O_2$, indem man um A einen Kreisbogen mit Halbmesser $A\,O_1'$ und um ϱ_2 einen Kreisbogen mit Halbmesser $\varrho_1\,O_1'$ schlägt, der den ersten in O_2' schneidet. Durch Ver-

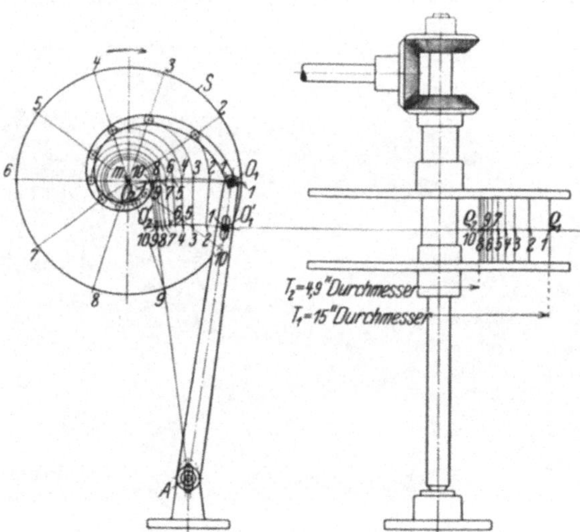

Abb. 327. Konstruktion der Lenkspirale zur Tellervorspinnmaschine.

längerung der Verbindungslinie $A\,O_2'$ über O_2' hinaus bis zum Schnittpunkt des um A mit Halbmesser $A\,O_1$ beschriebenen Kreisbogens erhält man in O_2 die Endstellung der Lenkrolle o. In gleicher Weise erhält man auf den Kreisbogen $O_1'\,O_2'$ bzw. $O_1\,O_2$ die den Zwischenstellungen der Reibrolle ϱ entsprechenden Punkte 2 bis 9. Im Verlauf einer ganzen Spulenfüllung macht das Schaltrad und somit auch die Spiralscheibe eine volle Umdrehung in der durch den Pfeil angegebenen Richtung. Man teilt daher den Umfang dieser Scheibe in 10 gleiche Teile und zieht nach diesen Teilpunkten vom Mittelpunkte aus die Radiallinien. Beschreibt man nun um den Mittelpunkt m der Spiralscheibe und mit Halbmessern gleich der Entfernung des Mittelpunktes jeweils von den 10 Punkten auf dem Bogen $O_1\,O_2$, d. h. also mit m—1, m—2, m—3 usw., der Reihe nach Kreisbogen, so ergeben die Schnittpunkte dieser Kreisbogen mit den zugehörigen Radiallinien die Mittelpunkte der Lenkrolle in ihrer jeweiligen Stellung auf der Spiralscheibe. Die Verbindungslinie dieser Punkte ergibt demnach die Kurve, nach der sich der Mittelpunkt der Lenkrolle bei der Drehung der Spiralscheibe bewegen muß, damit der Lenkhebel und damit die Reibungsrolle ihre vorgeschriebene Bewegung ausführen. Beschreibt man noch um jeden dieser Mittelpunkte den zugehörigen Rollenkreis, so veranschaulichen die Umhüllenden dieser Kreise die inneren und äußeren Führungskurven der Lenkrolle, nach denen die Spiralführungsnute der Aufwindungsscheibe S herzustellen ist.

Die Wirkungsweise des Schaltradmechanismus bietet gegenüber der oben beschriebenen Maschine nichts Neues. Nach erfolgtem Spulenwechsel wird mittels des Handrades das Schaltrad mit der Spiralscheibe zurückgewunden und dadurch die Reibungsrolle wieder in ihre äußerste Stellung gebracht. Ähnlich wie beim Konustrieb durch Verstellen der Riemenführungsgabel können Unregelmäßigkeiten in der Aufwindung durch Nachstellen der Ösenschraube, d. h. durch Veränderung des Abstandes zwischen Reibungsrolle und Lenkhebel beseitigt werden.

Das Tellergetriebe zeichnet sich gegenüber dem Konusgetriebe durch gedrängte Bauart aus; seine einfache Bedienung und Instandhaltung sind mit die Ursache, daß es heute noch vielfach verwendet wird.

Die Ausführung des Kegelräderdifferentiales entspricht dem in den Abbildungen 277, 278, S. 329, dargestellten Getriebe, so daß sich ein näheres Eingehen erübrigt[1].

___

[1] Statt des alten Houldsworthschen Kegelräderdifferentiales verwendet Low bei seinen neuesten Maschinen vielfach ein Stirnräderdifferential von Curtis & Rhodes. Abb. 328 zeigt in schematischer Weise dieses Getriebe, bei dem, wie bei den früher schon beschriebenen Differentialen ähnlicher Bauart sämtliche Räder nach einer Richtung umlaufen. An Stelle des Antriebsrades K sitzt in diesem Falle auf der Hauptantriebswelle A ein dicht abgeschlossenes Gehäuse K, das mit der Hauptwelle fest verbunden ist und deren Umdrehungen somit mitmacht. In der Mittelwand dieses Gehäuses ist exzentrisch zur Hauptwelle eine auf Kugellager laufende Welle gelagert, an deren Enden die Stirnräder K_0 und K_{01} sitzen. Rad K_0 steht durch ein Zwischenrad im Eingriff mit dem Stirnrad J, das auf einer auf der Hauptwelle lose sitzenden Büchse festgekeilt ist, an deren anderem Ende ein zweites Zahnrad sitzt, das seinen Antrieb von der Reibungsrolle

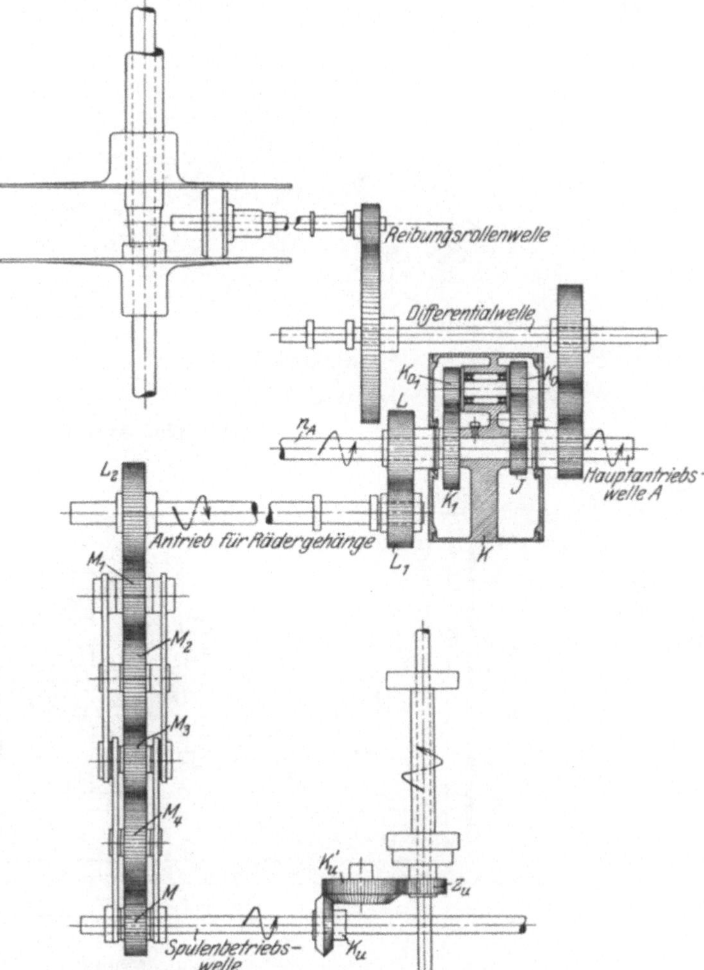

Abb. 328. Differentialgetriebe von Curtis & Rhodes für eine 10 × 5 Zoll-Vorspinnmaschine von Low & Co., Monifieth.

Dagegen weist das Rädergehänge der Low-Maschine eine neuartige Gelenkverbindung auf, bei der der epizyklische Einfluß der Wagenbewegung auf den Spulenantrieb ausgeschaltet ist. Wie die Abb. 329 bis 331 zeigen, be-

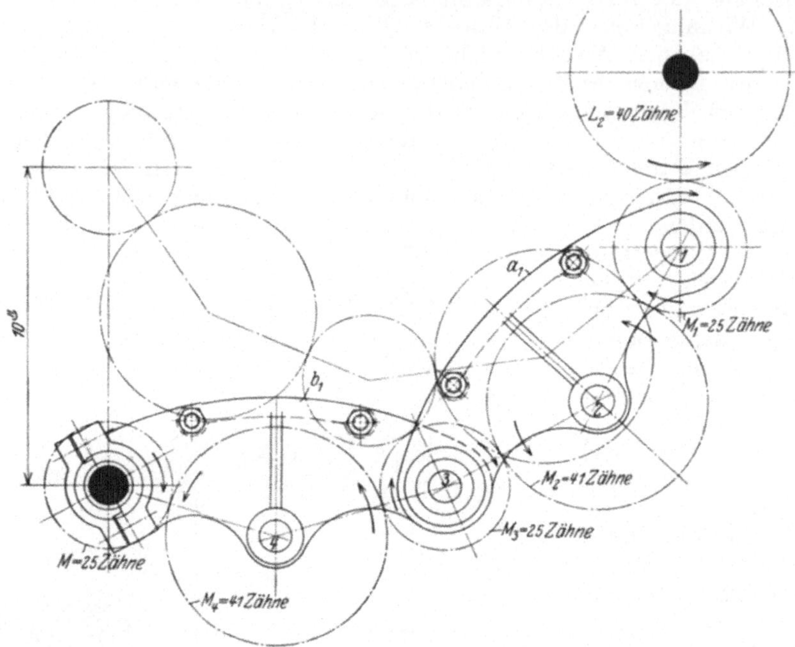

Abb. 329. Aufriß.

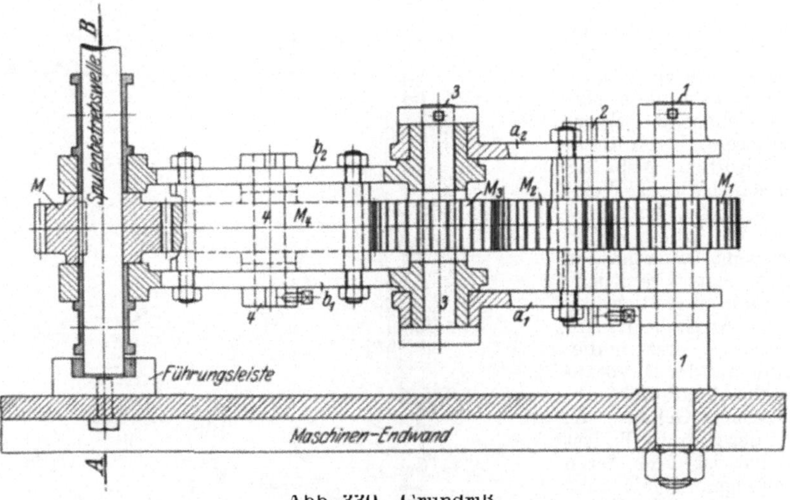

Abb. 330. Grundriß.

Abb. 329 bis 331. Rädergehänge zur Vorspinnmaschine von Low & Co., Monifieth.

des Tellergetriebes über mehrere Zwischenräder erhält. Rad K_{01} dagegen greift in das Stirnrad K_1 ein, das auf der Nabe des lose auf der Hauptwelle laufenden Spulenrades L aufgekeilt ist. Wie aus dieser Anordnung ersichtlich ist, hat man bei diesem Getriebe als eigentliches Differentialrad das Rad J zu betrachten. Wendet man in ähnlicher Weise wie S. 330ff. das

steht hier das Rädergehänge aus 2 gleichen Gelenkgliedern a und b, wobei jedes Glied aus 2 symmetrisch angeordneten Armen a_1—a_2, b_1—b_2 gebildet wird, an welche die Augen für die Gelenk- und Tragbolzen der Zahnräder angegossen sind und die durch Schrauben-
bolzen unter Zwischenschaltung entsprechend geformter gußeiserner Distanzplatten zusammengehalten werden. Während der in der Antriebsendwand fest verankerte Stehbolzen *1* sowohl Drehachse für das lose auf dem Bolzen aufgesteckte Übertragungsrad M_1, wie auch für den Gelenkdoppelarm a_1—a_2 bildet, ist das andere Ende dieses Armes durch den zugleich das Zwischenrad M_3 tragenden Bolzen *3* gelenkartig mit dem einen Ende des Doppelarmes b_1—b_2 verbunden, dessen anderes Ende in 2 geteilte Lageraugen ausläuft, welche die Spulenbetriebswelle mit dem dazwischen sitzenden Antriebsrad M bzw. die Rotgußbüchsen der links und rechts diese Welle

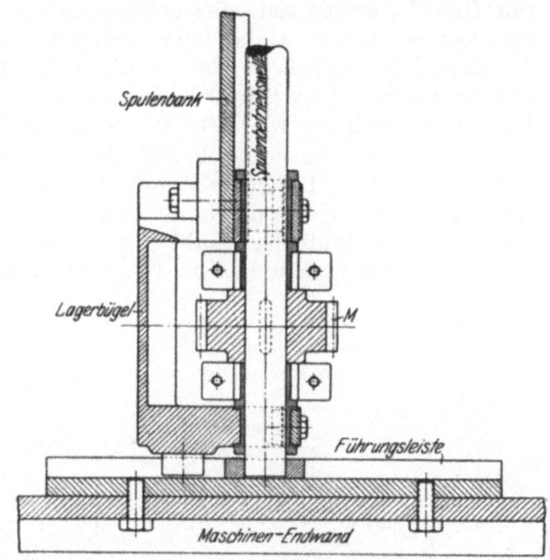

Abb. 331. Schnitt A—B.

stützenden Lager lose umfassen. Während das eine dieser Lager direkt von unten an die Spulenbank angeschraubt ist, wird das andere, äußere Lager von einem an der Spulenbank befestigten Bügel gehalten, vgl. Abb. 331. Wie letztere Abbildung sowie Abb. 330 erkennen lassen, ist an der Maschinenendwand eine Führungsleiste angeschraubt, in welcher eine über das Wellenende geschobene rechteckige Platte gleitet, die der Spulenbank bei ihrer Vertikalbewegung als Führung dient. Die großen Zwischenräder M_2 und M_4 laufen ebenfalls lose auf den in den Gelenkarmen a_1—a_2 bzw. b_1—b_2 durch Klemmschrauben gehaltenen Tragbolzen *2* bzw. *4*, so daß die gesamte Gelenkbewegung aus 5 Rädern besteht, von denen

---

Verfahren der Zerlegung in Einzelbewegungen an, so erhält man schließlich als Umlaufzahl des Spulenrades L:

$$n_L = n_A \cdot \varphi - n_J (\varphi - 1).$$

Die Räderübersetzung ist so gewählt, daß sich $\varphi = 1{,}5$ ergibt, somit erhält man:

$$n_L = 1{,}5\,n_A - 0{,}5\,n_J$$

oder

$$n_J = \frac{1{,}5\,n_A - n_L}{0{,}5} = \frac{n_L'}{0{,}5} = 2\,n_L'.$$

Ist beispielsweise $n_A = 250$ und $n_J = 80$, dann wird $n_L = 1{,}5 \cdot 250 - 80 \cdot 0{,}5 = 335$. Wächst n_J bis 250, dann wird

$$n_L = 1{,}5 \cdot 250 - 250 \cdot 0{,}5 = 250,$$

d. h. so groß wie n_J, oder mit anderen Worten: Die Räder J, L, Gehäuse K mit sämtlichen Rädern drehen sich miteinander, gewissermaßen zusammengekuppelt, 250 mal in der Minute um die Welle A.

Hieraus ergibt sich, daß, wenn die Umlaufzahl des Differentialrades J von 80 auf 250 steigt, d. h. um 170 Umläufe zunimmt, gleichzeitig die Umlaufzahl des Spulenrades von 335 auf 250 fällt, d. h. um 85 Umläufe abnimmt, oder mit anderen Worten: für je 2 Umdrehungen des Differentialrades vermindert sich die Umlaufzahl des Spulenrades um eine Umdrehung.

das 1., 3. und 5. Rad je gleiche Zähnezahlen aufweisen. Mit der Auf- und Abbewegung der Spulenbank und der dadurch hervorgerufenen Veränderung des
Abstandes der Spulenbetriebswelle mit Rad M von dem festen Stehbolzen *1*
mit Rad M_1 ergibt sich eine entsprechende Nachgiebigkeit des Gelenkes *3*, indem sich der Gelenkwinkel beim Aufwärtsgang verkleinert bzw. umgekehrt beim
Abwärtsgang vergrößert. Um die hierdurch hervorgerufenen Abwälzbewegungen
der einzelnen Räder des Gelenkes kennenzulernen, sei im folgenden eine ähnliche Untersuchung wie bei der vorbeschriebenen Maschine angestellt.

Bezeichnet man in Abb. 332 die Projektionen der Räderachsen bzw. die
Mittelpunkte der Räderkreise mit den für diese Räder gewählten Buchstaben
und zerlegt man wieder die durch die Bewegung des Rades M nach M' entsprechend
einem vollen Spulenbankhub von 10 Zoll hervorgerufene Drehbewegung des
ganzen Gelenksystems in ihre Einzelbewegungen, dann ergibt sich:

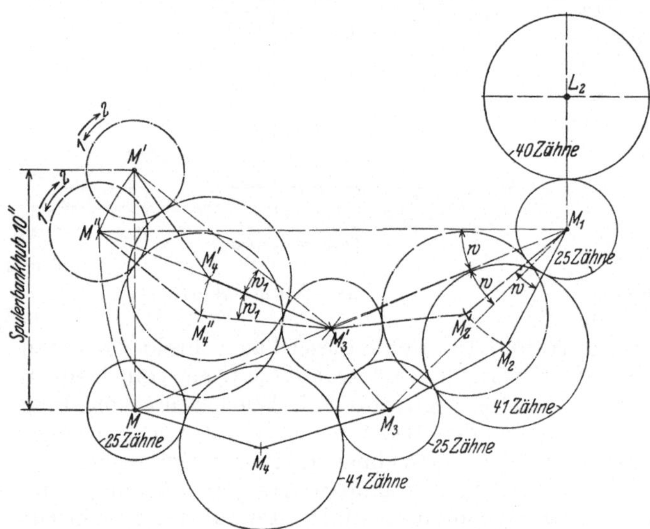

a) Rad M_1 festgehal-
ten, Gelenk $M_1 M_3 M$ in
M_3 als starr angenommen,
ergibt die Bewegung des
Punktes M_3 nach M_3' und
des Strahles $M_3 M$ in die
Lage $M_3' M''$, wobei Punkt
M_3' als Schnittpunkt der
um M_1 mit Halbmesser
$M_1 M_3$ und um M' mit
Halbmesser $M M_3$ beschriebenen Kreisbogen und
Punkt M'' als Schnitt-
punkt der um M_1 mit
Halbmesser $M_1 M$ und um
M_3' mit Halbmesser $M_3' M'$
beschriebenen Kreisbogen
erhalten werden. Wird
der von $M_1 M_3$ beschriebene Winkel $M_3 M_1 M_3'$
mit w bezeichnet, so muß
auch, da der Winkel

Abb. 332. Schematische Darstellung des Rädergehänges zur
Lowschen Vorspinnmaschine.

bei M_3 bzw. M_3' erhalten blieb, der vom Strahl $M_1 M$ beschriebene Winkel
$M M_1 M'' = w$ sein, was sich auch unmittelbar aus der Bestimmung der Punkte
M_3' und M'' ergibt. Demnach erhält Rad M'', da die Räder M_1 und M gleich
groß sind, durch Abrollen eine Drehung um den Winkel w in Richtung des
Pfeiles *1* ↓ und außerdem durch Mitnahme infolge Drehung des ganzen
Systems eine Drehung um den Winkel w in Richtung des Pfeiles *2* ↑. Somit
ergibt sich für den Fall a) durch Abrollen und Mitnahme ein Drehwinkel von
$\alpha = w_1 - w = 0$.

b) Da M'' nach M' senkrecht über M kommen muß, muß das Gelenk bei
M_3' einknicken, d. h. der Gelenkwinkel sich verringern. Somit erfolgt eine Drehbewegung des Strahles $M_3' M''$ um den Punkt M_3' nach $M_3' M'$, wobei der
beschriebene Winkel $M'' M_3' M' = w_1$ ist. Wird hierbei Rad M_3' festgehalten,
dann rollt Rad M_4'' auf Rad M_3' ab, wobei M_4'' nach M_4' kommt und Winkel
$M_4'' M_3' M_4' = w_1$ ist. Da die Räder M_3' und M' gleich groß sind, erfährt somit
Rad M' eine Drehbewegung durch Abrollen um den Winkel w_1 in Richtung
des Pfeiles *1* ↓. Außerdem erhält Rad M' wiederum infolge seiner Bewegung
von M'' nach M' eine Drehbewegung durch Mitnahme um den Winkel w_1

in Richtung des Pfeiles 2 ↑. Somit ergibt sich für Fall b) durch Abrollen und Mitnahme ein Drehwinkel von $\beta = w_1 - w_1 = 0$.

Demnach erhält man als Ergebnis der Bewegung des ganzen Gelenksystems einen Gesamtdrehwinkel $\gamma = \alpha + \beta = 0$. Naturgemäß trifft dies auch für jede Zwischenstellung der Spulenbank zu.

Damit ist bewiesen, daß bei diesem Rädergehänge infolge der symmetrischen Anordnung der Räder und durch entsprechende Wahl ihrer Größe jede epizyklische Bewegung ausgeschaltet ist.

c) Die 10×5-Zoll-Vorspinnmaschine von Seydel & Co., Bielefeld diene als Beispiel einer Vorspinnmaschine mit Stirnräderdifferential. Nach den vorhergehenden Beschreibungen erübrigt es sich, auf Einzelheiten einzu-

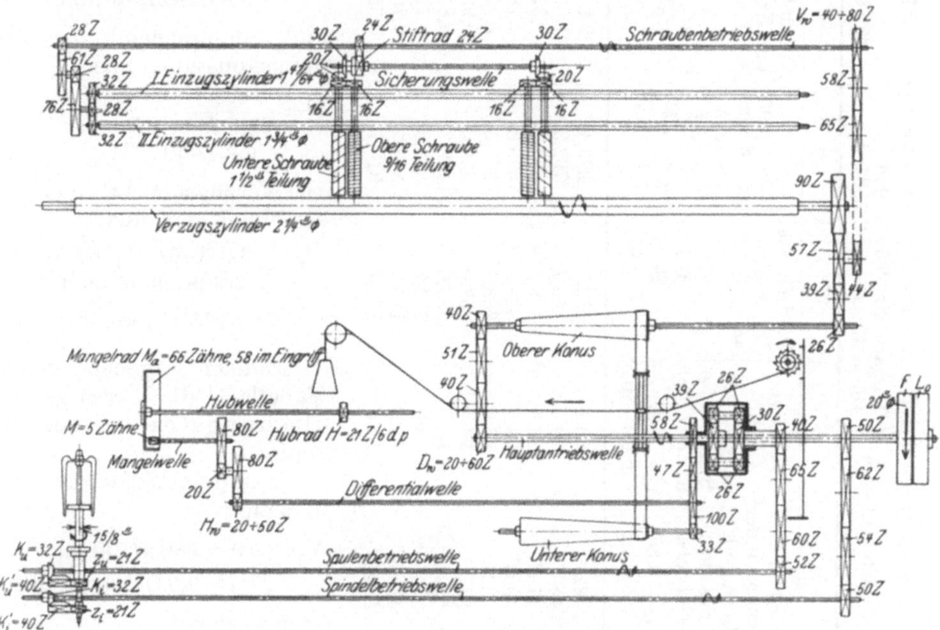

Abb. 333. Grundriß.

Abb. 333 bis 338. Getriebeschema zur 10×5-Zoll-Vorspinnmaschine von Seydel & Co., Bielefeld.

gehen, da die allgemeine Getriebeanordnung, die aus den Abb. 333 bis 338 hervorgeht, mit Ausnahme des Differentialtriebwerkes von den oben beschriebenen Maschinen nur unwesentlich abweicht. Die Maschine hat Konustrieb ähnlich Liebscher und Mangeltrieb ähnlich Low. Das eingekapselte Differentialtriebwerk in der in den Abb. 282 und 283, S. 333 angegebenen Ausführung sitzt wiederum auf der Hauptwelle zwischen der Antriebsendwand und der ersten Mittelwand. Dagegen ist die Hauptwelle über das Differentialgetriebe hinaus bis zur 2. Mittelwand verlängert und trägt an ihrem Ende dicht neben der Gestellwand den Drehungswechsel D_W, der in üblicher Weise über Zwischenräder nach dem oberen Konus treibt. Durch diese Anordnung gestaltet sich das Räderwerk am Antriebsende der Maschine etwas einfacher und übersichtlicher. Das Rädergehänge ist, wie der Räderaufriß Abb. 336 erkennen läßt, ebenfalls ähnlich wie bei der Liebscherschen Maschine ausgeführt, es besteht jedoch nur aus 3 Rädern. Besondere Vorkehrungen zur Beseitigung der epizyklischen Bewegungen sind nicht getroffen. Eine Durchrechnung des ganzen Getriebes unter Zugrundelegung der in den Abbildungen

Tabelle 73. Geschwindigkeitsverhältnisse des Differentialtriebwerkes der Seydelschen Vorspinnmaschine 10 × 5 Zoll.

$n_A = 453$ Uml./min; $n_i = 690$ Uml./min; $\left\{\begin{array}{l}\text{Vorgarn Nr. 280 g/100 m}\\ D_W = 43;\ L = 993 \text{ Zoll/min};\ nc_o = 487 \text{ Uml./min.}\end{array}\right.$

1	2	3	4	5	6	7	8	9	10	11
Spulendurchmesser in $^1/_8$ Zoll	Spulenumfang in Zoll	Aufwindumdrehungen der Spule $n_w = \dfrac{993}{\text{Sp.2}}$	Absolute Umdrehungen der Spule $n_u = 690 - \text{Sp.3}$	Absolute Umdrehungen des Spulenrades aus dem Getriebe $n_L = 0,853 \times \text{Sp.4}$	Relative Umdrehungen des Spulenrades n. Gl. (16a) $n'_L = 1,3\,n_A - n_L = 588,9 - \text{Sp.5}$	Umdreh. des Differentialrad. n. Gl. (17) $n_J = \dfrac{n'_L}{0,3} = \dfrac{\text{Sp.6}}{0,3}$	Umdreh. des unt. Konus aus dem Getriebe $nc_u = 1,758 \times \text{Sp.7}$	Verhältnis der Konendurchmesser $\psi = \dfrac{C_o}{C_u} = \dfrac{nc_u}{nc_o} = \dfrac{\text{Sp.8}}{487}$	Durchm. des oberen Konus $C_o = \dfrac{a\cdot\psi}{1+\psi} = \dfrac{305\times\text{Sp.9}}{1+\text{Sp.9}}$ mm	Durchmesser des unteren Konus $C_u = 305 - \text{Sp.10}$ mm
13	5,11	194,3	495,7	422,8	166,1	553,7	973,4	2,00	203,3	101,7
16	6,28	158,1	531,9	453,7	135,2	450,7	792,3	1,63	189,0	116,0
19	7,46	133,1	556,9	475,0	113,9	379,7	667,5	1,37	176,3	128,7
22	8,64	115,0	575,0	490,5	98,4	328,0	576,6	1,18	165,1	139,9
25	9,82	101,1	588,9	502,3	86,6	288,7	507,5	1,04	155,5	149,5
28	11,00	90,3	599,7	511,5	77,4	258,0	453,6	0,93	147,0	158,0
31	12,17	81,6	608,4	519,0	69,9	233,0	409,6	0,84	139,2	165,8
34	13,35	74,4	615,6	525,1	63,8	212,7	373,9	0,77	132,7	172,3
37	14,53	68,3	621,7	530,3	58,6	195,3	343,3	0,70	125,6	179,4
40	15,71	63,2	626,8	534,7	54,2	180,7	317,7	0,65	120,2	184,8

eingetragenen Zähnezahlen ergibt die in nebenstehender Tabelle 73 verzeichneten Werte. Hierbei ist die Umlaufzahl der Hauptwelle $n_A = 453$/min angenommen, womit sich eine Spindeldrehzahl von $n_i = 690$/min ergibt. Die Lieferkonstante ergibt sich aus:

$$L = \frac{453 \cdot D_W \cdot 26 \cdot 9 \cdot 3,14}{40 \cdot 90 \cdot 4}$$

$$= 23,1\, D_W \text{ Zoll/min} \qquad (51)$$

und entsprechend die Drehungskonstante aus:

$$t = \frac{690}{23,1 \cdot D_W} = \frac{30}{D_W} \text{ Drehungen/Zoll.} \qquad (52)$$

Die Verzugskonstante endlich errechnet sich aus:

$$V = \frac{32 \cdot 76 \cdot 61 \cdot V_W \cdot 57 \cdot 9 \cdot 4}{28 \cdot 28 \cdot 28 \cdot 44 \cdot 90 \cdot 4 \cdot 7}$$

$$= 0,125\, V_W = \frac{V_W}{8}. \qquad (53)$$

Danach ergeben sich in Tabelle 74 die Verzugs- und Drehungstafeln der Maschine.

Für das mehrfach gewählte Beispiel

Vorgarn $= 280$ g/100 m,

$t = 0,7$ Drehungen/Zoll,

entsprechend

$D_W = 43$,

erhält man

$L = 21,3 \cdot 43 = 993$ Zoll/min.

Hat man in Sp. 3 $n_w = \dfrac{L}{\pi \cdot d}$ errechnet und in Sp. 4 $n_u = n_i - n_w$ gebildet, dann ergibt sich wieder aus dem Getriebe in Sp. 5

$$n_L = \frac{21 \cdot 52}{32 \cdot 40} \cdot n_u = 0,853 \cdot n_u$$

und in Spalte 6 nach Gl. (16a)

$$n'_L = 1,3\, n_A - n_L,$$

desgleichen in Spalte 7

$$n_J = \frac{n'_L}{0,3}.$$

Weiterhin erhält man aus dem Getriebe

$$n_{C_o} = \frac{453 \cdot 43}{40} = 487 \text{ Uml./min},$$

$$n_{C_u} = \frac{n_J \cdot 58}{33} = 1{,}758\, n_J$$

(Spalte 8).

Konenverhältnis

$$\psi = \frac{C_o}{C_u} = \frac{n_{C_u}}{n_{C_o}} = \frac{1{,}758\, n_J}{487}$$

(Spalte 9). (54)

Mit dem Konenabstand $a = 12$ Zoll $= 305$ mm wird

$$C_o = \frac{a \cdot \psi}{1 + \psi} = \frac{305 \cdot \psi}{1 + \psi}. \quad (55)$$

Tabelle 74. Verzugs- und Drehungstafel zur Seydelschen Vorspinnmaschine.

Verzugs-wechsel V_W	Verzug $V = \dfrac{V_W}{8}$	Drehungs-wechsel D_W	Drehungen/Zoll $t = \dfrac{30}{D_W}$
40	5	20	1,50
44	5½	22	1,36
48	6	24	1,25
52	6½	27	1,11
56	7	30	1,00
60	7½	33	0,91
64	8	36	0,83
68	8½	39	0,77
72	9	43	0,70
76	9½	47	0,64
80	10	51	0,59
		60	0,50

Danach berechnen sich in Spalte 10 für die verschiedenen Spulendurchmesser die Durchmesser des oberen Konus und in Spalte 11 die entsprechenden Durchmesser des unteren Konus.

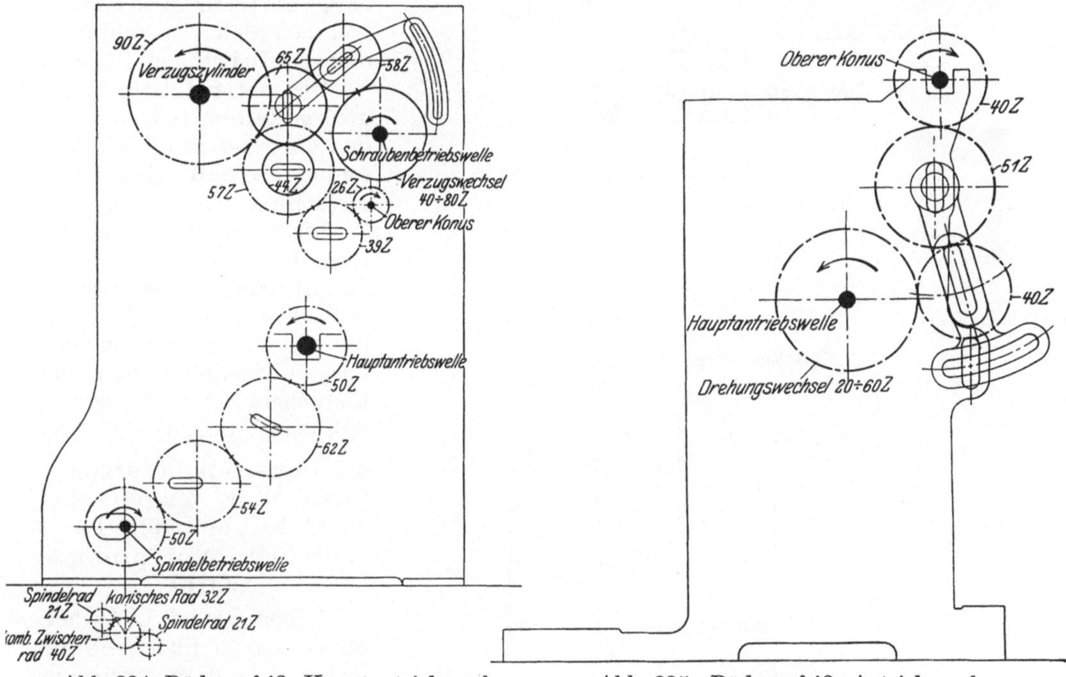

Abb. 334. Räderaufriß: Hauptantrieb nach den Spindeln und dem Verzugszylinder.

Abb. 335. Räderaufriß: Antrieb nach dem oberen Konus.

Ein Vergleich der in der Tabelle 73 zusammengestellten Geschwindigkeitswerte mit den entsprechenden Zahlen der Tabelle 68 (Liebscher) und Tabelle 72 (Low) zeigt, daß bei Seydel wesentlich höhere Umlaufzahlen des Spulenrades, des Differentialrades sowie der Konen zu verzeichnen sind. Da außerdem die Hauptwelle, das Differentialrad mit dem Getriebegehäuse sowie das Muffenrad mit dem Spulenrad gleiche Drehrichtung haben und diese Räder nur verhältnismäßig geringe Geschwindigkeitsunterschiede unter sich aufweisen, wirkt sich dieses Getriebe hinsichtlich der Abnützung sehr günstig aus. Die höhere Umlaufzahl der Konen hat auch eine höhere Riemengeschwindigkeit zur Folge, sie beläuft sich am Anfang auf

$$v_1 = \frac{0{,}2033 \cdot 3{,}14 \cdot 487}{60}$$
$$= 5{,}18 \text{ m/sek},$$

am Ende auf

$$v_2 = \frac{0{,}1202 \cdot 3{,}14 \cdot 487}{60}$$
$$= 3{,}06 \text{ m/sek}.$$

Dementsprechend ist auch die Beanspruchung des Konusriemens eine geringere. Ein weiterer Vorteil ist, daß das ganze Rädergetriebe vollkommen dicht abgeschlossen und ganz in Fett gehüllt läuft.

Die übrigen Berechnungen gestalten sich wie bei den oben beschriebenen Maschinen, so daß sich ein weiteres Eingehen erübrigt.

Die konstruktive Ausführung des Konuspaares sowie die Anordnung des Schaltradgetriebes mit der Riemenführung unterscheiden sich nur unbedeutend von der Liebscherschen Maschine, vgl. auch Abb. 303 und 304.

d) Konusriemenverschiebung und Wagenkehrgetriebe bei der Lawsonschen Vorspinnmaschine.

Neben der bei Liebscher, Seydel u. a. zu findenden einfachen Konusriemenverschiebung durch Verwendung einer auf der Schaltradwelle sitzenden Aufwindungsrolle und einer durch ein Gewicht gespannten Kette findet man

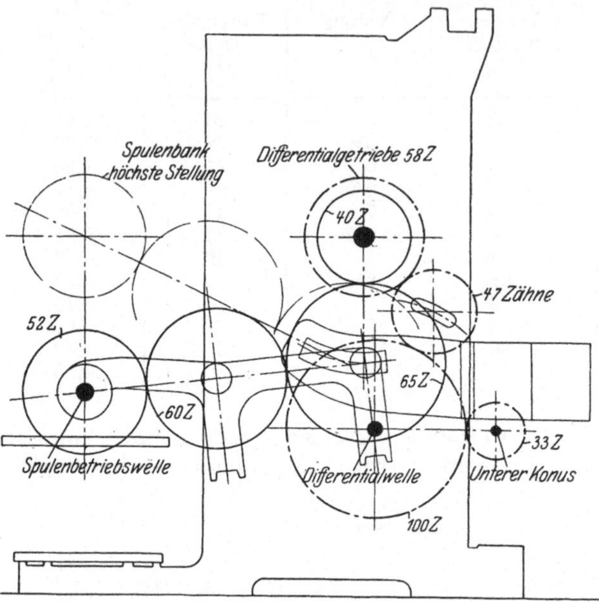

Abb. 336. Räderaufriß: Antrieb nach dem Differential und der Spulenbetriebswelle.

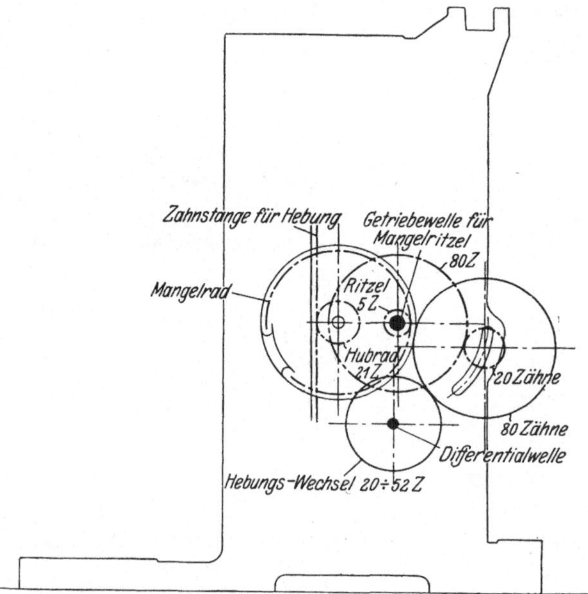

Abb. 337. Räderaufriß: Getriebe für Mangelrad und Hebung.

häufig bei englischen Maschinen noch andere, meist ältere Vorrichtungen. Z. B. erfolgt bei den älteren Lawsonschen Maschinen die Verschiebung des Konusriemens durch die vom Schaltrad vermittelte Drehung einer zwischen den beiden Konen und parallel zu diesen verlaufenden Welle, in welche 2 Nuten nach einer steilgängigen Schraubenlinie eingeschnitten sind, in denen die beiden Federn der die Nutenwelle umfassenden Nabe des Riemenführers entlang gleiten, sobald die Welle in Drehung versetzt wird. Bei den neueren Maschinen wird die Verschiebung des Riemenleiters durch Zahnstange und Ritzel vermittelt, dessen Drehbewegung wiederum durch ein Gewicht betätigt wird, das am Ende einer über Leitrollen geführten Kette hängt, wobei der Schaltradmechanismus die ruckweise Drehung des Ritzels und damit die in Zwischenräumen entsprechend der Auf- und Abbewegung der Spulenbank erfolgende Verschiebung der Zahnstange mit dem Konusriemen reguliert. In Verbindung mit dieser Anordnung kommt für die Wagenumkehrbewegung als Spezialausführung statt des Mangeltriebes ein Stirnradwendegetriebe nach der in Abb. 276, S. 326, angedeuteten Art zur Anwendung, das eine unter dem Namen „Rattrap“-Schaltung bekannte Umkehrsteuerung durch Sperrfallen vorsieht, und deren konstruktive Ausführung aus den Abb. 339 und 340 zu ersehen ist. Die Kehrwelle J_1 ist mit

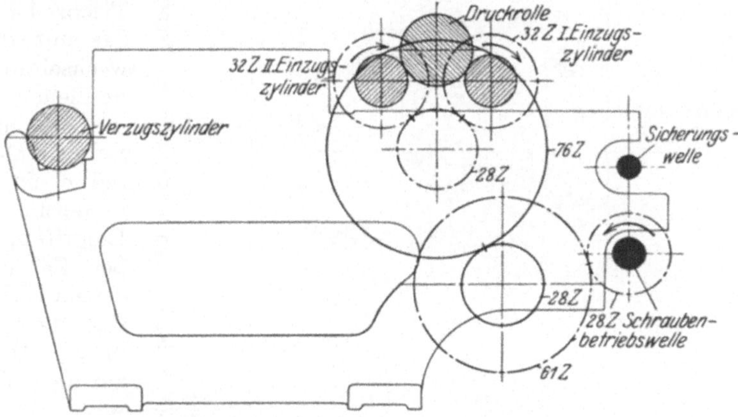

Abb. 338. Räderaufriß: Einzugsgetriebe.

ihrem einen, das Kehrrad a tragenden Ende in dem Schwenkstück *1* gelagert, das sich nach unten in zwei Arme *2* und *3* verbreitert und um den Bolzen *4* schwingen kann, der seinerseits in einem Auge des an der zweiten Maschinenmittelwand angeschraubten Bockes *5* befestigt ist. Auf dem gleichen Bolzen *4* sitzt lose drehbar das Schaltstück *6* mit den Armen *7* und *8*. Arm *8* ist mit einem Verlängerungsstück versehen, das bei der Auf- und Abbewegung der Spulenbank von den an ihr befestigten Anschlägen *9* und *10* mitgenommen wird, so daß eine Drehbewegung des Schaltstückes *6* um seinen Drehpunkt *4* nach der einen oder anderen Richtung eintritt. Die Arme *7* und *8* des Schaltstückes *6* sind mittels kurzer Ketten mit den an die Arme *2* und *3* angegossenen Lappen durch Haken verbunden, die durch entsprechende Bohrungen dieser Lappen lose durchgesteckt sind und an den Enden die Gewichte G_1 und G_2 tragen. Nun erfolgt der Antrieb der Kehrwelle J_1 von der vom unteren Konus durch Zahnradübersetzung betriebenen Differentialwelle J, indem das eine Mal das an dem einen Ende dieser Welle (nahe der zweiten Gestellmittelwand) sitzende Zahnrad b in das Kehrrad a auf der Kehrwelle eingreift und so deren Drehbewegung direkt vermittelt oder aber, indem das andere Mal nach Unterbrechen des Zahneingriffes beider Räder infolge Umwerfung des Schwenkstückes *1* das auf einer kurzen, in der Gestellwand gelagerten Zwischenwelle sitzende Ritzel b' in Eingriff mit dem

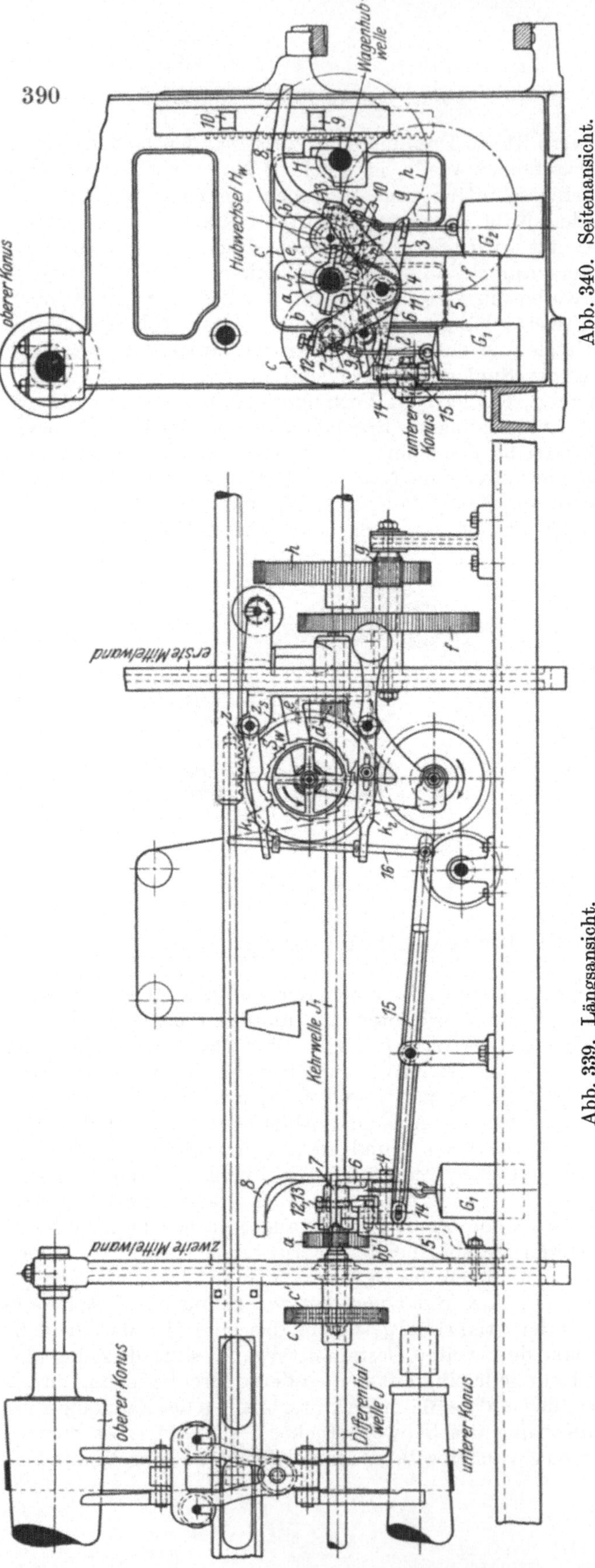

Abb. 340. Seitenansicht.

Abb. 339. Längsansicht.

Abb. 339 und 340. „Rattrap"-(Sperrfallen-)Schaltung mit Stirnradwendegetriebe von Lawson.

Kehrrad a kommt, wobei die Zwischenwelle von dem ebenfalls auf der Differentialwelle sitzenden Zahnrad c, das in das gleich große Zwischenrad c' eingreift, betrieben wird. Dadurch erhält die am anderen Ende ausschwenkbar gelagerte Kehrwelle wechselnde Drehrichtung. Das am anderen Ende der Kehrwelle sitzende Triebrad d greift in das mit dem Hubwechselrad H_W verbundene und auf gemeinschaftlichem Bolzen laufende Zahnrad e ein, und H_W wiederum steht im Eingriff mit dem großen Zahnrad f, auf dessen Nabe Ritzel g sitzt. Letzteres greift in das Wagenrad h auf der Wagenhubwelle ein, von der aus die auf ihr sitzenden Zahnstangenritzel H den Wagen durch die an ihm befestigten Zahnstangen auf- und abwärts bewegen.

Das Festhalten des Schwenkstückes 1 in einer seiner beiden Endstellungen, die nach obigem den störungslosen Eingriff von b in a, bzw. von b' in a gewährleisten, wird durch die beiden Fallenhebel 9 und 10 bewirkt, die sich abwechselungsweise in entsprechende Aussparungen im

Schwenkstück *1* legen, wobei ihnen zwei in seitlichen Augen des Bockes *5* befestigte Bolzen als Drehpunkt dienen. Die die Köpfe dieser Fallenhebel verbindende Spiralfeder *11* sorgt hierbei dafür, daß die Köpfe zwangsläufig nach unten gezogen werden. Die wechselweise Auslösung der Fallen *9* und *10* findet durch die an seitlichen Lappen der Arme *7* und *8* eingeschraubten Stellschrauben *12* und *13* bei der Drehung des Schaltstückes *6* statt. Bei der in Abb. 340 dargestellten Schaltstellung ist a im Eingriff mit b'. Gegen Ende des Aufwärtsganges der Spulenbank drückt der untere Anschlag *9* den verlängerten Arm *8* nach oben und bewirkt demgemäß eine Linksschwenkung des Schaltstückes *6*. Die die Arme *7* und *2* verbindende Kette wird lose, das Gewicht G_1 setzt sich mit seinem Haken auf den Lappen *2* und sucht das Schwenkstück *1* nach links zu drehen, was jedoch noch durch die Falle *9* verhindert wird. Gleichzeitig hebt sich auf der anderen Seite Arm *8* mit der Kette und dem Gewicht G_2, ohne daß jedoch der Lappen *3* in Mitleidenschaft gezogen würde. Bei der Weiterdrehung des Schaltstückes *6* nach links kommt endlich Stellschraube *12* in Berührung mit der Falle *9* und verursacht deren Auslösung aus dem entsprechenden Einschnitt des Schwenkstückes *1*. Dieses schnappt sofort unter dem Einfluß des voll wirkenden Gewichtes G_1 nach links über und bringt Kehrrad a in Eingriff mit Rad b, so daß sich die Drehrichtung der Kehrwelle und damit auch die Bewegungsrichtung der Spulenbank umkehrt. Beim Umwerfen des Schwenkstückes *1* nach links fällt infolge des Federzuges Falle *10* in die Sperrstellung rechts und verriegelt so das Schwenkstück während der Eingriffszeit des Rades a in b. Beim Abwärtsgang der Spulenbank wiederholt sich der gleiche Vorgang in entgegengesetzter Richtung. Wie aus den Abb. 339 und 340 noch ersichtlich, ist am Arm *2* des Schwenkstückes *1* ein Stift *14* befestigt, der in einen Schlitz am Ende einer doppelarmigen Hebelstange *15* greift. Das andere Ende der Stange *15* ist mit der senkrechten Stange *16* gelenkartig verbunden (vgl. Abb. 339), deren beide Knaggen oder Stellringe auf die Klinken k_1 und k_2 des Schaltrades S_W in bekannter Weise wirken, so daß abwechselnd eine der beiden Klinken in dem Augenblick, da der Spulenwagen seine Bewegungsrichtung in der höchsten bzw. tiefsten Stellung ändert, ausgeworfen wird und demzufolge in üblicher Weise unter dem Einfluß eines Gewichtszuges die Drehung des Schaltrades um eine halbe Zahnteilung bei jedem Wagenhub erfolgt. Die Drehbewegung des Schaltrades wiederum wird durch das auf seiner Achse sitzende Zahnrad Z_S auf die Zahnstange Z übertragen, die durch eine Stange mit dem Riemenführer des Konuspaares in Verbindung steht und so die stufenweise Verschiebung des Riemens herbeiführt. Der Riemenführer selbst ruht mittels zweier Leitrollen auf einer kräftigen horizontalen Traverse, wobei eine dritte Rolle sich von unten an die Traverse legt. Durch diese Anordnung ist eine erschütterungsfreie Bewegung der ganzen Riemenführung gewährleistet.

Da sich bei der Kehrwelle J_1 infolge ihrer verhältnismäßig geringen Länge der Ausschlagwinkel im Endlager erheblich bemerkbar macht, wird dieses meist nicht fest, sondern in einer um einen Bolzen drehbaren Muffe gelagert.

Die Rückführung des Riemens erfolgt durch Rückdrehung des Zahnrades Z_S und des Schaltrads S_W mittels eines Handrades unter Zwischenschaltung einer Zahnradübersetzung, wobei die Klinken infolge der entgegengesetzten Drehrichtung über die Zähne des Sperrades weggleiten.

Auch bei der Mackieschen Vorspinnmaschine wird die Wagenumkehrbewegung durch eine ähnliche „Rattrap-Schaltung" in Verbindung mit einem Kegelräderwendegetriebe (ähnlich wie bei Liebscher, auch von Seydel schon ausgeführt), betätigt.

Diese Art Schaltungen finden sich übrigens vorwiegend bei den Baumwollflyern.

e) Die 10×6-Zoll-Vorspinnmaschine von Combe Barbour, Belfast.

Bei der in Abb. 341 im Querschnitt dargestellten neuesten Konstruktion dieser Firma wird an Stelle des Konus- oder Reibscheibengetriebes zur Veränderung der Geschwindigkeit der Differentialwelle auf das schon bei älteren Maschinen verwendete Getriebe mit Ausdehnungskonen, jedoch in verbesserter Bauart, zurückgegriffen. In Verbindung mit diesem Getriebe kommt das in den Abb. 287 bis 289 bereits dargestellte und auf S. 335 ff. beschriebene Differentialgetriebe zur Anwendung, vgl. auch Abb. 352, S. 404, bei welchem, wie bei dem Stirnräderdifferential, Hauptwelle und sämtliche Räder des Differentialtriebwerkes gleiche Drehrichtung haben. Auch für das Rädergehänge zur Übertragung der Bewegung des Spulenrades nach der Spulenbetriebswelle ist eine neuartige Konstruktion, ein sogenanntes Parallelogrammgetriebe, gewählt worden, das die epizyklische Bewegung der Spulen ausschließt. Der Einzeldarstellung dieser konstruktiven Neuheiten soll die an Hand der schematischen Getriebegrundrißzeichnung, Abb. 342, nach obigem Beispiel durchgeführte Getriebeberechnung vorangehen.

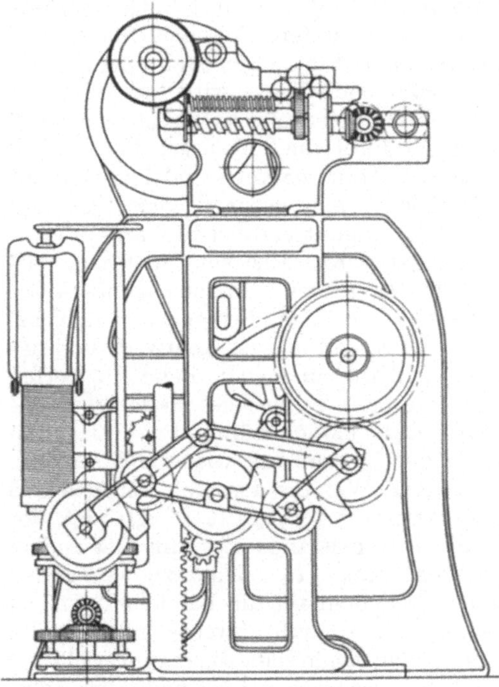

Abb. 341. Vorspinnmaschine 10×6 Zoll von Combe Barbour, Belfast.

Der Antrieb der Spindeln erfolgt in üblicher Weise von der Hauptwelle aus über den dicht hinter den Antriebsscheiben sitzenden Räderzug Z_1 bis Z_4 nach der Spindelbetriebswelle und von da über die konischen Räder K_i und die kombinierten Zwischenräder K_i' nach den Spindelrädchen Z_i, so daß sich mit $n_A = 299$ Uml./min der Hauptwelle die Spindelumlaufzahl

$$n_i = \frac{299 \cdot 64 \cdot 15}{32 \cdot 13} = 690/\text{min}$$

ergibt.

(Die Umlaufzahl der Hauptwelle ist so gewählt, daß man des Vergleiches halber die gleiche Spindelumlaufzahl wie bei den drei vorhergehend beschriebenen Maschinen erhält.)

Das am entgegengesetzten Ende der die ganze Maschine durchlaufenden Hauptwelle sitzende Drehungswechselrad $D_W = 29$ bis 58 Zähne treibt über Zwischenrad Z_5 nach dem auf dem Verzugszylinder sitzenden Rad $Z_6 = 90$ Zähne, so daß dieser eine Umlaufzahl von

$$n_V = \frac{299 \cdot D_W}{90} = 3{,}322 \, D_W,$$

oder mit $D_W = 42$, entsprechend 0,7 Drehungen/Zoll (siehe nachfolgende Tabelle 75),

$$n_V = 139{,}5/\text{min}$$

erhält.

Mit 2¼ Zoll Durchmesser des Verzugszylinders ergibt sich dessen Ablieferung:

$$L = \frac{299 \cdot D_W \cdot 9 \cdot 3{,}14}{90 \cdot 4} = 23{,}47\, D_W \quad (= 985\ \text{Zoll/min für } D_W = 42)\,, \qquad (56)$$

und somit die Drehung

$$t = \frac{690}{23{,}47\, D_W} = \frac{29{,}4}{D_W}\ \text{Drehungen/Zoll}\,. \qquad (57)$$

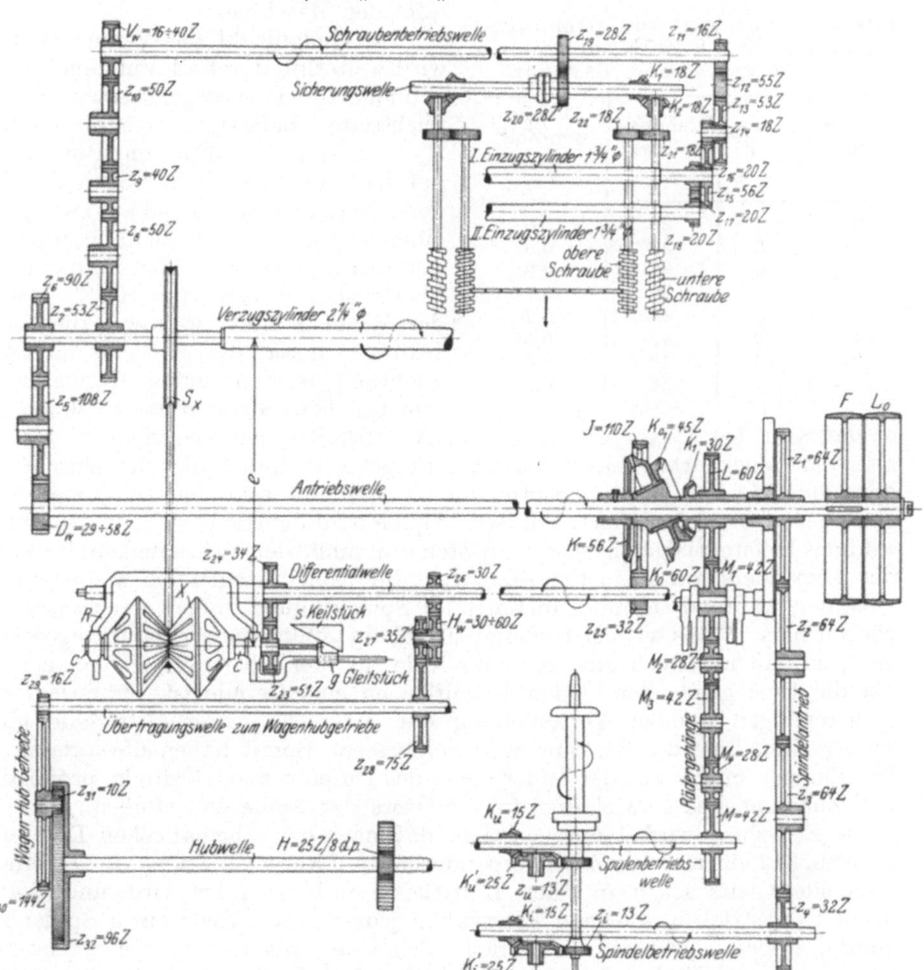

Abb. 342. Getriebegrundriß zur Vorspinnmaschine 10 × 6 Zoll von Combe Barbour, Belfast.

Der auf der dem Antrieb entgegengesetzten Seite der Maschine sitzende Teil des Verzugsräderwerkes besteht aus dem auf dem Verzugszylinder sitzenden Zahnrad $Z_7 = 53$ Zähne, den Zwischenrädern Z_8 bis Z_{10} und dem auf der Schraubenbetriebswelle (Hinterwelle) sitzenden Verzugswechselrad $V_W = 16 - 40\,Z$, während die Weiterführung dieses Getriebes nach den Einzugszylindern von dem am anderen Ende der nach der Antriebseite durchlaufenden Hinterwelle sitzenden Zahnrad $Z_{11} = 16$ Zähne ausgeht und über Zwischenrad Z_{12}, das kombinierte Rad $Z_{13} = 53/Z_{14} = 18$ Zähne nach dem Antriebsrad auf dem Einzugszylinder $Z_{15} = 56$ Zähne verläuft, dessen Bewegung endlich durch die Räder Z_{16} bis Z_{18} nach dem anderen Einzugszylinder übertragen wird.

Der Verzug errechnet sich bei einem Durchmesser des Einzugszylinders von 1¾ Zoll in bekannter Weise zu:

$$V = \frac{56 \cdot 53 \cdot V_W \cdot 9 \cdot 4}{18 \cdot 16 \cdot 53 \cdot 4 \cdot 7} = \frac{V_W}{4}. \tag{58}$$

Somit erhält man in nachfolgender Tabelle 75 die Verzugs- und Drehungstafel der Maschine.

Tabelle 75. Verzugs- und Drehungstafel zur 10 × 6-Zoll-Vorspinnmaschine von Combe Barbour.

Verzugswechsel V_W	Verzug $V = \dfrac{V_W}{4}$	Drehungswechsel D_W	Drehungen/Zoll $t = \dfrac{29,4}{D_W}$
16	4	29	1,0
20	5	33	0,9
24	6	36	0,8
28	7	39	0,75
32	8	42	0,7
36	9	45	0,65
40	10	49	0,6
		58	0,5

Die Umlaufzahl des Verzugszylinders wird weiterhin durch die auf dem Verzugszylinderzapfen entgegengesetzt der Antriebsseite befestigte Keilnutenscheibe $S_X = 15{,}64$ Zoll $= 397$ mm Durchmesser auf den unterhalb, dicht neben der Endgestellwand sitzenden und aus zwei gegeneinandergekehrten Konen bestehenden Ausdehnungskorb oder Expander X übertragen, dessen eine Hälfte fest auf der Welle c sitzt, während die andere Hälfte sich auf dieser Welle in axialer Richtung in den ersten Konus hineinschieben bzw. aus ihm herausziehen läßt, so daß sich der Expanderdurchmesser X vergrößert bzw. verkleinert. Man hat also den umgekehrten Fall wie beim Tellergetriebe, indem hier der Durchmesser des treibenden Organes konstant bleibt, während sich der Durchmesser des getriebenen Organes ändert. Bei leerer Spule wird demnach, da hier die Umlaufzahl des Differentialgetriebes am größten sein muß, der wirksame Durchmesser X des Expanders am kleinsten sein, d. h. die Konen stehen am weitesten auseinander, während sie mit zunehmender Spulenfüllung immer mehr zusammenrücken müssen, bis sie bei beendigter Füllung vollkommen zusammengeschoben sind, so daß nur noch eine schmale Rille für den Übertragungsriemen bleibt. Da die Erzeugende der beiden Kegelflächen eine Gerade ist, entspricht einer gleichmäßigen axialen Verschiebung der einen Expanderhälfte eine gleichmäßige Zunahme des wirksamen Durchmessers. Somit haben die axialen Verschiebungen und damit die Änderungen des Durchmessers X direkt proportional der Zunahme des Bewicklungsdurchmessers der Spule zu erfolgen. Diese einfache Bewegung wird dadurch erzielt, daß nach der schematischen Darstellung in Abb. 342 ein mit der einen Expanderhälfte durch eine Stange in Verbindung stehendes Gleitstück g an einem Keilstück s entlanggeführt wird, und zwar wie beim Konustrieb in gleichen Intervallen jedesmal am Ende eines Spulenbankhubes, wobei wiederum das übliche Schaltrad mit den beiden wechselweise ausgeworfenen Klinken Verwendung findet. Bei der konstruktiven Ausführung dieser Vorrichtung, die weiter unten im einzelnen dargestellt ist, muß jedoch beachtet werden, daß bei der axialen Verschiebung der einen Expanderhälfte und der damit verbundenen Vergrößerung des wirksamen Durchmessers X die Länge des Übertragungsseiles oder -riemens größer wird. Da diese Länge naturgemäß für sämtliche Verschiebungen konstant erhalten werden muß, ist der Expansionskorb mit seiner Drehachse in einem Rahmen R gelagert, der seinerseits mit 2 Drehzapfen versehen ist, deren Achse in der Verlängerung der Achse der Differentialwelle liegt und welche ein Ausschwingen des Expansionskorbes derart ermöglicht, daß sich der Abstand „e" zwischen Expanderachse c und Verzugszylinderachse in dem Maße verringert, wie sich der Durchmesser bzw. der Umfang des Expanderkorbes X vergrößert. Bezeichnet man in Abb. 343 mit X_1 den wirksamen Durchmesser des Expanders in seiner äußersten Stellung c_1, mit X_2 den entsprechenden Durchmesser in der innersten Stellung c_2 und gleicherweise mit e_1 und e_2 die Entfernungen des Mittelpunktes der Antriebsscheibe jeweils vom Mittelpunkt des Expanders in seinen beiden Endstellungen, dann kann man mit genügender Genauigkeit[1] setzen:

$$\frac{\pi \cdot S_X}{2} + 2\,e_1 + \frac{\pi \cdot X_1}{2} = \frac{\pi \cdot S_X}{2} + 2\,e_2 + \frac{\pi \cdot X_2}{2}.$$

Somit ergibt sich:

$$e_1 - e_2 = \frac{\pi}{4} \cdot (X_2 - X_1). \qquad (59)$$

Hieraus läßt sich, wenn r der Radius des vom Mittelpunkt des Expanders bei seiner Schwenkung um den Drehpunkt O beschriebenen Kreisbogens ist, die Größe dieses Bogens bzw. der zugehörige Winkel φ berechnen, wobei zur Vereinfachung der Rechnung die Annahme, daß $e_1 - e_2 =$ der Sehne s_1 dieses Bogens ist, zulässig ist.

Aus $s_1 = 2\,r \cdot \sin \dfrac{\varphi}{2}$ erhält man mit $s_1 = e_1 - e_2$

$$\sin \frac{\varphi}{2} = \frac{e_1 - e_2}{2\,r} = \frac{\dfrac{\pi}{4} \cdot (X_2 - X_1)}{2\,r}, \qquad (60)$$

und hieraus errechnen sich $\dfrac{\varphi}{2}$ und φ.

Da das Gleitstück g die Ausschwingung des Rahmens R mit dem Expander mitmacht, ist das Keilstück s nach einer Zylinderfläche gekrümmt, deren Achse mit der Drehachse des Rahmens R, d. h. mit der Differentialwelle zusammenfällt. Auf diese Weise bleibt das Gleitstück stets mit der nunmehr eine Schraubenfläche bildenden Endfläche des Keilstückes s in Verbindung und bewirkt so mit der stufenweisen Ausschwingung des Expanders gleichzeitig die entsprechende stufenweise axiale Verschiebung der einen Expanderhälfte. Die Größe dieser Verschiebung richtet sich naturgemäß nach dem Neigungswinkel α der Erzeugenden der Kegelfläche des Expanders mit dessen Achse. Mit Bezugnahme auf Abb. 344 erhält man:

$$\operatorname{tg} \alpha = \frac{X_2 - X_1}{2 \cdot a}$$

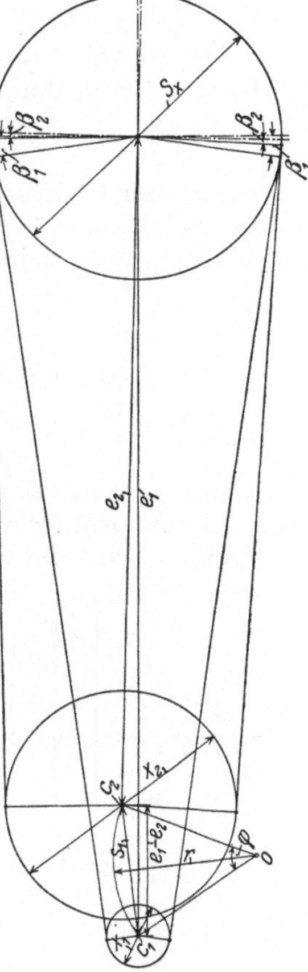

Abb. 343.

---

[1] Die genaue Rechnung würde ergeben:

$$\frac{(\pi + 2\,\beta_1) \cdot S_X}{2} + 2\,e_1 \cdot \cos \beta_1 + \frac{(\pi - 2\,\beta_1) \cdot X_1}{2}$$
$$= \frac{(\pi + 2\,\beta_2) \cdot S_X}{2} + 2\,e_2 \cdot \cos \beta_2 + \frac{(\pi - 2\,\beta_2) \cdot X_2}{2},$$

wenn mit β_1 und β_2 die Winkel bezeichnet werden, welche die Berührungsradien mit der Senkrechten auf der Verbindungslinie der beiden Kreismittelpunkte bilden. Der einfachen Rechnung halber können diese Winkel gleich Null gesetzt werden.

und hieraus die gesamte Verschiebung vom Wicklungsbeginn bis Ende der Spulenfüllung:

$$a = \frac{X_2 - X_1}{2 \operatorname{tg} \alpha}. \qquad (61)$$

Ist in Abb. 345 β der Neigungswinkel des zu einer Zylinderfläche gebogenen Keilstückes s, dann ergibt sich:

$$\operatorname{tg} \beta = \frac{r \cdot \varphi}{a},$$

wenn r der Radius der Zylinderfläche und φ der Ausschlagwinkel des Expanders ist, vgl. Abb. 346.

Setzt man φ im Bogenmaß ein, dann wird

$$\operatorname{tg} \beta = \frac{\pi \cdot r \cdot \varphi}{a \cdot 180}.$$

Mit Bezug auf Gl. (61) ergibt sich dann:

$$\operatorname{tg} \beta = \frac{\pi \cdot r \cdot \varphi \cdot 2 \operatorname{tg} \alpha}{(X_2 - X_1) \cdot 180}, \qquad (62)$$

wobei φ nach Gl. (60) ermittelt wird.

Kehrt man wieder zu der schematischen Getriebezeichnung, Abb. 342, zurück, so wird die dem Expander durch die Keilnutenscheibe S_X erteilte Dreh-

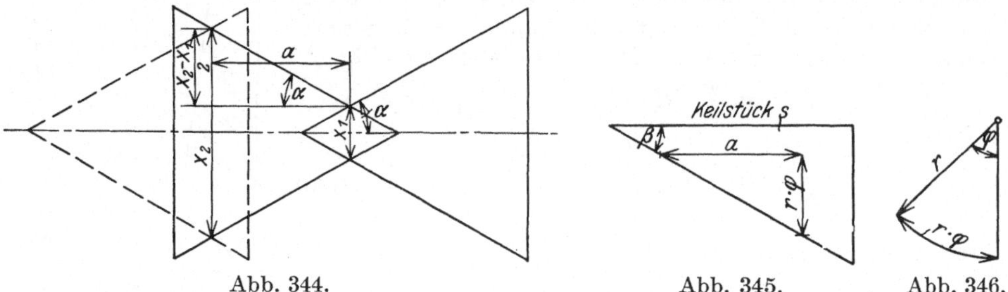

<table>
<tr><td>Abb. 344.</td><td>Abb. 345.</td><td>Abb. 346.</td></tr>
</table>

bewegung durch das auf seiner Achse sitzende Zahnrad $Z_{23} = 51$ Zähne nach dem auf der Differentialwelle sitzenden Zahnrad $Z_{24} = 34$ Zähne übertragen, wobei, wie schon erwähnt, die Achse der Differentialwelle mit der Drehachse des Rahmens R zusammenfällt, so daß also beide Zahnräder bei der Ausschwingung des Expanders im Eingriff bleiben. Die Entfernung zwischen Expanderachse und Differentialwelle ergibt sich demnach bei einer Teilung der Zahnräder Z_{23} und Z_{24} von 6 d. p. zu

$$r = \frac{51 + 34}{6 \cdot 2} = 7\,^1/_{12}\ \text{Zoll.}$$

Die Differentialwelle läuft bis zur Antriebsseite der Maschine durch und trägt an ihrem Ende das Zahnrad $Z_{25} = 32$ Zähne, das auf das Differentialrad $J = 110$ Zähne treibt. Die aus dem Differentialgetriebe und der Hauptwelle A resultierende Bewegung wird durch das Spulenrad $L = 60$ Zähne über die Zwischenräder M_1 bis M_4 des Rädergehänges auf das Antriebsrad $M = 42$ Zähne der Spulenbetriebswelle übertragen, die in üblicher Weise über die Kegelräder $K_u = 15$ Zähne und die kombinierten Zwischenräder $K_u' = 25$ Zähne die Spulenteller mit den Tellerrädchen $Z_u = 13$ Zähne antreibt.

Um nun die Beziehung zwischen dem wirksamen Durchmesser X des Expanders und dem Bewicklungsdurchmesser d der Spule zu ermitteln, benützt man wieder das bei den vorhergehenden Maschinen angewandte Verfahren, indem man die aufwindenden Umdrehungen n_w der Spule das eine Mal aus dem Getriebe, das andere Mal aus der Beziehung $n_w = \dfrac{L}{\pi \cdot d}$ bestimmt[1] und beide Ausdrücke gleichsetzt.

Aus dem Getriebe ergibt sich:

$$n_w = \frac{n_A \cdot D_W \cdot S_X \cdot 51 \cdot 32 \cdot 60 \cdot 15}{90 \cdot X \cdot 34 \cdot \dfrac{110}{0,4} \cdot 42 \cdot 13},$$

wobei die Zähnezahl des Differentialrades mit $\dfrac{110}{0,4}$ eingesetzt ist, da nach den Darlegungen für dieses Getriebe, vgl. S. 336, das Spulenrad bei jeder Umdrehung des Differentialrades um 0,4 einer Umdrehung verzögert wird.

Weiterhin ist:

$$n_w = \frac{L}{\pi \cdot d} = \frac{n_A \cdot D_W \cdot 9 \cdot \pi}{90 \cdot 4 \cdot \pi \cdot d}.$$

Durch Gleichsetzen und Vereinfachen beider Ausdrücke erhält man:

$$X = \frac{S_X \cdot 32 \cdot 4 \cdot d}{11 \cdot 7 \cdot 13},$$

oder durch Einsetzen von $S_X = 15,64$ Zoll,

$$X = \frac{15,64 \cdot 128 \cdot d}{11 \cdot 7 \cdot 13} = \text{abger. } d. \tag{63}$$

Der Expanderdurchmesser ist demnach direkt proportional dem Bewicklungsdurchmesser der Spule, dagegen unabhängig vom Drehungsgrad des Garnes und der Umlaufzahl der Antriebswelle.

---

[1] Der Vollständigkeit halber sei auch das etwas umständlichere Rechnungsverfahren der Fußbemerkung auf S. 347 durchgeführt:

Mit $\quad n_i = \dfrac{n_A \cdot 64 \cdot 15}{32 \cdot 13} = \dfrac{30}{13}\, n_A$ und $n_w = \dfrac{L}{\pi \cdot d} = \dfrac{n_A \cdot D_W \cdot 9 \cdot \pi}{90 \cdot 4 \cdot \pi \cdot d} = \dfrac{n_A \cdot D_W}{40 \cdot d}$ erhält man:

$$n_u = n_i - n_w = \frac{30}{13}\, n_A - \frac{n_A \cdot D_W}{40 \cdot d}.$$

Nach Gl. (19), S. 336, ist $n_L = 1{,}4\, n_A - 0{,}4\, n_J$, oder durch Einsetzen von n_J aus dem Getriebe:

$$n_J = \frac{n_A \cdot D_W \cdot S_X \cdot 51 \cdot 32}{90 \cdot X \cdot 34 \cdot 110} = \frac{n_A \cdot D_W \cdot S_X \cdot 16}{X \cdot 3300},$$

$$n_L = 1{,}4\, n_A - \frac{0{,}4 \cdot n_A \cdot D_W \cdot S_X \cdot 16}{X \cdot 3300}.$$

Aus dem Getriebe erhält man weiterhin:

$$n_u = \frac{n_L \cdot 60 \cdot 15}{42 \cdot 13} = \frac{n_L \cdot 150}{7 \cdot 13} = \frac{1{,}4 \cdot 150 \cdot n_A}{7 \cdot 13} - \frac{0{,}4 \cdot n_A \cdot D_W \cdot S_X \cdot 16 \cdot 150}{X \cdot 3300 \cdot 7 \cdot 13}.$$

Beide Ausdrücke für n_u gleichgesetzt und vereinfacht gibt:

$$\frac{30 \cdot n_A}{13} - \frac{n_A \cdot D_W}{40 \cdot d} = \frac{30 \cdot n_A}{13} - \frac{n_A \cdot D_W \cdot S_X \cdot 32}{X \cdot 110 \cdot 13 \cdot 7}.$$

Auf beiden Seiten fallen die Glieder $\dfrac{30\, n_A}{13}$ weg, und damit kann auch die Gleichung von den Faktoren n_A und D_W befreit werden, so daß sich wiederum nach Einsetzen von $S_X = 15,64$ Zoll

$$X = \frac{15,64 \cdot 32 \cdot 40 \cdot d}{110 \cdot 13 \cdot 7} = \approx 2\, d \quad \text{ergibt.}$$

Bei dem gewählten Durchmesser der Antriebsscheibe $S_X = 15{,}64$ Zoll ergibt sich der jeweilige Expanderdurchmesser stets als das Doppelte des Bewicklungsdurchmessers der Spule.

Verwendet man diese einfache Beziehung in den Gl. (59) bis (62), so erhält man, wenn man in Gl. (60)

$$X_2 - X_1 = 2 \cdot (d_2 - d_1) = 2 \cdot (6 \text{ Zoll} - 1^5/_8 \text{ Zoll}) = 8^3/_4 \text{ Zoll},$$

sowie den oben errechneten Wert $r = 7^1/_{12}$ Zoll einsetzt:

$$\sin \frac{\varphi}{2} = \frac{\pi \cdot 8^3/_4}{4 \cdot 2 \cdot 7^1/_{12}} = \text{rund } 0{,}5;$$

hieraus $\dfrac{\varphi}{2} = 30^0$ oder $\varphi = 60^0$.

Aus Gl. (61) ergibt sich:

$$a = \frac{8^3/_4 \text{ Zoll}}{2 \cdot \text{tg } \alpha} = \frac{4{,}375}{\text{tg } \alpha} \text{ Zoll}$$

und aus Gl. (62):

$$\text{tg } \beta = \frac{\pi \cdot 7^1/_{12} \text{ Zoll} \cdot 60 \cdot 2 \cdot \text{tg } \alpha}{8^3/_4 \text{ Zoll} \cdot 180} = 1{,}7 \cdot \text{tg } \alpha.$$

Mit $\alpha = 45^0$ ergibt sich demnach $a = 4^3/_8$ Zoll, $\text{tg } \beta = 1{,}7$, oder $\beta = \text{rund } 60^0$.

Wählt man $\alpha = 30^0$, dann würde sich $a = \dfrac{4{,}375 \text{ Zoll}}{0{,}5774} = 7{,}6 \text{ Zoll}$,

$$\text{tg } \beta = 1{,}7 \cdot 0{,}5774 = 0{,}98 \quad \text{oder} \quad \beta = \text{rund } 45^0$$

ergeben.

In Tabelle 76 sind wiederum für verschiedene Spulendurchmesser (in Spalte 1 in $^1/_8$ Zoll angegeben) und für das gleiche Vorgarn wie bei den vorhergehenden Maschinen die Geschwindigkeiten des Differentialtriebwerkes, die Umlaufzahlen und wirksamen Durchmesser des Expanders (in $^1/_4$ Zoll) errechnet. Die Zahlenwerte zeigen, daß dieses Getriebe, wenn es auch nicht die hohen Umlaufzahlen des Stirnräderdifferentiales erreicht, trotzdem günstig arbeitet, da es wie letzteres den Vorteil gleicher Drehrichtung sämtlicher Räder aufweist.

Die Riemengeschwindigkeit errechnet sich zu

$$v = \frac{0{,}397 \cdot 3{,}14 \cdot 139{,}5}{60} = 2{,}9 \text{ m/sek},$$

also geringer als bei der Seydelschen Maschine. Dagegen ist beim Expandergetriebe die Riemengeschwindigkeit unveränderlich, was gegenüber der Konusmaschine infolge der gleichmäßigen Beanspruchung des Riemens entschieden einen Vorteil bedeutet.

Der Antrieb nach der Wagenhubwelle, vgl. Abb. 342, geht wiederum von der Differentialwelle aus, indem das auf ihr nahe dem 2. Zwischengestell (von Gegenseite des Maschinenantriebs aus gerechnet) sitzende Zahnrad $Z_{26} = 30$ Zähne auf das Hubwechselrad $H_W = 30$ bis 60 Zähne treibt, das auf der verlängerten Nabe des auf einem festen Bolzen lose laufenden Zahnrades $Z_{27} = 35$ Zähne auswechselbar befestigt ist. Letzteres greift in Zahnrad $Z_{28} = 75$ Zähne auf der Übertragungswelle zum Wagenhubgetriebe ein, an deren der Antriebseite der Maschine entgegengesetzt liegenden Ende ein kleines Ritzel $Z_{29} = 16$ Zähne sitzt, das seinerseits den Antrieb des großen Wagenhubkehrrades $Z_{30} = 144$ Zähne vermittelt. Auf der verlängerten Nabe dieses lose auf einem festen Bolzen laufenden Rades sitzt das kleine Ritzel $Z_{31} = 10$ Zähne, das in die Innenverzahnung des großen, auf der Wagenhubwelle sitzenden Zahnrades $Z_{32} = 96$ Zähne greift und so die Drehung der Wagenhubwelle samt den auf ihr sitzenden, in die Zahnstangen eingreifenden Hubrädern $H = 25$ Zähne vermittelt. Die Umkehrung der Drehbewegung der Wagenhubwelle, die am Ende eines jeden Wagenhubes eintreten muß, erfolgt nun wiederum durch eine vom Wagen selbst betätigte und weiter unten noch beschriebene Schaltung derart, daß das eine Mal das auf der Wagenhubgetriebewelle selbst sitzende Rad Z_{29} in das große Kehrrad Z_{30} eingreift, während bei der Umkehrung der Antrieb des letzteren über ein zwischengeschaltetes gleich großes Rad Z'_{29} erfolgt.

Die Umlaufzahl der Hubwelle errechnet sich zu:

$$n_H = \frac{n_A \cdot D_W \cdot S_X \cdot 51 \cdot 30 \cdot 35 \cdot 16 \cdot 10}{90 \cdot X \cdot 34 \cdot H_W \cdot 75 \cdot 144 \cdot 96}$$

oder mit

$$n_A = 299/\text{min}, \quad S_X = 15{,}64 \, \text{Zoll}, \quad X = 2\,d,$$

und nach entsprechenden Vereinfachungen

$$n_H = \frac{6{,}3145 \cdot D_W}{d \cdot H_W}. \tag{64}$$

Für Vorgarn $= 280 \, \text{g}/100 \, \text{m}$, $D_W = 42$ und $H_W = 46$, ergibt sich:

$$n_H = \frac{6{,}3145 \cdot 42}{d \cdot 46} = \frac{5{,}765}{d} \, \text{Uml./min}.$$

Damit erhält man für $d_1 = 1^5/_8$ Zoll am Anfang der Aufwindung:

$$n_{H_1} = \frac{5{,}765}{1{,}625} = 3{,}55 \, \text{Uml./min},$$

und für $d_2 = 6$ Zoll am Ende der Aufwindung:

$$n_{H_2} = \frac{5{,}765}{6} = 0{,}961 \, \text{Uml./min}.$$

Nach $\qquad W = n_H \cdot D \cdot \pi$ und mit $D = \dfrac{25}{8} = 3^1/_8$ Zoll

Teilkreisdurchmesser der Hubräder H (25 Zähne, 8 d. p) ergibt sich die Wagengeschwindigkeit am Anfang zu:

$$W_1 = 3{,}55 \cdot 3{,}125 \cdot 3{,}14 = 34{,}83 \, \text{Zoll/min},$$

und die Wagengeschwindigkeit am Ende:

$$W_2 = 0{,}961 \cdot 3{,}125 \cdot 3{,}14 = 9{,}43 \, \text{Zoll/min}.$$

Aus $h = \dfrac{n_w}{W}$ erhält man wiederum die Höhe einer Windung, wenn man z. B. n_w nach Tabelle 76 in die Gleichung $h = \dfrac{W_1}{n_{w_1}}$ einsetzt:

$$h = \frac{34{,}83}{192{,}8} = 0{,}181 \, \text{Zoll} = 4{,}6 \, \text{mm}.$$

Hieraus erhält man wiederum die Anzahl der Windungen einer Spule für einen Hub von 10 Zoll zu $\dfrac{10}{0{,}181} = $ rund 55 bzw. bei einem Hub von 12 Zoll zu $\dfrac{12}{0{,}181} = $ rund 66.

Die konstruktive Ausführung der Expanderbewegung sei an Hand der Abb. 347 und 348 erläutert, die von einer in Abb. 349 im Lichtbild dargestellten 12 × 6-Zoll-Maschine der gleichen Firma stammen. Das Verschwenken des den Expander tragenden Rahmens R erfolgt durch den Eingriff eines kleinen

Tabelle 76. Geschwindigkeitsverhältnisse des Differentialtriebwerkes der 10×6-Zoll-Vorspinnmaschine mit Expansionskonus von Combe Barbour, Belfast.

$$n_A = 299 \text{ Uml./min}; \quad n_i = 690 \text{ Uml./min}; \quad \begin{cases} \text{Vorgarn 280 g/100 m;} \\ D_W = 42; \ L = 985 \text{ Zoll/min;} \\ n_V = 139{,}5/\text{min}; \ \text{Durchm. } S_X = 15{,}64 \text{ Zoll} = 397 \text{ mm.} \end{cases}$$

1	2	3	4	5	6	7	8	9
Spulendurchmesser in $\tfrac{1}{8}$ Zoll	Spulenumfang in Zoll	Aufwindumdrehungen der Spule $n_w = \dfrac{985}{\text{Sp. 2}}$	Absolute Umdrehungen der Spule $n_u = 690 - \text{Sp. 3}$	Absolute Umdrehungen des Spulenrades aus dem Getriebe $n_L = 0{,}6067 \times \text{Sp. 4}$	Relative Umdrehungen des Spulenrades n. Gl. (19a) $n_L' = 1{,}4\,n_A - n_L = 418{,}6 - \text{Sp. 5}$	Umdrehungen des Differentialrades n. Gl. (20) $n_J = \dfrac{n_L'}{0{,}4} = \dfrac{\text{Sp. 6}}{0{,}4}$	Umdrehungen des Expansionskonusses aus dem Getriebe $n_X = 2{,}292 \times \text{Sp. 7}$	Wirks. Durchmesser des Expansionskonusses $X = \dfrac{n_V \cdot S_X}{n_X} = \dfrac{8728}{\text{Sp. 8}}$ in $\tfrac{1}{4}$ Zoll
13	5,11	192,8	497,2	301,7	116,9	292,3	670,0	13
16	6,28	156,9	533,1	323,4	95,2	238,0	545,5	16
19	7,46	132,0	558,0	338,5	80,1	200,3	459,1	19
22	8,64	114,0	576,0	349,5	69,1	172,8	396,1	22
25	9,82	100,3	589,7	357,8	60,8	152,0	348,4	25
28	11,00	89,6	600,4	364,3	54,3	135,8	311,3	28
31	12,17	80,9	609,1	369,5	49,1	122,8	281,5	31
34	13,35	73,8	616,2	373,8	44,8	112,0	256,7	34
37	14,53	67,8	622,2	377,5	41,1	102,8	235,6	37
40	15,71	62,7	627,3	380,6	38,0	95,0	217,7	40
43	16,88	58,4	631,6	383,2	35,4	88,5	202,8	43
46	18,05	54,6	635,4	385,5	33,1	82,8	189,8	46
49	19,23	51,2	638,8	387,6	31,0	77,5	177,6	49

Ritzels z_s mit 42 Zähnen von 8 d. p., also von 5¼ Zoll Durchmesser, in ein großes Zahnsegment Z_s mit 42 Zoll Teilkreisdurchmesser, entsprechend einer 8fachen Übersetzung, das am äußeren Arm des Rahmens R befestigt ist, während ein am hinteren Teil des Rahmens, also in entgegengesetzter Richtung angeschraubter Hebelarm mit dem Gewicht G eine Aufwärtsdrehung des bei Beginn der Spulenbewicklung in seiner tiefsten Stellung befindlichen Rahmens samt dem Zahnsegment und dem Expander um die beiden Drehzapfen O des Rahmens anstrebt, wobei der äußere Drehzapfen in der Endgestellwand der Maschine gelagert ist, vgl. Abb. 348, während der innere seinen Stützpunkt in einem an einer Traverse befestigten Tragarm findet, der zugleich den Endzapfen der Differentialwelle aufnimmt. Dieser Aufwärtsdrehung stehen die Klinken K_1 bzw. K_2 des auf der Nabe des Ritzels z_s sitzenden Schaltrades oder Windungswechsels S_W entgegen, die bei der Auf- und Abwärtsbewegung des Spulenwagens durch entsprechende Anschläge wechselweise ausgeworfen werden und so bei jedem Hubwechsel die Umdrehung des Schaltrades um eine halbe Zahnteilung bewirken. Der Zähnezahl des Schaltrades entspricht demnach wiederum die doppelte Zahl Schaltungen bzw. die doppelte Zahl Vorgarnschichten auf der Spule. Eine ganze Umdrehung des Schaltrades hat eine ganze Umdrehung des Ritzels z_s und demgemäß $^1/_8$ Umdrehung des Zahnsegmentes Z_s bzw. einen Ausschlag der Expanderachse um einen Winkel von $\dfrac{360}{8} = 45^0$ zur Folge. Die auf der Expanderwelle c in axialer Richtung verschiebbare Expanderhälfte ist mit

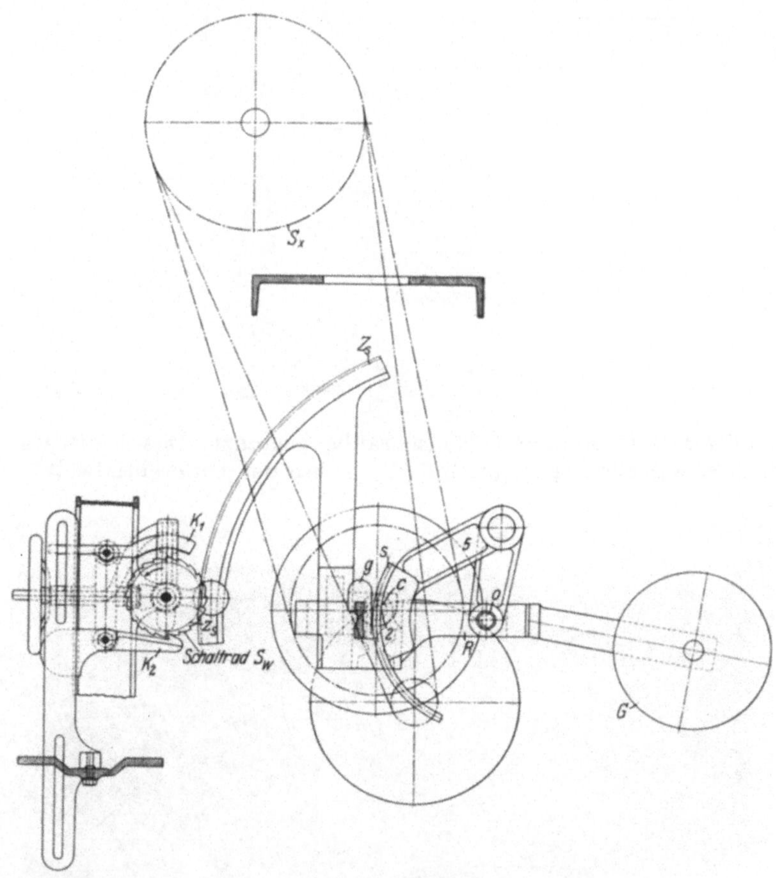

Abb. 347. Aufriß.

Abb. 347 und 348. Expandergetriebe der Vorspinnmaschine 12 × 6 Zoll von Combe Barbour, Belfast.

dieser Welle durch einen in einem langen Schlitz der Welle geführten Stift 1 verbunden, der außerdem mit der Stange 2 in Verbindung steht, die in der axial durchbohrten Welle c längsgeführt ist und an ihrem äußeren Ende unter Zwischenschaltung eines Kugellagers das Gleitstück g trägt, das einerseits auf der am Rahmen R angeschraubten Schiene 3 geradegeführt wird, andererseits sich gegen die Schraubenfläche des zylindrisch geformten Keilstückes s legt und bei der Schwenkung des Rahmens entlang dieser Fläche gleitet, wodurch die axiale Verschiebung der Stange samt der Expanderhälfte und dadurch die

allmähliche Vergrößerung des Expanderdurchmessers erreicht wird. Die Endstellung des Gleitstückes g auf der Schiene *3* ist durch einen aufgeschraubten

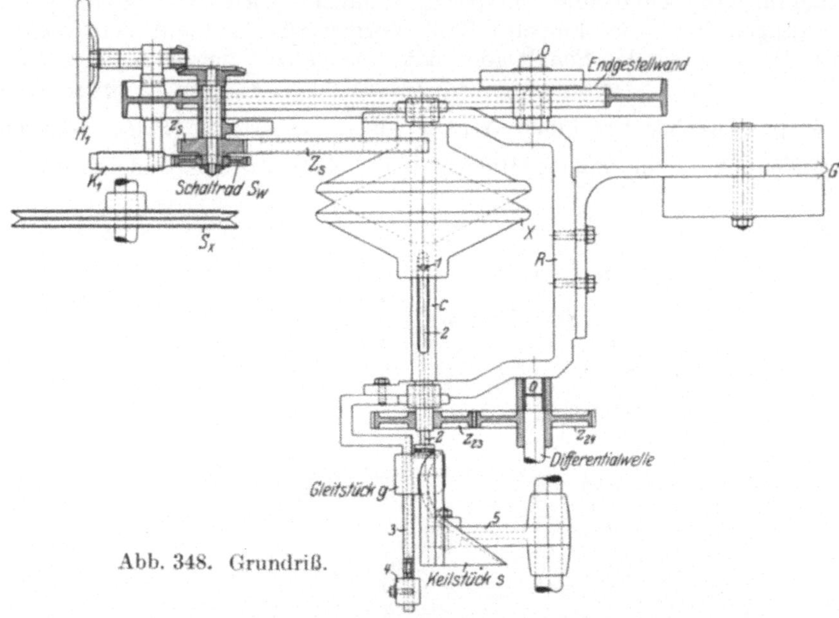

Abb. 348. Grundriß.

Anschlag *4* mit einstellbarer Endschraube begrenzt. Das Keilstück s, dessen
Mittelachse, wie oben erwähnt, mit der Achse der Differentialwelle zusammen-

Abb. 349. Vorspinnmaschine 12×6 Zoll von Combe Barbour, Belfast.
Vorderseite.

fällt, ist mit dem auf einer Traverse befestigten Arm *5* mittels einer in einem
Schlitz verstellbar angeordneten Schraube verbunden, so daß durch eine Ver-

änderung der Stellung des Keilstückes eine Einregulierung der Aufwicklungsspannung des Vorgarnfadens in gewissen Grenzen vorgenommen werden kann.

Das Aufziehen der Maschine erfolgt durch das auf der Vorderseite angebrachte Handrad H_1, das mittels zweier Kegelräder mit der das Ritzel z_s und Schaltrad S_w tragenden, in einem Auge der Gestellwand drehbar gelagerten Welle in Verbindung steht. Naturgemäß muß hierbei das Handrad so gedreht werden, daß das Schaltrad sich umgekehrt der Betriebsrichtung dreht, so daß die Klinken über die Zähne hinwegschleifen. Entsprechend dreht sich das Ritzel z_s mit dem Zahnsegment Z_s zurück, und der Expander gelangt in seine tiefste Stellung, wobei sich die bewegliche Hälfte infolge der Spannung des Riemens von selbst in ihre äußerste Lage schiebt.

Der Expanderantrieb erfolgt durch einen keilförmigen Lederriemen, der aus zwei flach aufeinandergelegten Riemen besteht, die nach Abb. 350 mit versenkten Kupfernieten zusammengehalten werden. In manchen Betrieben verwendet man auch mit Erfolg Baumwollrundseile.

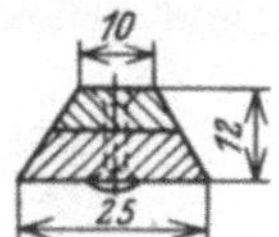

Abb. 350.

Die in Abb. 351 dargestellte Lichtbildaufnahme des der Antriebsseite entgegengesetzten Maschinenendes, und zwar von Einlauf- oder Rückseite der Maschine aus gesehen, läßt deutlich die Einzelheiten des Expansionskonustriebes erkennen, während die das Antriebsende der Maschine (ebenfalls von der Einlaufseite aus gesehen) wiedergebende Abb. 352 das eigenartige Differentialgetriebe mit den oszillierenden Kegelrädern zeigt.

Abb. 351. Vorspinnmaschine 12 × 6 Zoll von Combe Barbour, Belfast.
Rückseite, Expandergetriebe.

Die Vorrichtung zur Umkehrung des Wagenhubgetriebes veranschaulicht die Abb. 353. Das das Ritzel a_1 (Z_{29} in Abb. 342) tragende Ende 6 der Wagenhubgetriebewelle ist in einem Wendestück W gelagert, das um den in einem Schlitz der Endgestellwand verschiebbar befestigten Bolzen 7 lose schwingen kann und in gleichem Abstand vom Drehpunkt, aber in entgegengesetzter Richtung, den Bolzen 8 mit dem darauf lose laufenden und in a_1 eingreifenden

Ritzel a_2 von gleicher Zähnezahl trägt. Je nachdem nun die Ritzel a_1 oder a_2 mit dem großen Rad a_3 (Z_{30} in Abb. 342) in Eingriff stehen, wird sich letzteres und damit durch das oben dargestellte Wagenhubgetriebe die Hebungswelle nach der einen oder anderen Richtung drehen und demgemäß die Spulenbank auf- und abbewegen. Die Schwenkbewegung des Wendestückes W wird durch den um einen im Gestell befestigten Bolzen 9 drehbaren Schwinghebel oder Balancier B bewirkt, der in seiner in Richtung der Längsachse sich erstreckenden zylindrischen Bohrung den federnden Bolzen b trägt, während an den unteren Enden seiner gabelförmigen Seitenarme die Anschlagschrauben S_1 und S_2 nachstellbar eingesetzt sind. Der spitzbogenartig geformte Kopf des federnden Bolzens b legt sich gegen den in ähnlicher Weise ausgebildeten Kopf des Wendestückes W und drückt dieses während des Abwärtsganges der Spulenbank so nach der

Abb. 352. Vorspinnmaschine 12×6 Zoll von Combe Barbour, Belfast. Rückseite, Differentialgetriebe.

einen Seite (in Abb. 353 nach links), daß das Ritzel a_1 im Eingriff mit dem großen Kehrrad a_3 bleibt. Dabei legt sich das untere Ende des Wendestückes gegen einen entsprechenden Anschlag in der Gestellwand (rechts). Wenn nun die Schwinge B bei der Abwärtsbewegung der Spulenbank durch den weiter unten beschriebenen Hebelmechanismus nach links ausschlägt, so gleitet der Kopf des Bolzens b entlang der bogenförmigen Begrenzung des Wendestückes W, wobei er sich entsprechend in den zylindrischen Hohlraum der Schwinge B unter Überwindung des Widerstandes der Spiralfeder drückt. Gleichzeitig nähert sich die Anschlagschraube S_2 dem Wendestück und bewirkt in dem Augenblick, da die Spitze des federnden Bolzens auf der Spitze des Wendestückes angelangt ist, das plötzliche Umwerfen des Wendestückes nach der anderen Seite und den Eingriff des Ritzels a_2 in a_3, wobei diese Bewegung durch den federnd vorschnellenden Bolzen b unterstützt wird, dessen Kopf nunmehr das Wendestück nach der entgegengesetzten Seite preßt. Durch einen entsprechenden Anschlag links unten im Gestell, gegen den sich das untere Ende

des Wendestückes W legt, erfolgt wiederum eine Begrenzung der Anschlag-
bewegung. Da die Wagenhubgetriebewelle 6 diese Schwenkbewegung des Rades a_1
jedesmal mitmachen muß, ist ihre Länge reichlich zu bemessen, damit der Ausschlagwinkel im Endlager der Welle einen gewissen Betrag nicht überschreitet.
Man führt daher diese Welle bis zum zweiten Zwischengestell (vom Endgestell
der Maschine aus gerechnet) durch und setzt das Rädergetriebe zwischen dieser
Welle und der Differentialwelle (vgl. auch Getriebegrundriß, Abb. 342) dicht
an das Endlager, so daß die Ungenauigkeit des Eingriffes der Räder infolge der
Schrägstellung der Wagenhubgetriebewelle praktisch vernachlässigt werden kann.

Die Umschaltbewegung der Schwinge B, Abb. 353, erfolgt durch eine lange
Schaltstange St aus Flacheisen, deren anderes Ende mit einem doppelarmigen

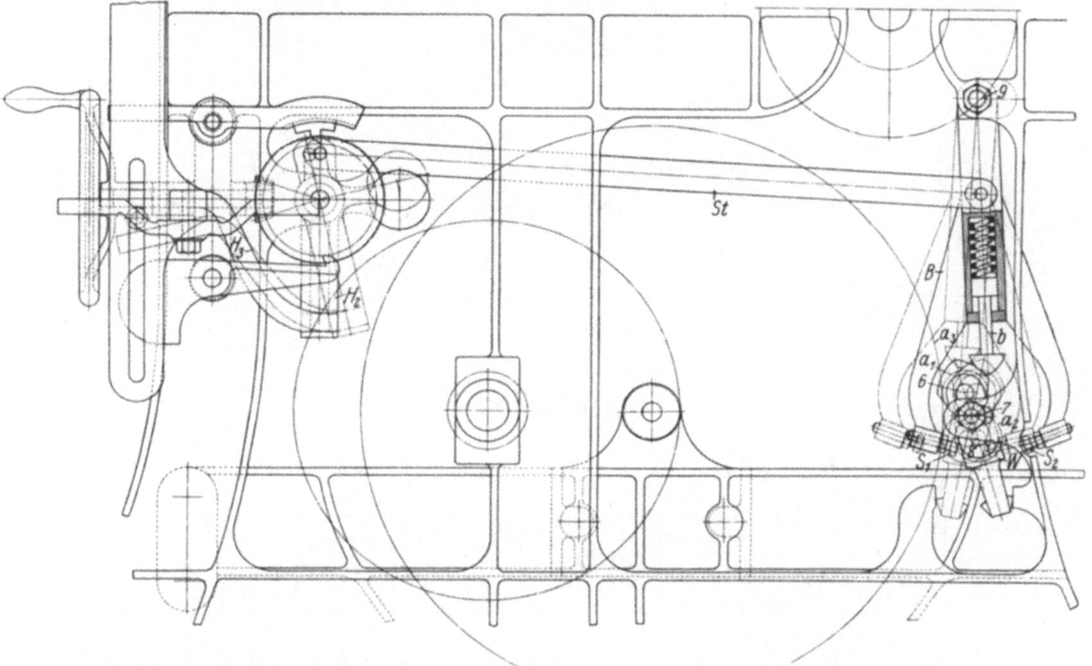

Abb. 353. Wagenkehrgetriebe zur 12 × 6 Zoll-Vorspinnmaschine von Combe Barbour, Belfast.

Hebel H_2 verbunden ist, der um die Schaltradwelle lose schwingt und an seinem
unteren Ende einen langen gekröpften Arm H_3 trägt. Zur Ausbalancierung
dieses Armes dient ein entsprechend angebrachtes Gegengewicht. Bei der Abwärtsbewegung der Spulenbank nach ihrer untersten Stellung erfolgt durch geeigneten
Anschlag eine entsprechende Senkung des Armes H_3 mit dem Hebel H_2 und
demzufolge eine Verschiebung der Stange St und der Schwinge B nach links
und somit nach dem oben beschriebenen Vorgang das Umwerfen des Wendestückes W und Eingriff des Rades a_2 in a_3. Beim Aufwärtsgang der Spulenbank
spielt sich der Vorgang am Ende des Hubes in umgekehrter Richtung ab, und
es gelangt wiederum Rad a_1 in Eingriff mit a_3. Auch dieses Wagenkehrgetriebe
zeichnet sich durch eine exakte, am Ende des Wagenhubes wirkende Umsteuer-
bewegung aus.

Das oben schon erwähnte, bei dieser Maschine erstmals verwendete Parallelogrammgetriebe für die Übertragung der Drehbewegung des Spulenrades
nach der Spulenbetriebswelle ist aus den Abb. 354 und 355 ersichtlich. Der in

der Gestellwand befestigte Bolzen *1* bildet den Drehzapfen für das doppelseitig
ausgeführte Gelenkparallelogramm und trägt zugleich das vom Spulenrad *L*
betriebene erste Triebrad M_1 des Rädergehänges. Um den Bolzen *1* schwingt
das die eine kurze Seite des Parallelogramms bildende und durch eine Quer-
versteifung verbundene Armpaar a_1—a_2 mit dem durch Kopfschrauben gehaltenen Verbindungsbolzen *2* und das die obere lange Seite des Parallelogramms bildende Armpaar d_1—d_2, dessen beide Endaugen lose den Bolzen *0*
umfassen. Um den festen Bolzen *2*, der dem Zwischenrad M_2 als Drehzapfen
dient, schwingt das die untere lange Seite des Parallelogrammes bildende und
durch 2 Querversteifungen verbundene Armpaar b_1—b_2, das in der Mitte den

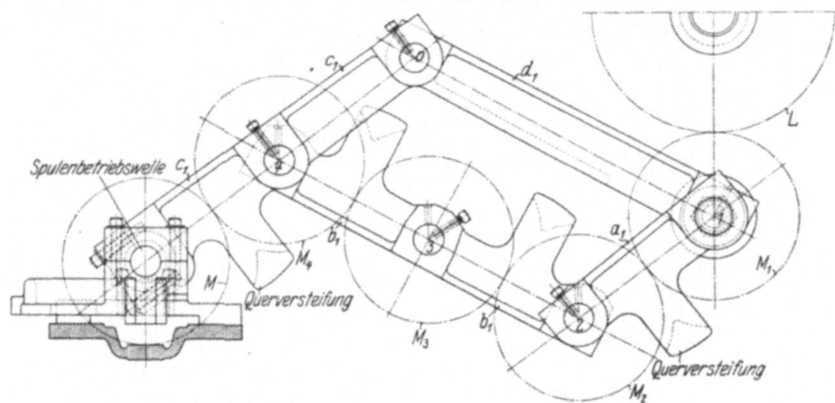

Abb. 354. Aufriß.

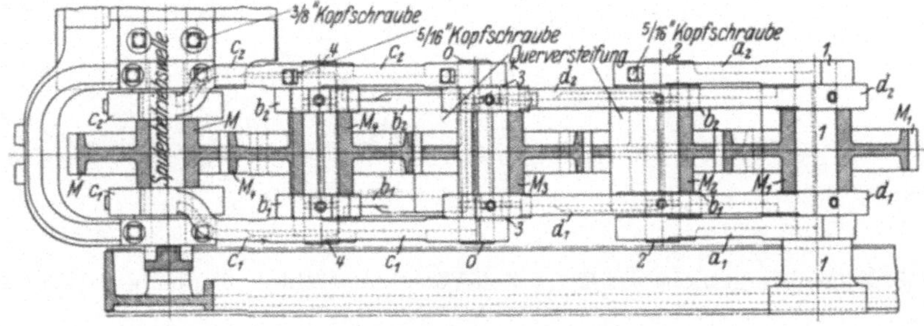

Abb. 355. Grundriß.

Abb. 354 und 355. Parallelogrammgetriebe zur 12 × 6 Zoll-Vorspinnmaschine
von Combe Barbour, Belfast.

durch Kopfschrauben gehaltenen und dem Zwischenrad M_3 als Drehzapfen
dienenden Bolzen *3* trägt, während die Endaugen den Bolzen *4* lose umfassen.
Die vierte Seite des Parallelogramms endlich wird gebildet durch das Armpaar
c_1—c_2 mit den ebenfalls durch Kopfschrauben gehaltenen Bolzen *4* und *0*, die
als Verbindungsbolzen der Gelenkglieder b_1—b_2, d_1—d_2 dienen, wobei Bolzen *4*
zugleich den Drehzapfen für das Zwischenrad M_4 bildet. Das Armpaar c_1—c_2
ist nach einer Seite verlängert und ebenfalls durch eine Querverbindung versteift.
Die beiden etwas nach innen abgekröpften Enden dieses Armpaares laufen in
zwei geteilte Lageraugen aus, welche die Spulenbetriebswelle mit dem auf ihr
festgekeilten Antriebsrad *M*, bzw. die verlängerten Lagerbüchsen der diese Welle
zu beiden Seiten stützenden, auf der Spulenbank befestigten Lager lose um-

fassen. Wie die Abbildungen zeigen, sind an den geeigneten Stellen Schmierlöcher und Schmiernuten für die Gelenkbolzen und Gelenkräder vorgesehen. Wie weiterhin ersichtlich, besteht bei diesem Parallelogrammgetriebe ähnlich wie bei dem S. 382 beschriebenen Rädergehänge die gesamte Gelenkbewegung aus 5 Stirnzahnrädern, bei denen entweder sämtliche oder mindestens das 1., 3. und 5. Rad (wie bei dem in den Abb. 341 und 342 dargestellten Getriebe) gleiche Zähnezahlen aufweisen. Infolge der durch die Auf- und Abbewegung der Spulenbank normalerweise hervorgerufenen Veränderung des Abstandes der Spulenbetriebswelle mit dem Rad M von dem festen Stehbolzen 1 mit dem Rad M_1 ergibt sich neben einer Drehung des Parallelogrammes um den Bolzen 1 eine entsprechende Nachgiebigkeit der Gelenke $1, 2, 4, 0$, indem sich durch Zusammendrücken des Parallelogrammes bei 1 und 4 die Winkel verkleinern, bei 2 und 0 dagegen vergrößern. Die Größe dieser Winkeländerungen und die durch diese hervorgerufenen Abwälzbewegungen der Zahnräder des Parallelogrammes

ergeben sich aus der Betrachtung der schematischen Darstellung eines Parallelogrammgetriebes, vgl. Abb. 356, bei dem sämtliche Räder gleichen Durchmesser haben. Bezeichnet man die Mittelpunkte der Übertragungsräder mit den für diese Räder gewählten Buchstaben, und bewegt sich die Spulenbank um einen Hub von 10 Zoll von der tiefsten nach der höchsten Stellung, so gelangt M nach M' und das Parallelogramm in die Lage $M_1 M_2' M_4' M_0'$, wobei M_0'

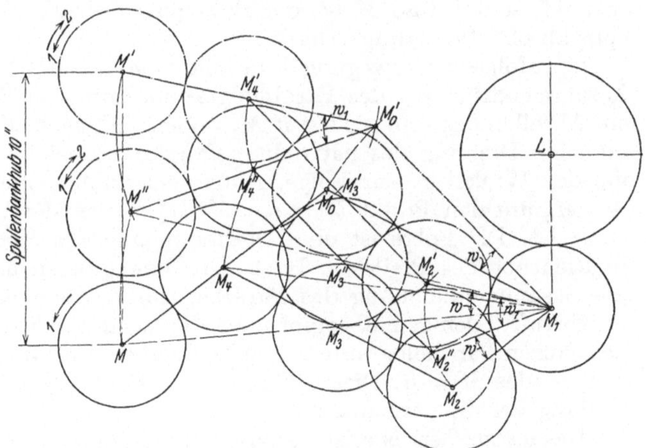

Abb. 356. Schema des Parallelogramm-Rädergehänges von Combe Barbour, Belfast.

als Schnittpunkt der um M_1 mit Halbmesser $M_1 M_0$ und um M' mit Halbmesser $M' M_0' = M M_0$ beschriebenen Kreisbogen erhalten wird. M_4' erhält man, indem man auf der Geraden $M_0' M'$ die Strecke $M_0' M_4' = M_0 M_4$ abträgt; M_2' ergibt sich als Schnittpunkt der um M_1 mit Halbmesser $M_1 M_2$ und um M_4' mit Halbmesser $M_4' M_2' = M_4 M_2$ beschriebenen Kreisbogen. Um in diese eben beschriebene neue Lage zu gelangen, hat sich das Parallelogramm nicht nur um den $\sphericalangle\, w = \sphericalangle\, M_0 M_1 M_0'$ gedreht, sondern auch gleichzeitig um einen $\sphericalangle\, w_1$ zusammengedrückt. Dieser läßt sich in einfacher Weise bestimmen, indem man das Parallelogramm $M_1 M_2 M_4 M_0$ unter der Annahme, daß seine Gelenke starr sind, um den festen Punkt M_1 dreht, bis die Seite $M_1 M_0$ nach $M_1 M_0'$ gelangt, oder mit anderen Worten: Man hat das Parallelogramm um den Winkel w zu drehen. Punkt M'' erhält man hierbei als Schnittpunkt der Kreisbogen um M_0' mit dem Halbmesser $M_0' M'$ und um M_1 mit dem Halbmesser $M_1 M$; der Punkt M_4'' ergibt sich als Schnittpunkt der Kreisbogen um M_0' mit dem Halbmesser $M_0' M_4'$ und um M_1 mit dem Halbmesser $M_1 M_4$ (M_4'' muß außerdem auf der Geraden $M_0' M''$ liegen); und endlich erhält man M_2'' als Schnittpunkt des um M_4'' mit dem Halbmesser $M_4'' M_2'' = M_4 M_2$ beschriebenen Kreisbogens mit dem um M_1 mit $M_1 M_2$ geschlagenen Kreisbogen. Zufolge dieser Konstruktion

ergibt sich:
$$\sphericalangle\, M_2\,M_1\,M_2'' = \sphericalangle\, M_0\,M_1\,M_0' = \sphericalangle\, M\,M_1\,M'' = w$$
und
$$\sphericalangle\, M_2''\,M_1\,M_2' = \sphericalangle\, M''\,M_0'\,M' = w_1\,.$$

Die durch die oben beschriebene Drehbewegung des ganzen Gelenksystemes hervorgerufenen epizyklischen Bewegungen der Zahnräder ermitteln sich demnach durch Zerlegung in Einzelbewegungen wie folgt:

a) Rad M_1 festgehalten, Parallelogramm als starr angenommen und um M_1 um den Winkel w gedreht, gibt infolge Abrollens des Rades M_2 auf M_1, indem M_2 nach M_2'' kommt und durch Übertragung dieser Bewegung über die Zwischenräder M_3, M_4 auf das gleich große nach M'' gelangte Rad M eine Drehung des letzteren um den Winkel w in Richtung des Pfeiles 1. Außerdem erfolgt infolge Drehens des ganzen Systemes um den Winkel $w = \sphericalangle\, M\,M_1\,M''$ (wobei M_1 außer Eingriff gedacht ist), eine Drehung des Rades M um den Winkel w in Richtung des Pfeiles 2, d. h. entgegengesetzt von 1. Beide Drehungen heben sich auf, so daß Rad M bei der Bewegung des starren Parallelogramms keinerlei epizyklische Bewegung erhält.

b) Infolge der Bewegung des Punktes M'' nach M' und der damit verbundenen Zusammendrückung des Parallelogrammes um den Winkel w_1 erfolgt wiederum ein Abrollen des Rades M_2 auf M_1, indem M_2'' nach M_2' gelangt. Dies hat wiederum eine Drehung des nach M' gelangten Rades M in Richtung des Pfeiles 1 um den Winkel w_1 zur Folge. Außerdem erfolgt eine Drehbewegung des Armes $M''\,M_0'$ um den Punkt M_0' nach $M'\,M_0'$, wobei der Winkel $M''\,M_0'\,M'$ ebenfalls $= w_1$ ist. Die Folge ist eine Drehbewegung des Rades M' um den Winkel w_1 in Richtung des Pfeiles 2. Beide Drehbewegungen heben sich auf, so daß auch die Zusammenknickung des Parallelogrammes keinerlei epizyklische Bewegung hervorruft. Demgemäß ergibt auch die aus a und b zusammengesetzte Bewegung des ganzen Parallelogrammgelenkes einen Gesamtdrehwinkel des Spulenbetriebswellenrades $M = 0$. Dieses Ergebnis trifft naturgemäß auch für jede Zwischenstellung der Spulenbank zu.

Das ganze Getriebe ist verhältnismäßig einfach, und die Lagerung der Räder eine durchaus stabile.

5. Benadelung und sonstige Einzelheiten der Vorspinnmaschinen.

Die Benadelung erfolgt wie bei den Strecken durch Aufnieten von Gillkämmen auf die Fallerstäbe. Die Zahl der Gills je Stab entspricht der Anzahl Bänder je Kopf, so daß also in der Regel auf einen Fallerstab 8 Gills kommen. Die Abmessungen der Gilleisten und der Gillnadeln, sowie die Nadelteilung sind entsprechend feiner als bei den Strecken; im übrigen bestehen keinerlei Unterschiede. Tab. 77 enthält die bei Vorspinnmaschinen meist üblichen Benadelungseinzelheiten, während bezüglich der Nadelgrößen auf das deutsche Normblatt DIN TEX 4105 S. 294 verwiesen sei.

Tabelle 77. Benadelung der Vorspinnmaschinen.

Art der Nadelstäbe	Gillkörper aus Flachmessing Länge × Breite × Stärke in Zoll	Benadelter Teil des Gillkörpers in Zoll	Zahl der Nadelreihen u. Nadeln je Reihe	Nadelteilung Anzahl Nadeln einer Reihe auf		Nadel-Nr. u. Nadellänge in Zoll
				1 Zoll	10 cm	
Pushbar	$3^{1}/_{16} \times {}^{9}/_{16} \times {}^{3}/_{16}$	$2\frac{1}{4}$	2×13	6	24	$16 \times {}^{15}/_{16}$ u. $16 \times {}^{7}/_{8}$
Schraubenfaller . .	$3^{1}/_{16} \times {}^{3}/_{8} \times {}^{3}/_{16}$	$2^{1}/_{8}$ bis $2\frac{1}{4}$	2×12 bis 2×18	6 bis 8	24 bis 32	16×1 bis 17×1

Die Zahl der Fallerstäbe eines Kopfes richtet sich nach der Streckweite und der Schraubensteigung. Sie beträgt bei 11 Zoll Streckweite und $^{7}/_{16}$ bis ½ Zoll Steigung der oberen Schrauben 22 bis 26 Stäbe; bei größeren Streckweiten entsprechend mehr.

Die Pressung der Druckwalzen wird in gleicher Weise wie bei den Strecken entweder durch einfache Hebelübersetzung oder durch doppelte Hebelübersetzung mittels Gewichten erzeugt. Bei einfacher Hebelübersetzung gemäß Abb. 357 erhält man als Belastung eines Druckwalzenpaares ohne Berücksichtigung des Eigengewichts der Walzen und der Hebel:

$$P = \frac{Q \cdot 450}{32} = \frac{5{,}5 \cdot 450}{32} = 77{,}4 \, \text{kg}$$

und hieraus bei 1¼ Zoll = 3,2 cm Walzenbreite:

$$P/\text{cm} = \frac{77{,}4}{2 \cdot 3{,}2} = \text{rund } 12 \, \text{kg/cm};$$

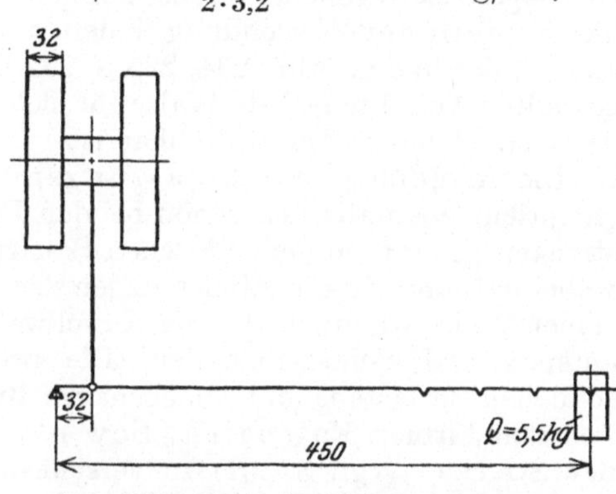

Abb. 357. Einfache Hebelübersetzung.

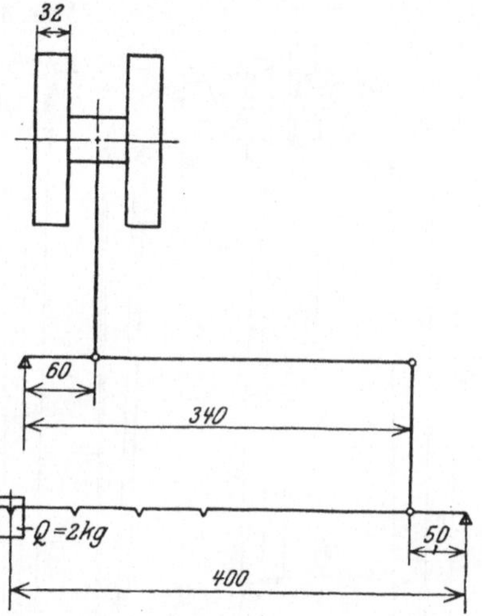

Abb. 358. Doppelte Hebelübersetzung.

Abb. 357 und 358. Belastungsschema der Druckwalzen an Vorspinnmaschinen.

oder bei einer Bandbreite von 1 Zoll = 2,5 cm die spezifische Pressung auf 1 cm Band zu:

$$\frac{77{,}4}{2 \cdot 2{,}5} = \text{rund } 15\tfrac{1}{2} \, \text{kg/cm}.$$

Für die doppelte Hebelanordnung Abb. 358, die meist gebräuchlich ist, da sie kürzere Hebel und kleinere Belastungsgewichte gestattet, erhält man gleicherweise:

$$P = \frac{Q \cdot 400 \cdot 340}{50 \cdot 60} = \frac{2 \cdot 400 \cdot 340}{50 \cdot 60} = 91 \, \text{kg},$$

und hieraus wiederum die spezifische Druckwalzenpressung zu

$$\frac{91}{2 \cdot 3{,}2} = 14{,}2 \, \text{kg/cm},$$

bzw. die spezifische Bandpressung zu

$$\frac{91}{2 \cdot 2{,}5} = 18{,}2 \, \text{kg/cm}.$$

In beiden Fällen sind die Belastungsgewichte in ihre äußerste Stellung gerückt, so daß die obigen Walzenpressungen nach Belieben noch verringert werden können. Im allgemeinen rechnet man bei Vorspinnmaschinen mit einer Walzenpressung von 10 bis 14 kg/cm Walzenbreite.

Die Gewichtshebelarme müssen wie bei den Strecken in den vertikalen Führungsschienen frei spielen können und werden bei längeren Betriebspausen zur Entlastung in Rasten eingehängt. Auch hier kann diese Entlastung für sämtliche Hebel durch Betätigung einer Exzenterwelle mittels Handrad und Schnecke gleichzeitig herbeigeführt werden.

Wie bei den Feinstrecken werden die Druckwalzen meist mit auf dem gußeisernen Walzenkörper aufgeleimten doppelten Flachlederbelag versehen. Seltener findet man den teueren Hochkantlederbelag. Bei groben Schußgarnmaschinen findet man bisweilen noch unbelederte Druckwalzen, sogenannte „Hart-auf-hart"-Walzen.

Statt der üblichen festen Anordnung von zwei Druckwalzen auf gemeinschaftlicher, in Gleitlagern sich drehender Achse können auch hier Kugellager Verwendung finden, so daß ähnlich der in den Abb. 234, 235 S. 299 dargestellten Anordnung jede Walze für sich auf der feststehenden Achse drehbar ist.

Die Anordnung der Belastungsbügel entspricht ebenfalls den schon bei den Feinstrecken genannten verschiedenen Bauarten, wobei naturgemäß die Abmessungen der einzelnen Teile, wie auch die der Druckwalzen entsprechend kleiner ausfallen. Die zwecks schnellen Entlastens und Abhebens der Bügel von den Firmen Fairbairn, Low u. a. bei den Strecken (vgl. S. 301) in verschiedener Weise ausgeführten „Patentbügel" haben sich auch bei den Vorspinnmaschinen bewährt.

Die zwecks Verringerung der Abnützung des aus hartem Stahl (90 kg/mm² Festigkeit) bestehenden Verzugszylinders angebrachte Vorrichtung zur langsamen axialen Hin- und Herbewegung (Changierbewegung) desselben wird meist durch die auf- und abgehende Spulenbank betätigt, deren Bewegung über ein Kurbelgetriebe mit Schaltrad, Schaltklinke, Schnecke mit Schneckenrad und Exzenter auf den axial beweglichen Lagerschlitten des Zylinderzapfens übertragen wird. Diese etwa 20 mm betragende seitliche Verschiebung ist bei der Bemessung der Lagerstellen des Verzugszylinders zu berücksichtigen, wie auch die Zähne des Antriebsrades des Verzugszylinders (vgl. die verschiedenen Getriebezeichnungen) entsprechend breit zu halten sind. Die Changiervorrichtung ist bei neueren Maschinen mit Druckkugellagern ausgerüstet.

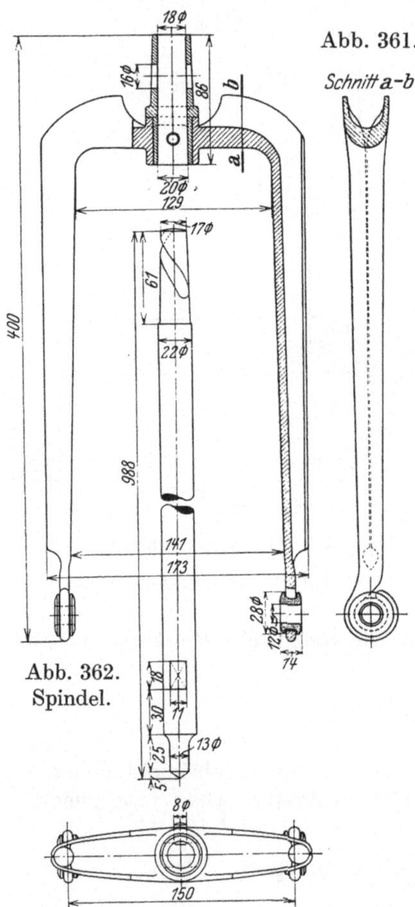

Abb. 359. Aufriß.

Abb. 361. Schnitt a–b

Abb. 362. Spindel.

Abb. 360. Grundriß.

Abb. 359 bis 362. Flügel und Spindel einer 10 × 5 Zoll-Vorspinnmaschine.

Am Verzugszylinder ist meist ein ebenfalls durch Schnecke und Schneckenrad betriebenes Zählwerk angebracht, das die Umläufe des Zylinders anzeigt, um als Grundlage für die Akkordberechnung der Spinnerin zu dienen.

Die Abb. 359 bis 362 zeigen in Ergänzung der allgemeinen Darstellung Abb. 266 S. 315, Einzeldarstellungen der Spindeln und Flügel, die Abb. 363 bis 366 verschiedene Arten der Lagerung der Spindeln in der Spulenbank und der Spindelbank. Wie ersichtlich, setzt sich der leicht konisch ausgedrehte Flügelkopf mit seinem unteren Teil auf den passend gedrehten Spindelkopf, wobei eine im Flügelkopf nach innen vorstehende Nase, die durch einen eingenieteten Stift mit abgerundetem Ende gebildet wird, in eine in den Spindelkopf eingefräste Nute von halbrundem Querschnitt eingreift. Entsprechend der Rechtsdrehung der Spindeln und Flügel (von oben gesehen im Uhrzeigersinn) muß diese Nute nach einer linksgängigen Schraubenlinie verlaufen, so daß sich der Flügel infolge des entgegengesetzt, d. h. auf eine Linksdrehung wirkenden Zuges des aufzuwindenden Garnes von selbst auf dem Konus der Spindel festzieht. Andererseits läßt sich der Flügel infolge der Steilgängigkeit der Nute durch eine kurze Rechtsdrehung leicht vom Spindelkopf lösen bzw. abheben. Sollen mit der Vorspinnmaschine Grobgarne (also fertig gesponnene Garne, sog. „Gillgarne" hergestellt werden, bei denen in besonderen Fällen entgegen der allgemeinen Norm Linksdrehung verlangt wird, dann muß die Führungsnute für die Flügelnase rechtsgängig sein. Um jeder Möglichkeit gerecht zu werden, findet man daher häufig die Spindelköpfe mit zwei Nuten versehen. Im oberen Teil des Flügelkopfes sind zwei diametral gegenüberliegende seitliche Bohrungen für den Fadenaustritt angebracht.

Da der Flügelkopf infolge der starken Garnreibung der der Abnützung am meisten unterworfene Teil des Flügels ist, wird bisweilen, wie Abb. 359 zeigt, in die verstärkte Flügelnabe ein auswechselbarer Einsatzkopf passend eingeschlagen und vernietet. An den im Gesenk geschmiedeten Flügelkopf schließen sich beiderseits die aus gepreßtem Stahl bestehenden Flügelarme an. Diese sind zum Einführen des Fadens als geschlitzte Röhren ausgebildet, die oben in einen U-förmigen Querschnitt übergehen, während die unteren Arm-Enden die auswechselbaren, als gehärtete Ösen ausgebildeten Fadenaugen tragen. Neben der Widerstandsfähigkeit gegen Verdrehung durch den Fadenzug ist vor allem der Beanspruchung der Flügel durch die Zentrifugalkraft, die bekanntlich bei einer Steigerung der Drehzahl im Verhältnis des Quadrats der Flügeldrehzahlen zunimmt, Rechnung zu tragen. Bei den hohen Spindeldrehzahlen der heutigen Vorspinnmaschinen muß daher unter möglichster Niedrighaltung des Flügelgewichtes für sorgfältigen Massenausgleich bzw. Austarierung der Flügel gesorgt werden.

Bemerkenswert ist weiterhin die Lagerung des Spindelschaftes in der auf- und abgehenden Spulenbank. Wie schon in der allgemeinen Darstellung der Vor-

Abb. 363. Spulenbankkasten.

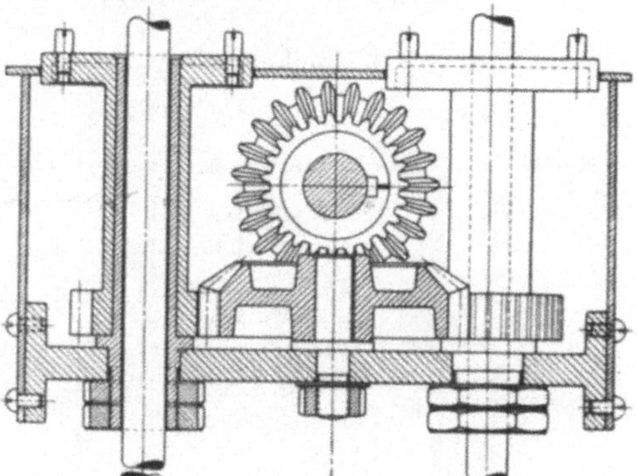

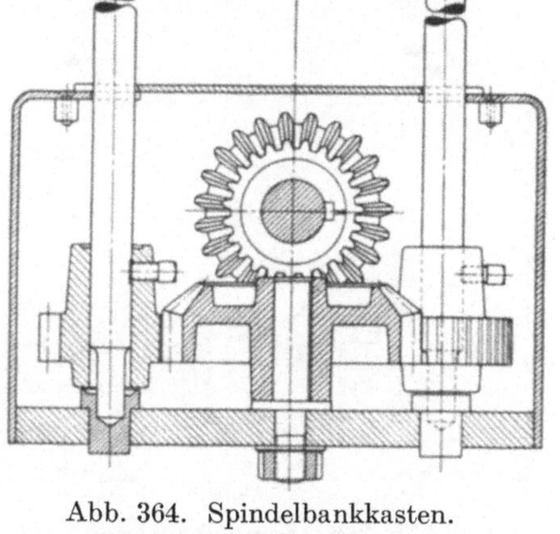

Abb. 364. Spindelbankkasten.

Abb. 363 bis 366. Einzelheiten über die Lagerung der Spindeln in der Spulen- und Spindelbank.

spinnmaschine Abb. 266 angedeutet, wird die Spindel nach der Einzeldarstellung Abb. 363 durch ein verhältnismäßig langes Halslager, meist aus Rotguß (bisweilen werden auch Gußeisen, ja sogar Glaseinsätze verwendet), gehalten, das genau passend in die Spulenbank eingesetzt ist und durch Doppelmuttern festgehalten wird, während der sich auf die Spulenbank stützende und mit einer Nase versehene Bund das Halslager gegen Verdrehen sichert. Auf diesem Bund ruht die untere Fläche des Spulenmitnehmers, während die obere, die Spulenstifte tragende Tellerfläche mit dem Halslager abschließt und nur ein weniges über die obere Spulenbankabdeckung vorsteht, die mit den seitlichen Abdeckblechen den das ganze Rädergetriebe für die Spulenteller samt der Spulenbetriebswelle einschließenden Spulenkasten bildet. Der Spulenbankkasten fällt bei dieser Bauart zwar etwas hoch aus, und dementsprechend erhöht sich auch der Bau der Maschine, doch wird den Spindeln durch die lange Halslagerführung auch bei hohen Umlaufzahlen noch eine sichere Führung gewährleistet. Bei dieser Bauart verzichten manche Maschinenbauer, z. B. Mackie, auf die nochmalige Führung der Flügelköpfe in der oberen Führungs- oder Deckplatte („steadier"), zumal deren Lagerung in beweglichen Scharnieren eine genaue Zentrierung der Flügelköpfe gegenüber den Plattenlöchern nicht zuläßt. Andere Konstrukteure wiederum behalten diese Führungsplatten trotzdem noch bei, weil sie den Spindeln und Flügeln noch einen gewissen Halt gewähren, nachdem die Halslager schon erheblich ausgelaufen sind. Allerdings wird in diesem Fall auch das Auslaufen der Führungsbüchsen in den Deckplatten nicht lange auf sich warten lassen, und das beste ist doch, für rechtzeitiges Auswechseln der Halslager zu sorgen, damit das lästige Schleudern der Spindeln und Aneinanderschlagen der Flügel

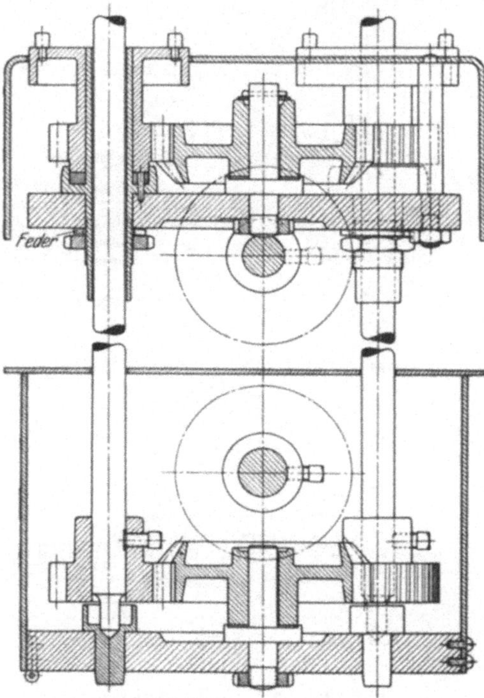

Abb. 365. Spulenbankkasten.

Abb. 366. Spindelbankkasten.

vermieden wird, was sich besonders in der tiefsten Stellung der Spulenbank störend bemerkbar macht.

Eine etwas abweichende Bauart der Spulenbank zeigt Abb. 365, bei welcher die Spulenbetriebswelle mit den auf ihr sitzenden konischen Antriebsrädern dicht unterhalb der Spulenbankschiene gelagert ist. Die kombinierten Räder behalten hierbei ihre Lage auf der Spulenbank bei, in welcher an den Eingriffstellen der konischen Räder entsprechende Schlitze vorgesehen sind. Da der Zahndruck in diesem Falle nach oben wirkt und unter Umständen ein Abheben der kombinierten Räder von ihren Bolzen zur Folge hat, müssen die Räder oben durch Splinte oder auf andere Weise gehalten werden. Die Spindelhalslager und demzufolge auch die Spulenmitnehmer sind etwas kürzer ausgeführt, und dementsprechend baut sich auch der Spulenkasten niedriger. Die Befestigung der Spindelhalslager in der Spulenbank erfolgt in ähnlicher Weise wie oben;

der Spulenmitnehmer liegt mit seiner unteren Fläche nicht direkt auf dem Bund
des Spindelhalslagers, sondern auf einer zur Verringerung der Reibung und Abnutzung dazwischen gelegten Stahlplatte. Zur Sicherung des Halslagers ist an
Stelle der Gegenmutter eine Feder vorgesehen. Neben der geringeren Bauhöhe
der Maschine hat diese Anordnung der Spulenbank noch den Vorteil, daß die
kombinierten Räder bei notwendig werdender Auswechslung von ihren Bolzen
abgenommen werden können, ohne daß zuvor die Spulenbetriebswelle entfernt
werden muß, wie es bei der ersten Anordnung der Fall ist. Allerdings muß man
sich mit einer kürzeren Lagerung der Spindeln begnügen, was wiederum vermehrte Abnützung zur Folge hat. Die Ausführung der Spindelfußlagerung und
die übrige Anordnung der Spindelbank mit den zugehörigen Rädergetrieben
ist nach den Abb. 364 und 366 wenig verschieden und ist ohne weiteres aus diesen
ersichtlich. Wie die Spulenbank ist auch die Spindelbank vollkommen dicht
gegen Staub und Schmutz abgedeckt. Bei beiden ist das obere Abdeckblech
leicht abzunehmen, so daß die einzelnen Getriebeteile und Schmierstellen leicht
zugänglich sind. Manche Firmen führen auch die konischen Spindel- und Spulen-
betriebsräder zweiteilig aus, um ein leichteres Auswechseln zu ermöglichen.
Bei dieser Ausführung muß man naturgemäß eine gewisse Ungenauigkeit in
der Zahnung mit in Kauf nehmen.

Bei neueren Maschinen sind die Spindel- und Spulenbetriebswellen mit Druckkugellagern zur Aufnahme des Axialdruckes ausgestattet. Auch an den Kegel-
raddifferentialgetrieben wird häufig der Axialdruck durch Kugellager abgefangen.

Die Vorgarnspulen bestehen aus bestem, gut abgelagerten Ahorn- oder
Rotbuchenholz. Die Endscheiben müssen sicher auf dem Schaft verschraubt
und verleimt sein; am besten werden sie aus mehreren Scheiben kreuzweise
zusammengeleimt. Die Spulenscheiben sind in der Regel mit vier Bohrungen versehen, die in die beiden diametral angebrachten Stifte der Spulenteller bequem
passen müssen. Um das Ausschlagen dieser Löcher zu verhüten, werden zuweilen
die Spulenscheiben unten mit Blech beschlagen, was allerdings eine Gewichtserhöhung bringt, oder aber werden die einzelnen Löcher durch eingepaßte
Blechstreifen geschützt. Bisweilen wird auch eine ringförmige Nute in den
Spulenscheiben angebracht, in welcher ein Querstift als Mitnehmer für die Spulen-
tellerstifte eingeschlagen ist.

Um die Aufnahmefähigkeit der Spule zu vergrößern, werden in manchen
Fällen die Spulen im Durchmesser größer, als der normalen Spindelteilung entspricht, gewählt. Man hat zu diesem Zweck bei schon vorhandenen Maschinen
nur neue Flügel mit um ½ bis ¾ Zoll erweiterter Spannweite aufzusetzen, die in
eine bestimmte, gegenseitig versetzte Lage gebracht werden, die dann so lange
bestehen bleibt, als die Zahnräder, die den Antrieb der Spindeln besorgen, im
Eingriff bleiben. Um diese besondere Lage dauernd zu gewährleisten, müssen
die Spindeln durch eine Art Käfig in der unteren Lage festgehalten werden.
Wie alle Vorbereitungsmaschinen müssen auch die Vorspinnmaschinen in
weitestgehendem Maße gegen die Einwirkungen von Staub und Schmutz geschützt werden. Insbesondere erfordern auch hier die sorgfältig gefrästen Räder
— neuerdings werden sogar die mit hoher Umlaufzahl sich drehenden Hauptüber-
tragungsräder des ruhigen Ganges wegen als Pfeilzahnräder oder als Fiber-
räder ausgeführt — vollkommene Abdeckung durch polierte Stahlblechverdecke
mit entsprechenden Schiebetüren und Schnappstiftverschluß, so daß von dem
Räderwerk überhaupt nichts zu sehen ist und die bedienenden Arbeiter vor
Verletzungen geschützt sind. Andererseits sorgen Sicherheitsvorrichtungen
ähnlich den bei den Strecken beschriebenen dafür, daß die Maschine von keiner
Seite angelassen werden kann, ohne daß der auf der Gegenseite bedienende

Arbeiter benachrichtigt wird bzw. beim Einrücken mitwirken kann. Eine derartige Vorrichtung ist beispielsweise aus Abb. 264, S. 313, ersichtlich. Daß auch den zahlreichen Schmierstellen der teilweise komplizierten Getriebeteile besondere Sorgfalt zu widmen ist, insbesondere durch Anbringung geeigneter Schmierrohrleitungen mit staubdichten Verschlüssen, ist bei dem heutigen Stand des Maschinenbaues selbstverständlich. Immerhin ist dem die Maschinen wartenden Personal einzuschärfen, daß alle diese bei Neuaufstellung der Maschinen vorhandenen und bewährten Einrichtungen auch beibehalten werden. Jedem Einzelnen ist klarzulegen, welche Bedeutung für die Lebensdauer und Leistungsfähigkeit der Maschine eine sachgemäß durchgeführte Schmierung ist.

Der Platzbedarf der Vorspinnmaschinen schwankt bei den verschiedenen Firmen entsprechend der mehr oder weniger gedrängten Bauart. Während Fairbairn die gesamte Länge einer 64 spindligen Vorspinnmaschine mit 7925 mm bei 1520 mm Breite angibt, beansprucht die Seydelsche Maschine 8300 mm Länge bei 1200 mm Breite und die Liebschersche Maschine 8750 mm Länge bei 1450 mm Breite. Zwischen diesen Grenzen dürften die meisten Maschinen dieser Spindelzahl liegen. Eine 80 spindlige Maschine ist nach Fairbairn mit 9630 mm Länge und 1520 mm Breite zu bemessen. Dementsprechend schwanken auch die Nettogewichte der Maschinen zwischen 7000 bis 7500 kg bei 64 Spindeln und 8500 bis 9000 kg bei 80 Spindeln.

Den Kraftbedarf ermittelte Dr. Frenzel bei seinen Versuchen[1] für eine 56 spindlige Maschine zu 3,54 PS bei Leerlauf, 3,80 PS bei Beginn des Abzuges, 4,18 PS bei zur Hälfte gefüllten Spulen und 4,20 PS bei Beendigung des Abzuges. Demnach betrug die für die eigentliche Bearbeitung des Materials erforderliche Betriebskraft nur 13 % der gesamten Betriebskraft, und der kraftwirtschaftliche Wirkungsgrad stellt sich somit bei der Vorspinnmaschine am schlechtesten von allen Vorbereitungsmaschinen. Im allgemeinen rechnet man bei Neuaufstellungen für eine 64 spindlige Maschine einen Kraftbedarf von 5 bis 5½ PS, bei einer 80 spindligen Maschine von etwa 7 PS.

Die Vorspinnmaschine erfordert zu ihrer Bedienung in der Regel zwei Personen, eine Bänderanlegerin auf der Einlaufseite und eine Spinnerin auf der Flügelseite. Da meist die Aufstellung der Vorspinnmaschinen so erfolgt, daß die Flügelseiten je zweier Maschinen zueinander stehen, so kann besonders bei kürzeren Maschinen eine Spinnerin gespart werden, indem eine Spinnerin beide Flügelseiten zu bedienen hat. Vorbedingung ist allerdings, daß genügend Hilfskräfte für den Spulenwechsel oder wie man auch sagt, für das „Abziehen“ oder „Abschneiden“ der Spulen zur Verfügung stehen. Diese Arbeit erfordert eine ganze Anzahl von Handgriffen:

Abstellen der Maschine, Abheben der Deckplatten, Herausheben der Spulen aus den Fußstiften, wobei gleichzeitig die Spulen etwas gedreht werden, so daß sich so viel Vorgarn abwickelt, damit beim darauffolgenden Abschneiden noch genügend lange Enden durch die Flügelösen heraushängen, Abnehmen der Flügel, Herausnehmen der vollen Spulen und Aufstecken leerer Spulen, Wiederaufsetzen der Flügel und Anbinden des Garnes an den Spulenschaft, Herunterklappen der Deckplatten, Aufziehen der Maschine, d. h. Einstellung des Differentialgetriebes durch Zurückschalten des Konusriemens bzw. Rückstellen der Reibungsrolle bzw. Ausziehen des Expansionskonus, und zum Schluß Wiederanlassen der Maschine. Um diese hierdurch bedingten unvermeidlichen Stillstände der Maschine auf ein Mindestmaß zu beschränken, hilft die Anlegerin und bisweilen auch die Stopferin an der Feinstrecke mit; in der Regel jedoch wird mit diesen Arbeiten eine besondere Abschneidekolonne von 6 bis 8 meist jugendlichen Personen

---

[1] Leipz. Monatsschr. Textilind. 1920, H. 9.

betraut, die eine größere Anzahl von Vorspinnmaschinen (6 bis 8) zu versehen haben.

Um sich ein Bild über den durch das Abschneiden verursachten Produktionsausfall und den möglichen Nutzeffekt der Vorspinnmaschine zu machen, soll in folgendem zunächst die theoretische Zeit einer Spulenfüllung für eine bestimmte Garnnummer und ein festliegendes Spulengewicht ermittelt werden.

Befinden sich auf einer Vorgarnspule vom Gewicht G_s g, L_s m Vorgarn der Nr. N_g, vom Drehungsgrad α_g, dann ist:

$$L_s = \frac{100 \cdot G_s}{N_g}.$$

Ist L die minutliche Ablieferung des Verzugszylinders in m, dann ergibt sich die Spinndauer eines Abzuges zu:

$$T = \frac{L_s}{L} \text{ min}.$$

Mit

$$L = \frac{n_i}{t_m} = \frac{n_i}{\dfrac{\alpha_g}{\sqrt{N_g}} \cdot 100},$$

(n_i = minutliche Spindelumlaufzahl, t_m = Anzahl Drehungen auf 1 m) erhält man:

$$T = \frac{10\,000 \cdot G_s \cdot \alpha_g}{\sqrt{N_g} \cdot N_g \cdot n_i}.$$

Das Spulenfüllungsgewicht G_s ist zwar, genau genommen, von der Garnnummer abhängig, indem beispielsweise ein feineres Garn bei schärferer Drehung ein etwas höheres Spulengewicht ergibt. Doch bestehen bei Vorgarn mit seiner losen Drehung keine großen Unterschiede, so daß hier G_s praktisch als konstant angesehen werden kann. Dasselbe gilt für α_g, das ebenfalls nur in geringen Grenzen schwankt. Es ergibt sich demnach, daß die Spinndauer eines Abzugs um so kleiner ist, je gröber das Vorgarn und je höher die Spindeldrehzahl ist, bzw. umgekehrt.

Ergibt sich z. B. für $N_g = 280$ g/100 m und $\alpha_g = 4,6$ ein Spulengewicht $G_s = 1200$ g, so errechnet sich für eine Spindelumlaufzahl $n_i = 690$/min die Spinndauer eines Abzuges zu:

$$T = \frac{10\,000 \cdot 1200 \cdot 4,6}{\sqrt{280 \cdot 280 \cdot 690}} = \text{rund } 17 \text{ min}.$$

Bezeichnet man mit t die Abziehzeit, d. h. die Zeit für einen Spulenwechsel, mit a die Anzahl Abzüge, die in einer bestimmten Zeit (z. B. in einem Tag) mit der Maschine tatsächlich gemacht werden, mit a_1 die Anzahl Abzüge, die die Maschine theoretisch ohne Abzugsstillstände bringen würde, und vernachlässigt man alle übrigen durch Fadenbrüche, Wickeln usw. verursachten Stillstände der Maschine, dann errechnet sich der Ausnutzungsgrad der Maschine zu:

$$\eta = \frac{a}{a_1} = \frac{T}{T+t} = \frac{1}{1+\dfrac{t}{T}}.$$

Hieraus folgt, daß η um so kleiner wird, je größer die Abziehzeit t und je kleiner die Spinndauer T eines Abzuges wird, d. h. also nach obigem, je größer die Spindelumlaufzahl und je gröber die Garnnummer ist. Größere Spuleninhalte wiederum ergeben eine größere Füllungszeit und somit einen günstigeren Ausnützungsgrad. Daraus folgt, daß der Spuleninhalt so groß wie möglich gehalten werden soll und die Spulen so voll wie möglich gesponnen werden sollen. Die Abziehzeit hängt naturgemäß unter sonst gleichen Verhältnissen von der Spindelzahl der

Maschine ab. Mit zunehmender Spindelzahl wird auch die Abziehzeit größer, sofern man nicht entsprechend die Abziehkolonne vergrößert.

Rechnet man bei einer 64spindligen Vorspinnmaschine als Abziehzeit (ohne Abziehkolonne) $t = 4\frac{1}{2}$ min, so erhält man für das obige Beispiel mit $T = 17$ min als Ausnützungsgrad der Maschine in Hundertteilen der theoretischen Leistung

$$\eta = \frac{T \cdot 100}{T + t} = \frac{1700}{21,5} = \text{rund } 80\%.$$

Entsprechend ergibt sich für die gleiche Maschine, jedoch mit Abziehkolonne bei $t = 2$ min

$$\eta = \frac{1700}{19} = \text{rund } 90\%.$$

Tatsächlich bleibt in der Praxis aus den oben schon genannten Gründen der Ausnutzungsgrad um etwa 5 bis 10% hinter den obigen Werten zurück, so daß man, je nachdem ohne oder mit Abziehkolonne gearbeitet wird, unter sonst normalen Verhältnissen mit 70 bis 85% Ausnutzungsgrad rechnen kann.

Instandhaltung.

Wie bei allen Vorbereitungsmaschinen sind auch an den Vorspinnmaschinen einwandfreies Arbeiten und höchste Produktion nur zu erzielen, wenn neben größter Reinhaltung aller der Verschmutzung ausgesetzten Triebwerksteile stets auf tadellose Beschaffenheit bzw. rechtzeitigen Ersatz der der Abnützung am meisten unterworfenen Teile geachtet wird. Wie bei den Strecken sind es auch hier die Nadelstäbe und Gills, die Schrauben, Hebedaumen und Bahnen der Nadelstäbe, die stets auf richtiges Arbeiten nachgeprüft werden müssen. Desgleichen müssen die Führungslineale oder Federn in Ordnung sein, so daß beim Überleiten der Nadelstäbe von einer Gleitbahn zur anderen kein Klemmen eintritt. Der zwischen den Nadelstäben und auf den Gilleisten zwischen den Nadeln angesammelte Schmutz ist mehrmals täglich zu entfernen, desgleichen die sich unter den Fallerbahnen anhäufenden Unreinigkeiten, wie Holzteilchen, kurze Fasern, Flug u. dgl., die andernfalls durch die aufsteigenden Fallerstäbe leicht wieder ins Band hineingeraten können. Neben dieser laufenden Reinigung muß in längeren Zeiträumen, etwa alle zwei Monate, eine gründliche Reinigung stattfinden, bei der die Haupttriebwerkteile auseinandergenommen, insbesondere die Räderkasten, Fallertriebwerke usw. freigelegt werden. Stark eingelaufene Stellen oder Rillen am Einzugs- oder Verzugszylinder müssen durch Abdrehen beseitigt werden, soweit die Zylinderdurchmesser eine Verringerung zulassen. Hierbei sind die Verzugs- und Drehungskonstanten nachzuprüfen und gegebenenfalls durch eine kleine Änderung der Zahnräder die Verringerung der Umfangsgeschwindigkeiten der Zylinder zu eliminieren. Losgewordene oder sonstwie beschädigte Druckwalzenbeläge sind zu erneuern, auf freies Spiel der Konduktoren ist zu achten, insbesondere darf ein Klemmen der Konduktoren an den Druckwalzen nicht eintreten. Die Pressung der Verzugsdruckwalzen muß überall gleichmäßig eingestellt sein, so daß die gewichtsbelasteten Hebel in ihren Führungen frei spielen. Die Abscherstifte der Sicherheitsräder müssen genau passen; ausgeschlagene Stiftlöcher verursachen ein Umbiegen statt ein Abscheren der Stifte. Besonderes Augenmerk ist auf die genaue Einstellung der Aufwindung und das richtige Arbeiten des Spulenbankwechsels, sei dieser durch Mangelrad oder durch ein anderes Wendegetriebe hervorgerufen, zu richten. Um stets gleichmäßige Spannung des aufzuwindenden Vorgarnes zu erzielen, müssen von Zeit zu Zeit die Aufwindorgane nachgeprüft bzw. einreguliert werden. Bei Tellermaschinen beispielsweise müssen bei abgenützter Reibrolle die Teller einander genähert werden, wobei zu beachten ist, daß die Reibrollenwelle stets horizontal sein muß. Die bei der Einregulierung des Konusriemens zu beachtenden Richtlinien sind bereits bei der Besprechung der Konusmaschinen angegeben worden.

Gleiche Sorgfalt ist auf die Ausrichtung der Spulenbank, sowie deren leichten und gleichmäßigen Lauf zu verwenden. Die Spindeln müssen genau senkrecht stehen und in gleicher Höhe ausgerichtet sein. Ausgelaufene Spindelhalslager und Fußlager, wie auch an den Lagerstellen eingelaufene Spindeln müssen rechtzeitig ersetzt werden. Die Flügelköpfe müssen gut auf den Konus der Spindeln passen und die Fadenaugen aller Flügel in gleicher Höhe stehen. Das gleiche gilt von den Spulentellern, deren Stifte genau in die Löcher der Spulenscheiben passen müssen. Die Deckplatten mit ihren Führungsbüchsen müssen zentrisch auf den Flügelköpfen sitzen; klemmende Deckplatten mit ausgeschlagenen Führungsbüchsen dürfen nicht geduldet werden. Weiterhin ist Wert auf eine sachgemäße Behandlung der Spulen zu legen. Stark abgenutzte Spulen müssen rechtzeitig ausgemerzt werden, insbesondere ist bei allen Spulen auf genau gleichen Schaftdurchmesser zu achten. Garnreste auf abgesponnenen Spulen müssen entfernt werden.

Der einwandfreien Beschaffenheit sämtlicher Zahnräder und der Räderbolzen ist besondere Beachtung zu schenken. Bei den hohen Umlaufzahlen der modernen Maschinen wirken sich schon kleine Unregelmäßigkeiten in der Verzahnung durch starke Stöße und Erschütterungen aus.

Wie bereits angeführt, gestattet zwar die zweiteilige Ausführung der Kegelräder auf der Spulen- und Spindelbetriebswelle ein bequemes Auswechseln schadhaft gewordener Räder, doch sind im Interesse einer einwandfreien Zahnung und dementsprechend eines ruhigen Ganges ungeteilte Räder vorzuziehen. Man

Tabelle 78. Einzelheiten eines normalen Vorspinnsystems.

Anzahl und Bezeichnung der einzelnen Teile	Erste Strecke: Pushbar	Zweite Strecke: Eingang-Schrauben	Vorspinn-Maschine: Eingang-Schrauben
Anzahl der Köpfe	2	3	8
Anzahl der Bänder je Kopf	4	6	8
Anzahl der Ablieferungen je Kopf	1 oder 2	3	8
Anzahl der Spindeln je Maschine	—	—	64
Länge der Streckweite	15 Zoll	13 Zoll	12 Zoll
Durchmesser des Verzugszylinders	2½ Zoll	2¼ Zoll	2¼ Zoll
Durchmesser des Einzugszylinders	2 Zoll	2 Zoll	2 Zoll
Art der Druckwalzen	Flachlederbeläge		
Durchmesser der Druckwalzen	10 Zoll	9 Zoll	7 Zoll
Hubhöhe der Spulen	—	—	10 Zoll
Durchmesser der Spulenköpfe	—	—	5 Zoll
Durchmesser des Spulenschaftes	—	—	$1^9/_{16}$ Zoll
Durchmesser der Schrauben	—	$1^3/_4$ Zoll	$1^7/_{16}$ Zoll
Teilung der Schrauben	—	$^9/_{16}$ Zoll	½ Zoll
Breite der Gills	$6^7/_8$ Zoll	4 Zoll	2¼ Zoll
Breite der Konduktoren am Verzugszylinder	6½ Zoll	3¼ Zoll	$^7/_8$ Zoll
Breite der Konduktoren an der Ablieferung	2 Zoll	1½ Zoll	—
Ganze Länge der Nadeln	$1^3/_8$ u. $1^5/_{16}$ Zoll	1¼ Zoll	1 Zoll
Zahl der Nadeln je Zoll	2½	4	6
Nadelstärke B. W. G.	15	15	16
Anzahl der Nadelreihen	2	2	2
Durchmesser und Breite der Antriebsscheiben	$16 \times 3½$ Zoll	16×4 Zoll	$24 \times 4½$ Zoll
Umlaufzahl der Antriebscheiben	260	200	250
Verzüge	3 bis 6	5 bis 10	4 bis 8
Drehungen/Zoll	—	—	0,5 bis 1,5
Garn-Nr.	2,4 bis 4,2 m/g Jutefeingarn		

benutzt daher häufig die geteilten Räder nur als Notbehelf, um sie so schnell wie möglich gegen ganze Räder auszuwechseln.

Zum Schluß ist in vorhergehender Tab. 78 eine Zusammenstellung der wichtigsten Einzelheiten eines aus Vorstrecke, Feinstrecke und Vorspinnmaschine bestehenden Vorspinnsystemes gegeben, wie letzteres im allgemeinen zur Herstellung von Jutegarnen der Nr. 2,4 bis 4,2 m/g üblich ist.

D. Der Spinnplan.

Bereits im ersten Abschnitt dieses Buches ist darauf hingewiesen worden, daß die verschiedenen Arbeitsgänge zwecks Erzeugung eines Gespinstes von bestimmter Feinheit aus einer bestimmten Menge Rohmaterial nach einem ganz genauen Plan, dem Spinnplan, erfolgen müssen. Dieser Spinnplan bezieht sich nun in der Hauptsache auf die Vorbereitung, deren Beschreibung mit dem vorangegangenen Kapitel soeben beendigt wurde, und es erscheint angebracht, als Abschluß bzw. Überleitung zum letzten Kapitel in der Spinnerei, der Feinspinnerei, die Hauptrichtlinien anzugeben, die bei der Aufstellung von Spinnplänen zu beachten sind. Vorweg sei bemerkt, daß feste Regeln nicht gegeben werden können, da hierbei zu sehr die maschinelle Einrichtung und die örtlichen Verhältnisse einer Spinnerei, das zu verarbeitende Material, die besonderen Ansprüche an Feinheitsnummer, Güte, Beschaffenheit und Festigkeit des Garnes, weiterhin Arbeiter-, Lohn-, Kraft-, Witterungsverhältnisse u. a. mitsprechen. Auch sind, wie verschiedentlich schon angedeutet, die Meinungen der Fachgenossen über manches Arbeitsverfahren durchaus geteilt, und vielleicht liegt eben in dieser Verschiedenheit der Verhältnisse in jeder Fabrik der Grund für diese abweichenden Meinungen.

Bei der Aufstellung von Spinnplänen ist es nun meist üblich und wohl auch am zweckmäßigsten, vom Endprodukt, d. h. dem zu spinnenden Feingarn auszugehen und den Plan nach rückwärts unter Beachtung der S. 244ff. schon angeführten Grundsätze hinsichtlich der Dopplungen und Verzüge abzuleiten.

Bei dem großen Nummernbereich, der für die auf der Feinspinnmaschine zu spinnenden Garne in Betracht kommt, ergibt sich, daß, anstatt für jede Feingarnnummer eine besondere Vorgarnnummer herzustellen, es zweckmäßig erscheint, stets für eine gewisse Anzahl Nummern ein gemeinschaftliches Vorgarn zu spinnen, dessen Gewicht so zu wählen ist, daß die auf der Feinspinnmaschine anzuwendenden Verzüge sich noch in den die Erreichung des bestmöglichen Spinneffektes gewährleistenden Grenzen bewegen. Diese hängen, wie bei den Vorbereitungsmaschinen, in erster Linie vom Fasermaterial ab. Beispielsweise liegt bei gutem, langem Material die oberste Grenze etwa beim 10fachen Verzug, während sie für kurzes Fasermaterial, insbesondere für gröbere C-Garne sich wesentlich darunter, etwa beim 3 bis 5fachen Verzug hält. Wählt man demgemäß für die normalen Kettgarne der Weberei Nr. 3,6 m/g (28 g/100 m) einen 9- bis 10fachen Verzug, so ergibt das ein Vorgarngewicht von 250 bis 280 g/100 m. Bei nur 8fachem Verzug, der bisweilen für S- und SS-Garne der Nr. 3,6 angewandt wird, erhält man dementsprechend ein Vorgarngewicht von 225 g/100 m.

In nachstehender Tab. 79 sind die für die gebräuchlichsten Garnnummern meist angewandten Vorgarngewichte und Verzüge angegeben, die aus den oben dargelegten Gründen nur als Durchschnittswerte anzusehen sind, und die sich je nach Lage der Verhältnisse ändern.

Garne schwerer als 0,8 m/g werden im allgemeinen nicht mehr auf der Feinspinnmaschine, sondern auf der sog. Gillspinnmaschine gesponnen, die, wie

Tabelle 79. Vorgarngewichte und Feinspinnverzüge.

Feingarn-Nummer		Garn-Qual.	Vorgarn-Nummer			Feingarn-Verzug
m/g	g/100 m		g/100 m	lbs/spdle	oz/100 yds	
4,8 bis 6	21 bis 17	Ia	125	36	4	6 bis 7 ½
4,2 ,, 4,8	24 ,, 21	SS u. Ia	185 bis 155	54 bis 45	6 bis 5	6½ ,, 9
3,6 ,, 4,2	28 ,, 24	SS	225 ,, 185	65 ,, 54	7 ¼ ,, 6	7 ,, 9
3,3 ,, 3,6	30 ,, 28	S	280 ,, 225	81 ,, 65	9 ,, 7 ¼	8 ,, 10
2,4 ,, 3,3	42 ,, 30	S	310 ,, 280	90 ,, 81	10 ,, 9	7 ,, 10
1,5 ,, 2,4	67 ,, 42	CS u. S	340 ,, 310	99 ,, 90	11 ,, 10	4 ½ ,, 7 ½
0,8 ,, 1,2	125 ,, 84	C	430 ,, 370	126 ,, 108	14 ,, 12	3 ,, 5.

S. 549 ff. näher dargelegt, das Garn direkt aus den Streckenbändern, also ohne die Zwischenstufe des Vorgarnes fertig spinnt.

Ist $V = v_1 \cdot v_2 \cdot v_3 \cdot v_4 \cdot v_5$ der Gesamtverzug zwischen Vorkarde (1) und Vorspinnmaschine (5) und analog $\varDelta = \delta_1 \cdot \delta_2 \cdot \delta_3 \cdot \delta_4 \cdot \delta_5$ die Gesamtdopplung zwischen der ersten und letzten Maschine, bezeichnet ferner N_g die Vorgarnnummer oder das Vorgarngewicht in g/100 m, und $A = \dfrac{G}{U}$ das Einzugsgewicht der ersten Karde in g/m, wobei unter G das Auflage- oder Dollopgewicht in g und unter U die Uhrlänge (Umfangsgeschwindigkeit der Speisewalze) in m auf eine Uhrumdrehung zu verstehen ist, so gilt die Beziehung:

$$A = \frac{G}{U} = \frac{V \cdot N_g}{\varDelta \cdot 100}.$$

Tabelle 80. Spinnplan für 250 g S-Vorgarn auf Einkarden-System.

	Einkarde	1. Strecke Pushbar	2. Strecke Doppelgang-schrauben	Vorspinn-maschine Eingang-schrauben
Uhrlänge . . . . m	8,95	—	—	—
Auflagegewicht . . . . . . kg	15	—	—	—
Gewicht für 1 m Einzug . . . g	1676	54	48	21,5
Einlieferungsgeschwindigkeit m/min	2,1	8,9	4,5	2,94
Abliefergeschwindigkeit . m/min	65	40	30	25
Verzug	31	4,5	6,7	8,5
Gesamtverzug	31	139,5	934,7	7945
Anzahl der Maschinen je System	1	1	1	1
Kopfzahl je Maschine	—	2	3	8
Bänderzahl je Kopf	—	4	6	8
Bänderzahl der Einlieferung . .	—	8	18	64
Gesamteinzug . . . . . m/min	2,1	71,2	81	188
Bänderzahl der Ablieferung . . .	1	2	6	64
Gesamtablieferung . . . . m/min	65	80	180	1600
Dopplung	—	4	3	—
Gesamtdopplung	—	4	12	12
Gewicht für 1 m Ablieferung . g	54	48	21,5	2,53
Theoretische Produktion . .kg/h	210	230	232	243
Ausnützungsgrad . . . .%	92	85	85	80
Tatsächliche Produktion . .kg/h	193	195	197	194
Minutl. Spindelumdrehungen . .	—	—	—	650
Vorgarndrehungen auf 1 m . . .	—	—	—	26
,, ,, 1 Zoll . .	—	—	—	0,66
Drehungsgrad α_g	—	—	—	4,05
,, α_{1eas}	—	—	—	0,81

Hat man also, um ein Beispiel zu gebrauchen, für eine zu spinnende Vorgarnnummer $N_g = 250$ g/100 m die Einzelverzüge und Dopplungen nach den bei den einzelnen Vorbereitungsmaschinen dargelegten Grundsätzen festgelegt, also etwa für:

	Verzüge	Dopplungen
Vorkarde	$v_1 = 12$	$\delta_1 = 1$
Feinkarde	$v_2 = 16$	$\delta_2 = 12$
I. Strecke	$v_3 = 4$	$\delta_3 = 4$
II. Strecke	$v_4 = 7$	$\delta_4 = 2$
Vorspinnmaschine . . .	$v_5 = 8$	$\delta_5 = 1$

so erhält man

$$A = \frac{12 \cdot 16 \cdot 4 \cdot 7 \cdot 8 \cdot 250}{1 \cdot 12 \cdot 4 \cdot 2 \cdot 1 \cdot 100} = 1120 \text{ g/m}$$

und für eine gewählte Uhrlänge $U = 10$ m das Auflagegewicht

$$G = 10 \cdot 1120 \; g = 11,2 \text{ kg}.$$

Damit ist jedoch das Wesen des Spinnplanes noch nicht erschöpft. Vor allem ist es wichtig, die Ablieferungen der einzelnen Maschinen des Vorbereitungssystems so aufeinander abzustimmen, daß ein kontinuierlicher Arbeitsprozeß

Tabelle 81. Spinnplan für 420 g C-Vorgarn auf Einkarden-System.

	Einkarde	I. Strecke Pushbar	II. Strecke Pushbar oder Doppelgang-schrauben	Vorspinn-maschine Pushbar oder Doppelgang-schrauben
Uhrlänge . . . . m	8,95	—	—	—
Auflagegewicht . . . . . . .kg	18	—	—	—
Gewicht für 1 m Einzug . . . g	2011	85	79	25
Einlieferungsgeschwindigkeit m/min	3,17	9,8	4,8	4,83
Abliefergeschwindigkeit . . m/min	75	42	30	28
Verzug	23,7	4,3	6,3	5,8
Gesamtverzug	23,7	101,9	642	3724
Anzahl der Maschinen je System	1	1	1	1
Kopfzahl je Maschine	—	2	3	8
Bänderzahl je Kopf	—	4	6	8
Bänderzahl der Einlieferung . .	—	8	18	64
Gesamteinzug . . . . . . m/min	3,17	78,4	86,4	309
Bänderzahl der Ablieferung. . .	1	2	9	64
Gesamtablieferung . . . . m/min	75	84	270	1792
Dopplung	—	4	2	—
Gesamtdopplung	—	4	8	8
Gewicht für 1 m Ablieferung . g	85	79	25	4,31
Theoretische Produktion . .kg/h	382	398	405	465
Ausnützungsgrad . . . .%	92	85	85	80
Tatsächliche Produktion . .kg/h	352	338	344	372
Minutl. Spindelumdrehungen . .	—	—	—	560
Vorgarndrehungen auf 1 m . . .	—	—	—	20
„ „ 1 Zoll . .	—	—	—	0,508
Drehungsgrad α_g	—	—	—	4,1
„ α_{leas}	—	—	—	0,82

Tabelle 82. Spinnplan für 200 g SS-Vorgarn auf Zweikarden-System mit 3 Streckendurchzügen.

	Vorkarde	Fein-karde	1. Strecke Eingang-schrauben	2. Strecke Eingang-schrauben	3. Strecke Eingang-schrauben	Vorspinn-maschine Eingang-schrauben
Uhrlänge . . . . m	9,65	—	—	—	—	—
Auflagegewicht . . . .kg	11	—	—	—	—	—
Gewicht für 1 m Einzug g	1140	71,2	46,7	37,5	33,8	21,8
Einlieferungsgeschwindig-keit . . . . . .m/min	3,19	4,13	4,72	3,92	3,21	2,54
Abliefergeschwindigkeit m/min	51,0	75,5	23,5	17,4	19,9	26,4
Verzug	16	18,3	4,98	4,44	6,2	10,4
Gesamtverzug	16	293	1459	6478	40164	417706
Anzahl der Maschinen je System	1	1	1	1	1	1
Kopfzahl je Maschine . .	—	—	2	3	4	8
Bänderzahl je Kopf . . .	—	—	8	8	8	8
Bänderzahl der Einlieferung	—	12	16	24	32	64
Gesamteinzug . . .m/min	3,19	49,5	75,5	94	102,7	—
Bänderzahl der Ablieferung	1	1	4	6	8	—
Gesamtablieferung . m/min	51,0	75,5	94	104,5	159,2	1626
Dopplung	—	12	4	4	4	—
Gesamtdopplung.	—	12	48	192	768	768
Gewicht für 1 m Abliefe-rung . . . . g	71,2	46,7	37,5	33,8	21,8	2,10
Theoretische Produktion kg/h	218	211	211	212	208	205
Ausnützungsgrad. . . .%	92	92	85	85	85	80
Tatsächliche Produktion kg/h	200	194	179	180	177	164
Minutl. Spindelumdrehun-gen.	—	—	—	—	—	719
Vorgarndrehgn. auf 1 m .	—	—	—	—	—	27,2
„ „ 1 Zoll	—	—	—	—	—	0,69
Drehungsgrad α_g	—	—	—	—	—	3,8
„ α_{leas}	—	—	—	—	—	0,76

möglich ist, d. h. daß jede Maschine soviel Band abliefert, als die nachfolgende zur Speisung benötigt. Es müssen also die Einlieferungs- und Ablieferungs-geschwindigkeiten unter Berücksichtigung der Zahl der Einlauf- und Ablieferungs-stellen aufeinander eingestellt werden.

Sind E_1, E_2, E_3, E_4, E_5 die Einlieferungsgeschwindigkeiten,

L_1, L_2, L_3, L_4, L_5 die Ablieferungsgeschwindigkeiten,

a_{E_1}, a_{E_2}, a_{E_3}, a_{E_4}, a_{E_5} die Zahl der Bänder auf Einlieferungsseite,

a_{L_1}, a_{L_2}, a_{L_3}, a_{L_4}, a_{L_5} „ „ „ „ „ Ablieferungsseite

der fünf Maschinen des Systems, so muß sein:

$$a_{L_1} \cdot L_1 = a_{E_2} \cdot E_2$$
$$a_{L_2} \cdot L_2 = a_{E_3} \cdot E_3$$
$$a_{L_3} \cdot L_3 = a_{E_4} \cdot E_4$$
$$a_{L_4} \cdot L_4 = a_{E_5} \cdot E_5$$

Tabelle 83. Spinnplan für 250 g S-Vorgarn auf Zweikarden-System (Mackie).

	Vorkarde	Feinkarde	1. Strecke Doppelgangschrauben	2. Strecke Doppelgangschrauben	Vorspinnmaschine Doppelgangschrauben
Uhrlänge . . . . m	18,28	—	—	—	—
Auflagegewicht . . . . .kg	19,5	—	—	—	—
Gewicht für 1 m Einzug. . . . . g	1067	79,4	78,8	65	21,4
Einlieferungsgeschwindigkeit . m/min	4,76	4,54	4,4	3,55	3,11
Ablieferungsgeschwindigkeit . m/min	63,6	41,2	21,4	21,6	26,7
Verzug.	13,4	9,07	4,86	6,08	8,6
Gesamtverzug	13,4	121,5	590	3587	30 848
Anzahl der Maschinen je System. .	1	1½	1	1	1
Kopfzahl je Maschine.	—	—	4	4	10
Bänderzahl je Kopf.	—	—	4	6	8
Bänderzahl der Einlieferung	—	9	16	24	80
Gesamteinzug. . . . . m/min	4,76	40,86 × 1,5 = 61,3	70,4	85,2	248,8
Bänderzahl der Ablieferung	1	1	4	12	80
Gesamtablieferung . . . . . m/min	63,6	41,2 × 1,5 = 61,8	85,6	259,2	2136
Dopplung	—	9	4	2	—
Gesamtdopplung	—	9	36	72	72
Gewicht für 1 m Ablieferung. . . g	79,4	78,8	65	21,4	2,49
Theoretische Produktion. . . .kg/h	304	195 × 1,5 = 292	333	332	319
Ausnützungsgrad . . . .%	92	92	85	85	80
Tatsächliche Produktion. . . .kg/h	280	179 × 1,5 = 269	283	282	255
Minutl. Spindelumdrehungen	—	—	—	—	695
Vorgarndrehungen auf 1 m.	—	—	—	—	26
„ „ 1 Zoll. . . .	—	—	—	—	0,66
Drehungsgrad α_g	—	—	—	—	4,05
„ α_{leas}	—	—	—	—	0,81

ferner:

$$\frac{L_1}{E_1} = v_1, \qquad \frac{a_{E_1}}{a_{L_1}} = \delta_1 = 1 \text{ (Vorkarde hat keine Dopplung)},$$

$$\frac{L_2}{E_2} = v_2, \qquad \frac{a_{E_2}}{a_{L_2}} = \delta_2,$$

$$\frac{L_3}{E_3} = v_3, \qquad \frac{a_{E_3}}{a_{L_3}} = \delta_3,$$

$$\frac{L_4}{E_4} = v_4, \qquad \frac{a_{E_4}}{a_{L_4}} = \delta_4,$$

$$\frac{L_5}{E_5} = v_5, \qquad \frac{a_{E_5}}{a_{L_5}} = \delta_5 = 1 \text{ (Vorspinnmaschine hat keine Dopplung)}.$$

Hieraus erhält man:

$$E_1 \cdot v_1 \cdot v_2 \cdot v_3 \cdot v_4 \cdot v_5 = \delta_1 \cdot \delta_2 \cdot \delta_3 \cdot \delta_4 \cdot \delta_5 \cdot a_{E_5} \cdot L_5$$

oder $E_1 \cdot \dfrac{V}{\Delta} = \mathfrak{z} \cdot L_5$, wobei für $a_{E_5} = a_{L_5}$ die Spindelzahl $\mathfrak{z}$ der Vorspinnmaschine eingesetzt ist.

Mit dieser Beziehung, die sich selbstverständlich auch einfacher direkt ableiten läßt, kann man aus einer bestimmten Ablieferungsgeschwindigkeit der Vorspinnmaschine die Einzugsgeschwindigkeit der 1. Karde errechnen. Bei der Festlegung der Ablieferungsgeschwindigkeit der Vorspinnmaschine ist einerseits

Spindelumlaufzahl und Drehung nach der Gleichung

$$L_5 = \frac{n_i \cdot \sqrt{N_g}}{\alpha_g \cdot 100}$$

zu beachten, andererseits darf die Einlieferungsgeschwindigkeit $E_5 = \frac{L_5}{v_5}$ bei eingängigen Schrauben mit Rücksicht auf die Fallerschlagzahl $n_S = \frac{1{,}05 \cdot E_5}{s}$ (worin für s die Schraubensteigung einzusetzen und der Verzug zwischen Einzug und Nadelstäben zu 5% angenommen ist) keine zu hohen Werte erreichen, und demgemäß v_5 nicht zu klein ausfallen.

Bei Doppelgangschrauben- und Pushbarstreckwerken fällt diese Rücksichtnahme weg. Aus obiger Gleichung erhält man endlich:

$$A \cdot E_1 = \mathfrak{z} \cdot L_5 \cdot \frac{N_g}{100} = \frac{\mathfrak{z} \cdot n_i \cdot N_g \cdot \sqrt{N_g}}{10\,000 \cdot \alpha_g} \, .$$

Diese, die minutliche Produktion des Systems darstellende Beziehung wurde bereits in ähnlicher Weise für die Vorspinnmaschine auf S. 415 entwickelt.

In den vorstehenden Tab. 80 bis 83 sind einige Spinnpläne für verschiedene Vorgarnnummern und Systeme zusammengestellt. Diese Beispiele, die sich beliebig vermehren lassen, sollen nur als Anhalt dienen. Dabei sind die Verluste, die von der 1. Karde bis zur Vorspinnmaschine durch Abfall und Austrocknen entstehen, nicht berücksichtigt. Entsprechend den je nach den Verhältnissen wechselnden Abweichungen von den theoretisch errechneten Gewichten sind die Verzüge des Spinnplanes zu berichtigen.

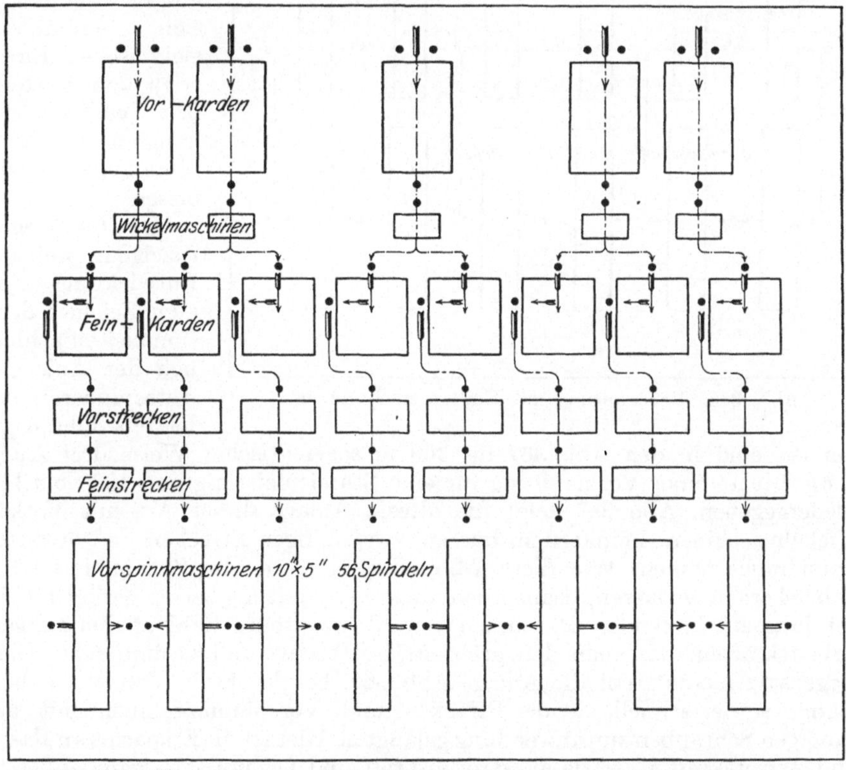

Abb. 367. Vorbereitung mit Zweikarden-Systemen und Wickelmaschinen.
Abb. 367 bis 369. Aufstellungspläne einer Jute-Vorbereitung für 1000 bis 1100 kg Stundenleistung.

E. Aufstellung der Vorbereitungsmaschinen.

Eine rationelle und einen ununterbrochenen Arbeitsfluß gewährleistende Durchführung der obigen Spinnpläne läßt sich nur ermöglichen, wenn die einzelnen Maschinen eines Systems so zueinander aufgestellt werden, daß unter Wahrung größter Übersichtlichkeit und wirtschaftlicher Raumausnutzung die Bedienung der Maschinen und der Transport des Fasergutes von einer Maschine zur anderen sich so einfach als möglich gestalten, wobei naturgemäß den modernen, Arbeitskräfte sparenden Bestrebungen soweit Rechnung zu tragen ist, als es der zu fordernde Ausnutzungsgrad des ganzen Systems und die Güte der Arbeit zulassen. Daß bei der Aufstellung der Maschinen die örtlichen Verhältnisse, wie

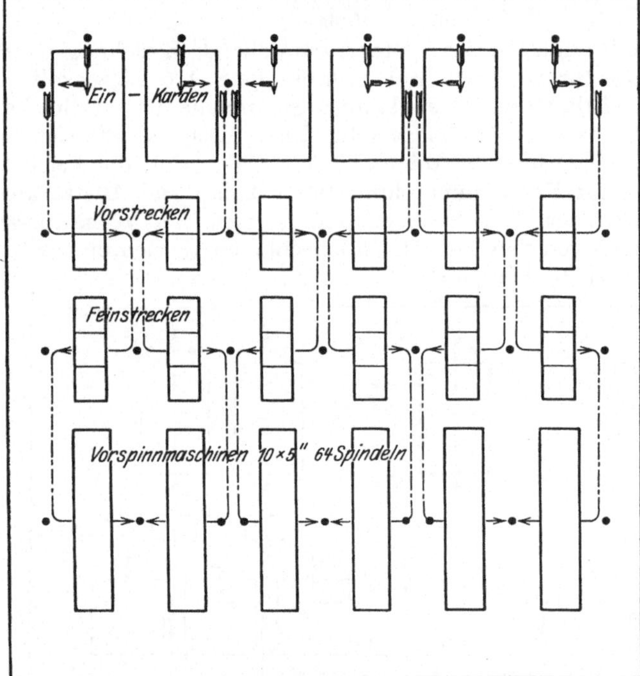

Abb. 368. Vorbereitung mit Einkarden-Systemen.

Antriebsart, Bauweise der Fabrik, insbesondere bei Hallenbauten die Säulenteilung usw. eine beträchtliche Rolle spielen, ist einleuchtend. Die modernen Fabrikbauten mit ihren großen Spannweiten und geringer Säulenzahl bieten im Verein mit dem immer mehr sich einbürgernden elektrischen Einzelantrieb den Vorteil der fast völligen Unabhängigkeit von den räumlichen Verhältnissen.

Um die Wege aufzuzeigen, welche die Entwicklung unter dem Zeichen der Rationalisierung hinsichtlich der Anlage einer Jutespinnerei in den letzten Jahren gegangen ist, sind in den Abb. 367 bis 369 in schematischer Weise drei Aufstellungspläne einer Vorbereitung für eine Stundenleistung von 1000 bis 1100 kg wiedergegeben. Abb. 367 zeigt die älteste Anlage dieser Art mit Vorkarden, Wickelmaschinen, Feinkarden, kurzen, zweiköpfigen Strecken und 56 spindligen Vorspinnmaschinen. Wie diese Abbildungen, sowie die Zusammenstellung in Tab. 84 erkennen lassen, beansprucht diese Vorbereitung bei der geringen Leistung der langsam laufenden Maschinen sowohl die größte Zahl an Maschinen und Arbeitskräften, wie auch den größten Kraftbedarf und Grundfläche. Ganz im Gegensatz hierzu steht die Anlage Abb. 368, bei der Einkarden von hoher Leistung, sowie schnellaufende Strecken und Vorspinnmaschinen mit doppelgängigen Schrauben zur Anwendung gelangten. Hier ist die Ersparnis an Maschinen und Arbeitskräften, sowie an Betriebskraft und Grundfläche ganz außerordentlich. Am weitesten jedoch geht in dieser Beziehung die mit Großmaschinensystemen der Firma Mackie ausgerüstete Vorbereitung nach Abb. 369, bei der

Tabelle 84.

Aufstellungspläne einer Jutevorbereitung für 1000 bis 1100 kg Stundenleistung.

Art der Maschinen	Zahl der Maschinen	Zahl der Arbeitskräfte	Kraftbedarf PS	Grundfläche m²
Ältere Zweikarden-Systeme mit Wickel-speisung nach Abb. 367	5 Vorkarden	15	25	
	5 Wickelmaschinen .	5	2	
	8 Feinkarden	16	36	
	8 Vorstrecken . . . .} 8 Feinstrecken . . .}	24	16 16	
	8 Vorspinnmaschinen .	16[1]	40	
Zusammen	42	76	135	1220
Neuere Einkarden-Systeme nach Abb. 368	6 Einkarden	10	42	
	6 Vorstrecken	7	12	
	6 Feinstrecken . . .	7	14	
	6 Vorspinnmaschinen .	9[1]	36	
Zusammen	24	33	104	840
Großmaschinen-Systeme von Mackie nach Abb. 369	4 Vorkarden	6	34	
	6 Feinkarden	3	39	
	4 Vorstrecken . . .} 4 Feinstrecken . . .}	6	10 12	
	4 Vorspinnmaschinen .	5[1]	28	
Zusammen	22	20	123	1050

man direkt von einer menschenleeren Fabrik nach amerikanischem Vorbild sprechen kann. Die großen Maschinen beanspruchen natürlich erhebliche Kraft und Grundfläche, aber immerhin ist auch hier die Ersparnis beträchtlich. Im übrigen gibt es zwischen diesen drei Anordnungsarten verschiedene Übergänge, z. B. lassen sich bei der ersten Anordnung Abb. 367 durch Wegfall der Wickelmaschine noch Leute einsparen, wie auch das Personal zur Bedienung der Strecken und Vorspinnmaschinen ohne Bedenken

---

[1] Bei Verwendung von Abschneidekolonnen erhöht sich die Zahl der Arbeitskräfte um 4 bis 5 Jugendliche.

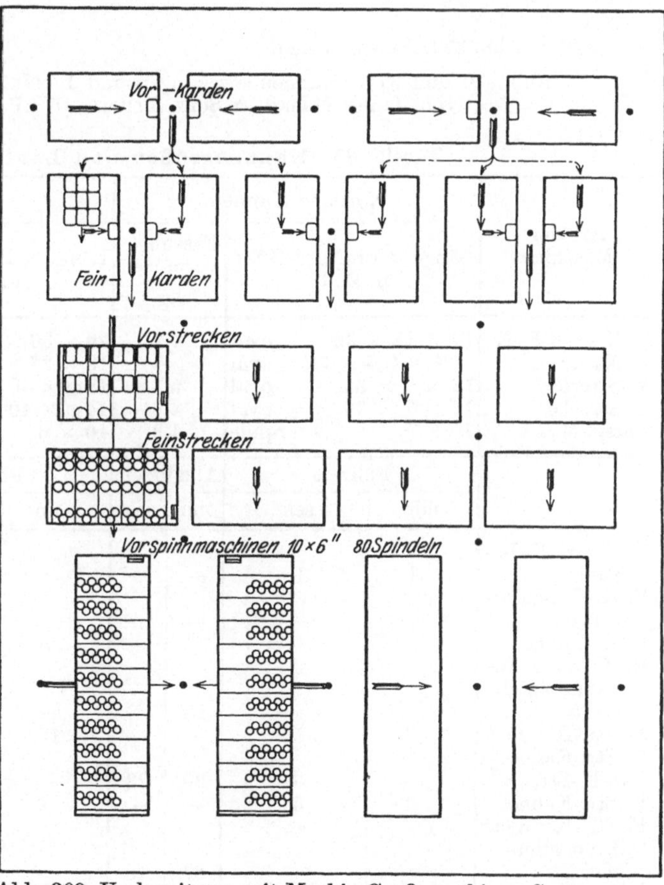

Abb. 369. Vorbereitung mit Mackie-Großmaschinen-Systemen.

noch um etwa 20 % verringert werden kann. Andererseits sind die Arbeiterzahlen der zweiten und dritten Anordnung, Abb. 368 und 369, als unterste Grenze anzusehen, die keinerlei Reserve mehr zuläßt. Hierzu ist zu bemerken, daß

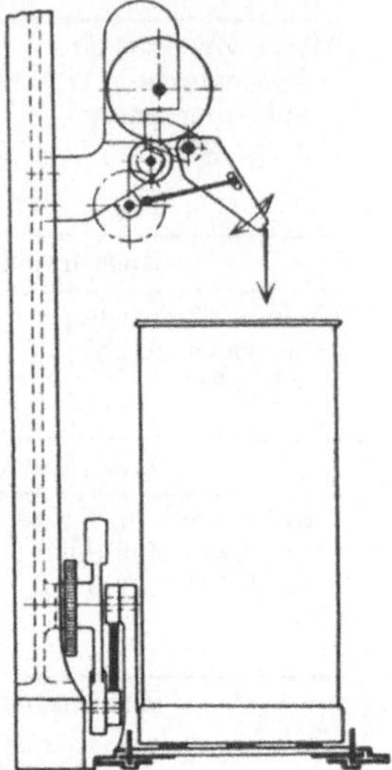

Abb. 370. Vorderansicht.   Abb. 371. Seitenansicht.

Abb. 370 und 371. Kannenbewegungen und Bandableger für Karden
von James Mackie & Sons, Belfast, D.R.P. 102461.

Tabelle 85. Kannengrößen und Laufzeiten.

Art der Maschine	Normale Kannen		Große Kannen		
	Länge × Breite × Höhe in Zoll	Fassungsvermögen kg	Länge × Breite × Höhe in Zoll	Fassungsvermögen yards	kg
V. K.- od. E. K.	13 × 11 × 36 oval	4,9	20 × 30 × 36 rechteckig	300	21,8
F.-Karde	12½ × 9½ × 36 oval	—	18 × 27 × 36 rechteckig	275	20
V.-Strecke . . .	12 × 9 × 36 oval	6	18 ⌀ × 40 rund	275	15,9
F.-Strecke . . .	12 × 7 × 36 oval	4,6	14 ⌀ × 40 rund	625	12,2
Vorsp.-Masch. .	10 × 5 Spule	1,3	10 × 6 Spule	—	1,7

	Füllzeit		Ablaufzeit		Füllzeit		Ablaufzeit	
	min	sek	min	sek	min	sek	min	sek
V.-K.- od. E.-K.-Kanne	1	15	—	—	4	27	—	—
V.-K.-Kanne an d. F.-K. . . .	—	—	—	—	—	—	57	—
F.-K.-Kanne . .	—	—	—	—	5	51	—	—
E.-K.- od. F.-K.-Kanne an d. V.-Str.. . . .	—	—	18	9	—	—	54	—
V.-Str.-Kanne .	2	55	—	—	12	—	—	—
V.-Str.-Kanne an d. F.-Str. . .	—	—	29	23	—	—	68	45
F.-Str.-Kanne .	9	54	—	—	12	83	—	—
F.-Str.-Kanne an d. Vorspinn-Masch..	—	—	27	18	—	—	101	29
1 Vorsp.-Abzug.	24	22	—	—	27	26	—	—

eine allzu große Sparsamkeit an Arbeitskräften gerade in der Vorbereitung, die als wichtigste Abteilung der ganzen Jutespinnerei zu betrachten ist — man sagt treffenderweise: „Das Garn wird in der Vorbereitung gesponnen" —, mit Rücksicht auf die Güte der Erzeugnisse bzw. die Produktion in der Feinspinnerei und späterhin in der Weberei, nicht ratsam ist. Die Entscheidung darüber, ob die größtmögliche Ersparnis an Bedienungspersonal oder der höchste Ausnützungsgrad der Maschinen anzustreben ist, hängt ganz von den besonderen Verhältnissen eines jeden Betriebes ab. Die höheren Anschaffungskosten der Mackie-Systeme z. B. fallen bei sehr hohen Arbeitslöhnen, wie sie insbesondere in Amerika anzutreffen sind, weit weniger ins Gewicht, als dies bei mittleren oder niedrigeren Löhnen der Fall ist. Bei unseren deutschen Verhältnissen kommen zu den höheren Amortisationskosten noch die derzeitigen hohen Zinsen[1], so daß die Frage, welcher Weg zur Erreichung der größten Wirtschaftlichkeit zu beschreiten ist, nur durch schärfste Kalkulation und sorgfältigste Beachtung aller einschlägigen Verhältnisse zu beantworten ist. Weiterhin muß beachtet werden, daß die außergewöhnlich niedrige Arbeiterzahl bei den Mackie-Systemen nur durch Anwendung von Spinnkannen von besonders großem Fassungsvermögen, die natürlich dementsprechend teurer sind, zu erreichen ist. Inwieweit durch diese großen Spinnkannen eine Verlängerung der Füll- und Ablaufzeiten der Bänder zu erlangen ist, zeigt die in Tab. 85 verzeichnete Gegenüberstellung normaler Spinnkannen und großer Mackie-Spinnkannen. Um diese großen Kannen

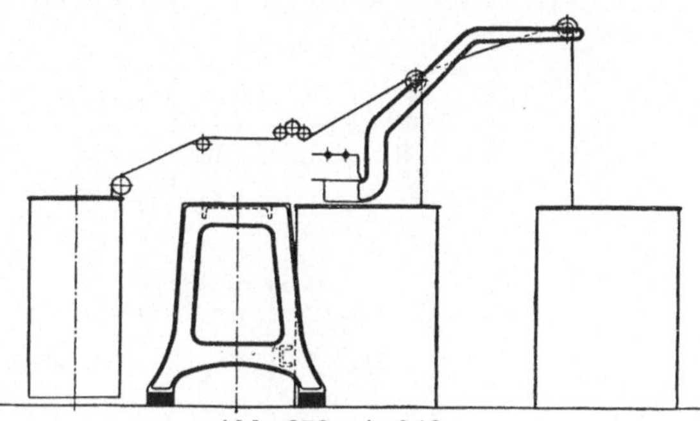

Abb. 372. Aufriß.

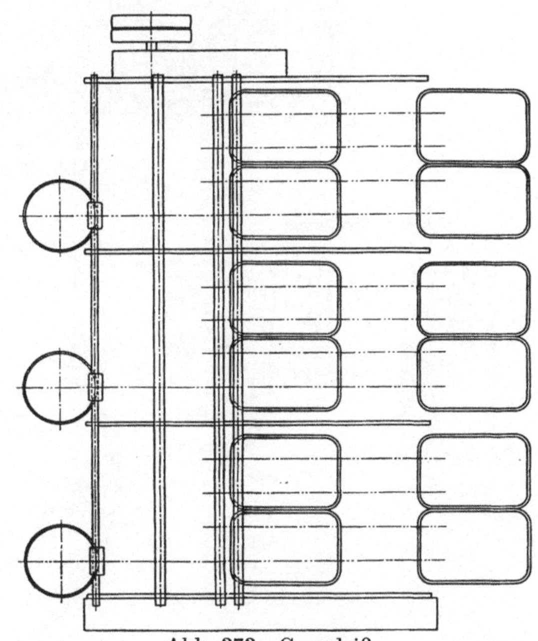

Abb. 373. Grundriß.

Abb. 372 und 373. Bandführung an Mackie-Vorstrecken.

verwenden zu können, müssen an den betreffenden Maschinen besondere Einrichtungen zum Füllen und Ablaufen der Kannen geschaffen werden. So hat Mackie seine Vor- und Feinkarden mit einer patentierten, in den Abb. 370 und 371 schematisch dargestellten Kannenbewegungs- und Bandablegevorrichtung versehen, die aus einem am Ablieferungswalzenpaar angebrachten, als Blechtrichter ausgebildeten Abwerfer besteht, der mittels

---

[1] Naturgemäß schalten diese Bedenken bezüglich Amortisations- und Zinskosten sofort aus, sobald die Möglichkeit des Verfahrens von Doppelschichten gegeben ist.

eines Kurbelgetriebes pendelnd hin und her bewegt wird, so daß sich das durchlaufende Band in regelmäßigen Lagen quer in die davorstehende Kanne legt.
Die gleichmäßige Ausfüllung des rechteckigen Kannenquerschnittes durch an-
einandergereihte Bandlagen wird dadurch erreicht, daß die auf einem niederen,

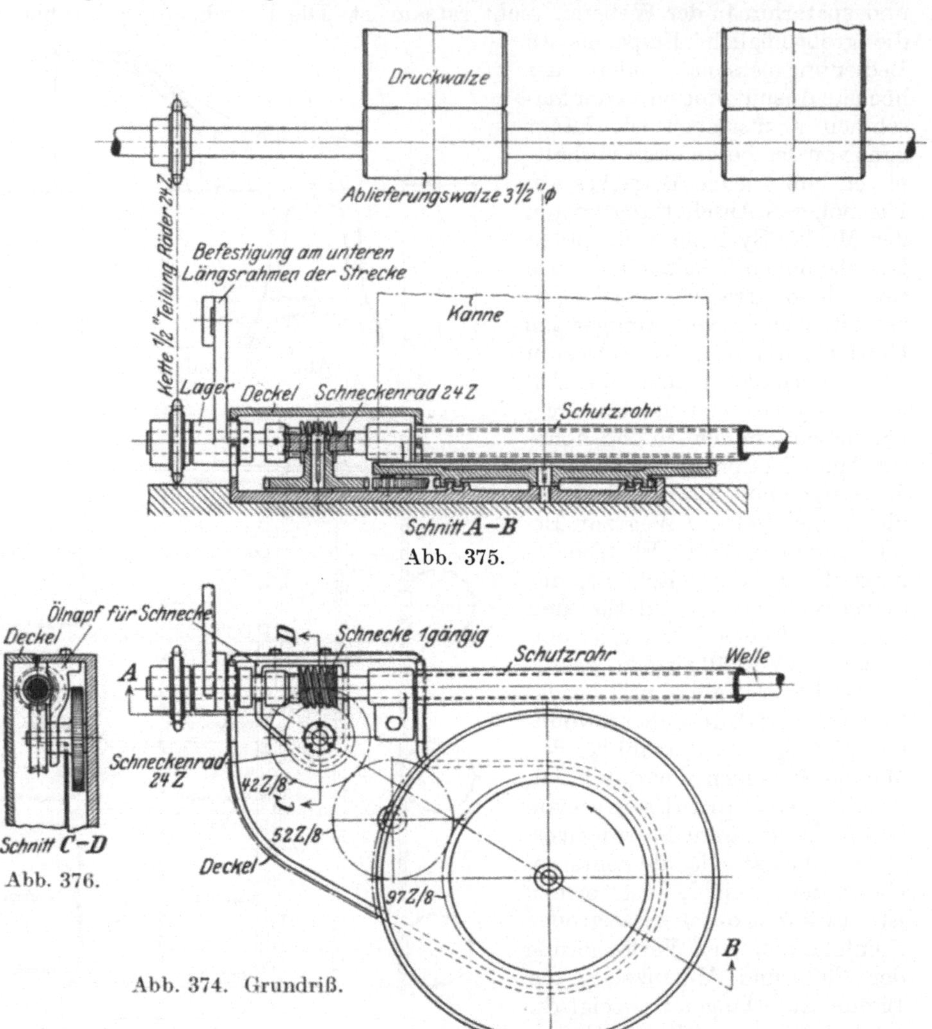

Abb. 375.

Abb. 376.

Abb. 374. Grundriß.

Abb. 374 bis 376. Drehkannenvorrichtung für Vorstrecken von Mackie & Sons, Belfast.
Bei 72 Uml. des Ablieferungszylinders = 20 m/min Ablieferung ergibt sich eine Umlaufzahl
der Kannen von $\dfrac{72 \cdot 1 \cdot 42}{24 \cdot 97} = 1{,}3/\text{min}.$

beweglichen Schlitten stehende Kanne mittels eines Kurbelgetriebes in Richtung
der Längsachse des Kannenquerschnittes langsam hin und her bewegt wird.
Auf diese Weise ist es möglich, nicht nur bedeutende Längen Band in den
Kannen unterzubringen, sondern auch das Ablaufen der Bänder erfolgt durch-
aus störungsfrei, da keinerlei Verwirrung derselben eintreten kann, vgl. auch
Abb. 157, 158, S. 232, 233.

Zweckmäßigerweise bringt man an den Ablieferungswalzen der Karden eine Meßvorrichtung an (Klingel, Yarduhr oder ähnliches), welche die Länge der in die Kannen ablaufenden Bänder zu messen gestattet. Sorgt man unter Ver-

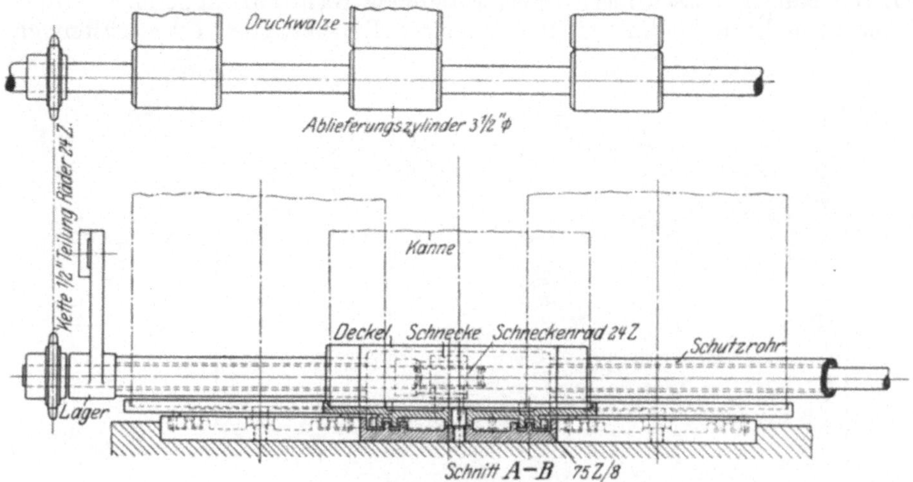

Abb. 378.

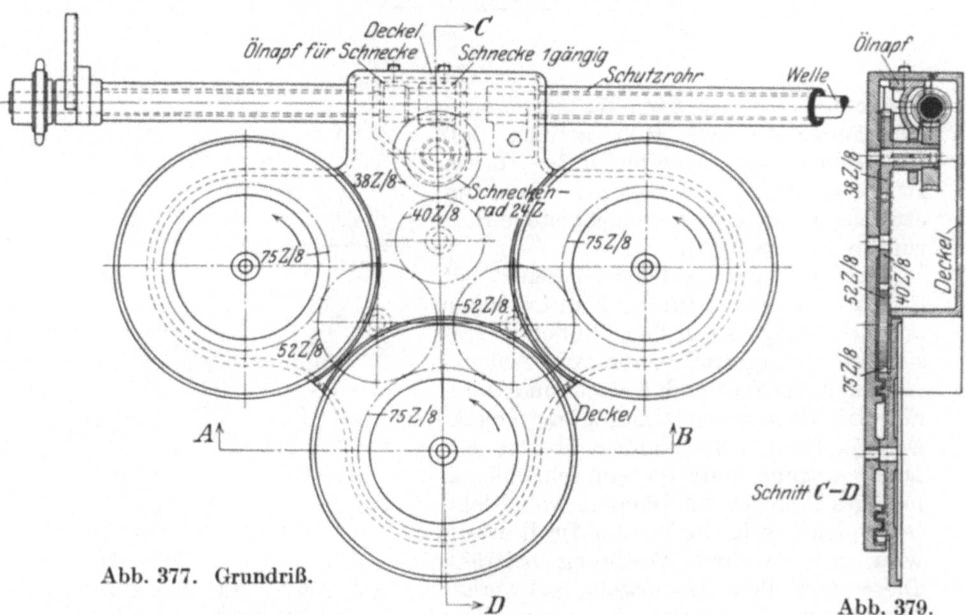

Abb. 377. Grundriß.

Abb. 379.

Abb. 377 bis 379. Drehkannenvorrichtung für Feinstrecken von Mackie & Sons, Belfast. Bei 72 Uml. des Ablieferungszylinders = 20 m/min Ablieferung ergibt sich eine Umlaufzahl der Kannen von $\dfrac{72 \cdot 1 \cdot 38}{24 \cdot 75} = 1{,}5/\text{min}$.

wendung dieser Vorrichtungen dafür, daß die Kannen stets gleiche Bandlängen enthalten, dann läßt es sich einrichten, daß die Bänder aus den von der letzten Karde kommenden Kannen, die, wie die Abb. 369, 372 und 373 zeigen, in zwei

Reihen zu je zwei für jeden Kopf hinter der Vorstrecke aufgestellt werden, nicht
zu gleicher Zeit, sondern in bestimmter Reihenfolge nacheinander ablaufen, wodurch das Auswechseln der leeren Kannen durch volle wesentlich erleichtert
wird. Die Bänder müssen hierbei über rotierende Bandrollen geführt werden,
die auf besonderen hinten am Maschinengestell befestigten Traggerüsten an-

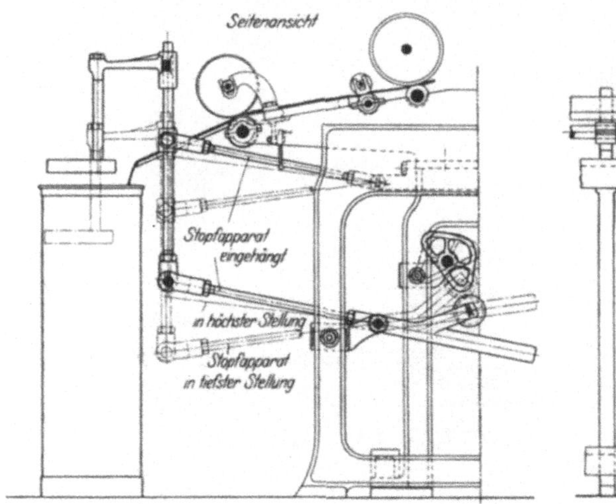

Abb. 382.

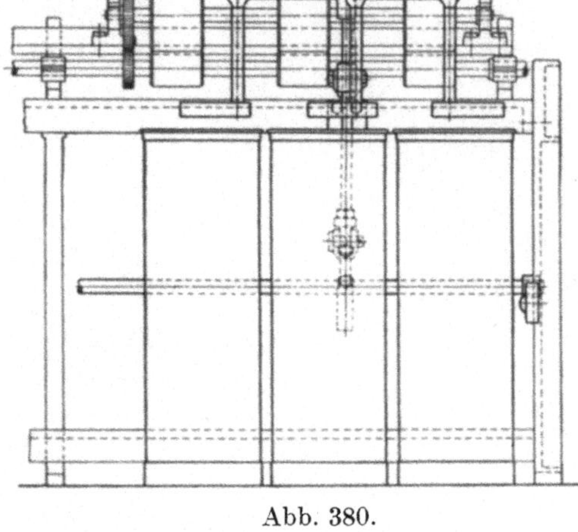

Abb. 380.

gebracht sind. Wie Abb. 372 zeigt, sind
die Bänder in solcher Höhe geführt, daß
die bedienenden Arbeiter unter diesen
zwischen die Kannen treten können, um
etwaige, am Streckwerk eingetretene Störungen zu beseitigen.

Die auf der Ablieferungsseite der
Strecken stehenden runden Kannen ruhen
auf niederen, meist in den Fußboden versenkten Untergestellen, die vom Ablieferungszylinder aus durch Ketten- und Zahnrädertrieb in langsame Umdrehung versetzt
werden. Die auf die Kannen übertragene
Drehbewegung gestattet ein sehr gleichmäßiges Einlegen der Bänder, wobei letzteren gleichzeitig ein leichter Drall erteilt
wird, der zu ihrer Festigung beiträgt.
Diese von den Baumwollstreckwerken
übernommene Einrichtung ermöglicht
einer Arbeiterin die Bedienung mehrerer

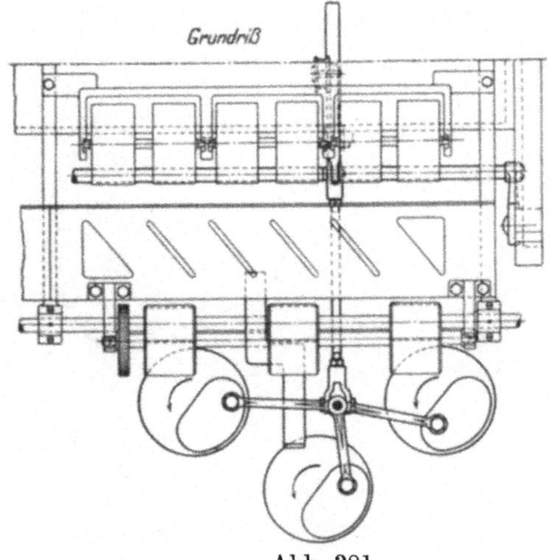

Abb. 381.

Abb. 380 bis 382. Kannenstopfapparat
einer Mackie-Feinstrecke.

Strecken, selbst bei einer größeren Zahl von Ablieferungsstellen.

Die Abb. 374 bis 376 zeigen eine derartige Drehkannenvorrichtung für
Vorstrecken (Mackie), während in Abb. 377 bis 379 eine ähnliche Vorrichtung
für Feinstrecken dargestellt ist. Bei letzteren muß das mittlere Band der etwas
weiter abstehenden Kanne durch ein schmales Leitblech zugeführt werden, vgl.
auch Abb. 263, S. 311. Im übrigen ist die Aufstellung der Kannen an den
Feinstrecken und Vorspinnmaschinen aus Abb. 369 ersichtlich. Ähnlich wie

bei den Vorstrecken erfolgt auch bei diesen Maschinen der Einlauf der Bänder über an Traggestellen angebrachte rotierende Bandrollen. Naturgemäß ergibt sich für die Maschinen der Mackie-Systeme ein größerer Platzbedarf, der jedoch infolge der größeren Produktion immerhin noch geringer ist als bei der alten Anordnung nach Abb. 367.

Die Verwendung von großen Kardenkannen mit Bandablegevorrichtungen, sowie von Drehkannen an den Strecken läßt sich selbstverständlich auch bei anderen Vorbereitungssystemen ermöglichen, soweit die erforderliche Grundfläche vorhanden ist. So ist beispielsweise bei dem Aufstellungsplan nach Abb. 368 die Verwendung größerer Kannen vorausgesetzt, da andernfalls mit der veranschlagten Arbeiterzahl nicht auszukommen wäre.

Das größere Fassungsvermögen der Spinnkannen hat weiterhin neben den langen Zulauf- und Ablaufzeiten auch noch den Vorteil, daß weniger häufig Bandanstückelungen vorgenommen werden müssen, und daß sich demgemäß auch der Bandabfall verringert. Um das zeitraubende Kannenstopfen zu ver-

Abb. 383. Kombinierte Kannenstopf- und Drehvorrichtung einer Fairbairn-Feinstrecke.

meiden, werden bei den großen Kannen neuerdings vielfach automatische Kannenstopfapparate eingebaut, die neben der Ersparnis an Bedienungspersonal auch ein gleichmäßigeres Stopfen der Bänder und somit Verringerung des Abfalles gewährleisten. Die Abb. 380 bis 382 zeigen den an einer Feinstrecke angebrachten Kannenstopfapparat von Mackie, der sich in der Praxis infolge seiner Einfachheit bestens bewährt hat, und dessen Wirkungsweise unmittelbar aus den Abbildungen hervorgeht, vgl. auch Abb. 263, S. 311.

In Abb. 383 ist eine Kannendrehvorrichtung in Verbindung mit einem Stopfapparat an einer 5köpfigen Feinstrecke von Fairbairn dargestellt. Nach Ablauf einer bestimmten Bandlänge, die entsprechend dem Bandgewicht mittels eines Wechselrades geändert werden kann, wird die Strecke selbsttätig abgestellt. Auch deutsche Maschinenfabriken, wie z. B. Seydel & Co., Bielefeld, sind in letzter Zeit dazu übergegangen, an den Strecken Kannendrehvorrichtungen in Verbindung mit Stopfapparaten einzubauen[1].

---

[1] Hier sei noch auf eine von der Fa. Douglas Fraser & Sons, Arbroath, soeben herausgebrachte Neuerung hingewiesen, bei welcher die Bänderkannen an Karden und Strecken ganz in Wegfall kommen. An ihrer Stelle wird das von den Ablieferungswalzen der Karden oder Strecken ablaufende Band über eine Führungswalze einem „Band-Rollenformer" zugeführt, der das Band selbsttätig in Form einer festen Rolle ohne Kern aufwickelt. Die

III. Das Feinspinnen.

Das Feinspinnen, oder richtiger gesagt, das „Fertigspinnen", bezweckt die Vollendung des Gespinstes, indem die von der Vorspinnmaschine kommenden Vorgarnfäden von nur loser Drehung ähnlichen Arbeitsgängen wie auf der Vorspinnmaschine unterworfen werden, nämlich:

1. Ausziehen oder Strecken des groben Vorgarnfadens bis zu einer dem zu erzeugenden Garn entsprechenden Feinheit, wobei sich gleichzeitig der lose Draht des Vorgarnes löst und die Fasern in paralleler Richtung ausgezogen werden.

2. Zusammendrehen dieser ausgezogenen Faserbändchen zu einem zusammenhängenden Faden von größtmöglicher Gleichmäßigkeit, der infolge der Umschlingung der einzelnen Fasern in Schraubenlinien genügende Festigkeit erhält. Letztere ist naturgemäß von der Drahtgebung abhängig, die im übrigen durch den Verwendungszweck des Garnes bestimmt wird.

3. Aufwinden des fertiggesponnenen Fadens und Bildung besonderer Garnkörper, die sich im weiteren Verarbeitungsprozeß leicht wieder abziehen lassen.

Sämtliche drei Arbeitsgänge werden auf einer Maschine, der Feinspinnmaschine, hintereinander in ununterbrochenem Fortgang ausgeführt. Man hat es daher mit einem stetigen Spinnprozeß zu tun, und die hierfür verwendeten Spinnmaschinen gehören zur Gattung der Stetig-Spinner (continue-Spinnmaschine).

Zu 1. Das Strecken der Lunten erfolgt ähnlich wie bei der Vorspinnmaschine durch ein zweizylindriges Streckwerk, das jedoch in der Regel kein Nadelstabfeld besitzt, weil dieses für das Verziehen der verhältnismäßig dünnen und genügend parallelisierten Faserbändchen, die durch ihre, wenn auch lose Zusammendrehung zu Vorgarn hinreichenden Zusammenhang besitzen, nicht erforderlich ist. Im Gegenteil würde die Drehung des Vorgarnes beim Strecken im Nadelfeld bis zu einem gewissen Grade hinderlich sein und schädliche Faserbeanspruchung verursachen. Der Verzug erfolgt demnach frei zwischen den beiden Zylinderpaaren, deren Klemmpunktentfernung (reach) je nach der Faserlänge etwa 8 bis

---

sich zwischen 2 Scheiben bildende Bandrolle wird von einer geriffelten, von der Lieferwalze aus angetriebenen Walze, gegen welche sie sich unter einem gewissen Druck legt, mitgenommen, so daß unter diesem Druck sich stets festgewickelte Rollen ergeben. Nach Erreichen eines bestimmten Durchmessers werden die die Bandrolle festhaltenden Scheiben selbsttätig nach der Seite geklappt, so daß die Rolle freigegeben wird und in einen vor der Vorrichtung stehenden Behälter fallen kann. Der Durchmesser der Rollen beträgt bei Vor- und Feinkarden etwa 24 Zoll bei 5 bis 6 Zoll Breite, während an den Strecken ein Durchmesser von etwa 18 Zoll genügt. Da die auf diese Rollen gewickelte Länge etwa dem 2- bis 3fachen Inhalt einer gewöhnlichen Bänderkanne entspricht, sollen mit dem Rollenformer die gleichen Vorteile erzielt werden wie bei den oben beschriebenen großen Spinnkannen, nämlich lange Laufzeiten, also geringe Bedienung; weniger Anstückelungen, also weniger Abfall und gleichmäßigere Bänder. Das Abwickeln dieser Bandrollen, die auf der Einlaufseite der Feinkarden, bzw. der Vorstrecken in gleicher Anzahl, wie bisher die Bänderkannen, angesetzt werden, erfolgt auf geriffelten Walzen, auf welche die Rollen nebeneinander aufgesetzt werden. Da diese Riffelwalzen einen direkten Antrieb erhalten, ist ein störungsfreier Ablauf der Bänder gewährleistet. Betriebserfahrungen aus der Praxis liegen noch nicht vor, doch erhofft die herstellende Firma neben der Ersparnis der Spinnkannen und etwaigen Kannendreh- und Bänderstopfvorrichtungen eine bedeutende Ersparnis an Arbeitskräften, da das Wickeln ganz automatisch vor sich geht. Fraser rechnet damit, daß ein Junge mindestens 4 Vorkarden und ein Mädchen 3 oder mehr zweiköpfige Strecken bedienen kann. Weiterhin erhofft Fraser eine Erhöhung der Produktion durch schnelleren Gang der Maschinen, der infolge des gleichmäßigeren, glatteren Ausfalles der Bänder ermöglicht wird. Da auch der Preis der ganzen Einrichtung in mäßigen Grenzen bleibt, soll sich der Einbau dieser Vorrichtungen, der sich, ohne großen Platz zu beanspruchen, in einfacher Weise an Karden und Strecken vornehmen läßt, nach der Rentabilitätsberechnung Frasers in verhältnismäßig kurzer Zeit bezahlt machen. Inwieweit diese Erwartungen erfüllt werden, muß noch die Praxis erweisen.

10″ beträgt. Ein weiterer Unterschied gegenüber der Vorspinnmaschine besteht darin, daß das Streckwerk nicht horizontal, wie bei jener, sondern steil aufgerichtet, nur etwa 15⁰ gegen die Vertikale geneigt, angeordnet ist, so daß das Vorgarn von dem ebenfalls steil ansteigenden Aufsteckgestell für die Vorgarnspulen das Streckfeld in fast vertikaler Richtung nach unten durchläuft.

Zu 2. Als Arbeitsorgan für die **Drahtgebung** dienen mit 2—4000 minutlichen Umläufen sich drehende Spindeln mit oder ohne Flügel, wobei die Spindelumdrehungen gleichzeitig — im Gegensatz zur Vorspinnmaschine —

3. das **Aufwinden** des fertiggedrehten und gefestigten Garnes entweder auf hölzerne Scheibenspulen oder direkt auf die Spindeln herbeiführen.

Als meist gebräuchliche Maschinengattungen kommen für das Feinspinnen der Jute, gleichwie für die übrigen Bastfasern Flachs und Hanf, die aus der Waterspinnmaschine (water frame) bzw. aus ihrer nachherigen Verbesserung, der Drosselspinnmaschine[1] hervorgegangene **Flügelspinnmaschine** (Flügelwater), seltener die viel später (1833) aus der Drosselmaschine entstandene, statt mit einem Flügel mit einem Ringläufer arbeitende **Ringspinnmaschine** oder **Ringdrossel** (ring throstle), die in der Baumwollspinnerei allgemein unter dem Namen „Throstle" bekannt ist, in Betracht.

A. Die Flügel-Spinnmaschine.

1. Allgemeine Beschreibung.

Die Arbeitsweise dieser Maschine, die für Jute im Gegensatz zu der Flachs- und Wergspinnerei nur als **Trockenspinnmaschine** (dry spinning frame) in Frage kommt, läßt sich an Hand der die Vorderansicht einer Maschine normaler englischer Bauart darstellenden Abb. 384 verfolgen, während Abb. 385 die beiden Endköpfe der Maschine in Seitenansicht zeigt. Wie aus Abb. 385 ersichtlich, besteht die auch als „Spinnstuhl" bezeichnete Maschine aus 2 symmetrisch zueinander angeordneten Seiten, von denen jede ihre eigene Spindelreihe und ihren eigenen Antrieb besitzt, so daß jede Maschinenseite für sich unabhängig von der anderen Seite betrieben werden kann. Neben diesen **doppelseitigen** Spinnstühlen, die eigentlich nur die Stuhlgestelle gemeinsam haben, während sie sonst als getrennt arbeitende Maschinen zu werten sind, findet man auch **einseitige** Spinnstühle, bei denen die Stuhlgestelle in der Mitte geteilt sind, und die nur als Endhälften direkt an einer Spinnsaalwand oder an einem Hauptgang des Spinnsaales zur Aufstellung gelangen.

Wie die Abb. 384 und 385 erkennen lassen, besteht das Maschinengestell aus 2 kräftigen, oben bogenförmig begrenzten Endwänden und einer Anzahl, meist 5 Mittelwänden, die in ihrer Form ähnlich, jedoch schwächer gehalten sind. Je eine obere, eine mittlere und, wenn keine Fußlagerbank vorhanden ist, eine untere Längstraverse verbinden auf jeder Spindelseite die Gestellwände miteinander. Die oberen und mittleren Längstraversen dienen zugleich als Stützen für die Streckwerksböcke *b*, die in größerer Anzahl, ähnlich wie bei der Vorspinnmaschine, jedoch steil ansteigend, die Maschine in einzelne Köpfe unterteilen und so dem ganzen Streckwerk samt Zubehör eine stabile Unterstützung bieten. Oben an diese Böcke angegossene Lappen sind mit dem darüber sitzenden, ebenfalls steil ansteigenden **Aufsteckgestell** *a* verschraubt, dessen 3 übereinander ange-

---

[1] Die Bezeichnung „Watermaschine", als deren Erfinder bekanntlich Richard Arkwright (1768) gilt, ist auf den Wasserantrieb der ersten Maschinen zurückzuführen, während die Bezeichnung „Drosselmaschine" (throstle = Drossel) auf dem singenden Geräusch der sich mit hoher Umlaufzahl drehenden Spindeln beruht.

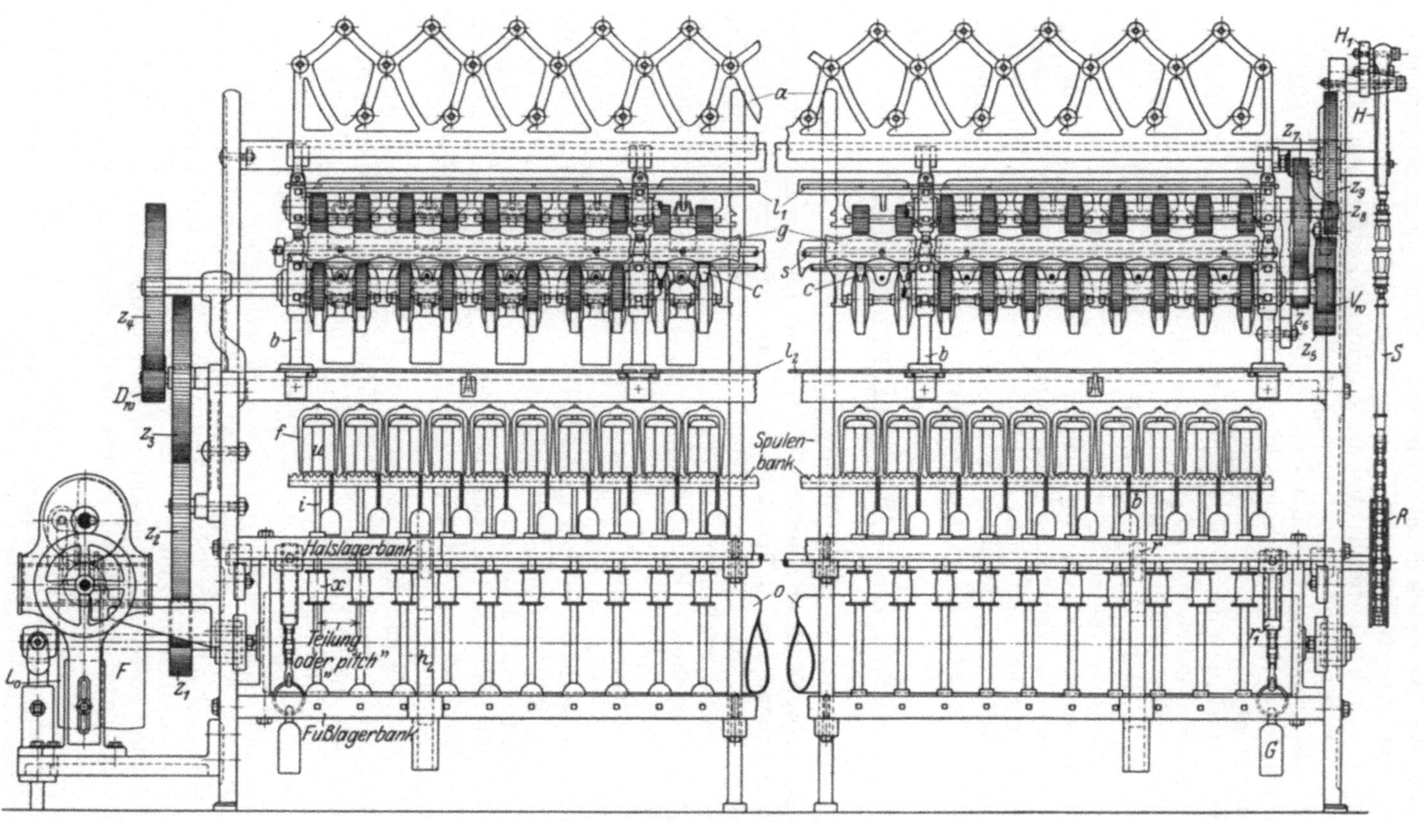

Abb. 384. Vorderansicht.

Abb. 384 und 385. Flügelspinnmaschine.

ordnete Reihen gegenseitig versetzter Rundeisenstifte zur Aufnahme der Vorgarnspulen dienen, wobei die Höhe der Stiftreihen über dem Saalfußboden so zu bemessen ist, daß die Spinnerin die oberste Reihe Spulen noch bequem aufstecken kann. Der Abstand der Stiftreihen voneinander, sowie die Stiftteilung jeder Reihe muß so gewählt werden, daß die aufgesteckten Vorgarnspulen noch genügend Spielraum nebeneinander haben, was bei den neuerdings sich immer mehr einbürgernden großen Spulen 10 × 6″ besonders zu beachten ist. Durch diese Anordnung der Aufsteckstifte ist es möglich, außer den für jede Spindel

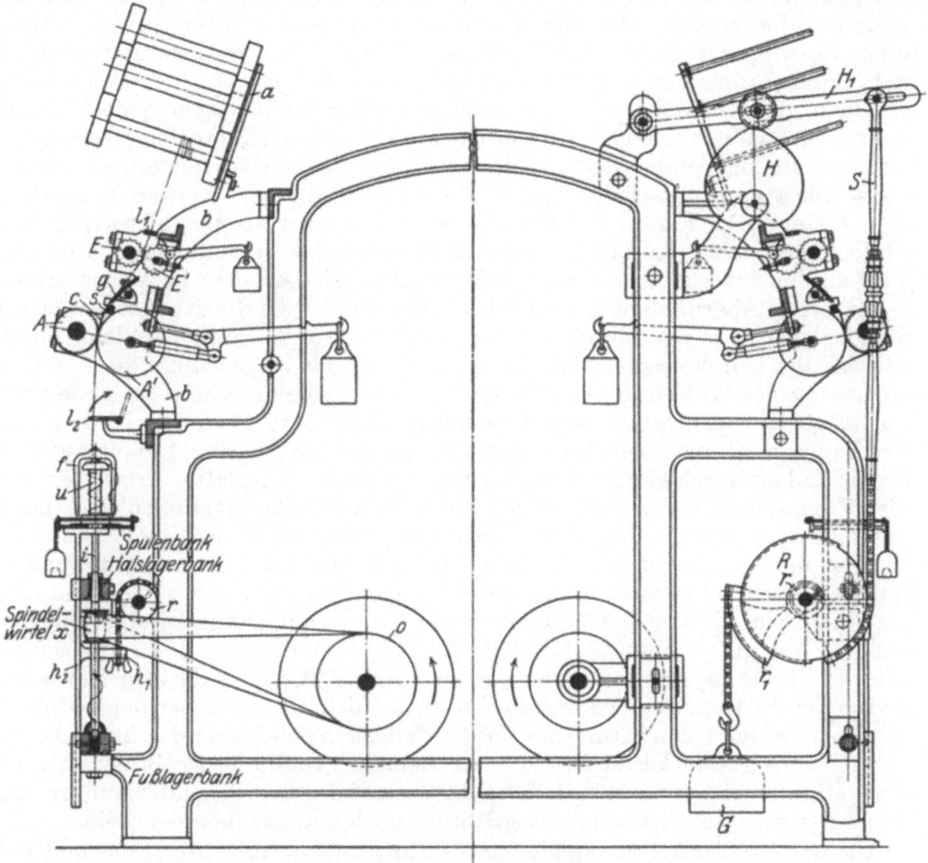

Abb. 385. Seitenansicht.

bestimmten Vorgarnspulen noch eine Anzahl Reservespulen — in der Regel für 2 Spindeln je eine — aufzustecken. Von den Vorgarnspulen läuft das Vorgarn durch die kreisrunden, an den Kanten gut versenkten Öffnungen einer Fadenleitschiene l_1 nach dem Einzugszylinder- oder oberen Lieferwalzenpaar E, E', von dem der vordere Zylinder E der eigentliche Einzugszylinder (feed roller, retaining roller) als über die ganze Maschinenlänge durchgehende, in den Streckwerksböcken b gelagerte und durch Zahnräder angetriebene Walze ausgebildet ist, die aus einzelnen, auf eine lange Stahlwelle warm aufgezogenen Walzenkörpern von 2½″ Durchmesser und 1¼″ bis 1¾″ Breite aus hartem Spezialgußeisen besteht, deren Zahl sich nach der Anzahl der Spindeln richtet. Die hinteren Zylinder E' dagegen sind Druckwalzen von gleichem Durchmesser und gleicher Breite wie die vorderen Walzenkörper, die paarweise auf gemeinschaftlicher Achse sitzend, durch gewichtsbelastete Hebel oder Federn an den Einzugszylinder angepreßt werden. Dadurch, und durch tiefe, aber gut ausgerundete und ineinanderpassende Riffelung — etwa 20—26 Riffeln auf 1 Zoll Walzendurchmesser —, sowohl der Einzugszylinderwalzen wie auch der zugehörigen Druckwalzen, wird ein sicheres Erfassen und Festhalten des Vorgarnes bei gleichzeitiger Schonung der Fasern gewährleistet. Das Strecken des Vorgarnes erfolgt durch das mit höherer Umfangsgeschwindigkeit umlaufende Streckwalzen - oder untere Lieferwalzenpaar A, A', von dem wiederum der vordere, der eigentliche Streck- oder Lieferzylinder (front roller, drawing roller) als durchlaufende, in den Streckwerksböcken gelagerte und durch Zahnräder angetriebene Walze ausgebildet ist, die ebenfalls aus einzelnen, der Spindelzahl entsprechenden, mit scharfkantigen, jedoch flachen und unregelmäßig verteilten Riffeln (scratch flutes = Kratzriffeln) versehenen, auf einer durchgehenden Stahlwelle warm aufgezogenen Walzenkörpern (bosses) von 4" bis 4½" Durchmesser und $1^1/_8$" bis 1¼" Breite aus hartem Spezialgußeisen besteht. Die hinteren Walzen A' sind wie oben als Druckwalzen ausgebildet, die, paarweise auf gemeinschaftlicher Achse sitzend, durch Gewichtshebel an den Streckzylinder angepreßt werden. Sie bestehen meist aus bestem, abgelagertem Ahornholz und sind erheblich schmäler als die zugehörigen Streckzylinderrollen. Das Walzenprofil verjüngt sich nach außen auf etwa 12 mm Breite, während der Durchmesser möglichst groß, etwa 6 bis 7" gewählt wird, damit bei Abnutzung der Walzen, deren Oberfläche stets glatt sein muß (also keine Riffelung trägt), ein mehrfaches Nachdrehen ermöglicht wird. Zwischen Einzugs- und Streckzylinder findet noch eine Unterstützung des das Streckfeld durchlaufenden Vorgarnfadens durch eine leicht gebogene Unterstützungsplatte, die sog. Faden- oder Vorgarnplatte g (rove plate), auch Brust- oder Streichplatte (breast plate) genannt, statt, während der Einlauf des ausgestreckten Faserbandes in den Klemmpunkt des Streckzylinderpaares durch kleine, seitlich begrenzte, und am Mundstück schmal zulaufende Leitbleche oder Blechkonduktoren c (conductor) aus Weißblech, die sämtlich an einer Rundstange s aufgehängt sind, erfolgt, vgl. auch die Abb. 405 und 406 S. 458, 459. Hierbei verhindern 2 kleine, auf der Rückseite der Bleche angelötete Lappen, vgl. auch Abb. 416, S. 463, die beiderseitig über die Ränder der Holzdruckwalze A' fassen, ein seitliches Verschieben der Leitbleche, so daß eine sichere Einführung des Vorgarnfadens in den Klemmpunkt des Streckwalzenpaares gewährleistet ist. Von der richtigen Stellung der Brustplatte und der Leitbleche hängt wesentlich der gute Verlauf des Streck- und Spinnprozesses ab, und es wird auf diesen Punkt späterhin noch zurückzukommen sein.

Die wichtigsten Arbeitsorgane der Maschine bilden die Spindeln i und Flügel f, die hier im Gegensatz zu der Vorspinnmaschine in einer Reihe stehen, und deren Größe und Anzahl je nach dem Feinheitsgrad des zu spinnenden Garnes verschieden ist. Ähnlich wie bei der Vorspinnmaschine pflegt man die Größe und Art einer Feinspinnmaschine durch den Hub der über die Spindeln gesteckten Spulen, außerdem durch den mit Spindelteilung („pitch") bezeichneten Achsenabstand zweier Spindeln zu kennzeichnen, und zwar nennt man hierbei zuerst die Spindelteilung in Zoll, dann den Spulenhub in Zoll. Beispielsweise versteht man unter einem 3¾ × 3¾"-Spinnstuhl eine Feinspinnmaschine, bei der sowohl die Spindelteilung wie der Spulenhub 3¾" betragen; gleicherweise hat eine 5 × 6"-Maschine eine Spindelteilung von 5" und einen Spulenhub von 6". Die beiden genannten Maschinengrößen können als Grenzwerte für Jutefeinspinnmaschinen angesehen werden, wobei naturgemäß für gröbere Garne die gröbere Spindelteilung und die größeren Spulenabmessungen bzw. umgekehrt für feine Garne die kleineren

Abmessungen in Frage kommen. So wird in der Regel die $3\frac{3}{4} \times 3\frac{3}{4}''$-Maschine nur für feinere Ketten- und Schußgarne der Nummern 4,2 bis 3,6 m/g verwandt, während auf den $5 \times 6''$- und $6 \times 6''$-Stühlen die gröbsten Garne Nr. 1,5 bis 0,8, bisweilen auch noch 0,6 m/g gesponnen werden. Dazwischen liegen die Größen $4 \times 4''$, $4\frac{1}{2} \times 4\frac{1}{2}''$, $5 \times 5''$ für die zwischenliegenden Garn-Nummern. Am verbreitetsten sind die $3\frac{3}{4} \times 3\frac{3}{4}''$ und $4 \times 4''$-Maschinen für die normalen Hessian-Ketten- und Schußgarne. Vereinzelt findet man auch noch die Maschinengrößen $3\frac{1}{2} \times 3\frac{1}{2}''$ und $3\frac{1}{2} \times 3\frac{3}{4}''$ für besonders feine Nummern. Außer diesen Abmessungen gibt es noch eine ganze Reihe Unterteilungen von $\frac{1}{4}$ zu $\frac{1}{4}''$ sowohl in der Spindelteilung als auch im Spulenhub, jedoch wird neuerdings mehr Einheitlichkeit bzw. Vereinfachung in den Abstufungen angestrebt. Hierbei ist die Tendenz vorherrschend, den Spulenhub größer als die Spindelteilung zu wählen, um das Spulenfassungsvermögen und damit den Ausnützungsgrad der Maschinen zu erhöhen. Vor allem aber wird dadurch für die nachfolgenden Arbeitsgänge des Spulens, Kopsens und Zwirnens eine größere Laufzeit der Spulen erzielt (vgl. S. 495).

Entsprechend der Verschiedenheit in der Spindelteilung ist auch die Spindelzahl jeder Maschinengattung verschieden. Aus Gründen günstigster Raumausnützung wählt man die Länge der einzelnen Spinnstühle möglichst gleich groß, so daß sich entsprechend der Verschiedenheit der Spindelteilungen auch verschiedene Spindelzahlen ergeben. Die obere Grenze ist sowohl durch konstruktive, wie auch betriebliche Gründe — Übersichtlichkeit, Wirkungsgrad — gegeben.

Normale Maschinengrößen von einer durchschnittlichen Gesamtlänge von $27\frac{1}{2}$ bis 28 engl. Fuß $= 8{,}23$ bis 8,54 m sind:

$$\begin{array}{llll}
3\frac{3}{4} \times 3\frac{3}{4}'' & \text{mit } 80 & \text{Spindeln je Seite,} \\
4\frac{1}{4} \times 4\frac{1}{4}'' & \text{„ } 72 & \text{„} & \text{„ „ ,} \\
4\frac{1}{2} \times 4\frac{1}{2}'' & \text{„ } 66 & \text{„} & \text{„ „ ,} \\
5 \times 6'' & \text{„ } 60 & \text{„} & \text{„ „ .}
\end{array}$$

Heute werden diese Maschinenlängen meist erheblich überschritten, da sich die Spindelzahl bedeutend vermehrt hat. Spinnstühle von $3\frac{3}{4}$ und $4''$ Spindelteilung bis zu 112 Spindeln und solche von $4\frac{1}{4}''$ Teilung mit 100 Spindeln je Seite, und dementsprechend Maschinenlängen von $11\frac{1}{2}$ bis 13 m sind heute keine Seltenheit mehr.

Bei der Spindelzahl ist im übrigen zu berücksichtigen, daß sie möglichst durch die Zahl der Spindeln je Kopf, die in der Regel 8, bei gröberen Teilungen 6 beträgt, teilbar ist. Läßt sich darnach die Aufteilung der Spindeln in die einzelnen Köpfe nicht ganz durchführen, dann werden auch Köpfe mit geringerer Spindelzahl zwischengeschaltet. So findet man z. B. an einer 56 spindligen Maschine von $5''$ Teilung 8 Köpfe zu 6 Spindeln und 2 Köpfe zu 4 Spindeln; eine 74 spindlige Maschine von $4''$ Teilung hat 7 Köpfe zu 8 Spindeln und 3 Köpfe zu 6 Spindeln, während die neuen 100 spindligen Dr. Schneider-Mackie-Maschinen von $4\frac{1}{4}''$ Teilung mit 11 Köpfen zu 8 und 2 Köpfen zu 6 Spindeln ausgeführt sind.

Bezeichnet man mit z_i die Anzahl Spindeln, mit p_i die Spindelteilung in Zoll, dann errechnet sich die Gesamtlänge einer Maschine zu:

$$z_i \cdot p_i + y,$$

worin für y der von den beiden Endgestellen des Spinnstuhles mit den dortselbst untergebrachten Triebwerkteilen beanspruchte Längenanteil einzusetzen ist. Das Maß y, das für sämtliche Spinnmaschinengrößen annähernd konstant ist, und nur bei den einzelnen Maschinenfabriken um weniges differiert, kann mit $26''$ bis $28''$ angenommen werden, wozu noch der Platzbedarf für die Antriebsscheiben kommt.

2. Einzelheiten.

Die Anordnung der

Spindeln und Flügel

in ihrer älteren normalen englischen Ausführung, die zugleich die einfachste gegenüber den später aufgekommenen Konstruktionen bildet, geht aus Abb. 385, sowie der Einzeldarstellung Abb. 386 hervor. Die lange, senkrechte Stahlspindel i wird in getrennten, feststehenden Hals- und Fußlagern aus Rotguß geführt, die in kräftigen, gußeisernen, mit den Gestellwänden in Verbindung stehenden Längsbalken von rechteckigem Querschnitt, der Halslagerbank bzw. der Fußlagerbank befestigt sind. Um ein Aufsteigen der Spindel zu vermeiden, ist der Spindelschaft im Halslager konisch ausgeführt. Das Halslager muß stramm in die Spindelbank eingeschlagen sein und darf sich keinesfalls lockern, da es sonst leicht durch die Spindel nach oben genommen wird. Hat sich im Betriebe die Halslagerbüchse so weit abgenutzt, daß der Konus Spielraum bekommt, und infolgedessen ein Hochsteigen der Spindel eintreten kann, muß die Halslagerbüchse nach unten geschlagen werden, bis das Spiel aufhört, sofern man nicht vorzieht, die meist unrund ausgelaufene Büchse durch eine neue zu ersetzen.

Oben am Kopf der Spindel sitzt der mit Linksgewinde und Konus befestigte, ebenfalls aus Stahl bestehende, zweiarmige Flügel f, dessen Arme im Gegensatz zum Hohlflügel der Vorspinnmaschine mit vollem, kreisförmigem Querschnitt ausgeführt sind und an ihrem unteren, abgeflachten Ende je eine kreisrunde, unten mit einem Einführungsschlitz für den Faden versehene, an den Rändern gut abgerundete Öffnung, das Flügel- oder Fadenauge, auch Flügelöse genannt, Abb. 386, besitzen. Diese wegen ihrer Form auch als „Fischschwanzenden" bezeichneten Flügelenden sind glashart gehärtet, um der Abnützung durch den Faden möglichst lange Widerstand zu leisten.

Besonders ungünstig für den Betrieb und die Erreichung einer hohen Umlaufzahl wirkt sich die sehr große Bauhöhe der Spindel aus. Diese wird bedingt durch die lose über die Spindeln gesteckten Holzspulen u, die auf einer gemeinschaftlichen, über die ganze Länge der Maschine durchgehenden gußeisernen Platte, der Spulenbank, vgl. Abb. 385, ruhen, und die sich mit dieser Bank periodisch auf- und abbewegen, entsprechend dem Spinnhub, der gleich der Höhe des Spulenschaftes zwischen Spulenkopf und Spulenfuß ist. Die Länge des Spindelhalses vom oberen Rand des Halslagers bis zu dem den Flügel tragenden Spindelkopf muß also

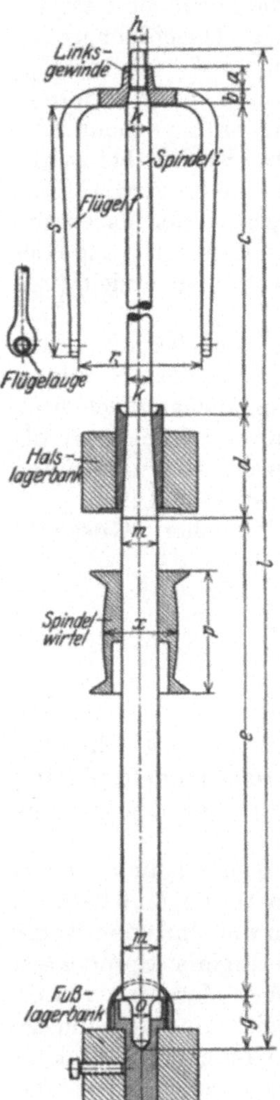

Abb. 386. Gewöhnliche Flügelspindel.

größer als der doppelte Spinnhub sein. Die zwecks schnellen Abnehmens der Flügel beim Spulenwechsel erforderliche, verhältnismäßig lose Befestigung der Flügel am Spindelkopf mittels Gewinde und Konus, sowie die bis zu einem gewissen Grade unvermeidliche Ungenauigkeit in der Ausführung der Flügel selbst, in Verbindung mit den durch die Spindelbänder oder Schnüre hervorgerufenen Biegungsbeanspruchungen der Spindeln, wozu noch die durch die Spulen infolge des Fadenzugs und der einseitigen Bremsung entstehenden Beanspruchungen (vgl. S. 440) kommen, verursachen Schwerpunktsverlagerungen und demzufolge bei der großen Umlaufzahl Fliehkräfte, die sich bei der hohen Schwerpunktslage der Spindeln wiederum in zusätzlichen Biegungsbeanspruchungen auswirken. Aus diesem Grunde muß die Spindel verhältnismäßig stark ausgeführt werden, was erhöhte Massenbewegung und daher erhöhten Kraftverbrauch zur Folge hat. Auf diesen Punkt wird weiter unten bei der Besprechung der verschiedenen Spindelkonstruktionen noch zurückzukommen sein. In der nachfolgenden Tabelle 86 sind die Hauptabmessungen einiger englischen Spindeln und Flügel mit getrennten Hals- u. Fußlagern in Ausführungen der Firmen **Lawson** und **Fairbairn** zusammengestellt.

Der zwischen Einzugs- und Streckzylinder verzogene und verfeinerte Vorgarnfaden wird nach Verlassen des Streckzylinders durch das Auge des Fadenführers l_2 nach dem Spinnflügel geführt und gelangt nach ein- oder zweimaliger Umschlingung des Flügelarmes durch die Flügelöse rechtwinklig abbiegend zur Spule, auf welche der durch die umlaufende Spindel inzwischen fest zusammengedrehte fertige Faden aufgewunden wird. Der Fadenführer l_2 besteht aus einer dünnen, in Scharnieren drehbaren, horizontalen Blechplatte, auch Fadenbrett genannt, Abb. 385, die etwa 80—90 mm über dem Spindelkopf und 180 bis 200 mm unter dem Klemmpunkt des Streckzylinderpaares liegt. Hierbei besteht das Fadenbrett nicht über die ganze Maschine durchgehend aus einem Stück, sondern jeder Kopf hat sein eigenes Fadenbrett, das von kleinen, an der Mitteltraverse angeschraubten Böckchen gehalten und kopfweise beim Wechseln der Spulen nach oben zurückgeklappt wird. Die kreisförmigen, an den Kanten gut versenkten Öffnungen des Fadenbrettes, die je durch einen schmalen schrägen Schlitz mit der vorderen Fadenbrettkante in Verbindung stehen, Abb. 387, so daß die Fäden bequem von vorne in die Führungsaugen eingelegt werden können, müssen mit ihrem Mittelpunkt genau in die verlängerte Spindelachse fallen.

Tabelle 86. Spindel- und Flügelabmessungen gewöhnlicher Flügelspindeln in Zoll.

Bezeichnung gemäß Abb. 386	Lawson			Fairbairn		
	5″	4″	3³/₄″	5″	4″	3³/₄
l	$31^7/_{16}$	$28^3/_{16}$	$28^1/_{32}$	$32^{13}/_{32}$	$27^7/_8$	$28^{31}/_{32}$
a	$^{13}/_{16}$	$^5/_8$	$^5/_8$	$^3/_4$	$^5/_8$	$^5/_8$
b	$^5/_{16}$	$^5/_{16}$	$^5/_{16}$	$^5/_{16}$	$^7/_{32}$	$^5/_{16}$
Gangzahl auf 1 Zoll	11	12	12	12	12	14
c	$12^7/_8$	$10^{13}/_{16}$	$10^3/_8$	$14^1/_8$	$10^{15}/_{16}$	$10^3/_8$
d	$2^7/_8$	$2^7/_8$	$2^5/_8$	$2^{13}/_{16}$	$2^5/_8$	$2^5/_8$
e	$12^{25}/_{32}$	$12^1/_{32}$	$12^9/_{16}$	$12^1/_2$	$11^3/_4$	$12^{25}/_{32}$
g	$1^{13}/_{32}$	$1^7/_{32}$	$1^7/_{32}$	$1^5/_{16}$	$1^7/_{32}$	$1^5/_8$
h	$^1/_2$	$^1/_2$	$^1/_2$	$^1/_2$	$^1/_2$	$^7/_{16}$
k	$^5/_8$	$^9/_{16}$	$^9/_{16}$	$^5/_8$	$^{\cdot}/_{16}$	$^9/_{16}$
m	$^7/_8$	$^{13}/_{16}$	$^{13}/_{16}$	$^7/_8$	$^{13}/_{16}$	$^{13}/_{16}$
o	$^3/_8$	$^3/_8$	$^3/_8$	$^7/_{16}$	$^7/_{16}$	$^7/_{16}$
x	$2^3/_8$	$1^{25}/_{32}$	$1^3/_4$	$2^{15}/_{32}$	$1^3/_4$	$1^1/_2$
p	$3^5/_{16}$	3	$2^{31}/_{32}$	$3^3/_8$	$3^1/_{32}$	$2^3/_4$
r	$3^{13}/_{16}$	3	$2^{11}/_{16}$	$3^{15}/_{32}$	$2^{29}/_{32}$	$2^3/_4$
s	6	$5^1/_2$	$5^3/_8$	$6^{19}/_{32}$	$5^5/_8$	$5^1/_4$

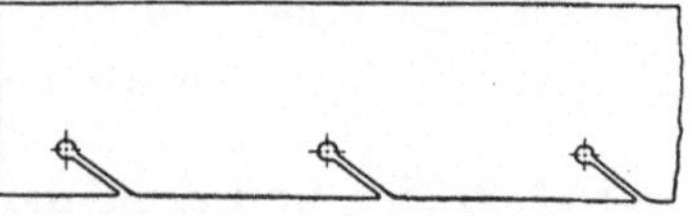

Abb. 387. Fadenbrett.

Das

Aufwinden des Fadens

auf die Spulen u, deren Durchmesser sich mit jeder Windungslage vergrößert, erfolgt nach den gleichen Windungsgesetzen wie bei der Vorspinnmaschine. Es gilt sonach wiederum Gl. (5), S. 320:

$$n_w = \frac{L}{\pi \cdot d} = n_i - n_u,$$

worin n_w die Anzahl Windungen, die der Flügel in einer Minute auf der Spule erzeugt („aufwindende" Umdrehungen der Spule oder Aufwindegeschwindigkeit),

L die für ein bestimmtes Garn als konstant anzusehende minutliche Lieferung des Streckzylinders, d den sich von Hub zu Hub vergrößernden Wicklungsdurchmesser, n_i die ebenfalls als konstant zu betrachtenden Spindelumdrehungen und n_u die absoluten Spulenumdrehungen in der Minute bezeichnen. Nach obiger Gleichung ergibt sich wie bei der Vorspinnmaschine bei zunehmendem Bewicklungsdurchmesser eine Abnahme der Windungszahl n_w und, da n_i konstant bleibt, eine entsprechende Zunahme der Spulenumlaufzahl gegen das Ende der Bewicklung. Beim Anlaufen hat daher die Spule ihre kleinste, am Schluß ihre größte Umlaufzahl. Während jedoch bei der Vorspinnmaschine der Antrieb der Spulen und die Regulierung ihrer Umlaufzahl genau nach dem Windungsgesetz den früher beschriebenen Triebwerken (Konus-, Reibscheiben-, Expandertrieb in Verbindung mit dem Differential) zufallen, werden bei der Feinspinnmaschine die Spulen durch den Fadenzug mitgenommen, dem der Reibungswiderstand der Spule am Spindelschaft und auf der Spulenbank entgegenwirkt. Nun wird mit zunehmender Spulenfüllung der Hebelarm, an dem der Fadenzug

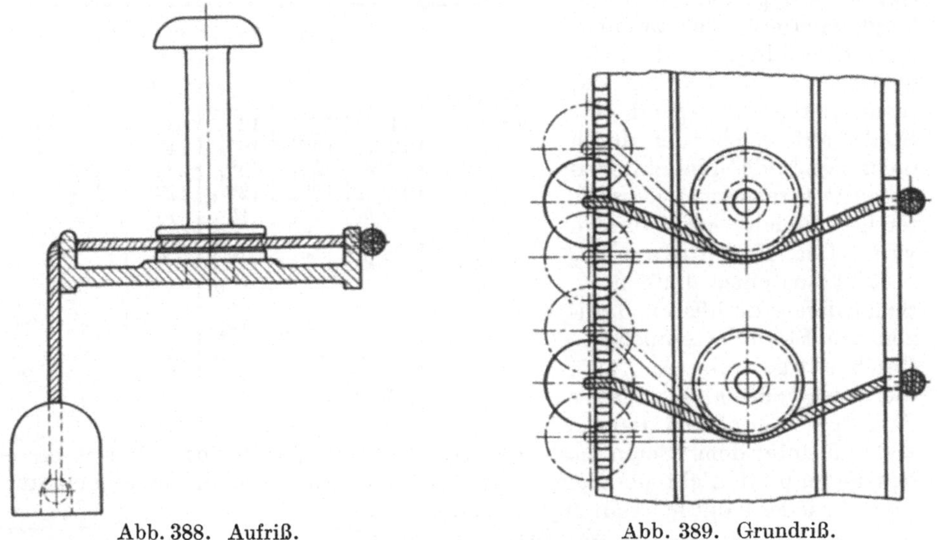

<table>
<tr><td>Abb. 388.　Aufriß.</td><td>Abb. 389.　Grundriß.</td></tr>
</table>

Abb. 388 und 389.　Spulenbremsung durch Schnüre.

wirkt, größer, und dementsprechend muß auch, da die Fadenspannung während der ganzen Spulenfüllung konstant bleiben soll, dem größeren Kraftmoment ein größerer Spulenreibungswiderstand gegenüberstehen. Letzterer wird zwar mit zunehmendem Spulengewicht größer, jedoch nicht in dem Maße, um die Fadenspannung konstant zu erhalten. Es zeigt sich, daß ein zusätzlicher Reibungswiderstand erzeugt werden muß, der außerdem eine Regulierung gestattet, da die Reibungswiderstände der einzelnen Spulen bei dieser Ausführung nie genau gleich groß sind. Dieser zusätzliche, regulierfähige Reibungswiderstand wird durch eine mechanische Bremsung der Spulen herbeigeführt, wobei man sich in der Regel besonderer Bremsschnüre aus Hanf oder Jute bedient, die mittels eines Knotens in Schlitzen der hinteren Randleiste der Spulenbank festgehalten, sich in die rillenförmige Eindrehung jedes Spulenfußes legen und durch kleine Gewichte an ihrem frei herabhängenden vorderen Ende gespannt werden, vgl. die Abb. 388 und 389. Je nachdem hierbei die Schnüre in eine der Kerben der vorderen Randleiste der Spulenbank gehängt werden, läßt sich der Umschlingungsbogen des

Spulenfußes und dementsprechend die Reibung vergrößern oder verringern. Außer dem Wiederandrehen („Anspinnen") gerissener Fäden ist es eine der wichtigsten Aufgaben der Spinnerin, durch Verlegen der Bremsschnüre die Fadenspannung bei fortschreitender Aufwicklung möglichst konstant zu halten bzw. so einzuregulieren, daß ein gleichmäßiges, festes Aufwickeln des Garnes bei einem Mindestmaß an Fadenbrüchen stattfindet. Hervorzuheben ist, daß bei dieser Art des Aufwickelns die einzelnen Spulen infolge ihrer Mitnahme durch den Faden völlig unabhängig voneinander sind. Im Gegensatz zur Vorspinnmaschine ist es ohne Belang, ob sämtliche Spulen gleichen Schaftdurchmesser haben oder mehr oder weniger gefüllt sind.

Da der Verbrauch an Bremsschnüren, die sich durch die starke Reibung, verbunden mit starker Erwärmung, in kurzer Zeit durchscheuern oder abbrennen, verhältnismäßig groß ist, hat es nicht an Versuchen gefehlt, die Bremsschnüre durch andere Bremsvorrichtungen zu ersetzen. In allen diesen Fällen, ob nun aus

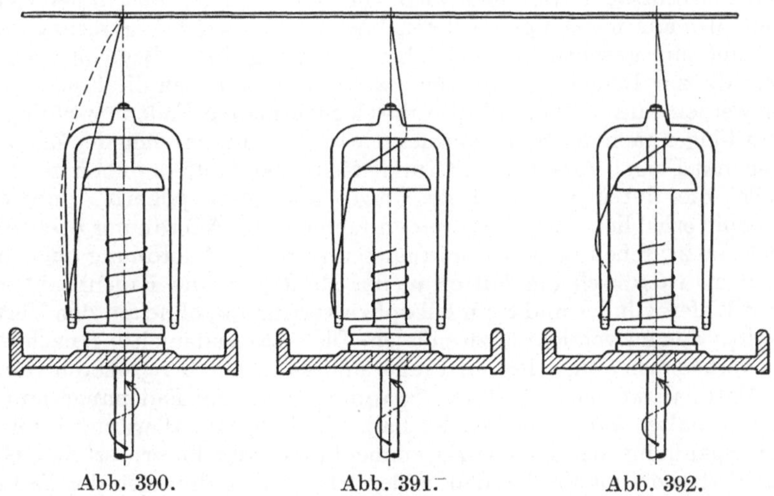

Abb. 390.   Abb. 391.   Abb. 392.

Abb. 390 bis 392. Fadenführung bei der Flügelspinnmaschine.

Stahldraht gewundene Spiralfedern, die sich in die Spulenrillen legen, oder Bremsbacken aus schmiedbarem Guß Verwendung fanden, wobei bei beiden Bremsmitteln die Stärke der Bremsung wie bei den Schnüren durch Verhängen der an einer kurzen Schnur hängenden Gewichte reguliert wird, zeigte sich eine vermehrte Abnützung der Spulenfüße, so daß die Ersparnis an Bremsschnüren durch erhöhte Spulenkosten erkauft werden mußte.

Besondere Beachtung ist der

Fadenführung

vom Streckzylinder durch das Fadenbrett um den Flügelarm herum und durch das Flügelauge zur Spule zu schenken. Es kann für die Fadenspannung nicht gleichgültig sein, ob der Faden gemäß Abb. 390 vom Fadenbrett direkt nach der Flügelöse zur Spule geht, oder ob er, wie dies die Abb. 391 bzw. 392 zeigen, zuvor den Flügelarm einmal bzw. zweimal umschlingt. Im ersteren Fall tritt zwar der Faden nur ganz wenig in den inneren Flügelraum ein, und dementsprechend wird der Spulenkopf selbst in seiner höchsten Stellung nur während des Spindelstillstandes leicht berührt. Jedoch ist das ganze, zwischen Fadenbrett und Flügelauge befindliche Fadenstück infolge der hohen Spindelumlaufzahl derart der Zentrifugalkraft unterworfen, daß es doppelter Bremsung, und damit verbunden, entsprechender Fadenbeanspruchung bedarf, um das Ausschleudern des Fadens gegen die benachbarten Flügel oder das Herausfliegen aus der Flügelöse zu vermeiden. Daß diese verschärfte Spannung, ganz abgesehen von den durch die scharfe Schnurbremsung hervorgerufenen Begleiterscheinungen — schwere Bremsgewichte, Abbrennen der Schnüre, Abnutzung der Spulen usw. — zu vermehrten Fadenbrüchen bei dem noch wenig durch Drahtgebung gefestigten Faden führen muß, ist einleuchtend. Die gegenteiligen Verhältnisse zeigt die doppelte Flügelarmumschlingung nach Abb. 392. Durch die bei dieser Anordnung hervorgerufene Reibung, die sich allerdings im Laufe der Zeit durch ein Einschleifen von Rinnen in die Flügelarme unangenehm bemerkbar macht (bei der ersteren Anordnung ist es übrigens die Flügelöse, die vermehrte Abnutzung erfährt), und die sich noch durch die Reibung des stark in den Flügelinnenraum getretenen Fadens am Spulenkopf vermehrt, wird zwar eine gewisse Rauhigkeit des Garnes verursacht, dagegen wird von dem erst im Zusammendrehen begriffenen, also am meisten gefährdeten Fadenstück zwischen Streckzylinder und Spindelkopf ein wesentlicher Teil der Spannung bzw. Beanspruchung ferngehalten, die zur Erzeugung hart gewickelter Spulen durch die Spulenbremsung erzeugt werden muß. Während also durch mehrmalige Fadenumschlingung der Zug vom Flügel nach der Spule vermehrt wird, vermindert sich der Zug zwischen Zylinder und Flügel. Aus diesem Grunde zieht man trotz der eben geschilderten Nachteile, die durch einwandfreie Flügel und glatt polierte, unbeschädigte Spulenköpfe erheblich gemildert werden können, die Anordnung nach Abb. 392, wie auch die zwischen beiden Anordnungen stehende Anordnung nach Abb. 391 vor, weil man dadurch ein Mittel an der Hand hat, die Fadenbeanspruchung zwischen Lieferzylinder und Spindelkopf zu verringern, ohne auf den Vorteil hart gewickelter Spulen verzichten zu müssen. Die erste Fadenleitung nach Abb. 390 kommt verhältnismäßig selten in Frage, und dann nur bei gröberen Garnen aus festem Material, welches die starke Spannung zwischen Fadenauge und Streckzylinder aushalten kann. Ist dies der Fall, so erhält man allerdings infolge dieser höheren Spannung, bei der das Zusammendrehen der Fasern erfolgt, Garn von höherer Festigkeit als dies bei den beiden letzten Anordnungen der Fall ist. Man wird sich daher jeweils den besonderen Materialverhältnissen und Spindelgeschwindigkeiten anpassen müssen.

Die Form der aus Ahorn oder Rotbuche bestehenden

Spulen,

sowie deren Abmessungen für die verschiedenen Spindel- und Flügelgrößen normaler Spinnstühle geht aus dem Normenblatt DIN Tex 4060, Tabelle 87 hervor. Wie die Skizze zeigt, ist die Spulenbohrung in ihrem mittleren Teil erweitert, um die Reibung am Spindelschaft zu verringern. In nachfolgender Tabelle 88 ist für die wichtigsten Spulengrößen jeweils das Spulenfassungsvermögen in cm³ und g angegeben, wobei das spezifische Gewicht des Garnkörpers mit 0,55 eingesetzt ist.

Um ein großes Spulenfassungsvermögen zu erreichen, ist das Größtmaß des Kopfdurchmessers a anzustreben, wobei auf einen großen Abrundungsradius aus den oben angegebenen Gründen zu achten ist.

Das Aufwickeln der fertiggesponnenen Fäden in gleichmäßigen Windungen nebeneinander auf den Spulenschaft erfolgt, wie oben schon angeführt, durch periodische Hebung und Senkung der Spulenbank mit den darauf sitzenden Spulen, die hierbei am Spindelschaft auf- und abgleiten. Entsprechend dem bei der Vorspinnmaschine besprochenen Vorgang hängt nach Gl. 6, S. 320 die Spulen-

Tabelle 87. Spulen nach DIN TEX 4060[1].

Maße in mm.

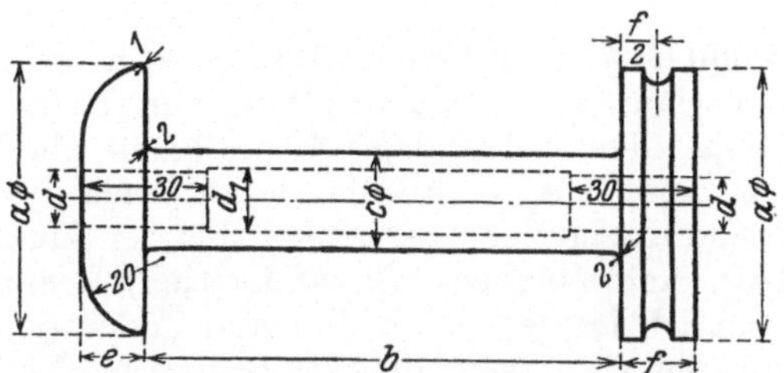

Bezeichnung einer Spule für Bastfaserfeinspinnerei für 4″ Spindelteilung und 4½″ Spindelhub von Kopfdurchmesser $a^2 = 68$ mm: Spule $4 \times 4½ \times 68$ TEX 4060.

Nr.	Für Spindelteilung Zoll	Für Spindelhub Zoll	Kopfdurchmesser a^2		b	c	d	d_1	e	f
			Kleinstmaß	Größtmaß						
1	3¼″	3¼″	52	58	83	21	12	15	14	17
2	3½″	3½″	56	62	89	21	13	15	15	18
3	3½″	3¾″	56	62	96	21	13	15	15	18
4	3¾″	3¾″	60	66	96	23	14,5	16,5	16	19
5	3¾″	4″	60	66	102	23	14,5	16,5	16	19
6	3¾″	4¼″	60	66	108	23	14,5	16,5	16	19
7	4″	4″	64	70	102	23	14,5	16,5	16	19
8	4″	4¼″	64	70	108	23	14,5	16,5	16	19
9	4″	4½″	64	70	115	25	14,5	16,5	16	19
10	4″	4¾″	64	70	121	25	14,5	16,5	16	19
11	4¼″	4¼″	68	74	108	25	14,5	16,5	17	20
12	4¼″	4½″	68	74	115	25	14,5	16,5	17	20
13	4¼″	4¾″	68	74	121	25	14,5	16,5	17	20
14	4¼″	5″	68	74	127	28	14,5	16,5	17	20
15	4½″	4½″	72	78	115	28	14,5	16,5	17	20
16[3]										
17	4½″	5″	72	78	127	30	17	19	17	20
18[3]										
19	5″	4½″	80	88	115	30	17	19	18	22
20[3]										
21	5″	5″	80	88	127	30	17	19	18	22
22	5″	5¼″	80	88	134	30	17	19	18	22
23	5″	6″	80	88	153	30	17	19	18	22
24[3]										

Fehlende Maße sind freie Konstruktionsmaße.

Ausführung: Einteilig (für c bis einschließlich 23 mm Durchmesser), dreiteilig. Weitere Einzelheiten der Ausführung, ob roh, geölt, lackiert, poliert oder gefärbt, sind bei Bestellung anzugeben.

Werkstoff: Ahorn, Rotbuche.

[1] Siehe Fußnote S. 112.

[2] Der Kopfdurchmesser a ist zwischen den angegebenen Grenzmaßen je nach den vorhandenen Maschinen zu bestimmen und bei Bestellung anzugeben.

[3] Noch nicht festgelegt.

Tabelle 88. Spulenfassungsvermögen in cm³ und g.

Spindelteilung $\times$ Spulenhub	Kleinstmaß des Kopfdurchmessers		Größtmaß des Kopfdurchmessers	
	cm³	g	cm³	g
3¾ $\times$ 3¾″	231	127	288	158
4 $\times$ 4″	286	157	350	192
4¼ $\times$ 4¼″	339	186	413	227
4½ $\times$ 4½″	398	219	478	263
5 $\times$ 5″	548	301	682	375
5 $\times$ 6″	660	363	822	452

bank- oder Wagengeschwindigkeit

$$W = n_w \cdot h = \frac{L}{\pi \cdot d} \cdot h$$

einmal von der Ganghöhe h einer Fadenwindung, d. h. von der Garndicke oder
Nummer, sowie im Verlaufe einer Spulenfüllung von der mit dem Bewicklungsdurchmesser sich ändernden Aufwindegeschwindigkeit ab. Nimmt der Bewicklungsdurchmesser zu, demgemäß n_w ab, dann wird auch die Wagengeschwindigkeit geringer. Während dieser Veränderlichkeit bei der Vorspinnmaschine durch
den Konustrieb (bzw. Reibscheiben-, Expandertrieb) Rechnung getragen wird,
begnügt man sich bei den festgedrehten, feineren Fäden der Feinspinnmaschine
mit einer mittleren Geschwindigkeit, die von Beginn bis Ende der Spulenfüllung
gleich bleibt und nur eine Änderung erleidet, wenn die Lieferung L des Streckzylinders geändert wird. Auf diesen Punkt wird bei der Besprechung des Getriebes
S. 453 noch zurückzukommen sein.

Die

Spulenbankbewegung

wird durch eine herzförmige Exzenterscheibe, die sog. Herzscheibe H hervor-
gebracht, vgl. Abb. 385, gegen welche sich eine etwa in der Mitte eines langen, um
einen festen Punkt drehbaren Hebels H_1 sitzende Rolle legt, während das freie
Ende dieses langen Hebels durch eine mittels Schrauben verstellbare Stange S
und eine anschließende Kette mit einer großen Rolle R, um die sich die Kette
schlingt, verbunden ist. Während Rolle R mit der Herzbewegung sich außerhalb
des vorderen Endgestelles der Maschine befindet, sitzen auf der durch die ganze
Maschine gehenden Rollenwelle eine größere Anzahl kleinerer Kettenrollen r, über
welche Ketten nach einer gleichen Anzahl Arme h_1 laufen, die ihrerseits an senkrechten Flacheisenschienen h_2 befestigt sind. Diese Flacheisenschienen, die über
die ganze Maschine in gleichen Abständen verteilt sind, dienen als Unterstützung
für die Spulenbank und werden bei ihrer Auf- und Abbewegung in an der Hals-
lager- und Fußlagerbank befestigten Haltebügeln geführt. Zur Ausbalancierung
des Gewichtes der Spulenbank sitzen außerdem meist an den Enden der Hebungs-
rollenwelle zwei kleine Kettensegmente oder Kettenrollen r_1 mit nach hinten
herabhängenden, durch Gewichte G beschwerten Ketten. Durch diese Gewichte
wird jedoch nur ein Teil des Spulenbankgewichtes austariert, so daß die Bank stets
das Bestreben hat, nach abwärts zu gehen. Der auf diese Weise auf die Verbindungsstange S ausgeübte Zug überträgt sich auf den Hebel H_1 und drückt
dadurch die Herzrolle sowohl beim Aufwärts- wie beim Abwärtssteigen an die
Herzscheibe an. Ist die Kurve der Herzscheibe so geformt, daß die Spulenbankbewegung während des ganzen Hubes mit gleichförmiger Geschwindigkeit
erfolgt, dann ergeben sich zylindrisch geformte Garnkörper auf der Spule. Verläuft
dagegen die Herzscheibenkurve derart, daß sich die Bank von der äußersten
Stellung nach der mittleren mit gleichförmig verzögerter, und von der mittleren
bis zur anderen Endstellung mit gleichförmig beschleunigter Geschwindigkeit
bewegt, dann liegen die Garnwindungen in der Mitte der Spule dichter, und man
erhält Garnkörper von tonnenförmigem Aussehen, sog. bombierte Spulen-
körper. Diese Form wird häufig gewählt, um das Fassungsvermögen der Spule
zu erhöhen. Die sich hiernach ergebende Konstruktion der Herzscheibenkurven
ist Seite 456 beschrieben.

Der

Antrieb der Spindeln

erfolgt in der Regel von der durch Riemenscheiben — Fest- und Losscheibe F und
L_0 — angetriebenen Trommel o und durch auf den Spindeln unterhalb der Hals-

lagerbank sitzende, kleine, gußeiserne Antriebsrollen oder Wirtel x („wharves")
mittels Baumwollbändern, vgl. Abb. 384 und 385. Die Antriebstrommel o besteht aus Weißblech und ist aus mehreren, meist 3, an den Enden durch starke,
gußeiserne Böden geschlossenen Teilen zusammengesetzt, die durch kurze, in den
End- und Zwischengestellen der Maschine gelagerte Achsen miteinander gekuppelt
sind. In der Regel wird die Trommelachse neben den Antriebsscheiben noch durch
ein Außenlager gestützt, bisweilen wird auch der Platzersparnis halber das An-
triebslager als Innenlager zwischen Antriebsscheiben und Endgestellwand aus-

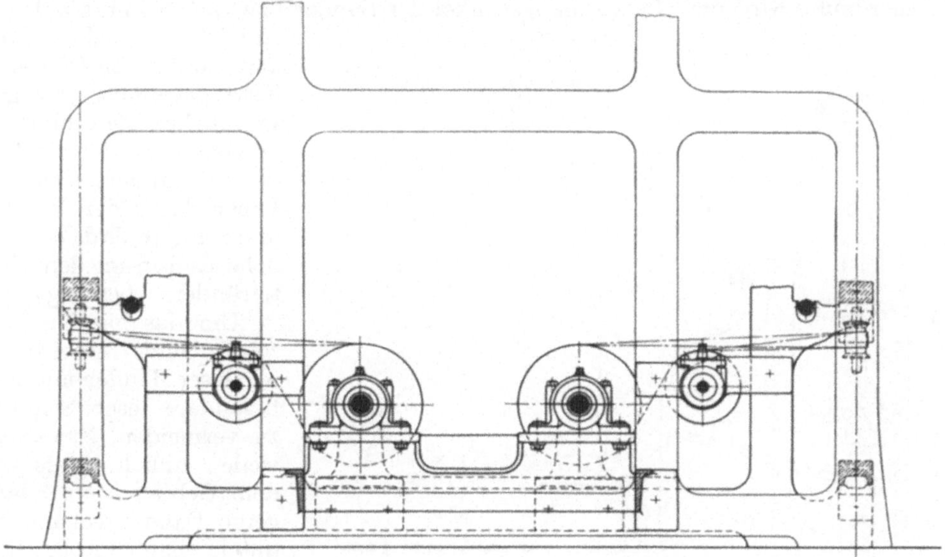

Abb. 393. Spindelantrieb mit Haupttrommel und Leittrommel.

gebildet, so daß die Antriebsscheiben fliegend auf der verlängerten Trommelwelle
sitzen. Letztere Anordnung ist wenig zu empfehlen. Das Ein- und Ausrücken der
Maschine erfolgt in üblicher Weise durch Verschieben einer Riemengabel entweder
mittels eines einfachen Handhebels oder, wie Abb. 384 erkennen läßt, mittels eines
Handrades, dessen Dre-
hung durch Zahnräder auf
einen Exzenter übertra-
gen wird, der mit der Riemengabel in Verbindung
steht. Auf jeden Fall muß
dafür gesorgt werden, daß
der Riemen in eingerück-
ter oder ausgerückter Stellung so gehalten wird, daß
eine ungewollte Verschie-

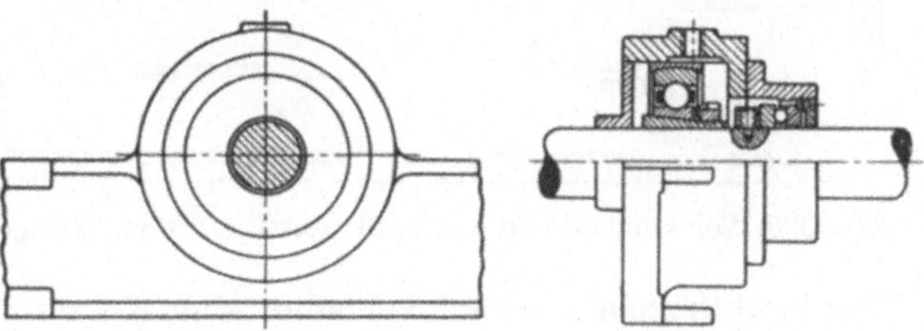

Abb. 394. Trommellagerung mit Kugellagern.

bung nicht eintreten kann. Statt des Bandantriebes findet man auch häufig
Schnurantriebe, wobei der Wirtel entsprechend rillenförmig ausgebildet ist. Die
Spindeln und Flügel erhalten entsprechend dem Rechtsdraht des Garnes (vgl.
S. 11) Rechtsantrieb, d. h. sie laufen, von oben gesehen, in der Richtung des
Uhrzeigers um.

Die Umlaufrichtung und Lage der Trommel ist so gewählt, daß das obere, auf
den Wirtel auflaufende, also lose Bandtrum annähernd horizontal verläuft,

während das untere gespannte Trum schräg nach unten wirkt. Dadurch wird in der Spindelachse eine nach abwärts gerichtete Kraft wachgerufen, durch welche die Spindel gegen ihr Fußlager gedrückt wird. Die hierdurch vergrößerte Zapfenreibung beeinträchtigt naturgemäß den ruhigen Lauf der Spindel. Um diesen Axialzug auf die Spindel zu vermeiden und den Kraftbedarf zu verringern, wird häufig der Antriebstrommel eine kleinere Leittrommel vorgelagert, vgl. Abb. 393, die in Kugellagern läuft, Abb. 394, während die Haupttrommel entweder mit Ringschmierlagern oder mit Kugellagern ausgerüstet ist. Durch diese Anordnung wird der Umspannungswinkel der Bänder bzw. der Schnüre auf der Antriebstrommel vergrößert, so daß die Gleitverluste gegenüber der gewöhnlichen Bandführung verringert werden. Außerdem verlängert sich die Lebensdauer der Bänder und Schnüre, da das schädliche Reiben an den Wirtelrändern beseitigt ist.

Um das häufige und zeitraubende Nachspannen loser Bänder und insbesondere loser Schnüre zu vermeiden, ist es bisweilen üblich, diese vor dem Gebrauch einer längeren Dauerstreckung zu unterziehen. Abgesehen von dem Zeitverlust, den diese vorherige Behandlung erfordert, wird der Zweck jedoch nur unvollkommen erreicht, da die Einwirkung der Witterungseinflüsse bestehen bleibt. Schlapp gewordene Bänder werden verkürzt und nachgenäht, während bei den geflochtenen Schnüren, deren Enden durch ∪förmige

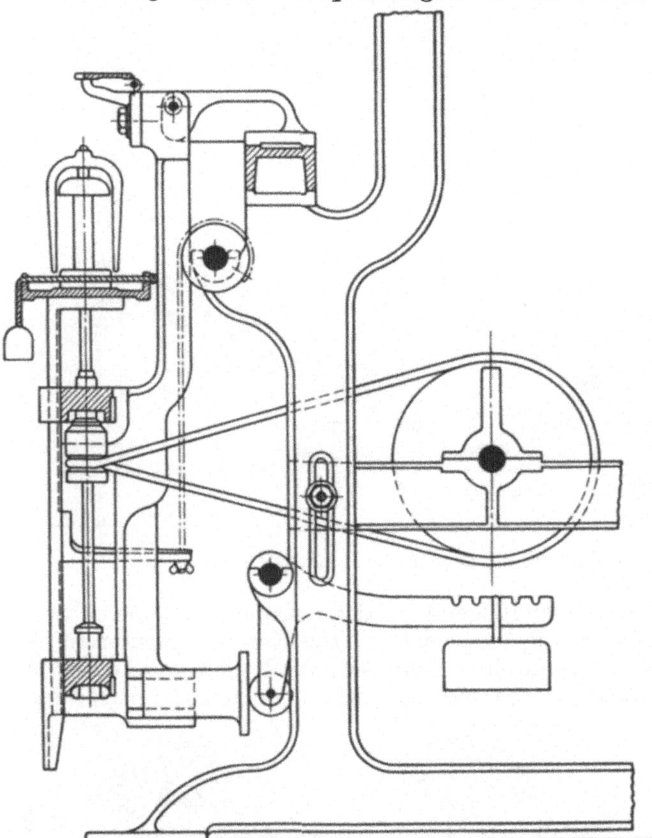

Abb. 395. Schwingende Spindelbank von J. O. Boyd, Glasgow.

Stahldrahthäkchen verbunden sind, eine Kürzung durch stärkeres Zusammendrehen der Schnur erfolgt.

Die von der Fa. J. & O. Boyd, Ltd., Glasgow gebaute Anordnung einer schwingenden Halslager- und Fußlagerbank, deren Lage sich gegenüber der Trommel mittels Gewichtshebel selbsttätig so verändert, daß die Antriebsschnüre stets gespannt sind, vgl. Abb. 395, kann ihren Zweck nur solange erfüllen, als die Länge und Elastizität der Schnüre untereinander durchaus gleichmäßig ist, was in der Praxis niemals zu erreichen ist.

Eine andere Lösung bezweckt der Spannrollentrieb einzelner Spindeln. Bei der in Abb. 396 angedeuteten Ausführung von Degn & Krafft, Bremen, ist für die Antriebsschnur einer jeden Spindel eine besondere Spannrolle vorgesehen, die ohne Zapfen und Lager zu besitzen, einfach in die Antriebsschnur als fliegende Rolle, ähnlich dem „Diavolo“-Spielzeug eingehängt wird und durch ihr Eigengewicht die Schnur spannt. Obwohl mit diesen Spannrollen nach den bekannten Versuchen von Dr. Frenzel[1] gegenüber dem gewöhnlichen Bandwirtelantrieb eine Kraftersparnis bis zu 40%, und vor allem eine größere Gleichmäßigkeit sowohl hinsichtlich des Kraftverbrauchs, unabhängig von Witterungseinflüssen, als auch bezüglich der Umlaufzahlen der Spindeln, und somit auch gleichmäßiger gedrehte Garne erzielt wurden, wurde diese Konstruktion bald durch eine Reihe anderer Ausführungen verdrängt, bei denen das häufig vorkommende seitliche Schwanken oder gar Herausspringen der Rollen vermieden wurde.

Die der Sächs. Masch.-Fabrik vorm. Rich. Hartmann, A. G., Chemnitz, unter D. R. P. Nr. 281627 geschützte Anordnung unterscheidet sich von der vorhergehenden nur dadurch, daß die Schnurenspannrolle nicht frei in der Schlinge hängt, sondern durch einen um einen festen Punkt drehbaren, zweiarmigen Hebel zwangläufig geführt wird. Hierbei wird das Gewicht des Hebelarmes durch ein besonderes Belastungsgewicht ausgeglichen, so daß lediglich das Gewicht der Spannrolle die Schnur belastet und ihr die erforderliche Spannung verleiht.

Der dieser Anordnung sowie auch deren Vorgänger anhaftende Fehler der zu geringen Umspannung der Antriebstrommel durch die Schnur mit den damit verbundenen Gleitverlusten wird bei dem in den Abb. 397 bis 399 dargestellten Spannrollentrieb von Ing. Schreiber, Meißen, vermieden, bei dem je 2 Spindeln durch ein mit hängender Spannrolle versehenes Band angetrieben werden. Die Spannrolle spannt auch hier das Spindelband lediglich durch ihr Eigengewicht, doch wird sie hierbei zwangläufig in den U-förmigen Gleitschienen eines auf dem

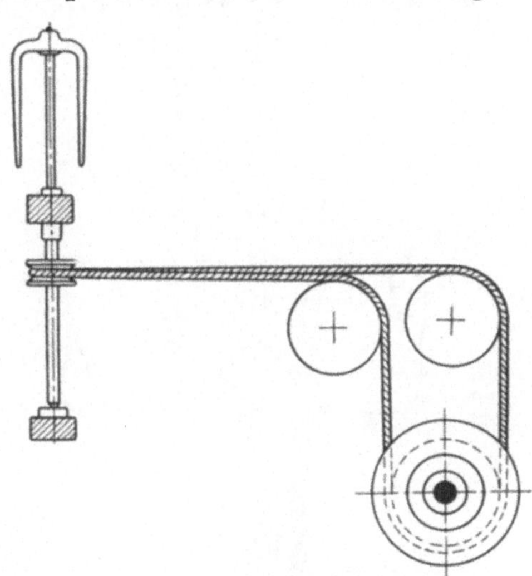

Abb. 396. Spannrollentrieb von Degn & Krafft, Bremen.

Fußboden befestigten Bockes geführt, so daß ein seitliches Herausspringen unmöglich ist. Wie die Abbildungen erkennen lassen, ist die Trommelumspannung durch das Antriebsband eine sehr gute. Dementsprechend ist auch der Drehzahlverlust durch Gleitung wesentlich geringer als bei dem gewöhnlichen Bandantrieb oder den oben geschilderten Spannrollentrieben. Vor allem aber ist die Verschiedenheit in den Drehzahlen einzelner Spindeln ganz gering. Während beim gewöhnlichen Bandantrieb Schwankungen der Spindeldrehzahl von $\pm$ 15% vom Mittelwert und noch darüber vorkommen, bleiben diese beim Schreiber-Spannrollentrieb unter $\pm$ 5%. Dementsprechend ist auch der Kraftverbrauch gleichmäßiger und vor allem auch geringer, sowohl während der Anlaufperiode als auch während des normalen Betriebes.

Die

Arbeit der Spinnerin,

die normalerweise eine Spinnseite zu bedienen hat — in Ausnahmefällen bei langsam laufenden Spindeln und bei gutem Material kann eine gute Spinnerin

---

[1] Leipz. Monatsschr. Textilind. 1920, H. 9.

auch 2 Spinnseiten, falls deren Spindelzahl nicht zu hoch ist, bedienen —, besteht nun in der Hauptsache, wie oben schon erwähnt, in der Regulierung der Fadenspannung durch Verhängen der Bremsgewichte bei fortschreitender Aufwindung, sowie im Wiederanspinnen gerissener Fäden. Bei dieser Arbeit hält die Spinnerin mit der durch ein Handleder geschützten linken Hand die Spindel fest, so daß das Antriebsband oder die Schnur lose auf dem Spindelwirtel schleift. Dann zieht sie genügend Faden von der Spule ab, führt ihn entsprechend um den Flügel herum und dreht ihn mit dem vom Verzugszylinder kommenden Faden zusammen. Wenn noch kein, oder nicht genügend Faden auf die Spule gewickelt ist, verwendet die Spinnerin zum Anspinnen ein etwa 1½ bis 2 m langes Fadenstück, das

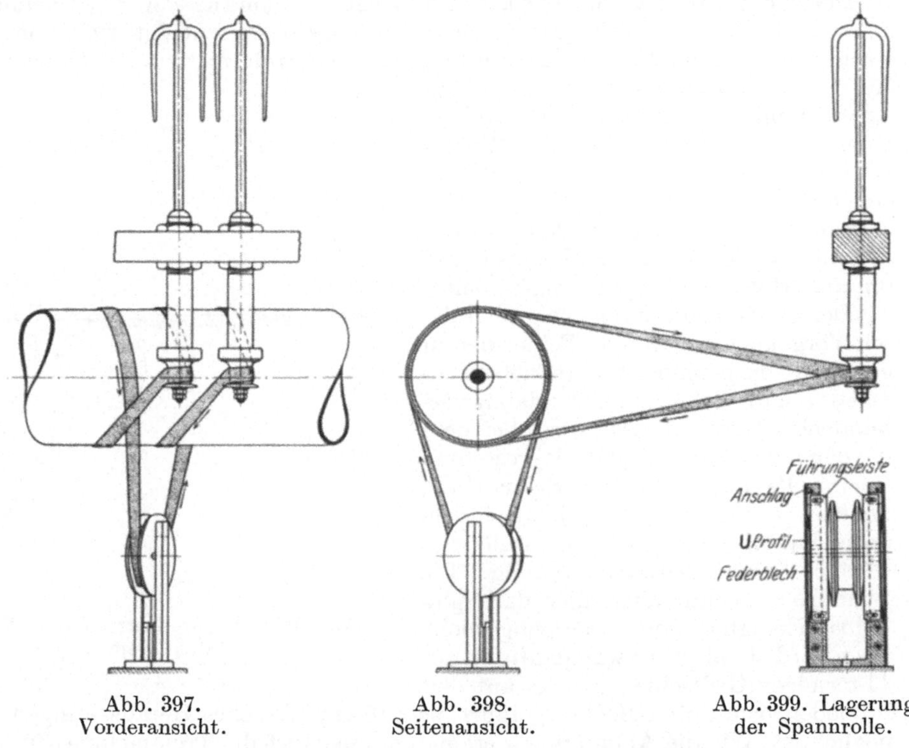

Abb. 397.
Vorderansicht.

Abb. 398.
Seitenansicht.

Abb. 399. Lagerung
der Spannrolle.

Abb. 397 bis 399. Spannrollentrieb von Schreiber.

sie einem um den Leib geschlungenen Garnstrang entnimmt, wie er beispielsweise bei den zwecks Kontrolle der Garnnummer vom Aufseher laufend zu machenden Gewichtsproben in genügendem Umfang anfällt. Auf jeden Fall hat die Spinnerin darauf zu achten, daß die sogenannten „Anspinner" nicht zu lang ausfallen. Reißen mehrere Fäden gleichzeitig ab, so unterbricht sie an den betreffenden Spindeln, um das Verfitzen mit den benachbarten Fäden, sowie unnötigen Abfall zu vermeiden, die Vorgarnzufuhr, indem sie den Vorgarnfaden abreißt und ihn mit einem Handgriff aus dem Bereich der Einzugswalzen nimmt und über die Vorgarnleitschiene zurückwirft, bis sie die nötige Zeit zum Anspinnen hat. Die neueren Spinnmaschinen mit ihren großen Spindelzahlen sind meistens mit einer besonderen mechanischen Vorrichtung versehen, die der Spinnerin die Vorgarnabstellung erleichtert oder letztere gar selbsttätig bei Fadenbruch vornimmt („rovestop-motion"). Auf diese Vorrichtung wird später noch zurückgekommen werden.

Die beim Spinnen entstehenden Vorgarn- und Fadenreste werden von der Spinnerin in einer bereitgehaltenen Tasche gesammelt und später dem Abfallfahrer übergeben. Keinesfalls dürfen diese Abfälle, so wenig wie die leeren Spinn- und Vorgarnspulen auf den Boden geworfen werden. Das Vorgarn wird den Spinnerinnen an die Maschine gefahren oder durch besondere Garnträger hingetragen. In den meisten Spinnereien haben die Spinnerinnen das Aufstecken der Vorgarnspulen bzw. das Abnehmen der leeren Spulen selbst vorzunehmen, während in anderen Fabriken diese Arbeit durch den Vorgarnfahrer oder anderes Hilfspersonal ausgeführt wird.

Sind die Spulen einer Spinnseite voll gesponnen, so wird nach Abstellen der Maschine, das zweckmäßigerweise bei Tiefstand der Spulenbank erfolgt, der
Spulenwechsel oder das Abziehen (Abschneiden),
ähnlich wie bei der Vorspinnmaschine, vorgenommen. Um den durch diese Arbeit verursachten Maschinenstillstand auf ein Mindestmaß zu beschränken, sind hier fast durchweg besondere Abziehkolonnen eingeführt. Diese bestehen meist aus jugendlichen Arbeitern, die unter der Leitung eines älteren Arbeiters oder einer Arbeiterin, dem sog. Kolonnenführer, stehen. In der Regel ist die Zahl der Abzieher so zu bemessen, daß auf jeden Kopf der Maschine ein Abzieher kommt. Die beim Abziehen der Reihe nach anzuwendenden Handgriffe sind:

Bremsschnüre mit den Gewichten zurücklegen, damit die Spulen frei werden;

Abwickeln einer genügenden Fadenlänge von den Spulen unter gleichzeitigem Abreißen sowie Zurückwerfen der lang herabhängenden Fäden;

Losschlagen der Flügel durch leichten Schlag von rechts nach links mittels eines Holzschlegels (verboten ist das Abschlagen mit einem anderen Flügel oder sonstigen Eisenstück wegen der damit verbundenen Beschädigungen der Flügel);

Abnehmen und Ablegen der Flügel auf die Spulenbank;

Zurückklappen der Fadenbretter und Abnehmen der vollen Spulen, die in einen bereitgehaltenen Büffelhautkorb, der in der Regel einen Abzug faßt, oder in einen Spulenwagen von 3 bis 6 Abzügen Fassungsvermögen geworfen werden;

Aufsetzen der von den Abziehern in einer Schurztasche bereitgehaltenen oder vor der Spinnmaschine aufgebauten leeren Spulen;

Wiederaufsetzen und Festschrauben der Flügel;

richtiges Einlegen der Bremsschnüre in die Spulenrillen;

Herunternehmen der zurückgeworfenen Fäden und Herunterklappen der Fadenbretter;

Durchziehen der Fäden durch die Augen der Fadenbretter, Umschlingen der Flügelarme, Durchziehen der Fäden durch die Flügelösen und Umschlingen des Spulenschaftes, wobei darauf zu achten ist, daß die einzelnen Fadenenden parallel nebeneinander über die Spulenbank herabhängen, um ein Verfitzen derselben mit benachbarten Fäden beim Anlaufen der Maschine zu vermeiden;

langsames Ingangsetzen der Maschine auf einen Signalpfiff des Kolonnenführers, nachdem sich dieser erst überzeugt hat, daß jeder Abzieher mit seiner Arbeit fertig ist.

Auf einen weiteren Pfiff des Kolonnenführers treten die Abzieher, nachdem jeder noch die an seinem Kopf etwa gerissenen Fäden aus dem Bereich der Flügel genommen hat, ab, um sich einer anderen Maschine zuzuwenden, während die weiter folgende Arbeit des Anspinnens gerissener oder fehlender Fäden von den der Kolonne folgenden „Anspinnerinnen" übernommen wird, die in der Regel aus 2 Hilfsspinnerinnen bestehen, mit deren Hilfe die Spinnerin ihre Spinnseite so schnell wie möglich in geregelten Gang bringt. Der ganze Abziehvorgang darf, wenn richtig organisiert und die Abziehmannschaft gut eingeschult ist, nicht länger als eine Minute beanspruchen. Der Kolonnenführer hat darüber zu wachen,

daß das Abziehen der einzelnen Maschinen in einer solchen Reihenfolge stattfindet, daß möglichst keine Spinnerin auf die Abziehkolonne zu warten braucht.
Einer Kolonne darf aus diesem Grunde keine zu große Anzahl Maschinen zugewiesen werden, und man rechnet in der Regel für je 8 bis 10 Spinnseiten eine
Kolonne.

Ehe auf die weiteren konstruktiven Einzelheiten des Näheren eingegangen
wird, sollen zunächst die

Getriebeverhältnisse einer Feinspinnmaschine

an Hand der schematischen Darstellung Abb. 400 untersucht werden.

Für eine $4 \times 4\frac{1}{4}''$-Maschine mit 72 Spindeln je Seite der Firma Low sind
folgende Daten gegeben:

Einzugszylinder: Durchmesser $E = 2\frac{1}{2}''$, Breite $= 1\frac{1}{4}''$, 50 tiefe Riffeln
am Umfang.

Streckzylinder: Durchmesser $A = 4''$, Breite $= 1\frac{1}{8}''$, Kratzriffeln unregelmäßig;

Streckweite (reach): $= 9''$;

Hub u. Durchmesser der Spule: $4\frac{1}{4}'' \times 68$ mm;

Transmissionsscheibe: Durchmesser $= 1044$ mm, Umlaufzahl $= 200/\text{min}$;

Trommelantriebsscheibe: Durchmesser $= 16'' = 407$ mm, Breite $= 4''$;

somit Umlaufzahl der Trommel: $n_0 = \dfrac{200 \cdot 1044}{407} = 513$ Uml./min;

Trommel-Durchmesser: $o = 9''$;

Wirtel-Durchmesser $x = 1\frac{3}{4}''$; Breite $= 2\frac{1}{2}''$; Bandbreite $= 40$ mm.

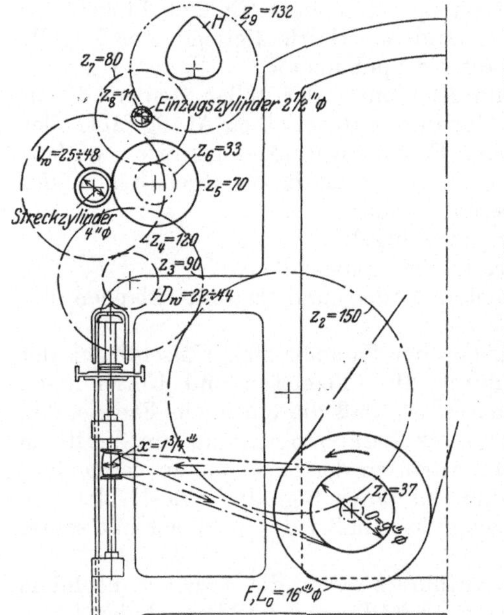

Unter Berücksichtigung von 3% Gleit-
verlust (straffgespannte Bänder vorausgesetzt), errechnet sich die Spindelumlaufzahl danach zu:

$$n_i = \frac{513 \cdot 9}{1{,}75 \cdot 1{,}03} = \text{rd. } 2560 \text{ Uml./min.}$$

Diese Spindelumlaufzahl kann für
diese Spindelart und -größe als eine durchschnittliche gelten. Die Riemenscheiben auf der Trommel sind zum Wechseln
eingerichtet, so daß je nach dem zu verarbeitenden Material die Umdrehungszahl der Trommel bzw. der Spindeln erhöht oder erniedrigt werden kann. Im
übrigen hängt die Spindelumlaufzahl
außerdem von der Spindelkonstruktion
ab, und sei dieserhalb auf die eingehenden Ausführungen S. 465 ff. verwiesen.

Entsprechend den eingangs skizzierten Arbeitsgängen einer Feinspinnmaschine hat man folgende Rädertriebe zu
unterscheiden:

Der Antrieb nach dem Streckzylinder erfolgt von der Trommelwelle
aus und liegt dicht außerhalb der Antriebswand der Maschine, vgl. auch
Abb. 384. Das auf der Trommelachse

Abb. 400. Getriebeaufriß zur Flügelspinnmaschine.

sitzende Zahnrad $Z_1 = 37$ Zähne treibt über das Zwischenrad $Z_2 = 150$ Zähne
auf das auf einem festen Bolzen lose umlaufende Zahnrad $Z_3 = 90$ Zähne, das

auf seiner verlängerten Nabe das Wechselrad $D_W = 22 - 44$ Zähne trägt, das im Eingriff mit dem auf der Streckzylinderwelle sitzenden Zahnrad $Z_4 = 120$ Zähne steht. Damit ergibt sich die Umlaufzahl des Streckzylinders A zu:

$$n_A = \frac{n_0 \cdot Z_1 \cdot D_W}{Z_3 \cdot Z_4} = \frac{513 \cdot 37 \cdot D_W}{90 \cdot 120} = 1{,}7575\, D_W \text{ Uml./min.} \tag{1}$$

Mit $4''$ Durchmesser des Streckzylinders errechnet sich dessen Umfangsgeschwindigkeit oder Liefergeschwindigkeit zu

$$L_A = 1{,}7575 \cdot D_W \cdot 4'' \cdot \pi = 22{,}074\, D_W \text{ Zoll/min} = 0{,}5606 \cdot D_W \text{ m/min.} \tag{2}$$

Die Lieferung einer Spinnmaschine ist demnach direkt proportional dem Wechselrad D_W.

Aus Spindelumlaufzahl n_i und Liefergeschwindigkeit L_A des Streckzylinders erhält man die Anzahl Drehungen auf die Längeneinheit:

$$t = \frac{n_i}{L_A}, \tag{3}$$

oder, wenn die Lieferung L_A in Zoll angegeben wird:

$$t_{\text{Zoll}} = \frac{2560}{22{,}074 \cdot D_W} = \frac{116}{D_W} \text{ Drehungen/Zoll} \tag{4}$$

bzw., wenn die Lieferung L_A in m angegeben wird:

$$t_{\text{m}} = \frac{2560}{0{,}5606 \cdot D_W} = \frac{4567}{D_W} \text{ Drehungen/m.} \tag{5}$$

Man erhält somit die Anzahl Garndrehungen auf $1''$ engl., wenn man die konstante Zahl 116 durch die Zähnezahl des Wechselrades D_W teilt.

Das Wechselrad D_W wird daher als Drehungs- oder Zwirnwechsel bezeichnet, während die Zahl 116 als Drehungskonstante K_D, bezogen auf Zoll engl., bekannt ist.

Gleicherweise erhält man nach Gl. (5) die Anzahl Drehungen auf 1 m durch Division der Drehungskonstante $K_{D_{\text{m}}} = 4567$ durch die Zähnezahl des Drehungswechsels.

Obige Beziehungen ergeben sich auch kürzer direkt aus dem Verhältnis der Spindelumlaufzahl zur Umfangsgeschwindigkeit des Streckzylinders, wobei man dessen Umlaufzahl $= 1$ annimmt und rückwärts über das Getriebe die Spindelumlaufzahl errechnet:

$$t_{\text{Zoll}} = \frac{1 \cdot Z_4 \cdot Z_3 \cdot o}{D_W \cdot Z_1 \cdot 1{,}03\, x \cdot A \cdot \pi} = \frac{120 \cdot 90 \cdot 9}{D_W \cdot 37 \cdot 1{,}03 \cdot 1{,}75 \cdot 4 \cdot 3{,}14} = \frac{116}{D_W}$$

Aus obigen Beziehungen zeigt sich (wie bei der Vorspinnmaschine), daß die Anzahl Drehungen eines Garnes auf die Längeneinheit umgekehrt proportional der Zähnezahl des Drehungswechselrades ist.

Aus Gl. (4) läßt sich mit $t_{\text{Zoll}} = \alpha_{\text{leas}} \cdot \sqrt{N_{\text{leas}}}$ für eine bestimmte Garnnummer und Drehungsgrad die Größe des Drehungswechsels unschwer ermitteln zu:

$$D_W = \frac{116}{\alpha_{\text{leas}} \cdot \sqrt{N_{\text{leas}}}}.$$

Beispielsweise ergibt sich für ein Garn von $N_{\text{leas}} = 5\frac{1}{2}$, $\alpha_{\text{leas}} = 1{,}7$

$$D_W = \frac{116}{1{,}7 \cdot 5{,}5} = 29.$$

Für die metrische Nummer gestaltet sich die Rechnung analog unter Verwendung der metrischen Konstante.

Aus obigen Beziehungen ergibt sich weiterhin, daß die Lieferung einer Spinnmaschine umgekehrt proportional dem Drehungsgrad ist. Je schärfer das Garn gedreht ist, desto geringere Produktion erzielt die Maschine. Da somit Drahtvermehrung gleichbedeutend mit Produktionsverlust ist und demnach Geld kostet, wird man mit der Drahtgebung nur so weit gehen, als es der Verwendungszweck des Garnes und unter Umständen die Materialbeschaffenheit verlangen.

Hat man für die Garnnummer N_L den Drahtwechsel D_W gefunden, dann ergibt sich, wenn man den Drahtwechsel für die Nummer N_L' mit D_W' bezeichnet:

$$\frac{D_W}{D_W'} = \frac{\sqrt{N_L'}}{\sqrt{N_L}}, \tag{6}$$

d. h. mit Worten: Die Drahtwechsel verhalten sich umgekehrt wie die Quadratwurzeln aus den Längennummern.

Aus Gl. (6) erhält man

$$D_W' = \frac{D_W \cdot \sqrt{N_L}}{\sqrt{N_L'}},$$

d. h. der neue Drahtwechsel ergibt sich als Produkt aus altem Drahtwechsel und der Quadratwurzel aus der alten Nummer, dividiert durch die Quadratwurzel aus der neuen Nummer.

Der Antrieb nach dem Einzugszylinder erfolgt durch Zahnrädertrieb vom Streckzylinder aus und sitzt an der Vorderendwand der Maschine, entgegengesetzt der Antriebsseite, vgl. auch Abb. 384. Das auf der verlängerten Achse des Streckzylinders aufgesetzte Wechselrad $V_W = 25 - 48$ Zähne treibt auf das auf einem Bolzen lose umlaufende Zahnrad $Z_5 = 70$ Zähne, auf dessen verlängerter Nabe Zahnrad $Z_6 = 33$ Zähne befestigt ist, das in das auf dem Einzugszylinder sitzende Zahnrad $Z_7 = 80$ Zähne eingreift. Damit erhält man als Umlaufzahl des Einzugszylinders

$$n_E = \frac{n_A \cdot V_W \cdot Z_6}{Z_5 \cdot Z_7} = \frac{1{,}7575 \cdot D_W \cdot V_W \cdot 33}{70 \cdot 80} = 0{,}010356 \cdot D_W \cdot V_W \text{ Uml./min.} \tag{7}$$

Hieraus ergibt sich die Umfangsgeschwindigkeit des Einzugszylinders, die gleichbedeutend mit der Einzugslänge der Walzen ist, zu:

$$u_E = n_E \cdot 2\tfrac{1}{2}'' \cdot \pi.$$

Nun zeigt sich jedoch, daß infolge der starken Riffelung der Umfang des Einzugszylinders größer ist als das Produkt aus Durchmesser und der Zahl π. Bei einer durchschnittlichen Riffelzahl von 20 Riffeln je Zoll Einzugswalzendurchmesser kann man mit einer Umfangsvergrößerung von rund 8% rechnen. Der Walzenumfang ist demnach noch mit 1,08 zu multiplizieren, und es ergibt sich als Einzugslänge:

$$L_E = 0{,}010356 \cdot D_W \cdot V_W \cdot 2{,}5 \cdot 3{,}14 \cdot 1{,}08 = 0{,}0878 \cdot D_W \cdot V_W \text{ Zoll/min.} \tag{8}$$

Aus Gl. (8) und Gl. (2) ergibt sich in bekannter Weise der Verzug zu:

$$V = \frac{L_A}{L_E} = \frac{22{,}074 \cdot D_W}{0{,}0878 \cdot D_W \cdot V_W} = \frac{251{,}4}{V_W}. \tag{9}$$

Der Verzug ist demnach umgekehrt proportional dem Wechselrad V_W, das als Verzugswechsel oder Nummernwechsel bekannt ist, während sich die Verzugskonstante zu $K_V = 251{,}4$ ergibt.

Diese Beziehung läßt sich auch auf kürzerem Wege direkt aus dem Rädergetriebe nach der bekannten Regel ableiten:

$$V = \frac{Z_7 \cdot Z_5 \cdot A}{Z_6 \cdot V_W \cdot E \cdot 1{,}08} = \frac{80 \cdot 70 \cdot 4}{33 \cdot V_W \cdot 2{,}5 \cdot 1{,}08} = \frac{251{,}4}{V_W}.$$

Aus den obigen Beziehungen für die Drehungskonstante und Verzugskonstante ergibt sich somit die nachfolgende Tabelle 89:

Die Konstanten K_V und K_D ändern sich naturgemäß, wenn der Streckzylinder infolge Abnützung im Laufe der Zeit abgedreht werden muß. Bei verringertem Streckzylinderumfang erhält man weniger Lieferung in der Zeiteinheit und demnach mehr Drehungen auf die Längeneinheit als dem nach der alten Drehungskonstante ermittelten Drehungswechselrad entspricht. Je nach der Größe der Umfangsverringerung des Streckzylinders ist daher das nächst größere Drehungsrad einzusetzen. In umgekehrter Weise wirkt sich das Abdrehen des Streckzylinders auf den Verzug aus. Mit Verringerung des Streckzylinderumfanges und damit der Lieferung L_A wird der Verzug V kleiner. Dementsprechend muß ein kleineres Verzugswechselrad eingesetzt werden als der alten Verzugskonstante entspricht. Man kann auch nach dem Abdrehen des Verzugszylinders die alten Konstanten beibehalten, wenn man die Verringerung des Streckzylinderumfanges durch entsprechende Erhöhung der Umlaufzahl des Streckzylinders bzw. durch Verringerung der Umlaufzahl des Einzugszylinders ausgleicht, indem man die Zähnezahl der Treibräder Z_3 bzw. Z_6 entsprechend verringert.

Tabelle 89. Verzugs- und Drehungsräder zur Feinspinnmaschine.

Verzugswechsel V_W	Verzüge $V = \dfrac{251{,}4}{V_W}$	Drehungswechsel D_W	Drehungen auf 1 Zoll $t = \dfrac{116}{D_W}$
25	10,06	22	5,27
26	9,67	24	4,83
27	9,31	26	4,46
28	8,98	27	4,30
29	8,67	28	4,14
30	8,38	29	4,00
31	8,11	30	3,87
32	7,86	31	3,74
34	7,39	32	3,63
36	6,98	34	3,41
38	6,62	36	3,22
40	6,29	38	3,05
44	5,71	40	2,90
48	5,24	42	2,76
		44	2,64

Bisweilen findet man bei dem Streckwerksgetriebe die Anordnung, daß das Verzugswechselrad nicht auf dem Streckzylinder, sondern an der Stelle des Zwischenrades Z_5 sitzt. In diesem Falle ist der Verzug direkt proportional dem Verzugswechselrad, d. h. die Verzugskonstante ist mit der Zähnezahl des Verzugswechselrades zu multiplizieren.

Das Hebungsgetriebe besteht aus einem am Ende der Einzugszylinderachse neben Zahnrad Z_7 (also entgegengesetzt dem Antrieb, vgl. auch Abb. 384) sitzenden kleinen Ritzel $Z_8 = 11$ Zähne, das auf das große, mit der Herzscheibe H fest verbundene, oder aus einem Stück bestehende, auf einem festen Bolzen lose umlaufende Zahnrad $Z_9 = 132$ Zähne treibt und somit der Herzscheibe eine Umlaufzahl von

$$n_H = \frac{n_E \cdot 11}{132} = \frac{0{,}010356}{12} \cdot D_W \cdot V_W = 0{,}000863\, D_W \cdot V_W \ \text{Uml./min} \qquad (10)$$

erteilt.

Die Umlaufzahl der Herzscheibe, die zugleich die Zahl der Doppelhübe (Auf- und Niedergang) der Spulenbank in der Minute angibt, ist demnach direkt proportional dem Drehungswechsel und dem Verzugswechsel. Je größer der Drehungswechsel, und damit die Liefergeschwindigkeit, d. h. je kleiner die Anzahl Drehungen auf die Längeneinheit, und je größer der Verzugswechsel, d. h. je kleiner der Verzug, desto größer die Spulenbankgeschwindigkeit. Da die gröberen Garne mit geringerer Drehungszahl und in der Regel mit kleineren Verzügen gearbeitet werden, so ändert sich nach obigem die Hubgeschwindigkeit im richtigen Verhältnis zur Garnnummer. Sie ist am kleinsten bei den feineren Nummern und am größten bei den gröberen Nummern. Nur bei abnormer Wahl des Verzuges kann die für mittlere Verhältnisse geltende Hubzahl zu ungünstigen Aufwindeverhältnissen führen.

Hat man nun, um ein Beispiel zu wählen, auf dem Spinnstuhl Schußgarn der Nummer $N_{\text{leas}} = 5$ (3 m/g $= 33$ g/100 m) mit einem Drehungskoeffizienten $\alpha_{\text{leas}} = 1{,}4$ zu spinnen, so hat das Garn nach der Drehungstabelle (S. 15) 3,13 Drehungen auf 1 Zoll aufzuweisen, wozu nach Gl. (4) (S. 451) ein Drehungswechsel

$$D_W = \frac{116}{3{,}13} = 37$$

erforderlich ist. Beträgt das Vorgarngewicht 250 g/100 m, so errechnet sich der Verzug zu:

$$V = \frac{250}{33} = 7{,}6 \,,$$

dem ein Verzugswechselrad von

$$V_W = \frac{251{,}4}{7{,}6} = 33$$

entspricht.

Somit ergibt sich nach Gl. (1) die Umlaufzahl des Streckzylinders zu:

$$n_A = 1{,}7575 \cdot 37 = 65{,}03 \text{ Uml./min}$$

und nach Gl. (2) die Lieferung

$$L_A = 22{,}074 \cdot 37 = 816{,}74 \text{ Zoll/min},$$

bzw.

$$= 0{,}5606 \cdot 37 = 20{,}74 \text{ m/min.}$$

Danach erhält man die stündliche Produktion einer Spindel zu:

$$L = 20{,}74 \cdot 60 = 1244{,}4 \text{ m/Sph} , \quad \text{oder} \quad L_\text{g} = \frac{1244{,}4}{3} = 414{,}8 \text{ g/Sph} .$$

Demnach ergibt sich bei 72 Spindeln eine Tagesproduktion einer ganzen Spinnseite bei 9 stündiger Arbeitszeit:

$$L_\text{kg} = 0{,}4148 \cdot 9 \cdot 72 = 268{,}8 \text{ kg.}$$

Diese Produktion verringert sich noch erheblich infolge der durch den oben beschriebenen Spulenwechsel bedingten Stillstände der ganzen Maschine, sowie infolge von Verlusten, die an den einzelnen Spindeln durch gerissene Fäden entstehen. Auf diese verschiedenen, den Ausnützungsgrad einer Maschine bestimmenden Einflüsse wird später noch zurückzukommen sein.

Nach Gl. (7) berechnet sich die Umlaufzahl des Einzugszylinders zu

$$n_E = 0{,}010356 \cdot 37 \cdot 33 = 12{,}64 \text{ Uml./min} ,$$

nach Gl. (8) die Einzugslänge des Zylinders

$$L_E = 0{,}0878 \cdot 37 \cdot 33 = 107{,}2 \text{ Zoll/min} = 2{,}72 \text{ m/min.}$$

Endlich ergibt sich nach Gl. (10) die Umlaufzahl der Herzscheibe (Zahl der Doppelhübe)

$$n_H = 0{,}000863 \cdot 37 \cdot 33 = 1{,}0537 \text{ Uml./min.}$$

Bei einem Spulenbankhub von $H_s = 4\frac{1}{4}'' = 108$ mm errechnet sich somit die mittlere Wagengeschwindigkeit zu:

$$W = 1{,}0537 \cdot 2 \cdot 4\frac{1}{4}'' = 8{,}96 \text{ Zoll/min} = 0{,}2275 \text{ m/min.}$$

Der Hub der Herzscheibe H und damit die Exzentrizität $e = \dfrac{H}{2}$, vgl. die schematische Darstellung Abb. 401, ergibt sich aus der Hebelübersetzung und dem Verhältnis der Kettenrollendurchmesser R und r unter Berücksichtigung der Kettenstärke von $^7/_{16}''$ zu:

$$H = \frac{H_2 \cdot (R + {}^7/_{16}'') \cdot H_s}{H_1 \cdot (r + {}^7/_{16}'')} = \frac{250 \cdot 303 \cdot 108}{565 \cdot 106} = 136 \text{ mm}$$

und

$$e = \frac{136}{2} = 68 \text{ mm} .$$

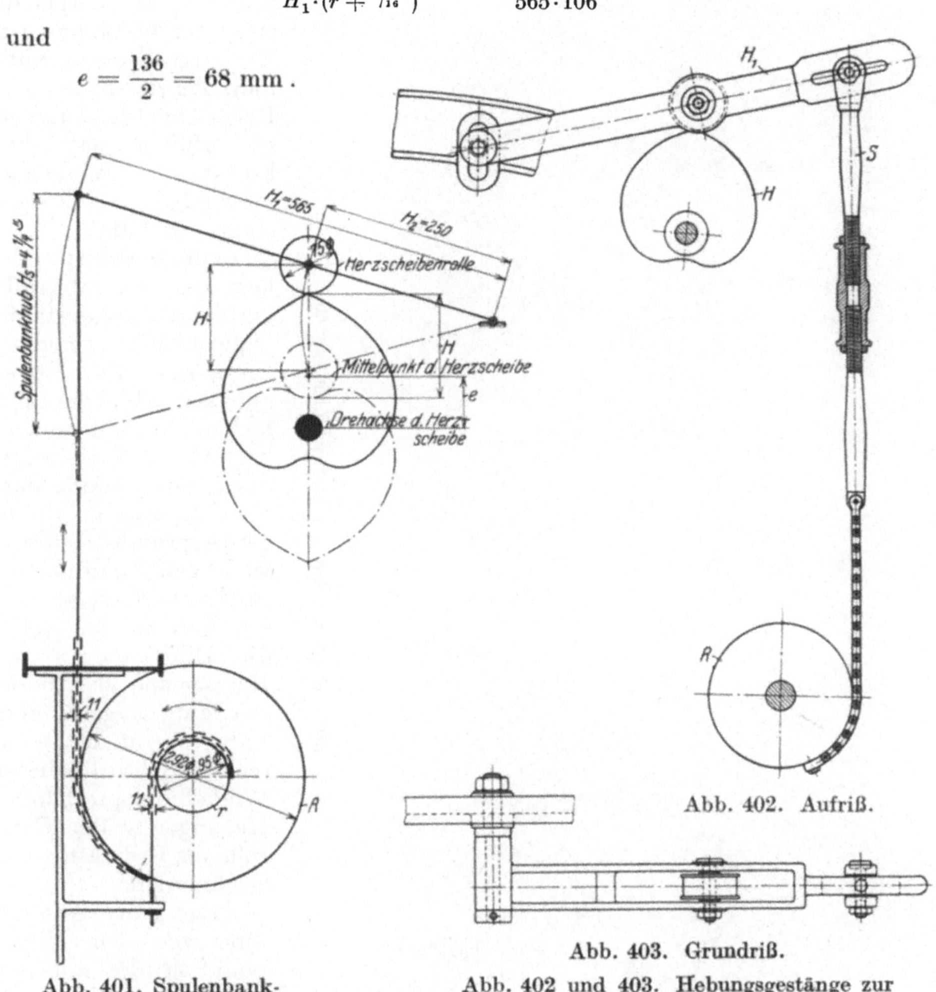

Abb. 401. Spulenbankbewegung.

Abb. 402 und 403. Hebungsgestänge zur Herzscheibe.

Zur genauen Einregulierung des Spulenbankhubes ist der Verbindungsbolzen der Stange S mit dem Hebel H_1, vgl. Abb. 385, sowie die Abb. 402 und 403, in einem horizontalen Schlitz dieses Hebels verstellbar angeordnet, so daß das Hebelverhältnis $\dfrac{H_2}{H_1}$ je nach Bedarf verändert werden kann. Außerdem kann die Länge der aus zwei Hälften bestehenden Verbindungsstange S durch Verstellen der Überwurfmuttern verändert und dadurch der Spulenbankhub genau eingestellt werden, vgl. Abb. 402. Die Herzscheibenrolle läuft lose auf einem seitlich am Hebel H_1 vorstehenden Bolzen. Neuerdings wird Hebel H_1 gegabelt ausgeführt, so daß die Rolle zwischen beide Gabelarme zu liegen kommt, vgl. Abb. 403. Auf diese Weise wird einseitiger Druck auf den Rollenbolzen vermieden.

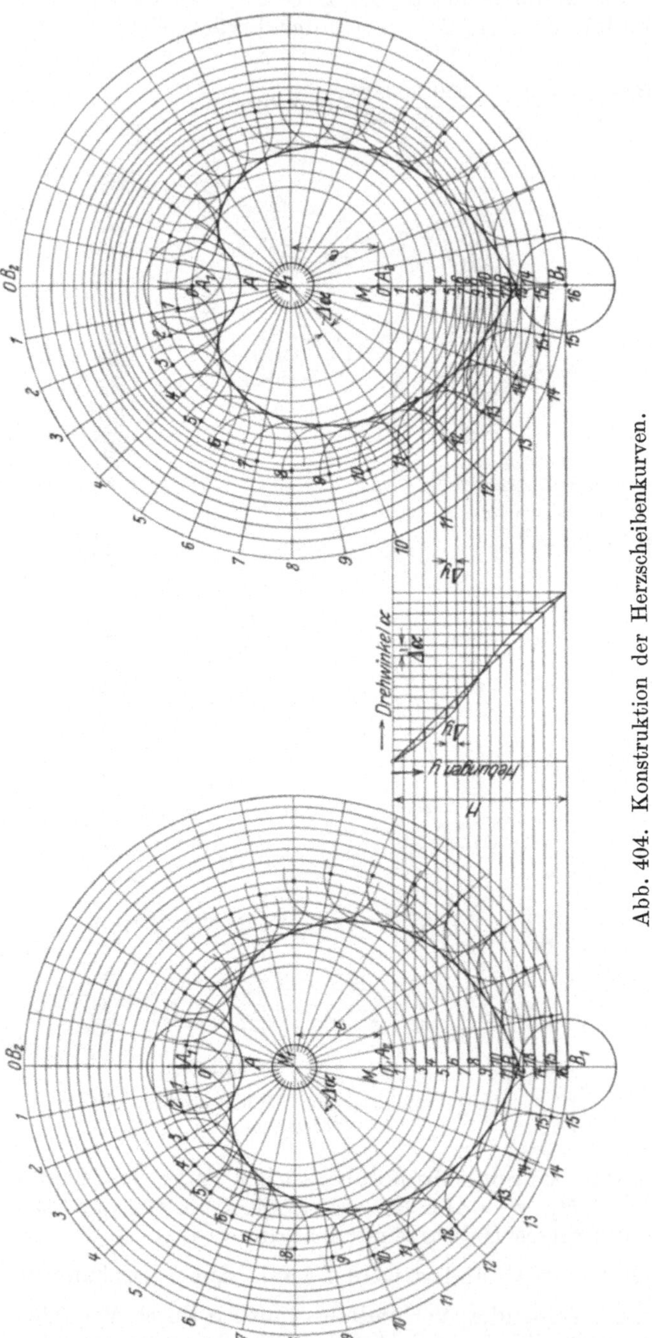

Abb. 404. Konstruktion der Herzscheibenkurven.

Die Form der Herzscheibe läßt sich für zylindrisch geformte Garnkörper in einfacher Weise aus der Erwägung heraus ermitteln, daß die rotierende Herzscheibe die Aufgabe zu erfüllen hat, bei konstanter Winkelgeschwindigkeit eine konstante Hebungs- bzw. Senkungsgeschwindigkeit der Exzenterrolle und damit eine konstante Spulenbankbewegung auszulösen. Das Bewegungsschaubild der Spulenbank wird demnach, wie Abb. 404 Mitte, zeigt, durch eine Gerade dargestellt, welche durch den Ursprung eines rechtwinkligen Koordinatensystems verläuft, auf dessen horizontaler Achse die Drehwinkel α der Herzscheibe als Abszissen aufgetragen sind, während auf der senkrechten Achse die diesen Winkeln entsprechenden Hebungen y der Herzrolle als Ordinaten verzeichnet sind.

Trägt man in Abb. 404 links von dem Mittelpunkt M des mit $AB = 217$ mm angenommenen senkrechten Durchmessers der Herzscheibe die Exzentrizität $e = 68$ mm ab, dann erhält man den Drehungsmittelpunkt M_1 der Herzscheibe. Dem tiefsten Berührungspunkt A der Herzscheibenrolle mit der Herzscheibe entspricht der Rollenmittelpunkt A_1, wobei der Rollendurchmesser mit 75 mm angenommen ist; entsprechend ist B_1

der Mittelpunkt der Rolle in ihrer höchsten Stellung zur Herzscheibe. Beschreibt man um M_1 zwei Kreise mit den Halbmessern M_1A_1 und M_1B_1, so erhält man auf der Mittelpunktsvertikalen die Punkte A_2 und B_2, und es ergibt sich:

$$\text{Hubhöhe } H = B_1B_2 - A_1B_1 = 2M_1B_1 - 2MB_1 = 2e.$$

Somit ist die Hubhöhe $H = $ der doppelten Exzentrizität e des Herzexzenters. Teilt man die Strecke A_2B_1 in eine Anzahl gleicher Teile, etwa 0 bis 16 ein, und die Halbkreise über B_1B_2 nach links und nach rechts je in die gleiche Anzahl Teile 0 bis 16, so ergeben die Schnittpunkte der um M_1 geschlagenen Kreise, deren Halbmesser durch die Teilpunkte 0 bis 16 gegeben sind, mit den zugehörigen Radien nach den Kreisteilpunkten 0 bis 16 die entsprechenden Mittelpunkte 0 bis 16 der Herzrolle, die in der Abb. 404 durch schwarze Punkte gekennzeichnet sind. Die gesuchte Exzenterform selbst ergibt sich als Berührungskurve oder Umhüllende der Herzrollenkreise. Aus der Konstruktion dieser Kurve erfolgt ohne weiteres, daß, da den gleichen Drehwinkeln $\Delta\alpha$ der Herzscheibe gleiche Teilabstände Δy des Herzscheibenhubes H, d. h. gleiche Hebungen der Herzrolle entsprechen, eine gleichmäßige Spulenbankhebung und Senkung mit jeder ganzen Umdrehung der Herzscheibe vermittelt wird.

Soll zur Erzeugung bombierter oder bauchiger Garnkörper eine periodische Veränderlichkeit der Spulenbankbewegung für jeden Hub eintreten, dann muß der Herzexzenter so konstruiert werden, daß in dem Bewegungsdiagramm, Abb. 404, Mitte, die Bankbewegung nicht durch eine Gerade, sondern durch eine Kurve dargestellt wird, die in der ersten Hälfte des Bankhubes von der untersten Stellung bis zur Mittelstellung konkav, in der 2. Hubhälfte bis zur obersten Spulenbankstellung konvex zur Abszissenachse verläuft. Die Teilabstände Δy sind demnach nicht mehr unter sich gleich, sondern sie nehmen von einem Größtwert bei Beginn der Spulenbankbewegung allmählich ab bis zur Mitte des Hubes, um dann wieder bis zu einem Höchstwert am Ende des Hubes zuzunehmen, während die zugehörigen Drehungswinkel $\Delta\alpha$ gleich bleiben. Bei der Abwärtsbewegung der Spulenbank wiederholt sich der gleiche Vorgang in entgegengesetzter Richtung. Die Konstruktion der Herzkurve, deren Form gegenüber der vorhergehenden etwas abweicht, zeigt Abb. 404 rechts.

Von besonderer Bedeutung für das Gelingen des Spinnprozesses ist die Stellung der

Vorgarn- oder Brustplatte,

die zusammen mit dem Streckwerk in den Abb. 405 bis 407 nochmals im einzelnen dargestellt ist. Wie bereits erwähnt, dient diese Platte zur Unterstützung des das Streckfeld durchlaufenden Vorgarnfadens. Die Platte ist so angebracht, daß sie vom Vorgarn unter einem gewissen Winkel geschnitten bzw. umspannt wird. Infolge der hierdurch verursachten Reibung bleibt der Draht des aus den Einzugswalzen kommenden Vorgarnes bis zur Berührungsstelle an der Platte größtenteils erhalten. Das vollständige Aufdrehen und damit in Verbindung auch das Verziehen erfolgt somit erst zwischen dieser Stelle und dem Klemmpunkt der Streckwalzen, während dieser Prozeß beim Fehlen der Platte bereits nach Verlassen der Einzugswalzen einsetzen und sich über die ganze Streckweite verteilen würde. Die Platte hat also nicht nur den Zweck, der Unterstützung des im Streckprozeß befindlichen Vorgarnes zu dienen, sondern insbesondere eine Möglichkeit zur Regulierung bzw. Verkürzung der durch den Klemmpunktsabstand der Einzugs- und Streckwalzen nur einseitig für die längsten Fasern festgelegten Streckweite zu schaffen, wodurch auch den zahlreich im Band vorkommenden kürzeren Fasern der Zusammenhalt noch gewährleistet ist. Aus dieser Zweckbestimmung

heraus ergibt sich von selbst die Notwendigkeit der Verstellbarkeit der
Platte, um dadurch den je nach Dicke und Drehung des Vorgarnes, Art und Länge
des Fasermaterials, Größe der Verzüge, Nummer und Drehung des Feingarnes
wechselnden Verhältnissen Rechnung tragen zu können.

Wie die Abb. 384 zeigt, hat jeder Kopf seine eigene Vorgarnplatte, doch
sitzen sämtliche Platten fest auf einer gemeinschaftlichen, über die ganze Maschine
durchlaufenden Rundstange *1*, vgl. Abb. 405 und 406, die in auf den Streckwerksböcken *b* verschiebbaren Schlitten *2* gelagert ist und durch einen am Antriebsende
der Maschine aufgesetzten Handhebel *3* nach Lösen der in einem Radialschlitz *4*
geführten Befestigungsschraube *5*, vgl. Abb. 407, gedreht werden kann. Außer

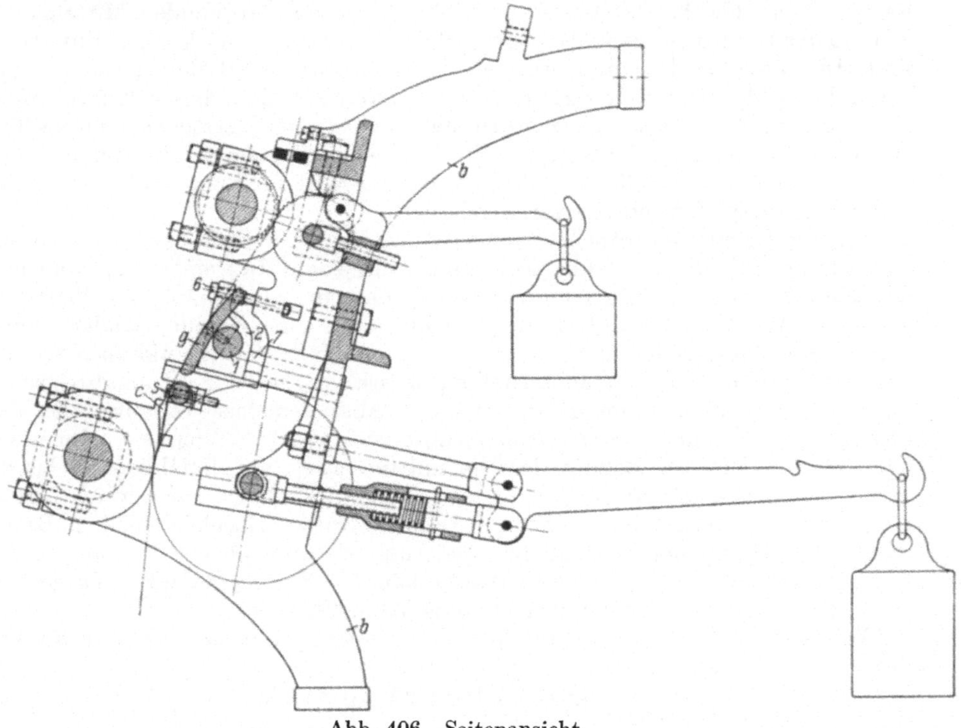

Abb. 406. Seitenansicht.

Abb. 405 bis 407. Vorgarnplatte mit

dieser Drehbewegung, die alle Platten gleichzeitig mitmachen, können diese auch
noch durch Verschiebung ihrer Lager *2* mittels Stellschrauben *6* vor- und rückwärts gestellt werden. Da hierbei jeder Lagerschlitten für sich verschoben wird,
so bedient man sich am besten eines Stichmaßes, um eine einheitliche Stellung
sämtlicher Platten zu erreichen. Wie Abb. 407 zeigt, sind die Lagerschlitten *2*
außerdem noch mit Bolzen *7* versehen, die bei der Verschiebung in entsprechenden
Bohrungen in den Streckwerksböcken *b* gleiten und so den Lagerschlitten als
Führung dienen.

Naturgemäß hat jede Verstellung der Vorgarnplatte auch eine Verschiebung
der Leitbleche *c* zur Folge. Zu diesem Zweck ist die Stange *s*, an welcher die Leitbleche aufgehängt sind, in entsprechenden Schlitzen der Streckwerksböcke *b*
mittels Stellschrauben verschiebbar angeordnet vgl. Abb. 406.

Welche Platten- und Leitblechstellung die richtige ist, kann nur im praktischen

Betriebe ausprobiert werden. Im allgemeinen stellt man bei geringwertigerem Fasermaterial mit einer verhältnismäßig großen Zahl kurzer Fasern und bei schwachgedrehtem, feineren Garn die Platte so ein, daß deren Unterkante nach vorn gedreht wird, so daß das Vorgarn über diese Kante abläuft. Dadurch wird die Streckweite kürzer, der Draht bleibt länger im Vorgarn, und demgemäß bleibt beim Strecken der Zusammenhalt der Fasern gewahrt, so daß die gefürchteten „schnittigen" Stellen, d. h. abwechselnd sehr dünne und dicke Stellen im Feingarn vermieden werden. Allerdings ist bei dieser Plattenstellung zu beachten, daß dem Vorgarn noch genügend Zeit zum Aufdrehen gelassen wird. Ist das nicht der Fall, und hat das Vorgarn in dem Augenblick, da es von den Streck-

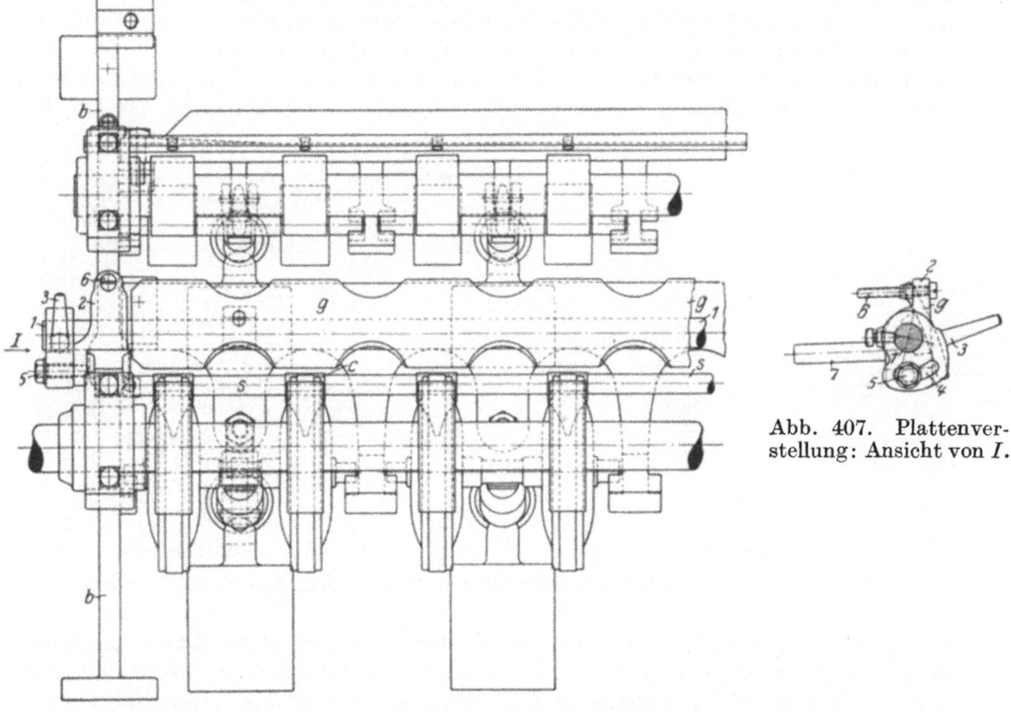

Abb. 407. Plattenverstellung: Ansicht von *I*.

Abb. 405. Vorderansicht.

Streckwerk zur Feinspinnmaschine.

walzen erfaßt wird, noch annähernd seinen vollen Draht, dann reicht die Pressung der Einzugswalzen nicht mehr aus, das Vorgarn zurückzuhalten, sondern es läuft unverzogen durch die Streckwalzen mit deren Umfangsgeschwindigkeit ab. Diese Gefahr des „Durchlaufens" („run") des Vorgarnes besteht besonders bei gröberen Garnen und starkgedrehtem Vorgarn. Man muß in diesem Fall die Platte so drehen, daß das Vorgarn mehr über die obere Plattenkante abläuft. Bei 5- und 6"-Maschinen für ganz grobe Garne fehlt meist die Platte ganz, und an ihre Stelle tritt eine runde Stange, über die das Vorgarn in verhältnismäßig scharfem Winkel abläuft. Für die feineren Garnnummern, z. B. Nr. 3 bis 3,6 m/g Kettdrehung wird normalerweise der Platte eine Mittelstellung erteilt, so daß das Vorgarn zwischen Einzugs- und Streckwalzen durch den mittleren Teil der Platte gespannt gehalten wird, die in diesem Falle fast über ihre ganze Breite berührt wird. Bei dieser Stellung bleibt genügend Zeit zur Auflösung des Drahtes im Vorgarn, ohne daß Abreißen des Faserbandes oder Durchlaufen des ungestreckten Vorgarnes zu befürchten wäre.

Aus den Abb. 405 und 406 geht weiterhin die konstruktive Anordnung der bereits in den Abb. 384 und 385 angedeuteten

Belastungshebel

für die Druckwalzen zum Einzugs- und Streckzylinder hervor. Danach sind sowohl bei den Einzugs- wie bei den Streckwalzen zwischen den Streckwerksböcken *b* winkelförmige, bisweilen auch +-förmig ausgebildete gußeiserne Schienen geschraubt, an welche die Lappen zur Abstützung der Belastungshebeldrehpunkte, sowie die Tragarme für die Druckwalzenzapfen angegossen sind. Wie die Abbildungen zeigen, sitzt zwischen jedem Walzenpaar ein Belastungshebel, dessen Druck mittels nachstellbarem Gewindebolzen und Rotgußdrucksattel auf die Mitte der Walzenachse übertragen wird, während die beiden Endzapfen der Walzenpaare auf an die Tragarme bzw. an die Streckwerksböcke angegossenen, leicht geneigten Führungen gleiten. Wie Abb. 406 weiterhin zeigt, ist bei den

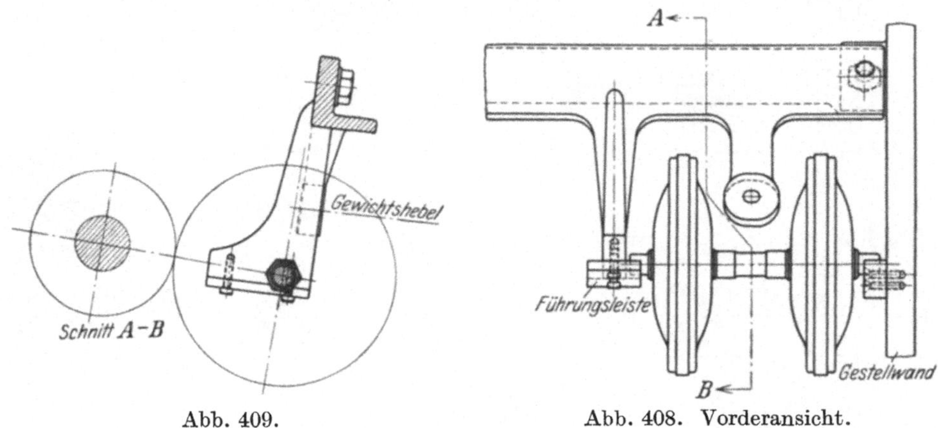

Abb. 409.   Abb. 408. Vorderansicht.

Abb. 408 und 409. Führungsleisten zu den Druckwalzen des Streckzylinders.

Druckwalzen zum Streckzylinder zwischen dem Drucksattel der Walzenachse und dem Druckbolzen des Belastungshebels noch eine Spiralfeder zwischengeschaltet, um eine möglichst elastische Nachgiebigkeit der Druckwalzen bei den unvermeidlichen Ungleichheiten des zwischen den Streckwalzen durchlaufenden Fasermateriales zu erzielen. Wie die Erfahrung zeigt, sind die Führungsbahnen für die Zapfen der Druckwalzen zum Einzugs- und insbesondere zum Streckzylinder einer starken Abnützung unterworfen. Von besonderem Nachteil ist es, wenn diese Führungsleisten sich einseitig abnützen, so daß die Walzenachsen nicht mehr genau horizontal liegen und dadurch ein ungleichmäßiger Druck der einzelnen Walzen eines Druckwalzenpaares entsteht. Um lästige und zeitraubende Reparaturen zu vermeiden, werden an neueren Maschinen diese Führungsleisten auswechselbar mit Kopfschrauben an den Tragarmen befestigt, vgl. die Abb. 408 und 409.

Unterhalb der Belastungshebel für die Druckwalzen zum Streckzylinder ist eine Rundstange über die ganze Maschine zwischen den Gestellwänden durchgezogen (vgl. Abb. 385), auf welche sich die Belastungshebel auflegen können, wenn beispielsweise ein Auswechseln der Druckwalzenpaare zwecks Abdrehens stattfinden muß. Während des Betriebes müssen natürlich die Belastungshebel frei spielen können; sie dürfen keineswegs auf dieser Absetzstange aufliegen. Letzterer Fall kann insbesondere eintreten, wenn die Holzwalzen durch häufiges

Abdrehen im Durchmesser erheblich kleiner geworden sind und das Nachstellen der Belastungshebel versäumt wird. Um Beschädigungen der Blechtrommeln des Bandantriebes durch herabfallende Gewichte zu vermeiden, findet man bisweilen unterhalb der Belastungsgewichte starke Holzbohlen angebracht. Besser ist es, die Gewichte an den Belastungshebeln so sicher anzubringen, daß ein Herunterfallen ausgeschlossen ist. An neueren Maschinen, z. B. an der in Abb. 451, Seite 498 dargestellten Mackie-Maschine werden die

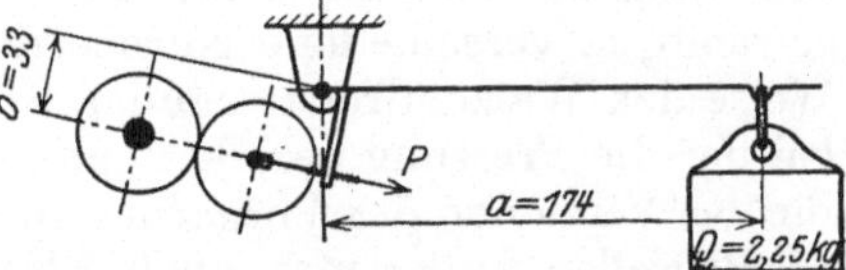

Abb. 410. Hebelbelastung der Druckwalzen für den Einzugszylinder.

Belastungshebel an ihrem hinteren Teil noch zwischen 2 Führungsgabeln geführt, die auf der Rundstange aufgeklemmt sind.

Die Berechnung der

Pressung der Druckwalzen

für den Einzugs- und den Streckzylinder ergibt sich mit Bezugnahme auf die schematischen Abb. 410 und 411 in einfacher Weise nach dem Hebelgesetz aus

$$Q \cdot a = P \cdot b.$$

Somit erhält man für den Einzugszylinder mit den in Abb. 410 eingeschriebenen Maßen und unter Berücksichtigung, daß die Gewichtsbelastung sich stets auf zwei, auf gemeinschaftlicher Achse sitzende Druckwalzen verteilt, die Pressung für jede Walze zu:

$$P = \frac{2,25 \cdot 174}{33 \cdot 2} = 5,9 \text{ kg}.$$

Bei einer Walzenbreite von $1\frac{1}{2}'' = 38$ mm ergibt sich die Pressung auf 1 cm Walzenbreite zu

$$P_{cm} = \frac{5.9}{3,8} = 1,55 \text{ kg/cm}.$$

Dieser Druck genügt dank der tiefen Riffelung der Einzugswalzen, um das eingezogene Vorgarn festzuhalten.

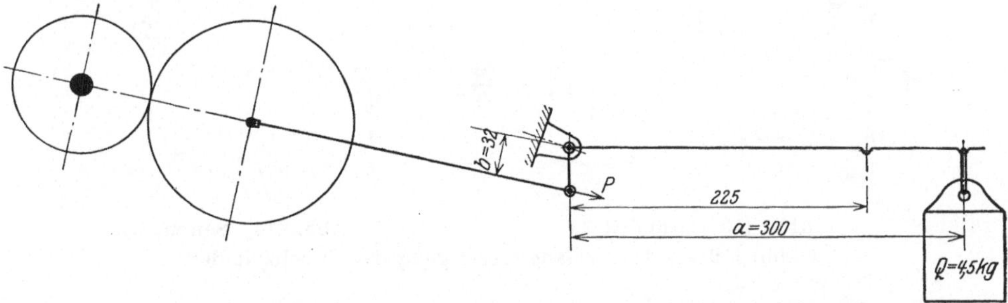

Abb. 411. Hebelbelastung der Druckwalzen für den Streckzylinder.

Für den Streckzylinder, Abb. 411 erhält man in gleicher Weise die Pressung für jede Walze zu:

$$P = \frac{4,5 \cdot 225}{32 \cdot 2} \text{ bis } \frac{4,5 \cdot 300}{32 \cdot 2} = 15,8 \text{ bis } 21,1 \text{ kg}.$$

Bei der geringen Breite der Holzdruckwalzen an der Berührungsstelle mit dem Streckzylinder von nur 12 mm ergibt sich eine spezifische Pressung für 1 cm Walzenbreite von:

$$P_{cm} = \frac{15,8}{1,2} \text{ bis } \frac{21,1}{1,2} = 13,2 \text{ bis } 17,6 \text{ kg/cm}.$$

Während bei den Einzugswalzen die Druckgewichte in der Regel auf dem Belastungshebel nicht verschiebbar sind, sondern die einmal eingestellte Druckbelastung beibehalten wird, kann man bei den Streckwalzen die Belastungsgewichte in verschiedene Kerben des Belastungshebels einhängen und auf diese Weise den Walzendruck regulieren. Man wird hierbei diejenige Stellung wählen, bei der die Pressung gerade noch hinreicht, um eine genügende Klemmwirkung für das Verziehen des Vorgarnes zwischen den Streckzylinderwalzen zu erzeugen.

Bisweilen findet man auch Blatt- oder Spiralfedern zur Erzeugung des Anpressungsdruckes an Stelle von Gewichten. Doch ist die Veränderung des Druckes bei der Gewichtsbelastung durch Verschiebung der Gewichte

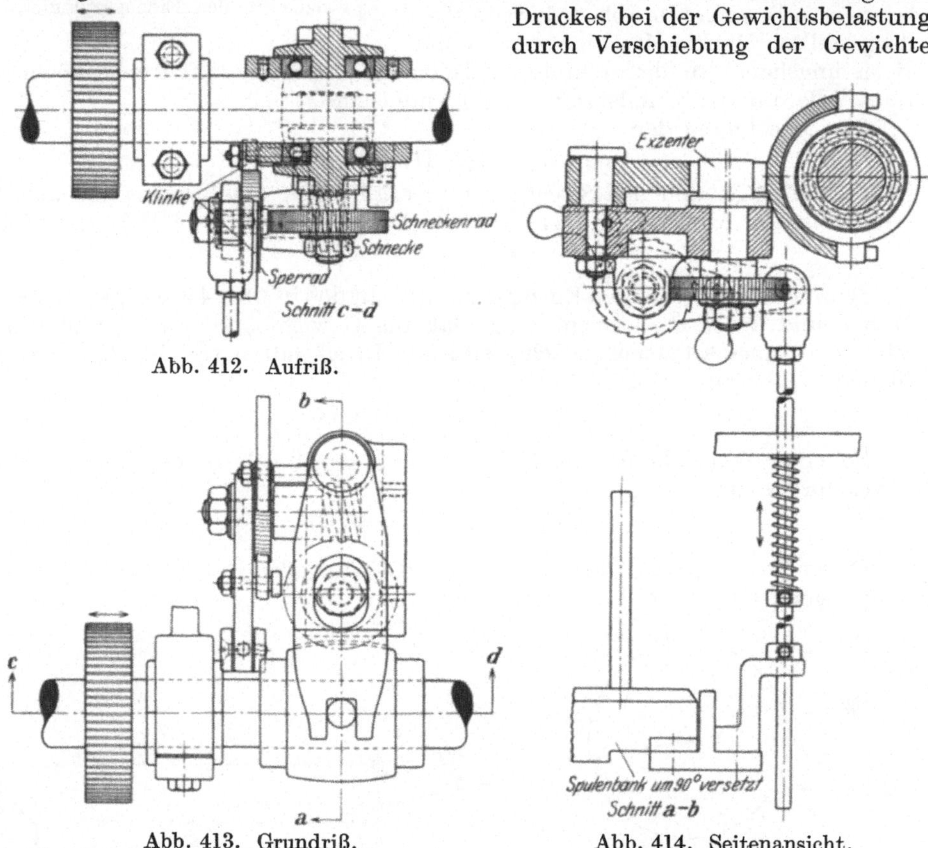

Abb. 412. Aufriß.

Abb. 413. Grundriß.   Abb. 414. Seitenansicht.
Abb. 412 bis 414. Changierbewegung des Streckzylinders.

einfacher und augenfälliger als die Regulierung der Federspannung, die zu beurteilen viel schwieriger ist. Was zuviel an Belastung gegeben wird, geht auf Kosten der Lebensdauer der Druckwalzen und verursacht unnötigen Kraftverbrauch.

Selbst bei Verwendung härtesten Gußeisens für die Streckzylinderrollen graben sich bei der starken Walzenpressung und der abnützenden Einwirkung des durchlaufenden Fasermateriales nach einer gewissen Zeit Rillen ein, die ein Abdrehen dieser Walzen notwendig machen. Um diesen Abnützungsprozeß auf ein Mindestmaß zu beschränken, wird daher ähnlich wie bei den Vorspinnmaschinen dem Zylinder eine langsam hin- und hergehende Axialbewegung erteilt. Die Abb. 412 bis 414 zeigen eine solche

Changiervorrichtung für den Streckzylinder

einer Feinspinnmaschine. Eine an der auf- und absteigenden Spulenbank befestigte vertikale Schaltstange versetzt ein Schaltrad mittels einer Klinke in langsame Drehbewegung, die über eine Schnecke und Schneckenrad auf einen Exzenter übertragen wird, der seine Bewegung wiederum durch einen Gabelhebel auf eine am Endzapfen des Streckzylinders sitzende, mit je einem Druckkugellager und Stellring rechts und links versehene Muffe überträgt. Die dem Streckzylinder auf diese Weise übertragene Axialbewegung beträgt hier ½″; sie darf keinesfalls die Breite der Lieferwalzen abzüglich der Breite der zugehörigen Druckwalzen überschreiten, da sonst die Druckwalzen in den Endstellungen des Zylinders nicht mehr über ihre ganze Breite aufliegen würden.

Bei dem Einzugszylinder wird die vorzeitige Abnutzung der Walzen durch eine Changierbewegung der Fadenleitschiene verhindert, so daß der Vorgarnfaden nicht immer an der gleichen Stelle durch die Einzugswalzen läuft. Diese Vorrichtung, die wesentlich

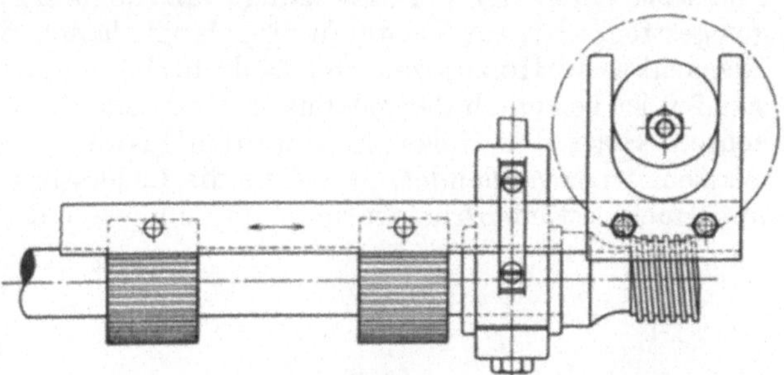

Abb. 415. Changierbewegung der Fadenleitschiene.

einfacher als die des Streckzylinders ist, ist aus Abb. 415 ersichtlich. Die Exzentrizität des die Verschiebung herbeiführenden Exzenters, der seine Bewegung vom Einzugszylinder über Schnecke und Schneckenrad erhält, beträgt etwa 7 mm, so daß sich eine Verschiebung der Leitschiene von 14 mm ergibt.

Von weiteren Einzelheiten sind noch zu nennen

die Leitbleche oder Blechkonduktoren c,

die in Abb. 416 nochmals einzeln dargestellt sind. Die seitlichen Lappen der Leitbleche müssen so angebracht sein, daß ihre Mittelebene genau mit der Mittelebene der Druckwalzen zusammenfällt, da sonst andernfalls das Garn seitlich der Druckwalzen ablaufen könnte. Die Seitenbleche der Leitbleche müssen

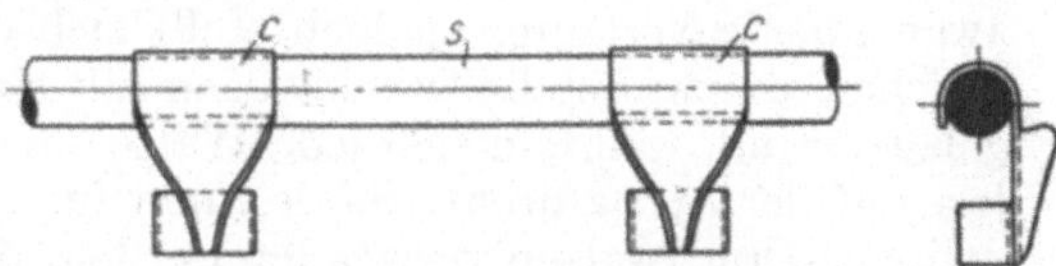

Abb. 416. Fadenleitbleche.

dem Profil der Streckwalzen angepaßt sein; auf keinen Fall dürfen die Leitbleche verkantet sitzen, da sich sonst leicht Riefen in die Streckzylinder einarbeiten. Einen besonders sicheren Sitz der Leitbleche gewährt die in Abb. 417 dargestellte Befestigung mittels einer federnden Klammer, wie sie Mackie verwendet. Durch die Feder 1 von hohlgebogenem Querschnitt wird durch den auf der Stange s verschiebbaren Ring 2

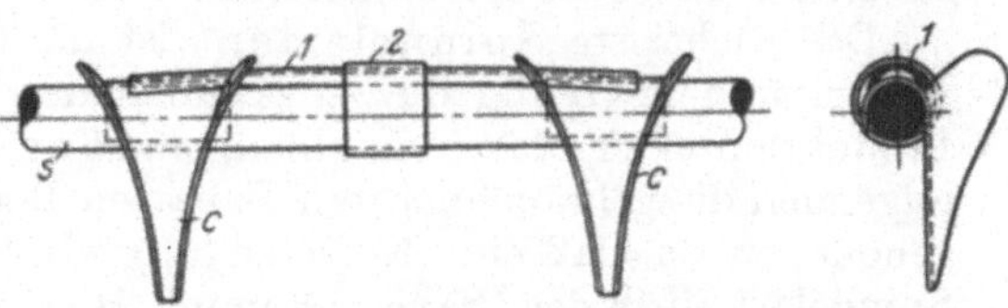

Abb. 417. Leitbleche mit Federklammer.

der zum Festhalten je zweier Fadenführer erforderliche Preßdruck ausgeübt, so daß nach genauer Einstellung ein absolut sicheres Festhalten der Fadenführer gewährleistet ist.

Abb. 418 zeigt die

Druckwalzen zum Streckzylinder

in üblicher Ausführung mit achteckig geformter Kernachse, um das Verdrehen der Walzenkörper auf der Achse zu vermeiden. Als Material wird nur bestes ausgesuchtes Ahornholz gewählt, das eine mehrjährige Lagerung durchgemacht hat. Die während dieser Lagerzeit entstandenen Schwindrisse werden durch Einleimen von Keilstücken beseitigt. In Abb. 419 ist eine neuerdings viel verwendete Ausführung dieser Walzen dargestellt, bei denen, um das häufige Abdrehen der Holzwalzen zu ersparen, ein schmaler, endloser Lederstreifen von 10 mm Breite und 6 mm Stärke in eine entsprechend in das Walzenprofil eingedrehte Rille eingelegt ist. Unter der Voraussetzung, daß nur bestgeeignetes Leder, das vor allem gut gestreckt ist, zur Verwendung gelangt, lassen sich auf diese Weise erhebliche Ersparnisse an Holzwalzen und Abdreherlohn erzielen. Beim Einlegen der Lederstreifen ist bezüglich der geleimten Stoßstelle die Drehrichtung der Walze zu beachten. Statt der Holzwalzen werden bisweilen auch aus Stahlblech gepreßte Walzenkörper verwendet, in welche die Lederstreifen eingelegt werden. Versuche mit Hochkantlederdruckwalzen, ähnlich wie bei den Vorspinnmaschinen, sind

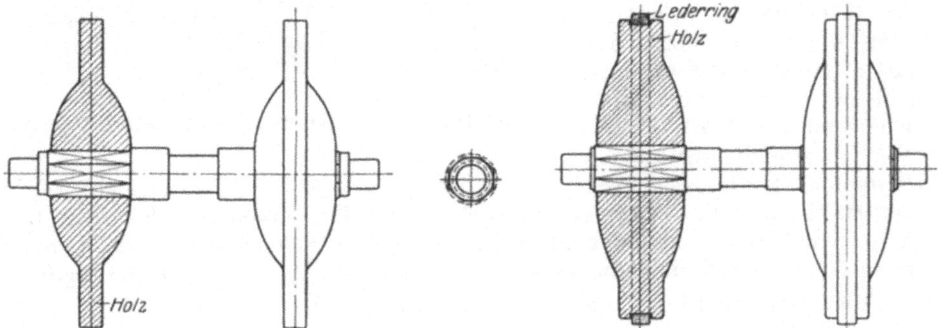

Abb. 418. Holzdruckwalzen.   Abb. 419. Holzdruckwalzen mit Lederringen.

zwar günstig verlaufen, jedoch stellt sich die Ausführung erheblich teurer. Das gleiche trifft zu für die Druckwalzen mit Kugellagern, bei denen die Achsen festgelagert sind, während sich jede Walze eines Paares unabhängig von der anderen lose auf der Achse dreht. Sie können für die Einzugs- wie auch für die Streckzylinder-Druckwalzen verwendet werden, doch hat sich ihre Einführung infolge der höheren Kosten bis jetzt nicht durchgesetzt. Welche Art Druckwalzen auch Verwendung finden mag, so ist es auf jeden Fall zur Verlängerung ihrer Lebensdauer ratsam, bei längeren Maschinenstillständen die Walzen zu entlasten bzw. diese aus der Maschine zu nehmen.

Das wichtigste Spinnelement ist die Spindel mit Flügel, da von ihrer Bauart und Lagerung die zu erreichenden Umlaufzahlen und damit auch die Produktion einer Maschine abhängen. Entsprechend ihrer Bedeutung sollen im folgenden die gebräuchlichsten Bauarten Berücksichtigung finden, wobei vorweg genommen sei, daß eine Entscheidung über den Wert und die Bedeutung einer Spindelart allein der Praxis zukommt. Hierbei spielen aber so zahlreiche Momente eine Rolle, z. B. Fasermaterial, Art der Verarbeitung und der Maschineneinrichtung insbesondere mit Bezug auf die Vorbereitung, Arbeiterverhältnisse usw., daß es nicht verwunderlich ist, daß die Meinungen der Fachleute oft weit auseinander gehen. Auch bestehen neben den im folgenden beschriebenen Spindelarten noch zahlreiche Variationen, so daß heute bereits eine Überfülle von Spindeln auf den Markt kommt, ein Beweis dafür, daß auch hier ein Alleinheilmittel noch nicht gefunden ist.

3. Die gebräuchlichsten Bauarten der Flügelspindeln und deren Lagerung.

a) Die gewöhnliche Spindel mit getrennten Hals- und Fußlagern.

Die bereits besprochene und in Abb. 386, S. 438, dargestellte gewöhnliche Spindelkonstruktion, die auch kurzweg als „englische" Spindel bezeichnet wird, weil die älteren englischen Maschinen sämtlich mit ihr ausgerüstet sind, weist verschiedene Nachteile auf, die eine weitere Steigerung ihrer Umlaufzahl nicht zulassen. Zunächst läßt die Schmierung der einfachen Fuß- und Halslager viel zu wünschen übrig. Insbesondere die Halslager müssen mehrmals täglich geschmiert werden, und trotz des damit verbundenen großen Ölverbrauches tritt im Laufe der Zeit unter der Einwirkung des starken einseitigen Band- oder Schnurzuges eine erhebliche Abnützung der Lagerflächen ein. Die Folge ist, daß der Konus des Spindelschaftes im Halslager allmählich Spiel bekommt, und wenn gleichzeitig durch Abnützung des Fußlagers ein Senken der Spindel eintritt, so ist unruhiger Lauf, das sog. Schlagen und „Schwirren" der Spindel unvermeidlich, das naturgemäß eine erhöhte Zahl von Fadenbrüchen zur Folge hat. Da hierbei die Rotationsachse der Spindel nicht mehr mit der geometrischen Achse übereinstimmt, werden Fliehkräfte wachgerufen, welche bei der hohen Schwerpunktslage der Spindel mit dem an ihrer Spitze sitzenden schweren Flügel zusätzliche Beanspruchungen hervorrufen, die bekanntlich mit dem Quadrat der Umlaufzahl zunehmen und die den Abnützungsprozeß an den Lagern und das Schlagen der Spindeln noch beschleunigen. Obwohl eine sorgfältige Wartung, die insbesondere in der Beseitigung des Spiels im Halslager und Fußlager durch Nachsetzen der Halslager und in rechtzeitigem Auswechseln einseitig ausgelaufener Hals- und Fußlager besteht, diese Nachteile auf ein Mindestmaß beschränken kann, kommt man nicht über eine gewisse maximale Umlaufzahl hinaus. Diese beträgt für $3\frac{3}{4} \times 3\frac{3}{4}''$-Maschinen etwa 3200 Uml./min, sofern es sich um neue, gut eingelaufene Spindeln handelt. Bei älteren Maschinen dagegen sinkt die Umlaufzahl für die gleiche Spindelgröße auf 2800 bis höchstens 3000.

Entsprechend kann man

für $4 \times 4\frac{1}{4}''$-Maschinen mit 2400 bis 2700 Uml./min,
für $4\frac{1}{2} \times 4\frac{1}{2}''$-Maschinen mit 1900 bis 2300 Uml./min, und
für $\left.\begin{array}{l}5 \times 5'' \\ 5 \times 6''\end{array}\right\}$-Maschinen mit 1500 bis 1800 Uml./min rechnen.

Neben dieser Beschränkung der Spindelumlaufzahl und dem großen Schmierstoffverbrauch spielt auch der durch diese Spindelkonstruktion bedingte erhöhte Kraftaufwand eine nachteilige Rolle. Nach den Versuchen von Dr. Frenzel[1] benötigte eine 80spindlige Lawson-Maschine $3\frac{3}{4}''$ mit gewöhnlichem Bandantrieb und bei 2800 Spindelumläufen am Montag früh beim Anlaufen, also nach längerem Betriebsstillstand, 0,150 PS/Spindel, während sich der Kraftbedarf am Nachmittag bereits auf 0,089 PS/Spindel verringerte. An den Wochentagen früh war der Kraftbedarf gegenüber Montag früh geringer, betrug aber immer noch 0,118 PS/Spindel. Danach ist der Kraftbedarf einer Spinnmaschine ganz erheblichen Schwankungen, bis zu 60% und mehr, je nach dem Betriebszustand der Maschinen, unterworfen. Es ist bekannt, daß besonders bei feuchtem Wetter die aus Baumwolle hergestellten Spindelbänder oder Schnüre sich straffer spannen,

---

[1] Leipz. Monatsschr. Textilind. 1920, H. 9.

wozu noch die vermehrte Dickflüssigkeit des Schmieröles nach längerem Stillstand und bei kälterer Temperatur kommt, so daß sich die Lagerreibung bedeutend
erhöht. Naturgemäß ist auch die Art und Nummer des zu spinnenden Garnes, die
Größe der Bremsung bzw. der Spannung, mit der gesponnen wurde, usw. von
Einfluß. Man hat daher bei Kraftbedarfsangaben jeweils die vorherrschenden Be-
triebszustände zu berücksichtigen und bei Festlegung der Größe der Kraftquelle
einen entsprechenden Sicherheitszuschlag zu dem bei normalem Betrieb gemessenen Kraftbedarf zu machen. Für allgemeine Verhältnisse kann man bei der
englischen Spindel mit einem durchschnittlichen Kraftbedarf von 0,1 PS/Spindel
rechnen.

Angesichts dieser Verhältnisse ist es nicht verwunderlich, daß trotz der Einfachheit und Billigkeit der gewöhnlichen Spindel die Bestrebungen der Konstrukteure in den letzten Jahrzehnten stets danach zielten, eine Spindelkonstruktion
zu finden, welche höhere Geschwindigkeiten zwecks Erhöhung der Produktion
und Ersparnis an Löhnen neben möglichster Verringerung des Kraftbedarfes zu
erreichen gestattet. Die wichtigsten dieser Konstruktionen, die sich auch im
Dauerbetrieb bewährt haben und in größerem Umfang zur Einführung gelangten,
sind im nachfolgenden aufgeführt.

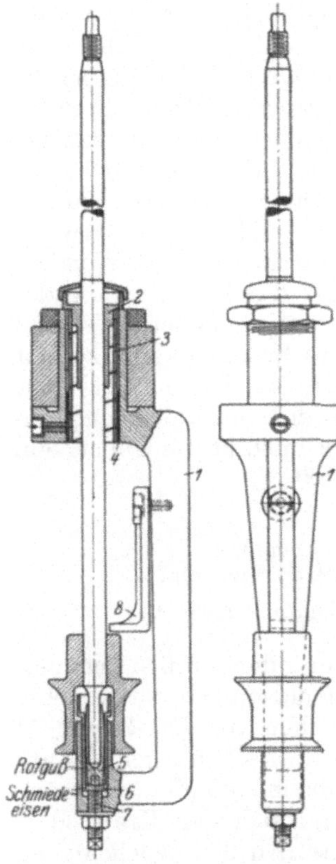

b) Die Bergmann-Spindel.

Die Erkenntnis, daß der Hauptfehler der unter a)
genannten gewöhnlichen Spindel in der starren Lagerung des schweren Spindelschaftes in dem in zwei getrennten Balken eingesetzten Hals- und Fußlagern
liegt, führte Bergmann, Meißen, in Anlehnung an die
in der Baumwoll- und Kammgarnspinnerei bestens
bewährte Flexibel- oder Gravity-Spindel zur
Konstruktion der nach ihm benannten und in den
Abb. 420 und 421 dargestellten Spindel mit federnd
nachgiebigem Halslager, wobei Hals- und Fußlager in
einem gemeinschaftlichen, in der Halslagerbank eingeschraubten Bügel untergebracht sind. Auf diese
Weise wird nicht nur die Fußlagerbank überflüssig,
sondern es wird auch eine absolut genaue, zentrische
und auch vertikale Lage der beiden Lagerachsen untereinander gewährleistet. Vor allem aber wird ein Klemmen der Spindel in den beiden festen Lagerpunkten
vermieden, wie es bisweilen bei der gewöhnlichen
Spindellagerung infolge ungleicher Erwärmung der
Halslager- und Fußlagerbank und der dadurch hervorgerufenen verschiedenartigen Formänderungen der
Fall ist.

Aus Abb. 420 ist die Verbindung des Bügels *1* mit
der Halslagerbank mittels Gewinde und Mutter ersichtlich. Das aus Rotguß bestehende Spindelhalslager *2*, dessen oberer Teil als Ölbehälter mit darauf-
sitzendem Staubdeckel ausgebildet ist, sitzt mittels
einer starken gewundenen Spiralfeder *3* aus Flachstahl
federnd in der Bohrung des in die Halslagerbank eingesetzten Bügelkopfes. Der untere Teil der Spiral-

Abb. 420. Abb. 421.
Längsschnitt. Ansicht.

Abb. 420 und 421. Bergmann-
Spindel.

feder *3* ist in eine Stahlhülse *4* eingelötet, die unten in den Bügelkopf passend eingesetzt ist und durch eine Schlitzschraube festgehalten wird, während

der obere Teil der Feder in der Bügelkopfhülse entsprechenden Spielraum hat.
Die ebenfalls aus Rotguß bestehende Fußlagerbüchse *5* sitzt in einer zweiten
Büchse *6*, die als Ölvase ausgebildet ist und unten in eine Stellschraube *7* ausläuft,
mittels welcher die Büchse *6* samt der Fußlagerbüchse im unteren Bügelkopf in
der Höhenrichtung verstellt werden kann, so daß dadurch die Höhenlage der
Spindel geändert und bestehende Ungleichheiten ausgeglichen werden können.
Die Außenfläche der Büchse *5* ist nicht zylindrisch, sondern leicht bombiert (faß-
förmig) ausgebildet, so daß sie mit dem Spindelfuß den unvermeidlichen Stößen
der Spindel ausweichen kann. Bei dieser Konstruktion ist demnach nicht nur das
Halslager, sondern auch bis zu einem gewissen Grad das Fußlager nachgiebig gelagert. Der Vorteil der federnd gelagerten Bergmann-Spindel besteht nun darin,
daß sie den auf sie wirkenden Kräften, insbesondere der Fliehkraft und dem einseitig wirkenden Bandzug nachgeben und sich ähnlich wie ein Kreisel nach einer
freien Achse einstellen kann, während im Gegensatz dazu bei der starren Lagerung ein Klemmen oder ein frühzeitiges Ausschlagen des Halslagers eintritt.
Der Antriebswirtel sitzt am unteren Ende des Spindelschaftes dicht über dem
Fußlager und greift über dieses soweit nach unten, daß die horizontale Mittelebene des Wirtels annähernd mit der entsprechenden Mittelebene des Fußlagers
zusammenfällt. Auf diese Weise erleidet die Spindel nur verhältnismäßig geringe
Biegungsbeanspruchung durch den Bandzug, während naturgemäß der Spurzapfen
desto mehr beansprucht wird. Jedoch läßt sich diese Beanspruchung durch reichliche Dimensionierung auf das zulässige Maß beschränken. Oberhalb des Wirtels
ist an dem Bügel ein Halter *8* angeschraubt, der ein Emporsteigen der Spindel verhindern soll. Dank der federnden Halslagerung erreicht die Bergmann-Spindel
Umlaufzahlen, die 15 bis 20% über den Umlaufzahlen der gewöhnlichen Spindel
liegen. Man kann mit folgenden Umlaufzahlen rechnen:

$$\text{für } 3\tfrac{3}{4} \times 3\tfrac{3}{4}''\text{-Maschinen} \quad n = 3500\text{—}3700 \text{ Uml./min,}$$
$$\text{,, } \quad 4 \times 4''\text{-} \quad \text{,,} \quad n = 3200\text{—}3400 \quad \text{,,} \quad \text{,}$$
$$\text{,, } \quad 4\tfrac{1}{2} \times 4\tfrac{1}{2}''\text{-} \quad \text{,,} \quad n = 2800\text{—}3000 \quad \text{,,} \quad \text{,}$$
$$\text{,, } \quad 5 \times 5''\text{-} \quad \text{,,} \quad n = 1800\text{—}2000 \quad \text{,,} \quad \text{.}$$

Voraussetzung zur Erreichung obiger Umlaufzahlen ist, daß die Spindel in
allen Teilen sachgemäß ausgeführt wird und in entsprechendem Zustand im Betrieb
auch erhalten bleibt. Ferner müssen die Flügel gut und passend sitzen und vor
allem richtig ausbalanciert sein. Treffen diese Bedingungen nicht zu, dann bringt
auch die Bergmann-Spindel keine wesentlich höheren Umlaufzahlen zustande, wie
die Erfahrungen mancher Spinnereien beweisen.

Entsprechend der höheren Umlaufzahl der Bergmann-Spindel ist auch ihr
Kraftbedarf größer; er ist jedoch im Vergleich mit der gewöhnlichen Spindel bei
gleicher Umlaufzahl gegen 10% niedriger. So betrug nach Dr. Frenzel der Kraftverbrauch einer 80spindligen Bergmannseite $3\tfrac{3}{4} \times 3\tfrac{3}{4}''$

$$\text{bei } n = 3200 \text{ Uml./min } 0{,}082 \text{ PS/Spindel und}$$
$$\text{bei } n = 2700 \quad \text{,,} \quad 0{,}0696 \text{ PS/Spindel.}$$

Bei $n = 3700$ ist mit einem Kraftbedarf von 0,09 bis 0,1 PS/Spindel zu
rechnen.

Bezüglich der Schmierung stellt sich die Bergmann-Spindel ebenfalls günstiger
als die gewöhnliche Spindel, da nicht mehr so viel Öl nutzlos daneben läuft. Das
Öl im Fußlager kann nicht entweichen, da Ölvase und Stellschraube aus einem
Stück bestehen. Im übrigen verlangt natürlich die hohe Drehzahl auch mehr
Schmieröl. Was die Instandhaltung der Bergmann-Spindel anbelangt, so erfordern die einzelnen der Abnützung unterworfenen Teile wohl etwas mehr Sorgfalt
und Arbeit, wenn die Spindel tatsächlich leistungsfähiger bleiben soll. Die bei den
neuen Ausführungen eingebaute stabile Spiralfeder, sowie die Möglichkeit des

Nachstellens der Fußlager durch Schraube und Mutter tragen im übrigen bei Verwendung geeigneten Materiales und bei sachgemäßer Ausführung sehr wesentlich zur Lebensdauer der Spindel bei. Als ein besonderer Vorteil ist hervorzuheben, daß sich die Bergmann-Spindel in jede Spinnmaschine ohne wesentliche Umänderung einbauen läßt.

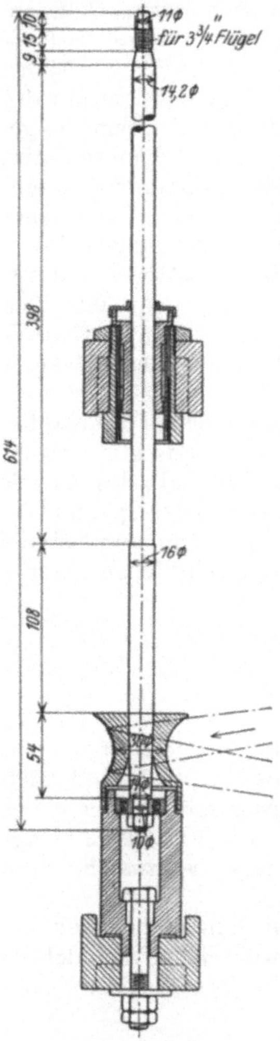

Das Bestreben, den Kraftbedarf noch weiter zu verringern und die Umlaufzahl und Leistungsfähigkeit der Bergmann-Spindel zu erhöhen, führte im Laufe der Jahre zu verschiedenen Umänderungen, die jedoch nicht in allen Fällen als Verbesserungen anzusprechen sind. Viel Verbreitung gefunden hat die unter dem Namen „Mannheimer-Spindel"[1] bekannte, in Abb. 422 dargestellte Konstruktion, bei welcher das Fußlager mit einem Kugellager ausgerüstet ist. Auf diese Weise ließ sich zwar die Reibung im Fußlager verringern, so daß die Spindel einen leichteren Gang erhielt, doch ist, wie die Abb. 422 zeigt, ein wesentlicher Vorteil der Bergmann-Spindel, die Vereinigung von Hals- und Fußlager in einem gemeinsamen, von etwaigen Formänderungen der Hals- und Fußlagerbank unabhängigen Teil aufgegeben worden. Das Fußkugellager ist vollkommen getrennt vom Halslager in einer kurzen gußeisernen Säule untergebracht, die in die Fußlagerbank zentrisch eingesetzt ist und durch eine Schraube festgehalten wird. Der Spindelwirtel, der wiederum fest am Ende des Spindelschaftes sitzt und über den oberen Teil der Säule mit dem Kugellager greift, ist in diesem Fall sehr tief gelegt, was eine ungünstige Bandführung mit verhältnismäßig großen Gleitverlusten und erheblichem Bänderverschleiß zur Folge hat. Vor allem beeinflussen die dadurch hervorgerufenen Schwankungen in der Umlaufzahl der einzelnen Spindeln die Gleichmäßigkeit in der Drehung der Garne. Die Ausführung der Spindel erfordert sorgfältigste Werkstattarbeit, besonders muß die das Kugellager tragende Säule mit ihrer Achse genau senkrecht unter der Halslagerachse liegen, auch muß das Kugellager reichlich dimensioniert sein, da es durch den starken Bandzug leicht warm

Abb. 422. Bergmann-Spindel mit Fußkugellager (Mannheimer Ausführung).

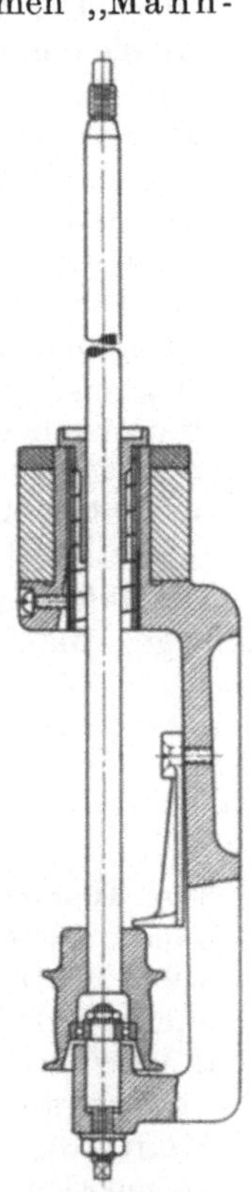

Abb. 423. Bergmann-Spindel mit Fußkugellager (Neckarsulmer Ausführung).

wird, zumal ihm die Nachgiebigkeit gegen Stöße der Spindel, wie sie z. B. durch die Verbindungsstellen des Antriebsbandes bei jeder Umdrehung vorkommen, fehlt. Die zu erreichenden Umlaufzahlen bewegen sich ungefähr in der gleichen Höhe wie bei den normalen Bergmann-Spindeln. Eine wesentliche Kraftspar-

---

[1] Bereits vor dem Krieg von Direktor Vick im Werk Mannheim-Waldhof der Vereinigten Jute-Spinnereien und Webereien A. G. Hamburg (früher Süddeutsche Jute-Industrie) als Ergebnis längerer Versuche eingeführt.

nis ist jedoch nicht festzustellen. Dagegen beansprucht das Kugellager weniger Schmierung.

Eine andere Konstruktion mit Fußkugellager der Firma Gebrüder Spohn, Neckarsulm zeigt Abb. 423. Bei dieser Ausführung, die im übrigen den Original-Bergmannbügel zur gemeinsamen Aufnahme des Hals- und Fußlagers beibehalten hat, sitzt das Kugellager direkt in der horizontalen Mittelebene des Spindelwirtels, wobei der Innenring von einem im unteren Bügelauge sitzenden Schraubenbolzen festgehalten wird. Der Bandzug wird demnach direkt vom Kugellager aufgenommen, das naturgemäß so dimensioniert sein muß, daß es dieser Beanspruchung gewachsen ist. Da jedoch eine Einstellbarkeit des Fußkugellagers nicht stattfindet, so muß auch hier mit einem etwas früheren Verschleiß der Kugellager gerechnet werden. Dagegen ist die Bandführung etwas günstiger als bei der Mannheimer Spindel, und demgemäß sind auch die Gleitverluste und die Schwankungen in der Umlaufzahl geringer. Im allgemeinen hat sich diese Ausführung gut bewährt; sie gestattet Umlaufzahlen der $3\frac{3}{4}''$-Spindel bis zu 3800 Uml./min.

In Abb. 424 endlich ist die allerjüngste Bauart der Bergmann-Spindel dargestellt nach einer Umkonstruktion von Ing. A. Schreiber, Meißen. Das Prinzip der Vereinigung von Hals- und Fußlager in einem gemeinschaftlichen, vom Maschinengestell unabhängigen Teil ist auch hier beibehalten worden, jedoch ist die Ausführung insofern gegenüber Bergmann vereinfacht, als an Stelle des Lagerbügels ein zylindrisches schmiedeeisernes Tragrohr 1 von etwa 5 mm Wandstärke tritt, dessen oberer, mittels Gewinde und Muttern in die Spindelbank eingesetzter Teil innen die Halslagerbüchse 2 aus Rotguß aufnimmt, die in üblicher Weise in die Spiralfeder 3 eingesetzt ist. Letztere ist in ihrem unteren Teil wiederum in eine Stahlhülse 4 eingelötet, die gut passend im Tragrohr 1 sitzt und außerdem durch eine Schlitzschraube festgehalten wird, während der obere Teil der Spiralfeder mit der Halslagerbüchse vernietet ist. Am unteren Ende des Tragrohres 1 sitzt das als Kugellager ausgebildete Fußlager 5, dessen äußerer Ring durch eine am Ende des Tragrohres aufgeschraubte Verschlußmutter 6 gehalten wird, während der innere, auf dem Spindelschaft festsitzende Ring sich oben gegen einen Bund des Spindelschaftes legt und unten durch den mittels Schraube und Doppelmuttern auf dem Spindelende befestigten Wirtel 7 gehalten wird. Ein kleiner Querstift an der Spindel, der in eine entsprechende Nut des Wirtels eingreift, sorgt außerdem für Mitnahme des Wirtels, dessen oberer Teil durch ringförmige Eindrehungen so in die Verschlußmutter 6 eingreift, daß durch eine Art Labyrinthdichtung ein absolut dichter Abschluß sowohl gegen Staub von außen wie auch gegen Entweichen des Schmiermateriales von innen gewährleistet ist. Ein dicht über dem Fußlager angeordnetes Schmierloch, das durch eine kleine übergeschobene Hülse verschlossen werden kann, gestattet die Zuleitung des Schmiermateriales. Wie aus der Abb. 424 ersichtlich, gelangte bei dieser Konstruktion für das Fußlager im Gegensatz zu den oben beschriebenen Bergmann-Spindeln mit einfachen Kugellagern ein sphärisch geschliffenes Kugellager zur Anwendung, das neben der federnden Nachgiebigkeit des Halslagers bis zu einem gewissen Grad auch eine

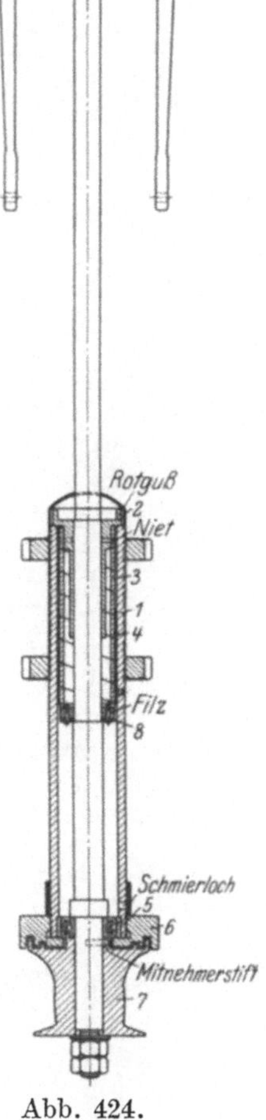

Abb. 424.
Bergmann-
Schreiber-
Spindel.

elastische Einstellung des Fußlagers gestattet. Wie weiterhin aus der Abb. 424 zu erkennen, ist auf der Spindel dicht unterhalb der Spiralfeder eine kleine Metallscheibe *8* aufgelötet, auf der ein Filzring mit Nieten befestigt ist, um ein Ablaufen des dem Halslager zugeführten Öles zu verhindern.

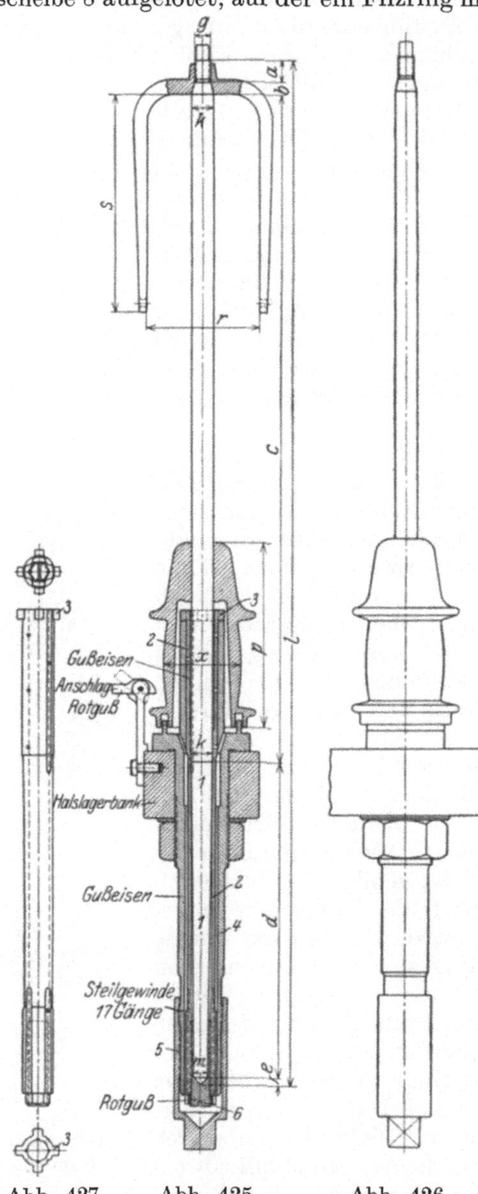

Abb. 427.   Abb. 425.   Abb. 426.
Lagerhülse.   Längsschnitt.   Ansicht.
Abb. 425 bis 427. Patent-Spindel von
Seydel & Co., Bielefeld.

Die ganze Lagerkonstruktion ist äußerst kompendiös und gefällig zusammengebaut und verdeckt den unterhalb der Spindelbank befindlichen Teil der Spindel vollständig, so daß ein Wickeln von Fasermaterial vollkommen vermieden wird. Die 3¾″-Spindel hält Umlaufzahlen von 3800 bis 4000 Uml./min, die 4¼″-Spindel bis zu 3500 Uml./min ohne Bedenken aus, soweit das zu spinnende Garnmaterial der Beanspruchung bei diesen hohen Umlaufzahlen gewachsen ist. Da auch ihr Kraftbedarf geringer als bei der üblichen Bergmann-Spindel ist und außerdem sich der Einbau in alte Spinnmaschinen ohne größere Umänderung und zu verhältnismäßig niedrigen Kosten vornehmen läßt, wird diese Spindel neuerdings vielfach als Ersatz alter Spindeln bevorzugt.

c) Die Seydel-Spindel.

Diese der Spinnereimaschinenfabrik Seydel & Co., Bielefeld, patentierte und in den Abb. 425 bis 427 dargestellte Flügelspindel ist ebenfalls den Flexibelspindeln zuzurechnen. Das Bestreben, Hals- und Fußlager in einem gemeinschaftlichen Lagerkörper unterzubringen, hat sich bei dieser Bauart dahin ausgewirkt, daß beide Lager nach Art der Rabbeth-Spindel in eines zusammenfallen, indem der untere, sich schwach konisch verjüngende Spindelteil *1* unterhalb des Wirtels auf seiner ganzen Länge in einer gleicherweise konisch zulaufenden gußeisernen Lagerhülse *2*, die mit Öl angefüllt ist, gelagert ist, während der zylindrische Spindelteil im oberen, zylindrischen Teil der Lagerhülse *2* geführt ist. Diese innere Lagerhülse *2* ist mittels vier nasenartiger Ansätze *3* an ihrem oberen Rand in entsprechende Lücken einer äußeren, ebenfalls gußeisernen Lagerhülse *4* so eingehängt, daß zwischen der inneren Lagerhülse *2* und der äußeren Hülse *4* ein gewisser Spielraum bleibt, der ebenfalls mit Öl ausgefüllt ist. Der untere

Teil der Hülse *4* ist durch eine hohle, becherförmige Verschlußmutter *5* aus Gußeisen, mit einem vielgängigen, sehr steilen und feinen Gewinde absolut dicht abgeschlossen, so daß kein Öl nach unten entweichen kann. Die mit Bund und Gewinde versehene äußere Hülse *4* ist in die Spindelbank eingepaßt und durch Anziehen der Mutter befestigt. Der über diesen Bund und die Spindelbank noch herausragende Teil der Hülse wird von dem auf der Spindel sitzenden, hohl ausgebildeten Wirtel *x* so umschlossen, daß ein dichter Abschluß der Lagerung und des auf dem Bund sitzenden Öltellers gegen Staub und andere Unreinigkeiten gebildet wird. Die Mitte des auf den Wirtel auflaufenden Spindelbandes fällt hierbei mit der horizontalen Mittelebene des Halslagers zusammen. Dadurch wird der Zug des Bandes direkt vom Lager aufgenommen, und somit werden Erschütterungen, welche durch das Band bzw. dessen Naht auftreten, nicht auf die Spindel übertragen.

Der Inhalt des Ölverschlußbechers *5* ist so bemessen, daß er zur Anfüllung der geringen Zwischenräume zwischen innerer und äußerer Hülse genügt. Das Öl steigt hierbei aus dem Verschlußbecher in den an der äußeren Oberfläche der inneren Hülse in Richtung der Achse eingefrästen Kanälen (vgl. Abb. 427) empor und dringt durch seitliche Löcher in das Hülseninnere ein. In gleicher Weise gestatten im oberen Teil der Hülse angebrachte Löcher und eine Schmierrinne eine Kommunizierung des im Hülseninneren aufsteigenden Öles mit dem in der äußeren Hülse befindlichen Öl, so daß ein dauernder Kreislauf des Öles gewährleistet ist, wobei infolge der hohen Umlaufzahl der Spindel eine gewisse Ölpressung entsteht, die eine federnde Lagerung der Spindel in ähnlicher Weise wie die Feder der Bergmann-Spindel bewirkt. Vorbedingung ist jedoch, daß ein reines, dünnflüssiges Mineralöl von trotzdem hoher Schmierfähigkeit verwendet wird, das seiner ganzen Beschaffenheit nach in der Lage ist, als Ölbadfüllung lange Zeit hindurch ohne Änderung seiner guten Beschaffenheit und Schmierfähigkeit auszuhalten[1]. Ein solches Öl kann bei im übrigen sorgfältiger Wartung und Instandhaltung der Spindel nach der Einlaufperiode 2 bis 3 Monate und noch länger in dauerndem Betrieb erhalten werden, ehe es erneuert werden muß. Die Erneuerung der Ölfüllung erfolgt in der Weise, daß man die untere Verschlußmutter entfernt, das in dieser enthaltene abgenützte Öl abgießt und die mit neuem Öl angefüllte Verschlußmutter wieder aufschraubt, was bei dem steilgängigen Vielgewinde mit einem kurzen Handgriff geschieht. Beim erstmaligen Schmieren vor Ingangsetzen neuer Spindellagerungen erfolgt die Ölfüllung von oben, nachdem die Spindel selbst herausgenommen ist und durch Versuche die erforderliche Ölmenge festgestellt wurde. Wenn die Füllung richtig vorgenommen ist, muß das Öl gerade durch die in der äußeren Lagerhülse angebrachten schrägen Löcher in den Ölnapf des oberen Hülsenbundes eintreten. Für eine 3¾ und 4″-Spindel werden zur Füllung etwa 35 bis 38 g, für eine 4½″-Spindel 45 bis 48 g Öl benötigt. Mit dieser erstmaligen Ölfüllung können die Spindeln etwa 14 Tage lang laufen. Sollte in dieser Zeit die Erwärmung der Spindeln einen unzulässigen Grad erreicht haben, so muß selbstverständlich die Neufüllung früher vorgenommen werden. Das abgezogene, verbrauchte Öl ist im übrigen nicht wertlos; es kann nach entsprechender Reinigung entweder für allgemeine Schmierzwecke oder aber, mit neuem Öl vermischt, für die Spindelschmierung wieder verwendet werden. Je mehr Sorgfalt der Wartung und Schmierung der Spindel gewidmet wird, desto größer ist ihre Lebensdauer; dagegen zeigt sich bei unsachgemäßer Behandlung und Verwendung ungeeigneten Öles trotz der günstigen Lagerbedingungen ein frühzeitiges, un-

---

[1] Von der Fa. Seydel & Co., Bielefeld wird ein von der Deutschen Vacuum-Öl A.-G., Hamburg hergestelltes „Gargoyle-Velocite-Öl A" empfohlen, das sich auf Grund von Versuchen, wie auch langen Betriebserfahrungen als besonders geeignet erwiesen hat.

rundes Auslaufen der inneren Lagerhülsen und damit das berüchtigte „Schwirren" und Schlagen der Spindeln. Auch kann es hierbei vorkommen, daß auf einer Seite die Wand der inneren Hülse so dünn wird, daß die Aufhängenasen abbrechen, so daß die Hülse mitsamt der Spindel sich plötzlich nach unten setzt und die Unterseite des Wirtels auf den Bund der äußeren Hülse aufläuft, was zu unangenehmen Stillständen Veranlassung gibt.

Während bei älteren Ausführungen der in eine Körnerspitze auslaufende Spindelfuß im Boden der inneren Führungshülse sitzt, wird neuerdings ein besonderes Spurlager 6 aus Rotguß mittels Gewinde und Gegenmutter eingesetzt, um auf diese Weise bei eintretender Abnützung die Spindeln in ihrer Höhenlage nachstellen bzw. die Fußlagerbüchse auswechseln zu können. Das Emporsteigen der Spindel wird, wie Abb. 425 zeigt, durch einen kleinen Halter aus Rotguß, der über den Antriebswirtel greift, verhindert. Dieser Halter läßt sich beim Herausnehmen der Spindel um einen kleinen Stift umklappen, der in einer an der Spindelbank angeschraubten Halteschiene gelagert ist. In Tabelle 90 sind die Hauptabmessungen für verschiedene Spindelgrößen zusammengestellt. Man sieht hieraus, daß sich die Seydel-Spindel wesentlich kürzer und leichter baut als die gewöhnlichen Spindeln mit getrennten Hals- und Fußlagern. Ähnlich wie die Flexibel bzw. Bergmann-Spindel stellt sich auch die Seydel-Spindel nach dem Kreiselprinzip selbsttätig beim Spinnprozeß in ihre zentrale Lage ein und gestattet bei richtiger Behandlung die gleiche Umlaufzahl wie die Bergmann- bzw. die Bergmann-Schreiber-Spindeln bei erheblich geringerem Kraftbedarf und Ölverbrauch. Auch die Seydel-Spindel läßt sich in ältere Spinnstühle mit gewöhnlichen Spindeln ohne wesentliche Änderungen einbauen.

Tabelle 90.

Spindel- und Flügelabmessungen der Seydel-Spindel in mm.

Bezeichnung gem. Abb. 425	Teilung in Zoll		
	4½	4	3¾
l	780	686	669
a	20	16	16
b	8	7	8
Gewindegänge/Zoll	10	11	13
c	470	442	442
d	228	215	195
e	6	5	5
g	12	11	11
k	17	14	14
m	16	10	10
x	63	51	44
p	135	127	127
r	85	74	72
s	158	151	140

d) Die Wälzlager-Spindel.

Bei der in Abb. 428 dargestellten Spindel ist das konische Halslager der gewöhnlichen Spindel durch ein Kugellager ersetzt. Der auf den zylindrischen Spindelschaft passend aufgesetzte innere Kugellagerring legt sich gegen den Ansatz der in ihrem unteren Teil verstärkten Spindel und wird außerdem durch die auf die Spindel mit linksgängigem Feingewinde geschraubte Scheibe a gehalten, die mit ihrem Rand über die in die Halslagerbank eingesetzte Büchse b greift, in welche der äußere Kugellagerring eingesetzt ist. Letzterer wird durch eine Halbrundschraube gehalten, deren Bohrung zugleich der Fettzufuhr für das Kugellager dient. Wie die Abb. 428 weiterhin zeigt, wird bei dieser Bauart, die erstmals von Geheimrat Pferdekämper, Weida, eingeführt wurde, das Spindelgewicht nicht vom Spurzapfen, sondern vom Kugellager aufgenommen, so daß die Spindel frei hängt, während das Spurlager nur als Führung dient. Auf diese Weise ist zwar die Reibung auf ein Mindestmaß beschränkt und demgemäß der Kraftbedarf erheblich geringer — bis zu 30% — als bei der gewöhnlichen Spindel; auch ist der Schmiermittelbedarf äußerst gering und die Bedienung sehr einfach. Dagegen ist eine wesentliche Umlaufzahlsteigerung gegenüber der Gleitlagerspindel nicht zu verzeichnen. Man kann bei einer 3¾″-Spindel höchstens mit 3000 bis 3200 Uml./min rechnen, so daß die Umlaufzahlen der Bergmann- und Seydel-Spindel bei weitem nicht erreicht werden. Der Grund liegt wiederum in der starren Lagerung, die verhindert, daß die Spindel beim Durchgang durch die kritische Umlaufzahl frei ausschwingen kann. Bei Überschreiten der obigen Umlaufzahlen zeigt sich sehr bald ein starkes Schwirren und Vibrieren der Spindel, auch tritt bei übermäßigen Beanspruchungen frühzeitig ein Unrundwerden der Kugeln und Anfressen der Laufflächen ein. Obwohl der Einbau der Kugellagerspindel in alte Maschinen sich ohne große Umänderungen und Kosten vornehmen läßt und auch die Instandhaltung bei der einfachen Bauart wenig Mühe macht, tritt sie bei den heutigen Bestrebungen, größtmögliche Umlaufzahlen zu erreichen, immer mehr in den Hintergrund.

Ähnlich liegen die Verhältnisse bei der Rollenlagerspindel, bei der statt Kugellager Rollenlager zur Anwendung gelangen. Zwar können die meist direkt auf dem Spindelschaft laufenden Rollen größere Lagerdrücke aufnehmen, da sie im Gegensatz zur Punktberührung der Kugeln Linienberührung haben, doch fehlt auch hier die elastische Nachgiebigkeit der Spindel. Diese sucht die neue Rollenlagerspindel der S. K. F. Norma, Stuttgart-Cannstatt, zu erreichen[1]. Die Spindel ist nach Art der Rabbeth-Spindel in eine besondere, lange Stahlhülse eingesetzt, die als sog. „Spindelhemd" mit einer gewissen Beweglichkeit in dem eigentlichen, in der Spindelbank mittels Gewinde und Mutter befestigten Spindelgehäuse sitzt, so wie man es von den flexiblen Gleitlagerspindeln her gewohnt ist. An Stelle des Gleitlagers tritt in diesem Fall ein Präzisionsrollenlager, das oben in der Spindelhülse sitzt und dessen zylindrische, aus Spezial-Chromstahl bestehende Rollen unmittelbar auf dem Spindelschaft laufen, während sie im Außenring zwischen zwei besonderen Führungsscheiben sehr genau geführt werden, so daß ein Schränken der Rollen nicht möglich ist. Nach den Angaben der herstellenden Firma soll diese Spindel, die in naßarbeitenden Flachs- und Hanfspinnereien erhebliche Verbreitung gefunden hat, auch für die Jutespinnerei geeignet sein, jedoch liegen praktische Ergebnisse in größerem Umfang nicht vor. Eine wesentliche Erhöhung der Umlaufzahl ist nicht zu erreichen, wenn auch nicht bestritten werden soll, daß ihre Lebensdauer größer und ihr Kraftbedarf geringer als bei der gewöhnlichen Gleitlagerspindel ist.

Einen neuen Weg beschreitet die Firma Staufert & Maier, Stuttgart-Cannstatt, die bei ihren neuerdings herausgebrachten „Novibra"-Rollenlagerspindeln[2] die notwendige elastische Spindellagerung durch die Anordnung einer langen, dicht gewundenen Schraubenfeder in dem mit der Halslagerbank

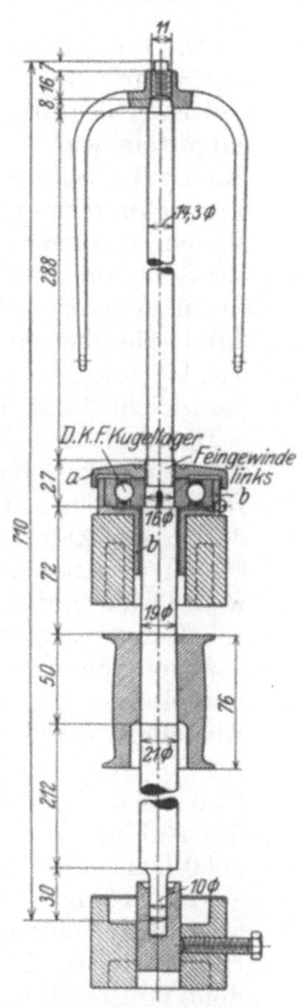

Abb. 428. Kugellagerspindel 4¼ Zoll.

verschraubten Spindelgehäuse zu erreichen sucht. Das durch diese Schraubenfeder gebildete Spindelhemd wird in seinem oberen Teil von einem Halslager fest umschlossen, das gleichzeitig die äußere und untere Lauffläche für die Rollen des Rollenlagers bildet, während die innere Lauffläche der Spindelschaft selbst abgibt. In das untere Ende der Spiralfeder ist das Fußlager der Spindel eingesetzt, so daß tatsächlich Hals- und Fußlager jeder Veränderung der Spindelachse

---

[1] Näheres hierüber siehe im Prospekt der genannten Firma.
[2] Vgl. Dr. Ing. H. Brüggemann, München: Über Rollenlagerspindeln. Leipz. Monatsschr. Textilind. 1929, H. 10.

folgen können. Dadurch wird ermöglicht, daß bei einer Verlagerung des Halslagers das Rollenlager gleicherweise mitgeht, so daß stets die Lagerebene der
Rollen senkrecht zur Spindelachse erhalten bleibt. Obwohl diese Spindelkonstruktion, die nach den Mitteilungen des Erbauers nicht nur für die Ringspindeln
der Baumwolle u. a., sondern auch für die Flügelspindeln der Jute zu verwenden
sein soll, noch ihre Bewährung in der Praxis zeigen muß, ist der ihrer Bauart
zugrunde liegende Gedanke doch sehr beachtenswert.

e) Die Räderspindel.

Die unter *a* bis *d* beschriebenen Spindelkonstruktionen unterscheiden sich in
der Hauptsache durch die Lagerung der Spindel, während eine wesentliche Veränderung des allgemeinen Aufbaues des Spinnstuhles, wie er bereits eingangs
dargestellt wurde, bei keiner dieser Spindelarten zu verzeichnen ist. Je nach der
Bauart der Spindel liegt die Trommel entweder höher oder tiefer, wobei Bänder
oder Schnüre zum Antrieb verwendet werden. Die diesem Antrieb innewohnenden
Mängel, insbesondere die Gleitverluste und die starke einseitige Beanspruchung
der Spindeln durch den Bandzug, der steten Schwankungen durch Witterungseinflüsse unterworfen ist, der hohe wechselnde Kraftverbrauch usw., können zwar
durch die oben angeführten Vorrichtungen, wie Leittrommel, Spannrollen und
dgl. bis zu einem gewissen Grade gemildert werden, doch sind diese, insbesondere
die gleichmäßige Garndrehung beeinträchtigenden Einflüsse nicht ganz zu beseitigen. Es hat daher nicht an Versuchen gefehlt, den indirekten, elastischen
Antrieb mittels Bänder und Schnüre durch den direkten starren Antrieb mittels
Reibräder oder Zahnräder zu ersetzen. Doch scheiterten diese Versuche meist
daran, ein Zahnrädergetriebe von möglichst einfacher und billiger Bauart zu
finden, das bei den hohen Umlaufzahlen ruhigen und geräuschlosen Gang gewährleistet und dabei den damit verbundenen Beanspruchungen bei niedrigst
gehaltenem Verschleiß gewachsen ist. Weiterhin erfordert die starre Verbindung
der Spindeln mit dem Antriebsorgan ein während des Ganges ausschaltbares
Kupplungsglied, das ebenfalls möglichst einfach gehalten ist und ein sofortiges
Abstellen bzw. langsames, sanftes Anlaufen gestattet.

Die von **Deppermann**, Berlin-Nowawes, konstruierte Räderspindel mit
Stirnräderantrieb und durch Fußhebel betätigte Konuskupplung kam über
die Anfänge nicht hinaus, da eine Steigerung der Spindelumlaufzahlen über
3000 Uml./min. nicht zu erzielen war.

Neuerdings wird von dem Konzern **Fairbairn-Lawson-Combe Barbour**
eine Flügelspindel gebaut, deren Antrieb statt durch Bänder, mittels gefräster
Schraubenräder erfolgt. Der Vorteil dieses Spinnstuhles liegt auch hier in
dem vollständigen Wegfall aller Bänder oder Schnüre, deren Instandhaltung
Zeit und Geld kostet, vor allem aber in der absolut gleichen Drehung, welche das
Garn durch den direkten Einzelantrieb jeder Spindel erhält. Naturgemäß muß
auch in diesem Fall durch den Einbau einer Kupplung zwischen Spindel und Antrieb dafür gesorgt werden, daß eine Einzelausschaltung jeder Spindel ermöglicht
wird. Die **Kupplung** wird in zwei Arten ausgeführt.

Bei der in Abb. 429 dargestellten Ausführung von **Fairbairn** sitzt Teil *a*
lose auf der Spindel, axial gesichert, und wird durch die Schraubenräder *S, s*
mit gleichbleibender Umlaufzahl angetrieben. Teil *b* ist fest mit der Spindel verbunden, während Teil *c* axial auf der Spindel verschiebbar unterhalb *b* angeordnet
ist und sich in höchster Stellung mit seiner wellenförmigen oberen Fläche der
gleicherweise wellenförmig ausgebildeten unteren Fläche des Teiles *b* anschmiegt.
Die untere Seite von *c* ist als Reibungsfläche *d* ausgeführt, die der Reibungsfläche *e*
des Teiles *a* gegenübersteht. Teil *c* kann durch Hebel *h*, der durch einen Fußhebel *f*

betätigt wird, emporgedrückt oder frei herabgelassen werden. Wird Teil c gesenkt, dann legt er sich durch sein Eigengewicht mit seiner Reibfläche d auf die Reibfläche e des rotierenden Teiles a und wird in Umdrehung versetzt. Allerdings genügt die durch das Eigengewicht erzeugte Reibung nicht, um die schwere Spindel mitzunehmen, und es wird infolge der dadurch eintretenden Gleitung der Wellenflächen b und c in Richtung des Umfanges eine Verdrehung derselben eintreten, wodurch Teil c durch Keilwirkung nach unten, d. h. gegen a bzw. e gedrückt wird und zwar um so mehr, je größer der Widerstand von b, d. h. der Spindel, ist. Die hierdurch hervorgerufene Reibung genügt für eine dauernde Mitnahme der Spindel, so daß die Kupplung als eine selbstsperrende, d. h. „positive", anzusprechen ist. Sie gewährt dabei aber doch ein sanftes, ruhiges Anlaufen. Soll die Spindel abgestellt werden, so genügt ein leichter Druck mit dem Fuß auf den Hebel f, um durch Hebelarm h ein Hochheben des Teiles d und dadurch das Auseinanderbringen der Reibflächen d und e zu bewerkstelligen. Gleichzeitig wird die Spindel durch den Druck des Hebels h gebremst. In dieser Stellung wird der Hebel f durch den federnden Riegelhebel g gehalten. Beim Anlaufen der Spindeln ist ein geringer Druck auf den Riegelhebel g erforderlich, um den Hebel f freizugeben.

Eine andere Ausführung, bei der eine Klauenkupplung mit einer Konuskupplung kombiniert ist, und die von Combe Barbour gebaut wird, zeigt Abb. 430. Teil a sitzt wiederum lose auf der Spindel, ist axial gesichert und durch die Schraubenräder S, s mit gleichbleibender Geschwindigkeit angetrieben. An seinem oberen Teil trägt a einen Innenkonus k und Klauen kl. Teil b, der auf der Spindel axial verschiebbar angeordnet, jedoch gegen Drehung gegenüber der Spindel gesichert ist, trägt einen Außenkonus k', der in k eingreift, sobald b von dem darüber geschobenen Teil c, der vom Hebel h aus betätigt wird, herabgelassen wird. Teil c trägt am unteren Rande Klauen kl', die den Klauen kl gegenüberstehen. Sobald c

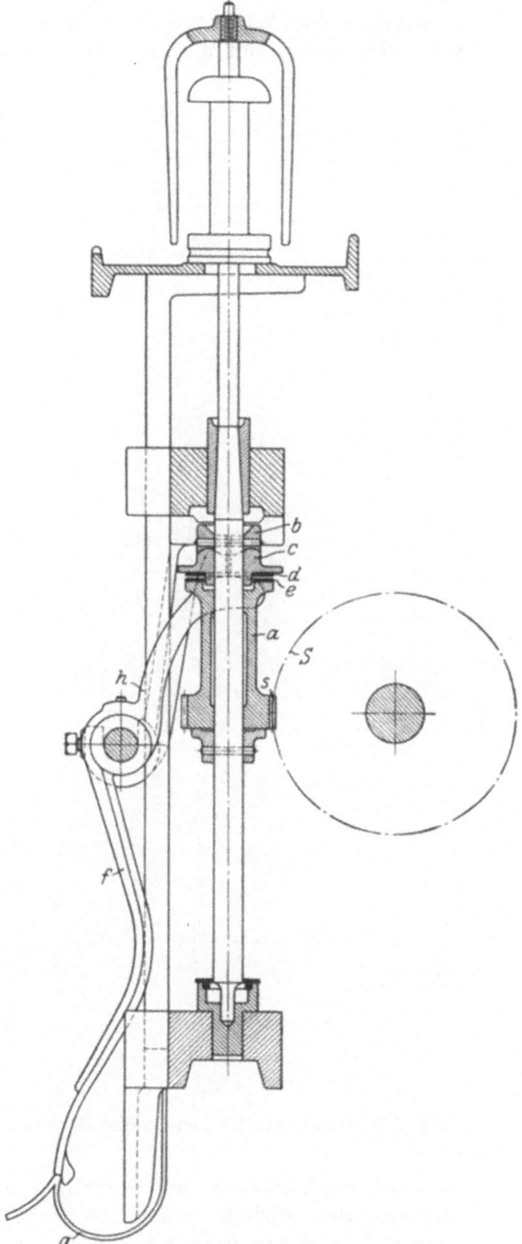

Abb. 429. Räderspindel von Fairbairn, Leeds.

durch h etwas herabgelassen wird, kommt der gleichzeitig sich senkende Teil b durch den Konus mit a in Berührung und beginnt dessen Drehung mitzumachen, wobei die Reibung zwischen a und b durch Federdruck vergrößert wird. Die Umdrehungen von b übertragen sich auch auf c, so daß sich die Geschwindigkeit von c in zunehmendem Maße der von a anpaßt und die gleichzeitig durch Hebel h nach unten gesenkten Klauen von c in die Klauen des Teiles a ohne Stoß einfallen können. Damit ist wiederum ein positiver Antrieb der Spindel hergestellt, wobei auch hier ein sanftes Anlaufen mittels der ineinandergreifenden Konen gewährleistet ist. Zum Stillsetzen werden durch Betätigung des Fußhebels f Klauen und Konus außer Eingriff gebracht und zugleich durch den Druck des Hebels h der mit der Spindel verbundene Teil b und c gebremst.

Bei beiden Ausführungen wird also die Ausschaltung bzw. Wiedereinschaltung der Spindeln durch den Fußhebel betätigt, so daß die Spinnerin beide Hände zur Behandlung des Fadens frei hat und sich bei Stillsetzung der Spindel keiner Gefahr der Verletzung aussetzt. Voraussetzung jedoch ist, daß die Kupplungen dauernd bei jeder Spindel so eingestellt sind, daß auch das sanfte Anlaufen gewährleistet bleibt, da andernfalls das Anspinnen durch erhöhte Fadenbrüche erschwert wird. Das Zwischenschalten der Kupplungen bedeutet zweifellos bei dieser Spindelkonstruktion eine Komplizierung, die eine erhöhte Wartung bedingt und auch Ursache von zahlreichen, besonders bei den unvermeidlichen Verschmutzungen eintretenden Störungen sein kann. Wohl hat der Schraubenräderantrieb, wie oben

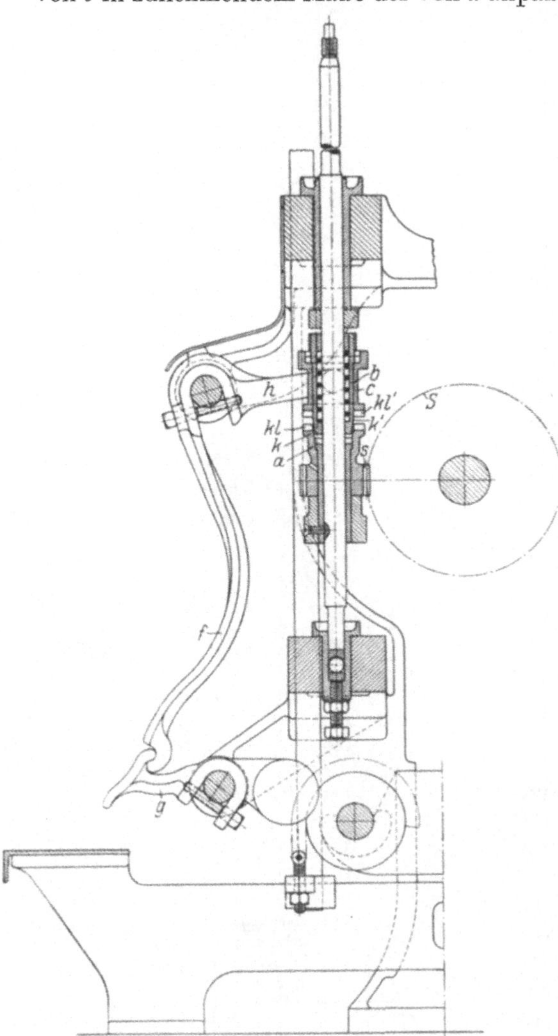

Abb. 430. Räderspindel von Combe Barbour, Belfast.

schon hervorgehoben, den Vorteil, daß ein Gleiten des Antriebes ausgeschlossen ist und der seitliche Zug durch die Bänder oder Schnüre, deren Spannung dauernd nachreguliert werden muß, in Wegfall kommt, wodurch zweifellos eine erhebliche Kraftersparnis erzielt wird. Andererseits aber werden auch durch die Schraubenräder in der Spindel Axialkräfte wachgerufen, die eine entsprechende Abnutzung der Spurlager zur Folge haben. Weiterhin bleiben die den gewöhnlichen Flügelspindeln anhaftenden Mängel bezüglich der starren Halslagerung bestehen, so daß schon aus diesem Grunde eine höhere Umlaufzahl nicht zu erreichen ist. Die unvermeidlichen Vibrationen der Spindel werden durch den starren Rädertrieb noch verstärkt, wobei nicht zu vergessen ist, daß Schraubenräder bezüglich ihres Eingriffes besonders empfindlich sind gegenüber Verlagerungen ihrer Achsen. Beachtet man weiterhin, daß die Räder ungeschützt, und ohne dauernde Schmierung, der Verschmutzung durch abfallende Garn- und Faserreste, Wurzelteile und Staub ausgesetzt sind, so muß man mit einem frühzeitigen Verschleiß der Räder bei höheren Umlaufzahlen rechnen. Obwohl der Vorteil der gleichmäßigen Drehung und des gleichmäßigen Kraftbedarfes nicht zu verachten ist, haben obige Mängel doch zu ihrem Teil dazu beigetragen, daß dieser Spindelantrieb in der Praxis eine weitere Verbreitung nicht gefunden hat, mit Ausnahme der Zwirnmaschinen, bei denen die Verhältnisse sowohl hinsichtlich der Umlaufzahl wie auch der Empfindlichkeit des Kupplungsgliedes günstiger liegen.

Auf eine bemerkenswerte Vorrichtung bei diesem Spinnstuhl sei jedoch hingewiesen, die sich sehr bewährt hat und inzwischen auch von anderen Fabriken in mehr oder weniger verschiedenen Sonderkonstruktionen ausgeführt wurde:

Die mechanische Unterbrechung der Vorgarnzufuhr oder „rove stop motion".

Diese Vorrichtung, die in der Querschnittszeichnung des Spinnstuhles, Abb. 431, angedeutet ist, steht in Verbindung mit der Abstellvorrichtung der Spindel. In dem Augenblick, da durch das Niederdrücken des Fußhebels die Kupplung zwischen Spindelantrieb und Spindel gelöst ist, wird die Einzugsdruckwalze, die in diesem Fall einzeln, also nicht mehr in Paaren ausgeführt ist, abgehoben

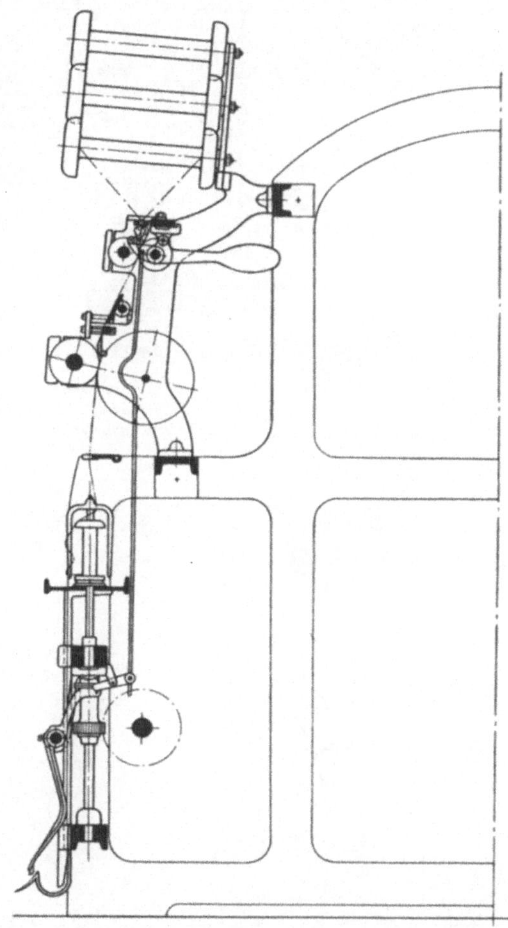

Abb. 431. Räderspindel von Fairbairn mit Vorgarnabstellvorrichtung.

und das Vorgarn von einer kleinen Zange erfaßt. Bei Einschaltung der Kupplung löst sich diese Zange wieder, die Druckwalze preßt sich wieder an die Gegenwalze, die Zufuhr geht weiter und die Verzugswalzen, vor deren Berührungspunkt das Ende des Vorgarnes liegt, geben wieder den Verzug. Die automatische Abstellung des Vorgarnes vermeidet das sonst mögliche Verfitzen (Verfangen) des abgerissenen Fadens mit den benachbarten Fäden. Hierdurch, sowie durch die Abstellung der Zufuhr wird eine Materialersparnis erzielt. Die Spinnerin kann nach schneller Abstellung der betreffenden Spindeln in Ruhe Faden nach Faden anspinnen.

Die Vorgarnabstellvorrichtung läßt sich im übrigen ebenso wie die Abstell-

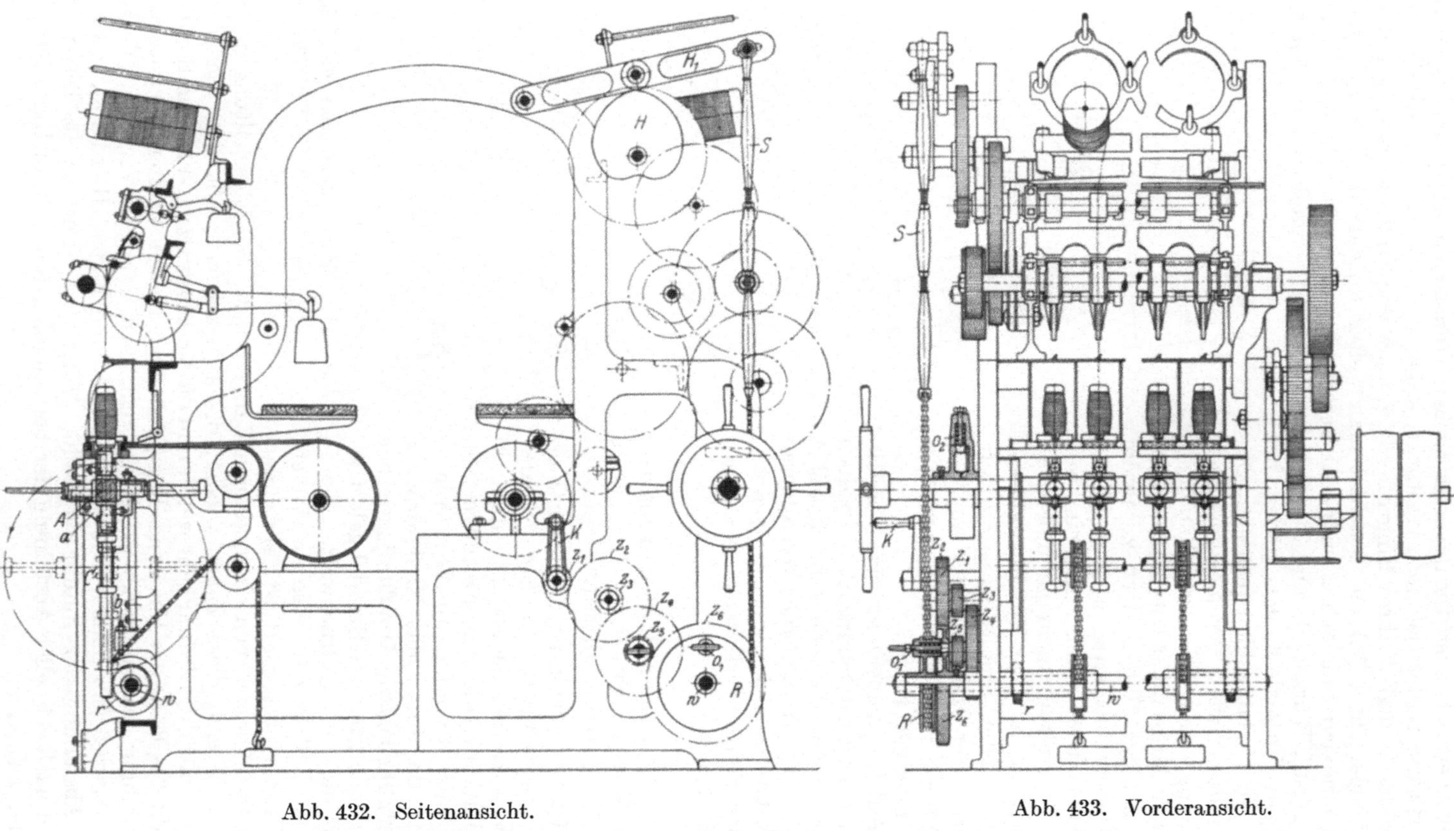

Abb. 432. Seitenansicht.   Abb. 433. Vorderansicht.

Abb. 432 bis 434. Der Schilgen-Spinnstuhl mit Spinnring und Spulenrevolver.

barkeit der Spindeln durch Kupplung auch an einer bandangetriebenen Maschine anbringen. Bei ausgeschalteter Kupplung läuft der Wirtel frei auf der Spindel, wodurch eine unnötige Abnützung des Bandes durch Gleitung vermieden wird. Daneben hat selbstverständlich wiederum die Spinnerin den Vorteil, daß sie zum Anspinnen beide Hände frei hat.

Auf andere Vorgarnabstellvorrichtungen wird noch bei der Besprechung der betreffenden Spinnstühle hingewiesen werden, vgl. S. 509 ff.

4. Spinnstühle mit mechanischem Spulenwechsel („Doffing motion").

Wurde im vorhergehenden Kapitel die Erhöhung der Produktion eines Spinnstuhles in der Hauptsache durch die eine höhere Umlaufzahl gewährleistende Bauart der Spindeln angestrebt, ermöglichen die nachstehend beschriebenen Maschinenkonstruktionen außer der Erhöhung der Spindelumlaufzahl eine weitere Verbilligung des Spinnlohnes durch eine zeit- und arbeitersparende Mechanisierung des Spulenwechsels. Wie die verschiedenartigsten Versuche, die seit Jahrzehnten zur Lösung dieser vielumstrittenen Frage unternommen wurden, zeigen, konnte das erstrebte Ziel unter Beibehaltung der normalen Flügelspindel nicht erreicht werden. Hierbei ist es für das Ergebnis dieser Bemühungen gleichgültig, ob sie primär die Mechanisierung des Spulenwechsels zum Zwecke hatten, oder ob die Umkonstruktion der alten Flügelspindel mit der Absicht erfolgte, ihre Umlaufzahl zu erhöhen, sowie die ihrem Antrieb innewohnenden Mängel zu beseitigen, wobei sich dann sekundär die gleich wichtige Möglichkeit der Mechanisierung des Spulenwechsels ergab. Im übrigen wird gerade in jüngster Zeit die Forderung nach Mechanisierung des Spulenwechsels immer dringender erhoben, da es den Spinnereien immer schwieriger wird, die für die Abschneidekolonnen notwendigen jüngeren Arbeiter zu erhalten. Dazu gesellt sich noch die erhebliche Lohnersparnis, die beim Wegfall dieser zahlreichen Hilfsarbeiter erzielt wird.

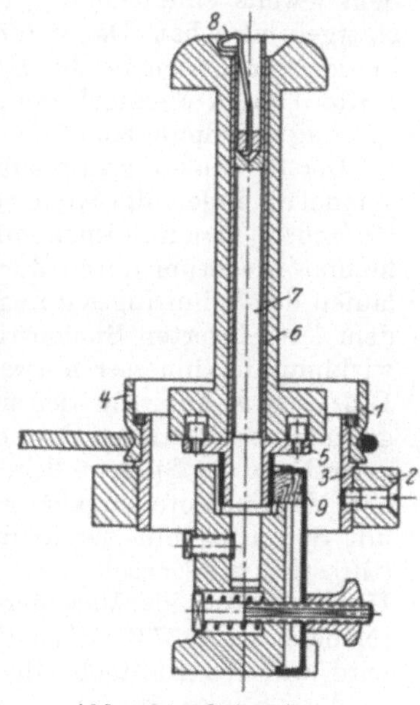

Abb. 434. Spinnring.

a) Der Schilgen-Spinnstuhl mit Spinnring und Spulenrevolver.

Bei dieser in den Abb. 432 bis 434 dargestellten, von der S. M. F. Seydel & Co., Bielefeld, nach den Patenten der Jute-Spinnerei J. Schilgen und Dir. Kohl, Emsdetten gebauten Maschine ist das Prinzip der „aktiven" Spindel mit dem auf ihr sitzenden abnehmbaren Flügel verlassen. Statt eines Flügels dient als drahtgebendes Organ ein als Hohlwirtel ausgebildeter Spinnring 1, Abb. 434, der auf einem in der Spindelbank 2 festsitzenden Laufring 3 drehbar ist und von einer gemeinschaftlichen Haupttrommel über Leittrommeln durch Schnüre angetrieben wird, Abb. 432. Der in einfacher Weise durch Stauferbüchsen zu schmierende Spinnring 1 (der Inhalt einer Büchse reicht etwa eine Woche) trägt in seinem oberen Rand eine gehärtete, leicht auswechselbare Fadenöse 4, durch welche der in üblicher Weise vom Streckwerk und dem Fadenbrett kommende Faden auf die Spule geführt wird. Diese ist durch den Ringwirtel, bzw. dessen Laufring hindurchgeführt und durch das mit Mitnehmerstiften versehene Spulenteller 5 mit einer Hülse 6 gekuppelt, die auf der in einem kleinen Lager befestigten Spindel 7

läuft. Das Spindellager wiederum ist auf der aus einer vierkantigen Welle bestehenden Spulenbank A, Abb. 432, aufgeschraubt, die wie üblich durch Hubherz
und Hubwelle, jedoch mit zwangsläufigem Betrieb mittels Zahnrad und Zahnstange, entsprechend dem Spulenhub auf- und abbewegt wird. Die an beiden
Enden der Spulenbank angeordneten Zahnstangen sind an ihrem oberen Ende
als Gleitlager a ausgebildet, in denen die Spulenbank drehbar gelagert ist. Diese
Gleitlager werden bei der Auf- und Abbewegung der Spulenbank in den am
Maschinengestell befestigten Schienen geführt. Zur Ausgleichung des Spulen-
bankgewichts sind in üblicher Weise mittels Ketten über Rollen geführte Gegengewichte vorgesehen. Jede Seite der vierkantigen Spulenbank ist mit einer Reihe
Spulenstifte versehen, so daß also 4 Reihen Spulenstifte vorhanden sind, von denen
immer eine Reihe nach der anderen mit Garn vollgesponnen werden kann, nachdem jeweils eine Drehung der Spulenbank nach Art eines Revolvers um 90^0
stattgefunden hat. Damit die auf den Spulenstiften befindlichen leeren Spulen
in der hängenden Stellung nicht nach unten fallen können, sind oben in die
Stifte Federn 8 eingelassen, vgl. Abb. 434, die mit einer Nase in eine Aussparung der Spule eingreifen und so das Abfallen der Spule verhindern.

Der Spinnvorgang selbst spielt sich in gleicher Weise wie bei der Flügelspindel ab, indem die Spule von dem durch das Fadenauge des Spinnringes durchlaufenden Faden mitgenommen wird. Das Aufwinden auf den Spulenschaft
kommt wiederum durch Zurückbleiben der Spulenumläufe gegenüber den Umläufen des Spinnringes infolge der Reibung der Spule bzw. des Spulentellers auf
dem festgelagerten Spulenstift zustande. Die besonders bei zunehmendem Auf-
wicklungsdurchmesser notwendige Zusatzbremsung erfolgt durch einen kleinen
Holzklotz 9, Abb. 434, der sich mittels Feder und Spannmutter, die je nach der
gewünschten Bremsstärke verstellt werden kann, gegen die nach unten verlängerte Nabe des Spulentellers 5 legt. Es wird also hier nicht direkt die Spule, sondern der Spulenteller gebremst. Da häufig irrtümlicherweise diese Spinnmaschine
mit Spinnring mit der in der Baumwollspinnerei üblichen Ringspinnmaschine
(throstle) verwechselt wird, sei schon an dieser Stelle auf die grundsätzlichen
Unterschiede beider Maschinengattungen hingewiesen. Während bei der „Throstle“
(Näheres s. S. 537 ff.) die lediglich als Spulenträger dienende Spindel angetrieben
wird und das drahtgebende Organ, der Ringläufer, vom Faden nachgeschleppt
wird, d. h. also, die Spule voreilt, hat man es bei dem Spinnring von Schilgen
spinntechnisch mit dem gleichen Vorgang zu tun wie bei der Flügelspindel. Der
an Stelle des Flügels als drahtgebendes Organ eingesetzte Spinnwirtel eilt vor,
und die Spule wird durch den Faden nachgeschleppt. Ein Unterschied besteht
allerdings darin, daß die Spindel nicht „aktiv“ ist, sondern feststeht und nur der
Führung für die Spule dient. Man spricht daher auch von einer „toten“ Spindel.
Im Gegensatz zur „lebenden“ Spindel, bei der die Spule nur die den aufwindenden
Umdrehungen entsprechenden relativen Umdrehungen zur Spindel zu machen hat,
ist bei der toten Spindel die Umlaufzahl der Spule auf dem Spulenstift eine recht
beträchtliche. Diese beträgt beispielsweise bei einer Lieferung des Verzugszylinders von $L = 22$ m/min, $n_i = 3500$ Ringumläufen/min und einem Durchmesser
der Spule am Ende der Wicklung von 7 cm:

$$n_u = n_i - \frac{L}{\pi \cdot d} = 3500 - \frac{2200}{\pi \cdot 7} = 3500 - 100 = 3400,$$

während sich bei der lebenden Spindel die Spulenumläufe relativ zur Spindel nur zu

$$\frac{2200}{\pi \cdot 7} = 100 \text{ für } d = 7 \text{ cm am Ende der Wicklung, bzw. zu}$$

$$\frac{2200}{\pi \cdot 2,3} = 304 \text{ für } d = 2,3 \text{ cm am Anfang der Wicklung}$$

ergeben würden.

Infolge dieser hohen Spulenumlaufzahl bei der toten Spindel ist zwecks Verringerung der Reibung über den Spulenstift *7* die Messinghülse *6* geschoben; außerdem muß für genügende Schmierung gesorgt werden.

Beim Spinnen zeigt sich, daß das zwischen Fadenbrett und dem Spinnring befindliche Fadenstück, das während seines ganzen Laufes keinerlei Unterstützung hat, wie es z. B. bei der Flügelspindel der Fall war (vgl. S. 457), in erhöhtem Maße der Einwirkung der Zentrifugalkraft ausgesetzt ist und sich infolgedessen in Form eines Ballons ähnlich wie bei der Ringspindel ausbaucht. Um eine Störung benachbarter Fäden zu verhindern, sind daher zwischen den einzelnen Spulen Trennbleche angeordnet, und zwar so, daß dadurch die Kontrolle über die Fäden nicht gestört wird. Beim Anschlagen der Ballons an diese Trennbleche läßt sich allerdings infolge der dadurch erzeugten Reibung eine erhöhte Beanspruchung des Fadens nicht vermeiden. Um genügend harte Wicklung der Spulen zu erzielen, müssen diese ähnlich wie bei der Fadenführung gemäß Abb. 390, S. 441, scharf gebremst werden. Die dadurch vergrößerte Fadenspannung pflanzt sich auch auf das noch im Zusammendrehen begriffene, direkt aus dem Verzugszylinderpaar hervortretende Fadenstück fort und gibt leicht Veranlassung zu Fadenbrüchen. Dieser Mangel tritt besonders bei schwachgedrehten Schußgarnen vermehrt in Erscheinung. Ungünstig wirkt auch der einseitige, scharfe Bremsdruck durch den Bremsklotz auf das mit hoher Umdrehungszahl auf dem Spulenstift umlaufende Spulenteller (s. oben) samt Hülse ein. Einseitiges, unrundes Auslaufen ist die Folge. Das Anhalten der Wirtel erfolgt mit der linken Hand, indem erst der Spinnring am oberen Rand abgebremst und dann festgehalten wird. Um Verletzungen durch die Wirtelantriebsschnur zu vermeiden, ist die Schnur am Spinnring mit einem gut anliegenden Blech verdeckt, welches zwecks bequemeren Aufziehens der Schnur aufklappbar eingerichtet ist. Auf diese Weise gestaltet sich das Anhalten der Wirtel einfacher und ungefährlicher als an den gewöhnlichen Flügelspinnmaschinen. Das Anspinnen selbst erfolgt ebenfalls in einfacher Weise und ist daher leicht zu erlernen. Der Faden wird dabei wie üblich von der Spule durch das Fadenauge des Spinnringes und den Fadenführer gezogen und dann wie bisher an den vom Verzugszylinder gelieferten Faden angesponnen.

Zur Betätigung des Spulenwechsels ist am Ende der Maschine ein besonderes Getriebe angebracht (vgl. die Abb. 432 und 433). Die normale Hubbewegung erfolgt durch Herz H über Hebel H_1, Stange S und die über die große Rolle R geschlungene Hebungskette auf die Hebungswelle w mit den in die Zahnstangen eingreifenden Ritzeln r. Hierbei ist R nicht direkt auf der Hebungswelle w befestigt, sondern durch einen federnden Bolzen o_1 mit dem fest auf der Welle w sitzenden Zahnrad Z_6 verbunden. Eine Handkurbel K steht durch eine mehrfache Zahnradübersetzung $\dfrac{Z_1 \cdot Z_3 \cdot Z_5}{Z_2 \cdot Z_4 \cdot Z_6}$ mit Zahnrad Z_6 in Verbindung, die jedoch normalerweise während des Spinnvorganges durch Verschieben des kombinierten Rades Z_4/Z_5 mittels eines Handgriffs unterbrochen ist. Beim Spulenwechsel wird nach Abstellen der Maschine das Handkurbelgetriebe durch Verschieben des kombinierten Rades Z_4/Z_5 eingeschaltet, dann die Verbindung zwischen der Kettenrolle R und Zahnrad Z_6 durch Herausziehen des Bolzens o_1 gelöst und mittels der Handkurbel die Spulenbank soweit gesenkt, bis die Spulen unter der Ringbank frei werden, wobei sich die Spulenbankgleitlager a unten gegen verstellbare Anschlagschrauben b am Gestell stützen, vgl. Stellung C der Spulenbank in Abb. 432. Nach Anheben eines die Stellung der Spulenbank gegen Drehung sichernden Stiftes o_2, Abb. 433, wird der Spulenbankrevolver mittels eines Handrades um 90° nach vorn gedreht, worauf der Sicherungsstift in eine ent-

sprechende Rast einschnappt und die Spulenbank mit der neuen Reihe leerer
Spulen durch Heben mittels der Handkurbel wieder in Spinnstellung gebracht
wird. Nachdem wieder die Verbindung der Kettenrolle R durch den Kupplungs-
bolzen o_1 mit der Hebungswelle w hergestellt ist, wird die Maschine kurz angelassen, um von den vollen Spulen einige Fadenwindungen auf die leeren Spulen
aufzuwinden. Nach Abschneiden der Fäden kann die Maschine wieder voll in
Betrieb genommen werden. Der ganze Spulenwechsel erfordert unter normalen
Verhältnissen nur etwa 20 bis 40 Sek. Zeit und kann von der Spinnerin selbst
ohne Hilfe vorgenommen werden. Das Abziehen der vollen Spulen und Aufstecken
der leeren Spulen auf die Spulenstifte führt die Spinnerin während des Spinnens
aus. Die Räderübersetzung von der Kurbel nach der Hebungswelle muß naturgemäß so gewählt sein, daß das Anheben der Revolverbank beim Spulenwechsel
von der Spinnerin keine zu große Kraftanstrengung verlangt.

Der übrige Aufbau des Spinnstuhles, der sich, insbesondere in bezug auf das
Streckwerk, von den normalen Spinnstühlen in keiner Weise unterscheidet, geht

Abb. 435. Schaubild des Schilgenstuhles.

aus dem Schaubild, Abb. 435, hervor, aus welchem auch teilweise die Anordnung
des Spulenwechsels ersichtlich ist.

Die Schilgen-Spinnstühle werden mit 4″ und 4¼″-Spindelteilung bei 4½″
Hub mit 80 bis zu maximal 100 Spindeln je Seite ausgeführt. Die Spinnringe
können nach den Angaben der herstellenden Firma 3300 bis 3600 Uml./min
machen, doch dürfte letztere Zahl im praktischen Betrieb in Anbetracht der erheblichen Fadenbeanspruchung bei durchschnittlichen Verhältnissen nicht gehalten werden können. Der Kraftbedarf der 100spindligen Maschine von 4¼″-
Teilung beträgt etwa 10 PS.

Die Hauptvorteile des Schilgen-Spinnstuhles sind:

1. Ersparnis der Abziehkolonnen, Verkürzung der Abziehzeit und entsprechende Verbilligung der Spinnkosten.

2. Um etwa 10% erhöhte Leistung gegenüber den gewöhnlichen Flügelspindeln.

3. Verringerung der Instandhaltungskosten infolge bedeutender Schmier-
mittelersparnis und Wegfall der Bremsschnüre.

4. Verhältnismäßig niedrige Anschaffungskosten gegenüber anderen Neukonstruktionen von Spinnstühlen; einfache Bedienung.

Außer den oben schon genannten Mängeln wirken sich nachteilig die verhältnismäßig großen Spinnringe aus, die einen erheblichen Reibungswiderstand verursachen. Vor allem sind sie der Verschmutzung durch Staub und Faserteilchen stark ausgesetzt. Dementsprechend ist auch ihre Abnützung bedeutend. Die Nachteile des Schnurantriebes mit seinen Gleitverlusten treten naturgemäß auch bei dieser Maschine auf.

Immerhin hat sich der Schilgen-Spinnstuhl im praktischen Betrieb durchgesetzt und bis zum heutigen Tag seine Anhänger und Freunde behalten.

b) Die Spinnstühle mit hängenden Flügeln, auswechselbaren Spulenbänken und Selbstbremsung der Spulen von Dr. Schneider und Mackie.

Spinnmaschinen mit hängenden Flügeln — das sind solche, bei denen der Flügel, getrennt von der Spindel, am unteren Ende einer kurzen Hohlwelle befestigt ist, die das Antriebsorgan trägt und infolge ihrer kurzen Lagerung eine höhere Umlaufzahl gestattet — sind an und für sich nichts Neues. Sie haben ihre Vorläufer in dem verbesserten Drosselspinnstuhl von Mair, Dundee (1888, vgl. Pfuhl), ferner in den Spindelkonstruktionen von Prause, Wien—Budapest, mit ausrückbarem Fest- und Leerwirtel für Schnurantrieb, sowie von Pferdekämper, Weida, mit Revolverbankwechselvorrichtung der Spulen (1903 bis 1905). Die beiden letzten Konstruktionen scheiterten gleich anderen Ausführungen mit von der Spindel gelösten Hängeflügeln an deren Lagerung und Antrieb, die zwar den mechanischen Spulenwechsel gestatteten, aber hinsichtlich ihrer Umlaufzahl noch ungünstiger arbeiteten als die alten langen Flügelspindeln. Es ist das Verdienst von Dr. Ing. Heinrich Schneider, Zürich, im Verein mit Ing. Stutz-Benz, Landsberg, den schon in Vergessenheit geratenen Hängeflügel in langwieriger, zäher Arbeit so umgearbeitet und leistungsfähig gemacht zu haben, daß heute von den modernsten, schnellaufenden Spinnmaschinen der Jute-, wie auch allgemein der Bastfaserindustrie die Mehrzahl mit diesen Flügeln ausgerüstet ist. Der Weg dieser Entwicklung war langwierig genug[1]. Ausgehend von dem Bestreben, eine Spindelkonstruktion zu schaffen, welche die anerkannten Mängel des Band- bzw. Schnurantriebes nicht aufwies, und bei der vor allem hohe Umlaufzahlen bei gleichmäßigster Garndrehung erzielt werden konnten, kam Dr. Schneider bereits im Jahre 1908 zu dem Entschluß, den mechanischen Spindelantrieb durch Elektromotoren zu ersetzen, welche die Spinnflügel einzeln direkt antreiben sollten. Bereits die ersten Versuche mit Hängeflügeln nach Art von Prause ergaben für einen Naßspinnstuhl von 2¾''-Teilung eine ganz überraschende Steigerung der Umlaufzahl sowie die Möglichkeit der Anwendung des mechanischen Spulenwechsels.

So entstand, durch den Kriegsausbruch verzögert, Mitte 1915 die erste Spinnmaschine mit elektrischem Flügelantrieb, zu welcher Stutz-Benz den ersten störungsfrei arbeitenden Spulenwechsel mit doppelten, untereinander austauschbaren Spulenbänken geschaffen hatte (D. R. P. 306779, 1914). Diese Spulenauswechselvorrichtung unterschied sich von den bisher gekannten Revolverbänken dadurch, daß zwei auswechselbare Spulenbänke zur Verwendung kamen, die mit vollen bzw. leeren Spulen besetzt waren, und deren Auswechslung auf einer durch Zahnstangen auf- und abbewegbaren, aus Querträgern gebildeten Auswechselebene stattfand, wobei die Spulen stets ihre senkrechte Lage unter den

---

[1] Vgl. „Der elektrische Spinnflügelantrieb" von Dr.-Ing. Schneider. Siemens-Zeitschr. 1925, H. 12.

Flügeln beibehielten, so daß keine besondere Vorrichtung mehr gegen das Herabfallen der Spulen notwendig war. Die Bewegung der zwangsläufig miteinander verbundenen Spulenbänke erfolgte hierbei derart (vgl. die schematischen Abb. 436 und 437), daß mit dem Einführen der mit leeren Spulen besetzten Bank in die Spinnachse gleichzeitig die mit vollen Spulen besetzte Bank aus der Spinnachse mittels Zahnstange und Ritzel in horizontaler Richtung herausgezogen wurde. Der Spulenwechsel vollzog sich bei dieser Einrichtung durch Senken der Spulenbank mit den vollen Spulen so weit unter den Spinnhub, bis die Spulenköpfe gerade noch unterhalb der Flügelenden durchgeführt werden konnten, wobei zuvor die Auswechselbahn mit der nach hinten in Bereitschaftsstellung geschobenen Bank mit den leeren Spulen (strichpunktiert in Abb. 436) so weit gehoben wurde, daß sich die volle Spulenbank auf der Auswechselbahn absetzte (ausgezogen gezeichnete Stellung in Abb. 436). Nach Vorschieben der Bank mit den vollen Spulen unter gleichzeitigem Einführen der leeren Spulen in die Spinnachse

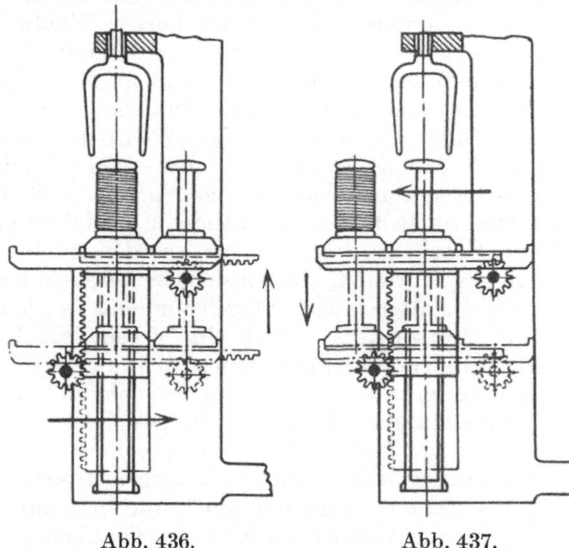

Abb. 436.   Abb. 437.

Abb. 436 und 437. Spulenwechselvorrichtung nach Stutz-Benz mit vertikal bewegbarer Auswechselebene.

(ausgezogen gezeichnet in Abb. 437) erfolgte das Auswechseln der vollen durch leere Spulen, worauf die Auswechselbahn wieder so weit gesenkt wurde (strichpunktiert in Abb. 437), daß die Bank mit den leeren Spulen unter der Spinnvorrichtung nach hinten gezogen werden konnte (strichpunktiert in Abb. 436), um zuletzt vor Beginn des neuen Spulenwechsels mit der Auswechselbahn wieder gehoben zu werden. Bei der ganzen Bewegung wurde demnach die Spulenbank nach den Seiten eines Rechteckes geführt. Da sich jedoch die auf- und abbewegbare Auswechselvorrichtung in der Herstellung als verhältnismäßig teuer erwies,

kam Stutz-Benz zur festgelegten Auswechselebene, auf welche die auszuwechselnde Spulenbank mit vollen Spulen gesenkt wurde. Nach diesem Grundsatz wurde für alle späteren Maschinen die Spulenwechselvorrichtung gebaut, die von Dr. Schneider weiter ausgearbeitet und ab 1924 durch D. R. P. 470 732 geschützt wurde. Die konstruktive Ausführung ist weiter unten bei der eingehenden Beschreibung der Spinnmaschinen dargelegt.

Die umwälzendste Neuerung auf dem Gebiet der Bastfaserspinnerei wurde jedoch durch die Einführung des einzelelektrischen Antriebes des drahtgebenden Organes, des Spinnflügels, geschaffen. Die elektrische Ausrüstung sowohl für die erste Maschine, die übrigens 9 volle Jahre im Betrieb war, wie auch für alle späteren wurde gemeinsam mit den Siemens-Schuckert-Werken entworfen und auf Grund der gemachten Erfahrungen mehrfach vervollkommnet. Sie ist in Abb. 438 in schematischer Weise dargestellt[1]. An Stelle der bisherigen Halslagerbank tritt

<hr>

[1] Nach Wilbert: Elektro-Spinn- u. Zwirnmaschinen. Siemens-Zeitschr. 1929, H. 1.

eine kräftige Motorenbank, welche die mittels Zentrier-Ringen genau eingesetzten Elektromotoren b trägt. Am unteren Ende der als Hohlwelle ausgebildeten Motorenachse c ist mittels Konus und Gewinde der Spinnflügel f befestigt, der in diesem Fall also direkt angetrieben wird, so daß man es mit einem „aktiven" Flügel zu tun hat. Der Faden kommt in üblicher Weise von den Lieferwalzen e, geht durch die Hohlwelle des Motors hindurch zum Spinnflügel und von da zur Spule d. Diese sitzt auf einer vom Flügel völlig getrennten, festen oder „toten Spindel", und wird mit Hilfe eines sog. Bremstellers gebremst. Die Einzelheiten der Spulenbremsung gehen aus der Skizze rechts in Abb. 438 hervor. Auf der Spulenbank g ist ein Bremssitz k eingelassen oder angegossen, der einen festen Stift s trägt und den Bremsteller i mit der anschließenden Messinghülse a aufnimmt. Dieser Bremsteller samt Hülse wird von der Spule durch einen oder zwei Mitnehmerstifte mitgenommen, wobei nur durch mechanische Reibung zwischen Bremsteller und Bremssitz unter Verwendung geeigneter Reibungsmittel gebremst wird. Die Reibung setzt sich zusammen aus der als konstant anzunehmenden Reibung[1] der Messinghülse am festen Stift s und der mit zunehmender Spulenfüllung entsprechend der Gewichtszunahme wachsenden Reibung des Bremstellers auf dem Bremssitz. Demnach ist bei dieser Selbstbremsung, die sich somit von der Bremsung beim Schilgenstuhl unterscheidet (vgl. S. 480), genau genommen eine gleichmäßige Zunahme der Reibung und demzufolge auch eine gleichmäßige Fadenspannung vom Anfangs- bis zum Enddurchmesser der Spule nicht möglich. Doch läßt sich durch richtige Wahl von Material, Reibungskoeffizient, Reibkreis und Anfangsgewicht der Spule samt Hülse und Spulenteller, bei nicht zu großem Unterschied zwischen kleinstem und größtem Spulendurchmesser (besonders der Spulenschaftdurchmesser darf nicht zu gering bemessen werden), eine gleichbleibende Fadenspannung in genügender Weise erzielen. Um trotz des stärkeren Spulenschaftes ein größeres Spulenfassungsvermögen zu erreichen, wählt man

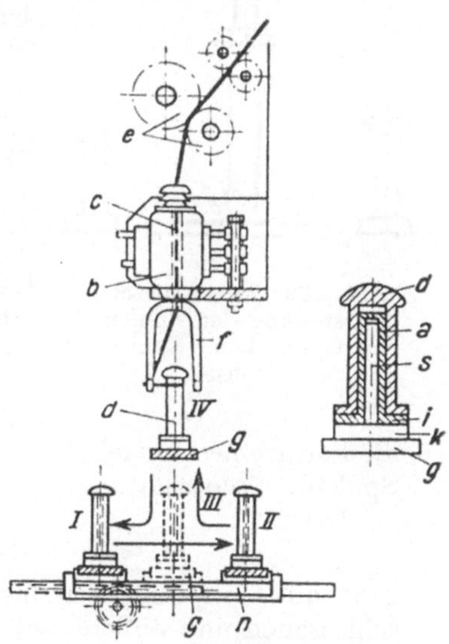

Abb. 438. Elektrische Spinnvorrichtung mit hängendem Flügel.

bei diesen Maschinen den Spulenhub wesentlich größer als die Spindelteilung, z. B. bei $4\frac{1}{4}''$-Spindelteilung einen Spulenhub von $4\frac{3}{4}$ bis $5''$ und mehr. Dies hat zwar wieder schwerere Flügel zur Folge, doch hat dies bei der soliden Befestigung des Flügels auf der Motorenwelle (ein Abnehmen der Flügel kommt ja hier beim Spulenwechsel nicht vor) und vor allem bei der kurzen Lagerung der Flügel selbst bei hohen Umlaufzahlen nichts zu sagen, sofern die Flügel nur tadellos ausbalanciert und Querschnittsabmessungen und Material so gewählt werden, daß sie den insbesondere durch die Zentrifugalkraft hervorgerufenen Beanspruchungen gewachsen sind[2].

Der Spulenwechsel vollzieht sich nun nach dem oben genannten Patent von Dr. Schneider mit der festliegenden Auswechselbahn derart, daß in der schematischen Abb. 438 abwechselnd eine der beiden Spulenbänke g mit den leeren Spulen in der Stellung II wartet, bis die Spulen in der Spinnstellung IV auf der

---

[1] Diese Annahme setzt gleichbleibende Gleitverhältnisse voraus, die naturgemäß von der Schmierung und Temperatur abhängen.
[2] Vgl. Baltz: Der Spinnflügel. Leipz. Monatsschr. Textilind. 1927, H. 3.

anderen Spulenbank vollgesponnen sind. Ist dies der Fall, so werden zunächst die Flügelmotoren stillgesetzt. Dann wird durch Handkurbel (vgl. Einzelheiten, S. 508) oder elektrisch die Bank mit den vollen Spulen bis zur Auswechselbahn n gesenkt (Stellung *III*) und nach vorn geschoben (Stellung *I*). Gleichzeitig rückt die Bank mit den leeren Spulen von der Stellung *II* in die Stellung *III* und wird anschließend zur Stellung *IV* gehoben. Die Fäden gehen jetzt noch von den Spinnflügeln direkt zu den in Stellung *I* befindlichen vollen Spulen. Werden nun die Spinnflügel kurzzeitig in Bewegung gesetzt, so wickeln sich einige Windungen von den vollen Spulen auf die leeren Spulen in Stellung *IV* auf. Mit Hilfe eines Messers schneidet nun die Spinnerin, indem sie an der Maschine entlang läuft, die Verbindungsfäden zwischen vollen und leeren Spulen durch und die Maschine ist zum Weiterspinnen auf die neuen Spulen fertig. Der ganze Spulenwechsel, der keinerlei Hilfskräfte erfordert, erledigt sich in 20 bis 40 Sekunden, beansprucht also weniger Zeit als bei den bisherigen Maschinen, selbst bei gut eingeschulten Abschneidekolonnen. Dabei bleibt der Spinnerin nach erfolgtem Spulenwechsel noch genügend Zeit, um die vollen Spulen von der Spulenbank in Stellung *I* abzunehmen, durch leere zu ersetzen und dann die ganze Bank wie zuvor durch Handkurbel oder elektrisch von der Stellung *I* in die Wartestellung *II* zurückzuführen. Der Weg, den eine Spule beim Auswechseln zurücklegt, ist in Abb. 439 nochmals in schematischer Weise dargestellt. Er hat, wie die eingezeichneten Pfeile und Zahlen erkennen lassen, die Form eines umgekehrten *T*, im Gegensatz zu dem Rechteck bei der ersten Spulenbankvorrichtung von Stutz-Benz.

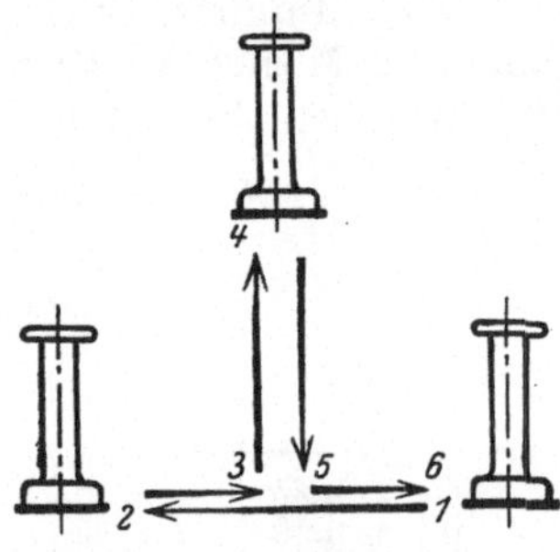

Abb. 439. Schematische Darstellung der Spulenbewegung beim Spulenwechsel.

Die

'elektrische Ausrüstung

geht aus den Abb. 440 bis 443 hervor. Abb. 440 zeigt den vollkommen geschlossenen und äußerst solide ausgeführten Spinnflügelmotor, der in mehreren Größen gebaut wird, von denen jede für einen gewissen Garnnummernbereich bemessen ist, entsprechend den voneinander abweichenden Bremsmomenten. Die Hohlwelle ist beiderseits des Läufers in kräftigen Wälzlagern gehalten und trägt oben zur Sicherung der Kugellager gegen Staub eine Schutzhaube. Am unteren Ende befindet sich ein Konus mit anschließendem Gewinde zur Befestigung des Spinnflügels. Sein Sitz ist so fest, daß ohne weiteres durch Umkehr der Drehrichtung der Flügelmotoren Rechts- oder Linksdraht gesponnen werden kann. An der Vorderseite ist ein Druckknopfschalter, an der hinteren Seite ein Dreiphasenstromabnehmer angebracht. Die Wälzlager, die nach den Angaben des Erbauers infolge ihrer besonders kräftigen Ausführung eine Lebensdauer von mindestens 20 Jahren erreichen sollen, werden mit einem Spezialöl geschmiert, das durch je eine Ölzufuhröffnung oben und unten eingeführt wird. Eine Nachfüllung ist nur in 3 bis 6 monatlichen Zwischenräumen erforderlich. Die in Abb. 441 nochmals in zerlegtem Zustand dargestellten Flügelmotoren werden als Drehstrommotoren mit Kurzschlußanker gebaut und benötigen keinerlei Wartung. Sie sind für ganz niedrige Spannung gewickelt, um auch für die hier nur in Frage kommenden geringfügigen Energien kräftige Wicklungsdrähte und andererseits große Isolationssicherheit zu bekommen. Dadurch ist auch die Gefahr einer Verletzung der Spinnerin durch Stromschläge (die eigentlich nur bei der Heißwasser-Spinnerei bestehen kann) vermieden. Den Wirkungsgrad dieser kleinen Motoren kann man immerhin noch mit fast 70 % bewerten, wobei der Aufwand für die Lagerreibung als Verlust mit eingerechnet ist. Infolge der geringen Wattverluste (etwa 30 W) erhöht sich die Temperatur der Motoren bei ihren verhältnismäßig großen Abkühlungsflächen auch im Dauerbetrieb kaum 5 bis 10° über Raumtemperatur und bleibt demgemäß erheblich hinter der für elektrische Maschinen

Abb. 440. Flügelmotor, zusammengebaut.

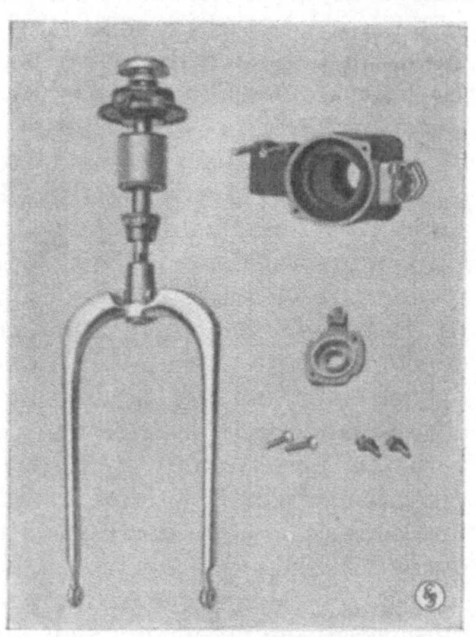

Abb. 441. Flügelmotor, zerlegt.

noch zulässigen Übertemperatur von 55° gegenüber Raumtemperatur zurück. Die Schaltung der Flügelmotoren geht aus der schematischen Schaltungsskizze, Abb. 442, hervor. Danach wird der Ständerwicklung w des Flügelmotors der Strom von den drei innerhalb der Spinnmaschine verlaufenden Sammelschienen s durch die als federnde Bronzebügel ausgebildeten Stromabnehmer k zugeführt. Die drei anderen Enden der Wicklung führen zu einem an den Motor angebauten und von der Vorderseite der Maschine zu bedienenden Druckknopfschalter d, der als spannungsloser Nullpunktsöffner ausgeführt ist und dadurch ein völlig funkenfreies Abschalten eines jeden einzelnen Motors gestattet. Außerdem ist der Schalter unter der Verschalung nochmals besonders luftdicht gekapselt. Durch die Betätigung dieses Druckknopfschalters ist die Spinnerin in der Lage, bei Fadenbruch jeden Flügel sofort durch Abschalten des Motors anzuhalten, so daß das bisherige, bisweilen zu Verletzungen führende Festhalten der Flügel von Hand wegfällt. Dadurch sind auch beide Hände zum Anspinnen frei geworden. Allerdings muß hierbei der Faden mittels eines biegsamen Stahldrahtes mit einem kleinen Häkchen durch die Boh-

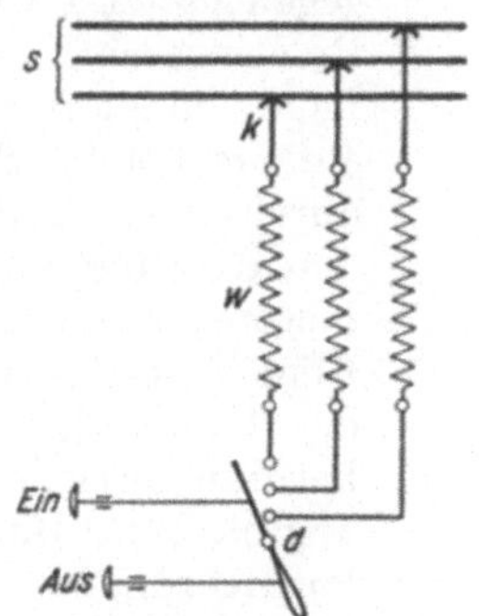

Abb. 442. Schaltung des Spinnflügelmotors.

rung der Motorenachse durchgezogen werden, doch gewöhnen sich die Spinnerinnen sehr schnell an diese etwas umständlichere Anspinnmethode.

Von ganz besonderer Bedeutung ist die Vorrichtung, die eine Änderung der Drehzahl der Flügelmotoren und dadurch auch der Spinnflügel gestattet. Diese Änderung ist notwendig zunächst zum langsamen Anlaufen der Motoren beim

Anwinden der ersten Windungen auf die Spule beim Beginn des Spinnvorganges. Weiterhin ist eine Änderung der Flügeldrehzahl erwünscht, um sich je nach Garnnummer, Drehung, Beschaffenheit des Materiales, Eignung der Spinnerin usw. den jeweiligen Verhältnissen anpassen zu können. Während diese Flügeldrehzahländerung bei mechanisch durch Fest- und Losscheibe betriebenen Trommelmaschinen durch das etwas umständliche Wechseln der Trommelscheiben herbeigeführt wird, bewirkt man dies bei den elektrischen Flügelmotoren lediglich durch Änderung der konstanten Frequenz der aus dem vorhandenen Drehstromnetz der Fabrik entnommenen elektrischen Energie. Bei der üblichen Frequenz von 50 Per./sek (Hertz) der Drehstromnetze ist die Spannung der Flügelmotoren auf etwa 36 V bei 2800 Flügelumdrehungen festgelegt worden[1]. Sie erhöht sich proportional der Umlaufzahl bei 3500 Flügelumdrehungen auf etwa 45 V; doch kann diese Umlaufzahlsteigerung nur durch höhere Periodenzahl erreicht werden. Die Umformung der beliebigen Netzspannung der Spinnerei auf die Flügelmotorenspannung und insbesondere deren Änderung erfolgt im Frequenzumformer. Dieser besteht aus einem Asynchron-Generator und einem regelbaren Antriebsmotor. Der Aufbau des Asynchron-Generators entspricht dem eines gewöhnlichen Drehstrommotors mit Schleifringläufer. Schließt man die Ständerwicklung an das vorhandene Drehstromnetz von 50 Per./sek an und steht der Läufer still, so verhält sich der Motor wie ein stationärer Transformator und es läßt sich an dessen Schleifringen eine Spannung von E_2 Volt von Primärfrequenz (50 Per./sek) abnehmen, und zwar ist die Größe der Spannung gegeben durch das Übersetzungsverhältnis der Windungszahlen des Läufers zu denen des Ständers. Die an die Ständerwicklung angelegte Netzspannung erzeugt nun bekanntlich ein Drehfeld, das mit Synchrongeschwindigkeit (die sich durch Polzahl und Frequenz bestimmt), in einer bestimmten Richtung, z. B. rechtsdrehend umläuft. Wird nun der Läufer in der gleichen Richtung angetrieben, so wird seine Relativgeschwindigkeit zum Ständerdrehfeld kleiner; infolgedessen erniedrigt sich auch seine Frequenz, ebenso wie die Läuferspannung. Ist die Umlaufzahl des Läufers gleich der des Drehfeldes, d. h. bewegt sich der Läufer synchron, so ergeben sich, da seine Relativgeschwindigkeit zum Drehfeld gleich null ist, auch Frequenz und Spannung gleich null. Bei entgegengesetzter Umlaufbewegung des Läufers dagegen erhöhen sich entsprechend Relativgeschwindigkeit, Frequenz und Spannung. Auf diese Weise ist man in der Lage, im Läufer des Asynchrongenerators jede gewünschte Frequenz mit der entsprechenden Spannung zu erzeugen, sofern man nur den Läufer des Generators durch einen regelbaren Motor mit der entsprechenden Drehzahl in der entsprechenden Richtung antreibt. Der Vorgang beim langsamen Anlaufen der Spinnflügelmotoren spielt sich nun so ab, daß man die Frequenz des vom Umformer den Flügelmotoren zugeführten Drehstromes von null aus allmählich steigert, indem der Läufer des Asynchrongenerators allmählich von seiner Synchrondrehzahl heruntergeregelt wird, bis er bei Stillstand die Netzfrequenz von 50 Per./sek abgibt. Wird durch Umkehrung der Drehrichtung des Antriebsmotors die Umlaufrichtung des Generatorläufers geändert, dann erhält man über 50 Per./sek hinausgehende Frequenzen und demzufolge höhere Umlaufzahlen der Spinnmotoren. Zu beachten ist, daß bei dem Betrieb über 50 Per./sek der Antriebsmotor für den Generator nur diejenige Zusatzleistung aufzubringen

---

[1] Normale Drehstrommotoren können bei 50 Per./sek und 2 Polen synchron nur $n = \dfrac{60 \cdot v}{p} = \dfrac{60 \cdot 50}{1} = 3000$ Umdrehungen liefern (v = Frequenz, p = halbe Polzahl). Nach Abzug von rd. 200 Umdrehungen Schlupf bei Belastung der Spinnmotoren ergibt sich demnach eine Umlaufzahl der Flügelmotoren von 2800.

hat, welche die transformatorisch aufgenommene Leistung des Generators übersteigt[1].

Die Änderung der Drehzahl des Frequenzwandlers kann nun auf verschiedene Weise erreicht werden:

a) mechanisch, indem der Drehstromgenerator durch einen gewöhnlichen Kurzschlußankermotor von bestimmter Umlaufzahl unter Zwischenschaltung auswechselbarer Zahnräder angetrieben wird. Durch Wechseln der Zahnräder kann man die Umlaufzahlen des Generatorläufers bzw. dessen Relativgeschwindigkeit zum Generatordrehfeld und damit die Periodenzahl und Umlaufzahl der Flügelmotoren ändern. Statt des Antriebs durch Wechselräder kann auch Riemenantrieb gewählt werden, wobei dann die Geschwindigkeitsregelung durch Riemenscheibenwechsel erfolgt.

Da sich die mechanische Antriebsart als unbequem und nicht feinstufig genug erwies, ist diese neuerdings verlassen worden. Die Änderung der Drehzahl des Frequenzwandlers erfolgt heute fast ausschließlich

b) elektrisch:

1. Durch Antrieb des Umformers mittels eines im Felde regelbaren Gleichstrommotors. Zwar können hier außer gutem Wirkungsgrad feinstufige Frequenzen erzielt werden, doch erfordert eine derartige Anlage das Vorhandensein von Gleichstrom für den Motor und Drehstrom für den Umformer, die beide zusammen in den seltensten Fällen zur Verfügung stehen.

2. Durch einen regelbaren Schleifring-Asynchronmotor. Diese Art Regelung gestattet zwar entsprechend der gewählten Zahl Widerstandsstufen weitgehende Regelung der Umlaufzahlen bzw. der Frequenzen, doch nehmen die Widerstände naturgemäß, wenn längere Zeit mit kleineren Umlaufzahlen gefahren wird, erhöhte Temperaturen an, was in Anbetracht der Feuersgefahr im Spinnsaal unerwünscht ist. Auch fällt bei kleineren Frequenzen der Wirkungsgrad linear mit diesen, während er sich bei den höchst einstellbaren Frequenzen sehr gut stellt. Von Vorteil ist der verhältnismäßig niedere Preis.

---

[1] Ist v_1 die primäre, v_2 die sekundäre, in diesem Falle also höhere Frequenz, so ist die Zusatzleistung des Motors nur etwa $\dfrac{v_2 - v_1}{v_2}$ mal so groß als die vom Generator abgegebene Leistung, d. h. kleiner als diese, da $v_2 > v_1$ ist. Ferner ist, wenn man mit σ den Schlupf des Läufers, mit n_s die synchrone Drehzahl und mit n die jeweilige Drehzahl des Umformers bezeichnet (wobei n bei entgegengesetzt dem Drehfeld gerichteter Rotation mit negativem Wert einzusetzen ist):

$$\sigma = \frac{v_2}{v_1} = \frac{n_s - n}{n_s} = 1 - \frac{n}{n_s},$$

und die sekundäre Spannung ergibt sich zu: $e_2 = E_2 \cdot \sigma$. Das Verhältnis $\dfrac{e_2}{v_2} = \dfrac{E_2}{v_1}$ ist bei konstanter Primärspannung konstant. Vgl. Blanc: Asynchrone Frequenzumformer. Siemens-Zeitschr. 1925, H. 12.

Aus diesen Beziehungen errechnen sich in einfacher Weise die Umlaufzahlen, die dem Generatorläufer bei zweipoliger Ausführung durch den Antriebsmotor für eine bestimmte Flügelmotorenumlaufzahl n_f zu erteilen sind. Nach

$$n_f = \frac{3000 \cdot v_2}{v_1} = \frac{3000\,(n_s - n)}{n_s} = 3000 - n \quad \text{(wenn } n_s = 3000 \text{ eingesetzt wird)} \text{ erhält man für}$$

$n_f = 3000$	$n = 0$	$v_2 = v_1 = 50$ Per./sek
$n_f = 0$	$n = n_s = 3000$	$v_2 = 0$ Per./sek
$n_f = 4500$	$n = -1500$	$v_2 = 75$ Per./sek

(d. h. entgegengesetzt).

Von diesen Umlaufzahlen sind, wie oben schon bemerkt, etwa 200 Umdrehungen für Schlupf in Abzug zu bringen.

3. Durch polumschaltbare Drehstrommotoren mit Kurzschlußläufer. Der Wirkungsgrad ist gut, die Frequenz kann aber nur in plötzlichen Sprüngen ohne Feinregelung geändert werden.

4. Durch mittels Bürstenverschiebung regelbare Drehstromkommutatormotoren. Der Wirkungsgrad ist gut; auch gestatten sie feinstufige Regelung wie unter Ziffer 2, dagegen sind die Anlagekosten wesentlich höher.

Die Mehrzahl der bisher ausgeführten Elektro-Jutespinnmaschinen ist nach Anordnung 2 mit Widerstandsschaltung ausgeführt, die infolge ihrer Billigkeit bevorzugt wird. Da im allgemeinen mit kleinen Frequenzen nur ganz kurzzeitig gearbeitet wird, so bleibt die Erwärmung der Widerstände in mäßigen Grenzen. Neben dieser Anordnung macht man auch von Ausführung 3 mit polumschaltbaren Motoren häufig Gebrauch, wobei man allerdings auf feinstufige Regelung verzichten muß[1].

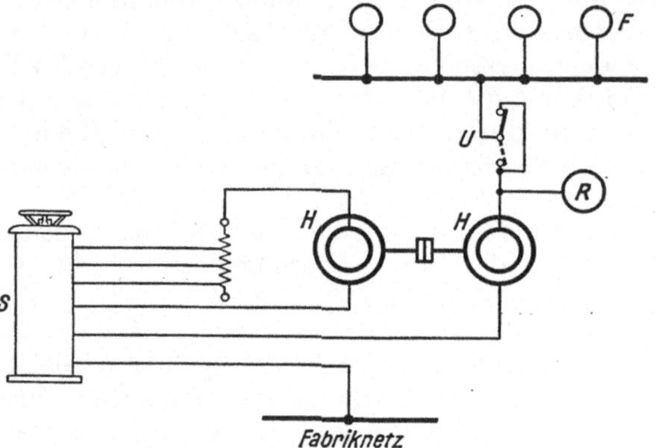

Abb. 443. Schaltung der gesamten elektrischen Einrichtung einer Spinnmaschine.

Abb. 443 zeigt die Schaltung der gesamten elektrischen Einrichtung einer Spinnmaschine nach Anordnung 2, wobei die Einrichtung so getroffen ist, daß jeder Schaltvorgang, insbesondere Anlassen und Stillsetzen der Maschine, sowie deren Drehzahlregelung durch einfache Betätigung der Schaltwalze S geschieht. Dadurch gestaltet sich die Bedienung äußerst einfach. Der in der Abb. 443 angegebene Umschalter U, der nur bei Stillstand der Maschine zu betätigen ist, dient zur Änderung der Drehrichtung der gesamten Spinnflügel, wenn man Garn mit Linksdraht (an Stelle des normalen Rechtsdrahtes) spinnen will.

Der Antrieb des Streckwerkes erfolgt bei den Elektro-Flügelspinnmaschinen durch einen eigenen Motor R, der naturgemäß von der gleichen Stromquelle wie die Flügelmotoren gespeist werden muß, da die Drehzahl der Streckwerkszylinder wie bei den normalen, mechanisch betriebenen Spinnmaschinen für ein bestimmtes Garn stets in gleichem Verhältnis zu der Drehzahl der Flügel bzw. der Flügelmotoren stehen muß. Die übrigen Schaltverbindungen, insbesondere der Anschluß des Frequenzumformers H an das vorhandene Fabriknetz über den Schalterhebel S und der Anschluß der Flügelmotoren F an die vom Umformer H gespeisten Sammelschienen gehen ohne weiteres aus der Abb. 443 hervor.

Die Dr. Schneider-Spinnmaschine, deren mechanischer Teil von C. O. Liebscher, Chemnitz, gebaut wird, während die Siemens-Schuckert-Werke, Berlin, den vollständigen elektrischen Teil liefern, wird für Jutegarne der Nr. 3 bis 4,2 m/g in der Regel mit 4¼″-Teilung und 4¾″-Hub mit 84, neuerdings maximal 100 Spindeln je Seite ausgeführt. Die Flügel laufen mit einer höchsten Drehzahl von 4200 Uml./min. Bei einigermaßen gut vorbereitetem Fasermaterial kann man im Dauerbetrieb mit 3600 bis 4000 Umläufen rechnen. Während Abb. 444 die Anordnung der Flügelmotoren bei einer solchen Maschine im Lichtbild wiedergibt, lassen die beiden Querschnittszeichnungen, Abb. 445 und 446,

---

[1] Näheres hierüber vgl. Blanc: Asynchrone Frequenzumformer, Siemens-Zeitschr. 1925, H. 12. In dieser Abhandlung sind vor allem Leistung und Wirkungsgrad der unter Ziff. 2 und 3 genannten Umformerantriebe vergleichsweise dargestellt.

den Aufbau der ganzen Maschine mit Spulenwechselvorrichtung, Rädertriebwerk, Hubvorrichtung deutlich erkennen. Der Drehungswechsel und der Verzugswechsel erfolgen genau so wie bei den Maschinen mit mechanischem Flügelantrieb. Bemerkenswert ist die in Abb. 445 links angedeutete und in Abb. 447 im einzelnen dargestellte Anlüftvorrichtung der Spulen. Diese Vorrichtung hat den Zweck, die Spulen beim Anlaufen der Maschine oder beim Anspinnen von der durch die Bremsteller infolge des Spulengewichtes erzeugten Bremsung zu entlasten, um so durch Verringerung der Fadenspannung bei schwachem Garn oder dünneren Stellen Fadenbrüche zu vermeiden. Auch entwickeln die Flügelmotoren bei der für die Anlaufaufwindungen notwendigen niederen Umlaufzahl nicht genügend Drehmoment, um die volle Bremsspannung zu überwinden. Die Wirkungsweise der Anlüftvorrichtung ist folgende:

Die Hebel a erhalten durch Drehen des Handrades b und entsprechend der Schneckenradübersetzung c/d eine Auf- oder Abwärtsbewegung, und zwar drücken bei der Aufwärtsbewegung die Hebel a mit den Köpfen e an die U-Schiene f, in welcher die Anlüftstifte g für jede Spule befestigt sind. Beim Anheben der U-Schiene werden naturgemäß auch die Stifte g in die Höhe gedrückt, so daß die Spulenteller h nicht mehr auf der Spulenbank i, sondern auf den Köpfen der Stifte g laufen.

Abb. 444. Anordnung der Flügelmotoren bei einer Jutespinnmaschine.

In gleicher Weise ist eine Anlüftung vorgesehen, um zur Zeit des Anspinnens die vollen Spulen k auf der Reservebank anlüften zu können, damit der hierbei von den vollen Spulen auf die in Spinnstellung befindlichen leeren Spulen sich abwickelnde Faden vom vollen Bremswiderstand entlastet wird. Die Betätigung dieser Anlüftung erfolgt mittels eines Fußhebels m. Die ganze Dauer des Anlüftens beträgt nur einige Augenblicke, während der die wenigen Windungen auf die Spule vollzogen werden.

Abb. 448 zeigt noch eine Gesamtansicht einer 2×100 spindligen Spinnmaschine nach der neuesten Bauart von Liebscher.

Die mannigfaltigen Vorteile der Spinnmaschinen mit elektrisch betriebenen

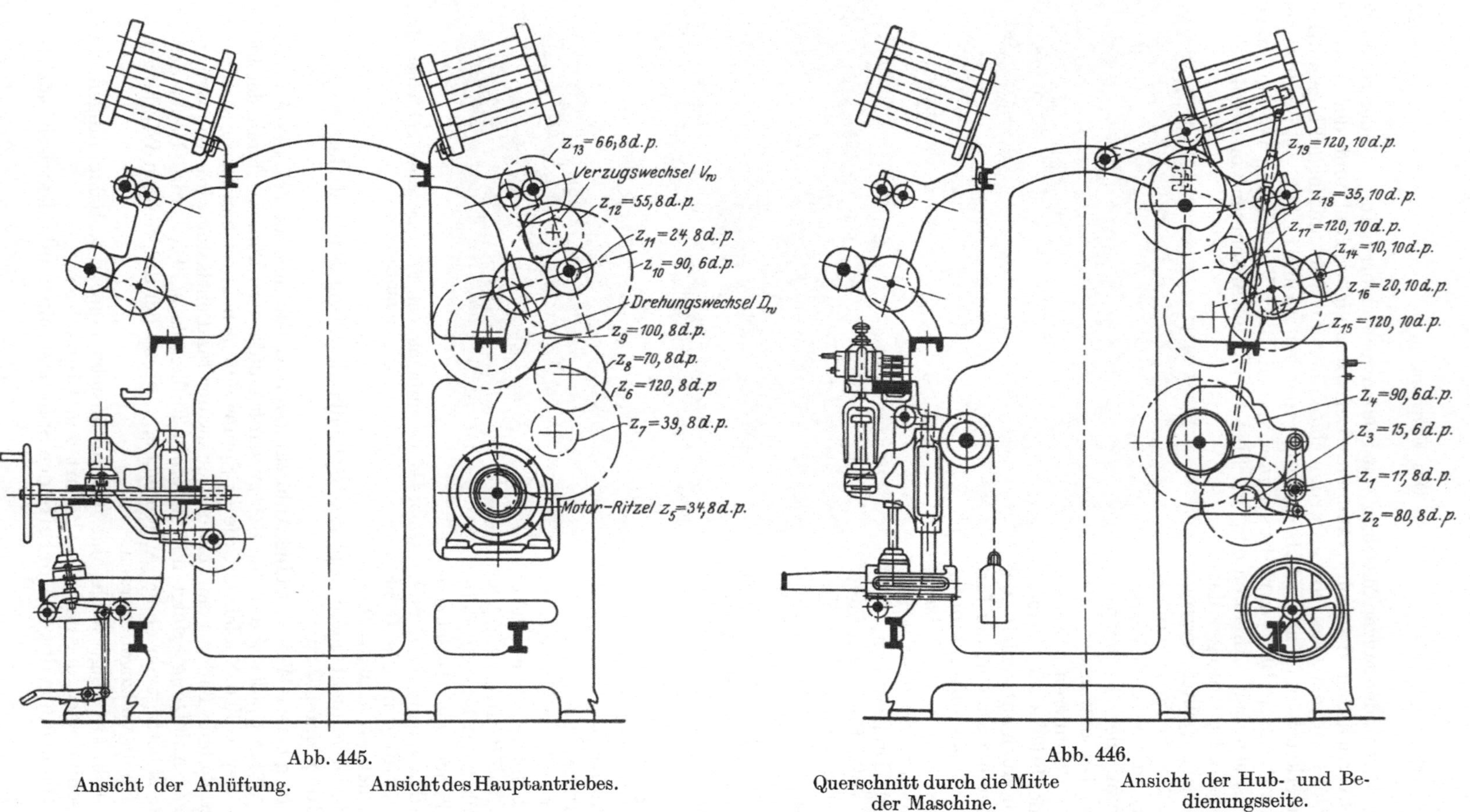

Abb. 445.

Ansicht der Anlüftung.   Ansicht des Hauptantriebes.

Abb. 446.

Querschnitt durch die Mitte   Ansicht der Hub- und Be-
der Maschine.   dienungsseite.

Abb. 445 bis 447. Elektrischer Jutespinnstuhl 4¹/₄-Zoll-Teilung, 4³/₄-Zoll-Hub, 200 Spindeln, von C. O. Liebscher, Chemnitz.

Flügeln und mechanischem Spulenwechsel gegenüber allen bisher beschriebenen Maschinen sollen im folgenden nochmals zusammengefaßt werden.

1. Bedeutende Mehrleistung infolge der hohen Flügelumlaufzahl und Vergrößerung der Spindelzahl und dementsprechend eine Ersparnis an Spinnlöhnen. Der ruhige und erschütterungsfreie Lauf der Flügel sowie das Fehlen der beim Bandantrieb durch die Verbindungsstellen der Bänder oder Schnüre verursachten nachteiligen Stöße hat bedeutend weniger Fadenbrüche und dadurch wieder höhere Produktion zur Folge gegenüber den gewöhnlichen Spinnmaschinen. Selbst im Vergleich zu gut ausgeführten und im Stande erhaltenen Bergmannspindeln sind noch erhebliche Mehrleistungen herauszuholen, die im übrigen naturgemäß von der Beschaffenheit und Zusammensetzung des Fasermateriales abhängig sind. Als obersten Grenzwert der Lieferungsgeschwindigkeit des Verzugszylinders kann man für Jute 27 bis 28 m und eine Spindelumlaufzahl von 4200/min annehmen.

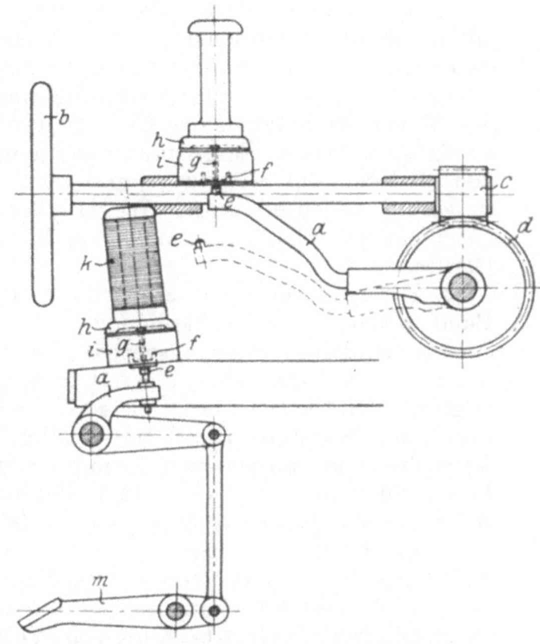

Abb. 447. Anlüftvorrichtung der Spulen.

Auf Grund längerer Betriebsversuche ergab sich an einer 84 spind-

Abb. 448. Elektrische Feinspinnmaschine 200 Spindeln, $4^{1}/_{4} \times 4^{3}/_{4}$ Zoll, von C. O. Liebscher, Chemnitz.

ligen Seite bei 3,15 m/g Halbkette eine durchschnittliche stündliche Spindelleistung von 500 g/Sp.h, das ist gegenüber der auf einer gewöhnlichen Flügelspindel (Fairbairn 4'', 72 Spindeln/Seite) hervorgebrachten Spindelleistung von 310 g/Sp.h eine Mehrleistung von über 60%.

2. Gleichmäßigkeit der Garndrehung, da die elektrisch betriebenen Flügel mit durchaus einheitlicher Drehzahl umlaufen[1]. Die Umlaufzahlen gleichzeitig spinnender Flügelmotoren weichen nicht mehr als $\pm 1\%$ voneinander ab. Infolgedessen kann man mit der Garndrehung an die untere Grenze gehen, die durch den Verwendungszweck des Garnes gegeben ist, was wiederum gegenüber den bandangetriebenen Flügelspinnmaschinen, bei denen Drehzahlschwankungen von $\pm 15\%$ vom Mittelwert und noch mehr vorkommen, eine Produktionssteigerung bedeutet. Durch Wegfall der überdrehten Stellen und infolge der gleichmäßigen scharfen Bremsung ergibt sich weiterhin eine höhere Festigkeit des Garnes.

3. Der Kraftverbrauch ist geringer als bei den Maschinen mit Trommel und Bandantrieb; vor allem kommen die durch die verschiedene Bandspannung entsprechend den Witterungsverhältnissen sich einstellenden erheblichen Schwankungen im Kraftbedarf in Wegfall. Bezogen auf das gesponnene Garnkilogramm liegt der Kraftbedarf um 20 bis 40% niedriger als bei den gewöhnlichen Spinnmaschinen. So ergaben zwei 100spindlige Seiten auf Grund eines mehrwöchigen Versuchs beim Spinnen von 3,3 m/g SS-Halbkette ($\alpha_{leas} = 1{,}7$) bei einer stündlichen Spindelleistung von 414,5 g/Sp.h eine durchschnittliche Belastung von 5,751 kW $= 0{,}05751$ kW/Spindel $= 0{,}1387$ kWh/kg Garn. Bei einer anderen Maschine wurde beim Spinnen von 3 m/g SS-Halbkette bei einer stündlichen Spindelleistung von 517 g ein durchschnittlicher Kraftbedarf von 0,077 kW/Spindel $= 0{,}149$ kWh/kg Garn festgestellt. Gegenüber den schnellaufenden Bergmannspindeln mit einer Leistung von 414 g/Sp.h bei dem gleichen Garn und einem Kraftaufwand von 0,099 kW/Spindel $= 0{,}239$ kWh/kg Garn ergab sich demnach eine Energieersparnis für 1 kg Garn von 0,09 kWh oder rd. 38%. Je nach der Lieferung oder Garnnummer kann man demnach für die Maschinen mit elektrischem Flügelantrieb mit etwa 0,08 bis 0,11 PS Kraftbedarf für eine Spindel rechnen.

4. Das Fehlen jeglicher Antriebsriemen und Bänder oder Schnüre bringt nicht nur eine erhebliche Ersparnis an Betriebsmaterialien mit sich, sondern hat auch einen größeren Ausnützungsgrad der Maschine zur Folge, da die durch den Wechsel und Ersatz der genannten Betriebselemente hervorgerufenen Maschinenstillstände in Wegfall kommen. Weiterhin kommen hinzu: Ersparnis an Bremsschnüren, Schmiermaterial, Spulen usw. Allerdings bedürfen die Spulen für diese Maschine einer viel präziseren Ausführung, vgl. Abb. 449, und sind dementsprechend teurer, doch ist ihr Verschleiß infolge des Wegfallens der Bremsschnüre erheblich geringer. Daß durch die Verkürzung der Abschneidezeit der Ausnützungsgrad der Maschine erhöht wird, ist bereits erwähnt worden.

5. Ersparnis an Bedienungspersonal und Löhnen infolge der Mechanisierung des Spulenwechsels. Die Abschneidekolonnen kommen ganz in Wegfall, was nicht nur im Interesse der Lohnersparnis, sondern auch unter Berücksichtigung der heutigen Schwierigkeit der Beschaffung jugendlicher Arbeiter und der Behinderung durch die Sozialgesetzgebung, Fortbildungsschulzwang und dgl. von besonderer Wichtigkeit ist. Die Bedienung der Maschine erfordert nur eine Spinnerin, welcher bei den 12 m langen 100spindligen Maschinen unter Umständen noch eine Jugendliche zur Seite stehen kann, während bei den 84spindligen Maschinen eine jugendliche Hilfe für zwei Seiten genügt. (Eine unbedingte Notwendigkeit für diese Hilfsspinnerinnen besteht jedoch nicht; in vielen Betrieben

---

[1] Vgl. die in der Siemens-Zeitschrift H. 12, 1925, S. 545 veröffentlichten Versuchsergebnisse.

haben 4 oder 5 Seiten zusammen nur eine Hilfsspinnerin.) Allerdings muß darauf geachtet werden, daß möglichst große Vorgarnspulen 10 × 6'' zur Verwendung kommen, da bei den bisher üblichen 10 × 5''-Spulen die Spinnerin ohne Hilfe nicht auskommen kann. Weiterhin ist zu beachten, daß infolge der leichten Ausschaltbarkeit jedes einzelnen Spinnflügels die jüngste und schwächste Anfängerin sofort vom ersten Arbeitstag an jede Spindel zwecks Anspinnens eines gerissenen Fadens anhalten kann, ohne daß sie, wie bei den bandangetriebenen Flügeln, mit der Hand in die laufenden Flügel greifen muß, was besonders bei den schnellaufenden Maschinen einen kräftigen Zugriff erfordert und nicht selten zu Verletzungen führt.

6. Eine weitere Lohnersparnis wird erzielt durch die bedeutende Erhöhung des Spulenfassungsvermögens. Während die üblichen 3¾ und 4''-Maschinen Spuleninhalte von durchschnittlich 120 bis 150 g aufweisen, haben die Spulen der Schneider- und Mackie-Maschinen bei 4¼''-Teilung und 4¾''-Hub ein Fassungsvermögen von 200 bis 210 g. Neuerdings werden diese Spulen mit einem Kopf aus Fiber ausgeführt, gemäß Abb. 449 links. Dadurch erhöht sich der Spulenhub auf 5¹/₈'' und demgemäß das Fassungsvermögen auf 220 bis 230 g, d. h. fast das Doppelte der gewöhnlichen Spulen. Für die auf den Spinnprozeß folgenden Arbeitsgänge des Spulens, Kopsens, Haspelns oder Zwirnens bedeutet diese Erhöhung des Spuleninhaltes bzw. der Lauflänge gegenüber den gewöhnlichen Spulen eine Produktionserhöhung von 30%

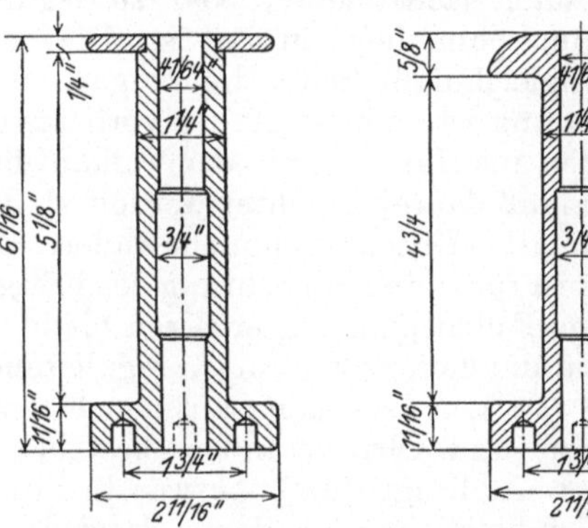

Abb. 449. Spulen zu den Hängeflügelmaschinen von Dr. Schneider und Mackie.

und darüber und dementsprechend eine gleiche Lohnersparnis.

7. Die Betriebssicherheit ist bei den elektrischen Spinnmaschinen größer als bei den durch Riemen angetriebenen Maschinen, da bei ersteren Verletzungen durch reißende Riemen oder Bänder nicht vorkommen können. Eine Verletzung durch den elektrischen Strom ist bei den vorkommenden niedrigen Spannungen und der vollkommen verdeckten Anordnung aller stromführenden Teile gänzlich ausgeschlossen. Wie oben schon angeführt, fallen Verletzungen infolge Anhaltens der Flügel weg, da diese durch einen Druck auf den Schaltknopf sofort ausgeschaltet werden können. Die solide Bauart und Lagerung der Spinnmotoren schaltet eine Reparatur völlig aus. Bei den hohen Umlaufzahlen ist allerdings eine sorgfältig und genau ausbalancierte Ausführung der Spinnflügel bei Verwendung besten, widerstandsfähigsten Materiales dringend erforderlich. Auch sind nur genau gearbeitete Spulen, die zentrisch auf ihrem Stift und genau in der Flügelachse laufen, zulässig.

Diesen Vorteilen gegenüber steht als Hauptnachteil nur ein wirtschaftlicher, nämlich der hohe Anschaffungspreis der Maschine, der allerdings bei unserer heutigen wirtschaftlichen Lage in Deutschland bisher eine allgemeine Einführung dieser vom technischen Standpunkt aus fast vollkommenen Spinnmaschine verhindert hat. Es sind zwar Bestrebungen im Gange, durch Vereinfachung der Motoren eine Preissenkung der Maschine herbeizuführen, was nur zu begrüßen wäre. Der bisweilen gehörte Einwand, daß durch den elektrischen Einzelantrieb der Flügel bzw. durch das Vorhandensein einer so großen Anzahl Kleinmotoren sich der Bau und die Wartung der Maschine zu verwickelt gestalten würde, wird durch die Praxis widerlegt, die gerade das Gegenteil erweist. Durch den Wegfall der Antriebstrommeln und Bänder ergibt sich ein einfacherer und übersichtlicherer Aufbau der Maschine, die infolgedessen auch weniger Staub aufwirbelt als die übrigen Spinnmaschinen. Die Ausführung der Schaltwalze mit ihren neuerdings vorgesehenen Verblockungen und Sicherungen gestattet das Anlassen der Motoren und die Regelung der Flügelumlaufzahl auf denkbar einfachste Weise und schließt jede Fehlschaltung aus.

Die bei den Schneider-Spinnstühlen (wie auch der folgenden Schneider-Mackie-Maschine) als Vorteil erkannte gleichmäßige Selbstbremsung der Spulen ohne Beeinflussung durch die Spinnerin kann sich unter Umständen auch zum Nachteil auswirken, da sie streng genommen nur für eine Garnsorte und -nummer die richtige Fadenspannung liefert. Die Spinnerin ist nicht in der Lage, bei wechselnder Garnnummer, insbesondere bei wechselnder Drehung irgend etwas an der Bremsung nachzuhelfen oder zu regulieren, wie sie es von der gewöhnlichen Spinnmaschine her gewöhnt ist. Dies macht sich besonders unangenehm fühlbar bei Ungleichmäßigkeiten im Vorgarn, weshalb es für diese Maschinen von größter Bedeutung ist, nur sorgfältig vorbereitetes, gleichmäßiges Vorgarn zu erzeugen. Bei den aus Hartgummi oder Vulkanfiber bestehenden Bremsringen der Spulenteller muß darauf geachtet werden, daß sie stets rein gehalten werden, damit ihr Reibungskoeffizient sich nicht ändert. Bei dem neuerdings viel verwendeten Filzbelag ist für stete Anfeuchtung des Filzes mit etwas Öl zu sorgen, damit die gleichmäßige Fadenspannung erhalten bleibt. Dies bildet auch das einzige Hilfsmittel, um auf die Fadenspannungen regulierend einwirken zu können. Sobald sich nach einer gewissen Laufdauer auf den Filzringen ein dunkler, meist aus feinen Gußteilchen und Ölrückständen bestehender, hautartiger Überzug gebildet hat, müssen die Ringe durch Auswaschen in Petroleum oder Benzin von diesen Rückständen befreit werden, damit sie wieder gleichmäßig aufnahmefähig für Öl werden und dementsprechend eine gleichmäßige Bremswirkung gewährleisten. Diese besonderen Bremsverhältnisse sind auch die Ursache, daß es bei diesen Maschinen vorteilhafter ist, schärfer gedrehte Garne, also Kette und Halbkette, zu spinnen als lose gedrehten Schuß, bei welchem eine individuelle, fein einzustellende Regulierung der Fadenspannung mehr am Platze ist. Auf jeden Fall ist es rationeller, möglichst die gleiche Garndrehung auf dem Spinnstuhl zu belassen und nicht zu viel mit den Nummern zu wechseln. Damit ist nicht ausgeschlossen, auch loser gedrehten Schuß zu spinnen, sofern man nur die Spulenteller mit Bremsringen von entsprechendem Reibungswiderstand und Durchmesser versieht. Unter Umständen empfiehlt es sich, zwei verschiedene Sätze Bremsteller für eine Maschine zu halten, wenn man nicht vorzieht, die einzelnen Garnsorten auf getrennten Maschinen zu spinnen.

Das Bedürfnis und Bestreben, Spinnmaschinen zu bauen, welche gegenüber der Schneider-Elektro-Spinnmaschine zwar die gleichen Vorteile aufweisen, jedoch sich im Preise niedriger stellen, veranlaßte Dr. Schneider, neben seiner Elektrospinnmaschine nach dem gleichen Prinzip arbeitende Spinnmaschinen, jedoch mit mechanisch betriebenen Hängeflügeln, zu bauen, so daß die die Maschine hauptsächlich verteuernden Motoren in Wegfall kommen. So entstand der von der Maschinenfabrik James Mackie & Sons, Belfast, gebaute

Schneider-Mackie-Spinnstuhl,

der genau wie der elektrische Spinnstuhl ausgeführt, also mit aktivem Hängeflügel, Selbstbremsung der Spulen und mechanischem Spulenwechsel versehen ist. Dagegen erfolgt der Flügelantrieb von einer Trommel aus mittels Band und auf der Flügelachse sitzendem Wirtel[1]. Abb. 450 zeigt eine Gesamtansicht der

---

[1] Nach einem Patent von Prince Smith & Son, Keighley.

Maschine, während aus der Querschnittszeichnung Abb. 451 der allgemeine Aufbau erkennbar ist. Die in Abb. 451 und den nachfolgenden Abb. 452 bis 494 zur Darstellung gebrachten Einzelheiten der Maschine entsprechen zu ihrem größten Teil, mit Ausnahme des elektrischen Flügeltriebes, auch den Konstruktionseinzelheiten des oben beschriebenen Schneiderstuhles, so daß die folgende eingehende Beschreibung für beide Maschinengattungen gilt.

Das wichtigste Konstruktionselement ist der aktive Hängeflügel mit selbstbremsender Spule und auswechselbarer Spulenbank. Der Flügel ist wiederum mittels Gewinde und Konus am unteren Ende einer kurzen Hohlspindel c (die an Stelle der Motorachse bei der Elektrospinnmaschine tritt) befestigt, die den als Hohlwirtel ausgebildeten Spinnwirtel x trägt und von einer zweiten Hohlspindel c_1 umschlossen wird, vgl. Abb. 452. Letztere wiederum ist mittels Gewinde und einer mit Zentrieransatz versehenen Mutter d_i in einer breiten, über die ganze Maschinenlänge durchgehenden und auf den Gestellwänden abgestützten gußeisernen Platte, der Spindellagerbank, vgl. auch Abb. 451, befestigt. Die

Abb. 450. Gesamtansicht des Schneider-Mackie-Spinnstuhles.

Lagerreibung des auf der festen Hohlspindel c_1 umlaufenden Wirtels wird durch zwei Kugellager k_1 und k_2 aufgenommen, deren innere Laufringe fest auf der Hohlspindel c_1 sitzen und durch einen Distanzring e getrennt sind, während die äußeren Laufringe in den ausgebohrten Spinnwirtel eingepaßt sind. Ein Preßring r hält hierbei den äußeren Laufring des unteren Lagers fest. Eine Kupferscheibe c_u schließt das Wirtelinnere nach oben ab und schützt die Kugellager gegen Verunreinigung. Außerdem ist zwischen Wirtel und Spindellagerbank eine gußeiserne Scheibe m zwischengeschaltet, welche die oberen Wirtelränder mit entsprechenden Eindrehungen überdeckt und so das Umwickeln und Eindringen von Fasern und Schmutz verhindert. Vielfach wird auch zwischen Wirtel und Flügelkopf eine dünne Stahlblechscheibe s eingesetzt, um das Wickeln der Fasern um die Wirtelachse zu vermeiden. Abb. 453 zeigt eine etwas abweichende Art der Ausbildung des oberen Wirtelrandes, der in diesem Fall über die Abschlußscheibe m bis nahe an die untere Fläche der Spindellagerbank greift. Auch ist an Stelle der Kupferscheibe ein besonders ausgebildeter Verschlußring c_u auf das obere Kugellager gesetzt. Dadurch ist ein noch dichterer Abschluß der Kugellager gewährleistet. Bei beiden Ausführungen ist oben auf die Spindellagerbank auf die bewegliche Hohlwelle c des Wirtels eine Abschlußhaube d_a aufgeschraubt, die in ihrer oberen Bohrung ein eingekittetes Porzellanauge trägt, welches der Führung des durch die Hohlwelle laufenden Fadens dient und bei Abnützung ausgewechselt werden kann. Diese Haube d_a, die mit Linksgewinde aufgeschraubt ist, da sie

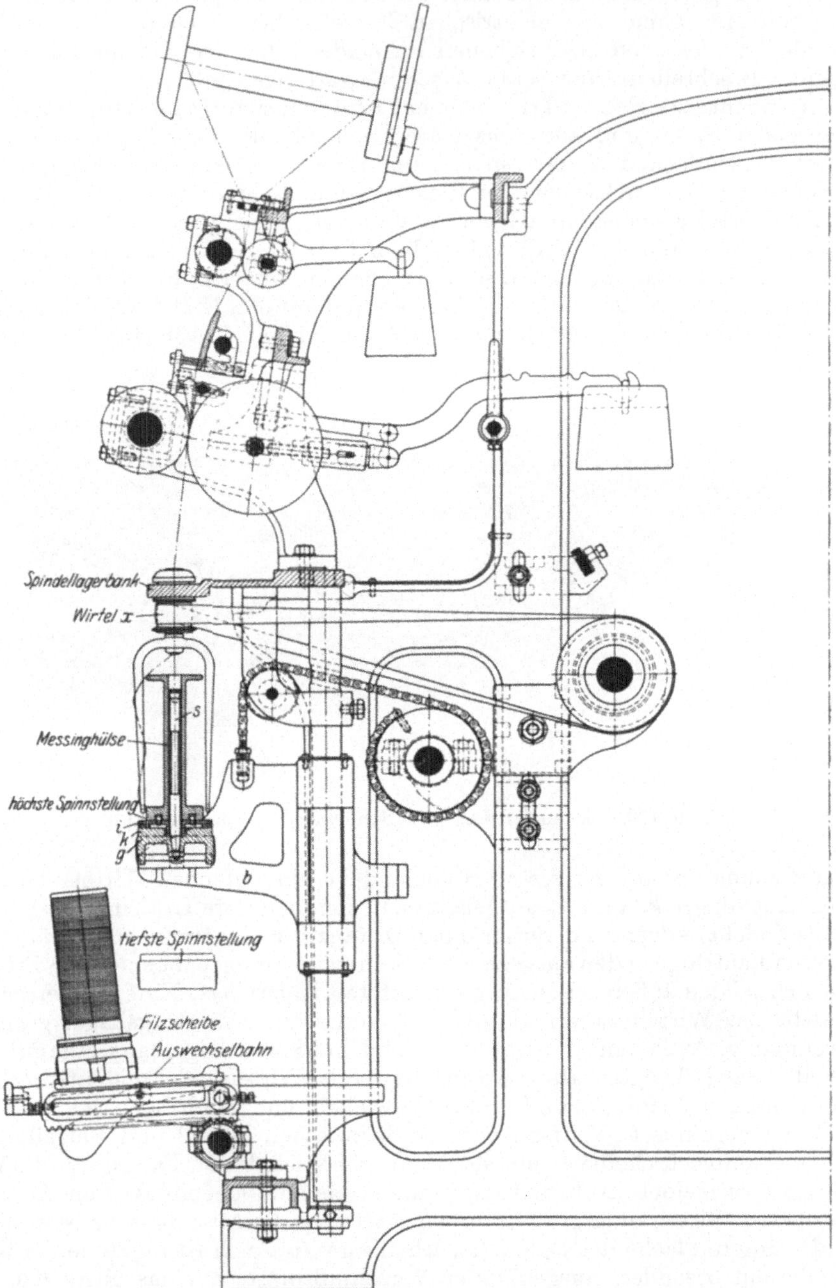

Abb. 451. Querschnitt durch einen Schneider-Mackie-Spinnstuhl.

zugleich zum Festhalten des Flügels durch die Spinnerin beim Anspinnen gerissener Fäden dient, wird beim Ölen der Wirtelkugellager abgenommen, so daß der Verschlußdeckel d_i frei wird. Selbstverständlich muß vor Abnahme der Abschlußhaube d_a die Spindellagerplatte oben vollständig frei von Staub und Fasern sein. Das Schmieren erfolgt normalerweise wöchentlich einmal, indem man in die zu diesem Zweck eingedrehte obere Vertiefung des Deckels d_i das von der Firma Mackie vorgeschriebene Spezialöl[1] so lange eingießt, bis das Öl etwa ¾ der Höhe des aus dem Verschlußdeckel vorstehenden oberen Endes der inneren Hohlwelle c erreicht. Das Öl läuft zwischen Hohlwelle c und Hülse c_1 allmählich bis auf den Boden des Hohlwirtels durch und steigt von da wiederum nach oben, so daß beide Kugellager vollkommen von Öl umgeben sind.

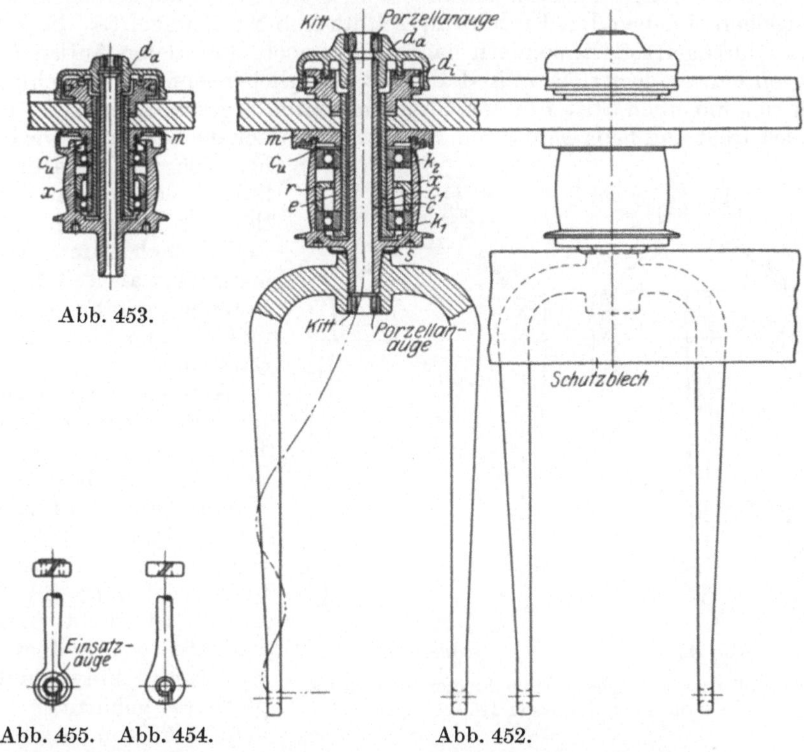

Abb. 453.

Abb. 455. Abb. 454.   Abb. 452.

Abb. 454 und 455. Seitenansicht des Flügelauges.   Abb. 452 und 453. Spinnflügel mit Antriebswirtel zur Schneider-Mackie-Spinnmaschine.

Der Hängeflügel wird, wie oben schon angegeben, in ähnlicher Weise ausgeführt wie bei den gewöhnlichen Flügelspinnmaschinen, nur daß er entsprechend seiner Größe und höheren Umlaufzahl kräftiger bemessen und vor allem auch sorgfältiger gearbeitet sein muß. Bei diesen Maschinen kommt es häufig vor, daß der Faden nach dem Anhalten der Flügel, wenn er nicht genügend gespannt ist, leicht aus dem unteren Flügelauge herausschlüpft. Das Wiedereinlegen erfordert nicht nur einen besonderen Handgriff der Spinnerin, sondern es tritt auch, wenn das Heraustreten des Fadens nicht sofort bemerkt wird, ein Fadenbruch mit entsprechendem Produktionsausfall ein. Man sucht dies dadurch zu vermeiden, daß man den Schlitz im Flügelauge zum Einfädeln des Fadens nicht gerade, sondern schräg, gemäß Abb. 454, ausführt. Infolge der hierdurch erzielten Verlängerung des Schlitzes und Vergrößerung der Reibung wird dem Hinausgleiten des Fadens

---

[1] Vaculine-Öl „C" der Deutschen Vacuum-Öl-A.-G.

mehr Widerstand entgegengesetzt. Während diese Anordnung bei den bandangetriebenen Flügeln der Mackiemaschinen, bei denen nach abgestellter Maschine eine Rückwärtsdrehung des Flügels durch die Bandspannung verhindert wird, vollkommen genügend ist, kommt es bei den elektrisch betriebenen Flügeln leicht vor, daß nach abgestelltem Motor die Flügel etwas zurücklaufen und der dadurch entspannte Faden aus dem Flügelauge fällt, selbst wenn der Einführungsschlitz schräg angebracht ist. Stutz-Benz hat daher eine Art Karabinerverschluß des Einführungsschlitzes an den Flügelenden zum Patent angemeldet, bei dem ein Herausgleiten des Fadens unmöglich ist. Bei der in Abb. 456 dargestellten Vorrichtung ist in das an den unteren Flügelschenkel sich anschließende Flügelende 1 neben dem Einführungsschlitz eine Nut 2 eingefräst, die jedoch nicht ganz durchgefräst ist, sondern nach außen noch eine kleine Auflagefläche läßt. Gegen letztere legt sich ein in der Nut 2 beweglicher schmaler Verschlußkörper 3, der sich um einen Stift 4 in dem anderen, ebenfalls geschlitzten Teil 5 des Flügelendes dreht und beim Einführen des Fadens einfach hochgeklappt wird, um nach-

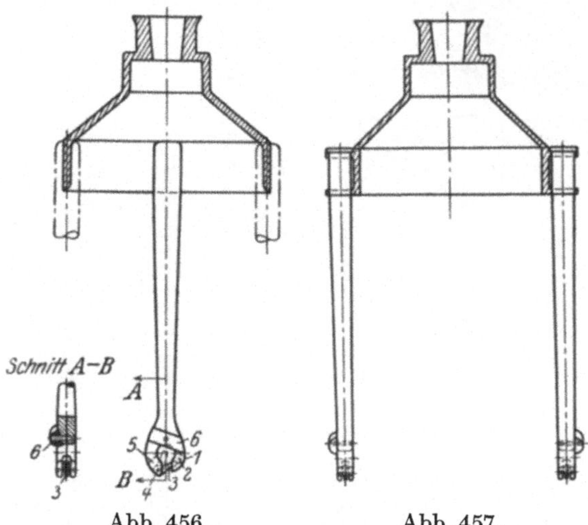

Abb. 456.   Abb. 457.

Abb. 456 und 457. Neue Flügelformen von Stutz-Benz für schnellaufende Hängeflügel.

her sich infolge seiner Schwerkraft wieder gegen die Auflagefläche 2 zu legen. Hierbei ist Teil 5 nach unten etwas länger ausgeführt als Teil 1, so daß die Spinnerin den Faden rein gefühlsmäßig, ohne hinzusehen, einführen kann.

Abb. 456 zeigt noch eine weitere Vorrichtung von Stutz-Benz, die das lästige, den Spinnprozeß sehr beeinträchtigende Einschneiden des Fadens am unteren dünnsten Teil des Flügelarmes und insbesondere am Ösenrand verhindern soll. Zu diesem Zweck ist dicht oberhalb der Fadenöse, schräg über die äußere Armfläche hinweglaufend, ein glashart gehärtetes Einsatzstück 6 von etwa halbrundförmigem Querschnitt schwalbenschwanzartig eingesetzt, und zwar derart, daß, wie die Seitenansicht der Abb. 456 zeigt, die untere Kante des Einsatzstückes näher zur Flügelmittellinie liegt als die obere Kante. Hierdurch wird erreicht, daß der Faden nicht von der eckigen Kante des Halbrundprofiles abläuft, sondern vom unteren Teil der zylindrischen Rundung. Auf diese Weise wird nicht nur die Abnützung vom Flügelauge ferngehalten, sondern es ergibt sich auch infolge der durch das schrägliegende Einsatzstück herbeigeführten Vergrößerung der Auflagefläche eine wesentliche Verringerung der Abnützung im unteren Flügelarm, und das gefährliche Einschneiden hört größtenteils auf. Damit das Einsatzstück während des Betriebes nicht herausfallen kann, ist es durch einen Niet aus weichem Eisendraht von etwa 1 mm Stärke gesichert. Das Auswechseln des Einsatzstückes gestaltet sich sehr einfach. Das alte Stück wird aus der Schwalbenschwanznute herausgeschlagen, wobei der Sicherungsdraht abgeschert wird und leicht aus dem Flügel fällt. Das nach Lehre vorgearbeitete Einsatzstück wird fertig gehärtet und verputzt in den Flügelschenkel eingesetzt und wiederum vernietet, so daß das Stück ohne gewalttätige Bearbeitung nicht herausfliegen kann. Obwohl die genannten Vorrichtungen die Herstellungskosten der Flügel erhöhen, haben sie doch so viele Vorteile aufzuweisen, daß sie sich in der Praxis bezahlt gemacht haben. Vor allem muß bei den schnellaufenden Flügeln der Spinnstühle von Dr. Schneider und Mackie darauf hingewiesen werden, daß das bei den Flügeln gewöhnlicher Spinnmaschinen nach Abnützung der Flügelenden allgemein übliche Wenden der Flügelarme hier wenig zu empfehlen ist, da dadurch das Gleichgewicht der Flügel sehr ungünstig beeinflußt wird.

Die Firma Mackie liefert neuerdings mit ihren Maschinen eine neue Flügelausführung, bei welcher in die Flügelöse ein gehärtetes Stahlauge eingesetzt ist, das die Schneidwirkung des Garnes aufnimmt und das auf einfache Weise, ohne das Gleichgewicht des Flügels zu stören, jederzeit leicht ersetzt werden kann, vgl. Abb. 455. Die aus einem Sonderstahl hergestellten Einsatzaugen, welche einer Temperatur bis zu 400° C ausgesetzt werden können, ohne weich zu werden, werden mit einer besonderen Lötmischung (nach den Angaben von Mackie: 70% Zinn, 25% Blei, 5% Wismut) bei 225 bis höchstens 230° C in die Fülgelösen eingesetzt, wobei selbstverständlich darauf geachtet werden muß, daß das Einsatzauge genau in die Flügelöse eingepaßt wird, so daß sein Schlitz mit dem im Flügel zusammenfällt und der Rand die Seite des Flügels berührt. Beim Auswechseln eines Auges wird das abgenützte Auge durch Eintauchen in einen kleinen Topf geschmolzenen Lötzinnes entfernt und sodann das neue Auge nach Erhitzen desselben und des Flügelarmes im Löttopf und nach Entfernung aller überflüssigen Lötmasse sorgfältig eingelötet.

Besonderes Interesse verdienen die in den Abb. 456 und 457 dargestellten neuen Flügelformen von Stutz-Benz (D. R. P. Nr. 450597 März 1926). Bei den bisherigen Flügeln erfolgt bekanntlich die Verbindung der im allgemeinen parallel zur Flügelachse verlaufenden Flügelarme mit dem Flügelkopf durch schulterähnlich sich an den Kopf anschließende, annähernd senkrecht zur Flügelachse verlaufende Arme, die sich mit einem ziemlich großen Halbmesser nach den Vertikalarmen umbiegen. Bei dieser Anordnung ergibt sich ein verhältnismäßig großer Luftwiderstand der mit hohen Umlaufzahlen sich drehenden Flügel. Dieser äußert sich nicht nur durch stärkeren Kraftaufwand, sondern macht sich auch durch das Aufwirbeln von Staub und Fasern infolge des Ansaugens von Luft von der Schulterseite her unangenehm bemerkbar. Bei der vorliegenden Erfindung erfolgt nun nach der ursprünglichen Ausführung der Übergang von den parallelen Flügelarmen nach dem Flügelkopf durch schräg ansteigende Arme, auf welche dachartig eine mit Randwulst versehene Rundverschalung gelegt ist, welche die Luftbewegung wesentlich herabmindert. In der Praxis haben sich allmählich die in den Abb. 456 und 457 dargestellten Flügeltypen herausgebildet, bei denen sich das ursprünglich nur als Windschutz gedachte Dach zu einem Konstruktionsteil entwickelte, der die beiden parallelen Flügelarme aufnimmt. Beim ersten Typ nach Abb. 456 (vgl. auch die lichtbildliche Darstellung Abb. 491, S. 515) sind die Flügelarme mittels besonderer Einfräsungen in die auf der Drehbank sorgfältig bearbeitete Flügelhaube eingesetzt, während bei der zweiten Ausführung, Abb. 457, zwei Bohrungen am unteren Haubenring für die Aufnahme der Flügelarme genügen, wodurch eine Verbilligung der Herstellung erzielt wird. Besonders beachtenswert ist, daß diese Flügel lediglich mit Konus auf der Hohlwelle des Spinnmotors oder des Wirtels aufgesetzt und sodann mit einer Schraubenmutter festgezogen sind. Man hat nämlich bei den schnellaufenden Maschinen die Erfahrung gemacht, daß nach der alten Befestigungsweise häufig nur auf einer Seite der Konus und auf der anderen Seite das Gewinde trägt, so daß von einer genauen zentrischen Befestigung, wie sie ohne Gewinde stets gewährleistet ist, nicht gesprochen werden kann.

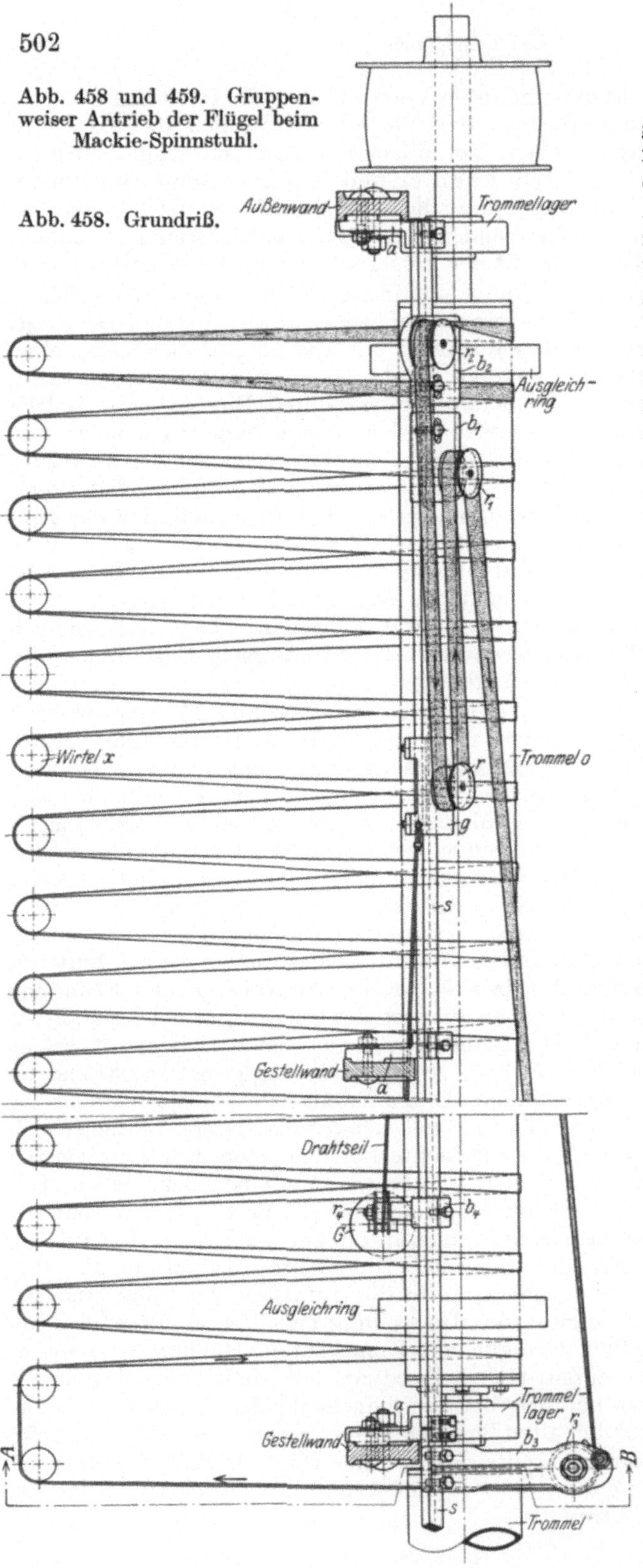

Abb. 458 und 459. Gruppenweiser Antrieb der Flügel beim Mackie-Spinnstuhl.

Abb. 458. Grundriß.

Der Antrieb der Flügel erfolgt gruppenweise, indem je 20 Flügel durch ein endloses Band zusammengefaßt werden, und zwar so, daß das Band über einen oder zwei Flügelwirtel x, dann jedesmal wieder über die Trommel o zurück und zuletzt über mehrere Leit- und Spannrollen r bis r_3 läuft. Wie aus den Abb. 458 und 459 ersichtlich, tragen die an die Gestellwände angeschraubten Böckchen a eine lange, horizontale Flacheisenschiene s, auf welche der Spannschlitten g mit der lose umlaufenden Rolle r leicht verschiebbar angeordnet ist. Auf den auf der Schiene s weiterhin festgeklemmten Haltestücken b_1, b_2, b_3 sind die ebenfalls lose umlaufenden Leitrollen r_1, r_2, r_3 angeordnet. Sämtliche Leit- und Spannrollen laufen auf Kugellagern und sind staub- und öldicht ausgeführt. Die Spannung des Bandes erfolgt selbsttätig durch ein am Spannschlitten g befestigtes Drahtseil, das über die Rolle r_4 am Halteböckchen b_4 geführt und durch ein Gewicht G belastet wird. Auf diese Weise wird stets eine gleichmäßige Spannung des Bandes bei geringsten Gleitverlusten erzielt. Wenn auch die Gleichmäßigkeit der Umlaufzahlen des elektrischen Flügeltriebes nicht erreicht wird, so bewegen sich doch die Schwankungen der einzelnen Flügelumläufe nur in ganz engen Grenzen und sind auf jeden Fall erheblich geringer als beim gewöhnlichen Bandantrieb. Erfolgt die Bandführung so, daß je zwei nebeneinanderliegende Wirtel umfaßt werden, ehe das Band wieder zur Trommel zurückläuft, wie es bei den beiden Endflügeln der ersten Anordnung stets der Fall ist, so wird zwar nur etwa die halbe Bandlänge benötigt, doch sind die Gleitverluste größer, da die Flügelwirtel nur mit ¼ ihres Umfanges umspannt werden.

Die aus Stahlrohr bestehende Antriebstrommel ist entsprechend der höheren Lage der Flügelwirtel hochgelegt. Sie besteht aus mehreren, (bei den langen Maschinen meist fünf) an den Enden durch starke Böden geschlossenen Teilen, die durch kurze, an die Trommelboden angeflanschte Zapfen miteinander verbunden sind, vgl. Abb. 458. Infolge der die gewöhnlichen Blechtrommeln um ein Mehrfaches übersteigenden Umlaufzahl von 1200 bis 1400/min kommen für die Lagerung der Trommel nur Kugellager in Frage, die von an den Gestellwänden befestigten Lagerböcken

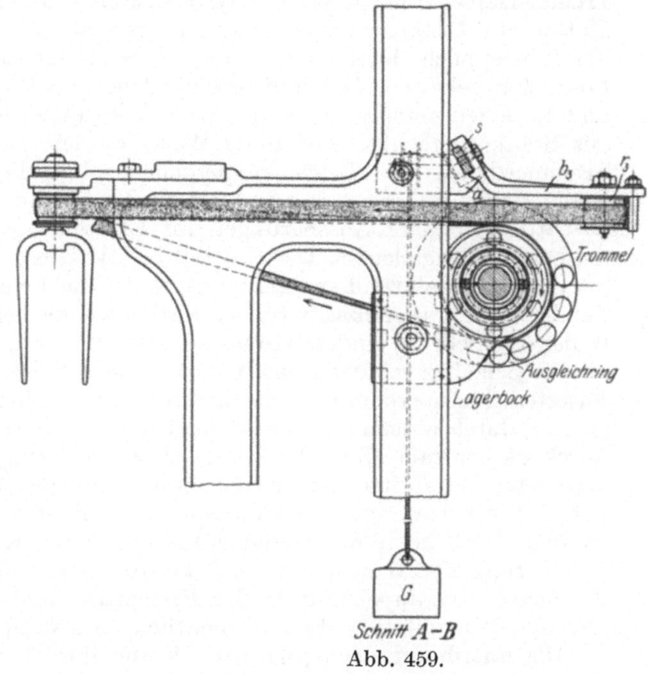

Abb. 459.

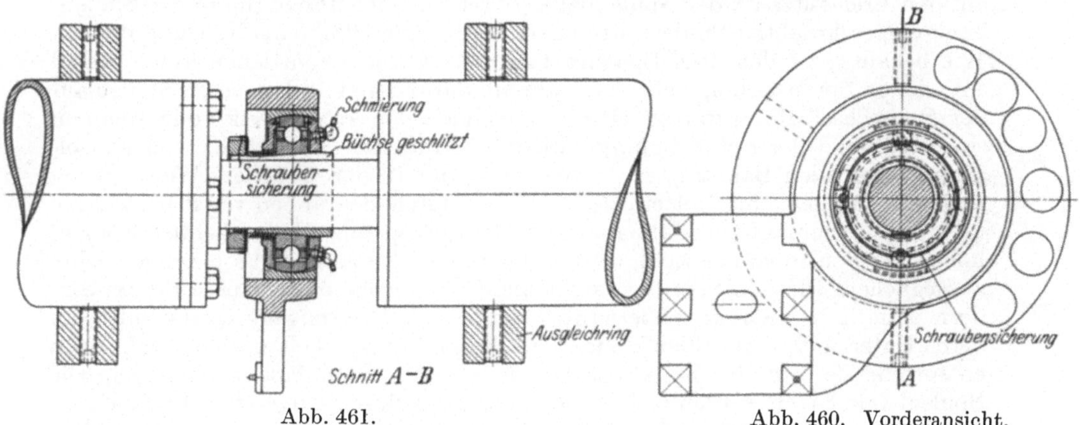

Abb. 461. Abb. 460. Vorderansicht.
Abb. 460 und 461. Trommellagerung.

gehalten werden. Außerdem müssen die Trommeln sorgfältig ausgewuchtet werden, zu welchem Zweck an beiden Enden Ausgleichs- oder Schwungringe aufgesetzt sind, bei denen der Massenausgleich durch Bohren von Löchern erzielt wird. Die Anordnung der Trommel mit ihren Lagern und Ausgleichringen geht ebenfalls aus Abb. 458 hervor, während die Abb. 460 und 461 das Trommellager im einzelnen darstellen. Das aus Spezialstahl bestehende Kugellager ist mit einer geschlitzten, konischen Spannhülse versehen, mittels welcher der innere Tragring durch Anziehen der Hülsenmutter genau an der gewünschten Stelle des glatt durchlaufenden Trommelzapfens festgespannt werden kann, wobei zwischen Lagerring und Mutter ein Distanzring aus Stahl eingesetzt ist. Nach dem Festziehen wird die Mutter noch durch eine besondere Schraubensicherung gegen selbsttätiges Losdrehen gehalten. Der äußere Kugellagerring ist außen sphärisch geschliffen und in einen entsprechend sphärisch hohlgeschliffenen Einstellring, ebenfalls aus Stahl, eingepaßt. Auf diese Weise werden jegliche Formänderungen der Trommelzapfen und Lager ausgeglichen, ohne die Kugeln unnötig zu überlasten, da im Kugelsystem selbst bei der Einstellung keinerlei gleitende Reibung auftritt. Besondere Aussparungen im Einstellring ermöglichen den Ein- und Ausbau des Kugellagers. Der Einstellring sitzt in einem gußeisernen Haltebock, der an die Gestellwand angeschraubt ist und nach genauer Einstellung der Lager durch einen Präzisionsstift fixiert wird. Zwei zu beiden Seiten des Kugellagers in den Einstellring eingesetzte und durch Stifte gegen Mitnahme gesicherte gußeiserne Scheiben schützen das Kugelsystem vor dem Eindringen von Staub und Faserteilen. Außerdem sind an diesen Seitenscheiben kleine Schmiernippel aufgesetzt, durch welche das zur Schmierung der Kugellager vorgeschriebene reine, durchaus neutrale Mineralfett von nicht zu geringer Konsistenz mittels einer geeigneten Fettspritze[1] wöchentlich einmal eingepreßt wird. Es ist selbstverständlich, daß vor Anwendung der Fettspritze die Schmiernippel sorgfältig abgewischt werden, damit keine Faserteilchen ins Innere der Kugellager kommen. Auch die Schmierung der Bandspann- und Leitrollen hat durch die hier ebenfalls vorgesehenen Fettnippel mittels der Fettspritze und unter Verwendung des genannten Mineralfettes etwa wöchentlich einmal zu erfolgen.

Die Anordnung der Spulenbank und ihre Bewegung ist aus dem Gesamtquerschnitt, Abb. 451, sowie den Einzeldarstellungen, Abb. 462 bis 464, ersichtlich.

Die Spulen sitzen wie beim Elektro-Spinnstuhl getrennt vom Flügel auf Bremstellern i aus Leichtmetall, die sich mit ihrer anschließenden Messinghülse a auf den Bremssitzen k der Spulenbank g drehen, wobei ihnen die in die Spulenbank eingeschraubten Spulenstifte oder „toten Spindeln" s als Führung dienen. Wie bekannt, werden zwei Spulenbänke g verwendet, von denen abwechselnd eine sich in Spinnstellung befindet, während die andere mit den leeren Spulen auf der Auswechselbahn n wartet, bis die Spulen auf der ersten Bank vollgesponnen sind. Während der Spinnstellung wird die betreffende Spulenbank von konsolartig ausladenden Bankträgern b unterstützt, die in der üblichen Weise durch Hubwelle, Rollen und Ketten, deren Länge durch Schrauben reguliert werden kann, senkrecht auf- und abbewegt werden, entsprechend der lichten Spulenhöhe. Das Spulenbankgewicht wird wie gewöhnlich durch große Gegengewichte ausgeglichen. Die Spulenbank besteht nicht durchgehend aus einem Stück, sondern zerfällt in mehrere gußeiserne Platten von U-förmigem Querschnitt, an deren Unterkanten an beiden Enden Paßflächen 1 angehobelt sind, die sich gegen entsprechende, auf die Bankkonsolen b aufgeschraubte Paßleisten legen. Die Spulenbankplatten werden in ihrer genauen Lage durch eingesetzte Paßbolzen 2 gehalten. Die Zahl der Spulenbankplatten richtet sich nach der Länge der Maschine. Beispielsweise ist die Spulenbank einer 100 spindligen Maschine in 8 Platten zu je 11 Spindeln und eine Platte zu 12 Spindeln unterteilt. Entsprechend werden 10 Bankkonsolen (einschließlich der Endkonsolen) mit 10 Führungssäulen benötigt. Letztere sind zwischen der Fußtraverse und der Spindellagerplatte, die

---

[1] Die Firma Mackie liefert mit der Maschine eine „Zerk-Tecalemit-Spritze". Als geeignetes Mineralfett empfiehlt sie das Gargoyle-Voco-Fett der Deutschen Vacuum-Öl-A.-G.

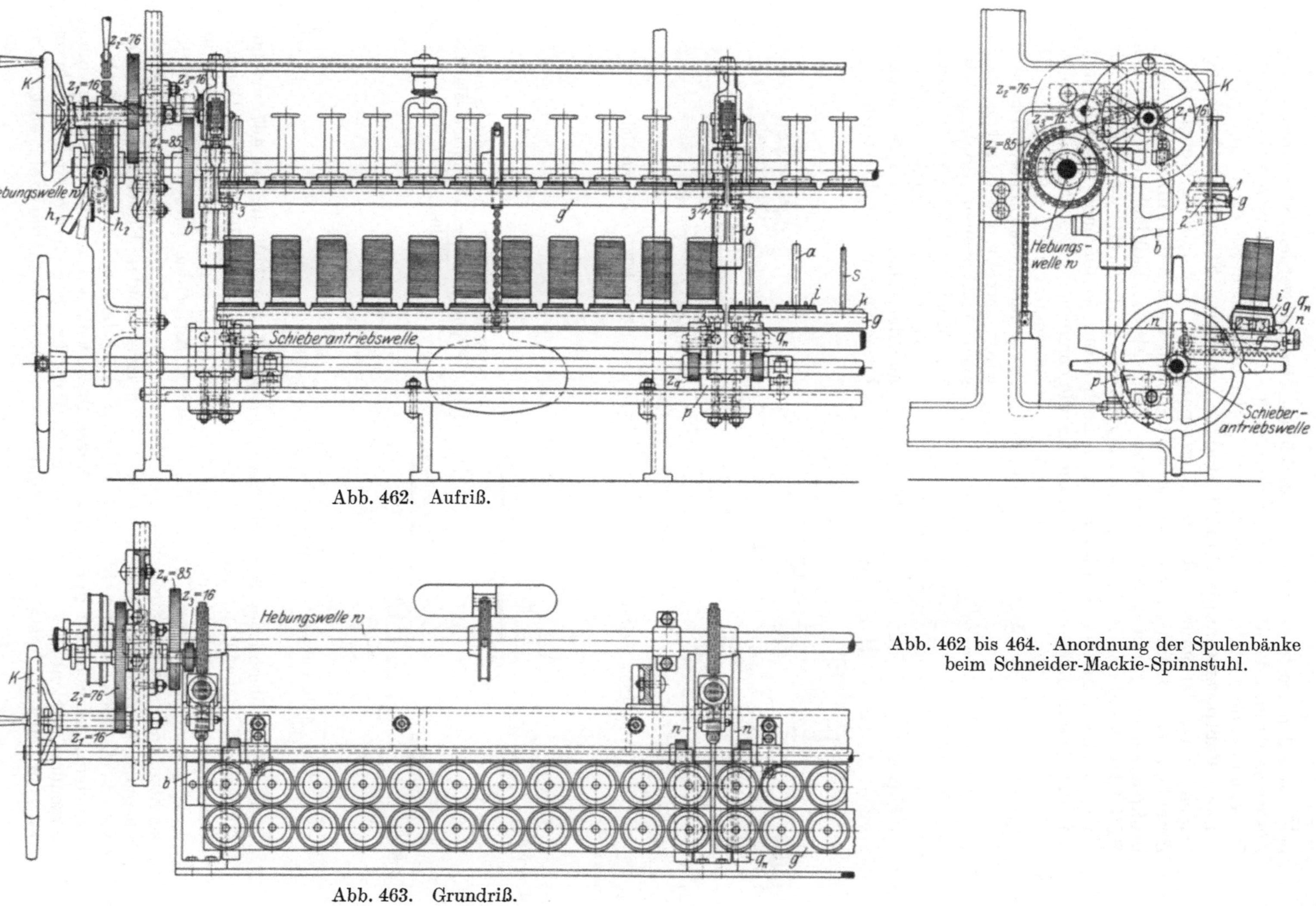

Abb. 462 bis 464. Anordnung der Spulenbänke beim Schneider-Mackie-Spinnstuhl.

beide von den Gestellwänden der Maschine getragen werden, verschraubt. Die Auswechselbahn n für die Spulenbank besteht aus Doppelböcken p, vgl. auch die Einzeldarstellungen Abb. 465 bis 467, die in gleicher Anzahl wie die Bankkonsolen auf der Fußtraverse aufgeschraubt sind und an ihren Stirnseiten durch eine Schiene längs der ganzen Maschine miteinander in Verbindung stehen. Beim Absenken der Spulenbank auf die Auswechselbahn werden die einzelnen Spulenbankplatten mit ihren seitlich und etwas tiefer als die Paßflächen 1 sitzenden Paßflächen 3 auf den Schienen n der Doppelböcke p abgesetzt, während die die Spulenbänke tragenden Bankkonsolen b noch etwas weiter nach unten gleiten. Wie die Abbildungen zeigen, sind die im allgemeinen horizontal verlaufenden Schienen n in ihrem vorderen Teil etwas nach unten geneigt. Dadurch wird bezweckt, daß die auf den nach vorn geschobenen Spulenplatten stehenden vollen Spulen etwas schräg stehen, wodurch das Abnehmen der vollen bzw. das Aufstecken leerer Spulen erleichtert wird.

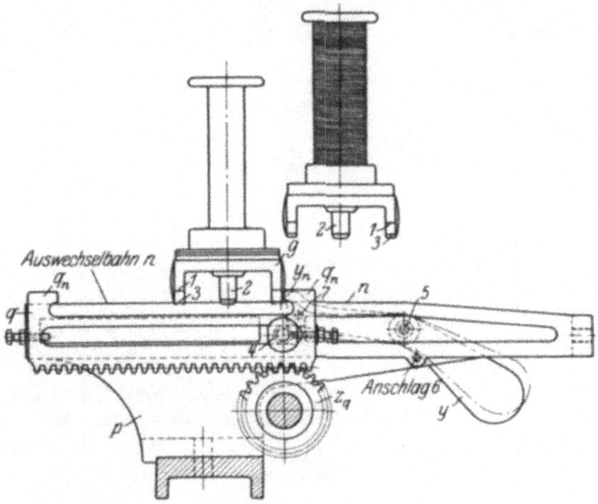

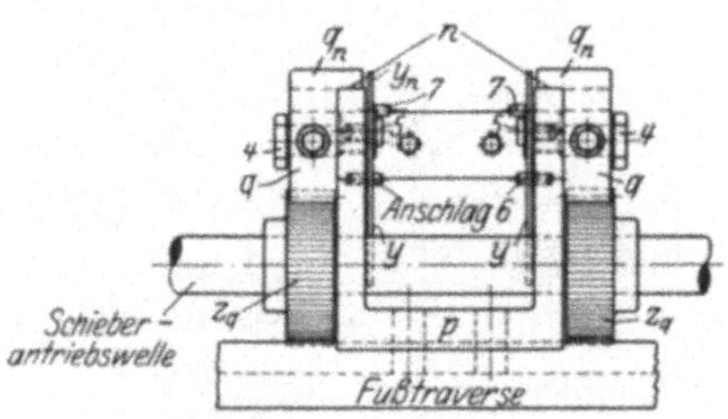

Abb. 465. Seitenansicht.

Abb. 467. Vorderansicht.

Abb. 465 bis 467. Auswechselbahn für die Spulenbänke zum Schneider-Mackie-Spinnstuhl.

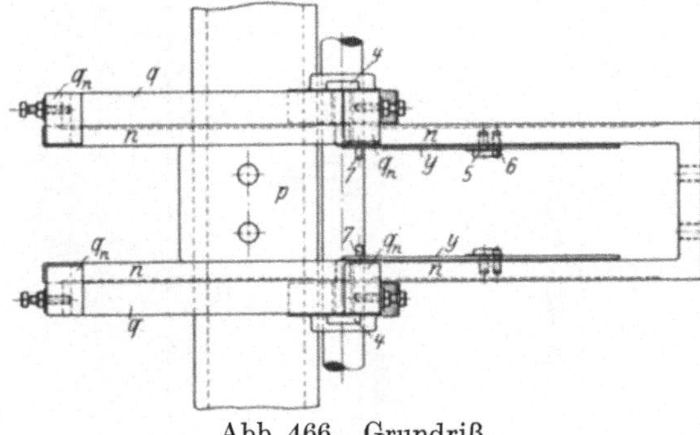

Abb. 466. Grundriß.

Das Verschieben der Spulenbankplatten g, vgl. die Abb. 465 bis 467, erfolgt durch die Schieber q, welche an den äußeren Seiten der Schienen n der Doppelböcke p gleiten, wobei sie durch in diese Schienen eingeschraubte Bolzen 4 in entsprechenden Längsschlitzen geführt werden. An beiden Enden der Schieberschlitze angebrachte Stellschrauben gestatten eine Regulierung des Schieberausschlages. Weiterhin sind die Schieber an ihren beiden Enden mit Nasen q_n versehen, welche seitlich über die Gleitbahnen n fassen, so daß bei einer Verschiebung der Schieber durch diese Nasen die jeweils auf den Auswechselbahnen sitzenden Spulenbänke mitgenommen werden. Die Schieber q sind mit ihrem unteren Teil als Zahnstangen ausgebildet, in welche kleine Zahnritzel z_q eingreifen, die auf einer durchgehenden, auf der Fußtraverse in Böckchen gelagerten Welle sitzen. Durch Drehen des auf dieser Welle auf Antriebs- (Motor) seite sitzenden Handrades, Abb. 462, können sämtliche Schieber und demnach auch alle Spulenbankplatten zu gleicher Zeit verschoben werden. Zum Festhalten der auf die Auswechselbahn abgesenkten Spulenbankplatten sind außerdem noch besonders geformte, schmale, flache Sperrhebel y an den inneren Seiten der Schienen n um Bolzen 5 drehbar angeordnet, vgl. Abb. 465. Der Schwerpunkt dieser Hebel ist

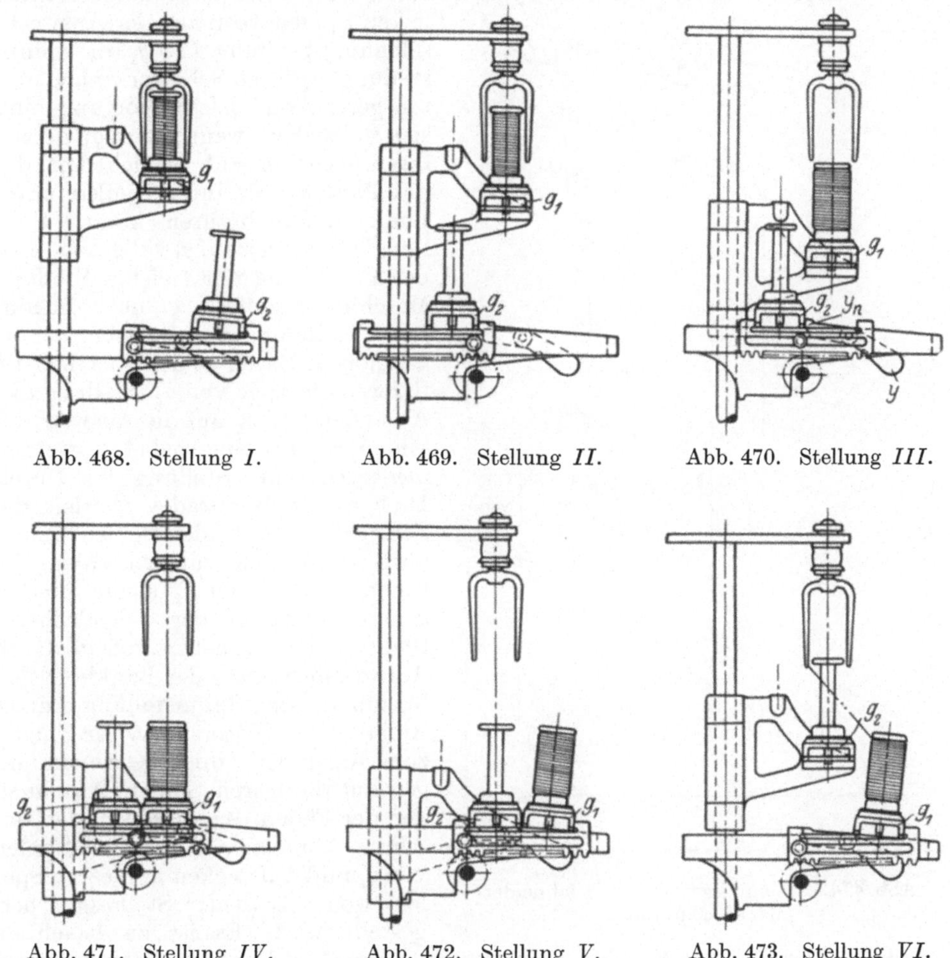

Abb. 468. Stellung *I*.   Abb. 469. Stellung *II*.   Abb. 470. Stellung *III*.

Abb. 471. Stellung *IV*.   Abb. 472. Stellung *V*.   Abb. 473. Stellung *VI*.

Abb. 468 bis 473. Die verschiedenen Stellungen der Spulenbänke beim Spulenwechsel.

gegenüber ihrem Drehpunkt so verlegt, daß stets das eine Ende mit der Nase y_n nach oben steht, während das Absenken des anderen schweren Teiles durch einen Anschlagstift 6 begrenzt wird. Sitzt nun, wie in der Abb. 465 dargestellt, die eine Spulenbank mit den leeren Spulen hinten auf der Auswechselbahn, und will man die vollgesponnene Spulenbank absenken und auswechseln, dann muß zuerst der Schieber q nach vorn geschoben werden, bis sich auf der anderen Seite der Spulenbank (links) die Nasen q_n der Schieber anlegen. Während dieser Bewegung wird die Bank durch die Nasen y_n der Hebel y in ihrer hinteren Lage gehalten. Senkt sich nun die volle Spulenbank ebenfalls auf die Auswechselbahn, dann drücken die Bankträger b durch ihre Berührung mit an den Hebeln y angebrachten Stiften 7 die Nasen y_n der Hebel nach unten und die volle Bank setzt sich dicht neben die leere. Durch eine entsprechende Drehung des Schieberhandrads werden sodann beide Bänke durch die Nasen q_n nach vorn abgeschoben. Die verschiedenen Stellungen, welche die Spulenbänke und die Schieber bei einem Spulenbankwechsel einnehmen, sind nochmals in den Abb. 468 bis 473, Stellung I bis VI dargestellt. Stellung I: Bank g_1 in Spinnstellung, Bank g_2 mit aufgesteckten

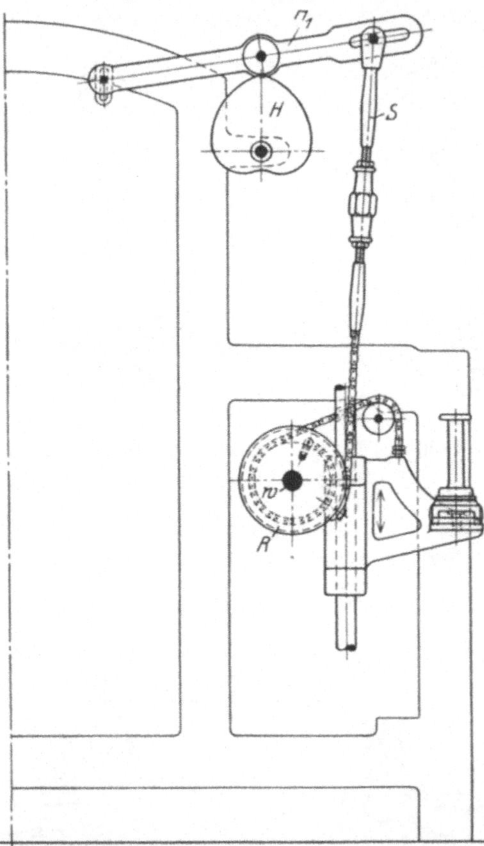

Abb. 474. Hebungsgetriebe zur Schneider-Mackie-Maschine.

leeren Spulen vorn auf der Auswechselbahn. Stellung II: g_1 in Spinnstellung, g_2 durch Schieber q nach hinten geschoben. Dieser Vorgang muß sich vollziehen, wenn Bank g_1 gerade ihren höchsten Hub erreicht hat, damit Bank g_2 mit ihren Spulen unter Bank g_1 durchfahren kann. Stellung III: Spulen auf g_1 vollgesponnen, bei Erreichung der tiefsten Stellung Maschine abgestellt, g_2 noch in hinterer Stellung, aber Schieber q vorgeschoben, Nasen y_n der Sperrhebel y fixieren die Lage von g_2. Stellung IV: Absenken von g_1 auf die Auswechselschienen, die Sperrhebel y werden niedergedrückt. Stellung V: Durch Drehen des Handrades werden die Schieber q samt beiden Spulenbänken vorgeschoben bis zum Anschlag, die leeren Spulen von g_2 sitzen hierbei genau unterhalb der Flügelachsen. Stellung VI: Anheben von g_2 durch Aufwärtsbewegung der Bankkonsolen bis zur tiefsten Spinnstellung, kurzes Anlaufen des Motors bzw. der Flügel zum Anwinden einiger Garnwindungen auf die leeren Spulen, Abschneiden der Fäden, Ingangsetzen der Maschine, Abnehmen der vollen Spulen von g_1 und Aufstecken der leeren Spulen, wodurch wieder Stellung I hergestellt wird. Es ist zu beachten, daß das Abstellen der Maschine vor dem Spulenwechsel bzw. das Anlaufenlassen nach beendigtem Spulenwechsel stets in tiefster Spinnstellung zu erfolgen hat.

Die Bewegung der Hebungswelle w, vgl. die schematische Abb. 474, erfolgt in üblicher Weise durch Herzscheibe H, Herzrolle, Hebel H_1, Stange S, Hebungskette und große Kettenrolle R. Hierbei ist die Rolle R nicht direkt auf der Hebungswelle w befestigt, sondern, wie insbesondere die Einzeldarstellungen, Abb. 475 und 476 erkennen lassen, mittels eines Federbolzens 1 mit einer auf der Hebungswelle festgekeilten Scheibe Sch, auf deren Nabe sie lose umläuft, gekuppelt. Der Federbolzen 1 gleitet in der in die Rolle R eingeschraubten Führungsbüchse 2, wobei er mittels einer Nase 3 in einer entsprechenden Nut dieser Büchse geführt wird. Beim Spulenwechsel wird nach Abstellen der Maschine zuerst der Federbolzen 1 so weit herausgezogen, daß die Nase 3 aus der Nut kommt und durch kurze Drehung des Bolzens dessen Stellung fixiert. Damit ist die Verbindung zwischen Kettenrolle und Hubwelle gelöst. Zum Absenken und nachfolgenden Wiederanheben der Spulenbank dient ein durch ein Handrad K betätigtes kleines Zahnradvorgelege, vgl. die Abb. 462 bis 464, S. 505, das aus den Zahnrädern $Z_1 = 16$, $Z_2 = 76$ und $Z_3 = 16$, $Z_4 = 85$ besteht. Zahnrad Z_4 sitzt fest auf der Hebungswelle, während Zahnrad Z_3 mit seiner Welle horizontal verschiebbar angeordnet ist und während des Spinnprozesses außer Eingriff mit Z_4 steht. Das Ein- und Ausschalten des Zahnrades Z_3 erfolgt durch einen um einen festen Punkt drehbaren Hebel h_1, der im übrigen so angeordnet ist, daß der die Maschine einschaltende Handhebel h_2, vgl. auch Abb. 493, S. 516, nicht betätigt werden kann, solange noch Z_3 im Eingriff mit Z_4 steht, vgl. die strichpunktiert gezeichnete Lage des Hebels h_1 bei ausgerückter Maschine, Abb. 462. Damit bei abgeschalteter Kettenrolle R eine Lockerung der Hebungskette vermieden wird, ist auf einem auf der Hebungswelle festgeklemmten Stellring 4 eine mehrfach gewundene Spiral-

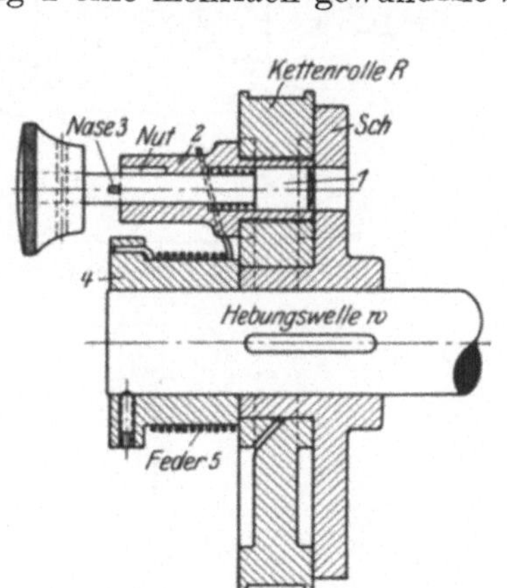

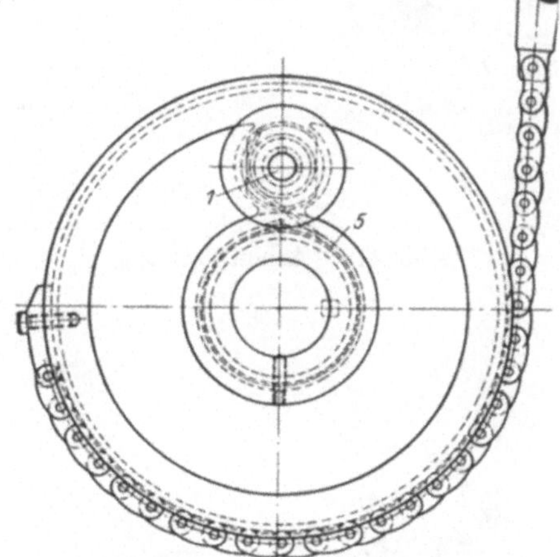

Abb. 475. Querschnitt.   Abb. 476. Vorderansicht.

Abb. 475 und 476. Kettenrolle zur Hebung.

feder 5 angeordnet, die sich mit ihrem einen Ende gegen die Führungshülse 2 spannt, so daß die Kette stets stramm auf ihrer Rolle sitzt. Beim Wiederhochwinden der Spulenbank nach beendigtem Spulenwechsel erfolgt, nachdem der Bolzen 1 wieder soweit gedreht worden ist, daß seine Nase in die Nut der Hülse 2 greift, selbsttätig das Einschnappen des Bolzens 1 in die entsprechende Bohrung der Scheibe Sch, sobald die Spulenbank in ihre unterste Spinnstellung gelangt ist, bei welcher zuvor das Abstellen der Maschine erfolgte.

Der übrige Aufbau des Spinnstuhles weicht im allgemeinen wenig von den gewöhnlichen Spinnstühlen ab, insbesondere ist das Streckwerk in ähnlicher Weise angeordnet, wie aus der Querschnittszeichnung, Abb. 451, S. 498 ersichtlich. Die 100spindlige Maschine ist in 11 Köpfe zu 8 und 2 Köpfe zu 6 Spindeln unterteilt. Die Streckwerksböcke stützen sich auf die breite Flügellagerplatte und die obere Längstraverse ab. Der Verzugszylinder besitzt Changierbewegung, deren Anordnung bereits S. 462 an Hand der Abb. 412 bis 414 beschrieben wurde.

Bemerkenswert ist die **Vorgarnabstellvorrichtung von Mackie**, die halb-automatisch erfolgt. Diese Vorrichtung, die in den Abb. 477 bis 480 dargestellt ist, bedingt eine von der üblichen Ausführung der Einzugszylinderdruckwalzen

abweichende Anordnung. Die Einzeldarstellung dieser Walzen in den Abb. 481
bis 483 läßt erkennen, daß zwar auch hier die Druckwalzen E' stets paarweise auf
einer gemeinsamen Achse sitzen, doch ist in diesem Falle die Achse, deren Querschnitt nicht mehr durch einen Vollkreis gebildet, sondern oben und unten ab-
geflacht ist, in den dazu bestimmten Führungsleisten fest gelagert, während die
wiederum aus hartem Spezialguß bestehenden Druckrollen sich einzeln lose auf
besonderen Stahlbüchsen mit glashart eingesetzter Oberfläche drehen. Die Be-

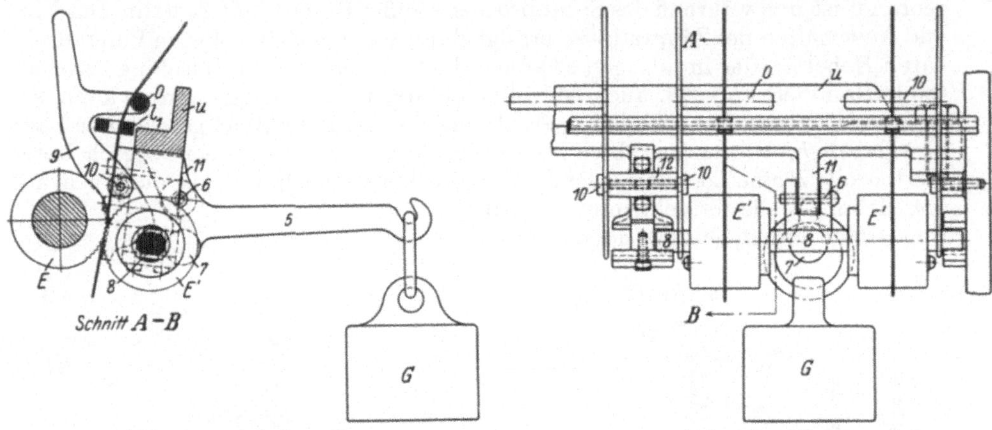

Abb. 478. Arbeitsstellung.   Abb. 477. Vorderansicht.

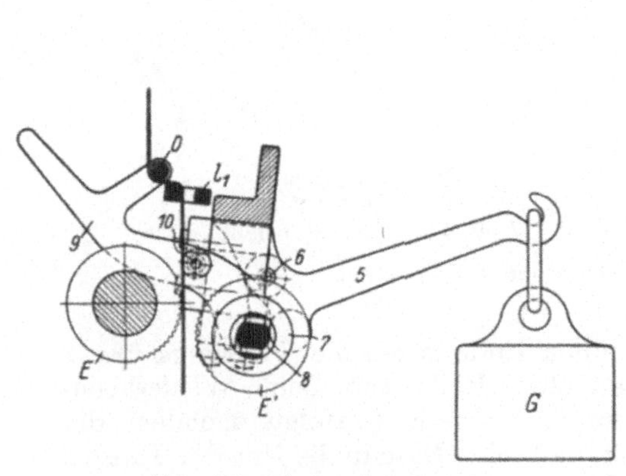

Abb. 480. Ausrückstellung.

Abb. 477 bis 480. Vorgarnabstellung
von Mackie.

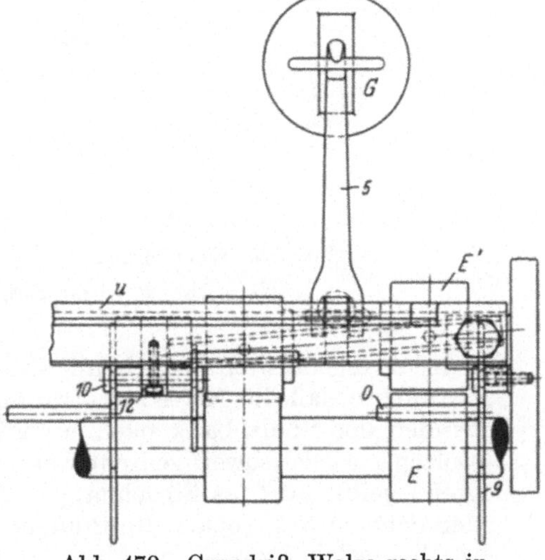

Abb. 479. Grundriß. Walze rechts in
Ausrückstellung.

festigung dieser Laufbüchsen *1* auf der gemeinschaftlichen Walzenachse *2* erfolgt durch einen in der Mitte jeder Büchse quer durch die Achse getriebenen
Stift *3*, wobei die zentrische Lage der Büchse auf der Achse durch zwei Distanz-
scheiben *4* fixiert wird. Durch diese Anordnung ist es möglich, daß die Büchsen
samt den darauf laufenden Druckrollen sich mit ihrer durch den Achsenstift
gelegten Meridianebene unter einem gewissen Winkel zu der entsprechenden
Meridianebene der Walzenachse gemäß der in Abb. 482 strichpunktiert eingezeichneten Lage einstellen können. Die Druckrollen werden auf den Laufbüchsen

an einem Ende durch einen Bund, am anderen Ende durch eine kleine Schlitzschraube mit Unterlagscheibe gehalten. Für die Schmierung ist auf der Laufbüchse
eine entsprechende Nute mit Schmierloch vorgesehen. Zur Veranschaulichung der
Wirkungsweise der Ausrückvorrichtung ist in den Abb. 477 und 478 eine Druckwalze in Arbeitsstellung und in Abb. 479 und 480 die gleiche Druckwalze in Ausrückstellung dargestellt. Die beiden auf der gleichen Achse sitzenden Druckwalzen E' werden wie üblich mittels eines zwischen ihnen sitzenden gewichtsbelasteten Hebels 5, der sich um den Bolzen 6 dreht, gegen die entsprechenden
Walzenkörper des Einzugszylinders E gepreßt, indem das kugelförmig ausgebildete,
vordere, freie Hebelende 7 sich gegen die Mitte der Walzenachse 8 legt. Gegen
die beiden Endzapfen des Druckzylinderpaares legen sich nun die unteren, entsprechend geformten Enden der Ausrückhebel 9, die um Zapfen 10 drehbar gelagert sind und an einem Seitenarm einen Stift oder Greifer 0 tragen. Während
in der Arbeitsstellung des Hebels 9 das Vorgarn in seinem Lauf von den
auf dem Aufsteckrahmen sitzenden Spulen nach der Fadenleitschiene l_1 und den
Einzugszylindern den Greifer 0 leicht berührt, wird bei niedergedrücktem Hebel 9,

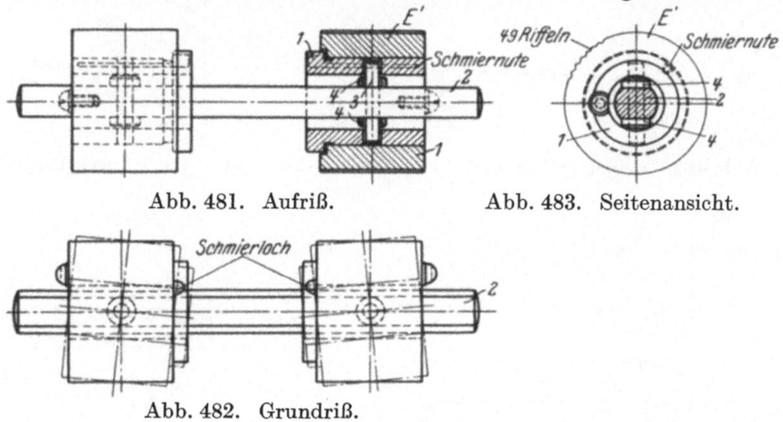

Abb. 481. Aufriß.   Abb. 483. Seitenansicht.

Abb. 482. Grundriß.

Abb. 481 bis 483. Einzugszylinder — Druckwalzen zum Mackiestuhl.

Abb. 480, das Vorgarn durch den Greifer nach vorn gezogen, so daß es aus der
geraden in eine gekrümmte Bahn geführt wird. Die hierdurch entstehende starke
Reibung genügt, um das Vorgarn in seinem Lauf festzuhalten, sofern es gleichzeitig aus dem Bereich der Einzugswalzen gebracht wird. Letzteres geschieht dadurch, daß gleichzeitig beim Niederdrücken des Hebels 9 der Zapfen der Druck-
walzenachse auf der einen Seite zurückgedrückt wird, so daß sich diese Achse
schräg stellt, vgl. Abb. 479. Die Druckrolle kommt hierdurch auf dieser Seite
außer Eingriff, während die nebenliegende Druckrolle infolge der oben beschriebenen Konstruktion auch bei schrägliegender Achse in Arbeitsstellung bleibt.
Beim Wiederhochdrücken des Ausrückhebels 9 wird der Vorgarnfaden durch den
Greifer 0 wieder freigegeben. Infolge des Zurückweichens der unteren Nase des
Hebels 9 gelangt die Walzenachse unter der Einwirkung des Gewichtshebels
wieder in ihre ursprüngliche Lage parallel der Einzugszylinderachse und somit
kommt auch die Druckrolle wieder in Eingriff mit der zugehörigen Einzugswalze.
Während die Drehzapfen 6 für die Belastungshebel in üblicher Weise in Trag-
lappen 11 gelagert sind, die an die zugleich die Tragarme für die Druckwalzenzapfen tragende Längsschiene u angegossen sind, sind die Zapfen 10 in kleine
Böckchen 12 eingeschraubt, die an den Tragarmen mit kleinen Kopfschrauben
befestigt sind.

Eine ebenfalls einfache und billige Ausrückvorrichtung stellt der in den schematischen Abb. 484 bis 487 wiedergegebene mechanische Vorgarnausrücker von Stutz-Benz (D. R. P. a.) dar. Die Druckwalzen E' sind hier nicht paarweise, sondern einzeln angeordnet. Jede Druckwalze ist mit ihrem Lagerzapfen 1 offen in dem gabelförmigen Teil eines Bügels 2 gelagert, der nach hinten einarmig verlängert ist und das Belastungsgewicht G trägt. Je zwei Bügel sind mit ihren nach unten offenen Lagern an einem gemeinschaftlichen Bolzen 3 aufgehängt, der in einem an die Längsschiene u angegossenen Lappen 4 befestigt ist. In diesem Lappen 4 sitzt ferner der Zapfen 5, auf dem sich rechts und links des Lappens 4 die Ausrückhebel 6 drehen, deren untere Arme 7 im Bereich der auf der betreffenden Seite mit einer Auflauffläche 8 und einer Rast versehenen Verlängerung der Bügel 2 liegen. Wird nun der Ausrückhebel 6 durch einen Handgriff 9 nach unten

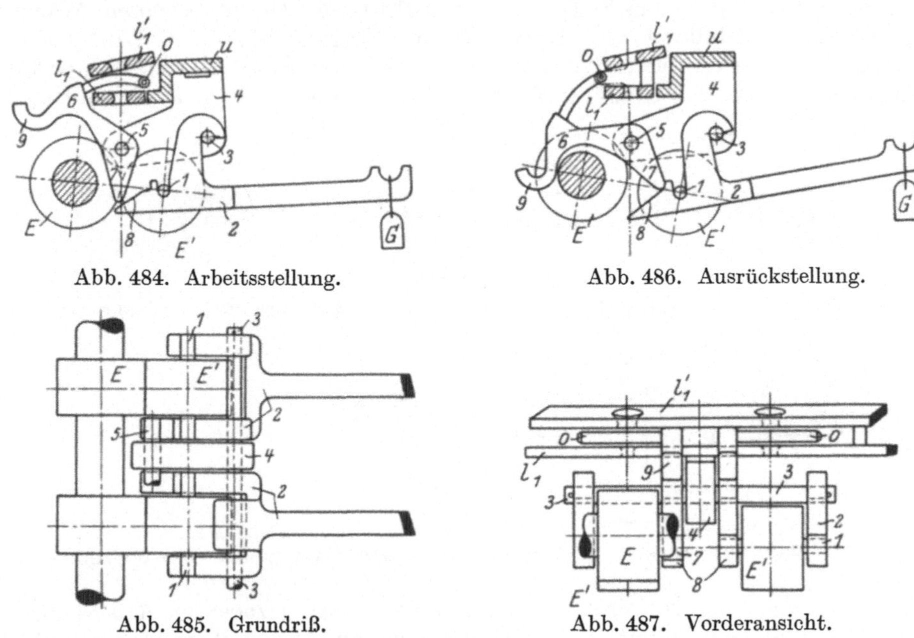

<table>
<tr><td>Abb. 484. Arbeitsstellung.</td><td>Abb. 486. Ausrückstellung.</td></tr>
<tr><td>Abb. 485. Grundriß.</td><td>Abb. 487. Vorderansicht.</td></tr>
</table>

Abb. 484 bis 487. Vorgarnausrücker von Stutz-Benz.

gedreht, so gleitet die Nase des Armes 7 auf der Auflauffläche 8 bis zur Rast und drückt gleichzeitig den Rahmen 2 mit der Druckwalze E' zurück in die Ausrückstellung, vgl. Abb. 486. Über der Vorgarnleitschiene l_1 ist in einem gewissen Abstand eine zweite Leitschiene l_1' angeordnet. In dem Raum zwischen beiden Schienen befindet sich wieder ein Greifer o, der mit einem Arm mit dem Hebel 6 verbunden ist. Während in der Arbeitslage der Greifer o den Durchgang des Spinngutes nicht behindert, wird letzteres beim Vorziehen des Hebels 6 in die Ausrückstellung in gleicher Weise wie bei dem oben beschriebenen Mackie-Ausrücker nach vorn gezogen und festgehalten. Da sowohl während des Spinnbetriebes wie auch beim Ausrücken die Gabellager des Bügels 2 nach unten auf ihren Aufhängebolzen 3 drücken, können sie unten offen sein. Dadurch wird ein einfaches und schnelles Ausbauen des Rahmens mit der Druckwalze ermöglicht, wenn beispielsweise sich Spinngut um die Druckwalze gewickelt hat. Ein weiterer Vorteil dieser Ausrückvorrichtung ist, daß das Abdrücken der betreffenden Druckwalze und die Unterbrechung der Lieferung stets vollständig erfolgt, ohne die Nebenwalzen in ihrem

Arbeiten zu beeinträchtigen. In einem weiteren Patent hat Stutz-Benz die Abstellvorrichtung zu einer bei Fadenbruch selbsttätig wirkenden ausgebaut, die in schematischer Weise in den Abb. 488 und 489 dargestellt ist. Der Grundgedanke dieser Erfindung besteht darin, daß ein aus Draht gebildeter Taster *10*, der vorteilhaft seitlich noch Fadenfänger *11* aus Draht besitzt, um das Herumfliegen eines gebrochenen Fadens und dadurch die Störung benachbarter Spindeln bei einem Fadenbruch zu verhindern, sich während des Spinnens an den aus den Verzugswalzen nach der Spinnspindel mit einer gewissen Spannung laufenden Faden anlegt. Dieser Taster steht durch einen ungleicharmigen Winkelhebel *12/13*, dessen Drehpunkt *14* fest mit einer längs der Maschine durchgehenden Stange *14* verbunden ist, sowie durch eine Kuppelstange *15* mit einem Arm *16* in Verbindung, dessen eines Ende in einen Haken ausläuft, während das andere Ende gelenkartig mit dem unteren Teil *7* des Ausrückhebels *6* verbunden ist. Unter dem freien Ende des Hebels *16* ist auf einer Welle *17* ein unrunder Körper *18*, der mit einer Nase *19* versehen ist, befestigt. Die Welle *17* wird durch eine Kurbel *20*, ein Kupplungsglied *21* und ein Zahnräderpaar *22/23* in eine schwingende Bewegung versetzt. Bricht nun der Faden, so verliert der wagerechte Taster *10* seinen Widerhalt und bewegt sich nach vorn. Infolge der Drehung des Winkelhebels *12/13* um den festen Bolzen *14* senkt sich die Stange *15* und mit ihr der Haken *16* nach unten; die Nase am Haken *16* gelangt in den

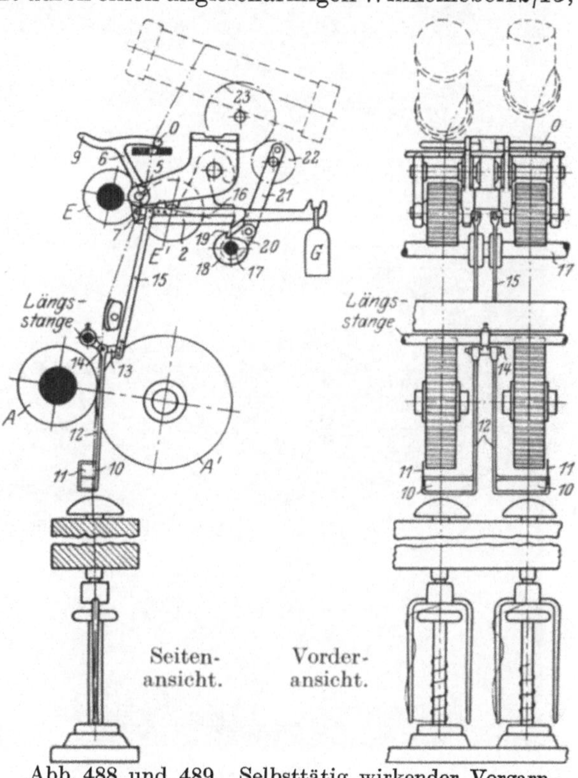

Abb. 488 und 489. Selbsttätig wirkender Vorgarnausrücker von Stutz-Benz.

Bereich der Nase *19* und diese nimmt den Haken *16* nach rechts mit. Dadurch wird der Ausrückhebel *6* entgegengesetzt dem Uhrzeigersinn gedreht, und die in gleicher Weise wie bei der obigen mechanischen Vorrichtung gelagerten Druckwalzen E' werden durch den Arm *7* des Hebels *6* abgedrückt, so daß die Vorgarnlieferung unterbrochen wird. Weiterhin ist Vorsorge getroffen, daß beim Spulenwechsel, dem darauf folgenden Anwinden des Fadens auf die neuen Spulen und beim Anspinnen, währenddessen der Faden keine Spannung hat, ein Arbeiten des selbsttätigen Ausrückers verhindert wird. Eine ähnlich diesen Grundsätzen ausgeführte selbsttätige Ausrückvorrichtung an einer Elektro-Spinnmaschine zeigen die Abb. 490 und 491, aus denen auch die bereits früher dargestellte Flügelkonstruktion von Stutz-Benz ersichtlich ist.

Obwohl sich diese selbsttätige Vorgarn-Abstellvorrichtung seit langem in der Praxis bewährt hat, läßt sich nicht verkennen, daß durch diese Einrichtung eine gewisse Komplizierung und Verteuerung der Maschine eintritt. Man begnügt sich daher in den meisten Fällen mit einer der oben geschilderten einfachen halbautomatischen Abstellvorrichtungen.

Der Antrieb des Mackie-Spinnstuhles erfolgt meist durch Elektromotor, dessen Umlaufbewegung unter Verwendung eines Lenix-Spannrollengetriebes auf die fast senkrecht darüberliegende Trommel bei etwa 20'' Achsenabstand übertragen wird. Jede Spinnseite hat ihren eigenen Motor, der zwischen den Gestellen am Ende der Maschine eingebaut ist, vgl. die Abb. 492 und 493. Zum Ein- und Ausrücken dient ein Handhebel, der an dem um einen festen Bolzen schwenkbaren, gegabelten Spannrollenträger seitlich angeschraubt ist. Beim Einrücken wird die Spannrolle langsam auf den Riemen gelegt, bis dieser unter Einwirkung des an dem Hebel verstellbar angebrachten Gewichtes seine volle Spannung erreicht hat und demgemäß die Trommel auf volle Umlaufzahl gekommen ist. Beim Ausrücken wird die Spannrolle durch Anheben des Hebels vom Riemen abgenommen und der Hebel während der Ausrückstellung in eine Rast einer entsprechend angebrachten Schiene gelegt. Um das Herabfallen des entspannten Riemens zu verhindern, sind die Motor- und die Trommelscheibe mit Bordrändern versehen. Bei der Montage ist darauf zu achten, daß der Riemen nicht an die Bordränder anläuft, da er sonst in kurzer Zeit zerstört wird. Trotz sachgemäßer Ausführung hat man mit einem großen Riemenverschleiß zu rechnen, da bei jedem Anlaufenlassen der Maschine, das naturgemäß stets sachte zu erfolgen hat, der Riemen eine Zeitlang auf den Scheiben von verhältnismäßig kleinem Durchmesser gleitet[1]. Das gleiche gilt bezüglich der Haltbarkeit der Spindelbänder, die infolge des Gleitens beim Anhalten der Flügel und der vielfachen Umlenkung über kleine Rollen ebenfalls eine nur beschränkte Lebensdauer besitzen. Das Zusammennähen der Bänder erfolgt am besten durch Überlaschen auf etwa 20 cm Länge mit mehrreihigen Längs- und Quernähten. Um eine gleichmäßige, zuverlässige Naht zu erzielen, verwendet man häufig kleine Spezialnähmaschinen (Singer), die an den Spinnstuhl herangebracht werden. Trotzdem hat man mit gewissen

Abb. 490.

Abb. 490 und 491. Teilbild eines Elektro-Spinnstuhles von Dr. Schneider mit automatischem Vorgarnausrücker von Stutz-Benz.

---

[1] Sehr gut bewährt haben sich u. a. endlos gewebte Seidenriemen der Firma v. Dolffs & Helle, G. m. b. H., Mannheim.

regelmäßigen Stillständen der Maschine infolge des Wechselns oder Flickens der Bänder zu rechnen. Auch lassen sich beim Bandbetrieb die Stöße durch die Verbindungsstelle trotz ihrer sorgfältigen Herstellung nicht ganz vermeiden[1].

Die weiteren Antriebsverhältnisse gehen aus der schematischen Darstellung, Abb. 494, hervor. Der Berechnung seien folgende Daten zugrunde gelegt:

Zahl der Spindeln je Seite = 100;

Teilung: $4\frac{1}{4}''$, Hub: $5\frac{1}{8}''$. Reach: $9\frac{3}{4}''$;

Umlaufzahl des Motors: $n = 1450/\text{min}$; Stärke des Motors: 10 kW;

Durchmesser der Motorscheibe: $7\frac{3}{4}''$;

Durchmesser der Trommelscheiben = $8\frac{1}{4}''$, $8\frac{3}{4}''$, $9\frac{3}{8}''$, $10''$, wechselbar je nach der gewünschten Spindelumlaufzahl;

Durchmesser der Trommel $o = 5\frac{7}{8}''$;

Durchmesser der Flügelwirtel $x = 1\frac{7}{8}''$; Bandbreite $= 1''$;

Durchmesser des Einzugszylinders $E = 2\frac{1}{2}''$; Breite $= 1\frac{3}{4}''$; tiefgeriffelt, 20 Riffeln je Zoll Durchmesser;

Durchmesser des Streckzylinders $A = 4\frac{1}{2}''$; Breite $= 1\frac{1}{8}''$;

Gesamtabmessungen der Maschine: Länge $= 38'\,1''$ $= 11,608$ m; Breite $= 7'\,7''$ $= 2,311$ m.

Der Antrieb nach dem Streckzylinder erfolgt von der Trommelwelle, je-

Abb. 491.

doch von der dem Motor entgegengesetzten Seite aus, so daß die Trommel außer dem Flügelantrieb das gesamte für das Streckwerk benötigte Drehmoment zu übertragen hat. Das am Ende der Trommelwelle sitzende Zahnrad $Z_5 = 18$ treibt über Zwischenrad $Z_6 = 78$ auf das auf einem in einem Stelleisen verankerten Bolzen lose umlaufende Zahnrad $Z_7 = 90$. Sämtliche drei Räder besitzen Pfeilverzahnung von 6 d. p. und 45 mm Zahnbreite. Auf der Nabe des Rades Z_7 sitzt auswechselbar das Drehungswechselrad $D_W = 24 \div 48$ von 8 d. p., das auf das am Ende des Streckzylinders sitzende große Zahnrad $Z_8 = 130$ Zähne treibt. Während der Drehungswechsel D_W 38 mm breite Zähne hat, ist für das Zahnrad Z_8 die Breite mit 50 mm wegen der Changierbewegung des Streckzylinders bemessen.

Der Antrieb nach dem Einzugszylinder setzt sich auf der entgegengesetzten, also der Antriebsseite, fort, indem das auf dem Streckzylinder sitzende

---

[1] Neuerdings werden auch mit Erfolg Metallklammern verwendet, die eine fast völlig stoßfreie Verbindung ergeben.

Verzugswechselrad $V_W = 24$ bis 48 auf das kombinierte Zahnrad $Z_9 = 65/Z_{10} = 35$ treibt, das wiederum lose auf einem in einem Stelleisen verstellbar gelagerten Bolzen umläuft. Z_{10} greift in das auf der Einzugszylinderachse sitzende Zahnrad $Z_{11} = 78$ ein und vermittelt so die Drehbewegung des Einzugszylinders. Auch diese Räder sind mit 8 d. p. Teilung und 38 mm Zahnbreite ausgeführt. Auf der gleichen Seite befindet sich der Antrieb für das Hebungsgetriebe, indem das auf dem Einzugszylinder sitzende kleine Zahnrad $Z_{12} = 17$ auf das kom-

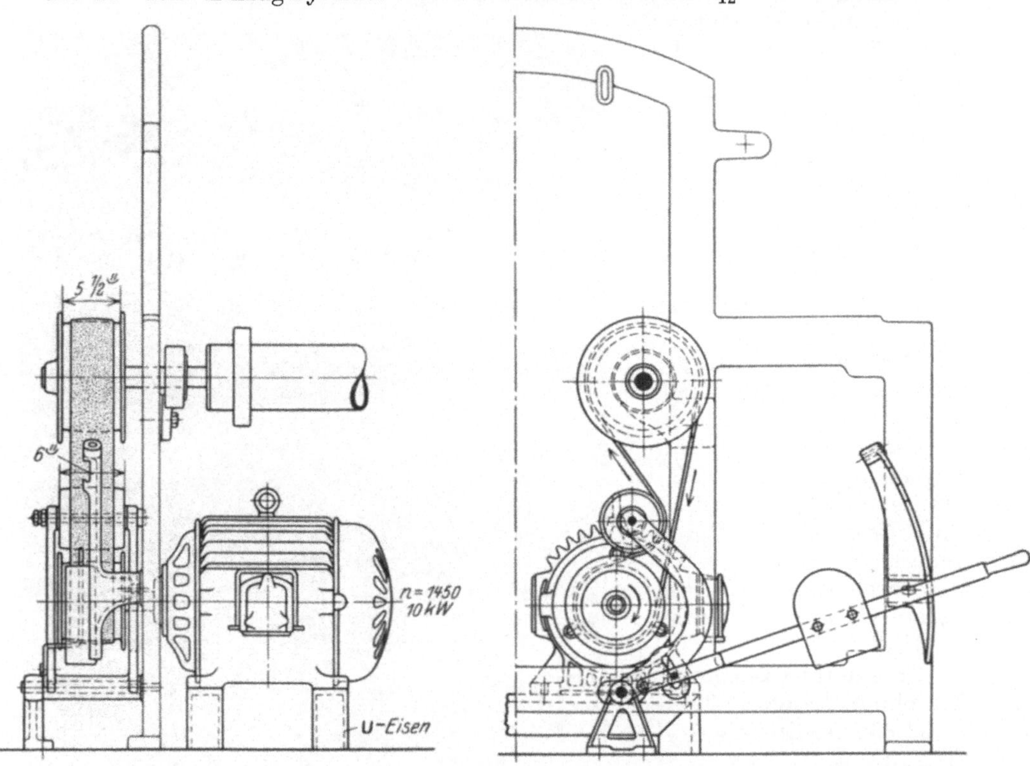

Abb. 492. Seitenansicht.   Abb. 493. Vorderansicht.

Abb. 492 und 493. Antrieb eines Schneider-Mackie-Spinnstuhles durch Elektromotor und
Lenixspannrolle.

binierte Zahnrad $Z_{13} = 54/Z_{14} = 26$, und letzteres wieder auf das Herzscheibenrad $Z_{15} = 156$ treibt. Diese Räder haben 10 d. p. Teilung und 29 mm Zahnbreite.

Danach errechnet sich in üblicher Weise:

Umlaufzahl der Trommel

$$n_o = \frac{1450 \cdot 7\frac{3}{4}}{o} = \frac{11\,237,5}{o} = \frac{K_0}{o}, \quad \text{worin} \quad K_0 = 11\,237,5$$

die Konstante für die Trommelumlaufzahl ist.

Hieraus ergibt sich für die größte Trommelscheibe $o_1 = 10''$

$$n_{o_1} = \frac{11\,237,5}{10} = 1124 \text{ Uml/min}$$

und für die kleinste Trommelscheibe $o_4 = 8\frac{1}{4}''$

$$n_{o_4} = \frac{11\,237,5}{8\frac{1}{4}} = 1362 \text{ Uml/min}.$$

Die Spindelumlaufzahl ergibt sich zu:

$$n_i = \frac{1450 \cdot 7\frac{3}{4} \cdot 5\frac{7}{8}}{o \cdot 1\frac{7}{8}} = \frac{35211}{o} = \frac{K_i}{o},$$

worin $K_i = 35211$ die Konstante für die Spindelumlaufzahl ist.

Für die verschiedenen Trommelscheiben erhält man:

$$n_{i_1} = \frac{35211}{10} = 3521 \text{ Uml/min theoretisch}, = 3500 \text{ Uml/min praktisch}$$

$$n_{i_2} = \frac{35211}{9\frac{3}{8}} = 3756 \quad ,, \quad ,, \qquad ,, \quad , = 3750 \quad ,, \quad ,, \qquad ,,$$

$$n_{i_3} = \frac{35211}{8\frac{3}{4}} = 4024 \quad ,, \quad ,, \qquad ,, \quad , = 4000 \quad ,, \quad ,, \qquad ,,$$

$$n_{i_4} = \frac{35211}{8\frac{1}{4}} = 4268 \quad ,, \quad ,, \qquad . \,,, \quad , = 4250 \quad ,, \quad ,, \qquad ,, \quad ,$$

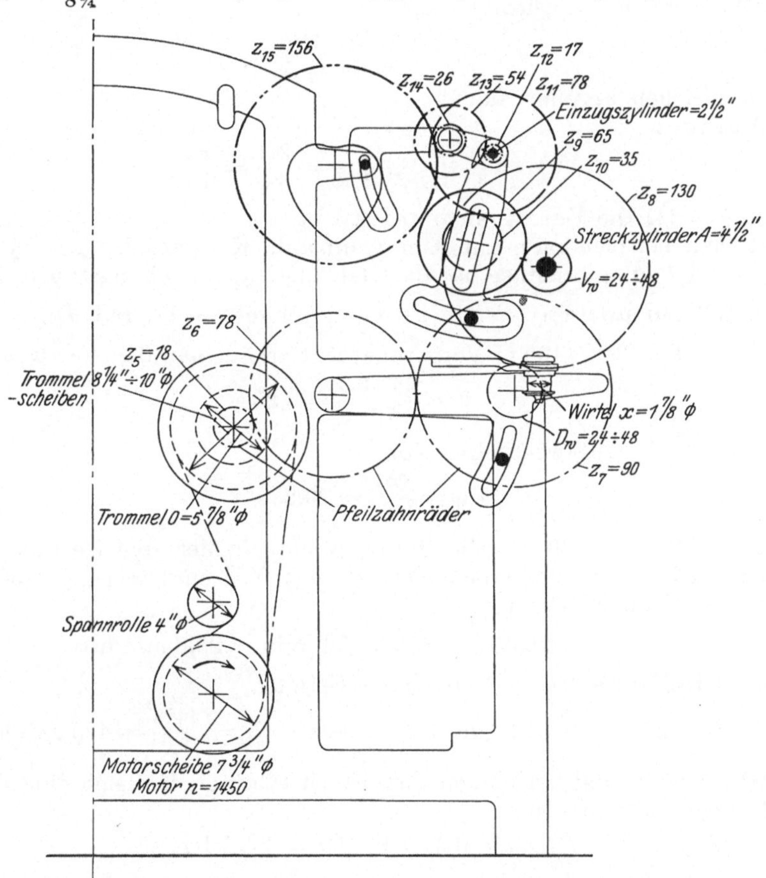

Abb. 494. Antriebsschema zum Schneider-Mackie-Spinnstuhl.

wobei bei den praktischen Umlaufzahlen die Gleitverluste durch einen geringen Abzug berücksichtigt wurden.

In bekannter Weise errechnen sich die weiteren Konstanten:

1. Lieferung:

$$L_A = \frac{n_0 \cdot 18 \cdot D_W \cdot 4\frac{1}{2}'' \cdot \pi}{90 \cdot 130} = \frac{11237,5 \cdot 18 \cdot D_W \cdot 9 \cdot 3,14}{o \cdot 90 \cdot 130 \cdot 2} = \frac{244,3 \cdot D_W}{o} \text{ Zoll/min}$$

oder für

$$o_1 = 10 \text{ Zoll}, \quad L_{A_1} = 24{,}43 \cdot D_W \text{ Zoll/min} = 0{,}6205 \cdot D_W \text{ m/min}$$
$$o_2 = 9\tfrac{3}{8} \quad,, \quad L_{A_2} = 26{,}06 \cdot D_W \quad,, \quad = 0{,}6619 \cdot D_W \quad,,$$
$$o_3 = 8\tfrac{3}{4} \quad,, \quad L_{A_3} = 27{,}92 \cdot D_W \quad,, \quad = 0{,}7092 \cdot D_W \quad,,$$
$$o_4 = 8\tfrac{1}{4} \quad,, \quad L_{A_4} = 29{,}61 \cdot D_W \quad,, \quad = 0{,}7521 \cdot D_W \quad,,$$

2. Drehung:

$$t_{\text{Zoll}} = \frac{\text{Spindelumlaufzahl}}{\text{Lieferung}} = \frac{K_i \cdot o}{o \cdot 244{,}3 \cdot D_W} = \frac{35\,211}{244{,}3 \cdot D_W} = \frac{144}{D_W} = \frac{K_D}{D_W},$$

worin $K_{D_{\text{Zoll}}} = 144$ die **Drehungskonstante** bezogen auf Zoll, bzw.

$$K_{D_m} = \frac{144}{0{,}0254} = 5669 \text{ bezogen auf } m \text{ ist.}$$

Der direkte Ansatz würde lauten:

$$t_{\text{Zoll}} = \frac{130 \cdot 90 \cdot o}{D_W \cdot 18 \cdot 1\tfrac{1}{8} \cdot 4\tfrac{1}{2} \cdot \pi},$$

was zum gleichen Ergebnis führt.

3. Verzug:

$$V = \frac{78 \cdot 65 \cdot 4\tfrac{1}{2}}{35 \cdot V_W \cdot 2\tfrac{1}{2} \cdot 1{,}08} = \frac{241}{V_W} = \frac{K_V}{V_W},$$

worin $K_V = 241$ die **Verzugskonstante** ist.

Hat man beispielsweise auf dem Spinnstuhl Kettgarn $N_{\text{leas}} = 5\tfrac{1}{2}$ (3,3 m/g) mit $\alpha_{\text{leas}} = 1{,}7$ zu spinnen, so hat das Garn nach der Drehungstabelle 3,99 Drehungen/Zoll aufzuweisen; somit ist ein Drehungswechselrad $D_W = \dfrac{144}{3{,}99} = 36$ erforderlich. Bei 250 g/100 m Vorgarngewicht erhält man den Verzug zu:

$$V = \frac{250 \cdot 3{,}3}{100} = 8{,}25$$

und somit ein Verzugswechselrad von

$$V_W = \frac{241}{8{,}25} = 29{,}2 .$$

Man wählt $V_W = 30$, da die Spinngewichte in der Regel etwas höher genommen werden. Mit einer Trommelscheibe $o = 9^3/_8''$ entsprechend 3750 Spindelumläufen wird die Lieferung

$$L_A = 26{,}06 \cdot 36 = 938 \text{ Zoll/min} = 23{,}8 \text{ m/min}$$

und die stündliche Produktion einer Spindel

$$L = 23{,}8 \cdot 60 = 1428 \text{ m/Sph} \quad \text{oder} \quad L_g = \frac{1428}{3{,}3} = 433 \text{ g/Sph} .$$

Bei 100 Spindeln und 9stündiger Arbeitszeit erbringt demnach eine Spinnseite eine Tagesproduktion von

$$L_{\text{kg}} = 0{,}433 \cdot 9 \cdot 100 = 389{,}7 \text{ kg} .$$

Bei einem Spulenfassungsvermögen von durchschnittlich 210 g wiegt ein Abzug netto 21 kg, demnach hat man an einem Tag mit etwa 18 Abzügen zu rechnen. Bei durchschnittlich 40 Sek. Abziehzeit gehen also $\dfrac{40 \cdot 18}{60} = 12$ min an der Produktion von 9 Std. verloren, das sind 2,2%. Schätzt man die Verluste durch Fadenbrüche usw. auf rd. 2,8%, so ergibt sich der bestenfalls zu erreichende Ausnützungsgrad zu 95%. Werden, wie es bisweilen vorkommt, höhere Ausnützungsgrade in der Praxis erzielt, so liegt dies daran, daß das Garn schwerer gesponnen wurde als der theoretischen Nummer entsprach.

Bei einem Vergleich des mechanisch betriebenen Schneider-Mackie-Spinn-stuhles mit dem elektrischen Spinnstuhl von Dr. Schneider ist festzustellen, daß von den auf S. 493 genannten 7 Punkten bei der erstgenannten Maschine strenggenommen nur die Punkte *5* und *6* zutreffen, und diese auch nur mit der Einschränkung, daß beim bandangetriebenen Flügel der Nachteil des Anhaltens der Flügel mit der Hand zwecks Anspinnens eines gerissenen Fadens in gleicher Weise wie bei den gewöhnlichen Spinnmaschinen bestehen bleibt. Dagegen hat der Bandantrieb eine, wenn auch geringe, Verminderung in der Gleichmäßigkeit der Flügelumlaufzahl und somit auch in der Gleichmäßigkeit der Garndrehung, demgemäß also auch eine entsprechende Produktionsverringerung bei gleichzeitig höherem Kraftverbrauch zur Folge. Bei den unter Punkt *3* angeführten Versuchen ergaben zwei 100spindlige Mackiespinnseiten bei der gleichen Garnnummer 3,3 m/g SS-Halbkette ($\alpha_{leas} = 1,7$) eine Spindelleistung von 408,2 g/Sph und eine durchschnittliche Belastung von 7,655 kW = 0,1875 kWh/kg Garn.

Abb. 495. Spinnmaschine mit hängenden Flügeln und Spulenwechselvorrichtung von Seydel & Co., Bielefeld.

Die auf der 4¼ × 4¾''-Maschine am günstigsten zu spinnenden Nummern sind 3,0 bis 3,6 m/g bei 3600 bis 4000 Spindelumläufen. Die Entscheidung, ob elektrischer oder mechanischer Flügeltrieb, kann nur durch sorgfältigste Rentabilitätsberechnungen unter Berücksichtigung der jeweiligen Betriebsverhältnisse getroffen werden. Tatsache ist, daß der mechanisch betriebene Schneider-Mackiestuhl in der allerjüngsten Zeit von sämtlichen modernen Schnelläufern die weiteste Verbreitung im In- und Ausland gefunden hat. Infolgedessen konnte auch sein Preis so gesenkt werden, daß die teure elektrische Maschine nicht nachkommen konnte, da die Einzelanfertigung der Motoren zu hohe Kosten verursacht. Es ist jedoch nicht ausgeschlossen und durchaus zu wünschen, daß in absehbarer Zukunft durch rationellere Arbeitsmethoden und weitere Vereinfachung der Konstruktion sich der Preis der Flügelmotoren so sehr verbilligt, daß sich das Bild zugunsten der elektrischen Maschine verschiebt, die vom rein technischen Standpunkte aus als die vollkommenere anzusprechen ist.

Der durchschlagende Erfolg der unter b) beschriebenen Spinnstühle hatte eine ganze Reihe von Neukonstruktionen mit aktivem Hängeflügel und mechanischem Spulenwechsel im Gefolge, von denen jedoch bis heute keine die Verbreitung der oben beschriebenen Maschinen erlangte. Von den zahlreichen Konstruktionen, die meist eine andere Lösung der Spulenbremsung und des Spulenwechsels wählten, sollen im nachfolgenden nur die Maschinen aufgeführt werden, die in die Praxis Eingang gefunden haben und von denen eine weitere Entwicklung und Verbreitung zu erwarten ist.

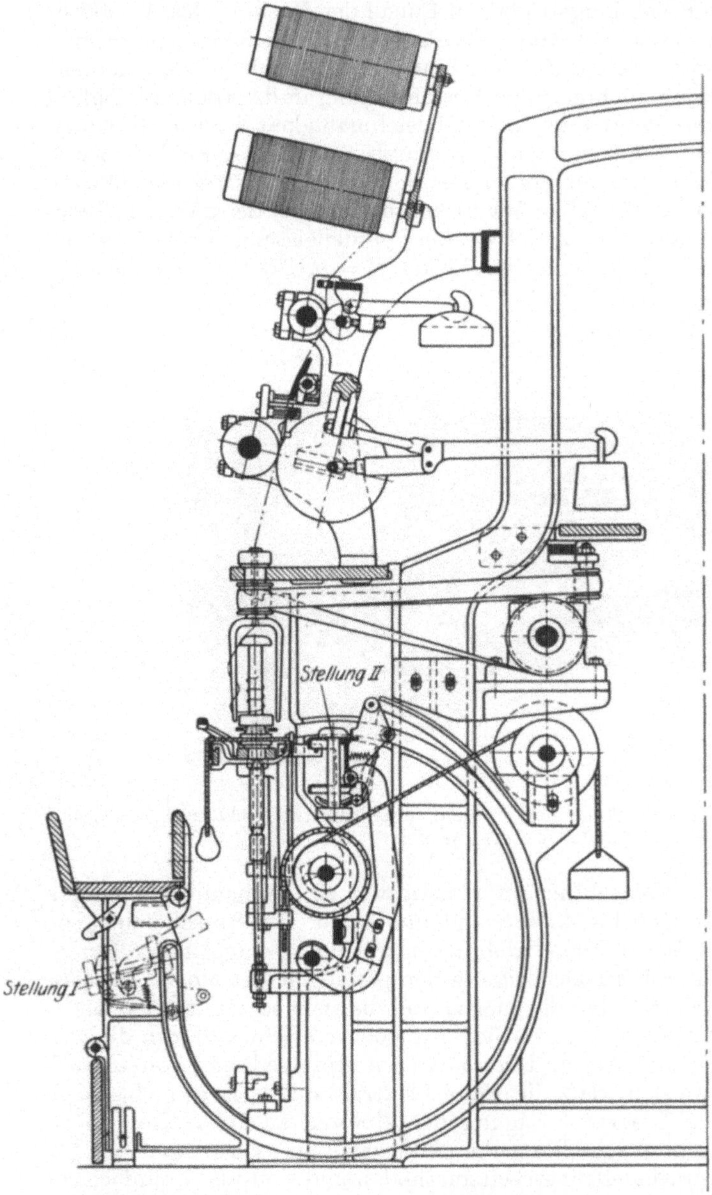

c) Der neue Seydel-Spinnstuhl mit Hängeflügeln, individueller Spulenbremsung und mechanischem Spulenwechsel.

Die in Abb. 495 im Lichtbild und in Abb. 496 im Querschnitt dargestellte Maschine ähnelt in ihrem oberen Aufbau dem Schneider-Mackie-Spinnstuhl. Die hängenden Flügel laufen wiederum mit ihren Hohlspindeln, an deren unterem Ende sie fest aufgeschraubt sind, in Kugellagern, deren Ölung nach einem patentierten Verfahren durch Schleuderung und Schöpfung geschieht. Die Lagerkörper sind in breiten Spindelbänken eingeschraubt, auf denen in üblicher Weise die Böcke des Streckwerks befestigt sind. Die als Hohlkörper ausgebildeten und zum Zwecke der Schmierung der Kugellager mit Öl gefüllten Antriebswirtel liegen unterhalb der Spindelbank, während oberhalb derselben die Lagerung durch einen Teller abgeschlossen ist, der außer dem

Abb. 496. Querschnitt des Seydel-Spinnstuhles.

Schutz gegen Verunreinigung gleichzeitig zum Anhalten der Flügel beim Anspinnen dient. Die Flügel sind mit Spezialfadenaugen ausgerüstet, damit die Faden beim Spulenwechsel nicht aus den Augen herausspringen können. Der Antrieb der Flügel erfolgt wiederum gruppenweise von einer hochgelegten Stahltrommel durch Bänder, die durch Leit- und belastete Spannrollen in ähnlicher Weise, wie dies heute bei den meisten Maschinen mit Hängeflügeln[1] (Mackie, Fairbairn usw.) der Fall ist, stets unter gleicher Spannung gehalten werden. Die sorgfältig ausgewuchtete Trommel und die Leitrollen laufen auf Kugellagern, die staub- und öldicht ausgeführt sind.

Grundsätzlich verschieden von den oben beschriebenen Maschinen ist die Lagerung und Bremsung der Spulen, sowie die Vorrichtung zum Spulenwechsel. Wie die Einzeldarstellung, Abb. 497 und 498, zeigt, werden die Spulen auf Spindeln aufgesteckt, die zwar wiederum von den Flügeln getrennt sind, aber in diesem Fall nicht feststehen, sondern mit ihrem unteren, konisch zulaufenden Teil nach Art der bekannten Seydelspindeln (vgl. Abb. 425, S. 470) in einer langen, in die Spulenbank eingeschraubten Hülse laufen, wobei jedoch hier

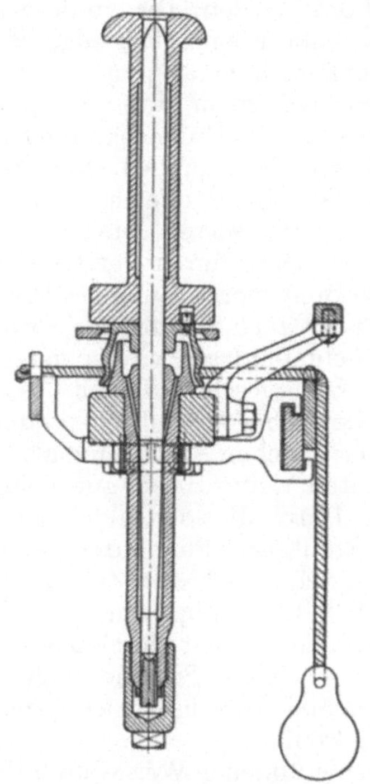

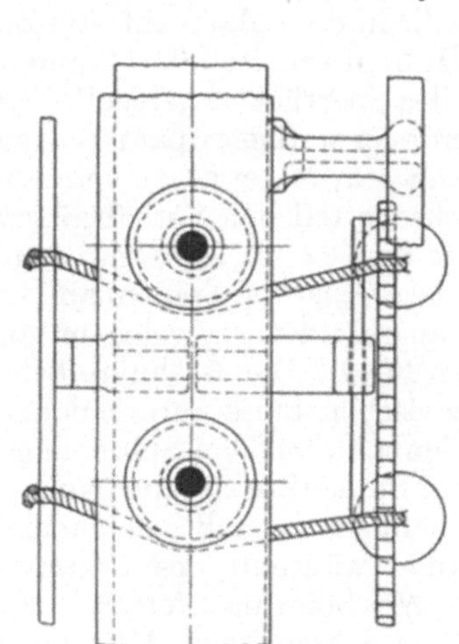

Abb. 497. Querschnitt.   Abb. 498. Grundriß.
Abb. 497 und 498. Lagerung und Bremsung der Spulen beim Seydel-Spinnstuhl.

die innere, elastische Lagerung fehlt. Das Fußlager dieser Spindel ist aus Bronze und in die Hülse nachstellbar eingeschraubt. Am unteren Ende ist die Hülse mittels des bei der Seydelspindel bekannten Vielgewinde-Ölbechers abgeschlossen, der mit einer halben Drehung leicht ab- bzw. aufgeschraubt werden kann. Der über die Spindelbank vorstehende Bund der Lagerhülse ist als Ölfänger ausgebildet. Da die zwischen Spindel und Lagerhülse vorhandenen Hohlräume mit Öl angefüllt sind, sorgt der konische Teil der Spindel für die Ölzirkulation. Die Spule stützt sich mit ihrem Fuß auf einen Spulenteller, der auf der Spindel festsitzt. Ein im Spulenteller vorhandener Mitnehmerstift verbindet die Spule auf diese Weise mit der Spindel, so daß letztere die Umdrehung der Spule zwangsläufig mitmacht, d. h. vom aufwindenden Faden mitgezogen wird. Der Spulenteller selbst ist nach unten glockenförmig ausgebildet und greift so über den Bund der Lagerhülse, daß er diese gegen Staub und Feuchtigkeit schützt. Der äußere Mantel dieser Glocke

---

[1] Derartige Gruppenantriebe sind an und für sich nichts Neues. Sie waren gleich dem Hängeflügel schon vor dem Krieg bekannt.

wird gleichzeitig als Bremswirtel benutzt, indem sich wie bei den gewöhnlichen Spinnmaschinen eine auf der Rückseite der Spulenbank in eine feststehende Schiene eingehakte Bremsschnur in die hierfür vorgesehene Rille des Bremswirtels legt, während der vordere mit Gewicht belastete Teil der Schnur in die ebenfalls bekannte vordere, mit Kerben versehene Schiene entsprechend der gewünschten Bremswirkung eingelegt wird. Dadurch, daß die Bremsschnur nicht unmittelbar am Spulenfuß angreift, sondern an der glatten Wirteloberfläche, erzielt man eine gleichmäßigere und weichere Bremsung und nebenbei noch eine Ersparnis an Bremsschnüren und Spulen, die mehr geschont werden. Die vordere Schnur-Hängeschiene ist nicht, wie sonst üblich, fest, sondern beweglich angeordnet und mit einer durch Schaltrad und Klinke automatisch betätigten Verschiebeeinrichtung versehen, mittels welcher die Schiene bei jedem Hub der Spulenbank um einen solchen Betrag weitergeschaltet wird, daß die Fadenspannung während der ganzen Füllzeit die gleiche bleibt. Dadurch wird die Hauptarbeit des Bremsens der Spinnerin abgenommen, die nur noch vereinzelt einzugreifen hat; auch ist man nicht mehr in dem Maße auf ihre Zuverlässigkeit angewiesen. Die Anzahl der bei jedem Hub zu schaltenden Zähne des Sperrades kann durch Verstellen des Anschlags des Sperrhebels geregelt werden. Diese Bremsvorrichtung gestattet daher, mit mehr oder weniger Spannung, sowohl Kett- als auch Schußgarne, sowie Garne aus geringerem Material, zu spinnen. Die Flügelumlaufzahl wird so geregelt, daß bei durchschnittlichen Verhältnissen sich eine Liefergeschwindigkeit des Verzugszylinders von 22 bis 24 m/min ergibt. Wie die Abb. 497 und 498 weiterhin erkennen lassen, ist die Spulenbank entgegen der üblichen Anordnung als schmaler Balken ausgebildet, an welchem vorn und hinten kleine Halter zur Führung der Schienen für die Bremsschnüre befestigt sind. Durch die so gebildeten Zwischenräume zwischen Bank und Schienen können Staub und Flug durchfallen, so daß die Spulenbank mit den Spindellagern frei von Schmutz bleibt. Zwischen Spulenbank und Spulenfuß ist eine flache, horizontale Schiene angeordnet, durch welche die Mitnehmer- bzw. Bremsscheiben der Spindeln so weit durchragen, daß die Spulenfüße während des Spinnvorganges von dieser Schiene nicht berührt werden. Wie beim nachfolgend beschriebenen Spulenwechsel noch gezeigt wird, dient diese Schiene zum Absetzen der vollen Spulen.

Die Spulenbankbewegung erfolgt in der bisher üblichen Weise durch Hubwelle, Rolle und Ketten, wobei die Vertikalführung der Bank an Schienen erfolgt, die hinter der Spindelbank an den Maschinenständern angeschraubt sind. Die Einstellung der Höhenlage der Spulenbank erfolgt in bekannter Weise durch an den Hubketten vorgesehene Kettenschrauben. Die genaue Einstellung der Höhenlage der Spulen kann aber auch an jeder Spindel einzeln durch Nachstellen des Spindelfußlagers erfolgen. Der Antrieb der Hubwelle findet ebenfalls in bekannter Weise mittels vom Einzugszylinder aus angetriebener Herzscheibe über den Hubhebel und die große Kettenrolle statt.

Die Spulenauswechslung unterscheidet sich ganz wesentlich von der Schneiderschen Vorrichtung. Sie erfolgt ebenfalls vollkommen automatisch und ist infolge ihrer einfachen Bauart bequem zu bedienen. Außer der einfachen, auf- und abgehenden Spulenbank wird hierzu nur ein sog. Leerspulenträger verwendet, in welchen die leeren Spulen durch die Spinnerin während des Spinnens einzeln eingelegt und durch federbelastete Klappen festgehalten werden. Der Leerspulenträger nimmt hierbei die Stellung I, Abb. 496, vor den Spindeln und Flügeln ein. Durch Drehen einer unterhalb der Hubwelle befindlichen Welle, auf welcher mit den Spulenträgern in Verbindung stehende, besonders geformte Hebel sitzen, lassen sich die Träger in einer am Gestell vorhandenen Ringnute so führen, daß nach Vollendung von etwa $^2/_3$ Drehung die Träger mit den leeren

Spulen hinter den Spindeln und Flügeln angelangt sind, Stellung *II*. In dieser
Bereitschaftsstellung bleiben die Spulen, deren Lage hierbei genau senkrecht ist,
während des ganzen Spinnvorganges bis zum Spulenwechsel gesichert stehen.
Beim Spulenwechsel wird in ähnlicher Weise wie bei den oben beschriebenen
Maschinen nach Abstellen der Maschine ein zwecks Kupplung der großen Ketten-
rolle angeordneter Bolzen herausgezogen, ein verschiebbares Zwischenrad in das
Aufwindegetriebe eingeschoben und nunmehr durch Drehen eines Handrades die
Spulenbank abgesenkt. Während des Absenkens bleibt die zwischen Spulenbank
und Spule befindliche Schiene, sobald die Spulen von den Flügeln frei sind, stehen,
so daß sich die mit der Spulenbank weiter nach abwärts gleitenden Spindeln samt
den Spulentellern aus den vollen, nunmehr auf der Absetzschiene sitzenden
Spulen herausziehen, bis die Spulen gänzlich frei von den Spindeln sind. Sodann
bewegt sich der Träger mit den leeren Spulen aus Stellung *II* so weit nach vorne,
daß er die vollen Spulen vor sich auf der Stützschiene herschiebt, bis sie von dieser
in einen vor der Maschine angeordneten Spulenkasten fallen. Nunmehr wird durch
entgegengesetztes Drehen des Handrades der Träger mit den leeren Spulen genau
über die Mitte der Spindeln gebracht, so daß beim Anheben der Spulenbank die
Spindeln in die Bohrungen der leeren Spulen einspießen. Beim weiteren Heben
gelangt die Spulenbank wieder in Spinnstellung, wobei die Spulen vollends ganz
auf die Spindeln gesteckt werden, während zuvor der Spulenträger wieder in seine
frühere Bereitschaftsstellung *II* hinter die Flügel zurückgegangen ist und somit
die Spulen freigegeben hat. Hat man nun noch die automatisch verschobene
Bremsschiene wieder in ihre Anfangsstellung zurückgebracht, so kann das Spinnen
von neuem beginnen, nachdem die leeren Spulen durch kurzen Anlauf der Flügel
einige Windungen Garn erhalten haben und die noch in Verbindung mit den gefüllten Spulen im Spulenkasten stehenden Fäden von der an der Maschine entlang
gehenden Spinnerin durchgeschnitten worden sind. Der ganze Spulenwechsel, der
von der Spinnerin ohne Hilfe vorgenommen werden kann, dauert etwa 30 bis
40 Sek., also kaum länger als bei dem Schneider-Spulenwechsel.

In den Abb. 499 bis 502 ist nochmals der ganze Vorgang des Spulenwechsels
in seinen einzelnen Stufen dargestellt. In Abb. 499 befinden sich die mit leeren
Spulen gefüllten Spulenträger unter dem Spulenkasten, während in Abb. 500 sich
die leeren Spulen bereits auf den Spindeln im Bereich der Flügel befinden vor
Beginn des Spinnprozesses. Abb. 501 zeigt die vollgesponnenen Spulen, welche mit
der Spulenbank gesenkt werden. Während sich die Spulen auf der Stützschiene
absetzen, ziehen sich bei weiterer Senkung der Spulenbank die Spindeln aus den
Spulen. In Abb. 502 befinden sich die gefüllten Spulen bereits im Spulenkasten,
nachdem sie zuvor durch die nachfolgenden gefüllten Leerspulenträger von der
Stützschiene abgeschoben und in den Spulenkasten geworfen wurden. Neue
leere Spulen werden auf die Spindeln der Spulenbank gespießt und danach in den
Bereich der Flügel gebracht. Die Fäden der abgelieferten vollen Spulen befinden
sich noch in den Flügelösen. Nach erfolgtem Anwinden einiger Windungen und
Durchschneiden der Fäden beginnt der neue Spinnprozeß.

Die in die Spulenkästen abgeworfenen vollen Spulen können von der Spinnerin ohne Mühe in seitlich vor den Kasten bereitgestellte Körbe abgeschoben
werden, ebenso wie das Aufstecken der leeren Spulen von ihr während des Spinnens vorgenommen werden kann. Eine Spinnerin kann eine Spinnseite bis zu
100 Spindeln bedienen, doch wird es auch hier zweckmäßig sein, für mehrere
Spinnseiten zusammen noch eine Hilfsspinnerin zuzugeben. Die Spindelteilung
kann mit 4 oder $4^{1}/_{4}''$ bei 5'' Hub der Spulen für Jutegarn der Nummern 2,4 bis
4,2 m/g bemessen werden. Die Flügel einer solchen Maschine können nach den
Angaben der Firma Seydel & Co. 4000 bis 4500 Uml./min machen, doch ist es

empfehlenswert, wie oben gesagt, die Umläufe entsprechend den zu spinnenden Garnen der Lieferung von 22 bis 24 m/min des Verzugszylinders anzupassen. Bei Kettgarnen kann naturgemäß die Umlaufzahl wegen der schärferen Drehung der Garne höher genommen werden als bei Schußgarnen, die infolge ihrer geringeren Drehung schon größere Lieferungen des Verzugszylinders ergeben. Soll z. B. ein 6er Kettgarn mit $1,7 \cdot \sqrt{6} = 4,15$ Drehungen/Zoll gesponnen werden, so würde man bei 24 m = 945 Zoll/min Lieferung mit $945 \cdot 4,15 = 3920$ Uml./min spinnen können, dagegen bei 6er Schuß mit $1,4 \cdot \sqrt{6} = 3,3$ Drehungen/Zoll nur mit $945 \cdot 3,3 = 3120$ Uml./min. Das Garngewicht einer Spule von 4''-Teilung und 5''-Hub beträgt 210 bis 230 g. Der Kraftbedarf einer zweiseitigen

Abb. 499.

Maschine mit je 100 Spindeln/Seite, $4^{1}/_{4}''$-Teilung und 5'' Hub beläuft sich auf etwa 10 PS/Seite; er ist also ungefähr der gleiche wie bei der Mackiemaschine. An Grundfläche benötigt die Maschine $11,8 \times 2,3$ m².

Z. Zt. laufen von diesen Maschinen 4 Stück, davon eine Maschine seit etwa einem Jahre. Wie man hört, haben sich bis jetzt alle Teile dieser Neukonstruktion gut bewährt.

Als besonderer Vorteil des Seydel-Spinnstuhles wird neben dem leichten Gang die individuelle Bremsung der Spulen hervorgehoben, die auch das Spinnen weich gedrehter Schußgarne ermöglicht. Bei der Bremsung ist allerdings zu beachten, daß die Spindeln zusammen

Abb. 500.

Abb. 499 bis 502. Entwicklung des Spulenwechsels beim Seydelstuhl.

mit den auf ihnen festsitzenden Spulentellern die gleichen Umlaufzahlen haben wie die Spulen, die durch den Faden mitgenommen werden und deren Umlaufzahl demnach nur um die Aufwindungsumdrehungen geringer ist als die Flügeldrehzahl. Trotzdem also sich hier die Spindeln mitdrehen, hat man es mit „aktiven Flügeln" und „passiven Spindeln" zu tun. Im Gegensatz zu den Spinnstühlen von Dr. Schneider und Mackie wird die zur Erzeugung der Fadenspannung notwendige Reibung nicht durch einen selbsttätig wirkenden Bremsteller aufgebracht, sondern neben dem Reibungswiderstand der sich drehenden Spindeln wird noch ein zusätzlicher Reibungswiderstand durch die Schnurbremsung erzeugt, der individuell regelbar ist.

Vorteilhaft ist der Spulenwechsel, bei dem die Spulen sofort in den vor der Maschine aufgestellten Trog fallen, ohne daß zum Abnehmen besondere Arbeit erforderlich ist. Ein abschließendes Urteil über die Seydelmaschine läßt sich noch nicht fällen, da noch verhältnismäßig wenige im Betrieb sind. Doch kann schon heute gesagt werden, daß die bisherigen Erfahrungen mit diesem neuen Spinnstuhl und seine gute Durchkonstruktion eine weitere Verbreitung erhoffen lassen, zumal sich der Preis je Spindel mit

Abb. 501.

den ausländischen Konkurrenzfabrikaten messen kann.

d) Der Fairbairn-Spinnstuhl mit Hängeflügeln, individueller Spulenbremsung und mechanischem Spulenwechsel.

Auch bei dieser Maschine, die in den Abbildungen 503 und 504 dargestellt ist, zeigt sich im oberen Aufbau kein wesentlicher Unterschied gegenüber den vorhergehend beschriebenen Maschinen. Grundsätzlich verschieden ist jedoch die Anordnung der Führungsspindeln für die Spulen. Während bei den oben genannten Maschinen die Führungsspindel unabhängig von dem den Draht erzeugenden Hängeflügel entweder fest oder beweglich in

Abb. 502.

der Spulenbank gelagert ist, bildet sie hier die Verlängerung der Hohlspindel unterhalb des an ihrem unteren Ende befestigten Flügels. Sie dreht sich also mit der gleichen Umlaufzahl wie der Flügel und nimmt die Spule, welcher sie gleichzeitig als vertikale Führung dient, durch die Reibung mit, d. h. sie betätigt sich „aktiv" wie bei dem normalen Flügelspinnstuhl. Der Unterschied gegenüber letzterem besteht in der Hauptsache darin, daß bei der neuen Fairbairnspindel der untere Spindelteil, der am Ende in eine leicht abgerundete Kegelspitze ausläuft, seine Führung nur in einer Büchse der auf- und abgleitenden Spulenbank erhält. Dagegen weist der obere, hohlgebohrte Spindelteil, der den in üblicher Weise für Bandantrieb eingerichteten Wirtel trägt, durch je ein Kugellager ober- und unterhalb des Wirtels eine sehr stabile Lagerung in besonderen, an zwei Längstraversen der Maschine befestigten Lagerböcken auf. Der Wirtel sitzt hierbei lose auf der Flügelhohlwelle und wird mit dieser durch eine Kupplung verbunden, welche durch einen Druckknopf ein- und ausgeschaltet werden kann. Gleichzeitig wird durch Hebelübersetzung der bereits S. 477 beschriebene Vorgarnausrücker betätigt, so daß mit dem Abstellen des Flügels gleichzeitig die Vorgarnzufuhr unterbunden ist. Der Antrieb der Wirtel erfolgt durch Bänder von der Trommel aus über eine Leittrommel für jeden Wirtel einzeln; neuerdings wird auch der Gruppenantrieb mittels Spann- und Leitrollen, wie bei Mackie, Seydel u. a. verwendet. Die auf der auf- und abgleitenden Spulenbank sitzenden Spulen werden in üblicher Weise wie bei den gewöhnlichen Spinnmaschinen durch Schnur gebremst. Auch hier ist, wie bei Seydel, die vordere Schnur-Hängeschiene beweglich ausgeführt und ein ähnlicher Schaltapparat vorgesehen, der eine stufenweise Verschiebung der Bremsschiene bei jedem Hubwechsel selbsttätig bewerkstelligt. Eine gewisse Ähnlichkeit des neuen Fairbain-Stuhles mit der alten Mairschen Bauart, jedoch moderner und besser durchkonstruiert, läßt sich nicht verkennen.

Zum Spulenwechsel wird in ähnlicher Weise wie bei Seydel ein Leerspulenträger verwendet, der während des Spinnens in seiner Stellung unterhalb der Spulenbank mit den leeren Spulen beschickt wird. Bei Vollendung eines Abzuges wird die Spulenbank in üblicher Weise nach Auskuppeln des Hebungsgetriebes und Einschalten eines Zahnradgetriebes durch Drehen eines Handrades abgesenkt, wobei gleichzeitig durch einen mittels Kurvenscheibe betätigten Hebelmechanismus der Leerspulenträger so weit nach hinten ausweicht, daß die nach abwärts gleitende Spulenbank vorbeikommen kann. Sobald die vollen Spulen auf der Spulenbank außer dem Bereich der Führungsspindeln sind, werden durch den gleichen Hebelmechanismus geeignet angeordnete Gabeln in Bewegung gesetzt, welche die Spulen von der Spulenbank in einen vor der Maschine aufgestellten Trog abwerfen, nachdem zuvor durch ein anderes, ebenfalls mittels Kurvenscheibe betätigtes Hebelgestänge sämtliche Flügel mit ihrer breiten Seite nach vorne gerichtet und die Spulen durch Zurückstellen des Bremsschaltapparates freigegeben wurden. Bei der gleichen Hebelstellung ist auch der Träger mit den leeren Spulen wieder soweit nach vorne gelangt, daß beim Anheben der Spulenbank die leeren Spulen in die Spindeldorne einspießen können, an denen sie während des Spinnens auf- und abgleiten. Nach Erreichen der Spinnstellung und Einlegen der Bremsschnüre wird die Maschine kurz angestellt, um von den noch aus den Flügelaugen nach den vollen Spulen im Trog laufenden Fäden einige Windungen auf den nackten Spulenschaft zu wickeln, worauf die Fäden in üblicher Weise durch ein Messer, das in einer in eine Längsstange eingefrästen Nut geführt wird, abgeschnitten werden. Auch dieser Spulenwechsel kann in etwa 40 Sekunden erledigt werden. Als besonderer Vorteil dieser Maschine wird angegeben, daß die „lebende" Spindel, welche die Spule durch Reibung mitnimmt, gestattet, das Garn mit der geringsten Spannung, besonders beim Anlaufen, spinnen zu können, daß also vor allem schwachgedrehte Schußgarne gesponnen werden können. Nun ist es aber eine alte Erfahrung, daß die Reibung der Spule an der Spindel niemals konstant ist, zumal die Spule durch die Bremsschnur einseitig an die Spindel gedrückt wird. Bei den hohen Umlaufzahlen und dem auch für diese Maschine gewählten großen Spulenfassungsvermögen muß besonders bei schärfer gedrehten

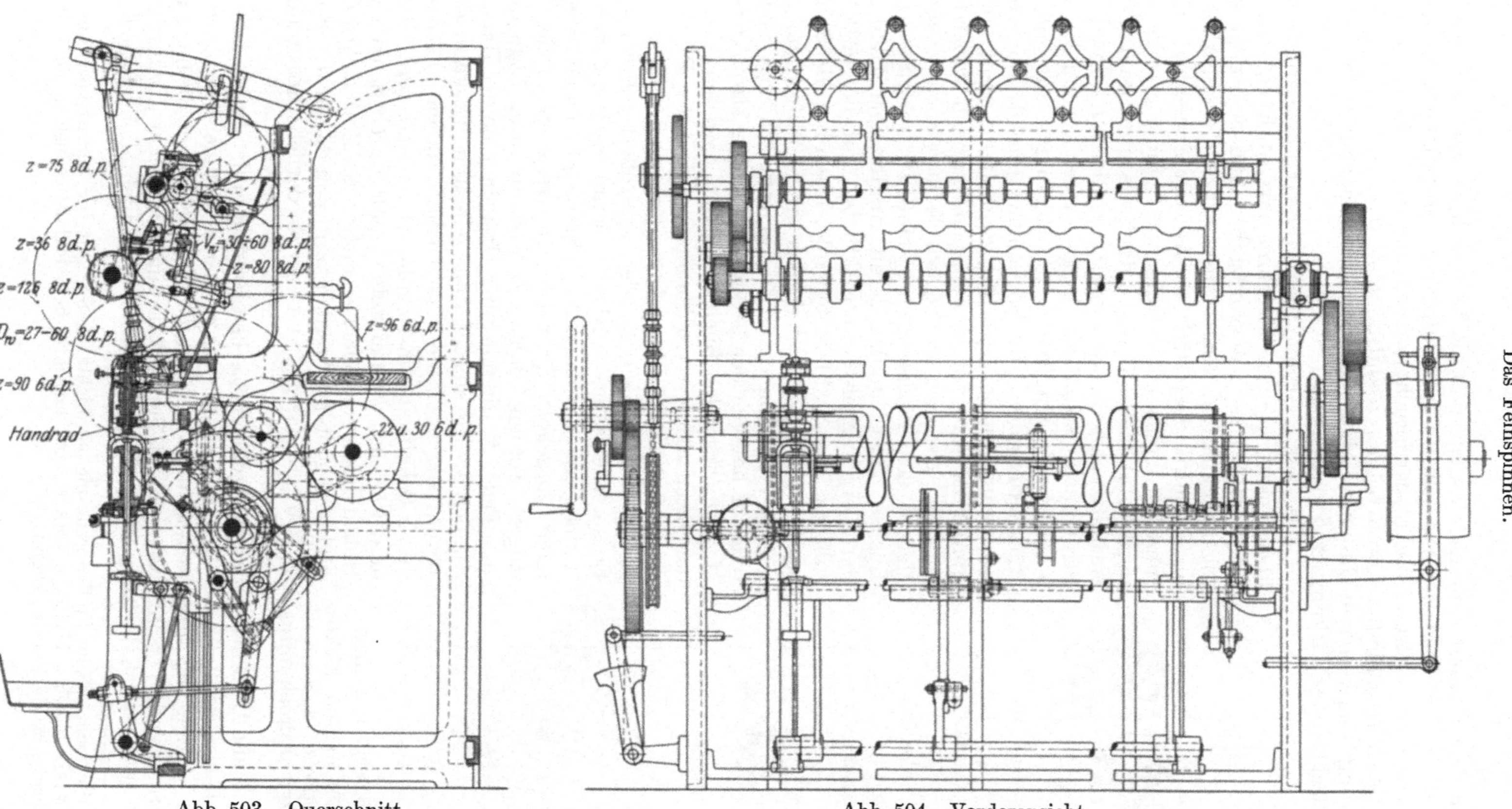

Abb. 503. Querschnitt.

Abb. 504. Vorderansicht.

Abb. 503 und 504. Trocken-Spinnstuhl mit mechanischem Spulenwechsel von Fairbairns, Leeds.

Garnen derart scharf gebremst werden, daß die Bremsschnüre, die hier wie bei den gewöhnlichen Flügelspinnmaschinen direkt an den Spulenrillen angreifen und schon aus diesem Grund mehr beansprucht werden, häufig abbrennen. Neben dem großen Verschleiß an Bremsschnüren und Spulen hat man daher bei Überschreitung einer gewissen Umlaufzahl mit vermehrten Störungen und demzufolge verschlechtertem Wirkungsgrad zu rechnen.

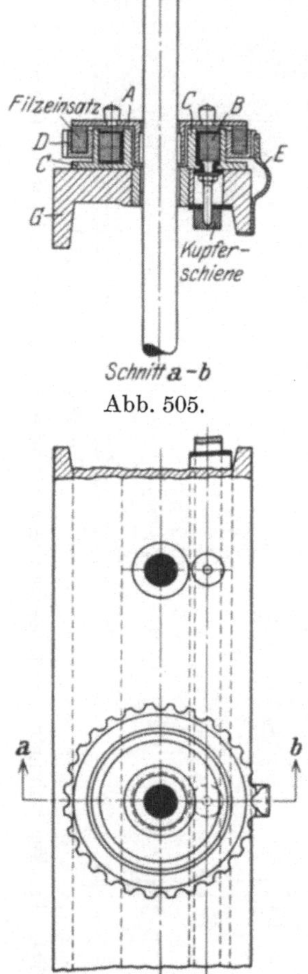

Abb. 505.

Aus diesem Grunde ist Fairbairn neuerdings dazu übergegangen, diese Maschine mit elektro-magnetischen Bremsen auszurüsten[1]. Abb. 505 zeigt eine solche Bremse im Querschnitt, während sie in Abb. 506 im Grundriß dargestellt ist. Auf der Spulenbank G ist rund um die sie durchdringende Spindel eine ringförmige Metallbüchse C angeordnet, die eine Drahtspule B enthält. Letzterer wird von einer kleinen Dynamo als Stromquelle Strom durch eine unter der Spulenbank langlaufende Kupferschiene zugeführt, während die Rückleitung durch die Spulenbank erfolgt. Die Stromstärke für sämtliche parallel geschalteten Spulen einer Spinnseite wird durch einen gemeinsamen Widerstand geregelt. Auf den mit Gewinde versehenen äußeren Mantel der Büchse C ist eine zweite ringförmige Büchse D geschraubt, deren ringförmiger Hohlraum durch ein Filzpolster ausgefüllt ist. Auf diesem Polster ruht das aus Stahl bestehende, lose über die Spindel gesteckte Spulenteller A, das mit 4 Stiften zur Mitnahme der auf ihm sitzenden Spule versehen ist. Spulenteller A hat von der bei geschlossenem Stromkreis als Magnet wirkenden Büchse C einen gewissen Abstand, der durch Höher- oder Tieferschrauben der Büchse D, deren äußerer Rand zur Erleichterung der Einstellung gerippt ist, verringert oder vergrößert werden kann. Entsprechend diesem Abstand kann die von dem Elektromagneten auf das mit der Spule umlaufende Spulenteller ausgeübte Bremswirkung vergrößert oder verringert werden. Büchse D wird in ihrer Lage durch eine Feder E, die mit einer Nase in eine der Randkerben der Büchse einschnappt, gehalten. Es kann daher sowohl die Bremsung sämtlicher Spulen gleichzeitig durch Schaltung am Regulierwiderstand geregelt werden, wie auch jede einzelne Spule durch Senken oder Heben des Bremstellers A mittels der Stellbüchse D individuell gebremst werden kann, um die für den Spinnprozeß und das Aufwinden erforderliche Spannung zu erzeugen.

Abb. 506. Grundriß.

Abb. 505 und 506. Elektromagnetische Spulenbremsung zum Fairbairn-Stuhl.

Über die Bewährung der elektromagnetischen Bremse in der Praxis läßt sich noch kein abschließendes Urteil fällen, da bis jetzt nur wenige Maschinen mit dieser Vorrichtung ausgestattet sind. Vor allem muß sich zeigen, ob die nicht ganz zu vermeidende Verschmutzung durch Staub und Flugfasern nicht ungünstig einwirkt. Wenn auch der Wegfall der Bremsschnüre eine Annehmlichkeit bedeutet,

---

[1] Die magnetische Spulenbremsung ist nichts Neues. Mit ihr befassen sich mehrere Patente, die teilweise bis in die Vorkriegszeit zurückreichen, doch ist es bislang nicht zu einer Einführung in die Praxis gekommen.

so darf doch nicht übersehen werden, daß die elektro-magnetische Bremse eine gewisse Komplizierung der Maschine mit sich bringt.

Abb. 507. Gesamtansicht des Fairbairn-Stuhles.

Abb. 507 zeigt eine Gesamtansicht des Fairbairn-Stuhles in seiner neuesten Ausführung mit elektromagnetischen Bremsen. Die Spulen sind soeben voll-

Abb. 508.
Abb. 508 bis 510. Entwicklung des Spulenwechsels beim Fairbairn-Stuhl.

gesponnen und der Leerspulenträger unter der Spulenbank ist mit leeren Spulen beschickt. In Abb. 508 sind nach Absenken der Spulenbank durch den oben be-

schriebenen Hebelmechanismus die vollen Spulen in den vor der Maschine befindlichen Trog geworfen und die leeren Spulen in Bereitschaftsstellung zum
Aufspießen auf die Spindeldorne gebracht. Abb. 509 zeigt die leeren Spulen in Spinnstellung, während die Fäden aus den Flügelaugen noch nach den im Trog liegenden vollen Spulen laufen.
In Abb. 510 endlich sind nach Aufwickeln weniger Windungen
auf den Spulenschaft die Fäden durchgeschnitten, der Abschneide-
prozeß ist beendigt und das Spinnen kann von neuem beginnen.

Zusammenfassend lassen sich folgende Hauptmerkmale des Fairbairn-Stuhles hervorheben:

1. Verwendung von Hänge-flügeln mit „lebenden" Spindeln.
Infolge der starren Verbindung von Flügel und Spindel ist der
zentrische Sitz der Spule zum Flügel wie bei den gewöhnlichen
Flügel-Spinnmaschinen gewähr-

Abb. 509.

leistet (wobei naturgemäß die Bohrung der Spulen genau passen muß). Bei den
oben unter b) und c) beschriebenen Spinnmaschinen mit von den Flügeln getrennten Spulenstiften trifft diese
für eine einwandfreie Durchführung des Spinnprozesses stets zu
fordernde Bedingung nur zu, wenn
eine zuverlässige und genaue
Werkstattarbeit vorliegt und solange die Abnützung der einzelnen Spinnelemente, insbesondere
der Lager des hängenden Flügels,
einen gewissen Grad nicht überschritten hat.

2. Individuelle Spulenbremsung, die auch das Spinnen weniger festen Materiales und die
Anwendung geringerer Drehungsgrade gestattet. Es wird somit,
wie bei der Seydelschen Maschine,
im Gegensatz zu den selbstbremsenden Maschinen (Dr. Schneider, Mackie) der Zweck verfolgt,
der Spinnerin einen gewissen
Einfluß auf die Spulenbremsung
zu belassen. Doch erscheint die

Abb. 510.

Seydelsche Anordnung der Fairbairnschen Bremsung überlegen, da bei letzterer
die Reibung der Spule an der beweglichen Spindel stattfindet, was naturgemäß
stets ein unsicherer Faktor, besonders bei der einseitig wirkenden Schnuren-

bremsung, ist. Die Anwendung der elektromagnetischen Spulenbremsung bedeutet gegenüber der bisher üblichen Spulenbremsung einen technischen Fortschritt, da dadurch außer der Beseitigung der Schnüre die einseitige Beanspruchung der Spulen und der Spindeln in Wegfall kommt. Allerdings wird
der Aufbau der Maschine dadurch verwickelter, auch sind die Erfahrungen im
Betrieb noch zu jung, um heute schon ein abschließendes Urteil fällen zu können.

3. Der Spulenwechsel kann wie bei den vorbeschriebenen Maschinen in kürzester Zeit von der Spinnerin allein ohne Hilfe vorgenommen werden. Die hierfür vorgesehene Vorrichtung gestaltet sich trotz der starren Verbindung zwischen Flügel und Spindel verhältnismäßig einfach.

4. Die Ausschaltbarkeit jedes einzelnen Flügels mittels einer Reibungskupplung erleichtert zwar der Spinnerin das Anspinnen und schont die Spindelbänder, die beim Anhalten einer Spindel nicht mehr auf dem Wirtel gleiten müssen, bringt aber in den Flügelspindeltrieb eine Komplizierung, die sich durch vermehrte Abnützung der einzelnen Teile bemerkbar macht. Dieser Nachteil ist den meisten Konstruktionen eigen, die bei mechanischem Flügel- oder Spindelantrieb das Einzelausschalten der Flügel bezwecken. Die einzig ideale Lösung in dieser Beziehung bietet der elektrische Flügelantrieb von Dr. Schneider. Die mit dem Abstellen des einzelnen Flügels gleichzeitig in Tätigkeit tretende Vorgarnausrückung hat sich gleich ähnlichen Vorrichtungen bewährt und trägt zur Verminderung des Abfalles bei.

Abgesehen von den oben angeführten Mängeln erzielt auch dieser Spinnstuhl gegenüber einem guten Spinnstuhl alter Konstruktion eine nicht unwesentliche Erhöhung der Produktion und in Verbindung mit dem mechanischen Spulenwechsel eine Verbilligung der Spinnkosten. Produktionsergebnisse aus der Praxis liegen nur vereinzelt vor. Bei einer der erstgelieferten, noch mit Schnurbremsung ausgerüsteten Maschinen mit 100 Spindeln je Seite bei $4^{1}/_{4}''$ Teilung

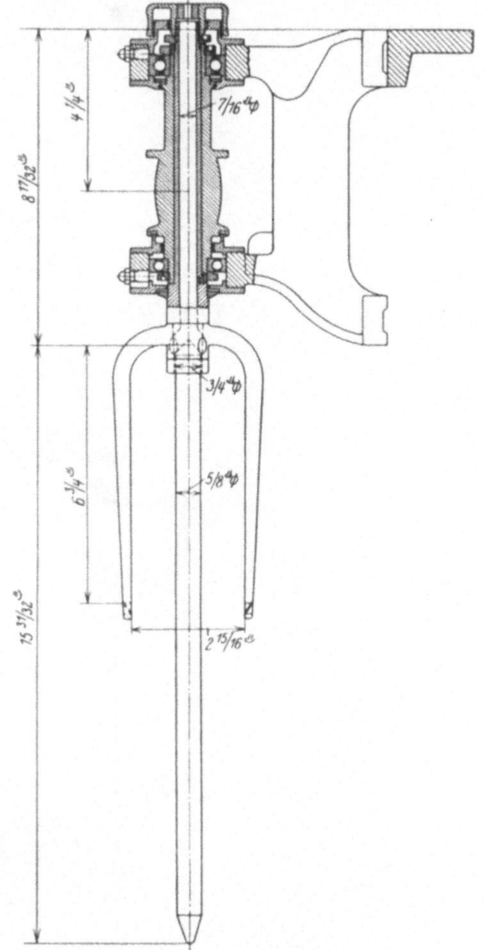

Abb. 511. Neuere Form des Spindellagers zum Fairbairn-Stuhl.

und $4^{3}/_{4}''$ Hub wurde während eines mehrwöchigen Versuches bei 3,3 m/g SS-Halbkette eine durchschnittliche Spindelleistung von 411,7 g/Sph erreicht bei einer durchschnittlichen Belastung von 9,25 kW; das ergibt einen Kraftverbrauch von 0,2246 kWh/kg Garn. Daraus geht hervor, daß sich die Spinnleistung bei diesen Versuchen, die gleichzeitig mit einem Schneider-Elektrostuhl und einem Schneider-Mackie mechanischen Stuhl angestellt wurden (vgl. S. 493 und 519), diesen beiden Stühlen annähernd ebenbürtig zeigt, daß aber der Kraftbedarf ein auffallend höherer ist. Ob obige Produktionsergebnisse sich über eine längere Betriebszeit durchhalten lassen, muß durch die Praxis noch erwiesen werden.

Wie erst während der Drucklegung dieser Arbeit bekannt wurde, haben sich Fairbairns nunmehr entschlossen, auf Grund der vorliegenden Erfahrungen die Reibungskupplungen im Flügelspindeltrieb wegfallen zu lassen und die Spindellager umzubauen. Die Ausschaltbarkeit der einzelnen Spindel bleibt zwar be-

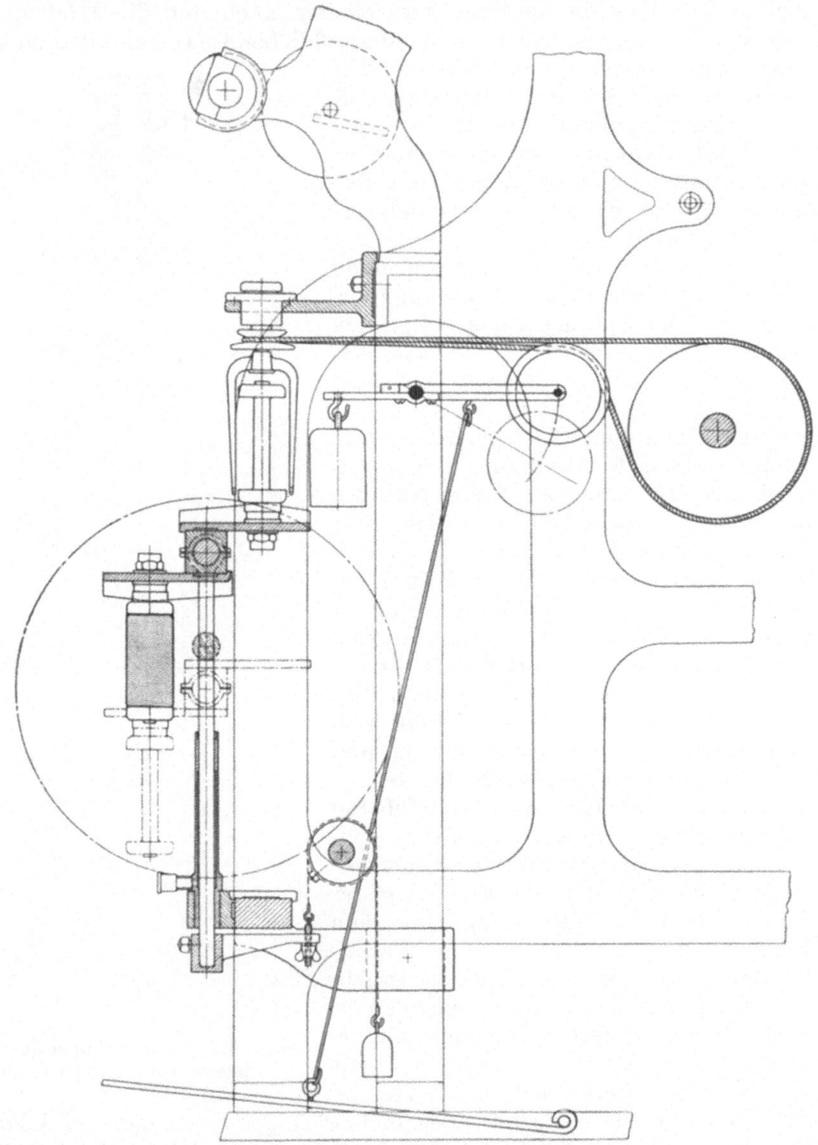

Abb. 512. Schema zum Umbau einer Jute-Trockenspinnmaschine, Bauart Lawson, auf Antrieb mit hängenden Flügeln, passiven, rotierenden Spindeln und automatischem Revolverbank-Spulenwechsel, System Deppermann.

stehen, jedoch kommt hier nicht mehr eine eigene Kupplung, sondern lediglich eine Bremse zur Anwendung, welche beim Anspinnen durch einen Handgriff in Tätigkeit gesetzt wird und die Spindel festhält, so daß das Band auf dem Wirtel gleitet. Hierbei ist der Hebel zur Betätigung der Bremse mit der Vorgarn-

abstellvorrichtung so kombiniert, daß beim Einrücken des Handhebels in eine
vorgesehene Rast zuerst das Vorgarn abgestellt wird und erst beim Einrücken
in eine zweite Rast das Stillsetzen des Flügeltriebes erfolgt. Auf diese Weise
wird das Anspinnen gerissener Fäden ganz wesentlich erleichtert. Die Bauart
der Spindel in dieser neuen Ausführung ist aus der Einzeldarstellung Abb. 511
ersichtlich, die keiner weiteren Erklärung bedarf. Mit diesen Spindeln hoffen
Fairbairns mit 3600 bis 4000 Uml./min im Dauerbetrieb arbeiten zu können.

Außer den unter b) bis d) genannten Spinnstühlen sind in letzter Zeit noch eine
ganze Reihe anderer Konstruktionen herausgekommen, die alle nach dem Hänge-
flügelprinzip, meist mit toter Spindel, gebaut sind und mechanischen Spulenwechsel aufweisen. Da sie teilweise wenig Neues bringen und ihre Einführung
in die Praxis entweder erst vor kurzer Zeit oder noch gar nicht stattgefunden hat,
soll in folgendem nur kurz darauf hingewiesen werden.

Deppermann, Neubabelsberg, verwendet bei seinem Patentspinnstuhl mit
Hängeflügeln, DRP. 429638, für den mechanischen Spulenwechsel eine Revolverbank, vgl. die Abb. 512 bis 516, auf welcher oben und unten je eine Reihe Spulen-

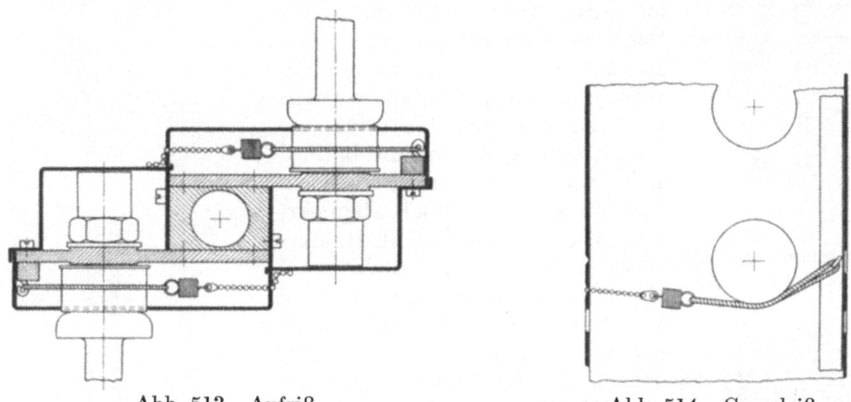

Abb. 513. Aufriß.   Abb. 514. Grundriß.

Abb. 513 und 514. Spulenbremsung zum Deppermann-Stuhl.

stifte sitzen. Diese sind jedoch nicht fest in die Spulenbank eingesetzt, sondern
in Kugellagern leicht drehbar gelagert. Die Spule sitzt hierbei auf einem mit
der Spindel fest verschraubten Spulenteller, vgl. Abb. 515, der glockenförmig
nach unten über die Spindellagerung greift, und dessen äußerer Mantel als
Bremswirtel für die Spulenbremsung dient, in ähnlicher Weise, wie dies bei der
Seydelschen Spulenlagerung und Bremsung der Fall ist. Statt Bremsgewichten
werden zum Spannen der Schnüre Spiralfedern verwendet, vgl. die Abb. 513 und
514, an welchen kleine Kugelkettchen angebracht sind, die in entsprechende
Rasten der vorderen Bankschiene eingelegt werden. Durch Verhängen dieser
Kugelkettchen, bzw. durch Spannen der Spiralfedern wird der notwendige Bremsdruck erzeugt. Auch kann die hintere Bankschiene in ähnlicher Weise wie bei
der Seydelmaschine automatisch verschiebbar gemacht werden, so daß einzeln
von Hand oder auch für sämtliche Spulen zusammen selbsttätig gebremst werden
kann. Der Antrieb der Hängeflügel, deren Lagerung samt dem Antriebswirtel
aus Abb. 516 hervorgeht, erfolgt einzeln mittels Schnur (oder auch durch Band)
unter Verwendung einer Spannrolle, vgl. Abb. 512. Um das Anspinnen zu erleichtern, sieht Deppermann eine durch einen Tritthebel zu betätigende Wirtel-
bremse vor, bei deren Einschaltung gleichzeitig die Spannrolle von der Antriebs-

schnur abgehoben wird, so daß der Flügel sofort zum Stillstand kommt. Der Spulenwechsel erfolgt durch Drehen des Spulenbankrevolvers um 180°, wobei die vollen Spulen nach unten gelangen, während die auf einer zweiten Stiftreihe aufgesteckten leeren Spulen in die Spinnlage einschwenken. Selbstverständlich muß vor dieser Drehbewegung die Spulenbank so weit nach unten gesenkt werden, daß die Spulen aus dem Bereich der Flügelarme gelangen. Als Sicherung gegen das Herabfallen der Spulen vom Spulenstift dient eine Spannfeder, vgl. Abb. 515.

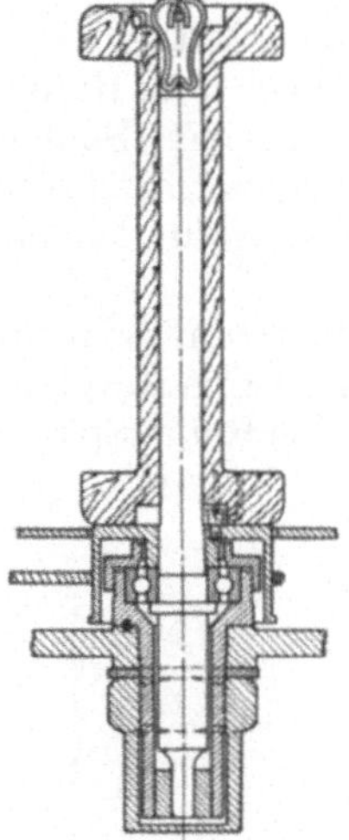

Abb. 515.
Spulenlagerung zum Deppermann-Stuhl.

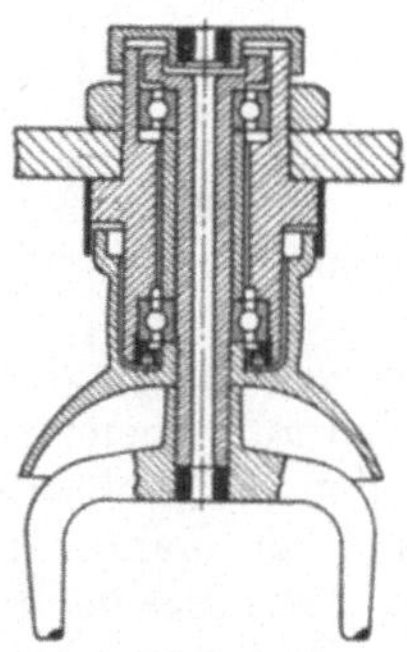

Abb. 516. Wirtel- und Flügellagerung zum Deppermann-Stuhl.

Die Spulenstifte sind für Fettschmierung vorgesehen, doch können sie auch durch eine kleine Änderung für Ölschmierung eingerichtet werden. Die beiden Spulenbankschienen für die obere und untere Spulenreihe des Revolvers sind, wie Abb. 513 zeigt, gegen ihren Drehpunkt versetzt, wodurch sich eine niedrigere Bauart ergibt. Sie sind vollkommen mit Blech verkleidet, so daß eine Verschmutzung der Spindellagerungen und der Bremsvorrichtungen kaum möglich ist. In dieser Verkleidung ist durch Anbringung geeigneter Schlitze Vorsorge getroffen, das Auswechseln der Schnüre auch während des Betriebes vornehmen zu können. Wie sich die noch im Versuchsstadium befindliche Maschine in der Praxis bewähren wird, ist noch abzuwarten. Die nächste Zeit dürfte darüber eine Entscheidung bringen, da augenblicklich Deppermann eine alte englische Maschine nach seinem System umbauen läßt. Durch die Möglichkeit eines solchen Umbaues werden erhebliche Kosten gespart, was zweifellos die Einführung des Deppermann-Stuhles, falls er sich bewähren sollte, erleichtern wird.

Der Boydsche „Selbst-Abnehmer"-Flügelspinnstuhl sieht ähnlich wie der Deppermann-Stuhl einen Spulenbankrevolver für den Spulenwechsel vor. Auch die Lagerung der Hängeflügel erfolgt, wie Abb. 517 erkennen läßt,

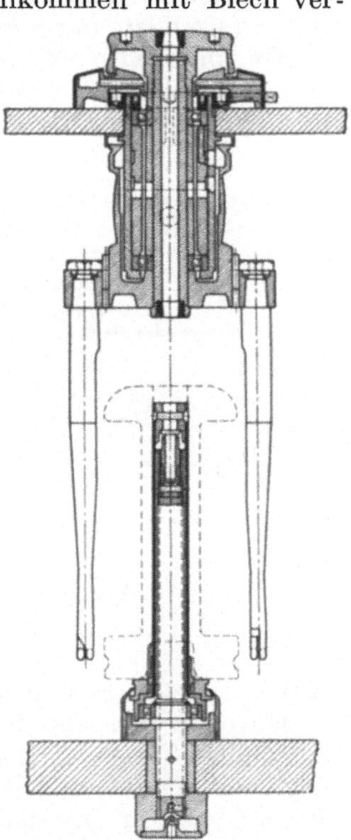

Abb. 517. Flügel- und Spulenlagerung zum Boyd-Spinnstuhl mit hängenden Flügeln.

in ähnlicher Weise wie bei den vorbeschriebenen Hängeflügelmaschinen. Die Spinnflügel jedoch bestehen aus runden Kopfscheiben, in welche die beiden Flügelarme eingesetzt und durch Gewinde und Mutter befestigt sind. Hinsichtlich der Spulenlagerung besteht gegenüber Deppermann insofern ein Unterschied, als der Spulenführungsstift, ähnlich wie bei Dr. Schneider, Mackie, fest in die Spulenbank eingesetzt ist, die Reibung zwischen Spule und Stift dagegen durch eine Metallhülse aufgenommen wird, die sich, wie Abb. 517 zeigt, mit ihrem unteren, den Spulenteller tragenden Ende durch ein Kugellager gegen den Spulenführungsstift abstützt, während ein am oberen Ende der Metallhülse eingenieteter kurzer

Stahlstift in einer oben in den festen Spulenführungsstift auswechselbar eingesetzten Rotgußbüchse nochmals eine zentrische Führung erhält. Die gut

passend auf die Führungshülsen gesteckten Spinnspulen werden auf dem Spulenteller durch Spreizfedern mitgenommen, die zugleich die Spulen beim Drehen des Revolvers in ihrer Abwärtslage festhalten. Die Bremsung der Spulen erfolgt wie bei Deppermann und Seydel durch Bremsschnüre, die jedoch im Gegensatz zu jenen an der Spule in der üblichen Rille angreifen und durch Gewichte und Verlegen der Schnüre in den Bremsschienen gespannt werden. Hierbei kann wiederum die vordere Schnurhängeschiene beweglich angeordnet werden, so daß einzeln von Hand oder auch für sämtliche Spulen zusammen selbsttätig gebremst werden kann. Beim Spulenwechsel müssen naturgemäß die Bremsschnüre zuvor durch Rückwärtsbewegen der Bremsschiene zurückgelegt und die Spulen freigegeben werden. Der Antrieb der Spinnflügel erfolgt von einer Trommel aus mittels Bändern und Wirtel, jeder Flügel für sich, wobei geeignet angebrachte Flügelbremsen das Stillsetzen einzelner Spindeln beim Anspinnen gestatten. Neuerdings soll Boyd auch zum Gruppenantrieb ähnlich wie Mackie usw. übergegangen sein. Auch dieser Spinnstuhl bezweckt vornehmlich in

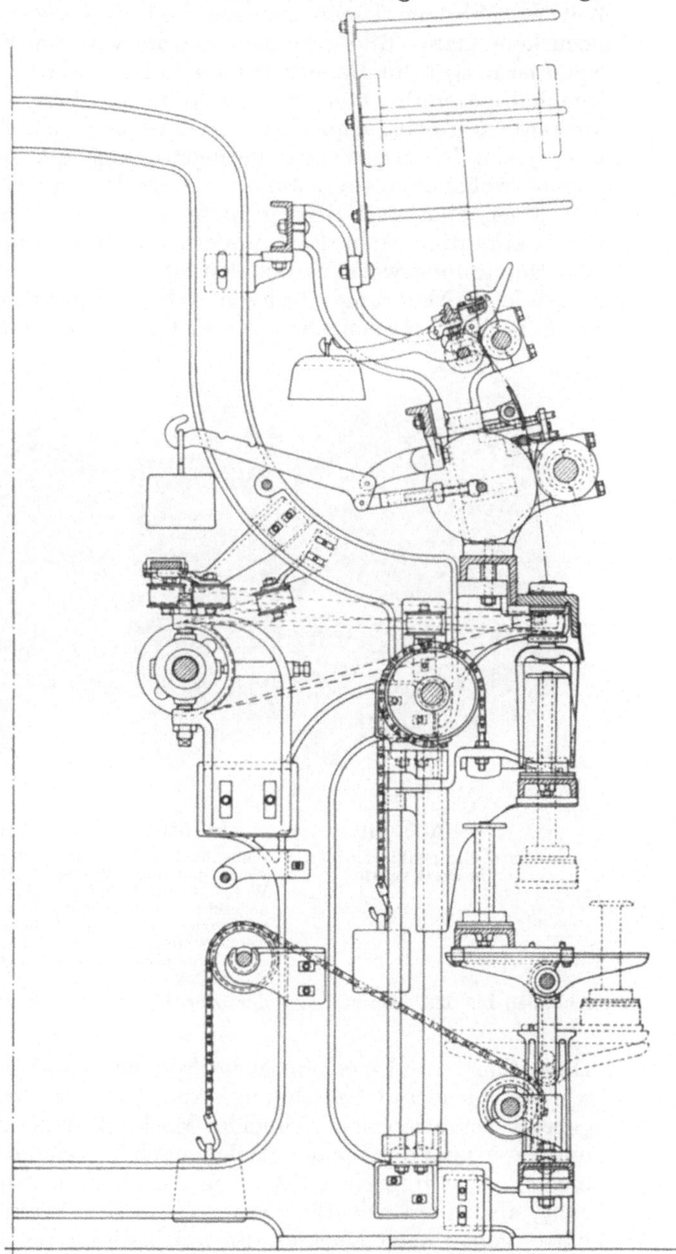

Abb. 518. Querschnitt des Spinnstuhles mit Hängeflügeln und mechanischem Spulenwechsel der S.M.F. vorm. Rich. Hartmann A.-G., Chemnitz.

gleicher Weise wie Fairbairn, Seydel, Deppermann eine individuelle Spulenbremsung, die so fein reguliert werden kann, daß jegliche Anpassung an das

Spinnmaterial sowie insbesondere an die Garndrehung möglich ist. Die Ergebnisse bei den bis jetzt in der Praxis laufenden Maschinen, die übrigens in letzter Zeit verschiedene Umänderungen und Verbesserungen erfahren haben, lassen noch kein klares Bild erkennen, ob die von der Firma Boyd genannten hohen Spinnleistungen im Dauerbetrieb gehalten werden können und ob eine Überlegenheit gegenüber den oben geschilderten, bereits längere Betriebserfahrungen aufweisenden Schnellspindeln zu verzeichnen ist. Allerdings kommt der gegenüber jenen Konstruktionen geringere Preis der Boydstühle deren Einführung zugute, wobei keineswegs außer acht zu lassen ist, daß bei den schnellaufenden Maschinen eine Verbilligung nicht auf Kosten einer sorgfältigen Werkstattarbeit erkauft werden darf, sondern nur durch Vereinfachung der Konstruktion und Herstellungsweise zu erzielen ist.

Als letzte Neuerung auf diesem Gebiet ist der von der Sächs. Maschinenfabrik, vorm. Richard Hartmann, A.-G., Chemnitz, herausgebrachte Spinnstuhl mit

Abb. 519.	Abb. 520.	Abb. 521.	Abb. 522.
Spinnstellung mit leeren Spulen in Bereitschaft.	Spulenbank mit vollen Spulen auf Wechselschlitten abgesetzt und vorgezogen; die leeren Spulen in Spinnbankmitte gerückt.	Leere Spulen in Spinnstellung gehoben; Anspinnen von den vollen auf die leeren Spulen; Fadenabschneiden.	Maschine wieder spinnend. Nach Abnehmen der vollen und Wiederaufsetzen der leeren Spulen werden diese in Bereitschaft gehoben.

Abb. 519 bis 522. Darstellung der vier Phasen des Spulenwechsels beim Hartmann-Stuhl.

Hängeflügeln und mechanischem Spulenwechsel zu verzeichnen, dessen Aufbau, wie die Querschnittszeichnung, Abb. 518, erkennen läßt, sich eng an den eingehend beschriebenen Schneider-Mackie-Spinnstuhl anschließt. Die Lagerung und Bremsung der Spulen erfolgt, nachdem sich die Ausführung der Gebrauchsmusteranmeldung Nr. 1073199 mit drehbarem Spulenstift (jedoch ohne Bremsung, also nicht wie Deppermann), in der Praxis als unzweckmäßig erwiesen hatte, genau nach Mackie, also mit Tellerbremsung und feststehendem Spulenstift. Auch der Antrieb und die Lagerung der Flügel sind ähnlich wie bei Mackie; die Hohlspindel der Flügel ist allerdings etwas länger, wodurch Hartmann einen ruhigeren Fadenlauf und weniger Fadenbrüche erhofft. Dagegen ist der Spulenwechsel, wie Abb. 518, sowie die Abb. 519 bis 522 erkennen lassen, nach dem Seite 484 beschriebenen, inzwischen erloschenen Patent von Stutz-Benz mit auf- und abbeweglicher Auswechselebene ausgeführt. Ob dadurch eine

Vereinfachung geschaffen ist, muß bezweifelt werden. Auch muß die Praxis noch erweisen, ob diese Vorrichtung die gleiche Betriebssicherheit bietet, wie der Schneidersche Spulenwechsel. Als Vorteile hebt Hartmann bei seiner Maschine die Höherlegung der Flügelköpfe hervor, die den Spinnerinnen das Anspinnen in gerader Körperhaltung ermöglicht, während allerdings beim Mackiestuhl die Flügelköpfe für große Spinnerinnen zu tief sitzen, so daß letztere beim Anspinnen mit krummem Rücken oder in gebeugter Kniestellung arbeiten müssen. Weiterhin soll die Hartmannsche Maschine billiger sein. Ein abschließendes Urteil über den Hartmannschen Stuhl ist noch nicht möglich, da zur Zeit bis jetzt nur ein Doppelspinnstuhl mit 80 Flügeln je Spinnseite läuft, dessen Leistung allerdings den Mackiestühlen in keiner Weise nachstehen soll.

B. Die Ringspinnmaschine.

Es hat nie an Versuchen gefehlt, die Ringspindel (engl. „ring throstle") oder „Drossel", die sich nach ihrer Erfindung (1833) zuerst in den sechziger Jahren des vorigen Jahrhunderts in der Baumwollspinnerei, später auch in der Kamm- und Streichgarnspinnerei und in neuester Zeit in der Seiden- und Kunstseiden- spinnerei einbürgerte, auch in der Bastfaserspinnerei und speziell der Jutespin- nerei einzuführen, um dadurch höhere Spindelumlaufzahlen und demzufolge eine größere Produktion zu erzielen. Doch konnten bei all diesen Versuchen durch eine einfache Nachahmung der für die oben genannten Faserstoffe wohlbewährten Konstruktionen die bei der Herstellung der viel gröberen und ungleichmäßigeren Jutegarne sich zeigenden Schwierigkeiten nicht überwunden werden. Auch die vielfach auftretenden Sonderkonstruktionen, bei denen entweder auf Holz- spulen in der bei den Flügelspinnmaschinen üblichen Weise (Ringspindel von Fried, Arnau, 1887, mit fester Ringbank und beweglicher Spulenbank, vgl. Pfuhl), oder auf über die Spindeln gesteckte Hülsen in Kreuzspulform (Klötzer- Schwungringspindel mit über den ganzen Spulenhub auf- und abbeweglicher Ringbank), oder endlich auf die nackte Spindel oder eine Hülse in Form von Kötzern oder Kopsen (Boydsche Kopsspinnmaschine, Klötzer-Schwungring- spindel vom Jahr 1926 mit großen Garnkörpern in Kopsform) gewunden wird, konnten auf die Dauer nicht befriedigen und vor allem nicht die Produktions- erhöhung bringen, die eine Komplizierung der Spinnmaschine und den damit verbundenen vermehrten Verschleiß der einzelnen Spinnelemente zu recht- fertigen vermocht hätte. Erst in allerletzter Zeit gelang es Klötzer, Meißen, seine Ringspindel so zu verbessern, daß sie mit ihren im Dauerbetrieb erzielten Er- gebnissen und Vorteilen in einen Vergleich mit den im vorigen Abschnitt beschrie- benen Schnelläufern eintreten kann, wobei allerdings der ihren Namen bestim- mende Ringläufer in Wegfall kam. Ehe auf die konstruktiven Einzelheiten dieser Spindel eingegangen wird, soll zunächst

1. Das Aufwindungsgesetz und die Fadenspannungen der Ringspindel

einer allgemeinen theoretischen Betrachtung unterzogen werden[1].

Wie Seite 439 gezeigt würde, erfolgt bei der Flügelspinnmaschine das Auf- winden des Fadens dadurch, daß der mit konstanter Umlaufzahl n_i ange-

---

[1] Der Behandlung der vorliegenden Frage, die keinesfalls hier erschöpfend erfolgen soll, sind folgende Arbeiten zugrunde gelegt: Johannsen: Handbuch der Baumwollspinnerei, 1902; Oertel, F.: Über die Geschwindigkeitsregelung bei den Ringspinnmaschinen. Meliand Textilberichte 1929, H. 8—11; Stein, G.: Untersuchungen über die Geschwindigkeits- regelung der Ringspinnmaschinen und ihren Einfluß auf die Produktion. Leipz. Monatsschr. Textilind. 1927, H. 7.

triebene Flügel die infolge der Reibung auf ihrer Unterlage und an der Spindel zurückbleibende Spule mit veränderlicher Umlaufzahl n_u hinter sich nachzieht, so daß die Beziehung gilt:

$$n_w = n_i - n_u = \frac{L}{\pi \cdot d},$$

worin n_w die Windungszahl in der Zeiteinheit oder die aufwindenden Umdrehungen der Spule und L die für ein bestimmtes Garn als konstant anzusehende Lieferung des Streckzylinders in der Zeiteinheit bedeuten. Erteilt man statt der Flügelspindel der Spule den konstanten Antrieb und läßt durch den Faden den Flügel nachschleppen, dann erhält man die voreilende Spule und den nachlaufenden Flügel und es gilt die Aufwindebeziehung:

$$n_w = n_u - n_i.$$

Da das Nachziehen der schweren Flügelspindel den Faden zu sehr beanspruchte, ging man dazu über, nur noch einen bügelartigen Läufer oder „Traveller" t zu verwenden, der auf einem auf einer vertikal beweglichen Bank zentrisch zur Spindelachse sitzenden Ring R von I-förmigem Querschnitt, vgl. die schematische Abb. 523, mit n_t minutlichen Umläufen im Kreise herumgeführt wird, während der die Spule oder Hülse tragenden Spindel, die in der festen Spindelbank drehbar gelagert ist, die konstante Umlaufzahl n_u erteilt wird, so daß für die auf diese Weise gebildete Ringspindel wieder die Beziehung gilt:

$$n_w = n_u - n_t = \frac{L}{\pi \cdot d}.$$

Der vom Streckwerk in üblicher Weise durch die senkrecht über der Spindelachse liegende Fadenöse l_2 laufende Faden gelangt direkt durch den Ringläufer t zur Spindel oder Hülse, auf die er infolge des durch die Reibung am Ring bewirkten Zurückbleibens des Läufers aufgewunden wird. Das freie Fadenstück zwischen Öse und Läufer nimmt infolge der Fliehkraft eine nach einer Sinuslinie geformte Ausbauchung an, die auch „Ballon" genannt wird. Statt der in engen Spiralen nebeneinander liegenden Windungen der bei den Flügelspinnmaschinen üblichen Scheibenspulen werden nun in den meisten Fällen auf Papphülsen sog. Kötzer oder Kopsspulen (engl. „cop") gewunden, bei denen kegelförmige Schichten so übereinander gelegt werden, daß ein Abziehen des Fadens von der feststehenden Spule in axialer Richtung möglich ist. Um die kegelförmige Aufwindung zu erreichen, muß die Ringbank in einer bestimmten Höhe h in Richtung der Spindelachse periodisch auf- und niedergeführt werden und nach jedem „Ringbankspiel", d. i. ein voller Hub, bestehend aus Heben und Senken, um die Fadendicke emporgeschaltet werden, so lange, bis der ganze Kops vollendet ist.

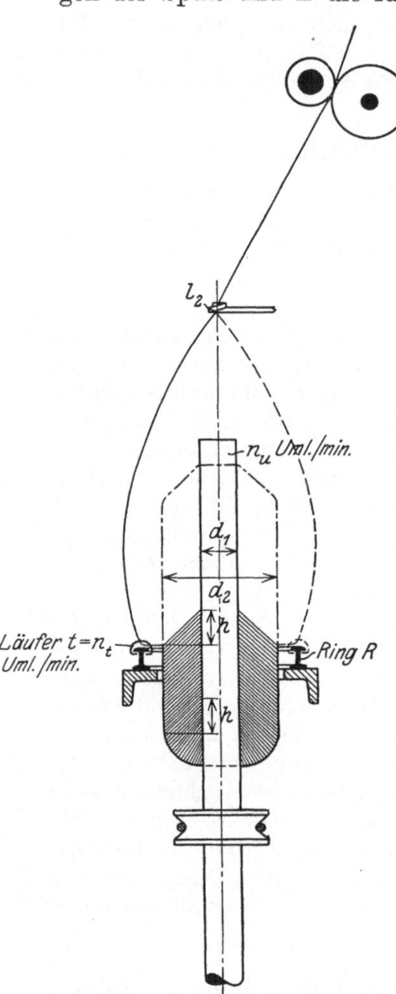

Abb. 523. Schematische Darstellung einer Ringspindel.

Dazu dient eine besondere Ringbankhubeinrichtung, bestehend aus verschiedenen Übertragungselementen (Kette, Übersetzungsstange, Umlaufscheibe) und einer gleichmäßig umlaufenden Formscheibe (Spinnherz). Dieses Hebungsherz ist hier so geformt, daß der Schwinghebel die Ringbank bei einem Ringbankspiel langsam aufwärts führt, dagegen etwa 3 mal so schnell abwärts senkt. Dadurch wird erreicht, daß beim langsamen Füllhub sich Windung eng an Windung legt, während durch das schnelle Senken Kreuzwindungslagen entstehen, welche die Füllungsschichten voneinander trennen, so daß ein leichtes Abwickeln gewährleistet ist. Bei jedem Niedergang des Schwinghebels wird durch einen Schaltmechanismus die Kettenrolle am Schwinghebel um einige Winkelgrade gedreht und dadurch das allmähliche Emporschalten der Ringbank bei jedem Ringbankspiel zustande gebracht. Weiterhin ist durch die Formgebung der Herzscheibe dafür Sorge getragen, daß bei Beginn der Windungen der Ringbankhub am kleinsten ist; er nimmt bei jeder Schicht und Emporschaltung etwas zu, so daß sich auf diese Weise ein Ansatz in Form eines Doppelkegels bildet, nach dessen Vollendung der Ringbankhub seinen größten Wert h (vgl. Abb. 523) erreicht hat. Indem von nun an h konstant bleibt, setzen sich bei der weiteren Höherschaltung der Ringbank die folgenden Garnschichten als Hohlkegel auf die obere Kegelfläche des Ansatzkegels, und es bildet sich der zylindrische Teil des Kopses, nach dessen Abschluß eine geringe Abnahme des Ringbankhubes eintritt, um eine gewisse Abstumpfung der Kopsspitze zu erreichen. Aus der Verschiedenheit der Aufwindungsdurchmesser d_1 und d_2

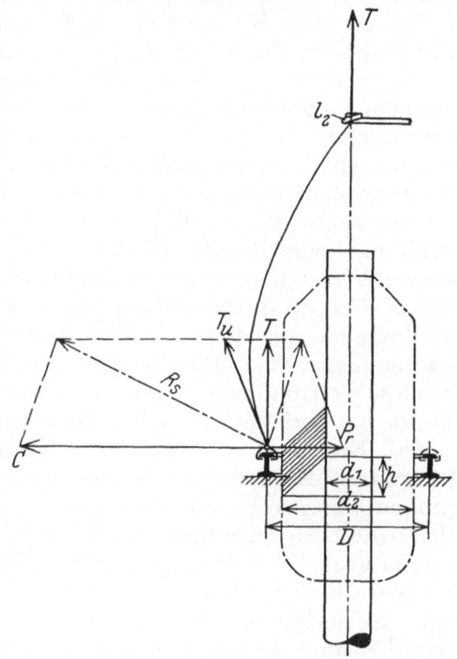

Abb. 524. Aufriß.

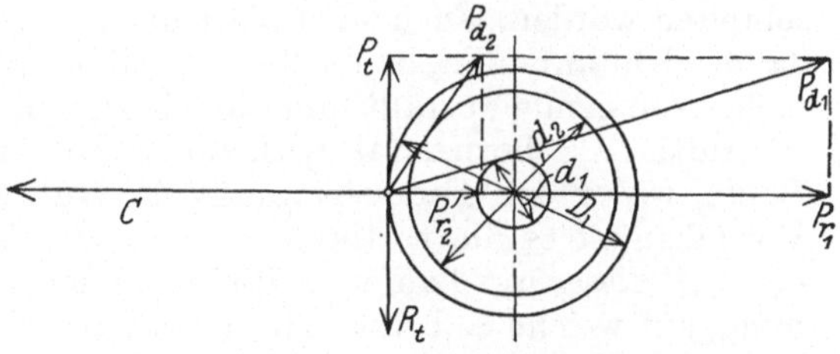

Abb. 525. Grundriß.

Abb. 524 und 525. Fadenspannungsverhältnisse bei der Ringspindel.

bei jedem Ringbankspiel geht nach dem obigen Aufwindegesetz hervor, daß, da die Spindel- (eigentlich Spulen-) Umdrehungen n_u, sowie die Lieferung L konstant sind, die Läuferumdrehungen n_t veränderlich sein müssen, und zwar ergibt sich für die Kegelbasis mit dem Aufwindungsdurchmesser d_2 $n_{t_2} = \text{max}$ und entsprechend für die Kegelspitze mit dem Aufwindungsdurchmesser d_1 $n_{t_1} = \text{min}$, d. h. der Läufer verringert seine Umlaufzahl im Verhältnis zur Abnahme des Windungsdurchmessers und umgekehrt. Nun wird aber die Drehung des Garnes bei konstanter Lieferung durch die Umlaufzahl des

Läufers (der an Stelle der Flügelspindel tritt) bestimmt, somit ist bei der Ringspinnmaschine streng genommen eine gleichbleibende Garndrehung nicht möglich. Allerdings ist der Fehler nicht bedeutend, wenn der Unterschied zwischen kleinstem und größtem Aufwindungsdurchmesser in bestimmten Grenzen bleibt, was aus den weiter unten angeführten Gründen angestrebt werden muß.

Weit bedeutungsvoller sind die aus der Verschiedenheit der Wicklungsdurchmesser resultierenden Unterschiede in den Spannungen des aufwindenden Fadenstückes, die bei jedem Ringbankspiel wechseln. Nimmt man unter Bezug auf Abb. 524, 525 an, daß die zur Überwindung der Ringreibung R_t tangential zur Läuferbahn wirkende Treibkraft P_t konstant ist, so zeigt die zeichnerische Darstellung ohne weiteres, daß die zur Erzeugung der tangentialen Komponente P_t im horizontalen Fadenstück erforderliche Kraft P_d je nach dem Bewicklungsdurchmesser verschieden ist. Für den kleinsten Durchmesser d_1 wird $P_{d_1} = \max$ und umgekehrt wird für den größten Durchmesser d_2 $P_{d_2} = \min$, d. h. die Aufwinde-Fadenspannungen verhalten sich umgekehrt wie die Bewicklungsdurchmesser. Weiterhin ist zu beachten, daß außer diesen beim Hauptspinnen während jedes Ringbankhubes periodisch wiederkehrenden Spannungsschwankungen Fadenspannungen zu Beginn der Ansatzbildung auftreten, die wesentlich höher sind, als die beim Hauptspinnen. Von einem Höchstwert am Anfang gehen sie allmählich mit steigender Ringbank auf die beim Hauptspinnen auftretenden Spannungen zurück. Die Ursache dieser Spannungserhöhung ist nach Lindner[1] darin zu suchen, daß beim Anspinnen zunächst während des ganzen Ringbankhubes nahezu nur auf den kleinsten Durchmesser, nämlich den der Hülse gewunden wird. Erst ganz allmählich wird der volle Kegelbasisdurchmesser erreicht. Die radiale Komponente P_r des horizontalen Fadenzuges erreicht beim Ansatzspinnen einen so hohen Wert, daß die nach außen wirkende Zentrifugalkraft C des Läufers so vermindert wird, daß der Fadenzug am Ballon in der Lage ist, den Läufer nach oben zu ziehen. Dadurch berührt nicht nur der innere, sondern auch der äußere Fuß des Läufers den Ring, was eine wesentliche Erhöhung der Reibung zur Folge hat. Aus obigen Darlegungen ergibt sich, daß bei der Ringspindel der kleinste Aufwindedurchmesser nie unter einen gewissen Betrag sinken darf, da sonst die Fadenspannkräfte bald die Reißfestigkeit des Garnes überschreiten würden. Auch wird die Ringspindel auf sehr kleine Durchmesser überhaupt nicht anlaufen, da die Tangentialkomponente der Aufwindefadenspannung nicht groß genug ausfällt, um die Ringreibung der Ruhe zu überwinden.

Außer der horizontal wirkenden Aufwindefadenspannung kommt der im Ballon wirkenden Fadenspannung T_u, vgl. Abb. 524, besondere Bedeutung zu. Vor allem ist es die vertikale, also parallel zur Spindelachse wirkende Komponente T dieser am Läufer in Richtung der Ballonlinie angreifenden Fadenspannung, auf welche es beim Spinnprozeß in erster Linie ankommt. Zwar ist sie infolge der Umlenkung nach P_d und der dadurch am Läufer hervorgerufenen Reibung kleiner als P_d, — das Verhältnis $\frac{P_d}{T}$ schwankt nach Versuchen von Brown, Boveri & Co. zwischen 1,75 und 2,2, — aber da sie in allen Punkten der Randlinie des Ballons in gleicher Größe wirkt, also auch am Fadenauge l_2, wo sich der Faden noch in schwachgedrehtem, also besonders gefährdetem Zustand befindet, verursacht sie die Mehrzahl aller Fadenbrüche. Diese axiale Fadenspannung ist von Oertel[2] an einem praktischen Beispiel für eine Baumwollringspindel für verschiedene Windungsdurchmesser berechnet worden. Er fand hierbei bestätigt, daß mit dem Aufsteigen der Ringbank die Läuferfliehkraft geringer wird, da der Läufer auf dem kleineren Windungsdurchmesser gegenüber der

---

[1] Leipz. Monatsschr. Textilind. 1910, H. 8, S. 213.　　[2] a. a. O.

Spindelumdrehungszahl mehr zurückbleibt als auf dem großen Windungsdurchmesser. Ebenso ist der Neigungswinkel der Fadenlinie im Läufer kleiner geworden, desgleichen auch die Gesamtresultierende R_s aller am Läufer angreifenden Kräfte. Dagegen ergab sich eine Zunahme der Aufwindefadenspannung P_d und vor allem der Axialspannung T; bei letzterer betrug die Zunahme in dem gewählten Beispiel nicht weniger als 45%. Die Veränderung der Fadenspannung im Ballon zeigt sich in dessen Ausladung. Bei größer werdenden Randspannungen, also beim Winden auf kleinen Durchmesser (Bildung der Kegelspitze des Kötzers) wird die Ballonausladung geringer, bei geringeren Spannungen, d. h. beim Winden auf großen Durchmesser (Windung der Kegelbasis) erhält der Ballon seine größte Ausbauchung. Diese Veränderung der Ballonform bei jedem Ringbankspiel tritt beim Spinnen durch die charakteristischen Ballonschwingungen deutlich in Erscheinung. Aus der Ballonform kann man direkt auf die Fadenspannungen schließen.

2. Die Ringspinnmaschine für Jute.

Aus den obigen theoretischen Erörterungen ersieht man, daß die Vorgänge bei der Ringspinnmaschine sehr verwickelter Natur sind. Um die Spannungsverhältnisse einigermaßen auszugleichen und die wirtschaftlichste Spindeldrehzahl zu erreichen, hat man im Laufe der Zeit teilweise sehr komplizierte Geschwindigkeitsregler eingebaut, die eine beinahe vollkommene Lösung der gestellten Aufgaben erbrachten. Daß derartige Einrichtungen für Jute-Ringspindeln nicht

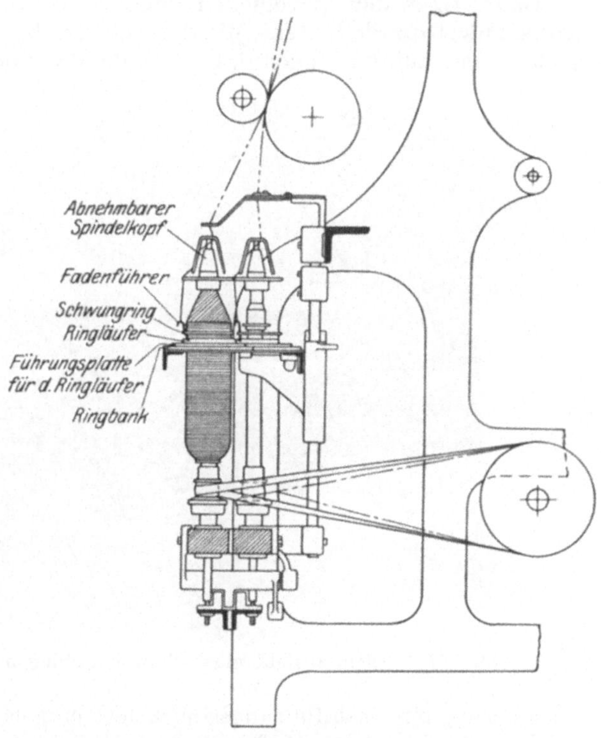

Abb. 526. Querschnitt durch eine Spinnmaschine mit Klötzer-Schwungringspindel.

in Frage kommen, verbietet nicht nur deren Kostspieligkeit, sondern auch die ungleichmäßigere und unreinere Beschaffenheit der hier in Frage kommenden Garne. Aus diesem Grund blieben den Jute-Ringspinnmaschinen eine Reihe von Mängeln anhaften, die deren allgemeiner Einführung in die Praxis im Wege standen.

Zwar gelang es, auf der Boydschen Kops-Spinnmaschine, deren Bau und Arbeitsweise der Baumwoll-Ringspinnmaschine am nächsten kommt, für die Weberei brauchbare Kopse direkt auf die Spindel zu spinnen, ohne daß ein Umspulen notwendig wurde. Doch waren die Kopse meist zu weich und unregelmäßig gewickelt, auch erreichte diese Maschine nicht die Leistungsfähigkeit gewöhnlicher Flügelspindeln. Weiterhin machten sich infolge der vermehrten Abnützung häufige Reparaturen notwendig, so daß sie sich nicht einbürgern konnte. Es erübrigt sich demnach eine eingehende Beschreibung.

Die **Klötzer-Schwungringspindel**, DRP. 330434, ging vor allem darauf hinaus, große Garnkörper in Form von Kopsen (in ihren ersten Anfängen auch in Kreuzspulform), also ohne Zuhilfenahme von Spulen oder Hülsen zu bilden, welche für die Weiterverwendung in der Schlichterei, Zwirnerei und Haspelei entweder gar nicht umgespult zu werden brauchten, oder beim Umspulen den Vorteil eines weit größeren Fassungsvermögens boten. Bei der in Abb. 526 im Querschnitt und in Abb. 527 in der Längsansicht dargestellten Klötzerspinnmaschine wird der Kötzer oder Kops ebenfalls durch eine schwingende Auf- und Abbewegung der Ringbank gebildet, jedoch nicht wie bei der Baumwoll-Ringspinnmaschine von unten nach oben, sondern von oben nach unten arbeitend.

Ganz wesentlich verschieden von der Baumwollringspindel ist die **Ringkonstruktion**. Sie besteht, wie die Abb. 528 bis 530 erkennen lassen, aus einer gußeisernen, auf die Ringbank geschraubten Grundplatte *1*, in deren ringförmiger

Abb. 527. Gesamtansicht einer Spinnmaschine mit Klötzer-Schwungringspindel.

Aussparung ein Stahlführungsring *2* fest eingelassen ist. In dieser Ringführung dreht sich ein zweiter Stahlring *3*, der mit einer an seine Innenfläche angelöteten Stahlblechmanschette einen ∟-förmigen Querschnitt bildet. An der Blechmanschette ist der bügelförmige Fadenführer *4* so befestigt, daß er sich entsprechend der Fadenspannung einstellen kann, während der mit ihm verbundene Drahtring *5* als Schwungring zum Massenausgleich dient. Um ein Herausspringen des Ringläufers *3* aus seiner Führung zu verhindern, sind an vier Stellen der Grundplatte *1* Haltebleche *6* aufgeschraubt, die nur beim Auswechseln der Laufringe und Führungsringe abgenommen werden. Die ganze Ringkonstruktion gestaltet sich, wie ersichtlich, viel kräftiger und stabiler als dies bei den einfachen Läufern der Baumwollringspindel der Fall ist, was bei der gröberen Beschaffenheit der Jutegarne und dem damit verbundenen stärkeren Verschleiß auch durchaus notwendig ist. Immerhin ist letzterer noch sehr bedeutend, und gerade der allzu große Verbrauch der Ringe hat sich als Hauptnachteil der Klötzerringspindel gezeigt. Daß auch die Reibungsverhältnisse der Ringe infolge der Verschmutzung ihrer Laufflächen durch Faserteilchen, Garnreste u. dgl., sowie durch wechselnde Schmierung steter Beeinflussung unterworfen sind, sei nur nebenbei erwähnt.

Durch die hohl ausgebildete, durch einen Wirtel mittels Band oder Schnur in üblicher Weise angetriebene Spindel ist eine Stange durchgeführt, auf welcher ein abnehmbarer, nach unten trichterförmig ausgebildeter, leicht drehbarer Spindelkopf mit einem auf seiner Spitze sitzenden Fadenführungsbügel angeordnet ist, vgl. Abb. 526. Während nun durch die auf und ab gehende Ringbank der Ansatzkegel oben auf der Spindel gebildet wird, senkt sich der so gebildete Kötzer durch die mit jedem Ringbankspiel einsetzende, die Dicke zweier Windungsschichten betragende Absenkung des Spindel- oder Abschubkopfes nach unten. Mit wachsender Längenzunahme des Kopses gleitet dieser demnach immer tiefer, bis er vollgesponnen unten an der Spindel dicht über dem Antriebswirtel angelangt ist. Auf diese Weise wird erreicht, daß, da die Ringbank außer ihrer zur Kegelbildung notwendigen Schwingbewegung ihre Höhenlage beibehält, das Spinnen des Kopses jeder Spindel unabhängig von den anderen Spindeln vor sich geht. Bemerkenswert ist bei dieser Konstruktion, daß durch die mehrmalige Umwicklung des Fadens um den Führungsflügel (vgl. Abb. 526) und die Reibung am Scheibenrand des Spindelkopfes eine bedeutende Verringerung der Spannung des oberen, noch in der Drehung begriffenen Fadenteils herbeigeführt wird, die das Spinnen schwächer gedrehter Garne ermöglicht. Bei der verhältnismäßig kurzen freien Fadenlänge kommt eine Ballonbildung kaum in Frage. Da der Abschubkopf und auch die Fadenöse jeder einzelnen Spindel für sich abgenommen, bzw. zurückgeklappt und außerdem jede Spindel durch eine Kniebremse einzeln abgebremst werden

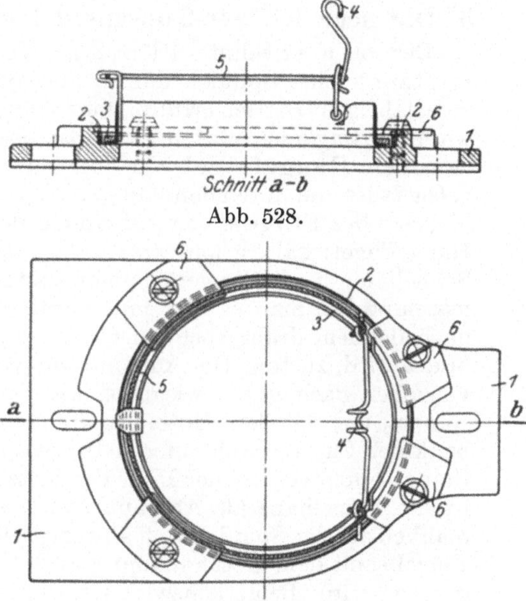

Abb. 528.

Abb. 529. Grundriß.

Abb. 530. Ansicht.

Abb. 528 bis 530. Führungsplatte mit Ringläufer und Schwungring zur Klötzer-Ringspinnmaschine.

den können, vgl. die lichtbildliche Darstellung Abb. 527, ist ein Abziehen der einzelnen Kopse nach Füllung ohne Stillsetzung der Maschine möglich. Da der beträchtliche Durchmesser der Kopse sowie der umgebenden Ringe eine größere Teilung beanspruchen, hat man die Spindeln in zwei gegeneinander versetzten Reihen wie bei der Vorspinnmaschine angeordnet. Man kann auf diese Weise auf der gleichen Maschinenlänge die gleiche Anzahl Spindeln unterbringen wie bei den gewöhnlichen Flügelspinnmaschinen, hat dagegen, wie oben schon angeführt, den Vorteil eines viel größeren Garnfassungsvermögens. Bei 95 mm Durchmesser und 350 mm Länge eines Kopses ergibt sich ein Garngewicht von etwa 850 bis 900 g, d. h. das 7- bis 8fache des Spuleninhalts bei den alten englischen Maschinen. Da jeder einzelne Kops nach seiner Füllung ohne Stillsetzen der Maschine und ohne Störung der benachbarten Spindeln abgezogen werden kann, entfällt somit auch die Notwendigkeit von Abschneidekolonnen ähnlich wie bei den oben geschilderten Maschinen mit automatischem Spulenwechsel.

3. Die neue Klötzer-Kopsspindel mit nachgeschlepptem Hängeflügel.

Der oben erwähnte frühzeitige Verschleiß der Schwungringe veranlaßte Klötzer, seine Spindel, die im übrigen die auf sie gestellten Erwartungen in mehrjährigem Betrieb erfüllte, umzubauen und die der starken Abnützung unterworfene Ringkonstruktion zu verlassen. An ihre Stelle tritt als drahtgebendes Organ ein Hängeflügel, der oben auf der rotierenden Spindel für sich drehbar gelagert ist und durch den Faden nachgeschleppt wird, so daß infolge des Zurückbleibens des Flügels das Aufwinden des Fadens auf die Spindel erfolgt. Dieser Hängeflügel ist also grundverschieden von den im vorigen Abschnitt beschriebenen Schnelläufern mit Hängeflügeln und toten Spindeln. Gleichwie bei der Ringspinnmaschine hat man es hier mit voreilender Spule (angetriebener Spindel) und nacheilendem drahtgebenden Organ, das in diesem Falle durch den Flügel gebildet wird, zu tun. Die Aufwindung des Garnes erfolgt wiederum in Kopsform von oben nach unten wickelnd wie bei der oben beschriebenen Schwungringspindel, nur mit dem Unterschied, daß statt der auf und ab beweglichen Ringbank der Flügel durch eine im Innern der hohlgebohrten Spindel durchgeführte Stange entsprechend der Höhe des Kötzerkegels auf und ab bewegt wird. Hierbei ist die Flügelnabe als Abschubkopf ausgebildet, der den wachsenden Kops allmählich auf der Spindel nach abwärts schiebt, bis er vollgesponnen ist, worauf der Flügel samt dem Abschubkopf von der Spindel abgenommen und der Kops abgezogen wird. Bemerkenswert ist, daß der Flügel mit einer Schnurbremse versehen ist, die eine individuelle Einregulierung der Fadenspannung ermöglicht. Allerdings lassen sich auch hier die periodisch bei jeder vertikalen Auf- und Abbewegung des Flügels entsprechend den verschiedenen Kopsdurchmessern auftretenden Fadenspannungsschwankungen nicht vermeiden. Man ist daher gezwungen, zur Ausgleichung die Bremsung auf einen mittleren Durchmesser einzustellen. Entsprechend den Aufwindumdrehungen bleibt der Flügel verhältnismäßig wenig gegenüber den Spindelumdrehungen zurück, wie aus folgendem Beispiel ersichtlich ist. Will man 3,6 m/g Schuß mit $0{,}7 \cdot \sqrt{3{,}6} = 1{,}33$ Drehungen/cm spinnen, und hält man eine Ablieferung des Verzugszylinders von 24 m/min für angemessen, dann muß der Flügel $n_i^* = 133 \cdot 24 = 3192$ Uml./min machen. Bei $d_1 = 3{,}2$ cm innerem und $d_2 = 9{,}6$ cm äußerem Kopsdurchmesser ergeben sich die Aufwindumdrehungen zu

$$n_{w_1} = \frac{L}{\pi \cdot d_1} = \frac{2400}{\pi \cdot 3{,}2} = \text{rd. } 240 \text{ Uml./min},$$

bzw.

$$n_{w_2} = \frac{L}{\pi \cdot d_2} = \frac{2400}{\pi \cdot 9{,}6} = 80 \text{ Uml./min}.$$

Demgemäß errechnen sich die Spindelumdrehungen zu

$$n_{u_1}^* = 3192 + 240 = 3432 \text{ Uml./min},$$

bzw.

$$n_{u_2} = 3192 + 80 = 3272 \text{ Uml./min}.$$

---

* Es sind, um die Analogie mit der Flügelspinnmaschine durchzuführen, die Flügelumdrehungen mit n_i und die Spindelumdrehungen (eigentlich Spulenumdrehungen) mit n_u bezeichnet.

Da eine mit dem Aufwindungsdurchmesser veränderliche Spindelumlaufzahl auf erhebliche konstruktive Schwierigkeiten stoßen würde, gibt man der Spindel eine konstante Umlaufzahl, in dem gewählten Beispiel also etwa das Mittel, $n_u = 3352$ Uml./min, und nimmt die wechselnde Umlaufzahl des Flügels und demgemäß die Verschiedenheit der Garndrehungen mit in Kauf. Der Unterschied ist allerdings nicht unwesentlich, denn es ergeben sich mit $n_u = 3352$ Uml./min die Flügelumläufe bei kleinem Windungsdurchmesser zu

$$n_{i_1} = 3352 - 240 = 3112,$$

bzw. die Garndrehungen zu

$$\frac{3112}{24} = 129{,}7 \text{ Drehungen/m},$$

während bei großem Aufwindedurchmesser sich die Flügelumlaufzahl zu

$$n_{i_2} = 3352 - 80 = 3272,$$

bzw. die Anzahl Drehungen zu:

$$\frac{3272}{24} = 136{,}3 \text{ Drehungen/m}$$

errechnen.

Die Schwankungen betragen also maximal 5%, sie sind also immerhin nicht unbeträchtlich, wenn man bedenkt, daß noch weitere Drehungsschwankungen zwischen den einzelnen Spindeln infolge verschieden gespannter Antriebsbänder erfahrungsgemäß auftreten.

Wie die obigen Zahlen weiterhin erkennen lassen, ist die relative Umlaufzahl des Flügels zur Spindel am Anfang der Kötzerbildung am größten, während sie ihren kleinsten Wert beim Winden der Kegelbasis erreicht. Da eine stetige Veränderung der Einstellung der Flügelbremse bei der periodischen Auf- und Abbewegung des Flügels bzw. beim Winden der Kegelschichten in der Praxis nicht möglich ist, muß man auch hier nach Einstellung einer mittleren Bremswirkung mit ver-

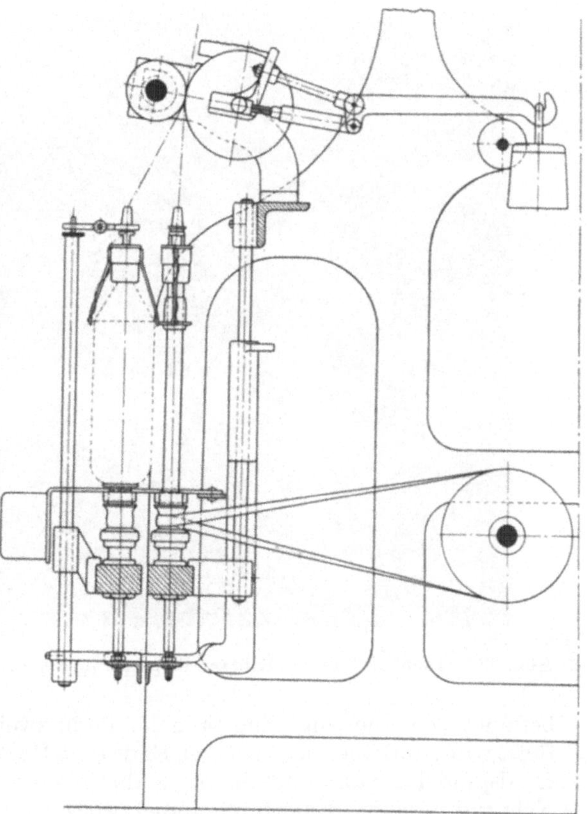

Abb. 531. Querschnitt einer Klötzer-Kopsspinnmaschine mit nachgeschleppten Hängeflügeln.

schiedenen Aufwindespannungen rechnen: Vermehrte Fadenspannung beim Winden auf kleinen Durchmesser (Kötzerspitze), geringere Spannung beim Winden auf großen Durchmesser (Kötzerbasis), ähnlich wie bei der Ringspindel. Dagegen hat man es durch die Bremse in der Hand, bei verschiedenen Garnnummern oder auch bei gewissen Ungleichmäßigkeiten des Garnes regulierend auf die durchschnittliche Fadenspannung jeder einzelnen Spindel einzuwirken. Auf jeden Fall hat man darauf zu achten, daß die Fadenspannung möglichst gleichmäßig und vor allem nicht zu niedrig ausfällt, da sonst die Garnkörper zu weich und zu wenig widerstandsfähig werden, um den Transport aushalten zu können.

Die allgemeine Anordnung der neuen Klötzerspindel mit nachgeschlepptem Hängeflügel zeigen die Abb. 531 u. 532, während die Abb. 533 bis 536 die Einzelheiten erkennen lassen. Die als lange Stahlhülse ausgebildete Spindel *1* ist mit ihrem unteren Ende mittels Linksgewinde mit dem Antriebswirtel *x* verschraubt. Sie umschließt eine zweite, ebenfalls hohle, aber feststehende Spindel *2*, deren unterer, in einen stärkeren Hals mit Bund auslaufender Teil *3* mittels Gewinde und Mutter in die an den Gestellwänden der Maschine befestigte Spindelbank eingesetzt ist. Das Tragrohr *2* nimmt gleichzeitig mit seinem unteren Teil das Kugellager *4* auf, das als Traglager für den Wirtel *x* und die Spindel *1* dient. In dem Tragrohr *2*

Abb. 532. Lichtbild einer Klötzer-Kopsspinnmaschine mit nachgeschleppten Hängeflügeln

befindet sich eine lange Zugstange *5*, die in zwei eingesetzten Rotgußbüchsen geführt wird, und über deren oberes Ende eine Hülse *6* geschoben ist, die genau in die Hohlspindel *1* paßt und dieser in ihrem oberen Teil nochmals eine zentrische Führung verleiht. Eine für Schmierzwecke durchbohrte Stiftschraube *7* sichert zwar die Lage des Teiles *6* auf der Stange *5* in axialer Richtung, gestattet aber im übrigen die freie Drehbarkeit gegenüber der Stange *5*. Eine kleine, in die Hohlspindel *1* eingenietete, nach innen vorstehende Gleitschiene *8* greift in eine entsprechende Längsnut *9* der Hülse ein und überträgt auf diese Weise die Drehbewegung der Hohlspindel *1* auch auf die Hülse *6*, während letztere gleichzeitig durch eine Auf- und Abbewegung der Stange *5* in der Hohlspindel *1* in axialer Richtung gleiten kann. Über das obere Ende der Hülse *6* ist ein zweiter Hohlkörper *10* geschoben und mit der Hülse *6* mittels Bajonettverschluß leicht abnehmbar verbunden. Auf den in einen durchbohrten Zapfen auslaufenden oberen Teil dieses Hohlkörpers ist ein ringförmiges Haltestück *11* warm aufgezogen, in welches unten der Abschubkopf *12* eingeschraubt ist, der mittels einer schmalen Gegenmutter *13* in seiner Höhenlage verstellt werden kann. Der obere Zapfen des Teiles *10* nimmt gleichzeitig das durch eine Schraubenmutter gehaltene doppelreihige Kugellager *14* für den Flügelträger *15* auf. Der in die Nabe des Flügelträgers mit Linksgewinde eingeschraubte, das Kugellager gegen Verschmutzung schützende Deckel *16* trägt an zwei Stegen die rillenförmige Bremsscheibe *17*, in welche auswechselbar der gehärtete Fadenführer *18* eingesetzt ist. Mit dieser sehr kompendiös gehaltenen Spindelkonstruktion ist man in der Lage, mit nur einem Exzenter, der auf die innere, gegen Drehung gesicherte Zugstange *5* wirkt, sowohl die Auf- und Abbewegung des Flügelkörpers *15* zur Bildung der kegelförmigen Kötzerschichten, wie auch das Abschieben des sich bildenden Garnkörpers durch die Abschubhaube *12* zu bewerkstelligen, wobei sich der Flügel auf dem mit der Spindel verbundenen Zapfen *10* mit der für die Aufwindung erforderlichen, verhältnismäßig sehr geringen relativen Umlaufzahl dreht. Da erfahrungsgemäß sich ein Abschieben des Kötzers beim direkten Winden auf die nackte Spindel nicht ermöglichen läßt, ist weiterhin auf der Hohlspindel *1* ein auf eine mehrfach geschlitzte Blechhülse aufgelöteter Teller *19* aus Rotguß verschiebbar angeordnet. Bei Beginn des Spinnens wird dieser Teller in seine höchste Stellung bis unter die Abschubhaube, wie in Abb. 533 und 534 strichpunktiert gezeichnet, geschoben. Der gegenüber der Spindel um einige Millimeter größere Durchmesser der Blechhülse und die konische Form des Tellerschaftes begünstigen bei Beginn des Spinnens die Bildung kegelförmiger Ansatzschichten, deren Innendurchmesser etwas größer als der Spindeldurchmesser ist, so daß sich der Kops nach Vollendung leicht von der Spindel lösen läßt. Das Anwinden auf die leere Tellerhülse wird durch einen schrägen Schlitz im Tellerrand erleichtert, in den ein gewöhnlicher Anspinnfaden eingehängt und mehrmals um die Tellerhülse herumgewickelt wird, um sodann, wie in Abb. 531 angedeutet, durch das Flügelauge hindurch um den Flügelkopf herum durch die Fadenführerhülse *18* geführt und mit dem vom Streckzylinder kommenden, in Drehung befindlichen Faserband vereinigt zu werden. Um zu ver-

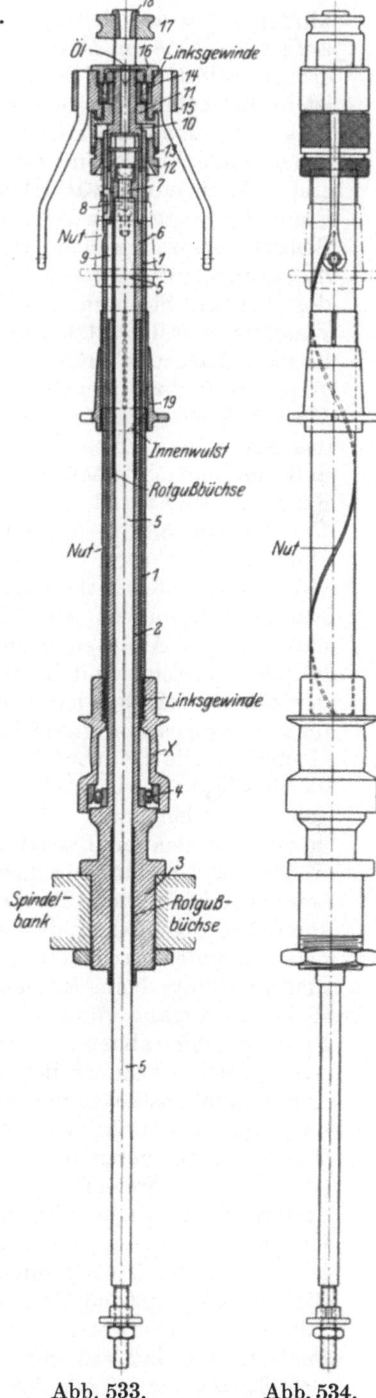

Abb. 533.
Längsschnitt.

Abb. 534.
Ansicht.

Abb. 533 bis 536. Einzelheiten zur Klötzer-Kopsspindel mit Hängeflügel.

hindern, daß der sich auf dem Ansatzteller bildende Garnkörper, der bei jeder aufgesetzten neuen Doppellage durch die Abschubhaube eine Abwärtsbewegung erfährt, selbsttätig infolge seines zunehmenden Eigengewichtes nach unten gleitet, ist in die Außenfläche der Hohlspindel *1* eine schraubenförmige, rechtsdrehende Nut von halbrundförmigem Querschnitt und hoher Steigung eingeschnitten, in welche ein entsprechend geformter Innenwulst in der Blechhülse des Ansatztellers eingreift. Da ein Abwärtsgleiten des Tellers auf die im Uhrzeigersinn angetriebene Spindel im entgegengesetzten Drehsinn einwirkt, ist demnach durch die Nut eine Selbsthemmung gegeben, welche das Abwärtsschieben des Tellers mit dem Kops nur zwangsläufig unter dem Druck der Abschubhaube gestattet. Nach Erreichung der tiefsten Stellung des Kopses wird die Spindel durch Betätigung einer Kniebremse stillgesetzt (vgl. auch Abb. 532), der ganze Flügelkopf mit Schnurbremse, Lagerung und Abschubhaube durch Lösen des Bajonettverschlusses vom Teil *6*, bzw. der Spindel abgehoben und der Kops unter gleichzeitigem Hochschieben des Ansatztellers abgezogen. Sowohl das Abziehen wie auch das Anspinnen eines neuen Kopses erfolgt demnach in kürzester Zeit, ohne daß die benachbarten Spindeln oder die ganze Maschine stillgesetzt werden müssen. Der Antrieb der in zwei Reihen versetzt angeordneten Spindeln erfolgt, wie die Abb. 531 u. 532 zeigen, durch Spindelbänder von einer gemeinsamen Trommel aus, von der aus auch die Auf- und Abbewegung der inneren Hubstange unter Zwischenschaltung von Schneckengetriebe, Winkelhebel und Exzenter vermittelt wird. Die Flügelschenkel, die wie bei jeder Flügelspinnmaschine der Abnutzung unterliegen, sind einzeln auswechselbar in den Flügelkörper eingesetzt und in der Anschaffung billig. Die Spinnerin bremst mittels der Schnur wie bei jeder anderen ihr vertrauten Flügelspindel individuell je nach Fadenspannung; sie kann sich demnach für jede Garnsorte und Nummer einstellen. Die Hauptvorteile dieser neuen Klötzerspindel liegen darin, daß sie gleich wie die oben beschriebene Ringspindel in jede vorhandene Maschine eingebaut werden kann, während die Anschaffungskosten weit unter denen aller bekannten neueren Bauarten liegen. Da sich bis jetzt die Einführung sehr bewährt hat, ist Klötzer dazu übergegangen, allmählich seine sämtlichen Ringspindeln auf die neue Bauart umzustellen. Die Vorteile der alten Schwungringspindel sind geblieben, dagegen ist durch Wegfall der Ringe die Lebensdauer der neuen Spindel wesentlich verlängert worden. Von einer Ringspinnmaschine kann man allerdings beim Hängeflügel nicht mehr sprechen, obwohl der Spinn- und Aufwindevorgang von ersterer kaum verschieden ist. Ob sich die neue Klötzer-Spinnmaschine allgemein einführen wird, muß noch abgewartet werden. Zweifellos wird mancher Spinnereileiter, besonders da, wo das Kapital für Aufstellung der teuren Neukonstruktionen nicht zur Verfügung steht, sich nicht die Gelegenheit entgehen lassen, seine alten Spinnmaschinen mit verhältnismäßig niederen Kosten umzubauen, zumal die Produktionserhöhung durch die neue Klötzerspinnmaschine im Vergleich zur alten Flügelspinnmaschine beachtlich ist. Sie erreicht zwar nicht die hohen Leistungen der oben geschilderten Spinnmaschinen mit hängenden Flügeln, doch kann man immerhin bei der Garnnummer 3,6 m/g Halbkette und bei 3400 minutlichen Spindelumläufen mit einer Produktion von 320 bis 330 g/Sp.h im Dauerbetrieb rechnen. Die Füllung eines 900 bis 1000 g schweren Garnkörpers beansprucht etwa 140 Minuten. Von besonderer Bedeutung ist, daß auf der gleichen Spindel und mit der gleichen Umlaufzahl Schußgarne bis 4,2 m/g bei $\alpha_{leas} = 1{,}48$ bis 1,55 ohne Schwierigkeit gesponnen werden konnten. Hervorzuheben sind noch die Ersparnisse durch den Wegfall des Umspulens der großen Kopse. Diese Ersparnisse werden allerdings etwas beeinträchtigt durch die vermehrte Arbeit an den Zwirn- und Schlichtmaschinen, die sich dadurch ergibt, daß die früher beim Spulen regelmäßig auftretenden Fadenbrüche sich nunmehr an den Zwirn- bzw. Schlichtmaschinen ereignen. Zieht man jedoch vor, die großen Kopse nach dem alten Verfahren auf der Kreuzspulmaschine umzuspulen, so ergibt sich infolge der großen Lauflänge der Vorteil einer mehrfach größeren Leistung der Spulerin.

Zum Schluß sei noch auf eine Kopsspindel mit nachgeschlepptem Hängeflügel hingewiesen, auf die vor kurzem Ewald Pferdekämper jr., Weida, unter Nr. 472898 ein Patent erhielt. Die in Abb. 537 schematisch dargestellte Spindel unterscheidet sich von der Klötzerspindel nur dadurch, daß der Flügel getrennt von der wiederum als Hohlspindel ausgebildeten Spindel in einem besonderen, entsprechend der Kötzerschichthöhe auf und ab bewegten Flügelträger gelagert ist, während für die Abschubbewegung des Kötzers auf der Hohlspindel eine von dieser auf Drehung mitgenommene Haube vorgesehen ist, die durch eine durch die Hohlspindel geführte und gegen Drehung gesicherte Zugstange auf und ab bewegt wird, wodurch der auf der Spindel sich bildende Garnkörper nach je zwei Flügelhüben allmählich abwärts gleitet. Bei der Pferdekämper-Spindel muß daher der Flügel die volle Umlaufzahl gegenüber seiner Lagerung machen im Gegensatz zur Klötzerspindel, bei der für die Lagerreibung des Flügels nur dessen relative Umlaufzahl gegenüber der Spindel in Frage kommt. Pferdekämper sieht auch keine Flügelbremse vor. Bei ihm wird die Aufwindespannung des Fadens lediglich durch den Luftwiderstand des aus Aluminium hergestellten, in doppelten Kugellagern leicht beweglichen Flügels erzeugt. Eine Ausgleichung der durch die verschiedenen Aufwindedurchmesser entstehenden Fadenspannungsschwankungen findet nicht statt. Für verschiedene Garnnummern sind Flügel von verschiedenem Gewicht vorgesehen. Wie die Abb. 537 weiterhin zeigt, verwendet Pferdekämper gleicherweise wie Klötzer einen auf der Spindel verschiebbaren Anwindeteller, jedoch glaubt ersterer, ohne die das selbsttätige Abgleiten verhindernde Nut in der Spindel auskommen zu können. Im übrigen ist die Arbeitsweise dieser Spindel die gleiche wie bei Klötzer, nur sind infolge der getrennten Lagerung des Flügels und der Abschubhaube zwei

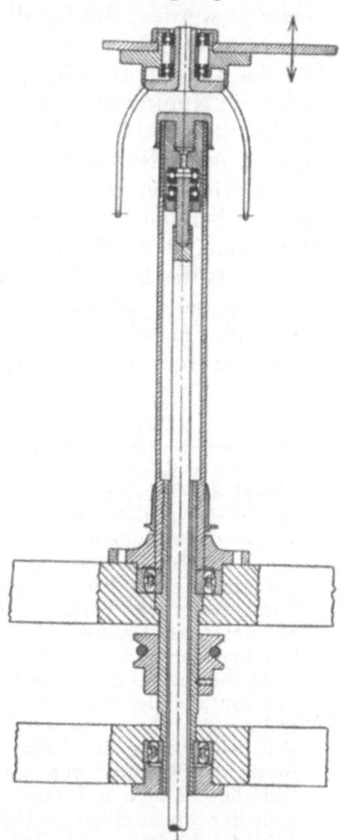

Abb. 537. Pferdekämper-Kopsspindel mit nachgeschlepptem Hängeflügel.

voneinander getrennte Exzenterbewegungen erforderlich. Inwieweit die Abänderung der Klötzerspindel durch Pferdekämper eine Verbesserung bedeutet, muß die Praxis noch erweisen. Bis jetzt laufen nur wenige Versuchsspindeln, so daß über ihre Bewährung und Aussichten außer rein theoretischen Erörterungen zur Zeit noch nichts gesagt werden kann.

C. Die Gillspinnmaschine.

Unter Gillspinnmaschinen (engl. „roving gill-spinning frame", oder kurz „gillspinner") versteht man Flügelspinnmaschinen, auf denen direkt aus Streckenbändern ohne Zwischenstufe des Vorgarnes Fertiggarne gesponnen werden. Diese

Maschinen besitzen stets ein nadelbesetztes Streckfeld (Gill-Streckwerk) wie bei Vorspinnmaschinen, was ihnen ihren Namen eingetragen hat. In der Jutespinnerei kommt fast ausschließlich die nach Art der Vorspinnmaschine gebaute, mechanisch betriebene Gillspinnmaschine vor, die also mit horizontalem Streckwerk, einer Doppelreihe von versetzt zueinanderstehenden, rädergetriebenen Spindeln, sowie mit gleichfalls durch Räder angetriebenen Spulen, deren Relativgeschwindigkeit zu den Spindeln in bekannter Weise durch ein Differentialtriebwerk geregelt wird, ausgerüstet ist. Es werden auf ihr sämtliche Grobgarne bis etwa 0,9 m/g gesponnen, sofern nicht die ganz groben Nummern, etwa unter 0,2 m/g auf Vorspinnmaschinen erzeugt werden, die für diesen Zweck nur mit den notwendigen Drehungsrädern ausgerüstet sein müssen. In selteneren Fällen werden auch noch Jutegarne über 0,9 bis 1,5 m/g auf Gillspinnmaschinen gesponnen, doch handelt es sich bei den feineren Nummern meist um eine bessere Garnqualität, während die meisten Jutegillgarne nur in C- und CS-Qualität gesponnen werden. Auch ist bei der Erzeugung der feineren Nummern zu beachten, daß die Produktion der Gillspinnmaschine ganz erheblich gegenüber der Feinspinnmaschine zurückbleibt, da naturgemäß der Gillspinner nicht die Spindelumlaufzahl erreichen kann wie die Feinspinnmaschine. Dagegen liefert der Gillspinner meist ein gleichmäßigeres und festeres Garn als die Feinspinnmaschine. Aus diesem Grunde kann man auch im allgemeinen beim Gillspinner im Qualitätsgrad der Fasermischung gegenüber der Feinspinnmaschine etwas zurückgehen. Je nach den auf der Maschine zu spinnenden Garnnummern werden Spulenabmessungen und Spindelzahl bestimmt. Am

Tabelle 91. Einzelheiten einer Gillspinnmaschine 9" × 4½".

Anzahl der Köpfe	10
Anzahl der Bänder je Kopf	8
Anzahl der Ablieferungen je Kopf	8
Anzahl der Spindeln je Maschine	80
Länge der Streckweite	11"
Durchmesser des Einzugszylinders	$1^{11}/_{16}''$
Durchmesser des Verzugszylinders	$2^1/_8''$
Art der Druckwalzen	Flachlederbelag
Durchmesser u. Breite der Druckwalzen	$6^7/_8'' \times 1\frac{1}{4}''$
Hubhöhe und Durchmesser der Spulen	$9'' \times 4\frac{1}{2}''$
Durchmesser der Schrauben	$1\frac{1}{2}''$
Teilung der oberen Schrauben (eingängig)	$\frac{1}{2}''$
Benadelte Breite der Gills	$2\frac{1}{4}''$
Breite der Konduktoren am Verzugszylinder	$^{13}/_{16}''$
Gillgröße: Länge × Breite × Stärke in mm	80 × 9 × 5
Zahl der Nadelreihen je Gill	2
Zahl der Nadeln einer Reihe auf 1 Zoll	9
Nadel-Nummer und Länge	Nr. 16 × 1"
Anzahl der Faller je Kopf	24
Anzahl der Faller je Maschine	240
Anzahl der Gills je Faller	8
Anzahl der Gills je Maschine	1920
Durchmesser und Breite der Antriebsscheiben	20" × 4"
Umlaufzahl der Antriebsscheiben	400 Uml./min.
Umlaufzahl der Spindeln	900—1100 Uml./min
Verzüge	4—10
Drehungen/Zoll	1,5—3 bzw. 0,75 bis 1,5, wenn man auf dem Gillspinner auch Vorgarn herstellen will, was bisweilen geschieht.
Garn-Nr.	0,3—0,9 m/g
Platzbedarf der Maschine: Länge × Breite	10,15 × 1,2 m

häufigsten kommt wohl die $9 \times 4\frac{1}{2}$ Zoll-Maschine vor, die heute meist mit 80, ja sogar mit 100 Spindeln ausgeführt wird. Für gröbere Garne geht man bis 10×5 Zoll und 10×6 Zoll mit 64 bis 80 Spindeln, während für die feineren Nummern die 8×4 Zoll-Maschine mit 80 bis 110 Spindeln in Frage kommt. Die kleineren Größen, wie z. B. $7 \times 3\frac{1}{2}$ Zoll und darunter werden für Jutegarne heute kaum noch verwendet. Entsprechend diesen Größen schwankt die Umlaufzahl der Spindeln von 700 bis 1200. Bei den hier in Frage kommenden scharfen Drehungen kann mit der Umlaufzahl bis an die durch die Widerstandsfähigkeit der Flügel und die Lagerung der Spindeln gezogene Grenze gegangen werden. Die übrige Bauart unterscheidet sich kaum von der Vorspinnmaschine, häufig werden sogar die gleichen Modelle verwendet, während die Benadelung im allgemeinen etwas feiner ist. Die Räderübersetzung von der Hauptwelle zum Verzugszylinder muß entsprechend geändert werden, um das für die schärfere Garndrehung erforderliche Verhältnis zwischen Spindelumlaufzahl und Abliefergeschwindigkeit des Verzugszylinders herauszubekommen. Um auch linksgedrehtes Garn spinnen zu können, ist im Getriebe ein Umschalt-Transporteur vorgesehen, und ebenso ist der konische Spindelkopf zur Aufnahme des Flügels mit doppelten Nuten für Links- und Rechtsgang versehen (vgl. S. 411). In vorstehender Tabelle 91 sind die wichtigsten Einzelheiten einer Gillspinnmaschine von $9 \times 4\frac{1}{2}$ Zoll Spulengröße und 80 Spindeln zusammengestellt, während die Tabelle 92 einen Spinnplan für die Garnnummer 0,6 C enthält.

Die Produktion einer Gillspinnmaschine hängt wie bei allen Spinnmaschinen von der Spindelzahl, Garn-Nummer und -Drehung sowie von der Spindelumlauf-

Tabelle 92. Spinnplan für 1er leas C-Garn (0,605 m/g = 165 g/100 m) auf Gillspinnmaschinen.

Materialmischung: 50% Jute-Wurzeln, 50% Stricke mit Fadenabfall.

	Einkarde	I. Strecke Pushbar	II. Strecke Eingangschrauben	Gillspinner Eingangschrauben
Uhrlänge . . . . m	7,28	—	—	—
Auflagegewicht . . . . kg	15	—	—	—
Gewicht für 1 m Einzug . . . . g	2060	58,4	56,0	13,9
Einlieferungsgeschwindigkeit . m/min	1,82	6,85	3,33	1,23
Ablieferungsgeschwindigkeit . m/min	64,2	28,55	26,75	10,6
Verzug	35,27	4,17	8,03	8,61
Gesamtverzug	35,27	147,1	1181	10 168
Anzahl der Maschinen je System . .	1	1	1	2
Kopfzahl je Maschine	—	2	3	10
Bänderzahl je Kopf	—	4	6	8
Bänderzahl der Einlieferung	—	8	18	80
Gesamteinzug . . . . m/min	1,82	54,8	59,94	$98,4 \times 2 = 196,8$
Bänderzahl der Ablieferung	1	2	9	80
Gesamtablieferung . . . . . m/min	64,2	57,1	240,75	$848,0 \times 2 = 1696$
Dopplung	—	4	2	1
Gesamtdopplung	—	4	8	8
Gewicht für 1 m Ablieferung . . g	58,4	56,0	13,9	1,61
Theoretische Produktion . . kg/h	225	192	201	$82 \times 2 = 164$
Ausnützungsgrad . . . . %	90	85	85	90
Tatsächliche Produktion . . . kg/h	203	163	171	$74 \times 2 = 148$
Minutl. Spindelumdrehungen	—	—	—	1053
Garndrehungen auf 1 m	—	—	—	99,3
Garndrehungen auf 1 Zoll	—	—	—	2,52
Drehungsgrad α_g	—	—	—	12,75
Drehungsgrad α_{leas}	—	—	—	2,55

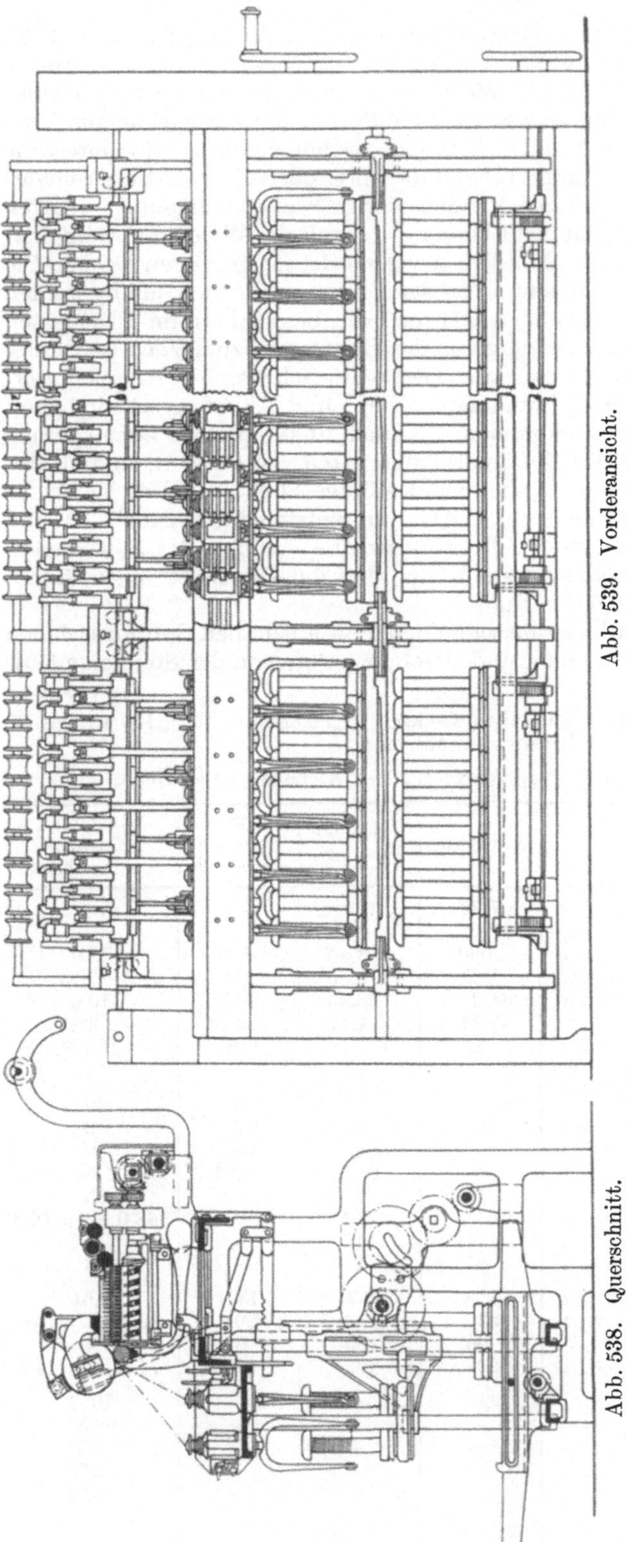

Abb. 539. Vorderansicht.

Abb. 538 und 539. Elektro-Gillspinnmaschine nach Dr. Schneider von C. Oswald Liebscher, Chemnitz.

Abb. 538. Querschnitt.

zahl ab. Da letztere aber bei dem bisher üblichen Räderantrieb und der ungünstigen Lagerung der schweren Spindel mit dem auf ihrer Spitze sitzenden Flügel über die oben angegebenen Zahlen nicht steigerungsfähig ist, so ist auch hier Dr. Schneider zum elektrischen Einzelantrieb der Flügel in gleicher Weise wie bei der Feinspinnmaschine übergegangen. Bei der Gillspinnmaschine hat man hierbei nicht nur den Vorteil, daß das die Spindelumlaufzahl beschränkende Rädergetriebe in Wegfall kommt, sondern durch Anwendung der Selbstbremsung der Spulen wird das ganze komplizierte Differentialtriebwerk für den zwangläufigen Spulenantrieb überflüssig. Dadurch, daß die eigene Reibung der Spule mit zunehmender Spulenfüllung für richtige und konstante Fadenspannung selbst zu sorgen hat, wird der den rädergetriebenen Gillspinnern anhaftende Mangel der ungleichen Fadenspannung, der bei der Differentialbremsung bei nicht sehr gleichmäßigem Garn sich stets mehr oder weniger bemerkbar macht, beim Elektro-Gillspinner beseitigt. Gegenüber den modernsten Rädertrieb-Gillspinnern kann durch den elektrischen Flügelantrieb die zulässige Flügelgeschwindigkeit mehr

als verdoppelt und demgemäß die Produktion erhöht werden. Allerdings muß hier
bemerkt werden, daß für Jute - Gillspinner die Ausnützung der Flügelgeschwindigkeit vor allem von der Beschaffenheit des zu verspinnenden Materiales abhängig
ist. Während bei Flachs und Hanf (Langfaser oder Werg) die elektrischen Gillspinner die mit dem Flügelmotor zu erreichenden höchsten Umlaufzahlen voll aus-
nutzen können (wodurch sich die infolge der bedeutenden Produktionssteigerung
überraschend schnelle Einführung der Elektro-Gillspinner bei diesen Faserstoffen
erklärt), ist es bis jetzt bei dem elektrischen Jute-Gillspinner nur bei den Versuchen
geblieben. Zwar haben letztere einwandfrei dargetan, daß das Spinnen von Jutegarn auf ElektroGillspinnern bei besseren Garnqualitäten durchaus möglich ist —
so ist es z. B. gelungen, noch Jutegarne der Nummer 1,2 m/g in S-Qualität auf
einem 8 × 4 Zoll-Gillspinner mit 2800 Flügelumdrehungen zu spinnen — doch
haben die außerordentlich hohen Anschaffungskosten der Elektro-Gillspinner, die

Abb. 540. Gesamtansicht eines Elektro-Gillspinners 8 × 4 Zoll, 96 Spindeln.
Von C. O. Liebscher, Chemnitz.

besonders nachteilig gegenüber dem verhältnismäßig niederen Preis der Jutegarne in die Wagschale fallen, bisher verhindert, diesen vom technischen Standpunkt aus vollkommensten Spinnmaschinen Eingang zu verschaffen. Angesichts
der bedeutenden Vorteile, die diese Maschine bietet, dürfte es jedoch nicht ausgeschlossen sein, daß sie, wenn sich vielleicht noch in der Zukunft eine Preissenkung dazu gesellt, auch in der Juteindustrie, und sei es nur für Spezialzwecke,
weitere Verbreitung findet. Eine allgemeine zeichnerische Darstellung eines
Elektro-Gillspinners ist in den Abb. 538 und 539 gegeben, während in Abb. 540
ein Elektro-Gillspinner 8 × 4 Zoll mit 12 Köpfen zu 8 Spindeln = 96 Spindeln,
deren Umlaufzahl sich bis 3500 Uml./min steigern läßt, im Lichtbild wiedergegeben ist. Diese Abbildungen, die eine Konstruktion der Maschinenfabrik
C. O. Liebscher, Chemnitz, veranschaulichen, während die elektrische Ausrüstung wiederum von den Siemens-Schuckert-Werken Berlin ausgeführt
wird, sowie die Einzeldarstellungen der Abb. 541 und 542 lassen insbesondere auch
den mechanischen Spulenwechsel erkennen, der im allgemeinen nach den gleichen
Grundsätzen wie bei den Feinspinnmaschinen ausgeführt ist, wobei selbstverständ-

lich infolge der zweireihigen Anordnung der Spulen und deren größeren Abmessungen die Wechselbänke und der ganze Bewegungsmechanismus schwerer ausfallen. Stellung *I*, Abb. 541 zeigt die auf die Auswechselbahn abgesenkten Bankplatten mit den vollen Spulen, die nach dem Absenken zusammen mit den dahintersitzenden Platten mit den leeren Spulen mittels der Schieber in die Abnahmestellung vorgeschoben wurden, während in Stellung *II*, Abb. 542, die leeren Spulen durch Anheben der Bankkonsolen bereits ihre Spinnstellung eingenommen haben, und eben das Anwinden durch kurzes Anlassen der Maschine begonnen hat.

Bei den neuesten Elektro-Gillspinnern wird das Streckfeld nicht mehr horizontal, sondern stark geneigt gelegt, um den gefährdeten, noch ungedrehten Teil des Faserbandes, welcher den Umfang des Verzugszylinders von der Einlauf- bis zur Ablaufstelle umfaßt, auf ein Mindestmaß zu verringern. Naturgemäß ist der Kraftverbrauch der Elektro-Gillspinner mit den selbstbremsenden Spulen erheblich größer als bei den mechanisch betriebenen Gillspinnern, bei denen die Bremsenergie von den rädergetriebenen Spulen über das Differentialtriebwerk wieder

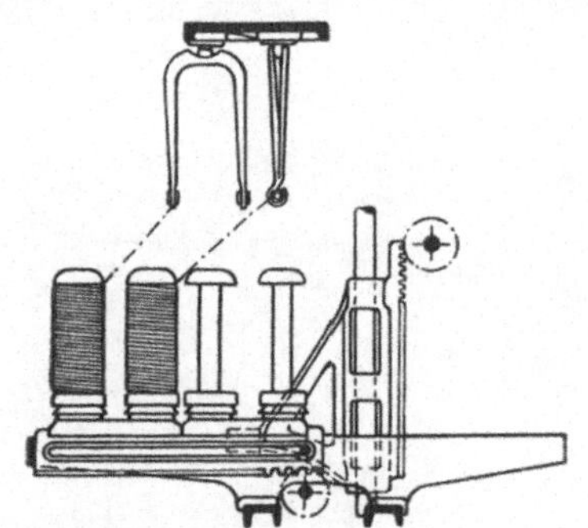

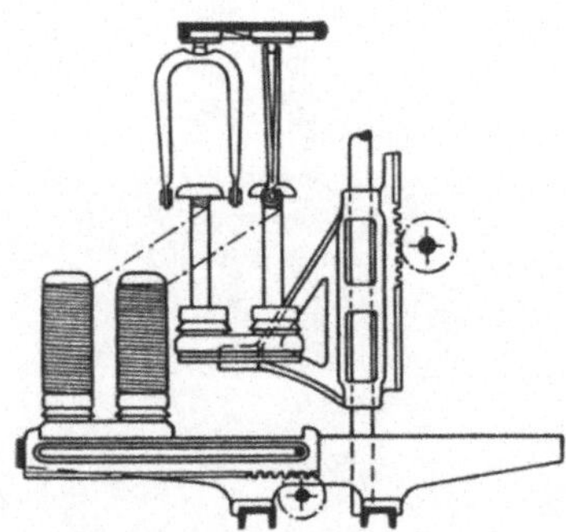

Abb. 541. Spulenwechsel Stellung I.   Abb. 542. Spulenwechsel Stellung II.

zurückgewonnen wird, während sie sich bei den selbstbremsenden Spulen in Wärme umsetzt. Doch wird dieses Mehr an Kraftverbrauch zu einem großen Teil durch die höhere Produktion und, wie oben schon erwähnt, durch die bessere Beschaffenheit des Garnes ausgeglichen. Auch beim Elektro-Gillspinner hat man ähnlich wie bei der Feinspinnmaschine versucht, eine Verbilligung der Maschine durch Einführung des mechanischen Flügelantriebs unter Beibehaltung des Hängeflügels und des mechanischen Spulenwechsels zu erzielen. Man kommt zwar nicht auf die mit Elektromotor zu erreichenden Flügeldrehzahlen und die sich hieraus ergebende größere Wirtschaftlichkeit, doch gestattet der meist durch Kegel- oder Schraubenräder bewerkstelligte mechanische Flügeltrieb (Mackie, Seydel) Umlaufzahlen, die über den bei den bisherigen Differential-Gillspinnern erreichten Drehzahlen liegen und die für das geringwertigere Jutematerial wohl auch genügend sein dürften. Es sind daher nach dieser Richtung hin für die Zukunft noch weitere Fortschritte zu erwarten.

D. Die Produktion der Feinspinnmaschinen.

Als Gradmesser für die Leistung einer Spinnerei wird in der Regel die auf die Spindelstunde als Einheit bezogene Lieferung der Feinspinnmaschine angegeben. Diese kann entweder durch das Gewicht oder durch die Länge des gesponnenen Garnes ausgedrückt werden. Im ersten Falle erhält man die Produktion in g/Sph, während nach der letzten Berechnungsweise die Lieferung in m/Sph, oder auch nach englischem Maßsystem in leas/Sph angegeben wird. Ist L_g die Produktion in g/Sph und N_m die metrische Durchschnittsnummer, so ergibt sich also die Produktion in metrischem Längenmaß

$$L_m = L_g \cdot N_m \text{ m/Sph} \tag{1}$$

oder in englischem Längenmaß

$$L_{\text{leas}} = \frac{L_g \cdot N_m}{300 \cdot 0{,}914} = \frac{L_g \cdot N_m}{274{,}2} \text{ leas/Sph} . \tag{2}$$

In ähnlicher Weise errechnet sich L_{leas}, wenn die stündliche Produktion einer Spindel in lbs/Sph, L_{lbs}, und die Garnnummer nach der schottischen Berechnungsweise in lbs/spindle, N_{lbs}, angegeben wird, zu:

$$L_{\text{leas}} = \frac{L_{\text{lbs}} \cdot 48}{N_{\text{lbs}}} . \tag{3}$$

Beträgt z. B. bei $N_m = 3{,}6$ m/g die stündliche Spindelproduktion $L_g = 300$ g/Sph, dann entspricht dies einer Lieferung von

$$L_m = 3{,}6 \cdot 300 = 1080 \text{ m/Sph}$$

oder von

$$L_{\text{leas}} = \frac{1080}{274{,}2} = 3{,}94 \text{ leas/Sph} .$$

Welcher Maßstab auch zugrunde gelegt werden mag, stets ergibt sich, daß bei Produktionsangaben nach Gewicht die groben Garnnummern die höchsten Zahlen liefern, während die feineren Nummern das Ergebnis verschlechtern, und umgekehrt erhält man unter Zugrundelegung der Längeneinheit für die feineren Nummern die höchsten Produktionszahlen, während bei groben Nummern geringere Leistungszahlen zu verzeichnen sind. Zweckmäßig gibt man daher beide Zahlen sowie die durchschnittliche Garnnummer an. Die Durchschnittsgarnnummer N_m einer Spinnerei errechnet sich durch Multiplikation der Kilogrammzahl jeder gesponnenen Garnnummer mit dieser Nummer und durch Teilung der Summe der einzelnen Produkte durch die Gesamtproduktion nach der Gleichung

$$N_m = \frac{N_{m_1} \cdot L_1 + N_{m_2} \cdot L_2 + \cdots}{L} , \tag{4}$$

wenn von den Garnnummern N_{m_1}, N_{m_2}, ... jeweils die Garnmengen L_1, L_2, ... kg gesponnen wurden und L die Gesamtproduktion ebenfalls in kg bedeutet.

Nun ist zwar die Durchschnittsnummer algebraisch richtig errechnet, doch ist ihre Anwendung zur Ermittlung der durchschnittlichen Spindelproduktion nicht ganz einwandfrei, da sie die verschiedene Garndrehung sowie die spinntechnischen Unterschiede, die sich beim Spinnen von verschiedenen Nummern auf Maschinen von verschiedener Spindelzahl, Teilung und Spulengröße und bei Verwendung verschiedenartigen Materiales naturgemäß ergeben, nicht berücksichtigt. Es hat nicht an Versuchen gefehlt, um diese Unzulänglichkeit in der Durchschnitts-Produktionsberechnung zu beseitigen. So führte Dr. Ing. B. Schoof in seiner Dr.-Dissertation[1] eine Normalnummer ein, auf welche unter Zuhilfenahme gewisser Reduktionsfaktoren die Gesamtproduktion der Spinnerei bezogen und darnach die stündliche Leistung einer Spindel in dieser Normalnummer errechnet wurde. Die Leistung einer Spinnerei sollte dadurch auf eine einheitliche Größe zurückgeführt werden, um einen Vergleich mit anderen Spinnereien zu ermöglichen. Als Ausgangsnummer wählte Schoof $N_{\text{leas}} = 3$ („weil ungefähr im Mittel der spinnfähigen Garne sich befindend") mit einer theoretischen stündlichen Spindelleistung von 900 g und ermittelte für alle in der Praxis vorkommenden

---

[1] Im Auszug in Meliands Textilberichten 1927, H. 3 wiedergegeben.

Spinnnummern oberhalb und unterhalb die günstigsten Spindelleistungen, wobei er absichtlich die günstigsten Verhältnisse, d. h., für jede Nummer „die günstigste Maschine, mit einer wirklich guten Spinnerin besetzt", wählte, um für die so geschaffenen Spitzenleistungen „der theoretischen Nummer möglichst nahe zu kommen". Durch Reduzierung der so festgestellten Gewichte auf die Normalnummer ergaben sich die Reduktionsfaktoren, wobei für den Übergang auf eine andere Garnqualität, z. B. bei den unteren Nummern von CS auf S, oder bei den oberen Nummern von SS auf S noch besondere Umwandlungsfaktoren aus Versuchen festgelegt wurden. Zusammenfassend erfolgte also die tägliche Errechnung der Spindelleistung in Normalnummern in der Weise, daß die Kilogrammzahl jeder gesponnenen Garnnummer mit dem zugehörigen Reduktionsfaktor multipliziert und die Summe dieser Produkte durch die Gesamtspindelstundenzahl dividiert wurde.

So erstrebenswert das von Schoof verfolgte Ziel war, so läßt sich doch nicht von der Hand weisen, daß seiner Methode eine gewisse Willkürlichkeit und Künstlichkeit anhaftet, die sich mit den Tatsachen der Praxis nicht vereinbaren läßt. Darauf wies insbesondere Ing. Rudolph hin, der zum Zwecke des Vergleichs der Spinnereileistung besondere Wertziffern[1] ermittelte, die, der theoretischen Spindelleistung gegenübergestellt, ein Maß für den Ausnützungsgrad der einzelnen Maschinen wie auch der ganzen Spinnerei ergaben.

Wie bei der Vorspinnmaschine besteht zwischen der Ablieferung des Verzugszylinders, der Spindelumlaufzahl und der Garndrehung, alles bezogen auf m und min, die Beziehung

$$L_m = \frac{n_i}{t_m}.$$

Mit $t_m = \alpha_m \cdot 100 \cdot \sqrt{N_m}$ erhält man als theoretische stündliche Spindelleistung

$$L_m = \frac{n_i \cdot 60}{\alpha_m \cdot \sqrt{N_m} \cdot 100} \tag{5}$$

oder, wenn die Lieferung in g ausgedrückt werden soll, mit $L_g = \frac{L_m}{N_m}$:

$$L_g = \frac{n_i \cdot 60}{\alpha_m \cdot N_m \cdot \sqrt{N_m} \cdot 100}. \tag{6}$$

Setzt man $\frac{n_i \cdot 60}{\alpha_m \cdot 100} = w = $ konstant (sofern die Annahme zulässig ist, daß n_i und α_m konstante Durchschnittsgrößen der ganzen Spinnerei sind), dann ergibt sich aus Gl. (5)

$$L_m = \frac{w}{\sqrt{N_m}}$$

und aus Gl. (6)

$$L_g = \frac{w}{N_m \sqrt{N_m}}.$$

Somit wird

$$w = L_m \cdot \sqrt{N_m} = L_g \cdot N_m \sqrt{N_m}. \tag{7}$$

Setzt man

$$L_m \cdot \sqrt{N_m} = w_1 \tag{8}$$

und

$$L_g \cdot N_m \sqrt{N_m} = w_2, \tag{9}$$

---

[1] Vgl. Rudolph, Hans: Wertziffern für Spinnerei- und Webereileistungen in der Juteindustrie. Leipz. Monatsschr. Textilind. 1926, H. 11; Erwiderung von Hummel, W.: Leipz. Monatsschr. Textilind. 1927, H. 4; Erwiderung von Rudolph: Leipz. Monatsschr. Textilind. 1927, H. 7.

dann sind die Ausdrücke für w_1 bzw. w_2 als Bewertungsziffern für die tatsächliche Spinnereileistung anzusehen, deren Verhältnis zum theoretischen Wert w den Nutzeffekt darstellt, mit welchem die Spinnerei gearbeitet hat. Erreichen w_1 bzw. w_2 den Wert w, dann beträgt der Ausnutzungsgrad der Spinnerei 100%, was, abgesehen von Fadenbrüchen und sonstigen Unterbrechungen, schon wegen der Abschneidestillstände unmöglich ist (vgl. S. 561).

Zur Ermittlung der theoretischen Wertziffer w der Spinnerei errechnet man die Durchschnittsumlaufzahl sämtlicher Spindeln aus

$$n_i = \frac{Z_{i_1} \cdot n_{i_1} + Z_{i_2} \cdot n_{i_2} + Z_{i_3} \cdot n_{i_3} + \cdots}{Z_i}, \tag{10}$$

worin Z_{i_1}, Z_{i_2}, $Z_{i_3} \ldots$ jeweils die Anzahl der Spindeln mit den Umlaufzahlen n_{i_1}, n_{i_2}, $n_{i_3} \ldots$ und Z_i die Gesamtspindelzahl bedeuten, sowie den durchschnittlichen Drehungskoeffizienten aus

$$\alpha_m = \frac{\alpha_{m_1} \cdot L_1 + \alpha_{m_2} \cdot L_2 + \alpha_{m_3} \cdot L_3 + \cdots}{L}, \tag{11}$$

worin L_1, L_2, $L_3 \ldots$ die in dem betreffenden Zeitabschnitt mit den Drehungskoeffizienten α_{m_1}, α_{m_2}, $\alpha_{m_3} \ldots$ gesponnenen Garnmengen und L die gesamte Garnproduktion bedeuten. Die praktische Wertziffer w_1 bzw. w_2 erhält man, indem man in üblicher Weise die Gesamtproduktion der Spinnerei durch die Gesamtspindelstundenzahl dividiert und die so in g/Sph errechnete Leistung gemäß Gl. (9) mit der Durchschnittsnummer und der Quadratwurzel aus der Durchschnittsnummer multipliziert, oder indem man die Durchschnittsleistung in m/Sph ausdrückt (nach Gl. (1) errechnet) und diese nach Gl. (8) mit der Quadratwurzel aus der Durchschnittsnummer multipliziert. Man erhält also auf diese Weise, wie schon bemerkt, Bewertungszahlen, denen als Wertmaßstab die theoretische Wertzahl w gegenübersteht, und die für jeden Zeitintervall sowohl für die ganze Spinnerei wie auch für eine einzelne Maschinengruppe (sofern während dieser Zeit sich die Verhältnisse nicht ändern), eine Beurteilung der Maschinenausnützung ermöglichen. Sollen jedoch, wie Rudolph es vorschlägt, die Bewertungszahlen auch zum Vergleich mit fremden Betrieben herangezogen werden, so müßte das Verhältnis $w = \dfrac{n_i \cdot 60}{\alpha_m \cdot 100}$ für alle Betriebe konstant sein. Das trifft jedoch in den seltensten Fällen zu, da es tatsächlich kaum zwei Spinnereien gibt, die unter den gleichen Verhältnissen arbeiten. Es sind in den meisten Fällen sowohl die durchschnittlichen Spindelumlaufzahlen wie auch die Durchschnittsdrehungen verschieden. Ein solcher Fall trifft z. B. ein, wenn außer den normalen, sich meist im gleichen Verhältnis verteilenden Weberei-Kett- und Schußgarnen erhebliche Mengen Verkaufsgarne für Spezialzwecke gearbeitet werden, die häufig schärfere Drehung verlangen, oder wenn Spinnereien mit älteren, langsam laufenden Spindeln gegenüber den modernen Schnelläufern in Vergleich treten.

Aus obigen Darlegungen geht hervor, daß weder die Normalnummer von Schoof, noch die Wertziffern von Rudolf einwandfreie Vergleichszahlen für verschieden gelagerte Spinnereien liefern können, weil derartige „absolute" Zahlen überhaupt nicht möglich sind. Vielmehr müssen bei einem Vergleich alle einschlägigen Verhältnisse in Betracht gezogen werden. Das hindert jedoch nicht, innerhalb eines einzelnen Betriebes, in welchem in bezug auf die spinn- und maschinentechnischen Verhältnisse eine gewisse Konstanz herrscht, derartige Vergleichszahlen und vor allem laufend den Ausnützungsgrad festzustellen, um so ein Urteil über die Wirtschaftlichkeit des Betriebes zu erlangen. Auch ist es zweifellos von Interesse, der Ursache der Verschiedenheit dieser Vergleichszahlen gegenüber anderen Betrieben nachzuforschen und den Einfluß der einzelnen

Faktoren zu erkennen. Daß die Wirtschaftlichkeit einer Spinnerei nicht allein von der Spindelleistung und dem Ausnützungsgrad der Maschinen, sondern auch von einer ganzen Reihe. anderer Faktoren, z. B. von der Rohstoffzusammensetzung und -ausnützung (schnellaufende Spindeln erfordern häufig bessere Mischung und Aufbereitung, also höhere Materialkosten und mehr Faserverluste), von den Arbeiterverhältnissen (Anzahl und Leistungsfähigkeit der Arbeiter, Lohnhöhe), von dem Kraftbedarf der Spinnmaschinen, von Amortisation und Verzinsung, Betriebsmaterialverbrauch und anderem abhängt, sei besonders hervorgehoben. Die höchst erreichbare Lieferungsgeschwindigkeit muß nicht unbedingt zugleich die wirtschaftlichste sein[1].

In den folgenden Tabelle 93 und 94 ist die Produktionsberechnung und die Ermittlung der Wertzahlen und des Ausnützungsgrades nach den oben beschriebenen Methoden an einem praktischen Beispiel durchgeführt, wobei man je nach Belieben die Aufstellung vereinfachen kann. Man wird sich meist damit begnügen, täglich nur L_g und N_m zu bestimmen und die übrigen Wertzahlen nur wöchentlich oder monatlich zusammenzustellen.

Tabelle 93. Errechnung der durchschnittlichen Spindelumlaufzahl.

Zahl der Spinnseiten	Maschinengröße	Spindelzahl z_i	Umlaufzahl n_i	$z_i \cdot n_i$
10	3¾ × 3¾″	800	3200	2 560 000
10	4 × 4″	740	2900	2 146 000
4	4¼ × 4¼″	288	2700	777 600
4	4¼ × 5⅛″ (Mackie)	400	3600	1 440 000
4	4½ × 4½″	264	2400	633 600
2	5 × 4½″	112	2100	235 200
2	5 × 6¼″	112	1600	179 200
36	Σ	2716		7 971 600

$$\text{Durchschnittsumlaufzahl } n_i = \frac{\Sigma\,(z_i \cdot n_i)}{\Sigma\,z_i} = \frac{7\,971\,600}{2716} = 2935.$$

Tabelle 94. Schema einer Tagesproduktionsberechnung. Arbeitszeit 9½ Std.

Garn-Nr. N_m	Qualität	Drehungskoeffizient α_m	Einzelgewichte L_{kg}	Gelaufene Spindeln	Stunden	Spindelstunden Sph	$L_{kg} \cdot N_m$	$L_{kg} \cdot \alpha_m$	Redukt. faktor nach Schoof R	$L_{kg} \cdot R$
3,6	S-Halbkette	0,85	3181	1076	9½	10 222	11 452	2704	2,433	7496
3,3	S-Kette	0,95	1266	400	9½	3800	4178	1203	2,181	2761
3,3	S-Schuß	0,7	1718	536	9½	5092	5669	1203	2,181	3747
3,1	S-Schuß	0,7	959	282	9½	2679	2973	671	1,992	1910
3,0	S-Schuß	0,7	522	310	4	1240	1566	365	1,929	1007
2,2	S-Schuß	0,7	519	112	9½	1064	1142	363	1,339	695
		Σ	8165	2716		24 097	26 980	6509		17 616

Hieraus berechnen sich:

$$\text{Durchschnittsnummer metrisch } N_m = \frac{\Sigma\,(L_{kg} \cdot N_m)}{\Sigma\,L_{kg}} = \frac{26\,980}{8165} = 3{,}30 \text{ m/g},$$

$$\text{Durchschnittsdrehungskoeffizient } \alpha_m = \frac{\Sigma\,(L_{kg} \cdot \alpha_m)}{\Sigma\,L_{kg}} = \frac{6509}{8165} = 0{,}80,$$

$$\text{Durchschnittsproduktion in g } L_g = \frac{\Sigma\,(L_{kg} \cdot 1000)}{\Sigma\,\text{Sph}} = \frac{8\,165\,000}{24\,097} = 339 \text{ g/Sph},$$

---

[1] Vgl. die Dr.-Dissertation von Franz Oertel: Kraftbedarf und Wirtschaftlichkeit bei Feinspinnmaschinen. Braunschweig 1911. Wenn auch die heutigen Verhältnisse, insbesondere in bezug auf Lohnhöhe, soziale Belastung, Kraftkosten, Zinshöhe, vielfach anders gelagert sind, verdient die angeführte Arbeit auch heute noch besondere Beachtung.

Durchschnittsproduktion bezogen auf Normalnummer

$$L_R = \frac{\Sigma\,(L_{\mathrm{kg}} \cdot R)\,1000}{\Sigma\,\mathrm{Sph}} = \frac{17\,616\,000}{24\,097} = 731\ \mathrm{g/Sph}\,,$$

Durchschnittsproduktion in m $L_m = L_g \cdot N_m = 339 \cdot 3{,}30 = 1119\ \mathrm{m/Sph}\,,$

Durchschnittsproduktion in leas $L_{\mathrm{leas}} = \dfrac{L_g \cdot N_m}{274{,}2} = \dfrac{1119}{274{,}2} = 4{,}08\ \mathrm{leas/Sph}\,,$

Theoretische Wertziffer $w = \dfrac{n_i \cdot 60}{\alpha_m \cdot 100} = \dfrac{2935 \cdot 60}{0{,}80 \cdot 100} = 2201\,,$

Praktische Wertziffer $w_1 = L_m \cdot \sqrt{N_m} = 1119\,\sqrt{3{,}30} = 2037\,,$

Ausnützungsgrad $\eta = \dfrac{w_1 \cdot 100}{w} = \dfrac{2037 \cdot 100}{2201} = 92{,}5\ \%\,.$

Außer diesen Produktionsberechnungen zur Beurteilung der Wirtschaftlichkeit der Spinnmaschinen sind die zur Aufstellung der **Lohnsätze** für die **Spinnerinnen** erforderlichen Berechnungen von Interesse. Fast allgemein ist es üblich, die Spinnerin nach dem Akkordsystem zu entlohnen, entsprechend der von ihr in einer bestimmten Zeit gesponnenen Garnmenge in kg. Der Lohnsatz ist so zu bemessen, daß bei mittlerer Arbeitsleistung die Spinnerin einen bestimmten Stundenverdienst erreicht. Dieser als **Akkordrichtsatz** A_r bezeichnete Verdienst ist meist durch tarifliche Regelung festgelegt und muß einen bestimmten Prozentsatz p über der Akkordbasis A_0 liegen, die in der Regel gleich dem tariflichen Mindestzeitlohn ist. Man hat also

$$A_r = A_0 + \frac{A_0 \cdot p}{100} = \frac{100\,A_0 + A_0 \cdot p}{100}\ \mathrm{Pfg/h}\,.$$

Um nun den **Akkordstücklohn** zu finden, d. h. den Akkordsatz für 1 kg gesponnenes Garn, hat man für die betreffende Garnsorte und Nummer, sowie die in Betracht kommende Maschinengattung die Spinnzeit für 1 kg Garn zu bestimmen. Ist L_g die stündliche Leistung einer Spindel in g, so ergibt sich, wenn z_i die Spindelzahl der von einer Spinnerin zu bedienenden Spinnseite beträgt, die Spinnzeit für 1 kg zu $\dfrac{1000}{L_g \cdot z_i}$ Stunden.

Somit erhält man als Spinnlohnsatz für 1 kg:

$$K = \frac{1000 \cdot A_r}{L_g \cdot z_i}\,.$$

Mit $L_g = \dfrac{n_i \cdot 60}{\alpha_m \cdot N_m \cdot \sqrt{N_m} \cdot 100}$ wird unter Berücksichtigung des Ausnützungsgrades η der Maschine

$$K = \frac{10\,000 \cdot \alpha_m \cdot N_m \cdot \sqrt{N_m} \cdot A_r}{6 \cdot n_i \cdot z_i \cdot \eta}\ \mathrm{Pfg}. \tag{12}$$

Der Ausnützungsgrad η der Maschine kann aus der Erfahrung gewählt werden, z. B. als Durchschnittswert aus längeren Betriebsbeobachtungen der betreffenden Maschinengattung gemäß $\eta = \dfrac{w_1}{w}$. Er wird bei der Akkordlohnberechnung verhältnismäßig niedrig angenommen, um gewisse Überverdienste über den Akkordrichtsatz noch mit einzuschließen, also etwa $\eta = 0{,}80$. Weiterhin ist bei der Akkordberechnung einer Spinnmaschine eine Reihe von Faktoren zu berücksichtigen, die das Produktionsergebnis im Vergleich zu anderen Maschinen beeinträchtigen können und die in obiger Formel noch nicht erfaßt sind. Z. B. ist es nicht gleichgültig, ob unter sonst gleichen Verhältnissen auf der Maschine SS-, S- oder C-Garn gesponnen wird. Wird der Akkordsatz auf Grund der SS-Qualität festgelegt, dann muß mit abfallender Qualität ein bestimmter Zuschlag gemacht werden, man fügt deshalb obiger Formel noch einen Faktor φ_Q als „Qualitätskonstante" bei, z. B. mit der Maßgabe $\varphi_Q = 1{,}00$ für SS, $\varphi_Q = 1{,}04$ für S, $\varphi_Q = 1{,}11$ für CS und $\varphi_Q = 1{,}14$ für C, wobei naturgemäß diese Abstufungen nach den Erfahrungen der Praxis und der Materialzusammensetzung wechseln können. In ähnlicher Weise ist dem Umstande Rechnung zu tragen, daß Garne mit loser Drehung sich verhältnismäßig schwerer spinnen lassen als solche mit festerer Drehung. Man berücksichtigt diesen Einfluß durch einen Faktor φ_D, der etwa für $\alpha_m = 0{,}5$ mit $1{,}00$ und für $\alpha_m = 1{,}25$ mit $0{,}8327$ zu bewerten ist. Auch hier ist man nur auf Schätzungswerte der Praxis angewiesen. Weiterhin ist noch die Garnnummer zu berücksichtigen, deren Größe unter sonst gleichbleibenden Verhältnissen ebenfalls einen bestimmten Einfluß auf die Spinnfähigkeit hat. Gröbere Nummern lassen sich leichter spinnen als feinere Nummern. Dagegen bedingen grobe Nummern bei Benutzung derselben Spulengröße infolge der geringeren Faserdichte mehr Abzugsstillstände als feine Nummern. Beiden Einflüssen wird durch Hinzufügung einer „Nummernkonstante" φ_N Rechnung getragen, deren Größe für $0{,}1$ m/g mit $1{,}00$, für $3{,}6$ m/g mit $0{,}8663$, für 6 m/g mit $0{,}8488$ bemessen werden möge. Endlich ist noch die Spulengröße durch eine besondere Konstante, die „Spulenkonstante" φ_u, zu berücksichtigen, da das Spulenfassungsvermögen beim Spinnen gleicher Garnnummern bei gleicher Drehung usw. von direktem Einfluß auf die Abzugsstillstände ist. Bekanntlich bestimmt sich die Lauflänge einer Spule in m aus dem Produkt des Spulengewichtes in g und der metrischen Garnnummer nach

$$L_s = G_s \cdot N_m ,$$

worin das Spulengewicht aus

$$G_s = \frac{\pi}{4} \cdot (d_2^2 - d_1^2) \cdot h \cdot \gamma$$

ermittelt wird.

Hierin ist d_1 der innere, d_2 der äußere Spulendurchmesser, h der Spulenhub und $\gamma = 0{,}55$ g/cm³ das spezifische Gewicht des Garnkörpers.

Entsprechend den auf diese Weise ermittelten Lauflängen L_s entnimmt man die Spulenkonstante φ_u einer Tabelle, die nach der Erfahrung zusammengestellt wird. Wird z. B. für $L_s = 1000$ m $\varphi_u = 1{,}00$ gesetzt, so entspricht dem Wert $L_s = 500$ (die Garn-Nummer $4{,}2$ m/g und eine $3\frac{3}{4}''$-Spule von 120 g Inhalt ergeben z. B. $L_s = 504$) die Konstante $\varphi_u = 0{,}935$. Da φ_u für Lauflängen unter 1000 m kleiner als 1 wird, ist diese Konstante in Gl. (12) in den Nenner zu setzen. Gl. (12) geht somit über in:

$$K = \frac{10000 \cdot \alpha_m \cdot N_m \cdot \sqrt{N_m} \cdot \varphi_N \cdot \varphi_D \cdot \varphi_Q}{6 \cdot n_i \cdot z_i \cdot \eta \cdot \varphi_u} \cdot A_r \; \text{Pfg.} \tag{13}$$

Auf Grund dieser Gleichung errechnet sich z. B. der Spinnlohnsatz für Garnnummer $3{,}6$ m/g S-Kette mit $\alpha_m = 0{,}85$, gesponnen auf einer 80 spindligen Maschine $3\frac{3}{4}'' \times 3\frac{3}{4}''$ mit $n_i = 3300$ Uml./min, 120 g Spuleninhalt auf Grund eines Akkordrichtsatzes von 50 Pfg. zu:

$$K = \frac{10000 \cdot 0{,}85 \cdot 3{,}6 \cdot \sqrt{3{,}6} \cdot 0{,}8663 \cdot 0{,}8995 \cdot 1{,}04}{6 \cdot 3300 \cdot 80 \cdot 0{,}80 \cdot 0{,}935} \cdot 50 = 1{,}99 \; \text{Pfg/kg} .$$

Die Spinndauer eines Abzuges läßt sich aus obigen Gleichungen oder auch direkt, wie bei der Vorspinnmaschine, ableiten.

Mit $L_s = G_s \cdot N_m$, $T = \dfrac{L_s}{L}$, $L = \dfrac{n_i}{t_m} = \dfrac{n_i}{100 \cdot \alpha_m \cdot \sqrt{N_m}}$ wird

$$T = \frac{100 \cdot G_s \cdot N_m \cdot \sqrt{N_m} \cdot \alpha_m}{n_i} \; \text{min} . \tag{14}$$

Hiernach errechnet sich z. B. für Kettgarn Nr. 3,6 m/g mit $\alpha_m = 0,85$, $n_i = 3300$ Spindelumläufen und einem Spulengewicht $G_s = 120$ g:

$$T = \frac{100 \cdot 120 \cdot 3,6 \cdot \sqrt{3,6} \cdot 0,85}{3300} = 21,14 \text{ min}.$$

Rechnet man für einen Spulenwechsel eine Minute, dann macht die Maschine, falls nicht andere Stillstände eintreten, in 9 Stunden = 540 min:

$$\frac{540}{22,14} = 24,39 \text{ Abzüge}.$$

Diesen entspricht bei 80 Spindeln und stets gleich vollen Abzügen eine Produktion von $24,39 \cdot 80 \cdot 0,120 = 234,14$ kg, während ohne Abzugsstillstände sich $\frac{540}{21,14} = 25,54$ Abzüge mit zusammen 245,18 kg ergeben würden. Der Verlust beträgt somit 11 kg, also mehr als ein Abzug oder rund 4½%.

Bei einem Spuleninhalt $G_s = 220$ g (z. B. wie bei den modernen Maschinen mit Hängeflügel) erhält man unter sonst gleichen Verhältnissen $T = 38,76$ min. Somit ergeben sich $\frac{540}{39,76} = 13,6$ Abzüge mit $13,6 \cdot 80 \cdot 0,22 =$ rund 239,4 kg gegen theoretisch 13,93 Abzüge mit $13,93 \cdot 80 \cdot 0,22 = 245,2$ kg. Der Verlust beträgt demnach nur noch 5,8 kg oder rund 2,4%.

Verringert sich auch noch die Abzugszeit auf die Hälfte, also auf ½ min, dann geht der Abzugsverlust nach obigen Berechnungen bis auf 1,23% zurück. Steigt die Spindelumlaufzahl, dann verringert sich gemäß Gl. (14) die Spinndauer eines Abzuges, d. h. die Zahl der Abzüge vermehrt sich, und demzufolge wird auch der Verlust durch Abzugsstillstände bei sonst gleichbleibenden Verhältnissen größer. Erhöhung der Spindelumlaufzahl hat also zwar eine Produktionserhöhung, aber eine Verringerung des Ausnützungsgrades der Spinnmaschine zur Folge, wenn nicht gleichzeitig durch besondere Maßnahmen, wie z. B. Mechanisierung des Spulenwechsels, die Abzugszeit verringert oder durch Vergrößerung des Spulenfassungsvermögens die Zahl der Abzüge beschränkt wird.

Zusammenfassend sind in Tab. 95 für die meist vorkommenden Spinnmaschinengrößen und Bauarten, für verschiedene Garnnummern und Drehungen die Produktionszahlen sowohl theoretisch nach den angegebenen Daten errechnet, wie auch entsprechend den tatsächlichen Ergebnissen auf Grund durchschnittlicher Verhältnisse zusammengestellt. Diese Zahlen erheben keinen Anspruch auf allgemeine Gültigkeit, sondern sollen nur als Anhalt dienen. Sie sind auf Grund der genauen theoretischen Garnnummer festgestellt. Im praktischen Betrieb werden jedoch, wie oben schon erwähnt, meist sog. Spinngewichte gesponnen, die 2 bis 6% über den der genauen Garnnummer entsprechenden Garngewichten liegen. Aus diesem Grunde findet man häufig in der Praxis höhere Ausnützungsgrade als den in der Tab. 95 angegebenen Zahlenwerten entspricht. Es empfiehlt sich, bei Produktionsangaben nachzuprüfen, ob die angegebenen Zahlen nicht die theoretisch überhaupt mögliche Lieferung übersteigen. Hierbei wird man häufig feststellen, daß sich Ausnützungsgrade weit über 100% ergeben, was nur auf zu schweres Spinnen zurückzuführen ist. Derartige irreführende Produktionsergebnisse sind natürlich nicht geeignet, als Unterlagen für irgendwelche Rentabilitätsberechnungen oder für Vergleiche mit anderen Spinnmaschinenarten zu dienen, wie es bisweilen geschieht.

E. Instandhaltung und Betrieb der Feinspinnmaschinen.

Allgemein gilt für die Produktion der Feinspinnmaschinen das gleiche wie bei der Vorspinnmaschine und den übrigen Vorbereitungsmaschinen: Eine dauernd gute Produktion — also nicht vereinzelte, nur vorübergehende Spitzenleistung —

Tabelle 95. Produktion von Feinspinnmaschinen.

Maschinen-Art	Ab-messungen	Spindelzahl einer Seite z_i	Spindel-umläufe n_i	Garn-Nummer N_m	Garn-Drehungs-koeffizent α_m	Umfangsge-schwindigkeit des Verzugs-zylinders m/min	Stündliche Spindel-leistung m/Sph	Mittlerer Spuleninhalt g	Nettogewicht eines Abzuges kg	Zahl der Abzüge in 9 Std.	Gesamt-produktion in 9 Std. kg	g/Sph	m/Sph	leas/Sph	Ausnützungs-grad %
Gewöhnliche Gleit-	3¾ × 3¾″	74	2800	4,2 S	0,7	19,1	1146	125	9,25	17	157	236	991	3,61	86,5
lagerspindel . . .	3¾ × 3¾″	74	2800	3,6 S	0,7	21,0	1260	125	9,25	22	204	306	1102	4,02	87,5
Kugellagerspindel . . .	3¾ × 3¾″	80	3000	3,6 S	0,85	18,6	1116	125	10,0	20	200	278	1000	3,65	90
Patentspindel Seydel .	3¾ × 3¾″	80	3300	3,6 S	0,85	20,4	1224	125	10,0	22	220	305,5	1100	4,01	90
Bergmannspindel . .	3¾ × 3¾″	80	3200	3,6 S	0,7	24,1	1446	125	10,0	26	260	361	1300	4,74	90
	3¾ × 3¾″	88	3600	3,6 S	0,85	22,3	1338	125	11,0	24	264	333	1200	4,38	90
Patentspindel Seydel .	4 × 4″	74	3000	3,6 S	0,7	22,6	1356	160	11,84	19	225	338	1217	4,44	90
Hängeflügel Seydel . .	4¼ × 5″	100	3200	3,6 S	0,7	24,1	1446	210	21,0	16	336	373	1343	4,90	93
Schneider-Mackie . . .	4¼ × 5¹/₈″	100	3750	3,6 S	0,85	23,2	1392	230	23,0	14	322	358	1289	4,70	92,5
Gleitlagerspindel . . .	4¼ × 4¼″	72	2500	3,3 S	0,7	19,6	1176	180	12,96	16	207	319	1053	3,84	89,5
Patentspindel Seydel .	4 × 4″	74	3200	3,3 S	0,85	20,7	1242	160	11,84	19	225	338	1115	4,07	90
Dr. Schneider-Elektro-	4¼ × 4¾″	84	3800	3,3 S	0,85	24,6	1476	210	17,64	18	318	420	1386	5,05	94
Spindel	4¼ × 4¾″	84	4000	3,15 S	0,85	26,5	1590	210	17,64	20	353	467	1471	5,36	92,5
Gleitlagerspindel . . .	4¼ × 4¼″	72	2500	3,0 S	0,7	20,6	1236	180	12,96	18	233	360	1080	3,94	87,5
	4¼ × 4¼″	72	2800	3,0 S	0,7	23,1	1386	180	12,96	20	259	400	1200	4,38	86,5
Patentspindel Seydel	4¼ × 4¼″	72	2800	3,0 S	0,85	19,0	1140	180	12,96	17	220	340	1020	3,72	89,5
Bergmannspindel . .	4¼ × 4¼″	72	2600	2,7 S	0,7	22,7	1362	180	12,96	22	285	440	1188	4,33	87,0
	4¼ × 4¼″	72	2800	2,7 S	0,85	20,1	1206	180	12,96	20	259	400	1080	3,94	89,5
Gleitlagerspindel . .	4¼ × 4¼″	72	2300	2,4 S	0,7	21,2	1272	180	12,96	23	298	460	1104	4,03	87
Patentspindel Seydel,	4¼ × 4¼″	72	2500	2,4 S	0,7	23,0	1380	180	12,96	25	324	500	1200	4,38	87
Bergmannspindel .	4¼ × 4¼″	72	2700	2,4 S	0,85	20,5	1230	180	12,96	22	285	440	1056	3,85	86
Gleitlagerspindel . . .	4½ × 4½″	66	2150	2,1 S	0,7	21,2	1272	220	14,52	21	305	514	1079	3,94	85
Patentspindel Seydel,	4½ × 4½″	66	2400	2,1 S	0,7	23,7	1422	220	14,52	24	348	586	1231	4,49	86,5
Bergmannspindel .	4½ × 4½″	66	2700	2,1 S	0,85	21,9	1314	220	14,52	22	319	537	1128	4,11	86
	4½ × 4½″	66	2000	1,8 S	0,7	21,3	1278	220	14,52	25	363	611	1100	4,01	86
	5 × 5″	60	1600	1,5 CS	0,7	18,7	1122	310	18,6	19	353	654	981	3,58	87
Gleitlagerspindel . .	5 × 6″	56	1400	1,2 C	0,85	15,0	900	360	20,16	16	323	641	768	2,80	85
	5 × 6″ u. 6 × 6″	54	1200	0,9 C	0,85	14,9	894	400	21,6	19	410	844	760	2,77	85

ist nur zu erzielen, wenn neben größter Sauberkeit und Pünktlichkeit in der Spinnerei stets auf einwandfreie Beschaffenheit der Spinnstühle mit allen ihren der Abnützung besonders unterworfenen Teilen geachtet wird. Jede Nachlässigkeit in dieser Beziehung rächt sich über kurz oder lang, denn meist pflegen nach einer gewissen Zeit die Folgen einer ganzen Anzahl kleiner Fehler zusammenzukommen, so daß es dann, wenn es in der Spinnerei „schlecht läuft", schwierig ist, sofort die Fehlerquellen aufzufinden und zu beseitigen. Vor allem sind es die Spindeln und Flügel, welche dauernder sorgfältiger Kontrolle zu unterwerfen sind. Schlagende oder schief stehende Spindeln, schlechte Lagerung, schlecht sitzende Flügel mit eingeschnittenen Armen und Fadenösen dürfen nicht geduldet werden. Zahlreiche Fadenbrüche, Verminderung der Umlaufzahl sind bald die Folge derartigen Verschleißes. Bei der Reparatur schadhafter Flügel durch Anschweißen von Armen muß vor allem darauf geachtet werden, daß die gleichmäßige Gewichtsverteilung nicht gestört wird. Besonders bei schnellaufenden Maschinen können mangelhaft ausbalancierte Flügel unruhigen Gang und starke Vibrationen der ganzen Maschine hervorrufen. Ebensowenig dürfen fehlerhafte, an Kopf und Fuß ausgebrochene Spulen beibehalten werden. Spulenbank und Spindeln müssen so ausgerichtet sein, daß bei richtig eingestellter Hebung sämtliche Spulen von unten bis oben gleichmäßig vollgesponnen werden; ein Überspinnen der Spulenköpfe oder Füße darf nicht vorkommen. Weit mehr als bei der Vorspinnmaschine wirkt ein stark abgenutzter Verzugszylinder nachteilig auf den Spinnprozeß ein. Trotz der an allen neueren Maschinen eingebauten Zylinderbewegungsvorrichtung läßt sich nach einer gewissen Anzahl Jahre ein Abdrehen der Zylinder nicht vermeiden. Dabei ist im Auge zu behalten, daß sich Drehungs- und Verzugskonstanten ändern. Wie der Verzugszylinder sind auch die zugehörigen Holzdruckwalzen in Ordnung zu halten und diese bei Splittern und Unrundwerden rechtzeitig abzudrehen, bzw. bei Druckwalzen mit Lederringen die Ringe zu ersetzen. Die Walzenbelastung soll gleichmäßig und nicht übermäßig sein, da sonst nur der Gang der Maschine erschwert wird. Die Gewichtshebel müssen überall frei spielen können. Für möglichst gleichmäßige Spannung der Spindelbänder bzw. Schnüre ist Sorge zu tragen. Schlapp gewordene Bänder oder Schnüre bedeuten Drehungsverlust, der bei schwacher Drehung zu Fadenbrüchen führt. Die Verbindungsstellen der Bänder und Schnüre sind ein wunder Punkt dieser Antriebsart; sie müssen stets mit Sorgfalt behandelt werden, da jede Verbindungsstelle einen Stoß auf die Spindel bewirkt. Die Antriebstrommeln dürfen nicht schlagen, sollen genau zylindrisch, nicht eingebeult sein. Je höher deren Umlaufzahl, desto sorgfältiger müssen sie gelagert und ausgewuchtet werden. Die meist noch übliche Bremsung der Spulen durch Bremsschnüre und Gewichte bedarf besonderer Wartung und Sorgfalt. Die Bremsgewichte einer Maschine müssen gleich groß sein. Schadhafte Rillen in den Spulenfüßen beeinflussen nachteilig die Bremsung. Über die richtige Stellung der Vorgarnplatte ist bereits eingehend gesprochen worden, vgl. S. 457ff. Von ihr und der einwandfreien Beschaffenheit der Leitbleche hängt in weitgehendem Maße das Gelingen des Spinnprozesses ab. Das „Durchlaufen" des Vorgarnes ist meist auf die unrichtige Stellung der Fadenplatte zurückzuführen. Bezüglich der Instandhaltung des Rädertriebes, der Lager und Bolzen, sowie hinsichtlich der Schmier- und anderen Betriebsvorschriften gilt das gleiche wie bei den übrigen schon beschriebenen Maschinen der Jutespinnerei. Wenn auch bei den Feinspinnstühlen das Räderwerk verhältnismäßig einfach ist, so verlangen die doch heute üblichen hohen Geschwindigkeiten vorzüglichste Ausführung und Instandhaltung. Es kommen fast nur noch Räder mit gefrästen Zähnen von reichlicher Breite, bisweilen auch mit Pfeilverzahnung zur Anwendung. Alle Räder sind durch Schutzverdecke dicht abgeschlossen. Auch hier finden die glattpolierten, schlitzlosen Stahlblechverdecke mit Schnappstiftverschluß immer mehr Eingang, so daß die Hauptgetriebeteile vollständig gegen Schmutz und Staub abgesperrt sind. Für die Schmierung der schnellaufenden Spindeln, Kugellager, Trommellager usw. ist das jeweils vorgeschriebene Schmiermaterial zu verwenden, dessen einwandfreie Beschaffenheit nachgeprüft werden muß. Das Schmieren hat nach einem genauen Schmierplan zu erfolgen und ist nur besonders zuverlässigen Leuten zu übertragen.

Außer der sorgfältigen Überwachung und Instandhaltung der Spinnmaschinen verlangt der Betrieb einer Feinspinnerei als der Abteilung, in welcher die Früchte einer sorgfältigen Vorbereitung geerntet werden sollen, eine straff durchgeführte Organisation, die vom Spinnmeister bis herab zum kleinsten Abschneidmädel gut funktionieren muß. Mehr wie in jeder anderen Abteilung der Juteverarbeitung hängt der Erfolg von der gedeihlichen Zusammenarbeit aller in den Arbeitsprozeß eingefügten Arbeitskräfte ab. Die zum Herausholen einer guten Produktion von der Spinnerin aufzuwendende Geschicklichkeit, Aufmerksamkeit und Ausdauer sind Eigenschaften, die sich nicht von heute auf morgen jeder Jutearbeiterin anerziehen lassen. Es bedarf hierzu nicht nur der Tatkraft, Intelligenz und des Taktgefühls der aufsichtsführenden Organe, sondern auch einer besonderen Erfahrung im Aussuchen der geeigneten Arbeitskräfte, die nicht überall in qualitativ gleicher Auswahl vorhanden sind. Diesem Punkt wird vielfach nicht genügend Aufmerksamkeit geschenkt, und doch können viele Jutespinnereien vorwiegend ihre Erfolge nur darauf zurückführen, daß sie stets über einen genügend großen Stamm erfahrener Spinnerinnen verfügen, mit deren Hilfe geeigneter Nachwuchs dauernd herangezogen werden kann. Daß hierzu eine verständnisvolle, einfühlende Arbeit der Aufsichtsführenden gehört, ist unbedingte Notwendigkeit.

Eine bedeutende Rolle im Spinnprozeß spielt der Feuchtigkeitsgehalt und die Temperatur der Luft im Spinnsaal. Im zweiten Abschnitt dieses Buches ist schon auf die besondere Eigenschaft der Jutefaser, Wasser entsprechend dem relativen Feuchtigkeitsgehalt der Luft aufzunehmen und wieder abzugeben, hingewiesen worden. Die an und für sich spröde Jutefaser verlangt für ihre Verarbeitung von Beginn des Vorbereitungsprozesses bis zum Fertigspinnen eine gewisse Geschmeidigkeit, die ihr neben der mechanischen Bearbeitung nur durch Zufügen von Fett und Wasser im Batschprozeß vermittelt wird. Naturgemäß verflüchtigt sich während der einzelnen Bearbeitungsstufen ein Teil dieses Feuchtigkeitszusatzes, und zwar um so schneller und weitgehender, je geringer der relative Feuchtigkeitsgehalt der Luft ist. Da aber ein flottes Spinnen und die Herstellung eines guten Garnes nur bei einem gewissen Feuchtigkeitsgehalt der Fasern und der umgebenden Luft möglich ist, hat man bei zu geringem Luftfeuchtigkeitsgehalt durch künstliche Befeuchtung dafür zu sorgen, daß die gebatschte Jute während des Verarbeitungsprozesses nicht zu viel Feuchtigkeit verliert. Das frisch gesponnene Garn soll möglichst noch einen Wassergehalt von 18 bis 20% des absoluten Trockengewichtes besitzen. Nach der in Abb. 46, S. 104 dargestellten Wassergehaltskurve der Jutefaser entspricht obigem Wassergehalt eine relative Luftfeuchtigkeit von 80 bis 85%. Dies ist auch die Luftfeuchtigkeit, die durchschnittlich im Feinspinnsaal herrschen muß, wenn ein gutes Spinnen gewährleistet werden soll. Diese Forderung bezieht sich insbesondere auf die schnellaufenden Maschinen mit Hängeflügeln, bei denen an und für sich durch die starke Winderzeugung die Neigung zum Austrocknen der Fasern vermehrt besteht. Außerdem treten infolge der bei den hohen Spindelumläufen erzeugten starken Faserreibung reibungselektrische Erscheinungen auf, die das Abspreizen der Faserteilchen begünstigen. Entsprechend dem stufenweise

höheren Feuchtigkeitsgehalt der in den einzelnen Verarbeitungsstadien be-
findlichen Faserbänder, z. B. Vorgarn 22 bis 24%, Feinstreckenband 24 bis 26%,
Vorstreckenband 26 bis 28%, kann in den betreffenden Abteilungen die relative
Luftfeuchtigkeit etwas geringer sein.

In richtiger Erkenntnis der Bedeutung einer wirksamen Luftbefeuchtung
sind die meisten Jutespinnereien zur Errichtung von Befeuchtungsanlagen
übergegangen, die heute in großer Anzahl in mehr oder weniger Vervollkommnung auf den Markt kommen. Ihre eingehende Beschreibung und Würdigung
sei einem späteren Abschnitt vorbehalten und hier nur auf zwei Hauptpunkte auf-
merksam gemacht:

1. Jede künstliche Luftbefeuchtung muß regelbar sein und entsprechend
dem für das Spinnen notwendigen Feuchtigkeitsgehalt auch reguliert werden.
Geschieht das nicht, dann sind große Schwankungen im Luftfeuchtigkeitsgehalt
und daher auch in den Garngewichten die Folge und die teure Befeuchtungsanlage
kann sogar schädlich wirken.

2. Da der relative Feuchtigkeitsgehalt der Luft im engen Zusammenhang
mit der Temperatur[1] steht, ist der Temperaturregelung besonders in den heißen
Sommermonaten besondere Sorgfalt zu widmen. Luftbefeuchtung ohne gleichzeitige Belüftung und Temperaturregelung wird stets eine unvollkommene Sache
bleiben.

Gleicherweise ist auf eine gleichmäßige Beheizung des Spinnsaales während
der kälteren Jahreszeit zu achten. Die schwierigsten Zeiten für die Feinspinnerei
sind die ersten Morgenstunden nach längerem Betriebsstillstand, also Montags
früh oder nach Feiertagen, bis sich die während der längeren Betriebspause kalt
gewordenen Maschinenteile wieder so weit erwärmt haben, daß ein normales
Spinnen möglich ist. Schroffe Temperaturübergänge, überhaupt alle Witterungs-
veränderungen, pflegen sich in erster Linie im Spinnsaal bemerkbar zu machen.
Daher ist auch letzten Endes die meteorologische und klimatologische Lage des
Standortes einer Jutespinnerei von großem Einfluß auf deren Produktionsergebnisse. Es sei nur erinnert an die günstige Lage von Kalkutta, Dundee und
der Mehrzahl der an der Wasserkante gelegenen Spinnereien. Wie die Erfahrung
zeigt, können die von der Natur geschaffenen günstigen meteorologischen Bedingungen durch keinerlei künstliche Einrichtungen auch nur annähernd ersetzt
werden.

---

[1] Da man unter relativer Luftfeuchtigkeit r nach S. 26, Fußbem. 2 den Prozentsatz des tatsächlichen Gehaltes a an Wasserdampf in der Luft gegenüber dem Maximalgehalt b
an Wasserdampf, den die Luft bei der gleichen Temperatur aufnehmen kann (Sättigungsmenge) versteht, $r = \frac{a}{b} \cdot 100$, und da die Sättigungsmenge b mit der Temperatur steigt, muß
auch a mit zunehmender Temperatur größer werden, wenn die rel. Luftfeuchtigkeit r gleichbleiben soll. Bei hohen Lufttemperaturen erhält man also einen sehr hohen absoluten Wassergehalt der Luft, wenn eine hohe rel. Luftfeuchtigkeit verlangt wird. Will man z. B. im Spinnsaal bei 35° C eine rel. Luftfeuchtigkeit von 85% erzielen, so muß in 1 m³ Luft, da der Temperatur von 35° eine Sättigungsmenge von 39,3 g/m³ entspricht, ein absoluter Wassergehalt
von 39,3·0,85 = 33,4 g/m³ vorhanden sein. Dieser außerordentlich hohe Wassergehalt macht
sich dem Menschen durch eine kaum erträgliche Schwüle bemerkbar. Man wird daher bestrebt
sein, die Innentemperatur nach Möglichkeit zu erniedrigen, da man damit zugleich mit der
absoluten Feuchtigkeit zurückgehen kann, ohne auf die hohe rel. Feuchtigkeit verzichten zu
müssen. Hätte man es z. B. nur mit einer Raumtemperatur von 15° C entsprechend einer
Sättigungsmenge von 12,8 g/m³ zu tun, dann wäre nur ein absoluter Feuchtigkeitsgehalt von
12,8·0,85 = 10,88 g/m³ erforderlich. Bei der Bemessung der Größe von Befeuchtungsanlagen
muß man daher vor allem wissen, mit welchen Raumtemperaturen man es zu tun hat.

Sachverzeichnis.

Die Unterscheidung der Flachs- und Hanffaser. Von Professor
Dr. Alois Herzog, Dresden. Mit 106 Abbildungen im Text und auf einer farbigen
Tafel. VII, 109 Seiten. 1926.   RM 12.—; gebunden RM 13.20

Aus den Besprechungen:

Flachs und Hanf sind nach Form und chemischer Zusammensetzung so ähnlich, daß
sie in fertigen Erzeugnissen oft nur mit größter Mühe sicher voneinander zu unterscheiden sind. Makroskopisch wahrnehmbare Unterschiede sind kaum vorhanden, so
daß man in der Hauptsache auf mikroskopische und mikrochemische Prüfungen angewiesen ist. Bei der großen Bedeutung beider Fasern ist die mühevolle Arbeit des um
die Faserforschung verdienten Forschers sehr zu schätzen, der die Untersuchung und
Unterscheidung von Flachs und Hanf aufs gründlichste studiert hat und das gesamte
Material mit zahlreichen vorzüglichen Abbildungen veröffentlicht.   *„Chemiker-Zeitung"*

Der Flachs als Faser- und Ölpflanze. Unter Mitarbeit von Professor Dr.
G. Bredemann, Direktor des Instituts für angewandte Botanik an der Universität
Hamburg, Prof. Dr. K. Opitz, Direktor des Instituts für Acker- und Pflanzenbau an
der Landwirtschaftlichen Hochschule Berlin, Prof. J. J. Rjaboff, Flachsversuchsstation
der Landwirtschaftlichen Akademie Timirjaseff in Moskau, Dr. E. Schilling, Abteilungsvorsteher am Forschungsinstitut für Bastfasern in Sorau N.-L., herausgegeben von
Prof. Dr. Fr. Tobler, Direktor des Botanischen Instituts der Technischen Hochschule
und des Staatlichen Botanischen Gartens Dresden. Mit 71 Abbildungen im Text.
VI, 273 Seiten. 1928.   Gebunden RM 19.50

Die Textilfasern. Ihre physikalischen, chemischen und mikrosko-
pischen Eigenschaften. Von J. Merritt Matthews, Ph. D., ehemals Vorstand der
Abteilung Chemie und Färberei an der Textilschule in Philadelphia, Herausgeber des
„Colour Trade Journal and Textile Chemist". Nach der vierten amerikanischen Auf-
lage ins Deutsche übertragen von Dr. Walter Anderau, Ingenieur-Chemiker, Basel.
Mit einer Einführung von Professor Dr. H. E. Fierz-David. Mit 387 Textabbildungen.
XII, 847 Seiten. 1928.   Gebunden RM 56.—

Von Naturwissenschaft zu Wirtschaft. Allgemeine und angewandte
Pflanzenkunde. Von Dr. Friedrich Tobler, ord. Professor an der Sächsischen Technischen Hochschule Dresden. IV, 44 Seiten. 1926.   RM 2.10

Technologie der Textilveredelung. Von Professor Dr. Paul Heermann,
früher Abteilungsvorsteher der Textilabteilung am Staatlichen Materialprüfungsamt
in Berlin-Dahlem. Zweite, erweiterte Auflage. Mit 204 Textabbildungen und einer
Farbentafel. XII, 656 Seiten. 1926.   Gebunden RM 33.—

Die Mercerisierungsverfahren. Von Dr. Erwin Sedlaczek, Oberregierungs-
rat. VII, 269 Seiten. 1928.   Gebunden RM 18.—

Enzyklopädie der textilchemischen Technologie. Bearbeitet in
Gemeinschaft mit zahlreichen Fachleuten und herausgegeben von Professor Dr. Paul
Heermann, früher Abteilungsvorsteher der Textilabteilung am Staatlichen Material-
prüfungsamt Berlin-Dahlem. Mit 372 Textabbildungen. X, 970 Seiten. 1930.
Gebunden RM 78.—

Handbuch der Spinnerei. Von Ing. Josef Bergmann †, o. ö. Professor an der Technischen Hochschule in Brünn. Nach dem Tode des Verfassers ergänzt und herausgegeben von Dr.-Ing. e. h. A. Lüdicke, Geh. Hofrat, o. Professor emer., Braunschweig. Mit 1097 Textabbildungen. VII, 962 Seiten. 1927. Gebunden RM 84.—

Bisher erschienen zumeist in der Fachliteratur Abhandlungen über die Spezialgebiete der Spinnerei, es fehlte an einem Kompendium, das die gesamte Materie zusammenfassend und nach dem Stande der neuesten Technik darstellte. Diesem fühlbaren Mangel hilft das vorliegende Werk ab, dessen Verfasser als Autoritäten der Textilwissenschaft bekannt sind. Der größte Teil des Buches, etwa neun Zehntel des Ganzen, ist von Professor Bergmann verfaßt, nach dessen Tode Professor Lüdicke den Inhalt ergänzte und das Werk vollendete. Alles was die ausgedehnte und wichtige Spinnereiindustrie umfaßt, wird in sachverständiger und leichtverständlicher Form zum Gegenstand gründlicher Behandlung gemacht, so daß der Leser sich aufs beste über die moderne Spinnereitechnik unterrichten kann ... Mit diesem inhaltsreichen Buche wird dem Textiltechniker ein äußerst wichtiges und kaum entbehrliches Mittel in die Hand gegeben, seine Kenntnisse zu vermehren und die neuesten technischen Hilfsmittel kennenzulernen. Auch der Textilkaufmann wird aus dem Werke neues und reiches Wissen schöpfen können. *„Textil-Woche"*

Die Spinnerei in technologischer Darstellung. Ein Hand- und Hilfsbuch für den Unterricht in der Spinnerei an Spinn- und Textilschulen, technischen Lehranstalten und zur Selbstausbildung, sowie ein Fachbuch für Spinner jeder Faserart. Von Dr.-Ing. Edw. Meister, ord. Professor an der Technischen Hochschule zu Dresden. Zweite, vollständig neubearbeitete Auflage des gleichnamigen Werkes von G. Rohn †. Mit 223 Textabbildungen. VI, 243 Seiten. Erscheint im Juli 1930.

Die neue Auflage wurde unter Berücksichtigung der Ergebnisse wissenschaftlicher Forschung auf dem Gebiete der Spinnereitechnik sowie durch ein Eingehen auf die wichtigsten Fortschritte im Textilmaschinenbau wesentlich vertieft und erweitert.

Die Grundlagen der Maschinenspinnerei werden durch eine Zergliederung der Vorgänge in den einzelnen Arbeitsstufen erläutert und die gemeinsamen Grundformen für die Verarbeitung der verschiedenen Faserstoffe gezeigt. Die Eigenschaften der Gespinste und ihre Prüfung werden ganz allgemein besprochen. Die Spinnverfahren und heute üblichen Spinnereimaschinen sind dann getrennt nach den zu verarbeitenden Faserstoffen und etwa in der Reihenfolge ihrer wirtschaftlichen Bedeutung behandelt worden. Das vorliegende Buch soll dem Studierenden zur Einführung in das Wesen der Spinnereitechnik dienen und dem Spinnereifachmann selbst einen klaren Überblick über die Arbeitsmittel und Verfahren in den wichtigsten Spinnereizweigen geben.

Technik und Praxis der Kammgarnspinnerei. Ein Lehrbuch, Hilfs- und Nachschlagewerk. Von Direktor Oskar Meyer, Spinnerei-Ingenieur zu Gera-Reuß, und Josef Zehetner, Spinnerei-Ingenieur, Betriebsleiter in Teichwolframsdorf bei Werdau i. S. Mit 235 Abbildungen im Text und auf einer Tafel sowie 64 Tabellen. XII, 420 Seiten. 1923. Gebunden RM 20.—

Inhaltsübersicht: Wissenswertes von der Schafwolle. — Die Kammgarnspinnerei. I. Allgemeine Abhandlung über die Verarbeitung der Rohwolle bis zum fertigen Kammzugband: Die Wäscherei. Die Krempelei. Die Kämmerei. — II. Allgemeine Rechnungsarten und spinnereitechnische Abhandlungen: Die Garnnumerierung. Der Verzug und die Dublierung. Die Spinnpläne. Die Drehung (Draht) und die Festigkeit der Garne. Die Ermittlung des Feuchtigkeitsgehaltes von Textilfasern. Technische Rechnungsarten und deren Anwendung in der Spinnereitechnik. — III. Die Vorbereitung, Vorspinnerei (Präparation): Die Doppelnadelstabstrecke (Intersecting). Die Nitschel- oder Nadelwalzenstrecken (Frotteurstrecken). Der Zähler (Compteur). Das Schmelzen der Vorbereitungsbänder. Die Mischung von Kammzugbändern. Die Vorarbeiten in der Vorspinnerei bei Beginn einer Partie. Das Einstellen des Streckwerkes. Ursachen von Fehlern im Vorgarn und Maßnahmen zu deren Verhütung bzw. Beseitigung. Garnlagerung. — IV. Die Feinspinnerei: Der Wagenspinner (Selfaktor). Die Ringspinnmaschine. Der elektrische Antrieb der Ringspinnmaschine mit Spinnregler. Parallele zwischen Ringspinnmaschine und Wagenspinner.— V. Die Zwirnerei: Die Kreuzdubliermaschine von Rud. Voigt, Chemnitz. Die Zwirnmaschine. — Die Weiferei: Garnweife von Wegmann & Co., Baden. Die Packerei. — Das Dämpfen der Garne und die Versandarbeiten: Die Umspulmaschine von Küchenmeister. — Art und Bezeichnung der Kammwollgespinste. — VI. Spinnerei-Fabrikanlagen: Berechnung einer Spinnereianlage. — Die Luftbefeuchtungsanlagen.

Fortsetzung siehe nächste Seite!

Technologie der Textilfasern

Herausgegeben von

Dr. R. O. Herzog

Professor, Direktor des Kaiser-Wilhelm-Instituts für Faserstoffchemie
Berlin-Dahlem

V. Band, 1. Teil: **Flachs.** 1. Abteilung: Botanik, Kultur, Bleicherei und Wirtschaft des Flachses. Erscheint im Juli 1930
2. Abteilung: Spinnerei und Weberei des Flachses. In Vorbereitung

2. Teil: **Hanf- und Hartfasern.** Bearbeitet von Professor Dr. O. Heuser, Danzig; Direktor Dr. P. Koenig, Berlin; Obering. O. Wagner, Grünberg; Dr. G. v. Frank, Berlin; H. Oertel, Rüstringen; Dr. Fr. Oertel, Sofia. Mit 105 Textabbildungen. VII, 266 Seiten. 1927. Gebunden RM 24.—

3. Teil: **Jute.** Von Direktor Dr.-Ing. E. Nonnenmacher.
2. Abteilung: In Vorbereitung

VI. Band, 1. Teil: **Die Seidenspinner, Systematik, Anatomie, Physiologie und Biologie.** Von Professor Dr. Harms und Dr. Bock. In Vorbereitung

2. Teil: **Technologie und Wirtschaft der Seide.** Bearbeitet von Dr. Hermann Ley, Elberfeld, und Dr. Erich Raemisch, Krefeld. Mit 375 Textabbildungen. VIII, 551 Seiten. 1929. Gebunden RM 66.—

VII. Band: **Kunstseide.** Bearbeitet von Professor E. A. Anke, Chemnitz; Dr. H. Eichengrün, Berlin; Dr. R. Gaebel, Berlin; Professor Dr. R. O. Herzog, Berlin; Dr. H. Hoffmann, Berlin; Dr. Fr. Loewy, Berlin; Dr. A. Oppé, Krefeld; Professor Dr. W. Traube, Berlin; Professor Dr. A. v. Vajdaffy, Budapest. Mit 203 Textabbildungen. VIII, 354 Seiten. 1927. Gebunden RM 36.—

VIII. Band, 1. Teil: **Wollkunde.** Bildung und Eigenschaften der Wolle. Bearbeitet von Dr. Gustav Frölich, Professor an der Universität Halle a. S., Direktor des Instituts für Tierzucht und Molkereiwesen, Dr. Walter Spöttel, Privatdozent an der Universität Halle a. S., Dr. Ernst Tänzer, Privatdozent an der Universität Halle a. S. Mit 172 Textabbildungen und 2 farbigen Tafeln. IX, 419 Seiten. 1929. Gebunden RM 54.—

2. Teil: **Mechanische Technologie der Wolle.** Von Professor Bernhardt, Professor Marcher, Dr. E. Krahn. In Vorbereitung

3. Teil: **Chemische Technologie der Wolle und die zugehörigen Maschinen.** Von Professor G. Ulrich und Dipl.-Ing. Professor H. Glafey, Geh. Reg.-Rat. In Vorbereitung

4. Teil: **Weltwirtschaft der Wolle.** Von Dr. Behnsen und Dr. Genzmer. In Vorbereitung

IX. und X. Band: Ergänzungsbände.

Mechanik der Spinnerei. Von Dr. H. Brüggemann.

Untersuchung der Textilfasern. Von Professor Dr. J. Weese, Dr. W. Weltzien und Dr. E. Schmid.